国家规划重点图书

水工设计手册

（第2版）

主　编　索丽生　刘　宁

副主编　高安泽　王柏乐　刘志明　周建平

第3卷　征地移民、环境保护与水土保持

主编单位　水利部水利水电规划设计总院

主　　编　陈　伟　朱党生

主　　审　朱尔明　董哲仁

内容提要

《水工设计手册》（第 2 版）共 11 卷。本卷为第 3 卷——《征地移民、环境保护与水土保持》，共分 3 章，其内容分别为：征地移民、环境保护与水土保持。

本手册可作为水利水电工程规划、勘测、设计、施工、管理等专业的工程技术人员和科研人员的常备工具书，同时也可作为大专院校相关专业师生的重要参考书。

图书在版编目（CIP）数据

水工设计手册. 第3卷，征地移民、环境保护与水土保持 / 陈伟，朱党生主编. -- 2版. -- 北京 : 中国水利水电出版社，2013.6
ISBN 978-7-5170-1009-8

Ⅰ. ①水… Ⅱ. ①陈… ②朱… Ⅲ. ①水利水电工程－工程设计－技术手册②水利水电工程－移民安置－技术手册③水利水电工程－环境保护－技术手册④水利水电工程－水土保护－技术手册 Ⅳ. ①TV222-62

中国版本图书馆CIP数据核字(2013)第144996号

书　　名	水工设计手册（第 2 版） 第 3 卷　征地移民、环境保护与水土保持
主编单位	水利部水利水电规划设计总院
主　　编	陈伟　朱党生
出版发行	中国水利水电出版社 （北京市海淀区玉渊潭南路 1 号 D 座　100038） 网址：www.waterpub.com.cn E-mail：sales@waterpub.com.cn 电话：(010) 68367658（发行部）
经　　售	北京科水图书销售中心（零售） 电话：(010) 88383994、63202643、68545874 全国各地新华书店和相关出版物销售网点
排　　版	中国水利水电出版社微机排版中心
印　　刷	涿州市星河印刷有限公司
规　　格	184mm×260mm　16 开本　40 印张　1354 千字
版　　次	1983 年 10 月第 1 版第 1 次印刷 2013 年 6 月第 2 版　2013 年 6 月第 1 次印刷
印　　数	0001—3000 册
定　　价	**370.00** 元

《水工设计手册》（第2版）

编 委 会

编委会办公室

技 术 委 员 会

组 织 单 位

水利部水利水电规划设计总院

水电水利规划设计总院

中国水利水电出版社

《水工设计手册》（第2版）

各卷卷目、主编单位、主编、主审人员

卷目		主编单位	主编	主审
第1卷	基础理论	水利部水利水电规划设计总院 河海大学	刘志明 王德信 汪德爟	张楚汉　陈祖煜 陈德基
第2卷	规划、水文、地质	水利部水利水电规划设计总院	梅锦山 侯传河 司富安	陈德基　富曾慈 曾肇京　韩其为 雷志栋
第3卷	征地移民、环境保护与水土保持	水利部水利水电规划设计总院	陈　伟 朱党生	朱尔明　董哲仁
第4卷	材料、结构	水电水利规划设计总院	白俊光 张宗亮	张楚汉　石瑞芳 王亦锥
第5卷	混凝土坝	水电水利规划设计总院	周建平 党林才	石瑞芳　朱伯芳 蒋效忠
第6卷	土石坝	水利部水利水电规划设计总院	关志诚	林　昭　曹克明 蒋国澄
第7卷	泄水与过坝建筑物	水利部水利水电规划设计总院	刘志明 温续余	郑守仁　徐麟祥 林可冀
第8卷	水电站建筑物	水电水利规划设计总院	王仁坤 张春生	曹楚生　李佛炎
第9卷	灌排、供水	水利部水利水电规划设计总院	董安建 李现社	茆　智　汪易森
第10卷	边坡工程与地质灾害防治	水电水利规划设计总院	冯树荣 彭土标	朱建业　万宗礼
第11卷	水工安全监测	水电水利规划设计总院	张秀丽 杨泽艳	吴中如　徐麟祥

《水工设计手册》第1版组织和主编单位及有关人员

组织单位　水利电力部水利水电规划设计院

主 持 人　张昌龄　奚景岳　潘家铮

（工作人员有李浩钧、郑顺炜、沈义生）

主编单位　华东水利学院

主 编 人　左东启　顾兆勋　王文修

（工作人员有商学政、高渭文、刘曙光）

《水工设计手册》

第1版各卷（章）目、编写、审订人员

卷目	章目		编写人	审订人
第1卷 基础理论	第1章	数学	张敦穆	潘家铮
	第2章	工程力学	李咏偕　张宗尧 王润富	徐芝纶　谭天锡
	第3章	水力学	陈肇和	张昌龄
	第4章	土力学	王正宏	钱家欢
	第5章	岩石力学	陶振宇	葛修润
第2卷 地质　水文 建筑材料	第6章	工程地质	冯崇安　王惊谷	朱建业
	第7章	水文计算	陈家琦　朱元甡	叶永毅　刘一辛
	第8章	泥沙	严镜海　李昌华	范家骅
	第9章	水利计算	方子云　蒋光明	叶秉如　周之豪
	第10章	建筑材料	吴仲瑾	吕宏基
第3卷 结构计算	第11章	钢筋混凝土结构	徐积善　吴宗盛	周　氏
	第12章	砖石结构	周　氏	顾兆勋
	第13章	钢木结构	孙良伟　周定荪	俞良正　王国周 许政谐
	第14章	沉降计算	王正宏	蒋彭年
	第15章	渗流计算	毛昶熙　周保中	张蔚榛
	第16章	抗震设计	陈厚群　汪闻韶	刘恢先
第4卷 土石坝	第17章	主要设计标准和荷载计算	郑顺炜　沈义生	李浩钧
	第18章	土坝	顾淦臣	蒋彭年
	第19章	堆石坝	陈明致	柳长祚
	第20章	砌石坝	黎展眉	李津身　上官能

卷目	章目		编写人	审订人
第5卷 混凝土坝	第21章	重力坝	苗琴生	邹思远
	第22章	拱坝	吴凤池　周允明	潘家铮　裘允执
	第23章	支墩坝	朱允中	戴耀本
	第24章	温度应力与温度控制	朱伯芳	赵佩钰
第6卷 泄水与过坝建筑物	第25章	水闸	张世儒　潘贤德 沈潜民　孙尔超 屠　本	方福均　孔庆义 胡文昆
	第26章	门、阀与启闭设备	夏念凌	傅南山　俞良正
	第27章	泄水建筑物	陈肇和　韩　立	陈椿庭
	第28章	消能与防冲	陈椿庭	顾兆勋
	第29章	过坝建筑物	宋维邦　刘党一 王俊生　陈文洪 张尚信　王亚平	王文修　呼延如琳 王麟璠　涂德威
	第30章	观测设备与观测设计	储海宁　朱思哲	经萱禄
第7卷 水电站建筑物	第31章	深式进水口	林可冀　潘玉华 袁培义	陈道周
	第32章	隧洞	姚慰城	翁义孟
	第33章	调压设施	刘启钊　刘蕴琪 陆文祺	王世泽
	第34章	压力管道	刘启钊　赵震英 陈霞龄	潘家铮
	第35章	水电站厂房	顾鹏飞	赵人龙
	第36章	挡土墙	甘维义　干　城	李士功　杨松柏
第8卷 灌区建筑物	第37章	灌溉	郑遵民　岳修恒	许志方　许永嘉
	第38章	引水枢纽	张景深　种秀贤 赵伸义	左东启
	第39章	渠道	龙九范	何家濂
	第40章	渠系建筑物	陈济群	何家濂
	第41章	排水	韩锦文　张法思	瞿兴业　胡家博
	第42章	排灌站	申怀珍　田家山	沈日迈　余春和

水利水电建设的宝典

——《水工设计手册》（第2版）序

《水工设计手册》（第2版）在广大水利工作者的热切期盼中问世了，这是我国水利水电建设领域中的一件大事，也是我国水利发展史上的一件喜事。3年多来，参与手册编审工作的专家、学者、工程技术人员和出版工作者，花费了大量心血，付出了艰辛努力。在此，我向他们表示衷心的感谢，致以崇高的敬意！

为政之要，其枢在水。兴水利、除水害，历来是治国安邦的大事。在我国悠久的治水历史中，积累了水利工程建设的丰富经验。特别是新中国成立后，揭开了我国水利水电事业发展的新篇章，建设了大量关系国计民生的水利水电工程，极大地促进了水工技术的发展。1983年，第1版《水工设计手册》应运而生，成为我国第一部大型综合性水工设计工具书，在指导水利水电工程设计、培养水工技术和管理人才、提高水利水电工程建设水平等方面发挥了十分重要的作用。

第1版《水工设计手册》面世28年来，我国水利水电事业发展迈上了一个新的台阶，取得了举世瞩目的伟大成就。一大批技术复杂、规模宏大的水利水电工程建成运行，新技术、新材料、新方法和新工艺广泛应用，水利水电建设信息化和现代化水平显著提升，我国水工设计技术、设计水平已跻身世界先进行列。特别是近年来，随着科学发展观的深入贯彻落实，我国治水思路正在发生着深刻变化，推动着水工设计需求、设计理念、设计理论、设计方法、设计手段和设计标准规范不断发展与完善。因此，迫切需要对《水工设计手册》进行修订完善。2008年2月水利部成立了《水工设计手册》（第2版）编委会，正式启动了修编工作。在编委会的组织领导下，水利水电规划设计总院、水电水利规划设计总院和中国水利水电出版社3家单位，联合邀请全国4家水利水电科学研究院、3所重点高等学校、15个资质优秀的水利水电勘测设计研究院（公司）等单位的数百位专家、学者和技术骨干参与，经过3年多的艰苦努力，《水工设计手册》（第2版）现已付梓。

《水工设计手册》（第2版）以科学发展观为统领，按照可持续发展治水思路要求，在继承前版成果中开拓创新，全面总结了现代水工设计的理论和实践经验，系统介绍了现代水工设计的新理念、新材料、新方法，有效协调了水利工程和水电工程设计标准，充分反映了当前国内外水工设计领域的重要科研成果。特别是增加了计算机技术在现代水工设计方法中应用等卷章，充实了在现代水工设计中必须关注的生态、环保、移民、安全监测等内容，使手册结构更趋合理，内容更加完整，更切合实际需要，充分体现了科学性、时代性、针对性和实用性。《水工设计手册》（第2版）的出版必将对进一步提升我国水利水电工程建设软实力，推动水工设计理念更新，全面提高水工设计质量和水平产生重大而深远的影响。

当前和今后一个时期，是加强水利重点薄弱环节建设、加快发展民生水利的关键时期，是深化水利改革、加强水利管理的攻坚时期，也是推进传统水利向现代水利、可持续发展水利转变的重要时期。2011年中央1号文件《关于加快水利改革发展的决定》和不久前召开的中央水利工作会议，进一步明确了新形势下水利的战略地位，以及水利改革发展的指导思想、目标任务、基本原则、工作重点和政策举措。《国家可再生能源中长期发展规划》、《中国应对气候变化国家方案》对水电开发建设也提出了具体要求。水利水电事业发展面临着重要的战略机遇，迎来了新的春天。

《水工设计手册》（第2版）集中体现了近30年来我国水利水电工程设计与建设的优秀成果，必将成为广大水利水电工作者的良师益友，成为水利水电建设的盛世宝典。广大水利水电工作者，要紧紧抓住战略机遇，深入贯彻落实科学发展观，坚持走中国特色水利现代化道路，积极践行可持续发展治水思路，充分利用好这本工具书，不断汲取学识和真知，不断提高设计能力和水平，以高度负责的精神、科学严谨的态度、扎实细致的作风，奋力拼搏，开拓进取，为推动我国水利水电事业发展新跨越、加快社会主义现代化建设作出新的更大贡献。

是为序。

水利部部长 陈雷

2011年8月8日

序

经过500多位专家学者历时3年多的艰苦努力，《水工设计手册》（第2版）即将问世。这是一件期待已久和值得庆贺的事。借此机会，我谨向参与《水工设计手册》修编的专家学者，向支持修编工作的领导同志们表示敬意。

30年前，为了提高设计水平，促进水利水电事业的发展，在许多专家、教授和工程技术人员的共同努力下，一部反映当时我国水利水电建设经验和科研成果的《水工设计手册》应运而生。《水工设计手册》深受广大水利水电工程技术工作者的欢迎，成为他们不可或缺的工具书和一位无言的导师，在指导设计、提高建设水平和保证安全等方面发挥了重要作用。

30年来，我国水利水电工程设计和建设成绩卓著，工程规模之大、建设速度之快、技术创新之多居世界前列。当然，在建设中我们面临一系列问题，其难度之大世界罕见。通过长期的艰苦努力，我们成功地建成了一大批世界规模的水利水电工程，如长江三峡水利枢纽、黄河小浪底水利枢纽、二滩、水布垭、龙滩等大型水电站，以及正在建设的锦屏一级、小湾和溪洛渡等具有300米级高拱坝的巨型水电站和南水北调东中线大型调水工程，解决了无数关键技术难题，积累了大量成功的设计经验。这些关系国计民生和具有世界影响力的大型水利水电工程在国民经济和社会发展中发挥了巨大的防洪、发电、灌溉、除涝、供水、航运、渔业、改善生态环境等综合作用。《水工设计手册》（第2版）正是对我国改革开放30多年来水利水电工程建设经验和创新成果的总结与提炼。特别是在当前全国贯彻落实中央水利工作会议精神、掀起新一轮水利水电工程建设高潮之际，出版发行《水工设计手册》（第2版）意义尤其重大。

在陈雷部长的高度重视和索丽生、刘宁同志的具体领导下，各主编单位和编写的同志以第1版《水工设计手册》为基础，全面搜集资料，做了大量归纳总结和精选提炼工作，剔除陈旧内容，补充新的知识。《水工设计手册》（第2版）体现了科学性、实用性、一致性和延续性，强调落实科学发展观和人与自然和谐的设计理念，浓墨重彩地突出了生态环境保护和征地移民的要求，彰显了与时俱进精神和可持续发展的理念。手册质量总体良好，技术水平高，是一部权威的、综合性和实用性强的一流设计手册，一部里程碑式的出版物。相信它将为21世纪的中国书写治水强国、兴水富民的不朽篇章，为描绘辉煌灿烂的画卷作出贡献。

我认为《水工设计手册》（第2版）另一明显的特色在于：它除了提供各种先进适用的理论、方法、公式、图表和经验之外，还突出了工程技术人员的设计任务、关键和难点，指出设计因素中哪些是确定性的，哪些是不确定的，从而使工程技术人员能够更好地掌握全局，有所抉择，不致于陷入公式和数据中去不能自拔；它还指出了设计技术发展的趋势与方向，有利于启发工程技术人员的思考和创新精神，这对工程技术创新是很有益处的。

工程是技术的体现和延续，它推动着人类文明的发展。从古至今，不同时期留下的不朽经典工程，就是那段璀璨文明的历史见证。2000多年前的都江堰和现代的三峡水利枢纽就是代表。在人类文明的发展过程中，从工程建设中积累的经验、技术和智慧被一代一代地传承下来。但是，我们必须在继承中发展，在发展中创新，在创新中跨越，才能大大地提高现代水利水电工程建设的技术水平。现在的年轻工程师们一如他们的先辈，正在不断克服各种困难，探索新的技术高度，创造前人无法想象的奇迹，为水利水电工程的经济效益、社会效益和环境效益的协调统一，为造福人类、推动人类文明的发展锲而不舍地奉献着自己的聪明才智。《水工设计手册》（第2版）的出版正值我国水利水电建设事业新高潮到来之际，我衷心希望广大水利水电工程技术人员精心规划，精心设计，精心管理，以一流设计促一流工程，为我国的经济社会可持续发展作出划时代的贡献。

中国科学院院士
中国工程院院士 潘家铮

2011年8月18日

第 2 版 前 言

《水工设计手册》是一部大型水利工具书。自 20 世纪 80 年代初问世以来，在我国水利水电建设中起到了不可估量的作用，深受广大水利水电工程技术人员的欢迎，已成为勘测设计人员必备的案头工具书。近 30 年来，我国水利水电工程建设有了突飞猛进的发展，取得了巨大的成就，技术水平总体处于世界领先地位。为适应我国水利水电事业的发展，迫切需要对《水工设计手册》进行修订。现在，《水工设计手册》（第 2 版）经 10 年孕育，即将问世。

一

《水工设计手册》修订的必要性，主要体现在以下五个方面：

第一是满足工程建设的需要。为满足西部大开发、中部崛起、振兴东北老工业基地和东部地区率先发展的国家发展战略的要求，尤其是 2011 年中共中央国务院作出了《关于加快水利改革发展的决定》，我国水利水电事业又迎来了新的发展机遇，即将掀起大规模水利水电工程建设的新高潮，迫切需要对已往水利水电工程建设的经验加以总结，更好地将水工设计中的新观念、新理论、新方法、新技术、新工艺在水利水电工程建设中广泛推广和应用，以提高设计水平，保障工程质量，确保工程安全。

第二是创新设计理念的需要。30 年前，我国水利水电工程设计的理念是以开发利用为主，强调“多快好省”，而现在的要求是开发与保护并重，做到“又好又快”。当前，随着我国经济社会的发展和生产生活水平的不断提高，不仅要注重水利水电工程的安全性和经济性，也更要注重生态环境保护和移民安置，做到统筹兼顾，处理好开发与保护的关系，以实现人与自然和谐相处，保障水资源可持续利用。

第三是更新设计手段的需要。计算机技术、网络技术和信息技术已在水利水电工程建设和管理中取得了突飞猛进的发展。计算机辅助工程

（CAE）技术已经广泛应用于工程设计和运行管理的各个方面，为广大工程技术人员在工程计算分析、模拟仿真、优化设计、施工建设等方面提供了先进的手段和工具，使许多原来难以处理的复杂的技术问题迎刃而解。现代遥感（RS）技术、地理信息系统（GIS）及全球定位系统（GPS）技术（即“3S”技术）的应用，突破了许多传统的地球物理方法及技术，使工程勘探深度不断加大、勘探分辨率（精度）不断提高，使人们对自然现象和规律的认识得以提高。这些先进技术的应用提高了工程勘测水平、设计质量和工作效率。

第四是总结建设经验的需要。自 20 世纪 90 年代以来，我国建设了一大批具有防洪、发电、航运、灌溉、调水等综合利用效益的水利水电工程。在大量科学研究和工程实践的基础上，成功破解了工程建设过程中遇到的许多关键性技术难题，建成了举世瞩目的三峡水利枢纽工程，建成了世界上最高的面板堆石坝（水布垭）、碾压混凝土坝（龙滩）和拱坝（小湾）等。这些规模宏大、技术复杂的工程的建设，在设计理论、技术、材料和方法等方面都有了很大的提高和改进，所积累的成功设计和建设经验需要总结。

第五是满足读者渴求的需要。我国水利水电工程技术人员对《水工设计手册》十分偏爱，第 1 版《水工设计手册》中有些内容已经过时，需要删减，亟待补充新的技术和基础资料，以进一步提高《水工设计手册》的质量和应用价值，满足水利水电工程设计人员的渴求。

二

修订《水工设计手册》遵循的原则：一是科学性原则，即系统、科学地总结国内外水工设计的新观念、新理论、新方法、新技术、新工艺，体现我国当前水利水电工程科学研究和工程技术的水平；二是实用性原则，即全面分析总结水利水电工程设计经验，发挥各编写单位技术优势，适应水利水电工程设计新的需要；三是一致性原则，即协调水利、水电行业的设计标准，对水利与水电技术标准体系存在的差异，必要时作并行介绍；四是延续性原则，即以第 1 版《水工设计手册》框架为基础，修订、补充有关章节内容，保持《水工设计手册》的延续性和先进性。

三

为切实做好修订工作，水利部成立了《水工设计手册》（第2版）编委会和技术委员会，水利部部长陈雷担任编委会主任，中国科学院院士、中国工程院院士潘家铮担任技术委员会主任，索丽生、刘宁任主编，高安泽、王柏乐、刘志明、周建平任副主编，对各卷、章的修编工作实行各卷、章主编负责制。在修编过程中，为了充分发挥水利水电工程设计、科研和教学等单位的技术优势，在各单位申报承担修编任务的基础上，由水利部水利水电规划设计总院和水电水利规划设计总院讨论确定各卷、章的主编和参编单位以及各卷、章的主要编写人员。主要参与修编的单位有25家，参加人员约500人。全书及各卷的审稿人员由技术委员会的专家担任。

第1版《水工设计手册》共8卷42章，656万字。修编后的《水工设计手册》（第2版）共分为11卷65章，字数约1400万字。增加了第3卷征地移民、环境保护与水土保持，第10卷边坡工程与地质灾害防治和第11卷水工安全监测等3卷，主要增加的内容包括流域综合规划、征地移民、环境保护、水土保持、水工结构可靠度、碾压混凝土坝、沥青混凝土防渗体土石坝、河道整治与堤防工程、抽水蓄能电站、潮汐电站、鱼道工程、边坡工程、地质灾害防治、水工安全监测和计算机应用等。

第1、2、3、6、7、9卷和第4、5、8、10、11卷分别由水利部水利水电规划设计总院和水电水利规划设计总院负责组织协调修编、咨询和审查工作。全书经编委会与技术委员会逐卷审查定稿后，由中国水利水电出版社负责编辑、出版和发行。

四

修订和编辑出版《水工设计手册》（第2版）是一项组织策划复杂、技术含量高、作者众多、历时较长的工作。

1999年3月，中国水利水电出版社致函原主编单位华东水利学院（现河海大学），表达了修订《水工设计手册》的愿望，河海大学及原主编左东启表示赞同。有关单位随即开展了一些前期工作。

2002 年 7 月，中国水利水电出版社向时任水利部副部长的索丽生提出了“关于组织编纂《水工设计手册》（第 2 版）的请示”。水利部给予了高度重视，但因工作机制及资金不落实等原因而搁置。

2004 年 8 月，水利部水利水电规划设计总院、水电水利规划设计总院和中国水利水电出版社三家单位，在北京召开了三方有关人员会议，讨论修订《水工设计手册》事宜，就修编经费、组织形式和工作机制等达成一致意见：即三方共同投资、共担风险、共同拥有著作权，共同组织修编工作。

2006 年 6 月，水利部水利水电规划设计总院、水电水利规划设计总院和中国水利水电出版社的有关人员再次召开会议，研究推动《水工设计手册》的修编工作，并成立了筹备工作组。在此之后，工作组积极开展工作，经反复讨论和修改，草拟了《水工设计手册》修编工作大纲，分送有关领导和专家审阅。水利部水利水电规划设计总院和水电水利规划设计总院分别于 2006 年 8 月、2006 年 12 月和 2007 年 9 月联合向有关单位下发文件，就修编《水工设计手册》有关事宜进行部署，并广泛征求意见，得到了有关设计单位、科研机构和大学院校的大力支持。经过充分酝酿和讨论，并经全书主编索丽生两次主持审查，提出了《水工设计手册》修编工作大纲。

2008 年 2 月，《水工设计手册》（第 2 版）编委会扩大会议在北京召开，标志着修编工作全面启动。水利部部长陈雷亲自到会并作重要讲话，要求各有关方面通力合作，共同努力，把《水工设计手册》修编工作抓紧、抓实、抓好，使《水工设计手册》（第 2 版）“真正成为广大水利工作者的良师益友，水利水电工程建设的盛世宝典，传承水文明的时代精品”。

修订和编纂《水工设计手册》（第 2 版）工作得到了有关设计、科研、教学等单位的热情支持和大力帮助。全国包括 13 位中国科学院、中国工程院院士在内的 500 多位专家、学者和专业编辑直接参与组织、策划、撰稿、审稿和编辑工作，他们殚精竭虑，字斟句酌，付出了极大的心血，克服了许多困难，他们将修编工作视为时代赋予的神圣责任，3 年多来，一直是苦并快乐地工作着。

鉴于各卷修编工作内容和进度不一，按成熟一卷出版一卷的原则，逐步完成全手册的修编出版工作。随着2011年中共中央1号文件的出台和新中国成立以来的首次中央水利工作会议的召开，全国即将掀起水利水电工程建设的新高潮，修编出版后的《水工设计手册》，必将在水利水电工程建设中发挥作用，为我国经济社会可持续发展作出新的贡献。

本套手册可供从事水利水电工程规划、设计、施工、管理的工程技术人员和相关专业的大专院校师生使用和参考。

在《水工设计手册》（第2版）即将陆续出版之际，谨向所有关怀、支持和参与修订和编纂出版工作的领导、专家和同志们，表示诚挚的感谢，并祈望广大读者批评指正。

《水工设计手册》（第2版）编委会

2011年8月

第 1 版 前 言

我国幅员辽阔，河流众多，流域面积在 1000km^2 以上的河流就有 1500 多条。全国多年平均径流量达 27000 多亿 m^3，水能蕴藏量约 6.8 亿 kW，水利水电资源十分丰富。

众多的江河，使中华民族得以生息繁衍。至少在 2000 多年前，我们的祖先就在江河上修建水利工程。著名的四川灌县都江堰水利工程，建于公元前 256 年，至今仍在沿用。由此可见，我国人民建设水利工程有悠久的历史和丰富的知识。

中华人民共和国成立，揭开了我国水利水电建设的新篇章。30 余年来，在党和人民政府的领导下，兴修水利，发展水电，取得了伟大成就。根据 1981 年统计（台湾省暂未包括在内），我国已有各类水库 86000 余座（其中库容大于 1 亿 m^3 的大型水库有 329 座），总库容 4000 余亿 m^3，30 万亩以上的大灌区 137 处，水电站总装机容量已超过 2000 万 kW（其中 25 万 kW 以上的大型水电站有 17 座）。此外，还修建了许多堤防、闸坝等。这些工程不仅使大江大河的洪涝灾害受到控制，而且提供的水源、电力，在工农业生产和人民生活中发挥了十分重要的作用。

随着我国水利水电资源的开发利用，工程建设实践大大促进了水工技术的发展。为了提高设计水平和加快设计速度，促进水利水电事业的发展，编写一部反映我国建设经验和科研成果的水工设计手册，作为水利水电工程技术人员的工具书，是大家长期以来的迫切愿望。

早在 60 年代初期，汪胡桢同志就倡导并着手编写我国自己的水工设计手册，后因十年动乱，被迫中断。粉碎“四人帮”以后不久，为适应我国四化建设的需要，由水利电力部规划设计管理局和水利电力出版社共同发起，重新组织编写水工设计手册。1977 年 11 月在青岛召开了手册的编写工作会议，到会的有水利水电系统设计、施工、科研和高等学校共 26 个单位、53 名代表，手册编写工作得到与会单位和代表的热情支持。这次会议讨论了手册编写的指导思想和原则，全书的内容体系，任务分工，计划进度和要求，以及编写体例等方面的问题，并作出了相应的决定。会后，又委托华东水利学院为主编单位，具体担负手册的编审任务。随着编写单位和编写人员的逐步落实，各章的初稿也陆续写出。1980 年 4 月，由组织、主编和出版三个单位在南京召开了第 1 卷审稿会。同年 8 月，三个单位又在北京召开了与坝工有关各章内容协调会。根据议定的程序，手册各章写出以后，一般均打印分发有关单位，采用多种形式广泛征求意见，有的编写单位还召开了范围较广的审稿会。初稿经编写单位自审修改后，又经专门聘请的审订人详细审阅修订，最后由主编单位定稿。在各协作单位大力支持下，经过编写、审订和主编同志们的辛勤劳动，现在，《水工设计手册》终于与读者见面了，这是一件值得庆贺的事。

本手册共有 42 章，拟分 8 卷陆续出版，预计到 1985 年全书出齐，还将出版合订本。

本手册主要供从事大中型水利水电工程设计的技术人员使用，同时也可供地县农田水利工程技术人员和从事水利水电工程施工、管理、科研的人员，以及有关高校、中专师生参考使用。本手册立足于我国的水工设计经验和科研成果，内容以水工设计中经常使用的具体设计计算方法、公式、图表、数据为主，对于不常遇的某些专门问题，比较笼统的设计原则，尽量从简；力求与我国颁布的现行规范相一致，同时还收入了可供参考的有关规程、规范。

这是我国第一部大型综合性水工设计工具书，它具有如下特色：

(1) 内容比较完整。本手册不仅包括了水利水电工程中所有常见的水工建筑物，而且还包括了基础理论知识和与水工专业有关的各专业知识。

(2) 内容比较实用。各章中除给出常用的基本计算方法、公式和设计步骤外，还有较多的工程实例。

(3) 选编的资料较新。对一些较成熟的科研成果和技术革新成果尽量吸收，对国外先进的技术经验和有关规定，凡认为可资参考或应用的，也多作了扼要介绍。

(4) 叙述简明扼要。在表达方式上多采用公式、图表，文字叙述也力求精练，查阅方便。

我们相信，这部手册的问世将对我国从事水利水电工作的同志有一定的帮助。

本手册编成之后，我们感到仍有许多不足之处，例如：个别章的设置和顺序安排不尽恰当；有的章字数偏多，内容上难免存在某些重复；对现代化的设计方法如系统工程、优化设计等，介绍得不够；在文字、体例、繁简程度等方面也不尽一致。所有这些，都有待于再版时加以改进。

本手册自筹备编写至今，历时已近5年，前后参加编写、审订工作的有30多个单位100多位同志。接受编写任务的单位和执笔同志都肩负繁重的设计、科研、教学等工作，他们克服种种困难，完成了手册编写任务，为手册的顺利出版作出了贡献。在此，我们向所有参加手册工作的单位、编写人、审订人表示衷心的感谢，并致以诚挚的慰问。已故水力发电建设总局副总工程师奚景岳同志和水利出版社社长林晓同志，他们生前参加手册发起并做了大量工作，谨在此表示深切的怀念。

最后，我们诚恳地欢迎读者对手册中的疏漏和错误给予批评指正。

水利电力部水利水电规划设计院

华东水利学院

1982年5月

目　录

水利水电建设的宝典——《水工设计手册》(第2版)序 …… 陈雷
序 …… 潘家铮
第2版前言
第1版前言

第1章　征地移民

1.1　概述 …… 3
1.1.1　征地移民的概念 …… 3
1.1.2　政策法规体系 …… 3
1.1.2.1　主要法律 …… 3
1.1.2.2　行政法规 …… 4
1.1.2.3　部门规章 …… 4
1.1.2.4　地方性法规和规章 …… 5
1.1.3　规划设计原则 …… 5
1.1.4　规划设计任务 …… 5
1.1.5　规划报批程序 …… 5
1.2　建设征地范围界定 …… 6
1.2.1　建设征地范围 …… 6
1.2.1.1　水库淹没影响区 …… 6
1.2.1.2　枢纽工程及其他水利工程建设区 …… 6
1.2.2　水库淹没区确定 …… 6
1.2.2.1　设计洪水标准 …… 6
1.2.2.2　设计洪水回水计算 …… 6
1.2.2.3　回水末端的设计终点位置 …… 7
1.2.2.4　风浪和船行波引起的临时淹没区 …… 7
1.2.2.5　冰塞壅水影响区 …… 7
1.2.2.6　淹没范围确定 …… 8
1.2.3　水库蓄水影响区确定 …… 8
1.2.3.1　水库滑坡影响区 …… 8
1.2.3.2　水库塌岸影响区 …… 8
1.2.3.3　水库浸没区 …… 8
1.2.3.4　其他受水库蓄水影响区 …… 8
1.2.4　枢纽工程及其他水利工程建设区确定 …… 8
1.2.5　界桩测设 …… 8
1.2.5.1　界桩的分类 …… 8
1.2.5.2　临时界桩测设要求 …… 8
1.2.5.3　永久界桩测设要求 …… 9
1.2.6　各设计阶段的设计要求 …… 9
1.3　经济社会调查 …… 10
1.3.1　调查目的 …… 10
1.3.2　调查范围 …… 10
1.3.3　调查内容和方法 …… 10
1.3.3.1　调查内容 …… 10
1.3.3.2　调查方法 …… 10
1.3.4　调查要求 …… 14
1.3.5　准备工作和组织程序 …… 14
1.3.5.1　准备工作 …… 14
1.3.5.2　组织程序 …… 14
1.4　实物调查 …… 15
1.4.1　调查目的 …… 15
1.4.2　调查要求 …… 16
1.4.2.1　基本要求 …… 16
1.4.2.2　调查范围 …… 16
1.4.2.3　调查深度 …… 16
1.4.2.4　成果认定 …… 16
1.4.2.5　调查精度 …… 16
1.4.3　调查依据 …… 17
1.4.4　调查内容和方法 …… 17
1.4.4.1　农村调查 …… 17
1.4.4.2　城（集）镇调查 …… 27
1.4.4.3　工业企业调查 …… 37
1.4.4.4　专业项目调查 …… 40
1.4.5　调查组织与实施 …… 54
1.4.5.1　工作程序 …… 54
1.4.5.2　准备工作 …… 54
1.4.5.3　实地调查 …… 55
1.4.5.4　成果整理 …… 55
1.4.5.5　调查成果 …… 56
1.5　移民安置任务、目标和标准 …… 56
1.5.1　基本概念 …… 56

1.5.1.1 移民安置任务…………………… 56
1.5.1.2 规划设计基准年、水平年………… 56
1.5.1.3 人口自然增长率和机械增长率…… 56
1.5.2 农村移民安置………………………… 56
1.5.2.1 安置任务…………………………… 56
1.5.2.2 安置目标…………………………… 58
1.5.2.3 安置标准…………………………… 59
1.5.2.4 设计深度…………………………… 63
1.5.3 城（集）镇迁建……………………… 63
1.5.3.1 人口规模…………………………… 63
1.5.3.2 建设标准…………………………… 64
1.5.3.3 建设用地规模……………………… 66
1.5.4 工业企业处理………………………… 66
1.5.5 专业项目处理………………………… 67
1.6 农村移民安置规划………………………… 67
1.6.1 基本资料……………………………… 67
1.6.1.1 建设征（占）地区………………… 67
1.6.1.2 移民安置区………………………… 67
1.6.2 环境容量分析………………………… 67
1.6.2.1 分析步骤…………………………… 67
1.6.2.2 分析类型…………………………… 68
1.6.2.3 分析方法…………………………… 68
1.6.2.4 设计深度…………………………… 69
1.6.3 移民安置方案………………………… 69
1.6.3.1 安置方式…………………………… 70
1.6.3.2 安置地点选择……………………… 70
1.6.3.3 安置方案比选……………………… 71
1.6.3.4 安置方案确定方法………………… 71
1.6.3.5 设计深度…………………………… 72
1.6.4 生产安置规划………………………… 72
1.6.4.1 指导思想和规划原则……………… 72
1.6.4.2 土地资源筹措……………………… 72
1.6.4.3 土地开发、农耕地改造及农田水利工程…………………………… 72
1.6.4.4 种植业结构优化调整……………… 76
1.6.4.5 园艺作物种植规划………………… 78
1.6.4.6 养殖业开发………………………… 78
1.6.4.7 二、三产业开发…………………… 78
1.6.4.8 生产安置效果评价………………… 79
1.6.4.9 设计深度…………………………… 79
1.6.5 搬迁安置规划设计…………………… 79
1.6.5.1 规划设计原则……………………… 79
1.6.5.2 规划设计内容及方法……………… 80
1.6.5.3 居民点建设投资…………………… 83
1.6.5.4 设计深度…………………………… 83
1.6.6 耕地占补平衡分析…………………… 84
1.6.6.1 法律依据…………………………… 84
1.6.6.2 耕地占补平衡规划………………… 84
1.6.7 各设计阶段的设计要求……………… 84
1.6.8 移民安置综合评价…………………… 85
1.7 城（集）镇迁建规划……………………… 86
1.7.1 规划要求……………………………… 86
1.7.2 规划任务、原则及设计深度………… 86
1.7.2.1 规划任务…………………………… 86
1.7.2.2 规划原则…………………………… 86
1.7.2.3 基本程序与设计深度……………… 87
1.7.3 淹没影响分析………………………… 87
1.7.4 迁建处理方案………………………… 88
1.7.4.1 易地迁建…………………………… 88
1.7.4.2 后靠建设…………………………… 88
1.7.4.3 工程防护及局部搬迁……………… 88
1.7.4.4 撤销与合并………………………… 88
1.7.5 迁建选址……………………………… 88
1.7.5.1 选址原则…………………………… 88
1.7.5.2 选址程序…………………………… 88
1.7.6 新址地质勘察………………………… 89
1.7.6.1 选址地质调查……………………… 89
1.7.6.2 初步地质勘察……………………… 89
1.7.6.3 详细地质勘察……………………… 89
1.7.6.4 市政工程地质勘察………………… 89
1.7.6.5 施工图补充勘察…………………… 90
1.7.7 迁建总体规划………………………… 90
1.7.7.1 迁建总体规划与城（集）镇体系之间的关系…………………… 90
1.7.7.2 迁建总体规划的主要任务、内容及要求…………………………… 90
1.7.8 迁建规划设计………………………… 90
1.7.8.1 工作内容和成果…………………… 90
1.7.8.2 迁建规模…………………………… 91
1.7.8.3 新址适宜性评价…………………… 91
1.7.8.4 用地布局规划……………………… 91
1.7.8.5 公共设施规划……………………… 92
1.7.8.6 居住建筑规划……………………… 94
1.7.8.7 公用设施规划……………………… 95
1.7.8.8 道路交通规划……………………… 95
1.7.8.9 竖向设计…………………………… 96
1.7.8.10 公用工程规划设计……………… 98
1.7.8.11 防灾减灾规划…………………… 102
1.7.8.12 环境保护规划…………………… 103
1.7.8.13 技术经济分析…………………… 105

1.7.8.14 新址征地补偿费及基础设施工程投资计算 …… 107

1.8 工业企业处理规划 …… 108

1.8.1 概述 …… 108

1.8.1.1 处理原则 …… 108

1.8.1.2 主要任务 …… 108

1.8.1.3 主要内容 …… 108

1.8.1.4 设计深度 …… 108

1.8.2 资产评估 …… 108

1.8.2.1 基本知识 …… 108

1.8.2.2 基本思路 …… 110

1.8.2.3 受淹企业的资产评估 …… 110

1.8.3 处理规划设计 …… 112

1.8.3.1 淹没影响程度分析 …… 112

1.8.3.2 处理方案确定 …… 112

1.8.4 补偿投资 …… 113

1.8.4.1 基本原则 …… 113

1.8.4.2 补偿项目设置 …… 113

1.8.4.3 补偿标准及补偿费计算 …… 113

1.8.4.4 计算案例 …… 114

1.9 专业项目处理规划 …… 116

1.9.1 概述 …… 116

1.9.1.1 处理原则 …… 116

1.9.1.2 规划设计要求 …… 116

1.9.1.3 设计深度 …… 116

1.9.2 交通运输工程处理 …… 116

1.9.2.1 处理规划依据 …… 117

1.9.2.2 铁路处理 …… 117

1.9.2.3 公路处理 …… 117

1.9.2.4 码头、渡口处理 …… 120

1.9.2.5 航道处理 …… 121

1.9.2.6 库周交通处理 …… 121

1.9.3 输变电工程处理 …… 121

1.9.3.1 规划依据 …… 121

1.9.3.2 变电所（站）处理 …… 121

1.9.3.3 送电线路处理 …… 124

1.9.3.4 安置区配电线路调整规划 …… 126

1.9.4 电信工程处理 …… 126

1.9.4.1 规划依据 …… 126

1.9.4.2 长途通信线路处理 …… 126

1.9.4.3 通信基站处理 …… 129

1.9.4.4 地方通信线路处理 …… 129

1.9.4.5 安置区通信线路处理 …… 129

1.9.5 广播电视工程处理 …… 129

1.9.6 水利水电工程处理 …… 129

1.9.6.1 规划依据 …… 129

1.9.6.2 小水库处理 …… 129

1.9.6.3 小水电站处理 …… 129

1.9.6.4 提水站处理 …… 129

1.9.6.5 闸坝处理 …… 130

1.9.6.6 渠道处理 …… 130

1.9.7 管道设施处理 …… 130

1.9.8 国有农（林、牧、渔）场处理 …… 130

1.9.9 文物古迹处理 …… 130

1.9.9.1 处理原则 …… 130

1.9.9.2 处理规划 …… 131

1.9.9.3 处理案例 …… 131

1.9.10 风景名胜区、自然保护区处理 …… 132

1.9.10.1 风景名胜区处理 …… 132

1.9.10.2 自然保护区处理 …… 133

1.9.11 水文站处理 …… 133

1.9.12 矿产资源处理 …… 133

1.9.13 永久测量标志处理 …… 133

1.10 库区防护工程 …… 133

1.10.1 防护工程类型和适用条件 …… 133

1.10.1.1 防护工程类型 …… 133

1.10.1.2 防护工程适用条件 …… 134

1.10.2 防护工程设计标准 …… 134

1.10.2.1 防护对象的防洪标准 …… 134

1.10.2.2 防护工程等级 …… 134

1.10.2.3 防护工程的防洪标准 …… 135

1.10.2.4 防护工程其他设计标准 …… 135

1.10.3 基础资料 …… 135

1.10.3.1 经济社会 …… 135

1.10.3.2 气象水文 …… 135

1.10.3.3 工程地形 …… 135

1.10.3.4 工程地质 …… 136

1.10.3.5 房屋加固处理 …… 136

1.10.3.6 移民安置规划 …… 136

1.10.4 防护方案选择及防护工程布置 …… 136

1.10.4.1 防护方案选择 …… 136

1.10.4.2 防护工程总体布置 …… 137

1.10.4.3 堤防工程布置 …… 137

1.10.4.4 排水工程布置 …… 138

1.10.4.5 护岸工程布置 …… 139

1.10.4.6 场地垫高工程布置 …… 139

1.10.4.7 房屋加固处理工程布置 …… 139

1.10.5 防护工程主要建筑物设计 …… 140

1.10.5.1 土堤设计 …… 140

1.10.5.2 防洪墙（挡墙）设计 …… 142

1.10.5.3 排水沟渠设计 …………………… 144
1.10.5.4 泵站设计 …………………… 145
1.10.5.5 水闸设计 …………………… 145
1.10.5.6 护岸工程设计 …………………… 146
1.10.5.7 场地垫高工程设计 …………………… 147
1.10.5.8 房屋加固处理工程设计 …………………… 148
1.10.6 防护工程施工组织设计 …………………… 148
1.10.7 防护工程管理设计 …………………… 149
1.10.8 防护工程设计方案比选 …………………… 149
1.10.9 各设计阶段的设计要求 …………………… 150
1.11 水库水域开发与利用 …………………… 150
1.11.1 开发利用原则 …………………… 150
1.11.2 水库渔业开发 …………………… 150
1.11.3 水库旅游开发 …………………… 151
1.11.3.1 开发要求 …………………… 151
1.11.3.2 旅游资源调查与评价 …………………… 151
1.11.3.3 旅游景点规划 …………………… 151
1.11.4 水库消落区土地利用 …………………… 152
1.11.4.1 利用原则 …………………… 152
1.11.4.2 利用范围及分区 …………………… 152
1.11.4.3 消落区的开发利用模式 …………………… 152
1.11.4.4 消落区土地利用规划 …………………… 152
1.11.5 水库航运开发 …………………… 153
1.11.6 各设计阶段的规划要求 …………………… 153
1.12 水库库底清理 …………………… 153
1.12.1 清理目的 …………………… 153
1.12.2 基本要求 …………………… 154
1.12.3 清理范围及对象 …………………… 154
1.12.3.1 一般清理 …………………… 154
1.12.3.2 特殊清理 …………………… 155
1.12.4 清理方法及技术要求 …………………… 155
1.12.4.1 建筑物、构筑物清理 …………………… 155
1.12.4.2 林木采伐与迹地清理 …………………… 156
1.12.4.3 易漂浮物清理 …………………… 156
1.12.4.4 卫生清理 …………………… 156
1.12.4.5 固体废物清理 …………………… 158
1.12.4.6 特殊清理 …………………… 159
1.12.4.7 专门的防污染处理 …………………… 159
1.12.5 清理工作量确定 …………………… 159
1.12.5.1 库底清理实物量调查 …………………… 159
1.12.5.2 清理工作量确定 …………………… 159
1.12.6 各设计阶段的设计要求 …………………… 160
1.13 补偿投资概（估）算编制 …………………… 160
1.13.1 编制依据、原则和特点 …………………… 160
1.13.1.1 编制依据 …………………… 161
1.13.1.2 编制原则 …………………… 161
1.13.1.3 编制特点 …………………… 161
1.13.2 投资概（估）算项目设置及费用构成 …………………… 161
1.13.2.1 项目设置 …………………… 161
1.13.2.2 费用构成 …………………… 162
1.13.3 投资概算编制方法 …………………… 164
1.13.3.1 补偿补助费概算 …………………… 164
1.13.3.2 工程建设费概算 …………………… 169
1.13.3.3 其他费用计算 …………………… 169
1.13.3.4 预备费计算 …………………… 169
1.13.3.5 有关税费计算 …………………… 170
1.13.4 投资估算编制方法 …………………… 171
1.13.5 投资概（估）算编制要求 …………………… 172
1.14 水库移民后期扶持 …………………… 172
1.14.1 概述 …………………… 172
1.14.2 指导思想、目标和原则 …………………… 172
1.14.3 扶持有关规定 …………………… 172
1.14.4 扶持规划 …………………… 173
1.14.5 新建水库后期扶持人口核定 …………………… 173
1.14.6 其他后期扶持政策 …………………… 173
参考文献 …………………… 174

第2章 环境保护

2.1 综述 …………………… 179
2.1.1 保护目标与管理规定 …………………… 179
2.1.1.1 保护目标 …………………… 179
2.1.1.2 管理规定和管理程序 …………………… 179
2.1.1.3 发展趋势 …………………… 180
2.1.2 设计依据 …………………… 180
2.1.2.1 法律法规及规范性文件 …………………… 180
2.1.2.2 主要规范和标准 …………………… 180
2.1.2.3 工程设计技术文件 …………………… 181
2.1.3 环境影响评价 …………………… 181
2.1.3.1 工作内容和原则 …………………… 181
2.1.3.2 工作流程 …………………… 181
2.1.3.3 工作等级 …………………… 181
2.1.3.4 评价范围与评价时段 …………………… 182
2.1.4 环境保护设计 …………………… 182
2.1.4.1 工作内容和原则 …………………… 182
2.1.4.2 工作流程 …………………… 183
2.1.5 各设计阶段环境保护工作要求 …………………… 183
2.1.5.1 水利水电工程各设计阶段环境保护工作要求 …………………… 183

2.1.5.2 水电工程各设计阶段环境保护工作要求 …… 184

2.2 环境现状调查与评价 …… 184

2.2.1 自然环境调查 …… 184

2.2.1.1 工程地理位置 …… 184

2.2.1.2 地形、地貌与地质 …… 184

2.2.1.3 气候与气象 …… 184

2.2.1.4 土壤 …… 185

2.2.1.5 水文与水资源 …… 185

2.2.1.6 水环境 …… 185

2.2.1.7 陆生生态 …… 186

2.2.1.8 水生生态 …… 188

2.2.1.9 环境空气与声环境 …… 192

2.2.2 社会环境调查 …… 192

2.2.2.1 社会经济 …… 192

2.2.2.2 人群健康 …… 192

2.2.3 环境敏感区调查 …… 193

2.2.3.1 调查范围 …… 193

2.2.3.2 调查内容 …… 193

2.2.3.3 调查方法 …… 194

2.2.4 历史资料调查 …… 194

2.2.4.1 调查内容 …… 194

2.2.4.2 调查方法 …… 194

2.2.5 环境现状评价 …… 194

2.2.5.1 自然环境现状评价 …… 194

2.2.5.2 社会环境现状评价 …… 199

2.2.5.3 敏感区域现状评价 …… 199

2.3 工程分析与环境影响识别 …… 200

2.3.1 工程与规划协调性分析 …… 200

2.3.1.1 工程与全国主体功能区规划的协调性分析 …… 200

2.3.1.2 工程与流域规划及专项规划的协调性分析 …… 200

2.3.1.3 工程与生态环境保护规划（区划）的协调性分析 …… 200

2.3.1.4 工程与区域经济社会发展规划的协调性分析 …… 200

2.3.2 工程设计方案环境合理性分析 …… 201

2.3.2.1 工程开发方式环境合理性分析 …… 201

2.3.2.2 工程设计方案环境合理性分析 …… 201

2.3.2.3 工程施工方案环境合理性分析 …… 201

2.3.2.4 移民安置环境合理性分析 …… 202

2.3.3 工程分析 …… 202

2.3.3.1 目的 …… 202

2.3.3.2 对象 …… 202

2.3.3.3 技术要求 …… 202

2.3.3.4 主要内容与技术方法 …… 203

2.3.4 环境影响识别 …… 206

2.3.4.1 目的 …… 206

2.3.4.2 内容 …… 206

2.3.4.3 技术方法 …… 208

2.4 环境影响预测与评价 …… 210

2.4.1 水文、泥沙情势影响分析 …… 210

2.4.1.1 各类工程水文情势变化特点 …… 210

2.4.1.2 水文情势影响评价 …… 211

2.4.1.3 泥沙情势影响分析 …… 215

2.4.2 水环境影响预测与评价 …… 215

2.4.2.1 预测阶段和预测时期 …… 215

2.4.2.2 预测范围 …… 215

2.4.2.3 水温预测 …… 216

2.4.2.4 水质预测与评价 …… 221

2.4.2.5 水库富营养化预测与评价 …… 227

2.4.2.6 水环境容量计算 …… 229

2.4.2.7 对地下水的影响 …… 230

2.4.3 生态影响预测与评价 …… 231

2.4.3.1 陆生生态影响预测与评价 …… 231

2.4.3.2 水生生态影响预测与评价 …… 239

2.4.3.3 环境敏感目标影响预测与评价 …… 248

2.4.3.4 对区域现存主要敏感生态问题的影响趋势 …… 253

2.4.4 局地气候影响预测与评价 …… 253

2.4.4.1 对气温的影响预测 …… 253

2.4.4.2 对降水的影响预测 …… 254

2.4.4.3 对湿度的影响预测 …… 255

2.4.4.4 对风的影响预测 …… 255

2.4.4.5 对生态的影响评价 …… 255

2.4.5 土地资源与土壤环境影响预测与评价 …… 256

2.4.5.1 对土地资源的影响 …… 256

2.4.5.2 对土壤环境的影响 …… 257

2.4.6 环境地质影响预测与评价 …… 259

2.4.6.1 水库诱发地震影响 …… 259

2.4.6.2 库岸稳定影响 …… 259

2.4.6.3 其他环境地质问题影响 …… 260

2.4.7 声、气、固体废物环境影响预测与评价 …… 261

2.4.7.1 声环境影响预测与评价 …… 261

2.4.7.2 大气环境影响预测与评价 ········ 264
2.4.7.3 固体废物环境影响预测与评价 ········ 266
2.4.8 人群健康影响预测与评价 ········ 267
2.4.8.1 影响因素分析 ········ 267
2.4.8.2 主要疾病影响预测评价内容 ········ 268
2.4.8.3 影响预测评价方法 ········ 270
2.4.9 景观影响预测与评价 ········ 270
2.4.9.1 预测内容 ········ 270
2.4.9.2 评价方法 ········ 270
2.4.10 社会经济及移民影响预测与评价 ········ 272
2.4.10.1 社会经济影响 ········ 272
2.4.10.2 移民影响 ········ 274
2.5 生态需水及保障措施 ········ 275
2.5.1 生态需水构成及界定 ········ 275
2.5.1.1 生态基流 ········ 275
2.5.1.2 敏感生态需水 ········ 275
2.5.2 生态需水确定 ········ 276
2.5.2.1 生态基流的计算方法 ········ 276
2.5.2.2 敏感生态需水的计算方法 ········ 279
2.5.3 生态需水保障措施 ········ 281
2.5.3.1 兼顾生态用水的工程调度 ········ 281
2.5.3.2 生态补水 ········ 283
2.5.3.3 生态流量泄放设施 ········ 283
2.5.3.4 生态流量监控 ········ 284
2.5.4 案例分析 ········ 284
2.5.4.1 部分水利水电工程生态流量及下泄方式 ········ 284
2.5.4.2 某河流多目标生态需水调度方案 ········ 286
2.5.4.3 国外流域生态调度典型案例 ········ 289
2.6 水环境保护 ········ 290
2.6.1 重要水域水质保护措施 ········ 290
2.6.1.1 水质保护与污染控制措施 ········ 290
2.6.1.2 生态措施 ········ 294
2.6.2 工程施工废污水处理 ········ 298
2.6.2.1 施工废水处理 ········ 298
2.6.2.2 砂石料加工废水处理 ········ 300
2.6.2.3 混凝土拌和系统冲洗废水处理 ········ 304
2.6.2.4 地下洞室施工废水处理 ········ 304
2.6.2.5 基坑废水处理 ········ 304
2.6.2.6 机械修配系统含油废水处理 ········ 304
2.6.2.7 生活污水处理 ········ 305
2.6.3 施工期水源地保护措施 ········ 312
2.6.3.1 水源地防护措施 ········ 312
2.6.3.2 水源替代措施 ········ 314
2.6.4 水温恢复与调控措施 ········ 314
2.6.4.1 措施的类型和特点 ········ 314
2.6.4.2 分层取水设施设计 ········ 319
2.6.5 地下水保护措施 ········ 320
2.6.5.1 措施分类 ········ 320
2.6.5.2 排水措施 ········ 320
2.6.5.3 防渗措施 ········ 321
2.7 陆生生态保护 ········ 322
2.7.1 保护对象和设计原则 ········ 322
2.7.1.1 保护对象 ········ 322
2.7.1.2 保护设计原则 ········ 322
2.7.2 陆生植物保护 ········ 322
2.7.2.1 珍稀濒危特有植物就地和迁地保护 ········ 322
2.7.2.2 古树名木保护 ········ 326
2.7.2.3 森林、草原植被保护 ········ 327
2.7.3 陆生动物保护 ········ 328
2.7.3.1 陆生动物就地保护 ········ 328
2.7.3.2 野生动物迁地保护 ········ 329
2.7.3.3 施工区陆生动物保护 ········ 330
2.8 水生生态保护 ········ 330
2.8.1 生境保护与修复 ········ 330
2.8.1.1 生境保护确定原则和方法 ········ 330
2.8.1.2 生境保护范围 ········ 331
2.8.1.3 生境保护措施 ········ 331
2.8.1.4 微生境修复 ········ 332
2.8.2 过鱼设施设计 ········ 333
2.8.2.1 过鱼目标确定 ········ 333
2.8.2.2 过鱼方案设计 ········ 333
2.8.2.3 设计水位与设计流速 ········ 333
2.8.2.4 鱼道设计 ········ 334
2.8.2.5 仿自然通道设计 ········ 335
2.8.2.6 升鱼机设计 ········ 336
2.8.2.7 鱼闸设计 ········ 337
2.8.2.8 集运鱼系统设计 ········ 337
2.8.2.9 附属设施设计 ········ 338
2.8.2.10 模型试验 ········ 338
2.8.2.11 过鱼设施运行管理 ········ 338
2.8.2.12 过鱼设施案例 ········ 339
2.8.3 鱼类增殖站设计 ········ 341
2.8.3.1 放流规模 ········ 341
2.8.3.2 建设内容 ········ 341

2.8.3.3 站址比选 …… 342
2.8.3.4 站址环境条件 …… 343
2.8.3.5 工艺设计 …… 343
2.8.3.6 工程设计 …… 347
2.8.3.7 运行规划 …… 350
2.8.4 拦、赶鱼设施设计 …… 353
2.8.4.1 设施类型及其比选 …… 353
2.8.4.2 网拦赶鱼设施 …… 353
2.8.4.3 电拦赶鱼设施 …… 355
2.8.4.4 其他拦、赶鱼设施 …… 355
2.9 土壤环境保护 …… 355
2.9.1 土壤次生盐渍化防治 …… 356
2.9.1.1 工程措施 …… 356
2.9.1.2 生物措施 …… 362
2.9.1.3 化学改良措施 …… 364
2.9.1.4 管理措施 …… 364
2.9.1.5 典型案例 …… 365
2.9.2 土壤潜育化、沼泽化防治 …… 366
2.9.2.1 工程措施 …… 366
2.9.2.2 生物措施 …… 367
2.9.2.3 管理措施 …… 367
2.9.3 底泥处理 …… 367
2.9.3.1 隔离处置 …… 367
2.9.3.2 资源化利用 …… 367
2.10 大气、声环境保护 …… 368
2.10.1 空气污染控制 …… 368
2.10.1.1 主要保护对象和保护要求 …… 368
2.10.1.2 砂石料生产系统除尘 …… 368
2.10.1.3 混凝土拌和系统除尘 …… 369
2.10.1.4 道路扬尘控制 …… 369
2.10.1.5 爆破钻孔粉尘控制 …… 369
2.10.1.6 施工场地扬尘、臭气控制 …… 369
2.10.2 噪声防治 …… 369
2.10.2.1 主要保护对象和保护要求 …… 369
2.10.2.2 声源控制 …… 370
2.10.2.3 传播途径控制 …… 371
2.10.2.4 受体防护 …… 372
2.10.2.5 隔声屏障工程实例 …… 373
2.11 固体废弃物处置 …… 374
2.11.1 固体废弃物产生和处置要求 …… 374
2.11.2 生活垃圾处置 …… 374
2.11.2.1 生活垃圾处置方式 …… 374
2.11.2.2 垃圾收集与运输 …… 374
2.11.2.3 卫生填埋工艺类型 …… 375
2.11.2.4 卫生填埋场工艺设计 …… 376
2.11.3 建筑垃圾处置 …… 378
2.12 人群健康保护 …… 378
2.12.1 卫生清理与检疫防疫 …… 378
2.12.1.1 卫生清理 …… 378
2.12.1.2 检疫防疫 …… 379
2.12.1.3 食品与环境卫生管理 …… 379
2.12.1.4 工程运行调度管理 …… 380
2.12.2 疾病预防与控制 …… 380
2.12.2.1 自然疫源性疾病的预防与控制 …… 380
2.12.2.2 介水传染病的预防与控制 …… 381
2.12.2.3 虫媒传染病的预防和控制 …… 382
2.12.2.4 地方性疾病预防措施 …… 382
2.12.2.5 流感的预防和控制 …… 382
2.12.3 血吸虫病防治工程措施设计 …… 382
2.12.3.1 涵闸（泵站）血防工程措施设计 …… 382
2.12.3.2 堤防血防工程措施设计 …… 383
2.12.3.3 灌排渠系血防工程措施设计 …… 384
2.12.3.4 河湖整治血防工程措施设计 …… 384
2.12.3.5 饮水血防工程措施设计 …… 385
2.12.3.6 血吸虫病防治案例 …… 385
2.13 景观保护与生态水工设计 …… 386
2.13.1 景观与景观保护 …… 386
2.13.1.1 景观[10] …… 386
2.13.1.2 景观保护 …… 386
2.13.2 景观保护设计 …… 386
2.13.2.1 设计的重点和原则 …… 386
2.13.2.2 设计内容 …… 387
2.13.2.3 设计案例 …… 388
2.13.3 生态水工设计 …… 389
2.13.3.1 生态水利工程学 …… 389
2.13.3.2 生态河流的自然化理念 …… 389
2.13.3.3 河道岸坡生态防护工程设计 …… 390
2.13.3.4 案例：北京市北护城河生态治理工程 …… 392
2.14 环境监测 …… 396
2.14.1 环境监测任务 …… 396
2.14.2 环境监测分类 …… 396
2.14.3 环境监测原则 …… 396
2.14.4 施工期环境监测 …… 397
2.14.4.1 水环境监测 …… 397
2.14.4.2 生态监测 …… 398
2.14.4.3 环境空气监测 …… 399
2.14.4.4 声环境监测 …… 399

2.14.4.5 土壤环境监测 …………………… 400
2.14.4.6 人群健康监测 …………………… 400
2.14.5 运行期环境监测 …………………… 400
2.14.5.1 水环境监测 …………………… 400
2.14.5.2 生态监测 …………………… 401
2.14.5.3 土壤环境监测 …………………… 402
2.14.5.4 人群健康监测 …………………… 402
参考文献 …………………… 402

第3章 水土保持

3.1 概述 …………………… 407
3.1.1 水土流失与水土保持 …………………… 407
3.1.1.1 水土流失 …………………… 407
3.1.1.2 水土保持 …………………… 409
3.1.2 水土保持设计原则与规定 …………………… 410
3.1.2.1 设计原则 …………………… 410
3.1.2.2 设计规定 …………………… 411
3.2 水土保持设计标准和水文计算 …………………… 415
3.2.1 级别划分与设计标准 …………………… 415
3.2.1.1 级别划分 …………………… 415
3.2.1.2 设计标准 …………………… 416
3.2.2 水文计算 …………………… 419
3.2.2.1 一般规定 …………………… 419
3.2.2.2 防洪水文计算 …………………… 419
3.2.2.3 排水水文计算 …………………… 420
3.2.2.4 算例 …………………… 422
3.3 水土保持调查与勘测 …………………… 423
3.3.1 水土保持调查 …………………… 423
3.3.1.1 区域调查 …………………… 423
3.3.1.2 工程区调查 …………………… 427
3.3.2 水土保持勘测 …………………… 428
3.3.2.1 测量 …………………… 428
3.3.2.2 勘察 …………………… 429
3.4 水土保持工程总体布置 …………………… 430
3.4.1 水土流失防治责任范围 …………………… 430
3.4.1.1 防治责任范围的内容 …………………… 430
3.4.1.2 防治责任范围确定的方法及要求 …………………… 430
3.4.1.3 防治责任范围的界定原则 …………………… 430
3.4.2 水土流失防治分区 …………………… 431
3.4.2.1 防治分区划定的原则 …………………… 431
3.4.2.2 防治分区的划分 …………………… 431
3.4.3 水土流失防治目标及措施总体布局 …………………… 432
3.4.3.1 防治目标及标准 …………………… 432
3.4.3.2 水土保持措施总体布局和水土流失防治措施体系 …………………… 432
3.4.3.3 分区水土保持措施布局 …………………… 432
3.4.4 案例 …………………… 435
3.4.4.1 南水北调中线鲁山段工程 …………………… 435
3.4.4.2 金沙江向家坝水电站工程 …………………… 436
3.5 弃渣场设计 …………………… 439
3.5.1 弃渣场分类 …………………… 439
3.5.2 基本资料和设计基本要求 …………………… 440
3.5.2.1 基本资料 …………………… 440
3.5.2.2 设计基本要求 …………………… 440
3.5.3 弃渣场选址 …………………… 440
3.5.4 弃渣堆置方案设计 …………………… 440
3.5.4.1 弃渣场堆置要素 …………………… 441
3.5.4.2 安全防护距离 …………………… 443
3.5.4.3 弃渣场稳定分析 …………………… 443
3.5.4.4 弃渣场基础处理 …………………… 444
3.5.5 弃渣场防护措施布置 …………………… 444
3.5.5.1 弃渣场防护措施体系 …………………… 444
3.5.5.2 弃渣场防护措施总体布局 …………………… 444
3.5.6 案例 …………………… 446
3.5.6.1 弃渣场设计算例 …………………… 446
3.5.6.2 沟道型渣场案例 …………………… 449
3.5.6.3 临河型渣场案例 …………………… 460
3.5.6.4 坡地型渣场案例 …………………… 461
3.5.6.5 平地型渣场案例 …………………… 462
3.5.6.6 库区型渣场案例 …………………… 463
3.6 拦渣工程设计 …………………… 465
3.6.1 拦渣工程分类及其适用条件 …………………… 465
3.6.1.1 工程分类 …………………… 465
3.6.1.2 适用条件 …………………… 465
3.6.2 挡渣墙工程设计 …………………… 465
3.6.2.1 型式 …………………… 465
3.6.2.2 断面设计 …………………… 465
3.6.2.3 细部构造设计 …………………… 465
3.6.2.4 埋置深度 …………………… 465
3.6.2.5 常用挡渣墙设计 …………………… 466
3.6.2.6 设计算例 …………………… 466
3.6.3 拦渣堤工程设计 …………………… 467
3.6.3.1 堤型选择 …………………… 467
3.6.3.2 平面布置 …………………… 468
3.6.3.3 断面设计 …………………… 468
3.6.3.4 埋置深度 …………………… 468
3.6.3.5 细部构造设计 …………………… 469

3.6.3.6 设计算例 …… 469
3.6.4 拦渣坝工程设计 …… 470
3.6.4.1 截洪式拦渣坝 …… 471
3.6.4.2 滞洪式拦渣坝 …… 477
3.6.5 拦挡工程稳定计算 …… 479
3.6.5.1 挡渣墙稳定计算 …… 479
3.6.5.2 拦渣堤稳定计算 …… 481
3.6.5.3 拦渣坝稳定计算 …… 481
3.7 斜坡防护工程设计 …… 490
3.7.1 斜坡分类及防护 …… 490
3.7.1.1 斜坡分类 …… 490
3.7.1.2 斜坡开挖坡度 …… 490
3.7.1.3 斜坡防护类型 …… 490
3.7.2 斜坡防护工程适用条件 …… 491
3.7.2.1 削坡开级 …… 491
3.7.2.2 综合护坡 …… 491
3.7.2.3 砌石护坡 …… 492
3.7.2.4 边坡排水和防渗 …… 492
3.7.3 斜坡防护工程设计 …… 492
3.7.3.1 削坡开级工程 …… 492
3.7.3.2 综合护坡工程 …… 493
3.7.3.3 砌石护坡工程 …… 497
3.7.3.4 边坡排水和防渗工程 …… 498
3.8 土地整治工程设计 …… 499
3.8.1 土地整治分类及适用范围 …… 499
3.8.1.1 土地整治分类 …… 499
3.8.1.2 土地整治的适用范围 …… 499
3.8.2 土地整治设计 …… 499
3.8.2.1 设计原则 …… 499
3.8.2.2 土地利用方向的确定 …… 500
3.8.2.3 土地整治内容及要求 …… 500
3.8.2.4 不同场地土地整治模式 …… 508
3.8.3 案例 …… 510
3.8.3.1 金沙江向家坝土地整治案例 …… 510
3.8.3.2 黑龙江省平原灌区工程土地整治案例 …… 512
3.8.3.3 内蒙古自治区红花尔基水利枢纽土地整治案例 …… 513
3.9 防洪排导工程设计 …… 516
3.9.1 防洪排导工程类型与适用范围 …… 516
3.9.1.1 工程类型 …… 516
3.9.1.2 适用范围 …… 516
3.9.1.3 设计所需基本资料 …… 516
3.9.2 拦洪坝工程 …… 516
3.9.2.1 工程分类 …… 516
3.9.2.2 工程设计 …… 516
3.9.3 排洪排水工程 …… 517
3.9.3.1 工程分类 …… 517
3.9.3.2 工程设计 …… 517
3.9.4 护岸护滩工程 …… 521
3.9.4.1 工程分类 …… 521
3.9.4.2 坡式护岸 …… 521
3.9.4.3 坝式护岸 …… 521
3.9.4.4 墙式护岸 …… 522
3.9.5 泥石流防治工程 …… 522
3.9.5.1 设计基本要求 …… 522
3.9.5.2 地表径流形成区 …… 522
3.9.5.3 泥石流形成区 …… 523
3.9.5.4 泥石流流过区 …… 523
3.9.5.5 泥石流堆积区 …… 523
3.10 降雨蓄渗工程设计 …… 524
3.10.1 工程分类与适用范围 …… 524
3.10.1.1 定义及分类 …… 524
3.10.1.2 适用范围 …… 524
3.10.1.3 设计所需基本资料 …… 524
3.10.2 蓄水工程设计 …… 524
3.10.2.1 工程类型 …… 525
3.10.2.2 工程规模确定 …… 525
3.10.2.3 雨水收集设施设计 …… 526
3.10.2.4 雨水蓄存设施设计 …… 529
3.10.2.5 蓄水工程案例 …… 531
3.10.3 入渗工程设计 …… 533
3.10.3.1 渗透设施布置要求 …… 534
3.10.3.2 绿地入渗 …… 534
3.10.3.3 透水铺装地面入渗 …… 534
3.10.3.4 渗透浅沟 …… 534
3.10.3.5 渗透洼地 …… 535
3.10.3.6 渗透管 …… 535
3.10.3.7 渗透池 …… 535
3.10.3.8 入渗井 …… 536
3.10.3.9 道路雨水入渗工程案例 …… 536
3.11 植被恢复与建设工程设计 …… 537
3.11.1 造林地立地类型 …… 537
3.11.1.1 立地类型划分 …… 537
3.11.1.2 立地改良条件及要求 …… 538
3.11.2 植被恢复与建设工程类型及其适用条件 …… 539
3.11.2.1 工程类型 …… 539
3.11.2.2 适用条件 …… 539
3.11.2.3 树草种选择与配置 …… 539

3.11.3　一般林草工程设计 …………………… 542
3.11.3.1　适用范围 …………………… 542
3.11.3.2　设计要点 …………………… 542
3.11.3.3　案例 …………………… 568
3.11.4　高陡边坡绿化设计 …………………… 571
3.11.4.1　技术分类 …………………… 571
3.11.4.2　适用条件 …………………… 572
3.11.4.3　绿化设计 …………………… 573
3.11.5　园林式绿化设计 …………………… 578
3.11.5.1　适用范围 …………………… 578
3.11.5.2　设计要点 …………………… 578
3.11.5.3　案例 …………………… 579
3.12　防风固沙工程设计 …………………… 580
3.12.1　工程分类及体系 …………………… 580
3.12.1.1　工程分类 …………………… 580
3.12.1.2　工程体系 …………………… 580
3.12.2　工程设计 …………………… 581
3.12.2.1　沙障工程设计 …………………… 581
3.12.2.2　防风固沙林设计 …………………… 582
3.12.2.3　防风固沙种草设计 …………………… 582
3.12.2.4　围栏设计 …………………… 582
3.12.3　案例 …………………… 583
3.12.3.1　干旱风蚀荒漠化区穿越沙漠输水干渠的防风固沙工程体系 ……… 583
3.12.3.2　干旱风蚀荒漠化区穿越戈壁输水干渠的防风固沙工程体系 ……… 584
3.12.3.3　半干旱风蚀沙化区的防风固沙工程体系 …………………… 584
3.12.3.4　半湿润平原风沙区的防风固沙工程体系 …………………… 585
3.13　水土保持施工组织设计 …………………… 586
3.13.1　施工条件 …………………… 586
3.13.1.1　交通条件 …………………… 586
3.13.1.2　自然条件 …………………… 586
3.13.1.3　材料来源 …………………… 586
3.13.2　施工布置 …………………… 586
3.13.2.1　布置原则 …………………… 586
3.13.2.2　施工布置 …………………… 587
3.13.3　施工方法 …………………… 587
3.13.3.1　工程措施 …………………… 587
3.13.3.2　植物措施 …………………… 590
3.13.3.3　临时措施 …………………… 592
3.13.4　施工进度安排 …………………… 593
3.13.4.1　安排原则 …………………… 593
3.13.4.2　进度安排 …………………… 593
3.14　水土保持监测 …………………… 598
3.14.1　监测内容和时段 …………………… 598
3.14.1.1　监测内容 …………………… 598
3.14.1.2　监测时段 …………………… 598
3.14.2　监测方法 …………………… 598
3.14.2.1　地面观测 …………………… 598
3.14.2.2　遥感监测 …………………… 600
3.14.2.3　调查监测 …………………… 600
3.14.3　监测成果 …………………… 601
3.14.4　监测体系 …………………… 601
参考文献 …………………… 607

第1章

征 地 移 民

本章为《水工设计手册》（第2版）新编章节，共分14节，主要内容包括：概述；建设征地界定；经济社会调查；实物调查；移民安置任务、目标和标准；农村移民安置规划；城（集）镇迁建规划；工业企业处理规划；专业项目处理规划；库区防护工程；水库水域开发与利用；水库库底清理；补偿投资概（估）算编制；水库移民后期扶持等。

章主编　潘尚兴　冯久成　姚玉琴　李世印

章主审　王晓峰　傅秀堂　杨松德　田一德

本章各节编写及审稿人员

节次	编　写　人	审稿人
1.1	姚玉琴　潘尚兴　尹迅飞	王晓峰 傅秀堂 杨松德 田一德
1.2	潘尚兴　姚玉琴	
1.3	董献明　吴东峰　吴家敏　吴壮海	
1.4	吴家敏　董献明　吴壮海　吴东峰	
1.5	施国庆　贾永飞　李世印	
1.6	李世印　李宝山　施国庆	
1.7	尹忠武　李文军　蒋建东　郑　轩	
1.8	冯久成　周金存　金泰植	
1.9	李宝山　李世印	
1.10	尹忠武　郑　轩　林　彤　黄道宏	
1.11	施国庆　孙中艮　李　敏	
1.12	冯久成　李世印	
1.13	冯久成　潘尚兴　姚玉琴	
1.14	冯久成　王振刚	

第1章 征 地 移 民

1.1 概 述

1.1.1 征地移民的概念

移民按其主观意愿的不同，可分为自愿移民和非自愿移民。自愿移民是指由于自身原因而自觉自愿地迁移。非自愿移民是指由于各种不可抗拒的外力因素（如战争、自然灾害）或兴建工程项目导致的人口被动迁移。水利水电工程征地移民系指因水利水电工程建设征地而必须迁移安置的农村、城（集）镇居民，具有非自愿性。

根据水利水电工程类型，水利水电工程征地移民分为水库移民和其他水利工程移民。水库移民是指居住在枢纽工程水库区和枢纽工程建设区的居民，或虽居住在枢纽工程水库区和枢纽工程建设区外、但其基本生产资料被征收的农村居民。其他水利工程移民指因灌溉或引（供）水渠道、水闸、泵站、堤防等工程建设征地而引起的移民。

水库移民因淹没损失大、涉及范围广，移民搬迁安置持续时间长，面临的恢复、重建任务重，而成为水利水电工程建设征地移民的重点和难点。水库移民不仅需要搬迁安置和生产安置，而且需要进行交通、供水、供电、电信、文教卫生等基础设施恢复建设，影响到社会的方方面面，是一项复杂的系统工程。

1.1.2 政策法规体系

征地移民工作是一项复杂的系统工程，关系到经济、社会、人口、资源、环境等许多方面，涉及的政策和法规很多。根据颁布部门和使用范围，可分为四个层次：①全国人民代表大会全体会议或者常务委员会通过的法律；②国务院制定、颁布的或经国务院批准、颁布的行政法规；③国务院各部门发布的部门规章；④地方性法规及规章。

1.1.2.1 主要法律

主要法律包括《中华人民共和国宪法》、《中华人民共和国土地管理法》、《中华人民共和国水法》、《中华人民共和国农村土地承包法》、《中华人民共和国物权法》、《中华人民共和国民族区域自治法》、《中华人民共和国文物保护法》、《中华人民共和国森林法》、《中华人民共和国草原法》、《中华人民共和国矿产资源法》等。

1.《中华人民共和国宪法》

《中华人民共和国宪法》是国家的根本大法，规定了我国社会制度和国家制度的一些最基本问题，包括国家性质、政治制度、国家结构形式、社会经济制度、公民的基本权利和义务，以及国家机构的组织系统、职责权限、工作原则和制度等。其中有关征地移民的内容主要有：

（1）明确规定了矿藏、水流、森林、山岭、草原、荒地、滩涂等的权属，以及土地的权属。

第九条第一款规定：

矿藏、水流、森林、山岭、草原、荒地、滩涂等自然资源，都属于国家所有，即全民所有，由法律规定属于集体所有的森林和山岭、草原、荒地、滩涂除外。

第十条第一、二款分别规定：

城市的土地属于国家所有。

农村和城市郊区的土地，除由法律规定属于国家所有的以外，属于集体所有；宅基地和自留地、自留山，属于集体所有。

（2）明确规定了土地征收（征用）和保护公有、私人财产的基本原则。

第十条规定：

国家为了公共利益的需要，可以依照法律规定对土地实行征收或者征用并给予补偿。

任何组织或者个人不得侵占、买卖或者以其他形式非法转让土地。土地的使用权可以依照法律的规定转让。

第十二条规定：

国家保护社会主义的公共财产。禁止任何组织或者个人用任何手段侵占或者破坏国家的和集体的财产。

第十三条规定：

国家依照法律规定保护公民的私有财产权和继承权。

国家为了公共利益的需要，可以依照法律规定对公民的私有财产实行征收或者征用并给予补偿。

（3）明确了民族地区特殊政策。

2.《中华人民共和国土地管理法》

《中华人民共和国土地管理法》（以下简称《土地管理法》）是国家为切实保护、开发和合理利用土地资源，促进经济社会可持续发展而制定的一部基本法律。该法律明确规定了土地的使用权和所有权、征收土地补偿补助标准、征收（征用）土地的法律程序等，是建设征地移民安置的基本法律之一。

由于水利水电工程用地规模大，移民数量多，涉及范围广，恢复重建难度大，因此该法律第五十一条规定："大中型水利、水电工程建设征收土地的补偿费标准和移民安置办法，由国务院另行规定。"

3.《中华人民共和国水法》

《中华人民共和国水法》（以下简称《水法》）是为了合理开发、利用、节约和保护水资源，防治水害，实现水资源的可持续利用，适应国民经济和社会发展的需要而制定的一部基本法律。该法律在第二十九条专门规定了水工程建设移民方针、原则和基本要求：

"国家对水工程建设移民实行开发性移民的方针，按照前期补偿、补助与后期扶持相结合的原则，妥善安排移民的生产和生活，保护移民的合法权益。移民安置应当与工程建设同步进行。建设单位应当根据安置地区的环境容量和可持续发展的原则，因地制宜，编制移民安置规划，经依法批准后，由有关地方人民政府组织实施。所需移民经费列入工程建设投资计划。"

4.《中华人民共和国城乡规划法》

《中华人民共和国城乡规划法》（以下简称《城乡规划法》）中明确了城（集）镇规划的编制、报批程序，是征地移民城（集）镇迁建规划工作的重要依据。有关规定如下：

第十三条　省、自治区人民政府组织编制省域城镇体系规划，报国务院审批。

第十四条　直辖市的城市总体规划由直辖市人民政府报国务院审批。省、自治区人民政府所在地的城市以及国务院确定的城市的总体规划，由省、自治区人民政府审查同意后，报国务院审批。其他城市的总体规划，由城市人民政府报省、自治区人民政府审批。

第十五条　县人民政府组织编制县人民政府所在地镇的总体规划，报上一级人民政府审批。其他镇的总体规划由镇人民政府组织编制，报上一级人民政府审批。

第十六条　省、自治区人民政府组织编制的省域城镇体系规划，城市、县人民政府组织编制的总体规划，在报上一级人民政府审批前，应当先经本级人民代表大会常务委员会审议，常务委员会组成人员的审议意见交由本级人民政府研究处理。

镇人民政府组织编制的镇总体规划，在报上一级人民政府审批前，应当先经镇人民代表大会审议，代表的审议意见交由本级人民政府研究处理。

第二十二条　乡、镇人民政府组织编制乡规划、村庄规划，报上一级人民政府审批。村庄规划在报送审批前，应当经村民会议或者村民代表会议讨论同意。

第二十六条　城乡规划报送审批前，组织编制机关应当依法将城乡规划草案予以公告，并采取论证会、听证会或者其他方式征求专家和公众的意见。公告的时间不得少于三十日。

5. 其他法律

水利水电工程建设征地涉及的其他法律，如《中华人民共和国森林法》（以下简称《森林法》）、《中华人民共和国草原法》、《中华人民共和国矿产资源法》、《中华人民共和国公路法》、《中华人民共和国电力法》、《中华人民共和国文物保护法》等，明确了建设征地及移民安置中资源开发利用、公共设施、基础设施的恢复重建和文物保护等规定，是征地移民法律体系的重要组成部分。

1.1.2.2　行政法规

行政法规的具体名称有条例、规定和办法，如《中华人民共和国土地管理法实施条例》、《大中型水利水电工程建设征地补偿和移民安置条例》（以下简称《移民条例》）、《国务院关于完善大中型水库移民后扶政策的意见》（以下简称《水库移民后扶意见》）、《基本农田保护条例》等。

《移民条例》颁布于1991年，对水利水电工程建设征地补偿和移民安置工作做了全面、系统的规定。随着我国经济社会的发展，2006年进行了修订。修订后的《移民条例》明确了水利水电工程建设征地移民的方针、原则和管理体制，规定了移民安置规划的管理程序、编制原则、基本内容、编制方法和要求，确定了征地补偿特别是征收耕地的土地补偿费和安置补助费标准，规范了移民安置的程序和方式、水库移民后期扶持制度以及移民工作的监督管理。

国家对特大型水利水电工程建设还制定了专门法规，如1993年8月国务院发布施行的《长江三峡工程建设移民条例》，具体规定了三峡工程移民安置的总原则，以及安置规划原则，补偿费用的管理，移民实施，淹没区和安置区的管理，移民优惠措施等。

1.1.2.3　部门规章

水利水电工程建设征地移民有关的部门规章是指

国务院水利水电工程行政管理机构单独发布或与国务院有关部门联合发布的征地移民规范性文件，以及政府其他有关行政主管部门依法制定的征地移民规范性文件。

水利水电工程建设征地移民规划设计应执行的部门规章主要有：《水利水电工程建设征地移民安置规划设计规范》（SL 290）、《水利水电工程建设征地移民安置规划大纲编制导则》（SL 441）、《水利水电工程建设征地移民实物调查规范》（SL 442）、《水利水电工程建设农村移民安置规划设计规范》（SL 440）、《水电工程建设征地移民安置规划设计规范》（DL/T 5064）、《水电工程建设征地处理范围界定规范》（DL/T 5376）、《水电工程建设征地实物指标调查规范》（DL/T 5377）、《水电工程农村移民安置规划设计规范》（DL/T 5378）、《水电工程移民专业项目规划设计规范》（DL/T 5379）、《水电工程移民安置城市集镇迁建规划设计规范》（DL/T 5380）、《水电工程水库库底清理设计规范》（DL/T 5381）、《水电工程建设征地移民安置补偿费用概（估）算编制规范》（DL/T 5382）等。

水利水电工程建设征地移民规划设计，还要参照执行相关行业、部门规章，如《房产测量规范》（GB/T 17986.1）、《土地利用现状分类》（GB/T 21010）、《公路工程技术标准》（JTG B01）、《1：500 1：1000 1：2000 地形图图式》（GB/T 7929）、《镇规划标准》（GB 50188）等。

1.1.2.4 地方性法规和规章

地方性法规和规章是地方立法机构、地方人民政府和部门依据《中华人民共和国宪法》及相关法律法规制定的有关征地移民的法规、规章和规范性文件。其特点是结合本地区的实际情况，针对性强。征地移民设计中应用最多的是各省（自治区、直辖市）制定的《土地管理法》实施办法。

1.1.3 规划设计原则

（1）以人为本，实行开发性移民方针，采取前期补偿、补助与后期扶持相结合的办法，妥善安置移民的生产、生活，使移民的生活水平达到或者超过原有水平，并为其搬迁安置后的发展创造条件，促进工程顺利建设。

（2）根据我国人多地少的实际情况，节约利用土地，合理规划工程占地，尽量减少建设用地和移民数量。

（3）顾全大局，服从国家整体安排，兼顾国家、集体、个人利益。

（4）可持续发展，与资源综合开发利用、生态环境保护相协调。

1.1.4 规划设计任务

（1）确定征地移民范围。

（2）查明征地及影响范围内的人口和各种国民经济对象的经济损失。

（3）分析评价建设征地及移民安置所产生的经济、社会、环境、文化等方面的影响。

（4）参与工程建设方案和规模的论证。

（5）确定移民安置规划方案。

（6）进行农村移民安置、城（集）镇迁建、工业企业处理、专业项目恢复改建、防护工程和水库库底清理的规划设计；提出水库水域开发利用规划。

（7）提出水库移民后期扶持规划措施。

（8）编制移民安置实施总进度与年度计划，提出实施管理建议。

（9）编制建设征地移民补偿投资概（估）算。

1.1.5 规划报批程序

《移民条例》进一步强化了移民安置规划的管理程序。第二章明确规定了移民安置规划的编制和报批程序。

第六条规定了移民安置规划大纲的编制报批程序：

“已经成立项目法人的大中型水利水电工程，由项目法人编制移民安置规划大纲，按照审批权限报省、自治区、直辖市人民政府或者国务院移民管理机构审批；省、自治区、直辖市人民政府或者国务院移民管理机构在审批前应当征求移民区和移民安置区县级以上地方人民政府的意见。

没有成立项目法人的大中型水利水电工程，项目主管部门应当会同移民区和移民安置区县级以上地方人民政府编制移民安置规划大纲，按照审批权限报省、自治区、直辖市人民政府或者国务院移民管理机构审批。”

第十条明确了移民安置规划的编制和报批程序：

“已经成立项目法人的，由项目法人根据经批准的移民安置规划大纲编制移民安置规划；没有成立项目法人的，项目主管部门应当会同移民区和移民安置区县级以上地方人民政府，根据经批准的移民安置规划大纲编制移民安置规划。

大中型水利水电工程的移民安置规划，按照审批权限经省、自治区、直辖市人民政府移民管理机构或者国务院移民管理机构审核后，由项目法人或者项目主管部门报项目审批或者核准部门，与可行性研究报告或者项目申请报告一并审批或者核准。

省、自治区、直辖市人民政府移民管理机构或者国务院移民管理机构审核移民安置规划，应当征求本级人民政府有关部门以及移民区和移民安置区县级以上地方人民政府的意见。”

第十五条明确了公众参与的内容和移民安置规划的法律地位：

“编制移民安置规划应当广泛听取移民和移民安置区居民的意见；必要时，应当采取听证的方式。

经批准的移民安置规划是组织实施移民安置工作的基本依据，应当严格执行，不得随意调整或者修改；确需调整或者修改的，应当依照本条例第十条的规定重新报批。

未编制移民安置规划或者移民安置规划未经审核的大中型水利水电工程建设项目，有关部门不得批准或者核准其建设，不得为其办理用地等有关手续。”

1.2 建设征地范围界定

1.2.1 建设征地范围

水利水电工程建设征地范围分为水库淹没影响区、枢纽工程及其他水利工程建设区。

1.2.1.1 水库淹没影响区

水库淹没影响区包括水库淹没区和因水库蓄水而引起的影响区。

1. 水库淹没区

水库淹没区指水库正常蓄水位以下的经常淹没区和正常蓄水位以上受水库洪水回水、风浪、船行波、冰塞壅水等影响引起的临时淹没区。

水库正常蓄水位以下的淹没区域，指按照正常蓄水位高程，以坝轴线为起始断面，水平延伸至与天然河道多年平均流量水面线相交处所覆盖的区域。

水库洪水回水区域，指考虑不同淹没对象设计洪水回水水面线淹没的区域。

风浪和船行波影响区域，指在坝前回水不显著地段、正常蓄水位以上，库岸受风浪和船行波爬高淹没影响区域。

冰塞壅水区域，指冰花入库后改变水流运动规律造成的冰塞壅水淹没区。

水库淹没区按水库正常蓄水位以下的淹没区域、坝前回水不显著地段安全超高区域、水库洪水回水区域、冰塞壅水区域以及风浪和船行波影响区域的外包范围确定。

2. 水库蓄水影响区

水库蓄水引起的影响区包括浸没、塌岸、滑坡、内涝、水库渗漏等地质灾害区，以及其他受水库蓄水影响的区域，如孤岛等。

塌岸、滑坡，指水库蓄水后，受风浪、行船的波浪冲击、水流侵蚀影响，库岸土壤风化速度加快，抗剪强度减弱，以及地下水动力压力变化而造成的库岸变形、位移。由于库岸的大量坍塌，危及库岸耕地、建筑物、居民点的稳定和安全，增加了水库的征地和移民范围。

浸没区，指水库蓄水后，由于库岸地下水位升高而形成土壤盐碱化、沼泽化，导致建筑物地基沉陷或反浆等现象的地区。这些地区建筑物的稳定受到影响，农田产量下降甚至荒芜，还可能使居民居住卫生条件恶化。

水库蓄水引起的其他影响区，包括岩溶洼地因出现库水倒灌、滞洪内涝而受到影响的区域；水库蓄水后，失去基本生产、生活条件而必须采取处理措施的库周地段、孤岛和引水式电站水库坝址下游河道影响地段。

水库淹没影响区应根据水库运行方式、回水、风浪、船行波、浸没、塌岸、滑坡等设计成果和移民安置规划合理确定。

1.2.1.2 枢纽工程及其他水利工程建设区

枢纽工程及其他水利工程建设区的征地范围由永久征收范围和临时用地范围构成。永久征收范围一般包括永久性建（构）筑物的建筑区、对外交通用地和管理区；临时用地范围一般包括料场、弃渣场、作业区（含辅助企业）、临时道路、施工营地、物资运输转运站、其他临时设施用地及施工爆破影响区等。

1.2.2 水库淹没区确定

1.2.2.1 设计洪水标准

水库淹没对象的设计洪水标准，应根据淹没对象的重要性、水库调节性能及运用方式，在安全、经济和考虑其原有防洪标准的原则下，按表1.2-1所列设计洪水标准范围分析选择不同淹没对象的设计洪水标准。

表1.2-1中未列的铁路、公路、电力、电信、水利设施、文物古迹等淹没对象，其设计洪水标准按照《防洪标准》(GB 50201)及相关技术标准的规定确定。若GB 50201和行业技术标准无规定的，则根据其服务对象的重要性，研究确定其设计洪水标准。

1.2.2.2 设计洪水回水计算

(1) 应根据水库调度运行方式，分别计算水库汛期、非汛期的洪水回水。

表 1.2-1 不同淹没对象设计洪水标准

淹没对象	洪水频率（%）	重现期（年）
耕地、园地	50～20	2～5
林地、草地、未利用土地	正常蓄水位	—
农村居民点、集镇、一般城镇和一般工矿区	10～5	10～20
中等城市、中等工矿区	5～2	20～50
重要城市、重要工矿区	2～1	50～100

（2）对分期施工、分期蓄水的工程，应根据需要计算分期蓄水的回水。对施工工期较长、洪水位较天然径流水位改变较大的工程，根据需要也应计算施工期的回水。

（3）水库设计洪水回水，应根据水库运行方式，按照坝前起调水位和入库洪水流量过程，计算水库沿程回水水位，确定水面线。

（4）当库区有大支流汇入或支流内有重要淹没对象时，汇合口以上干支流回水应分别计算。干、支流计算流量应按干流与坝址同频率、支流与坝址同频率组合分别确定。推求汇合口处以上干流及支流的回水水面线时，起始水位均采用汇合口处的干流回水位。

（5）水库回水应考虑泥沙淤积的影响。淤积年限应根据河流泥沙特性、水库运行方式及受淹对象的重要程度，在 10～30 年范围内选取。

（6）水库回水计算断面主要依据水文、泥沙专业规范的要求进行布设。对有重要淹没对象的河段和库区回水末端，计算断面要适当加密，以满足水库淹没调查的需要。

（7）不同淹没对象的回水水面线以坝址以上建库后设计采用的同一频率的分期（汛期和非汛期）洪水回水位沿程高程组成外包线确定。

1.2.2.3 回水末端的设计终点位置

（1）水库回水尖灭点，以回水水面线不高于同频率天然洪水水面线 0.3m 范围内的断面确定。

（2）水库淹没处理终点位置，一般可采取尖灭点水位水平延伸至天然河道多年平均流量的相应水面线相交处确定。

1.2.2.4 风浪和船行波引起的临时淹没区

风浪、船行波引起的临时淹没区，包括库岸受风浪和船行波爬高影响的地区。风浪爬高影响是指湖泊型、宽阔带状河道型的水库或风速较大的水库，因库面开阔，吹程较长，风浪大，风浪爬高影响库周居民点、农田或其他重要的经济对象。

风成波浪的计算，通常应根据水库所在地区气象观测统计资料以及编绘的风玫瑰图，选取正常蓄水位滞留时段出现的 5～10 年一遇风速，结合水库水面和开阔度（吹程）、库岸坡度的陡度（斜率）、糙率等条件，计算波浪高度或波浪爬高。波浪高度指正常蓄水位（静水面）以下的波谷至正常蓄水位以上的波峰之间的垂直距离。根据波浪高度可以计算出波浪在岸坡上的爬高，即风浪爬高。

波浪高度的计算常采用安德烈扬诺夫公式求得，即

$$h = 0.0208V^{5/4}D^{1/3} \qquad (1.2-1)$$

式中 h——岸坡前波浪高度，m；

V——库面吹向岸坡的风速，m/s；

D——吹程或水面宽度，即岸坡迎风面波浪吹程，一般按岸坡此岸垂直到彼岸的最大直线距离，km。

波浪在岸坡上的爬高可采用钟可夫斯基公式计算：

$$h_p = 3.2Kh\tan\alpha \qquad (1.2-2)$$

式中 h_p——风浪爬高，m；

h——岸坡前波浪高度，m；

α——岸坡坡度（即坡面与水平面所成角度）；

K——与岸坡粗糙情况有关的系数（对于光滑均匀的人工坡面，如块石或混凝土板坡面，$K=0.77\sim1.0$；对于农田坎高小于 0.5m 的坡面，$K=0.5\sim0.7$）。

对于通航库区，还应考虑船行波爬高影响。船行波爬高，按有关专业规范计算确定。

对水库回水影响不显著的坝前段，应计算风浪爬高、船行波波浪爬高，取两者中的大值作为水库安全超高值。耕地的水库安全超高计算值低于 0.5m 的，按 0.5m 确定；居民点的水库安全超高计算值低于 1.0m 的，按 1.0m 确定。不进行水库风浪爬高、船行波波浪爬高计算时，居民迁移和耕（园）地淹没的安全超高分别按 1.0m 和 0.5m 确定。

1.2.2.5 冰塞壅水影响区

冰塞壅水是冬季流凌封冻时或封冻后冰花团的堆积堵塞而形成的壅水现象，以及春季融冻开河时流冰堆积卡塞形成的冰坝阻水现象。冰塞与冰坝都是冰凌堵塞的结果，其堵水导致上游河水急剧上涨，易于成灾，是一种具有危害性的冰情现象。

兴建水库后，改变了河道的水量、热量、沙量的分配规律。冬季封河后，若上游来水流量大时，会出现水鼓冰裂的强行流冰或冰上过水，重叠冻结，积成冰坝，造成水位抬高，产生凌害；解冻开河时，下泄

流量加大，也会造成凌汛。在水库回水末端，也常因水面比降的变缓，流速减小，造成壅水淹没影响。因而水库工程在流凌封冻和融冻开河期，既要考虑相机调节下泄流量，尽量避免发生冰塞堵水现象，也要在易发生冰塞阻水淹没范围内，采取一定方式的处理措施。

冰塞壅水一般发生在水库库尾回水段，其影响主要依据冰塞冰坝产生的壅水程度评定。其范围按冰花大量出现时的水库平均水位、平均入库流量及通过的冰花量，结合河段封河期、开河期水情计算的壅水曲线确定。

1.2.2.6 淹没范围确定

（1）根据水库正常蓄水位、水库地形图、天然河道多年平均流量水面线确定正常蓄水位以下的淹没区域。

（2）根据水库淹没处理设计洪水回水计算成果，计算确定水库回水尖灭点的位置、水库淹没处理终点位置，确定水库回水水面线。

（3）对坝前回水不显著地段，计算分析风浪爬高、船行波波浪爬高值，确定安全超高区域。

（4）确定冰塞壅水区域。

（5）按上述区域的外包线确定淹没区范围。

1.2.3 水库蓄水影响区确定

水库滑坡、塌岸、浸没等影响区域，按正常蓄水位和库周工程地质及水文地质条件，考虑水库蓄水过程和运行的水位变化，分析预测正常蓄水位以上滑坡、塌岸、浸没的影响界线进行确定。

水库蓄水影响区根据地面附着物和危害影响程度，可划分为影响处理区和影响待观区。列为影响处理区的，应对影响对象提出相应的处理方案；列为影响待观区的，应在水库运行期进行观测、巡视，并根据其影响情况进行处理。

1.2.3.1 水库滑坡影响区

一般在滑坡体上分布有居民点或重要建筑物和设施，滑坡对其危害性大，并满足下列条件之一的，可认定为滑坡影响区：

（1）天然条件下处于稳定状态的滑坡体，水库蓄水后部分淹没，并将引起复活的区域。

（2）天然条件下处于不稳定状态的滑坡体，水库蓄水后部分淹没，并将加剧活动的区域。

（3）水库蓄水未直接淹没的滑坡体，水库蓄水后引起地下水位上升，恶化滑坡稳定条件，导致复活或加剧活动的区域。

（4）水库蓄水后将引起的潜在不稳定库岸边坡，特别是近坝库岸边坡变形失稳的区域。

1.2.3.2 水库塌岸影响区

在可能发生塌岸的地区，分布有居民点、耕地、园地或重要建筑物和设施，水库塌岸对其危害性较大时，即可认定为塌岸影响区。

水库滑坡、塌岸影响区预测期一般按5年考虑。经预测分析水库蓄水5年内发生失稳破坏可能性较小，或虽发生失稳破坏，但其危害性较小的区域，可列为影响待观区。

1.2.3.3 水库浸没区

在水库浸没区分布有居民点、耕地、园地或重要建筑物和设施，浸没对其危害性较大，并满足下列条件之一的，即可认定为浸没影响区：

（1）天然条件下不是浸没区，水库蓄水后，形成浸没的区域。

（2）天然条件下即为浸没区，水库蓄水后，加剧浸没危害程度的区域。

1.2.3.4 其他受水库蓄水影响区

（1）经地勘论证、水文地质试验及分析，可以明确认定存在岩溶洼地内涝、水库渗漏，其影响的区域分布有居民点、耕地、园地或重要建筑物和设施。

（2）水库蓄水后，失去生产、生活条件而必须采取措施的库边及孤岛上的居民点。

1.2.4 枢纽工程及其他水利工程建设区确定

工程建设区的永久征收范围和临时用地范围，应根据工程总体布置、施工组织和工程管理设计成果确定。

为减少临时用地，在条件允许时，临时用地可先布设在永久征地范围内。

对于难以复垦的取土（料）场和弃渣场，也可列入永久征地范围。

1.2.5 界桩测设

1.2.5.1 界桩的分类

界桩一般分为土地征收（用）界桩和居民迁移界桩。根据各设计阶段工作深度，界桩又分为临时界桩、永久界桩。

根据实物调查时的实际需要，应对水库淹没区、水库蓄水影响区、枢纽工程及其他水利工程建设区，按建设征地处理范围红线图确定的边界测设临时界桩或永久界桩。

在移民安置实施阶段，应按建设征地处理范围红线图确定的边界测设永久界桩。

1.2.5.2 临时界桩测设要求

根据实物调查时的实际需要，由测量专业现场测设，可采用木桩、油漆、旗杆等临时标注进行标识。临时界桩可设临时编号。

1.2.5.3 永久界桩测设要求

1. 制作要求

永久界桩可采用钢筋混凝土界桩、雕刻界桩和墙式标志牌三类。永久界桩可分为永久主桩和加密桩两类。钢筋混凝土界桩为菱柱体，永久界桩主桩规格为顶部100mm×100mm，下部200mm×200mm，高度700mm；加密界桩规格为顶部100mm×50mm，下部120mm×50mm，高度500mm。雕刻界桩可采用在不可移动的岩体上雕刻完成，规格为400mm×80mm的雕刻槽。墙式标志牌规格（3～5）m（宽）×（2～3）m（高）。

一般地段均采用钢筋混凝土界桩或雕刻界桩，城（集）镇和重要的专业项目等敏感地段可增设墙式标志牌。

2. 间距要求

以相邻两桩之间能相互通视为原则测设永久主桩和加密桩。两永久主桩间距为500～1000m，加密桩间距为50～200m。

水库影响区、枢纽工程建设区和城（集）镇新址区界桩要求在征地范围的各转折点埋设，以封闭该范围。

3. 埋设要求

界桩坑穴采用混凝土浇筑或素土夯实。永久主桩地面出露高度为15cm，加密桩地面出露高度为10cm。永久主桩埋设高程允许误差要小于10cm，加密界桩埋设高程允许误差要小于30cm。埋设完毕后，应由项目法人委托当地居民保管并签订保管合同。

4. 标注要求

钢筋混凝土界桩编号要求标注在界桩顶部，为凹字。雕刻界桩要求刻画高程横线并标注编号。钢筋混凝土界桩及雕刻界桩编号统一。墙式标志牌要求标注明显的水位线和文字。

5. 编号办法

根据征地范围、处理方式、实物对象、干支流、左右岸的区分，采用拼音字母和数字对永久界桩主桩和加密桩分别编号。

6. 测量成果

界桩测量成果包括建设征地界桩分布图，界桩编号、坐标位置、高程（设计高程、实测埋设高程）及测点情况说明等成果表。

1.2.6 各设计阶段的设计要求

水利水电工程和水电工程设计阶段的划分不同，不同设计阶段建设征地范围的测设要求也存在一定的差异，详见表1.2-2。

表1.2-2　各设计阶段建设征地范围的测设要求

<table>
<tr><th rowspan="2">工程类型</th><th rowspan="2">设计阶段</th><th colspan="2">要　求</th></tr>
<tr><th>水库区</th><th>枢纽工程建设区</th></tr>
<tr><td rowspan="4">水利水电工程</td><td>项目建议书</td><td>初步确定淹没影响范围，必要时应辅助测量定线</td><td>根据工程总体布置、施工规划成果和有关资料，现场确定范围，必要时应辅助测量定线</td></tr>
<tr><td>可行性研究报告</td><td>确定淹没影响范围，并现场测量定线，设置临时标志</td><td>以工程总体布置图、施工组织设计成果划定的红线范围为依据，现场测量放线并设置临时标志</td></tr>
<tr><td>初步设计</td><td>复核水库淹没影响范围，测设临时标志</td><td>以工程总体布置和施工组织设计成果划定的红线范围为依据，测设永久界桩</td></tr>
<tr><td>技施设计</td><td>核定水库淹没影响范围，测设水库淹没影响永久界桩</td><td>根据施工用地红线范围调整情况，补充测设永久界桩，核定用地范围</td></tr>
<tr><td rowspan="3">水电工程</td><td>预可行性研究报告</td><td colspan="2">初步拟定水库淹没影响区和枢纽工程建设区，提出初步的建设征地处理范围</td></tr>
<tr><td>可行性研究报告</td><td colspan="2">按本阶段确认的水库正常蓄水位和回水计算成果、水库影响区预测成果、施工总布置图和移民安置方案，确定建设征地移民界线和处理范围</td></tr>
<tr><td>实施阶段</td><td colspan="2">进行建设征地移民界线永久界桩布置设计，必要时根据水库洪水复核成果和移民安置实施方案的变化情况，复核、调整建设征地移民界线和处理范围</td></tr>
</table>

1.3 经济社会调查

1.3.1 调查目的

通过经济社会调查，把握征地移民涉及的地区经济社会发展状况，为分析征地移民损失，评价征地移民对区域经济社会的影响，编制移民安置规划和补偿投资概（估）算提供基础资料和科学依据。

1.3.2 调查范围

经济社会调查的范围包括建设项目征（占）地区和移民安置区，以涉及的县（市、区）、乡（镇、办事处）、行政村及村民小组为单位进行。

1.3.3 调查内容和方法

1.3.3.1 调查内容

经济社会调查内容包括经济社会现状、国民经济和社会发展近期计划及远景规划、其他相关资料。

1. 经济社会现状

经济社会现状包括区域内户数、人口、年龄结构、文化程度、民族构成、宗教信仰、风俗习惯、劳力及其就业状况，自然资源及其开发利用状况，工农业生产情况（产值、产业结构等），基础设施，居民经济收入，农副产品和地方建材价格，地方政府有关工程建设征地的补偿政策、标准等。

2. 国民经济和社会发展近期计划及远景规划

国民经济和社会发展近期计划及远景规划包括人口自然增长率、居民的收入水平、工农业生产发展等规划资料。

3. 其他相关资料

其他相关资料包括区域特点、自然环境、水文、气象要素等。

1.3.3.2 调查方法

1. 经济社会资料的收集

调查人员到地方政府有关部门或单位收集以县（市、区）、乡（镇、办事处）、行政村及村民小组为单位的经济社会资料。

（1）调查年前3年的国民经济统计资料，包括农作物播种面积和产量、工农业总产值、农民收入总量及各项指标的构成等。收集政府统计部门的统计年鉴或乡（镇）的统计报表。

（2）到国土部门收集土地利用总体规划和土地利用现状资料。

（3）到政府农、林、水部门收集农业区划报告、农业综合开发规划、农业生产经营状况等资料；林业资源普查成果、林业生产状况（包括用材林的蓄积量、出材量，经济林优势树种的产量、产值）等资料；水利区划报告及水资源利用现状资料。

（4）建设征地区和移民安置区涉及的行政村、村民小组的经济社会资料，包括调查年前1年的户数、人口及其结构、民族构成、职业构成、文化程度、土地面积、人均收入、收入主要来源等情况（见表1.3-1），以及调查年前3年的耕地面积、农作物播种面积和产量等资料（见表1.3-2）。通过摘录或复制乡（镇、办事处）、行政村统计报表、农村经济调查资料取得。

（5）县（市、区）、乡（镇、办事处）、行政村、村民小组的数量、人口、民族组成、宗教信仰、地方风俗、生产生活方式和历史沿革等。从政府统计部门的统计年鉴及有关部门相关资料中获得。

（6）有关价格资料，包括农、林、牧、副、渔主产品及副产品价格；有关建筑材料、人工工资、定额等资料。以政府物价部门发布的信息为准，必要时通过市场调查获取。

（7）到政府城乡规划部门收集城（集）镇规划和现状资料。

（8）到政府工业主管部门收集工业普查报告、工业发展规划及工业生产现状等资料。

（9）到政府主管部门收集国民经济和社会发展的近期计划及远景规划，水利、电力、交通、通信、广播、文教、卫生等行业发展规划或专项规划。

（10）到政府有关部门收集可开发利用的自然资源、利用现状、开发规划等资料，有关工程建设征地的补偿政策、标准文件及设计文件，以及其他相关资料。

收集县（市、区）的国民经济统计资料和乡（镇、办事处）、行政村统计报表、农村经济调查资料，需加盖单位公章。

2. 抽样调查

抽样调查是指为进一步掌握征地移民区和移民安置区经济社会情况，补充所收集资料的不足，更好地满足建设征地移民安置规划设计的需要，在对调查对象进行初步分析的基础上，针对建设征（占）地区和移民安置区村、组、农户，按抽样调查要求选取具有一定代表性的样本进行调查。样本分样本户和样本行政村（组）。

（1）农户抽样调查。在征地涉及的农户中选择样本农户，对样本农户进行入户调查。工程建设涉及地区有农村经济社会调查队样本户资料的，可直接引用。农户抽样调查内容包括：

表 1.3-1　　农村基本情况调查表

县　　乡　　村　　组

项目			____年
一、人口	1. 户数（户）		
	2. 总人口（人）		
	其中：农业人口（人）		
	非农业人口（人）		
	3. 少数民族（人）		
	4. 劳动力（人）		
	5. 文化程度构成	文盲（人）	
		小学（人）	
		中学（人）	
		高中（人）	
		高中以上（人）	
二、土地	合计		
	1. 耕地（亩）		
	其中：水田（亩）		
	水浇地（亩）		
	旱地（亩）		
	2. 园地（亩）		

续表

项目		____年
二、土地	3. 林地（亩）	
	4. 草地（亩）	
	5. 养殖水面（亩）	
三、农作物播种面积	合计（亩）	
	1. 粮食作物（亩）	
	2. 经济作物（亩）	
	3. 油料（亩）	
	4. 棉花（亩）	
	5. 其他（亩）	
	复种指数（%）	
四、农业生产	1. 总产值（万元）	
	其中：农业	
	2. 粮食（kg）	
五、人均收入	现金（元）	
	主要收入来源	
备注		

提供资料单位：　　　　　　　　调查人：

年　　月　　日

表 1.3-2　　农作物播种面积、产量统计表

县　　乡　　村　　组

序号	项目	年			年			年			3 年平均		
		播种面积（hm^2）	亩产量（kg）	总产量（t）	播种面积（hm^2）	亩产量（kg）	总产量（t）	播种面积（hm^2）	亩产量（kg）	总产量（t）	播种面积（hm^2）	亩产量（kg）	总产量（t）
一	粮食作物												
1	水稻												
2	小麦												
…	……												
二	经济作物												
1	棉花												
2	油料												
…	……												
三	其他作物												
1	蔬菜												
2	瓜果												
…	……												

续表

序号	项目	年			年			年			3年平均		
		播种面积（hm^2）	亩产量（kg）	总产量（t）	播种面积（hm^2）	亩产量（kg）	总产量（t）	播种面积（hm^2）	亩产量（kg）	总产量（t）	播种面积（hm^2）	亩产量（kg）	总产量（t）
四	经济林地												
1	果园												
…	……												
五	养殖水面												
1	养鱼												
…	……												

提供资料单位： 调查人： 年 月 日

1）人口、性别、文化程度、劳动力及就业状况、收入状况、拥有财产、社会关系、环境条件、搬迁意愿、要求的安置方式等（调查表格式见表1.3－3）。

2）调查年前3年的土地面积、播种面积、产量等资料（调查表格式可参考表1.3－2）。

3）调查年前1年的家庭收入和支出情况（调查表格式见表1.3－4、表1.3－5）。

表1.3－3　　样本农户调查表

县　　乡　　村　　组　　户主：

项目			单位	数量	备注
一、人口	1. 人口组成	总人口	人		
		其中：农业	人		
		非农业	人		
		男	人		
		女	人		
	2. 文化程度	文盲	人		
		小学	人		
		中学	人		
		高中	人		
		高中以上	人		
	3. 就业	劳力	人		
		其中：外出打工	人		
		非农业生产	人		
二、家庭财产			元		
三、社会关系					定性填主要亲戚在村内、乡内、县内、县外
四、环境条件					定性填好、较好、一般、较差、差
五、搬迁意愿					填集中、分散安置等方式
备注					其他要求

调查人： 户主： 年 月 日

表 1.3-4　　农民家庭经营纯收入情况抽样调查表

县　　乡　　村　　组　　户主：

<table>
<tr><th colspan="2" rowspan="2">作物名称</th><th rowspan="2">单位</th><th colspan="3">调查年前1年</th><th rowspan="2">备　注</th></tr>
<tr><th>数量</th><th>单位数量价格</th><th>金额（元）</th></tr>
<tr><td>一</td><td>家庭经营收入</td><td></td><td></td><td></td><td></td><td></td></tr>
<tr><td rowspan="3">（一）</td><td>农业</td><td></td><td></td><td></td><td></td><td></td></tr>
<tr><td>种植业</td><td>亩</td><td></td><td></td><td></td><td>按照农作物产量和市场收购价计算</td></tr>
<tr><td>其他农业（采集、捕猎和手工业）</td><td></td><td></td><td></td><td></td><td>按照采集数量和出售的手工业产品或捕猎数量计算</td></tr>
<tr><td>（二）</td><td>林业</td><td>亩</td><td></td><td></td><td></td><td></td></tr>
<tr><td>（三）</td><td>牧业</td><td>头</td><td></td><td></td><td></td><td></td></tr>
<tr><td>（四）</td><td>渔业</td><td>亩</td><td></td><td></td><td></td><td></td></tr>
<tr><td>（五）</td><td>工业和建筑业</td><td>人/月</td><td></td><td></td><td></td><td></td></tr>
<tr><td>（六）</td><td>运输、商业、饮食业、服务业等</td><td>人/月</td><td></td><td></td><td></td><td></td></tr>
<tr><td>二</td><td>家庭经营费用支出</td><td></td><td></td><td></td><td></td><td></td></tr>
<tr><td rowspan="3">（一）</td><td>农业</td><td></td><td></td><td></td><td></td><td></td></tr>
<tr><td>种植业</td><td>亩</td><td></td><td></td><td></td><td>可采用家庭经营种植业物质费用支出表中数据</td></tr>
<tr><td>其他农业（采集、捕猎和手工业）</td><td></td><td></td><td></td><td></td><td></td></tr>
<tr><td>（二）</td><td>林业</td><td>亩</td><td></td><td></td><td></td><td></td></tr>
<tr><td>（三）</td><td>牧业</td><td>头</td><td></td><td></td><td></td><td></td></tr>
<tr><td>（四）</td><td>渔业</td><td>亩</td><td></td><td></td><td></td><td></td></tr>
<tr><td>（五）</td><td>工业和建筑业</td><td></td><td></td><td></td><td></td><td></td></tr>
<tr><td>（六）</td><td>运输、商业、饮食业、服务业等</td><td></td><td></td><td></td><td></td><td></td></tr>
<tr><td>三</td><td>纯收入</td><td></td><td></td><td></td><td></td><td></td></tr>
<tr><td rowspan="3">（一）</td><td>农业</td><td></td><td></td><td></td><td></td><td></td></tr>
<tr><td>种植业</td><td></td><td></td><td></td><td></td><td></td></tr>
<tr><td>其他农业（采集、捕猎和手工业）</td><td></td><td></td><td></td><td></td><td></td></tr>
<tr><td>（二）</td><td>林业</td><td></td><td></td><td></td><td></td><td></td></tr>
<tr><td>（三）</td><td>牧业</td><td></td><td></td><td></td><td></td><td></td></tr>
<tr><td>（四）</td><td>渔业</td><td></td><td></td><td></td><td></td><td></td></tr>
<tr><td>（五）</td><td>工业和建筑业</td><td></td><td></td><td></td><td></td><td></td></tr>
<tr><td>（六）</td><td>运输、商业、饮食业、服务业等</td><td></td><td></td><td></td><td></td><td></td></tr>
<tr><td>（七）</td><td>在外打工收入</td><td></td><td></td><td></td><td></td><td></td></tr>
</table>

注：种植业支出按照种植业经营费用调查表中的数据填写。

调查人：　　　　户主：　　　　年　　月　　日

表 1.3-5 家庭经营种植业物质费用支出抽样调查表

县 乡 村 组 户主：

项 目	数量	单价	合价
1. 种子、秧苗			
2. 农家肥			
3. 化肥			
4. 塑料薄膜			
5. 农药			
6. 畜力			
7. 机械作业			
8. 排灌（水费）			
9. 燃料动力（汽柴油、电费）			
10. 棚架材料			
11. 其他直接费用			
12. 间接费用			

调查人： 户主： 年 月 日

(2) 行政村（组）抽样调查。在征地涉及的行政村（组）中选择样本行政村（组），针对样本进行逐村调查，具体内容包括行政村（组）人口状况、基础设施、文教卫生状况等（调查表格式见表 1.3-6）。

1.3.4 调查要求

不同设计阶段水利水电工程、水电工程经济社会调查要求见表 1.3-7。

1.3.5 准备工作和组织程序

1.3.5.1 准备工作

设计单位向项目业主和地方政府提交经济社会调查涉及的部门名单、调查内容及要求、调查统计表格、调查工作计划，以便经济社会调查工作顺利开展。

1.3.5.2 组织程序

(1) 资料的收集。以设计单位为主，项目业主协调，由地方政府和有关部门提供。

(2) 抽样调查。以设计单位为主，在地方政府及其职能部门、项目业主的共同参与下进行。

表 1.3-6 村（组）抽样调查表

县 乡

项 目	抽样调查情况			
村	组	组	……	汇总
一、人口状况				
户数（户）				
人口（人）				
劳力（个）				
二、基础设施状况				
1. 道路				
连接道路				
村内道路				
2. 供水方式				
自来水（户）				
集中供水（户）				
分散供水（户）				
旱井供水（户）				
3. 供电状况				
供电容量（kVA）				
通电户数（户）				
4. 通信、广播状况				
有线电话户数（户）				
无线电话（部）				

续表

项　目	抽样调查情况			
村	组	组	……	汇总
有电视机情况（户）				
接收电视节目（台）				
三、文教卫生状况				
适龄学生入学率（%）				
在校学生（人）				
校舍面积（m^2）				
医疗诊所（个）				
诊所建筑面积（m^2）				
医生（人）				

注：1. 道路状况：连接道路调查是否通乡村公路（或大车路），村内道路调查路面硬化的比例。
2. 文教卫生：为调查范围的实际状况，村（组）内无学校或无诊所的不调查有关项目（校舍、诊所、医生）。

行政村负责人：　　　　调查人：　　　　年　　月　　日

表 1.3-7　　各设计阶段经济社会调查要求表

工程类型	设计阶段	区　域		
		水库区	枢纽工程建设区	移民安置区
水利水电工程	项目建议书	以县（市、区）、乡（镇）、行政村为单位收集资料		以县（市、区）、乡（镇）为单位收集资料
	可行性研究报告	以行政村、村民小组为单位，收集资料并进行样本调查。家庭样本比例为搬迁安置移民户数的5%～8%	同水库区，其中家庭样本比例为搬迁安置移民户数的5%～10%	以乡（镇）、行政村为单位，收集资料并进行样本调查。家庭样本比例为所在行政村原有居民户数的2%～3%
	初步设计	按可行性研究报告阶段确定的调查范围、调查方法及家庭户数和样本，进行复核调查		
	技施设计	按可行性研究报告阶段确定的调查方法进行复核调查，对可行性研究报告阶段确定的家庭样本户进行跟踪调查		
水电工程	预可行性研究报告	以县、乡和村民委员会为单位收集设计所需的近期相关资料		
	可行性研究报告	全面收集规范规定的近期资料；对农户的家庭现状要选择有代表性的居民进行典型调查。必要时在适合的季节对农作物（水稻、小麦、玉米、土豆等）产量和林果产品的产量进行实地典型调查		
	实施	必要时，按可行性研究报告阶段要求收集相关资料		

1.4 实 物 调 查

1.4.1 调查目的

征地移民实物特指建设征地范围内的人口、土地、建（构）筑物、其他附着物、矿产资源、文物古迹、具有社会人文性和民族习俗性的建筑、场所等。建设征地实物调查是水利水电工程建设征地移民设计的重要组成部分，其目的是查明征地范围内各种实物的数量、特征、质量和权属，为论证工程规模、比选工程设计方案、研究工程建设对地区经济影响、编制征地移民规划、确定征地移民补偿投资以及征地移民实施等提供基础资料。

1.4.2 调查要求

1.4.2.1 基本要求

(1) 实物调查遵循合法、客观、公正、公开的原则，做到调查项目齐全、数据可靠、取得相关方认可。

(2) 实物调查分为农村、城（集）镇、工业企业和专业项目调查统计。

(3) 水库淹没应按设计拟定的不同正常蓄水位方案，对淹没影响的实物进行调查。对推荐的正常蓄水位方案，调查淹没影响范围内的人口、土地、建（构）筑物、其他地面附着物、矿产资源、文物古迹、军事设施等实物的数量、质量和权属；分析淹没对象在地理上的分布规律、淹没特点、淹没影响程度，评价水库淹没对区域经济的影响；推算规划设计水平年的人口、房屋等动态变化的实物量。

(4) 对涉淹农村村民组、城（集）镇、工业企业及专业项目等对象，还要根据淹没影响程度、移民安置规划方案，调查淹没线以上受影响人口以及房屋、设施的数量和质量。

(5) 移民远迁后，在水库周边淹没线以上属于移民个人所有的零星树木、房屋等实物，要进行补充调查。

(6) 实物调查成果应以省级人民政府发布的实物调查通告时间为统计基准时间。

(7) 实物调查完成后超过5年未批准（核准）的项目，要重新进行调查。

1.4.2.2 调查范围

建设征地实物调查范围为不同工程类型、不同设计阶段确定的建设征地范围以及移民安置规划方案确定的补充实物调查范围。

1.4.2.3 调查深度

不同工程类型、不同设计阶段有不同的实物调查要求，具体见表1.4-1。

表1.4-1 各设计阶段实物调查要求表

工程类型	设计阶段	调 查 深 度
水利水电工程	项目建议书	基本查明人口、土地、房屋、城（集）镇基础设施、工业企业及主要专业项目等实物数量。人口、土地全面调查，房屋、城（集）镇市政及公用设施、工业企业及重要专业项目等可抽样调查
	可行性研究报告	进行全面调查，查明各项实物的数量和质量
	初步设计	必要时按规定程序批准后，依据可行性研究报告阶段的要求，对实物进行补充调查或复核
	技施设计	必要时要对初步设计阶段的实物进行补充调查或复核，对确认的实物成果进行分解
水电工程	预可行性研究报告	初步调查分析主要实物，采用收集现有资料结合典型调查分析确定。各类土地面积，利用不小于1：10000比例尺地形图进行量算，结合典型调查分析确定；房屋、附属建筑物、零星树木等个人财产，通过典型调查分析确定；必要时，对建设征地迁移线外扩迁房屋、附属建筑物、零星树木等个人财产进行典型调查；人口、农副业设施、专业项目等，通过向有关单位收集资料分析确定；必要时，对重要的项目进行现场核实。对水库正常蓄水位选择有制约作用的重要淹没对象，应调查其分布高程。典型调查的样本数应不低于总数的20%
	可行性研究报告	查明建设征地处理范围内的实物。在实地测量设置建设征地移民界线临时标志前提下，进行全面调查确定
	实施阶段	如需要对实物进行复核调查时，按可行性研究报告阶段的调查方法进行调查

1.4.2.4 成果认定

实物调查结果需要经调查者和被调查者签字认可并公示后，由有关地方人民政府签署意见。不同工程类型、不同设计阶段对调查成果认定的要求见表1.4-2。

1.4.2.5 调查精度

实物调查成果精度指同一设计阶段用同样方法调查数与抽样调查数相比的允许误差。不同的设计阶段，由于所依据的基本资料、调查要求和调查方法不同，调查的精度也不同。建设征地主要实物调查成果

表 1.4-2　各设计阶段实物调查成果认定要求表

工程类型	设计阶段	要　求
水利水电工程	项目建议书	实物调查表应由调查人员签字。实物调查成果由地方政府或地方政府授权部门签署意见
	可行性研究报告	实物调查表由调查人员和实物的产权所有人签字。农村和城（集）镇居民的个人实物调查成果，由地方政府组织张榜公示。实物调查表按以下要求签字确认：①属于农村和城（集）镇居民的实物，由户主签字；②属于农村集体经济组织的实物，由农村集体经济组织负责人签字并加盖公章；③属于企业的实物，由企业法人代表签字并加盖公章；④属于机关事业单位的实物，由单位负责人签字并加盖公章； 实物调查成果由地方政府或地方政府授权部门签署意见
	初步设计、技施设计	对补充调查或复核后有变化的实物成果，按可行性研究报告阶段的要求认定
水电工程	预可行性研究报告	必要时，实物调查成果应征求地方政府的意见
	可行性研究报告	实物调查成果应经调查者和被调查者签字，并按有关规定公示后，由有关地方人民政府签署意见

表 1.4-3　主要实物调查成果精度要求表

项　目	允许误差（%）			
	水利水电工程		水电工程	
	项目建议书	可行性研究报告	预可行性研究报告	可行性研究报告
人　口	±10	±3	±10	±3
房　屋	±10	±3	±10	±3
耕地、园地	±10	±3	±10	±3
林地、草地	±15	±5	±15	±5
主要专业项目			±10	±3

的精度要满足表 1.4-3 要求。

一般采用抽样调查的方法检查调查成果的精度。抽样调查的样本数可取调查数的 15%～25%。如抽样调查结果达不到表 1.4-3 的精度要求时，应扩大复查面，必要时全面复查。

1.4.3　调查依据

（1）勘测设计任务书或委托文件、合同。

（2）有关设计成果和上一阶段调查成果及审查意见。

（3）工程建设征（占）地区满足设计阶段要求的地形图或遥感成果。

（4）相关测量成果。

（5）水库各比较方案正常蓄水位的不同频率洪水回水计算成果。

（6）对水库正常蓄水位方案比较有制约作用的浸没、塌岸、滑坡地质勘察成果。

（7）工程建设征（占）地区的自然、经济社会资料及土地利用现状调查资料。

（8）工程施工进度计划和水库分年蓄水计划。

（9）其他有关资料。

1.4.4　调查内容和方法

建设征地实物调查涉及的对象种类繁多，《水利水电工程建设征地移民实物调查规范》（SL 442—2009）和《水电工程建设征地实物指标调查规范》（DL/T 5377—2007）划分归类有所差别。为便于读者掌握，本节编写以 SL 442—2009 为主，DL/T 5377—2007 不同之处，以脚注形式加以说明。

1.4.4.1　农村调查

农村指包括从事大农业（种植业、林业、牧业、渔业）为主的乡（镇）、行政村、村民小组和农户以及城（集）镇所辖的郊区村组❶。

农村调查包括人口、房屋及附属物、土地、水利设施、农副业设施、文教卫生及服务业设施，以及零星树、坟墓等其他项目❷。

❶ DL/T 5377—2007 把分散在城市集镇外的个体工商户和分散在农村乡级（含乡级）以下的行政事业单位，纳入农村部分调查。

❷ DL/T 5377—2007 把农村小型专项设施、宗教设施、个体工商户、行政事业单位，纳入农村部分调查。

1. 人口❶调查

农村人口按户籍类别划分为农业户人口和非农业户人口。

(1) 调查标准。农村人口调查视如下情况分别处理：

1) 居住在调查范围内，有住房和户籍的人口计入调查人口。

2) 长期居住在调查范围内，有户籍和生产资料、无住房的人口计入调查人口。

3) 上述家庭中超计划出生人口和已婚嫁入❷(或入赘)的无户籍人口计入调查人口。

4) 暂时不在调查范围内居住，但有户籍、住房在调查范围内的人口，如升学后户口留在原籍的学生、外出打工人员等计入调查人口。

5) 在调查范围内有住房和生产资料，户口临时转出的义务兵、学生、劳改劳教人员等计入调查人口。

6) 仅有户籍在调查搬迁范围内，无产权房屋和生产资料，且居住在搬迁范围外的人口，不作为调查人口。

7) 户籍在调查范围内，未注销户籍的死亡人口，不计入调查人口。

(2) 调查方法。

1) 调查人口以其实际户籍、居住房屋是否在确定的调查范围内为判别条件。

2) 人口调查以户籍为基本依据，调查内容包括被调查户的户主姓名、家庭成员、与户主关系、出生日期、民族、文化程度、身份证号码、户口性质、劳动力及其就业情况等。

3) 调查人员应查验被调查户的房屋产权证、户口簿、土地承包证(册)等，按照户口簿的姓名，结合土地承包证(册)进行核对。户籍不在调查范围内的已婚嫁入(或入赘)人口，应查验结婚证、身份证后予以登记；对超计划出生的无户籍人口，应在出具出生证明和乡级人民政府证明后才予以登记；对其他无户籍人口均应出具乡级人民政府证明后才能予以登记。

调查表格式见表1.4-4。

(3) 调查要求。农村人口调查要求见表1.4-5。

2. 房屋及附属设施调查

(1) 房屋的分类。根据产权、结构和用途等不同的分类方法，房屋分类见表1.4-6。

(2) 房屋面积计算。房屋建筑面积系指房屋外墙(柱)勒脚以上各层的外围水平投影面积，包括具备有上盖、结构牢固、层高2.0m以上(含2.0m)的阳台、挑廊、地下室、室外楼梯等永久性建筑。房屋面积计算除参照《房产测量规范》(GB/T 17986.1)的规定外，考虑到农村房屋的实际情况，还应符合以下要求。

表1.4-4　　家庭人口调查表

县　　乡　　村　　组　　户主：

序号	姓名	性别	与户主关系	年龄(出生日期)	民族	文化程度	户口性质
1							
2							
…							
小计							
家庭人口收入来源		第一产业(人)					
		第二产业(人)					
		第三产业(人)					
		家庭年收入(元)					
		主要收入来源					

注：1. 每户一表，户主应填写在第一行。
2. 户口性质为农业户口、非农户口、毕业学生或其他等。

调查人员：　　户主签字：　　时间：

❶ DL/T 5377—2007称为搬迁人口。

❷ DL/T 5377—2007规定，调查时已嫁入的无户籍人口和调查时已嫁出且户籍已转出的人口不进入移民搬迁人口。

表 1.4-5 农村人口调查要求表

工程类型	设计阶段	要 求
水利水电工程	项目建议书	以村民小组为单位进行调查，由行政村、村民小组负责人，根据调查范围统计填报，调查人员现场查对
	可行性研究报告	以户为单位进行全面调查。调查人员会同项目业主、地方政府及村、组负责人，现场逐户调查，并登记造册
	初步设计、技施设计	必要时，按可行性研究报告阶段要求，进行补充调查和复核
水电工程	预可行性研究报告	根据统计资料对选定的村民小组调查统计农业人口数量，对非农业人口，采用逐单位或逐户调查统计
	可行性研究报告	农业人口逐户逐项全面调查统计，非农业人口逐单位（集体户）或逐户逐项调查统计。调查表由户主、单位（集体户）和调查者签字（盖章）认可

表 1.4-6 房屋调查分类表

分类性质	分 类 情 况	备 注
按产权分类	1. 居民私有房屋	
	2. 农村经济组织集体所有房屋	
按承重构建材料分类	1. 框架结构：以钢筋混凝土浇捣成承重梁柱，再用预制的加气混凝土、膨胀珍珠岩、浮石、蛀石、陶柱等轻隔墙分户装配而成的房屋	相似结构应尽量合并，对于特殊结构不能合并的可在此基础上增加分类
	2. 砖混结构：砖或石质墙身、有钢筋混凝土承重梁或钢筋混凝土屋顶的房屋	
	3. 砖木结构：砖或石质墙身、木楼板或房梁、瓦屋面的房屋	
	4. 土木结构：木或土质打垒土质墙身、瓦或草屋面的房	
	5. 窑洞：分土窑洞（利用黄土、黏土的特性，通过挖洞造室修成的窑洞)、石窑洞（以块石作原料砌成)、砖窑洞（以砖为原料砌成）等	
按用途分类	1. 主房是指层高（屋面与墙体的接触点至地面的平均距离）不小于 2.0m，楼板、四壁、门窗完整	
	2. 杂房是指拖檐房、偏厦房、吊脚楼底层等楼板、四壁、门窗完整，层高小于 2.0m 的附属房屋	

1）房屋建筑面积按房屋勒脚以上外墙边缘所围的建筑水平投影面积（不以屋檐或滴水线为界）计算，以 m^2 为单位，取至 $0.01m^2$。

2）楼层面积计算要符合以下要求：

楼层层高（房屋正面楼板至屋面与墙体的接触点的距离）$H \geqslant 2.0$m，楼板、四壁、门窗完整者，按该层的整层面积计算。对于不规则的楼层，分不同情况计入楼层面积：

$1.8\text{m} \leqslant H < 2.0\text{m}$，按该层面积的 80%计算，即该房屋面积为房屋建筑面积的 1.8 倍。

$1.5\text{m} \leqslant H < 1.8\text{m}$，按该层面积的 60%计算，即该房屋面积为房屋建筑面积的 1.6 倍。

$1.2\text{m} \leqslant H < 1.5\text{m}$，按该层面积的 40%计算，即该房屋面积为房屋建筑面积的 1.4 倍。

$H < 1.2\text{m}$，不计算该层面积，即该房屋面积与房屋建筑面积一致。

3）屋内的天井，无柱的屋檐、雨篷、遮盖体，以及室外简易无基础楼梯均不计入房屋面积。有基础的楼梯计算其一半面积。

4）没有柱子的室外走廊不计算面积，有柱子的室外走廊以外柱所围面积的一半计算，并计入该幢房屋面积。

5）封闭的室外阳台计算其全部面积，不封闭的阳台计算其一半面积。

6）在建房屋面积，按房产部门批准的计划建筑面积统计。

7）应对不同结构房屋的内外装饰装修进行调查，其具体分类和调查方法，可参考城（集）镇房屋装饰装修分类方法，结合工程建设征地区房屋的实际情况合理确定。

(3) 附属设施及其计量。附属设施包括围墙、门楼、水井、晒场、粪池、地窖、玉米楼、沼气池、禽舍、畜圈、厕所、堆货棚等。不同项目以反映其特征的相应单位计量，如 m^2、个、处等。

《水电工程建设征地实物指标调查规范》(DL/T 5377—2007) 对附属建筑物的调查规定见表 1.4-7。

表 1.4-7　附属建筑物计量标准

序号	项目		计量单位	计量标准
1	大门		m^2	以面积计算，必要时注明高度；对于类似房屋的门楼可归入房屋中
2	晒场（地坪）	混凝土	m^2	以面积计算，必要时注明混凝土厚度
		素土	m^2	以面积计算
3	围墙	砖、石	m^2	以面积计算，必要时注明墙厚
		素土	m^2	以面积计算，必要时注明墙厚
4	炉灶		个	以个数计算，并注明灶眼数，必要时注明体积等
5	水池		m^3	以容积计算
6	水管		m	分不同规格、材料，以延长米计算
7	粪池（厕坑）		个	以个数计算，必要时注明容积
8	沼气池		m^3	以容量计算
9	地窖		m^2	以面积计算，必要时注明高度

(4) 调查方法及要求。

1) 房屋及附属设施登记应以产权所有人名称登记，并由产权所有人（户主）签字认可，调查人员确认签字。

2) 逐村（组、户、栋）进行房屋面积及附属设施测量登记（见表 1.4-8）。

3) 不同类型工程、不同设计阶段房屋调查要求见表 1.4-9。

表 1.4-8　农村房屋调查表

乡　　　村　　　组

户主姓名		测点编号	
		地面高程 (m)	
主房	结构 1		院落房屋分布示意图
	装修等级		
	长度 (m)		
	宽度 (m)		
	面积 (m^2)		
	结构 2		
	……		
杂房	结构 1		
	长度 (m)		
	宽度 (m)		
	面积 (m^2)		
	结构 2		
	……		
	合计 (m^2)		

续表

乡　　　　村　　　　组

<table>
<tr><td rowspan="2">户主姓名</td><td rowspan="2"></td><td colspan="3">测点编号</td><td></td></tr>
<tr><td colspan="3">地面高程（m）</td><td></td></tr>
<tr><td rowspan="6">附属建筑物</td><td>门楼（m^2）</td><td></td><td rowspan="2">晒场</td><td>结构</td><td></td></tr>
<tr><td>水井（眼）</td><td></td><td>面积（m^2）</td><td></td></tr>
<tr><td>玉米楼（个）</td><td></td><td rowspan="2">厕所</td><td>结构</td><td></td></tr>
<tr><td>地窖（个）</td><td></td><td>面积（m^2）</td><td></td></tr>
<tr><td>畜舍（个）</td><td></td><td rowspan="2">围墙</td><td>结构</td><td></td></tr>
<tr><td>……</td><td></td><td>面积（m^2）</td><td></td></tr>
<tr><td colspan="2">电话（部）</td><td></td><td colspan="2">坟墓（个）</td><td></td></tr>
<tr><td colspan="2">有线电视</td><td></td><td colspan="2">……</td><td></td></tr>
</table>

注：1. 房屋结构指框架、混合、砖混、砖木、土木、窑洞等。
2. 晒场结构指三合土、水泥、石质等。
3. 围墙结构可分为砖、石、土等。

调查人员：　　　　　　　　　　　　户主签字：　　　　　　　　　　　　时间：

表 1.4-9　　房屋调查要求表

工程类型	设计阶段	要　　求
水利水电工程	项目建议书	选取占总数25%～30%的典型村（组）、典型农户调查其不同结构房屋面积及附属设施，以不同结构的人均房屋面积和各种附属设施的人均数量推算调查范围内的各种结构房屋面积及各种附属设施数量
	可行性研究报告	逐村（组、户、栋）进行房屋面积及附属设施测量登记造册
	初步设计、技施设计	必要时应按可行性研究报告阶段要求，进行补充调查和复核
水电工程	预可行性研究报告	农业户房屋和附属建筑物，可选择具有代表性的居民点作为典型样本，逐户调查，计算人均指标。典型调查的样本数不低于总数的20%。非农业户房屋及附属建筑物可通过有关部门的统计资料或被调查户持有的固定资产统计资料分析确定，必要时现场调查核实
	可行性研究报告	按照结构类别、用途（功能）、权属和计算标准，逐单位、逐户全面调查统计

3. 土地调查

（1）调查分类。土地调查分类执行《土地利用现状分类》（GB/T 21010）的规定，一级分类有以下12类：

1）耕地指种植农作物的土地，包括：熟地，新开发、复垦、整理地，休闲地（含轮歇地、轮作地）；以种植农作物（含蔬菜）为主，间有零星果树、桑树或其他树木的土地；平均每年能保证收获一季的已垦滩地和海涂；临时种植药材、草皮、花卉、苗木等的耕地，以及其他临时改变用途的耕地。耕地中还包括南方宽度小于1.0m、北方宽度小于2.0m的固定的田间沟、渠、道路和田埂（坎）。耕地分为水田、水浇地、旱地、河滩地四类（见表1.4-10），调查时按相应地类计列。

2）园地指种植以采集果、叶、根、茎等为主的集约经营的多年生木本和草本作物，覆盖度大于50%或每亩株数大于合理株数70%的土地，包括用于育苗的土地。通常有果园、茶园、桑园、橡胶园及其他园地（见表1.4-11）。

3）林地指生长乔木、竹类、灌木、沿海红树林的土地，包括迹地，但不包括居民点内部的绿化林木用地和铁路、公路征地范围内的林木，以及河流、沟渠的护堤岸林等。分类见表1.4-12。

4）草地指生长草本植物为主的土地。分类见表1.4-13。

5）商服用地指主要用于商业、服务业的土地。分类见表1.4-14。

6）工矿仓储用地指主要用于工业生产、物资存放场所的土地。分类见表1.4-15。

表 1.4-10 **耕地分类表**

类别	含义
水田	用于种植水稻、莲藕等水生农作物的耕地，包括实行水生、旱生农作物轮种的耕地
水浇地	有水源保证和灌溉设施，在一般年景能正常灌溉，种植旱生农作物的耕地，包括种植蔬菜的非工厂化的大棚用地
旱地	无灌溉设施，主要靠天然降水种植旱生农作物的耕地，包括没有灌溉设施，仅靠引洪淤灌的耕地。旱地可分为旱平地、坡地、陡坡地
河滩地	平均每年能保证收获一季的已垦滩地和海涂

表 1.4-11 **园地分类表**

类别	含义
果园	种植果树的园地
茶园	种植茶树的园地
桑园	种植桑树的园地
橡胶园	种植橡胶树的园地
其他园地	种植可可、咖啡、油棕、胡椒、药材等其他多年生作物的园地

表 1.4-12 **林地分类表**

类别	含义
有林地	树木郁闭度不小于20%的乔木林地，包括红树林地和竹林地
灌木林地	灌木覆盖度不小于40%的林地
疏林地	树木郁闭度不小于10%、但小于20%的林地
未成林造林地	造林成活率不小于合理造林数的41%、尚未郁闭但有成林希望的新造林地（一般指造林后不满3～5年或飞机播种后不满5～7年的造林地）
迹地	森林采伐、火烧后，5年内未更新的土地
苗圃	固定的林木育苗地

表 1.4-13 **草地分类表**

类别	含义
天然牧草地	天然草本植物为主，用于放牧或割草的草地
人工牧草地	人工种植牧草的草地
其他草地	树木郁闭度小于10%，表层为土质，生长草本植物为主，不用于畜牧业的草地

表 1.4-14 **商服用地分类表**

类别	含义
批发零售用地	用于商品批发、零售的用地，包括商场、商店、超市、各类批发（零售）市场、加油站等及其附属的小型仓库、车间、工场等用地
住宿餐饮用地	用于提供住宿、餐饮服务的用地，包括宾馆、酒店、饭店、旅馆、招待所、度假村、餐厅、酒吧等
商务金融用地	企业、服务业等办公用地，以及经营性的办公场所用地，包括写字楼、商业性办公场所、金融活动场所和企业厂区外独立的办公场所等用地
其他商服用地	上述用地以外的其他商业、服务业用地，包括洗车场、洗染店、废旧物资回收站、维修网点、照相馆、理发美容店、洗浴场所等用地

表 1.4－15　　**工矿仓储用地分类表**

类　别	含　义
工业用地	工业生产及直接为工业生产服务的附属设施用地
采矿用地	采矿、采石、采砂（沙）场、盐田、砖瓦窑等地面生产用地及尾矿堆放地
仓储用地	用于物资储备、中转的场所用地

7）住宅用地指主要用于人们生活居住的房基地及其附属设施的土地。分类见表 1.4－16。

8）公共管理与公共服务用地指用于机关团体、新闻出版、科教文卫、风景名胜、公共设施等的土地。分类见表 1.4－17。

9）特殊用地指用于军事设施、涉外、宗教、监教、殡葬等的用地。分类见表 1.4－18。

10）交通运输用地指用于运输通行的地面线路、场站等的土地，包括民用机场、港口、码头、地面运输管道和各种道路用地。分类见表 1.4－19。

表 1.4－16　　**住 宅 用 地 分 类 表**

类　别	含　义
城（集）镇住宅用地	城（集）镇用于生活居住的各类房屋用地及其附属设施用地，包括普通住宅、公寓、别墅等用地
农村住宅用地	农村用于生活居住的宅基地

表 1.4－17　　**公共管理与公共服务用地分类表**

类　别	含　义
机关团体用地	党政机关、社会团体、群众自治组织等用地
新闻出版用地	广播电台、电视台、电影厂、报社、杂志社、通信社、出版社等用地
科教用地	各类教育、独立的科研、勘测、设计、技术推广、科普等用地
医卫慈善用地	医疗保健、卫生防疫、急救康复、医检药检、福利救助等用地
文体娱乐用地	各类文化、体育、娱乐及公共广场等用地
公共设施用地	城乡基础设施的用地，包括给排水、供电、供热、供气、邮政、电信、消防、环卫、公用设施维修等用地
公园与绿地	城（集）镇、村庄内部的公园、动物园、植物园、街心公园和用于休憩及美化环境的绿化用地
风景名胜设施用地	风景名胜（包括名胜古迹、旅游景点、革命遗址等）景点及管理机构的建筑用地。景区内的其他用地按现状归入相应地类

表 1.4－18　　**特 殊 用 地 分 类 表**

类　别	含　义
军事设施用地	直接用于军事目的的设施用地
使领馆用地	用于外国政府及国际组织驻华使领馆、办事处等用地
监教场所用地	用于监狱、看守所、劳改场、劳教所、戒毒所等的建筑用地
宗教用地	专门用于宗教活动的庙宇、寺院、道观、教堂等宗教自用地
殡葬用地	陵园、墓地、殡葬所用地

11）水域及水利设施用地指陆地水域、海涂、沟渠、水工建筑物等用地，不包括滞洪区和已垦滩涂中的耕地、园地、林地、居民点、道路等用地。分类见表 1.4－20。

12）其他用地指上述地类以外的其他类型的土地（见表 1.4－21）。

（2）调查方法。土地调查表格式见表 1.4－22。土地调查应符合以下要求：

表 1.4-19 交通运输用地分类表

类别	含义
铁路用地	铁道线路、轻轨、场站的用地，包括设计内的路堤、路堑、道沟、桥梁、林木等用地
公路用地	国道、省道、县道和乡道的用地，包括设计内的路堤、路堑、道沟、桥梁、汽车停靠站、林木及直接为其服务的附属用地
街巷用地	城（集）镇、村庄内部公用道路（含立交桥）及行道树的用地，包括公共停车场、汽车客货运输站点及停车场等用地
农村道路	公路用地以外的南方宽度不小于1.0m、北方宽度不小于2.0m的村间、田间道路（含机耕道）
机场用地	民用机场的用地
港口码头用地	人工修建客运、货运、捕捞及工作船舶停靠的场所及其附属建筑物的用地，不包括常水位以下部分
管道运输用地	运输煤炭、石油、天然气等管道及其相应附属设施的地上部分用地

表 1.4-20 水域及水利设施用地分类表

类别	含义
河流水面	天然形成或人工开挖河流常水位岸线之间的水面，不包括堤坝拦截后形成的水库水面
湖泊水面	天然形成的积水区常水位岸线所围成的水面
水库水面	人工拦截汇集而成的总库容不小于10万m^3的水库正常蓄水位岸线所围成的水面
坑塘水面	人工开挖或天然形成的蓄水量小于10万m^3的坑塘常水位岸线所围成的水面
沿海滩涂	沿海大潮高潮位与低潮位之间的潮浸地带，包括海岛的沿海滩涂，不包括已利用的滩涂
内陆滩涂	河流、湖泊常水位至洪水位间的滩涂；时令湖、河洪水位以下的滩地；水库、坑塘的正常蓄水位与洪水位间的滩地，包括海岛的内陆滩地，不包括已利用的滩地
沟渠	人工修建的南方宽度不小于1.0m、北方宽度不小于2.0m用于引、排、灌的渠道，包括渠槽、渠堤、取土坑、护堤林
水工建筑物	人工修建的闸、坝、堤路、水电厂房、扬水站等常水位岸线以上的建筑物用地
冰川及永久积雪	表层被冰雪常年覆盖的土地

表 1.4-21 其他用地分类表

类别	含义
空闲地	城（集）镇、村庄、工矿内部尚未利用的土地
设施农用地	直接用于经营性养殖的畜禽舍、工厂化作物栽培或水产养殖的生产设施用地及其附属用地，农村宅基地以外的晾晒场等农业设施用地
田坎	耕地中南方宽度不小于1.0m、北方宽度不小于2.0m的地坎
盐碱地	表层盐碱聚集、生长天然耐盐植物的土地
沼泽地	经常积水或渍水、一般生长沼生、湿生植物的土地
沙地	表层为沙覆盖、基本无植被的土地，不包括滩涂中的沙地
裸地	表层为土质，基本无植被覆盖的土地；或表层为岩石、石砾，其覆盖面积不小于70%的土地

表 1.4-22　　土 地 调 查 表

县　　　　　乡

村（组）	断面号	水位（m）	总面积	1	耕地（亩）					2	……
				地类号	11	12	13	14	141	地类号	……
				小计	灌溉水田	望天田	水浇地	旱地	旱平地	小计	……

1）土地面积以水平投影面积为准；计算机量图面积以 mm^2 为计算单位；统计面积采用亩❶，对使用其他非标准计量面积单位的换算成亩后分类填表。

2）采用计算机量图，同时建立以行政村、组为单位的土地面积数据库。

3）每幅图的量算成果均应进行图幅内平差（见表 1.4-23），允许误差满足：

$$F<\pm 0.0025A_0 \tag{1.4-1}$$

式中　F——图幅理论面积允许误差；

A_0——图幅理论面积。

表 1.4-23　　土地调查量图成果图幅内平差计算表

量图表编号　　　　允许误差　$0.0025A_0$　　　　$\Delta A=A_0-\sum A_i$

各图斑面积和 $A'=\sum A_i$　　　　改正系数　$k=\Delta A/\sum A_i$　　图幅号

行政单位				断面号	高程（m）	图幅理论面积 A_0（m^2）	量图面积 A'（m^2）	其中		改正系数	改正后面积（m^2）
县（市）	乡（镇）	村	组					淹没线以下面积（m^2）	淹没线以上面积（m^2）	$k=\Delta A/\sum A_i$	$A=A'+kA'$

量图员：　　　　年　　月　　日　　　　　　检查员：　　　　年　　月　　日

4）园地或林地（含天然林）面积大于 0.3 亩（含 0.3 亩）或林带冠幅宽度在 10m 以上的成片土地，按面积计算；园地或林地不符合以上情况的按株数或丛（兜）数计量，可统计入零星林（果）木，其面积计入其他农用地地类。

5）调查人员会同有关单位（项目法人、国土、林业等）工作人员一起持图现场调查核实行政界线、地类分界线和必要的线状地物，落实土地权属。根据现场调查核实结果，分不同方案的淹没影响范围及征地范围，分行政村、组量算各类土地面积。典型调查现状地物面积时，分析调查范围内各类土地利用系数，用图上量得的各类土地面积乘以各类土地利用系数以确定各类土地的实际面积。

（3）调查要求。不同工程类型、各设计阶段土地调查要求见表 1.4-24。

4. 水利设施调查❷

（1）调查内容。

1）调查征地范围内的村组所有的水库、山塘、引水坝、机井、渠道、水轮泵站和抽水机站，以及配套的输电线路等项目。

---

❶ DL/T 5377—2007 规定，计量单位为亩或公顷（hm^2）。

❷ DL/T 5377—2007 规定，农村小型专项设施包括乡级以下农村集体（或单位）、个人投资或管护的小型农田水利设施、供水设施、小型水电站、10kV 等级以下的输配电设施、交通设施等。

表 1.4-24　　各设计阶段土地调查要求表

工程类型	设计阶段	要　　求
水利水电工程	项目建议书	耕地、园地和林地等各类土地面积，用不小于1：10000比例尺地形图、林相图或遥感成果，按地类界和乡村行政区划进行量算，并以土地详查资料和实地典型调查进行校核；现场逐片落实土地权属。对正常蓄水位选择有控制作用的土地调查，用不小于1：5000比例尺的地类地形图或遥感成果进行量算
	可行性研究报告	用不小于1：5000（平原低丘区）或1：2000（山岭重丘区）比例尺地类地形图，实地测量土地征用和居民迁移界线，设置临时标志，现场逐地块查清各类土地权属，以村民小组为单位，量算各类土地面积
	初步设计、技施设计	对征（占）地范围变化等原因引起的变化，按可行性研究报告阶段调查方法进行补充调查和复核
水电工程	预可行性研究报告	土地面积用不小于1：10000地形图或同等精度的航片、卫片等解译成果，结合现场典型调查后，进行量图计算；耕地、园地以村民委员会为单位进行统计；林地、牧草地、其他农用地和未利用地，以县、乡为单位统计；建设用地，可通过典型调查和分析估算确定。对耕地，应收集资料或抽样调查分析习惯统计亩与标准亩的换算关系
	可行性研究报告	土地面积用实测的不小于1：2000土地利用现状地形图或同等精度的航片、卫片等解译成果，在国土、林业等部门的参与下实地调查地类界线和行政分界，根据调查修正的图纸以集体经济组织或土地使用部门为单位量图计算各类土地面积；必要时，对于农村承包的耕地、园地和林地，以集体经济组织的调查面积为控制，由县级人民政府负责将指标分解到户； 耕地调查中，分基本农田、非基本农田；区分出25°以上坡耕地； 对耕地，应典型调查习惯亩与标准亩之间的换算关系。对各类土地面积进行平衡分析

2）调查其建成年月、规模、效益、主要建筑物名称、所在地面高程、原投资、固定资产原值、净值等（见表1.4-25）。

3）灌溉渠道仅调查干渠、支渠、斗渠，田间的农渠、毛渠不做调查。

（2）调查方法及要求。调查方法和要求见表1.4-25和表1.4-26。

5. 农副业设施调查

（1）调查内容。包括行政村、村民小组或农民家庭兴办的榨油坊、砖瓦窑、采石场、米面加工厂、农

表 1.4-25　　小型水利水电设施调查表

县　　　　乡　　　　（正常蓄水位________m方案）

<table>
<tr><th rowspan="3">名称</th><th colspan="3">位置</th><th colspan="13">基本情况</th><th colspan="7">淹没影响情况</th><th rowspan="3">初步处理意见</th></tr>
<tr><th rowspan="2">乡（镇）</th><th rowspan="2">村</th><th rowspan="2">组</th><th rowspan="2">主管单位</th><th rowspan="2">建成年月</th><th rowspan="2">建设规模</th><th rowspan="2">设计效益</th><th rowspan="2">现状规模</th><th rowspan="2">现状效益</th><th colspan="3">房屋面积（m²）</th><th rowspan="2">职工人数（人）</th><th rowspan="2">原投资（万元）</th><th colspan="2">固定资产（万元）</th><th rowspan="2">设计淹没水位（m）</th><th colspan="6">主要建筑物</th></tr>
<tr><th>混合结构</th><th>砖混结构</th><th>砖木结构</th><th>原值</th><th>净值</th><th>名称</th><th>高程（m）</th><th>名称</th><th>高程（m）</th><th>名称</th><th>高程（m）</th></tr>
<tr><td></td><td></td><td></td><td></td><td></td><td></td><td></td><td></td><td></td><td></td><td></td><td></td><td></td><td></td><td></td><td></td><td></td><td></td><td></td><td></td><td></td><td></td><td></td><td></td><td></td></tr>
<tr><td></td><td></td><td></td><td></td><td></td><td></td><td></td><td></td><td></td><td></td><td></td><td></td><td></td><td></td><td></td><td></td><td></td><td></td><td></td><td></td><td></td><td></td><td></td><td></td><td></td></tr>
<tr><td></td><td></td><td></td><td></td><td></td><td></td><td></td><td></td><td></td><td></td><td></td><td></td><td></td><td></td><td></td><td></td><td></td><td></td><td></td><td></td><td></td><td></td><td></td><td></td><td></td></tr>
</table>

调查人：　　　　　　　　产权人：　　　　　　　　年　　月　　日

表 1.4-26　小型水利水电设施调查要求表

工程类型	设计阶段	要求
水利水电工程	项目建议书	由产权所有人填报，调查人员重点抽查复核
	可行性研究报告	调查人员，持不小于 1∶5000 地类地形图现场逐项调查
	初步设计、技施设计	对征（占）地范围变化等原因引起的变化，按可行性研究报告阶段调查方法进行补充调查和复核
水电工程	预可行性研究报告	可通过当地有关部门收集现有资料。必要时，对主要项目进行实地调查核实
	可行性研究报告	在有关部门提供的现有各工程设计、竣工验收、统计等资料的基础上，实地逐项核实，无资料的实地调查

机具维修厂、酒坊、豆腐坊等调查对象，具体内容包括主产品、原料来源、生产规模、年产量、产值、年利税，主要设备、设备原值、净值，从业人员数量等。

（2）调查方法及要求。调查方法和要求见表 1.4-27。

表 1.4-27　农副业设施调查要求表

工程类型	设计阶段	要求
水利水电工程	项目建议书	由产权所有人填报，调查人员重点抽查复核
	可行性研究报告	调查人员根据工商营业执照、税务登记证明、纳税证明等资料现场逐项调查
	初步设计、技施设计	对征（占）地范围变化等原因引起的变化，按可行性研究报告阶段调查方法进行补充调查和复核
水电工程	预可行性研究报告	可通过当地有关部门调查了解
	可行性研究报告	实地逐项调查，权属人和调查者签字认可

6. 文化、教育、卫生、服务设施调查

（1）文化❶、教育、卫生、服务设施包括文化活动站（室）、学校、幼儿园、卫生所、兽医站、商业网点等。

（2）调查方法及要求。

1）项目建议书阶段，由产权单位（人）填报，主要填报内容有地点、产权单位（人）名称、规模、从业人员、年效益等。

2）可行性研究报告阶段，由调查人员在填报的基础上逐项核实。

3）初步设计阶段、技施设计阶段，对征（占）地范围变化等原因引起的变化，按可行性研究报告阶段调查方法进行补充调查和复核。

7. 其他项目调查

其他项目包括零星林（果）木、坟墓❷、电信和广播电视设施、居民点基础设施。

（1）调查内容。

1）零星林（果）木：指果树、经济树、用材树、风景树等，包括征地范围内房屋四周的零星林（果）木和植株面积小于 0.3 亩或林带冠幅的宽度小于 10m 的林（园）地的林（果）木。

2）坟墓：指调查范围内近 3 代以内的坟墓，细分为单棺墓、双棺墓等。

3）电信和广播电视设施：指固定电话、有线广播、有线电视的数量。

4）居民点基础设施：主要包括供水、排水、道路、电力等情况。

（2）调查方法及要求。不同工程类型、各设计阶段其他项目调查方法及要求见表 1.4-28。

1.4.4.2　城（集）镇调查

城（集）镇包括城镇、集镇。城镇是指县级及以上人民政府驻地；集镇是指乡级人民政府驻地或经县级以上人民政府批准确认的建制镇和非建制镇，或集市贸易、市政工程和公用设施已形成一定规模，已成为农村一定区域经济文化和生活服务中心的场镇。

城（集）镇范围为城（集）镇的建成区。建成区是指房屋等建筑物基本连片、基础设施基本具备的区域。位于城（集）镇建成区内的农业村（组），调查内容和方法与农村调查相同。位于城（集）镇建成区

❶ DL/T 5377—2007 规定，文化宗教设施包括祠堂、经堂、神堂等，调查方法和要求同农副业设施调查。

❷ DL/T 5377—2007 规定，把坟墓划归附属建筑物调查。

表 1.4-28　　其他项目调查方法及要求表

工程类型	设计阶段	方法及要求
水利水电工程	项目建议书	零星林（果）木、坟墓：采用抽样调查方法调查，选择有代表性的典型村，分类调查其征（占）地范围内的零星林（果）木、坟墓的数量，按典型村人均占有量推算调查范围内零星林（果）木数量；按典型村户均占有量推算调查范围内坟墓数量。典型调查村数占调查范围内总村数的比例不小于20%； 电信、广播电视设施：依据有关资料，分析确定当地的农村居民固定电话、有线广播、有线电视拥有率，计算征（占）地范围内的数量； 居民点基础设施：由各行政村填报其基础设施现状
	可行性研究报告	零星树木：逐户全面调查； 坟墓：全面调查，由户主自报，调查人员现场复核； 电信、广播电视设施：逐户调查； 基础设施：现场调查
	初步设计、技施设计	对征（占）地范围变化等原因引起的变化，按可行性研究报告阶段调查方法进行补充调查和复核
水电工程	预可行性研究报告	零星树木：采用典型调查推算，亦可用类比分析推算
	可行性研究报告	建设征地居民迁移线内和线外因人口搬迁后无法管护和利用的零星树木，逐户统计

外的乡级以上（含乡级）所属的单位，包括农（林、牧、渔）场、学校等单独调查、汇总。

城（集）镇的调查内容包括基本情况调查和工程建设征（占）地实物调查。其中工程建设征（占）地实物调查内容包括用地、人口、房屋及附属设施、零星林（果）木、机关事业单位、工商企业、基础设施、镇外单位❶等。

1. 基本情况调查

(1) 调查内容。调查内容包括城（集）镇性质、功能、高程分布、规模、文化教育卫生设施、基础设施、对外交通、防洪和其他等，以全面了解城（集）镇的全貌等，见表1.4-29。

1) 性质及功能：包括城（集）镇的分类、在区域中的地位和作用。

2) 高程分布：包括街道的最低、最高高程及主要街道的高程范围、红线宽度、车行道宽度、路面材料等。

3) 规模：包括行政区域、占地面积（建成区面积）、总人口及其分类、近3年人口变化情况、房屋总面积及分类面积等。

4) 文化教育卫生设施：包括学校、医院、图书馆、影剧院、文化站等的数量和规模。

5) 基础设施：包括道路、供水、排水、供电、邮电通信、广播电视、广场、公园等。

6) 对外交通：包括对外交通的方式、等级等。

7) 防洪：包括防洪工程及其防洪标准、历史洪水位及相应频率，历史洪水淹没范围、历时等。

(2) 调查方法及要求。城（集）镇基本情况调查方法及要求见表1.4-30。

2. 用地调查

(1) 用地分类。依据《土地利用现状分类》(GB/T 21010)，城（集）镇建设用地分为商服用地、工业仓储用地、住宅用地、公共管理与公共服务用地、特殊用地、交通运输用地、水域和其他用地等。建成区内若有耕（园）地，按农村土地的调查方法进行调查。

(2) 调查方法。调查范围内的用地分类及面积调查，向当地有关部门收集资料，并持地形图现场查勘，勾绘各类土地范围，量算其面积。居民、机关、企事业单位用地面积，根据土地使用证调查登记。

(3) 调查要求。城（集）镇用地调查要求见表1.4-31。

3. 人口调查

(1) 人口❷分类。城（集）镇人口包括居民、机关单位集体户、工商企业集体户人口和寄住人口。按户口性质分为农业人口、非农业人口。

---

❶ DL/T 5377—2007将镇外单位归入专项调查内容。

❷ DL/T 5377—2007规定，城市集镇人口分为常住人口、通勤人口和流动人口三类。常住人口包括户籍人口和寄住人口，按户籍又分为农业人口和非农业人口两类。详见规范。

表 1.4-29　　城（集）镇基本情况调查表

省　　　　市　　　　县　　　　　　　　　　名称：

序号	项目			单位	数量	备注		
1	性质及功能							
2	高程范围	最高道路高程范围		m				
		最低道路高程范围		m				
		主干道高程范围		m				
3	人口规模	管辖范围						
		总人口	______年	人		自然增长率　%，机械增长率　%		
			______年	人		自然增长率　%，机械增长率　%		
			______年	人		自然增长率　%，机械增长率　%		
		其中	居民	人		按最近一年的居民户户口统计		
			单位	人		按最近一年的集体户口统计（含商贸服务）		
			工业、工商企业	人		按最近一年建成区的工业、工商企业集体户口统计		
	房屋面积	房屋总面积		万 m^2				
		其中	居民	万 m^2				
			单位	万 m^2				
			工业、工商企业	万 m^2				
4	建成区	面积		hm^2				
		其中	农用地	hm^2				
			建设用地	hm^2				
			未利用地	hm^2				
5	主要设施	中学		所		教师人数：　学生人数：　其中寄宿生人数：		
		小学		所		教师人数：　学生人数：　其中寄宿生人数：		
		幼儿园		所		教师人数：　幼儿人数：		
		医院		所		病床数：		
6	市政工程	主干道		m/条		宽度：　路面材料：		
		次干道		m/条		宽度：　路面材料：		
		变电站		kVA/座				
		变压器		kVA/座				
		水厂供水能力		t/d		普及率：　%		
		排水制式				雨污混流或雨污分流		
		污水处理厂处理能力		t/d				
		邮政、电信局（所）		个				
		电话交换机容量		门		用户：		
		广播电视局（站）		处				
		有线电视用户		户				
		对外交通	陆路	等级		按干线地点及长度：　距离：　km		
			水路	等级		码头最大停泊能力：　t		
		防洪	防洪工程					
			防洪标准	%				
			历史洪水位	年份	____年	____年	____年	____年
				高程（m）				
			相应频率	%				
			历时	h				
			淹没建城区比例	%				
		其他						

调查人：　　　　　　　　　　　　　　　　　　　　年　　月　　日

表 1.4-30　　城（集）镇基本情况调查方法及要求表

工程类型	设计阶段	方法及要求
水利水电工程	项目建议书	主要通过收集资料和向有关部门了解情况，并进行必要的核实
	可行性研究报告	对收集的资料和了解的情况进行全面核实
	初步设计、技施设计	必要时进行复核
水电工程	预可行性研究报告	通过城市、集镇的相关部门收集资料
	可行性研究报告	通过相关部门和单位收集规划、工程设计、竣工验收、统计等资料，必要时进行现场调查

表 1.4-31　　城（集）镇用地调查要求表

工程类型	设计阶段	要求
水利水电工程	项目建议书	持不小于 1∶10000 比例尺的地形图进行现场调查
	可行性研究报告	持不小于 1∶5000 比例尺的地类地形图现场查勘调绘
	初步设计、技施设计	必要时进行复核
水电工程	预可行性研究报告	利用不小于 1∶10000 的地形图，结合收集有关资料，提出建成区总面积和水电工程建设征地占用面积
	可行性研究报告	利用不小于 1∶2000 的城市集镇现状图，结合收集城市集镇的规划、统计资料，提出建成区总面积、各地类面积和水电工程建设征地居民迁移线内各地类面积。各单位用地面积可通过收集统计资料、依据土地权证、固定资产账簿等得到，必要时利用城市集镇现状图现场核实

城（集）镇人口调查分为以下 7 种类型：

1）以长期居住的房屋为基础，以户口簿、房产证为依据进行调查登记。无户籍的超计划出生人口，户口临时转出需回原籍的义务兵、学生、劳改劳教人员，在提交乡级以上人民政府相关证明材料后，可纳入人口调查登记。

2）有户籍、无房产的租房常住户，可纳入人口调查登记。

3）无户籍但与上述家庭户主常住的配偶、子女及父母，在查明原户口所在地情况，提交乡级以上人民政府相关证明材料后，可按寄住人口登记。

4）具有住房产权的常住无户籍人口，在查明原户口所在地情况，提交乡级以上人民政府相关证明材料后，可纳入人口调查登记。

5）无户籍但居住在调查范围内的机关、企事业单位正式职工、合同工，在查明原户口所在地情况，提交乡级以上人民政府相关证明材料后，可纳入人口调查登记。

6）无户籍、无房产的流动人口和有户籍无房产且无租住地的空挂户不列入人口调查。

7）寄宿学生登记为寄住人口。

（2）调查方法及要求。住户人口调查表格式见表 1.4-32，单位人口调查表可参照表 1.4-32 编制，调查方法及要求见表 1.4-33。

表 1.4-32　　城（集）镇住（集体）户人口调查表　　水位分级：

城（集）镇：　　办事处：　　居委会：　　居民小组：　　门牌号：　　户主：

姓名	性别	与户主关系	出生年份	文化程度	户籍			身份证号	备注
					农业	非农业	寄居		
合计									

表 1.4-33　　城（集）镇人口调查方法及要求表

工程类型	设计阶段	方法及要求
水利水电工程	项目建议书	以常住的房屋为基础，根据公安派出所提供的户口情况，以居委会或村为单元调查统计
	可行性研究报告	现场逐户、逐单位全面调查登记每个家庭成员名单及有关情况
	初步设计、技施设计	必要时进行复核
水电工程	预可行性研究报告	向城市集镇管理单位、统计部门、派出所户籍管理部门、各单位（部门）调查了解各类人口数量
	可行性研究报告	常住人口中的户籍人口按行政隶属关系，分区、街道办事处、社区（或集体经济组织），按路名和门牌号顺序在有关部门的配合下，通过派出所户籍管理部门、街道办事处、居民委员会、村民委员会或各工矿企事业单位、行业管理单位收集相关资料，并逐户、逐单位全面调查核实，登记造册。通勤人口、流动人口及常住人口中的寄住人口可向有关部门调查了解

4. 房屋和附属设施调查

(1) 房屋分类。城（集）镇房屋调查，分权属、用途、结构。按权属分为居民私房、机关及企事业单位房屋等。

1) 居民房屋分为独户居民房屋和单元楼居民房屋，按用途可分为主房、杂房；居民临街商业门面房区分有、无营业执照单独调查登记。

2) 机关、企事业单位房屋按用途分为住宅、工商业用房、办公用房、文化体育场馆、仓库和其他用房等。

a. 住宅是指供单位职工居住尚未出售给职工的房屋（含学生宿舍等）。

b. 工商业用房是指对外营业、以经营为主的各种用房。

c. 办公用房是指行政机关、企事业单位等的办公用房。

d. 文化体育场馆是指从事体育训练比赛、文艺演出的各类场馆。

e. 仓库是指储存粮食、各种原材料和成品物资的仓库。

f. 其他用房是指不在上述用途内的房屋。

3) 房屋结构分为框架、砖混、砖木、土木等，其定义同农村房屋部分。上述用途和结构不能覆盖的房屋，可根据工程所在地实际情况增加分类。

(2) 房屋建筑面积测量。房屋建筑面积测量按《房产测量规范》(GB/T 17986.1) 有关规定执行，其中：房屋建筑面积是指房屋外墙（柱）勒脚以上各层的外围水平投影面积，包括具备有上盖、结构牢固、层高 2.2m 以上（含 2.2m）的阳台、挑廊、地下室、室外楼梯等永久性建筑。

房屋和附属建（构）筑物建筑面积计量方法见表 1.4-34。

(3) 房屋装饰装修调查。在房屋调查时，对不同结构房屋的内外装饰装修情况进行调查。具体工程的装饰装修分类可参考城（集）镇房屋拆迁装饰装修补偿的分类方法（见表 1.4-35），结合征地区房屋的实际情况合理确定。

(4) 附属设施及其他调查。包括围墙、门楼、地坪、水井、水池、水塔、独立的烟囱、绿化地及花坛、零星果（树）木、电话、空调等，分别调查其结构、规格、数量。中央空调、电梯等特殊设施设备参照工商企业的调查方法单独调查。

(5) 在建房屋调查。经规划、建设部门批准，正在施工的房屋可按批准的面积登记，并备注为在建房屋。占用街道的临时性商业棚架房原则上不予调查。

(6) 调查方法及要求。单位房屋、居民平房、居民单元楼房分别按表 1.4-36、表 1.4-37、表 1.4-38 调查统计。

城（集）镇房屋调查要求见表 1.4-39。

5. 工商企业调查

(1) 工商企业是指注册资金在 10 万元以上，有营业场所、营业执照，从事商业、贸易或服务的企业。注册资金在 10 万元（含 10 万元）以下的，纳入商业门面房调查。

固定资产原值小于 100 万元的小型工业企业可按工商企业调查。

(2) 工商企业调查内容包括工商企业名称、所在地、隶属关系、经济成分、业务范围、经营方式、从业人数、集体户口人数、房屋面积；注册资金；近 3 年年税金、年利润、年工资总额；固定资产原值；设备和设施名称、规模或型号、数量等，并调查设备和设施是否可搬迁。

表 1.4-34　**房屋和附属建（构）筑物建筑面积计量方法说明表**

类 型	计 量 方 法
计算全部建筑面积	1. 永久性结构的单层房屋，应按一层建筑面积计算；多层房屋应按各层建筑面积总和计算； 2. 房屋内的夹层、插层、技术层及楼梯间、电梯间等，高度在 2.2m 以上部位，均应计算建筑面积； 3. 穿过房屋的通道，房屋内的门厅、大厅，均应按一层计算建筑面积。门厅、大厅内的回廊部分，层高在 2.2m 以上（含 2.2m）的，应按其水平投影面积计算； 4. 楼梯间、电梯（观光梯）井、垃圾道、管道井等均应按房屋自然层计算建筑面积； 5. 在房屋屋面以上、属永久性建筑且层高在 2.2m 以上（含 2.2m）的楼梯间、水箱间、电梯机房及斜面结构屋顶高度在 2.2m 以上（含 2.2m）的部位，应按其外围水平投影面积计算； 6. 挑楼、全封闭的阳台应按其外围水平投影面积计算； 7. 属永久性结构有上盖的室外楼梯，应按各层水平投影面积计算； 8. 与房屋相连的有柱走廊，两房屋间有上盖和柱的走廊，均应按其柱的外围水平投影面积计算； 9. 房屋间永久性的、封闭的架空通廊，应按外围水平投影面积计算； 10. 地下室、半地下室及其相应出入口，层高在 2.2m 以上（含 2.2m）的，应按其外墙（不包括采光井、防潮层及保护墙）的外围水平投影面积计算； 11. 有柱或有围护结构的门廊、门斗，均应按其柱或围护结构的外围水平投影面积计算； 12. 玻璃幕墙等作为房屋外墙的，应按其外围水平投影面积计算； 13. 属永久性建筑的有柱的车棚、货棚等，应按柱的外围水平投影面积计算； 14. 依坡地建筑的房屋，利用吊脚做架空层、有围护结构，且高度在 2.2m（含 2.2m）以上部位，应按其外围水平面积计算； 15. 与房屋室内相通的伸缩缝，应计入建筑面积； 16. 居民 2.2m 以下的杂房调查方法，同农村房屋调查要求
计算一半建筑面积	1. 与房屋相连有上盖无柱的走廊、檐廊，应按其围护结构外围水平投影面积的一半计算； 2. 独立柱、单排的门廊、车棚、货棚等属永久性建筑的，应按其上盖水平投影面积的一半计算； 3. 未封闭的阳台、挑廊，应按其围墙结构外围水平投影面积的一半计算； 4. 无顶盖的室外楼梯，应按各层水平投影面积的一半计算； 5. 有顶盖、不封闭的、永久性的架空通廊，应按其外围水平投影面积的一半计算
不计算建筑面积	1. 层高 2.2m 以下的夹层、插层、技术层和层高小于 2.2m 的地下室和半地下室； 2. 突出房屋墙面的构件、配件、装饰柱、装饰性的玻璃幕墙、垛、勒脚、台阶、无柱雨篷等； 3. 房屋之间无上盖的架空通廊； 4. 房屋的天面、挑台、天面上的花园、泳池； 5. 建筑物内的操作平台、上料平台及利用建筑物的空间安置箱、罐的平台； 6. 骑楼、过街楼的底层用作道路街巷通行的部分； 7. 利用引桥、高架路、高架桥、路面作为顶盖建造的房屋； 8. 活动房屋、临时房屋、简易房屋； 9. 独立烟囱、亭、塔、罐、池、地下人防干（支）线； 10. 与房屋室内不相通的房屋间伸缩缝

表 1.4-35　**某城市居民住房拆迁装饰装修补偿分类表**

分类	装 饰 装 修 标 准	补偿标准（元/m^2）
第一类	1. 墙：进口墙漆墙面或墙纸、局部墙面带装饰造型； 2. 地：中、高档实木地板（紫檀、柚木、云香等），或 800mm×800mm 镜面砖，中、高档仿古砖，中、高档花岗岩地面砖； 3. 天棚：多级造型顶； 4. 门窗：花梨门、胡桃木门、黑檀木门等造型门，铝合金（塑钢）窗及木质窗套，不锈钢防盗网； 5. 厨卫：双饰面板橱柜，中档洁具，全瓷防滑地砖，中、高档墙砖，铝扣板吊顶	420

续表

分类	装 饰 装 修 标 准	补偿标准（元/m^2）
第二类	1. 墙：国产中、高档墙漆； 2. 地：中档实木地板（金不换、桦木地板等），中、高档仿实木地板或600mm×600mm镜面砖，中档仿古砖，中、低档花岗岩地面砖； 3. 天棚：二、三级吊顶或石膏大板二、三级吊顶； 4. 门窗：普通面饰板（榉木、白橡木等）包平板门及包窗套、铝合金（塑钢）窗，不锈钢防盗网； 5. 厨卫：双饰面板橱柜，中档洁具，普通防滑地砖、墙砖，铝扣板吊顶	320
第三类	1. 墙：国产中、低档墙漆或喷塑墙面； 2. 地：中档复合地板、小块拼花木地板，或水磨石地面、普通釉面砖； 3. 天棚：石膏一级吊顶带造型或木线造型； 4. 门窗：水曲柳木板包门套、包窗套，水曲柳墙裙，不锈钢防盗网； 5. 厨卫：普通防滑地砖、墙砖，塑扣板吊顶	240
第四类	1. 墙：888涂料； 2. 地：普通复合地板，普通地砖； 3. 天棚：石膏一级吊顶或塑扣板吊顶； 4. 门窗：水曲柳木板包门套、包窗套； 5. 厨卫：普通防滑地砖、墙砖，塑扣板吊顶	160
第五类	1. 墙：888涂料； 2. 地：普通地砖； 3. 天棚：石膏线、木角线； 4. 门窗：水曲柳木板包门套或中、低档有色调和漆门及门窗包套； 5. 厨卫：马赛克或普通釉面砖、墙砖、瓷片	80
第六类	墙面、天棚为普通抹灰，水泥或刷油漆地面，木门窗	0

注 1. 装饰装修补偿视每自然间不同情况，分别按其建筑面积计算。
2. 住宅房屋装饰装修1～2年不予折旧，第3～10年每年折旧12.5%，使用10年以上的，补偿10%的残值。
3. 表中的内容引自某市某年颁布的房屋拆迁装饰装修补偿标准。

表1.4-36　　城（集）镇单位房屋调查表

城（集）镇：

<table>
<tr><td>单位名称</td><td colspan="4"></td><td colspan="4">职工人数（人）</td></tr>
<tr><td>所在地点</td><td colspan="4"></td><td>合计</td><td>正式工</td><td>合同工</td><td>临时工</td></tr>
<tr><td>镇内/外</td><td>隶属关系</td><td colspan="3"></td><td></td><td></td><td></td><td></td></tr>
<tr><td>房屋名称</td><td>水位分级</td><td>结构</td><td>面积（m^2）</td><td>用途</td><td>层数</td><td colspan="3">附属设施</td></tr>
<tr><td></td><td></td><td></td><td></td><td></td><td></td><td>名称</td><td>单位</td><td>数量</td></tr>
<tr><td></td><td></td><td></td><td></td><td></td><td></td><td>围墙</td><td>m^2</td><td></td></tr>
<tr><td></td><td></td><td></td><td></td><td></td><td></td><td>混凝土地坪</td><td>m^2</td><td></td></tr>
<tr><td></td><td></td><td></td><td></td><td></td><td></td><td>水井</td><td>眼</td><td></td></tr>
<tr><td></td><td></td><td></td><td></td><td></td><td></td><td>水池</td><td>m^3</td><td></td></tr>
<tr><td></td><td></td><td></td><td></td><td></td><td></td><td>水塔</td><td>m^3</td><td></td></tr>
<tr><td></td><td></td><td></td><td></td><td></td><td></td><td>绿化地</td><td>亩</td><td></td></tr>
<tr><td></td><td></td><td></td><td></td><td></td><td></td><td>花坛</td><td>m^2</td><td></td></tr>
<tr><td></td><td></td><td></td><td></td><td></td><td></td><td>零星树木</td><td>株</td><td></td></tr>
<tr><td></td><td></td><td></td><td></td><td></td><td></td><td>道路</td><td>m^2</td><td></td></tr>
<tr><td></td><td></td><td></td><td></td><td></td><td></td><td>电话</td><td>部</td><td></td></tr>
<tr><td></td><td></td><td></td><td></td><td></td><td></td><td colspan="3" rowspan="2"></td></tr>
<tr><td></td><td></td><td></td><td></td><td></td><td></td></tr>
</table>

单位负责人：　　　　　　　　调查人：　　　　　　　　调查时间：　　年　　月　　日

表 1.4－37　　城（集）镇居民平房调查表

水位分级：

城（集）镇：　　办事处：　　居委会：　　居民小组：　　门牌号：　　户主：

		类别/结构	层数	面积（m^2）	丈量记录	房屋产权：
房屋	主房					主房、杂房平面示意图
		面积小计				
	杂房					
		面积小计				
	附属房					
	面积合计					

	项目	单位	数量	备　注
附属设施	砖围墙	m^2		
	土围墙	m^2		
	门楼	个		
	烤烟房	m^2		
	混凝土晒场	m^2		
	三合土晒场	m^2		
	粪池	个		
	地窖	个		
	水池	m^3		
	压水井	眼		
	大口井	眼		
	沼气池	个		
	有线电视		有/无	
	电视接收器	台		
	电话	部		
	农用车辆	部		

户主：　　调查人：　　调查时间：　年　月　日

表 1.4－38　　城（集）镇居民单元楼房调查表

城（集）镇：　　办事处：　　居委会：　　居民小区：　　门牌号：　　户主：

房屋产权：		楼栋门牌号：	结构		层数	
建筑面积：　m^2	丈量记录：			水位分级：		
单元　室	房产证建筑面积：　m^2		单元　室	房产证建筑面积：　m^2		
有线电视：有/无	电话：有/无	户主签字：	有线电视：有/无	电话：有/无	户主签字：	

单位负责人：　　调查人：　　调查时间：　年　月　日

表 1.4-39　　城（集）镇房屋调查要求表

工程类型	设计阶段	要　　求
水利水电工程	项目建议书	直接采用房产证登记其建筑面积；附属构筑物由户主或单位申报，调查人员可现场重点抽样复核；对房产证未覆盖的房屋可采用遥感成果、地图量算或进行现场调查
	可行性研究报告	现场逐户（单位）测量房屋建筑面积，也可采用经过验证符合国家建筑面积测量的房产证登记。杂房、附属构筑物调查要现场逐处丈量或清点
	初步设计、技施设计	必要时进行复核
水电工程	预可行性研究报告	房屋调查，通过城市集镇房管部门收集房屋普查资料，或直接采用房产证调查登记。调查了解近期拆除和新建情况，再结合典型调查，综合分析统计现有房屋面积；附属建筑物调查确定
	可行性研究报告	逐户（单位）、逐幢全面实地调查丈量统计各类房屋建筑面积，也可采用房产证登记的各类房屋建筑面积，并进行实地逐栋核实确定；附属建筑物按实有数量实地调查统计

（3）调查方法及要求❶。

1）项目建议书阶段由产权所有人填报，调查人员现场复核。

2）可行性研究报告阶段进行全面调查，逐项核定。人口、房屋调查方法与机关、事业单位相同，调查表格见表 1.4-40。

表 1.4-40　　城（集）镇工商企业调查表

城（集）镇：

企业名称				营业范围				
所在地点				注册资金（万元）				
隶属关系				年营业额（万元）				
经济成分		行业		年工资总额（万元）				
集体户口	人	其中淹没线下	人	年利润（万元）				
				年税收（万元）				
职工人数（人）				固定资产（万元）		固定资产原值（万元）		
合　计	正式工	合同工	临时工	账内	账外	房屋	设备	设施
类别/结构	水位分级	楼层	建筑面积	设施/设备名称		结构/尺寸		数量
营业用房								
小计								
生活用房								
小计								
合计								

企业负责人：　　　　调查人：　　　　调查时间：　　年　　月　　日

❶ DL/T 5377—2007 称为个体工商户，与专业项目中企事业单位调查要求一致。

3）初步设计和技施设计阶段，必要时进行复核。

6. 市政工程及公用设施调查

(1) 道路、广场工程，调查广场面积，道路主、次干道红线宽度，车行道宽度、路面材料等。

(2) 供电工程，调查配变电所等级和容量、高压线路等级及街灯布置等。

(3) 供水工程，调查水源位置、水质、高程、设计及实际供水能力、主次管网布置方式、供水普及率等。

(4) 排水工程，调查其排水制式、污水处理工程规模等。

(5) 电信、广播电视工程，调查电信、广播电视的设施、设备、普及率等。

(6) 燃气及供热工程，调查种类、规模及普及率。

(7) 其他工程包括公园、人防工程、环卫设施等，调查其规模、主要设施等。

(8) 调查方法及要求❶。

1）项目建议书阶段的基础设施调查以收集资料为主，辅以现场复核主要项目和指标。

2）可行性研究报告阶段在收集资料基础上现场逐项核实，调查表格见表1.4-41。

3）初步设计和技施设计阶段，必要时进行复核。

表1.4-41　城（集）镇市政工程及公用设施调查表

城（集）镇：

项目			单位	数量	备注
道路桥梁		主干道	m/条		红线宽度：　路面材料：
		次干道	m/条		红线宽度：　路面材料：
		桥梁	m/座		宽度：
供电工程		变电站	kVA/座		等级：
		变压器	kVA/台		
		10kV线路	km		
		街灯	km		
供水工程	水厂	座数	座		
		设计供水能力			
		实际供水能力	t/d		
	管道	供水主管	m		材料：　直径：
		供水支管	m		材料：　直径：
排水工程		污水处理厂	座		
		处理能力	t/d		
		主管（涵）	m		断面尺寸：　结构：
		次管（涵）	m		断面尺寸：　结构：
邮政、电信		局（所）	处		
		交换机容量	门		
		用户	户		覆盖率：　%
电视广播		局（站）	处		
		有线电视用户	户		覆盖率：　%
其他		……			

调查人：　　　　日期：

❶ DL/T 5377—2007把相关项目作为基本情况调查，建设征地影响调查未再具体要求。

7. 镇外单位调查

(1) 调查内容。调查内容包括单位名称、所在位置、权属、占地面积、农用地面积及分类构成、职工人数及构成、房屋及附属物；道路、电力、供水和通信设施；经济效益指标等。

(2) 调查方法及要求。

1) 占地面积、农用地面积及分类构成，按农村调查相应的调查项目、调查方法、调查要求调查。

2) 人口、房窑、附属物，按城（集）镇调查相应的调查项目、调查方法、调查要求调查。

3) 道路、电力、供水和通信等设施，参照专业项目调查要求调查。

4) 职工人数、职工工资、利润、税收等指标，按工业企业调查要求、调查方法调查。

1.4.4.3 工业企业调查

工业企业包括采矿业，制造业，电力、燃气及水的生产供应企业。企业规模按国家有关规定划分为大、中、小型。

大型、中型工业企业及具备表1.4-42规定条件的小型工业企业，应进行单独调查。

表1.4-42　小型工业企业应具备的条件表

序号	条　　件
1	在当地工商行政管理部门注册登记，有营业执照、税务登记证；对特殊行业，在上述有效证件的基础上，还需有生产许可证等有关证件
2	有固定的（或相对固定的）生产组织、场所、生产设备和从事工业生产的人员
3	具有单独的账目，能够同农业及其他生产行业分开核算
4	常年从事工业生产活动或季节性生产，全年开工时间在3个月以上
5	固定资产原值在100万元（含100万元）以上

固定资产原值在100万元以下的工业企业，按城（集）镇工商企业调查；符合上述条件的非工业企业，参照工业企业调查；符合表1.4-42规定条件但已停产的工业企业，也参照工业企业调查。

1. 调查内容

(1) 基本情况调查。调查内容包括企业名称、所在地点、行业分类、权属关系、经济成分、建设日期、设计规模、高程范围、占地面积；全厂员工人数及户口在厂人数，各类房屋结构与面积，主要设施设备名称、结构、数量；固定资产、近3年年产值，年利税、年工资总额；主要产品种类及产量，原材料、原材料来源地，并收集厂区平面布置图（标有高程）、设计文件等，见表1.4-43。

(2) 受影响情况调查。根据其受工程建设影响情况，分工程建设征（占）地范围内和工程建设征（占）地范围外进行调查。

工程建设征（占）地范围内的实物包括人口、房屋、设施、设备等。对主要生产车间在征（占）地范围内的企业，按同样要求调查其征（占）地范围外相应实物，并予以注明；主要生产车间在征（占）地范围外的企业，只调查登记征（占）地范围内的实物；分散在厂区范围外但在征（占）地范围内的住宅、办公用房等实物，按城（集）镇相应的调查方法进行调查。

(3) 人口调查。

1) 员工人数：根据劳动合同、工资报表等资料，分别统计正式工、合同工、临时工人数。

2) 户口在企业的人口，参照城（集）镇的人口调查方法调查；户口在居委会的人口，纳入城（集）镇统一调查。

(4) 房屋及附属设施调查。

1) 房屋按用途分为生产用房和生活办公用房。

生产用房按结构分为排架、刚架、框架、砖混、砖木、土木等。其中，排架是指主要由柱、基础、屋架、吊车梁、联系梁构成横向、纵向骨架体系的结构形式，按排架所用材料可分为装配式钢筋混凝土排架、钢屋架与钢筋混凝土柱排架、砖墙（柱）与钢筋混凝土屋架（木屋架、钢木轻型屋架）排架。刚架是指屋架与柱合并为同一构件，屋架与柱连接处为整体刚接，柱与基础一般为铰接的结构形式，按刚架所用材料可分为装配式钢筋混凝土门式刚架和钢结构（屋架、柱采用钢材）刚架。其他结构分类见表1.4-6。

生活办公用房，按城（集）镇房屋调查要求调查。

2) 房屋调查包括房屋名称、层数、用途、结构、建筑面积等，建筑面积测量方法与城（集）镇房屋调查方法相同，调查表格式见表1.4-44。工业企业内的住宅（包括独户居民房屋、单元式住宅楼），其房屋、人口分别按城（集）镇相应调查要求调查。

表 1.4-43 **工业企业基本情况调查表**

市（县） 乡（镇）

企业名称				全厂职工（人）	正式工	人
所在地点		建设日期			合同工	人
隶属关系		设计规模			临时工	人
经济成分		高程范围			合计	人
行业		占地面积	亩	户口在厂人数		人

房屋面积（m^2）									
分类	排架	刚架	框架	冷库	砖混	砖木	土木	小计	备注
生产用房									
生活用房									
合计									

主要技术指标			
项　　目	年	年	年
主要产品			
主要产品年产量			
年总产值（万元）			
主要原料名称			
主要原料用量			
年工资及管理费总额（万元）			
年税收（万元）			
原材料来源地			

固定资产（万元）			固定资产（万元）		
合计	账内	账外	房屋	设备	设施

填表人： 调查人： 企业负责人： 调查时间： 年 月 日

表 1.4-44 **工业企业房屋调查表**

市（县） 乡（镇） 企业名称：

水位分级	房屋用途	房屋名称	层数	结构	丈量尺寸（m×m）	建筑面积（m^2）	固定资产（万元）			备注
							合计	账内	账外	
	生产用房									
	合计	总面积______ m^2，其中，排架______ m^2，钢架______ m^2，框架______ m^2，冷库______ m^2，混合______ m^2，砖木______ m^2，木______ m^2，其他______ m^2								
	生活用房									
	合计	总面积______ m^2，其中，框架______ m^2，混合______ m^2，砖木______ m^2，木______ m^2，其他______ m^2								

填表人： 调查人： 企业负责人： 调查时间： 年 月 日

3）附属设施及其他调查包括围墙、门楼、地坪、水井、水池、水塔、独立的烟囱、绿化地及花坛、零星果（树）木、电话、空调等，分别调查其结构、规格、数量。

（5）设施、设备调查。

1）工业企业设施包括基础设施和专用设施。其中，基础设施包括供水、排水、供电、电信、广播电视、各种道路、场地以及绿化设施等；专用设施包括各种管线、井巷工程及池、窖、炉座、机座、窑、烟囱等。工业企业设施调查其结构、规格尺寸、数量，并根据账本填写固定资产原值。工业企业设施调查表见表 1.4-45。

中央空调、电梯等特殊设施设备，参照工商企业相应调查方法调查。

2）位于城（集）镇建成区以外的工业企业，在调查厂区内基础设施的同时，也调查其厂区对外连接的专用道路、电力、电信、供水工程等，注明是否拥有所有权。

3）工业企业设备按车间逐台调查其名称、购置年月，规格、型号、数量，根据固定资产明细账统计其固定资产原值，调查表格见表 1.4-46。

表 1.4-45　　工业企业设施调查表

省（区）　　县　　乡　　企业名称：

车间名称	水位分级	设施名称	结构	规格尺寸	单位	数量	固定资产（万元）		备注
							账内	账外	

填表人：　　调查人：　　企业负责人：　　调查时间：　年　月　日

表 1.4-46　　工业企业设备调查表

省（区）　　县　　乡　　企业名称：

车间名称	水位分级	设备名称	购置年份	规格/型号	单位	数量	固定资产（万元）		可否搬迁	备注
							账内	账外		

填表人：　　调查人：　　企业负责人：　　调查时间：　年　月　日

（6）其他项目调查。其他项目调查包括实物形态的流动资产调查和厂区面积调查等。

1）实物形态的流动资产包括原材料、低值易耗品、半成品、在制品、辅助材料等，分别调查其规格、数量。

2）收集工业企业厂区土地使用证，复核厂区工程建设征（占）用面积及分类。

2. 调查要求[1]

不同工程类型、各设计阶段工业企业调查要求见表 1.4-47。

表 1.4-47　　工业企业调查要求表

工程类型	设计阶段	要　　求
水利水电工程	项目建议书	先由工业企业填报。调查人员根据统计资料、年报报表、固定资产账簿等核查填报成果，现场核实主要指标
	可行性研究报告	在工业企业填报的基础上，全面核查员工及户口在企业的人数、房屋结构及面积、设施（结构、规格、数量）、设备（规格、型号、数量）、实物形态流动资产（规格、数量）以及企业资产情况、经营情况。利用不小于 1∶5000 比例尺的地类地形图核定厂区总面积、建设征地影响面积及土地类型
	初步设计、技施设计	必要时进行复核
水电工程	预可行性研究报告	向企事业单位和有关部门收集相关资料，必要时现场初步调查了解
	可行性研究报告	向企事业单位和有关部门收集有关设计、竣工资料及统计报表等，会同相关部门现场逐项调查、核实

[1] DL/T 5377—2007 把企业归类为企事业单位，调查深度要求一致。

1.4.4.4 专业项目调查

调查内容包括交通工程设施、输变电工程设施、电信工程设施、广播电视工程设施、水利水电工程设施、管道工程设施，以及矿产资源、文物古迹、水文站、风景名胜区、自然保护区和其他项目等。

专业项目调查要与农村、城（集）镇、工业企业调查相衔接，避免重复。专业项目的地界范围按已获得的土地使用权证范围或实际使用（租赁）范围为界。

1. 交通工程设施调查

（1）公路调查。公路分为等级公路、汽渡和机耕路。

等级公路是指符合交通部门公路技术标准的道路，分高速公路、一级公路、二级公路、三级公路和四级公路。

汽渡是指连接江（河、湖）两岸公路的渡口，包括连接道路和运载车辆的设施、设备。

机耕路是指四级公路以下可以通行机动车辆的道路。

1）调查内容。

a. 线路的名称、起止点、长度、权属、等级、建成通车时间、总投资等。

b. 受征（占）地影响路段的长度和起止地点，路基和路面的最低、最高高程和宽度，路面材料、设计洪水标准等。

c. 受征（占）地影响的大、中型桥梁座数、名称及其宽度、长度、结构、荷载标准，以及建设时间。

d. 受征（占）地影响的道班人数，占地面积，房屋面积及结构，附属设施数量、其他建（构）筑物类别、结构、数量等。

公路调查见表1.4-48。

表1.4-48　　公 路 调 查 表

序号	项　　目	单位	数　　量	备　　注
一	公路名称			
二	权属			
三	公路等级			
四	征（占）用情况			
（一）	路段			
1	起止地点			
2	路面最低高程	m		
3	路面最高高程	m		
4	路基宽度	m		
5	路面宽度	m		
6	路面材料结构			
7	最小平曲线半径	m		
8	最大纵坡	%		
9	淹没长度	km		
10	设计洪水标准	%		
11	实际洪水标准	%		
（二）	大中型桥梁			
1	桥梁名称			
2	结构型式			
3	桥宽	m		
4	桥长	m		
5	桥面高程	m		
6	礅顶高程	m		
7	设计荷载标准			

续表

序号	项　目	单位	数　量	备　注
8	设计洪水标准	%		
9	实际洪水标准	%		
(三)	道班			
1	名称			
2	位置			
3	单位总人口			
	其中：职工人数	人		
	职工家属	人		
4	占地面积	亩		
5	房屋面积	m^2		
	框架结构	m^2		
	……			
6	附属建筑物			
	……			
7	零星树	棵		
	……			

调查人：　　　　被调查单位负责人：　　　　调查时间：　　年　　月　　日

2）调查方法及要求。公路调查方法及要求见表1.4-49。道班调查时，其人口、占地、房屋及附属设施，可按城（集）镇相应调查项目的要求进行调查。

表 1.4-49　　公路调查方法及要求表

工程类型	设计阶段	方　法　及　要　求
水利水电工程	项目建议书	向公路主管部门收集该公路、桥梁和汽渡的设计报告等资料；对等级公路及大、中型桥梁，持不小于1∶10000比例尺地形图实地核查征（占）长度和数量。征地范围内的机耕路，采用1∶10000比例尺地形图量算相关指标
	可行性研究报告	在收集所需资料的基础上，与公路主管部门人员一起，持不小于1∶5000比例尺地形图现场调查核对。必要时，对重点路段进行测量。征地范围内的机耕路，采用不小于1∶5000大比例尺地形图量算有关指标，现场核实
	初步设计、技施设计	必要时复核有关指标
水电工程	预可行性研究报告	向有关部门收集项目相关资料，必要时现场调查了解
	可行性研究报告	向有关部门收集规划、设计、竣工等相关资料，会同主管部门现场逐项调查、核实

（2）铁路调查。

1）调查内容。

a. 线路的名称、长度、权属、等级、投入运营时间、设计运输能力、营运状况、总投资。

b. 受征（占）地影响的线路段的长度和起止地点，路轨最低和最高高程，路轨类型，路基和路肩宽度，设计洪水标准。

c. 受征（占）地影响的车站和机务段名称、等级、房屋（包括仓库）结构和面积、设备名称、型号和数量，其他建筑物名称、数量、结构等。

铁路调查表格见表1.4-50。

2）调查方法及要求❶。

a. 人口、房屋和站场用地调查，同城（集）镇相应项目的调查。

b. 项目建议书阶段，向主管部门收集该线路等有关资料，持不小于1∶10000比例尺地形图实地核查征（占）长度。

c. 可行性研究报告阶段，在收集所需资料的基础上，持不小于1∶5000比例尺地形图与有关人员到现场对线路进行全面调查。

d. 初步设计和技施设计阶段，必要时进行复核。

表1.4-50　　铁 路 调 查 表

序号	项　　目	单位	数　　量	备　　注
一	线路名称			
二	权属			
三	线路等级			
四	投产时间			
五	设计运输能力			
六	营运状况			
七	征（占）情况			
（一）	路段			
1	起止地点			
2	淹没长度	km		
3	路轨最低高程	m		
4	路轨最高高程	m		
5	路轨类型			
6	路枕材料			
7	路基宽度	m		
（二）	桥梁			
1	桥梁名称			
2	桥梁位置			
3	材料结构			
4	桥长	m		
5	桥宽	m		
6	桥面高程	m		
7	礅顶高程	m		
8	设计洪水标准	%		
9	实际洪水标准	%		
八	机务段或车站			
1	名称			
2	占地面积	亩		
3	总人口	人		
	其中：职工人数	人		
	正式工	人		
	合同工	人		

❶ DL/T 5377—2007规定，铁路、公路、水运设施调查方法与要求相同。

续表

序号	项目	单位	数量	备注
	临时工	人		
	正式工家属	人		
4	房屋面积	m^2		
	钢结构	m^2		
	砖木结构	m^2		
5	附属物			
	砖围墙	m^2		
6	其他设施			
	……			
7	设备名称、型号			
	……			

调查人：　　　　　　　　　　　被调查单位负责人：　　　　　　　　　　　调查时间：　　年　　月　　日

(3) 水运设施调查。水运设施包括港口、码头、停靠点、航道设施等。

港口指具有一定水、陆区域和设施规模，能供船舶停泊、旅客上下、货物装卸，在城（集）镇建成区内并有专业港务管理机构的港区。

码头包括客货码头以及停靠点，其中客货码头指有固定设施和设备用于停靠船舶、方便旅客上下和装卸货物的场所。

停靠点指设施、设备简陋，用于船只临时停靠的场所。

航道设施包括助航设施（航行标志、信号标志、航行设施）、测量控制网、航行锚地等。

1）调查内容。

a. 港口，调查其名称、隶属关系、设计和实际年吞吐量、港区面积、设施、设备、职工人数、房屋、其他建筑物、固定资产等。

b. 码头，调查其名称、隶属关系、用途（客运、货运）、水位运行范围、设施、设备、靠泊能力、引道长度等。

c. 停靠点，调查其名称、地点和设施等。

d. 航道，调查其名称、位置、隶属关系、设施、设备数量等。

水运设施调查表见表 1.4-51。

2）调查方法及要求。

a. 涉及人口、房屋和港区用地等实物的调查，同城（集）镇相应项目的调查。

b. 其他项目的调查方法及要求如下：

a）项目建议书阶段向主管部门收集有关资料，持不小于 1∶10000 比例尺地形图实地核查。

b）可行性研究报告阶段，在收集所需资料的基础上，持不小于 1∶5000 比例尺地形图与有关人员到现场进行全面调查。

c）初步设计和技施设计阶段，必要时进行复核。

表 1.4-51　　　　水运设施调查表

序号	项目	单位	数量	备注
一	港口			
1	名称			
2	所在地点			
3	水深	m		
4	最大停泊吨位	t		
二	库场			
1	结构			
2	规模（长、宽）	m		
3	可堆积量	t、m^3		

续表

序号	项　　目	单位	数　　量	备　　注
三	职工及家属人数			
	其中：正式工	人		
	家属	人		
四	房屋			
1	仓库面积	m^2		
2	仓库结构			
3	货棚面积	m^2		
4	货棚结构			
5	住房面积	m^2		
6	住房结构			
7	杂房面积	m^2		
五	装卸机械			
1	名称			
2	用途			
3	规格/型号			
4	可否搬迁			
六	固定资产	万元		
1	原值	万元		
2	其中：房屋	万元		
3	净值	万元		
4	其中：房屋	万元		
七	码头			
1	名称			
2	隶属关系			
3	连接公路名称			
4	用途			
5	水位运行范围	m		
6	型式			
7	结构			
8	靠泊能力	t		
9	泊位	艘		
10	引道长度	m		

调查人：　　　　　　　　　　被调查单位负责人：　　　　　　　　　　调查时间：　　年　　月　　日

2. 输变电工程设施调查

（1）调查内容。

1）输电线路，调查征（占）地涉及线路的名称、权属、起止地点、电压等级、杆（塔）型式、导线类型、导线截面等；受征（占）地影响线路段的长度、铁塔高度和数量等，见表1.4－52。

2）变电设施，调查变电站（所）名称、位置、权属、占地面积、地面高程、电压等级、变压器容量、设备型号及台数、出线间隔和供电范围、建筑物结构和面积，构筑物名称、结构及数量等，见表1.4－53。

表 1.4-52 **输电线路调查表**

序号	项目	单位	1	2	3
1	线路名称				
2	权属				
3	电压等级	kV			
4	导线类型、规格				
5	导线截面				
6	起止地点				
7	征（占）线路长度				
8	混凝土杆数	km			
	混凝土杆高度	m			
9	铁塔数	基			
	铁塔高度	m			
…	……				

调查人：　　　被调查单位负责人：　　　调查时间：　年　月　日

表 1.4-53 **变电设施调查表**

序号	项目	单位	数量	备注
1	变电站（所）名称			
2	变电站（所）位置			
3	权属			
4	占地面积	亩		
5	地面高程	m		
6	电压等级	kV		
7	供电范围			
8	职工人数	人		
	其中：正式工	人		
9	房屋面积	m^2		
	框架结构	m^2		
	砖木结构	m^2		
	……			
10	附属物			
	砖围墙	m^2		
	厕所	个		
	……			
11	其他建筑物			
	……			
12	主要设备			
	……			
13	间隔	个		
…	……			

调查人：　　　被调查单位负责人：　　　调查时间：　年　月　日

(2) 调查方法及要求。输变电工程调查方法及要求见表1.4-54。变电站(所)调查时,其人口、占地、房屋及附属设施,可按城(集)镇相应调查项目的要求进行调查。

表1.4-54　输变电工程调查方法及要求表

工程类型	设计阶段	方法及要求
水利水电工程	项目建议书	主管部门收集有关资料,持不小于1:10000比例尺地形图实地核查
	可行性研究报告	在收集所需资料的基础上,持不小于1:5000比例尺地形图与有关人员到现场进行全面调查
	初步设计、技施设计	必要时进行复核
水电工程	预可行性研究报告	向有关部门收集相关资料,必要时现场调查了解
	可行性研究报告	向有关部门收集设计、竣工等相关资料,并会同相关部门现场逐项调查、核实

3. 电信工程设施调查

电信设施是指电信部门建设的电信线路、基站及其附属设施。

(1) 调查内容。

1) 调查征(占)地涉及的电信线路名称、权属、起止地点、等级、建设年月、线路类型、容量、布线方式、受征(占)地影响长度等。

2) 调查征(占)地涉及的通信基站的名称、位置、权属,设施名称、数量,设备名称、型号、数量及其技术指标或参数、占地面积等。

调查表格见表1.4-55。

(2) 调查方法及要求。电信设施调查方法及要求见表1.4-56。

4. 广播电视工程设施调查

广播电视设施是指有线广播、有线电视线路、接收站(塔)、转播站(塔)等设施设备。

表1.4-55　电信设施调查表

序号	项目	单位	内容(数量)	备注
一	通信线路			
1	名称			
2	权属			
3	等级			
4	建设时间			
5	类别			
6	容量	对、芯		
7	布线方式			
8	淹没起止地点			
9	淹没影响长度	杆·km		
10	洪水标准	%		
	……			
二	移动通信基站			
1	名称			
2	权属			
3	位置			
4	建设时间			
5	建筑设施			
	……			

续表

序号	项　　目	单位	内容（数量）	备　　注
6	设备			
	……			
7	技术指标及参数			
	……			

调查人：　　　　　　　　　　　　　被调查单位负责人：　　　　　　　　　　调查时间：　　年　　月　　日

表 1.4-56　　　　　　　　　　电信设施调查方法及要求表

工程类型	设计阶段	方　法　及　要　求
水利工程	项目建议书	向电信部门收集电信设施资料和设计图纸等，对主要线路和基站进行现场调查
	可行性研究报告	在收集资料基础上，调查人员与电信部门人员一起到现场全面调查
	初步设计、技施设计	必要时进行复核
水电工程	预可行性研究报告	向有关部门收集相关资料，必要时现场调查了解
	可行性研究报告	收集设计、竣工、固定资产账簿等资料，并现场逐项调查、核实

(1) 调查内容。有线广播、有线电视线路，调查征（占）地涉及的线路名称、权属、起止地点、线路材质与线径、影响长度和杆数等；接收站（塔）、转播站（塔），调查征（占）地涉及站（塔）的名称、位置、权属、设施、设备及其技术特征等。调查表格见表 1.4-57。

表 1.4-57　　　　　　　　　　广播电视设施调查表

序号	项　　目	单位	数　　量	备　　注
一	线路			
1	名称			
2	权属			
3	等级			
4	类别			
5	规格			
6	淹没起止地点			
7	淹没影响长度	km		
8	淹没影响杆数	根		
	……			
二	接收站（塔）、转播站（塔）			
1	名称			
2	隶属单位			
3	位置			
4	占地面积	亩		
5	地面高程	m		
6	房屋面积	m^2		
	框架结构	m^2		

续表

序号	项 目	单位	数 量	备 注
	砖木结构	m^2		
	……			
7	附属物			
	砖围墙	m^2		
	厕所	个		
	……			
8	其他建筑设施			
	……			
9	设备			
	……			

调查人： 被调查单位负责人： 调查时间： 年 月 日

(2) 调查方法及要求。广播电视设施调查方法及要求见表1.4-58。

表1.4-58 广播电视设施调查方法及要求表

工程类型	设计阶段	方 法 及 要 求
水利水电工程	项目建议书	向有关部门收集资料和设计图纸等，对其中的主要线路和设施进行现场调查
	可行性研究报告	在收集资料基础上，调查人员与有关部门人员一起到现场全面调查
	初步设计、技施设计	必要时进行复核
水电工程	预可行性研究报告	向有关部门收集相关资料，必要时现场调查了解
	可行性研究报告	收集统计、设计、竣工等相关资料，会同有关部门现场逐项调查、核实

5. 管道工程设施调查

管道工程设施包括输油、输气和供水管道等。

(1) 调查内容。调查征地涉及管道的名称、权属、起止地点、管道材质、管径、输送介质、输送能力，受征（占）地影响段长度，相关设施设备的主要技术经济指标、线路最低高程等。调查表格见表1.4-59。

表1.4-59 管道工程设施调查表

序号	项 目	单位	数 量	备 注
一	管道名称			
二	权属			
三	管道技术指标			
1	材质			
2	直径	mm		
3	设计输送能力			
4	布设方式			
四	征（占）情况			
(一)	管道			
1	起止地点			
2	最低高程	m		
3	管线长度	km		
(二)	维护（加压）站			
1	站名			

续表

序号	项　　目	单位	数　　量	备　　注
2	位置			
3	占地面积	亩		
4	地面高程	m		
5	房屋面积	m^2		
	框架结构	m^2		
	砖木结构	m^2		
	……			
6	附属物			
	砖围墙	m^2		
	厕所	个		
	……			
7	其他建筑物			
	……			
8	设备			
	……			

调查人：　　　　　　　　　　被调查单位负责人：　　　　　　　　　　调查时间：　　年　　月　　日

(2) 调查方法及要求❶。

1) 项目建议书阶段，向有关部门收集资料和设计图纸等，对其中的主要管道、设施进行现场调查。

2) 可行性研究报告阶段，在收集资料基础上，调查人员与有关部门人员一起到现场全面调查。

3) 初步设计和技施设计阶段，必要时进行复核。

6. 水利水电工程设施调查

水利水电工程设施包括水电站和乡级（含乡级）以上单位直属的水库、提水泵站、引水闸（坝）、渠道（管道）等及其配套设施。

(1) 调查内容。调查内容包括项目名称、位置、权属、建成年月、规模、效益，主要建筑物名称、高程、数量、结构、规格，受益区受影响程度，职工人数等。调查表格式见表 1.4-60。

(2) 调查方法及要求。水利水电工程设施调查方法及要求见表 1.4-61。

表 1.4-60　　　　水利水电工程设施调查表

项　　目		单位	数　　量	备　　注
一	设施名称			
二	权属			
三	地理位置			
四	建成年月			
五	职工人数	人		
	其中：正式工	人		
六	规模			
	库容	万 m^3		
	装机容量	kW		
	引（提）水流量	m^3/s		
	扬程	m		
	渠（管）道	km		

❶ DL/T 5377—2007 把管道划归为其他调查。

续表

项目		单位	数量	备注
七	效益			
	灌溉面积	亩		
	发电量	kW·h		
	供水人口	人		
八	主要建筑物			
1	房屋面积	m^2		
	框架结构	m^2		
	砖木结构	m^2		
	……			
2	土（石）坝	m^3		
3	引水（闸）坝	m^3		
4	渠道	m		
5	电力线	km		
	……			
九	机电设备			
	……			

调查人： 被调查单位负责人： 调查时间： 年 月 日

表 1.4-61 水利水电工程设施调查方法及要求表

工程类型	设计阶段	方法及要求
水利水电工程	项目建议书	调查人员向有关部门收集有关水利水电工程设施的资料，现场核对高程，分析影响程度，调查重要实物
	可行性研究报告	在收集资料基础上，调查人员与有关部门人员一起到现场全面调查
	初步设计、技施设计	必要时进行复核
水电工程	预可行性研究报告	向有关部门收集相关资料，必要时现场调查了解
	可行性研究报告	向有关部门收集设计、竣工等相关资料，并会同主管部门现场全面逐项调查、核实

7. 国有农（林、牧、渔）场调查

(1) 调查内容。调查内容包括单位名称、所在位置、权属、场部占地、农用地、职工人数及构成、房屋及附属物；道路、电力、供水和通信设施；经济效益指标等。调查表格式见表 1.4-62。

表 1.4-62 国有农（林、牧、渔）场调查表

序号	项目	单位	数量	备注
一	场名			
二	地理位置			
三	权属			
四	占地面积	亩		
1	场部占地	亩		
2	农用地	亩		
	水田	亩		

续表

序号	项　　目	单位	数　　量	备　　注
	水浇地	亩		
	……	亩		
五	总人口	人		
1	职工人数	人		
	其中：正式工	人		
2	正式工家属	人		
六	地面附着物			
1	房屋	m^2		
	框架结构	m^2		
	砖木结构	m^2		
	……			
2	附属物			
	砖石围墙	m^2		
	……			
七	基础设施			
1	道路	km		
	……			
2	电力			
	10kV 线路	km		
	380V 线路	km		
	变压器	kVA		
	……			
3	供水			
	水井	眼		
	水池	m^3		
	水塔	座		
	管道	m		
	……			
4	通信	km		
	……			

调查人：　　　　　　　　被调查单位负责人：　　　　　　　　调查时间：　　年　　月　　日

（2）调查方法及要求❶。场部占地、农用地，同农村相应项目的调查；人口、房屋、附属建筑物，同城（集）镇相应项目的调查；道路、电力、供水和通信等设施，参照专业项目相应方法调查；职工人数、职工工资、利润、税收等，同工业企业相应项目调查。

8. *矿产资源调查*

（1）调查内容。调查征（占）地影响的矿产资源名称、位置、范围、矿藏种类、品位、等级、储量等资料，分析工程建设征（占）地对矿藏开采的影响，以及提前开采可能性等。

❶ DL/T 5377—2007 把国有农（林、牧、渔）场划归事业单位调查。

(2) 调查方法及要求。矿产资源调查方法及要求见表1.4-63。

表1.4-63　　矿产资源调查方法及要求表

工程类型	设计阶段	方 法 及 要 求
水利水电工程	项目建议书	由地质矿产部门提供征（占）地区矿藏普查资料，初步划定影响范围
	可行性研究报告	由地质矿产部门提供征（占）地区矿产资源资料、分布图和开发利用情况，调查分析影响范围和程度
	初步设计、技施设计	必要时进行复核
水电工程	预可行性研究报告	向有关部门收集相关资料
	可行性研究报告	委托有资质的矿产调查部门调查，或请地质矿产主管部门提供建设征地范围矿产资源资料，由工程设计单位进行调查，调查成果由矿产主管部门签章认可。无矿产资源或不影响矿产资源的，应由矿产资源主管部门提供证明

9. 文物古迹调查

(1) 调查内容。地面文物调查受征（占）地影响的文物名称、位置、高程、年代、类别、保护级别、占地面积、建筑结构、规模数量和价值等；地下文物调查受征（占）地影响的文物名称、位置、地面高程、年代、保护级别、埋藏深度、规模（占地等）、价值等。调查表格式分别见表1.4-64、表1.4-65。

(2) 调查方法及要求。文物古迹调查方法及要求见表1.4-66。

10. 水文站调查

(1) 调查内容。调查征地涉及的水文站名称、隶属关系、所在河流、测站位置、高程、测站等级、测验项目、测验设施、职工人数、占地面积、建筑物结构及面积、附属物名称及数量，以及交通、供电、供水、通信等基础设施。调查表格式见表1.4-67。

表1.4-64　　地面文物统计表

序号	文物名称	位置	高程（m）	年代	类别	保护级别	占地面积（亩）	建筑结构	规模数量	价值	备注

调查人：　　　　被调查单位负责人：　　　　调查时间：　　年　　月　　日

表1.4-65　　地下文物统计表

序号	文物名称	位置	地面高程（m）	年代	保护级别	埋藏深度（m）	规模（占地等）	价值	备注

调查人：　　　　被调查单位负责人：　　　　调查时间：　　年　　月　　日

表1.4-66　　文物古迹调查方法及要求表

工程类型	设计阶段	方 法 及 要 求
水利水电工程	项目建议书	收集征（占）地有关文物的文字资料和重要文物照片，初步调查上述内容。若该区域没有文物古迹，需文物部门出具证明
	可行性研究报告	按文物保护的有关要求进行调查
	初步设计、技施设计	按文物保护的有关要求进行补充调查

续表

工程类型	设计阶段	方 法 及 要 求
水电工程	预可行性研究报告	向文物管理部门收集相关资料
	可行性研究报告	委托有资质的文物调查部门调查，调查成果应得到文物主管部门签章认可。无文物古迹或征（占）地不影响文物古迹的，应由文物主管部门提供证明

表 1.4－67　　水 文 站 调 查 表

项 目		内 容		
一	基本情况			
1	水文站名称			
2	所在河流			
3	权属			
4	测站具体位置			
5	测站高程			
6	测站等级			
7	职工人数			
	其中：正式工			
二	房屋面积	单位	数量	备 注
	合计	m^2		
	框架结构	m^2		
	砖木结构	m^2		
	……			
三	附属物			
	砖石围墙	m^2		
	土围墙	m^2		
	……			
四	基础设施			
1	道路	km		
	……			
2	供电	km		
	……			
3	供水			
	水井	眼		
	……			
4	通信	km		
	线路长度			
	……			
五	设备			
1	测量设备			
	……			
2	通信设备			
	……			

调查人：　　　　被调查单位负责人：　　　　调查时间：　　年　　月　　日

(2) 调查方法及要求❶。职工人数、占地面积、建筑物及附属设施，按城（集）镇相应项目的调查方法调查；交通、供电、供水、通信等基础设施，同专业项目调查方法。

11. 其他项目调查

其他项目是指军事设施、气象站和测量标志等。

(1) 调查内容。调查内容包括单位名称、隶属关系、位置、高程、主要设施、设备、房屋及附属建筑物等。

(2) 调查方法及要求。其他项目调查方法及要求见表1.4－68。

1.4.5　调查组织与实施

1.4.5.1　工作程序

根据《移民条例》"工程占地和淹没区实物调查，由项目主管部门或者项目法人会同工程占地和淹没区所在地的地方人民政府实施；实物调查应当全面准确，调查结果经调查者和被调查者签字认可并公示后，由有关地方人民政府签署意见。实物调查工作开始前，工程占地和淹没区所在地的省级人民政府应当发布通告，禁止在工程占地和淹没区新增建设项目和迁入人口，并对实物调查工作作出安排"相关规定，可行性研究报告阶段实物调查工作程序如图1.4－1所示。

1.4.5.2　准备工作

1. 人员组织

实物调查由项目主管部门或者项目法人会同工程占地和淹没区所在地的地方人民政府组织实施，项目主管部门或者项目法人委托的设计单位负责，地方政府及有关部门参与。

表1.4－68　其他项目调查方法及要求表

工程类型	设计阶段	方法及要求
水利水电工程	项目建议书	向主管部门收集有关资料，现场核对
	可行性研究报告	在收集所需资料的基础上，与主管部门人员一起，持不小于1∶5000比例尺地形图现场调查。对军事设施，按照保密规定，在有关部门的配合下，进行现场调查
	初步设计、技施设计	按有关部门的有关要求进行补充调查
水电工程	预可行性研究报告	向有关部门收集有关资料，必要时现场调查了解
	可行性研究报告	收集相关资料，并进行现场调查，对于军事单位可不进行现场调查

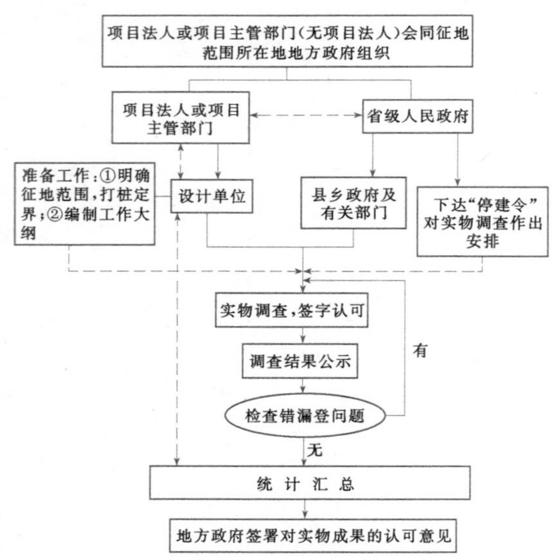

图1.4－1　可行性研究报告阶段实物调查工作程序图

2. 技术准备

实物调查前应做好必要的技术准备工作，包括调查任务的接受、资料收集、调查大纲（细则）编制、勘测任务布置、调查组织协调、技术培训等。

(1) 调查所需的基本资料，主要有：库区地形图，河道纵横剖面图，引水式电站壅水区地形图、水库区水准测量和淹没界桩测设成果等；正常蓄水位各比较方案汛期和非汛期不同洪水频率的洪水回水位成果；水库浸没、滑坡、塌岸、岩溶影响的地质资料；枢纽工程施工进度计划；流域规划报告或上阶段设计文件；水库淹没影响涉及地区的各种文献及统计资料；与工程有关的专题报告、协议书和往来文件等。

(2) 调查大纲编制，主要包括：调查工作依据、调查范围、高程分级、调查项目、技术要求、内容及方法、组织分工、计划、经费、工作进度以及提交成果时间等。调查大纲需征求地方政府和有关部门的意见，必要时经上级主管部门审查批准后，作为调查工作的依据。

❶ DL/T 5377—2007把水文站划归水利水电设施调查。

(3) 调查细则是在调查大纲的基础上，针对工程建设征（占）地区的实际情况，对调查项目进行细化、分解，明确技术标准和调查方法，更具有操作性，保证调查成果的质量。

(4) 制定统一的调查表格，保证调查项目齐全、标准统一、统计指标一致。调查表格可分为原始调查表、统计表、汇总表、基本情况表。

(5) 实物调查需办理相关委托任务书，如铁路、国土、林业、矿产、文物等专业任务书。委托任务书主要包括调查（勘测）项目、范围、高程分级、技术要求，需提交的成果和时间，以及双方的责任和义务等。

3. 装备准备

调查工作属野外工作性质，需根据工程建设征（占）地区的实际情况，配备调查工作必要的技术装备、交通工具及后勤保障必需品。

1.4.5.3 实地调查

实地调查按照设计阶段的要求，确定全面调查、抽样调查的方法、对象和范围。调查时应注意：

(1) 设计单位调查人员应与业主及地方配合调查人员紧密协作，相互配合，明确责任和任务分工。

(2) 调查人员应及时分析整理调查成果，一旦发现问题，及时实地核实更正。

(3) 应充分利用现代传媒手段，宣传调查目的和调查工作的重要性，做到家喻户晓，使调查实物不重不漏。

1.4.5.4 成果整理

调查成果的统计、整理和核定，是保证成果质量的重要一环，也是一项繁重、细致的工作，必须认真对待。

调查基准年以调查起始时间确定。调查成果需按照设计要求的高程分级。水库淹没影响涉及地区的行政区划及其隶属关系、淹没影响对象的权属，按水库淹没区、水库影响区（浸没区、塌岸区、滑坡区、其他影响区）分类、分项进行统计、汇总。分期蓄水的水库，按分期蓄水高程统计汇总。对调查成果，要进行合理性分析。

1. 资料整理

(1) 分户或分组整理调查资料。要逐户、逐组进行核算，做到准确无误。

(2) 县、乡、村统计资料整理。需将不同来源的资料进行核对，如有项目划分不一、统计口径有异、数据不同的现象，要进行分析，求得准确可靠的数据。

(3) 图面清绘。需将外业调查用图、表进行清绘，力求形象、具体、系统、明确，而又简明扼要，让人容易了解和掌握。

2. 成果核定

实物调查工作面广量大，易产生差错，因此，需对调查成果进行核定。

调查过程中，按照规范要求进行调查成果精度复核。在资料汇总整理过程中，发现疑问，要分析原因，并进行处理。必要时，到现场采用相同的调查法进行复查，直至查清问题，取得符合精度要求的资料。

核定成果的方法，一般有下列四种：

(1) 采取自检与互检相结合的方法，对每道工序进行认真检查，把差错消除在第一线。自检是由调查人员本人检查各项调查数据；互检是调查小组内组织相互检查或调查队组织调查小组之间的互相检查，采用抽样检查的方法，检查调查成果是否符合精度要求。发现问题，应及时采取补救措施，加以纠正。

(2) 现场调查数据要与抄录的统计年报数据进行核对，扣除不可比因素后，核定采用的数据。

(3) 现场调查的土地面积要与量图面积进行核对。一般以图上量算的面积来核对调查面积，若在允许误差范围之内，可按比例调整，核定采用的面积。

(4) 土地面积与分类面积核对。各类土地面积之和应等于整个水库淹没影响土地总面积。如果两者不相符，就需分析原因并找出答案，经修正后才能核定采用的数据。

3. 实物数量统计

(1) 按高程分级统计。即按调查正常蓄水位比较方案的水位高程，分级进行统计。

(2) 按行政区划分级统计。即按水库淹没影响对象所在地的省（自治区、直辖市）、地（市、州）、县（市、区）、乡（镇）、村、村民小组（或居民小组）及其隶属关系逐级统计。

(3) 按权属分别统计。即按淹没影响对象的所有权和使用权分别进行统计。

(4) 按类别分项统计。即按淹没影响对象的性质、结构、功能、等级、用途等分类分项进行统计。

(5) 按水库淹没区、水库影响区、枢纽工程建设区（分永久征收和临时征用）、其他工程建设区（分永久征收和临时征用）分别统计、汇总。

4. 调查成果合理性分析

调查成果需进行合理性分析，通常采用的方法有：

(1) 总量控制分析法。即以调查地区有关项目统计数据的总量为控制，分析调查成果合理性的方法。

以人口为例，通过搜集和查阅公安部门的户籍管理统计资料、统计部门的国民经济年鉴资料、政府部门的人口普查资料等，掌握调查地区的人口总量、人口密度、人口构成、人口自然增长率、迁入迁出的人口变化等各种与人口相关的资料。调查人员可将调查成果与搜集到的统计数据进行核对和合理性分析。

1）整建制淹没的村（或组），调查的搬迁总人口应与统计资料、户籍资料及人口普查资料相一致，否则，应分析说明差别及其形成的原因。

2）部分受淹的村（或组），宜进行搬迁人口和剩余人口调查，对村庄总人口进行合理性分析。

（2）相关比例分析法。即以调查地区相关项目指标的比例分析调查成果合理性的方法。人口与土地、人口与房屋等都具有一定的相关性，在一个区域范围内可以求出其比例关系。根据调查项目的相关性和相互比例关系，分析调查成果的合理性，是检验调查成果质量常用的一种方法。

（3）典型抽样分析法。即选择典型村、组的调查资料，分析调查成果合理性的方法。典型村、组抽样指标与典型村、组同项指标接近，可视为调查成果合理；如果指标悬殊，无论是大或小，都必须分析原因，解决问题，保证调查成果的质量。

1.4.5.5 调查成果

（1）实物调查报告或篇章。

（2）移民实物调查大纲、测量任务书、地勘任务书及其他专项委托调查协议。

（3）工程建设征地区近3年的国民经济统计和年报资料、农村经济典型调查资料和其他社会经济统计调查资料。

（4）分户、分单位的实物调查表、统计表、汇总表。

（5）测量和地勘工作报告，不同频率洪水回水计算成果等。

（6）有关审查意见、往来文件、会议纪要和有关协议。

（7）界桩测设成果。

（8）有关图件和影像资料，包括：①行政区划图；②1∶10000地形图；③1∶2000或1∶5000地类地形图；④水库淹没影响示意图；⑤工程建设征地范围示意图；⑥实物调查有关的影像资料；⑦其他图件。

1.5 移民安置任务、目标和标准

1.5.1 基本概念

1.5.1.1 移民安置任务

移民安置任务是安置因工程建设征地影响而丧失土地、房屋或其他生产、生活条件的人，为他们创造新的就业机会或生存条件，为他们创造一个新的生存与发展环境，使其长居久安。按受影响对象及其安置和处理方式分为农村移民安置、城（集）镇迁建、工业企业处理、专业项目处理、防护工程、库底清理等内容。移民安置任务的大小，主要通过人口指标来反映，征地移民人口从一个侧面反映了水利水电工程的建设规模。其中，农村移民安置涉及因工程建设征收（用）土地而影响其主要生产资料（土地）和生活设施需要进行安置的人口；城（集）镇迁建涉及安置人口和搬迁建设；工业企业处理涉及职工安置、企业搬迁和补偿处理。

1.5.1.2 规划设计基准年、水平年

水利水电工程和水电工程规范对规划设计基准年、水平年确定的规定有所差别。

《水利水电工程建设征地移民安置规划设计规范》（SL 290—2009）规定："移民安置规划设计的水平年，以实物调查年为基准年，枢纽工程水库区以水库下闸蓄水的当年为规划设计水平年，分期蓄水水库应以分期蓄水年分别作为规划设计水平年；枢纽工程及其他水利工程建设区根据工程建设进度安排合理确定规划设计水平年。"

《水电工程农村移民安置规划设计规范》（DL/T 5378—2007）规定："移民安置规划设计，应以省级人民政府发布通告的当年为基准年，以水库下闸蓄水的当年作为规划设计水平年。枢纽工程建设区移民安置人口推算宜结合实际搬迁年确定截止时间。"

1.5.1.3 人口自然增长率和机械增长率

人口自然增长率是指一定时期内人口自然增长数（出生人数减死亡人数）与该时期内平均人口数之比，通常以年为单位计算，用千分比来表示，计算公式见式（1.5-1）。

$$\text{人口自然增长率} = \frac{\text{年内出生人数} - \text{年内死亡人数}}{\text{年平均人口数}} \times 1000‰ = \text{人口出生率} - \text{人口死亡率} \qquad (1.5-1)$$

人口自然增长率应根据国家和省级人民政府的计划生育政策及当地实际的人口增长情况，综合分析确定。

净迁移率（即通常所指的机械增长率）指一个地区人口的迁入与迁出对该地区人口的净影响，用该地区某一年每1000人对应的增加人数和减少人数来表示，计算公式见式（1.5-2）。

$$\text{净迁移率} = \frac{\text{迁入人数} - \text{迁出人数}}{\text{该区域总人口}} \times 1000‰ \qquad (1.5-2)$$

1.5.2 农村移民安置

1.5.2.1 安置任务

移民安置人口分为生产安置人口和搬迁安置人口。

1. 生产安置人口

生产安置人口指因工程征地失去赖以生存的生产资料（主要为耕地、园地等）而需要重新安排生产出路的人口，包括劳动力和抚养人口。生产安置人口以其主要收入来源受征地影响的程度为基础计算确定。

(1) 基准年生产安置人口计算。基准年生产安置人口应以工程建设征地实物调查成果为依据，按照工程征地影响的土地资源面积和基准年当地的土地资源面积、人口数量计算确定。一般有两种计算方法。

1) 实际耕（园）地面积计算法。我国大部分地区以耕（园）地为主要土地资源，在实际工作中，可不考虑不同类型土地的质量差异，分单元计算。计算公式为

$$S_{基} = A_{征地影响}/(A_{征前}/R_{基准}) \qquad (1.5-3)$$

式中 $S_{基}$——基准年生产安置人口；

$A_{征地影响}$——基准年征收或影响的耕（园）地面积；

$A_{征前}$——基准年征地前的耕（园）地总面积；

$R_{基准}$——基准年农业人口。

2) 标准耕地面积计算法。考虑不同类型土地的质量差异，将计算单元的征收或影响耕（园）地面积和总耕（园）地面积分别折算为标准耕地，以标准耕地为基础计算生产安置人口。计算公式为

$$S_{基} = A_{b征地影响}/(A_{b征前}/R_{基准}) \qquad (1.5-4)$$

式中 $A_{b征地影响}$——基准年征收或影响的标准耕地面积；

$A_{b征前}$——基准年征地前的标准耕地总面积。

对某计算单元，标准耕地面积的折算公式为

$$A_{b征地影响} = \sum_{i=1}^{m} A_i' k_i \qquad (1.5-5)$$

$$A_{b征前} = \sum_{i=1}^{m} A_i k_i \qquad (1.5-6)$$

$$k_i = \frac{某类耕地的平均产值(或产量)}{标准土地产值(或产量)}$$

式中 m——耕（园）地分类数；

i——某类耕（园）地的分类序号（1，2，…，$m-1$，m）；

k_i——第 i 类土地的质量级差系数，当征地涉及村组数量较多时，各村组不同情况的土地质量级差系数采取典型调查方法确定；

A_i'——某计算单元征地影响的第 i 类土地面积；

A_i——某计算单元征地前的第 i 类土地面积。

在实际规划设计工作中，对土地质量差别不大的工程征地影响地区可采用第一种计算方法计算，否则应按第二种计算方法计算。

对以牧区草地、林区林地、养殖水面或经济林地等为主要生产资料者，可参照上述方法计算。

(2) 规划设计水平年生产安置人口。规划设计水平年生产安置人口是依据规划设计基准年人口数量，按照确定的人口自然增长率分时段、分单元计算。规划设计水平年生产安置人口按公式（1.5-7）计算：

$$S_{规} = S_{基}(1+r)^{(n_1-n_2)} \qquad (1.5-7)$$

式中 $S_{规}$——规划生产安置人口；

r——人口自然增长率；

n_1——规划设计水平年；

n_2——规划设计基准年。

上述为水利水电工程建设征地移民规范规定，水电工程生产安置人口计算方法与水利水电工程规范稍有差别。《水电工程农村移民安置规划设计规范》（DL/T 5378—2007）规定如下：

生产安置人口以其主要农业收入来源受水电工程建设征地影响的程度为基础计算确定。对以耕（园）地为主要收入来源者，按建设征地处理范围涉及计算单元的耕（园）地面积除以该计算单元征地前平均每人占有的耕（园）地数量计算，必要时还需考虑征地处理范围内与征地处理范围外土地质量级差因素。生产安置人口的确定，以设计基准年的资料为计算基础，按计算单元考虑自然增长人口计算至规划设计水平年。计算公式为：

$$\left.\begin{aligned} R &= \sum R_i (1+k)^{(n_1-n_2)} \\ R_i &= \frac{S_{i,z}+S_q}{S_{i,zq}/R_{i,j}} \times N_{i,n} \end{aligned}\right\} \qquad (1.5-8)$$

式中 R——规划设计水平年生产安置总人口数；

R_i——计算单元设计基准年需生产安置人口数；

$S_{i,z}$——计算单元设计基准年征收的耕（园）地面积；

S_q——其他原因造成原有土地资源不能使用的耕（园）地面积；

$S_{i,zq}$——计算单元设计基准年征地前的耕（园）地总面积；

$R_{i,j}$——计算单元设计基准年农业人口数；

i——计算单元数量；

k——人口自然增长率；

n_1——规划设计水平年；

n_2——规划设计基准年；

$N_{i,n}$——该计算单元征地处理范围内耕（园）地质量与该计算单元耕（园）地质量的级差系数，可采用亩产值差异进行分析计算。

但根据上述方法计算出的规划设计水平年生产安置人口必须满足下列条件，即

$$R \leqslant R_j (1+k)^{(n_1-n_2)} \quad (1.5-9)$$

式中 R_j——设计基准年农业人口总数；

n_1——规划设计水平年；

n_2——规划设计基准年。

2. 搬迁安置人口

搬迁安置人口指由于水利水电工程建设征地而导致必须搬迁房屋内所居住的人口，含农业人口和非农业人口。

水库搬迁安置人口包括居住在水库淹没范围内的人口，居住在塌岸、滑坡、孤岛、浸没等影响区需要搬迁的人口，库周因水库淹没影响失去生产生活条件需要搬迁的人口。

水库搬迁安置人口由下列几种人口组成：①居住在水库淹没区的人口；②塌岸、滑坡、孤岛、浸没等影响区中必须迁移的人口；③移民迁移线以上的零星住户，受水库淹没影响后，交通难以恢复或生产生活条件明显恶化，必须搬迁安置的人口；④在淹地不淹房的居民中，无法就近生产安置必须异地安置的人口。

枢纽工程建设征地和其他水利工程占地搬迁人口，指征地或其他水利工程征地范围内的居住人口，以及征地范围外因建设征地影响失去生产生活条件必须搬迁的人口。

本节介绍水库淹没搬迁人口的确定方法，其他水利水电工程征地搬迁人口可参照水库淹没搬迁人口的确定方法计算。

(1) 基准年搬迁安置人口计算。搬迁安置人口以征地影响涉及单元的基准年实物调查成果、移民安置去向、库周恢复规划方案为依据，按下式计算。

$$B_{基} = B_1 + B_2 + B_3 + B_4 \quad (1.5-10)$$

$$B_4 = (S_{基} - S_{基1}) - (B_{1农} + B_{2农} + B_{3农}) \quad (1.5-11)$$

式中 $B_{基}$——基准年搬迁安置人口；

B_1——基准年居住在水库淹没移民线内的人口，根据实物调查成果确定；

B_2——基准年居住在塌岸、滑坡、孤岛、浸没等淹没影响区且必须迁移的人口；

B_3——水库移民线外因水库淹没影响失去生产生活条件而必须搬迁的人口；

B_4——水库移民线外因水库淹没主要生产资料而不能就近生产安置需搬迁的人口（即淹地不淹房需搬迁的人口）；

$S_{基}$——基准年生产安置人口；

$S_{基1}$——基准年生产安置人口中就近生产安置人口；

$B_{1农}$、$B_{2农}$、$B_{3农}$——分别为基准年 B_1、B_2、B_3 中的农业人口。

若公式（1.5-11）计算结果 $B_4 \leqslant 0$，则 $B_4 = 0$；若 $B_4 > 0$，则 B_4 即为淹地不淹房需搬迁人口。

(2) 规划水平年搬迁人口。规划设计水平年搬迁安置人口以规划设计基准年搬迁安置人口为基础，按确定的人口自然增长率、增长年限，依公式（1.5-12）计算。

$$B_{规} = B_{基} (1+R)^{(n_1-n_2)} \quad (1.5-12)$$

式中 $B_{规}$——规划搬迁人口。

上述为水利水电工程建设征地移民规范规定，水电工程生产安置人口计算方法与水利水电工程规范稍有差别。《水电工程农村移民安置规划设计规范》(DL/T 5378—2007) 规定如下：

搬迁安置人口包括居住在居民迁移线内的人口以及居民迁移线外因建设征地影响需要搬迁的扩迁人口。扩迁人口是指居住在居民迁移线外，丧失生产资料，因生产安置等原因需要改变居住地的人口。

搬迁安置人口应按人口自然增长率预测至规划设计水平年。其计算公式为

$$\left.\begin{aligned} Q &= \sum Q_i (1+k)^{(n_1-n_2)} \\ Q_i &= A_i + B_i \end{aligned}\right\} \quad (1.5-13)$$

式中 Q——规划设计水平年搬迁安置总人口数；

Q_i——计算单元设计基准年搬迁安置人口数；

A_i——计算单元设计基准年居民迁移线内的人口数；

B_i——计算单元设计基准年扩迁人口数。

3. 设计深度要求

不同类型工程、不同设计阶段农村移民安置任务设计深度要求见表 1.5-1。

1.5.2.2 安置目标

移民安置规划目标指移民安置后在规划设计水平年能够达到的总体水平，包括经济发展目标和社会发展目标。经济发展目标包括人均年纯收入、人均粮食占有量等；社会发展目标包括移民安置区的社会公用事业和基础设施的发展目标，如等外公路及等级公路通达率，供水、供电、通信、广播电视的普及率等。

1. 确定依据

(1) 移民在搬迁前的人均资源占有量、粮食占有量、年纯收入以及居住环境质量等。

(2) 移民安置区的资源状况及其开发条件。

(3) 移民安置区的基准年经济社会现状和国民经济发展规划。

表 1.5-1　　农村移民安置任务设计深度要求表

工程类型	设计阶段	要　　求
水利水电工程	项目建议书	以行政村为单位计算移民安置人口
	可行性研究报告	以村民小组为单位计算移民安置人口。生产安置人口计算宜考虑土地质量级差因素
	初步设计	以村民小组为单位复核移民安置人口
	技施设计	以户为单位分解落实移民安置人口
水电工程	预可行性研究报告	以村民委员会为计算单元计算农村移民安置人口，可不考虑土地质量级差因素。搬迁安置人口数量取村民委员会生产安置人口数和居民迁移线内人口数的大值
	可行性研究报告	以农村集体经济组织为计算单元计算移民生产安置人口，应考虑土地质量级差因素。根据移民安置规划分析确定搬迁安置人口
	实施阶段	必要时对农村移民安置人口进行复核，并相应调整搬迁计划

2. 确定方法

规划目标本着移民安置后使其生产生活水平达到或超过原有水平的原则，根据移民原有生活水平及收入构成，结合安置区的资源情况及其开发条件和经济社会发展规划分析拟定。方法步骤如下：

(1) 调查分析农村移民人均耕（园）地、人均粮食占有量。

(2) 调查分析农村移民收入水平及构成。

(3) 分析工程建设征地对农村移民生产生活水平，特别是经济收入的影响程度。

(4) 调查分析征地区主要农业生产项目的投入产出，分析移民的经济纯收入及其构成。

(5) 根据征地区经济发展规划，预测规划设计水平年的移民收入增长水平及构成。

根据上述分析确定规划设计基准年移民安置规划目标值，按照经济社会发展规划相关指标推算至规划设计水平年，作为规划设计水平年农村移民安置规划目标。

1.5.2.3　安置标准

1. 生产安置标准

生产安置标准指农村移民恢复因土地被征收或影响而降低生活水平所需的配置标准，或获得主要收入来源的其他资源的配置标准。生产安置标准一般采用人均土地资源和其他生产资料配置标准等指标，一般以人均占有基本生产资料和人均纯收入来表示，标准的高低直接影响移民安置方案和移民规模。

生产安置标准根据移民安置规划目标，结合安置区的自然资源、经济社会及地理位置等条件，综合考虑以下因素分析拟定：

(1) 移民人均耕（园）地、人均粮食占有量。

(2) 移民收入水平及构成。

(3) 移民分项收入增长情况。

(4) 移民区及安置区投入产出情况。

(5) 移民安置区的资源情况，可用于移民安置的各类土地资源数量及其分布。

(6) 安置区人均土地资源、人均收入水平、人均粮食产量。

(7) 建设征地对农村移民生产生活水平特别是经济收入的影响程度。

2. 搬迁安置标准

搬迁安置标准是指农村居民点迁建规划设计相关标准，包括居民点规模、建设用地、供水、排水、电力、居民点内部道路和对外道路、环境卫生、通信等指标，应根据移民区现状、国家的相关规定和不同安置区（农村、城集镇）的实际条件，综合协调确定。

(1) 农村居民点规模分级。按照《镇规划标准》(GB 50188—2007)，根据其在村镇体系中的地位和职能，农村居民点可分为中心村和基层村。设有兼为周围村服务的公共设施的村称为中心村，中心村以外的村为基层村。居民点规划规模按人口数量划分为特大、大、中、小型四级，见表 1.5-2。

表 1.5-2　　农村居民点规划规模

级别	特大型	大型	中型	小型
人口（人）	>1000	601～1000	201～600	≤200

(2) 建设用地标准。住房和城乡建设部颁发的《镇（乡）域规划导则（试行）》（建村〔2010〕184号）明确农村建设用地分类和人均建设用地指标由各省级住房和建设主管部门按照本地情况确定。建设用地标准依据地方政府关于《中华人民共和国土地管理法》实施办法、住房和建设主管部门相关规定，在调

查移民现状人均用地面积的基础上，本着满足移民生活需要、节约用地的原则，合理拟定。

部分省（自治区、直辖市）人均村庄建设占地指标见表1.5-3。

表1.5-3　　部分省（自治区、直辖市）村庄建设用地、宅基地用地标准

序号	省（自治区、直辖市）	规划用地标准	资料来源
1	新疆	位于城郊的村庄，人均建设用地面积控制在100m²/人，其他村庄控制在150m²/人	《新疆维吾尔自治区村庄规划建设导则（试行）》，新建标〔2010〕11号
		实行农村村民一户只能拥有一处宅基地的原则，结合县域人均耕地实际情况，合理确定宅基地具体的面积指标	
2	广西	平原区和城市郊区每户宅基地面积不得超过100m²；丘陵地区、山区每户宅基地面积不得超过150m²	《广西村庄规划编制技术导则（试行）》，2011年5月
3	湖南	村庄建设用地标准按三类控制。Ⅰ类为80～100m²/人，适用于现状人均建设用地低于100m²或人均耕地不足1亩的村庄；Ⅱ类为100～120m²/人，适用于现状人均建设用地低于120m²或人均耕地不足1.5亩的村庄；Ⅲ类为120～140m²/人，适用于现状人均建设用地超过120m²或人均耕地大于1.5亩的村庄。全部利用荒山坡地建设村庄的，其建设用地标准可在原来的基础上增加10m²/人。可根据实际情况进行调整，但最高不超过150m²/人	《湖南省新农村建设村庄整治建设规划导则（暂行）》，2007年12月
		农村村民一户只能拥有一处宅基地。农村村民建设住宅应当符合乡（镇）土地利用总体规划。每一户用地面积使用耕地不超过130m²，使用荒山荒地不超过210m²，使用其他土地不超过180m²	《湖南省实施〈中华人民共和国土地管理法〉办法》，2000年修订
4	陕西	以非耕地为主建设的村庄，人均规划建设用地指标为100～150m²；对以占用耕地为主建设的村庄，人均规划建设用地指标为80～120m²	《陕西省农村村庄建设规划导则（试行）》，2006年3月施行
		每户宅基地标准：平原区133m²，一般人均40m²；川地、塬地区200m²，一般人均50m²；山地、丘陵区267m²，一般人均60m²	
5	河北	实行农村村民一户一处宅基地制度。农村宅基地的面积按照下列标准执行：①人均耕地不足1000m²的平原或者山区县（市），每处宅基地不得超过200m²；②人均耕地1000m²以上的平原或者山区县（市），每处宅基地不得超过233m²；③坝上地区，每处宅基地不得超过467m²。县（市）人民政府可以根据当地实际情况，在省规定的限额内规定农村宅基地的具体标准	《河北省农村宅基地条例》，2002年7月1日起施行
6	吉林	村庄规划的建设用地标准应按照《村镇规划标准》规定的人均建设用地指标和建设用地构成比例执行	《吉林省村庄规划编制技术导则（试行）》，2006年7月
		农村村民，一户只能拥有一处宅基地，面积不得超过下列标准：①农业户（含一方是农业户口的居民）住宅用地330m²，市区所辖乡和建制镇规划区、工矿区农业户居民的住宅用地270m²；②农村当地非农业户居民住宅用地220m²；③国有农、林、牧、渔、参、苇场（站）和水库等单位的职工住宅用地270m²	《吉林省土地管理条例》，2005年修订

续表

序号	省（自治区、直辖市）	规划用地标准	资料来源
7	湖北	村庄用地规模宜按人均 90～120m^2 控制，一般不超过 100m^2 为宜。撤并扩建村庄，现状人均低于 80m^2 的可适当调高 10～15m^2，现状人均在 100～120m^2 之间的可适当调整，人均不宜超过 110m^2；现状用地大于 120m^2 的应调低到 120m^2 以内。若按宅基地测算，每户必须有明确的院落界线（包括前后院），户均用地 140～180m^2，使用耕地的应取下限，使用非耕地的可取上限	《湖北省新农村建设村庄规划编制技术导则（试行）》，2008 年 5 月
8	广东	农村村民一户只能拥有一处宅基地，新批准宅基地的面积按如下标准执行：平原地区和城市郊区 80m^2 以下；丘陵地区 120m^2 以下；山区 150m^2 以下。有条件的地区，应当充分利用荒坡地作为宅基地，推广农民公寓式住宅	《广东省实施〈中华人民共和国土地管理法〉办法》，2008 年修订
9	贵州	农村村民建住宅的用地限额（包括原有住房宅基地面积及附属设施用地）为：①城市郊区、坝子地区每户不得超过 130m^2；②丘陵地区每户不得超过 170m^2；③山区、牧区每户不得超过 200m^2。在乡（镇）土地利用总体规划确定的村镇规划范围内，愿意让出原属田土可以复耕的宅基地，迁到荒山或荒地上建房的，可在规定的用地限额基础上增加 60～80m^2 宅基地面积	《贵州省土地管理条例》，2001 年 1 月 1 日起施行
10	江西	以非耕地为主建设的村庄，人均规划建设用地指标为 80～120m^2；以占用耕地建设为主或人均耕地面积在 0.7 亩以下的村庄，人均规划建设用地指标为 60～80m^2	《江西村庄建设规划技术导则》，2006 年 7 月
		占用耕地建住宅的，每户宅基地面积不得超过 120m^2；占用原有宅基地或村内空闲地的，每户不得超过 180m^2；因地形条件限制、占用荒山荒坡地的，每户不得超过 240m^2	
11	河南	村庄建设用地标准按三类控制。Ⅰ类为 80～100m^2/人，适用于现状人均用地低于 120m^2、人均耕地不足 1 亩的村庄；Ⅱ类 100～120m^2/人；Ⅲ类为 120～140m^2/人，适用于现状人均用地超过 120m^2、人均耕地面积大于 1 亩的村庄。可根据实际情况进行调整，但最高不超过 150m^2/人	《河南省社会主义新农村村庄建设规划导则》，2006 年 6 月
		城镇郊区和人均耕地不足 1 亩的平原地区，每户用地不得超过 134m^2；人均耕地超过 1 亩的平原地区，每户用地不超过 167m^2，山区、丘陵区每户用地不超过 200m^2	
12	山西	山区或丘陵地区的村庄，人均规划建设用地指标为 130～150m^2；平原地区的村庄，人均规划建设用地指标为 120～140m^2	《山西省村庄建设规划编制导则》，2005 年 5 月
		山区或丘陵地区村庄建设住宅的，每户宅基地面积不得超过 180m^2；平原地区村庄建设住宅的，每户不得超过 130m^2；特殊情况经县有关部门批准，每户不得超过 200m^2	

续表

序号	省（自治区、直辖市）	规划用地标准	资料来源
13	山东	平原地区城郊居民点人均建设用地面积不得大于90m²/人，其他居民点不得大于100m²/人；丘陵山区居民点人均建设用地面积不得大于80m²/人 城市郊区及乡（镇）所在地的村庄，每户面积不得超过166m²；平原地区的村庄，每户面积不得超过200m²	《山东省村庄建设规划编制技术导则（试行稿）》，2006年2月
14	安徽	农村村民一户只能拥有一处宅基地。城郊、农村集镇和圩区，每户不得超过160m²；淮北平原地区，每户不得超过220m²；山区和丘陵地区，每户不得超过160m²；利用荒山、荒地建房的，每户不得超过300m²。市、县人民政府可在省规定的宅基地面积标准内，制定具体的宅基地面积标准	《安徽省农村宅基地管理办法（草案）》，2010年1月
15	福建	村庄建设用地宜按人均90～130m²控制。撤并扩建的村庄，现状人均低于80m²的可适当调高10～20m² 农村村民每户只能拥有一处宅基地。村民每户建住宅用地面积限额为80～120m²	《村庄规划编制技术导则（试行）》，2006年7月
16	江苏	新建村庄人均规划建设用地指标不超过130m²。整治和整治扩建村庄应努力合理降低人均建设用地水平 宅基地标准：人均耕地不足1亩的村庄，每户宅基地不超过133m²；人均耕地大于1亩的村庄，每户宅基地面积不超过200m²。具体按县（市、区）人民政府规定的标准执行	《江苏省村庄规划导则》，苏建村〔2008〕145号印发
17	重庆	改、扩建村庄：以非耕地为主建设的村庄，人均规划建设用地指标80～110m²/人，对以占用耕地建设为主或人均耕地面积为0.7亩以下的村庄，人均规划建设用地指标为60～90m²/人。现状人均乡村建设用地已超过150m²/人的集中村庄，规划用地标准不得超过150m²/人。新建村庄：以非耕地为主建设的村庄，人均规划建设用地指标为70m²/人，对以占用耕地建设为主或人均耕地面积为0.7亩以下的村庄，人均规划建设用地指标为60m²/人 主城九区范围内村民宅基地标准为20～25m²/人，主城九区外的其他区县范围内村民宅基地标准为20～30m²/人，3人以下户按3人计算，4人户按4人计算，5人以上户按5人计算，扩建住宅新占的土地面积应连同原有宅基地面积一并计算	《重庆市城乡规划村庄规划导则（试行）》，渝规发〔2008〕17号
18	宁夏	宅基地标准：占用水浇地的，每户宅基地面积不超过270m²；占用平川旱作耕地的，每户宅基地不超过400m²；占用山坡地的，每户宅基地面积不超过540m²。具体按各县（市、区）人民政府规定的标准执行	《宁夏回族自治区村庄建设规划编制导则（试行）》，2006年4月
19	海南	农村村民一户只能拥有一处宅基地，用地面积不得超过175m²，市县政府若有具体规定的，从其规定	《海南省村庄规划编制技术导则（试行）》，2011年11月
20	青海	加强农村牧区宅基地管理，农（牧）民一户只能拥有一处宅基地。每户宅基地用地（含庄廓外粪场地等）标准为：①城市郊区及县辖镇郊区，每户不得超过200m²；②其他地区，水地不得超过250m²，旱地不得超过300m²；非耕地不得超过350m²；③牧区的固定居民点可以适当放宽，但不得超过450m²	《青海省实施〈中华人民共和国土地管理法〉办法》，2006年修订

(3) 供水标准。供水标准包括人均用水标准和水质标准，根据《生活饮用水卫生标准》(GB 5749—2006)、《村镇供水工程技术规范》(SL 310—2004) 和地方政府有关规定确定。供水工程水源干旱年枯水期设计取水量的保证率，严重缺水地区不低于90%，其他地区不低于95%。

(4) 供电标准。农村移民用电负荷，根据规划设计基准年移民用电状况，适当考虑经济社会发展的需求合理确定。

1) 移民安置区内用电负荷的预测宜采用用电指标法。规划的用电指标可根据实物调查时的实际情况，适当考虑当地负荷的发展需求，综合确定。工业用电指标，在规划设计基准年的基础上分析确定；居民生活用电指标应根据当地生活水平、人口规模、地理位置、供电条件等综合确定。

2) 移民安置使原变电所供电区域内用电负荷发生改变、供电距离超出其经济输送距离，原有的电压等级和规模不能满足需求时，可根据实际情况进行适当调整，并采取新增、合并、提高电压等级等方式。变电所的电压等级的确定应满足电力网各级电压的经济输送容量和输送距离的要求。35kV及以上变电所主变压器容量，根据该变电所供电范围内用电负荷情况（负荷性质、用电容量）和供电需求确定，移民生活用电按规划用电指标计算，非移民可按原有用电标准计算。

3) 移民安置规划使原线路的电压等级和线径不能满足线路设计的规范要求时，可根据具体情况进行调整，必要时可提高1个电压等级。架空线路的设计应根据《66kV及以下架空电力线路设计规范》(GB 50061)、《110～500kV架空送电线路设计技术规程》(DL/T 5092) 的要求，并根据居民点迁建新址及当地的地形条件综合确定。

4) 10kV供电变电所容量，根据该供电区域内居民生活用电、乡镇企业和农业用电的负荷确定。

(5) 道路标准。道路标准包括居民的内部道路和对外道路，应满足居民点内部以及居民点与其他村庄、乡镇之间的车行、人行以及农机通行的需要。居民点内部交通（主支街道）、居民点新址道路标准、路面结构，应根据居民点性质、规模以及国家和省（自治区、直辖市）标准，考虑原居民点以及安置区道路现状，综合分析确定。

(6) 其他设施标准。文化、教育、卫生、商业等设施，原则上按原有的水平、考虑当地新农村建设标准，经济合理地配置。

1.5.2.4 设计深度

不同类型工程、不同设计阶段的设计深度要求见表1.5-4。

表1.5-4 农村移民安置目标、标准设计深度要求表

工程类型	设计阶段	要求
水利水电工程	项目建议书	初步拟定移民安置规划目标和安置标准
	可行性研究报告	拟定移民安置规划目标和安置标准
	初步设计、技施设计	必要时，复核调整规划目标和安置标准
水电工程	预可行性研究报告	初步确定移民安置的指标体系，初步拟定规划目标值和安置标准
	可行性研究报告	确定移民安置的指标体系，以集体经济组织为单位选取具有代表性的样本进行具体分析，确定规划目标值和安置标准
	实施阶段	必要时，对规划目标值和安置标准进行复核、调整

1.5.3 城（集）镇迁建

根据水利水电工程建设征地影响城镇情况，确定建制镇（包括县城）、非建制镇迁建规模和标准。特殊水利水电工程影响城市迁建规划可参照进行。

1.5.3.1 人口规模

1. 规划规模分级

集镇、城镇规划人口规模一般分为近期规模和远期规模。近期规划期限一般为5年，远期规划期限一般为15～20年。根据GB 50188—2007，集镇按其地位和职能分为一般镇和中心镇。城（集）镇规划规模按常住人口数量划分为特大、大、中、小型四级，见表1.5-5。

表1.5-5 城（集）镇迁建规划规模

级别	特大型	大型	中型	小型
人口（人）	>50000	30001～50000	10001～30000	≤10000

2. 城（集）镇人口的分类

根据GB 50188—2007规定，城（集）镇人口包括常住人口、通勤人口和流动人口。

(1) 常住人口：包括户籍人口和寄住人口。户籍人口是指户籍在镇区规划用地范围内的人口。寄住人口是指居住半年以上的外来人口，以及寄宿在规划用地范围内的学生。

(2) 通勤人口：指劳动、学习在镇区内，住在规划范围外的职工、学生等。

(3) 流动人口：指出差、探亲、旅游、赶集等临时参与镇区活动的人员。

3. 城（集）镇迁建规划人口

城（集）镇迁建规划人口规模包括非农业人口和农业人口，由城（集）镇规划水平年的搬迁安置人口规模组成。人口规模是确定城（集）镇新址用地规模和基础设施规模的依据。

迁建城（集）镇的人口构成，包括随城（集）镇迁移的原建成区征地影响常住人口、新址征地范围内规划留居的常住人口和规划进城（集）镇安置的农村移民。征地影响常住人口包括移民迁移线下常住人口和移民迁移线上需随迁的常住人口。

(1) 规划设计基准年人口规模。征地影响常住人口是指随城（集）镇迁移的原建成区内的常住人口，对于不随城（集）镇迁移的原建成区内的常住人口，纳入到农村居民点规划中或者根据其安置方案进行搬迁安置规划。规划设计基准年的人口数量，根据实物调查成果确定。

新址征地范围内规划留居的常住人口，根据新址规划范围调查确定；进城（集）镇安置的农村移民，根据该工程建设征地移民安置规划确定；寄宿学生人数按照《中小学校建筑设计规范》(GBJ 99) 的规定计列；通勤人口和流动人口，依据原址前三年的统计资料分析、调研确定。

(2) 规划设计水平年人口规模。城（集）镇迁建规划水平年人口规模在基准年人口规模的基础上，宜根据人口分类进行预测（见表 1.5-6）。

表 1.5-6　城（集）镇人口分类及人口预测表

人口类别		统计范围	预测计算
常住人口	户籍人口	户籍在镇区规划用地范围内的人口	按自然增长和机械增长计算
	寄住人口	居住半年以上的外来人口，寄宿在规划用地范围内的学生	按机械增长计算
通勤人口		劳动、学习在镇区内，住在规划范围外的职工、学生等	按机械增长计算
流动人口		出差、探亲、旅游、赶集等临时参与镇区活动的人员	根据调查进行估算

规划人口计算公式如下：

$$R = R_1(1+r)^n + P \qquad (1.5-14)$$

$$P = R_2[(1+m)^n - 1] \qquad (1.5-15)$$

式中　R——规划水平年的城（集）镇迁建人口规模；

R_1——规划基准年的城（集）镇迁建人口规模，但不含寄宿学生；

r——规划期限的人口自然增长率，‰，不同规划时段采用不同的人口自然增长率；

n——规划期限，为规划基准年到规划水平年之间的年限；

P——规划水平年的机械增长人口；

R_2——规划基准年的城（集）镇迁建非农业人口规模，含寄宿学生；

m——规划期限的人口机械增长率，‰。

确定集镇新址公共建筑和公用工程设施规模、城镇新址公共设施和市政公用设施的规模，考虑常住人口、通勤人口和流动人口。

对规划期限在 5 年以内的迁建城（集）镇，宜预测远期（规划期限一般为 20 年）规划人口规模。远期规划人口规模应按城（集）镇的地位、性质和可能的经济发展目标合理预测，为测算远期用地规模、分析城（集）镇的长远发展预留用地提供依据。

1.5.3.2 建设标准

1. 规划规模

城（集）镇迁建规划规模应根据规划水平年常住人口规模按规模分类标准（见表 1.5-5）确定迁建城（集）镇的级别。

2. 用地标准

(1) 确定原则。城（集）镇迁建建设用地标准，根据征地涉及城（集）镇规划设计基准年人均建设用地情况、人口规模、新址的地形地质条件，依据国家和省（自治区、直辖市）的有关规定合理选用。当原址人均用地低于国家强制标准下限时，采用国家规定标准的下限；现状高于国家强制标准上限时，采用国家规定标准的上限。当新址不宜修建用地（有较大规模的滑坡、塌岸、岩溶等不良地质现象，以及规划后形成边坡较多的用地）较多、可利用建设用地紧张时，可适当增加总用地面积。对地多人少的边远地区的镇区，可根据所在省、自治区人民政府规定的建设用地指标确定。

（2）规划人均建设用地标准。根据 GB 50188—2007，城（集）镇用地按其性质划分为居住用地、公共设施用地、生产设施用地、仓储用地 、对外交通用地、道路广场用地、工程设施用地、绿地、水域和其他用地 9 大类、30 小类（见 1.7 节表 1.7－12）。建设用地包括居住用地、公共设施用地、生产设施用地、仓储用地、对外交通用地、道路广场用地、工程设施用地和绿地 8 大类用地之和。

人均建设用地指标（Per capita constructive land index，本节用 P 表示）分为四级，见表 1.5－7。一般情况，规划人均建设用地指标应按表 1.5－7 中第二级确定；当地处现行国家标准《建筑气候区划标准》（GB 50178）的Ⅰ、Ⅶ建筑气候区时，可按第三级确定；在各建筑气候区内新建镇区均不得采用第一、四级人均建设用地指标。

表 1.5－7　人均建设用地指标分级

级　别	一	二	三	四
人均建设用地指标 P（m^2/人）	$60<P\leqslant80$	$80<P\leqslant100$	$100<P\leqslant120$	$120<P\leqslant140$

对现有的镇区进行规划时，其规划人均建设用地指标应在现状人均建设用地指标的基础上，按表 1.5－8 规定的幅度进行调整。第四级用地指标可用于Ⅰ、Ⅶ建筑气候区的现有镇区。

（3）规划建设用地结构。迁建集镇规划建设用地结构，居住、公共设施、道路广场以及绿地中的公共绿地四类用地占建设用地的比例宜符合表 1.5－9 的规定。对邻近旅游区及现状绿地较多的镇区，其公共绿地所占建设用地的比例可大于所占比例的上限。

表 1.5－8　规划人均建设用地指标

现状人均建设用地指标 P（m^2/人）	规划调整幅度（m^2/人）
$P\leqslant60$	增 0～15
$60<P\leqslant80$	增 0～10
$80<P\leqslant100$	增、减 0～10
$100<P\leqslant120$	减 0～10
$120<P\leqslant140$	减 0～15
$P>140$	减至 140 以内

注　规划调整幅度是指规划人均建设用地指标对现状人均建设用地指标的增减数值。

表 1.5－9　建设用地比例要求

类别代号	类别名称	占建设用地比例（%）	
		中心镇镇区	一般镇镇区
R	居住用地	28～38	33～43
C	公共设施用地	12～20	10～18
S	道路广场用地	11～19	10～17
G1	公共绿地	8～12	6～10
四类用地之和		64～84	65～85

3. 设施标准

（1）道路标准。根据 GB 50188—2007，镇区道路分为主干路、干路、支路、巷路四级，各级道路的规划技术指标见表 1.5－10。镇区道路系统应根据迁建城（集）镇的规模分级和发展需求按表 1.5－11 确定，道路广场用地占建设用地的比例应符合表 1.5－9 的规定。

表 1.5－10　镇区道路规划技术指标

规划技术指标	道　路　级　别			
	主干路	干路	支路	巷路
计算行车速度（km/h）	40	30	20	—
道路红线宽度（m）	24～36	16～24	10～14	—
车行道宽度（m）	14～24	10～14	6～7	3.5
每侧人行道宽度（m）	4～6	3～5	0～3	0
道路间距（m）	≥500	250～500	120～300	60～150

根据有关资料，因水利水电工程建设需要搬迁城（集）镇的道路路面主要为沥青混凝土、水泥混凝土、沥青表处、泥结石等四种情况。城（集）镇新址路面原则上按照原址路面标准恢复，当原址道路路面不符

合现行行业规范要求，或者新址不适合按原路面标准恢复的，新址道路路面依据相关规范选定。

表 1.5-11　　镇区道路系统组成

规划规模分级	道路级别			
	主干路	干路	支路	巷路
特大、大型	●	●	●	●
中型	○	●	●	●
小型	—	○	●	●

注　表中●代表“设置”，○代表“可设置”，—代表“不设置”。

(2) 给排水标准。城（集）镇新址供水标准分别按《城市给水工程规划规范》(GB 50282)、《村镇供水工程技术规范》(SL 310) 规定确定；饮用水水质应符合《生活饮用水卫生标准》(GB 5749) 的规定。

城（集）镇新址排水应符合《城市排水工程规划规范》(GB 50318) 的要求。

(3) 电力标准。根据《城市电力规划规范》(GB 50293) 和城（集）镇原址的用电水平，预测城（集）镇新址居民生活用电的标准。工业用电负荷应以迁入城（集）镇新址的工业用电水平进行预测。

变配电设施的设置、架空电力线路的设计标准、地埋电缆的敷设方式，应符合国家电力行业有关设计规范。

(4) 电信、广播电视标准。城（集）镇迁建新址电话业务需求按原址电话普及率和新址规划水平年人口规模进行计算。

电信、广播电视线路设计标准应符合国家电信、广播电视行业有关设计规范。

(5) 公共设施配置标准。根据城（集）镇原址水平和国家有关规定，确定新址文化、教育、卫生、商贸金融等服务设施和其他公共设施的配置标准。

4. 环境保护标准

城（集）镇生活水源水质执行 GB 5749，生活污水排放执行《污水综合排放标准》(GB 8978)，污水处理厂污水排放执行《城镇污水处理厂污染物排放标准》(GB 18908)，污水处理工程项目建设执行《城市污水处理工程项目建设标准》(建标〔2001〕77 号)。

城（集）镇大气环境质量执行《环境空气质量标准》(GB 3095)，废气排放执行《大气污染物综合排放标准》(GB 16297)。

城（集）镇声环境质量执行《声环境质量标准》(GB 3096)，控制城市环境噪声污染排放执行《建筑施工场界噪声限值》(GB 12523)。

水土保持执行《开发建设项目水土保持技术规范》(GB 50433)、《开发建设项目水土流失防治标准》(GB 50434)。

生活垃圾处置执行《生活垃圾转运站技术规范》(CJJ 47) 和《城市生活垃圾处理和污染防治技术政策》(建城〔2000〕120 号) 等有关规定。

1.5.3.3　建设用地规模

新址建设用地规模依据确定的人口规模和新址人均建设用地标准，按公式 (1.5-16) 计算。

$$A = Ra/10000 \qquad (1.5-16)$$

式中　A——规划水平年的城（集）镇迁建用地规模，hm^2；

R——规划水平年的城（集）镇迁建人口规模，人；

a——人均建设用地标准，m^2/人。

随着国家农村教育体制的改革，中小学校就近合点并校，造成城（集）镇中小学校寄宿学生大量增加。为避免寄宿学生按常住人口建设用地标准计算，造成城（集）镇建设用地规模增加，对寄宿学生占镇区总人口的比重超过 30%以上的城（集）镇，教育用地按《中小学校建筑设计规范》(GBJ 99—2009) 规定的每生用地面积标准单独计算，计算公式调整为式 (1.5-17)。

$$A = [(R-J)a + Jp]/10000 \qquad (1.5-17)$$

式中　J——寄宿学生人数，人；

p——每名学生用地面积，m^2/人。

1.5.4　工业企业处理

工业企业处理的任务是在建设征地实物调查成果的基础上，根据工业企业受建设征地的影响程度，结合地区经济产业结构调整、技术改造及环境保护要求，征求地方政府、主管部门及企业的意见，统筹规划，确定防护、改建、迁建或关、停、并、转的处理方式。

对于工程建设需要全部搬迁的工业企业，优先考虑就近搬迁；需要部分搬迁的工业企业，应根据其受影响程度、周围环境条件，确定局部后靠或异地搬迁的处理方式。

对于改建、迁建的工业企业，提出改建、迁建规划方案，其厂区内的有形资产，通常可采用重置成本法进行资产评估，以资产评估成果为基础，分企业用地、房屋、设施、设备、实物形态流动资产搬迁、停产损失等逐项计算核定，并计算其所属的对外连接工程投资；对于采用关、停、并、转等处理方式的工业企业，参照资产评估的方法，计算其补偿投资。因提高标准、扩大规模、进行技术改造以及转产所需增加的投资，不列入建设征地移民补偿投资概（估）算。

1.5.5 专业项目处理

专业项目处理的任务是根据建设征（占）地实物调查成果，结合移民安置和地区经济发展规划，提出复建、改建、迁建、防护、一次性补偿等处理方案。对于复建、改建、迁建、防护等处理方案，按照“原规模、原标准（等级）、恢复原功能的原则”明确其处理规模、标准，进行相应的规划设计，所需投资列入建设征地移民补偿投资概（估）算。因扩大规模、提高标准（等级）或改变功能需要增加的投资，不列入建设征地移民补偿投资概（估）算。

（1）对于需要恢复的交通、输变电、电信、广播电视、管道等专业项目，根据其受影响程度，按“原规模、原标准（等级）、恢复原功能”的原则，结合项目所在地的地形、地质条件等，选择经济合理的复建方案，进行规划设计；不需要或难以恢复的，根据建设征地影响情况，给予合理补偿。

（2）对于水利水电工程设施，根据其受影响的程度和具体情况，结合移民安置规划，提出经济合理的复建或一次性补偿处理方案。

（3）对于文物古迹，应坚持“保护为主、抢救第一”的方针，实行重点保护、重点发掘。根据文物保护单位的级别、建设征地影响程度，提出搬迁复建、发掘、防护或其他措施。

（4）风景名胜区、自然保护区，应根据其受影响程度和保护级别，提出保护或其他措施。

（5）具有开采价值的重要矿藏，应查明其受影响程度，提出处理措施。

（6）库周交通，应根据水库淹没影响程度和库周居民点分布，按照有利生产、方便生活、经济合理的原则，提出恢复方案，进行规划设计。

1.6 农村移民安置规划

1.6.1 基本资料

农村移民安置需要收集的经济社会资料分为建设征（占）地区及移民安置区两部分。分析、整理 1.3 “经济社会调查”所收集到的经济社会资料，为农村移民安置规划设计奠定基础。

1.6.1.1 建设征（占）地区

（1）建设征（占）地及影响范围资料、实物调查成果。

（2）建设征（占）地涉及县（市）、乡（镇）、村近 3 年的社会经济统计资料。

（3）建设征（占）地涉及县（市）、乡（镇）的国民经济和社会发展近期计划及远景规划。

（4）移民对安置的意愿与要求，以及少数民族风俗习惯、宗教信仰等。

（5）其他社会经济资料。

1.6.1.2 移民安置区

（1）移民安置区的地形地貌、区域地质、地震、土壤、气候、水文、植被，以及主要自然灾害及其危害程度等自然地理资料。

（2）移民安置区地形图、成片开发土地的地形图（可行性研究报告阶段比例尺不小于 1∶1000）。集中居民点新址地形图（可行性研究报告阶段比例尺不小于 1∶1000）、水文地质与工程地质勘察成果。

（3）工程施工进度计划及相关资料。

（4）移民安置区国民经济、社会发展现状及近期发展计划和远景发展规划。

（5）移民安置区统计资料，包括民族构成、人口结构、人口变动和劳动力流动情况，财政收入、劳动工资、城乡居民生活状况等。

（6）移民安置区地方志，包括地方风俗及历史沿革等。

（7）土地利用总体规划及土地详查资料。

（8）移民安置区基础设施、公共建筑、农业生产设施的现状及发展规划。

1.6.2 环境容量分析

移民环境容量是指在一定的范围和时期内，在保证自然生态向良性循环演变，并保持一定生活水平和环境质量的条件下，按照拟定的规划目标和安置标准，通过分析该区域自然资源综合开发利用情况后，所确定的该区域经济所能供养和吸收的移民人口数量，即可接纳生产安置的人口数量。

移民环境容量分析采取定性和定量相结合的方法。

定性分析是分析初选的移民安置区和安置方式的适宜性。主要考虑自然资源和社会环境等因素，如土地资源、气候条件、移民和安置区居民意愿、经济发展水平、生产关系、生产生活习惯、基础设施、宗教信仰、生产水平、民族文化风俗习惯等。

定量分析是依据初选的移民安置区和安置方式，分析、计算可能安置移民的数量。定量分析应考虑资源、经济、人口等指标的动态变化，考虑征地移民对移民安置涉及区域资源和经济的影响程度，分析确定影响安置移民的主要因素和敏感因素，建立评价指标体系，通过综合性分析预测，确定可能安置移民的容量值。

1.6.2.1 分析步骤

（1）地方政府根据本行政区范围内资源状况推荐

拟选安置区，并提供相关的经济社会、区域发展规划等基础资料。

（2）根据拟选安置区经济社会、土地资源状况以及基础设施等因素，进行定性分析，初步选定移民安置区。

（3）在现场综合查勘的基础上，结合安置目标、安置标准等对初选安置区进行综合分析比较，提出移民安置环境容量分析范围和分析方法。

（4）移民安置环境容量范围分析，还应考虑宜农荒地的开发成本、征地区与安置区的生产方式、生活习惯、民族文化差异、移民和安置区居民意愿等因素。

1.6.2.2 分析类型

根据移民安置资源条件，移民环境容量分为农业安置移民环境容量分析、第二产业安置移民环境容量分析、第三产业安置移民环境容量分析、其他方式安置移民环境容量分析等类型。

（1）农业安置移民环境容量分析是在安置区土地利用规划、种植业规划以及经济社会预测的基础上，分析土地资源可接纳生产安置人口的数量。

（2）第二产业安置移民环境容量分析是在拟开发工业项目可行性论证，尤其是经济评价的基础上，分析确定工业开发项目可接纳生产安置人口的数量。

（3）第三产业安置移民环境容量分析是在当地第三产业现状调查和发展水平预测的基础上，分析确定第三产业可接纳生产安置人口的数量。

（4）其他方式安置移民环境容量分析是分析社会保障、投亲靠友、自谋职业、一次性补偿等其他安置方式的条件，选定相应安置方式容纳的生产安置人口数量。

1.6.2.3 分析方法

1. 定性分析方法

移民环境容量的定性分析一般采用意见汇集法、决策偏好法和综合指数法。

（1）意见汇集法。即主观判断法，由相关主管人员和业务人员集思广益，最后对各种不同意见综合评价后作出判断进行预测。

（2）决策偏好法。即决策者根据决策目标，在决策过程中依据实际情况及个人经验在多种方案中做出偏好选择。

（3）综合指数法。根据移民安置规划目标及各项指标的权重，以规划目标为基准值，用各个安置区的3项指标（农民人均纯收入、农民人均粮食和农民人均耕地）与基准值各项指标求增长率，加权求得综合指数。对某个安置区（编号为i）来说，可以采用以下公式计算：

$$x_{a_i} = (a_i - a_0)/a_0 \quad (i = 1,2,\cdots,n)$$
$$x_{b_i} = (b_i - b_0)/b_0 \quad (i = 1,2,\cdots,n)$$
$$x_{c_i} = (c_i - c_0)/c_0 \quad (i = 1,2,\cdots,n) \tag{1.6-1}$$

式中 a_0、b_0、c_0——分别为该安置区基准值的3项指标；

a_i、b_i、c_i——分别为该安置区的3项指标值；

x_{a_i}、x_{b_i}、x_{c_i}——分别为该安置区的3项指标值与基准值3项指标间的增长率。

$$A_i = (x_{a_i}W_a + x_{b_i}W_b + x_{c_i}W_c) \quad (j = 1,2,\cdots,n) \tag{1.6-2}$$

式中 A_i——综合指数；

W_a、W_b、W_c——分别为3项指标的权重值。

当$A_i \geqslant 0$，则说明该区域适合安置移民；$A_i < 0$，则说明该区域不适合安置移民。

2. 定量分析方法

（1）单一因素标准法。耕（园）地资源是决定农村移民环境容量的主要因素，因此，人均占有耕（园）地为环境容量分析的基准指标。这是目前较为常用的最基本的方法。

计算规划设计水平年安置区总农业人口

$$D = D_0(1+r)^n \tag{1.6-3}$$

式中 D——规划设计水平年安置区总农业人口；

D_0——规划设计基准年安置区农业人口；

r——人口自然增长率；

n——规划设计基准年至规划设计水平年的年数。

预测安置区最大人口容量

$$R = G/E \tag{1.6-4}$$

式中 G——耕（园）地面积；

E——安置标准；

R——安置区最大人口容量。

安置区可增加的人口容量

$$Y = R - D \tag{1.6-5}$$

式中 R——安置区最大人口容量；

D——规划设计水平年安置区总农业人口；

Y——移民环境容量，即安置区可最多增加的农业人口数。

当$Y>0$，环境容量有富余，Y值为可迁入的农业人口数；$Y=0$，环境容量持平，不允许再增加农业人口；$Y<0$，安置区农业人口已经超出容量限制，Y的绝对值为该区域需要迁出的农业人口。

（2）多因素最小值法。分析移民安置规划目标的3个因素，即人均占有耕地资源、人均占有粮食、人均收入水平，以移民安置后人均粮食、人均收入不低于搬迁前水平为原则，对这3个因素分别求得环境容量值，取其最小值作为安置移民的容量值。

分析预测移民搬迁前的生活水平，即无工程情况下，移民到规划设计水平年的生活水平。根据规划设计基准年的人均粮食、人均收入，按照地方政府国民经济发展规划的相关经济增长率指标，采用适当的预测分析方法，预测移民搬迁前的人均粮食和人均收入。

分析预测移民安置区规划设计水平年总耕地面积、粮食总产量和经济收入总水平。根据规划设计基准年移民安置区资源条件，按照地方政府国民经济发展规划的相关经济增长率指标，采用适当的预测分析方法，预测规划设计水平年移民安置区总耕地面积、粮食总产量和总经济收入（纯收入）。

以移民安置区总耕地资源量除以安置标准（人均耕地）即为安置区耕地人口容量；以安置区粮食总产量除以规划设计水平年人均粮食占有量即为安置区粮食人口容量；以移民安置后，安置区总收入除以规划设计水平年的人均收入即为安置区经济收入人口容量。取以上3个人口容量最小值为该安置区的环境容量允许值。

该方法适用于移民与安置区居民生活水平相当的情况。

（3）目标与影响法（O&I法）。分析、预测移民安置区规划设计水平年的人口、耕地、纯收入和粮食等指标，在安置区规划设计水平年的人均纯收入、人均粮食占有量达到一定目标值的基础上，分析对安置区原居民人均资源的影响率，在满足移民人均资源目标值的条件下，计算可调整安置移民的资源数量和容量值。O&I法适宜于人均耕地较多、经济条件较好的区域。

具体计算分析公式为

$$\begin{cases} L = RGm \\ Y = \dfrac{L}{G(1-m)} \end{cases} \tag{1.6-6}$$

式中 L——可调剂耕地；

G——安置区原居民规划设计水平年人均耕地；

m——对原居民影响率，即规划设计水平年调剂耕地使人均耕地减少的比例；

R——安置区原居民农业人口；

Y——可安置移民人数。

单一因素标准法只考虑人均占有耕地这一单一因素，是最基本的方法。多因素最小值法比单一因素标准法更进一步，在人均占有耕地的基础上加入了水平年的概念，并将人均占有粮食、人均纯收入列在同等地位，只有三者同时达到规划指标时才认为环境容量是合理的。

根据实践经验，单一因素标准法适用于移民安置初步规划；多因素最小值法、目标与影响法适用于移民安置规划，其中，多因素最小值法适用于环境资源一定的后靠安置区，目标与影响法适用于调剂耕地分散安置移民的情况。

3. 第二产业安置移民定量分析

第二产业安置移民是指考虑地方资源优势，利用移民生产安置资金新建的第二产业项目安置移民。其环境容量分析按以下步骤进行：

（1）根据当地资源特点、可开发的资源数量、开发的难易程度、主要产品市场前景和人员素质（主要指移民素质），选择合适的开发项目，并对开发项目进行可行性论证。

（2）根据拟开发项目的所有权性质、经营体制，以及人力资源配置中对经营者、管理人员、技术人员和生产工人数量的安排，按拟配置的生产工人数量确定接纳移民劳动力的数量。

（3）按照移民劳动力供养人口比例，计算可容纳的移民数量。

（4）根据拟开发项目财务评价结论，结合移民生产安置标准（人均年纯收入）分析可容纳的移民数量。

（5）比较（3）、（4）计算可容纳的移民数量，取较小值即为拟开发第二产业项目的移民环境容量。

4. 第三产业安置移民定量分析

（1）第三产业安置移民主要指依托城市集镇和居民点的建设，通过发展运输、商业、餐饮、旅店、旅游、服务等第三产业来安置移民。

（2）第三产业安置移民容量宜根据当地第三产业从业人数、第三产业占国民经济的比重及其发展变化趋势综合分析，预测规划设计水平年可增加的第三产业从业人数及安置移民人数。

1.6.2.4 设计深度

不同类型工程、不同设计阶段农村移民环境容量分析要求见表1.6-1。

1.6.3 移民安置方案

移民安置方案是开展规划设计的基础，包括移民安置控制条件分析、资源配置、移民安置方式、生产措施、基础设施配置和规划投资等内容。根据国家及省级人民政府的移民安置政策，结合安置区的实际情况和移民环境容量分析成果，分析确定移民安置方式，拟定移民生产安置方案和搬迁安置方案。

表 1.6-1 农村移民环境容量分析要求表

工程类型	设计阶段	要求
水利水电工程	项目建议书	以乡（镇）为单位初步分析移民安置环境容量。拟选移民安置区的移民安置环境总容量宜达到移民生产安置总人口的1.5倍以上
	可行性研究报告	以行政村为单位分析移民安置环境容量。备选移民安置区的移民安置环境总容量宜达到移民生产安置总人口的1.2倍以上
	初步设计	以村民小组为单位分析移民安置环境容量
	技施设计	必要时，以村民小组为单位复核移民安置环境容量
水电工程	预可行性研究报告	以村民委员会或安置点为单元分析移民安置环境容量。拟定分析范围内的移民环境容量宜达到移民生产安置人口的1.5倍以上
	可行性研究报告	以农村集体经济组织或安置点为单元分析移民安置环境容量。拟定分析范围内的移民环境容量应大于移民生产安置人口数量
	实施阶段	必要时，复核移民安置环境容量

1.6.3.1 安置方式

1. 生产安置

移民生产安置方式分为农业安置、非农业安置、农业与非农业相结合安置、其他安置等方式。

(1) 农业安置方式。原以农业生产为主的移民宜选择本安置方式。

(2) 非农业安置方式。具有一定生产技能或有经商、办厂能力的移民可选择本安置方式。

(3) 农业与非农业相结合安置方式。在人多地少、市场经济比较发达、经济水平较高的地区可选择本安置方式。

(4) 其他安置方式，包括养老保障、投亲靠友、自谋职业（自谋出路）、一次性补偿、长效补偿等。具备相应条件、符合当地政策规定的移民可选择相应的安置方式：

1) 在考虑尊重移民意愿的条件下，对满足相关政策要求的移民，可采取养老保障的安置方式。

2) 在考虑尊重移民意愿的前提下，可以通过赡养、抚养关系，进行投亲靠友安置；在规划安置区范围外，在移民户和接收地双方自愿的前提下，可以通过土地资源使用权的流转，进行投亲靠友安置。

3) 对具备从事第二产业和第三产业技能，且完全依赖第二产业和第三产业生产生活的移民，在相关政策规定范围内，可自主选择自谋职业（自谋出路）或者一次性补偿的安置方式。

4) 对具有发电效益的水利水电工程移民安置，经过环境容量分析，难以进行传统的农业安置时，可采取长效补偿安置方式，即以电站寿命为补偿年限，以土地净产值为补偿标准，每年支付移民补偿费用。

2. 搬迁安置

(1) 按集中度和去向，分为集中安置、分散安置、城市集镇安置。

1) 集中安置是集中建立移民居民点、统一布局的搬迁安置方式，一般指移民人数在100人以上的居民点。

2) 分散安置是布局松散、分散建房的搬迁安置方式，一般指移民人数在100人以下的居民点。

3) 城市集镇安置是指根据生产安置方式或随城（集）镇迁建，在城（集）镇内建房的安置方式。

(2) 按迁移距离远近和行政隶属关系，分为就近安置和远迁安置。

1) 就近安置：在本村组安置或出本村组在合理耕作半径范围内安置的方式。

2) 远迁安置：除就近安置外的其他安置方式。水电工程除远迁安置［指移民在本县（市、区）外乡（镇）建房安置或在本村建房安置，但距原有耕地等生产资料的距离大于设计耕作半径］外，增加了外迁安置［指移民迁至外县（市、区）或外省（自治区、直辖市）建房安置］。

1.6.3.2 安置地点选择

(1) 按照由近到远、受益区优先、经济合理的原则选择移民安置区。安置区的选择应由各级政府分级推荐。

(2) 在移民安置区环境容量分析成果的基础上，遵循因地制宜、有利生产、方便生活、保护生态、地形地质条件适宜的原则，尽可能与新农村建设和小城镇建设相结合，合理选择移民安置地点。

(3) 农村移民安置点选择应综合考虑建设征地区与移民安置区以下因素：①自然环境条件；②社会经济状况、居民生活水平；③民族、语言、风俗习惯、宗教信仰，对少数民族地区应特别关注；④移民对安置区选择的意愿；⑤安置区居民对安置移民的态度。

1.6.3.3 安置方案比选

农村移民安置规划应在多方案比选的基础上，经综合分析论证后提出推荐方案。移民安置方案比选应综合考虑如下因素：

（1）移民安置区自然、社会环境条件。

（2）移民安置区环境容量。

（3）移民安置区经济发展状况。

（4）移民安置区生产开发条件。

（5）移民安置区基础设施现状。

（6）移民安置区居民对当地安置移民的态度和移民的意愿。

（7）移民安置后预测的收入水平。

（8）比选方案的投资估算。

1.6.3.4 安置方案确定方法

移民安置方案的确定，应在所推荐移民安置方案的基础上，充分考虑移民区和安置区的生产生活条件，以及地方政府的意见和移民群众的意见，合理确定各移民村与安置区的对接方案。

1. 移民村和安置区理论对接

（1）移民村和安置区综合评价。根据迁出移民村区位、经济发展水平、土地资源、基础设施状况、耕作习惯、二、三产业状况和发展条件、移民生活习俗等因素，对移民村进行综合评价和初步排序；根据迁入地各移民点的区位、经济发展水平、土地资源、基础设施状况、二、三产业状况和发展潜力等因素，对安置区进行综合评价和初步排序。

（2）根据移民村与安置区综合排序结果，按照排序基本相当、尽可能整建制搬迁的原则，确定理论对接方案。

（3）理论对接方案在充分征求地方政府意见和移民群众意见的基础上，修改完善上报主管部门确认。

2. 移民村与安置区实施对接

实施对接以上级主管部门确认的对接方案为依据，组织移民对安置区及安置点进行实地考察，在移民群众认可对接方案的基础上，组织移民村与安置区地方移民部门签订协议，作为移民安置实施的依据。

3. 移民安置对接案例（丹江口水库河南库区）

（1）基本情况。南水北调中线一期丹江口水利枢纽大坝加高工程，河南省内规划农村搬迁人口16.13万人，其中淅川县内规划新建居民点74个，安置移民占15%；出县规划新建居民点488个，安置移民占85%。

（2）对接方案。

第一步：由安置县（市、区）人民政府负责对移民安置点进行全面优化、整合。

1）移民安置涉及的县（市、区）人民政府以初步设计成果为基础，对区位偏远、水土条件较差、安置人数过少的安置点按下列原则进行了优化整合。

a. 维持初步设计确定的迁出乡（镇）与迁入县（市、区）对接方案原则不变。

b. 尽量选择水土资源丰富、基础设施较好、经济社会比较发达的地方安置移民。安置点尽量位于城（集）镇、主要交通干道、工业区附近以及其他条件较好的地方，以方便移民生产生活，为移民致富发展创造条件。

c. 结合社会主义新农村建设要求，在生产、生活条件许可的前提下，各安置点的人口规模原则不少于500人，有条件的可以整合扩大到1000人以上。

d. 外迁移民以村为单位整建制搬迁，组不允许拆分。1000人以下的移民村，原则上在一个点安置；1001～2000人的移民村，有条件的地方要尽量在一个点安置，最多不超过相邻的2个点安置；2000人以上的移民村，有条件的地方要尽量在一个点安置，最多不超过相邻的3个点安置。为移民划拨的土地要集中连片、耕作半径适中，土地质量和当地群众基本相当，几个相邻点的综合条件大体相当。

2）为保证移民安置对接工作的顺利进行，移民安置各县要留出一定数量的备选移民安置点。

3）安置点优化整合时，同时落实生产、生活用地。

第二步：移民村与安置点的理论对接复核。

1）考虑区位、经济发展水平、土地资源、基础设施状况、耕作习惯、生活习俗、二、三产业状况和发展条件等因素，设计单位对移民村、安置点进行综合评价和初步排序。

2）地方政府对设计单位提交的初步排序方案提出优化调整意见。

3）组织库区乡（镇）到安置县（市、区）对应的安置点考察，以库区乡（镇）为主、迁入地配合，提出最终的综合评价和排序意见。

4）按照下列原则完成移民村与安置点的理论对接：

a. 移民村与安置点条件基本对应。

b. 移民任务与安置容量基本匹配。

c. 初步设计确定的对接框架基本不变。

d. 村尽量整建制搬迁，不跨县安置。

e. 保持组建制，不再拆分。

理论对接方案由库区及安置县（市、区）人民政府组织，设计单位技术负责，有关乡（镇）参加，共同完成。

第三步：分批完成移民村与安置点的具体对接。

按照移民村与安置点理论对接方案，分批组织移民村到对应安置点考察，签订移民安置确认书，完成分批搬迁的移民村与安置点的具体对接方案。

移民村与安置点的具体对接方案由库区县人民政府组织完成后，逐级上报至省政府移民办，经审核后转设计单位，作为编制实施规划的依据。

1.6.3.5 设计深度

不同工程类型、不同设计阶段农村移民安置方案的拟定设计深度要求见表1.6-2。

表1.6-2 农村移民安置方案拟定设计深度要求表

工程类型	设计阶段	要求
水利水电工程	项目建议书	以乡（镇）为基本单元，初步拟定移民安置去向和生产安置方式
	可行性研究报告	以行政村为单位，拟定移民安置去向和生产安置方式
	初步设计	以村民小组为单位，落实移民安置去向和安置方式
	技施设计	必要时，复核移民安置去向和安置方式
水电工程	预可行性研究报告	初步拟定移民安置去向和生产安置方式，提出移民安置初步方案
	可行性研究报告	分析方案拟定的主导因素，拟定两个以上的移民安置方案，分析论证比选移民安置方案的经济、技术和社会可行性，提出推荐方案
	实施阶段	必要时，复核移民安置方案

1.6.4 生产安置规划

1.6.4.1 指导思想和规划原则

1. 指导思想

贯彻开发性移民方针，移民安置与当地国民经济和社会发展规划相衔接，与资源综合开发利用、生态环境保护相协调，因地制宜，统筹规划，促进当地经济社会的可持续发展。移民以大农业安置为主，二、三产业和其他安置为辅，通过调整土地资源，兴修农田水利和水土保持设施，改造中、低产田，开垦土地后备资源等措施，发展种植业、养殖业和加工业，提高农业综合生产能力，使移民具备恢复原有生活水平必要的生产条件，达到移民劳力有安排、生产有项目，生活达到或者超过原有水平。

2. 规划原则

(1) 珍惜土地资源，保证移民基本口粮田。优先开发利用建设征地后的剩余土地和宜垦荒地。水库库区有防护条件的耕地，应积极采取防护措施，以充分利用土地资源安置移民。

(2) 农村移民安置以土地为基础，以调整农业产业结构、提高土地产出为手段，以搬迁后移民生活水平不低于原水平并与安置区原居民同步发展为目标。移民生产措施应与我国水利水电工程建设的实际情况相适应，充分合理地利用土地资源，采取有效措施，改善农业生产条件，提高土地生产力，调整种植业结构，发展种植业，提高农作物产量，在保证移民基本口粮的同时，合理调整产业结构，因地制宜发展林果业、养殖业或以加工业为主的乡村企业。有条件的地区适当发展具有一定规模的二、三产业，确立移民生产安置的支柱产业，以提高移民经济收入。

(3) 正确处理生产安置与区域经济可持续发展的关系，正确处理生产安置与生态环境保护的关系。移民生产安置规划与区域经济总体发展规划相协调，通过移民开发项目促进区域经济的可持续发展。生产安置规划既要考虑经济效益，更要注意合理开发资源，保护生态环境，符合《环境保护法》、《森林法》、《水法》和《水土保持法》等有关法律法规，把开发、治理、保护有机结合起来，促进区域生态环境良性发展。

(4) 生产安置要与后期扶持相结合。移民生产安置要合理利用被征收土地的补偿补助费和水利设施补偿费，结合当地实际情况，科学安排生产安置项目，使经济、社会、环境效益达到最优效果。同时，通过后期扶持措施，使移民达到或超过原有生活水平。

1.6.4.2 土地资源筹措

调查落实移民安置区可调整耕（园）地、后备土地资源（宜农、宜林和可开垦土地）的数量、分布。按确定的移民生产安置标准和生产安置人口，分析计算为移民调整耕（园）地、可开垦土地的面积，落实为移民调整土地的分布。按照国家有关林业和水土保持的规定，落实移民土地开发利用方式。

1.6.4.3 土地开发、农耕地改造及农田水利工程

1. 土地开发

对利用土地后备资源安置移民生产的，根据调整土地的区位、地形、地质、土壤和当地的气候条件，

按照开垦土地的技术标准，提出土地整理、开垦规划，落实土地整理、开垦的土石方工程量及人工、机械投入、实施方案及其投资。必要时提出土地整理和开垦的典型设计。对于成片（200亩以上）土地开发项目，应进行土地开发整理规划设计。

土地开发整理规划设计包括土地利用规划、耕作制度规划、工程规划设计和耕作条件恢复。

(1) 土地利用规划。集中安置区根据测绘的地形地类图，分散安置区采用现场调查，进行土地利用现状分类和平衡分析。根据区域土地利用规划，结合移民安置，规划居民点用地、交通用地、农田水利设施用地、农业生产用地等的配置及分布，并进行土地利用规划平衡分析。

(2) 耕作制度规划。开展土地适宜性评价，对可开垦土地和可复垦土地从数量和质量上作出评价；分析确定包括农作物布局、轮作、间作套种、复种等耕作制度，以及农作物灌溉制度，制订田间管理、病虫害防治等办法。

(3) 工程规划设计。根据相关技术标准的规定，提出安置区土地开发、整理的技术要求，进行平面布置、竖向设计、道路及农田水利设施设计。其中，平面布置设计包括台地布置、道路布置、水利工程布置等；竖向设计包括平整工程设计、梯坎工程设计；道路设计是指耕作区对外连接和田间联系道路的设计，道路可分为机耕道和人行道（含梯道）；农田水利工程设计应根据耕作制度开展，主要项目包括水源工程、输水工程和田间配套工程。

(4) 耕作条件恢复。包括底层、耕作层的厚度、工程量以及土壤培肥的措施及数量。

土地开发整理规划设计要注意土地沉陷、坍滑、膨胀、浸没等对开发利用的不利情况以及生态环境保护。

2. 农耕地改造

农耕地改造是指为提高农耕地的生产力，采用工程、生物等措施，如平整土地，归并零散地块，修筑梯田，开发养殖水面；建设道路、机井、沟渠、护坡、防护林等农田和农业配套工程；治理沙化地、盐碱地、污染土地，改良土壤，恢复植被等。对于质量较差的调整耕地，依据土地利用总体规划和土地开发整理规划，提出农耕地改造规划。

(1) 耕地平整。耕地平整应与耕地整理相结合，达到有利于作物的生长发育，有利于田间机械作业，有利于水土保持，满足灌溉排水要求和防风要求，便于经营管理。耕地平整应考虑以下要素：

1) 耕作田块方向。耕作田块方向的布置应保障耕作田块长边方向受光照时间最长、受光热量最大，宜选用南北向。在水蚀区，耕作田块宜平行等高线设置；在风蚀区，则应与当地主害风向垂直或与主害风向垂直线的交角小于30°～45°方向布置。

2) 耕作田块的长度。平原区根据耕作机械工作效率、田块平整度、灌溉均匀度以及排水畅通度等因素确定耕作田块的长度。田块边长一般为500～800m，具体长度可依自然条件确定，如机耕区可长些，非机耕区可短些；平原地区可稍长些，丘陵地区可短些；无灌溉条件的可长些，有灌溉条件的可短些等。

3) 耕作田块宽度。耕作田块宽度应考虑田块面积、机械作业、灌溉排水以及防止风害等要求和地形地貌的限制。表1.6-3提出了机械作业、灌溉排水、防止风害对田块宽度的要求。

表1.6-3 不同作业工况对田块宽度的要求

作业工况分类	田块要求宽度（m）
机械作业	200～300
灌溉排水	100～300
防止风害	200～300

4) 耕作田块形状。要求外形规整，长边与短边交角以直角或接近直角为好，形状选择依次为长方形、正方形、梯形、其他形状，长宽比以不小于4∶1为宜。

5) 耕作田块规模。田块规模的大小与项目区农业种植习惯、耕作方式、地形地势条件、社会经济状况等因素密切有关。田块规模一般控制在$10hm^2$左右。平原地区规模一般较大，而丘陵地区规模较小；人均耕地面积较大的，整理田块规模就应大些；人均耕地面积较少的，田块规模就应相应缩小。

6) 耕作田块土壤。耕作田块土壤的质量，主要取决于土壤结构、土壤质地、土壤理化性质等。各地应因地制宜，提出符合当地条件的土壤质量改良要求。

7) 耕作田块内部规划。根据地形、地貌、气候等自然特征及土壤质量要求，对耕作田块内部作进一步设计。

a. 平原地区。水稻宜采用格田形式。格田设计必须保证排灌畅通，灌排调控方便，并满足水稻作物不同生育阶段对水分的需求。格田田面高差应小于±3cm，长度保持在60～120m为宜，宽度以20～40m为宜。格田之间以田埂为界，埂高以40cm为宜，埂顶宽以10～20cm为宜。旱地田面坡度应限制在1∶500以内。

b. 滨海滩涂区。滨海滩涂区耕作田块设计应注意降低地下水位，洗盐排涝，改良土壤，改善生态环境，在开发利用过程中，可采用挖沟垒田、培土整地方法。

以降低地下水位为主的农田和以洗盐除碱为主的滩涂田块田面宽宜为30～50m，长宜为300～400m。

c. 丘陵山区。丘陵山区以修筑梯田为主，根据地形、地面坡度、土层厚度的不同将其修筑成水平梯田、隔坡梯田、坡式梯田等。梯田规格及埂坎形态宜因地制宜，视地形、地面坡度、机耕条件、土壤的性质和干旱程度而定。梯田应尽量集中，并考虑防冲措施。梯田田面长应沿等高线布设，梯田形状呈长条形或带形。若自然条件允许，梯田田面长度一般不小于100m，以150～200m为宜。田面宽度应考虑灌溉和机耕作业要求，陡坡区田面宽度一般为5～15m，缓坡区一般为20～40m。

8）田块设计高程。

a. 田面高程设计应因地制宜，并与灌溉、排水工程设计相结合，确保农田旱涝保收。田面高程应低于田间末级灌溉渠渠底高程0.1m以上，高于排水沟沟底高程0.6m以上。在渍涝型灌溉水田地区，田面设计高程应高于排水沟沟底高程0.8m以上，在防涝为主的水田，田面设计高程应高于常年涝水位0.2m以上。

b. 地形起伏大、土层浅薄的坡耕地田面高程设计，在考虑平整工程量的同时，应根据地形特点，尽量满足灌排设施布置的要求。

c. 地形起伏小、土层厚的旱涝保收农田，应将平整土地的设计高程作为田面设计高程。

9）地面坡度。平整后的地面坡度应满足灌水要求。不同灌水技术要求的坡度不同，一般情况，顺灌水方向田面坡度为1/800～1/400，最小不应小于1/1000，最大不应大于1/300。一般畦灌要求的地面坡度以1/500～1/150为宜；水稻格田灌溉要求的坡度更小，近于水平，纵向坡度不应大于1/1000～1/2000。详见表1.6－4和表1.6－5。

表1.6－4　　畦灌适宜坡度

畦田长度（m）	井灌区			渠灌区		
	土壤透水性			土壤透水性		
	强	中	弱	强	中	弱
10～15	1/2000～1/1000					
15～20	1/1000～1/500	1/2000～1/1000				
20～25	1/500～1/300	1/1000～1/500	1/2000～1/1000			
25～30		1/500～1/300	1/1000～1/500			
30～35			1/500～1/300	1/2000～1/1000		
35～40				1/1000～1/500	1/2000～1/1000	
40～45				1/500～1/300	1/1000～1/500	1/2000～1/1000
45～50					1/500～1/300	1/2000～1/1000

表1.6－5　　沟灌适宜坡度

<table>
<tr><th rowspan="2">畦田长度（m）</th><th colspan="3">土壤透水性</th></tr>
<tr><th>强</th><th>中</th><th>弱</th></tr>
<tr><td>30～40</td><td>1/1000～1/500</td><td></td><td></td></tr>
<tr><td>40～50</td><td rowspan="2">1/500～1/250</td><td rowspan="2">1/1000～1/500</td><td></td></tr>
<tr><td>50～60</td><td rowspan="2">1/1000～1/500</td></tr>
<tr><td>60～70</td><td></td><td rowspan="2">1/500～1/250</td></tr>
<tr><td>70～80</td><td></td><td rowspan="2">1/500～1/250</td></tr>
<tr><td>80～90</td><td></td><td></td></tr>
</table>

充分考虑上述因素的情况，在保留25cm左右熟土层的前提下，按照尽可能移高填低、填挖土方量基本平衡、运距最近的原则进行耕地平整设计。

（2）坡改梯。我国山地面积约占土地总面积的

33%，高原占26%，丘陵占10%，盆地占19%，平原占12%。山地多、平地少，这对发展林业、牧业和开展多种经营有利，但农业（耕作业）发展受到一定限制。

移民安置以农业为主，移民划拨、调整和开垦的土地，可能会有大量的坡耕地，这些耕地坡度一般在5°～25°之间，质地疏松，水土流失较重，土壤贫瘠。为适宜发展灌溉，蓄水保墒，防止水土流失，改善农业生产条件，提高耕地质量，必须对其改造，加工修筑成水平土坎或石坎梯田。坡改梯的有关技术要求如下：

1）梯田的分类。根据地面坡度不同，分陡坡区梯田与缓坡区梯田；根据田坎建筑材料不同，分土坎梯田与石坎梯田；根据梯田的断面形式不同，分水平梯田、坡式梯田、隔坡梯田；根据梯田的用途不同，分旱作物梯田、水稻梯田、果园梯田、茶园梯田、橡胶园梯田等。

2）基本要求。

a. 以小流域为单元，进行坡耕地治理的全面规划，根据不同条件，分别确定采取梯田、保土耕作法和坡面小型蓄排工程。当梯田区以上坡面为坡耕地或荒地时，应部署坡面小型蓄排工程，防止地表径流进入梯田区。我国南方雨多量大地区，梯田区内也应部署小型蓄排工程，以妥善处理梯田不能容蓄的雨水，保证梯田的安全。坡面小型蓄排工程的技术要求按《水土保持综合治理技术规范》（GB/T 16453.4—2008）执行。

b. 梯田防御暴雨标准，一般采用防御10年一遇3～6h最大降雨，在干旱、半干旱或其他少雨地区，可采用防御20年一遇3～6h最大降雨。根据各地降雨特点，分别采用当地最易产生严重水土流失的短历时、高强度暴雨。

c. 一般土质丘陵和塬、台地区修土坎梯田，在土石山区或石质山区，坡耕地中夹杂大量石块、石砾的，修梯田时，结合处理地中石块、石砾，就地取材修成石坎梯田。

d. 丘陵区或山区的坡耕地（坡度一般为15°～25°），按陡坡区梯田进行规划、设计。东北黑土漫岗区、西北黄土高原区的塬面，以及零星分布各地河谷川台地上的缓坡耕地（坡度一般在3°以下，少数可达5°～8°），按缓坡梯田进行规划、设计。

对坡耕地土层深厚、当地劳力充裕的地区，尽可能一次修成水平梯田。在坡耕地土层较薄，或当地劳力较少的地方，可以先修坡式梯田，经逐年向下方翻土耕作，减缓田面坡度，逐步变成水平梯田。在地多人少、劳力缺乏，同时年降雨量较少、耕地坡度在15°～20°的地方，可以采用隔坡梯田，平台部分种庄稼，斜坡部分种牧草。

e. 梯田区需有从坡脚到坡顶、从村庄到田间的道路。路面一般宽2～3m，比降不超过15%。在地面坡度超过15%的地方，道路采用“S”形，盘绕而上，减小路面最大比降。

3）梯田规划。梯田应布置在25°以下的坡耕地上。25°以上的坡地原则上应予以退耕，植树种草，还林还牧，发展多种经营。

要统筹兼顾。对离水源、村庄近的坡地，应优先考虑修筑梯田；对一座山、一面坡以及梁（山坡中间高起处）、峁（山顶部）、弯（向里洼的大面积山坡）、塌（两山之间连接处）等各种地形，要互相结合，连山过塌，集中连片，一次规划，分期施工。

梯田规格及埂坎形态应因地制宜，视地形、地面坡度、机耕条件、土壤的性质和干旱程度而定。梯田应尽量集中，并考虑防冲措施。

田面长边应沿等高线布设，梯田形状呈长条形或带形。在基本上沿等高线的原则下，采取“大弯就势”、“小弯取直”的原则布设田块。为满足灌溉要求，梯田的纵向还应保留1/500～1/300的比降。

要尽量适应机械作业和灌溉要求。在进行梯田设计时，要从梯田宽度、外形和道路设计等方面，注意使其适合小型机械田间作业；要充分利用当地一切水源发展灌溉，并合理布置灌排系统。梯田田面长度、宽度应尽可能考虑灌溉和机耕作业要求。

4）梯田田坎设计。

a. 梯田田坎设计原则。应满足安全稳定、占地少、用工省、就地取材等原则。土质黏着力愈小或田坎愈高，田坎外侧应愈缓。田坎高度在3m以下的外侧坡，一般可选用45°～80°，田坎内侧坡可选用45°～60°。土质田坎高度应在2m以内，石质田坎高度应在4m以内。田坎稳定性应按土力学方法进行计算。

b. 梯田的断面要素及单位面积土方量计算。水平梯田断面要素包括：田坎高度、原坡面斜宽、田坎占地宽、田面毛宽、田坎高度、田面净宽。除上述要素外，田边应有蓄水埂，高0.3～0.5m，顶宽0.3～0.5m，内外边坡约1∶1。我国南方多雨地区，梯田内侧应有排水沟，其具体尺寸根据各地降雨、土质、地表径流情况而定。

水平梯田的土方工程量采用挖填平衡时的经验公式计算。水平梯田单位面积挖、填土方量均为：按公顷计算为$1250H$；按亩计算为$83.3H$，H为田坎高度。梯田田面宽B、埂坎外侧坡度α、原地面坡度θ、埂坎高H等要素之间的关系如图1.6-1所示。主要要素计算公式如式（1.6-7）。

$$B_m = H\cot\theta$$

$$B_n = H\cot\alpha$$

$$B = B_m - B_n = H(\cot\theta - \cot\alpha) \quad (1.6-7)$$

$$H = B/(\cot\theta - \cot\alpha)$$

$$B_1 = H/\sin\theta$$

式中 θ——原地面坡度，(°)；

α——埂坎外侧坡度，(°)；

H——埂坎高度，m；

B——田面净宽，m；

B_n——埂坎占地，m；

B_m——田面毛宽，m；

B_1——田面斜宽，m。

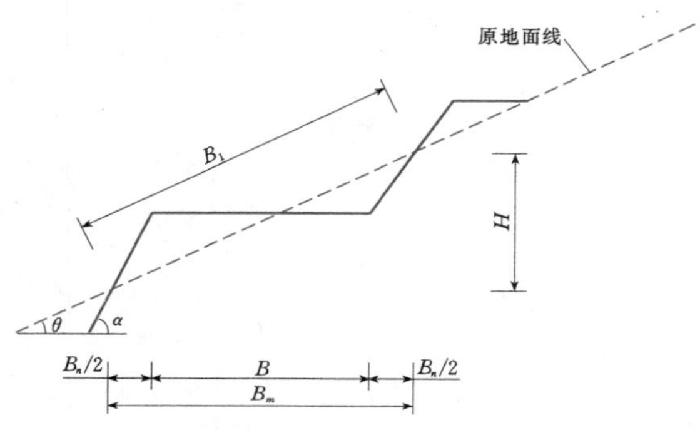

图 1.6-1 梯田断面要素

(3) 土壤改良措施。土壤改良是指对盐碱地、贫瘠的红土、低洼地、砂地和其他各种贫瘠的土壤采取措施，改变土壤的不良性状，恢复或提高土壤的生产力以及保护土壤免受侵蚀的综合技术。土壤改良措施包括化学改良和物理改良两种。

用化学改良剂改变土壤酸性或碱性的一种措施称为土壤化学改良。常用的化学改良剂有石灰、石膏、磷石膏、氯化钙、硫酸亚铁、腐殖酸钙等，视土壤的性质而择用。

土壤物理改良是采取相应的农业、水利、生物等措施，改善土壤性状，提高土壤肥力的措施。具体措施有：适时耕作，增施有机肥，改良贫瘠土壤；客土、漫沙、漫淤等，改良过砂、过黏土壤；平整土地；设立灌、排渠系，排水洗盐、种稻洗盐等，改良盐碱土；植树种草，营造防护林，设立沙障、固定流沙，改良风沙土等。根据不同的土壤特性选用。

3. 农田水利工程

根据移民划拨、调整、开垦的土地情况和安置区的水资源条件，因地制宜进行农田水利工程规划，使移民拥有一定数量旱涝保收的水田、水浇地，提高耕地质量。

农田水利工程主要包括水源工程、输水工程和田间配水工程。农田水利工程规划设计，执行相应的规范要求。

1.6.4.4 种植业结构优化调整

种植业是农村经济的主要来源，主要由谷类作物、经济作物、园艺作物、饲料作物（包括栽培牧草）组成。种植业结构优化调整是农业生产开发的重要措施。移民安置区土地资源有限，农业基础薄弱，种植模式单一，农作物种植业结构不能适应形势发展要求，因此在保证移民基本口粮的前提下，通过种植结构的优化配置，既能使农业整体经济效益达到最佳的结构，又能使农业向生态农业方面良性发展。

1. 种植业结构优化原则

(1) 满足社会需要。即种植业的发展应当在可能条件下尽量满足移民对粮食、经济作物的需要。

(2) 改善生态条件。农业生产依赖于良好的土壤条件和生态条件。人们在安排农业生产时，不仅要考虑移民当前对农产品的需求，而且还要考虑今后的农业生产发展问题。也就是说不能采取掠夺式的经营方式，应为今后农业生产的发展创造良好的条件，使农业生产逐步走向良性循环。

(3) 提高经济效益，增加移民收入。即不仅要生产出更多的农产品，而且要降低农业生产费用，提高移民收入。为此，在考虑种植业结构时，应从各安置区的自然条件出发，扬长避短，安排农业生产；也应在采取各种具体农业措施时，充分考虑实际经济效益。

2. 最优种植结构模型设计

最优种植结构模型设计方法主要采用运筹学中的线性规划方法。

(1) 变量设置。移民安置区域内，适合播种的农作物主要有谷类作物、经济作物、饲料作物等。变量按不同安置区域、不同作物、不同地类（水浇地、旱地）设置；同时，在进行种植业结构设置时考虑与种植业有关联的养殖业如牛、猪、羊、家禽等。

(2) 目标函数的建立。移民安置的目标重点体现在增加收入上，因此必须明确把增加移民收入作为种植业结构调整和优化的基本目标。目标函数值以种植业系统净收入衡量库区移民经济系统经济效果，反映生产发展水平和成本支出两方面的情况。种植业结构调整和优化模型建立目标函数如式(1.6-8)。

$$\max s = \sum_{i=1}^{n} c_i x_i \quad (x_i \geqslant 0, i = 1,2,\cdots,n) \quad (1.6-8)$$

式中 s——目标函数值；

x_i——系统活动变量；

c_i——变量利益系数；

n——系统活动变量个数。

(3) 约束条件的设置。约束条件设计方程如式(1.6-9)。

$$\sum_{j=1}^{m}\sum_{i=1}^{n}(A_{ij}x_i)=B_{ij} \qquad (1.6-9)$$

$$x_i \geqslant 0$$

式中 A_{ij}——不同区域不同作物技术系数；

B_{ij}——各种资源的需求或限制量。

约束条件内容包括：土地及作物种植面积平衡约束、耕地平衡约束（总面积、水浇地面积）、农产品最低需求约束、小麦最低需求约束、蔬菜需求面积约束、种植棉花面积约束、肥料需求约束、精饲料及粗饲料约束、养牛约束、养猪约束、家禽约束、用工约束、投资约束等。

3. 模型求解方法及实例

上述模型为单目标最优化线性规划模型，可采用单纯型线性规划方法求解。例如，某水库某县农村移民分后靠安置、某灌区安置、近迁安置、远迁安置四种方式安置，按照上述方法建立了数学模型进行分析计算。该模型考虑了种、养、加（粮食加工）一条龙生产体系，提高土地开发生产潜力，既为扩大后续增值系列奠定了基础，又有利于农业生态形成良性循环。规划设计水平年移民系统经济总收入 2799.4 万元，人均 914 元；粮食总产 1706.2 万 kg，人均 557kg；耕地复种指数 174%，粮食作物占总播种面积的 79%。系统内生产粮食除基本口粮外，主要用于饲料生产和加工。系统内土地资源开发后可供发展养牛 10211 头，养猪 7905 头，以供后续增值系列的发展。计算结果见表 1.6-6。

表 1.6-6　　某水库某县移民安置区种植业结构调整与优化成果

项　目　区	后靠安置区	某灌区安置区	近迁安置区	远迁安置区	合计
一、种植业					
1. 总耕地（亩）	14254	17398	4237	1240	37129
2. 播种面积（亩）	24312	31132	7460	1545	64449
(1) 粮食作物（亩）	22887	23295	5483	1364	53029
小麦	11671	13734	3223	682	29310
玉米	9137	8076	1757	682	19652
豆类	739	1485	235		2459
谷子	1340		268		1608
(2) 经济作物（亩）	1425	7837	1977	181	11420
棉花		6862	1014		7876
蔬菜	970			181	1151
油料	455	975	963		2393
二、养殖业					
养牛（头）	5440	3463	1308		10211
养猪（头）	2875	3780	1250		7905
外购精饲料（万 kg）		38.04			38
外购粗饲料（万 kg）	207.3	60.5	43.6		311.4
三、经济效果					
1. 总收入（万元）	1210.2	1259.2	215.1	114.9	2799.4
种植业	817.4	984.4	111.3	114.9	2028.0
养殖业	392.8	274.8	103.8		771.4
2. 粮食总产量（万 kg）	676.2	838.9	137.5	53.6	1706.2
3. 人均指标					
人均粮食（kg）	599	599	564	418	557
人均收入（元）	1073	899	881	895	914
种植业	725	703	456	895	662
养殖业	348	196	425		252

1.6.4.5 园艺作物种植规划

园艺作物通常是指蔬菜、果树、花卉和观赏苗木等，其品种具有多样性和复杂性，涵盖了通常所指的林果业、大棚蔬菜种植、花卉种植、观赏苗木等。园艺作物种植作为现代农业的代表，具有广阔的市场和可观的经济效益。移民利用征地补偿资金，在划拨、调整或开垦的有限的土地面积上，开展园艺作物种植，是增加收入的一项重要措施。园艺作物种植规划要明确采取的具体措施、发展规模、一次性物质投入、资金投入及效果和效益。

1.6.4.6 养殖业开发

养殖业主要包括畜禽养殖和水产养殖。发展养殖业要根据市场需求和当地资源条件及经济条件选择市场需求量大、经济效益好的产品作为开发的重点。要统筹考虑社会化服务、种苗基地建设、科技推广、信息指导、饲料供应、防疫保健、商品流通等环节，保证规划措施的可操作性。

（1）家庭养殖。一般的家庭养殖是针对目前我国农户的特点开展的养殖项目，主要有养猪、养鸡、养鸭、养牛、养羊等。养殖方式有分户散养和“公司＋农户”模式，因地制宜。也可以因地因市场条件发展特种养殖。

（2）水产养殖。水产养殖主要针对水库近迁移民，在服从水库调度和满足水库水质保护要求的前提下，利用水库水面资源开展网箱养鱼、库湾库汊养鱼。具备条件的移民安置区，也可以开展池塘养鱼。

养殖业规划要明确养殖的品种及规模、工程措施、一次性种苗资金投资、投入及产出情况、效果及效益。

1.6.4.7 二、三产业开发

为了保证移民生产生活水平达到或超过原有水平，在调整农村产业结构、提高土地生产力、发展好第一产业的同时，可因地制宜发展二、三产业。

（1）建设征地拆迁企业的规划。对于受影响企业的恢复建设，除安置原有职工和部分移民劳力外，仍有吸收移民劳力就业能力的，纳入农村移民生产安置规划，安排移民劳力就业，增加移民的经济收入。

（2）新建二、三产业的开发。新建二、三产业项目规划应遵循以下原则：

1）项目选择要优先考虑大农业发展的要求。如大农业的产前产中产后服务，包括种苗培育、病疫防治、科技服务、人员培训、饲料加工和供应、产品储存、保鲜、加工、运销等。这些都直接促使大农业优质、高产、低耗、高效，实际上是大农业的配套和延伸，有利于推进大农业产业化的进程。

2）要充分考虑移民安置的资金、人才、技术、管理等限制因素。应优先发展短、平、快且具有资源优势、具有发展潜力的劳动力密集型企业，要充分考虑企业的长远发展。

3）新建企业所需投资一般是占用大农业安置移民的生产开发费或多方筹集。为避免投资风险，应建立风险避让机制（担保、有偿使用等）。为保护移民群众的合法权益，应建立投资分红机制。

4）新建项目的选择、评估、立项、审批要有科学的程序和制度，严格遵守基建程序。认真做好项目规划的前期论证工作，一般选择新产品开发应按照下列13种因素进行分析（见表1.6－7）。严格控制投资大的工业项目，凡工业项目的立项，都必须由申请单位提出可行性论证报告，逐级申报审批。

表1.6－7　企业产品开发影响因素分析内容

序号	因素	主要内容
1	原材料	原材料来源、运输条件、价格、可能发生的变化预测
2	市场	用户心理变化、用户需要量、市场变化分析预测
3	产品生命期	新产品生命期及目前所处状态、改变状态的对策
4	生产技术	技术来源、技术可行性分析、实验或试制
5	经济效益	投资效益分析、盈亏转折分析和敏感度分析、社会效益等
6	潜在价值	潜在的市场、新产品的潜在性能、用途、价值及改进可能性
7	竞争对手分析	竞争对手的技术特长、地点分布、市场占有率、经营战略、发展规划分析
8	资金来源	投资渠道、利率及其他条件
9	能源条件	可提供的水、电、煤、油等渠道条件
10	环境保护	可能产生的污染、处理方案及满足环保要求的可能性分析
11	企业条件	产品结构和发展规划、技术水平（现有、潜在）、经营能力、管理水平及领导素质
12	协作条件	技术上的协作、销售上的协作、新产品加工件的协作
13	挫折估计	各种可能出现的潜在危机分析，包括生产管理中和各种环境下可能出现的不利影响、风险估算等

5）立项的项目应符合国家产业政策，没有严重环境污染，市场需求呈上升趋势，技术可行，具备资金和管理条件，经济效益好，资金回报率高，对库区经济发展有较强的带动能力。

6）要避免低水平的重复建设。二、三产业项目的选择要严格执行国家的产业政策，选择国家鼓励发展的产业项目，禁止选择国家限制发展的产业项目。

7）二、三产业的开发要与当地经济发展规划相结合，二、三产业的布局要选择区位好的地方，相对集中，以利于形成企业群体，有利于形成小城（集）镇。

二、三产业开发项目规划要编制项目的可行性研究报告，具备相应的审批手续，要明确安置移民劳力的数量、工资收入及移民投资分红效益。

1.6.4.8 生产安置效果评价

农村移民生产安置效果评价，应包括以下四个方面的内容。

1. 生产安置规划投资平衡

对生产安置规划投资与移民生产安置的费用进行平衡分析。

生产安置规划投资主要包括获得土地的投资，土地开发整理投资，二、三产业安置投资和其他安置方式投资等。其中，获取土地的投资是指为使移民所在集体获得土地所有权、移民个人获得承包经营权，所付给安置区集体的土地调整费用；土地开发整理投资是指对土地进行开发整理需要的资金投入，包括土地平整、道路、水利设施、土壤培肥措施等投资；二、三产业安置方式的投资是指二、三产业安置所需投入的资金；其他安置方式投资是指投亲靠友安置、自谋职业安置、一次性补偿安置、长效补偿安置所需投入的资金。

移民生产安置费用来源于村（组）集体被征收所有土地的土地补偿费及安置补助费、水利设施补偿费，其中园地及林地应扣除其地面附着物即林木的补偿费。

当生产安置规划投资大于移民生产安置费用时，应优化安置方案或提出解决资金缺口的办法；当生产安置规划投资小于移民生产安置费用时，应说明富余资金的使用去向。

2. 移民劳动力安置情况

综合农村移民生产安置措施，分析各种措施（种植业、养殖业及二、三产业）安置的移民劳动力数量，论证移民安置后农村劳动力是否能够全部得到妥善安置。

3. 移民生活水平分析

移民生活水平分析，主要分析人均粮食和人均纯收入两项指标，通常采用有、无工程（即修建该工程和不修建该工程）情况有关指标进行对比分析。

无工程情况下，移民按原生产体系正常发展，其规划设计水平年采用规划设计基准年有关指标、结合各县（市）国民经济增长速度推算。

有工程情况下，移民原有生产体系被破坏，移民到达安置区后建立新的生产体系，生活水平恢复需要一个过程。要综合分析各生产措施的投入产出效果，同时考虑国家的移民后期扶持政策，确定移民安置后的经济收入水平。

对难以恢复搬迁前生活水平的移民生产安置规划，应通过优化生产安置措施调整规划。

4. 生产安置对安置区原居民的影响评价

为安置移民，从安置区居民中调出了一部分土地资源，将对安置区当地居民的生产产生一定程度影响。分析移民生产安置对安置区居民人均耕地和园地、人均粮食、人均收入的影响程度，针对影响情况，结合调整土地补偿补助费的使用，提出减免影响的对策措施。

1.6.4.9 设计深度

农村移民生产安置规划深度要求见表1.6-8。

1.6.5 搬迁安置规划设计

1.6.5.1 规划设计原则

（1）农村居民点规划设计应满足建设社会主义新农村的要求。

（2）依据《镇规划标准》（GB 50188）和省（自治区、直辖市）《土地管理法》实施办法、建设部门的村庄建设规定，结合移民原居民点的实际情况，合理确定农村居民点规模和性质、建设用地标准、基础设施建设标准，合理规划行政管理、文化教育、医疗卫生设施。

（3）居民点布设应结合农村移民生产安置规划，按照因地制宜、保障安全、有利生产、方便生活、保护生态、节约用地的原则合理规划。

（4）居民点新址选择应当依法做好环境影响评价、水文地质与工程地质勘察、地质灾害防治和地质灾害危险性评估。

（5）居民点选择应与生产条件、地形地质、水源、交通条件相结合，宜选在水源充足、水质良好、便于排水、通风向阳、地质条件适宜、交通方便的地段。

（6）注意近远期结合，考虑人口增长和耕地减少等因素，留有适当的发展余地。

（7）编制搬迁安置规划设计时，应广泛听取移民和安置区居民的意见，必要时应采取听证的方式。

表 1.6-8 农村移民生产安置规划深度要求

工程类型	设计阶段	要　　求
水利水电工程	项目建议书	初步了解移民意愿，初步拟定各种安置方式的移民人数，以行政村为单位进行生产安置人口平衡
	可行性研究报告	进行移民意愿抽样调查，确定各种安置方式的移民人数。对有代表性的成片土地测绘不小于1：5000的地形图，进行同等深度的开发整理典型规划设计，以村民小组为单位进行生产安置人口平衡，以县为单位进行投资平衡分析
	初步设计	分户落实生产安置对象，并进行意愿调查；复核各种安置方式的移民人数，对成片土地进行开发整理初步设计，以村民小组为单位进行生产安置人口平衡复核，以县或乡（镇）为单位进行投资平衡分析
	技施设计	必要时应复核各种安置方式的移民人数，分户落实生产安置去向，进行成片土地开发整理施工图设计
水电工程	预可行性研究报告	初步确定生产安置项目，分析项目规模、标准；选取具有代表性的集中安置区进行典型设计；分散安置区落实资源、配套项目
	可行性研究报告	全面开展规划设计工作，主要和重要项目设计深度应达到初步设计，分散项目可归类选取有代表性的样本进行典型设计
	实施阶段	开展生产安置工程项目的施工图设计和设代工作，编制分项目、分安置区的实施进度和投资计划

1.6.5.2 规划设计内容及方法

搬迁安置规划设计包括农村居民点搬迁安置方案与新址选择、居民点建设规模及标准的确定、用地布局、竖向规划、基础设施规划设计等。

1. *居民点搬迁安置方案及新址选择*

居民点搬迁安置方案是结合安置区域范围内的土地利用规划和经济发展规划，调查分析安置区规划设计基准年基本情况及其发展趋势，选定各居民点新址位置，拟定居民点搬迁的总体方案。

（1）居民点新址选择。

1）新址选择应与生产安置方案相协调。应在合理的耕作半径内，采用集中和分散相结合的方式。有条件的地方，可结合新农村或小城（集）镇建设选择安置地点。同时应与城（集）镇、专业项目、工业企业规划相协调，形成良好的规划布局。

对于地形复杂、生产用地较分散、交通不方便的山地丘陵区，居民点宜依山就势规划布局；对于耕地集中、交通方便的平原微丘区和平原区，居民点布局应适当集中。

居民点位置选定与移民生产用地的划拨、调整相互制约。居民点的位置应保持合理的耕作半径。目前，我国农村耕作半径以到作业地点的时间不超过半小时为宜，平原地区一般为2～4km，丘陵地区一般为1.0～1.5km，山区在1.0km之内。

2）应避开地质灾害危险区。居民点新址应布设在居民迁移线以上和浸没、滑坡、塌岸等地段以外的安全地带；对有超蓄滞洪临时淹没规划的水库，安置点应布置在防洪临时淹没区以上；应避开山洪、风口、滑坡、泥石流、洪水淹没、地震断裂带等自然灾害影响的地段。

3）应避开自然保护区、地下采空区和有开采价值的地下资源区域。

4）宜避开铁路、重要公路和高压输电线路影响区。

（2）居民点总体布局的几种形式。居民点的规划布局应根据安置区的地形、地貌条件确定，一般分为集团式、卫星式、自由式三种布局。

1）集团式。这种形式布局紧凑，用地节约，工程投资少，施工方便，适用于平原地区集中安置的移民点。

2）卫星式。这是一种分级布局的形式，也是由分散型向集中型布局的一种过渡形式。它是以一个较大型的村为中心，周围带几个小居民点。其最大优点是现状和远景相结合，既能从现有生产水平出发，又能照顾到生产发展对居民点和生产中心布局的新要求。

3）自由式。这种形式一般适用于山区。村落房屋沿着山坡、公路、河流、沟叉等成带状布置或无规则散居。它因受地形等条件的限制，布局宜依山就势，错落有致，这样可避免大挖大填，减少工程量，节约投资。但居民点占地面积较大，土地利用率偏低。

2. 人口规模、建设标准及用地规模

(1) 人口规模。人口规模是搬迁安置规划设计的基础，是确定居民点建设规模及投资的重要依据。人口规模的计算详见1.5节的搬迁安置人口。

移民搬迁安置规划方案制定后，应按移民安置方式和安置区域、按规划单元由下而上逐级进行搬迁安置人口平衡。

(2) 建设标准。详见1.5节的搬迁安置标准。

(3) 用地规模。居民点新址用地规模由建设用地标准和人口规模按公式(1.6-10)计算确定。建设用地标准见1.5节的建设用地标准。

$$A = B_{规} \times P \tag{1.6-10}$$

式中 A——居民点新址用地面积，m^2；

$B_{规}$——规划设计水平年搬迁安置人口，人；

P——人均建设用地指标，m^2/人。

3. 居民点内部用地布局

对于集中安置的居民点，应根据居民点人口规模、建设用地规模进行用地布局规划，主要包括：确定各类用地的性质、范围、界限、数量等；明确各主要建筑物、构筑物的位置及距离；明确居民点内道路网络的红线宽度；明确居民点内供水、排水、供电、电信、广播电视线路布置。

4. 竖向设计

竖向设计包括：确定建筑物、构筑物、场地、道路、排水沟等设计标高；确定地面排水方式及排水建(构)筑物；估算土石方挖填工程量，进行土方平衡，合理确定取土和弃土的地点。

竖向设计要充分利用自然地形地貌，减少土石方工程量，宜保留原有绿地和水面；要有利于地面排水及防洪、排涝，避免土壤受冲刷；要有利于建筑布置、工程管线敷设及景观环境设计；要符合道路、广场的设计坡度要求。

5. 基础设施规划设计

(1) 居民点内部道路设计。道路规划设计包括确定居民点内部道路等别、路面材料(详见“1.5移民安置任务、目标和标准”)，确定道路功能性质、走向、红线宽度、断面、交叉口形式，确定桥梁、护坡位置，以及道路交叉点、转折点坐标等。

(2) 供水工程设计。供水工程设计包括确定人均用水标准、水质标准、供水设计保证率、供水方式、供水规模、水源及卫生防护、水质净化措施、供水设施、管网布置等。

1) 人均用水标准、水质标准、供水设计保证率的确定见“1.5移民安置任务、目标和标准”。

2) 供水形式。根据《村镇供水工程技术规范》(SL 310—2004)，居民点供水方式分为集中式和分散式两类，其中集中式供水工程按供水规模划分为表1.6-9的五种类型。供水方式根据移民安置区的水源条件、地形条件确定，有符合水质、水量条件要求的水源时，应采用集中式供水工程。受水源、地形、居民点位置限制，不宜采用集中式供水工程时，可根据当地实际情况规划分散式供水工程。

表1.6-9　集中式供水工程供水规模划分表

工程类型	Ⅰ型	Ⅱ型	Ⅲ型	Ⅳ型	Ⅴ型
供水规模 W (m^3/d)	$W>10000$	$10000\geqslant W>5000$	$5000\geqslant W>1000$	$1000\geqslant W\geqslant 200$	$W<200$

3) 用水规模确定。用水规模根据SL 310—2004及地方政府有关规定，并考虑移民规划设计基准年用水量及搬迁新址的用水条件、水源条件综合确定。与安置区共享的供水工程应考虑安置区的用水量。集中式供水的用水量计算，包括生活、生产、消防、浇洒道路和绿化用水量，以及管网漏水量和未预见水量。

a. 生活用水量的计算应符合下列要求：①居住建筑的生活用水量按国家有关标准进行计算；②公共建筑的生活用水量按《建筑给水排水设计规范》(GB 50015)的有关规定计算，或者参照GB 50188规定，按居住建筑生活用水量的8%～25%进行估算。

b. 生产用水量包括村内工业用水量、畜禽饲养用水量和农业机械用水量，按所在省(自治区、直辖市)政府的有关规定进行计算。

4) 水源的选择应考虑以下几个方面：①水量充足，水源卫生条件好，便于卫生防护；②水源水质符合要求，优先选用地下水；③取水、净水、输配水设施安全经济，具备施工条件；④选择地下水作为供水水源时，不得超量开采；选择地表水作为供水水源时，其枯水期的保证率不得低于90%。

5) 供水管网设计。应根据居民点的地形条件、房屋建设高度和供水分区，确定储水型式(水塔、高位水池、蓄水池或无塔供水)及容量(或设备型号)；根据用水户的用水量分布计算水压力，选定干、支供水管材和管径；根据居民点平面布置和用水户的分布，规划供水管网系统。

布置供水管网系统时，干管的方向应与供水的主要流向一致，并以最短距离向用水大户供水。供水干管最不利点的最小服务水头，单层建筑物可按5～10m计算，建筑物每增加一层，最小服务水头相应增压3m。

(3) 排水工程规划。排水工程规划包括村内排水工程规划和村外排水工程规划。

1) 村内排水工程规划包括确定排水量、排水方式，排水系统布置等。排水工程设计要满足生活污水排放和天然降水排放，主要考虑天然降水。排水量的计算以安置区域多年平均24h最大降水量为依据，集水区域按新居民点占地面积计算，径流系数取0.7。生活污水量按生活用水量75%～85%估算。75%年份雨水一般要求在3～6h左右排完。

2) 村外排水系统规划包括居民点内部排水和居民点新址外防洪排水。居民点新址排水方式宜采用雨污合流制或雨污分流制。管网铺设采用明沟排水、盖板暗沟排水或地埋管道排水。

根据居民点周围的地形条件和排水量大小规划居民点内部排水出路及排水方式，使农村居民点的排水有归宿通道，减免居民点排水汇流后对周围农田或者其他设施的不利影响。当新居民点外集水区域较大，应在居民点周围设置防洪排水沟渠。

(4) 供电工程规划。供电工程规划包括预测新居民点的用电负荷，确定电源和电压等级，布置供电线路，配置供电设施和投资概算。

1) 用电负荷。用电负荷包括生活用电负荷和生产用电负荷。

生活用电负荷包括居民生活照明负荷和家用电器用电负荷。生活用电负荷根据搬迁安置人口规模和移民现状人均生活用电水平确定，并考虑留有适当的发展余地。

生产用电负荷包括企业用电、农业生产用电。农业生产用电负荷按移民土地开发区面积和当地土地用电负荷现状，结合当地乡镇和安置区发展规划分析预测人均农业生产用电负荷指标或每亩土地综合用电负荷指标，分析计算搬迁移民农业生产用电负荷。企业（包括农副业）用电负荷分企业类型，按相关定额计算。

2) 电压等级和输送距离。变电站的出线电压按所在地区规定的电压标准确定。居民点内供电电压等级一般为0.4kV，配电变压器容量应预留一定发展余地，并采用露天杆式架设。居民点输电电压一般采用10kV。输电线路一般沿道路、河渠、绿化带架空布设。

供电变压器的选择，应根据生活用电、生产用电的负荷确定。电力线路的输送功率、输送距离执行表1.6-10的规定。

表1.6-10 电力线路的输送功率、输送距离规定

序号	线路电压 (kV)	线路结构	输送功率 (kW)	输送距离 (km)
1	0.22	架空线	<50	<0.15
		电缆线	<100	<0.20
2	0.38	架空线	<100	<0.50
		电缆线	<175	<0.60

3) 变压器选型。根据《农村低压电力技术规程》(DL/T 499—2001)，宜按公式（1.6-11）计算配电变压器容量。

$$S_H = R_S P \qquad (1.6-11)$$

式中 S_H——移民规划设计水平年新居民点变压器容量，kVA；

P——一年内的最高用电负荷，kW，即移民规划设计水平年的用电负荷，宜按当地农村供电发展规划估算，或根据移民用电情况进行测算；

R_S——容载比，一般取1.5～2。

容载比按公式（1.6-12）估算。

$$R_S = \frac{K_1 K_4}{\cos\varphi K_3} \qquad (1.6-12)$$

式中 K_1——负荷系数，农村电压电力网取1.1；

$\cos\varphi$——功率因数，一般取0.8以上；

K_3——配电变压器经济负荷率，取0.6或0.7；

K_4——电力负荷发展系数，一般取1.3～1.5。

4) 变压器布设。居民点的配电变压器按“小容量、密布点、短半径”的原则进行布设，应选用低损耗节能型变压器。变压器的位置应符合下列要求：靠近负荷中心；避开易爆、易燃、污秽严重及地势低洼地带；高压进线、低压出线方便；便于施工、运行维护。

(5) 电信、广播电视网络工程规划。电信、广播电视网络工程包括固定通信、移动通信和广播电视网络。根据建设征地区和移民安置区的电信、广播电视网络发展规划，进行新居民点的电信、广播电视网络建设。

根据移民规划设计基准年电话普及率调查结果，分析确定规划水平年的电话普及率，据此计算固定通信网络交换系统服务范围内的搬迁安置人口规模。

电话装机容量=1.2（系数）×电话普及率×规划水平年搬迁安置人口

电信线路敷设方式一般采用规划设计基准年移民原有标准。

根据移民规划设计基准年的调查结果和移民安置区的发展规划，合理配置广播电视设施。

(6) 绿化工程及环境保护设计。

1）根据各省（自治区、直辖市）村庄建设规划有关规定，结合工程建设区农村居民点和移民安置区的实际情况，分析确定人均绿化面积，确定新居民点的绿化方式。移民新村主要以村庄周围绿化和建设主支街道绿化地带为主。对于规模较大的新村，广场绿化依其规模进行景观设计。

2）根据水土保持和环境保护要求，进行新村水土保持设计和环境保护设计。

1.6.5.3 居民点建设投资

新居民点建设投资包括新址征地补偿费和场地平整、基础设施、环境保护、水土保持等投资。其中，集中安置居民点新址征地补偿费根据新址征地实物量，按照建设征地及移民安置补偿项目及其补偿标准计算；场地平整、基础设施、环境保护、水土保持等投资，根据规划设计工程量和省（自治区、直辖市）工程概（估）算定额编制。分散安置移民居民点新址建设费按集中安置移民居民点建设费的人均指标推算。

1.6.5.4 设计深度

农村移民搬迁安置规划设计深度要求见表1.6-11。

表1.6-11　农村移民搬迁安置规划设计深度要求

工程类型	设计阶段	要　　求
水利水电工程	项目建议书	以乡（镇）为单位初步拟定移民安置去向和搬迁安置方式，并进行搬迁安置人口平衡
	可行性研究报告	以行政村为单位拟定移民安置去向和搬迁安置方式，并进行搬迁安置人口平衡；应选定集中居民点位置，确定人口规模和用地规模；应对居民点新址初步进行水文地质与工程地质勘察，进行场地稳定性及建筑适应性评价、地质灾害评估；选择有代表性的集中居民点，测绘不小于1：1000地类地形图，并进行典型规划设计
	初步设计	以村民小组为单位分析搬迁安置去向及搬迁安置方式，进行搬迁安置人口平衡。必要时复核集中居民点位置、人口规模和用地规模，还应对居民点新址进行水文地质与工程地质勘察，进行场地稳定性及建筑适应性评价、地质灾害评估。对集中居民点测绘不小于1：1000地类地形图，并进行规划设计
	技施设计	分户落实移民搬迁安置去向及搬迁安置方式，必要时对集中居民点的基础设施进行施工图设计
水电工程	预可行性研究报告	初步拟定集中安置居民点位置，分析分散安置移民去向；对集中安置居民点新址实地查勘，采用人均扩大指标推算建设用地和基础设施补偿标准
	可行性研究报告	1. 对超过100人的集中安置移民居民点新址，测绘1：1000～1：500地形地类图；对居民点新址进行水文地质与工程地质勘察，提出环境影响评价、地质灾害防治和地质灾害危险性评估意见，必要时，进行水文地质与工程地质勘察，提出场地稳定性评价报告及工程地质剖面图（横1：200，纵1：100）。调查供水水源的水量和水质，进行水量平衡分析，提出水质检验成果。 2. 100人以下的集中安置移民居民点和分散安置移民居民点新址，需进行地质灾害防治和地质灾害危险性调查，必要时，进行水文地质与工程地质勘察，调查供水水源的水量和水质。 3. 确定居民点人口和建设用地规模，根据居民点位置、重要性、规模等确定居民点的性质。 4. 对超过100人的集中安置移民居民点，确定安置标准。对100人以下的集中安置移民居民点和分散安置移民居民点，落实技术要求，根据安置地实际情况，参照集中安置移民居民点人均指标推算。 5. 超过100人的集中安置移民居民点平面布局、竖向规划设计满足居民点建设规划要求。居民点场地平整工程量、居民点内道路工程、基础设施工程设计满足相关专业规范初步设计要求。对100人以下的集中安置移民居民点和分散安置移民居民点，场地平整工程量可进行典型设计或参照集中安置移民居民点人均指标推算。 6. 超过100人的集中安置移民居民点应预测生活垃圾数量，确定垃圾收运、处理方式，提出公厕配置地点及要求。 7. 超过100人的集中安置移民居民点应根据要求提出消防等防灾措施。 8. 搬迁规划投资分项计算
	实施阶段	开展搬迁安置项目的施工图设计和设代工作，编制分项目、分安置区实施进度和投资计划

1.6.6 耕地占补平衡分析

耕地占补平衡是对水利水电工程建设征收的耕地（含可调整园地）和新增耕地的数量和质量进行平衡分析，提出需要补充耕地的面积。

1.6.6.1 法律依据

《土地管理法》第三十一条规定：

国家保护耕地，严格控制耕地转为非耕地。

国家实行占用耕地补偿制度。非农业建设经批准占用耕地的，按照"占多少，垦多少"的原则，由占用耕地的单位负责开垦与所占用耕地的数量和质量相当的耕地；没有条件开垦或者开垦的耕地不符合要求的，应当按照省、自治区、直辖市的规定缴纳耕地开垦费，专款用于开垦新的耕地。

省、自治区、直辖市人民政府应当制定开垦耕地计划，监督占用耕地的单位按照计划开垦耕地或者按照计划组织开垦耕地，并进行验收。

1.6.6.2 耕地占补平衡规划

《移民条例》第二十五条规定："大中型水利水电工程建设占用耕地的，应当执行占补平衡的规定。为安置移民开垦的耕地、因大中型水利水电工程建设而进行土地整理新增的耕地、工程施工新造的耕地可以抵扣或者折抵建设占用耕地的数量。大中型水利水电工程建设占用25°以上坡耕地的，不计入需要补充耕地的范围。"

水利水电工程建设征地面积大，项目法人按照《土地管理法》"没有条件开垦或者开垦的耕地不符合要求的，应当按照省、自治区、直辖市的规定缴纳耕地开垦费"的规定，依据《关于水利水电工程建设用地有关问题的通知》（国土资发〔2001〕355号）的要求，向当地政府交纳耕地开垦费。

按照上述规定，水利水电工程建设需要缴纳耕地占补平衡费的耕地数量按表1.6-12进行计算。

1.6.7 各设计阶段的设计要求

农村移民安置规划设计深度在前述各章节已经有明确要求，概括起来，不同工程类型、不同设计阶段对农村移民安置规划设计深度要求见表1.6-13。

表1.6-12 占用耕地占补平衡分析表

项 目	枢纽工程水库区	枢纽工程建设区	移民迁建和专项设施迁建
征收耕（园）地	实物调查征收的耕（园）地面积	实物调查征收的耕（园）地面积	移民规划居民点、城（集）镇、专项迁建征收的耕（园）地面积
不计入的耕（园）地	25°以上坡耕地	25°以上坡耕地	25°以上坡耕地
可抵减耕（园）地	1. 移民生产安置规划利用荒山、荒坡开发新增的耕地、园地； 2. 移民生产安置坡耕地改造新增的耕地、园地	1. 移民生产安置规划利用荒山、荒坡开发新增的耕地、园地； 2. 移民生产安置坡耕地改造新增的耕地、园地； 3. 工程施工开发复垦整理土地新增加的耕地	1. 移民搬迁、专业项目迁建后，征地淹没线以上，移民迁移线以下，通过土地整理新增的耕地； 2. 工程施工开发复垦整理土地新增加的耕地
占补平衡缴费耕地面积	占补平衡缴费耕地面积=征收耕（园）地面积－不计入的耕（园）地面积－可抵减耕（园）地面积		

注 表中的园地指可调整为耕地的园地。

表1.6-13 农村移民安置规划设计深度要求

工程类型	设计阶段	要 求
水利水电工程	项目建议书	初步确定移民安置规划设计水平年和人口自然增长率等有关参数；以行政村为单位计算生产安置人口和搬迁安置人口；以乡（镇）为单位初步分析移民安置区环境容量；在征求有关地方政府意见的基础上，初步确定农村移民安置规划方案、生产恢复与开发措施、基础设施建设规模和建设标准；编制农村移民安置初步规划；估算移民安置补偿投资
	可行性研究报告	以村民小组为单位确定生产安置人口和搬迁安置人口；以行政村为单位分析移民安置区环境容量；确定农村移民安置标准、去向和方案；进行移民生产和搬迁安置的规划设计、典型设计；编制农村移民安置规划；计算移民安置补偿投资
	初步设计	复核生产安置人口和移民搬迁安置人口；落实农村移民安置规划，进行项目的单项设计；分项计算农村移民安置补偿投资；编制农村移民安置进度计划和年度投资计划
	技施设计	按初步设计批准的项目进行施工图设计

续表

工程类型	设计阶段	要　　求
水电工程	预可行性研究报告	以村民委员会为单位计算移民安置人口；以村民委员会为单位初步分析移民环境容量；以村民委员会为单位拟定农村移民安置去向、生产安置措施；初拟搬迁安置规划；编制农村移民安置初步方案
	可行性研究报告	1. 按照审批的移民安置规划大纲，完善移民安置规划；确定移民安置人口，提出移民安置方案；逐户落实扩迁人口及相应的实物，落实远迁人口及相应的线外实物；以安置点为单元落实生产安置资源，以户为单元落实搬迁方案；进行生产安置和搬迁安置规划设计；编制规划投资概算。 2. 对于集中成片面积超过200亩的生产安置区的土地开发与整理区域，应测设1：2000地形图，并进行生产开发、土地整治规划；分散安置区需进行土地利用现状调查及主要措施规划，必要时进行典型设计。对集中超过100人的移民居民点进行规划，对相应的基础设施进行设计；对分散安置区配套的基础设施项目应进行典型设计或类比分析。落实生产安置和搬迁安置的技术要求；有一定规模的建设项目编制初步设计阶段专题报告。 3. 对生产生活供水在100人以上、灌溉面积在200亩以上的供水项目，应逐个进行勘测设计，其中小Ⅱ型以上的水库工程、装机容量在100kW以上的泵站工程应达到相应专业初步设计深度。对生产生活供水在30～100人、灌溉面积在30～200亩的供水项目，根据安置区的地形、地质条件选取不同类型、不同规模的项目进行典型勘测设计。未作勘测设计的项目应确定供水量、渠道或管道断面的大小、长度以及其他需配套的设施情况。对30人以下、30亩以下的供水项目，采用类比的方法列表描述工程设施，计算工程费用
	实施阶段	1. 必要时复核农村移民安置人口； 2. 进行农村移民生产安置和搬迁安置项目的施工图设计，提出设计文件或实施技术要求； 3. 进行设计技术交底、处理设计变更及现场实施配合； 4. 配合地方政府编制项目实施进度和投资进度计划

1.6.8 移民安置综合评价

1. 评价主要内容

（1）生产安置效果评价。根据移民生产安置规划，评价生产安置是否坚持贯彻开发性移民方针，是否与地区国民经济和社会发展规划相衔接，并对前期补偿、补助政策和后期扶持政策落实情况进行总体评价；通过对移民安置前后的资源拥有水平、生产环境条件、生产技术、生产效果、收入水平等对比，综合评价移民生产安置方案的合理性，预测移民发展的方向与潜力，同时，提出制约移民生产安置的重要因素，并提出对策建议。

（2）生活安置效果评价。根据移民搬迁安置规划，通过搬迁前后居住水平、基础设施水平、文教卫生水平、社会关系等的对比，评价移民安置效果，对影响移民生活水平恢复的制约因素提出解决办法。

（3）生产生活水平综合评价。对移民安置而言，其目标是不降低移民正常年景的实际经济收入水平，并能逐步改善。评价移民安置效果应对移民搬迁前后生产生活水平进行综合分析，检验移民安置的效果是否达到了其要求的目标和要求的程度。具体评价指标可采用生产生活水平指数。

2. 评价主要指标

移民安置效果评价主要指标设置应考虑定性、定量相结合的原则，以影响生产生活水平指数的因素为基础确定指标体系。指标体系主要包括资源拥有水平、生产条件水平、居住水平、基础设施水平、教育医疗劳动保障水平、社会关系和收入水平等指标。其中定量指标主要有：人均耕地面积、人均后备资源量、水浇地比例、耕地单位面积产量、人均粮食占有量、人均纯收入、非种植业人均收入、人均住房面积、水价、电价、适龄人口入学率等。

3. 评价指标的计算步骤

（1）对工程涉及地区的社会、经济、文化、自然资源、生态环境进行分析，确定生产生活水平的逻辑层次结构和评价指标体系。

（2）确定评价指标各级标准评分范围和评价指标分级标准值。

（3）用层次分析法确定各评价指标权重。

（4）确定评价指标值和具体评价指标赋分值。

（5）确定评价指标分值和生产生活水平等级，即从子项开始依次以其权重乘以相应的赋分值，再累加后得所属分项评分，以此类推，直至得出搬迁前后生产生活水平综合评估值，并根据综合评估值确定搬迁前后移民生产生活水平等级。

(6) 根据搬迁前后移民生产生活综合指数确定移民生活水平恢复的程度。

本小节介绍的农村移民安置规划效果评价方法，也适应于移民安置实施效果评价和移民安置后评价。

1.7　城（集）镇迁建规划

城（集）镇是随着人类活动和经济发展形成的区域经济中心。江河两岸因交通便利，经济发达，形成的城（集）镇比较密集，成为所在区域的政治、经济和文化中心、交通枢纽地和物资集散地。水利水电工程建设对城（集）镇的影响主要是枢纽工程蓄水对城（集）镇造成淹没影响。其他水利工程建设，如江河防洪工程、引（供）水工程、堤防工程等，对城（集）镇的影响仅是对其局部征地拆迁，迁建处理是在本建成区内调整和扩大建成区面积，处理方式和迁建规划比较简单。

本节介绍水库淹没城（集）镇迁建规划设计。部分淹没城（集）镇的迁建规划设计和其他水利工程建设对城（集）镇的影响处理，可参照本章节。

水库淹没涉及城（集）镇的迁建方案，应根据其淹没影响程度、水库淹没后其经济腹地变化状况，以及交通网络恢复、行政区划调整等因素，综合分析确定。

1.7.1　规划要求

(1) 城（集）镇迁建规划应当遵循城乡统筹、合理布局、节约土地的原则，改善生态环境，促进资源、能源节约和综合利用，保护耕地等自然资源和历史文化遗产，保持地方特色、民族特色和传统风貌。

(2) 规划区范围、规划区内建设用地规模、基础设施和公共服务设施用地、水源地和水系、基本农田和绿化用地、环境保护、自然与历史文化遗产保护以及防灾减灾等内容，应当作为城（集）镇总体规划的强制性内容。

(3) 合理确定城（集）镇迁建人口规模和建设用地规模。

(4) 参照国家对城（集）镇规划工作程序的规定，编制各设计阶段设计文件。

(5) 城（集）镇迁建规划与移民安置、专业项目处理、工业企业处理等规划设计相互衔接。

(6) 扩大规模和提高标准需要增加的投资不列入建设征地移民补偿投资概（估）算。

(7) 搬迁后位于城（集）镇建成区外的单位，按原规模、原标准或恢复原功能的原则计列其征地及基础设施工程投资。

(8) 迁建方式包括易地建设、后靠建设、工程防护、撤销与合并等，根据淹没影响程度和经济腹地的变化情况，综合分析当地自然、经济、社会条件和城（集）镇功能确定。

1.7.2　规划任务、原则及设计深度

1.7.2.1　规划任务

水库淹没城（集）镇迁建规划设计的主要任务是依据国家水利水电工程建设征地补偿政策，按照移民安置规划设计阶段的要求，进行城（集）镇新址选择及其建设用地范围内的用地布局、场地平整、基础设施、移民搬迁安置和城（集）镇功能恢复的规划设计，计算相应的迁建补偿费用，编制迁建规划设计文件。

水库淹没城（集）镇的迁建规划是为满足移民搬迁需要而作出的规划，着重于近期搬迁建设，以尽快恢复受淹城（集）镇的功能。但城（集）镇迁建规划设计必须依据国家和省级有关城（集）镇的法规和标准，根据不同阶段的深度要求，编制规划设计文件。

《城乡规划法》规定："城市和镇应当依照本法制定城市规划和镇规划"，"城市规划、镇规划分为总体规划和详细规划"。《村庄和集镇规划建设管理条例》规定："编制村庄、集镇规划，一般分为村庄、集镇总体规划和村庄、集镇建设规划两个阶段进行"，"村庄、集镇总体规划，是乡级行政区域内村庄和集镇布点规划及相应的各项建设的整体部署"，"村庄、集镇建设规划，应当在村庄、集镇总体规划指导下，具体安排村庄、集镇的各项建设"。

1.7.2.2　规划原则

城（集）镇的迁建规划，必须依据国家或地方的有关方针、政策，结合水库淹没影响和迁建等具体条件，认真研究，合理安排，正确处理整体与局部、近期与远景、工业与农业、生产与生活、需要与可能之间的关系。基本原则包括以下几个方面：

(1) 受淹城（集）镇的方案，应根据其淹没影响程度、水库淹没后其经济腹地的变化状况，以及交通网络、行政区划的调整，综合分析确定。提出撤销与合并、易地迁建、后靠迁建及工程防护等处理方案。

(2) 城（集）镇新址，应选择在地理位置适宜、能发挥原有功能、地形相对平坦、地质稳定、防洪安全、交通方便、水源可靠、便于排水的地点。选择新址，还应与国家拟建的重要设施的布局相协调，并为远期发展留有余地。

(3) 建设符合地区经济发展方向的中、小城

（集）镇，应与库区迁建的工业企业规划相结合。

（4）迁建新址实物量应根据规划用地范围调查，并对新址征地影响人口提出安置措施。

1.7.2.3 基本程序与设计深度

城（集）镇迁建规划设计的基本程序为：新址选择→迁建总体规划→移民迁建区详细规划（或近期建设规划）→基础设施工程初步设计→基础设施单项工程施工图设计。

城（集）镇迁建规划设计程序在相应的设计阶段完成，见图1.7-1。其设计深度要求见表1.7-1。

1.7.3 淹没影响分析

根据建设征地实物调查成果，分析工程建设对城（集）镇的影响，如水库淹没对建成区用地的影响，对建成区人口（房屋）的影响，对市政设施、公用设施的影响，对行政事业单位、工商企业及建成区经济的影响，对交通、供电、通信等专业设施的影响，以及对城（集）镇功能、区域经济社会、环境的影响等，为城（集）镇迁建提供依据。

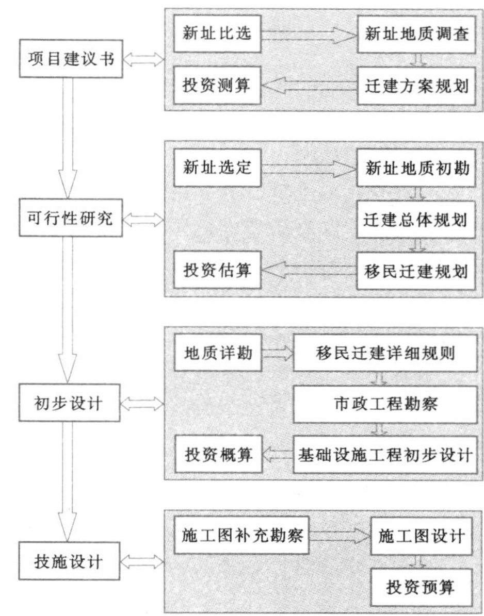

图1.7-1 城（集）镇迁建规划设计工作流程

表1.7-1 城（集）镇迁建规划设计深度要求

工程类型	设计阶段	要求
水利水电工程	项目建议书	调查城（集）镇的受淹影响程度，拟建迁建方式，初选迁建新址，进行地质调查，提出迁建方案，估算迁建投资
	可行性研究报告	全面调查分析城（集）镇受淹影响程度，选定迁建方式和新址位置，并进行初步地质勘察；确定规划人口规模和建设用地规模，编制城（集）镇建设规划；编制城（集）镇控制性详细规划；估算补偿投资，编制迁建进度计划和年度投资计划。必要时还应首先编制城（集）镇迁建总体规划
	初步设计	复核城（集）镇人口规模和建设用地规模，进行详细地质勘察，编制城（集）镇修建性详细规划和道路及竖向工程初步设计文件、编制城（集）镇迁建基础设施初步设计文件，提出补偿投资概算，编制迁建进度计划和年度投资计划
	技施设计	进行城（集）镇迁建基础设施单项工程施工图设计。必要时进行施工图补充地质勘察
水电工程	预可行性研究报告	初步调查分析城市集镇受影响程度，初拟处理方案。需要迁建的，初选迁建新址，初拟迁建规划人口规模、标准和方案；可以防护的，初拟防护方案，按防护工程设计规定提出设计成果；需对各初拟新址进行地质调查，提出初步地质评价意见，并在此基础上进行迁建新址方案初步比选，提出推荐处理方案；初拟迁建城市集镇总体布置方案，初拟迁建用地规模和用地范围；初步调查各新址方案的占地实物，初拟外部基础设施的方案；估算迁建工程费用
	可行性研究报告	根据审批的移民安置规划大纲和城市集镇迁建总体规划，按照城市集镇修建性详细规划深度要求和市政工程初步设计深度要求，提出城市集镇迁建修建性详细规划设计成果；编制迁建城市集镇的基础设施工程费用概算
	实施阶段	必要时复核城市集镇的规划人口规模、用地规模和近期用地范围；按施工图设计要求补充必要的地质勘察工作；提出城市集镇的基础设施工程施工图设计成果；进行设计技术交底及现场施工配合

1.7.4 迁建处理方案

通过城（集）镇淹没影响分析，根据下述不同情况，提出易地迁建、建议撤销与合并、后靠迁建及工程防护等城（集）镇迁建或处理方案。

1.7.4.1 易地迁建

对于全部受淹或大部分受淹的城（集）镇，如其所控制的经济腹地和行政管辖范围还保留有相当多的土地或经行政区划调整后增补了管辖范围，需恢复其原有功能的，应选择易地迁建；而对于城（集）镇大部或全部受淹，但其所辖行政区域内的土地受淹比重不大，迁出居民不多，水库淹没对城（集）镇的中心职能淹没影响不大的，应在该城（集）镇辖区内或经济腹地范围内择址重建。

1.7.4.2 后靠建设

（1）城（集）镇及其辖区受淹，但淹没对其功能影响不大的，应采取就地迁建。

（2）城（集）镇仅小部分受淹，但其所辖区域内的大部分土地受淹，迁移出的居民比例大；或者其所辖区域内的经济腹地大部分受淹，当地具有调整行政区划的条件，则应考虑调整行政区划，受淹城（集）镇相应后靠建设。

1.7.4.3 工程防护及局部搬迁

城（集）镇仅部分受淹，而其辖区或经济腹地受淹面积较小，则应视未受淹部分的具体情况，并考虑保持城（集）镇的整体作用，通过方案比较，确定采取工程防护或采取局部搬迁方案。

水库淹没涉及重大工业中心城（集）镇时，一般应限制或改变工程对库水位的要求，尽量避免中心城（集）镇受根本性的重大影响。如只有部分淹没，对城（集）镇整体功能影响不大，则应进行工程防护方案、局部搬迁方案的技术可行性、经济合理性、环境影响等方面比较。根据方案比较结果，对具备防护条件的，采用工程防护方案；对不具备防护条件的，应调整城（集）镇的区域规划或市区规划，使少部分受淹区的各类企业及居民迁移到城市区域内适当地点继续经营发展。

1.7.4.4 撤销与合并

对于经济腹地及所辖的行政区域全部或大部分受淹而基本丧失功能的，可建议撤销或与邻近集镇合并。对于城（集）镇大部或全部受淹，且其所辖行政区域内的土地受淹比重大，迁出居民较多，即水库淹没对城（集）镇的中心职能淹没影响较大，已经失去城（集）镇中心职能的，则应调查研究城（集）镇情况，提出撤销或与邻近城（集）镇合并的建议。

如果撤销或合并涉及行政区划的调整，应根据其规模、等级，按照《国务院行政区划管理的规定》报请县（市）或省（自治区、直辖市）或国务院审批。

1.7.5 迁建选址

1.7.5.1 选址原则

（1）在节约用地、不占或少占耕地的前提下，选择地理位置和地形地质条件适宜、交通方便、水源充足、便于排水的地段。

（2）有利于发挥一定区域范围内的政治、经济、文化中心的作用。

（3）地质、地形、水文、气象、环境等条件符合城（集）镇建设的要求，并有充足的水源保证，水质良好。

（4）进行必要的水文地质和工程地质勘察，避开山洪、滑坡、泥石流等自然灾害影响的地段和已探明有可供开采的地下资源地区，注意协调与国家重要设施布局的关系，并为远期发展用地留有余地。

（5）进行多方案比选。重点比较新址场地建设用地、供水、地理位置、移民安置容量、环境保护、基础设施费用等基本条件。在满足基本条件的前提下，再进一步比较影响新址选择的其他因素。

1.7.5.2 选址程序

新址选址由规划设计单位和地方政府共同完成。规划设计单位和地方政府组成选址规划组，由移民规划专业、地质专业及地方政府的移民、城建、国土及相关城（集）镇人员组成。

下面以水电工程为例，说明城（集）镇新址的选择程序：

（1）预可行性研究报告阶段，完成迁建新址的初选方案。由城（集）镇人民政府根据当地城（集）镇体系规划和经济社会发展规划，在综合考虑各方面意见的基础上，提出2～3个可能的迁建新址供比选。

对地方政府提出的迁建新址方案，应重点比较新址场地建设用地条件，如地形、地质、供水、地理位置、移民安置容量、环境保护、基础设施费用等基本条件。在满足基本条件的前提下，进一步比较影响新址选择的其他因素。在综合分析各个方案的优点和缺点，并征求上一级人民政府意见的基础上，提出新址初步选择方案。

迁建城（集）镇人民政府应将初选方案上报备案。集镇初选新址方案报县级人民政府备案，城镇初选新址方案报上一级人民政府备案。

（2）可行性研究报告阶段，选定新址位置。迁建城（集）镇人民政府在预可行性研究报告阶段初选方案的基础上，对迁建新址方案征求有关部门和移民的意见。在征求意见后，对新址方案进行确认。如果对上阶段初选的新址有异议，可适当增加比选新址。规划设计单位应对新址区进行必要的水文地质和工程地质勘察，进行场地稳定性和适宜性评价，对新址的地理位置、工程地质、规划布局、移民安置、环境保护、建设费用等因素进行全面分析比较。在充分论证分析的基础上，编制迁建城（集）镇新址选择专题报告，明确推荐方案。

迁建城（集）镇人民政府按国家规定的程序完成新址选择的报批手续，规划设计单位编制完成的新址选择专题报告应作为新址选择报批的附件。集镇迁建新址报县级人民政府审批，城镇迁建新址报上一级人民政府审批。

1.7.6 新址地质勘察

按照不同设计阶段的要求，对新址区开展相应深度的地质勘察工作。根据《城市规划工程地质勘察规范》(CJJ 57)，城市规划工程地质勘察阶段分为总体规划勘察阶段（以下简称初步地质勘察）和详细规划勘察阶段（以下简称详细地质勘察）。

1.7.6.1 选址地质调查

在项目建议书阶段，为满足初步选址的需要，通过地质调查和必要的勘察，查清备选新址区域环境地质条件，如是否存在山洪、滑坡、泥石流等地质灾害问题，进行场地稳定性初步评价。

1.7.6.2 初步地质勘察

在可行性研究阶段应开展初步地质勘察。

初步地质勘察应对规划区内各场地的稳定性和工程建设适宜性作出评价，为确定城（集）镇的性质、发展规模、各项用地的合理选择、功能分区和各项建设的总体部署，以及编制各项专业总体规划提供工程地质依据。初步地质勘察工作有以下内容：

(1) 搜集整理、分析研究已有资料、文献；调查了解当地的工程建设经验。

(2) 调查了解规划区内各场地的地形、地质（地层、构造）及地貌特征，地基岩土的空间分布规律及其物理力学性质、动力地质作用的成因类型、空间分布、发生和诱发条件等，以及它们对场地稳定性的影响及其发展趋势；调查了解规划区内存在的特殊性岩土的典型性质。

(3) 调查了解规划区内各场地的地下水类型，地下水埋藏、径流及排泄条件，地下水位及其变化幅度，地下水污染情况，取有代表性的水样进行水质分析。

(4) 对于地处地震区的城（集）镇，调查了解规划区的地震地质背景和地震基本烈度，对地震设防烈度等于或大于7度的规划区，尚应判定场地和地基的地震效应。

(5) 研究预测规划实施过程及远景发展的地质条件变化或人类活动引起的环境工程地质问题，提出相应的建议与防治对策。

(6) 综合分析规划区内各场地工程地质（地形、岩土性质、地下水、动力地质作用及地质灾害等）的特性及其与工程建设的相互关系；按场地特性、稳定性、工程建设适宜性进行工程地质分区；结合任务要求，进行土地利用控制分析，编制城（集）镇总体规划勘察报告。

1.7.6.3 详细地质勘察

在初步设计阶段，移民迁建区应完成详细地质勘察。对规划区内各建筑地段的稳定性作出工程地质评价，为确定规划区内近期房屋建筑、公共设施、生产设施、公用工程、园林绿化、环境卫生等设施的总平面布置，以及拟建的重大地基基础设施设计和不良地质现象的防治等提供工程地质依据和建议。详细地质勘察工作有以下内容：

(1) 搜集总体规划区内各项工程建设的勘察资料、勘察报告和已编制的城（集）镇工程地质图系。

(2) 初步查明地质（地层、构造）、地貌、地层结构特征、地基岩土层的性质、空间分布及其物理力学性质、土的最大冻结深度，以及不良地质现象的成因、类型、性质、分布范围、发生和诱发条件等对规划区内各建筑地段稳定性的影响程度及其发展趋势；初步查明规划区内存在的特殊性岩土的类型、分布范围及其工程地质特性。

(3) 初步查明地下水的类型、埋藏条件、地下水位变化幅度和规律，以及环境水的腐蚀性。

(4) 分析研究规划区的环境工程地质问题，对各建筑地段的稳定性作出工程地质评价。

(5) 在抗震设防烈度等于或大于7度的规划区，应判定场地和地基的地震效应。

(6) 在综合整理、分析研究各项勘察工作中所取得资料的基础上，编制近期建设区详细勘察报告。

1.7.6.4 市政工程地质勘察

在初步设计阶段，根据移民迁建区修建性详细规划所确定的工程总平面布置，完成道路、场地平整、桥涵、室外供水、排水、电力、电信、有线电视、煤气、热力、输油（气）管道、防洪墙、防洪（坡）堤和驳岸、广场、停车场等的设计。

根据以上基础设施工程的布置方案进行有针对性的地质勘察。工程地质勘察依据《市政工程勘察规范》(CJJ 56) 进行。将市政工程勘察分为城市桥涵勘察、城市室外管道勘察、城市堤岸勘察、城市道路勘察等。勘察单位根据勘察任务书的要求和城（集）镇移民迁建区修建性详细规划的工程布置方案，有重点地对基础设施工程分项进行勘察。

1.7.6.5 施工图补充勘察

技施设计阶段，当工程地质勘察不能满足施工图设计要求时，应做补充勘察。

对拟建重要基础设施工程的复杂地基、基坑（槽）开挖后，如工程地质条件与原勘察资料不符，可能影响工程质量时，应配合设计、施工单位进行施工验槽。如出现需要解决的与施工有关的岩土工程问题时，尚应进行必要的补充勘察与监测工作。

1.7.7 迁建总体规划

根据《城乡规划法》，城市规划、镇规划分为总体规划和详细规划。详细规划分为控制性详细规划和修建性详细规划。

总体规划研究制定发展目标、原则、战略部署等重大问题；详细规划以总体规划为依据，对有关问题进行深入研究和制定方案。

1.7.7.1 迁建总体规划与城（集）镇体系之间的关系

城市总体规划包括市域城镇体系规划和中心城区规划。县域城镇体系规划和镇域村庄及集镇布点规划是城（集）镇总体规划不可缺少的部分。对水库淹没涉及的城（集）镇，在选址阶段已经充分考虑了与当地城（集）镇体系规划相协调，因此城（集）镇迁建总体规划的重点是编制新址规划区范围的总体规划，即镇区或城区的总体规划。

1.7.7.2 迁建总体规划的主要任务、内容及要求

1. 主要任务

城（集）镇迁建总体规划的主要任务是在选定新址的基础上，综合研究和确定城（集）镇的性质、规模、空间发展形态，统筹安排城（集）镇各项建设用地，合理配置城（集）镇各项基础设施，处理好近期迁建和远期发展的关系。

2. 主要内容及要求

(1) 拟定迁建城（集）镇的性质和发展方向，划定规划区范围。

(2) 根据确定的城（集）镇新址位置，推算其规划设计水平年的人口规模。对规划设计水平年在5年以内的，应同时计算远期（规划期限一般为20年）人口规模。确定与近、远期相应的用地规模，划分功能分区。

(3) 全面安排对外交通运输及城（集）镇道路系统，确定主要交通设施的规模、位置，主、次街道系统的走向、断面，主要交通口形式等，并对规划区的用地进行统筹安排。对近期的建设用地进行安排和界定，明确近期和远期用地布局的关系，处理好近、远期之间的关系。

(4) 确定城（集）镇的供水、排水、防洪、供电、通信、消防、环卫等设施的规模、发展目标和总体布局，明确近期和远期的发展目标，划分相应的建设项目。近期发展目标为城（集）镇规划设计水平年的规划目标。

(5) 确定城（集）镇园林绿化的发展目标和总体布局，明确近、远期的发展目标。

(6) 做好抗震、防灾和环境保护规划。

(7) 进行综合技术经济论证，提出规划实施步骤、措施、方法和建议。

(8) 编制近期规划，确定近期建设目标、建设内容和分步实施步骤。近期规划为城（集）镇规划设计水平年。

(9) 提出迁建总体规划说明书及图纸。说明书包括城（集）镇性质、规模、用地范围、工程及水文地质条件、迁建与发展依据、近远期主要建设项目和用地面积等经济技术指标等。图纸包括总体规划图、道路交通规划图、各项专业规划图及近期建设规划图等。

1.7.8 迁建规划设计

1.7.8.1 工作内容和成果

1. 主要工作内容

城（集）镇迁建规划包括迁建规模的确定、新址确定及适宜性评价、规划布局、道路交通规划设计、竖向工程设计、公用工程设施规划设计、环境保护规划设计及迁建基础设施工程投资概（估）算等。

(1) 迁建规模确定。迁建规模确定包括迁建人口规模和用地规模的确定。

(2) 新址确定及适宜性评价。明确新址的位置及选址过程，根据地形、地质条件进行新址建设用地评价。

(3) 规划布局。在新址建设用地评价基础上，经过多方案比较后，确定城（集）镇新址建设用地与发展用地的布局；确定建设用地、道路和市政设施的规划设计标准；协调新址内部与外部基础设施的连接方案及用地布局。

根据新址的用地评价和建设用地的要求，本着节约用地和节省工程量的原则，确定城（集）镇新址内部基础设施的布局方案，完成绿地空间布局和景观规划，提出城（集）镇特色和景观布局对建筑风貌的要求。

（4）道路交通规划设计。根据规划布局，确定道路路网结构，明确各条道路的等级和设计标准，进行道路规划设计。道路规划设计包括道路的平面和纵断面设计、道路横断面和挡护工程设计、路面结构和路面排水设计，以及道路工程量计算。

（5）竖向设计。在用地布局和道路交通规划的基础上，进行场地的竖向设计。标明深填方的地段，计算土石方挖、填工程量，估算基础超深工程量。确定开挖的土、石比例，确定挡护工程的结构型式和尺寸，计算挡护工程量。提出土石方调配方案，进行挖填平衡分析。当有借土时，进行料场规划设计；当有弃土时，进行弃渣场规划设计。对可能危及城（集）镇安全的隐患地段，提出防治措施及其工程量。截洪沟渠和排水沟渠的断面尺寸根据排水量确定。

（6）公用工程设施规划设计。

1）供水设施。确定供水方案，提出加压泵站、高位水池、水塔规模和位置。进行配水管网布置，提出管网管径、管材、敷设方式，以及主要设备和材料。进行取水线路、净水厂设计，计算工程量。

2）排水设施。确定排水系统的布局及敷设方式，计算污水和雨水排放量。明确排水体系、出水口位置。计算管径、排水渠道断面以及相应的工程量。

3）供电设施。确定变电容量、进出线路回数，以及变电所、开关站的具体位置，确定电网线路回数，确定35kV以上电力线路走向及高压走廊界限。规划设计配电网，确定线路路径、导线截面和敷设方式，进行路灯规划。计算市政电力设施的工程量。

4）供气设施。选择燃气气源，确定气源厂和储备站的位置和容量，计算燃气负荷，布置输配管网，选择管径、管材和敷设方式，提出主要工程量和主要设备清单。

5）供热设施。选择热源和供热方式，计算规划范围内热负荷，布局供热设施和管道，计算供热管径，提出管材和敷设方式，计算主要工程量，列出主要设备清单。

6）邮电广播设施。根据城（集）镇迁建规划，确定邮政、电信局所、基站、广播电视机房的具体位置、规模及服务范围。规划设计电信网，选择电信线路的路由、规格、敷设方式、管孔数等，计算工程量并提出主要设备清单。

7）环卫设施。布置城（集）镇内公共厕所、化粪池、废物箱、垃圾容器和环境卫生等设施，提出设施名称及相应数量。

（7）防灾减灾规划。防灾减灾包括消防、防洪、抗震防灾和防风减灾等。防灾减灾规划即提出防灾减灾工程措施和非工程措施规划。选址在水库周边的城（集）镇应做好防洪护岸设计。

（8）环境保护规划设计。根据城（集）镇规模计算废水排放量，确定污水处理厂规模和处理级别，进行工艺流程比选，推荐处理工艺和方法，给出处理工艺流程图，对各处理单元进行设计；预测居民生活垃圾等废弃物产生量，分析其对环境可能产生的影响，确定垃圾处理厂规模和处理方法，进行处理工艺的比选，进行处理单元的设计；根据规划中扰动地面的面积和区域土壤侵蚀背景值，分区计算产生的水土流失量，提出建设项目水土保持方案；对场地开挖边坡、回填边坡、土石料场和弃渣场进行防护工程典型设计；提出相应的设计图纸。

（9）迁建基础设施投资计算。

2. 主要成果

（1）城（集）镇迁建建设规划设计专题报告，内容包括：①前言；②现状概况、基础资料；③规划依据、主要原则和指导思想；④规划性质；⑤规划规模；⑥规划期限；⑦总体布局；⑧移民安置规划；⑨道路交通规划；⑩竖向设计；⑪公用工程设施规划；⑫环境保护规划；⑬补偿投资概（估）算。

（2）城（集）镇迁建建设规划设计主要图纸，包括：①城（集）镇现状分析图；②用地评定图；③城（集）镇迁建规划总平面图；④道路交通规划图；⑤竖向设计图；⑥公用工程设施规划图；⑦土石方开挖图及场地剖面图。

1.7.8.2 迁建规模

详见1.5“移民安置任务、目标和标准”相关内容。

1.7.8.3 新址适宜性评价

新址建设用地评价的适宜性可根据地形、地质条件分为四类用地：一类用地为适宜修建的用地；二类用地为较适宜修建的用地，即需要采取一定的工程措施改善条件以后才能修建的用地；三类用地为不适宜修建的用地，即有规模较大的滑坡、塌岸、岩溶等不良地质现象，以及规划后形成边坡较多的用地；四类用地为极不宜修建的用地，即存在难以治理的不良地质体的地段。

新址宜选择一类、二类用地，三类用地须经过技术经济比较后方可加以利用。

1.7.8.4 用地布局规划

1. 基本原则

（1）全面综合、统筹考虑、科学合理地安排城（集）镇各类迁建用地。在规划大纲制定的用地标准内，既能满足移民迁建需要，又能根据城（集）镇性质和职能合理地配置公共设施，必要时应对职能相近的迁建公共设施进行整合。

(2) 布局应集中紧凑，达到既方便生产、生活，又能节约城（集）镇建设投资的目的。避免沿公路盲目建设、布局分散的不合理现象。

(3) 充分利用自然条件保持地方性、传统性，体现地方特征和地域建筑文化特色。

(4) 城（集）镇各功能区之间既联系方便，又不互相干扰。

(5) 主要功能部分既能满足近期移民迁建，又能为远期发展留有空间。

2. 用地组织结构

城（集）镇迁建规划工作中，用地布局是重点，用地组织结构是用地布局的“战略纲领”。用地组织结构指明了城（集）镇用地的范围和发展方向，规定了城（集）镇的功能组织和用地布局形态。城（集）镇规划用地组织结构应满足紧凑性、完整性和弹性的基本要求。

(1) 紧凑性。城（集）镇迁建规模有限，用地范围一般不大，一般在步行的限度标准内（2km 或半小时），不需要大量的公共交通设施。在地形地质条件允许情况下，城（集）镇应尽量集中连片布置。

(2) 完整性。城（集）镇承担了本区域的行政、文化和商业服务等众多职能，规划应反映其各项功能。规划用地组织结构应保持完整性，以适应城（集）镇发展需要。

(3) 弹性。城（集）镇迁建规划主要是满足城（集）镇搬迁的需要。因此，远期发展规划不仅考虑为其未来发展留有余地，而且考虑未来发展可变因素和未预料因素。规划用地组织结构应保持弹性，在布局形态上具有开敞性，预留未来发展出路，在用地规模上留有余地。

3. 用地功能分区

城（集）镇功能概括起来主要有工作、居住、游憩和交通四个方面。为了满足城（集）镇上述功能，就必须有相应的不同功能的城（集）镇用地。各类用地之间相互联系、相互依赖，有的又相互干扰，产生矛盾。因此，必须按照各类用地的功能要求以及相互之间的关系加以组织，使之协调成一个有机的整体。为此，用地功能组织和功能分区应遵循以下原则：

(1) 用地的功能组织必须以提高城（集）镇用地经济效益为目标，有利生产，方便生活。

(2) 各项用地组成部分应力求完整，避免穿插；用地布局应注重环境保护，满足卫生防疫、防火、安全等要求。

(3) 结合城（集）镇的具体情况，因地制宜地规划用地布局和恰当的功能分区。

4. 各类功能用地的基本要求

(1) 工业用地。要求有良好的用地条件；方便的交通运输条件；适宜的其他特殊条件；避免干扰城（集）镇其他用地。

(2) 交通用地。应满足：在尽量减少对外交通运输给城（集）镇的卫生、交通带来干扰的同时，使客运部分与镇区靠近，货运部分与工业区、仓储区靠近。

(3) 仓储用地。应布置在地势较高、地形较平坦、地基承载力高、有一定排水坡度、不受洪水威胁的地段。还必须具备方便的交通运输条件，应尽量接近货源和供应服务区；不同类型的仓库最好能分别布置在城（集）镇的不同地段，同类型仓库应尽可能集中布置。

(4) 居住用地。应选择在地质条件优越、地势较高、自然通风较好的地段，避开洪水、地震、滑坡、泥石流等不良自然条件的危害。尽量少占或不占良田，在可能的条件下，最好接近水面和环境优美的地方，应布置在上风向或侧风向。居住区应与有污染物产生的工业保持一定的距离，在保证卫生、安全的条件下，尽量接近工业区，方便居民就近工作。

(5) 公共设施用地。应满足公共设施服务半径的要求。公共设施是人流、车流的集散地点，应结合自身的使用性质与城（集）镇的道路系统统一布置。小学、幼儿园等应尽量与居民区的步行交通组织在一起，避开车辆交通的干扰；商场、集贸市场等人流量大的设施则应与城（集）镇的主干道联系紧密，相近布置。

1.7.8.5 公共设施规划

1. 公共中心布局

(1) 沿街式布置。

1) 沿主干道两侧布置。即主要公共建筑集中沿主干道两侧布置。中心地带商家集中，居民聚集，人流量大，街面繁华。这种布置形式易于聚集人气，创造街景，改善城（集）镇面貌。

2) 步行商业街常布置在交通主干道一侧，与干道联系密切，交通方便。步行商业街的街道不宜过宽，建筑空间尺度应亲切宜人。

(2) 组团式布置。组团式布置常采用“市场街”。市场街是我国传统的城（集）镇公共中心布置形式，常布置在公共中心的一个区域，其内部交通呈几纵几横的网状街巷系统。沿街巷两旁布置店面，步行其中，安全方便，街巷曲折多变，街景丰富。

(3) 广场式布置。

1）四面围合式：以广场为中心，四面建筑围合。这种广场围合感较强，可以兼作公共集会场所。

2）三面围合式：广场一面开敞。这种广场为一面临水、街等，或有较好的景观，人们在广场上视野开阔，景观效果比较好。

3）两面围合式：广场两面开敞。这种广场多为两面临街、临水，或有较好的景观，人们在广场上视野更开阔，景观效果更好。

4）三面开敞式：广场三面开敞。这种广场一般多用于较大型的市民广场、中心广场，广场一侧有作为背景的建筑，周围环境中的山、水等要素与广场相互渗透、相互融合，形成有机的整体、完整的景观。

2. 公共设施布置

城（集）镇的公共设施主要包括行政管理、教育机构、文体科技、医疗保健、商业金融、集贸市场等。按照服务城（镇）区居民、兼顾当地农村居民的需求为原则，根据城（集）镇的级别，按照《镇规划标准》（GB 50188）明确的公共设施项目配置规定（见表1.7-2），合理配置。

表1.7-2 城（集）镇公共设施项目配置表

类别	项目	中心镇	一般镇
一、行政管理	1. 党政、团体机构	●	●
	2. 法庭	○	—
	3. 各专项管理机构	●	●
	4. 居委会	●	●
二、教育机构	5. 专科院校	○	—
	6. 职业学校、成人教育及培训机构	○	○
	7. 高级中学	●	○
	8. 初级中学	●	●
	9. 小学	●	●
	10. 幼儿园、托儿所	●	●
三、文体科技	11. 文化站（室）、青少年及老年之家	●	●
	12. 体育场馆	●	○
	13. 科技站	●	○
	14. 图书馆、展览馆、博物馆	●	○
	15. 影剧院、游乐健身场	●	○
	16. 广播电视台（站）	●	○

续表

类别	项目	中心镇	一般镇
四、医疗保健	17. 计划生育站（组）	●	●
	18. 防疫站、卫生监督站	●	●
	19. 医院、卫生院、保健站	●	○
	20. 休（疗）养院	○	—
	21. 专科诊所	○	○
五、商业金融	22. 百货店、食品店、超市	●	●
	23. 生产资料、建材、日杂商店	●	●
	24. 粮油店	●	●
	25. 药店	●	●
	26. 燃料店（站）	●	●
	27. 文化用品店	●	●
	28. 书店	●	●
	29. 综合商店	●	●
	30. 宾馆、旅店	●	○
	31. 饭店、饮食店、茶馆	●	●
	32. 理发馆、浴室、照相馆	●	●
	33. 综合服务站	●	●
	34. 银行、信用社、保险机构	●	○
六、集贸市场	35. 百货市场	●	●
	36. 蔬菜、果品、副食市场	●	●
	37. 粮油、土特产、畜、禽、水产市场	根据镇的特点和发展需要设置	
	38. 燃料、建材家具、生产资料市场		
	39. 其他专业市场		

注 ●为应设的项目；○为可设的项目。

不同类别的公共设施项目布局应考虑以下因素：

（1）行政管理。行政管理要求有较为安静的办公环境，应布置在城（集）镇中心区边缘地带，与城（集）镇商业、服务业保持一定距离。

（2）中小学校。中小学校应设有单独的校园，应保证学生就近上学。校址宜选在城（集）镇次要道路且比较僻静的地段，远离铁路干线300m以上，校门避免开向公路，学生上学不宜穿越铁路、城（集）镇主干道，以及城（集）镇中心人流复杂地段。

(3) 商业金融服务设施。商业金融服务设施应根据城（集）镇规模分别采取分散布置、集中布置或混合布置。

(4) 医疗卫生设施。医院应选在城（集）镇中心区的边缘，满足环境幽静、阳光充足、空气清新、通风良好等卫生要求，不应靠近有污染的工厂及噪声声源的地段，最好能与绿化用地相邻。医疗建筑与邻近的住宅及公共建筑的距离不应小于30m，与周围街道的防护距离不得小于15m，防护带以花木林带相隔离。

(5) 集贸市场。集贸市场的位置应选择在城（集）镇的中心，依城（集）镇和内部道路布局，选择沿街道分散布置或集中成片布置方式。

1.7.8.6 居住建筑规划

1. 基本要求

(1) 实用要求。居住区规划应首先符合居民日常生活的使用要求。居民的使用要求是多方位的，不同的家庭人口组成、不同的职业工作性质、不同的文化素质等对其使用要求都不尽相同。为满足不同居民多种形式的居住需要，居住建筑规划应与公用服务设施的规模、数量及其分布空间相配套，合理地组织居民室外活动、休憩场地、绿地、居民区出入口与交通干道的连接。

(2) 环境要求。居住区要有良好的日照、通风条件，同时要防止噪声的干扰和空气污染等。

(3) 安全要求。居住区要为居民创造一个安全环境，居住区规划设计要考虑可能引起灾害发生的特殊情况处理措施，诸如防火、防震等。

(4) 经济合理要求。居住区规划建设应当与当地的社会经济水平相适应，合理地确定住宅标准，降低造价，节约土地和能源。要善于运用多种规划布局手法为居住区建设的经济性创造条件。

(5) 美观要求。居住区规划应与城（集）镇总体面貌相协调，根据当地建筑文化特征、气候条件、地形地貌，合理确定住宅、公共设施、道路的空间围合等布局，以及建筑物单体造型、材料、色泽，使居住区的外形美观、格调新颖，为居民创造优美的居住环境。

2. 居住建筑

(1) 建筑类型。城（集）镇居住建筑分为城市型和农户型。

1) 农户型。农户型住宅主要有独院式、并联式和联排式3种类型，有独用的院落，住宅一般2～3层，房间较多，建筑面积和占地面积较大。

2) 城市型。城市型住宅即单元式住宅。单元式住宅建筑紧凑，便于成片规划、开发，有利于提高容积率，节约土地，也利于工程设备管线的铺设，节约管线，便于管理。

(2) 户型规划。城（集）镇居民职业多样，对居住建筑的要求差别较大。居住建筑规划既要照顾到生活习惯，满足居住功能，还要考虑到生产经营需要。单位职工以工资性收入为主，住宅可规划为城市型单元式住宅；居民以经商为主，需要考虑有商业门面，住宅规划为商住型，以底层商店、上部居室的低层单元式住宅为宜；农户进镇后亦农亦商，规划宜为农户型住宅。

居住建筑规划应根据实物调查和规划资料，分别确定单位职工、城（集）镇居民、进镇农户的户数和户型，实现搬迁安置户数与居住建筑规划户型对接。农户型住宅占地面积应符合当地政府对宅基地的有关规定。农户型住宅家庭人口及户型数量，应根据实物调查资料确定。城市型住宅应根据当地的经济发展和居民生活水平，确定人均住宅建筑面积标准。

农户型居住建筑的类型、面积和城市型居住建筑的类型、面积，应根据居民本身的经济条件、意愿分别确定。

3. 规划布置

居住建筑规划，应根据气候、用地条件和使用要求，确定建筑的标准、层数、朝向、间距、群体组合、绿地系统和空间环境；同时应符合所在省（自治区、直辖市）人民政府规定的居住建筑的朝向和日照间距系数；满足自然通风的要求，即在《建筑气候区划标准》（GB 50178—93）的Ⅱ、Ⅲ、Ⅳ气候区，居住建筑的朝向应使夏季最大频率风向入射角大于15°，其他气候区应使夏季最大频率风向入射角大于0°。

(1) 居住建筑的平面布置。居住建筑的平面布置类型较多，一般根据当地的环境、风向、日照等因素选择。常用的几种住宅群体组合形式及其特点如下：

1) 行列式布置。即建筑按一定朝向和合理间距成排布置的形式（见图1.7-2）。我国大多数地区处于温带和亚热带，住户普遍喜欢南北向、面朝南布置的行列式住宅，这样能使大多数居室获得良好的日照和通风。因此行列式布置是我国广泛采用的一种方式。

2) 周边式布置。即建筑沿街坊或院落周边布置的形式（见图1.7-3）。这种布置形式形成较封闭的院落空间，便于组织公共绿化休憩园地，对于寒冷及多风沙地区，可阻挡风沙及减少院内积雪。周边布置的形式还有利于节约用地、提高居住建筑面积密度。

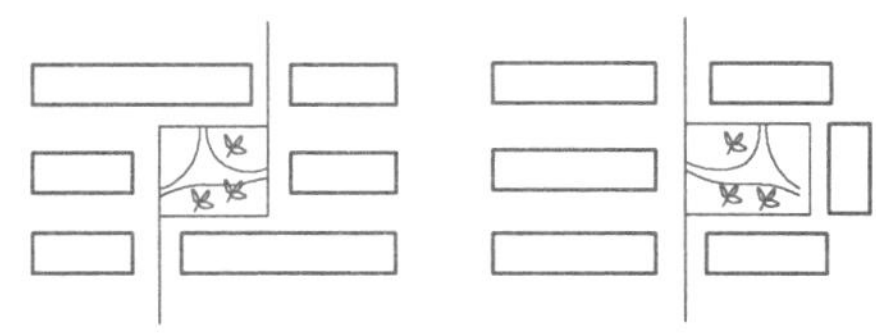

图 1.7-2 行列式布置

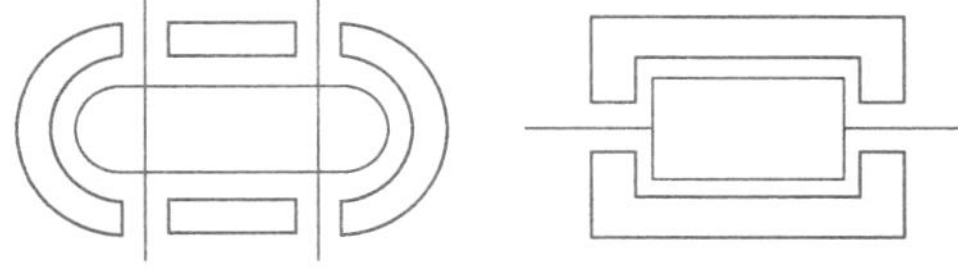

图 1.7-3 周边式布置

3）里弄式布置。这种住宅多为二、三层，可串联成联排住宅，建筑多为内向型，用内天井采光通风，冬暖夏凉，是农村集镇中常用的形式（见图 1.7-4）。这种形式密度较高，节约道路用地，形成不受交通干扰的居住空间，但采光通风日照较差。

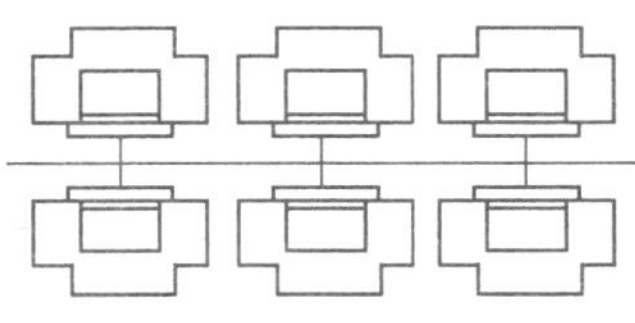

图 1.7-4 里弄式布置

4）散点式布置。即建筑的布置不强调形成组团及公共空间，而采取单独或几幢一组的散点布置形式（见图 1.7-5）。这种布置在地形起伏变化较大的山地常被采用。经过规划的散点式布置可以形成变化有序的空间构图。

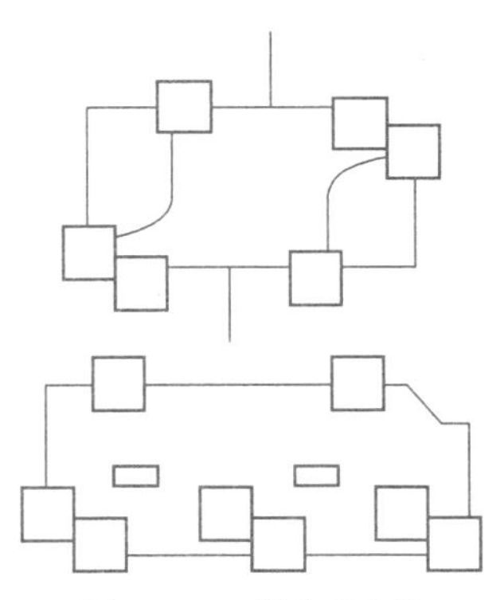

图 1.7-5 散点式布置

5）自由式布置。即建筑结合地形，在照顾日照、通风等要求的前提下，成组自由灵活布置，以适应山坡复杂地形。

6）混合式布置。这种布置方式为行列式和周边式两种形式的结合，最常见的往往以行列式为主，以少量住宅或公共建筑沿道路或院落周边布置，以形成半开敞式院落。

（2）居住建筑的竖向处理。居住建筑单体平面和布局应尽量结合地形条件。城（集）镇新址大多位于山丘区，地形坡度大，应顺应地形变化，贴近自然，减少竖向工程，可利用住宅单元在开间上的变化达到户型的多样化和适应基地的各种不同情况。对于山地住宅，需要结合不同坡度和朝向的地形对建筑进行错层、跌落、掉层、分层入口等局部处理。

1.7.8.7 公用设施规划

城（集）镇的公用设施包括水厂、污水处理厂、邮政所、电信局、有线电视与广播站、变电站、垃圾转运站等。规划布置时，应考虑公用设施用地的特定要求。

（1）水厂宜布置在靠近水源地的一侧、城（集）镇边缘，以便于输配水管的布置，同时减少城（集）镇居民活动对水厂的污染。

（2）污水处理厂宜布置在城（集）镇边缘低洼处，靠近河道下游。

（3）变电站宜布置在靠近输电线路一侧的城（集）镇边缘，且方便配电线接入的地段，可避开高压线路穿越城（集）镇上空，避免设置高压走廊。

（4）垃圾转运站宜设在城（集）镇边缘，减少对城（集）镇的影响。

（5）邮政所规划要考虑便于邮件的收集和投递，应设在闹市区、居民聚集区、公共活动场所和学校附近等交通便利地段。

（6）电信局应设在接近负荷中心、便于线路引入和引出的地段，避开振动大、噪声强、空气中粉尘含量高、有腐蚀性气体、易燃易爆的地方。

（7）有线电视与广播站应尽量靠近各级政府办公楼，必要时可设在政府机关内，应尽量接近负荷中心、便于接线、环境安静的地段，同时应远离强磁场、强电场，以免干扰。

1.7.8.8 道路交通规划

城（集）镇交通规划主要包括城（镇）区内部的道路交通规划以及对外的交通规划。

1. 道路的分类与分级

（1）对外公路。按原有对外交通等级进行恢复。

（2）城市道路。除大城市设有快速道外，大部分城市道路都按三级划分，其指标分别为：

1）主干道。即联系城市中的主要工矿企业、重要交通枢纽和全市性公共场所等的交通路线，为城市主要客货运输路线，红线宽度为30～45m。

2）次干道。即联系主要道路之间的辅助交通路线，红线宽度为25～40m。

3）支路。即各街坊之间的联系道路，红线宽度为12～15m。

(3) 镇区道路。镇区道路规划技术指标见表1.5-10。

2. 规划基本要求

(1) 道路系统规划应主次分明，分工明确，以组成一个高效合理的交通运输系统，实现安全方便、快速经济的交通联系。

(2) 结合地形、地质和水文条件，合理规划道路网走向。城（集）镇道路网规划的选线布置，既要满足道路行车技术要求，又必须结合地形、地质及水文条件，并兼顾临街建筑、街坊的出入联系。道路网尽可能平直，尽可能减少土石方工程，为行车、建筑群布置、排水、路基稳定创造良好条件。

(3) 满足城（集）镇的环境要求。城（集）镇道路网走向应有利于城（集）镇的通风。我国北方冬季寒流风向主要是西北风，寒冷往往伴随着风沙、大雪，因此，城（集）镇主干路布置应与西北向垂直或成一定的偏斜角度；南方城（集）镇道路的走向应平行于夏季主导风向，以创造良好的通风条件。道路走向还应为两侧建筑布置创造良好的日照条件，一般南北向道路较东西向要好，最好由东向北偏转一定角度。

(4) 满足城（集）镇的景观要求。道路对城（集）镇景观的形成有着很大的影响。街道的造型即通过线形的柔顺、曲折起伏、两侧建筑的进退、高低错落、丰富的造型与色彩、多样的绿化，以及沿街公用设施与照明的配置等，来协调街道平面和空间的组合，同时还应尽可能将自然景色、历史古迹、现代建筑贯穿起来，形成统一的街景。干路的走向应对向制高点、风景点等，使行人能眺望如画的景色。对临水的道路应结合岸线精心布置，使其既是街道，又是人们游览休息的地方。

(5) 有利于排水。城（集）镇道路下面一般布置了排水管涵，是城（集）镇排水的主要通道。道路纵坡应尽量与两侧建筑场地纵向方向取得一致，街道的标高应稍低于两侧街坊地面标高，以便于汇集排除地面雨水。

(6) 满足各种工程管线布置要求。城（集）镇各类工程管线一般都沿街道敷设，在规划道路时，应综合考虑各类管线的敷设要求，合理布置各类管线。

(7) 满足对外交通要求。城（集）镇道路应与铁路、公路和水路等对外交通系统密切配合，同时避免铁路、公路从城（集）镇内部穿过。对外交通以水运为主的城（集）镇，码头、渡口、桥梁的布置要与道路系统互相配合。

3. 道路系统的型式

常用的道路系统有方格网式、放射环式、自由式、混合式。

(1) 方格网式。方格网式道路系统最大的特点是街道排列比较整齐，基本呈直线，街坊用地多为长方形，用地经济、紧凑，有利于建筑物布置和识别方向。交通组织简单，道路定线比较方便，不会形成复杂的交叉口，车流可以较均匀地分布于所有街道上，交通机动性好。交通干道的间距宜为400～500m。

(2) 放射环式。放射环式道路系统由放射道路和环形道路组成。放射道路担负着对外交通联系的任务；环形道路系统担负着各区域的运输任务，并连接放射道路，以分散过境交通。这种道路系统以公共中心为中心，由中心引出放射道路，并在其外围地区敷设一条或几条环形道路，像蜘蛛网一样，构成整个城（集）镇的道路系统。环形道路是周环，也可以是半环或多边折线式。放射道路有的从中心内环放射，有的可以从二环或三环放射，也可以与环形道路切向放射。道路系统布置要顺从自然地形，不要机械地强求几何图形。

(3) 自由式。城（集）镇新址大多选址在山区或丘陵地区，地形较陡，起伏较大。道路系统结合地形起伏，呈自由式布置。由于地形坡度大，干道路幅宜窄，因此多采用复线分流方式，借平行较窄干道来联系沿坡高差错落布置的居民建筑群。在坡差较大的上下两条平行道路之间，顺坡面垂直等高线方向布置步行梯道或梯级步行商业街，以方便居民交通和生活。

这种道路系统形式的优点是充分结合自然地形，生动活泼，可以减少道路工程土石方量，节约工程费用。

(4) 混合式。混合式道路系统是结合城（集）镇的自然条件和现状，力求吸收前三种基本形式的优点，因地制宜规划布置城（集）镇的道路系统。在道路规划设计中，不能机械地采用某一类形式，应本着实事求是的原则，立足新址的地形条件和现状特点，综合采用方格网式、放射环式、自由式道路系统的特点，扬长避短，科学合理地进行规划。

1.7.8.9 竖向设计

1. 设计任务

利用和改造用地的自然地形，选择合理的设计标高，使各项建设在平面上统一和谐、竖向上相互协调，满足城（集）镇生产生活的使用功能。同时尽量减少土石方，节省投资；尽可能减少对原始自然环境的破坏，创造适宜居住和生产的优美环境。

2. 设计要求

竖向设计要满足：①各项工程建设场地及工程管线敷设的高程要求；②城（集）镇道路、交通运输、广场的技术要求；③用地地面排水及防洪、排涝要求。

3. 设计内容

（1）分析城（集）镇迁建新址的地形特点、地质条件，确定竖向设计的基本原则，充分利用地形，尽量少占或不占良田，对淹没线下淹没深度不大、可以采取垫高防护利用的地段提出工程措施方案。

（2）综合考虑确定各项用地、各工程设施的控制标高，合理组织地面排水。

（3）合理经济地组织好城（集）镇用地的土方平整方案，尽可能做到挖方、填方平衡，或选择好弃土场、取土场。

（4）利用地形，综合考虑通风、日照条件，创造良好的环境。

（5）利用地形，灵活布置，为城（集）镇创造优美的立体空间景观。

4. 设计方法

根据设计地面的不同形式，竖向设计可以采取以下几种方法。

（1）连续式。建筑密度较大，地下管线较多，道路较密集的地段宜采用连续式。连续式又分为平坡式和台阶式。

1）用地自然坡度小于8%时，宜采用平坡式，可以将用地处理成一个或几个坡向的平坡面。

2）用地自然坡度大于8%时，宜采用台阶式。台阶式由多个标高差较大的不同整平面连接而成。为便于建筑物的竖向衔接，两个相邻的台阶标高差宜为1.5m（或3m）的整数倍。台阶划分应与规划布局和总平面布置相协调，使用性质相同的用地或功能联系密切的建筑物应布置在同一台地或相邻台地。台地的长边应平行于等高线布置；相邻台地间用护坡或挡土墙连接。高差大于1.5m且建筑物密集时，应采用挡土墙。高度大于2m的挡土墙和护坡的上缘与建筑间的水平距离不小于3m，其下缘与建筑间的水平距离不小于2m。

（2）重点式。在建筑物密度不大、自然地面坡度大于8%、地面排水通畅的地段，只需重点地对建筑物附近进行场地平整，其余部分保留自然地形地貌。

（3）混合式。在建筑物密度大或用地的主要部分采用连续式，其余部分采用重点式。由于城（集）镇新址地形的复杂性，单纯一种形式很难做到经济合理地利用地形，往往需要因地制宜地交替运用多种形式。

（4）特殊地形的处理。后靠迁建的城（集）镇新址，若地形较为复杂，或地形陡峻，或沟谷密布时，需对其采取相应的处理，加以利用。

1）削梁填沟。通过竖向设计，对山梁进行开挖，弃方就近回填坡脚冲沟，增加建设用地，便于规划建设。

2）低地回填垫高防护。对于半淹城（集）镇，其淹没深度不大，就地后靠后，可对淹没线下的原建成区作回填垫高处理。低地回填垫高一般需在涉水侧修建防洪护岸或防洪墙。护岸设计按照1.10“库区防护工程”相关要求进行。修建护岸之后，以3‰～5‰的坡度回填垫高至淹没线上的原建成区。在低地回填垫高防护区建房需注意处理好地基不均匀沉降问题。

5. 竖向设计图表示方法

（1）设计等高线法。即用等高线来表示设计地面的地形标高。高程间隔一般采用0.10m、0.20m、0.25m、0.50m；当建设用地坡度较大时，宜采用0.25m、0.50m的高程间隔。

根据城（集）镇的规划结构，在已确定的主干道网中确定干路、支路的道路线路和道路红线，进行道路纵断面设计，确定每条道路的交叉口、变坡点和中心线的标高，以道路的横断面定出红线标高。有时，道路红线的设计标高与规划地块的自然地形标高相差较大，在建筑红线内可做一段斜坡，不必将规划地块设计标高普遍降低或抬高。为了便于地面排水，规划地块的高程应比周边道路的最低点高0.30m以上。

规划地块内部的道路因交通要求不高，允许坡度可以大一些（8%以下即可）。内部人行道坡度及线型可灵活地配合自然地形，在某些坡度的地段，人行道不一定设计成连续的坡面，可以加一些台阶。在布置建筑物时，应尽量配合原地形，采用多种布置方式，在照顾朝向的条件下，争取与等高线平行，尽量做到不要过大地改动原有的自然等高线，或只改变建筑物基底周围的自然地形。

依据规划场地的自然地形和规划道路切割横断面，按竖向设计的形式和规划建筑物的布置，以及周边道路红线的标高，确定规划地块的坡度和台阶的宽度，找出挖方和填方的交界点，作为设计等高线的基线。按所需要的设计坡度和排水方向试画出设计等高线（设计等高线用直线或曲线表示），尽可能使设计等高线接近或平行于自然地形等高线（见图1.7-6）。

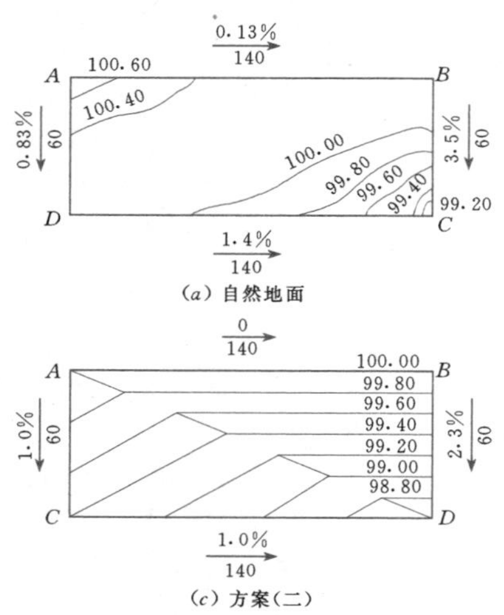

(a) 自然地面

(c) 方案(二)

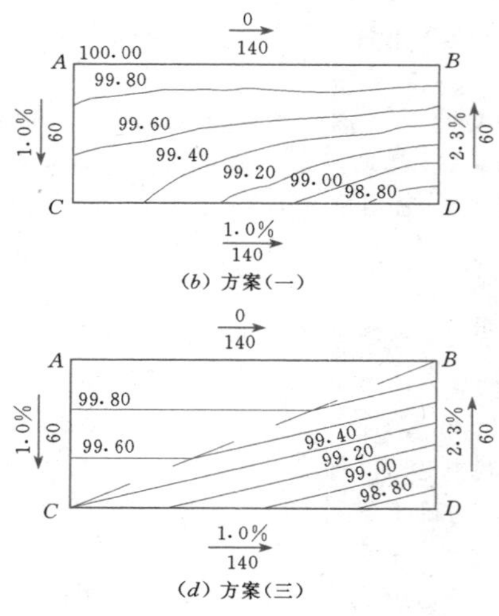

(b) 方案(一)

(d) 方案(三)

图 1.7-6　设计等高线法

(2) 高程箭头法。根据竖向设计原则，确定出建设用地内建筑物、构筑物的室外地面标高，区内地面控制点的标高，道路交叉口、变坡点的标高，道路的坡长、坡度，将这些点的标高在竖向设计图上标注出来，并辅以箭头表示各用地的排水方向（见图 1.7-7）。

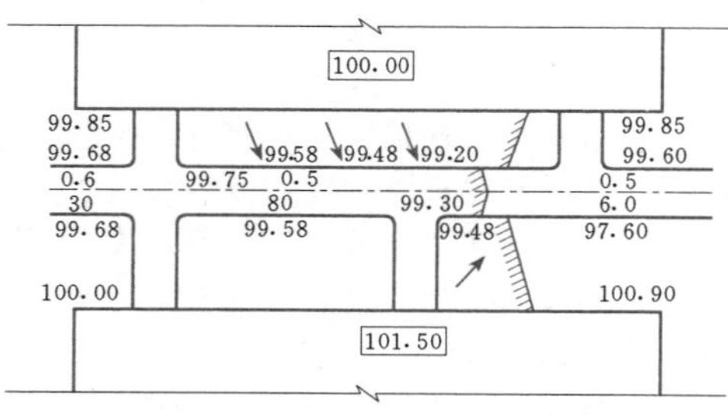

图 1.7-7　高程箭头法

高程箭头法规划设计工作量较小，图纸制作快，且易于变动、修改，是城（集）镇竖向设计的常用方法。但该方法要求确定标高要有充分经验，如果有些部位的标高不明确，则其准确性差。为弥补上述不足，在实际工作中也可采用高程箭头法和局部剖面的方法进行竖向设计。

1.7.8.10　公用工程规划设计

1. 供水工程

(1) 用水量预测。城（集）镇用水分为生活用水、生产用水、市政用水和消防用水。为保证水厂和管网的运行，用水量预测需考虑水厂自用水量、管网漏失水量及未预见水量。

1) 生活用水。GB 50188 规定，居住建筑的生活用水量可根据现行国家标准 GB 50178—93 的所在区域按表 1.7-3 进行预测。

表 1.7-3　居住建筑的生活用水量指标表

建筑气候区划	Ⅲ、Ⅳ、Ⅴ区	Ⅰ、Ⅱ区	Ⅵ、Ⅶ区
用水量指标［L/(人·d)］	100～200	80～160	70～140

公共建筑的生活用水量可按《建筑给水排水设计规范》(GB 50015) 的有关规定计算，也可按居住建筑生活用水量的 8%～25%进行估算。

2) 生产用水。生产用水量应包括工业用水量和农业服务设施用水量，可按所在省（自治区、直辖市）人民政府的有关规定进行计算。根据《城市给水工程规划规范》(GB 50282)，生产设施用水标准为 $120～500m^3/(hm^2 \cdot d)$，市政公用设施用水标准为 $25～50m^3/(hm^2 \cdot d)$，对外交通用水标准为 $30～60m^3/(hm^2 \cdot d)$。

3) 市政用水。GB 50015 规定，浇洒道路和绿地用水量应根据路面、绿化、气候和土壤等条件确定。浇洒道路用水量可按浇洒面积乘以 $2.0～3.0L/(m^2 \cdot d)$ 计算；浇洒绿地用水量可按浇洒面积乘以 $1.0～3.0L/(m^2 \cdot d)$ 计算。

4) 管网漏失水量及未预见水量。GB 50188 规定，管网漏失水量及未预见水量可按最高日用水量的 15%～25%计算。

5) 用水量计算。

a. 最高日用水量 Q_d

$$Q_d = Q_1 + Q_2 + Q_3 + Q_4 \qquad (1.7-1)$$

式中　Q_1——生活用水量；

Q_2——生产用水量；

Q_3——市政用水量；

Q_4——管网漏失水量及未预见水量。

b. 最高日最高时用水量 Q_h

$$Q_h = K_h Q_d / 24 \quad (1.7-2)$$

式中 K_h——时变化系数，一般取 2.0。

c. 水厂规模 Q

$$Q = 1.05 Q_d \quad (1.7-3)$$

d. 水厂自用水按照最高日用水量的 5%计算。

6）消防用水。根据《建筑设计防火规范》（GB 50016）的规定，消防用水量按 1 次火灾持续 2h、消防用水流量为 10L/s 计算。用消防用水量校核该城（集）镇供水设施的容积、管网流量及水压。

综上所述，用水量标准见表 1.7-4。

根据 GB 50188 的规定，给水工程规划的用水量也可按表 1.7-5 中人均综合用水量指标预测。

表 1.7-4　用水量标准表

类　别	城市用水量标准	集镇用水量标准
居民生活用水	130～300L/(人·d)	100～150L/(人·d)
生产设施用水	120～500m^3/(hm^2·d)	150m^3/(hm^2·d)
市政用水	25～50m^3/(hm^2·d)	生活用水量的 8%～25%
管网漏失水量及未预见水量	最高日用水量的 15%～25%	最高日用水量的 15%～25%
水厂自用水	最高日用水量的 5%	最高日用水量的 5%

表 1.7-5　人均综合用水量指标表

建筑气候区划	Ⅲ、Ⅳ、Ⅴ区	Ⅰ、Ⅱ区	Ⅵ、Ⅶ区
用水量指标［L/(人·d)］	150～350	120～250	100～200

注　1. 表中为规划期最高日用水量指标，已包括管网漏失及未预见水量。
2. 有特殊情况的镇区，应根据用水实际情况酌情增减用水量指标。

（2）供水水源。供水水源的选择应符合下列规定：

1）水量应充足，水质应符合使用要求。

2）应便于水源卫生防护。

3）生活饮用水、取水、净水、输配水设施应做到安全、经济和具备施工条件。

4）选择地下水作为给水水源时，不得超量开采；选择地表水作为给水水源时，其枯水期的保证率不得低于 90%。

5）水资源匮乏的镇应设置天然降水的收集储存设施。

（3）供水工程。

1）取水工程。从选定的水源取水，输往水厂。工程设施包括水源和取水点、取水建（构）筑物及设施。

2）水处理（净水）工程。将天然水源的水加以处理，达到生活饮用水水质要求。工程设施包括水厂内各种水处理建（构）筑物、设施、设备。

3）输配水工程。输配水工程是指从水源泵房或水源集水井至水厂的管道，以及从水厂至城（集）镇管网、直接送水到用户的管道、设备、设施。

（4）供水管网。按照城（集）镇规划布局布置管网，管网布置必须保证供水安全可靠，宜布置成环状，即按主要流向布置几条平行干管，其间用连通管连接。

干管布置的主要方向，按供水主要流向延伸，而供水的流向取决于最大用户或水塔调节构筑物的位置，即管网中干管输水到它们的距离要求最近。干管按规划道路布置，尽量避免在高级路面或重要道路下敷设。

为保证消火栓的压力和水量，应将消火栓与干管相连接。消火栓的布置首先应考虑仓库、学校、公共建筑等集中的用户。

2. 排水工程

（1）排水体制与排水工程系统。对生活污水、工业废水和雨水采用不同的排除方式所形成的排水系统，称为排水体制。其可分为合流制和分流制。

1）合流制排水系统。合流制排水系统是将生活污水、工业废水和雨水混合在一个管渠内排除的系统。其可分为直排式合流制、截流式合流制和全处理合流制。

2）分流制排水系统。分流制排水系统将生活污水、工业废水和雨水分别在两个或两个以上各自独立的管渠内排除的系统。其可分为完全分流制和不完全分流制。

a. 完全分流制。即分污水和雨水 2 个系统，用管渠分开排放。污水流至污水处理厂，经处理后排放。

b. 不完全分流制。污水埋暗管，雨水为路面边沟（明沟）排水。

3）排水体制的选择。城（集）镇排水体制的确定，不仅影响排水系统的设计施工、投资运行，对城（集）镇的布局和环境保护也有影响。一般应根据城（集）镇的总体规划、环境保护、工程投资、地形气候等条件，从全局出发，通过技术经济比较，综合确定。城（集）镇新址排水体制宜采用分流排水系统，在污水排入系统前采用化粪池、生活污水净化设施、沼气池等方法进行预处理；排水管道宜采用地埋管道或盖板排水沟。

4）排水工程系统布置。城（集）镇排水工程系统布置型式，可根据地形、竖向设计、污水处理厂位置、周边水体情况、污水种类及污水处理利用方式等确定。

（2）污水工程。城（集）镇污水系统包括污水管道系统和污水厂。污水管道系统规划的主要内容有排水流域的划分、污水管道的定线和平面布置、污水流量计算、污水管道水力计算、污水管道铺设位置确定。

1）污水量计算。城（集）镇污水量包括生活污水和部分工业废水，与城（集）镇的性质和规模有关。生活污水量的大小直接取决于生活用水量。通常生活污水量约占生活用水量的70%～90%。污水量与用水量密切相关，通常根据用水量乘以污水排除率（见表1.7-6）算得污水量。

表1.7-6　　城市污水排除率

污水性质		排除率
城市污水		0.75～0.90
城（集）镇生活污水		0.85～0.95
工业废水	一类工业	0.80～0.90
	二类工业	0.80～0.95
	三类工业	0.75～0.95

2）污水管网布置。在城（集）镇规划总平面图上进行管道系统平面布置：确定排水区界，划分排水流域；选择污水厂和出口的位置；拟定污水干管及主干管的路线；确定需要提升的排水区域和设置泵站的位置。

污水管道平面布置按先确定主干管、再定干管、最后定支管的顺序进行。污水干管的布置形式按与地形等高线的关系分为平行式和正交式。平行式布置是污水干管与等高线平行，而主干管与等高线基本垂直，这种形式能适应地形坡度较大的城（集）镇，可以减少管道的埋深，避免设置过多的跌水井，改善干管水力条件。正交式布置是干管与地形等高线垂直相交，而主干管与等高线平行，适应地形平坦但略向一边倾斜的城（集）镇。

污水支管的平面布置取决于地形、建筑特征和用户接管是否方便。一般有：①低边式，将污水支管布置在街坊地形较低一边，其管道较短，适用于街坊狭长或地形倾斜地区；②围坊式，将污水支管布置在街坊四周，适用于街坊地势平坦且面积较大地区；③穿坊式，污水支管穿过街坊，而街坊四周不设污水管，其管线较短，工程造价低，适用于街坊内部建筑规划已确定或街坊内部管道自成体系地区。

（3）雨水工程。

1）雨水量的计算。城（集）镇雨水量根据降雨强度、汇水面积、径流系数计算。常用的公式为式（1.7-4）。

$$Q = \psi F q \tag{1.7-4}$$

式中　Q——雨水设计流量，L/s；

F——汇水面积，按管（渠）的实际汇水面积计算，hm^2；

q——暴雨强度，$L/(s \cdot m^2)$；

ψ——径流系数。

在设计雨水管渠时，假定降雨在汇水面积上均匀分布，并选择强度最大的降雨作为设计依据，根据当地多年（至少10年以上）的雨量记录，可以推算出暴雨强度公式，各地暴雨强度的公式可在有关排水设计手册中查到。没有暴雨强度公式的地区，可以按照规范计算。暴雨强度公式一般采用式（1.7-5）。

$$q = \frac{167A_1(1 + c\lg P)}{(t + b)^n} \tag{1.7-5}$$

式中　q——设计暴雨强度，$L/(s \cdot m^2)$；

P——设计降雨量重现期，a；

t——降雨历时，min；

A_1，c，b，n——地方参数，根据统计方法进行计算确定。

暴雨强度，指单位时间内的降雨深度。设计暴雨强度与设计重现期及降雨历时有关。

设计重现期为若干年出现一次最大降雨的期限，一般应根据用地的性质、地形特点、汇水面积和危害大小等因素来考虑。

连续降雨的时段称为降雨历时。设计中通常用汇水面积最远点的雨水流到设计断面的集水时间作为设计降雨历时，计算公式如式（1.7－6）、式（1.7－7）。

$$T = t_1 + mt_2 \quad (1.7-6)$$

$$t_2 = \sum(L/60V) \quad (1.7-7)$$

式中　t_1——受地形、地面铺砌、地面种植情况和街区大小等因素的影响，min，一般为5～15min；

m——折减系数，相关规范规定，管道为2，明渠为1.2；

t_2——雨水在上游管（渠）段内的流行时间，min；

L——上游各管（渠）段的长度，m；

V——上游各管（渠）段的设计流速，m/s。

2）雨水管渠系统。城（集）镇雨水系统是由雨水口、雨水管渠、检查井、出水口等构筑物组成的一套工程设施。其规划内容有：确定或选用当地暴雨强度公式；确定排水流域或排水方式，进行雨水管渠的定线；确定雨水泵房、雨水调节池、雨水排放口的位置；确定设计流量计算方法与有关参数；进行雨水管渠的水力计算；确定管渠尺寸、坡度、标高及埋深。

雨水管渠系统布置应充分利用地形，就近排入水体；尽可能自流，尽量避免设置雨水泵站；结合街区及道路规划以及竖向设计进行布置；雨水出水口设置应与接纳水体相适应，采取集中或分散布置的形式。

3. 供电工程

（1）电力负荷预测计算。城（集）镇的用电负荷分为居民生活用电、公共设施用电、生产设施用电、市政道路照明用电和其他用电。根据《城市电力规划规范》（GB 50293）有关规定，城（集）镇用电负荷标准按表1.7－7取值。

表1.7－7　　城（集）镇用电负荷标准

类　别	城市负荷标准	集镇负荷标准
居民生活用电	1.4～4kW/户	300～500W/人
公共设施用电	300～1200kW/hm^2	150kW/hm^2
生产设施用电	200～800kW/hm^2	100kW/hm^2
市政道路照明用电	2.5W/m^2	2.5W/m^2
其他用电	上述4项用电总和的5%	上述4项用电总和的5%

注　DL/T 5380—2007规定，城市居民生活用电一般取600kW·h/(人·年)，集镇居民取400kW·h/(人·年)。

电力负荷为上述5类用电之和，装机系数一般取0.9，配电设备容量≥电力负荷预测/0.9。

（2）电源规划。城（集）镇的电源分为发电站和变电所。

1）发电站。城（集）镇发电站主要有水力发电站、火力发电站、风力发电站等。

2）变电所。其作用是将区域电网上的高压电变为低压电，再分配到用户。

（3）配电线路电压等级。电力线路输送功率与输送距离见表1.7－8的规定。

（4）电力网的接线方式。

1）一端电源供电网，又称开式网。其接线方式有放射式、干线式、树枝式等类型。

2）两端电源供电网，即电网中的用户或变电所可以从两个电源取得电能，形成环形网或双回路电网，提高了供电可靠性。

3）多端电源供电网，又称复杂网。复杂网中包含有能从3个或3个以上电源取得电能的变电站。多端电源供电可靠性高，运行、检修灵活，但投资大，继电保护、运行操作复杂。

表1.7－8　　配电线路等级选择

线路电压（kV）	线　路	输送功率（kVA）	输送距离（km）	线路走廊（m）
0.22	架空线	<50	<0.15	
	电缆线	<100	<0.2	
0.38	架空线	<100	<0.5	
	电缆线	<175	<0.6	
10	架空线	<3000	8	
	电缆线	<5000	<10	
35	架空线	2000～10000	20～40	12～20
66、110	电缆线	10000～50000	50～150	15～25

（5）电力线路。城市的主干路可采用地埋方式敷设电力线路，其他道路按原址的敷设方式敷设。集镇电力线路宜架空敷设。城（集）镇的电力网采用架空线路结构时，高低压配电线路应同杆架设，尽可能做到同一电源。架空电力线路应根据地形、地貌特点和网络规划，沿道路、河渠和绿化带设置，路径力求短

捷、顺直，减少交叉。线路的设计包括路径的选择、线路的走廊宽度、杆塔挡距、导线间距等安全标准。

4. 通信工程

(1) 电话需求量预测。按每对电话主线所服务的面积进行预测，每对电话主线所服务的面积见表1.7-9。根据邮电部门统一提出的电话普及率和通信行业发展电话的行业标准，城（集）镇电话普及率为25%～35%。

(2) 电话局所规划。规划电话局所的分区范围、局所位置、装设交换机设备的容量；整个网络的中继方式、中继线路；确定各局所交换区域划分界线、具体位置、建设规模。

表1.7-9 每对电话主线所服务的面积

建筑性质	办公	商业	旅馆	多层住宅	高层住宅	幼托	学校	医院	文化娱乐	仓库
建筑面积（m^2）	20～25	30～40	35～40	60～80	80～100	85～95	90～110	100～120	110～130	150～200

局所选址应符合环境安全、服务方便、技术合理和经济实用的原则。

(3) 电话线路。合理确定线路路由和线路容量。汇接局之间、汇接局至端局之间线路路由应直达，或距离最短为佳。端局至用户的线路路由也应便捷而且架设方便，干扰小，安全性高。线路应留有足够的容量，在经济、技术许可的情况下，首先使用通信光缆以及同轴电缆等高容量线路，提高线路的安全性和道路利用率。

电信线路可选用架空或穿管敷设，敷设方式宜与原址一致。架空电话线路规划要求：架空电话线路的路由应力求短捷，安全可靠；市话电缆线路不应与电力线路同杆架设，不可避免与1～10kV电力线路同杆时，电力线与电信电缆净距不小于2.5m，与1kV电力线同杆时不小于1.5m。

5. 有线广播和有线电视

(1) 有线广播站和有线电视台选址。尽量设在靠近城（集）镇政府机关办公楼附近；尽量设在用户区中心位置，以节省线路建设费用，并保证传输质量；尽量设在环境安静、清洁和无噪音干扰影响的地方，避开潮湿和高温的地方；远离产生强磁场、强电场的地方，以免产生干扰。

(2) 有线电视、有线广播线路规划。有线电视、有线广播线路规划原则：线路应短直，少穿越道路，便于施工及维护；避开易使线路损伤的场所，减少与其他管线等障碍物交叉跨越；线路布置必须符合有关规范规定的间隔距离要求。

广播电视线路敷设可与电信线路同管道敷设，也可与架空电信线路同杆架设。

1.7.8.11 防灾减灾规划

城（集）镇防灾减灾包含消防、抗震防灾、防洪等，应依据县域或地区防灾减灾规划的统一部署进行城（集）镇的防灾减灾规划。

1. 消防

城（集）镇消防规划主要包含消防安全布局和消防站、消防供水、消防通道、消防通信和消防装备等公共消防设施确定。

(1) 消防安全布局。生产和储存易燃、易爆物品的工厂、仓库、堆场和储罐等应设置在城（集）镇的边缘或相对独立的安全地带，并要保持规范要求的防火间距：生产和储存易燃、易爆物品的工厂、仓库、堆场和储罐以及燃油、燃气供应站等与居住、医疗、教育、集会、娱乐、市场等建筑之间的防火间距不应小于50m。合理规划布局消防通道和消防设施，其应符合各类设计规范的要求。

(2) 消防站。消防站的布局应以接到报警后5min内消防人员到达责任区边缘为原则，并应设在责任区内的适中位置和便于消防车辆迅速出动的地段；消防站的建设用地面积可按《城市消防站建设标准》的规定执行；消防站的主体建筑距离学校、幼儿园、医院、影剧院、集贸市场等公共设施主要疏散口的距离不得小于50m。

迁建城（集）镇不具备建设消防站条件时，可设置消防值班室，配备消防通信设备和灭火设施。

(3) 消防供水。迁建城（集）镇供水管网及消火栓的布置、水量、水压应符合GB 50016的规定。设有消火栓的供水管管径不得小于100mm，消火栓的间距不得大于120m。当供水管网不能满足消防用水要求时，应设置消防水池，寒冷地区的消防水池应采取防冻措施。

(4) 消防通道。消防通道之间的距离不宜超过160m，路面宽度不得小于4m。当消防车通道上空有障碍物跨越道路时，路面与障碍物之间的净高不得小于4m。当建筑沿街部分长度超过150m或总长度超过220m时，应设穿越建筑的消防车道；沿街建筑应设连接街道和内院的通道，其间距不大于 80m（可结合楼梯间设置）；建筑物内开设的消防车道，净高与净宽均应大于或等于 4m；消防道路宽度应大于或等于 3.5m，净空高度不应小于 4m；尽端式消防道的回车场尺度应大于 15m×15m；高层建筑宜设环形消防车道，或沿两长边设消防车道。

2. 防洪

（1）防洪规划的一般要求。城（集）镇防洪规划应与当地江河流域规划、农田水利、水土保持和绿化造林等规划相结合。

防洪规划应与水库（或水电站）的各种设计洪水位相协调。根据洪灾类型，选用不同的防洪标准和防洪设施，将工程防洪措施和非工程防洪设施相结合，形成完整的防洪体系。

（2）防洪标准的选择。根据城（集）镇的性质、人口规模、经济能力和重要程度等因素确定城（集）镇防洪工程的防洪标准。对于局部受洪水威胁的地区，根据防洪对象的重要性和经济技术的可能性确定分区防洪的防洪标准。城（集）镇防洪标准见表 1.7-10。

表 1.7-10　　防洪标准表

等别	重要程度	城市人口（万人）	防洪标准（重现期，年）		
			河（江）洪、海潮	山洪	泥石流
一	特别重要城市	≥150	≥200	100～50	>100
二	重要城市	150～50	200～100	50～20	100～50
三	中等城市	50～20	100～50	20～10	50～20
四	一般城（集）镇	≤20	50～20	10～5	20

（3）防洪措施和对策。城（集）镇新址选择已经考虑了相关防洪因素。对于利用防洪水位以下或淹没线以下的土地作为城（集）镇建设用地时，应采取可靠的防洪措施，见 1.10 的“抬填工程”。

对山洪的防治，应“排”和“截”相结合。对新址区的主要河流、冲沟，应加以整治疏通，以加大泄水能力，降低水位。对靠山一侧的坡面，应设置截洪沟，将原来进入城（镇）区的洪水排入周边排水通道。

3. 抗震防灾

城（集）镇抗震防灾规划的主要内容包括：建设用地评估、工程抗震设防、生命线工程和重要抗震设施规划、防止地震次生灾害和避震疏散场地规划，建立地震防灾救灾体系，明确地震来临时各级组织的职责，提高地震应急响应和救灾能力。

（1）建设用地评估。进行城（集）镇迁建规划时，应避开对抗震不利的地段；当无法避开时，必须采取有效的抗震措施，并应符合国家现行标准《建筑抗震设计规范》（GB 50011）和《中国地震动参数区划图》（GB 18306）的有关规定。严禁在危险地段规划居住建筑和其他人口密集的建设项目。

（2）工程抗震设防。重大工程及可能发生严重次生灾害的建设工程必须进行地震安全性评价，并依据评价结果确定抗震设防要求，进行抗震设防；对于一般建设工程，有条件的地区应当严格按照强制性国家标准 GB 18306—2001 或者地震小区划结果确定的抗震设防要求设防。

（3）生命线工程和重要抗震设施规划。生命线工程和重要抗震设施（包含交通、通信、供水、供电、能源等生命线工程以及消防、医疗和食品供应等重要设施）应进行统筹规划，除按国家标准进行抗震设防外，还应符合下列规定：道路、供水、供电等工程采用环网布置方式；城（集）镇人口密集的地段设置不少于 4 个出入口；抗震防灾指挥机构设置备用电源。

（4）防止地震次生灾害和避震疏散场地规划。防止地震次生灾害规划主要是对迁建城（集）镇中生产和储存具有发生地震的次生灾害源（包括产生火灾、爆炸和溢出剧毒、细菌、放射物等单位）进行合理规划，规划措施包括：次生灾害严重的，应在城（集）镇区以外重建，并符合有关规定；次生灾害不严重的，应采取防止灾害蔓延的措施；人员密集活动区不得建有次生灾害源的工程。避震疏散场地应根据疏散人口的数量规划。避震疏散应与广场、绿地等综合考虑，应符合下列规定：①应避开次生灾害严重的地段，并具有明显的标志和良好的交通条件；②人均疏散场地不宜小于 3m²；③每一疏散场地不宜小于 4000m²；④疏散人群至疏散场地的距离不宜大于 500m；⑤主要疏散场地应具备临时供电、供水和卫生条件。

1.7.8.12　环境保护规划

1. 环境保护规划

（1）城（集）镇环境污染类型。城（集）镇环境污染主要是水体污染，其次是粉尘和大气污染、噪音污染以及固体废弃物污染。

(2) 环境保护措施。

1) 水体污染防治措施：①全面规划、合理布局，防止水污染；②从污染源出发，改革工艺，进行技术改造，减少排污；③加强工业废水、生活污水的处理和排放管理，执行国家的废水排放标准；④完善城(集)镇的排水系统，排水体制宜采用雨、污分流制。

2) 大气污染防治措施。消除和减轻大气污染的根本方法是控制污染源，同时搞好绿化，提高自净能力。工业企业是造成大气污染的主要污染源，合理规划工业用地是防止大气污染的重要措施，工业用地应布置在盛行风向的下侧。

3) 噪音污染防治措施。治理噪音污染的根本措施是减少或消除噪声源。在城(集)镇规划时，尽可能将噪声大的企业或单位相对集中布置，或布置在边缘地带，并和其他用地保持一定的间距。也可采取隔声措施，如合理布置绿化带来降低噪声，利用对隔声要求不高的建筑物形成隔声屏障。

2. 环境绿化规划

(1) 绿地分类和规划指标。城(集)镇绿地可分为公共绿地、防护绿地、附属绿地和其他绿地。附属绿地和其他绿地在计算建设用地时，按主要使用性能归类，不计人绿地范围，但在绿化规划时应统一考虑。

1) 公共绿地。即面向公众、有一定游憩设施的绿地，如公园绿地、路旁或临水宽度大于 5m 的绿带。公共绿地占建设用地比例见表 1.7-11。

表 1.7-11 公共绿地占建设用地比例表

类别代号	用地类别	占建设用地比例(%)		
		城市	中心镇	一般镇
G1	公共绿地	8～12	8～12	6～10

2) 防护绿地。即用于安全、卫生、防风等的防护绿地，如工矿企业防护绿带、铁路和公路的防护林带、高压电力线路走廊和防风林带等。

3) 附属绿地。除公共绿地、防护绿地外其他建设用地中的绿地称为附属绿地。如居住区、公共设施用地中的绿地等。

4) 其他绿地。即水域或其他用地中的绿地，如林地、苗圃等用地。

(2) 绿化规划原则。绿化规划要结合其他规划的功能、布局统筹安排，应遵循以下原则：①绿地合理分级、分布，满足城(集)镇居民休息、游览的需要；②结合地形，少占好地和道路；③城(集)镇内的绿地系统规划要与城(集)镇外的各种防护林带相互呼应，让各类绿地点、线、面有机结合起来，形成完整的绿地系统。

(3) 绿化规划。城(集)镇绿地的形态主要有点状、块状和线状三种。点状指小面积绿地，小者 100m^2，大者 1000～5000m^2；块状指具有一定规模的花园、公园等，如面积 1.0～5.0hm^2 的花园和小游园；线状指道路上的行道树、分车道绿化，沿河边、溪边及工业园区的隔离带绿地等。

绿地系统的布局主要有五种形式：

1) 块状均匀布局：以较大的公园为主，均衡地分布在城(集)镇各区。

2) 散点状均匀布局：以大量的小块绿地分布于城(集)镇中，每处可简可繁，居民可就近方便地到达绿地休息游玩。

3) 网状布局：沿城(集)镇中的河流溪沟，不同功能分区的隔离带、道路绿化带组成线型带状绿地，在城(集)镇中构成网状绿化系统。

4) 环状布局：沿城(集)镇四周规划成环城绿地，形成优美的城(集)镇周围环境。

5) 放射状绿地系统：绿地以放射状从中心向外放射，和城(集)镇边缘的绿地、自然环境相联系，利用绿化将城(集)镇划分为若干功能不同的区域，减少相互之间的干扰。

3. 环境卫生规划

(1) 城(集)镇固体废物系统规划。

1) 垃圾产量预测。城(集)镇固体废物主要有生活垃圾、建筑垃圾、一般工业固体废物和危险固体废物。其中主要是生活垃圾。

生活垃圾产量预测一般采用人均指标法和增长率法。

a. 人均指标法。我国城市人均生活垃圾日产量为 0.6～1.2kg，规划人均生活垃圾日产量为 1.0～1.2kg，由人均生活垃圾指标乘以规划的人口数量即可计算得到城(集)镇生活垃圾总量。

b. 增长率法。其计算公式为

$$W_n = W_0(1+i)^n \tag{1.7-8}$$

式中 W_n——规划设计水平年生活垃圾总量，t/d；

W_0——规划设计基准年生活垃圾总量，t/d；

i——年增长率；

n——规划年限。

2) 生活垃圾收集运输。

a. 垃圾转运站：宜设置在靠近服务区域的中心或垃圾产量集中和交通方便的地方。小型垃圾转运站每 0.7～1.0km^2 设置 1 座，用地面积不小于 200m^2，与周围建筑物间隔不小于 5m。

b. 收集容器(垃圾箱)：每一个收集容器的服务半径为 50～80m。

c. 环卫站：其规划占地面积可根据规划人口按 $1000 \sim 1500m^2$/万人计算。

3）生活垃圾处理。生活垃圾处理一般采用填埋或焚烧。城（集）镇产生的生活垃圾经收集集中后转运至垃圾填埋场，进行卫生填埋。垃圾填埋场应统一规划，填埋场建设应达国家规定的技术标准。有条件的城（集）镇可送至垃圾焚烧场，进行无害化焚烧。

（2）公厕和粪便处理规划。

a. 公厕规划：城（集）镇主要街道两侧、公共设施以及市场、公园和旅游景点等人群密集场所宜设节水公共厕所。设置间距以 300～700m 为宜，具体根据人口密集程度确定。公共厕所建筑面积一般为 $30 \sim 60m^2$。

b. 粪便处理规划：粪便的收集、清运、处理是城（集）镇环境卫生工作的一项重要内容。粪便的处理应符合《粪便无害化卫生标准》（GB 7959）的有关规定。

4. 景观规划

城（集）镇景观规划要充分利用库区的地形地貌、水库河流等自然条件，以及库区历史形成的悠久建筑文化和人文特征，结合建设条件和审美需求，以创造优美、清新、自然、和谐、富有特色的新型城（集）镇为规划目标。

城（集）镇景观规划包括道路景观、广场景观、绿地及建筑景观。道路景观规划以带状为主，建筑物高低搭配，形成良好的道路景观。广场景观以中心广场为主，广场四周建筑围合，主次分明，高低错落，广场主要铺花岗石板，设计喷泉、花池、铺地及灯饰等，广场主入口以大片绿化及彩色地砖铺地点缀，使整个广场以草坪为主，道路以乔木绿化带为主，滨水绿化带乔、灌、草相结合，种植物四季搭配，形成四季常绿的景观。

1.7.8.13 技术经济分析

城（集）镇规划的技术经济分析，一般包括用地分析、技术经济指标的比较、造价估算等。

1. 用地分析

（1）用地分类。城（集）镇用地按土地使用的性质划分为居住用地、公共设施用地、生产设施用地、仓储用地、对外交通用地、道路广场用地、工程设施用地、绿地、水域和其他用地 9 大类 30 小类，见表 1.7－12。

表 1.7－12　城（集）镇用地的分类和代号表

类别代号		类别名称	范　　围
大类	小类		
R		居住用地	各类居住建筑和附属设施及其间距和内部小路、场地、绿化等用地，不包括路面宽度等于和大于 6m 的道路用地
	R1	一类居住用地	以一至三层为主的居住建筑和附属设施及其间距内的用地，含宅间绿地、宅间路用地，不包括宅基地以外的生产性用地
	R2	二类居住用地	以四层和四层以上为主的居住建筑和附属设施及其间距、宅间路、组群绿化用地
C		公共设施用地	各类公共建筑及其附属设施、内部道路、场地、绿化等用地
	C1	行政管理用地	政府、团体、经济、社会管理机构等用地
	C2	教育机构用地	托儿所、幼儿园、小学、中学及专科院校、成人教育及培训机构等用地
	C3	文体科技用地	文化、体育、图书、科技、展览、娱乐、度假、文物、纪念、宗教等设施用地
	C4	医疗保健用地	医疗、防疫、保健、休（疗）养等机构用地
	C5	商业金融用地	各类商业服务业的店铺、银行、信用、保险等机构及其附属设施
	C6	集贸市场用地	集市贸易的专用建筑和场地，不包括临时占用街道、广场等设摊用地
M		生产设施用地	独立设置的各种生产建筑及其设施和内部道路、场地、绿化等用地
	M1	一类工业用地	对居住和公共环境基本无干扰、无污染的工业，如缝纫、工艺品制作等工业用地
	M2	二类工业用地	对居住和公共环境有一定干扰和污染的工业，如纺织、食品、机械等工业用地

续表

类别代号		类别名称	范　　围
大类	小类		
M	M3	三类工业用地	对居住和公共环境有严重干扰、污染严重和易燃易爆的工业，如采矿、冶金、建材、造纸、制革、化工等工业用地
	M4	农业服务设施用地	各类农产品加工和服务设施用地，不包括农业生产建筑用地
W		仓储用地	物资的中转仓库、专业收购和储存建筑、堆场及其附属设施、道路、场地、绿化等用地
	W1	普通仓储用地	存放一般物品的仓储用地
	W2	危险品仓储用地	存放易燃、易爆、剧毒等危险品的仓储用地
T		对外交通用地	对外交通的各种设施用地
	T1	公路交通用地	规划范围内的路段、公路站场、附属设施等用地
	T2	其他交通用地	规划范围内的铁路、水路及其他对外交通路段、站场和附属设施等用地
S		道路广场用地	规划范围内的道路、广场、停车场等设施用地，不包括各类用地中的单位内部道路和停车场地
	S1	道路用地	规划范围内路面宽度不小于6m的各种道路、交叉口等用地
	S2	广场用地	公共活动广场、公共使用的停车场用地，不包括各类用地内部场地
U		工程设施用地	各类公用工程和环卫设施以及防灾设施用地，包括其建筑物、构筑物及管理维修设施等用地
	U1	公用工程用地	供水、排水、供电、邮政、通信、燃气、供热、交通管理、加油、维修、殡仪等设施用地
	U2	环卫设施用地	公厕、垃圾站、环卫站、粪便和生活垃圾处理设施等用地
	U3	防灾设施用地	各项防灾设施的用地，包括消防、防洪、防风等
G		绿地	各类公共绿地、防护绿地，不包括各类用地内部的附属绿化用地
	G1	公共绿地	面向公众、有一定游憩设施的绿地，如公园、路旁或临水宽度等于和大于5m的绿地
	G2	防护绿地	用于安全、卫生、防风等的防护绿地
E		水域和其他用地	规划范围内的水域、农林用地、牧草地、未利用地、各类保护区和特殊用地等
	E1	水域	江河、湖泊、水库、沟渠、池塘、滩涂等水域，不包括公园绿地中的水面
	E2	农林用地	以生产为目的农林用地，如农田、菜地、园地、林地、苗圃、打谷场以及农业生产建筑等
	E3	牧草和养殖用地	生长各类牧草的土地及各种养殖场用地等
	E4	保护区	水源保护区、文物保护区、风景名胜区、自然保护区等
	E5	墓地	
	E6	未利用地	未使用和尚不能使用的裸岩、陡坡、沙荒地等
	E7	特殊用地	军事、保安等设施用地，不包括部队家属生活区等用地

（2）用地计算。

1）居住用地范围。居住区以道路为界时，以道路红线为界；与其他用地相邻时，以用地边界线为界；与天然障碍物或以人工障碍物相邻时，以障碍物地点边线为界。居住区的非居住用地应予扣除。

2）住宅用地范围。以居住区内部道路红线为界，宅前宅后小路属住宅用地。如住宅与公共绿地相邻，没有道路或其他明确界线时，通常在住宅的长边以住宅的1/2高度计算，住宅的两侧一般按3～6m计算；与公共设施相邻的，以公共设施的用地边界为界，如公共设施无明确的边界时，则按住宅的要求进行计算。

3）公共设施用地范围。有明确界线的公共设施按基地界线划定，无明确界限的公共设施可按建筑物基底占用土地及建筑四周实际所需的土地划定界限；当公共设施在住宅建筑底层时，将其建筑基底及建筑物周围用地按住宅和公共设施项目各占该幢建筑物总面积的比例分摊。

4）道路广场用地范围。对于路面宽度不小于6m的道路，均计入道路用地，路面宽度小于6m的小路，不计入道路用地，而计入该小路所服务的用地之中；对兼有公路和城（镇）区内道路双重功能时，可将其用地面积的各半分别计入对外交通和道路广场用地。

5）公共绿地范围。公共绿地指规划确定的公园、小游园、住宅组团绿地，不包括住宅日照间距之内的绿地和公共设施所属的绿地。

（3）用地平衡。对土地使用现状进行分析，作为调整用地和制定规划的依据之一；进行方案比较，检验设计方案用地分配的经济性和合理性。

2. 技术经济指标

技术经济指标有规划建设用地面积、规划总人口、居住户数、总建筑面积、住宅建筑面积、平均层数、容积率、绿化率、人口净密度、人口毛密度、建筑净密度、住宅建筑面积毛密度、基础设施建设费、每公顷基础设施建设费等。

平均层数＝总建筑面积/基底总面积

建筑净密度＝建筑基底总面积/总用地面积

住宅建筑面积毛密度＝住宅总建筑面积/住宅用地面积

人口净密度＝规划总人口/住宅用地总面积

人口毛密度＝规划总人口/规划总用地面积

容积率＝总建筑面积/总用地面积

1.7.8.14 新址征地补偿费及基础设施工程投资计算❶

1. 新址征地补偿费计算

新址征地补偿主要包括土地补偿补助、房屋及附属建筑物补偿、农副业设施补偿、小型水利水电设施补偿、行政事业单位补偿、搬迁补助、过渡期补助、其他补偿等。在新址实物调查成果的基础上，推算规划水平年征地补偿的实物量，按照建设征地移民安置补偿项目分类，采用确定的补偿标准和单价，计算土地征收、房屋及其附属设施拆迁、零星果木补偿和搬迁补助等费用。

2. 基础设施工程投资计算

基础设施工程包括新址场地平整及挡护工程、道路广场、给水、排水、防洪、供电、电信、广播电视、环卫、园林绿化等项目。基础设施工程投资按照新址建设规划设计确定的工程量，依据市政和相应行业概（估）算编制办法和定额进行计算。

水利水电工程与水电工程城（集）镇新址建设投资费用项目对比见表1.7-13。

表1.7-13 水利水电工程与水电工程城（集）镇新址建设投资费用项目对比

水利水电工程		水电工程		备注
一级项目	二级项目	一级项目	二级项目	
1. 新址征地补偿费	主要包括土地补偿补助、房屋及附属建筑物补偿、农副业设施补偿、小型水利水电设施补偿、行政事业单位补偿、搬迁补助、过渡期补助、其他补偿等费用	1. 新址建设场地准备费	1. 新址征地费； 2. 新址场地清理费； 3. 新址场地平整费	
2. 基础设施工程投资	包括新址场地平整及挡护工程、道路广场、给水、排水、防洪、供电、电信、广播电视、环卫、园林绿化等项目投资	2. 道路和工程设施建设费	包括道路、给排水、供热、燃气、绿化、电力、电信、广播电视、防灾减灾等项目的费用	
		3. 工程建设其他费		

❶ DL/T 5380—2007规定，城市集镇迁建基础设施建设费用包括新址建设场地准备费用、道路和工程设施建设费用、工程建设其他费用。

1.8 工业企业处理规划

1.8.1 概述

征地影响工业企业是指在征地影响范围内固定资产原值在一定规模（不小于100万元）以上的正常运行的工业企业及因故停产的工业企业。

征地影响工业企业，按征地影响的程度分为部分厂区受影响、主要生产厂区受影响、全部企业受影响、主要原材料生产场地受影响等四种情况。按占压情况分为两种类型：一类是工程建设区占压影响企业；另一类是水库淹没影响企业。后者处理方案考虑的因素多，处理规划也较为复杂，同时考虑水利水电工程征地影响企业以工业企业较为常见，因此，本节主要介绍水库淹没影响工业企业处理规划。水库淹没其他类型企业及工程建设区占压影响企业的处理规划，参照水库淹没影响工业企业的处理规划方法编制。

1.8.1.1 处理原则

（1）工业企业处理规划应符合国家的有关政策规定，遵循技术可行、经济合理的原则。

（2）工业企业处理规划要与库区建设、资源开发、水土保持、经济发展相结合，不仅要使迁建企业恢复原有的生产水平，企业职工恢复原有的收入水平，而且要尽可能使移民受益，为逐步使移民生活达到或者超过原有水平创造条件。

（3）工业企业处理规划要与移民安置相结合，并与城镇迁建规划及库区交通、电力、电信等复建规划相协调。

（4）根据工业企业受淹没影响的程度，结合地区经济产业结构调整、技术改造及环境保护要求，在征求地方政府、主管部门意见的基础上进行统筹规划，确定防护、改建、迁建或关、停、并、转的处理方式。

（5）工业企业迁建应按“原规模、原标准、恢复原有生产能力”的原则计列补偿投资。因结合迁建提高标准、扩大规模、进行技术改造以及转产所需增加的投资，不列入水利水电工程补偿投资。

1.8.1.2 主要任务

工业企业处理规划的主要任务是，分析水库淹没对企业的影响程度，结合当地实际和经济社会发展状况，充分考虑受影响企业产权部门意见，提出工程建设业主、受影响企业（或企业主管部门）认可的处理方案，计算补偿投资，纳入工程建设设计文件。

1.8.1.3 主要内容

工业企业处理的主要内容包括：在实物调查成果的基础上，开展水库淹没影响工业企业资产评估，分析企业的受影响程度，拟定并确定企业处理方案，计算企业补偿投资，评价企业处理效果。

（1）企业资产评估。根据国家征地移民的政策法规和规范，结合征地移民的特点和要求，运用资产评估的基本理论、方法及有关规定，按照规定程序，对企业的实物资产如房屋、构筑物、机器设备、库存等进行核实（或在实物调查的基础上进行核实）和评估，为制定企业处理方案和计算投资提供价值依据。

（2）分析企业的受影响程度。根据水库淹没线和企业实物调查情况，分析企业全部受淹、部分受淹及其他淹没影响情况。

（3）初步确定企业处理方案。按企业隶属关系，根据其生产状况、受影响程度和当地的资源条件，结合市场预测和近、远期经济发展规划，提出企业的处理方式及建设规模方案。

（4）在技术经济比较的前提下，设计单位会同有关部门结合迁建企业安置地的交通、电力、通信、水源、地质等条件，选定迁建新址，并进行迁建方案的规划设计。工业企业迁建规划设计的主要内容包括：选址论证、生产规模分析、厂（矿）区布置、土建工程和工艺流程设计、实施进度计划、投资概（估）算、分年投资计划及经济分析等，并提出规划设计书及图纸。

（5）对防护、局部改建的企业，在技术可行、经济合理的条件下，设计单位会同有关部门进行方案比较，确定合理的方案，并进行相应规划设计。

（6）对撤项处理的工业企业，由地方政府和企业主管部门提出原企业就业人员的安置方案。

（7）按照国家的有关规范规定计算补偿投资。

（8）编制工业企业处理报告。

1.8.1.4 设计深度

不同工程类型、不同设计阶段工业企业处理规划设计深度要求见表1.8-1。

1.8.2 资产评估

1.8.2.1 基本知识

1. 定义

资产评估，是指由专业机构和人员按照国家的法律、法规和资产评估准则，根据特定目的，遵循评估原则，依照相关程序，选择适当的价值类型，运用科学方法，对资产价值进行分析、估算，并发表专业意见的行为和过程。

表 1.8-1　　工业企业处理规划设计深度要求

<table>
<tr><th>工程类型</th><th>设计阶段</th><th>要　　求</th></tr>
<tr><td rowspan="4">水利水电工程</td><td>项目建议书</td><td>调查工业企业的受淹影响程度，初步提出处理方案，估算补偿投资</td></tr>
<tr><td>可行性研究报告</td><td>对淹没影响工业企业逐个、逐项进行调查，提出处理方案，通过资产评估或相关方认可的方式估算补偿投资</td></tr>
<tr><td>初步设计</td><td>复核工业企业处理方案，编制补偿投资概算</td></tr>
<tr><td>技施设计</td><td>必要时补充相应的工作</td></tr>
<tr><td rowspan="3">水电工程</td><td>预可行性研究报告</td><td>1. 收集有关资料，包括职工人数、占地面积、主要产品、固定资产原值、固定资产净值、利润和税收情况等；
2. 对于重要的大中型企业，或对水位选择具有制约作用的企业，由移民安置规划编制单位初步拟定企业处理方案，地方人民政府和企业配合；
3. 计算企业的基础设施费用和房屋补偿费，对于企业的其他补偿费，可按固定资产的一定比例分行业分别进行估算；
4. 编制企业处理报告</td></tr>
<tr><td>可行性研究报告</td><td>1. 由地方人民政府行业主管部门书面提供企业的基本情况资料，包括职工人数、占地面积、主要产品、固定资产原值、固定资产净值、利润和税收情况等；
2. 由企业书面提供各种资产的详细清单；
3. 移民安置规划编制单位会同行业主管部门对重要企业的有关资料进行现场核实；
4. 对大中型企业和重要企业按有关规定计算淹没处理补偿费用，其他企业参照计算；
5. 由移民安置规划编制单位会同地方人民政府和企业提出企业处理方案，选择大中型迁建企业的新址；
6. 对选定的独立迁建的大型企业迁建新址测量 1∶1000 或 1∶2000 地形图，开展必要的地质工作，进行平面布置，计算基础设施工程量和费用；
7. 编制企业淹没处理篇章报告，对淹没影响企业较多或涉及大型企业和重要企业的水电工程编写企业淹没处理规划专题报告，报水电行业主管部门审批</td></tr>
<tr><td>实施阶段</td><td>对设计方案发生变更的企业进行复核</td></tr>
</table>

2. 基本组成要素

资产评估的基本组成要素包括评估主体、评估客体、评估依据、评估目的、评估原则、评估程序、评估价值类型、评估方法、资产评估假设、资产评估基准日等。

(1) 评估主体，即从事资产评估的机构和人员，是资产评估工作的主导者。

(2) 评估客体，即被评估的资产，是资产评估的对象。

(3) 评估依据，是资产评估工作所遵循的法律、法规、经济行为文件、重要合同协议、取费标准和其他参考依据。

(4) 评估目的，即资产业务引发的经济行为对资产评估结果的要求，或资产评估结果的具体用途。它直接或间接地决定和制约资产评估的条件以及价值类型的选择。

(5) 评估原则，即资产评估的行为规范，是调节评估当事人各方关系、处理评估业务的行为准则。

(6) 评估程序，即资产评估工作从开始准备到最后结束的工作顺序。

(7) 评估价值类型，主要资产评估价值类型有公开市场价值、投资价值、重置价值、清算价值等几种。不同的资产评估价值类型对评估参数的选择具有约束性。

(8) 评估方法，即资产评估所运用的特定技术，是分析和判断资产评估价值的手段和途径。

(9) 资产评估假设，即资产评估得以进行的前提条件假设等。

(10) 资产评估基准日，即资产评估的时间基准。

3. 特点

资产评估具有市场性、公正性、专业性和咨询性的特点。

4. 目的

(1) 一般目的（或资产评估的基本目标）。由资产评估的性质及其基本功能所决定，资产评估的一般目的只能是资产在评估时点的公允价值。

(2) 特定目的。资产评估的特定目的是指对资产评估结果用途的具体要求。资产评估特定目的对评估结果的性质、价值类型等有重要的影响。资产评估的目的主要有：资产转让，资产补偿，企业兼并，企业出售，企业联营，股份经营，中外合资、合作，企业清算，抵押，担保，企业租赁，债务重组。

5. 基本假设和原则

(1) 基本假设。资产评估理论体系和方法的形成建立在一定的假设之上，这些假设包括：交易假设；继续使用假设，即在用续用、转用续用、移用续用；公开市场假设；清算假设。

(2) 原则：①评估人员必须具有独立性和专业性；②评估工作必须遵循客观公正性、科学性的原则；③资产评估经济技术必须遵循预期收益原则、供求原则、贡献原则、替代原则和估价日期原则。

6. 基本方法

资产评估的基本方法有市场法、收益法和成本法（重置成本法）。水利水电工程建设征地影响工业企业采用成本法进行资产评估。

成本法是指估测被评估资产的重置成本，估测被评估资产业已存在的各种贬损因素，并将其从重置成本中予以扣除而得到被评估资产价值的各种评估方法的总称。重置成本法评估的一般步骤是：①确定被评估资产，估算重置成本；②确定被评估资产的已使用年限；③估算资产的有形损耗和功能性损耗；④计算确定被评估资产的评估值。

7. 资产评估报告

资产评估提出被评估资产某一评估基准日的公允价值，并提出资产评估报告书，作为资产业务的参考依据。资产评估报告书包括正文和附件两部分，其内容主要是报告评估结论，阐述评估结果成立的前提条件，说明取得评估结果的主要过程、方法和依据，以及必要的文件资料附件。

1.8.2.2 基本思路

水库淹没影响的工业企业数量多，行业广泛，情况复杂。根据《水利水电工程建设征地移民安置规划设计规范》（SL 290—2009）的规定，对改建、迁建的工业企业提出改建、迁建规划方案，其厂区内的有形资产通常可采用重置成本法进行资产评估，以资产评估成果为基础，分企业用地、房屋、设施、设备、实物形态流动资产搬迁、停产损失等逐项计算核定，并计算对外连接工程投资。对采用关、停、并、转等处理方式的工业企业，参照资产评估的方法，计算其补偿投资。

1.8.2.3 受淹企业的资产评估

1. 评估目的及对象

受淹企业资产评估的目的主要是完善实物调查成果，为企业迁建处理补偿投资计算提供全面的技术资料和依据。

资产评估的对象不仅包括具有独立实物形态的有形资产，而且包括不具有实物形态的无形资产。有形资产包括固定资产、流动资产、对外投资、自然资源等。无形资产是指没有物质实体而以某种特殊权利和技术知识等经济资源存在并发挥作用的资产，包括专利权、商标权、非专利技术、土地使用权、商业信誉等。

水库淹没企业资产评估的对象是企业所有的或依法长期占用的实物形态的受淹资产，不包括债权债务、自然资源、流动资产及无形资产。

2. 评估操作程序

在外业实地调查掌握的资料基础上，业主或者业主委托的设计单位委托具有资质的评估机构开展受淹工业企业资产评估工作。

(1) 签订资产评估业务委托协议。根据资产评估有关规范、准则和水库淹没处理设计规范，以业主或者业主委托的设计单位为委托方，评估机构为被委托方，双方签订评估协议，协议内容包括评估项目的名称、评估目的、评估对象、评估范围、评估期限、收费办法、收费金额和双方的责任、权利和义务等。

(2) 成立资产评估工作协调小组。水库受淹企业资产评估工作政策性强，涉及面宽，情况复杂，任务繁重，面临许多新问题。为此，由业主单位牵头、有关部门派人参加组成领导小组，协调解决评估工作中有关问题，以保证评估工作顺利进行。

(3) 制订评估工作大纲。承担资产评估任务的评估机构，应根据评估工作协议的规定、资产评估操作规范的要求，征地移民补偿及受淹企业的特点，制订受淹企业资产评估工作大纲，选定评估基准日，拟定评估方案，编制受淹企业基本情况调查和资产申报核查的各种表格等。评估工作大纲征求委托方意见后即可组织实施。

(4) 成立评估工作组。选派精干的评估人员和有关方面的专家组成评估工作组，明确项目负责人，在开展评估工作前要组织评估人员学习有关政策法规、资产评估操作规范和评估工作大纲等文件。

(5) 外业调查核实。对企业资产全面清查盘点，填写资产申报核查明细表；对受淹企业提供的有关财务会计资料、土地使用证、生产许可证等证明文件

（复印件）进行验证；全面了解受淹企业情况，核对财务账目，对所属的企业占地、房屋及附属建筑物、机器设备、基础设施、生产设施（包括井巷工程）等资产进行实地检查核实，验证资料，检测鉴定资产。

（6）内业分析计算，编制资产评估报告。对调查核实所收集到的资料进行分析、归纳、整理，对被评估资产进行最终鉴定。收集评估基准日有关设备市场价格资料；选择适宜的评估方法和计算公式，逐项对各类资产在评估基准日时的价格进行评定估算。在资料分析和评估计算的基础上，确定评定结果，撰写评估说明；汇总编写资产评估报告；评估机构内部审核、检验评估结果，向委托方提交资产评估报告。

3. 评估基准日

受淹企业补偿评估基准日采用库区停建令下达时间或者规划设计基准年的时间，价格水平年应与规划设计基准年一致。

4. 分类资产评估方法

（1）用地。根据企业占地的权属和面积，采用工程建设征地补偿补助标准计算，并考虑场地平整投资。

（2）房屋及附属建筑物。房屋及附属建筑物按完全重置成本计算。重置成本的确定方法有直接费计算单价法、单价的市场调查法、单价的指数计算法等。

1）直接费计算单价法。直接费计算单价法是指利用概预算定额、用工、材料耗量来计算项目工程的直接费。根据评估中可替代原则，选择评估项目中有代表性的房屋及附属建筑物，用已有的工程图纸或模拟与被评估的建筑物相似的（即结构、材料、装修、设备以及尺度均相同的）建筑物，计算工程量。依据所在地区的概预算定额计算直接费用，采用直接费的造价比计算出单价。直接费的造价比，目前统计资料较多，可根据实际情况调整选取。

对于建筑层高变化较大的建筑物，按公式（1.8-1）进行修正。

$$K_0 = 1 + 0.14 \times (h - h_0) \qquad (1.8-1)$$

式中 K_0——修正系数；

h_0——标准层高，为3m；

h——实际层高，m。

$$重置单价 = K_0 \times 单位面积造价$$

$$重置成本 = 重置单价 \times 建筑面积$$

2）单价的市场调查法。在工程建设区域内进行市场调查，分析不同房屋及附属物的单位造价指标。

3）单价的指数计算法。单价的指数计算法是利用与资产有关的价格变动指数，将被评估资产的历史成本（账面原值）调整为重置成本的一种方法，其计算公式为

$$重置成本 = 资产的账面原值 \times 价格指数$$

其中，价格指数可以是定基价格指数或环比价格指数。

（3）机器设备。

1）重置成本。根据设备的规格型号和数量，重置成本按下式确定：

$$重置成本 = 数量 \times (重置单价 + 运杂费 + 安装费)$$

其中，重置单价按照设备的规格型号，依据工程造价管理协会公布的价格信息、资产评估协会汇编的常用设备价格资料和资产评估规定分析确定。对淹没企业机械设备原始资料不全的，采用由设备工程师现场判别的办法确定同类设备的规格型号，按照当地所产同类设备处理，再依据有关资料和有关规定计算机械设备重置单价。

运杂费和安装费依据资产评估的有关规定计算。

2）评估值的确定。机器设备评估值按下式计算：

$$机器设备评估值 = 重置值 \times 成新率$$

其中，成新率是评估对象评估时点的价值与其全新状态重置价值的比率。计算成新率时，首先要综合分析影响评估对象的价值因素及其影响程度，如制造、实际使用、维护保养、大修、更新改造，以及设计使用年限、物理寿命、现有性能、运行状态和技术进步等因素，将评估对象的现有状态与其全新状态相比较，相应得到价值影响因素的分值，累加后得出成新率。成新率计算分析可采用以下不同的方法。

a. 使用年限法。

a）对于正常的机器设备（平常保持正常维护保养，又无超负荷运行），且有明确的设备寿命年限的，可采用下式计算：

$$成新率 = \left(1 - \frac{已使用年限}{设备寿命年限}\right) \times 100\%$$

b）对于设计、施工、管理不够规范，缺乏原始资料的企业，有的设备制造、购置、投产日期都不详，无法查证设备寿命年限的，可采用下式计算：

$$成新率 = \frac{尚可使用年限}{已经使用年限 + 尚可使用年限} \times 100\%$$

式中，已经使用年限是按设备正常运行工况（每天8h工作制）考虑的。对于超过8h连续运行的设备，则应适当增加时间。尚可使用年限应考虑大修等因素，适当延长运行时间。

b. 技术鉴定法。评估的技术专家和现场的技术操作人员一起进行技术鉴定，以确定评估对象的成新率。对缺少许多原始资料，缺少铭牌的机器设备，常采用此种方法；对某些贵重、大型、高精尖设备，则需用专用的仪器设备进行技术鉴定，确定其成新率。

（4）基础设施。企业拥有的道路、输变电设施、

通信、广播、供排水设施等基础工程，按重置成本计算。重置成本，按“原规模、原标准、原功能”的原则进行设计确定。

(5) 生产设施。以煤矿企业为例，企业的生产设施指矿业企业的井巷工程、洗煤池、澄煤池、煤仓、装车平台及其他企业直接用于生产的建筑设施。

1) 井巷工程。井巷工程是矿业企业的主要设施。在有限的开采年限内，随着企业的生产时间增加，企业的井巷工程在逐渐贬值，当企业生产达到了设计开采年限时，企业的井巷工程就失去了原有的价值。因此，对正在生产的矿业企业的补偿，应考虑总体开采规模、已生产时间、剩余的生产时间等因素确定。井巷工程评估值按其重置成本乘以成新率计算。

a. 重置成本。根据井巷实体特征（如类别、围岩条件、支护形式、结构、规格、材质等基本情况），按照规定的某一时点的市价估算其重置值。计算公式如式（1.8-2）。

$$M = \sum M_i \times D_i \qquad (1.8-2)$$

式中 M——井巷工程重置成本；

M_i——第 i 规格井巷工程有效长度；

D_i——第 i 规格井巷工程重置单价。

b. 重置单价。井巷工程包括竖井、斜井、平硐平巷、回风巷、井底车场、水仓等。根据井巷工程的特点，按下列公式计算井巷的重置单价。

$$\text{重置单价} = (\text{定额直接费} + \text{辅助费}) \times (1 + \text{间接费率}) \times \text{质量系数} \times \text{物价变动系数}$$

其中，定额直接费、辅助费，根据煤炭建设协会发布的煤炭井巷工程概预算定额、概预算编制规定，结合井巷工程的特征指标确定；间接费率指地方煤炭建设管理费等，按10%～15%计列；质量系数视企业井巷工程的质量情况确定，主井取0.3～1.0，斜井、平硐平巷及回风巷取0.5～1.0，井底车场及水仓取0.4～1.0；价格变动系数可采用定基价格指数或环比价格指数。

c. 成新率。井巷工程的成新率与资源的可开采量密切相关，有以下三种计算方法：

a) 储量法，计算公式为

$$\text{成新率} = \frac{\text{设计可开采量} - \text{累计开采量}}{\text{设计可开采量}} \times 100\%$$

b) 回采储量法，计算公式为

$$\text{成新率} = \frac{\text{实际可回采储量} - \text{累计已开采量}}{\text{实际可回采储量}} \times 100\%$$

c) 开采年限法，计算公式为

$$\text{成新率} = \frac{\text{设计开采年限} - \text{已开采年限}}{\text{设计开采年限}} \times 100\%$$

对于规模较小、年生产能力受资金和市场影响较大的企业，可采用以下改进公式计算：

$$\text{井巷成新率} = \frac{\text{尚可开采年限}}{\text{已使用年限} + \text{尚可开采年限}}$$

$$\text{尚可开采年限} = \frac{\text{剩余开采量}}{\text{年平均实际生产能力}}$$

$$\text{剩余开采量} = \text{设计可采储量} \times \text{实际回采率} - \text{已开采量}$$

$$\text{设计可采储量} = \text{矿区地质储量} \times K$$

$$\text{矿区地质储量} = \text{矿区面积} \times \text{矿层平均厚度} \times \text{矿石容重}$$

$$\text{已使用年限} = \frac{\text{已采出矿量}}{\text{年平均实际生产能力}}$$

其中，K 指经济可采系数，根据地方煤炭部门有关资料，合理取值；实际回采率由企业生产经营特点决定，通过典型调查分析确定。

2) 其他生产设施。采用重置成本法计算重置值及评估值。

1.8.3 处理规划设计

1.8.3.1 淹没影响程度分析

淹没影响程度分析是受淹企业处理规划的基础。根据水库淹没线和企业的实物量，分析其受淹情况，如部分厂区受淹、主要生产厂区受淹、全部受淹、主要原材料生产场地受淹等情况。

1.8.3.2 处理方案确定

1. 淹没处理方式

工业企业处理方式分迁建、防护或部分改建、撤项（货币补偿自行处理）。

迁建方式是对淹没影响企业在淹没影响区以外选址重建。其适用于全部受淹和主要生产厂区受淹的企业。

防护或局部改建方式，是对淹没影响企业采取防护工程措施，或者对受淹部分设施在淹没线以外改建。其适用于主要车间不受淹没，且具备后靠改建或采取防护条件的情况。

撤项（货币补偿自行处理）方式，包括关、停、并、转等。其适用于：生产设施和依靠的资源被淹没，不具备重建条件的企业；按照地方产业结构调整和环境保护要求，需要预期关、停、并、转的企业；企业法人承诺不再迁建或自己负责重建的淹没影响企业。

2. 处理方案确定

(1) 全部受淹的工业企业需要搬迁的，应优先考虑就近搬迁。部分受淹的工业企业需要搬迁的，应根据淹没影响程度和周围环境条件，确定局部后靠或易地搬迁的处理方式。

(2) 企业主管部门或企业根据淹没影响程度、企业状况、当地资源条件、区域经济发展规划，提出企业处理方案。

(3) 采用迁建处理或改建处理的企业，按"原规模、原标准或恢复原有生产能力"的原则，确定建设规模和建设标准。对结合迁建、改建进行技改、扩建，提高规模和标准的企业，应明确增加投资的资金来源。

(4) 采取关、停、并、转处理方式的企业，应提出职工安置方案。

(5) 必要时，对受淹企业拟定不同迁建处理方式，通过技术经济比较，选定技术可行、经济合理的迁建处理方式。

3. 迁建企业新址的选择

对迁建企业，结合移民安置区的交通、电力、通信、水源、地质、资源等条件，在技术经济比较的前提下，选定企业的迁建新址。新址选择应考虑：

(1) 交通便利、水源可靠。

(2) 考虑地形条件，注意节约用地、尽量少占耕地、多利用荒地或劣地。

(3) 避开不良地质及自然灾害影响区；对新址应进行相应的工程地质和水文地质的勘察工作。

(4) 对居住和公共环境有干扰、有污染的工业企业（二、三类工业），应布置在常年最小风向频率的上风侧及河流的下游，并符合《村镇规划卫生标准》(GB 18055) 的有关规定。

4. 迁（改）建企业规划设计

迁（改）建企业规划设计的内容包括：新址选择、经营性质、生产规模、产品名称、市场状况、建设规模、占地面积、原料来源、厂（矿）区布置、土建工程和工艺流程设计、主要技术经济指标和方案比较、实施进度、投资估算、分年投资计划及经济分析等。上级主管部门的审查意见、扩大规模和提高标准需增加投资的来源说明，作为报告附件。

企业主管部门或企业根据国家的有关政策、迁建企业的淹没影响情况和经营状况，提出规划意见。必要时，提出项目建议书、可行性研究报告等文字材料。在工程可行性研究报告阶段，迁建（或改建）企业规划的深度应符合可行性研究报告阶段的设计要求。

1.8.4 补偿投资

1.8.4.1 基本原则

水库淹没影响工业企业的补偿投资计算与资产评估有一定的区别。补偿投资确定的基本原则如下：

(1) 按"原规模、原标准或者恢复原功能"的原则制定补偿标准。

(2) 按照"原规模、原标准或者恢复原功能"原则核算的迁建投资列入水利水电工程概算，因扩大规模和提高标准需要增加的投资应由有关单位自行解决。

(3) 既要考虑工程建设的投资能力，又要考虑企业迁建的实际难度和需要，妥善处理好国家、地方、集体、个人之间的关系。

(4) 以下企业原则上不予补偿：①没有矿产资源开采手续，属于非法开采国有矿产资源的企业；②停建令之后建设或早已关、停的企业以及废弃的矿坑；③环境保护规定取缔的企业。

(5) 补偿标准按照国家、地方和行业现行规范、规定执行。凡国家和地方有规定的，按规定确定；无规定的，可依据库区实际情况，考虑工业企业不同经济性质、不同生产能力、不同行业类别资产形成的差异，参考其他已建或在建大中型水利水电工程的补偿标准，合理确定。

(6) 明确补偿投资的价格水平年。

1.8.4.2 补偿项目设置

工业企业补偿项目根据受淹没影响的企业实物，参考企业资产评估的项目分类进行设置。受淹企业补偿投资项目主要有企业占地补偿、场地平整费、房屋及附属建筑物补偿费、机械设备补偿费、基础设施补偿费、生产设施补偿费、停产损失补偿费、搬迁运输费等。

1.8.4.3 补偿标准及补偿费计算

根据企业实物调查成果、资产评估成果和确定的企业处理规划方案，计算企业的补偿投资。

1. 占地补偿及场地平整费

采用建设征地移民相应的补偿标准。对迁往城（集）镇企业的征地费、场地平整费，在城（集）镇迁建规划中统筹考虑，其费用计入城（集）镇基础设施费用。对城（集）镇以外迁建企业的征地费，按企业规划设计成果计算。

2. 房屋及附属建筑物补偿费

房屋及附属建筑物，采用征地移民有关城（集）镇相应房屋类型的补偿标准。特殊的专业厂房，采用资产评估的重置值。

3. 基础设施补偿费

按"原规模、原标准、原功能"的原则，对补偿处理的企业按淹没的数量采用相应的补偿单价计算；对迁往城（集）镇企业的基础设施费用，在城（集）镇迁建规划中统筹考虑，计入城（集）镇基础设施投资；对城（集）镇以外迁建企业的基础设施费用，按企业规划设计成果计算。

4. 生产设施补偿费

应结合企业实际情况、淹没处理方案，确定生产设施补偿采用资产评估的重置值或评估值。对一些资源型企业，如矿业企业的井巷工程，应考虑总体开采规模、已生产时间，剩余的生产时间等因素，按企业资产评估的评估值补偿；对其他生产设施应按重置值补偿。

5. 机械设备补偿费

不可搬迁的机械设备采用资产评估的重置值扣除残值计算补偿。其他搬迁的机械设备的补偿费按重置单价乘补偿费率确定。其中的重置单价，采用资产评估的办法确定。不同设备补偿费率如下：

（1）车辆等运输工具，不予补偿。

（2）不需安装的可搬迁设备，补偿其运杂费。补偿费率＝基本运费率＋装卸费率＋基本包装费率＋运输损耗费率＋运输保险费率。

（3）需要安装的可搬迁设备，补偿其运杂费、拆卸安装费。补偿费率＝拆卸费率＋拆卸损失费率＋运杂费率＋安装调试费率。

（4）闲置设备，应补偿其拆卸费、拆卸损失费、运杂费。补偿费率＝综合拆卸费率＋综合运杂费率。综合运杂费率、综合拆卸安装费率根据《资产评估常用数据与参数手册》的相关内容进行确定。

6. 停产损失补偿费

企业停产损失指企业迁（改）建造成企业停产引起的职工工资、福利费、管理费、利润等损失，其补偿费按企业迁（改）建造成的停产时间和职工工资、福利费、管理费、利润等计算。

7. 搬迁运输费

企业的人员搬迁费用和实物形态的流动资产搬迁费用，根据需要搬迁的办公设备、生活用具的运输量及运输距离测算。

1.8.4.4 计算案例

1. 受淹企业基本情况

四川省某水库淹没A酒厂，该酒厂从事白酒生产、销售，经济类型为个体工商户，于2004年12月20日在当地工商部门注册，并取得企业法人营业执照，因水库建设征地需要迁建。

以水库建设征地企业实物调查表为基础，经评估人员现场实地勘查核实后，核定酒厂补偿评估对象包括占地2.5亩，专业厂房3处，建筑面积863.98m^2，生活用房1处，建筑面积143.34m^2，专用设施7项，一般设施8项，设备10台（个），实物形态流动资产（存货）137t。

2. 受淹企业资产评估

（1）评估目的。对受淹的酒厂进行资产评估，为酒厂进行经济补偿提供参考依据。

（2）评估基准日。本项目评估基准日：2009年3月31日。

（3）评估对象和评估范围。本次评估对象和范围是以水库建设征地企业实物调查表为基础，后经评估人员现场实地勘查核实后的企业资产。

（4）分项资产评估。通过评估，核实了实物调查成果，对企业的专业厂房、设施、设备进行了专业鉴定，对企业的基本情况、生产经营进行了分析确认。评估结果：该企业职工6人，年产值90万元，年工资、福利费总额14.4万元（人均职工工资、福利费2.4万元），年上交管理费3.6万元，每年支付流动资金贷款利息1.0万元，扣除成本、管理费、流动资金利息后，企业年利润6万元。受淹企业现有资产评估重置成本为151.58万元，评估净值为142.92万元。分项资产评估计算表见表1.8－2。

3. 受淹企业补偿投资计算

规划该企业在新建移民镇附近选址重建，搬迁距离约4km，迁建期间需停产3个月。依据评估结果和规范规定，计算受淹企业补偿费为88.09万元，具体计算见表1.8－3。

表1.8－2　分项资产评估计算表

序号	项　目	资产情况			评估重置单价		重置成本（万元）	成新率（%）	评估值（万元）	备注
		单位	数量	情况说明	数量（元/单位）	确定方法				
1	占地						6.45		6.45	
	占地	亩	2.5		25000	根据国家和地方法规计算	6.25	100	6.25	
	场地平整	亩	2.5		800	根据当地地形地质条件计算	0.20	100	0.20	
2	房屋及附属物						63.33		56.99	综合评价成新率

续表

序号	项　目	资产情况			评估重置单价		重置成本（万元）	成新率（%）	评估值（万元）	备注
		单位	数量	情况说明	数量（元/单位）	确定方法				
	专业厂房	m^2	863.98	3处	650	专业厂房重置全价由建安工程费、前期及其他费用、资金成本三部分组成，并结合《四川省建设工程量清单计价定额》（川建发〔2004〕27号、川建造价发〔2006〕119号）综合考虑取价	56.16	90	50.54	
	生活用房	m^2	143.34	1处，砖木结构	500	采用重置成本法确定	7.17	90	6.45	
3	生产设施						6.70		6.03	综合评价成新率
	专用设施	项	7		5000	采用重置成本法，同专业厂房的确定	3.50	90	3.15	
	一般设施	项	8		4000		3.20	90	2.88	
4	机械设备	台（个）	10				6.60		4.95	综合评价成新率
	不可搬迁设备	台（个）	6		8000	包括市场购置价、运杂费、安装调试费	4.80	75	3.60	
	可搬迁设备	台（个）	4		4500	包括市场购置价、运杂费、安装调试费	1.80	75	1.35	
5	实物形态流动资产	t	137		5000	采用市场销售价	68.50	100	68.50	
	合计						151.58		142.92	

表 1.8-3　　分项补偿投资计算表

序号	项　目	资产情况		补偿单价（元/单位）	补偿费（万元）	计算说明
		单位	数量			
1	占地				6.45	
	占地	亩	2.5	25000	6.25	采用评估成果，同库区移民征地标准
	场地平整	亩	2.5	800	0.20	
2	房屋及附属建筑物				63.33	
	专业厂房	m^2	863.98	650	56.16	采用评估的重置值
	生活用房	m^2	143.34	500	7.17	采用评估的重置值，同库区房屋补偿标准
3	生产设施				6.70	
	专用设施	项	7	5000	3.50	采用评估的重置值
	一般设施	项	8	4000	3.20	采用评估的重置值
4	机械设备	台（个）	10		4.83	
	不可搬迁设备	台（个）	6	7600	4.56	按评估的重置单价扣残值计算，残值按重置价的5%计

续表

序号	项 目	资产情况		补偿单价（元/单位）	补偿费（万元）	计算说明
		单位	数量			
	可搬迁设备	台（个）	4	675	0.27	按拆卸、运输、安装、调试等费用计算，拆卸、运输、安装、调试等费用按重置价15%计
5	搬迁运输				0.53	
	实物形态流动资产	t	137	30	0.41	根据规划搬迁距离计算搬迁运输费
	生活办公用品	人	6	200	0.12	
6	停产损失补偿				6.25	按搬迁造成的停产时间计算，停产时间3个月
	年工资及福利费	万元	14.4	0.25	3.60	
	年上缴管理费	万元	3.6	0.25	0.90	
	年利润	万元	6	0.25	1.50	
	年贷款利息	万元	1	0.25	0.25	
	合计				88.09	

1.9 专业项目处理规划

1.9.1 概述

专业项目包括交通工程设施、输变电工程设施、电信工程设施、广播电视工程设施、水利水电工程设施、管道工程设施、国有农（林、牧、渔）场、文物古迹、风景名胜区和自然保护区、水文站、矿产资源、永久测量标志等。

1.9.1.1 处理原则

（1）专业项目的处理方案应符合国家有关政策规定，遵循技术可行、经济合理的原则。

（2）根据各专业项目的特点、受影响的程度和移民安置需要，结合区域专业项目的规划布局提出处理方式。处理方式包括复建、改建、迁建、防护、一次性补偿等。

（3）对确定复建、改建、迁建、防护的专业项目，提出技术可行、经济合理的设计方案。

（4）按照行业标准的要求，开展地质勘察和单项设计，计算补偿投资，编制规划设计文件。

（5）对需要恢复改建的专业项目，按“原规模、原标准或者恢复原功能”的原则进行设计，所需投资列入建设征地移民补偿投资概（估）算。因扩大规模、提高标准（等级）或改变功能需要增加的投资，不列入建设征地移民补偿投资概（估）算。

（6）专业项目处理方案应由主体工程设计单位会同专业项目主管部门制定。

1.9.1.2 规划设计要求

（1）交通工程、输变电、电信、广播电视设施和水利水电工程等专业项目，应进行影响程度分析，依据国家政策规定，结合地区经济发展规划和移民安置需要，合理选定复建、改建、迁建、防护处理方案；不需要或难以恢复的，根据淹没影响的具体情况，给予合理补偿。

（2）文物古迹，坚持“保护为主、抢救第一”的方针，实行重点保护、重点发掘。根据文物保护单位的级别、淹没影响程度，提出搬迁复建、发掘、防护或其他措施。

（3）风景名胜区、自然保护区，根据其淹没影响程度、保护级别，提出保护或其他措施。

（4）具有开采价值的重要矿藏，查明淹没影响程度，提出处理措施。

（5）库周交通，根据淹没影响程度和库周居民分布情况，按照有利生产、方便生活、经济合理的原则，提出恢复方案。

1.9.1.3 设计深度

不同类型工程、不同设计阶段专业项目设计深度要求见表1.9-1。

1.9.2 交通运输工程处理

交通运输工程是指水利水电工程建设征地影响及移民安置规划涉及的铁路、公路、厂矿道路、林区公路、乡村道路、水运设施等。

表 1.9-1　　专业项目设计深度要求

工程类型	设计阶段	要　　求
水利水电工程	项目建议书	初拟专业项目的处理方案，提出投资估算
	可行性研究报告	确定专业项目的处理方案。对规模较大、投资较多的专业项目，按各专业相当于初步设计阶段的深度要求进行典型设计，提出投资估算
	初步设计	复核各专业项目的处理方案，提出专业项目的初步设计文件，提出投资概算
	技施设计	进行施工图设计
水电工程	预可行性研究报告	1. 初拟专业项目处理方案，对其中必须复建的项目，重点是选择方案，确定等级或标准，重大项目应满足相应行业工程可行性研究要求； 2. 对水库水位选择影响较大的重要专业项目，按相应行业工程可行性研究要求开展必要的勘测设计工作； 3. 对规模较大、投资较多的重要项目，征求专业主管部门的意见，提出具体的处理方案； 4. 估算处理费用
	可行性研究报告	1. 对需要复建的铁路工程、复建或新建的公路工程、城（集）镇的客货运码头迁建工程、小Ⅱ型以上水利水电工程、35kV 及以上输变电工程等项目，开展必要的地形图测量和地质勘察工作，完成相应行业的初步设计报告； 2. 库周及安置区交通规划需要复建或新建的汽车道、机耕道、城市集镇外的客货运码头和渡口、35kV 以下输变电工程等项目，进行实地选线选点规划，在 1∶10000 地形图上完成平面设计，列表反映规划成果，工程投资可采用典型设计或工程类比法进行计算； 3. 对需要复建的电信工程，确定工程规模、数量和主要参数，在 1∶10000 地形图上完成线路规划设计，列表反映规划成果，工程投资可采用典型设计或工程类比法进行计算； 4. 工程规模较小、对补偿投资和移民安置方案影响较小的专业项目，其勘测设计工作可适当简化，其规划地点标绘在 1∶10000 的地形图上，并通过列表反映规划设计成果，可采用典型设计或工程类比法分析计算工程投资
	实施阶段	1. 对需要复建或新建的专业项目，应在可行性研究阶段审定设计成果的基础上，补充必要的测量和地质勘察工作，提出相应的施工图设计成果； 2. 对工程规模较小、较简单的专业项目，可适当简化施工图设计，提出实施措施，但应满足工程安全、工程施工的需要

1.9.2.1　处理规划依据

（1）上一阶段的设计报告及审批文件。

（2）实物调查成果，包括铁路、公路、码头、渡口名称、规模等级、通过能力、建设投资等技术经济指标。

（3）本设计阶段城（集）镇迁建规划成果、工业企业处理规划成果、农村移民安置规划成果等。

（4）有关设计规范，包括《铁路线路设计规范》（GB 50090）、《公路路线设计规范》（JTG D20）、《公路工程技术标准》（JTG B01）、《厂矿道路设计规范》（GBJ 22）、《林区公路工程技术标准》（LY 5104）、《河港工程设计规范》（GB 50192）等。

（5）其他道路技术标准文件。

1.9.2.2　铁路处理

建设征地影响铁路的处理方案，由主体工程设计单位会同主管单位，根据受影响铁路的等级和受影响程度等提出。处理方式包括复建、改建或保护。

库区铁路需复建、改建的，应按“原规模，原标准（等级），或者恢复原功能”的原则，依据GB 50090等进行设计，其设计方案经主管部门预审后，纳入水利水电工程建设征地移民安置规划。

1.9.2.3　公路处理

工程建设征地影响的四级以上公路的处理方案，由主体工程设计单位会同主管单位，根据公路的等级、服务功能和受影响程度等提出处理方式。

复建、改建公路，应按“原规模，原标准（等级），或者恢复原功能”的原则，结合城（集）镇、工矿企业分布情况，经济社会发展需要，改线走廊带范围的地形、地质条件，依据 JTG D20、JTG B01 或 GBJ 22 或 LY 5104 等技术标准进行规划设计。其设计方案经主管部门预审后，纳入水利水电工程建设征地移民安置规划。

1. 公路复建总体设计

(1) 总体设计原则。

1) 综合考虑公路改线走廊带范围的远期社会、经济发展，城市、工矿企业的现状与规划，铁路、水路、航空、管道的布局，自然资源状况等，经方案比选，确定改建线路走向（起讫点、主要控制点以及与之相互平行、交叉等项目的嵌接关系）。

2) 科学确定改建线路的技术标准，合理运用技术指标，注意地区特性与差异，精心做好路线设计，必要时宜进行安全性评价，以保障行车安全。因条件受限制而采用上限（或下限）技术指标值或对线型组合设计有难度的路段，应采用运行速度进行检验，并采取相应技术对策。

3) 在查明改线走廊带的自然环境、地形、地质等条件的基础上，认真研究改线方案或工程建设同生态环境、资源利用的关系，采取工程防护与生态防护相结合等技术措施，减少对生态环境的影响程度，加强恢复力度，最大限度地保护环境。

4) 做好同综合运输体系、农田及水利建设、城市规划等的协调与配合，充分利用线位资源，合理确定建设规模，切实保护耕地，使走廊带的自然资源得以充分利用，公路建设得以可持续发展。

(2) 总体设计要点。

1) 改线起止点位置确定。根据水库周边地区的地形、地质条件，结合库周城（集）镇、乡村和工矿企业等分布情况确定，并预留后续建设接线方案。

2) 改建道路的等级，按原等级标准确定，合理确定改建道路的技术指标。对结合公路复建、改建提高设计标准的，因提高标准增加的投资，由有关部门承担。

3) 合理确定与城（集）镇、乡村、工矿企业、特大桥、特大隧道等公路改线控制点的连接位置、连接方式。

4) 路线设计应合理确定路堤高度，减少对沿线生态环境的影响，并做好防护、排水、取土、弃土等设计，防止水土流失，保护环境。

2. 公路复建选线

(1) 工作程序。选线包括从确定路线基本走向、路线走廊带、路线方案至选定线位的全过程。不同的设计阶段，选线工作内容应各有所侧重，后一阶段是前一阶段的继续与深化，随着勘察、设计工作的深入，复查并优化前一阶段的路线方案，使路线线位更臻完善。

(2) 路线基本走向与控制点的关系。路线起、终点以及必须连接的城（集）镇、工矿企业、特大桥、特长隧道等，为路线基本走向的控制点。大桥、长隧道、互通式立体交叉、铁路交叉等位置为路线走向控制点，原则上服从路线基本走向。中、小桥涵，中小隧道，以及一般构造物的位置应服从路线走向。

(3) 选线原则。改建公路的选线原则与新建公路选线原则基本相同。

1) 针对路线所经地域的生态环境、地形、地质的特性与差异，按拟定的各控制点由点到面、由带到线，由浅入深、由轮廓到具体，进行比较、优化与论证。同一起、终点的路段内有多个可行路线方案时，应对各设计方案进行同等深度的比较。

2) 影响选择控制点的因素多，且相互关联又相互制约，应根据公路功能和使用任务，全面权衡、分清主次，处理好全局与局部的关系，并注意由于局部难点的突破而引起的关系转换给全局带来的影响。

3) 对路线所经区域、走廊带及其沿线的工程地质和水文地质进行深入调查、勘察，查清其对公路工程的影响程度。如遇滑坡、崩塌、岩堆、泥石流、岩溶、软土、泥沼等不良地质的地段，应慎重对待，视其对路线的影响程度，分别对绕、避、穿等方案进行论证比选。当必须穿过时，应选择合适的位置，缩小穿越范围，并采取切实可行的工程措施。

4) 充分利用建设用地，严格保护农用耕地。

5) 路线应尽可能避让不可移动文物。

6) 保护生态环境，同当地自然景观相协调。

7) 高速公路、具干线功能的一级公路同作为路线控制点的城（集）镇相嵌接时，以接城市环线或以支线连接为宜，并与城市发展规划相协调。新建二级公路、三级公路应结合城（集）镇周边路网布设，避免穿越城（集）镇。

8) 路线设计是立体线型设计，在选线时应考虑平、纵、横面的相互间组合与合理配合。

9) 安置区公路复建规划应按就近接线的原则选择线路。

(4) 选线步骤。

1) 选线可采用纸上定线或现场定线。高速公路、一级公路采用纸上定线并现场核定的方法；二级公路、三级公路、四级公路可采用现场定线，有条件或地形条件受限制时，可采用纸上定线或纸上移线并现场核定的方法。

2) 选线应在广泛搜集与路线方案有关的规划、计划、统计资料，以及相关部门的地形图、地质、气象等资料的基础上，深入调查、勘察，并运用遥感、航测、GPS、数字技术等新技术，确保其勘察工作的广度、深度和质量，以免遗漏有价值的比较方案。

3. 公路技术指标

公路工程技术标准见表1.9-2～表1.9-9。

表 1.9-2 **车道宽度**

设计速度（km/h）	120	100	80	60	40	30	20
车道宽度（m）	3.75	3.75	3.75	3.50	3.50	3.25	3.00 （单车道时为 3.50）

注 高速公路为八车道，当设置左侧硬路肩时，内侧车道宽度可采用 3.50m。

表 1.9-3 **各级公路路基宽度**

公路等级		高速公路、一级公路								
设计速度（km/h）		120			100			80		60
车道数		8	6	4	8	6	4	6	4	4
路基宽度（m）	一般值	45.00	34.50	28.00	44.00	33.50	26.00	32.00	24.50	23.00
	最小值	42.00	—	26.00	41.00	—	24.50	—	21.50	20.00
公路等级		二级公路、三级公路、四级公路								
设计速度（km/h）		80	60	40	30	20				
车道数		2	2	2	2	2 或 1				
路基宽度（m）	一般值	12.00	10.00	8.50	7.50	6.50（双车道）		4.50（单车道）		
	最小值	10.00	8.50	—	—	—				

注 1. “一般值”为正常情况下的采用值；“最小值”为条件受限制时可采用的值。

2. 八车道高速公路路基宽度“一般值”为设置左侧硬路肩、内侧车道采用 3.50m 时的宽度；八车道高速公路路基宽度“最小值”为不设置左侧硬路肩、内侧车道采用 3.75m 时的宽度。

表 1.9-4 **圆曲线最小半径**

设计速度（km/h）		120	100	80	60	40	30	20
一般值（m）		1000	700	400	200	100	65	30
极限值（m）		650	400	250	125	60	30	15
不设超高最小半径（m）	路拱≤2.0%	5500	4000	2500	1500	600	350	150
	路拱>2.0%	7500	5250	3350	1900	800	450	200

表 1.9-5 **最大纵坡**

设计速度（km/h）	120	100	80	60	40	30	20
最大纵坡（%）	3	4	5	6	7	8	9

表 1.9-6 **路基设计洪水频率**

等级公路	高速公路	一级公路	二级公路	三级公路	四级公路
设计洪水频率	1/100	1/100	1/50	1/25	按具体情况确定

表 1.9-7 **路面面层类型及适用范围**

面层类型	使用范围
沥青混凝土	高速公路、一级公路、二级公路、三级公路、四级公路
水泥混凝土	高速公路、一级公路、二级公路、三级公路、四级公路
沥青贯入、沥青碎石、沥青表面处治	三级公路、四级公路
砂石路面	四级公路

表 1.9-8 桥涵设计洪水频率

公路等级	设计洪水频率				
	特大桥	大桥	中桥	小桥	涵洞及小型排水构造物
高速公路	1/300	1/100	1/100	1/100	1/100
一级公路	1/300	1/100	1/100	1/100	1/100
二级公路	1/100	1/100	1/100	1/50	1/50
三级公路	1/100	1/50	1/50	1/25	1/25
四级公路	1/100	1/50	1/50	1/25	不作规定

表 1.9-9 汽车荷载等级

公路等级	高速公路	一级公路	二级公路	三级公路	四级公路
汽车荷载等级	公路-Ⅰ级	公路-Ⅰ级	公路-Ⅱ级	公路-Ⅱ级	公路-Ⅱ级

1.9.2.4 码头、渡口处理

受淹没影响码头、渡口的处理方案，由主体工程设计单位会同主管单位，根据受淹没影响码头、渡口的等级和受影响程度等提出。处理方案包括复建、改建或保护。

码头、渡口需复建、改建和保护的，在对其服务功能和有关技术指标进行调查分析的基础上，按“原规模，原标准（等级），或者恢复原功能”的原则，结合库区公路复建规划及城（集）镇和居民点搬迁安置规划，依据《内河航运工程施工图设计文件编制办法》（交基发〔1995〕1023号）、《内河通航标准》（GB 50139）、《河港工程设计规范》（GB 50192）等技术标准进行复建设计。其设计方案经主管部门预审后，纳入水利水电工程建设征地移民安置规划。

1. 复建选址

(1) 码头、渡口的位置应选在库岸稳定，水力水文状态适宜，无淤积或少淤积的河段。

(2) 码头、渡口的位置应避开滑坡、崩岸、不良地质以及发生淤积的河段，应注意水库水位变化对码头、渡口结构产生的不利影响。

(3) 码头、渡口尽量后退复建，不能后退复建的码头可择址迁建。

(4) 码头、渡口复建选址，要与库区乡（镇）、居民点迁建规划和公路复建规划相衔接，对渡口码头进行统一规划。

(5) 对重要码头复建要做多方案对比分析。

2. 规划设计

(1) 结构型式选择。码头、渡口的结构型式皆为实体斜坡，结构类型主要有斜坡下河梯道型式和斜坡下河公路型式两种。斜坡下河梯道型式，主要适用于运量较小的货运码头、客运码头和岸坡较陡的情况，可达到经济适用的目的。斜坡下河公路型式，考虑汽车能沿道路下行至水边，装卸货物效率高，吞吐能力较大，适用于运量相对较大或有汽车过渡的码头（汽渡码头均采用斜坡下河公路型式）。

(2) 设计水位高程。库区码头、渡口采用水库正常蓄水位为设计最高水位，码头顶面高程需高出最高设计水位0.5m，同时要与后方堆场或道路平顺连接。汛期限制水位为设计最低水位，码头底面高程应高于设计最低水位0.5m。

自然河段的码头、渡口，采用洪水重现期5年一遇的水位为设计最高水位，航道通航保证率90%的水位为设计最低水位。在无水文资料的情况下，可根据经验确定。考虑到山区河流的特点，码头顶面允许短时间内淹没。码头设计顶面高程和设计底面高程确定的原则同上。

(3) 结构布置。客运码头由沿岸线顺应地形的下河斜坡道和梯步组成，码头宽2～3m，不超过18个梯步设一个1m的平台。沿河岸一侧平行于岸线布置的码头，临河一侧设置护肩，宽度为30～40cm，高40～60cm，高出梯步15cm；另一侧布置排水沟，沟宽70cm。垂直于岸线布置的码头，两侧均要布置护肩，护肩的设计同上。护肩设计上布置系船环，系船环间距为3～4m。

货运码头采用顺应岸线地形的实体斜坡道，即宽4m，坡度为1∶10（最大1∶9）的下河公路。路面采用20cm C25混凝土或浆砌块石，其下为20cm水泥稳定砂砾基层，对于填方路堤或挖方路堑为土层基础的设20cm砂卵石垫层，对于挖方路堑为岩层基础的可不设垫层。

为了便于船舶系靠码头，在梯道及下河公路临水面一侧，每隔3～4m间距埋设一排系船环，系船环

由1.5m×1.5m×1.5m的C20混凝土块及钢筋环构成，亦可埋设在混凝土护肩上。

1.9.2.5 航道处理

通航河流的航道功能恢复，一般在枢纽工程水工建筑物设计时一并考虑。通常采用的设计方案是修建船闸或升船机，如三峡水库和葛洲坝水库采用了船闸方案，丹江口水库采用了升船机方案。

1.9.2.6 库周交通处理

水库淹没使库周交通网路中断，造成库周沿岸居民和移民上学、就医、生产生活及物资运输困难，为改善库周居民和移民出行条件，需恢复库周交通设施功能。

1. 规划原则

(1) 根据水库淹没影响程度、库周居民点分布情况，按有利生产、方便生活、经济合理的原则进行规划。

(2) 库周交通可根据不同情况，分别采用等级公路、等外公路、机耕道、人行道、桥梁、渡口等方式恢复。

(3) 库周交通规划按原标准或恢复原功能设计，并与社会和经济发展的要求衔接、与社会主义新农村建设要求相结合。

2. 布局规划

(1) 等级公路和等外公路：按原标准进行规划。原来为机耕道的按等外公路规划。

(2) 机耕道：库周村庄不通机耕道的，按机耕道标准规划。

(3) 人行道：移民居住点分散、人口稀少，修建机耕道投资较大时，规划人行道。

(4) 桥梁：对于水面宽度大于200m的沟汊，原则上不采用桥梁方案。对于原能涉水过河的季节性沟汊，应设置过河通道（桥梁与渡口间距离应在1～3km之间，桥梁与桥梁间距离应在3～5km之间）；原不能涉水过河的库汊，因水库蓄水淹没桥梁的，原则上应复建桥梁（如桥梁长度大于200m时，可设汽渡），无淹没桥梁的原则上不建桥梁。对于沟汊末端，公路绕行路线大于5km或绕行路段每公里服务人数小于50人，且桥梁方案投资小于道路方案投资时，应选择桥梁方案；否则采用道路绕行方案，但应增设人行桥或渡口，以保证两岸行人绕行距离小于3km。

(5) 渡口、码头：对于水面宽度大于200m的非季节性沟汊或两岸修建桥梁难度大又不经济，并有汽车通行要求时，设置汽渡（与等外公路或机耕道相对应）码头；对于无汽车通行要求，水面宽度大于200m的非季节性沟汊或两岸修建人行桥难度大又不经济时，设置人行渡口；对于安置区内有通航条件的支流，村内未规划人行渡口且有水运出口的安置村，原则上每个村设置一个停靠点。

3. 规划技术标准

(1) 等外公路：设计速度10～15km/h，路基宽度4.5m（其中车行道宽度3.5m），路面面层为15cm水泥混凝土，路面基层为15cm水泥稳定碎石。

(2) 机耕道：设计速度10km/h，路基宽度4m（其中车行道宽度3m），路面面层为20cm泥结碎石。

等外公路及机耕道均为单车道，间隔300m左右结合地形设置错车台，错车台段路基总宽度不小于6.5m，有效长度不小于10m。

(3) 人行道：路基宽度1.5m，路面面层为10cm砂砾。

(4) 桥梁：汽车荷载等级为公路-Ⅱ级，桥宽分别为：大桥净宽8m（7m+2×0.5m），中小桥4.5m（净宽3.5m+2×0.5m），人行桥2.5m。桥头引道设置渐变路段，渐变率不小于1/7。

1.9.3 输变电工程处理

1.9.3.1 规划依据

(1) 上阶段的设计报告及有关审批文件。

(2) 上阶段的实物调查成果，包括变电所（站）名称、电压等级、变压器规格、变压器台数、占地面积、建设投资、服务范围等技术经济指标。

(3) 本阶段的城（集）镇迁建规划、工业企业处理规划、农村移民安置规划等。

(4)《35～110kV变电所设计规范》(GB 50059)、《110～750kV架空输电线路设计规范》(GB 50545)、《66kV及以下架空电力线路设计规范》(GB 50061)、《10kV及以下架空配电线路设计技术规程》(DL/T 5220)、《农村小型化变电所设计规程》(DL/T 5078)、《农村电力网规划设计导则》(DL/T 5118)等设计规范、规程。

(5)《国家电网公司35kV变电站典型设计技术导则（修订版）》（国家电网公司基建部2006年9月）、《国家电网公司66kV变电站典型设计技术导则（修订版）》（同上）、《国家电网公司66kV和35kV输电线路典型设计技术导则（第一次修订版）》（同上）。《国家电网公司10kV和380/220V架空配电线路典型设计技术导则（修订版）》（同上）、《国家电网公司10kV配电工程典型设计技术导则（修订版）》（同上）。

(6) 其他电力工程技术标准。

1.9.3.2 变电所（站）处理

受淹没影响的35kV及以上变电所（站）的处理方案，根据实物调查成果和技术经济指标［如变电所

（站）名称、电压等级、变压器规格、变压器台数、占地面积、建设投资、服务范围等]，移民安置后区域负荷变化情况，结合城（集）镇迁建规划、工业企业处理规划、农村移民安置规划等，提出变电所（站）改建、迁建和补偿处理方案。

库区35kV及以上变电所（站）改建、迁建设计，按“原规模、原标准（等级）、恢复原功能”的原则，依据上述相关规范进行设计，其设计方案经主管部门预审后，纳入水利水电工程建设征地移民安置规划。

在安置移民数量较多的集中安置区，应对安置区（包括原居民和移民）近期和远期的用电总负荷进行预测，并对安置区现有35kV变电所（站）的近期和远期供电能力进行分析。若现有变电所（站）不能满足安置区近期和远期的用电负荷需要时，则需对变电所（站）进行扩容，必要时应新建变电所（站）。

1. 变电所（站）选址

变电所（站）新址应符合《35～110kV变电所设计规范》（GB 50059—92）的规定：

（1）靠近负荷中心，交通运输方便。

（2）节约用地，不占或少占耕地及经济效益高的土地。

（3）与城乡或工矿企业规划相协调，便于架空和电缆线路的引入和引出。

（4）所（站）址宜设在受污染源影响最小处。

（5）具有适宜的地质、地形和地貌条件，避开文物保护范围和矿产资源。

（6）所（站）址标高宜在50年一遇高水位之上，否则，所（站）区应有可靠的防洪措施或与地区（工业企业）的防洪标准相一致，但仍应高于内涝水位。

（7）考虑职工生活的方便及水源条件。

（8）考虑变电所（站）与周围环境、邻近设施的相互影响。

2. 所（站）区布置

所（站）区布置应符合GB 50059—92的规定：

（1）所（站）区总平面布置应紧凑合理。

（2）所（站）区周围宜设置不低于2.2m高的实体围墙，城网变电所（站）、工业企业变电所（站）围墙的高度及形式应与周围环境相协调。

（3）所（站）内主要道路宽度应满足消防要求，道路宽度不小于3.5m，主要设备运输道路的宽度可根据运输要求确定，并应具备回车条件。

（4）场地设计坡度应根据设备布置、土质条件、排水方式和道路纵坡确定，宜为0.5%～2%，最小不应小于0.3%，局部最大坡度不宜大于6%。平行于母线方向的坡度，应满足电气及结构布置的要求。当利用路边明沟排水时，道路及明沟的纵向坡度最小不宜小于0.5%，局部困难地段不应小于0.3%；最大不宜大于3%，局部困难地段不应大于6%。电缆沟及其他类似沟道的沟底纵坡，不宜小于0.5%。

（5）所（站）内的建筑物标高、基础埋深、路基和管线埋深，应相互配合；建筑物内地面标高，宜高出屋外地面0.3m；屋外电缆沟壁，宜高出地面0.1m。

（6）各种地下管线之间和地下管线与建筑物、构筑物、道路之间的最小净距，应满足安全、检修安装及工艺的要求和规定。

（7）所（站）区场地宜进行绿化。绿化规划应与周围环境相适应并严防绿化物影响电气的安全运行。

（8）变电所（站）排出的污水应符合《工业企业设计卫生标准》（GBZ 1）的规定。

3. 电气设计

电气设计包括主变压器设计、电气主接线设计、所用电源和操作电源设计和其他电气设计等。

（1）主变压器设计。库区变电所（站）复建的主变压器台数和容量，按变电所（站）原规模进行设计。因移民外迁安置，库区变电所（站）的供电范围和供电负荷会较复建前有所减小，按原规模设计即可满足现状和今后一定时期的发展需要。

变电所（站）主变压器设计应符合GB 50059—92的规定：

1）主变压器的台数和容量，根据地区供电条件、负荷性质、用电容量和运行方式等条件综合考虑确定。

2）在有一、二级负荷的变电所（站）中宜装设两台主变压器，当技术经济比较合理时，可装设两台以上主变压器。如变电所（站）可由中、低压侧电力网取得足够容量的备用电源时，可装设一台主变压器。

3）装有两台及以上主变压器的变电所（站），当断开一台时，其余主变压器的容量不应小于全部负荷的60%，并应保证用户的一、二级负荷。

4）具有三种电压的变电所（站），如通过主变压器各侧线圈的功率均达到该变压器容量的15%以上，主变压器宜采用三线圈变压器。

5）电力潮流变化大和电压偏移大的变电所（站），如经计算普通变压器不能满足电力系统和用户对电压质量的要求时，应采用有载调压变压器。

（2）电气主接线设计。电气主接线设计包括主接线、断路器、短路电流限制措施、避雷器和互感器设置等内容。

1）主接线设计。变电所（站）的主接线，根据变电所（站）在电力网中的地位、出线回路数、设备特点及负荷性质等条件确定，并应满足供电可靠、运行灵活、操作检修方便、节约投资和便于扩建等要求。

35～110kV线路为两回及以下时，宜采用桥形、线路变压器组或线路分支接线；超过两回时，宜采用扩大桥形、单母线或分段单母线的接线。35～63kV线路为8回及以上时，亦可采用双母线接线。110kV线路为6回及以上时，宜采用双母线接线。

2）断路器设计。当能满足运行要求时，变电所（站）高压侧宜采用断路器较少或不用断路器的接线。

在采用单母线、分段单母线或双母线的35～110kV主接线中，当不允许停电检修断路器时，可设置旁路设施。当有旁路母线时，首先宜采用分段断路器或母联断路器兼作旁路断路器的接线。

当110kV线路为6回及以上，35～63kV线路为8回及以上时，可装设专用的旁路断路器。主变压器35～110kV回路中的断路器，有条件时亦可接入旁路母线。采用SF_6断路器的主接线不宜设旁路设施。

当变电所（站）装有两台主变压器时，6～10kV侧宜采用分段单母线。线路为12回及以上时，亦可采用双母线。当不允许停电检修断路器时，可设置旁路设施。当6～35kV配电装置采用手车式高压开关柜时，不宜设置旁路设施。

3）变电所（站）6～10kV线路短路电流的限制措施包括：①变压器分列运行；②采用高阻抗变压器；③在变压器回路中装设电抗器。

4）避雷器和电压互感器设置。接在母线上的避雷器和电压互感器，可合用一组隔离开关。对接在变压器引出线上的避雷器，不宜装设隔离开关。

（3）所用电源和操作电源设计。

1）所用电源设计。在有两台及以上主变压器的变电所（站）中，宜装设两台容量相同、可互为备用的所用变压器。如能从变电所（站）外引入一个可靠的低压备用所用电源时，亦可装设一台所用变压器。当35kV变电所（站）只有一回电源进线及一台主变压器时，可在电源进线断路器之前装设一台所用变压器。变电所（站）的直流母线，宜采用单母线或分段单母线的接线。采用分段单母线时，蓄电池应能切换至任一母线。

2）操作电源设计。重要变电所（站）的操作电源，宜采用一组110V或220V固定铅酸蓄电池组或镉镍蓄电池组。作为充电、浮充电用的硅整流装置宜合用一套。其他变电所（站）的操作电源，宜采用成套的小容量镉镍电池装置或电容储能装置。

蓄电池组的容量，应满足下列要求：①全所事故停电1h的放电容量；②事故放电末期最大冲击负荷容量；③小容量镉镍电池装置中的镉镍电池容量，应满足分闸、信号和继电保护的要求。

（4）其他电气设计。其他电气设计包括控制室、二次接线、照明、并联电容器装置、电缆敷设、远动和通信、屋内外配电装置、继电保护和自动装置、电测量仪表装置、过电压保护、接地等项目。

4．土建设计

变电所（站）土建设计包括建筑物、构筑物、采暖通风和防火等。

（1）土建设计要求。

1）建筑物、构筑物及有关设施，应统一规划、造型协调、便于生产及生活，所选择的结构类型及材料品种应经过合理归并简化，以利备料、加工、施工及运行。变电所（站）的建筑设计还应与周围环境相协调。

2）建筑物的设计应考虑承载能力极限状态和正常使用极限状态两种极限状态。

3）建筑物、构筑物的安全等级均应采用二级，相应的结构重要性系数为1.0。

（2）建筑物设计荷载。建筑物荷载分为永久荷载、可变荷载及偶然荷载三类。永久荷载包括结构自重（含导线及避雷线自重）、固定的设备重、土重、土压力、水压力等；可变荷载包括风荷载、冰荷载、雪荷载、活荷载、安装及检修荷载、地震作用、温度变化及车辆荷载等；偶然荷载包括短路电动力、验算（稀有）风荷载及验算（稀有）冰荷载。荷载分项系数按有关规定选取。

1）房屋建筑的活荷载应根据实际的工艺及设备情况确定。其标准值及有关系数不应低于表1.9-10所列的数值。

2）架构及其基础宜根据实际受力条件包括远景可能发生的不利情况，分别按终端或中间架构来设计。运行、安装、检修、地震等荷载情况，作为承载能力极限状态的基本组合，其中最低气温情况还宜作为正常使用极限状态的条件对变形及裂缝进行校验。

3）设备支架及其基础以最大风、操作、地震等荷载情况作为承载能力极限状态的基本组合，其中最大风情况及操作情况的标准荷载，作为正常使用极限状态的条件对变形及裂缝进行校验。

4）架构的导线安装荷载，根据所采用的施工方法及程序确定，并将荷载图及紧线时引线的对地夹角在施工图中表示清楚。导线紧线时引线的对地夹角宜取45°～60°。

5）高型及半高型配电装置的平台、走道及天桥的活荷载标准值宜采用$1.5kN/m^2$，装配式板应取1.5kN集中荷载验算。在计算梁、柱和基础时，活荷载乘折减系数；当荷重面积为$10～20m^2$时宜取0.7，超过$20m^2$时宜取0.6。

表 1.9-10 建筑物均布活荷载及有关系数

项 目	活荷载标准值（kN/m²）	准永久值系数	计算主梁、柱及基础的折减系数	适 应 范 围
不上人屋面	0.7	0	1.0	用于钢筋混凝土屋面，对瓦屋面可用 0.3kN/m²
上人屋面	1.5	0.4	1.0	
主控制室、继电器室及通信室的楼面	4.0	0.8	0.7	如电缆层的电缆，系吊在主控制室或继电器室的楼板，则应按实际发生的最大荷载考虑
主控制楼电缆层的楼面	3.0	0.8	0.7	
电容器室楼面	4.0～9.0	0.8	0.7	
屋内 3kV、6kV、10kV 配电装置开关层楼面	4.0～7.0	0.8	0.7	用于每组开关质量不大于 8kN，否则应按电气提供采用
屋内 35kV 配电装置开关层楼面	4.0～8.0	0.8	0.7	用于每组开关质量不大于 12kN，否则应按电气提供采用
屋内 110kV 配电装置开关层楼面	4.0～8.0	0.8	0.7	用于每组开关质量不大于 36kN，否则应按电气提供采用
放置 110kV 全封闭组合电器楼面	10.0	0.8	0.7	
办公室及宿舍楼面	2.0～2.5	0.5	0.85	
室外楼梯	2.0	0.5	0.9	
室内沟盖板	4.0	0.5	1.0	

注 1. 适用于屋内配电装置采用成套柜或采用空气断路器的情况，对 3kV、6kV、10kV、35kV、110kV 配电装置的开关不布置在楼面上的情况，该楼面的活荷载标准值可采用 4.0kN/m²。
2. 屋内配电装置楼面的活荷载，未包括操作荷载。
3. 上表各楼面荷载也适用于与楼面连通的走道及楼梯，也适用于运输设备必须经过的阳台。
4. 准永久值系数仅在计算正常使用极限状态的长期效应组合时使用。

1.9.3.3 送电线路处理

淹没影响的 35kV 及以上送电线路的处理方案，根据淹没影响线路的技术经济指标，水库淹没影响杆塔的位置、高程及线路长度等提出。处理方式包括复建、改建和防护。

复（改）建的电力线路，按“原规模、原标准或者恢复原功能”的原则，结合库区的地形、地质条件，依据上述相关技术标准进行设计，其设计方案经主管部门预审后，纳入水利水电工程建设征地移民安置规划。

1. 路径选择

路径选择是输电线路复（改）建规划设计的关键，对控制造价、方便施工、安全运行等起着重要作用。路径选择分初勘选线和终勘选线。

（1）选择的原则。

1）路径选择应综合考虑运行、施工、交通条件和路径长度等因素，统筹兼顾，全面安排，进行多方案技术经济比较，做到安全可靠、环境良好、经济合理。

2）路径选择与城（集）镇搬迁规划相结合，并避开军事设施、大型工矿企业和重要工程设施。

3）路径选择尽量避开原始森林区、自然保护区、风景名胜区。

4）路径选择应位于水库最高蓄水位之上，避开库区滑坡、塌岸等不良地带。

5）路径选择宜靠近现有和规划道路，以改善交通条件、方便施工和运行维护。

6）路径选择应尽量不跨越水库库区。需跨越时，其路径方案应结合大跨越的情况，通过综合技术经济比较确定。

（2）初勘选线。初勘选线分图上选线和初勘选线两步。

图上选线是根据实物调查成果、输电线路技术指标以及淹没影响杆塔编号、线路长度等，在1：50000或1：10000地形图上，标出复（改）建线路的起点杆塔和终点杆塔，以及中间必经点的位置，按复（改）建线路起终点间距离最短的原则绘制图上选线方案。

初勘选线是按图上选定的线路路径到现场进行实地勘测，以验证图上选线确定的线路路径方案是否符合客观实际。根据实地勘测情况，对图上选定线路路径进行修正。在对线路亘长，交通运输条件，施工、运行条件，地形、地质条件，大跨越情况等进行技术比较，以及对线路投资、年运行费、拆迁补偿等进行经济比较的基础上，初步确定复（改）建线路路径。

(3) 终勘选线。终勘选线是根据初步确定的图上路径方案在现场具体落实，并按实际地形情况修正图上选线，确定线路最终走向，设置临时标桩。终勘选线要“以线为主，线中有位”，即在选线中要兼顾杆（塔）位置的技术经济合理性和关键塔位成立的可能性，个别特殊地段应反复选线比较，必要时草测断面进行定位比较后优选。

2. 杆塔定位

杆塔定位是在选好的线路路径上进行定线、断面测绘，以及在纵断面图上配置杆塔位置的工作。

3. 杆塔结构型式选择

(1) 杆塔分类。按在线路中的用途，杆塔分为直线杆塔、耐张杆塔、转角杆塔、换位杆塔、跨越杆塔和终端杆塔。

(2) 杆塔结构型式。按使用的材料划分，杆塔可分为钢筋混凝土电杆和铁塔。

(3) 杆塔外形尺寸。杆塔外形尺寸主要包括杆塔呼高、横担长度、上下横担的垂直距离、避雷线支架高度和双避雷线挂点之间水平距离等。其主要取决于导线、避雷线电气方面的因素，如导线对地、对交叉跨越物的间距，导线之间、导线与避雷线之间的距离，导线与杆塔部分的间距，避雷线对边导线的防雷保护角，双避雷线对中导线的防雷保护，考虑带电检修时带电体与地电位人员之间的距离等。

(4) 杆塔结构型式选择。输电线路中使用的杆塔结构主要是钢筋混凝土电杆、钢管杆塔和桁架铁塔，结构型式多种多样。输电线路复建规划杆塔选型，应根据复建线路的电压等级、回路数、导线规格、地形地质条件和使用条件等因素，并通过经济技术比较择优选用。

4. 杆塔基础型式

(1) 杆塔基础分类。杆塔基础是将杆塔固定在地面上，以保证杆塔不发生倾斜、倒伏、下沉的设施。按使用的材料划分，杆塔基础分为电杆基础和铁塔基础两类。

电杆基础是在电杆底部垫一块底面积较大的钢筋混凝土预制板——底盘，以防止电杆下沉。拉线连同拉线棒和拉线盘，保证了电杆在外部荷载作用下不发生倾斜和倒伏。

铁塔基础按承载力特性分为大开挖基础、掏挖扩底基础、爆扩桩基础、岩石锚桩基础、钻孔灌注桩基础和倾覆桩基础。

(2) 杆塔基础选择。杆塔基础的型式，根据线路沿线的地形、地质、水文以及施工、运输条件和杆塔型式等因素综合考虑确定。

(3) 杆塔基础设计。杆塔基础设计必须保证杆塔在各种受力情况下不倾覆、不上拔和不下沉，使线路运行安全可靠。因此，杆塔设计应对基础进行地基承载力计算、抗拔稳定计算、倾覆稳定计算。

基础设计应采用以概率理论为基础的极限状态设计法，用可靠指标度量基础与地基的可靠度，具体采用荷载分项系数和地基承载力调整系数的设计表达式。

基础设计应考虑地下水位的季节性变化，位于地下水位以下的基础和土壤应考虑水的浮力并取其有效重度。计算直线杆塔基础的抗拔稳定时，对塑性指数大于10的黏性土（黏土和粉质黏土）可取天然重度。对岩石基础应进行鉴定，并宜选择有代表性的塔位进行试验。

基础的埋置深度不应小于0.5m。在有冻胀性土的地区，其埋深应根据地基土的冻结深度和冻胀性土的类别确定。有冻胀性土地区的钢筋混凝土杆和基础，应采取防胀裂的措施。设置在河流两岸或河中的基础，应根据地质水文资料进行设计，并应计入水流对地基的冲刷和漂浮物对基础的撞击影响。

5. 导线架线设计

(1) 导线型号选择。输电线路导线的截面积应能满足技术性和经济性两方面的要求。

技术性方面，应能满足控制线路电压降、导线发热、无线电干扰、电视干扰、可听噪声的要求，并具备适应线路气象和地形条件的机械特性。

经济性方面，宜按照系统需要根据经济电流密度选择，也可按系统输送容量，结合不同导线的材料进行比较选择，通过年费用最小法进行综合技术经济比较后确定。

所选的导线截面积必须大于规范规定的按机械强度所要求的最小截面积。

因库区送电线路复建规划是对库区受淹没影响送电线路中的一段进行复建，因此，其导线应选择与原线路相同规格型号的导线。受地形限制需大跨越时，可适当提高导线的规格。

(2) 导线的应力和弧垂。悬挂于杆塔间的导线在本身重力及风压、覆冰等荷载的作用下，在导线单位横截面上产生的内力叫导线应力。导线上任意点至导线两侧悬挂点连线的铅垂距离称为导线在该点的弧垂。在架设导线时，导线的松紧程度直接关系到导线及杆塔的受力大小以及导线到被跨越建筑物及地面的距离，影响到输电线路的安全和经济性。所以，导线的应力、弧垂是线路设计、施工和运行的重要技术参数。

导线的张力弧垂计算，在各种气象条件下应采用最大使用张力和平均运行张力作为控制条件。地线的张力弧垂计算可采用最大使用张力、平均运行张力和导线与地线间的距离作为控制条件。导线的最大使用张力，不应大于绞线瞬时破坏张力的40%。

(3) 导线与地面间的距离。导线与地面、建筑物、树木、铁路、道路、河流、管道、索道及各种架空线路间的距离，应根据导线运行温度+40℃（若导线按允许温度+80℃设计时，导线运行温度取50℃）情况或覆冰无风情况求得的最大弧垂计算垂直距离，根据最大风情况或覆冰情况求得的最大风偏进行校验。计算上述距离应计入导线架线后塑性伸长的影响和设计、施工的误差，但不应计入由于电流、太阳辐射、覆冰不均匀等引起的弧垂增大。重冰区的线路，还应计及导线覆冰不均匀情况下的弧垂增大。大跨越的导线弧垂应按导线实际能够得到的最高温度计算。

输电线路与主干铁路、高速公路交叉，采用独立耐张段。输电线路与标准轨距铁路、高速公路和一级公路交叉时，如交叉档距超过200m，最大弧垂按导线温度计算时，导线温度应按不同要求取+70℃或+80℃计算。

输电线路与电信线、电力线、房屋建筑、铁路及公路等交叉跨越时，必须保证在正常运行情况下，导线出现最大弧垂时，在交叉跨越处导线与被跨越物间的垂直距离符合规范要求。

6. 防雷和接地

(1) 地线张力弧垂计算。地线的型号应根据防雷设计和工程技术条件的要求确定。地线的张力弧垂计算可采用最大使用张力、平均运行张力、导线与地线间的距离作为控制条件。地线的最大使用张力，不应大于绞线瞬时破坏张力的40%。

(2) 过电压保护方式。架空电力线路过电压保护方式有以下三种：

1) 66kV线路，年平均雷暴日数为30d以上的地区，宜沿全线架设地线。

2) 35kV线路，进出线段宜架设地线。

3) 在多雷区，3～10kV混凝土杆线路可架设地线，或在三角排列的中线上装设避雷器；当采用铁横担时，宜提高绝缘子等级；绝缘导线铁横担的线路，可不提高绝缘子等级。

1.9.3.4 安置区配电线路调整规划

移民安置会在不同程度上打破移民安置区配电线路负荷的平衡，因此，需对移民安置区的配电线路进行调整规划。

安置区10kV及以下配电线路调整规划，应根据安置区配电线路网络情况，结合移民安置点布置规划，依据上述相关技术标准进行设计，其设计方案经主管部门预审后，纳入水利水电工程建设征地移民安置规划。

1.9.4 电信工程处理

1.9.4.1 规划依据

(1) 上阶段的设计报告及有关审批文件。

(2) 实物调查成果，包括电信设施名称、线路等级、线路规格、服务范围等技术经济指标。

(3) 本阶段城（集）镇迁建规划、工业企业处理规划、农村移民安置规划等。

(4)《长途通信光缆线路工程设计规范》(YD 5102)、《长途通信干线电缆线路工程设计规范》(YD 2002)、《本地通信线路工程设计规范》(YD 5137)、《900/1800MHz TDMA数字蜂窝移动通信网工程设计规范》(YD 5104)、《移动通信工程钢塔桅结构设计规范》(YD/T 5131) 等设计规范。

(5) 其他通信工程标准。

1.9.4.2 长途通信线路处理

长途通信线路包括省际长途通信线路、省内长途通信线路和军用通信线路等。其处理方案根据实物调查成果和线路相关技术指标，以及水库淹没影响线路长度等提出。处理方式包括复建、改建和防护。

长途通信干线线路需复建、改建和防护的，应按“原规模，原标准（等级），恢复原功能”的原则，依据上述相关技术标准进行设计。其设计方案经主管部门预审后，纳入水利水电工程建设征地移民安置规划。

1. 线路系统制式及容量

通信光缆、电缆线路复建是局部地段的线路改建，复建规划应采用与原线路相同的线路系统制式及容量。

2. 线路路由

通信光缆、电缆线路路由应按以下原则选择：

(1) 线路路由方案，以库区地形地物条件和干线通信网络规划为基础，进行多方案比较。充分考虑到线路稳固、运行安全、施工及维护方便、投资经济的原则。

(2) 在符合大的路由走向的前提下，线路路由宜沿靠公路，但应顺路取直，避开路边设施和计划扩改地段。

(3) 线路路由应选择在地质稳固、地势较为平坦的地段，尽量减少翻山越岭，并避开可能因自然或人为因素造成危害的地段。

(4) 线路穿越河流，当过河地点附近存在可供光缆敷设的永久性桥梁时，光缆、电缆宜在桥上通过。采用水底光缆、电缆时，应选择在符合敷设水底光缆、电缆要求的地方，并应兼顾大的路由走向，不宜偏离过远。对于河势复杂、水面宽阔或航运繁忙的大型河流，应着重保证水线的安全，在这种情况下可局部偏离大的路由走向。

(5) 在保证安全的前提下，也可利用定向钻孔或者架空等方式敷设光缆、电缆过河。

(6) 光缆、电缆线路遇到水库时，应在水库的上游通过，沿库绕行时敷设高程应在最高蓄水位以上。

3. 线路敷设方式

通信光缆、电缆线路改建规划，光缆、电缆敷设方式与原线路的敷设方式应一致，符合如下规定：

(1) 长途通信省际干线光缆、电缆线路在非市区地段敷设时应以采用管道或直埋方式为主。长途干线光缆、电缆线路在市区内敷设应以采用管道方式为主。对不具备管道敷设条件的地段，可采用简易塑料管道、槽道或其他适宜的敷设方式。

(2) 省内干线光缆、电缆线路除管道和直埋方式外，也可采用架空方式。

(3) 长途干线光缆、电缆在下列情况下可采用局部架空敷设方式：

1) 必须穿越峡谷、深沟等采用其他敷设方式不能保证安全或建设费用过高的地段。

2) 地下或地面存在其他设施，施工特别困难，原有设施业主不允许穿越或赔补费用过高的地段。

3) 因环境保护、文物保护等原因无法采用其他敷设方式的地段。

4) 受其他建设规划影响，无法进行长期性建设的地段。

5) 地表下陷、地质环境不稳定的地段。

6) 其他不能采用管道或直埋方式敷设的地段，如陡峻山岭等。

(4) 长途干线光缆、电缆穿越河流的敷设方式，应以线路安全稳固为前提，并结合现场情况按下列原则确定：

1) 路由附近有永久性坚固桥梁可以利用的，光缆应当在桥上敷设。

2) 不具备桥上敷设条件，或建设费用过高时，河床情况适宜的一般河流可采用定向钻孔或水底光缆、电缆的敷设方式。

3) 遇有河床不稳定，冲淤变化较大，或河道内有其他建设规划，或河床土质不利于施工，无法保障水底光缆安全时，可采用架空跨越方式。

4. 敷设安装要求

(1) 直埋光缆、电缆敷设。直埋光缆、电缆可同其他通信光缆或电缆同沟敷设，但不得重叠或交叉，缆间的平行净距不应小于 10cm。

直埋光缆、电缆线路标石的埋设地点包括：①光缆、电缆接头、转弯点、预留处；②适于气流法敷设的长途塑料管的开断点及接续点；③穿越障碍物或直线段落较长，利用前后两个标石或其他参照物寻找光缆有困难的地方；④装有监测装置的地点及敷设防雷线，同沟敷设光缆、电缆的起止地点；⑤需要埋设标石的其他地点。

直埋光缆、电缆的接头处应设置监测标石，此时可不设置普通标石。

直埋光缆、电缆标石宜埋设在光缆、电缆的正上方。接头处的标石，埋设在光缆、电缆线路的路由上；转弯处的标石，埋设在光缆、电缆线路转弯处的交点上。标石应当埋设在不易变迁、不影响交通与耕作的位置。如埋设位置不易选择，可在附近增设辅助标记，以三角定标方式标定光缆位置。

(2) 管道光缆、电缆敷设。管道在公路路基下或类似地点敷设时，管道埋深（管顶距路面）不小于 0.80m。管道在田地、山林等处敷设时，管道埋深的取定以不妨碍正常的耕作、种植、采集和小型灌溉渠道的疏浚为前提。进入人手孔处的管道底部距人孔底板面及管道顶部距人孔内上覆顶面的净距不小于 0.30m，但采用埋式人手孔时可根据具体情况另行确定。管道和其他地下管线及建筑物之间的最小净距（指管道外壁之间的距离）应符合规范规定。

在条件允许的情况下，宜选择路由平直、转弯少、高差小、短段较少，且有较大人手孔的管道敷设长途干线光缆。接头盒在人手孔内宜安装在常年积水水位以上的位置，采用保护托架或其他方法承托。在某些比较特殊的管道中敷设时，如公路、铁路、桥上等地点，应充分考虑到诸如路面沉降、冲击、振动、剧烈温度变化导致结构变形等因素对光缆、电缆线路的影响，并采取相应的防护措施。

(3) 架空光缆、电缆敷设。长途架空光缆、电缆线路，应根据不同的负荷区，采取不同的建筑强度等级。吊线程式可按架设地区的负荷区别、光缆及电缆荷重、标准杆距等因素经计算确定，一般宜选用7/2.2规格和7/3.0规格的镀锌钢绞线。

不同钢绞线在各种负荷区适宜的杆距见表1.9-11。当杆距超过表1.9-11的范围时，应采用正副吊线跨越装置，其中正吊线宜采用7/2.2规格，副吊线宜采用7/3.0规格。

架空光缆、电缆距地面和其他建筑物的间距应符合表1.9-12的规定。

表1.9-11　　吊线规格选用表

吊线规格	负荷区别	杆距（m）
7/2.2	轻负荷区	≤150
7/2.2	中负荷区	≤100
7/2.2	重负荷区	≤65
7/2.2	超重负荷区	≤45
7/3.0	中负荷区	101～150
7/3.0	重负荷区	66～100
7/3.0	超重负荷区	45～80

表1.9-12　　架空光缆、电缆距地面与其他建筑物间距表

序号	间距说明	最小净距（m）	交越角度（°）
1	一般地区 特殊地点（在不妨碍交通和线路安全的前提下） 市区（人行道上） 高秆农林作物地段	3.0 2.5 4.5 4.5	
2	跨越公路及市区街道 跨越通车的野外大路及市区巷弄	5.5 5.0	
3	跨越铁路（距轨面） 跨越电气化铁路 平行间距	7.5 一般不允许 30.0	≥45
4	在市区：平行间距 垂直间距 在郊区：平行及垂直间距	1.25 1.0 2.0	
5	跨越平顶房顶 跨越人字屋脊	1.5 0.6	
6	距建筑物的平行间距	2.0	
7	与其他架空通信缆线交越时	0.6	≥30
8	与架空电力线交越时	1.0	≥30
9	不通航的河流，距最高洪水位的垂直间距 通航的河流，距最高通航水位时船桅最高点的垂直间距	2.0 1.0	
10	消火栓	1.0	
11	沿街道架设时，电杆距人行道边石	0.5	
12	与其他架空线路平行时	不宜小于4/3杆高	

(4) 水底光缆、电缆敷设。水底光缆、电缆的过河位置，应选择在河道顺直、流速不大、河面较窄、土质稳定、河床平缓无明显冲刷、两岸坡度较小的地方。

水底光缆、电缆的埋深，应根据河流的水深、通航状况、河床土质等具体情况分段确定。水深小于8m（指枯水季节的深度）的区段，河床不稳定或土质松软时，光缆、电缆埋入河底的深度不应小于1.5m；河床稳定或土质坚硬时不应小于1.2m。水深大于8m的区域，可将光缆、电缆直接布入在河底不加掩埋。在冲刷严重和极度不稳定的区段（如游荡型河道），应将光缆、电缆埋设在变化幅度以下；如遇特殊困难不能实现，在河底的埋深亦不应小于1.5m，并应根据需要将光缆、电缆作适当预留。在有疏浚计划的区段，应将光缆、电缆埋设在计划深度以下1m，或在施工时暂按一般埋深，但需要将光缆、电缆作适当预留，待疏浚时再下埋至要求深度。石质和半石质河床，埋深不应小于0.5m，并应加保护措施。岸滩比较稳定的地段，光缆、电缆埋深不应小于1.2m。洪水季节受冲刷或土质松散不稳定的地段适当加深，光缆、电缆上岸的坡度宜小于30°。对于大型河流，当航道、水利、堤防、海事等部门对拟布放水底光缆的埋深有特殊要求，或有抛锚、运输、渔业捕捞、养殖等活动影响，上述埋深不能保证光缆安全时，应进行综合论证和分析，确定合适的埋深要求。

1.9.4.3 通信基站处理

移动通信基站的处理方案应根据各移动通信基站受淹没影响情况及其覆盖范围提出。处理方式有改建、迁建、防护和拆除四种。

对需改建或迁建的移动通信基站，按“原规模，原标准（等级），恢复原功能”的原则，依据YD 5104和YD/T 5131进行设计。其设计方案经主管部门预审后，纳入水利水电工程建设征地移民安置规划。

1.9.4.4 地方通信线路处理

地方通信线路的处理方案，应根据通信线路受淹没影响情况，结合移民安置和地区经济发展规划提出。处理方式有改建、迁建两种。

对需复建、改建的地方通信线路，按“原规模，原标准（等级），恢复原功能”的原则，结合城（集）镇和农村搬迁安置规划，依据YD 5137进行设计。其设计方案经主管部门预审后，纳入水利水电工程建设征地移民安置规划。

1.9.4.5 安置区通信线路处理

移民安置区的通信线路根据城（集）镇迁建规划、农村搬迁安置规划，结合安置区通信线路网络，逐村进行规划。规划包括线路路由、光缆（电缆）规格型号、线路长度等。

1.9.5 广播电视工程处理

1. 库区广播电视工程处理

库区广播电视工程设施处理规划，应根据广播电视工程受淹没影响情况，结合库区城（集）镇迁建规划和农村搬迁安置规划提出，处理方式有改建、迁建和拆除三种。

对需复建、改建的广播电视工程设施，应按“原规模，原标准（等级），恢复原功能”的原则，依据《有线电视广播系统技术规范》（GY/T 106）进行设计。其设计方案经主管部门预审后，纳入水利水电工程建设征地移民安置规划。

2. 安置区广播电视工程处理

移民安置区广播电视工程设施复建规划，应根据安置区广播电视网络，结合集（镇）迁建、农村搬迁安置规划提出，包括线路走向、规模，规划到村一级。广播电视线路复建，在不影响当地原有系统正常运行情况下，宜就近接线。

1.9.6 水利水电工程处理

1.9.6.1 规划依据

（1）上阶段的设计报告及有关审批文件。

（2）水利水电工程设施调查资料，包括水利水电工程设施名称、使用现状、服务范围等技术经济指标。

（3）《灌溉与排水工程设计规范》（GB 50288）、《小水电水能设计规程》（SL 76）、《泵站设计规范》（GB 50265）、《水闸设计规范》（SL 265）等设计规范。

（4）其他设计标准等。

1.9.6.2 小水库处理

小水库一般按一次性补偿进行处理。

1.9.6.3 小水电站处理

小水电站是指装机容量在2.5万kW以下的水电站，多为无调节水库的径流式水电站。按集中落差方式的不同，水电站可区分为堤坝式（河床式、坝后式、岸边式）、引水式和混合式。小水电站的处理规划，应根据小水电站的特点和受淹没影响的程度分别选择处理方案。

（1）受水库正常蓄水位淹没影响的小水电站，当其供电范围内的居民和乡村企业已全部外迁时，则小水电站不需要进行恢复，可按一次性补偿处理；当其供电范围内还有较多居民和乡村企业，且周围具备小水电资源时，则需对小水电站进行迁建处理；周围无复建条件的小水电站，按一次性补偿处理。

对一次性补偿小水电站，按照原规模和所在地区建设同类小水电站的单位投资进行补偿。对迁建小水电站，按照SL 76进行迁建设计，并结合电力设施恢复规划，恢复原供电范围的电力供应。

（2）受汛期洪水回水影响的小水电站，由于其位于水库正常蓄水位之上，洪水回水又有一定重现期，因此，可根据回水影响程度对小水电站进行改建，修建尾水挡水闸墙，以保护小水电站在汛期不受洪水回水的影响。对小水电站影响的损失，采用一次性补偿。

1.9.6.4 提水站处理

水库淹没影响的提水站，按服务对象划分为农田灌溉提水站、农村人畜饮水提水站、城（集）镇供水提水站等。

1. 处理方案

根据提水站及其服务对象受水库淹没影响的程

度，结合移民安置规划，分别选择处理方案。

(1) 农田灌溉提水站。当其所灌溉的耕地仅部分被淹没时，则需复（改）建该提水站；当其所灌溉的耕地全部被淹没，丧失其功能时，按一次性补偿处理。

(2) 农村人畜饮水提水站。当其服务范围的农村居民全部远迁安置时，则提水站不需要恢复，按一次性补偿处理；当其服务范围的农村居民仅部分远迁安置时，则需复（改）建该提水站。

(3) 城（集）镇供水提水站。当供水的城（集）镇受淹没影响搬迁时，纳入城（集）镇搬迁规划中的供水工程统一复建；当仅淹没影响提水站时，仅对提水站及其影响设施进行复（改）建，恢复其供水能力。

2. 复建设计

在对提水站功能及其服务范围进行调查分析的基础上，按“原规模，原标准或者恢复原功能”的原则，依据 GB 50265 进行设计。

(1) 位置选择：①提水站位置应选在库岸稳定、水力水文状态适宜的河段；②提水站位置应避开滑坡、崩岸、不良地质，以及发生淤积的河段，应注意水库水位变化对提水站产生的不利影响。

(2) 结构型式。提水站的结构型式有固定式扬水站、升降式扬水站和浮动式扬水站。固定式扬水站主要适用于水位变动幅度较小的河流和水库；升降式扬水站和浮动式扬水站都适用于水位变动幅度较大的河流和水库，但升降式提水站适用的水位变动幅度较浮动式扬水站要大，且施工工期长，投资大。

提水站复建设计采用何种型式，应根据水库水位变动幅度，所选站址的地形、地质条件，以及设计提水流量等来确定。

(3) 机电设备。提水站机电设备应尽量选择与原型号和规格一致的设备。

1.9.6.5 闸坝处理

水库淹没影响的闸坝，按其所承担的主要任务分为拦河坝（堰）、进水闸、节制闸、冲沙闸等。

(1) 拦河坝（堰）。当引水灌区或供水城（集）镇位于枢纽工程下游，不受影响或仅部分受影响时，应在枢纽工程大坝中设计进水建筑物，替代拦河坝（堰）的作用；当引水灌区或供水城（集）镇位于水库淹没区时，拦河坝（堰）的功能消失，应给予适当补偿。

(2) 进水闸。进水闸处理方式参照拦河坝（堰）。

(3) 节制闸。节制闸处理方式参照拦河坝（堰）。

(4) 冲沙闸。冲沙闸处理方式参照拦河坝（堰）。

1.9.6.6 渠道处理

1. 供水渠道

供水渠道的处理应根据受水城（集）镇、企业是否在水库淹没区内采取不同的方案。当受水城（集）镇、企业位于工程坝址下游时，可在枢纽工程设计中布置取水建筑物，恢复供水渠道的原功能，或者在坝下修建提水工程或采取其他供水方式恢复其功能；当受水城（集）镇、企业位于水库淹没区时，应纳入城（集）镇迁建规划和受淹企业迁建处理规划。

2. 灌溉渠道

灌溉渠道的处理应根据灌区的分布情况，分别采取不同的方案。当灌区分布在工程坝址下游地区时，可在枢纽工程设计中布置取水建筑物，恢复灌溉渠道的功能，或者在坝下修建提水工程或采取其他供水形式恢复其功能；当灌区与水利水电工程规划灌区重合时，应考虑规划灌区实施前减产损失补偿；当灌区分布在水库淹没区时，不需要恢复灌溉渠道的功能，应给予适当补偿；当灌区分布在工程坝址上、下游地区时，应按灌溉面积减少造成的损失给予适当补偿。

1.9.7 管道设施处理

管道设施是指输送石油、天然气的管道及其附属设施。

根据《石油天然气管道保护条例》，征地影响油气管道设施的保护处理方案，由主体工程设计单位与管道所属企业协商解决。管道设施需要改线、搬迁或者增加防护设施的，所需费用列入处理投资。

1.9.8 国有农（林、牧、渔）场处理

对淹没影响的各类土地，参照征收农村土地的补偿标准给予补偿；对房屋及其附属建筑，按照城（集）镇相应标准进行补偿；对需要安置的有关人员，由主管部门提出安置方案；需要迁建人口的，参照城（集）镇迁建规划进行处理；淹没影响的道路、电力、供水和通信等基础设施，按照本节的相关内容处理。

1.9.9 文物古迹处理

1.9.9.1 处理原则

(1) 坚持“保护为主、抢救第一、合理利用、加强管理”的方针。

(2) 对文物保护单位应当尽可能实施原址保护；无法实施原址保护的，可迁移异地保护或者拆除。

(3) 对可能埋藏文物的地方进行考古调查、勘探，发现文物的，由省级文物行政部门会同建设单位共同商定保护措施；遇有重要发现的，由省级文物行政部门及时报国务院文物行政部门处理。需要进行考古发掘的，应当由省级文物行政部门提出发掘计划，

报国务院文物行政部门批准；确因建设工期紧迫或者有自然破坏危险，对古文化遗址、古墓葬进行抢救发掘的，由省级文物行政部门组织发掘，并同时补办审批手续。

(4) 对文物保护单位进行原地保护、迁移异地保护或拆除等所需费用，对可能埋藏文物的地方进行考古调查、勘探、发掘等所需费用，由建设单位列入建设工程概算。

1.9.9.2 处理规划

1. 征地影响文物古迹分析

受征地影响文物古迹分析是文物古迹处理规划的基础。根据实物调查成果，分析文物古迹的类型、形成年代、分布高程、结构特征、保护等级和数量等，分析鉴别文物古迹的历史价值、艺术价值和科学价值，提出保护处理意见。

2. 处理方式

文物古迹的存在方式有地上和地下两种方式。文物古迹因其存在方式不同采取的处理方式也不同。

(1) 地上文物古迹。地上文物古迹主要为古建筑、石窟寺、石刻、壁画等，宜视文物的保护级别和权属、价值进行分类保护。对历史科研价值极高的古建筑、石窟寺、石刻、壁画等，宜采取原地保护或整体搬迁异地重建的保护方式；对历史科研价值较高，但无必要进行异地重建的，则采取搬迁主要构件的处理方式；对历史科研价值一般，无法搬迁或搬迁价值不大的，则进行测绘、制作标本，加以保存。

(2) 地下文物古迹。地下文物古迹主要为古文化遗址、古墓葬等，视其历史科研价值分别采取不同的处理方式。古遗址、古墓葬等地下文物的处理，宜采用普探、密探、重点发掘、收藏、资料保护等措施。古遗址宜进行普探，通过普探了解遗址的中心区或重要遗迹分布区域，以及城址的大致布局、文化层厚度和保存情况；古墓葬宜进行密探，通过密探了解古墓葬的分布和数量。对确认的重要遗址和墓葬区域，进行抢救性的考古发掘工作；对破坏严重或开发价值不大的地下文物遗址，采用清理的办法进行处理。

3. 处理投资

根据制定的文物保护措施工作量，按照国家文物部门的技术规定，编制文物处理费用概（估）算。

1.9.9.3 处理案例

以黄河小浪底水利枢纽工程水库淹没文物古迹保护处理规划为例。

1. 概况

黄河小浪底水利枢纽工程位于河南省洛阳市以北约 40km 的黄河干流上，是治理开发黄河的关键性工程。1994 年 9 月主体工程开工，2001 年底竣工。水库淹没影响面积 279.6km^2，涉及河南、山西两省的 8 个县（市）。水库淹没区地处中华民族摇篮、人类文明发祥地之一的黄河中游，紧邻九朝古都洛阳，蕴藏有丰富的地上、地下文物。国家高度重视小浪底水库文物古迹的保护工作，开展了大量的文物古迹调查、保护处理等规划设计。

2. 可行性研究报告阶段

1982 年，国家文物管理局指示河南、山西两省文物管理部门对小浪底水库淹没区的文物古迹进行调查。文物古迹处理意见为，垣曲县的古城东关、小赵、下亳城三处古文化遗址，由中国历史博物馆考古部发掘整理；其他地区，由山西和河南两省组织调查，拟订发掘计划。

3. 初步设计阶段

山西省库区由山西省考古研究所协同中国社会科学院考古研究所山西队、北京中国历史博物馆考古部、山西大学历史系考古专业及运城地区文化局等单位，对垣曲、平陆、夏县的地下文物作了普查，拟订保护处理规划。

河南省库区由河南省考古研究所、古代建筑研究所，对新安、济源部分地区的地面、地下文物作了实地调查。其他县的文物古迹情况由各县文化部门调查提供。1985 年，黄河水利委员会勘测规划设计院按照水电部《小浪底水利枢纽设计任务书》的要求，于 1985 年 5 月和 7 月分别与河南省考古研究所和山西省考古研究所达成提供调查成果协议。1986 年 3 月国家环境保护局批复《对黄河小浪底水利枢纽工程环境影响报告书》[〔86〕环建字第 133 号]，明确“根据重点保护、重点发掘的原则，对库区文物应鉴定其历史、科学价值并划分等级，制定发掘、保存等处理措施”。1987 年国家文物管理局在郑州召开了黄河小浪底水库淹没区文物复查成果审查会，形成了会议纪要，明确了初步设计阶段的文物调查成果。1993 年国家计委批准了《黄河小浪底水利枢纽初步设计阶段水库库区淹没处理及移民安置规划修订报告》，确定了水库淹没文物古迹处理规划方案。

水库淹没影响地下文物 80 处，其中文化遗址 63 处，墓葬 17 处。其中，山西省属新石器时代到唐宋时期遗址墓葬 38 处，总面积 327 万 m^2；河南省属旧石器时代到唐宋时期遗址墓葬 42 处，总面积 207 万 m^2。这些文化遗存，大多保存较好，为研究黄河中游地区远古文化的发展、农业的起源以及仰韶、龙山文化的类型和分期，为探索夏文化，研究国家的起源、阶级的出现和奴隶制社会的形成提供了第一手资料，对研究黄河中游地区的开发历史和中国古代科学技术的发展史具有重要的科学价值。

水库淹没影响地上文物29处，其中古建筑19处，石窟和摩崖造像5处，古栈道3处，碑刻2处。其中，山西省明清建筑3处，碑碣55通，河南省北魏时期的西沃石窟、元代汤帝庙及其他古建筑、石刻等，是中国建筑、美术、文化史以及黄河古洪水研究的珍贵资料。

根据文物的历史科研价值，按照“重点保护、重点发掘”的原则，采取切实可行的保护措施。地下古遗址、古墓葬采取全面钻探，重点发掘。水库淹没文物古迹面积534万m^2，按照审查会鉴定意见，钻探面积为326.58万m^2，占61%，发掘面积为32.7万m^2，占6%。对破坏严重或开发价值不大的文物古迹进行了清理。地上文物采取搬迁、制作标本等措施，予以保存。地上文物29处，搬迁7处，拆迁1处，主要构件搬迁21处。

4. 技施设计阶段

该阶段两省文物部门对淹没影响文物进行复核调查，1992年，国家文物局以〔92〕文物字（509）号文《关于报送配合小浪底工程文物保护经费的函》，提出第一期文物古迹处理意见。1996年，河南省文物管理局以豫文物字〔1996〕15号《关于尽快落实小浪底水库淹没区文物处理经费的函》、山西省文物管理局以晋文物字〔1996〕2号《小浪底水库库区文物考古工作和经费计划》，提出了第二、三期文物古迹调查结果和保护措施规划。1995年和1997年，设计部门按照国家的有关规定，对两省文物部门提出的淹没文物古迹处理保护措施及费用进行了核定。1997年和1998年底，国家计委分别批复了实施阶段第一期和第二、三期文物古迹保护的措施和投资。

库区淹没文物170处，其中地上文物56处，地下文物114处。其主要保护处理措施如下：

(1) 地下文物：采取全面钻探、重点发掘措施处理。钻探面积为516.51万m^2，发掘面积为31万m^2。

(2) 地上文物古迹：根据两省文物部门意见，采取搬迁、拆迁重建、主要构件搬迁保护措施。

搬迁：共需搬迁9处，其中河南省8处，包括石门石窟、石狮、河神庙、碑刻；山西省1处，为碑刻。

拆迁重建：需拆迁重建4处，其中河南省2处，为汤帝庙大殿和丁家祠堂；山西省2处，为明清民居（席金帮住宅）和关帝庙。

主要构件搬迁：主要构件搬迁共43处，其中河南省38处，山西省5处。多为庙宇殿堂等古代建筑或古民宅，需经查勘、测绘后将主要构件搬迁，进行保护。

库区文物古迹保护处理总投资3526万元（1994年底物价水平），其中第一期304万元，第二、三期3222万元，见表1.9-13。

表1.9-13　小浪底水库淹没文物古迹保护处理及投资情况表

项目			河南省			山西省	两省总计		
			合计	第一期	第二、三期	第二、三期	合计	第一期	第二、三期
地上文物	处数（处）		48	6	42	8	56	6	50
	投资（万元）		607.42	99.52	507.9	94.21	701.63	99.52	602.11
地下文物	处数（处）		83	27	56	31	114	27	87
	计划钻探面积（万m^2）		354.45	191.65	162.8	162.06	516.51	191.65	324.86
	计划发掘面积（万m^2）		13.59	7.85	5.74	17.42	31.01	7.85	23.16
	投资（万元）	合计	989.39	204.54	784.85	1835.23	2824.62	204.54	2620.08
		钻探	331.94	63.24	268.7	267.43	599.37	63.24	536.13
		发掘	657.45	141.3	516.15	1567.8	2225.25	141.3	2083.95
投资总计			1596.81	304.06	1292.75	1929.44	3526.25	304.06	3222.19

1.9.10 风景名胜区、自然保护区处理

1.9.10.1 风景名胜区处理

风景名胜区划分为国家级风景名胜区和省级风景名胜区。

风景名胜区处理规划包括受淹没影响程度分析、风景名胜区的调整、淹没景点、设施的恢复及补偿措

施规划。对国家级风景名胜区，由省级人民政府建设主管部门或风景名胜区主管部门组织编制处理规划；对省级风景名胜区，由县级人民政府组织编制处理规划。其处理规划经原审批单位审查、审批后，纳入水利水电工程建设征地移民安置规划。

1.9.10.2 自然保护区处理

自然保护区分为国家级自然保护区和地方级自然保护区。

自然保护区的处理规划，由主管单位根据自然保护区保护级别、受淹没影响程度提出自然保护区的保护和其他处理措施。其处理规划经主管部门审查、审批后，纳入水利水电工程建设征地移民安置规划。

1.9.11 水文站处理

水文站的处理规划由主管部门按“原规模，原标准（等级），恢复原功能”的原则，根据水文测验要求选择合适的断面复建水文站，布设水文测量设施，并对办公场所及对外道路、电力、通信和供水设施进行恢复规划，编制复建规划方案。经审查后，纳入水利水电工程建设征地移民安置规划。

为保证原水文站观测数据的延续性和有效性，新建水文站与受淹水文站应进行必要的对比测量，建立数据之间的相关性。

1.9.12 矿产资源处理

根据矿产资源调查成果，分析水库淹没及占压对矿藏开采的影响，根据主管部门意见提出提前开采可能性及开采意见。对影响探矿权、采矿权的单位，对其前期投入给予合理补偿。

1.9.13 永久测量标志处理

永久测量标志包括各种等级的三角点、基线点、导线点、军用控制点、重力点、天文点、水准点的木质觇标、钢质觇标和标石标志，以及全球卫星定位控制点和用于地形测量、工程测量、形变测量、地籍测绘、房产测绘的固定标志等。

库区永久测量标志的处理规划，由主管单位依据《中华人民共和国测量标志保护条例》制定迁建方案。

1.10 库区防护工程

1.10.1 防护工程类型和适用条件

1.10.1.1 防护工程类型

广义上讲，凡是为消除或减少水库淹没影响而采取的必要工程措施均可列入库区防护工程的范畴，如建造围堤防止集镇淹没、垫高农田消除地下水壅高浸没影响、治理塌岸维护库岸稳定等。根据各项工程措施的作用、目的及性质，防护工程可分为以下五种主要类型。

1. 堤防工程

堤防工程是最常用的防护工程措施，通常是在防护对象临库水侧修筑防护堤、防洪墙等挡水工程措施形成围护结构，以避免库水对防护对象的直接淹没，并通过堤身及堤基的截渗、防渗措施有效控制库水向防护区内的渗透。

2. 排水工程

为有效排除防护区内的地表汇水，或消除防护区内地下水的浸没影响，需采取相应的排水工程措施。根据排水目的及作用，排水工程包括：修建排涝泵站抽排防护区内涝水；修筑排洪渠、截洪沟等排除防护区后部山洪以实现高水高排；修筑排水涵闸以便于在库水位较低时实现防护区内涝水自排；设置排渗沟、减压井等降低防护区地下水位以减轻或消除浸没影响等。

3. 护岸工程

水库蓄水后，由于库岸的水文地质环境发生较大变化，岸坡可能会发生剥蚀、滑移、崩塌等失稳破坏情况，造成库岸不断再造而逐渐后退。因此为保护岸坡再造影响范围内的防护对象安全，需采取相应的护岸工程措施，防止库岸失稳。对于土质岸坡，通常采用削坡减载、回填压脚及护面措施；对于岩质岸坡，通常采用锚固、喷护及格构等防护措施。

4. 场地垫高工程

对位于临时淹没或浅水淹没区域的防护对象，由于淹没水深较小，可对场地采取垫高处理措施，抬高场地至淹没处理高程以上；对于浸没区，也可填高场地至浸没影响高程之上，在抬高后的场地上进行防护对象的规划复建，从而从根本上解决防护对象受直接淹没或浸没影响问题。对于水库淹没区，垫高处理的农田田面高程应在耕地征收线之上，垫高处理的居民点场地地面高程应位于居民迁移线以上；对于浸没影响区，垫高后场地高程应满足相应的地下水临界埋深要求。

5. 房屋加固处理工程

对于水库回水仅淹没或影响高层房屋二层以下楼层或基础的情况，若直接采取拆除重建的处理方案，很可能造成一些本可保留的房屋被整体废弃，造成社会资源的极大浪费，也增加了水库工程投资。针对这一问题，应分析研究处理此类房屋的合理方式，对加固与拆除补偿方案进行经济技术比较。加固处理措施应保证房屋安全和正常使用功能要求。如对于浸没的房屋，可对地基基础进行加固处理；对于浅淹的房屋，可对底部楼层进行回填处理，并对受影响的设备系统进行综合改造，以恢复上部楼层的正常居住功能。

1.10.1.2 防护工程适用条件

(1) 通常设置于水库临时淹没区、浅水淹没区或水库影响区。浅水淹没水位通常与正常蓄水位高差不超过2m。对于淹没深度较大确需防护的区域，应对方案进行充分的技术、经济、社会论证。

(2) 具有合适地形和良好地质条件。如防护区地形开阔、平缓，便于工程布置和施工组织；重要工程部位的地质结构单一、地层稳定，岩土体性状较好，不良地质较少等。

(3) 有可靠的填筑料源保证。防护工程的土石方填筑量往往较大，规划选用料源应具备储量丰富、性状较好、开采方便、运距较近等可靠性保证。如临近枢纽工程区的防护工程，具备条件的可利用枢纽工程开挖料；防护区外侧存在宽缓河漫滩的，也可就地开采砂卵石料用以填筑。

(4) 基础技术资料应全面可靠。对于重要的防护对象，特别是准备采取加固处理措施的既有房屋建筑等，需对其现有的技术资料进行全面收集和分析整理，如地勘报告、施工图、竣工图、验收资料及检测报告等。

(5) 防护方案应技术可行，经济合理，运行管理便利。工程措施应用普遍，施工方法常规，不存在制约方案的重大技术问题；防护方案的经济评价指标合理；防护方案安全可靠，可有效发挥相应的防护作用。

1.10.2 防护工程设计标准

防护工程的设计标准主要包括确定防护对象的防洪标准、防护工程的等级和防护工程的防洪标准等。

1.10.2.1 防护对象的防洪标准

防护对象的防洪标准应根据洪水类型和防护对象的性质和规模确定，可分为河洪防洪标准、山洪防洪标准、排涝标准及防浸没标准。

1. 河洪防洪标准

根据《防洪标准》(GB 50201—94) 和水库淹没处理标准，对于农田、农村居民点、城（集）镇及工矿区等防护对象，其河洪防洪标准按表1.2-1相对应的洪水标准的上限取值；对于其他防护对象，可直接按GB 50201—94有关规定取值。

2. 山洪防洪标准

山洪通常是指防护区外集水区域所产生的暴雨径流，山洪防洪标准应按防护对象的性质和重要性进行选择。主要防护对象的山洪防洪标准可参考表1.10-1。

3. 排涝标准

涝水通常是指防护区内集水区域所产生的暴雨径流，排涝标准包括暴雨强度、暴雨历时和排除时间等。主要防护对象的排涝标准可参考表1.10-2。

表1.10-1 山洪防洪标准

防护对象	山洪防洪标准［重现期（年）］
耕地、园地	5
农村居民点、集镇、一般城市和一般工矿区	5～10
中等城市、中等工矿区	10～20
重要城市、重要工矿区	20～50

表1.10-2 排涝标准

防护对象		暴雨强度［重现期（年）］	暴雨历时（d）	排涝时间（d）
耕地	旱地	5	1～3	1～3
	水田	5	1～3	3～5
农村居民点、集镇		5～10	1	1
城镇和大中型工业企业		10～20	0.5～1	0.5～1

4. 防浸没标准

浸没主要指由于库水位抬升而导致库周地下水位壅高，造成农田沼泽化或盐碱化而影响农作物正常生长；或地基土性状弱化而影响建筑物正常使用的情况。防浸没标准以地下水临界埋深控制，通过与壅高后地下水位的对比，来判断是否发生浸没或浸没影响的程度。

1.10.2.2 防护工程等级

1. 工程等别

根据库区防护工程特性，其工程等级应根据防护类型和防护对象的类别及规模，按《水利水电工程等级划分和洪水标准》(SL 252—2000) 的有关规定选定，如表1.10-3所示。当防护对象较多时，防护工程等别应按其中的最高等别确定。

表1.10-3 防护工程等级标准

工程等别	防洪		治涝
	城镇及工矿企业	保护农田（万亩）	治涝面积（万亩）
Ⅰ	特别重要	≥500	≥200
Ⅱ	重要	500～100	200～60
Ⅲ	中等	100～30	60～15
Ⅳ	一般	30～5	15～3
Ⅴ		<5	<3

2. 建筑物级别

（1）堤防工程级别。堤防工程级别应根据防护对象的防洪标准确定，可结合《堤防工程设计规范》（GB 50286—98）的规定选定，如表1.10-4所示。

表1.10-4　　堤防工程级别

防洪标准［重现期（年）］	≥100	＜100，且≥50	＜50，且≥30	＜30，且≥20	＜20
堤防工程级别	1	2	3	4	5

（2）其他建筑物级别。其他永久性建筑物的级别根据防护工程等别和建筑物的重要性按表1.10-5确定。其中，对于结合堤防工程设置的涵闸、泵站等建筑物的级别，应按堤防工程级别和表1.10-5相应级别的高值确定。

表1.10-5　　永久性水工建筑物级别

工程等别	主要建筑物	次要建筑物
Ⅰ	1	3
Ⅱ	2	3
Ⅲ	3	4
Ⅳ	4	5
Ⅴ	5	5

对于失事后损失巨大或影响十分严重的建筑物，其级别可适当提高；失事后损失较小的建筑物，其级别可适当降低。

1.10.2.3　防护工程的防洪标准

1. 堤防工程的防洪标准

堤防工程的防洪标准应根据防护区内防洪标准较高的防护对象的防洪标准确定。堤防工程上的涵闸、泵站等建筑物和其他构筑物的设计防洪标准，不应低于堤防工程的防洪标准，并应留有适当的安全裕度。

2. 其他工程的防洪标准

其他单体工程的防洪标准，应根据建筑物级别按SL 252—2000的规定选取，其中，治涝工程的洪水标准如表1.10-6所示。

表1.10-6　　治涝工程永久性水工建筑物洪水标准

永久性水工建筑物级别	1	2	3	4	5
洪水重现期（年）	100～50	50～30	30～20	20～10	10

1.10.2.4　防护工程其他设计标准

防护工程其他设计标准包括安全超高、安全系数等，应根据具体的防护工程措施按相应的专业设计规范进行选取。

1.10.3　基础资料

1.10.3.1　经济社会

调查和收集防护工程相关区域的经济社会资料。

（1）防护对象及区域的地理位置、行政区划、面积、人口、房屋、土地、交通、环境、经济水平等内容。

（2）查明防护对象实物及防护工程用地范围内的各项实物。

（3）农田防护区重点查明土地利用现状分类、农作物种植结构、田间配套设施、土地收益及产值、农业发展规划等。

（4）农村居民点需查明人口规模、现状居住布局、房屋建筑结构及型式、生产生活条件、基础设施及公共设施状况等。

（5）城（集）镇应查明现状布局及规模、居民生产生活状况、建设发展规划等政治、经济、文化、交通、环境及历史状况资料。

（6）其他防护对象应根据其防护特点及要求，查明其现状条件及技术指标等。

1.10.3.2　气象水文

调查和收集地区气象基本资料、防护区水文基本资料和水库水文资料等。

（1）地区气象基本资料：当地的气候类型和气温、降雨量、蒸发量、风速、风向、日照时数、无霜期及降雪等气象指标。

（2）防护区水文基本资料：防护区流域集水面积、水系分布、产汇流形成条件、降雨强度及类型、河槽特性等。

（3）水库水文资料：防护区域建库前天然河道的流量、水位、冲淤条件、历史洪水等；建库后水库调度资料、特征水位及回水区水域宽度、深度、吹程、泥沙淤积情况等。

1.10.3.3　工程地形

防护工程地形测量应根据设计阶段和设计内容的实际需要确定。根据库区防护工程的特点，以及水利水电工程和水电工程工作阶段的划分，通常可采用表1.10-7所示的地形测量标准。

表 1.10-7 库区防护工程各阶段的测图要求

工作阶段		图别		
水利水电工程	水电工程	地形图	纵断面图	横断面图
项目建议书 可行性研究报告	预可行性研究报告	1∶2000～1∶10000		
初步设计	可行性研究报告	1∶1000～1∶2000	水平 1∶1000～1∶2000 垂直 1∶100～1∶200	1∶100～1∶200
技施设计	移民安置实施规划		水平 1∶1000～1∶2000 垂直 1∶100～1∶200	1∶100～1∶200

1.10.3.4 工程地质

工程地质主要对防护区域特别是防护措施位置的工程地质和水文地质条件进行勘察、测试和分析，主要包括：

(1) 查明堤防沿线各工程地质单元的工程地质条件，并对堤基抗滑稳定、渗透稳定和抗冲能力等工程地质问题作出评价。

(2) 预测建库后堤基及堤内相关地段工程地质和水文地质条件的变化，并提出相应处理建议。

(3) 查明涵、闸等重要单体建筑物处地基的工程地质和水文地质条件，对存在的工程地质问题进行评价，并提出相应的处理建议。

(4) 进行天然建筑材料勘察，对材料物理力学特性、开采及运输条件、储量及质量等进行试验、勘察和分析，并推荐各类建筑材料料场。

(5) 对于已建堤防的加固处理工程，应查明现有堤身结构、堤基处理情况、是否存在隐患及其类型、规模、分布范围，分析其成因和危害程度；查明现有堤段和堤基的工程地质和水文地质条件，提供有关岩土物理力学性质参数等。

(6) 对房屋加固处理工程，应主要查明房屋的基础结构、地基土层性质、水文地质条件及地下管网情况等。基础结构包括基础型式、埋置深度等；地基土层性质包括地基各土层分布及持力层承载力特征值等物理力学指标；水文地质条件包含场区地下水赋存状态、埋深、运行特性等；地下管网情况主要包括房屋周边区域的给水、排水、电力、电讯、广播电视、燃气管线等，宜结合资料采用现场查勘、坑（槽）探或物探方式查明。

1.10.3.5 房屋加固处理

调查和收集房屋加固处理的技术资料，如施工图、竣工图、施工记录、验收报告及运行资料等。

(1) 房屋基本情况：占地面积、建设年代、建设标准、使用年限等。

(2) 房屋使用状态：房屋的运行环境及健康状态等。

(3) 主要建筑设计参数：包括结构型式、建筑面积、建筑高度及建筑层数等。

(4) 基础型式：包括基础类型、基础尺寸、基础埋深及基础材料等。

(5) 地下室构造：包括地下室功能、地下室结构型式、地下室面积、层数、防水措施等。

(6) 建筑设备系统：包括给水、排水、电气、暖通等。

(7) 建筑抗震鉴定报告、房屋安全等级鉴定报告等相关资料。

1.10.3.6 移民安置规划

收集与防护工程规划设计相关的移民安置规划资料，主要包括：

(1) 水库淹没影响实物调查资料。

(2) 水库移民安置规划设计资料。

1.10.4 防护方案选择及防护工程布置

1.10.4.1 防护方案选择

防护方案应根据防护对象、防护要求及防护条件等的具体情况加以分析比较，并选择确定。

(1) 对于城（集）镇防护，若防护规模较大、防护对象众多、过渡搬迁困难，受既有建筑布局和实物量的制约，宜采用在防护区外围修筑防护堤；而若防护区域较小、涉及对象较少，调整现有布局结构难度小的，可采取垫高工程措施，使原场地整体抬高后复建。

(2) 对于农田防护，宜采取垫高工程措施，整体抬高耕作田面，虽然一次性工程投资大，但不需后期工程运行管理费用，能彻底解决淹（浸）没问题，特别适用于分散、偏远的农田防护区情况。对于防护农田面积较广、淹没深度较浅的情况，经方案比较论证后，可采取堤防工程措施。

(3) 对于库岸再造，宜根据再造类型和防护对象情况，选择相应的护岸工程措施。若库岸上部防护对象距岸坡较近，则治理措施应尽量设置于库岸下部，可采取回填压脚措施；反之，则可采用库岸上部削坡减载措施。

(4) 对于受淹没影响的房屋，应根据淹没影响程度、房屋结构型式、地基基础条件，以及现状运行状态等进行综合分析，初步判断对该房屋是拆除重建还是加固改造继续使用。如对于多层以下房屋或地基持力层性状较差的浅基础房屋，通常采取拆除重建方案；对于高层房屋且仅二层以下受淹没影响的，则要考虑加固处理后保留的可能性。在初步确定采取加固处理措施后，首先验算受影响房屋的地基承载力及变形是否满足设计标准，以决定是否进行地基基础加固，需加固的应选定相应的处理措施；在此基础上，再计算分析房屋的上部结构强度是否适应新的运行环境及符合现行设计标准，如需加强则还应采取结构加固措施；最后，进行房屋配套设施设备及道路场平等使用条件的恢复改造。若经分析计算，无法通过有效处理措施保证房屋运行安全及使用功能的，则需对房屋拆除后重建。

(5) 防护方案可采用一种防护工程类型，也可采用多种类型联合使用。一个完善的防护工程，往往是多项工程措施的综合应用，如农田垫高防护通常为前部防护堤结合堤后垫高回填处理，城（集）镇堤防采取防护堤结合排水涵闸及抽水泵站措施联合应用，或者对城（集）镇防护主要采用堤防措施，但对临近堤防的防护区垫高处理至正常蓄水位之上等。对选择堤防工程的，应考虑库水向防护区渗透问题，相应采取堤基垂直截渗措施。

(6) 防护方案选择应从技术、经济和社会角度进行综合比较分析，确定适宜方案。同时，应与搬迁处理、货币补偿方案进行比较论证。

1.10.4.2 防护工程总体布置

在进行防护工程设计，特别是堤防工程设计时，应首先进行总体布置方案研究，以便开展相应的防护措施设计工作。

1. 整体防护

对于防护对象单一或位置相对集中，堤线布置较为灵活方便，工程量较小，或防护区内溪沟集水面积不大，径流量较小，所需排水涵闸、泵站规模不大等情况，可采取整体防护方案，即沿防护区临库水侧设置完整封闭的堤防进行整体防护。对于防护区内溪沟来水量较大，但地形条件适合将主汇流拦截而自排出防护区的，也可采用整体防护型式。

2. 分区防护

对于防护区域广阔、地形条件复杂，防护对象位置相对独立、分散，或防护区内溪沟集水面积较大，径流量较大，而且不具备汇流拦蓄、截排条件等情况，可采用分区防护方案，以降低防护堤布置难度，减小排水涵闸、泵站规模。

3. 部分防护

对于受地形地质、水文、防护措施或投资等条件制约，对全部防护对象和区域采取整体防护和分区防护方案较为困难的情况，可通过技术经济指标的比较分析论证，采取对规模、数量和重要性均较小，且所需防护措施工程量大、技术困难、风险较多的防护对象放弃防护，只对主要防护对象和区域进行部分防护的方案。

4. 单独防护

当防护对象的性质、规模、防洪标准相差较大时，若技术可行，经济合理，可以采取分别设防、各自处理的单独防护方式，以适应各自的防护标准要求，从而减少防护工程量和工程投资。比如对于外侧农田和内侧居民点、城（集）镇均需防护的情况，可修建两道堤防，采用大围（低堤）套小围（高堤）的方式，即外侧农田由第一道堤（低堤）防护，内侧居民点、城（集）镇由相应防洪标准高的第二道堤（高堤）防护。

1.10.4.3 堤防工程布置

1. 堤线布置

根据防护对象的特点及要求，防护区的地形、地质及水文条件，以及防护方案、占地实物和施工条件等因素，经技术经济比较，综合分析确定后布置防护堤堤线。具体布置要求如下：

(1) 堤线要顺应河势，避免迎流顶冲，并保持河道有适宜的过洪断面，留有适当的滩地，以免壅高上游水位，增加淹没范围。

(2) 堤线尽量布置于地基岩土体坚实、地质条件较好的地段，同时考虑水库蓄水后库岸再造作用的影响，应位于库岸稳定线的内侧或采取护岸工程措施。

(3) 堤线应结合地形条件，以缩短长度、减少堤高。

(4) 堤线应力求平顺，避免采用折线或急弯，当与道路结合时需考虑道路技术要求。

(5) 堤线应尽可能少占压耕地，少拆迁房屋，减少征地损失。

(6) 堤线应与防护区排水工程布置相协调，尽可能撇开山洪和外来水，以减少抽排容量。

(7) 城（集）镇防护区的堤线布置还应与地区经济社会发展规划及专业规划相协调，以促进和维护城

（集）镇功能与发展。

2. 堤型选择

防护堤的堤型有多种型式。根据筑堤材料可分为土堤、石堤、分区填筑的混合材料堤、混凝土或钢筋混凝土防洪墙等；根据堤身断面型式可分为斜坡式堤、直墙式堤或直斜复合式堤等；根据防渗体设计可分为均质土堤、斜墙式或心墙式土堤等。

堤型应按照因地制宜、就地取材的原则，根据堤段重要程度、堤址地质、筑堤材料、水流及风浪特性、施工条件、运用和管理要求、环境景观及工程造价等因素经过技术经济比较综合确定。

(1) 防护堤通常采用均质土堤，因其结构简单、施工方便、对土料适用范围广、对基础适用性好、抗渗抗裂稳定性较好，便于维修加固。

(2) 当防护区附近缺乏适宜筑均质堤的土料时，也可根据具体条件，利用河床的砂卵石等作外壳料，修建心墙或斜墙等型式的堤，防渗体宜选用当地的黏土料；当防渗土料缺乏时，也可采用钢筋混凝土、沥青混凝土或土工膜作防渗体。

(3) 城（集）镇或工矿区常因场地狭窄，往往采用浆砌石、混凝土、钢筋混凝土、加筋土或组合型式的防护堤。

(4) 同一堤线的各堤段可根据具体条件采用不同的堤型，在堤型变换处应做好连接处理，必要时应设过渡段。

1.10.4.4 排水工程布置

1. 布置原则

(1) 高水高排与低水低排相结合。沿防护区后缘的山坡坡脚开挖截洪沟，将山坡汇集的雨水直接排入防护区外水库（在坝前段，有条件的也可排入坝下游河道），截洪沟高程应高于防护高程，以实现自排条件；对于防护区内不能自流排出的低洼地积水和地下水，需抽排出防护区。通过高水高排可有效减少汇入防护区的水量，从而降低排水闸和抽排泵站的规模。由于截洪沟工程措施简便、排水能力强、维修管理方便，只要有设置的条件，应优先选用。

(2) 自排与抽排相结合，充分自排。有条件的防护区，可修建自排涵闸，利用库水位低于防护区内水位的时机，通过涵闸自排，当库水位高于防护区内水位时，才使用泵站抽排，以降低泵站运行费用。

(3) 因地制宜选择集中排水与分散排水。排水方案布置应根据防护区的地形、水文条件及综合利用等具体情况确定。当防护区面积较小或地形条件单一，有完整的骨干汇水沟渠且排水出口单一时；或土地分布相对集中，便于渍水集中排出时，一般可采取集中排水方式，便于维护管理。当防护区面积较大，地形复杂或水系分散时，宜采用分散排水方式，以降低工程难度，灵活及时排水。

(4) 充分发挥调蓄削峰作用。当防护区集水面积较大、山洪洪峰流量较大时，如果仅依靠抽排完全及时排除洪水，则抽排工程规模大。这种情况应尽量利用防护区内洼地、水塘等临时滞蓄涝水，或在山地沟溪上修建调洪水库，起到适当的削峰作用，以减少排洪泵站装机容量。

(5) 排灌结合，充分利用。对于农田防护，在排除内涝时，可利用泵站从防护区内抽排入库；而在灌溉季节，则可从水库提水入防护区浇灌农田，以提高泵站利用效率。

2. 建筑物布置

(1) 排水沟。排水沟的作用是排除地表水和控制地下水位，其布置应根据防护区的地形和水系特点因地制宜地确定。

1) 尽量设置于控制区域的低处，以便最大程度汇集地表集水和控制地下水位。

2) 充分利用天然排水通道，以减少工程量。

3) 应少占农田，少拆迁房屋。

4) 应尽可能短直、平顺，减少工程量并减少水头损失。

5) 应设置于土质坚实、稳定性好和渗透性小的地基上。

(2) 截洪沟。截洪沟一般布置在防护区外围，用以拦截并排除山洪于防护区外的水库中。其布置应结合天然地形条件，自高向低顺势布置，避免高差太大或深挖高填。

(3) 排水闸。排水闸的作用是当库水位低于防护区内的水位时，通过涵闸自排。

1) 闸址应设置于低洼处，尽可能使闸址距低洼中心处距离最短，以加快排水速度，减少水头损失。

2) 闸基应尽可能选择土质均匀、压缩性小、承载力高的地基，避免在不良地基上建闸。

3) 排水闸出口应考虑淤积的影响，并避免迎流顶冲。

4) 闸址选择还应协调考虑排水沟的布置。

(4) 排水泵站。排水泵站的作用是当水库水位高于防护区内水位，涝渍水不能自流排出时，用泵站将其抽排入库。其站址选择要求与排水闸基本相同。

在具备自排条件的地点，排水泵站宜与排水闸合建。灌排结合泵站，当水位变化幅度不大或扬程较低时可采用双向流道的泵房布置型式；当水位变化幅度较大或扬程较高时可采用单向流道的泵房布置型式。

(5) 调蓄区。调蓄区的目的是临时滞蓄洪水，削减洪峰，减少排水工程规模和工程投资。防护区的调蓄区包括洼地、坑塘、鱼塘、水面等。是否可将低洼区域的农田作为调蓄区，应根据实地情况研究后分析确定。

（6）排渗沟和减压井。排渗沟和减压井是用以防治浸没的常用工程措施。通过在防护区内适当位置布置明沟或暗沟、暗管及减压井，将防护区内地下水以自排或抽排的方式加以减轻，以降低和控制地下水位，达到治理浸没的目的。

1.10.4.5 护岸工程布置

1. 库岸再造类型

根据库岸形态、岩土体特征及其组合关系和库水的影响，库岸再造主要有以下三种基本类型。

（1）崩塌型。崩塌型是较陡的岩质岸坡，发育有不利于岩体稳定的节理裂隙时，坡体在库水、风浪冲刷等外营力的作用下，岩体沿着被软化节理裂隙面发生的崩塌或崩落情况，或是岸坡坡脚为软弱岩体，由于库水冲刷淘蚀坡脚形成凹槽或反坡，从而使上部岩土块崩落或坍塌的破坏型式，变形以竖向位移为主。

（2）滑移型。滑移型是岸坡岩土体沿滑动面剪切滑移破坏的型式，其变形以水平位移为主。土质岸坡沿剪切面变形，土岩质岸坡沿岩土界面滑动，滑坡体、变形体或崩塌堆积体沿滑动面的失稳破坏均属于此种破坏模式。

（3）侵蚀剥蚀型。侵蚀剥蚀型是指在库水冲刷侵蚀等外营力的作用下，岸坡岩土体出现碎裂、崩解、散体而不断剥离或脱落，从而使岸坡坡面产生缓慢后退的再造破坏型式，其具有缓慢性及持久性的特点。

2. 护岸工程措施

护岸工程措施应根据库岸岩土体特征、库岸再造类型及防护对象等条件综合确定。

（1）岩质岸坡。

1）对硬岩岸坡，一般不会产生库岸再造，可不进行防护；对倒悬或不稳定块体，可采取开挖清除或单体锚固措施进行处理。

2）对软岩岸坡，若岸坡较缓，再造类型以侵蚀剥蚀型为主时，可采取挂网喷混凝土或格构混凝土的护面措施；对较陡的岸坡，库水长期浸泡后可能引起边坡崩塌失稳，应设置相应的支护锚杆进行系统锚固，并采取挂网喷混凝土、格构混凝土或混凝土板的护面措施。

（2）土质岸坡和岩土质混合岸坡。

1）侵蚀剥蚀型。该类岸坡主要是维护坡面的抗冲刷能力，可对其坡面平顺修整后采用砌石或混凝土板护坡。

2）崩塌型和滑移型。主要采取削坡减载、回填压脚、抗滑桩或挡土墙等支挡措施并结合排水措施，以满足岸坡整体稳定为要求，同时对其坡面进行砌石或混凝土板护坡，防止表面冲刷。

1.10.4.6 场地垫高工程布置

1. 布置原则

（1）宜设置于浅水淹没或临时淹没区，以降低垫高高度。

（2）工程区附近有合适的填筑料源可以利用，如河滩地或工程开挖料等。

（3）垫高地面高程应在防护对象的设计防洪水位高程和浸没影响高程之上。

（4）应与单纯堤防方案或搬迁方案进行技术经济比较，对于土地资源量短缺、居民意愿强烈等情况应优先考虑。

（5）农田的垫高料设置应满足农业耕作所需的保土、保肥和保水功能。

（6）在正常蓄水位以上的回填料中设置粗粒料铺筑层，以降低毛细管上升高度，降低浸没影响。

2. 农田垫高设计

将防护区内低于设计防护高程以下的农田耕作层剥除，于附近集中堆放并采取临时防护措施，再回填土石料抬高原场地，最后将剥除耕作层回填复垦至设计高程。剥除并复垦的耕作层厚度应根据有关土地复垦技术标准的要求确定，一般可取 0.3～0.5m。

垫高材料可以是任意土石料，一般宜就地取材，如防护区附近有宽广河漫滩处时，可就近开采运输砂卵石料加以填筑。砂卵石料后期沉降小、毛细水头小，宜作为底部填料，同时应考虑砂卵石料透水性较强，粒径与耕作土差别较大，使用该填料需对农田的保土与保水问题进行论证分析。

为使原农田的农业耕作种植条件得以恢复和提高，垫高后农田还应开展灌溉和排水工程、田间道路工程、土地肥力恢复措施等土地整理设计工作。

3. 农村居民点、城（集）镇场地垫高设计

先将垫高处理范围内的房屋建筑物等上部结构拆除，并清理场地，再分层填筑压实至场地设计高程，待满足建筑场地地基条件后，开展基础设施建设，最后进行上部结构的复建。

回填料应选用级配良好的粗粒土，以保证压实质量。压实质量以填料的压实系数控制，应根据建筑结构类型和压实填土所在部位按《建筑地基基础设计规范》(GB 50007) 的有关要求确定。

1.10.4.7 房屋加固处理工程布置

根据房屋的结构类型、基础型式、地基土层性质及受淹没影响的程度等，房屋加固处理工程主要包括地基基础加固、受淹结构层回填、地下室防渗、结构加固补强和建筑设备系统改造等措施。

1. 地基基础加固

受淹没或浸没影响的浅基础房屋通常需要对地基基础进行加固处理，以满足房屋结构对承载能力和变形控制的要求，包括地基加固、基础加固及二者的结合使用。

受场地和施工条件限制，已建房屋的地基基础加固措施主要包括加大基础底面积法、加深基础法、锚杆静压桩法、树根桩法及注浆加固法等。具体加固设计可参考《既有建筑地基基础加固技术规范》(JGJ 123)。

2. 受淹结构层回填

当地下室或底层房屋受库水直接淹没时，可对受淹结构层采取回填措施。当地下室受淹时，根据地下室的使用功能、布局及处理效益等确定是否进行回填，如地下室已基本不使用或用途不大、建筑面积或净空较小而不便于进行防渗处理施工或防渗处理经济效益差等，通常采取回填措施。当底层房屋受淹时，可对该层直接回填，回填处理应保证上部楼层的正常使用，并与场地垫高工程布置相衔接，以恢复原使用功能。

回填料可采用土石料或聚苯乙烯板块等。土石料的比重较大，回填压实困难，但开采方便且价格便宜，因此主要用于对结构加载影响较小且便于回填施工的部位；聚苯乙烯板块是一种性能优异的轻质填料，耐腐蚀且施工简便，但价格相对较高，因此主要用于施工场地狭窄及结构加载控制严格的部位。

3. 地下室防渗

当需保持地下室的现有使用功能免受淹没或浸没影响时，可采取地下室防渗处理措施，适用于以下几种情况。

(1) 地下室面积较大，净空较高，便于防渗施工布置。

(2) 地下室用途大、功能强，设施设备多，不宜采取回填措施的。

(3) 地下室原有防水措施较完善，只需简单处理加强的。

当地下室原有防水构造不能防止库水淹没渗透影响时，可在地下室内部增设防渗措施。为确保防渗效果，可用钢板包裹立柱至淹没处理高程之上，并在现有地下室底板上新浇筑混凝土整体防渗层，以形成完整封闭的防渗结构。地下室防渗方案应进行抗浮验算，不满足抗浮要求时，还应新增压重结构或抗拔基础等抵抗剩余浮力。新增结构与原结构柱、墙等交接处易形成渗漏通道，应进行重点防渗处理。

4. 结构加固补强

为保证房屋加固处理后能适应新的使用环境，并符合现行房屋结构设计标准，通常需要对结构采取加固补强措施，以满足其安全性、耐久性和适用性要求，主要包括混凝土结构加固和砌体结构加固。

结构加固主要对柱、梁及承重墙等承重结构、构件和相关部位进行加固增强。对于混凝土结构，常用加固措施包括增大截面加固法、置换混凝土加固法、外粘型钢加固法、粘贴钢板加固法等，具体可参考《混凝土结构加固设计规范》(GB 50367)；对于砌体结构，常用加固措施包括钢筋混凝土面层加固法、外包型钢加固法、钢筋网水泥砂浆面层加固法等，具体可参考《砌体结构加固设计规范》(GB 50702)。

5. 建筑设备系统改造

房屋加固处理通常会影响到现有建筑设备系统的有效运行，需对其进行改造以恢复系统的正常使用功能。如地下室内设置的水泵、消防水池、供配电设备和发电机房等，当采取地下室回填措施时，就需要将这些设施设备另行选址复建并改造恢复。

1.10.5 防护工程主要建筑物设计

防护工程主要建筑物包括防护堤（土堤、防洪墙）、排水工程（沟渠、泵站、水闸等）、护岸工程（放坡、挡墙、护面等）、场地垫高工程和房屋加固处理工程等。

由于防护工程建筑物涉及面广，且专业性较强，本节不对其设计内容进行全面阐述，仅对其基本设计要求及与库区防护直接相关内容予以说明，其具体的设计标准及要求可参考相应的设计规范和相关手册内容。

1.10.5.1 土堤设计

按照库区防护工程的运用条件，防护土堤一般高度较小，宜按 GB 50286—98 的相应要求进行设计。

1. 堤顶高程确定

堤顶高程按设计洪水位加堤顶超高确定，设计洪水位按防护工程防洪标准的水库淤积洪水回水线高程确定。堤顶超高应按式 (1.10－1) 计算。

$$Y = R + e + A \qquad (1.10-1)$$

式中 Y——堤顶超高，m；

R——设计波浪爬高，m；

e——设计风壅高度，m；

A——安全加高，m。

波浪爬高和风壅高度根据经验公式计算求得，所需的基础数据包括风速、风向及风区长度、风区内水域平均深度和波浪要素等，可分别通过实测、量图和经验公式计算获得。

安全超高根据堤防工程级别确定。不同级别堤防的安全加高值见表 1.10-8。

表 1.10-8　堤防工程安全加高值

堤防工程级别		1	2	3	4	5
安全加高值（m）	不允许越浪的堤防工程	1.0	0.8	0.7	0.6	0.5
	允许越浪的堤防工程	0.5	0.4	0.4	0.3	0.3

2. 堤身设计

土堤堤身设计主要包括确定堤型、填筑材料、堤顶高程、堤顶结构、堤坡与戗道、护坡与坡面排水、防渗与排水设施等。

(1) 堤型。土堤堤型通常可分为均质土堤、黏性土防渗体土堤和非土质防渗体堤。按防渗体设置部位又分为斜墙式、心墙式或面板式土堤等。

(2) 填筑材料与填筑标准。筑堤材料主要包括土料、石料及砂砾料等，材料应具有或经加工处理后具有与其使用目的相适应的工程性质，并具有长期稳定性。

均质土堤宜选用粉质黏土，黏粒含量宜为 15%～30%，塑性指数宜为 10～17，填筑含水率与最优含水率的允许偏差为±3%；铺盖、心墙及斜墙等防渗体宜选用黏土；堤后盖重宜选用砂土。石料应抗风化性能好，砂砾料应耐风化、水稳定性好，且含泥量宜小于 5%。

土堤的填筑密度，应根据防护堤级别、堤身结构、土料特性及施工方式等因素综合分析确定。黏性土土堤的填筑标准应按压实度控制，其中 1 级堤防不应小于 0.94，2 级堤防和高度不小于 6m 的 3 级堤防不应小于 0.92，低于 6m 的 3 级堤防及 3 级以下堤防不应小于 0.90。无黏性土土堤的填筑标准应按相对密度控制，1、2 级堤防和高度超过 6m 的 3 级堤防不应小于 0.65，低于 6m 的 3 级堤防及 3 级以下堤防不应小于 0.60。当堤顶设置道路时，填筑标准还应满足《公路路基设计规范》(JTG D30) 的要求。

(3) 堤顶结构。堤顶宽度应根据防汛、管理、施工、构造及其他要求确定。堤顶可根据需要设置成道路。

(4) 堤坡与戗道。堤坡应根据防护堤级别、堤身结构、堤基类型、护坡型式、施工及运用条件等，经稳定计算确定。戗道应根据堤身稳定、管理、排水、施工的需要分析确定。对于 1、2 级土堤，堤坡不宜陡于 1∶3.0，戗道宽度不宜小于 1.5m。

(5) 护坡与坡面排水。护坡应坚固耐久、就地取材、利于施工和维修，对不同堤段或同一坡面的不同部位可选用不同的护坡型式。临水侧护坡型式应根据风浪大小、近堤水流，结合堤的等级、堤高、堤身与堤基土质等因素确定；背水侧护坡型式应根据当地的暴雨强度、越浪要求，并结合堤高和土质情况确定。

1) 护坡。土堤临水侧坡面宜采用砌石、混凝土板或土工织物模袋混凝土护坡。

a. 干砌块石护坡可按式 (1.10-2) 计算。

$$t = K_1 \frac{r}{r_b - r} \frac{H}{\sqrt{m}} \sqrt[3]{\frac{L}{H}} \qquad (1.10-2)$$

式中　t——干砌块石护面厚度，m；

K_1——系数，一般干砌石取 0.266，砌方石、条石取 0.225；

r_b——块石的重度，kN/m^3；

r——水的重度，kN/m^3；

H——计算波高，m；当 $d/L \geqslant 0.125$，取 $H_{4\%}$；当 $d/L<0.125$，取 $H_{13\%}$，可参考《堤防工程设计规范》(GB 50286) 取值，d 为堤前水深，m；

L——波长，m；

m——斜坡坡率。

b. 混凝土板护坡可按式 (1.10-3) 计算。

$$t = \eta H \sqrt{\frac{r}{r_b - r} \frac{L}{Bm}} \qquad (1.10-3)$$

式中　t——混凝土板厚度，m；

η——系数，开缝板取 0.075，上部为开缝板、下部为闭缝板的取 0.10；

H——计算波高，m；取 $H_{1\%}$，可参考《堤防工程设计规范》(GB 50286) 取值；

r_b——混凝土板的重度，kN/m^3；

B——沿斜坡方向（垂直于水边线）的混凝土板长度，m。

2) 垫层。砌石、混凝土板护坡与土体之间必须设置垫层。垫层可采用砂、砾石、碎石及土工织物，砂石垫层厚度不应小于 0.1m。

3) 基座。砌石与混凝土板护坡在堤脚、戗道或消浪平台两侧或坡度变化处，均应设置基座，可采用浆砌石或混凝土结构。堤脚处基座埋深不宜小于 0.5m。

4) 排水。浆砌石和混凝土板护坡应设置排水孔，孔径 50～100mm，孔距 2～3m，宜呈梅花形布置。

(6) 防渗与排水设施。堤身防渗的结构型式主要有心墙和斜墙式，防渗材料可采用黏土、混凝土、沥青混凝土、土工膜等材料。堤身排水可采用伸入背水坡脚或贴坡滤层。滤层材料可采用砂砾料或土工织物等材料。堤身的防渗与排水体的布设应与堤基防渗与排水设施统筹布置，并应使两者紧密结合。

3. 堤基处理

堤基处理应综合考虑堤防工程级别、堤高、堤基条件和渗流控制要求，满足渗流控制、稳定和变形的要求。

软黏土、湿陷性黄土、易液化土、膨胀土等特殊土质堤基可能会对土堤的稳定产生不良影响，应采取针对性的处理措施。

(1) 软黏土堤基。浅埋的薄层软黏土宜挖除。当厚度较大难以挖除或挖除不经济时，可采用铺垫透水材料加速排水和扩散应力，或采用堤脚外堆载、设置排水井、放缓堤坡等方法处理。

(2) 膨胀土堤基。在查清膨胀土性质和分布范围的基础上，可采用挖除、压载、改性等方法处理。

(3) 可液化土堤基。可液化土层应尽量挖除。当挖除有困难或不经济时，对浅层可液化土层，可采用表面振动压密措施处理；对深层可液化土层，可采用振冲、强夯、设置砂石桩加强堤基排水等方法处理。

4. 稳定计算

土堤的稳定计算包括渗流及渗透稳定计算、抗滑稳定计算和沉降计算等，均应满足相应的设计标准要求。

(1) 渗流计算内容主要包括浸润线的位置、出逸比降和渗流量等。

(2) 渗透稳定计算内容主要包括土的渗透变形类型、堤身和堤基土体的渗透稳定、背水侧渗流出逸段的渗透稳定。

(3) 抗滑稳定计算应针对不同工况的上、下游堤坡进行，计算方法可采用瑞典圆弧滑动法，当堤基存在较薄软弱土层时，宜采用改良圆弧法。

(4) 沉降量计算包括堤顶中心线处堤身和堤基的最终沉降量。

1.10.5.2 防洪墙（挡墙）设计

城市、工矿区等修建土堤受限制的地段，宜采用防洪墙（挡墙）。防洪墙（挡墙）可采用钢筋混凝土、混凝土或浆砌石结构。防洪墙（挡墙）的设计内容主要包括确定墙顶高程、结构型式、结构尺寸及防渗、排水设施等，可按 GB 50286—98 的相应要求进行设计。

1. 墙顶高程确定

墙顶高程按设计洪水位加墙顶超高确定。墙顶超高应按式（1.10-1）确定。

2. 结构型式确定

防洪墙（挡墙）按其受力条件可分为重力式、半重力式、衡重式、悬臂式、扶壁式、空箱式、板桩式、锚杆式或加筋式等断面结构型式。

防洪墙（挡墙）的结构型式可根据地质条件、挡土高度和建筑材料等，经技术经济比较确定：在中等坚实地基上，挡土高度在 8m 以下时，宜采用重力式、半重力式或悬臂式结构；挡土高度在 6m 以上时，可采用扶壁式结构；当挡土高度较大，且地基条件不能满足上述结构型式要求时，可采用空箱式或空箱与扶壁组合式结构；当有稳定支撑岩体地层时，可采用板桩式结构；在稳定的地基上建造挡土建筑物时，可采用加筋式结构。

3. 结构尺寸确定

防洪墙（挡墙）断面尺寸应根据稳定计算结果确定，墙顶宽度应根据墙体建筑材料和填土高度合理确定。防洪墙（挡墙）初拟断面尺寸可参见相关设计资料或参考以往工程经验确定。

(1) 混凝土或钢筋混凝土防洪墙（挡墙）顶宽不应小于 0.3m，砌石防洪墙（挡墙）顶宽不宜小于 0.5m。

(2) 重力式俯斜防洪墙（挡墙）背坡比可取 1∶0.4～1∶0.7。当墙后填土强度指标低、地基承载力低或浸水运行工况下，坡比应取大值，反之应取小值。仰斜防洪墙（挡墙）背坡比应结合施工开挖边坡、地基岩性和回填要求等综合确定，通常可取 1∶0.2～1∶0.4。

(3) 衡重式防洪墙（挡墙）顶宽通常为 0.3～0.6m，上墙和下墙的比例一般为 0.4～0.5，上墙背坡比一般为 1∶0.28～1∶0.32。平台宽度为墙高的 0.25～0.35 倍，下墙背坡比应结合天然地基特性、施工开挖边坡及施工条件等综合确定，一般为 1∶0.3～1∶0.45。

(4) 半重力式防洪墙（挡墙）的断面尺寸在重力式和悬臂式之间相当宽的范围内变化。立墙底宽一般需大于墙高的 1/4；基础底宽为墙高的 1/2～2/3，后趾基础高为墙高的 1/6～1/8，前趾悬臂长约为基础宽的 1/3。

(5) 悬臂式防洪墙（挡墙）的墙面一般垂直，背坡比多为 1∶0.05～1∶0.07。立墙底宽一般为墙高的 1/12～1/10；底板与立墙的长度比取决于地基岩性、填土强度指标及墙前后水位等条件，一般为 0.6～0.8；前趾板长一般取底板总长的 0.15～0.30。

(6) 扶臂式防洪墙（挡墙）的底宽与墙高比取决于地基岩（土）性、填土强度指标及墙前后水位等条件，一般为0.6～0.8。扶臂净间距一般为墙高的0.3～0.5，扶臂厚度一般采用扶臂净间距的1/6～1/8，并考虑施工方便及臂背弯曲拉筋的布置。墙面板厚度主要取决于墙高、扶臂间距、填土强度指标及墙前后水位等条件，对于高墙不宜小于60cm。后趾板厚约为墙高的1/12，前趾板长约为底宽的0.15～0.3，最大厚度应与后趾板厚度相适应。

(7) 肋柱式锚杆防洪墙（挡墙）的肋柱间距宜为2.0～3.0m。肋柱宜垂直布置或向填土一侧仰斜，但仰斜度不应大于1∶0.05。锚杆与水平面的夹角一般宜取15°～20°，锚杆层间距不小于2.0m；墙面板宜采用等厚度板，板厚不得小于0.3m。

(8) 加筋土防洪墙（挡墙）的混凝土墙面板厚不宜小于0.15m，墙面板底部应设置混凝土基础，基础的宽度、厚度及埋深应分别大于0.3m、0.2m和0.6m。拉筋长不宜小于墙高的0.7，且不应小于2.5m；当采用不等长的拉筋布置时，等长拉筋的墙段高应大于3.0m，相邻不等长拉筋的长度差不宜小于1.0m。

(9) 板桩式防洪墙（挡墙）由桩和桩间挡板两部分组成。桩的悬臂长度不宜大于15m，截面形状宜采用矩形，截面尺寸应根据土压力大小、桩间距、锚固段地基侧向容许压应力等因素确定；挡土板通常采用预制平板、拱板或现浇板型式，板厚根据墙后土压力计算确定，板与桩搭接长度不小于1倍板厚。

4. 稳定计算

防洪墙（挡墙）稳定计算内容主要包括抗滑稳定、抗倾覆稳定、地基整体稳定、地基应力、墙身应力等，均应满足相应的设计标准要求。其中，防洪墙的抗滑稳定、抗倾覆稳定和地基应力等是稳定计算的重点。

(1) 抗滑稳定。

1) 土质地基上防洪墙（挡墙）沿基底面的抗滑稳定安全系数，应按式（1.10-4）或式（1.10-5）计算，其中黏性土地基上高大或重要防洪墙（挡墙）沿基底面的抗滑稳定安全系数宜按式（1.10-5）计算。

$$K_c = \frac{f\sum G}{\sum H} \tag{1.10-4}$$

$$K_c = \frac{\tan\varphi_0 \sum G + c_0 A}{\sum H} \tag{1.10-5}$$

式中 K_c——防洪墙（挡墙）沿基底面的抗滑稳定安全系数；

f——防洪墙（挡墙）基底面与地基之间的摩擦系数，可由试验或根据类似地基的工程经验确定；

$\sum G$——作用在防洪墙（挡墙）上全部垂直于水平面的荷载，kN；

$\sum H$——作用在防洪墙（挡墙）上全部平行于基底面的荷载，kN；

φ_0——防洪墙（挡墙）基底面与土质地基之间的摩擦角，(°)；

c_0——防洪墙（挡墙）基底面与土质地基之间的黏结力，kPa；

A——防洪墙（挡墙）基底面积，m^2。

2) 岩石地基上防洪墙（挡墙）沿基底面的抗滑稳定安全系数，应按式（1.10-4）或式（1.10-6）计算。

$$K_c = \frac{f'\sum G + c'A}{\sum H} \tag{1.10-6}$$

式中 f'——防洪墙（挡墙）基底面与岩石地基之间的抗剪断摩擦系数；

c'——防洪墙（挡墙）基底面与岩石地基之间的抗剪断黏结力，kPa。

(2) 抗倾覆稳定。防洪墙（挡墙）的抗倾覆稳定安全系数应按式（1.10-7）计算。

$$K_0 = \frac{\sum M_V}{\sum M_H} \tag{1.10-7}$$

式中 K_0——防洪墙（挡墙）抗倾覆稳定安全系数；

$\sum M_V$——对防洪墙（挡墙）基底前趾的抗倾覆力矩，kN·m；

$\sum M_H$——对防洪墙（挡墙）基底前趾的倾覆力矩，kN·m。

(3) 地基整体稳定。土质地基上防洪墙（挡墙）的整体抗滑稳定可采用瑞典圆弧滑动法计算；当持力层内夹有软弱土层时，应采用改良圆弧法对软弱土层进行地基整体抗滑稳定验算。当岩石地基持力层范围内存在软弱结构面时，应对软弱结构面进行整体抗滑稳定验算，可采用萨尔玛法（Sarma）和不平衡推力传递法计算。

(4) 基底应力。防洪墙（挡墙）基底应力应按式（1.10-8）计算。

$$P_{\min}^{\max} = \frac{\sum G}{A} \pm \frac{\sum M}{W} \tag{1.10-8}$$

式中 $P_{\min}^{\max}$——防洪墙（挡墙）基底应力的最大值或最小值，kPa；

$\sum M$——作用在防洪墙（挡墙）上的全部荷载作用于基础底面的力矩，kN·m；

A——防洪墙（挡墙）基底面积，m^2；

W——防洪墙（挡墙）基底面的抵抗矩，m^3。

(5) 墙身应力。主要是对墙底及墙身截面变化处进行截面应力验算。重力式、半重力式和衡重式结构的墙身应按构件偏心受压及受剪验算其水平截面应力；悬臂式结构的墙身可按固定在底板上的受弯构件计算，并验算其水平截面剪应力，底板可按固定在墙身上的受弯构件计算。

5. 地基处理

当天然地基不能满足防洪墙（挡墙）的承载力、稳定和变形要求时，应根据工程具体情况因地制宜采取地基处理措施。

（1）岩石地基处理。对岩石地基中的全风化带一般进行清除处理，强风化带或弱风化带可根据防洪墙（挡墙）的受力条件和重要性进行适当处理；对裂隙发育的岩石地基，可采用固结灌浆处理；对地基中的泥化夹层和缓倾角软弱带，应根据其埋藏深度和对地基稳定的影响程度采取不同的处理措施；对地基整体稳定有影响的溶洞或溶沟，可分别采取挖填、压力灌浆等处理方法。

（2）土质地基处理。土质地基常用的处理方法包括强夯、换填垫层、深层搅拌、振冲挤密等。强夯处理应根据地基土质及处理要求选择合适夯击能量，处理效果通常用最后两遍平均夯沉量控制，对于黏性土不宜大于1.0～2.0cm，对于砂性土不宜大于0.5～1.0cm。换填垫层可采用砂、碎石、素土及灰土等性能稳定及无侵蚀性的材料。垫层厚度应根据计算确定，不宜超过3.0m；素土垫层压实相对密度不应小于0.94，砂、碎石压实相对密度不应小于0.75。深层搅拌法的水泥掺量应根据地基土性质及处理要求合理确定，通常取12%～18%；搅拌桩桩距可取0.8～2.0m。振冲挤密通常选择碎石、中粗砂等作为填料，碎石桩径宜取0.7～1.2m，砂桩径宜取0.3～0.6m。

6. 其他构造处理

（1）墙身材料及墙后填料选择。防洪墙（挡墙）墙身材料主要为钢筋混凝土、混凝土及浆砌石等，应根据结构挡土高度、工程地质、建筑材料来源及施工条件等经综合分析后选用。

防洪墙（挡墙）墙后填料应选用透水性较好的、内摩擦角较大的无黏性粗粒填料，如粗砂、砂砾、碎石等。

（2）基础埋深。防洪墙（挡墙）底板的埋置深度应根据地形、地质、水流冲刷条件，以及结构稳定和地基整体稳定要求等确定。在风化层不厚的硬质岩石地基上，基底一般应置于基岩表面风化层以下；在软质岩石地基上，基底最小埋置深度不小于1m。对于土质地基，底板顶面不应高于墙前地面高程；无底板时，其墙趾埋深宜为墙前地面以下1m。受水流冲刷时，还应将基底置于局部冲刷线以下不小于1m处。

（3）排水设施。为有效排出防洪墙（挡墙）后填土内的积水，降低地下水位，通常在墙身间隔布置相应排水孔，并在墙后填土内设置排水措施。排水孔可沿墙体高度方向分排布置，排间距不宜大于3.0m。排水孔宜采用直径50～100mm的管材，从墙后至墙前设不小于3%的纵坡，孔后应设级配良好的滤层及性能良好的集、排水设施，反滤层厚度应不小于0.5m，反滤包尺寸不小于0.5m×0.5m×0.5m，反滤层顶部和底部应设置厚度不小于0.3m的黏土隔水层。当有地下水入渗墙后填料时，应设置排水盲沟将水体顺利排出墙外。另外，墙后填土面应设置性能良好的地表排水设施。

（4）分缝。钢筋混凝土墙缝距宜为15～20m，混凝土及浆砌石墙宜为10～15m。地基土质、墙高、外部荷载、墙体断面结构变化较大处应增设变形缝。

1.10.5.3 排水沟渠设计

1. 纵断面设计

排水沟渠纵断面设计的主要内容是确定渠道底板纵坡、底板高程和渠道水流衔接型式。渠道纵坡应根据渠线所经过地区的地形、土质、水流流量及含沙量等条件所规定的允许流速确定。渠底高程应在挖填平衡和满足运用条件的要求下综合确定。

2. 横断面设计

排水沟渠横断面设计的主要内容是确定断面型式、渠道边坡、渠道超高等。

防护工程常用的沟渠断面为梯形、矩形及复式断面等。梯形断面施工简单，边坡稳定，便于混凝土薄板衬砌；矩形断面开挖工程量较小，占地面积较小，地形适应能力较强；复式断面可根据需要调整渠岸边坡坡度及设置平台等。

沟渠边坡系数根据土的特性确定，当渠道开挖深度较大时，边坡的坡率应通过稳定计算确定。

沟渠超高与沟渠级别、过水流量、护面性质有关。对于水急浪大的渠道，应考虑波浪的爬高。

3. 衬砌

为减少沟渠糙率，加大流速，增加输水能力，防止冲刷破坏，需进行沟渠衬砌。常用的衬砌材料有混凝土衬砌、石衬砌和砖衬砌等。

混凝土衬砌厚度一般取5～15cm，当水流含推移质泥沙较多且颗粒大时，应考虑增加磨损厚度。预制混凝土板的大小按施工方便来确定，边长可取50～100cm。喷射混凝土衬砌一般用于大型渠道和U形渠道，衬砌厚度一般为3～12cm。石衬砌厚度一般不小于25cm，可采用卵石、块石、条石、石板等。

4. 水力计算

沟渠断面尺寸需经水力学计算及经济比较确定，

计算结果除了要满足过流能力外，还应满足平均流速大于不淤流速而小于不冲流速。一般采用明渠均匀流公式进行计算。

5. 渠系建筑物

在排水沟渠跨越河流、洼地、山谷、渠道及道路等地形及已建建筑物时，应设置适当的渠系建筑物使水流平顺衔接，主要包括涵洞、渡槽、倒虹吸等。

(1) 涵洞。涵洞轴线布置应尽量与河堤或道路等正交，以缩短洞身长度，同时应确保进出口水流顺畅，避免上淤下冲。涵洞由进口、涵身、出口三部分组成，进、出口一般采用圆锥护坡式、八字斜降墙式、喇叭口式、扭坡式和流线型式等；涵身型式主要有箱涵、盖板涵、圆管涵和拱涵等。涵洞涵身顶部填土厚度应不小于1.0m。

(2) 渡槽。渡槽槽址选择应有利于缩短渡槽长度、降低渡槽高度和减少基础工程量。渡槽由槽身、支承结构、基础及进出口建筑物等组成，槽身横断面常采用矩形和U形断面；槽身纵向的支承形式主要有简支式、单悬臂式、双悬臂式和连续梁式等；槽身支承结构主要有墩式、排架式和拱式等。在满足给定的允许水头损失的条件下，渡槽槽身应尽量选择较陡的槽底纵坡，但必须为缓坡，初拟时可选择1∶500～1∶1500，渡槽槽身段流速一般取1～2m/s（最大流速3～4m/s）。

(3) 倒虹吸。倒虹吸布置应根据地质、地形条件力求与河流、谷地、道路正交，以缩短管长；同时也应选择较缓的地形，以保证管身稳定和便于施工。倒虹吸由进口段、管身段和出口段组成，布置型式主要有埋式和桥式。断面通常为圆形，但对于流量大、水头小的渠系，特别是穿越道路的倒虹吸管，也常采用矩形断面。

1.10.5.4 泵站设计

泵站主要设计内容包括设计参数的确定、泵站布置、泵房设计、进出水建筑物设计、水泵选型及其他辅助设备等，按《泵站设计规范》(GB 50265) 的相应要求进行设计。

1. 主要设计参数确定

设计流量及其过程线，可根据排涝标准、排涝方式、设计暴雨、排涝面积及调蓄容积等综合分析计算确定。设计扬程应按泵站进水池、出水池设计水位差，并计入水力损失确定。

2. 泵站布置

建于堤防处且地基条件较好的低扬程、大流量泵站宜采用堤身式布置，而扬程较高，或地基条件稍差，或建于重要堤防处的泵站宜采用堤后式布置。对于具备自排条件的防护工程，排水泵站宜与排水闸合建。排水泵站宜采用正向进水和正向出水的方式。

3. 泵房设计

泵房是泵站的主体建筑物，泵房设计包括选择结构类型、内部布置、泵房尺寸的确定以及整体稳定校核和结构计算等内容。影响泵房结构类型的因素很多，最主要的是水泵结构及性能、水源水位变幅的大小等。

4. 进、出水建筑物设计

进、出水建筑物主要包括引渠、前池及进水池、进水和出水流道、出水管道、出水池等。各部分的布置设计应创造良好的水流条件，保证运行上的高效及安全。

5. 水泵类型

水泵类型主要有离心泵、混流泵和轴流泵等三种。水泵选型应满足设计流量、设计扬程和不同时期的排水要求；在平均扬程时，水泵应在高效区运行；在整个运行扬程范围内，水泵应能安全、稳定运行。

6. 辅助设备

泵站中的辅助设备主要包括供水、排水、供油、供气、抽真空以及通风、起重等设备。

1.10.5.5 水闸设计

水闸的主要设计内容包括水闸布置、水力设计、结构设计及防渗排水设计等，按《水闸设计规范》(SL 265) 的相应要求进行设计。

1. 水闸布置

闸址宜设置于地势低洼处，靠近主涝区和容泄区的防护堤堤线上。水闸由上游连接段、闸室段和下游连接段三部分组成，其中闸室段是水闸工程的主体。闸室布置应根据水闸挡水、泄水条件和运行要求，结合地形地质等因素确定。上、下游连接段和两岸工程的外形布置主要由水流条件确定。

2. 水力设计

水闸的水力设计内容主要包括：闸孔总净宽计算、消能防冲设施的设计计算、闸门控制运用方式的拟定。水闸总净宽应根据下游河床地质条件，上、下游水位差，下游尾水深度，闸室总宽度与河道宽度的比值，闸的结构构造特点和下游消能防冲设施等因素选定。消能防冲主要有底流式消能、面流式消能和挑流式消能三种方式。闸门的控制运用应规定闸门的启闭顺序和开度，避免产生集中水流或折冲水流等不良流态。

3. 结构设计

水闸结构设计应根据结构受力条件及工程地质条件进行，其内容应包括荷载及其组合，闸室、岸墙和翼墙的稳定计算以及结构应力分析等。

4. 防渗排水设计

水闸的防渗排水设计内容包括渗透压力计算，抗渗稳定性验算，滤层设计，防渗帷幕及排水孔设计，永久缝止水设计等。

5. 地基计算及处理设计

水闸地基计算应根据地基情况、结构特点及施工条件进行，其内容包括地基渗流稳定性验算、地基整体稳定计算及地基沉降计算。

1.10.5.6 护岸工程设计

护岸工程建筑物主要包括支护挡墙、岸坡护面、放坡防护、锚杆（索）加固、抗滑桩等，应根据防护对象位置、库岸地形地质条件、施工组织、工程投资等因素进行合理选择。护岸工程可参考《水利水电工程边坡设计规范》(SL 386) 的相应要求进行设计。

1. 护岸工程高程确定

护岸工程的顶部高程按设计洪水位加岸顶超高确定，其中岸顶超高应按式（1.10-1）计算，并考虑库岸稳定确定；底部高程一般按水库最低设计水位并考虑冲刷的影响确定，计算公式如下：

$$H_{底} = h_d - h_s - C \qquad (1.10-9)$$

式中 $H_{底}$——护岸工程的底部高程，m；

h_d——水库最低设计水位，应考虑围堰挡水期和水库初期运行低水位，m；

h_s——水库低水位时波浪最大冲刷深度，m；

C——安全高度，一般取 0.5m。

当岸坡坡底高程高于计算的护岸工程底部高程，且判定其底部地形平缓不会发生再造破坏时，护岸工程的底部高程采用岸坡坡底高程。

2. 库岸稳定分析

护岸抗滑稳定计算以极限平衡法为基本计算方法。对于土质边坡和呈碎裂结构、散体结构的岩质边坡，当滑动面呈圆弧形时，宜采用简化毕肖普法；当滑动面呈非圆弧形时，宜采用不平衡推力传递法。对于呈块体结构和层状结构的岩质边坡，宜采用不平衡推力传递法。对于由两组及其以上节理、裂隙等结构面切割形成楔形潜在滑体的边坡，宜采用楔体法。

3. 支护挡墙设计

支护挡墙设计内容可参见本节“防洪墙（挡墙）设计”。

4. 岸坡护面

对于侵蚀剥蚀型再造库岸，应采取岸坡护面措施，主要包括挂网喷混凝土、格构混凝土或混凝土板、生态措施护坡等。

对软岩质岸坡，由于岩体强度低，抗风化能力差，遇水易软化、风化，需清除表层强风化层后采取喷素混凝土、挂网锚喷、混凝土格构锚杆的方式，防止表面进一步风化。对土质边坡，对其坡面适当修整后，采用干砌石、浆砌石、混凝土预制块、现浇混凝土板等不同型式的护面。

喷素混凝土厚度应不小于 5cm，单层挂网锚喷混凝土厚度应不小于 10cm，喷混凝土的强度等级应不低于 C20。锚杆属系统锚杆，主要起固定的作用，长度一般取 3～6m，间距一般不大于 5m。

混凝土格构可选择方形、菱形、几字形、城门洞形和弧形等型式。格构间距不宜大于 5m，格构断面高度可为 30～40cm，宽度可为 20～30cm。格构应设变形缝，缝间距不宜大于 20m。格构节点处可根据实际情况设置锚杆，格构中间喷混凝土防护或填充干砌石、浆砌石、混凝土预制块及现浇混凝土板等。

干砌石、浆砌石、混凝土预制块、现浇混凝土板等护面的厚度应满足抗浮及抗滑稳定要求。护面下应设置反滤垫层，垫层材料主要为碎石或粗沙，厚度可取 10～20cm，可采用土工布作为反滤层。

为防止水土流失、改善环境条件，在满足岸坡稳定的前提下，可对淹没线以上的岸坡采用生态措施进行护坡。生态护坡的主要措施包括人工植草、平铺草皮、生态袋护坡、格栅护坡等，具体可见本卷第 3 章“水土保持”相关内容。

岸坡坡面在采取防护措施的同时，应做好截排水措施，在坡顶设置截水沟，坡面上设置排水孔。截水沟沿坡顶外缘周边设置，通常采用矩形或梯形断面，断面尺寸根据排水量计算确定；排水孔通常按梅花形布置，孔径不宜小于 100mm，外倾坡度不宜小于 5°，间距可取 2～3m。

5. 放坡防护

当岸坡坡度较陡，易发生崩塌或滑移型破坏时，可采用放坡防护措施维护库岸稳定。放缓边坡主要通过以下方式实现：①在岸坡下部回填土石料进行压脚；②对岸坡上部进行削坡减载；③将以上两种方式结合使用。

回填放坡的体型尺寸及坡度应通过稳定计算确定，同时应结合岸坡的使用功能、管理要求、行洪限制等条件综合考虑。当放坡防护高度较大时，应分级设置马道，一般每 10～15m 设置一级马道。回填材料可采用石料、碎石土等力学性质较好的材料，并在回填体中分层铺设土工格栅类加筋材料，以有效提高岸坡的稳定性，减小回填体的体型尺寸。当回填放坡的区域较大时，可分区采用不同的填筑材料进行回填，以减小工程投资，临水侧堤身采用黏土、碎石土、砂砾料、块石等，堤后采用物理力学性质相对较差的材料。

削坡减载坡度应通过稳定计算确定，同时应尽量减小对岸坡上建筑物的影响。为了减小削坡工程量，可采用锚杆、锚索等措施对边坡进行支护。

放坡防护应做好截（排）水措施，除坡顶截水沟和坡面排水孔外，还应在坡面和马道上分别设置纵、横向排水沟，在回填体内设置排水盲沟或砂石排水层等。各截（排）水措施应设置成相互连通的排水体系。

放坡的坡面也应采取护面措施，其布置同岸坡护面设计。

6. 锚杆（索）支护

锚杆（索）主要起锚固和支撑作用，包括非预应力锚杆（索）和预应力锚杆（索）两种基本类型，根据岸坡类型和支护条件选用。

（1）非预应力锚杆。非预应力锚杆主要适用于土质岸坡加固、节理裂隙发育或严重风化岩质岸坡的浅层锚固、岩质岸坡不稳定块体的单独锚固等。

非预应力锚杆通常采用全长黏结型，杆体一般采用 HRB335 或 HRB400 级钢筋，直径为 22～32mm。土层锚杆的锚固段长度不应小于 4m，且不宜大于 10m；岩石锚杆的锚固段长度不应小于 3m，且不宜大于 45 倍锚固体直径和 6.5m。锚杆总长度一般小于 16m，单根设计抗拉力多为 100～400kN。

非预应力锚杆作为系统锚杆时，在坡面上多采用梅花形或方形排列，长度可为 3～15m，锚杆最大间距宜小于 5m，且不大于锚杆长度的 1/2。岩质边坡非预应力系统锚杆的孔向宜与主要结构面垂直或呈较大夹角。

（2）预应力锚杆。预应力锚杆常用于需要提供较大锚固力的岸坡防护工程。对于滑移型库岸，应将锚杆布置在潜在滑动体的中下部；对于崩塌型库岸，应将锚杆布置在潜在崩落体的中上部。预应力锚杆杆体一般采用螺纹钢筋、钢绞线等材料，并采用混凝土锚固墩封闭。

预应力锚杆的锚固段应设在潜在滑动面 1.5m 以外的稳定岩土体内。锚固段长度根据计算和类比法确定，一般不大于 10m，自由段长度不宜小于 5m。预应力锚杆宜长、短相间布置。锚杆体相互平行布置时，间距可为 4～10m，同时应避免出现群锚效应；锚杆体相互不平行布置时，锚固段最小间距应大于 1.5m。

（3）预应力锚索。预应力锚索属于主动抗滑结构，一般适用于岩质岸坡再造的加固。锚索的设计总锚固力应根据边坡抗滑稳定分析和应力变形分析确定，按设计总锚固力分解出的沿滑面抗滑力和与滑面法向力产生的抗滑力之和计算。预应力锚索长度不宜超过 50m，间距宜为 4～10m，单根锚索设计吨位不宜超过 3000kN。预应力锚索锚固段应位于内部稳定岩体内，锚固段长度可根据砂浆与锚索或砂浆与岩体胶结强度计算确定，通常不小于 3m，且不宜大于 55 倍锚固体直径和 8m。

7. 抗滑桩设计

抗滑桩一般用于有明显滑动面且滑动面以下为稳定坚实岩层的滑移型库岸再造。抗滑桩的平面布置、排数、桩距、桩长和截面尺寸等，应根据设计滑坡推力、滑体地形地质条件等经过计算分析确定。

（1）抗滑桩布置。抗滑桩的平面位置和间距一般应根据滑坡的地层性质、推力大小、滑动面坡度、滑体厚度和施工条件等因素综合分析确定。抗滑桩宜设在边坡前缘阻滑区，布置方向应与滑体滑动方向垂直或接近垂直，一般布置 1 排，对于大型、复杂的滑坡也可布置 2～3 排。桩间净距一般以 5～10m 为宜。当滑坡下滑力特别大时，在平面上可把桩按“品”字交错布置成梅花形。必要时，也可用板将若干单桩的顶端联结起来，以增大抗滑力。

（2）抗滑桩桩长。桩长不宜超过 40m。抗滑桩在滑面以下嵌固段长度应根据岩土强度与变形特性分析确定，一般为桩长的 1/3～2/5，坚硬岩石中宜为 1/4 桩长。

（3）抗滑桩截面。截面形状一般为矩形，其短边与滑动方向垂直，截面尺寸根据下滑力大小、桩距以及锚固段的侧壁容许压应力等因素综合考虑。当采用人工挖孔施工时，桩的最小宽度一般不宜小于 1.5m。常用的截面尺寸为 2m×3m、2.5m×3.5m、3m×4m 等，其中以 2m×3m 最为多见。

（4）抗滑桩计算。抗滑桩的计算方法有两种：

1）悬臂桩法，将抗滑桩简化为锚固在滑动面以下的悬臂结构，并把滑动面以上的桩身所受的滑坡推力和桩前剩余抗滑力或被动土压力作为滑动面以上桩身的设计荷载，然后根据滑动面以下岩土体的地基系数计算锚固段的桩壁应力以及桩身各截面的变形和内力。

2）地基系数法，将滑动面以上桩身所承受的滑坡推力作为已知的设计荷载，然后根据滑动面上、下地层的地基系数，把整根桩当作弹性地基梁计算。

1.10.5.7 场地垫高工程设计

1. 场地垫高设计高程确定

场地垫高设计高程应根据所处理对象的淹没处理洪水标准，并考虑浸没影响处理加以确定。

对于农田垫高设计，其设计最低田面垫高高程应取土地征收线高程和浸没处理高程中的大值。同样，对于居民点、城（集）镇场地垫高设计，其设计最低场地垫高高程应取居民迁移界线高程和浸没处理高程中的大值。

浸没处理高程应高于壅高地下水位与地下水临界埋深之和。壅高地下水位通常采用水动力学法、有限单元法和工程类比法等综合分析判定，以对应正常蓄水位的多年平均流量线作为推算库水位值。地下水临界埋深应根据水文地质条件和防护对象的耐浸要求确定，取土壤毛细管水上升高度和防护对象的安全超高值之和。土壤毛细管水上升高度应根据野外调查、现场和室内试验及工程类比综合确定。农田防护的安全超高值可取农作物的根系层厚度；城镇和居民区建筑的安全超高值，应根据建筑物荷载、基础型式和埋置深度等分析确定。土壤毛细管水上升高度通常随着土壤粒径的减小而逐步增加，一般为0.2～1.5m。农作物根系层厚度大多为0.3 ～0.5m；对于浅基础房屋，安全超高值通常取0.4～0.7m。

明确最低垫高高程后，应再根据场地地表排水方案和排水坡比确定场地各区域的设计高程。对于一般建筑用场地，其排水坡比可取3‰。

2. 填筑设计

对于居民点、城（集）镇等建筑场地垫高的填料，由于对场地承载力和沉降的要求较高，应选用级配良好的砂土或碎石土；而对于农田垫高，则可适当放宽填料要求。

建筑场地的垫高全部由料场开采料分层填筑至场地设计高程；农田垫高下部由料场开采料分层填筑，上部则复垦原剥离厚度的耕作土至设计田面高程。

建筑场地垫高施工通常采用分层碾压或分层强夯的方式，并且均应在施工前进行试验，以确定最佳的施工参数。以砾石、卵石或块石作填料时，分层夯实时其最大粒径不宜大于400mm；分层压实时其最大粒径不宜大于200mm；以粉质土、粉土作填料时，其含水量宜为最优含水量，可采用击实试验确定。压实填土的质量以压实系数控制，并应根据结构类型和压实填土所在部位确定。农田垫高施工通常采用分层碾压施工，其压实标准可适当降低，原剥离耕作土复垦时无需压实，均匀摊铺即可。

3. 坡面防护

垫高工程临水侧应设置坡面防护措施，对于建筑场地垫高或较大的农田垫高工程，应设置防护堤结构用以对后部的回填区域加以保护，具体设计内容及要求可参见本节“护岸工程设计”；对于规模较小的农田垫高工程，为简便工程布置、减少工程量，在保证稳定安全的前提下，也可仅采取直接在垫高回填体表面采取砌石等护面措施。

1.10.5.8 房屋加固处理工程设计

1. 主要地基基础加固措施设计

（1）加大基础底面积法。可采用混凝土套或钢筋混凝土套加大基础底面积，增强新老混凝土基础的黏结力，并设置相同的垫层。当不宜采用混凝土套或钢筋混凝土套时，可将原独立基础改成条形基础，将原条形基础改成十字交叉条形基础或筏形基础，将原筏形基础改为箱形基础等。

（2）锚杆静压桩法。桩体位置应靠近墙体或柱子，桩数由上部结构荷载和设计单桩承载力确定。当既有建筑的基础承载力不能满足压桩要求时，应对基础进行加固补强，也可采用新浇钢筋混凝土挑梁或抬梁作为压桩的承台。

（3）树根桩法。可采用直桩型或网状斜桩型布置，单桩承载力可根据单桩载荷试验，并考虑既有建筑地基变形条件的限制和桩身材料的强度要求。对既有建筑的地基承载能力进行验算，不满足的，应对基础进行加固或增设新的桩承台。

2. 主要钢筋混凝土结构加固措施设计

（1）增大截面加固法。一般用于钢筋混凝土受弯和受压构件的加固，可按整体截面进行应力计算。受弯结构一般在受压区或受拉区增设现浇钢筋混凝土，受压结构一般在构件四周增设现浇钢筋混凝土。新增现浇混凝土层的最小厚度，板不应小于40mm，梁、柱不应小于60mm；新增受力钢筋与原受力钢筋的净间距不应小于20mm，并应采用短筋或箍筋与原钢筋焊接。

（2）外粘型钢加固法。适用于需要大幅度提高截面承载能力和抗震能力的钢筋混凝土梁、柱结构的加固。加固后结构的承载力和截面刚度等可按整截面计算。型钢应优先选用角钢，角钢的厚度不应小于5mm；角钢的边长，梁和桁架不应小于50mm，柱不应小于75mm。

（3）粘贴钢板加固法。适用于对钢筋混凝土受弯、大偏心受压和受拉且混凝土强度等级不低于C15以及黏结强度不低于1.5MPa的结构进行加固。在结构加固计算中，应将钢板受力方式设计成仅承受轴向应力作用。对于受弯结构，其正截面受弯承载力的提高幅度不应超过40%，并且应验算其受剪承载力。粘贴钢板的层数，受拉区不应超过3层，受压区不应超过2层，且钢板总厚度不应大于10mm。

1.10.6 防护工程施工组织设计

1. 施工条件

（1）工程条件：分析并描述工程所在地点对外交通运输条件、场地条件、主要建筑材料来源、当地水电供应及通信条件、修配加工能力等。

(2) 自然条件：概要说明地形地质条件基本情况、水文特性等。

2. 施工导流

(1) 导流方式与标准：选定导流方式，提出导流布置，确定导流建筑物级别和施工导流水位等。

(2) 导流建筑物设计：进行导流建筑物型式比选设计，确定工程量等。

(3) 导流工程施工：确定围堰施工程序和施工方法等。

3. 料场规划及开采

(1) 料场选择：分析地质部门勘查的各料场的分布储量、质量、开采运输条件等主要技术参数，通过经济技术比较选定料场。

(2) 料场规划：根据防护工程用料量和技术要求，以及料场条件、开采施工等对选定料场提出开采规划。

(3) 料场开采：提出选定料场的料物开采、运输及环境保护措施等设计。

4. 主体工程施工

(1) 主要工程量和施工特性：说明防护工程主要工程措施和主要工程量；分析防护工程的施工特性。

(2) 主要施工程序：说明工程工期、进度的控制条件，确定工程总体施工时序安排和主要控制性工程的施工控制程序。

(3) 各分项工程的主要施工方法。

5. 施工交通运输

(1) 场外交通运输：调查现有工程区域对外水陆交通情况，提出施工机械和工程物资的运输方案。

(2) 场内交通运输：调查工程区内的交通条件，选定场内交通主要线路的规划布置和标准，提出场内交通运输线路工程设施和工程量。

6. 施工总布置

(1) 说明施工总布置的规划原则。

(2) 确定选定方案的分区布置，包括施工工厂、生活设施、交通运输等，提出施工总布置图。

(3) 进行土石方调配与平衡分析。

7. 施工总进度

(1) 编制原则和依据：说明施工总进度安排的原则和依据，以及控制施工进度的因素。

(2) 施工总进度：提出施工工期总体安排，确定主要施工项目进度安排，提出施工总进度图表。

(3) 分析主要项目施工强度，进行强度平衡。

8. 主要技术供应

(1) 主要建筑材料：分项列出所需钢材、木材、水泥等主要建筑材料总量。

(2) 主要施工机械设备：对施工所需主要机械设备按名称、规格、数量列出汇总表。

1.10.7 防护工程管理设计

防护工程管理设计的目的是保障防护工程正常运用、工程安全和充分发挥工程效益。根据库区防护工程的特点，对于规模较大的以堤防工程为主的防护工程，应进行相应的工程管理设计；对于小型的或采用场地垫高工程的防护工程，则可适当简化工程管理要求。

1. 管理机构

根据防护工程特性、规模、防护管理的任务和管理运用特点，拟定管理机构的组成和编制。

为对防护工程进行有效管理，建议由地方政府成立专门的防护工程管理机构。管理机构的人员编制通常包括运行人员、检修调试人员和管理人员等，可参考《堤防工程管理设计规范》(SL 171) 等规定，并根据具体的管理内容初步计算确定。

2. 工程管理范围和保护范围

根据防护工程的各主要工程措施确定工程管理范围和保护范围，通常包括防护堤、排水泵站、输水渠系等水工建筑物及相应的机电设备、启闭设备、金属结构、输电线路、通信线路、进厂道路等，有关生产和管理用房亦纳入管理范围。

对上述管理保护范围内的工程设施、设备应进行有效地维护，并禁止对范围内的边坡和山体进行破坏性开采、侵占、施工及其他活动。

3. 工程运行管理和建筑物维护管理

工程运行管理和建筑物维护管理按有关规定执行。

1.10.8 防护工程设计方案比选

为做到技术可行、经济合理和安全可靠，防护工程设计应进行多方案的比选，应根据防护区的地形地质、水文气象等基础条件以及防护对象的具体情况和防护目标，从总体布置、工程措施、施工组织、运行管理、工程投资、环境影响等方面，经综合分析研究比较后选定推荐实施方案。

(1) 总体布置比较。分析各设计方案的总体布置，防护方案应因地制宜合理确定，应满足总体布局合理、设计原理清楚、防护效果明显和运行管理方便等要求。

(2) 工程措施比较。分析各设计方案的工程措施，应尽量选用常规工程措施，以与项目区域的施工水平和建材供应相适应，便于工程措施的有效实施。

(3) 施工组织比较。分析各设计方案的施工组织，主要从施工场地、施工工期、施工强度、施工机械、施工难度和风险等方面进行比较，尽量选择施工场地开阔、施工工期短、施工强度均衡、施工机械常规、施工难度和施工风险较低的方案。

(4) 运行管理比较。分析各设计方案的运行管理要求，尽量选择运行管理简便易行、管理费用较少的方案。

(5) 投资比较。分析各设计方案的工程投资，应在满足防护功能的基础上尽量工程造价最省，从而节约投资，达到最大的投资效益比。

(6) 环境影响比较。分析各设计方案的环境、社会影响，尽可能选择不利影响相对较小的方案。

(7) 综合比选。对上述各影响指标按重要性进行排序，根据各防护方案的优缺点，综合比较分析后确定防护工程的实施方案。

1.10.9 各设计阶段的设计要求

不同类型工程、不同设计阶段防护工程的设计深度要求见表1.10－9。

表1.10－9　　防护工程设计深度要求

工程类型	设计阶段	要　　求
水利水电工程	项目建议书	初步分析防护可行性，提出防护工程初步方案，提出投资估算
	可行性研究报告	对防护工程方案进行论证比较，提出防护工程可行性研究报告，编制投资估算
	初步设计	对确定的防护工程开展初步设计，编制初步设计文件，编制投资概算
	技施设计	开展防护工程施工图设计
水电工程	预可行性研究报告	对主要的防护工程进行方案初步规划；对水库水位选择影响较大的重要防护工程项目，参照水利工程可行性研究要求进行防护工程方案规划设计
	可行性研究报告	按水利工程初步设计阶段要求开展防护工程规划设计，编制防护工程专题设计报告
	实施阶段	开展施工图设计工作，提交防护工程施工图、施工图设计说明、施工技术要求、施工图预算等

1.11 水库水域开发与利用

1.11.1 开发利用原则

(1) 水库水域开发利用严格执行《中华人民共和国水污染防治法》的有关规定，对列入饮用水水源一级保护区的水库，禁止从事网箱养殖、旅游、游泳、垂钓或者其他可能污染饮用水水体的活动；对列入饮用水水源二级保护区的水库，从事网箱养殖、旅游等活动的，应当按照规定采取措施，防止污染饮用水水体。

(2) 水库水域的开发利用应根据水库运用条件优先组织移民开发利用。

(3) 水库水域开发利用必须服从水库统一调度，保障枢纽工程安全运行，并应保护水库水质和生态环境。

(4) 结合水库运用方式，编制水库水域开发利用规划。

1.11.2 水库渔业开发

1. 开发利用原则

(1) 水库从事渔业生产活动，必须遵守保护水利水电工程设施和水源保护的规定，不得影响防洪、供水，不得污染水体，不得影响水库的主要功能。

(2) 在水库管理范围内设置渔业设施，必须征得该水利水电工程管理部门的同意。

(3) 水库发展渔业养殖，应该遵循当地政府实施的水域养殖证制度。

2. 养殖方式

水库水产事业的开发，根据水库地理位置不同以及水库形态、水文状况、饵料生物资源、面积大小等的不同，采取不同的渔业养殖方式。水库渔业养殖方式分为大水面粗放养殖、大水面精养养殖、局部水面集约化养殖（包括库湾养殖、网箱养殖等）。

(1) 大水面粗放养殖。大水面粗放养殖适宜于大中型水库，指人工投放鱼种，利用水库天然饵料进行养殖。其特点是合理放养，培育大规格鱼种，防止逃鱼，清野除害和高效捕捞。

(2) 大水面精养养殖。大水面精养养殖是投饵施肥式养殖。进行精养养殖的水库多为小型山塘水库或条件较好的中型水库。

(3) 库湾养殖。水库库湾是指与大库相通的汊湾。库湾养殖是采用人工筑坝或布设拦网，在小范围内实施人工控制措施投放鱼苗、投饵养殖。选择养鱼的库湾要求湾口较小，湾内开阔，地势平坦，避风向阳，无污染，植被良好，水质符合渔业养殖标准，水位相对稳定。养鱼种的水深为2～5m，养鱼群的水深为2～10m。坝拦库湾面积大于4hm^2，网拦库湾面积大于7hm^2。

(4) 网箱养殖。网箱养殖有常规网箱、江河船体网箱、小体积网箱、机械化自动投饵网箱等。适合网箱养殖的鱼类品种很多，如鲤鱼、鲫鱼、罗非鱼、鲂鱼、鳜鱼、鲈鱼、鳗鲡、鲶鱼、鲳鱼、鲟鱼等。

3. 注意事项

(1) 水产养殖应当保护水域生态环境，科学确定养殖密度，合理投饵和使用药物，防止污染水环境。

(2) 对于供水型水库，严禁施肥养鱼，不宜发展投饵网箱养鱼。

(3) 防止水库富营养，维护水库生态平衡。在中小型水库的投饵、施肥及网箱、围栏养鱼时，增大了水库营养盐和有机物质的积累，提高了水库的鱼产力。但当营养盐类负荷量过高时，会加速水域的富营养化，造成水质有机污染。

(4) 维护水库生物的多样性。

1.11.3 水库旅游开发

1.11.3.1 开发要求

(1) 不能影响水工程的安全运行和正常管理。不得在水工程管理范围内毁林开垦、采砂取土、挖坑造坟以及侵占水工程管理设施。

(2) 保护水环境。禁止污染水体的行为，对具有向城市供水任务的水体要建立严格的保护措施。

(3) 做好水库旅游区的总体规划。在核心景区、重点景区，特别是历史水文化遗迹区应建立必要的保护设施，不得兴建宾馆、招待所、疗养院以及其他建设项目。

(4) 采取有效措施保护游客人身安全，建立安全保护设施和管理制度。

(5) 建立国家级水库旅游区，由管理机构向省级水行政主管部门提出申请并上报该水利旅游区的可行性研究报告，省级水行政主管部门进行初审后以正式文件并附初审意见报水利部。经相应的水利旅游资源评价机构论证后，由水利部审批。

1.11.3.2 旅游资源调查与评价

旅游资源调查的范围包括水库库区和水库周边地区的相关旅游资源。调查的内容包括风景区的级别、质量、开发程度、环境质量、环境容量、环境保护、游客日流量、四季温度、旅游设施、交通情况等。调查采用资料文献查阅与实地踏勘调查相结合的方法，在完成资源普查的基础上对重点旅游资源部分进行详查，以保证资源调查的完整性、科学性和准确性。

旅游资源评价，应按定性评价体系进行，内容包括：

(1) “三大价值”：历史文化价值、艺术观赏价值、科学考察价值。

(2) “三大效益”：社会效益、经济效益和生态环境效益。

(3) “六大条件”：地理位置及交通条件、景观的地域组合条件、景区旅游容量条件、市场客源条件、投资条件和施工条件。

定量评价方法有层次分析法、指数评价法等。

评价的指标体系主要有游客容量、旅游密度、旅游的季节性、景观的地域组合、旅游开发序位等。

1.11.3.3 旅游景点规划

1. 库岸景观规划

岸线是水域与陆地的交界线，在旅游开发中尽量保持其天然原始状态。当因开发建设需要而不得不改变水库岸线形状时，必须在保证水库防洪以及人的安全需要的前提下，尽量使新规划设计的水库岸线具有较强的亲水性，让游客可以轻松自如地看到水面并能够接近水面。同时控制水库岸线的绿化高度，保证合适的风景通透性，并努力丰富绿化色彩。还可以通过建设广场、游步道、建筑小品等硬质景观来增加景观的层次。

2. 旅游设施规划

旅游设施内容和范围很广，其类型也多种多样。从使用功能角度出发将旅游设施分为游览设施、接待服务设施、基础配套设施。

(1) 游览设施规划。游览设施是指直接服务于各类旅游活动项目的场地、建筑、器械、器材等，包括旅游观光设施、游乐设施、游憩设施等。以水体为主要景观的水库景区，可以考虑设置天然游泳池、嬉水池、垂钓场等娱乐、游憩设施；以宽阔水面为主要景观的景区，可设置浴场、沙滩、游艇、游船、帆板、水面跳伞、水族馆等娱乐、游憩设施。

(2) 接待服务设施规划。接待服务设施是指用于旅游者的住宿、饮食、购物、休息娱乐、康体健身等的服务设施，包括宾馆饭店、特色餐厅、旅游商店、游客中心、娱乐中心、康体健身中心等。

3. 旅游产品规划

旅游产品规划遵循差异化、地方化、民族化、创新化、合法化等原则。旅游产品可分为观光类、度假类、休闲类、运动类、康体保健类、科普类、文化类以及其他类旅游产品。

1.11.4 水库消落区土地利用

1.11.4.1 利用原则

(1) 在不影响水库安全、防洪、发电和生态环境保护的前提下，消落区的土地可以通过当地县级人民政府优先安排给就近后靠的农村移民使用。

(2) 消落区为化肥、农药的禁施区。

(3) 消落区内严禁建设除交通基础设施及灾害治理之外的永久性工程。

(4) 消落区土地使用者必须承担保护环境、恢复生态、防治污染、防治地质灾害及保护文物的责任。

1.11.4.2 利用范围及分区

年调节水库，消落区土地出露的持续时间较长，部分土地能够满足农作物播种到收获时段的要求。其利用下限高程，对于秋收作物，一般根据作物收获时段，在防洪限制水位以上确定，可以取常年洪水回水线作为利用下线高程。对于夏收作物，其利用下限高程可以根据作物生长收获时段中水库最高库水位出现频率计算，反推出消落区出露土地高程的保证率，从水位与出露土地高程保证率曲线，可以求出不同作物收获保证率土地的利用高程。

多年调节水库，其库容较大，除具有年调节水库的一般特性外，在连续遇到枯水年时，出露的土地可以利用的时限多，其利用下限高程在丰、枯水年之间的差距很大，同样可以根据作物生长收获时段内水库运行最高水位出现的频率与土地高程保证率曲线，求得不同作物收获保证率土地的利用高程。

水库消落区可利用范围的土地根据利用时间的长短可以分为三个区域（见图1.11－1)。

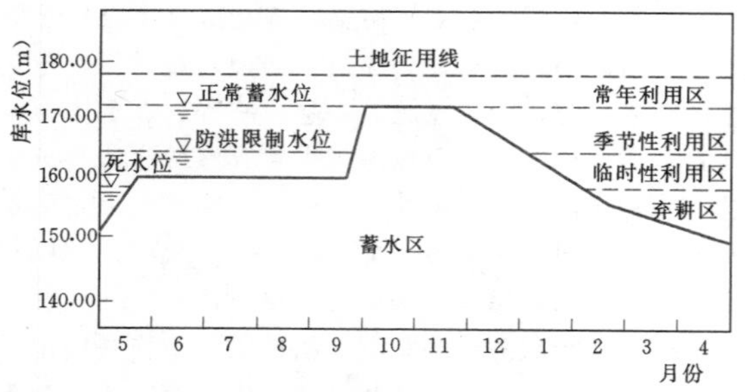

图1.11－1 某水库消落区土地利用示意图

1. 常年利用区

常年利用区是水库正常蓄水位以上至土地征收线以下的土地面积。该区除特大来水年及汛期发生超标准洪水外，可常年利用。

2. 季节性利用区

季节性利用区即正常蓄水位以下至汛期限制水位以上这部分库区的土地。如上一年为枯水年，汛末蓄水位未达到正常蓄水位，且第二年春灌用水又使库水位下降，因此该区域的大部分土地大半年内未受淹没，可种植双季作物或单季作物，或发展其他副业生产。这个区域的土地有一定的周期性规律，可通过对水库来水量的预报调度，保证对土地的利用。

3. 临时性利用区

临时性利用区即汛期限制水位以下至死水位之间的库区土地。这部分土地出露时间较短，不能满足大、小季作物生长期要求，可通过对来水量的预报调度争取时间栽种短季农作物或蔬菜、饲料作物。

1.11.4.3 消落区的开发利用模式

1. 林业发展模式

地质松散、坡度较大、水土流失严重的消落区，可根据气候条件发展林业。目前利用较多的两栖树种为池杉、落羽杉、意大利杨、垂柳等。

2. 草业发展模式

对于立地条件较差、表土层流失严重、保土保肥性能极差的消落区，可发展人工牧草，如杂交黑麦草、鹅灌草等，或者种植豆科植物，起到固持氮素、培肥土壤的作用。开发利用长期荒废的水库消落区，在秋冬期种植一季速生高产杂交黑麦草和紫云英配套养鱼，翌年不割青，而是利用春夏多雨期库内水位上涨后，鱼群在草地自由觅食。

3. 传统作物发展模式

消落区内农业生产条件优越，土层深厚、土壤肥沃、光热水资源条件较好、复种指数高，建库前一般为当地主要的农业生产区。可在消落区发展设施农业和生态农业。对于库区消落区建库以前的水稻田、旱地，可根据水库消落区常年出露时间，在冬季种植小麦、油菜等小季作物；若水库所在地区春汛来临较早，库区水位上升较快，小季作物不能成熟，可以选择种植早熟玉米、早熟瓜类和蔬菜等适合当地种植的短季作物。

4. 观光旅游业发展模式

发展消落区观光旅游业是一个重要的发展方向。可在消落区内坡度平缓的区域种植池杉、落羽杉、垂柳等挺水植物。通过发展挺水植物，提高了土地利用率，增加了库岸抗浪蚀的能力，改善沿岸地带生态环境，为鲤鱼、鳊鱼等经济鱼类提供良好的天然产卵场所和栖息环境，同时形成“水上森林”、“水中树”的优美景观。

1.11.4.4 消落区土地利用规划

1. 基本资料的收集

水库消落区土地利用规划需收集的基本资料主

要有：

（1）水库淹没区及周边有关土地的实物调查成果。

（2）库区耕地高程-面积关系曲线。

（3）坝址以上沿程回水资料、建库前后库尾段河道冲淤资料。

（4）库区自然条件及变化情况。

（5）当年的水情预报、水库调度资料以及历年坝前水位过程线。

（6）库区农作物的种类、生长期、耐淹特性以及产量。

（7）库区各村、组劳动力的数量、构成，原有劳力使用、收入分配等有关社会经济情况资料。

2. 规划内容

根据基本资料和拟定的土地利用界线，进行消落区土地利用规划，其内容主要包括：

（1）根据各月雨量预测资料及水库蓄、放水计划，预测洪水的大小、可能发生的时间（月份）、洪水淹没历时以及水库沿程可能受淹的情况，划定各个区当年土地利用的具体界线。

（2）根据分区，拟定各高程之间作物种植的种类、种植面积，并初步计算其产量和效益。

（3）拟定适应水库调度和库区自然环境变化的措施，如能否提早作物播种期或收割期的措施等。

（4）制定利用区的劳动力分配、耕地使用、收益分配等方案。

1.11.5 水库航运开发

1. 港址选择、码头设计

参见1.9.2.4“码头、渡口”处理规划。

2. 库区航道

根据水库运用方式、库区淤积预测及水库航运规划运力、船舶通行要求，确定库区航道，并按专业规范设置航标。

1.11.6 各设计阶段的规划要求

水库水域开发利用规划深度要求见表1.11-1。

表1.11-1 水库水域开发利用规划深度要求

工程类型	设计阶段	要求
水利水电工程	项目建议书	提出水库水域开发利用建议
	可行性研究报告	阐明水库水域开发利用的条件，提出开发利用初步方案
	初步设计	对水库消落区土地利用和其他可开发利用的项目进行规划
水电工程	预可行性研究报告	可不进行水库水域开发利用规划
	可行性研究报告	根据移民安置规划，结合库区环境、资源条件，提出水库水域开发利用规划
	实施阶段	指导水库水域开发利用规划的落实

1.12 水库库底清理

在水库蓄水前，为保证水库水质和水库运行安全，保护水库环境卫生，控制疾病污染源，为水库水域开发利用创造条件，必须对淹没范围内涉及的房屋及附属建筑物、地面附着物（林木）、坟墓、各类垃圾和可能产生污染的固体废弃物采取拆除、砍伐、清理等处理措施。这些工作称为水库库底清理。

水库库底清理的设计任务是根据水利水电工程水库淹没影响范围、淹没特点、水库运行方式、水库综合利用要求，确定清理对象及清理范围，确定清理项目及其工作量，制定清理工作技术要求及清理办法，计算库底清理费用。

1.12.1 清理目的

（1）保证水利水电工程安全运行。库区移民搬迁之后，遗留的垃圾、房屋废旧料、墙壁、植物茎叶、秸秆、枝杈；施工场地留下的草袋、模板、脚手架等易漂浮物，水库蓄水前如不进行彻底清理，蓄水后，就会随水流漂至坝前，影响水利水电工程的安全运行。

（2）保护水库环境卫生和库周、下游及受益区人群健康。水库库区通常地处河谷地带，土地肥沃，人口密集。城（集）镇、乡村有厕所、垃圾、粪堆、粪坑、畜舍、家禽饲养场、坟墓、污水坑等污染源；城（集）镇、工业企业可能有皮革、造纸、农药、化肥等工厂及屠宰场、医院、防疫站等污染源、污（废）水。污染源在蓄水之前不进行清理，必然会使水质受到污染，库周、下游及受益区的人群健康受到威胁。

（3）为发展水产养殖、航运等事业创造条件。库区的森林、灌木丛、零星树木、果树、电杆、残垣断壁、牌坊、石柱、石碑、寨墙、水利工程等，原本都露出地面，水库蓄水后，则要隐没在水下。如果这些障碍物位于航道、码头、避风港、捕捞场，就会成为渔区、航运的隐患及危害物。如上述对象位于航道与码头船只的吃水深度内，就会危害船只通行；如位于捕捞地段，就会影响捕捞。

(4) 预防蚊蝇发生，防止疟疾流行。库区地形复杂，水库蓄水后有些地段会形成1.0m左右的浅水区域。这些地区水流缓慢，在每年夏、秋季节成为蚊蝇孳生繁殖的场所。在水库水位消落区，如遗留有水井、地窖、污水坑等，当库水位消落时水积其中，也是蚊蝇孳生繁殖的场所。

1.12.2 基本要求

(1) 库底清理设计应符合卫生、环保、劳动安全等行业部门的相关要求。

(2) 库底清理分为一般清理和特殊清理。一般清理根据清库工作量和清理措施计算所需投资，列入水利水电工程建设移民投资概（估）算；特殊清理所需投资按照“谁受益、谁投资”的原则由有关部门自行承担。各种特殊清理，应符合有关行业的技术要求。

(3) 对具有供水（饮用水）任务的水库，根据清理范围内的污染源分布、污染物性质、污染程度及传染病谱等环境状况，提出特定的清理措施和防止污染方案。

(4) 库底清理设计方案应经济合理，便于操作，并与枢纽工程建设进度衔接，满足水库蓄水要求。

(5) 卫生清理工作应在建（构）筑物拆除之前、在地方卫生防疫部门的指导下进行。

(6) 卫生清理验收应由县以上卫生防疫部门提供检测报告。

1.12.3 清理范围及对象

库底清理根据水库淹没处理范围、清理对象、水库运行方式和水库综合利用要求确定。

1.12.3.1 一般清理

1. 清理范围

一般清理分为建筑物和构筑物拆除与清理、林木清理、易漂浮物清理、卫生清理、固体废物清理等五类，其清理范围根据清理对象不同分为以下情况：

(1) 一般建（构）筑物清理包括房屋、附属建筑物清理，其清理范围为居民迁移线以下区域。大体积建（构）筑物清理范围为居民迁移线以下至死水位（含极限死水位）以下3m范围内。

(2) 林木清理范围为正常蓄水位以下的水库淹没区。在塌岸地段，为了加固库岸岸坡，林地可不清理，保留下来起护岸作用。

(3) 易漂浮物清理范围为居民迁移线以下的区域。

(4) 卫生清理范围为居民迁移线以下（不含影响区）区域。

(5) 固体废物清理范围为居民迁移线以下的区域。固体废物堆场位于居民迁移线上下，应进行整体处理。

2. 清理对象

(1) 建（构）筑物。

1) 建筑物指清理范围内用于生产生活的、各种类型结构的房屋，包括城乡居民、企事业单位、工业企业的各类房屋，按结构分为钢筋混凝土结构、混合结构、砖木结构、土木结构、木（竹）结构、窑洞等。

2) 构筑物指清理范围内非居住性的各类构筑物，包括大中型桥梁、围墙、独立柱体、砖（瓦、石灰）独窑、砖厂砖窑、各类线杆、人防井巷、闸坝、烟囱、牌坊、水塔、储油罐、水泥窑、冶炼炉等。

(2) 林木。林木清理包括各种林地、迹地、零星树木的清理。

(3) 易漂浮物。易漂浮物指建（构）筑物拆除物中比重小于水的材料，如木质门窗、木檩椽、木质杆材等，以及伐倒的树木及其枝桠，田间和农舍旁堆置的柴草、秸秆等。

(4) 卫生清理。库底卫生清理是指库区移民迁移线以下的污染源在蓄水前的无害化处理。通过无害化处理，杀灭传染病疫源地和传播媒介上可能的病原体，使之对人体健康不构成危害。卫生清理对象分常规（一般）污染源、传染性污染源、生物类污染源。

1) 常规（一般）污染源包括化粪池、沼气池、粪池、厕所、牲畜栏、普通坟墓、污水坑池、生活垃圾堆放场等。

2) 传染性污染源包括：传染病疫源地；医疗卫生机构工作区和医院垃圾；兽医站、屠宰场及牲畜交易所；传染病死亡者墓地和病死牲畜掩埋地等。其中的传染病疫源地是指现在存在或曾经存在传染源的场所，以及病原体自传染源排出向周围传播能达到的范围。

3) 生物类污染源包括居民区、集贸市场、仓库、屠宰场、码头、垃圾堆放场及耕作区的鼠类、钉螺、蟑螂等其他生物类污染源。

(5) 固体废物。固体废物是指库区内生产、生活活动中产生并堆存而未处置的各种固态、半固态废弃物质，以及被这些废弃物质污染的土壤。其对象包括所有可能对环境产生污染的固体废弃物，分为生活垃圾、一般固体废物、医疗废物及危险废物。

1) 生活垃圾。库区清理范围内堆存的生活垃圾，如符合废塑料重量含量不小于0.5%，或者符合有机物重量含量不小于10%时，应予以清理。

2）一般固体废物。一般固体废物包括市政污水处理设施（包括沼气池、废弃的污水管道、沟渠等）中积存的污泥、废弃建筑材料、不属于危险废物的废弃尾矿渣，以及符合下列条件之一的一般工业固体废物，对之应予以清理。

a. 其浸出液中有害成分浓度等于或大于表1.12-1中各项指标之一的工业固体废物。

表1.12-1 水库库底工业固体废物与污染土壤清理鉴别标准

序号	项目	浸出液浓度（mg/L）
1	化学需氧量（COD）	60
2	氨氮	15
3	总磷（以P计）	0.5
4	石油类	10
5	挥发酚	0.5
6	总氰化合物	0.5
7	氟化物	10
8	有机磷农药（以P计）	不得检出
9	总汞	0.05
10	烷基汞	不得检出
11	总镉	0.1
12	总铬	1.5
13	六价铬	0.5
14	总砷	0.5
15	总铅	1.0
16	总镍	1.0
17	总锰	2.0

b. 工厂污水收集和处理设施中积存的污泥，包括工厂污水管道、沟渠以及处理单元等设施中积存的各种污泥等废物。

c. 化工、化肥、农药、染料、油漆、石油以及电镀、金属表面处理等生产、销售企业的生产车间、仓库的建筑废物。

（6）医疗废物及危险废物。应予以清理的医疗废物及危险废物包括：

1）医疗卫生机构、医药商店、化验（实验）室等产生的列入《医疗废物分类目录》（卫医发〔2003〕287号）的各种医疗废物。

2）电镀污泥、废酸、废碱、废矿物油等以及列入《国家危险废物名录》（环保部2008年第1号令）的各种废物及其包装物。

3）根据《危险废物鉴别标准》（GB 5085）检测被确认具有危险特性的废物及其包装物。

4）化工、化肥、农药、染料、油漆、石油以及电镀、金属表面处理等废弃的生产设备、工具、原材料、产品包装物以及废弃的原材料和药剂。

5）农药销售商店、摊点和储存点积存、散落和遗落的废弃农药及其包装物。

6）废放射源及含放射性同位素的固体废物。

7）危险废物以及磷石膏等工业固体废物清理后的原址土壤，如果其浸出液中一种或一种以上的有害成分浓度等于或大于表1.12-1中所列指标，应予以清理。

1.12.3.2 特殊清理

1. 清理范围

特殊清理是指为开发水域各项事业而需要进行的专门清理。水库库底清理范围根据水库运行方式和各项事业发展的要求而定。其清理范围是水库淹没处理范围内选定的水产养殖场、捕捞场、游泳场、水上运动场、航道、港口、码头、泊位、供水工程取水口、疗养区等所在地的水域。

2. 清理对象

根据开发水域各项事业的需要，确定不同的特殊清理对象。

1.12.4 清理方法及技术要求

1.12.4.1 建筑物、构筑物清理

1. 建筑物清理

库区清理范围内的农村居民、乡镇单位以及企业可拆除利用的物资全部迁往新居后，剩余建筑物应予拆除，推倒摊平，不能利用又易于漂浮的废旧料应运至移民迁移线以上。

医疗机构、工矿企业储存有毒有害物质的仓库和屠宰场等建筑物，先进行卫生清理后，再进行建筑物清理。

建筑物的拆除常用以下方法：

（1）木（竹）结构、土木、砖木、附属房屋及三层以下砖混结构的房屋采用人工或机械方式拆除。

（2）四层以上砖混结构的房屋采用机械或爆破方式拆除。

（3）框架、排架、刚架结构房屋采用爆破与机械结合方式拆除。

（4）建筑物密集区采用爆破方式拆除应考虑对移民迁移线以上房屋及设施的影响，必要时应采用定向爆破方式拆除。

2. 构筑物清理

清理范围内的各种构筑物，凡妨碍水库运行安全和开发利用的必须拆除，设备和旧料应运出库外。残留的较大的障碍物要炸除，其残留高度一般不得超过地面0.5m。对确难清除的较大障碍物，应设置蓄水后可见的明显标志，并在水库管理图上注明其位置与标高。

对于水库消落区的水井、水坑、地窖、隧道、人防工程以及矿区的井巷等地下建（构）筑物，应根据地质情况，采取封堵、填塞、覆盖等清理措施。对于多泥沙河流上的水库，因水库蓄水后的泥沙淤积作用，能够达到堵塞的目的，可做简化处理，以节约投资。但若有污染水质的源地，仍应采取必要的清理措施。

工程施工时在库区内修建的临时建筑物，在水库蓄水前，由施工单位负责拆除清理。库区文物古迹经挖掘迁移后，原遗址的残料及废弃物，由文物主管部门按库底清理要求进行清理。

对大型分期蓄水水库的大体积建（构）筑物的清理，应进行必要的论证后确定清理措施。对拆除量大或技术复杂的大中型工程及特殊行业的建（构）筑物，单独编制清理设计方案，经相关部门审批后实施清理。

不同构筑物的常用拆除清理方法如下：

（1）围墙分砖（石）墙和土墙两类，采用人工或机械方式推倒。

（2）烧砖（瓦、石灰）的独窑采取人工、机械或爆破方式破除坍塌；砖厂砖窑、水泥窑、冶炼炉等采用爆破或机械方式拆除，能够利用的材料运至库外。

（3）牌坊和高出地面的水池可采用人工或机械方式推倒。

（4）杆塔包括铁塔、水泥杆、木杆等，各类线杆采取人工方式拆除，拆除的线材、铁制品、木杆等应回收运至库外。

（5）低于5m的烟囱及水塔可采用人工或机械方式拆除，5m以上的烟囱及水塔采用爆破方式拆除。

（6）地面的储油罐、油槽拆除后运至库外，不需拆除的地下的储油罐、油槽经卫生处理后封堵。

（7）石拱桥、混凝土桥、渡槽等采取爆破方式拆除；吊桥、索桥等两端固定设施采取爆破或人工、机械结合方式拆除。

（8）对有碍航运或可能造成溃坝危害的水坝应采取爆破方式拆除，并进行必要的清理。

（9）对有碍航运的码头建（构）筑物进行拆除。

1.12.4.2 林木采伐与迹地清理

在水库蓄水前，凡需要清理的用材林、防护林、薪炭林、经济林、房前屋后、田间地头的零星树（果）木，全部砍伐，残留树桩直径6cm以上的，不得高出地面0.1m；直径6cm以下的，不得高出地面0.3m。凡有用的树木，运出移民迁移线外利用；凡利用价值不大，又不便运出的枝桠、梢头藤条、灌木丛、枯木等宜漂物质，应进行清理或采取防漂措施。农作物秸秆及泥炭等其他各种易漂浮物，在水库蓄水前，应就地处理或采取防漂措施。

对清理范围内的珍稀植物、古树名木按环境保护规划要求处理。林木清理过程中，按照当地有关部门的防火规定，注意防火安全。砍伐林木应符合国家有关规定。

1.12.4.3 易漂浮物清理

地面上各种易漂浮物质，在水库蓄水前，应及时运至移民迁移线以上，必要时应加以固定，防止被冲入水库。

易漂浮物运输过程中不应沿途丢弃、遗撒。

1.12.4.4 卫生清理

卫生清理工作应明确对象，突出重点，分类处理，坚持清理与无害化处理相结合，防止二次污染。清理工作应与固体废物清理、建筑物清理统筹安排，按照先搬迁、后清理、再拆除的顺序开展工作。

1. 一般污染源清理

（1）化粪池、沼气池、粪池、公共厕所、牲畜栏、污水坑池中的粪便、污泥及坑穴的清理。化粪池、沼气池、粪池、公共厕所、牲畜栏、污水坑池中的粪便、污泥应彻底清掏至移民迁移线以外，其无法清掏的残留物，应加等量生石灰或按1kg/m^{2}撒布漂白粉混匀消毒后清除。其坑穴用生石灰或漂白粉（此处和以下使用的漂白粉有效氯含量均以大于20%计算）按1kg/m^{2}撒布、浇湿后，用农田土壤或建筑渣土填平、压实。公共厕所地面和坑穴表面用4%漂白粉上清液按1～2kg/m^{2}喷洒。对无法运出移民迁移线以外的污物，应薄铺于地面曝晒消毒，然后就地填埋，覆盖净土，净土厚度应在1m以上且须夯实。

（2）普通坟墓的清理。普通坟墓清理包括迁移和消毒处理两种方式。淹没范围内普通坟墓是否迁移，按当地民政部门的规定，并尊重当地习俗处理。有主坟墓应限期迁出移民迁移线以上，过期无人管理的一律按无主坟墓处理。埋葬15年以内的墓穴及周围土应摊晒，或直接用4%漂白粉上清液按1～2kg/m^{2}或生石灰0.5～1kg/m^{2}处理后，回填压实。无主坟墓，要将尸体挖出焚烧。埋葬超过15年的无主坟墓，应压实处理。对于烈士墓碑等地面建筑物，应在当地主管部门的指导下进行妥善处理。

2. 传染性污染源清理

传染性污染源在当地卫生部门的指导下进行彻底清理。

凡埋葬结核、麻风、破伤风等传染病死亡者的坟墓和炭疽病、布鲁氏菌病等病死牲畜掩埋场地，应按卫生防疫的要求，由专业人员或经过专门技术培训的人员进行处理。对具有严重传染性的污染源，委托有资质的专业部门予以清理。传染性污染源清理的具体方法与要求见表1.12-2。

表1.12-2　传染性污染源清理的方法与要求

项　目	方法与要求
1. 传染病疫源地	其污染地点的污水、污物、垃圾和粪便的无害化处理按照卫生部《消毒技术规范》执行
2. 医疗卫生机构工作区、兽医站、屠宰场和牲畜交易场所	1. 厕所、储粪池的粪便残留物按10:1（体积比）加漂白粉进行消毒处理，混合2h后运至移民迁移线以外指定场所； 2. 粪坑、储粪池用漂白粉按1kg/m² 撒布、浇湿后，用农田土或建筑渣土填平、压实； 3. 地面和地面以上2m的墙壁等，应用4%漂白粉上清液按0.2～0.3kg/m² 喷洒，消毒时间不少于0.5h
3. 传染病死亡者墓地和病死牲畜掩埋地	1. 在专业人员的指导下，制定实施方案与应急措施，并严格按照实施方案操作； 2. 炭疽墓穴清理和尸体处理的主体工作必须由专业人员进行，辅助人员必须经过专门的技术培训；操作人员按卫生防护要求进行操作，使用专门工具，配备防护用品； 3. 墓地开挖及其消毒处理应选在无风晴天的日间进行； 4. 炭疽尸体和墓穴的处理：挖掘前在墓基和即将挖掘的土层喷洒20%浓度的漂白粉液使之保持湿润；挖掘时每挖出一堆墓穴土，随即铺洒一层干漂白粉（土与漂白粉的比例为5:1）；人、畜尸骨不得迁至库外，必须与棺椁同时就地焚烧；在墓穴底部铺3～5cm厚的干漂白粉，用水浸透，墓穴侧面喷洒20%漂白粉上清液；墓穴回填土每10cm加漂白粉3cm逐层压实；覆土表面及其周围5m范围内撒泼20%漂白粉上清液，至少浸透到地表以下30cm；手工挖掘工具、防护器具必须全部及时焚烧处理； 5. 因其他传染病死亡而埋葬的牲畜尸体挖出后就地焚烧或焚烧炉焚烧，坑穴用10%漂白粉上清液按1～2kg/m² 处理后填平

3. 生物类污染源

对于属生物类污染源的居民区、集贸市场、仓库、屠宰场、码头、垃圾堆放场及耕作区的鼠类、钉螺、蟑螂等其他生物类污染源，以及浅水区、消落区洼地、沼泽化浸没区等蚊蝇孳生繁殖的场所，应按卫生防疫的要求，提出处理方案。鼠类毒杀方法及要求见表1.12-3。

凡有钉螺存在和有可能产生钉螺的库区周边，其水深不到1.5m的范围内，在当地血防部门指导下，提出专门处理方案，以防钉螺扩散。对人群活动频繁、感染螺密度较高的地方，尽可能采取环境改造的方式消灭钉螺或降低水体感染性。对钉螺存在区域的杂草等进行集中处理、处置。

4. 卫生清理质量控制

卫生清理后按以下要求进行清理质量检测，达不到要求的，应重新清理。

表1.12-3　鼠类毒杀方法及要求

项　目	方法及要求
1. 毒杀范围	居民区、集贸市场、仓库、码头、屠宰场、垃圾场及其周围100m的区域和耕作区
2. 毒杀时限	居民区、集贸市场、仓库、码头、屠宰场及其周围100m的区域应在搬迁后拆除前完成。耕作区在蓄水前2～3个月间完成
3. 毒饵及投放量	根据水库建设的需要，采取物理或化学方法进行灭鼠，宜使用抗凝血剂灭鼠毒饵，禁止使用强毒急性鼠药。投放敌鼠钠或杀鼠迷饵料量每堆20g，也可投放溴敌隆或大隆毒饵料量每堆10g
4. 毒饵投放布点	1. 居民区室内面积小于15m² 时，投放毒饵2堆；室内面积大于15m² 时，投放毒饵3堆； 2. 集贸市场、仓库、码头、屠宰场、垃圾场及其周围100m区域每10m² 投放毒饵1堆； 3. 耕作区灭鼠应在田埂上投饵，每亩投放毒饵10堆
5. 毒饵消耗检查及鼠尸处理	投放毒饵后5d，检查毒饵消耗情况，全被吃光处再加倍投放饵料。同时收集鼠尸并立即进行焚烧或距地面1m深埋处理。投饵15d后，收集并妥善处理鼠尸和剩余毒饵

（1）粪便消毒处理后要达到《粪便无害化卫生标准》（GB 7959）的指标要求，由县及县级以上疾病预防控制中心提供检测报告。粪大肠菌按照《粪便无害化卫生标准》检测。

（2）有炭疽尸体埋葬的地方，表土不得检出具有毒力的炭疽芽孢杆菌。炭疽芽孢杆菌按照《炭疽诊断标准及处理原则》（GB 17015）检测。

（3）鼠密度按照《动物鼠疫监测标准》（GB 16882）检查，不得超过1%。

（4）其他对象检测要求按国家有关标准的规定执行。

（5）传染性污染源应100%检测，其他污染源按5%～10%检测，鼠密度检测按有关标准执行。

1.12.4.5 固体废物清理

固体废物清理是指对堆存在库区的固体废物进行专门收集、清除和无害化处理处置。清理后的设施、场地须按照卫生清理的有关规定进行消毒处理。清理工作应遵循以下原则：

（1）固体废物清理工作，在环保及卫生防疫部门的指导下进行。

（2）固体废物清理遵循无毒或经无害化处理后的固体废物应优先综合利用，难以利用的可就地填埋；难以就地无害化处理的有毒固体废物，按国家和地方环保部门规定运至居民迁移线以外处置。

（3）需要清理的固体废物均应在符合国家标准的处理处置场（厂）中进行，所有固体废物的暂存地必须在水库居民迁移线以上。清理现场表面用农田土或建筑渣土填平压实。

（4）收集、储存、运输、利用、处置固体废物时，必须采取防扬散、防流失、防渗漏或者其他防止污染环境的措施，不得擅自倾倒、堆放、丢弃、遗撒固体废物。

（5）清运后的有毒固体废物场址应按卫生清理规定处理。

（6）固体废物在收集、清除和处理处置中应保护生态环境，防止破坏和污染环境，保障人群健康。

1. 生活垃圾的清理

生活垃圾堆放场应根据垃圾堆龄、组成及体积进行无害化处理、资源化处理和就地处理处置。无害化处理一般可采取堆肥法、焚烧法和卫生填埋法等方法。经无害化处理的废物应化学性质稳定、病原体被杀灭，达到国家有关固体废物无害化处理卫生评价标准要求。资源化处理可采取化害为利、变废为宝、回收再生资源等多途径综合利用措施。

大型生活垃圾堆场的处理应进行方案比选、专项设计。

生活垃圾的处理处置必须满足《生活垃圾填埋场污染控制标准》（GB 16889）、《生活垃圾焚烧污染控制标准》（GB 18485）。如果满足或经过处理后满足《城镇垃圾农用控制标准》（GB 8172），可以用作农用肥料或土壤改良剂施用于水库居民迁移线以上的农田、林地、绿化用地等土地。以施用于农田为目的的垃圾处理可以在原堆放地进行，施用于农田部分之外的垃圾剩余部分应与生活垃圾一起进行处理处置。

2. 一般固体废物清理

一般固体废物的清理是指清理过程中将固体废物进行专门收集，运出居民迁移线以外进行无害化处理处置，清理后的设施场地须按照卫生清理要求进行消毒处理。固体废物应按工业固体废物、危险废物和废放射源分类进行清理和处理处置。固体废物的处理处置，应根据国家有关环境标准、规定进行判定，按类分别采取措施。

（1）固体废物经县以上（含县级）环境保护主管部门鉴别后，对环境没有危害的可就地处理。

（2）市政污水处理设施（包括沼气池、废弃的污水管道、沟渠等）中积存的污泥应进行清理和处理处置，其处理处置必须满足国家的有关规定。如果满足或经过处理后满足《农用污泥中污染物控制标准》（GB 4284），可以用作农用肥料或土壤改良剂施用于水库居民迁移线以上的农田、林地、绿化用地等土地。以施用于农田为目的的污泥处理可以在原堆放地进行，施用于农田部分之外的剩余部分应进行处理处置。

（3）工矿企业内污水处理收集设施中的污泥，以及有关生产、销售企业的生产车间、仓库被污染的残留物，应全部清除，进行无害化处理。其处理处置必须满足《一般工业固体废物贮存、处置场污染控制标准》（GB 18599）。有毒固体废物按环境保护要求处理。

库底固体废物清理过程中，一般不进行储存作业。如特殊需要进行临时储存的，需对储存场所和储存设施进行专门设计。

3. 医疗废物、危险废物清理

对清理范围内存在的列入《国家危险废物名录》（环保部2008年第1号令）或根据《危险废物鉴别标准》（GB 5085）认定的具有危险特征的固体废物，如医疗垃圾、矿物油、废放射源和经营、储存农药和化肥的仓库、油库等具有严重化学性的污染源，其处理设施、场所必须符合国家危险废物集中处置设施、场所建设规划要求。属危险废物的处理处置必须满足《危险废物焚烧控制标准》（GB 18484）、《危险废物贮存控制标准》(GB 18597)、《危险废物填埋控制标准》(GB 18598)。属医疗废物的，其处理必须满足《医疗废物集中处置技术规范》(环发〔2003〕206号)的有关要求。废放射源和放射性废物的处理必须满足《城市放射性废物管理办法》[(87)环放字第239号]的有关要求。

固体废物清理验收应由县及县级以上环保部门提供检测报告。

1.12.4.6 特殊清理

特殊清理由有关部门自行或委托相关单位根据相关行业技术标准，针对不同的清理对象拟定清理方法，提出技术要求。常见的清理有以下几种情况：

(1) 凡位于重点捕捞场、航道、码头、港口、停泊场、避风港内的房屋、堤坝、电线杆等建筑物，要全部推倒摊平，并全部清除不得遗弃。林木、灌木丛必须齐地伐除，拉网收口处及码头、避风港内的坡生林木须挖除树根。碾、磨、石滚等有碍网具作业的要运出库外或挖坑掩埋。

(2) 水上运动场内的一切障碍物应清除，水井、地窖、人防及井巷工程的进出口等应进行封堵、填塞和覆盖。

(3) 对捕捞场的专项清理，必须与渔具、养鱼方法、养殖措施相结合。水库形成之后流速减缓，泥沙淤积，浮游生物增多，给利用水库水域养殖创造了有利条件，可以充分利用水体分层放养，用网箱养鱼，用脉冲捕鱼。因此，捕捞场的清理要结合渔业生产新技术的采用而提出相应的要求，即应根据水库水质、水深、水位变化、地形、养殖措施及渔具等条件确定清库的标准。

1.12.4.7 专门的防污染处理

具有供水任务的水库，除进行一般清理规划设计外，还应根据其供水要求、污染源的分布、数量、种类、污染程度、水库功能以及清理范围内的环境医学状况，在当地卫生和环保部门指导下进行专门防污染处理。

1.12.5 清理工作量确定

1.12.5.1 库底清理实物量调查

对实物调查成果中未涉及的库底清理对象和清理特征指标不全的明确项目，需进行库底清理补充调查。

1. 建(构)筑物

调查清理范围内的烟囱、高牌坊、隧道、井巷、人防工程。其中烟囱，调查其高程、高度、数量、体积、结构；牌坊，调查其高程、高度、数量、面积、结构；隧道、井巷、人防工程，调查其高程、数量、长度、断面面积、进出口数量、结构等。

2. 易漂浮物

利用抽样调查方法，调查建筑物、构筑物拆除清理后的残余易漂浮物种类、数量(体积)；调查林地砍伐残余的枝桠、枯木、灌木林(丛)等易漂浮物数量(体积)；调查清理范围内需要清理的农作物秸秆数量；调查清理范围内泥炭的分布范围、面积、厚度。

3. 卫生清理

(1) 调查库底清理范围内的厕所、粪坑、畜厩、沼气池数量、体积，以及需清运的污物数量及需消毒面积。

(2) 调查库底清理范围内经营、储存农药、化肥的仓库、油库等污染场所的数量、面积。

(3) 调查医疗卫生机构工作区、兽医站、屠宰场及牲畜交易场地面、墙壁消毒数量；调查厕所、储粪池内的污物和坑穴消毒数量。

(4) 库底清理范围内的坟墓，应按普通坟墓和传染病死亡者墓地两类调查统计。普通坟墓，按埋葬15年以内、15年以上有主、无主坟墓调查统计；传染病死亡者墓地，调查埋葬结核、麻风等死亡者的坟墓位置、数量及传染病类型，并分类统计。

(5) 调查库底清理范围内炭疽病、布鲁氏菌病等病死牲畜的掩埋场地和数量。

(6) 调查库区内灭鼠和钉螺清理面积。

4. 固体废物

生活垃圾：调查库底清理范围内需要处理的生活垃圾堆放场地的数量、面积、体积。

医院垃圾：对库底清理范围内医院垃圾堆放场，按垃圾可否焚烧分类调查统计，调查其数量、面积、体积。对可焚烧垃圾，分焚烧、填埋等调查统计；对不可焚烧垃圾，分消毒、填埋等调查统计。

一般固体废物、危险废物、废放射源：调查在库底清理范围内需要处理处置的数量、体积，分类统计。

1.12.5.2 清理工作量确定

1. 建(构)筑物清理

建(构)筑物拆除与清理包括拆除、爆破、运输、平整，清理工作量按实物调查成果计算；易漂浮物清理包括收集、运输等，其工作量按调查清理体积计算；人防、井巷工程清理包括填塞、封堵、覆盖等，清理工作量依据实物调查成果确定。

2. 林木清理

林木清理工作包括砍伐、移植、运输及易漂浮物清理等，清理工作量按实物调查数量计算。

3. 易漂浮物清理

按照各种易漂浮物质的分布面积或体积，计算清理工作量。

4. 卫生清理

(1) 常规（一般）污染源。常规（一般）污染源的清理方式为粪便清掏、坑穴消毒、覆土等，按调查的污染源体积、坑穴表面积和体积计算工作量。

坟墓清理方式为对坟墓搬迁、墓穴消毒、覆土等，根据实物调查成果的坟墓数量计算工作量。

(2) 传染性污染源。传染病疫源地的卫生清理主要包括对污水、污物、垃圾和粪便的无害化处置，按调查的传染性污染源体积作为清理工作量。

医疗卫生机构工作区、兽医站、屠宰场和交易场所清理包括生石灰、上清液喷洒、覆土等项目，按调查的清理面积作为清理工作量。

传染病死亡者墓地和病死牲畜掩埋地清理包括开挖、覆土、撒生石灰、撒漂白粉、上清液喷洒等项目，按调查的墓地、掩埋地数量作为清理工作量。

(3) 生物类污染源。生物类污染源清理工作包括投放毒饵、收集鼠尸、喷洒灭害药剂等，工作量以调查的清理面积计算。

5. 固体废物清理

(1) 生活垃圾。按其特征分别采取资源化处理、无害化处理和就地处理，工作量按照处理体积计算。

(2) 一般固体废物。固体废物清理包括收集、清除、装运、处置等，工作量按调查的清理体积计算。

(3) 医疗废物、危险废物。对符合《国家危险废物名录》(环保部 2008 年第 1 号令)、《危险废物鉴别标准》的固体废物，清理方式采取废物收集筛检、清除、装运、处理处置等，工作量按调查的清理体积或重量计算。

1.12.6 各设计阶段的设计要求

不同类型工程、不同设计阶段的水库库底清理设计深度要求见表 1.12-4。

表 1.12-4　　水库库底清理设计深度要求

工程类型	设计阶段	要　　求
水利水电工程	项目建议书	采取扩大指标估算库底清理投资
	可行性研究报告	确定库底清理范围，基本查明库底清理的主要对象及其工作量，提出库底清理技术要求和清理措施，编制清理规划，提出库底清理投资估算
	初步设计	编制库底清理设计，编制库底清理投资概算
	技施设计	提出库底清理实施办法
水电工程	预可行性研究报告	不要求专门进行库底清理设计，可采取扩大指标估算库底清理费用
	可行性研究报告	进行库底清理设计，其内容包括：确定库底清理项目和范围，调查分析并提出需清理的各种建（构）筑物等设施的类型与数量、卫生防疫清理目标及数量、林木清理工作量，提出清理方案和实施进度计划，编制库底清理投资概算
	实施阶段	编制库底清理实施办法，必要时复核库底清理设计。规划设计单位应进行库底清理设计文件的交底，并配合地方政府做好清理现场的技术指导工作

1.13 补偿投资概（估）算编制

补偿投资概（估）算是根据国家法律法规、移民安置政策、技术经济政策、实物调查成果、移民安置规划设计文件，以及建设征地和移民安置所在地区建设条件编制的以货币表现的建设征地移民安置费用额度的技术经济文件。补偿投资概（估）算是建设征地移民安置规划设计的重要内容，是工程设计概（估）算的重要组成部分。经批准的建设征地移民补偿投资概算是签订移民安置协议、编制移民安置实施规划或计划、组织实施移民安置工作、进行移民安置验收的基础依据。按照国家行业规定，在水利水电工程项目建议书阶段、可行性研究报告阶段和水电工程预可行性研究报告阶段编制投资估算；在水利水电工程初步设计阶段和水电工程可行性研究报告阶段编制投资概算；在水利水电工程技施设计阶段和水电工程移民安置实施阶段编制执行概算。

1.13.1 编制依据、原则和特点

补偿投资概（估）算编制是一项政策性、专业性很强的工作，它涉及国家、集体和个人三者的利益，必须依据国家颁布的法律、法规和其他有关规定进行编制。

1.13.1.1 编制依据

补偿投资概（估）算编制的依据主要是国家有关法律、法规和工程所在地政府的有关规定，以及建设征地实物调查成果和移民安置规划成果等，具体包括以下几个方面。

1. 政策法规

详见本章第1节“1.1.2政策法规体系”。

2. 有关资料和规划设计成果

(1) 经济社会调查成果。

(2) 建设征地实物调查成果、移民安置规划设计成果。

(3) 有关定额及概（估）算编制办法、造价管理资料。

1.13.1.2 编制原则

(1) 贯彻国家提倡和支持的开发性移民方针，采取“前期补偿、补助，后期扶持”的办法，使移民安置后达到或超过原有生活条件、水平。

(2) 遵循法规，实事求是。妥善处理好国家、地方、集体、个人以及中央与地方、部门与部门之间的关系。凡国家和地方政府有规定的，按其规定执行；无规定的，可根据建设征地区实际，参考已建或在建的水利水电工程标准，实事求是地合理确定。

(3) 征地移民补偿投资概（估）算，以调查的实物成果和移民安置规划设计成果为基础，按照国家和地方有关法规、规定计算。

(4) 需要恢复改建或防护的淹没对象，按“原规模、原标准、恢复原有功能”的原则确定补偿投资；凡结合迁移、改建或防护需提高标准或扩大规模增加的投资，不列入建设征地移民补偿投资概（估）算；对不需要恢复改建或难以恢复改建的影响对象，可给予合理补偿。

(5) 对所有权属于个人的财产项目，以受影响实物为依据编制补偿投资概（估）算；对移民安置规划项目，以规划设计成果为依据，编制补偿投资概（估）算。

(6) 对上等级的、规模较大的专业项目，应进行专项设计，其投资经主体设计单位核实后，列入征地移民补偿投资概（估）算。

(7) 水库库底的一般清理投资列入建设征地移民补偿投资概（估）算，特殊清理投资由受益方自行承担。

(8) 价格水平年与枢纽工程概（估）算编制价格水平相一致。

1.13.1.3 编制特点

(1) 政策性强。征地移民补偿投资概（估）算由补偿补助费、工程建设费、其他费用、预备费、有关税费等构成。补偿补助费中土地补偿及安置补助、地上附着物补偿和有关税费等，依据国家和地方政府的有关规定执行。编制征地移民投资概（估）算要把握政策，实事求是。

(2) 涉及项目多、建设地点分散。征地移民规划设计涉及不同规模的居民点、城（集）镇基础设施建设；不同等级的道路、电力、水利等专项工程恢复建设。

(3) 涉及行政区域多、政策难统一。大中型水利水电工程建设征地往往涉及不同省（区）多个县（市），地方政策差异较大，难以统一。

(4) 涉及行业多。建设征地移民补偿投资概（估）算由许多单项工程的概（估）算组成，涉及城乡建设、交通、电力、通信、工业企业、水利、水电等行业。各个单项工程应以其专业规范、定额和概（估）算编制办法为依据编制概（估）算。

(5) 征地移民补偿投资概（估）算是补偿费用和规划设计投资概（估）算的混合体，既有按实物计算的补偿费用项目，又有按规划设计计算的投资项目，涉及项目业主、移民、地方政府、企业单位等多方面的利益关系。因此，征地移民补偿投资概（估）算的编制要客观公正、科学合理，统筹兼顾社会效益和其他各方利益之间的关系。

1.13.2 投资概（估）算项目设置及费用构成

1.13.2.1 项目设置

补偿投资概算项目包括农村部分、城（集）镇部分、工业企业、专业项目、防护工程、库底清理和其他费用、预备费、有关税费等。其中，农村部分、集镇部分、城镇部分、工业企业、专业项目、国有农（林、牧、渔）场、防护工程、库底清理、其他费用等九部分，各部分项目组成可根据具体工程情况分别设置一、二、三、四、五级项目。

1. 农村部分

农村部分是指农村移民安置所发生的补偿和规划项目，一级项目包括征地补偿补助、房屋及附属建筑物、居民点基础设施建设、农副业设施、小型水利水电设施、工商企业、文教卫生等项目。

2. 城（集）镇部分

城（集）镇部分是指城（集）镇迁建所发生的补偿和规划项目，一级项目包括房屋及附属建筑物、新址征地、基础设施建设、搬迁补助、工商企业、行政事业单位、其他补偿等项目。

3. 工业企业

工业企业是指工业企业处理所发生的补偿项目，一级项目包括用地补偿、房屋及附属建筑物、基础设施和生产设施设备、搬迁补助、停产损失、零星树木补偿等。

4. 专业项目

专业项目是指专业项目补偿、处理规划所发生的项目。一级项目包括交通工程、输变电工程、电信工程、广播电视工程、水利水电工程、管道工程、国有农（林、牧、渔）场、文物古迹、风景名胜区和自然保护区、水文站、矿产资源、永久测量标志等。

5. 防护工程

防护工程是指为了避免水库淹没影响库区的大片土地、城（集）镇、重要工业企业、铁路、公路、文物古迹等而采取防护的工程项目，其费用包括建筑工程、机电设备及安装工程、金属结构设备及安装工程、施工临时工程、独立费用和基本预备费。

6. 库底清理

库底清理是指为保证工程运行安全，防止水质污染，保护库周及下游人群健康，并为水库开发利用创造条件，在水库蓄水前需对水库区进行清理所涉及的项目，其费用包括建筑物清理、卫生清理、固体废物清理和林木清理等。

7. 其他费用、预备费、有关税费

(1) 其他费用[1]：包括前期工作费、勘测设计科研费、实施管理费、实施机构开办费、技术培训费、监督评估费、咨询服务费等。

1) 前期工作费：项目建议书阶段和可行性研究报告阶段开展建设征地移民安置前期工作所发生的各种费用，主要包括前期勘测设计费、移民安置规划大纲编制费、移民安置规划配合工作费等。

2) 勘测设计科研费：为初步设计阶段和技施设计阶段征地移民设计工作所需要的勘测设计科研费用。

3) 实施管理费：包括移民实施机构和项目建设单位的经常性管理费用。

4) 实施机构开办费：为移民实施机构启动和运作所必须配置的办公用房、车辆和设备购置及其他用于开办工作所需要的费用。

5) 技术培训费：为提高农村移民生产技能、文化素质和移民干部管理水平所需要的费用。

6) 监督评估费：监督费主要是对移民搬迁、生产开发、城（集）镇迁建、工业企业和专业项目处理等活动进行监督所发生的费用。评估费主要是对移民搬迁过程中生产生活水平的恢复进行跟踪监测、评估所发生的费用。

7) 咨询服务费：指建设单位委托中介机构等进行咨询服务所发生的费用。

(2) 预备费包括基本预备费和价差预备费。

1) 基本预备费：主要为解决在实施移民过程中经上级批准的设计变更等难以预见的、超出规定范围的项目和费用。

2) 价差预备费：主要为解决在实施移民过程中因人工工资、材料和设备价格上涨以及费用标准调整而增加的投资。

(3) 有关税费：主要包括耕地占用税、耕地开垦费、森林植被恢复费等。

1) 耕地占用税。根据《中华人民共和国耕地占用税暂行条例》的规定，非农业建设征收（用）的用于种植农作物的土地，应交纳耕地占用税。

2) 耕地开垦费。即根据《土地管理法》"按照占多少、垦多少的原则，由占用耕地的单位负责开垦与所占用耕地的数量和质量相当的耕地，对没条件复垦或复垦不符合要求的，应当按省、自治区、直辖市的规定缴纳耕地开垦费"的规定缴纳的费用。

3) 森林植被恢复费。即根据《森林法》第十八条"进行勘查、开采矿藏和各项建设工程，应当不占或者少占林地；必须占用或者征收、征用林地的，经县级以上人民政府林业主管部门审核同意后，依照有关土地管理的法律、行政法规办理建设用地审批手续，并由用地单位依照国务院有关规定缴纳森林植被恢复费"的规定缴纳的费用。

水利水电工程与水电工程建设征地移民补偿投资概（估）算的项目划分有一定区别，见表1.13-1。

1.13.2.2 费用构成

建设征地移民补偿费用由补偿补助费、工程建设费、其他费用、预备费、有关税费等构成。其中，补偿补助费由补偿费与补助费组成；工程建设费由建筑工程费、设备及安装费、工程建设其他费组成。

1. 补偿补助费

补偿费包括征收土地补偿和安置补助费、征用土地补偿费、房屋及附属建筑物补偿费、房屋装修补偿费、青苗补偿费、林木补偿费、零星树木补偿费、鱼塘设施补偿费、农副业设施补偿费、小型水利水电设施补偿费、工商企业补偿费、文化教育和医疗卫生补

[1] DL/T 5382—2007规定为独立费用，包括项目建设管理费、移民安置实施阶段科研和综合设计费、其他税费等。项目建设管理费包括建设单位管理费、移民安置规划配合工作费、实施管理费、移民技术培训费、移民安置监督评估费、咨询服务费、项目技术经济评估审查费等。

表 1.13-1 水利水电工程与水电工程补偿投资概（估）算项目对比表

<table>
<tr><th colspan="2">水利水电工程</th><th colspan="2">水电工程</th><th rowspan="2">备 注</th></tr>
<tr><th>项 目</th><th>一级项目</th><th>项 目</th><th>一级项目</th></tr>
<tr><td>一、农村部分</td><td></td><td>一、农村部分</td><td></td><td></td></tr>
<tr><td>二、城（集）镇部分</td><td></td><td>二、城（集）镇部分</td><td></td><td></td></tr>
<tr><td>三、工业企业</td><td></td><td rowspan="2">三、专业项目</td><td rowspan="2">包括铁路工程、公路工程、水运工程、水利工程、水电工程、电力工程、电信工程、广播电视工程、企事业单位、防护工程、文物古迹和其他等</td><td rowspan="2"></td></tr>
<tr><td>四、专业项目</td><td>包括铁路工程、公路工程、库周交通工程、输变电工程、电信工程、广播电视工程、航运工程、水利水电工程、国有农（林、牧、渔）场、文物古迹和其他项目等</td></tr>
<tr><td>五、防护工程</td><td></td><td rowspan="2">四、库底清理</td><td rowspan="2"></td><td rowspan="2"></td></tr>
<tr><td>六、库底清理</td><td></td></tr>
<tr><td rowspan="2">七、其他费用</td><td rowspan="2">包括前期工作费、勘测设计科研费、实施管理费、实施机构开办费、技术培训费、监督评估费、咨询服务费</td><td>五、环境保护和水土保持</td><td></td><td></td></tr>
<tr><td>六、独立费用</td><td>包括项目建设管理费（含建设单位管理费、移民安置规划配合工作经费、建设征地移民安置管理费、移民安置监督评估费、咨询服务费、项目技术经济评审费）、移民安置实施阶段科研和综合设计费、其他税费（包括耕地占用税、耕地开垦费、森林植被恢复费等）</td><td>1. 水电工程的监督评估费、咨询服务费、农村移民技术培训费与水利水电工程的“七、其他费用”中的相应项目含义一致；
2. 水电工程的其他税费与水利水电工程的“九、有关税费”一致</td></tr>
<tr><td>八、预备费</td><td>包括基本预备费、价差预备费</td><td rowspan="2">七、预备费</td><td rowspan="2">包括基本预备费、价差预备费</td><td rowspan="2"></td></tr>
<tr><td>九、有关税费</td><td>主要包括耕地占用税、耕地开垦费、森林植被恢复费等</td></tr>
</table>

偿费、行政事业单位补偿费、工业企业补偿费、停产损失费、搬迁补助费、坟墓补偿费等。

补助费包括贫困移民建房补助、文教卫生增容补助和过渡期补助等费用。

2. 工程建设费

工程建设费包括农村、城（集）镇基础设施工程项目，以及专业项目、防护工程和库底清理等所发生的费用。工程建设费由建筑工程费、设备及安装费及工程建设其他费构成。

（1）建筑工程费包括直接工程费、间接费、利润和税金。

1）直接工程费指建筑安装工程施工过程中直接消耗在工程项目上的活劳动和物化劳动。直接工程费由直接费（包括人工费、材料费、施工机械使用费）、其他直接费、现场经费组成。

2）间接费指承包商为建筑安装工程施工而进行组织与经营管理所发生的各项费用，由企业管理费、财务费用和其他费用组成。

3）企业利润是指按规定应计入建筑安装工程费中的利润。

4）税金指国家对施工企业承担建筑、安装工程作业收入所征收的营业税、城市维护建设税和教育费附加。

（2）设备及安装费包括设备原价、运杂费、运输保险费、采购及保管费、安装费。

（3）工程建设其他费用是指应在建设项目的建设投资中开支的固定资产其他费用，主要包括建设用地费、建设管理费、研究试验费、勘察设计费、环境影响评价费、劳动安全卫生评价费、场地准备及临时设施费、引进技术和引进设备其他费、工程保险费、联合试运转费、特殊设备安全监督检验费、市政公用设施建设及绿化费、生产准备及开办费等，具体按行业相关规定执行，但其中的科研勘察设计费只计列初步设计阶段以后的设计费用。

按工程建设费计算的项目，按项目类型和规模，根据相应行业和地区的有关规定计列费用。

3．其他费用

其他费用包括前期工作费、综合勘测设计科研费、实施管理费、实施机构开办费、技术培训费、监督评估费和咨询服务费等费用。

4．预备费

预备费包括基本预备费和价差预备费两项。

5．有关税费

水利水电工程建设用地的有关税费，主要包括耕地占用税、耕地开垦费、森林植被恢复费等。

1.13.3 投资概算编制方法

1.13.3.1 补偿补助费概算

补偿补助费按需要补偿补助项目的实物数量和补偿补助单价计算。其中，补偿补助项目的实物数量主要根据实物调查成果分析确定，补偿补助单价应按照国家和有关省（自治区、直辖市）的政策、规定和价格水平，按具体项目分别分析确定。补偿补助单价的分析方法如下。

1．土地补偿补助

土地补偿补助费按需要补偿补助项目的实物数量和补偿补助单价计算。其中，补偿补助项目的实物数量依据实物调查成果分析确定，补偿补助单价根据国家和有关省（自治区、直辖市）的政策、规定和价格水平，按具体项目分别分析确定。

征收集体土地的补偿和安置补助单价按《移民条例》和省、自治区、直辖市的规定编制；划拨国有农用地的补偿单价根据有关省、自治区、直辖市的规定确定。

（1）征收耕地补偿和安置补助费单价。征收耕地补偿和安置补助费单价，按该耕地被征收前一年的年亩产值和相应的补偿补助倍数计算，即

$$\text{补偿和安置补助单价} = \text{该耕地被征收前一年年亩产值} \times \text{补偿补助倍数}$$

其中，补偿补助倍数是征收耕地的补偿倍数和安置补助倍数之和。

1）补偿倍数和安置补助费倍数。征收耕地的补偿倍数和安置补助倍数，应按国家和各省（自治区、直辖市）的有关规定执行。

2）耕地亩产值。耕地亩产值依据该耕地被征收前三年各种作物的年平均亩产量和价格水平年各种作物价格计算。

规划设计水平年亩产量，按基准年耕地亩产量考虑一定增长率推算，即

$$\text{规划设计水平年亩产量} = \text{规划设计基准年耕地亩产量} \times (1+P)^n$$

式中 P——亩产量年增长率，根据调查分析确定；

n——从规划设计基准年到规划设计水平年的增长年数。

$$\text{耕地亩产值} = \text{主产品亩产值} + \text{副产品亩产值}$$

$$\text{主产品亩产值} = \text{主产品亩产量} \times \text{农产品综合价格}$$

主产品亩产量是指被征收耕地调查时前三年农作物的年均亩产量。根据调查时被征耕地所在县（市、区）前三年的统计年鉴、乡（镇）统计报表、当地农调队的调查资料，结合典型村和典型户的调查资料，以及各类耕地的耕作制度和种植结构，分析计算出各类耕地各种作物的年均亩产量，作为基准年亩产量。

副产品产值是指农作物的秸秆等副产品产值。一种算法按副产品产量和价格计算（农作物副产品的亩产量及价格均通过调查取得）；另一种算法按副产品占主产品产值的比率（即副产品产值率）计算，副产品产值率根据有关统计资料分析确定，或采用地方政府的有关规定执行。

耕地亩产值计算见表1.13-2。

农产品综合价格是指价格水平年当地各种农产品的综合收购价，即市场价与保护价的加权平均值。以县级以上人民政府价格行政主管部门公布的农副产品单产收购价为基础，结合建设征地涉及区的实际情况分析确定。

3）亩产值计算案例。某水库工程2010年开展初步设计，水库淹没涉及坡头乡，该乡的耕地全部为水浇地，2010年价格水平耕地亩产值确定过程如下。

第一步，农作物种植结构及单产、作物产品收购价调查分析。根据统计报表资料分析，库区主要农作物为小麦、玉米等粮食作物和花生、油菜等油料作物，

表 1.13-2　**耕地亩产值计算表**

序号	耕地类型	农作物名称	主产品产值			副产品产值			耕地亩产值（元/亩）
			产量（kg/亩）	单价（元/kg）	产值（元/亩）	产量（kg/亩）	单价（元/kg）	产值（元/亩）	
1	水田								
		水稻							
		……							
2	水浇地								
		小麦							
		玉米							
		……							
3	旱地								
		小麦							
		玉米							
		……							
	……								

农作物复种指数为120%。各种农作物播种面积比例及农作物主、副产品单产见表1.13-3。根据该县物价部门的资料，各种农产品综合收购价格见表1.13-4。

第二步，综合亩产量分析，以农作物播种面积与耕地面积的比值为权重分别计算该村主副产品综合亩产量，见表1.13-5。

第三步，综合亩产值计算（见表1.13-6）。涉及村的耕地亩产值为1172.52元/亩，其中主产品产值为1036.61元/亩，副产品产值为135.9元/亩。

（2）征收其他土地的补偿补助单价。其他土地指耕地以外的各类土地，如园地、林地、塘地等。征收其他土地的补偿补助单价依据地方政府的规定计算。

表 1.13-3　**某乡的农作物种植结构及单产表**

农作物名称	2007年			2008年			2009年		
	农作物播种面积与耕地面积的比值（%）	主产品（kg/亩）	副产品（kg/亩）	农作物播种面积与耕地面积的比值（%）	主产品（kg/亩）	副产品（kg/亩）	农作物播种面积与耕地面积的比值（%）	主产品（kg/亩）	副产品（kg/亩）
小麦	28.37	367.5	551.3	29.00	380	570	30.00	350	525
玉米	63.34	514.7	1029.4	63.34	530	1060	62.00	480	960
油菜	23.20	120	180	23.00	200	300	23.00	175	262.5
花生	5.09	320	384	5.09	400	480	6.00	350	420
合计	120.00			120.43			121.00		

表 1.13-4　**某县2010年农产品综合收购价**

农作物名称	主产品（元/kg）	副产品（元/kg）	农作物名称	主产品（元/kg）	副产品（元/kg）
小麦	2.30	0.15	油菜籽	4.50	0.2
玉米	1.76	0.15	花生	3.00	0.2

表 1.13-5　　某乡征地前三年农作物平均单产及综合亩产量计算表

农作物名称	农作物播种面积与耕地面积的比值（%）	农作物播种面积单产（kg/亩）		综合亩产量（kg/亩）	
		主产品	副产品	主产品	副产品
小麦	29.12	365.83	548.75	106.53	159.80
玉米	62.89	508.23	1016.47	319.63	639.26
油菜	23.07	165.00	247.50	38.07	57.10
花生	5.39	356.67	428.00	19.22	23.07
合计	120.47			483.45	879.23

表 1.13-6　　某乡耕地（水浇地）综合亩产值计算表

农作物名称	综合亩产量（kg/亩）		农产品收购价（元/kg）		综合亩产值（元/亩）		
	主产品	副产品	主产品	副产品	主产品	副产品	合计
小麦	106.54	159.81	2.3	0.15	245.04	23.97	269.01
玉米	319.65	639.30	1.76	0.15	562.58	95.90	658.48
油菜	38.06	57.09	4.5	0.2	171.27	11.42	182.69
花生	19.24	23.08	3	0.2	57.72	4.62	62.34
合计	483.49	879.28			1036.61	135.90	1172.52

其中，林木补偿单价按照征地所在省（自治区、直辖市）人民政府的规定确定。对省（自治区、直辖市）人民政府没有具体规定的，可参照省内其他工程林木补偿单价分析确定。

（3）临时征用土地补偿单价。临时征用土地补偿单价包括占用期间补偿单价、土地复垦单价和复耕期补助等。

占用期间补偿单价＝亩产值×征用年限

土地复垦单价采用征地所在省（自治区、直辖市）人民政府的规定；地方政府没有规定的，根据土地复垦方案及相关行业的定额分析确定。

2. *房屋及附属建筑物*

（1）房屋补偿单价。对主要结构的房屋，应进行典型设计。在典型设计的基础上，按地方建筑工程概算定额、编制办法及当地人工、材料、机械等价格，按重置价计算其造价，并以此为依据确定相应结构房屋的补偿单价。对其他结构的房屋，可参照主要结构房屋补偿单价分析确定。

（2）房屋装修补助单价参照房屋补偿单价分析方法确定。

（3）附属建筑物补偿单价，可采用省（自治区、直辖市）人民政府的规定；没有规定的，参照房屋补偿单价分析方法确定重置单价，按重置单价或参照类似工程相应补偿单价确定。

对房屋及其装修、附属建筑物补偿单价计算中涉及的当地人工、材料、机械等价格，应按照当地工程建设管理部门颁发的计价依据中相关基础价格的规定编制。没有计价依据的，如土木结构房屋、窑洞、附属建筑物中的人工工资、部分材料价格等，可采集移民安置区有关资料编制。

（4）某水库农村房屋补偿单价计算实例。某水库淹没的房屋主要有砖混、砖木、窑洞三种结构型式。2008年可行性研究报告阶段，房屋补偿单价以房屋典型设计为基础分析确定。当地房屋建设主要建筑材料价格见表1.13-7，按照房屋建筑工程定额，各结构工料分析结果见表1.13-8，房屋造价分析结果见表1.13-9。

3. *农副业设施*

采用省（自治区、直辖市）人民政府规定的补偿单价；没有规定的，可参照类似工程相应补偿单价确定。

4. *小型水利水电设施*

对需要恢复的，参照同类型工程建设项目的单价分析方法确定；不需要恢复的，适当给予补偿。

表 1.13-7　　主要建筑材料价格表

序号	材料名称	单位	平均价	备　注
一	人工费	元/工日	43	根据省（自治区、直辖市）定额站发布的信息确定
二	水泥			根据省（自治区、直辖市）定额站发布的信息确定
1	××牌水泥	元/t	260	
2	××牌水泥	元/t	295	
三	钢材			根据省（自治区、直辖市）定额站发布的信息确定
1	钢筋Ⅰ级 ϕ10 以内	元/t	5210	
2	钢筋Ⅰ级 ϕ10 以外	元/t	5440	
3	钢筋Ⅱ～Ⅲ级 ϕ10 以外	元/t	5040	
四	木材			根据省（自治区、直辖市）定额站发布的信息确定
1	门窗料	元/m^3	1730	
2	屋面板	元/m^3	1050	
3	模板料	元/m^3	1050	
4	檩木	元/m^3	1450	
五	玻璃			
1	白玻璃（4mm）	元/m^2	14	
六	沥青类			根据省（自治区、直辖市）定额站发布的信息确定
1	石油沥青	元/kg	2.8	
2	沥青油毡	元/m^2	2.5	
七	地方材料			根据省（自治区、直辖市）定额站发布的信息确定
1	毛石	元/m^3	45	
2	机砖	元/千块	305	
3	粗砂	元/m^3	50	
4	中砂	元/m^3	50	
5	细砂	元/m^3	36	
6	碎石（40mm 以下）	元/m^3	48	
7	碎石	元/m^3	52	
8	建筑白灰	元/t	160	
9	道路粉白灰	元/t	160	
10	机瓦	元/千块	850	

表 1.13-8　　某水库主要淹没房屋工料分析表（$100m^2$）

编号	名称	单位	砖混房	砖木房	砖石窑
一	人工	工日	315.15	256.22	286.24
二	材料				
1	水泥	t	15.63	8.58	10.22
2	钢筋	t	1.19	0.21	0.11
3	木材	m^3	1.09	6.81	1.10
4	毛石	m^3	37.54	38.00	29.82
5	石灰	t	2.99	3.26	5.45

续表

编号	名称	单位	砖混房	砖木房	砖石窑
6	机砖	千块	21.46	23.88	38.99
7	黏土瓦	千块	0.00	2.23	0.00
8	碎石	m^3	18.24	4.30	7.23
9	砂	m^3	42.71	33.08	39.62
10	玻璃	m^2	5.80	4.67	4.14

表 1.13-9　　某水库主要淹没房屋综合单价计算表

序号	项　目	计算方法	费用（元）		
			砖混房	砖木房	砖石窑
一	工程造价				
1	综合基价合计	工程量×定额基价	27384.50	22678.08	20680.71
1.1	人工费		5579.30	3773.17	4541.23
1.2	材料费		15999.98	16018.74	12370.61
1.3	机械费		619.82	356.84	324.90
1.4	综合费用		3293.74	1863.59	1886.05
1.5	人工费附加		1704.51	1150.16	1377.24
2	施工措施费		830.81	736.03	587.63
2.1	施工技术措施费		571.66	736.03	392.28
2.2	施工组织措施费	（1+2.1）×0.927%	259.15	217.05	195.35
3	差价		10483.91	6578.15	8726.32
3.1	人工费差价		4356.63	2837.62	3486.21
3.2	材料差价		6127.28	3740.53	5240.10
3.3	机械费差价				
4	专项费用	（1+2.1）×（4.58%+0.14%）	1319.53	1105.15	994.65
5	工程成本	1+2+3+4	40018.75	29992.26	29994.65
6	利润	（5−3）×7%	2067.44	1638.99	1488.78
7	税金	（5+6）×3.22%	1355.18	1018.53	1013.77
	合计	5+6+7	43441.37	32649.77	32497.20
二	建筑面积（m^2）		87.77	70.76	77.33
三	综合单价（元/m^2）		494.95	461.42	420.24

5. 搬迁补助

（1）车船运输单价，以人均指标计算，根据移民安置规划确定的搬迁距离、运输方案和相应的费用分析确定。

（2）途中食宿单价，以人均指标计算，根据移民安置规划确定的搬迁距离、途中时间和相应的费用分析确定。

（3）物资装卸单价，以人均指标或单位房屋面积（主房）的指标计算，典型调查人均或房屋单位面积（主房）的物资搬运量，根据移民安置规划确定的搬迁距离、运输方式及相应费用分析确定。

（4）搬迁保险费，以人均指标计算，根据保险业相关人身意外伤害险规定确定。

（5）物资损失补偿单价，以人均指标计算，按搬迁过程中人均物资损失价值计列。

（6）误工补助，误工期根据搬迁距离可取1～2个月，补助单价可根据当地人均纯收入情况分析确定。

（7）移民临时住房补贴单价，采用人均指标。可按人均租房面积8～12m²、租期3个月和当地房租单价分析确定。

6. 工业企业、工商企业

详见“1.7城（集）镇迁建规划”相关内容。

7. 学校和医疗卫生单位增容补助

根据国家和省（自治区、直辖市）的有关规定，结合当地的实际情况分析确定。

8. 其他补偿

其他补偿包括零星树木、鱼塘设施、坟墓、贫困移民建房补助等。

（1）零星树木根据省（自治区、直辖市）的规定计算。

（2）鱼塘设施根据省（自治区、直辖市）的规定计算。

（3）坟墓根据省（自治区、直辖市）的规定计算。

（4）贫困移民建房补助，按照实物调查成果，通过测算确定补助比例和补助标准。

9. 过渡期补助

根据农村移民安置规划分析确定。

1.13.3.2 工程建设费概算

工程建设费依据规划指标或工程量及相应的工程单价计算。规划指标或工程量，根据规划设计成果确定。

工程单价是指以价格形式表示的完成单位工程量所耗用的全部费用。工程单价分为建筑工程单价和安装工程单价，其中安装工程单价又有实物形式的安装单价和费率形式的安装单价。

建筑、安装工程单价由“量、价、费”三要素组成。量是指完成单位工程量所需的人工、材料和施工机械台班（时）数量；价是指人工预算单价、材料预算单价和施工机械台班（时）费等基础单价；费是指按规定计入工程单价的其他直接费、现场经费、间接费、企业利润和税金等。其中，人工、材料和施工机械台班（时）的数量，根据设计图纸、施工组织设计等资料，选用合适的概算定额确定。

1. 建筑工程单价

（1）农村居民点、集镇的场地平整及新址挡护，宜采用水利工程概（估）算编制办法和定额；其他基础设施，采用市政工程和相应行业概（估）算编制办法和定额。

（2）城（集）镇部分的基础设施，采用市政工程和相应行业概（估）算编制办法和定额。

（3）专业项目采用相应行业的概（估）算编制办法和定额。

（4）防护工程采用水利行业的概（估）算编制办法和定额。

（5）库底清理按清理技术要求分项计算。

2. 设备及安装单价

按照相应行业的概（估）算编制办法和定额计算。

3. 工程建设其他费

按相关行业的相应规定计算。

4. 基础价格的确定

工程建设费用的基础价格，按有关地区和行业的规定执行。农村居民点基础设施、农村道路等项目的基础价格通过自行采集分析确定。

（1）人工预算单价，根据工程项目所在地区和相关行业规定计算。

（2）主要材料预算价格包括定额工作内容应计入的未计价材料和计价材料。材料预算价格包括材料原价、包装费、运输保险费、运杂费和采购及保管费等。材料原价按照移民安置所在地城市或材料生产企业的市场价计算，或按照有关地区和行业文件规定计算；材料包装费、材料运输保险费、运杂费、材料采购及保管费，按工程所在地区的实际资料或按有关地区和行业文件规定计算。

（3）其他材料价格，执行工程所在地区建设管理部门颁布的有关材料预算价格。地区预算价格中没有的材料，通过实地采集分析确定。

（4）机械使用费，根据工程建设项目所属地区和行业的有关规定计算。

1.13.3.3 其他费用计算

水利水电工程其他费用，按照《水利水电工程建设征地移民安置规划设计规范》（SL 290—2009）的规定计算，详见表1.13-10。水电工程独立费用，按照《水电工程建设征地移民安置补偿费用概（估）算编制规范》（DL/T 5382—2007）计算，见表1.13-11。

1.13.3.4 预备费计算

1. 基本预备费

（1）水利水电工程。水利水电工程基本预备费按农村部分、城（集）镇部分、工业企业、专业项目、防护工程、库底清理、其他费用等七部分费用之和乘以费率计列。基本预备费费率初步设计阶段为8%，技施设计阶段为5%。

（2）水电工程。水电工程基本预备费费率，按照各项目费用分别取值计算后，统一归入基本预备费，各项目不单独计列基本预备费。其中，农村部分补偿费用、城市集镇部分补偿费用、库底清理费用、独立费用等部分的基本预备费按5%（可研阶段）的费率取值计算，专业项目处理补偿费用、环境保护和水土保持费用等部分的基本预备费按相应行业的规定取值计算。

表1.13-10　　水利水电工程建设征地其他费用计算办法

项　目	计　算　办　法
1. 前期工作费	可按农村部分、城（集）镇部分、工业企业、专业项目、防护工程、库底清理等六部分费用之和（以下简称“六部分费用之和”）的1.5%～2.5%计算。项目建议书阶段占30%～40%，可行性研究报告阶段占60%～70%
2. 勘测设计科研费	可按六部分费用之和的2%～3%计算。初步设计阶段占40%～45%，技施设计阶段占55%～60%
3. 实施管理费	可按六部分费用之和的3%计列
4. 实施机构开办费	1. 考虑征地移民管理工作要求，可按移民人数参考取值。移民人数1000人，取200万元以下；1000～1万人，取200万～300万元；1万～2.5万人，取300万～500万元；2.5万～5万人，取500万～800万元；5万人以上，取800万～1000万元； 2. 涉及两省以上的应取上限；淹没区已有移民管理机构的，适当减少开办费
5. 技术培训费	按农村部分补偿费用的0.5%计算
6. 监督评估费	按六部分费用之和的1.0%～1.5%计算
7. 咨询服务费	按六部分费用之和的0.1%～0.2%计算

表1.13-11　　水电工程独立费用取费基数和费率表

费用名称		取费基数和费率
项目建设管理费	建设单位管理费	按建设征地移民安置补偿项目费用的0.5%～1%计算
	移民安置规划配合工作费	按建设征地移民安置补偿项目费用的0.5%～1%计算
	实施管理费	按建设征地移民安置补偿项目费用的3%～4%计算
	移民技术培训费	按农村部分补偿费用的0.5%计算
	移民安置监督评估费	包括移民综合监理费和移民安置独立评估费。移民综合监理费按建设征地移民安置补偿项目费用的1%～2%计算；移民安置独立评估费按国家有关规定计算
	咨询服务费	按建设征地移民安置补偿项目费用的0.5%～1.2%计算
	项目技术经济评估审查费	按建设征地移民安置补偿项目费用的0.1%～0.5%计算
科研试验费		根据设计提出的研究试验内容和要求进行编制
综合设计（综合设计代表）费		用于移民安置实施阶段实施移民安置规划而进行的综合设计和综合设计代表的费用，按建设征地移民安置补偿项目费用的1%～1.5%计算

2. 价差预备费

价差预备费以分年度的静态投资（包括分年度支付的有关税费）为计算基数，按照枢纽工程概算编制所采用的价差预备费率计算。其计算公式如下：

$$E = \sum_{n=1}^{N} F_n[(1+P)^n - 1] \quad (1.13-1)$$

式中　E——价差预备费；

N——合理建设工期；

n——实施年度；

F_n——实施期间第n年的分年投资，应根据移民安置规划总进度及其分年实施计划确定的各年完成工作量编制分期分年度投资计划；

P——年物价指数。

1.13.3.5　有关税费计算

1. 耕地占用税

耕地占用税按照国家和省（自治区、直辖市）规定的计税面积和适用税额计算。根据2008年1月1日起施行的《中华人民共和国耕地占用税暂行条例》

和财政部、国家税务总局于2008年3月13日公布的《中华人民共和国耕地占用税暂行条例实施细则》，占用耕地（用于种植农作物的土地）建房或者从事非农业建设的单位或者个人为耕地占用税的纳税人，应当依照该条例规定缴纳耕地占用税。结合水利水电工程的实际情况，其占用耕地的计税面积及其适用税额分以下六种情况：

（1）占用一般耕地的，以实际占用的耕地面积为计税依据，适用税额按省（自治区、直辖市）人民政府制定的耕地占用税具体实施办法执行。

（2）占用园地的，视同占用耕地征收耕地占用税。

（3）占用基本农田的，以实际占用的基本农田面积为计税依据，适用税额在一般耕地适用税额的基础上提高50%。基本农田是指依据《基本农田保护条例》划定的基本农田保护区范围内的耕地。

（4）占用林地、牧草地、农田水利用地、养殖水面以及渔业水域滩涂等其他农用地的，适用税额可以适当低于当地占用耕地的适用税额，具体适用税额按照各省（自治区、直辖市）人民政府的规定执行。其中林地，包括有林地、灌木林地、疏林地、未成林地、迹地、苗圃等，不包括居民点内部的绿化林木用地，铁路、公路征地范围内的林木用地，以及河流、沟渠的护堤林用地；牧草地，包括天然牧草地和人工牧草地；农田水利用地，包括农田排灌沟渠及相应附属设施用地；养殖水面，包括人工开挖或者天然形成的用于水产养殖的河流水面、湖泊水面、水库水面、坑塘水面及相应附属设施用地；渔业水域滩涂，包括专门用于种植或者养殖水生动植物的海水潮浸地带和滩地。

（5）农田水利工程占用耕地的，不征收耕地占用税。

（6）建设直接为农业生产服务的生产设施占用的农用地，不征收耕地占用税。直接为农业生产服务的生产设施，是指直接为农业生产服务而建设的建筑物和构筑物，具体包括：储存农用机具和种子、苗木、木材等农业产品的仓储设施；培育、生产种子、种苗的设施；畜禽养殖设施；木材集材道、运材道；农业科研、试验、示范基地；野生动植物保护、护林、森林病虫害防治、森林防火、木材检疫的设施；专为农业生产服务的灌溉排水、供水、供电、供热、供气、通信基础设施；农业生产者从事农业生产必需的食宿和管理设施；其他直接为农业生产服务的生产设施。

2. 耕地开垦费

耕地开垦费应根据国家和各省（自治区、直辖市）规定标准进行计算。2001年11月2日国土资源部、国家经贸委、水利部三部委发布的《关于水利水电工程建设用地有关问题的通知》（国土资发〔2001〕355号）规定了耕地开垦费的征收标准，分以下几种情况：

（1）坝区、移民迁建和专项设施迁建占用耕地，按各省（自治区、直辖市）人民政府规定的耕地开垦费下限标准金额收取。

（2）以发电效益为主的工程库区淹没耕地，可按各省（自治区、直辖市）人民政府规定的耕地开垦费下限标准的80%收取。

（3）以防洪供水含灌溉效益为主的工程库区淹没耕地，可按各省（自治区、直辖市）人民政府规定的耕地开垦费下限标准的70%收取。

（4）省（自治区、直辖市）人民政府已对水利水电工程耕地开垦费标准作出专门规定的，按地方政府有关规定收取耕地开垦费。

3. 森林植被恢复费

森林植被恢复费按照国家有关规定执行。2002年10月25日财政部、国家林业局印发的《森林植被恢复费征收使用管理暂行办法》（财综〔2002〕73号）明确了森林植被恢复费的征收标准，按照恢复不少于被占用或征用林地面积的森林植被所需要的调查规划设计、造林培育等费用核定，具体征收标准如下：

（1）用材林林地、经济林林地、薪炭林林地、苗圃地，每平方米收取6元。

（2）未成林造林地，每平方米收取4元。

（3）防护林和特种用途林林地，每平方米收取8元；国家重点防护林和特种用途林地，每平方米收取10元。

（4）疏林地、灌木林地，每平方米收取3元。

（5）宜林地、采伐迹地、火烧迹地，每平方米收取2元。

1.13.4 投资估算编制方法

水利水电工程项目建议书阶段、可行性研究报告阶段及水电工程预可行性研究报告阶段投资估算项目，一、二级项目按相关规范执行，三、四、五级项目可适当简化合并。

土地、房屋等主要实物应进行单价分析；城（集）镇基础设施应按迁建规划设计成果计列；重要或投资较大的专业项目应按典型设计计算单位造价；其他项目可采用同类工程的造价扩大指标估算投资；库底清理费可分项计列或按平方公里单价估算。

基本预备费费率不同设计阶段取值不同。水利水电工程可行性研究报告阶段基本预备费率取12%，项目建议书阶段取15%。水电工程在预可行性研究报告阶段的基本预备费率统一取20%。

价差预备费按国家有关规定计算。

1.13.5 投资概（估）算编制要求

水利水电工程、水电工程建设征地移民补偿投资概（估）算的编制深度要求见表1.13-12。

表1.13-12 移民补偿投资概（估）算编制深度要求

工程类型	设计阶段	要求
水利水电工程	项目建议书	以征地移民实物为基础，结合移民安置初步规划方案编制补偿投资估算，列出静态投资和总投资
	可行性研究报告	以征地移民实物为基础，结合移民安置规划方案编制补偿投资估算，列出静态投资和总投资
	初步设计	编制补偿投资概算，列出静态投资和总投资
	技施设计	根据本阶段核定的补偿实物、各项设计成果及补偿单价，分项核定补偿投资，编制补偿投资执行概算
水电工程	预可行性研究报告	编制建设征地移民安置补偿费用估算
	可行性研究报告	编制建设征地移民安置补偿费用概算
	实施阶段	必要时，根据实际需要编制建设征地移民安置补偿费用调整概算

1.14 水库移民后期扶持

1.14.1 概述

大中型水库工程，在防洪、发电、灌溉、供水、生态等方面发挥了巨大效益，有力地促进了国民经济和社会发展，水库移民为此作出了重大贡献。国家先后设立的库区维护基金、库区建设基金和库区后期扶持基金，对解决水库移民遗留问题、保护移民权益、维护库区社会稳定发挥了重要作用。

为加强对移民的后期扶持，帮助水库移民脱贫致富，促进库区和移民安置区经济社会发展，保障新时期水利水电事业健康发展，构建社会主义和谐社会，2006年5月国务院颁布了《水库移民后扶意见》。《移民条例》规定了水库移民后期扶持规划的编制和报批程序，明确了后期扶持规划内容、资金来源、使用，以及水库移民后期扶持的其他政策。

1.14.2 指导思想、目标和原则

1. 指导思想

以邓小平理论和“三个代表”重要思想为指导，坚持以人为本，全面贯彻落实科学发展观，做到工程建设、移民安置与生态保护并重，贯彻开发性移民的方针，完善扶持方式，加大扶持力度，改善移民生产生活条件，逐步建立促进库区经济发展、水库移民增收、生态环境改善、农村社会稳定的长效机制，使水库移民共享改革发展成果，实现库区和移民安置区经济社会可持续发展。

2. 目标

近期目标是解决水库移民的温饱问题以及库区和移民安置区基础设施薄弱的突出问题。中长期目标是加强库区和移民安置区基础设施和生态环境建设，改善移民生产生活条件，促进经济发展，增加移民收入，使移民生活水平不断提高，逐步达到当地农村平均水平。

3. 原则

(1) 坚持统筹兼顾水电和水利移民、新水库和老水库移民、中央水库和地方水库移民。

(2) 坚持前期补偿补助与后期扶持相结合。

(3) 坚持解决温饱问题与解决长远发展问题相结合。

(4) 坚持国家帮扶与移民自力更生相结合。

(5) 坚持中央统一制定政策，省级人民政府负总责。

1.14.3 扶持有关规定

1. 扶持范围

后期扶持范围为大中型水库的农村移民。其中2006年6月30日前搬迁的水库移民为现状人口，2006年7月1日以后搬迁的水库移民为原迁人口。在扶持期内，中央对各省（自治区、直辖市）2006年6月30日前已搬迁的水库移民现状人口一次核定，不再调整；对移民人口的自然变化采取何种具体政策，由各省（自治区、直辖市）自行决定，转为非农业户口的农村移民不再纳入后期扶持范围。

2. 扶持标准

按现行政策规定，对纳入扶持范围的移民每人每

年补助600元。

3. 扶持期限

对2006年6月30日前搬迁的纳入扶持范围的移民，自2006年7月1日起再扶持20年；对2006年7月1日以后搬迁的纳入扶持范围的移民，从其完成搬迁之日起扶持20年。

4. 扶持方式

后期扶持资金能够直接发放给移民个人的应尽量发放到移民个人，用于移民生产生活补助；也可以实行项目扶持，用于解决移民村群众生产生活中存在的突出问题；还可以采取两者结合的方式。具体方式由地方各级人民政府在充分尊重移民意愿并听取移民村群众意见的基础上确定，并编制切实可行的水库移民后期扶持规划。采取直接发放给移民个人方式的，要核实到人、建立档案、设立账户，及时足额将后期扶持资金发放到户；采取项目扶持方式的，可以统筹使用资金，但项目的确定要经绝大多数移民同意，资金的使用与管理要公开透明，接受移民监督，严禁截留挪用。

1.14.4 扶持规划

1. 规划的编制、审批及实施

(1) 移民安置区县级以上地方政府应当编制水库移民后期扶持规划，报上一级人民政府或者其移民管理机构批准后实施。

(2) 编制水库移民后期扶持规划应当广泛听取移民的意见，必要时应当采取听证方式。

(3) 经批准的水库移民后期扶持规划是水库移民后期扶持工作的基本依据，应当严格执行，不得随意调整或者修改；确需调整或者修改的，应当报原批准机关批准。

(4) 未编制水库移民后期扶持规划或者水库移民后期扶持规划未经批准的，有关单位不得拨付水库移民后期扶持资金。

(5) 水库移民安置区县级以上地方人民政府应当采取建立责任制等有效措施，做好后期扶持规划的落实工作。

2. 后期扶持规划的内容

水库移民后期扶持规划包括后期扶持的范围、期限、具体措施和预期达到的目标等。后期扶持的具体标准、期限和资金的筹集、使用管理等，均依照《水库移民后扶意见》执行。

1.14.5 新建水库后期扶持人口核定

对2006年7月1日以后新建大中型水库农村移民后期扶持人口，依据国家发展改革委《关于印发〈新建大中型水库农村移民后期扶持人口核定登记暂行办法〉的通知》核定登记。

(1) 移民后期扶持人口按照原迁人口（实际安置的农村移民）核定，每年核定登记一次。

(2) 人口核定登记要建档立卡，建立统一的登记表。搬迁人口以户为单位登记造册，登记内容包括人口姓名、性别、民族、公民身份号码、与户主的关系、所属水库名称、搬迁时间等；不搬迁只进行生产安置的人口以村组为单位登记造册，登记内容包括村组名称、扶持人数、民族构成、所属水库名称、征地时间等。

(3) 人口核定登记前，要将水库移民安置情况、人口核定登记办法等事项予以公告；移民户核定登记表要经移民户主签章认可，移民村组核定登记表要经所在村组签章认可。

(4) 人口核定登记结果在上报前须张榜公示，接受群众监督。

1.14.6 其他后期扶持政策

(1) 各级人民政府应当加强移民安置区的交通、能源、水利、环保、通信、文化、教育、卫生、广播电视等基础设施建设，扶持移民安置区发展。移民安置区地方人民政府应当将水库移民后期扶持纳入本级人民政府国民经济和社会发展规划。

(2) 国家在移民安置区和工程受益地区兴办的生产建设项目，应当优先吸收符合条件的移民就业。

(3) 水库建成后形成的水面和水库消落区土地属于国家所有，由该工程管理单位负责管理，并可以在服从水库统一调度和保证工程安全、符合水土保持和水质保护要求的前提下，通过当地县级人民政府优先安排给当地农村移民使用。

(4) 国家在安排基本农田和水利建设资金时，应当对移民安置区所在县优先予以扶持。

(5) 各级人民政府及其有关部门应当加强对移民的科学文化知识和实用技术的培训，加强法制宣传教育，提高移民素质，增强移民就业能力。

(6) 大中型水利水电工程受益地区的各级地方人民政府及其有关部门应当按照优势互补、互惠互利、长期合作、共同发展的原则，采取多种形式对移民安置区给予支持。

(7) 国家将原库区维护基金、原库区后期扶持基金及经营性大中型水库承担的移民后期扶持资金进行整合，设立大中型水库库区基金（以下简称库区基金），主要用于以下方面：①支持实施库区及移民安置区基础设施建设和经济发展规划；②支持库区防护工程和移民生产、生活设施维护；③解决水库移民的其他遗留问题。

地方政府在安排库区基金时，应将其中的75%用于支持实施库区及移民安置区基础设施建设和经济发展规划，以及解决水库移民的其他遗留问题，其余部分用于库区防护工程及移民生产、生活设施维护。

(8) 各省（自治区、直辖市）要进一步完善城（集）镇最低生活保障制度，把符合条件的大中型水库非农业安置移民中的困难家庭纳入地方城（集）镇最低生活保障范围，切实做到应保尽保；同时，要积极通过其他渠道进行帮扶，努力改善他们的生活条件。

(9) 妥善解决小型水库移民的困难和现有后期扶持项目续建问题。省级人民政府可通过提高本省（自治区、直辖市）区域内全部销售电量（扣除农业生产用电）的电价筹集资金，统筹解决小型水库移民的困难，并保证对在建后期扶持项目的后续资金投入，确保项目按期建成并发挥作用。提价标准为每千瓦时不超过0.5厘，具体方案报国家发展改革委、财政部审批后实施。

参考文献

[1] SL 290—2009 水利水电工程建设征地移民安置规划设计规范［S］．北京：中国水利水电出版社，2009.

[2] SL 440—2009 水利水电工程建设农村移民安置规划设计规范［S］．北京：中国水利水电出版社，2009.

[3] SL 441—2009 水利水电工程建设征地移民安置规划大纲编制导则［S］．北京：中国水利水电出版社，2009.

[4] SL 442—2009 水利水电工程建设征地移民实物调查规范［S］．北京：中国水利水电出版社，2009.

[5] DL/T 5064—2007 水电工程建设征地移民安置规划设计规范［S］．北京：中国电力出版社，2007.

[6] DL/T 5376—2007 水电工程建设征地处理范围界定规范［S］．北京：中国电力出版社，2007.

[7] DL/T 5377—2007 水电工程建设征地实物指标调查规范［S］．北京：中国电力出版社，2007.

[8] DL/T 5378—2007 水电工程农村移民安置规划设计规范［S］．北京：中国电力出版社，2007.

[9] DL/T 5379—2007 水电工程移民专业项目规划设计规范［S］．北京：中国电力出版社，2007.

[10] DL/T 5380—2007 水电工程移民安置城镇迁建规划设计规范［S］．北京：中国电力出版社，2007.

[11] DL/T 5381—2007 水电工程水库库底清理设计规范［S］．北京：中国电力出版社，2007.

[12] DL/T 5382—2007 水电工程建设征地移民安置补偿费用概（估）编制规范［S］．北京：中国电力出版社，2007.

[13] GB 50188—2007 镇规划标准［S］．北京：中国建筑工业出版社，2007.

[14] HJ 85—2005 长江三峡水库库底固体废弃物清理技术规范［S］．北京：中国环境科学出版社，2005.

[15] 卫疾病控发［2005］261号 长江三峡水库库底卫生清理技术规范［S］．卫生部、国务院三峡办，2005.

[16] 国三峡办发库字［2005］87号 长江三峡水库库底建（构）筑物、林木及易漂浮物清理技术要求［S］．国务院三峡办，2005.

[17] TD/T 1012—2000 土地开发整理标准［S］．北京：中国计划出版社，2000.

[18] GB 50090—2006 铁路线路设计规范［S］．北京：中国计划出版社，2006.

[19] JTG D20—2006 公路路线设计规范［S］．北京：人民交通出版社，2006.

[20] JTG B01—2003 公路工程技术标准［S］．北京：人民交通出版社，2003.

[21] GBJ 22—87 厂矿道路设计规范［S］．北京：中国计划出版社，1988.

[22] LY 5104—98 林区公路工程技术标准［S］．北京：中国林业出版社，1998.

[23] DL/T 5092—1999 110～500kV架空输电线路设计技术规定［S］．北京：中国电力出版社，2000.

[24] GB 50061—97 66kV及以下架空电力线路设计规范［S］．北京：中国计划出版社，1998.

[25] DL/T 5220—2005 10kV及以下架空配电线路设计技术规程［S］．北京：中国电力出版社，2005.

[26] DL/T 5078—1997 农村小型化变电所设计规程［S］．北京：中国电力出版社，1998.

[27] DL/T 5118—2000 农村电力网规划设计导则［S］．北京：中国电力出版社，2001.

[28] YD 5102—2005 长途通信光缆线路工程设计规范［S］．北京：北京邮电大学出版社，2004.

[29] YD 2002—1992 长途通信干线电缆线路工程设计规范［S］．北京：人民邮电出版社，1993.

[30] YD 5137—2005 本地通信线路工程设计规范［S］．北京：北京邮电大学出版社，2006.

[31] YD 5104—2003 900/1800 MHz TDMA数字蜂窝移动通信网工程设计规范［S］．北京：北京邮电大学出版社，2004.

[32] YD/T 5131—2005 移动通信工程钢塔桅结构设计规范［S］．北京：北京邮电大学出版社，2006.

[33] GY/T 106—1999 有线电视广播系统技术规范［S］．北京：国家广播电影电视总局标准化规划研究所，1999.

[34] GB 50288—99 灌溉与排水工程设计规范［S］．北京：中国计划出版社，1999.

[35] GB 50192—93 河港工程设计规范［S］．北京：中国计划出版社，2005.

[36] GB 50059—92 35～110kV 变电所设计规范 [S]. 北京：中国计划出版社，2002.
[37] SL 76—2009 小水电水能设计规程 [S]. 北京：中国水利水电出版社，2010.
[38] GB/T 50265—2010 泵站设计规范 [S]. 北京：中国计划出版社，2011.
[39] SL 265—2001 水闸设计规范 [S]. 北京：中国水利水电出版社，2001.
[40] GB 50286—98 堤防工程设计规范 [S]. 北京：中国计划出版社，1998.
[41] SL 274—2001 碾压式土石坝设计规范 [S]. 北京：中国水利水电出版社，2002.
[42] GB 50201—94 防洪标准 [S]. 北京：中国计划出版社，1994.
[43] SL 252—2000 水利水电工程等级划分及洪水标准 [S]. 北京：中国水利水电出版社，2000.
[44] DL 5021—93 水利水电工程初步设计报告编制规程 [S]. 北京：水利电力出版社，1993.
[45] JGJ 123—2012 既有建筑地基基础加固技术规范 [S]. 北京：中国建筑工业出版社，2012.
[46] GB 50367—2006 混凝土结构加固设计规范 [S]. 北京：中国建筑工业出版社，2006.
[47] SL 386—2007 水利水电工程边坡设计规范 [S]. 北京：中国水利水电出版社，2007.
[48] DL/T 5353—2006 水电水利工程边坡设计规范 [S]. 北京：中国电力出版社，2006.
[49] GB 50330—2002 建筑边坡工程技术规范 [S]. 北京：中国建筑工业出版社，2002.
[50] SL 379—2007 水工挡土墙设计规范 [S]. 北京：中国水利水电出版社，2007.
[51] GB 50007—2011 建筑地基基础设计规范 [S]. 北京：中国建筑工业出版社，2011.
[52] JTG D30—2004 公路路基设计规范 [S]. 北京：人民交通出版社，2004.
[53] 全国勘察设计注册工程师水利水电工程专业管理委员会，中国水利水电勘测设计协会. 水利水电工程专业知识 [M]. 郑州：黄河水利出版社，2008.
[54] 全国勘察设计注册工程师水利水电工程专业管理委员会，中国水利水电勘测设计协会. 水利水电工程专业案例（工程规划、水土保持与工程移民篇）[M]. 郑州：黄河水利出版社，2008.
[55] 赵先德，戴仁发. 输电线路基础 [M]. 第2版. 北京：中国电力出版社，2009.
[56] 同济大学 李德华. 城市规划原理 [M]. 第3版. 北京：中国建筑工业出版社，2001.
[57] 金兆森，张晖，等. 村镇规划 [M]. 第2版. 南京：东南大学出版社，2005.
[58] 同济大学 戴慎志. 城市工程系统规划 [M]. 第2版. 北京：中国建筑工业出版社，2008.
[59] 翟贵德. 水库移民 [M]. // 林秀山. 黄河小浪底水利枢纽规划设计丛书. 第四卷. 北京：中国水利水电出版社；郑州：人民黄河出版社，2005.
[60] 郑家亨. 统计大辞典 [M]. 北京：中国统计出版社，1995.
[61] 水利部黄河水利委员会勘测规划设计研究院. 黄河小浪底水利枢纽设计技术总结. 第四卷. 水库移民及环境保护设计 [R]. 郑州：水利部黄河水利委员会勘测规划设计研究院，2002.
[62] 长江水利委员会. 长江三峡工程技术丛书：三峡工程移民研究 [M]. 武汉：湖北科学技术出版社，1997.
[63] 傅秀堂. 水库移民工程 [M]. // 长江水利委员会. 大中型水利水电工程技术丛书. 北京：中国水利水电出版社，2005.
[64] 陈惠欣. 水库防护工程 [M]. 北京：水利电力出版社，1987.
[65] 陈本勋. 金华电航桥造地复耕工程概述 [J]. 四川水力发电，2000，19（1）：32-34.
[66] 管枫年，薛广瑞，王殿印. 水工挡土墙设计 [M]. 北京：中国水利水电出版社，1996.

第 2 章

环 境 保 护

水利水电工程环境保护的任务是对水利水电工程建设及运行中可能产生的诸如河湖生境阻隔及破坏、生态水量挤占、湖泊湿地萎缩、生物多样性降低、生物种群退化、水质恶化施工污染物排放等生态环境影响进行评价，并据此提出工程建设需满足的环境保护约束条件，进行各项环境保护措施设计，避免或减轻工程对生态环境的不利影响，并充分发挥工程对水生态的保护和修复功能。30 多年来，我国水利水电工程环境保护工作在实践中不断探索、发展并逐步完善。

本章为《水工设计手册》（第 2 版）的新增内容。本章编写过程中收集了大量国内外水利水电工程环境保护科学研究、勘测设计和工程实践资料，并依据有关技术标准和规范进行整理、归纳和提炼，使手册具有较好的系统性和实用性，反映了我国水利水电工程环境保护设计的技术特点和发展趋势。本章共分 14 节，主要内容包括：综述；环境现状调查与评价；工程分析与环境影响识别；环境影响预测与评价；生态需水及保障措施；水环境保护；陆生生态保护；水生生态保护；土壤环境保护；大气、声环境保护；固体废弃物处置；人群健康保护；景观保护与生态水工设计；环境监测等。

章主编　朱党生　周奕梅

章主审　廖文根　费永法　金　弈

本章各节编写及审稿人员

节次	编　写　人	审　稿　人
2.1	周奕梅　顾洪宾	朱党生　廖文根
2.2	张德敏　陈金生	张　芃　朱党生
2.3	杨蕊莉	张　芃　邹家祥
2.4	邹家祥　张德敏　潘铁敏 乔　晔　阮　娅	连　煜　费永法 黄道明　闫俊平
2.5	张建永　朱党生	廖文根
2.6	史晓新　薛联芳　顾洪宾　冯云海	金　弈
2.7	孙志伟	解新芳
2.8	黄道明　乔　晔　李亚农　高　峰	薛联芳
2.9	张德敏　许　玉	解新芳
2.10	薛联芳　冯云海	金　弈
2.11	薛联芳　冯云海	金　弈
2.12	解新芳　姚同山	费永法
2.13	纪　强　孙东亚	董哲仁
2.14	李亚农　高　峰	阮　娅

第2章 环境保护

2.1 综 述

2.1.1 保护目标与管理规定

水利水电工程环境保护设计工作总体上可分为环境影响评价和环境保护措施设计两大部分。环境影响评价是指对建设项目实施后可能造成的环境影响进行分析、预测和评估，提出预防或减轻不利影响的对策和措施。环境保护措施设计是对批准的环境影响评价文件确定的环境保护措施进行具体的设计。

2.1.1.1 保护目标

水利水电工程环境保护目标包含两层含义：首先是工程建设与运行所影响的环境保护对象，重点关注水环境、大气环境、声环境、生态系统的敏感区和敏感对象；其次是保护对象需达到的保护标准或要求，即环境质量目标和环境功能目标。

1. 环境敏感区

环境敏感区是指国家法律法规和行政规章等明确规定需特殊保护的区域和对象，主要有：重要生态区域，如自然保护区、水源保护区、风景名胜区、遗产保护区、重要湿地等；社会关注区，如集中居民区、学校、医院、重要宗教和文化保护地、文物古迹等；国家保护类名录中明确保护的物种；特殊生态系统等。

工程建设影响的环境敏感区是保护的重点，必须依法进行保护，依据相关法规规定和保护要求，按照不降低现状并有所改善的原则，结合工程实际具体确定保护目标。如工程涉及法定禁止开发的区域，需依法协调工程项目与保护对象的关系，再对工程设计方案提出限定条件和保护要求。

2. 环境质量目标

环境质量目标是指水利水电工程建设和运行必须维持和达到的水环境、声环境、大气环境、土壤环境等质量标准。工程建设以满足该地区环境质量标准为目标值，如水环境保护的目标即是满足该河段水功能区划确定的水质目标。

3. 环境功能目标

环境功能目标是指对受影响的生态、水源、景观、文物古迹等应以维持和改善其主要功能为目标。

2.1.1.2 管理规定和管理程序

1. 管理规定

《中华人民共和国环境影响评价法》和《建设项目环境保护管理条例》以法律形式明确了建设项目执行环境影响评价制度和环境保护设施与主体工程同时设计、同时施工、同时投产的“三同时”制度。按规定实行环境影响评价分类管理，即：可能造成重大环境影响的，应当编制环境影响报告书，对产生的环境影响进行全面评价；可能造成轻度环境影响的，应当编制环境影响报告表，对产生的环境影响进行分析或者专项评价；对环境影响很小、不需要进行环境影响评价的，应当填报环境影响登记表。环境影响报告书或报告表统称环境影响评价文件，均需在建设项目可行性研究阶段经行业主管部门预审后报环境保护主管部门审批。审批后的环境影响评价文件是项目立项的重要依据，同时也是初步设计阶段开展环境保护设计的依据。水利部 2005 年以水规计〔2005〕199 号文《关于进一步加强水利建设项目前期工作中征地、移民、环评和水保等工作和完善立项报批程序的通知》进一步明确了水利工程环境影响评价及报审的相关规定，国家发展和改革委员会和国家能源局核准的水电项目均需编制环境影响报告书。

2. 管理程序

根据国家基本建设管理程序，水利水电工程前期工作分为项目建议书、可行性研究、初步设计三个阶段，水电工程分为预可行性研究、可行性研究两个阶段。实施阶段都分为建设招投标和施工设计，工程建设期实行建设监理，工程完建后需进行竣工验收。

水利水电工程的环境保护工作贯穿项目建设全过程。

水利水电工程项目建议书阶段需进行环境影响初步评价；可行性研究阶段应委托有环境影响评价资质的单位编制环境影响报告书（表），并经水利部门预审后，报环境保护主管部门审批；初步设计阶段需进行环境保护设计；实施阶段工程招投标中应包括环境保护专项措施招标；建设期实施环境监理；竣工验收阶段需对环境保护设施进行专项验收。有些项目在工程运行一个时期后需开展环境影响后评价。

水电工程与水利水电工程环境保护管理程序的区别主要在于前期工作阶段划分不同。水电工程预可行性阶段需进行工程环境影响初步评价，可行性研究阶段需编制环境影响报告书，由环境保护主管部门审批。

鉴于水电工程“三通一平”等施工前期准备工作时间长、任务重，为了缩短水电工程建设工期，促进水电效益尽早发挥，2005 年 1 月国家环境保护总局、国家发展和改革委员会联合发文《关于加强水电建设环境保护工作的通知》，明确在工程环境影响报告书批准之前，可先行编制“三通一平”等工程的环境影响报告书（表），经当地环境保护行政主管部门批准后，开展必要的“三通一平”等工程施工前期准备工作，但不得进行大坝、厂房等主体工程的施工。

2.1.1.3 发展趋势

目前，遵循人水和谐理念，主动调整人与水的关系，构建生态环境友好的水利水电工程建设体系已成为共识，水利水电环境保护发展主要呈现以下趋势：

（1）注重服务于流域的综合治理和管理。从流域角度将其水文气象、河流水系、地理地貌、生物及其生境、社会经济作为一个密切联系的系统进行规划，合理、均衡地发挥流域水系的资源功能、环境功能、生态功能，实现流域的可持续发展。

（2）注重水生态保护、水资源保护和节约。水资源开发利用的工程规划注重取水总量、用水效率、排污总量等方面的刚性约束，统筹考虑经济社会与生态环境需水，进行合理配置。

（3）注重水利水电规划布局、工程布置、水工设计、调度运行等各个环节的生态环境保护。建立人与洪水和谐的防洪减灾体系，维护河湖自然形态和水系连通，保证河湖基本的生态需水，注重生物多样性保护。

（4）注重发挥水利水电工程对生态环境的保护和修复作用。适应未来社会对水生态、水域景观、水文化建设的要求，重视水域空间环境管理和生态状况的长效管理，注重生态保护与修复。

（5）水利水电工程生态补偿政策和机制的研究和建立成为必须。补偿机制以调整相关利益主体间的环境与经济利益的分配关系为核心，以内化相关生态保护或破坏行为的外部成本为基准，调整相关利益主体间的环境与经济利益关系，注重利益受损区域和社群的保护和补偿。

（6）注重民生，充分发挥水利对保障和改善民生的基础性作用和社会服务功能。注重防汛减灾、饮水安全等，综合运用技术、经济、行政、法律等措施服务民生。

（7）法律法规、技术标准体系日益完善。包括水利水电工程环境影响评价、流域规划环境影响评价、环境保护设计、保护投资概估算等规范的技术标准体系逐步完善，水利水电工程环境保护内容和方法更趋规范化。

（8）环境保护措施新方法、新技术、新工艺发展迅速。施工污染处理工艺和设施、水生态保护与修复技术等方面不断革新，环境保护设计日趋专业化。

（9）注重环境保护专业与规划、勘测、设计、施工、运行管理等各专业间协调、配合的规划设计机制逐步建立。

2.1.2 设计依据

水利水电工程环境影响评价和环境保护设计的主要依据包括法律法规、规范性文件以及技术标准和工程设计技术文件等。

2.1.2.1 法律法规及规范性文件

（1）由全国人大制定的有关环境保护法律：《中华人民共和国环境保护法》、《中华人民共和国环境影响评价法》、《中华人民共和国水法》、《中华人民共和国水污染防治法》、《中华人民共和国水土保持法》、《中华人民共和国防洪法》、《中华人民共和国土地管理法》、《中华人民共和国文物保护法》、《中华人民共和国野生动物保护法》、《中华人民共和国森林法》、《中华人民共和国草原法》、《中华人民共和国渔业法》等。

（2）由国务院制定并公布的环境保护行政法规：《建设项目环境保护管理条例》、《规划环境影响评价条例》、《自然保护区条例》、《风景名胜区条例》、《基本农田保护条例》、《陆生、野生动物保护实施条例》、《野生植物保护条例》等。

（3）由各行业主管部门组织编制的各类部门规章和区划、规划：水功能区划、生态功能区划、生态保护规划等。

2.1.2.2 主要规范和标准

1. 主要技术规范

《环境影响评价技术导则　总纲》（HJ 2.1）

《环境影响评价技术导则　水利水电工程》（HJ/T 88）

《环境影响评价技术导则 生态影响》(HJ 19)

《环境影响评价技术导则 声环境》(HJ 2.4)

《环境影响评价技术导则 地面水环境》(HJ/T 2.3)

《环境影响评价技术导则 大气环境》(HJ 2.2)

《环境影响评价技术导则 地下水环境》(HJ 610)

《水利水电工程环境保护设计规范》(SL 492)

《水利水电工程环境保护概估算编制规程》(SL 359)

《水电水利工程环境保护设计规范》(DL/T 5402)

《水利血防技术规范》(SL 318)

《水环境监测规范》(SL 219)

《水利水电工程施工组织设计规范》(SL 303)

《城市生活垃圾卫生填埋技术规范》(CJJ 17)

2. 主要质量标准

《地表水环境质量标准》(GB 3838)

《环境空气质量标准》(GB 3095)

《声环境质量标准》(GB 3096)

《农田灌溉水质标准》(GB 5084)

《土壤环境质量标准》(GB 15618)

《生活饮用水卫生标准》(GB 5749)

《地下水质量标准》(GB/T 14848)

3. 排放标准

《污水综合排放标准》(GB 8978)

《农用污泥中污染物控制标准》(GB 4284)

《城市区域环境振动标准》(GB 10070)

《建筑施工场界环境噪声排放标准》(GB 12523)

《恶臭污染物排放标准》(GB 14554)

《大气污染物综合排放标准》(GB 16297)

《生活垃圾填埋污染控制标准》(GB 16889)

《危险废物填埋污染控制标准》(GB 18598)

2.1.2.3 工程设计技术文件

工程设计技术文件主要是指工程项目规划依据、立项依据、主体工程设计文件。环境影响评价文件及批复是环保措施设计的主要依据。

2.1.3 环境影响评价

2.1.3.1 工作内容和原则

环境影响评价工作主要包括环境现状调查评价、工程分析、环境影响预测与评价、环境保护对策措施及投资估算、公众参与等内容。

环境影响评价应当遵循以下原则：

(1) 客观公正原则。应从生态与环境保护角度客观评价水利水电工程建设对环境的影响，协调开发与保护的关系。

(2) 与主体设计同步原则。环境影响评价与主体工程设计同步开展，并随着工程设计深度的加深，逐步提高评价结果的可靠性、对策措施的针对性和可行性。

(3) 突出重点原则。对工程影响的各环境因子和生态系统，应筛选主要评价因子开展详细针对性评价。

(4) 措施针对性原则。环境保护对策措施应针对工程造成的不利影响和主要保护对象制定。

2.1.3.2 工作流程

水利水电工程环境影响评价按照图 2.1-1 所示流程开展工作。

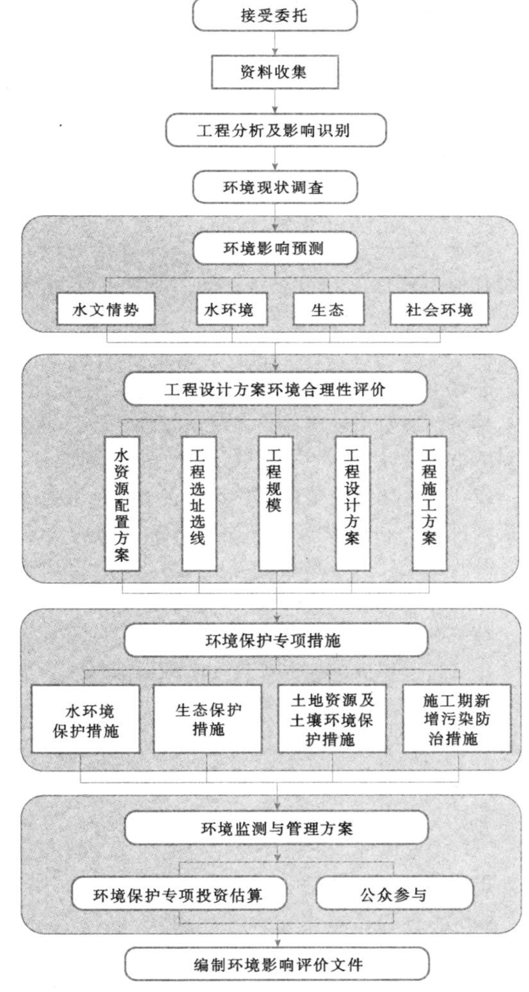

图 2.1-1 水利水电工程环境影响评价工作流程

2.1.3.3 工作等级

水利水电工程涉及范围广、影响要素多，其环境影响评价通常可进一步分解成对下列不同环境要素（或称评价项目）的评价：大气、地表水、地下水、噪声、土壤与生态、人群健康状况、文物与“珍贵”景观等。对上述各环境要素的影响评价统称为单项环境影响评价。

需编制环境影响报告书的水利水电工程，需根据《环境影响评价技术导则 总纲》（HJ 2.1）的要求，对各单项环境影响评价工作进行等级划分。评价工作等级分为三级：一级评价内容全面、详细；二级评价较全面、详细；三级评价简略。

2.1.3.4 评价范围与评价时段

1. *主要环境要素评价范围确定*

根据水利水电工程的类型、规模、工程特性及对周围环境的影响方式、环境特征确定评价范围，主要原则有：

（1）水环境。水环境评价范围应视工程特点及河流特性确定。

水库工程一般包括库区和受淹的支流回水区及坝下河段。坝下河段评价范围，可根据水文情势改变及对水环境的影响范围确定。

供水工程应包括取水河段及减水影响河段，必要时延伸至河口。对重要敏感区，如集中饮用水水源地、取水口等重点评价对象，评价范围宜适当扩大。

灌溉工程应包括灌溉退水承泄区。

跨流域调水工程应按水源区、输水沿线及受水区分别确定评价范围。

（2）生态环境。水库工程生态影响评价范围一般包括淹没区、移民安置区、施工区和坝下游受影响区。引调水工程引起减水影响较大时，水生态影响评价范围延伸至河口。

对于渠道工程、输水工程、河道整治等线型工程，两岸陆地评价范围可至河谷两侧的山脊线。当有重要生态保护目标，自然系统的生态完整性受损害可能超出生态承载力的阈值，或可能给重要生态目标带来影响时，评价范围要满足维护生态完整性和保护重要生态目标的需要。

（3）土壤环境。土壤环境评价范围视工程土地利用方式改变和地下水变化范围确定。

蓄水工程包括蓄水淹没和库周浸没区。灌溉工程包括灌区和灌溉排水承泄区周边土壤。调水工程应包括评价河段及坝下游两岸受工程水文情势影响区域。

（4）声环境。工程施工期声环境评价范围应针对施工影响区的声敏感保护目标，包括施工区、办公生活区，料场、渣场、主要施工运输道路及其周边受影响地区的声环境敏感点，以及移民安置迁建影响区等。泵站运行期声环境评价范围应包括周边居民、学校等声环境敏感点。

（5）大气环境。工程施工期大气环境评价范围主要以主体工程施工区为中心，沿主导风向向两侧延伸，延伸范围依据大气环境影响范围和评价工作等级确定，一般包括主体工程施工区、办公生活区、料场、渣场、施工交通道路及其周围受影响地区。

（6）移民。移民评价范围包括水库淹没区和移民安置内迁、外迁涉及的市、县、乡镇。

（7）社会经济。社会经济评价范围，在施工期涉及工程施工区、移民安置区，在运行期为工程效益涉及的区域。

2. *评价时段确定*

根据水利水电工程的特性，环境影响评价时段分为现状评价水平年和预测评价水平年。

（1）现状评价水平年。根据收集的环境背景资料、现场调查与监测情况确定现状评价水平年，现状评价可以近3年为现状资料开展评价工作。

（2）预测评价水平年。施工期预测水平年与主体工程施工期一致。运行期预测水平年为工程完工后第3～5年，生态影响应根据受影响对象适当延长。其中移民安置环境影响预测水平年与移民安置规划水平年一致。

2.1.4 环境保护设计

2.1.4.1 工作内容和原则

水利水电工程环境保护设计的任务是对批准的环境影响报告书（表）确定的环境保护措施进行具体设计，提出环保投资概算。环境保护设计以环境影响报告书（表）及其批复文件为主要依据，其设计深度应满足初步设计阶段要求。

水利水电工程环境保护设计的内容包括：水环境保护、生态保护、大气环境保护、声环境保护、固体废物处置、土壤环境保护、人群健康保护、景观保护、移民安置环境保护、环境监测与管理方案等。

环境保护设计应遵循以下原则：

（1）有效保护的原则：环保措施应满足达到预期保护目标的要求。

（2）技术可行的原则：环保措施在技术上是可行的。

（3）经济合理的原则：环保措施的规模和方案应是经济合理的。

（4）便于实施的原则：环保措施在技术上应便于

具体实施和运行管理。

2.1.4.2 工作流程

水利水电工程环境保护设计工作流程如图2.1-2所示。

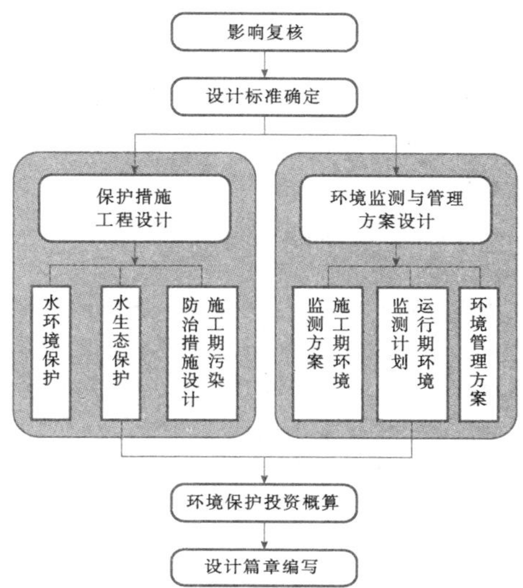

图2.1-2 水利水电工程环境保护设计工作流程

2.1.5 各设计阶段环境保护工作要求

2.1.5.1 水利水电工程各设计阶段环境保护工作要求

1. 项目建议书阶段

(1) 在规划环境影响评价基础上，依据《水利水电工程项目建议书编制规程》进行环境影响初步评价，主要内容有：

1) 进行项目区环境现状初步调查，初步明确环境敏感对象和环境保护目标。

2) 对工程涉及的敏感生态保护目标，明确其性质、法律地位及保护要求。评价工程建设是否存在环境制约因素，必要时进行专题论证。

3) 对工程影响的主要环境因子如水环境、水生态等进行初步影响分析与评价。

4) 初步评价工程建设方案的环境合理性，提出影响工程规模的环境约束性条件。

5) 对主要保护对象提出环境保护对策、措施和方案。

(2)"环境影响评价"章节参考目录：

1) 规划环境影响评价开展概况。

2) 环境概况及主要环境问题。

3) 环境保护目标。

4) 环境影响分析与评价。

5) 环境保护对策措施。

6) 环境保护投资估算。

7) 结论与建议。

2. 可行性研究阶段

(1) 根据工程影响性质和国家规定，本阶段需同步开展环境影响评价文件（报告书、表）专项评价，并报环境主管部门审批。

(2) 环境影响报告书编制基本要求：环境影响报告书是建设项目环境保护工作的指导性文件，是后期环境保护设计、制定环境保护措施、进行环境监督管理的依据。报告书应全面概括地反映环境影响评价全部工作，要求内容全面，重点突出，论点明确，符合客观、公正、科学的原则。评价内容较多的报告书，其重点评价项目可另编专项评价报告。

(3) 编制环境影响报告书（表）的基本要求为：

1) 确定工程涉及的敏感环境点和环境保护目标。

2) 依据国家保护要求，对工程涉及的敏感生态保护目标，明确环境制约因素评价结论。

3) 对工程涉及的各类环境因子进行全面的影响预测与评价。

4) 综合评价工程设计方案的环境合理性，提出推荐意见和保护要求。

5) 针对重点生态与环境保护目标，提出环境保护对策措施。

6) 确定各专项保护措施的环境保护专项投资。

7) 按要求开展公众参与等。

(4) 可行性研究报告中"环境影响评价"章节应依据《水利水电工程可行性报告编制规程》要求编制，基本要求为：

1) 可行性研究报告中"环境影响评价"章节应将环境影响报告书（表）的主要成果和结论纳入，评价结论需与环境影响评价文件一致。

2) 可行性研究报告中的环境影响评价侧重与工程设计相关的内容，如：对工程设计方案的环境限制性和约束性条件，工程方案的环境比选等。

3)"环境影响评价"章节参考目录：

a. 环境影响评价工作概况。

b. 环境现状及主要环境问题。

c. 环境保护目标。

d. 环境影响预测与评价。

e. 设计方案环境合理性评价。

f. 环境保护对策措施。

g. 环境保护专项措施投资估算。

h. 综合评价结论。

3. 初步设计阶段

(1) 以批准的环境影响报告书及批复意见为设计依据，按《水利水电工程初步设计报告编制规程》(DL 5021)、SL 492、DL/T 5402要求编制。

1）环境影响复核。初步设计阶段应结合工程设计方案对环境影响评价报告书（表）内容进行复核，对环境影响报告书中明确的保护要求进行工程设计的满足程度复核评价，对不满足的应提出工程设计调整要求。当工程设计方案发生重大变更时，需重新进行环境影响评价。

2）环境保护专项措施设计。根据报告书中确定的保护措施，按照SL 492进行各专项环境保护措施设计。

3）环境保护投资概算。针对各专项保护措施设计，按SL 359编制环保投资概算。

(2)“环境保护设计”章节参考目录：

1）环境保护设计依据。

2）环境影响评价主要结论。

3）环境影响复核和环境保护目标。

4）环境保护措施专项设计。

5）环境保护专项投资概算。

2.1.5.2 水电工程各设计阶段环境保护工作要求

1. 预可行性研究阶段

(1) 与工程设计同步开展环境影响评价工作，编写“环境影响评价”章节。对工程涉及的敏感环境问题、存在的影响工程立项的环境制约因素，必要时应进行专题论证。

(2) 预可行性研究阶段环境影响评价，应依据《水电工程预可行性研究报告编制规程》（DL/T 5206）要求编制。

1）说明主要工作依据、原则、范围和环境保护目标，简述规划环境影响评价结论及与工程有关的环境保护对策措施及要求。

2）收集有关资料，进行现场初步调查，概述工程区域自然环境和社会环境现状。对于工程建设涉及的环境敏感问题应进行重点调查和叙述。

3）初步分析和评价工程建设的主要环境影响。对工程比选方案进行环境影响比较分析，提出比选意见。明确工程建设是否涉及重大环境敏感问题，对涉及的重大环境敏感问题应作为环境影响分析和评价的重点。

4）初拟预防或减轻不利环境影响的环境保护对策和措施，提出环境保护工程投资估算。

(3)“环境影响评价”章节目录与水利水电工程基本相同。

2. 可行性研究阶段

(1) 按照HJ/T 88的技术要求，与主体工程设计同步开展环境影响评价工作。根据工程影响性质和国家规定，编制环境影响专项评价文件（报告书）进行专题评价和报审。环境影响报告书编制基本要求与水利水电工程基本相同。

(2) 在环境影响评价工作基础上，依据《水电工程可行性研究报告编制规程》（DL/T 5020）、《水电水利工程环境保护设计规范》（DL/T 5402）开展环境保护设计工作，编制可行性研究报告“环境保护设计”篇。

(3) 环境影响报告书和“环境保护设计”章节目录与水利水电工程基本相同。

2.2 环境现状调查与评价

环境现状调查与评价是环境影响评价的主要组成部分之一，应根据水利水电项目的工程特性和影响区域的环境特点，结合各环境要素环境影响评价的工作等级，确定各环境要素现状调查范围、参数、精度，开展调查并进行分析或评价。

2.2.1 自然环境调查

2.2.1.1 工程地理位置

调查收集工程所处的经纬度、行政区和交通位置(位于或接近的主要交通线)，说明项目所在地与主要城市、车站、码头、港口、机场等的区位关系、距离和交通条件，并附地理位置示意图。

2.2.1.2 地形、地貌与地质

1. 地形、地貌

调查收集项目所在区域的地形、地貌资料，必要时应附项目所在地及周边区域地形图，说明可能因项目建设而诱发地貌特征发生重大改变区域的现状及发展趋势，必要时应进行现场调查。

2. 地质

调查收集工程所在地及周围地区的地质构造、区域稳定性、不良地质现象分布及特性、物理化学风化情况等，概要说明区域地质、工程地质、库区地质、坝址区地质、诱发地震情况及库岸稳定、渗漏情况。对与工程有直接关系的地质构造，要进行较为详细的说明，必要时附相关图纸。

2.2.1.3 气候与气象

调查收集项目所在地区的主要气候特征、年平均风速和主导风向、年平均气温、极端气温与月平均气温、年平均相对湿度、平均降水量、降水天数、降水极值、日照，以及主要天气特征（如梅雨、寒潮、冰雹和台风、飓风）等。

需进行大气环境影响评价时，应遵照《环境影响评价技术导则　大气环境》（HJ 2.2—2008）中的有

关规定进行调查。

2.2.1.4 土壤

调查收集工程所在地及影响区土壤类型及分布、理化性质及结构、土壤肥力及化肥使用情况资料，调查土壤污染及其质量状况，土壤潜育化、沼泽化、盐渍化及相关的地下水水位变化情况。当所收集资料不能满足评价需要时，需开展现场调查。

2.2.1.5 水文与水资源

1. 河流水系

明确工程所在河流的水系状况及其在水系中的位置。调查收集工程所在河流的发源地、支流汇入情况、沿河流经区域、河流长度、汇流去向、流域面积、年平均径流量。

2. 水文

调查收集工程所在河段集水面积、流量、水量、年际变化及年内分配、极值等水文资料；调查收集含沙量、输沙量等泥沙资料；调查收集河流洪水成因、洪峰特征、发生时段、持续时长等洪水资料，根据预测评价需要，确定是否调查不同来水保证率典型洪水最大洪峰流量、24 小时洪量、3 日洪量、5 日洪量、7 日洪量等；调查收集工程影响区域河湖水系连通性、河流连续性、河流形态、水文情势变化。

3. 水资源调查

调查工程所在地区及受影响区域的水资源分布、利用和保护情况，包括各典型年区域地表水资源量、时空分布特征、地表水资源可利用量、利用率；区域地下水类型、地下水埋藏条件、含水层的富水性、地下水资源补给量、排泄量、时空分布特征、可开采量和利用率；区域水资源开发利用现状，生产、生活、生态用水现状，分配比例，水资源开发利用中存在的主要问题。水文水资源的调查成果应首先采用主体工程资料。

2.2.1.6 水环境

1. 地表水环境调查

(1) 调查范围。调查范围应包括受工程影响的地表水区域，如施工区、淹没区、水源区、输水沿线区、受水区，以及工程上下游河段、湖泊、湿地、河口区等。当附近有敏感区（如水源地、自然保护区等）时，调查范围应适当扩大，以满足评价要求。具体调查范围应根据工程影响特征及水域特点，结合评价工作等级确定。

(2) 调查时期。根据水文资料初步确定各水域的丰、平、枯水期，确定不同水期的代表季节或月份。对于有水库调节的水域，要注意水库放水或不放水时的流量变化。

不同评价工作等级对调查时期的要求不同。《环境影响评价技术导则 地面水环境》（HJ/T 2.3—93）列出了各类水域在不同评价工作等级中对水质调查时期的要求。

当调查水域面源污染严重，丰水期水质劣于枯水期时，一级、二级评价调查应包括丰水期。

冰封期较长，且作为生活饮用水、食品加工用水的水源或渔业用水的水域，应调查冰封期的水质、水文情况。

(3) 调查内容。

1) 水功能区及水环境功能区调查。调查受工程影响的各类水域的水功能区及水环境功能区的区划成果，确定水域水质现状和水质目标。

2) 水文调查与测量。不同水域水文调查与测量内容详见 HJ/T 2.3—93 第 6.3 节“水文调查与水文测量”。

水文调查与测量的内容与拟采用的预测方法密切相关，应结合导则和实际工作需要进行调查或监测。采用数学模式预测时，应根据所选模式及输入参数要求决定调查或测量内容；采用物理模型预测时，应取得构建模型及模型试验所需的水文要素资料。

3) 污染源现状调查。对调查范围内地表水环境产生影响的主要污染源均应进行调查。污染源主要包括点污染源和非点污染源。

a. 点源调查。点源调查以收集资料为主，必要时补充现场调查和现场测试，例如在评价改、扩建项目时，对此项目改、扩建前的污染源应详细调查，常需进行现场调查或测试。点源调查的繁简程度根据评价级别及其与建设项目的关系而不同，评价等级较高且现有污染源与建设项目距离较近时应详细调查。

可根据评价工作的需要选择下述全部或部分内容进行调查：

a) 排放口的平面位置（附污染源平面位置图）及排放方向。

b) 排放口在河流断面上的位置。

c) 排放形式：分散排放还是集中排放。

d) 排放数据：根据现有的实测数据、统计报表以及各厂矿的工艺路线等选定的主要水质参数，调查现有的排放量、排放速度、排放浓度及其变化等数据。

e) 用、排水状况：主要调查取水量、用水量、循环水量及排水总量等。

f) 厂矿企业、事业单位的废、污水处理状况：主要调查废、污水的处理设备、处理效率、处理水量及事故状况等。

b. 非点源调查。非点源调查包括工业类非点源调查和其他非点源调查（如农业非点源和城市暴雨初期径流产生非点源量等）。

c. 污染源调查的取样方法和水样分析方法。河流、河口和湖泊(水库)沿岸污染源的取样方法和水样分析方法，按照《污水综合排放标准》(GB 8978)的规定执行。

d. 污染源资料的整理与分析。对收集到的和实测的污染源资料进行检查，找出相互矛盾和错误的资料并予以更正，资料中的缺漏应尽量填补。将这些资料按污染源排入地表水的顺序及水质参数的种类列成表格，并从中找出受纳水体的主要污染源和主要污染物。

4）水温调查。根据工程规模，采用原国家环境保护总局《水电水利建设项目河道生态用水、低温水和过鱼设施环境影响评价技术指南（试行）》（环评函〔2006〕4号）推荐的参数 α－β 判别法、密度弗劳德数判别法、水库宽深比判别法，对拟建工程水库水温进行判断。当拟建工程水库水温为混合型时，可收集水利工程所在河流水文站月平均水温，简述工程所在河流水温情况；当拟建工程水库水温为稳定分层型或不稳定分层型，在采用数学模式预测时，应根据所选模式及输入参数要求决定水温调查内容。

5）水质调查。各类水域水质调查参数及水质取样断面、取样点布设原则与方法，按 HJ/T 2.3—93 第6.5节“水质调查”规定执行。

水质调查参数包括两类：一类是常规水质参数，能反映水域水质一般状况；另一类是特征水质参数，能代表工程将来排放的水质。

常规水质参数以《地表水环境质量标准》（GB 3838—2002）中所提出的 pH 值、溶解氧、高锰酸盐指数、化学需氧量、五日生化需氧量、氨氮、总氮、挥发酚、氰化物、砷、汞、铬（六价）、总磷以及水温等为基础，根据水域类别、评价等级、污染源状况适当删减。

特征水质参数根据工程特点、水域类别及评价等级选定。

当被调查水域水环境质量要求较高（如自然保护区、饮用水源地、珍贵水生生物保护区、经济鱼类养殖区等），且水流流速较缓，容易发生污染物沉淀积累的河流，应考虑调查河流底质，主要调查与工程排水水质有关的易积累的污染物。

6）水体富营养化调查。水体发生富营养化需具备三个必要条件：富足的氮、磷等营养物质，缓慢的水流流态和适宜的气候条件（水温、光照条件）。富营养化判别主要考虑物理、化学和生物学指标。物理指标中最常用的是透明度。化学指标主要采用总氮、总磷。生物学指标常用生物量（BIO）表示。

（4）调查方法。以收集现有水文、水质观测资料为主，当现有资料不足或可信度不能满足要求时，应进行实地调查和测量。

2. 地下水环境调查

（1）调查范围。根据水利水电工程对地下水环境的影响方式，重点调查工程建设运行后影响地下水水位变化的区域，其中应特别关注相关环境保护目标和敏感区域，必要时扩展至完整的水文地质单元，以及可能与工程所在的水文地质单元存在直接补排关系的区域。

（2）调查内容。包括：地下水类型、地下水补给、径流和排泄条件；地下水水位、水质；泉的成因类型、出露位置、形成条件及泉水流量、水质、水温、开发利用情况等。

（3）调查方法。应遵循资料收集与现场调查相结合、面上一般调查与重点区定点调查相结合、本区调查与类比考察相结合的原则。

1）以收集资料为主。收集评价范围内地质及水文地质、物探、遥感、航片等资料，对所收集到的资料进行分析、研究，初步了解调查区的水文地质条件。

2）在现有资料不能满足评价工作需要时，应组织采取水文地质勘探、物探、试验等方法进一步调查。相关要求参见《环境影响评价技术导则　地下水环境》（HJ 610—2011）8.3.4节“地下水环境现状监测”。

2.2.1.7 陆生生态

1. 调查要求

调查的内容和指标应能反映评价工作范围内的陆生生态背景特征和存在的主要生态问题。现状调查应在收集资料基础上开展现场工作，生态现状调查范围应不小于评价工作的范围。

一级评价应给出采样地样方，用实测、遥感等方法测定的生物量、多样性等数据，给出主要生物物种名录、受保护的野生动植物物种等调查资料。

二级评价的生物量和物种多样性调查可依据已有资料推断，或实测一定数量的、具有代表性的样方予以验证。

三级评价可充分借鉴已有资料进行说明。

2. 调查内容

根据工程生态影响的空间和尺度特点，调查影响区域内涉及的陆生生境、陆生植物、陆生动物、生态系统及存在的主要生态问题。

（1）陆生生境。

1）调查范围。以工程影响区（包括施工区、淹没区、移民安置区、水源区、输水沿线区、受水区、工程上下游河段两岸等）为主要调查范围。如调查范围内包含有重要生态通道、繁育场所等敏感区域时，可适当扩展。

2）调查内容。调查评价区具有的生境类型（栖息地、觅食区、繁育场所、迁徙通道等），按其对物种保护的重要性进行分类，调查各类生境的分布位置、面积范围及其环境状况。

3）调查方法。以野外现场勘查和资料收集为主，访问调查、遥感调查为辅。当上述方法所获取的资料无法满足评价的定量需要时，需进行生态监测。

（2）陆生植物。

1）调查范围。以工程永久和临时占地区为主要调查范围，包括施工区、淹没区、移民安置区等。必要时，可以重要评价因子受影响方向为扩展距离，适当扩大调查范围，例如水文情势变化河段河道两岸河谷林草分布区。

2）调查内容。工程所在地区及受影响区域的植物区系、植被类型、植物种类及分布范围、面积，主要树种、林分、草类、群落组成，珍稀植物种类、种群规模、种群结构、生态习性、生境条件及分布、保护级别与保护状况等，以及树木与草类的生长情况、林草植被覆盖度、森林和草原的历史演变情况等。

3）调查方法。

a. 植物区系调查方法。

a）收集资料。由于植物种类多样复杂，植物物种多样性的调查只限于维管束植物（包括蕨类植物和种子植物）。一般要根据评价区的海拔高度或特殊的分界线确定评价区植物区系的调查范围。调查前可先通过查阅《中国植物志》或地方植物志以及药用植物志，收集评价区科学研究成果，获取项目区域及邻近地区的生物多样性资料。

b）现场调查。现场调查的目的主要是补充和完善评价区植物区系内容，了解评价区植物分布状况。采用全面踏勘考察和重点调查相结合的调查方法，以工程建设区和移民安置区为中心，向四面辐射调查。通常采用线路调查方式，即在调查范围内按不同方向沿山路和溪沟选择几条代表性线路，沿着线路调查，同时也在森林和灌木丛中穿行，沿途记载植物种类、采集标本、观察生境、目测多度等。

b. 植被的调查方法。根据植物群落分布格局的不同，采用样方调查法和遥感调查法进行植被调查。

a）样方调查法。在工程建设区及周围受影响区域，特别是敏感生态保护目标内设置野外观测断面，并考虑植被类型的代表性，设置乔木、灌木、草类的样方。一般草本样地在 $1m^2$ 及以上，灌木林样地在 $10m^2$ 以上，乔木林样地在 $100m^2$ 以上，样地大小依据植株大小和密度确定。样方数量视群落面积大小而定，每一群落中设 1～3 个样方。具体规定为：群落面积小于 $500hm^2$ 的，设 3 个样方；大于 $500hm^2$ 的，每增加 $100hm^2$ 增设一个样方，但样方总数量最多至 5 个。

对调查样地，需填写植物群落调查表、进行 GPS 定位，并拍摄植物群落的立木结构和物种个体及花、果、枝的照片。时间允许情况下，植被样方调查应在春夏季进行。

b）遥感调查法。利用遥感—地理信息系统—全球定位系统，即 3S 技术，编制区域植被类型分布图，一般包括五个步骤：第一步，相关图件资源、遥感影像数据收集和预处理；第二步，使用 GPS 对野外样地进行地理定位，建立训练区；第三步，遥感影像分类；第四步，使用 GIS 对分类结果进行后处理；第五步，对分类结果的准确性进行分析。应尽可能采用调查区春夏季遥感影像数据。

c. 国家重点保护植物和珍稀植物的调查方法。

a）一般采用样带法调查。根据植物分布的特点，选择几条有代表性的线路，沿着线路调查，记载植物的种类，采集植物标本，观察植物的生境，目测多度。

b）对于呈群落分布的物种，采用样地调查方法。样地选择和大小与群落样方调查相同，通过调查计算植物物种的总量。

c）对于群落面积较小、分布稀零、数量少的物种，可采取直接计数法。

d）对于已知古大珍稀植物分布的地点和数量，可采取核实法。

e）珍稀濒危植物要采集凭证标本和拍摄照片。

（3）陆生动物。

1）调查范围。以工程影响区域为主，包括施工区、淹没区、移民安置区、输水沿线区、水文情势发生变化的河段两岸等，根据动物生境适当扩大调查范围。

2）调查内容。包括工程影响区域野生动物的种类、组成、分布，保护动物的种类、生态习性、生境条件及分布、保护级别与保护状况等。

3）调查方法。

a. 资料收集：通过查阅资料文献，收集评价区野生动物种类及分布情况。

b. 走访调查：通过访谈调查，对调查物种进行核实。

c. 现场调查：依据原林业部《全国陆生野生动物资源调查与监测技术规程（修订版）》（林业部调查规划设计院，2011年）的有关规定，主要采用样带法进行野生动物调查，观察对象为动物实体及其活动痕迹，如取食迹、足迹、卧迹、粪便、毛发等。

珍稀濒危动物的调查在动物调查过程中同步进行，并作为调查重点。

（4）生态系统。

1）调查范围。生态系统调查范围应体现生态完整性，涵盖工程全部活动的直接影响和间接影响区域。应重点考虑工程与工程区水文过程、生物过程等的相互作用关系，以工程影响区域所涉及的完整水文单元、生态单元界限为边界。调查范围内有自然保护区、风景名胜区等环境敏感区时，应包含敏感区范围。

2）调查内容。包括：调查影响区域内涉及的陆生生态系统类型（包括森林生态系统、草地生态系统、荒漠生态系统、人工生态系统）、分布、结构、功能和过程，以及相关的非生物因子特征；对各类生态系统按识别和筛选确定的评价因子，包括土壤、植被、动植物、生物多样性、生态服务功能等进行调查，明确工程影响区在陆地生态体系构成中所处地位。

3）调查方法。

a. 资料收集法。从农、林、牧和环境保护等部门及相关科研成果中，收集能反映区域陆生生态系统现状或本底的资料。所收集的资料可分为文字、图形资料及历史、现状资料，应能够保证资料的现时性，且须建立在现场校验的基础上引用资料。

b. 现场勘查法。现场勘查应遵循整体与重点相结合的原则，在综合考虑生态系统结构与功能完整性的同时，突出重点区域和关键时段的调查，通过工程影响区查勘，核实收集资料的准确性，获取实际资料和数据。

c. 公众咨询法。公众咨询是对现场查勘的补充，即收集影响区内公众、社会团体和相关管理部门对工程建设的意见，发现现场踏勘中遗漏的问题。其应与资料收集和现场查勘同步开展。

d. 生态监测法。当收集资料和现场踏勘无法满足评价的定量需要，或工程可能产生潜在或慢性效应时，可考虑选用生态监测法，监测方法应符合相关技术规范。

e. 遥感调查法。当工程影响区域较大，通过人力查勘较为困难或难以完成时，可采用遥感调查法。遥感调查过程中须辅助必要的现场查勘，对解译成果进行校验。

（5）主要生态问题调查。调查影响区域内已经存在的、制约本区域可持续发展的主要生态问题，如水土流失、沙漠化、石漠化、盐渍化、自然灾害、生物入侵和污染危害等，指出其类型、成因、空间分布、发生特点等。

2.2.1.8 水生生态

1. 调查范围

根据工程项目特点，以施工河段、淹没区、水源区、输水沿线区、受水区水域，工程上下游河段、湖泊、湿地、河口区等影响区为主要调查范围。依据生态影响评价确定的工作等级，对于1级、2级、3级评价项目，以重要评价因子受影响的方向为扩展距离，一般包括水库及上游、支流和坝下水文情势变化水域。对于上下游无梯级，或上下游梯级建设进度晚于本工程的，应尽可能包括水库回水以上和坝下河流特异性生境、重要栖息地（重要产卵场、育幼场等）以及敏感保护目标。水生生态调查范围还应与水环境调查范围相协调。

2. 调查断面设置

调查断面设置遵循“控制性、代表性”的原则，施工河段、淹没区、淹没区以上干流、工程下游河段、影响范围内重要支流流水河段和重要支流汇口以下干流以及附属水体、输水沿线控制节点、受水区及其附属水体、特异性生境、鱼类重要栖息地、保护区等必需设置采样断面。

鱼类资源调查以区域性调查为主，根据河流生境特点和干支流关系，分河段、支流进行鱼类种类和渔获物调查采样。

鱼类早期资源调查一般需要在调查区域下游设置固定调查断面，并设置多个流动调查监测断面。若已明确调查范围内存在产漂流性卵的鱼类，则必须设置鱼类早期资源调查断面。

3. 调查内容

（1）水生生境调查。水生生境调查应结合水质、水文等专题调查成果，有针对性地重点调查与水生生态密切相关的内容。

1）自然环境：涉及流域地形、地貌、土壤、植被等地理环境，光照、气温、湿度、降雨量、径流量等水文、气候条件和变化特点。

2）河流空间物理形态：河流水系结构、连通性特点、河势河态、河床底质、河网密度、洲滩边坡等河流空间物理形态；河流干支流已建、在建及拟建工程主要工程特性、调度运行方式以及因此导致的阻隔影响、生境片段化状况等。

3）水文情势：工程所在河段集水面积、流量、水量、年际变化及年内分配；洪水主要发生时段、频率；鱼类繁殖等典型时段洪峰流量、水位涨落过程、洪峰持续时长等；重要生境典型时段流量、水位、流速、流态及其变化过程资料。

4）水体理化性质：水域水温、透明度、水色、pH值、电导率、溶解氧、碱度、硬度、磷酸盐、总磷、氨氮、硝酸盐氮、总氮、高锰酸钾指数、化学耗氧量、点源和非点源污染状况及其变化情况，特别是氮、磷等生源要素及与水生生物生长繁殖关系密切的水温等重要因子。

（2）鱼类资源（包括其他游泳动物）。

1）鱼类种类组成：种属名称、分类地位、组成、分布及演变等。

2）鱼类资源现状：鱼类种群结构（年龄、体长、体重、种类组成），渔获物统计分析（渔获物结构组成，主要渔获对象的年龄、体长、体重和性别组成），渔业现状调查（渔业从业人员，渔具、渔法的种类数量及其变革，历年渔获总量，主要渔业对象及其分类产量等）。

3）鱼类生物学特性：主要鱼类的食性［消化管（胃、肠）充塞度，饱满指数，主要食物种类和出现率等］，繁殖特性（性比、最小成熟年龄、性腺成熟度、成熟系数、绝对怀卵量、相对怀卵量、繁殖季节、产卵类型、产卵时间、繁殖规模以及繁殖所需的环境条件），生长特性（年龄、生长等）。

4）重要鱼类生境：重要鱼类的产卵场、索饵场、越冬场、捕捞场以及洄游通道的生境特点（水位、水温、水深、流速、底质、水生植被及饵料资源状况等），鱼类早期资源发生时间、数量、成色以及与水文过程的耦合关系，鱼类洄游特性、河流水系的连通性状况（已建工程的阻隔作用等）。

5）敏感保护目标：涉水自然保护区、鱼类种质资源保护区的保护目标、保护功能、保护范围、功能区划分、调查河段与保护区的位置关系等，珍稀濒危和特有鱼类的种类、分布、濒危程度、资源状况与保护级别等。

（3）其他水生生物。浮游植物、浮游动物（原生动物、轮虫、枝角类、桡足类）、底栖动物、水生高等植物、着生藻类的种类组成、分布、现存量（密度、生物量）、多样性指数、相似性指数及其时空变化分析等。

4．调查方法

按《水库渔业资源调查规范》（SL 167）、《内陆水域渔业自然资源调查手册》（农业出版社，1991年）、《淡水浮游生物研究方法》（科学出版社，1991年）进行采样和检测。

（1）鱼类（包括其他游泳动物）。鱼类资源应至少进行2次现场调查，至少1次需在鱼类主要繁殖期进行。鱼类资源现场调查时间不少于40天，涉及早期资源监测的，监测时间不少于50天，并包括期间各主要洪峰过程。

1）鱼类种类组成。根据鱼类种类组成研究方法，在不同河段设置站点，对调查范围内的鱼类资源进行全面调查。采取捕捞、市场调查和走访相结合的方法，采集鱼类标本，收集资料，做好记录，标本用福尔马林固定保存。通过对标本的分类鉴定和对资料的分析整理，编制出鱼类种类组成名录。

2）鱼类资源现状。鱼类资源量的调查采取社会捕捞渔获物统计分析结合现场调查取样进行。采用访问调查和统计表调查方法，调查资源量和渔获量。向沿江各市县渔业主管部门、渔政管理部门及渔民调查了解渔业资源现状以及鱼类资源管理中存在的问题。对渔获物资料进行整理分析，统计各工作站点主要捕捞对象及其在渔获物中所占比重、不同捕捞渔具渔获物的长度和重量组成，以判断鱼类资源状况。

3）鱼类生物学。鱼类标本尽量现场鉴定，进行生物学基础数据测定，并取鳞片等作为鉴定年龄的材料，部分标本用5%的甲醛溶液固定保存。现场解剖获取食性和性腺样品，食性样品用甲醛溶液固定，性腺样品用波恩氏液固定。

4）鱼类“三场”。走访沿江居民和主要捕捞人员，了解不同季节鱼类主要集中地和鱼类种群组成，结合鱼类生物学特性和水文学特征，分析鱼类“三场”分布情况，并通过有经验的捕捞人员进行验证。产漂流性卵鱼类产卵场的调查在野外工作中较为常用，具体方法如下：

a. 调查采集点：一般在产卵场下游、受精卵孵出前的适宜江段设置固定监测断面，并在固定调查断面上游及重要支流设立流动调查断面。

b. 采集网具：表层采集用小型弶网，网口半圆形，半径0.5m，面积0.3925m^2；中层和底层采集用圆锥形网，网口半径0.35m，面积0.3847m^2。

c. 采集记录：时间、水温、网口的流速、透明度。流速使用旋桨式流速仪测定，透明度用直径20cm的萨氏透明度盘测定。

d. 卵苗处理：采集到的鱼苗用5%的福尔马林保存，以备日后室内鉴定种类和统计数量。鱼卵采集后，立即作详细记录，并按不同的发育期分别培养，直至能鉴别种类。

e. 产卵江段的估算：产卵场的位置依据采集鱼卵的发育期和当时的水流速度进行推算。其计算公式为

$$S = vT$$

式中 S——鱼卵的漂流距离；

v——江水平均流速；

T——当时水温条件下的胚胎发育经历的时间。

f. 产卵规模的估算：以各产卵场为计算单元，并按不同鱼类分别进行统计。根据从采集点采到的某产卵场的鱼卵数量（m）、采集点的网口流速（v）和采集点江断面的流量（Q），求得采集断面在采集时间内所流过的某产卵场鱼卵数（M）：

$$M = mQ/0.3927v \tag{2.2-1}$$

但在自然情况下，鱼卵在江河断面上各点的数量不是均匀的，因此，需求出断面系数 C，对式（2.2-1）加以修正，则

$$M = mQC/0.3927v \tag{2.2-2}$$

式中 C——断面系数，江河断面左、中、右三处的表层和底层各采集点的鱼卵（苗）密度平均值与固定采集点的鱼卵（苗）密度比。

非采集时间，采用补插法求出。

（2）浮游植物。

1）采集、固定及沉淀。浮游植物的采集包括定性采集和定量采集。定性采集采用 25 号筛绢制成的浮游生物网在水中拖曳采集。定量采集则采用 2500mL 采水器取上、中、下层水样，经充分混合后，取 2000mL 水样（根据江水泥沙含量、浮游植物数量等实际情况决定取样量，并采用泥沙分离的方法），加入鲁哥氏液固定，经过 48h 静置沉淀，浓缩至约 30mL，保存待检。一般同断面的浮游植物与原生动物、轮虫共一份定性、定量样品。定量采集方法如下：

a. 采样层次：视水体深浅而定，如水深在 3m 以内，可只采表层（0.5m）水样；水深 3～10m，至少取表层（0.5m）和底层（离底 0.5m）两个水样；水深大于 10m，可隔 2～5m 或更大距离采样 1 个。为了减少工作量，也可采取分层采样，各层等量混合成 1 个水样的方法。

b. 水样固定：定量水样应立即用 10mL 鲁哥氏液加以固定（固定剂量为水样的 1%）。需长期保存样品，再加入 5mL 左右福尔马林液。同时用 25 号筛绢制成的浮游生物网进行定性采集，供观察鉴定种类用。采样时间应尽量在一天的相近时间，例如在上午的 8：00～10：00。

c. 沉淀和浓缩：沉淀和浓缩需要在筒形分液漏斗中进行，但在野外一般采用分级沉淀方法。根据理论推算最微小的浮游植物经碘液固定后的下沉速度，静置沉淀时间一般可为 48h。在野外条件下，可即先在直径较大的容器（如 1L 水样瓶）中经 24h 的静置沉淀，然后用细小玻管（直径小于 2mm）借虹吸方法缓慢地吸去 1/5～2/5 的上清液，再静置沉淀 24h，再吸去部分上清液。如此重复，使水样浓缩到 200～300mL 左右，并在样品瓶上写明采样日期、采样点、采水量等后保存。

2）样品观察及数据处理。室内先将样品浓缩、定量至约 30mL，摇匀后吸取 0.1mL 样品置于 0.1mL 计数框内，在显微镜下按视野法计数，数量较少时全片计数，每个样品计数 2 次，取其平均值，每次计数结果与平均值之差应在 15% 以内，否则增加计数次数。

每升水样中浮游植物数量的计算公式如式（2.2-3）。

$$N = \frac{C_S}{F_S F_n} \frac{V}{v} P_n \tag{2.2-3}$$

式中 N——每升水样中浮游植物的数量，ind/L；

C_S——计数框的面积，mm^2；

F_S——视野面积，mm^2；

F_n——每片计数过的视野数；

V——一升水样经浓缩后的体积，mL；

v——计数框的容积，mL；

P_n——计数所得个数，ind。

（3）浮游动物。浮游动物主要由原生动物、轮虫、枝角类和桡足类组成。

1）样品采集、过滤与固定。

a. 原生动物和轮虫：与浮游植物调查方法相同，一般与浮游植物共一份定性、定量样品。

b. 枝角类和桡足类：定性采集采用 13 号筛绢制成的浮游生物网在水中拖曳采集，样品放入 50mL 样品瓶，加福尔马林液 2.5mL 固定。定量样品用 2500mL 采水器在不同水层中采集一定量的水样，混合后，取 10L 用 25 号浮游生物网过滤，样品放入 50mL 样品瓶中，加福尔马林液 2.5mL 固定。以下为定量采集方法：

a）断面垂线及采样点的布设。根据水面宽度设置断面垂线，水面宽：不大于 50m 时，设 1 条中泓垂线；为 50～100m 时，设 2 条垂线（中泓线左右流速较快处）；大于 100m 时，设 3 条垂线（左、中、右）。采样点水深在 5m 以内、水团混和良好的水体，可采 1 点（水面下 0.5m 处）水样；水深为 5～10m 时，采 2 点，分别取表层（水面下 0.5m 处）和底层（河底以上 0.5m 处）水样；水深大于 10m 时，采 3 点，表层（水面下 0.5m 处）、中层（1/2 水深处）和

底层（河底以上0.5m处）。可采取分层采样、各层等量混合成1个水样的方法。

b）采样方法。采集混合水样10L（若浮游动物很少，可加大采水量），用25号浮游生物网过滤，注入标本瓶。用4%～5%福尔马林液固定保存。注明编号、采水量，贴好标签。记录采集地点、采集时间以及周围环境等。

c）水样固定。水样应立即用福尔马林液固定（固定剂量为水样的5%）。需长期保存样品，再加入2mL左右福尔马林液，并用石蜡封口。

2）鉴定。

a. 原生动物：将样品浓缩到30mL，摇匀后取0.1mL置于0.1mL的计数框中，在20×10倍的显微镜下全片计数，每个样品计数2片；同一样品的计数结果与均值之差不得高15%，否则增加计数次数。定性样品摇匀后取2滴于载玻片上，用显微镜鉴定种类。

b. 轮虫：将样品浓缩到30mL，摇匀后取1mL置于1mL的计数框中，在10×10倍的显微镜下全片计数，每个样品计数2片；同一样品的计数结果与均值之差不得高15%，否则增加计数次数。定性样品摇匀后取2滴于载玻片上，用显微镜鉴定种类。

c. 枝角类：将样品浓缩到10mL，摇匀后取1mL置于1mL的计数框中，在4×10倍的显微镜下全片计数，每个样品计数10片。定性样品倒入培养皿中，在解剖镜下将不同种类挑选出来置于载玻片上，盖上盖玻片后用压片法在显微镜下鉴定种类。

d. 桡足类：将样品浓缩到10mL，摇匀后取1mL置于1mL的计数框中，在4×10倍的显微镜下全片计数，每个样品计数10片。定性样品倒入培养皿中，在解剖镜下将不同种类挑选出来置于载玻片上，在显微镜下解剖后鉴定种类。

3）浮游动物的现存量计算。单位水体浮游动物数量的计算公式见式（2.2-4）。

$$N=\frac{nV_1}{CV} \tag{2.2-4}$$

式中　N——每升水样中浮游动物的数量，ind/L；

V_1——样品浓缩后的体积，mL；

V——采样体积，L；

C——计数样品体积，mL；

n——计数所获得的个数，ind。

原生动物和轮虫生物量的计算采用体积换算法。根据不同种类的体形，按最近似的几何形状测量其体积。枝角类和桡足类生物量的计算采用测量不同种类的体长、用回归方程式求体重进行。

（4）底栖动物。底栖动物主要包括水生寡毛类（水蚯蚓等）、软体动物（螺蚌等）、水生昆虫幼虫（摇蚊幼虫等）和甲壳动物（虾蟹等）。

1）样品采集。干流采样采取踢网和1/16的彼得逊采泥器相结合的方式，支流采样采取踢网和苏伯氏网相结合的方式进行。采样时尽量考虑不同的底质条件：在石砾底质条件下，翻动石块，用60目的筛绢网捞取水中样品，并捕捉较大型的底栖动物；在泥沙底质情况下，挖取泥沙样，用60目的分样筛筛洗。

2）样品处理和保存。

a. 洗涤和分拣：泥样倒入塑料盆中，对底泥中的砾石，要仔细刷下附着的底栖动物，经40目分样筛筛选后拣出大型动物，剩余杂物全部装入塑料袋中，加少许清水带回室内，在白色解剖盘中用细吸管、尖嘴镊、解剖针分拣。

b. 保存：软体动物用5%甲醛或75%乙醇溶液保存；水生昆虫用5%甲醛固定数小时后再用75%乙醇保存；寡毛类先放入加清水的培养皿中，并缓缓滴数滴75%乙醇麻醉，待其身体完全舒展后再用5%甲醛固定，75%乙醇保存。

3）计量和鉴定。

a. 计量：按种类计数（损坏标本一般只统计头部），再换算成单位面积个数（个/m^2）。软体动物用电子秤称重，水生昆虫和寡毛类用扭力天平称重，再换算成单位面积质量（mg/m^2）。

b. 鉴定：软体动物鉴定到种，水生昆虫（除摇蚊幼虫）至少到科，寡毛类和摇蚊幼虫至少到属。

（5）水生维管束植物。水生维管束植物一般按生活形态分为挺水植物、浮叶植物、漂浮植物和沉水植物。

采用定性和定量方法进行现场调查。选择有代表性的采样点，用GPS定位仪记录经纬度及海拔，对采样点周边范围内的冲积滩、沿河两岸以及周边相连水塘中的水生（含湿生）植物的种类进行定性记录。在采样点附近对具有代表性的优势水生（含湿生）植被进行样方调查，并对植物及其生境进行描述和拍照。

采样断面及采样点的选择，可根据水域特点（大小和地势）及水生植物的分布情况（分带及覆盖率）来决定，最少样点数必须包括植被的大部分现存种。样点一般均匀分布在所设断面上（最好是平行或“之”字形排列），断面间距为500～1000m，断面上定点距离为100～200m，断面和定点数目最好是奇数。

定量样品采用1m^2的采样框或0.1m^2的定量采样器采集，现场称取湿重。定性样品整株采集，包括植株的根、茎、叶、花和果实，样品力求完整，按自然状态固定在压榨纸中，压干保存待检。

2.2.1.9 环境空气与声环境

1. 环境空气

(1) 调查范围：一般为以工程区主要污染源为中心、以主导风向为主轴的方形或矩形，如无明显主导风向，可取东西或南北向为主轴。此外，调查范围还应根据评价工作等级、受影响区域地形地貌特征，以及环境空气敏感区进行适当调整。

调查范围的确定详见《环境影响评价技术导则 大气环境》(HJ 2.2—2008) 5.4 节。

(2) 调查内容：包括工程影响区现有环境空气污染源、污染气象、环境空气质量、环境空气敏感目标及地形地貌特征等。

(3) 调查方法：以收集资料和实地查勘为主，必要时补充现场监测。

1) 收集资料：包括工程影响区自然和社会环境现状资料、环境空气污染源资料、环境空气质量背景监测资料、环境空气敏感目标概况。

2) 实地查勘：包括现场踏勘、现场测量、现场咨询、现场录像和照相等。实地查勘时，应在精确的地形图上准确标记工程影响区内现有环境空气污染源、环境空气敏感目标及主要污染源（如料场、渣场、混凝土拌和系统、砂石加工系统、施工道路、施工营地等）的具体位置。

3) 补充监测：在调查资料不能满足需要时，应进行必要的现场监测。监测方法应符合相关监测技术规范。

2. 声环境

(1) 调查范围：主要为施工影响区，包括各类施工场地，如主体工程施工场地、混凝土拌和场、砂石加工场地、施工办公生活营地、施工道路及两侧、料场、渣场等。

(2) 调查内容：包括工程影响区声环境质量现状、现有噪声源种类、噪声级水平和声环境敏感目标概况等。

(3) 调查方法：以收集资料和实地查勘为主，必要时补充现场监测。

2.2.2 社会环境调查

2.2.2.1 社会经济

1. 调查范围

调查范围为工程直接和间接影响区域，包括移民安置、工程开发任务涉及的省（自治区、直辖市）、市（地、州、盟）、县（市、区、旗）和环境敏感区域，以及下游河段受工程开发影响的区域。

2. 调查内容

(1) 人口与民俗宗教。

1) 人口状况：工程影响区人口总数、非农业人口比例、人口密度等情况；工程影响的现实受损者和潜在受益者人口情况，人口迁移情况。

2) 民俗宗教：工程影响区民族组成、宗教信仰、传统民俗。

(2) 国民经济。

1) 经济基础：工程影响区经济基础、国内生产总值、三次产业结构比例、人均 GDP 等；农、林、牧、副、渔业布局及结构，主要农副产品产量的历史变化情况、农村经济收益统计、农牧民人均纯收入等；工矿企业性质、数量、产值、利税及发展情况等，地区未来经济规划。

2) 需求水平：受益区对拟建项目产出的需求（主要指电力能源），特别是评价区内目标区域社会经济发展对拟建项目产出的需求。

(3) 水土资源开发利用。调查工程影响区土地利用现状，垦殖系数，各类土地面积统计资料，土地利用规划等。调查工程影响区土地利用变化数据，重点关注城镇用地变化趋势，以及林地、草地、耕地等地类的变化情况。对工程建设开发可能影响的用水户，需对各用水户情况进行调查，包括取水方式、取水量、取水用途、取水设施型式、运行方式、取水口与工程的相对位置关系等。

3. 调查方法

采用收集资料和实地调查相接合的调查方法。以收集资料为主，当所收集的资料不能完全满足要求时，辅以一定的现场调查。

2.2.2.2 人群健康

1. 调查范围

调查范围包括库区、库周、施工区和移民安置区。进行环境流行病学调查时应设立对照区，遵循对比调查的原则。对照区一般是除评价区外的本县或本乡地区或专设的同步调查对照地区，观察点应设在评价区域内的环境医学条件较复杂或现成资料不能满足评价要求、需重点收集定性或定量资料的区域。

2. 调查内容

(1) 自然疫源地调查。其调查内容主要包括：自然疫源地的流行史、原因和规律调查；自然疫源地动物的种群、数量、密度、孳生地类型、活动时间、范围、强度；影响疫源地的自然因素，如日照、降水量、气温、湿度、地貌、土壤性质、海拔高度、植被类型、社会经济状况、居民数量、分布、组成等，估计发展趋势和规模；必要时还要对当地动物宿主的病原体进行直接检查和分离，或用血清学、动物实验方法检测。

自然疫源地带的外界环境，可因自然因素、社会因素（如人工湖泊、水库兴建）的影响而改变，自然疫源地带的范围也随之扩大或缩小。

（2）环境卫生调查。其应与水环境、土壤环境等现状调查相结合，调查内容包括工程影响范围内化学性污染源分布及其在环境介质中的水平变化，有毒重金属或非金属元素及其化合物、农药、放射性物质，以及某些生命活动必需的微量元素如碘、硒、钼、锌等在土壤中的分布情况。

（3）人群健康状况调查。其主要调查环境致病因素对人群健康的作用，以健康状况指标衡量，包括发病率、感染率、现患率、死亡率、病死率等指标。具体参见《水利水电工程环境影响医学评价技术规范》（GB/T 16124）相关规定。

3. 调查方法

常采用调查法，即收集资料法。收集资料的要求应符合 GB/T 16124 相关规定。

地理、气象、环境资料可从当地县志办公室、地质矿产局、气象局、环境保护局等部门收集；人口资料，自然疫源地，地方病流行区人口变动，传染病、地方病等的发病率、死亡率、畸胎发生率、医疗卫生资源、人群的生活习惯及卫生水平等资料，可从各级医疗机构、疾病控制中心、地方统计部门收集；化肥农药资料可从生产资料公司收集。

收集资料时必须注意以下问题：

（1）分区要求：区分评价区和对照区。

（2）年限要求：至少收集拟建工程影响地区内评价工作开始前 3～5 年连续的背景资料。

（3）层次要求：应特别重视收集与水利水电工程项目性质及地区特征有关的人群健康资料。根据工作条件可按两个层次进行：一般项目应着重收集环境医学的历史和现状资料，论证项目的可行性，得出选址、环境容量和人体污染负荷的定性结论；大型、特殊项目及处女地的开发应进行更加详细的调查，必要时应开展专题研究，注意收集流行强度较低、危害较大的疾病资料。

此外，还可采取观察、普查和抽查、专访和信访相结合的方法作为补充，具体参见 GB/T 16124 相关规定。

2.2.3 环境敏感区调查

2.2.3.1 调查范围

调查范围为工程影响区域，包括施工区、淹没区、移民安置区、输水沿线区、水文情势变化河段等。

2.2.3.2 调查内容

《建设项目环境影响评价分类管理名录》（环境保护部令第 2 号，2008 年，以下简称《名录》）所称环境敏感区，是指依法设立的各级各类自然、文化保护地，以及对建设项目的某类污染因子或者生态影响因子特别敏感的区域，主要包括：

（1）自然保护区、风景名胜区、世界文化和自然遗产地、饮用水水源保护区。

（2）基本农田保护区、基本草原、森林公园、地质公园、重要湿地、天然林、珍稀濒危野生动植物天然集中分布区、重要水生生物的自然产卵场及索饵场、越冬场和洄游通道、天然渔场、稀缺性缺水地区、水土流失重点防治区、沙化土地封禁保护区、封闭及半封闭海域、富营养化水域。

（3）以居住、医疗卫生、文化教育、科研、行政办公等为主要功能的区域，文物保护单位，具有特殊历史、文化、科学、民族意义的保护地。

除《名录》所指上述敏感区域外，还包括水产种质资源保护区。

1. 自然保护区

调查自然保护区基本概况，包括：保护区名称、类型、地理位置、分布范围；主要保护对象，这些保护对象对人类活动的敏感程度；保护区批准时间、主管部门、保护级别、保护要求；保护区规划、功能区划（核心区范围、缓冲区范围及实验区范围）。

调查保护区动植物资源现状，受保护动物物种、习性及分布，受保护植物的种群、群落结构、分布。调查受保护动植物受人类活动干扰、破坏及开发利用情况。

调查工程与自然保护区的相对位置和距离，工程对自然保护区的影响方式等。

2. 风景名胜区

首先调查风景名胜区规划概况，包括风景名胜区性质、范围及其外围保护地带、景区和其他功能区的划分，保护和开发利用风景名胜资源的措施等内容。

对于自然景观，还应调查景区内自然资源，景观的经济、艺术、美学、生态和医疗价值等；调查工程与自然景观的关系，即景观与工程建设区的相对位置和距离等。

人文景观调查，即调查名胜古迹、园林、重要的政治文化设施的位置、分布范围、建设年代、历史、政治、艺术、美学、经济价值等。调查工程与景观的相对位置和距离等。

3. 世界文化和自然遗产地

调查遗产地名称、所属类型、保护对象、分布及保护范围、保护要求、建设年代、当前保护及经营情况，历史、政治、艺术、美学、生态、经济、科研等价值，以及与工程的相对位置关系等。

4. 基本农田保护区

调查保护区范围、区内土壤质地、土层厚度、土壤肥力、种植结构、水源条件、农作物产量、工程占用面积等。

5. 饮用水水源保护区

调查保护区批准建立概况，保护区与工程的相对位置关系，水源地保护区划分情况、范围、面积，不同级别保护区保护要求，水源地水质保护要求，水源地当前保护情况等。

6. 森林公园

调查森林公园的位置、分布范围、植物资源、动物资源、水源补给、观赏价值，以及工程与森林公园的相对位置关系等。

7. 水产种质资源保护区

调查水产种质资源保护区的级别、面积、范围和功能分区，不同功能分区保护要求、主要保护对象，以及工程与水产种质资源保护区的关系，是否对保护区河流连通性或河湖连通性产生影响。

8. 重要湿地

调查湿地植被、湿地植物群落特征、湿地植物群落生物量、湿地植物群落第一性生产力、水禽种类和数量、爬行类、两栖类种类和数量、兽类种类和数量、鱼类种类和数量、水中底栖动物种类和数量、昆虫种类和数量等湿地生物要素；调查湿地土粒密度、湿地土壤有机质等土壤要素，以及地表水位、径流量、地下水位、水温等湿地水要素和湿地面积、湿地水源、湿地与工程的相对位置关系。

9. 其他敏感区

基本草原：调查草原分布范围、草地类型、保护对象、植被盖度、植物高度、植物群落第一性生产力、动物资源、水源补给，以及与工程的相对位置关系。

地质公园：调查公园地理位置、建立时间、分布范围、公园内景观类型、受保护地质景观的形成、发展和演变，与工程的关系。

天然林、珍稀濒危野生动植物天然集中分布区：调查分布区范围、区内野生动植物种类与数量、生物学习性，以及与工程的相对位置关系。

重要水生生物的自然产卵场、索饵场、越冬场和洄游通道、天然渔场：调查上述场所位置、分布范围、面积、水位、水深、水温、透明度、含氧量、流速、底质、河湖连通性，以及水生生物种类、数量及鱼类在其中的活动规律。

稀缺性缺水地区：调查缺水原因、缺水量以及产生的后果。

水土流失重点防治区：调查区域水土流失类型、现状水土流失量以及水土流失治理现状。

沙化土地封禁保护区、封闭及半封闭海域：调查其分布范围、保护要求，以及受人类活动干扰状况。

富营养化水域：调查富营养化水域的范围、富营养化类型、程度、原因、治理现状。

以居住、医疗卫生、文化教育、科研、行政办公等为主要功能区的区域：调查上述区域内分布情况及人口数量、环境功能区划分情况、保护要求、环境质量现状，以及与工程的相对位置关系。

文物保护单位：调查文物类别、年代、分布范围、文物内容、保护价值、保护级别、保护地带范围、当前保护情况、与工程的相对位置关系等。文物保护级别分为国家级、省级、市级和县级文物保护单位，以及不在保护之列的一般文物。

具有特殊历史、文化、科学、民族意义的保护地：调查其类型、分布范围、保护意义、保护级别、保护要求、当前开发及保护情况，以及与工程的相对位置关系。

2.2.3.3 调查方法

主要采用收集资料法。当所收集的资料不满足要求时，辅以现场调查。

2.2.4 历史资料调查

2.2.4.1 调查内容

调查收集工程建设区及其影响区自然环境和社会环境历史资料，分析其环境发展趋势。其中，自然环境主要分析水文水资源、水环境、陆生生态环境、水生生态环境发展趋势，社会环境主要分析社会经济发展趋势及方向。

2.2.4.2 调查方法

以收集资料为主，从农、林、牧、副、渔统计和环境保护等部门及相关科研成果中，收集能反映区域环境变迁的历史资料。

当工程影响区域较大，通过人力查勘较为困难或难以完成时，陆生生态发展趋势可采用遥感调查法，通过对历史遥感影像和现状遥感影像的解译对比，分析陆生生态发展趋势。

2.2.5 环境现状评价

2.2.5.1 自然环境现状评价

1. 水环境质量评价

（1）地表水环境质量评价。

1）评价因子及其数值的确定。

a. 评价因子的确定。评价因子从所调查的水质参数中选取。根据污染源调查、水质现状调查与水质分析结果，选择其中与工程有关的重要污染物和对水环境危害较大或国家、地方要求控制的污染物作为评价因子。评价因子的数量须能反映水体评价范围的水质状况。

b. 评价因子实测统计代表值获取的方法。评价因子实测统计代表值获取的方法一般有极值法、均值法和内梅罗法。一般情况下采用均值法，但若该水质参数变幅较大，且有一定的监测数据量，为了突出极值的影响可采用内梅罗值。

2）评价方法。水质评价方法采用单因子指数评价法，推荐采用标准指数。单因子指数评价能客观反映水体水环境质量状况，可清晰地判断出评价水体的污染状况。其计算公式见 HJ/T 2.3—93 第 7.3.2 节“单项水质参数评价方法及其推荐”。

若水质参数的标准指数大于 1，表明该水质参数超过规定的水质标准，已不能满足目标要求。

3）现状评价。把所有评价因子的标准指数值进行整理归纳，用表格或文字叙述的方式对水质现状进行评价，确定水环境本底质量状况，以及能否满足水功能区划和水环境功能区划对评价水域的水质目标要求。

（2）地下水环境质量评价。

1）评价因子及其数值的确定。

a. 评价因子确定。评价因子包括 pH 值、氨氮、硝酸盐、亚硝酸盐、挥发性酚类、氰化物、砷、汞、铬（六价）、总硬度、铅、氟、镉、铁、锰、溶解性总固体、高锰酸盐指数、硫酸盐、氯化物、大肠菌群，以及反映工程影响区域地下水水质问题的其他项目。

b. 评价因子数值的确定。用两次以上的水质分析资料进行评价时，可分别进行地下水质量评价，也可根据具体情况，使用全年平均值和多年平均值，或分别使用多年的枯水期、丰水期平均值进行评价。

2）地下水环境质量评价。地下水质量评价以地下水水质调查分析资料或水质监测资料为基础，可分为单项组分评价和综合评价两种。具体参见《地下水质量标准》（GB/T 14848—93）“6 地下水质量评价”内容。

2. 陆生生态系统结构与功能评价

从自然系统的生产能力、稳定状况、区域景观环境功能状况三方面综合分析评价评价区生态系统结构与功能状况。

（1）自然系统生产能力分析。

1）自然体系的本底生产能力。其分析可采用周广胜、张新时（1995）根据水热平衡联系方程及生物生理生态特征建立的自然植被净第一性生产力模型。该模型以生物温度和降水量两个重要的生态因子为参数，可较为准确地测算区域自然植被的净第一性生产力。其表达式见式（2.2－5）。

$$NPP = RDI^2 \frac{r(1+RDI+RDI^2)}{(1+RDI)(1+RDI^2)} \times \exp(-\sqrt{9.87+6.25RDI})$$

$$RDI = (0.629+0.237PER-0.00313PER^2)^2$$

$$PER = PET/r = BT \times 58.93/r$$

$$BT = \sum t/365$$

或 $$BT = \sum T/12 \tag{2.2-5}$$

式中 NPP——自然植被净第一性生产力，t/(hm² · a)；

RDI——辐射干燥度；

r——年降水量，mm；

PER——可能蒸散率；

PET——年可能蒸散量，mm；

BT——年平均生物温度，℃；

t——小于 30℃与大于 0℃的日均值，℃；

T——小于 30℃与大于 0℃的月均值，℃。

依据整理的气象资料，利用式（2.2－5）计算评价区自然植被净第一性生产力，将计算结果与奥德姆生态系统等级划分进行对照，确定评价区生态系统等级。奥德姆（Odum，1959）将地球上生态系统净生产力的高低划分为最低［小于 0.5g/(m² · d)］、较低［0.5～3.0g/(m² · d)］、较高［3～10g/(m² · d)］、最高［10～20g/(m² · d)］四个等级。

2）自然体系背景的生产能力。根据调查和卫片解译，结合评价区地表植被覆盖和植被立地条件，将评价区植被划分为不同的类型，根据现场测量结果，结合当地林木蓄积量、农作物产量等，估算各植被类型平均净生产力。根据评价区各植被类型面积和平均净生产力状况，统计出评价区现状平均净生产力状况，并与本底状况进行比较，分析其背景生产能力的维护状况。

（2）自然系统稳定状况分析。从系统对干扰反应的意义上定义，自然体系的稳定状况包括两种特征，即阻抗和恢复。阻抗是系统在环境变化或潜在干扰时反抗或阻止变化的能力，它是偏离值的倒数，大的偏离意味着阻抗低。而恢复（或回弹）是系统被改变后返回原来状态的能力，一般用返回所需要的时间来衡量。

1）恢复稳定性。生态体系的稳定性与不稳定性的关系是辩证的，稳定是暂时的、相对的。生态系统的稳定是系统围绕中心位置的波动。生态体系由具备不同稳定性和不稳定性的元素构成，有三种基本的稳定元素类型：

a. 最稳定元素，如岩石、道路等，它们具有物理系统的稳定性，光合作用的表面积小，储存于生物体中的能量也很少。

b. 低亚稳定性元素，代表恢复稳定性，有较低的生物量和许多生命周期短暂但繁殖快的物种和种群。

c. 高亚稳定性元素，代表阻抗稳定性和恢复稳定性，具有较高的生物量和生命周期较长的物种和种群，如树木、哺乳动物。

第一种元素是封闭系统，而第二、第三种元素属于开放系统。

通常采取度量植物生物量的方法判定生态体系的恢复稳定性。如果评价区植被生物量高，则其恢复稳定性强；反之则弱。

2）阻抗稳定性。阻抗稳定性与树木、哺乳动物等高亚稳定性元素的数量、空间分布及其异质化程度关系密切，通常用自然体系内植被异质性程度来度量。

异质性是指在一个区域里（景观或生态系统）对一个种或者更高级的生物组织的存在起决定作用的资源（或某种性状）在空间或时间上的变异程度（或强度）。景观以上的自然等级体系都需要有高的异质性，异质性使人类生存的生态体系具有长期的稳定性和必要的抵御干扰的柔韧性。异质化程度高时，当某一特定嵌块是干扰源，相邻的嵌块就可能形成了障碍物，这种内在异质化程度高的生态体系或组分很容易维护自己的地位，从而达到增强生态体系抗御内外干扰、增强该体系生态稳定性的作用。

由于异质性的组分具有不同的生态位，给动物物种和植物物种的栖息、移动以及抵御内外干扰提供了复杂和微妙的相应利用关系，因此植被的异质性决定了自然体系的阻抗稳定性。评价区域植被异质性高，则其阻抗稳定性强，反之则弱。

（3）区域景观生态体系现状质量评价。对生态体系空间结构合理程度的判断可从对背景地域（景观系统中称作模地的组分）的判定入手。背景地域是一种重要的生态体系组分，在很大程度上决定着生态体系的性质，对生态体系的动态起着主导作用。

判定背景地域（模地）有三个标准，即相对面积要大、连通程度要高、具有动态控制作用。背景地域的判定方法较多，这里采用传统生态学中计算植被重要值的方法判定生态体系中某一类拼块在体系中的优势，也叫优势度值。

优势度值（D_o）由三种参数计算而出，即密度（R_d）、频率（R_f）和景观比例（L_p）。计算的数学表达式如下：

$$R_d=\frac{\text{拼块 } i \text{ 的数目}}{\text{拼块总数}}\times 100\%$$

$$R_f=\frac{\text{拼块 } i \text{ 出现的样方数}}{\text{总样方数}}\times 100\%$$

以 1km×1km 为一个样方，对景观全覆盖取样，并用“t—分布点的百分比表”进行检验。

$$L_p=\frac{\text{拼块 } i \text{ 的面积}}{\text{样地总面积}}\times 100\%$$

$$D_o=\frac{(R_d+R_f)/2+L_p}{2}\times 100\%$$

上述分析同时反映自然组分在区域生态环境中的数量和分布，因此能较准确地表示生态环境的整体性。

对评价区各类拼块优势度值进行统计，结果列于表 2.2-1。根据统计结果，判断评价区的模地为哪种景观类型，从而对评价区生态体系空间结构合理程度进行评价。

表 2.2-1　评价区主要拼块类型优势度值

拼块类型	R_d（%）	R_f（%）	L_p（%）	D_o（%）
林地				
草地				
耕地				
水域				
道路和建筑用地				
难利用土地				

（4）陆生动植物评价。

1）陆生动物评价。

a. 两栖类动物现状评价。

a）种类：列表说明评价区两栖动物种类的目、科、属、种名录，分析优势种占评价区两栖动物总数的比例，列出属于国家和省级重点保护种类的清单。

b）数量：为表示动物种类数量的丰富度，采用数量等级法。

c）数量等级法：若某动物种群在单位面积内的数量占所调查动物总数的10%以上，则该物种为当地优势种，用“+++”表示；若某动物种群占调查总数的1%～10%，则该物种为当地普通种，用“++”表示；若某动物种群占调查总数的1%以下或仅见1只，则该物种为当地稀有种，用“+”表示。

人为干扰现状主要是对可食用的种类，如虎蚊蛙、大鲵、青蛙等捕获和养殖情况作出评价。

b. 爬行类动物现状评价。

a）种类：列表说明评价区爬行动物种类的目、科、属、种名录，分析优势种占评价区爬行类动物总数的比例，列出属于国家和省级重点保护种类的清单。对毒蛇的种类和分布要有明确的说明。

b）数量：采用数量等级法。

c. 鸟类现状评价。

a）种类：列表说明评价区鸟类的目、科、属、种名录，并分析优势种占评价区鸟类总数的比例，列出属于国家和省级重点保护种类的清单。对居留型的种类和分布要有明确的说明。

b）数量：采用数量等级法。

d. 兽类现状评价。

a）种类：列表说明评价区兽类的目、科、属、种名录，并分析优势种占评价区兽类总数的比例，列出属于国家和省级重点保护种类的清单。对与人类生活联系紧密的种类和分布要有明确的说明。

b）数量：采用数量等级法。由于在野外短期的调查不足以说明该地区兽类资源的数量，可采用评价区历年调查的兽类数据。

e. 珍稀濒危动物现状评价。

a）种类：列表说明评价区属于国家和省级重点保护种类的清单。对分布和保护等级要有明确的说明。

b）数量：采用数量等级法。

2）陆生植物评价。

a. 植物区系。通过对评价区域植物区系调查及对历年积累的植物区系资料的系统整理，统计评价区域内植物的科、属、种，并与评价区所在区域和全国的植物资源进行对比分析。

属的分布区是指某一属在地表分布的区域。属在植物区系研究中作为划分植物区系地区的标志或依据。植物区系共有 15 个类型，见表 2.2-2。

表 2.2-2　植物区系分布区类型

分布区类型	属数	占属总数	属内种数	占总种数
一、世界分布				
二、泛热带分布				
三、热带亚洲和热带美洲间断分布				
四、旧世界热带分布				
五、热带亚洲至热带大洋洲分布				
六、热带亚洲至热带非洲分布				
七、热带亚洲分布				
八、北温带分布				
九、东亚和北美洲间断分布				
十、旧世界温带分布				
十一、温带亚洲分布				
十二、地中海、西亚至中亚分布				
十三、中亚分布				
十四、东亚分布				
十五、中国特有分布				
总　　计				

对以上植物区系进行分析，并总结出占优势的区系成分；对起源古老的成分，尤其是单种科和单种属的种类要仔细统计。世界性单种科、单种属是区系起源古老的标志，世界性少型属（全世界仅有 2～6 种）一般为古老或残遗的类群，对这些类群要区分是野生还是栽培，这些资料将作为确定环境敏感受体的依据。世界分布和外来物种的统计工作对影响评价有极为重要的作用。

b. 植被。

a）森林覆盖率。评价区内的森林覆盖率是评判其生态环境质量的重要指标。如果有遥感影像，可通过计算得出评价区的森林覆盖率；如果没有遥感影像，一般在县志、市志和当地农业区划等资料上找到森林覆盖率的数据，但因资料的时限性和区域性，应在实地调查后核实。

b）植被类型的确定。评价区植被类型的划分是根据群落的特征，通过比较它们之间的异同点，将各种植物群落按照《中国植被》（吴征镒，科学出版社，1980 年）中自然植被的分类系统划分出不同的植被类型。评价区的植被一般应划分为植被型组、植被型和群系。植被类型的描述主要是在群系级别上进行评价，对群落结构、种群特点、样地的自然特征、群落的人工干扰现状均应进行较完整的描述。对评价区内的农业植被要十分关注。

c）植被的垂直分布规律描述。

d）评价区植被演替规律描述。

3. 自然资源状况评价

（1）水资源状况评价。水资源状况评价一般包括水资源数量评价、水资源质量评价、水资源利用评价及综合评价。水资源数量评价应对水汽输送、降水、蒸发、地表水资源、地下水资源、总水资源等进行评价。水资源质量评价应对河流泥沙、天然水化学特征、水污染状况等进行评价。水资源开发利用及其影响评价应对现状水资源供用水情况、存在问题、水资源开发利用对环境的影响等进行分析评价。

（2）土地资源状况评价。

1）土地资源评价。土地资源评价应首先对评价区各类型土地资源的适宜性作出评价，在此基础上对各类型土地资源的生产能力（应是该类土壤在自然条件下的生产能力）作出评价，最后结合对各土地资源类型实际生产状况的调查结果评价土地资源的使用效率和使用程度。

2）土地利用现状评价。土地利用现状评价应在大的空间尺度下，遵循生态完整性的原则，对评价区现状土地利用格局是否符合土地资源适宜性评价的结果、是否满足维持生态完整性和稳定性的要求进行定性或定量的评价。土地利用现状评价可与生态完整性和稳定性评价相结合。

4．水生生态系统结构和功能评价

（1）水生生境结构评价。水生生境现状评价主要包括河流空间物理结构特点、水文情势、水体理化特性等的综合评价。重点关注调查水域微生境特点，河流上、下游和干支流连通性特征，水文过程与变化节律，生源要素的汇聚、滞留与输出，水温的时空变化节律，并综合评价其生态学意义。从流域的角度，系统分析生境多样性特征与特异性生境，分析生境多样性受损的程度及其受损原因。

微生境评价的主要指标：

1）河流蜿蜒性指标：可用河流弯曲度指标表示。河流弯曲度

$$K_a = L/l$$

式中 K_a——弯曲度；

L——河段实际长度；

l——河段的直线长度。

弯曲系数 K_a 值越大，河段越弯曲。保持河流适宜的蜿蜒性，有利于生境保护。

2）河网密度指标 D：单位流域面积上的河流总长度，公式表示为式（2.2-6）。

$$D = \frac{L}{A} \qquad (2.2-6)$$

式中 D——河网密度指标；

L——流域内河流总长度；

A——流域总面积。

河网密度越大，河流微生境复杂度越高。

3）江心洲（滩）面积比指标 C：江心洲（滩）在河段中的面积越大，则缓流、激流、回流出现的情况越多，同时底质的多样性也越高。其公式为

$$C = a/A$$

式中 a——评价江段江心洲总面积；

A——评价江段河道内水域面积。

4）断面水力半径指标：表示横断面不均匀程度和横向联通程度的指标。其公式为

$$R = A/L$$

式中 A——不同频率流量下的横断面面积；

L——湿周，即水面以下的横断面与固体边界交线的长度（不含水面宽度）。

（2）鱼类资源现状评价。综合分析调查水域鱼类种类组成、区域分布、基础生物学特点，鱼类主要生态类型及其生态习性，重要鱼类关键栖息地及其洄游规律，特别是产卵场的位置、范围、生境特征、规模等，评价不同河段、干支流渔获物的差异与特点，利用鱼类生物完整性指数分析调查水域鱼类资源状况，综合评价调查水域鱼类资源现状、演变趋势、存在的问题和影响因素，从流域层面分析评价河段、重要支流鱼类资源特点及其在流域生态系统中的功能定位。

（3）其他水生生物现状评价。在各调查断面种类组成、现存量、多样性指数、相似度指数等基本信息的基础上，综合评价调查水域的水生生物种类组成、分布和资源及其演变特点，并对影响因素进行综合分析，特别关注特异性样点。多样性指数、相似度指数计算公式如式（2.2-7）。

申农—威弗（Shannon-Weaver）多样性指数

$$H = -\sum_{i=1}^{s} P_i \ln P_i \qquad (2.2-7)$$

式中 H——生物多样性指数；

s——种数；

P_i——样品中属于第 i 种的个体比例，如样品总个体数为 N，第 i 种个体数为 n_i，则 $P_i = n_i/N$。

Jaccard 相似性指数

$$S = c/(a+b-c)$$

式中 S——相似性指数；

c——两个群落共有的种数；

a、b——每个群落的种数。

（4）水生生物资源评价。

1）鱼类资源评价。列表说明评价区各种类鱼类的目、科、属、种名录，注明属于国家和省级重点保护鱼类、特有鱼类和主要经济鱼类。统计评价区渔获量、单位捕捞努力量的渔获量，分析渔获物的组成结构、主要渔获对象及其数量、重量比例，最小捕捞个体以及补充群体、剩余群体所占比例。

2）其他水生生物资源评价。列表说明评价区浮游生物、底栖动物、水生高等植物种类的目、科、属、种名录以及现存量（密度、生物量），注明属于国家和省级重点保护的、特有的和具有重要经济价值

的物种。

(5) 水生生境评价。

1) 水生生境阻隔评价。

2) 河流水文情势、水温水质变化等对饵料生物和其他水生生物的评价，对鱼类及其繁殖、索饵、越冬、洄游的评价，对鱼类“三场”的影响分析，对鱼类种群资源的评价。

(6) 水生生态。

1) 鱼类生境保护状况 C_{b-10}：指在规划或工程影响区域内鱼类物种生存繁衍栖息地的状况，可通过流速、水深、水面宽、过水断面面积、湿周、水温等水力参数及急流、缓流、深潭、浅滩等水力形态参数表征。

2) 珍稀水生生物存活状况 C_{b-3}：指在工程影响区域内，珍稀水生生物或者特殊水生生物在河流中生存繁衍、物种存活质量与数量的状况。

5. 环境空气质量评价

(1) 评价因子确定。根据评价区环境空气污染状况、环境空气保护目标、工程排污特征和环境空气质量标准等确定评价因子。

(2) 评价方法。根据当地环境空气监测资料和补充监测数据，按评价规范和评价标准的要求，采用单项质量指数法等方法，对受影响区域环境空气的现状质量进行评价，确定环境空气本底质量状况。

6. 声环境质量评价

(1) 评价因子的确定。根据当地声环境监测资料和补充监测数据，按评价规范和评价标准的要求，对影响区域声环境质量现状进行评价，确定声环境质量状况。根据评价区声环境保护目标和工程噪声排放特征确定评价指标。

声环境的评价量为等效连续 A 声级（L_{Aeq}），较高声级的突发噪声评价还应增加最大 A 声级（$L_{A\max}$）及噪声持续时间。噪声源的评价量有倍频带声压级、总声压级、A 声级或声功率级等。

(2) 评价方法。声环境现状评价包括噪声源现状评价和声环境质量现状评价，其评价方法是对照相关标准评价达标或超标情况并分析其原因。

(3) 现状评价。噪声源现状评价应当就评价范围内现有噪声源种类、数量及相应的噪声级、噪声特性等进行分析评价。

声环境现状评价应明确噪声敏感区的分布情况、噪声功能区的划分情况等，评价受影响区域的环境噪声现状，包括各功能区噪声级、超标情况等；各边界的噪声级、超标情况等，并应特别说明受噪声影响的人口分布。

声环境现状评价结果应当尽量用图、表来表达，以说明主要噪声源位置、各边界测量点位置和环境敏感目标测量点位置，并给出相关距离和地面高差。

2.2.5.2 社会环境现状评价

1. 评价内容

(1) 评价调查区社会经济发展水平及其在区域社会经济发展中的地位和作用；评价调查区自然资源开发利用程度、社会经济发展瓶颈；评价调查区水资源利用现状水平。

(2) 重点评价移民安置区宗教信仰、社会稳定状况，人群健康及医疗卫生、文化教育水平，以及社会环境容量，包括文化教育、医疗卫生、公共设施等公共资源容纳量。

(3) 评价调查区自然景观、人文景观、文物及其他具有保护意义的社会经济文化活动遗址遗迹的开发水平及保护状况。

2. 评价方法

以收集资料为主，当所收集的资料不满足要求时，辅以一定的现场走访调查评价。

2.2.5.3 敏感区域现状评价

1. 自然保护区

对保护区生态系统的整体性、可持续性、自然性、原始性、荒野性进行评价，分析其保护对象是否得到有效保护。

2. 风景名胜区

对风景名胜区的经济、艺术、美学和医疗价值或历史价值、政治价值、生态价值等进行评价。

3. 世界文化和自然遗产地

对世界文化和自然遗产地的完整性、真实性和历史、政治、艺术、美学、生态、经济、科研等价值，以及当前保护情况进行分析评价。

4. 基本农田保护区

评价基本农田保护区生产能力、社会经济效益，分析其是否符合法规规定的保护要求。

5. 饮用水水源保护区

评价水源保护区水质，分析其是否满足水源地水质保护要求；评价不同级别保护区保护现状。

6. 森林公园

评价森林公园的生态系统结构与功能维持现状、生物多样性现状，分析森林资源保护现状。

7. 水产种质资源保护区

评价水产种质资源保护区不同功能区的环境现状、保护现状，包括水温、水质、河流连通性、河湖连通性等，以及主要保护对象的现状。

8. 重要湿地

评价湿地生态系统结构与功能维持现状、水平衡现状、生物多样性现状、重要生物种现状、珍稀濒危生物现状、水质现状、底泥成分等，分析湿地生态系统能否发挥其环境功能。

9. 其他敏感区

对其他敏感区的环境质量现状、保护状况以及与保护要求的相符性进行分析评价。

2.3 工程分析与环境影响识别

2.3.1 工程与规划协调性分析

工程是规划的具体实施，工程与规划协调性分析的目的在于：结合工程与规划的关系，从宏观上对工程建设活动与环境的关系进行初步分析，论证工程自身目标的可达性，以及是否符合可持续发展目标要求。分析时，应分辨规划类别，明确分析的内容。

2.3.1.1 工程与全国主体功能区规划的协调性分析

判断工程建设涉及区域在《全国主体功能区规划》中所属的区域类型，判断工程建设开发是否符合该类区域的功能定位和发展方向，以及是否符合限制开发区域和禁止开发区域的相关限制及管制要求等，判断工程建设是否符合水资源开发利用限制性要求及控制发展目标。

2.3.1.2 工程与流域规划及专项规划的协调性分析

阐述与水利水电工程相关流域规划及专项规划的关系，分析工程与规划的相容性、协调一致性，判断工程是否符合流域或专项规划总体目标，是否导致规划修改或影响区域可持续发展。不同类型水利水电工程应分类别分析与下述流域及专项规划的协调性（见表2.3-1）。

表 2.3-1 不同类型水利水电工程与相关规划（区划）的协调性

序号	工程类型	相关规划（区划）
1	综合利用水利工程	流域规划
		水资源开发利用规划
		水力发电规划
		防洪规划
		水功能区划
2	水电工程	流域规划
		水力发电规划
		水功能区划
3	灌溉工程	流域规划
		灌溉规划
		水资源开发利用规划
		水功能区划
4	供水工程	流域规划
		水资源开发利用规划
		供水规划
		跨流域调水规划
		水功能区划
5	治涝工程	流域规划
		治涝规划
		水功能区划
6	围垦工程	流域规划
		水功能区划
7	防洪工程	流域规划
		防洪规划
		水功能区划

分析工程所在流域的自然地理和社会经济、水资源时空分布特点、开发利用与保护管理状况及目标，说明工程在流域规划及专项规划中的地位和作用，判断与规划的协调性，分析工程与规划阶段确定的规模、选址、开发任务及方式等的差异，给出标明工程所在位置的流域（区域、河段）规划示意图。如流域规划及专项规划进行环境影响评价，分析工程与环境影响评价提出的优化方案的一致性和相符性，以及是否符合规划环境影响评价提出的相应环境保护要求，是否影响重要环境保护对象。

分析工程与“水功能区划”的协调性，判断工程建设开发是否影响涉及水体在“水功能区划”中确定的水质目标。

经分析，应对与规划不相协调的工程设计规模、选址、开发任务及方式等进行调整。

2.3.1.3 工程与生态环境保护规划（区划）的协调性分析

阐述工程与全国自然保护区规划、全国生态规划、当地相关环境功能区划、生态功能区划、环境保护规划的符合性。分析工程与相关生态环境保护规划的相容性、协调性，判断工程是否符合规划确定的生态环境保护目标，是否符合规划、区划环境功能，是否影响重要的规划保护对象，是否导致相关规划修改或影响区域可持续发展。

2.3.1.4 工程与区域经济社会发展规划的协调性分析

阐述工程与区域经济社会发展规划的协调性。分析工程开发建设任务与当地社会经济发展规划所确定的经济社会发展指导思想、总体思路、预期目标、相关要求的一致性，是否有助于社会经济发展目标的实现。

此外，还应注意工程对外交通道路建设与相关交通规划的符合性，工程移民安置规划与城镇建设规划的符合性，以及工程建设所导致的土地利用方式变化与土地利用规划的符合性。在工程对外交通和移民安置规划时，尽可能结合地方交通规划和城镇建设规划统一考虑。

2.3.2 工程设计方案环境合理性分析

水利水电工程设计方案是决定工程产生环境影响的核心内容，科学合理地制定工程开发方式、工程位置（如坝址、厂房、施工场地位置等）是缓解和减小工程产生环境影响的关键性措施。对不同设计方案进行环境合理性分析和比选，力求提供满足社会经济发展要求且所带来的环境负效应最小的设计方案，维护区域可持续发展。

2.3.2.1 工程开发方式环境合理性分析

实现同一开发任务的工程，其开发方式有多种，不同开发方式对环境的影响方式不同，所产生的环境影响范围、影响性质及影响程度迥异。在对工程建设直接和间接影响区环境现状调查及环境承载力分析的基础上，分析工程开发利用程度的环境合理性，主要分析内容如下：

（1）分析工程开发的环境制约性因素。

（2）分析不同开发方式对资源环境的开发利用程度，即工程开发不可超出当地资源环境承载能力。

（3）分析预防或减轻环境影响需采取的措施，及措施的有效性、可行性。

（4）客观提出环境合理的工程开发方式结论。

2.3.2.2 工程设计方案环境合理性分析

工程设计方案环境合理性分析包括工程选址方案、调度运行方案等的比选。要求在详细分析不同工程设计方案，比较其设计目标、功能要求、规模形式等对其所在区域或流域环境可持续发展影响程度的基础上进行优选，为工程提供环境合理的设计方案。

工程设计方案环境合理性分析需结合一般的环评方法对其环境影响进行初步比选、论证，在诸多方面构建准确的量化指标，保证结果的客观性和科学合理性，为确定最佳工程方案提供科学依据。

工程选址主要由规划确定，并主要在规划环境影响评价中论证其环境合理性。对于尚未进行规划环评的工程则应作选址合理性论证。

工程设计方案环境合理性分析主要包括以下内容。

1. 工程选址对敏感目标影响分析

工程选址要求有效地保护环境敏感目标，减少或消除对敏感目标的影响。

在选址的环境合理性论证中，敏感目标保护是必不可少的重点内容，工程设计中一般应采取避让措施，不可避让的则须对工程建设可能对敏感目标的影响进行细致的调查与评价。

对敏感目标影响的论证与评估主要包括：①明确环境敏感目标的性质、法律地位、规划目标与保护要求等；②准确描述建设项目与敏感目标的相对关系，分析评价建设项目对敏感目标的影响性质与程度；③详细论述环保措施及措施的有效性、可行性；④深入研究生态监测与持续管理策略。

对于不同类型和性质的敏感目标，所评价的重点和所采取的措施应当具有针对性。

2. 工程调度运行方案的环境合理性分析

根据工程运行调度改变水资源分配和建筑物阻隔影响，分析工程运用和运行引起水文泥沙情势的变化，进而对生态环境产生的影响。

水工建筑物可能阻隔水生生物的通道，影响或破坏其生境，特别是对洄游性鱼类将可能造成毁灭性的破坏。建筑物阻隔包括阻隔方式、阻隔影响程度等。

水利水电工程的调度方式包括：水库初期蓄水调度、防洪调度、发电调度、灌溉调度、供水调度等，一般这些调度方案主要是为工程开发功能服务的，通过人为调度改变了河流和水域的天然水文条件和水资源的时空分布，将对水域生态环境产生深远的影响。因此，工程分析应根据工程对不同频率来水的调节作用、水库调节性能，分析调度运行过程中的水文情势变化，关注各水期流量分配和变化，以及最小下泄流量是否满足要求，分析主要的生态环境影响因素，为下一步环境影响预测和提出生态调度改进方案奠定基础。

3. 从环境角度提出推荐方案

在方案环境比选分析的基础上，提出环境优化的工程方案，包括优化的工程选址方案、工程布置方案、工程运行或运用方案等。在后面的预测评价章节中，根据原方案和优化的方案分别进行定量的环境影响预测与评价，进一步评价方案的环境影响。

2.3.2.3 工程施工方案环境合理性分析

工程施工方案环境合理性分析包括工程施工生产生活设施设置、“三场”设置（即取土场、弃渣场、采石场），以及施工道路设置的环境合理性分析。

环境合理性分析主要论证各施工场地设置是否处

于自然保护区、风景名胜区、世界文化和自然遗产地等敏感区域；是否影响重要资源（如基本农田、特产地、重要矿产等）；是否置于环境风险地段（如崩塌、滑坡、泥石流处及泄洪通道、大风通道等环境不稳定的地段）；是否影响环境保护目标，是否易于景观恢复、植被恢复、土地恢复利用等，运输通道是否穿越不宜穿越地区（如城区、集中居民区、医院、学校等），是否对重要动物迁徙造成阻隔等。

在上述分析的基础上，给出环境合理的施工方案，或明确提出调整及保护措施要求。

2.3.2.4 移民安置环境合理性分析

移民安置区应避让自然保护区、风景名胜区、世界文化和自然遗产地等敏感区域。

对未触及上述区域的移民安置区，在安置区环境容量计算分析的基础上，评价工程移民安置方案的环境合理性，需对安置区土地资源、水资源开发的环境合理性做进一步分析，是否符合维护生态平衡、实现生态良性循环的要求，移民居住区是否能满足环境质量要求。分析的主要内容有土地人口承载容量分析、水资源承载容量分析、三次产业移民环境容量分析等。

在上述分析的基础上，给出工程移民安置规划的合理性评价结论，提出移民安置优化方案。

2.3.3 工程分析

工程分析是工程环境影响评价的基础工作，是从环境评价角度分析确定工程开发活动对环境的影响源、影响方式、影响性质及影响程度等。

2.3.3.1 目的

对工程建设活动与环境的关系进行初步分析；确定工程对环境的作用因素或影响源；分析工程作用因素与受影响的环境要素之间的关系；为影响识别和预测评价提供依据。

2.3.3.2 对象

主要有工程施工、淹没占地、移民安置、工程运行等。根据工程类型进行选择，重点分析工程作用因素或影响源与受影响的环境要素（因子）的关系。

特别关注工程对环境敏感区域（目标）的影响，在敏感区内和周围地区的工程活动需进行重点分析。

2.3.3.3 技术要求

（1）所有工程活动都纳入分析中。水利水电建设项目工程组成包括主体工程、辅助工程（施工导流、施工企业）、配套工程、公用工程（水、电系统）、储运工程（渣场、料场，施工交通及其他）和环保工程，某水库工程项目组成表见表 2.3-2。

表 2.3-2　某水库工程项目组成表

工程项目		工程组成
主体工程	挡水建筑物	常态混凝土双曲拱坝，最大坝高94m，坝顶弧长318m
	泄水建筑物	3个泄洪表孔、1个泄洪深孔（底孔）
	发电引水系统	系统总长709m，其中进口段长63m，发电洞长646m，包括引水渠、进口段、洞身段、高压管道、调压井、岔管和支管等。设计引水流量365.62m³/s
	电站厂房	岸边式地面主厂房、副厂房、主变压器、户内式开关站等
辅助工程	施工导流	上下游围堰、左岸导流隧洞
	施工企业	2个砂石料筛分系统、4个混凝土拌和站、4个综合加工厂、2个机械保养站等
公用工程	水、电系统	河道取水，共设1个永久泵站、5个临时泵站；自附近城市架设110kV输电线路，200kW柴油发电机备用
储运工程	料场、渣场	1个砂砾石料场、4处弃渣场
	施工交通	3条永久道路、2条永久交通洞、7条临时道路、0.56km临时隧洞，导流洞进口跨河临时钢桥，连接1号道路和2号道路跨河永久大桥
	其他	1座中心仓库，1座炸药库
办公及生活设施		新建施工生活区4处，新建工程管理站（施工期用于施工管理）
移民及安置规划		牧道8.4km
		搬迁安置130人，采取集中外迁安置方式；生产安置91人，开发1560亩土地安置

（2）全过程分析。一般分为工程施工期和正常运营期。

（3）依据充分，有针对性；要量化、有深度。紧密结合工程特点，根据工程布置、调度运用方式等，分析工程各部分及各环节对水文情势、水环境、生态等环境要求的影响源、影响方式等。

施工期，主要根据工程特性及工程量，分析废水、废气的类型、排放量和排放方式及其污染物种类、性质、排放浓度；工程基础开挖、砂石料开采及弃渣堆放方式、数量；噪声的特性及数值；施工交通线路、物流、车流量。分析上述影响源与环境的关系。

(4) 要思路清晰、重点突出。工程分析重点为影响强度大、范围广、历时长或涉及敏感区的作用因素和影响源。分析重点为水文情势、水环境和生态环境影响等。

2.3.3.4 主要内容与技术方法

1. 工程施工分析

根据施工组织设计，确定施工期的作用因素或影响源及其对环境的影响。在水利水电工程施工中，可能对环境造成影响的作用因素主要包括施工布置、对外交通、施工机械、施工占地、施工人员活动、弃渣处理等。工程施工将对水环境、声环境、大气环境、生态环境、水土流失、人群健康等产生影响。

(1) 水环境影响源。

1) 废污水类型。废污水包括砂石料冲洗废水、混凝土浇筑及养护的碱性废水、机械保养冲洗废水等生产废水和施工人员生活污水。如废水直接排放或处理不达标排放，将对施工江（河）段及下游水质产生一定影响。

a. 生产废水。主要有：

a) 砂石料加工冲洗废水：产生于砂石料加工系统运行过程，主要特征是悬浮物（SS）含量很高，排放方式为非连续性排放。

b) 混凝土碱性废水：工程施工过程中，混凝土拌和系统冲洗、混凝土块养护、浆砌石养护、现场浇筑后养护、模袋混凝土养护等产生的碱性废水。

c) 含油废水：主要产生于施工机械和车辆保养、清洗过程中，主要污染物指标包括COD_{Cr}、SS和石油类，排放方式为间歇排放。

b. 生活污水。施工人员生活污水，一般集中产生于施工营地，主要污染物有COD、BOD_5、NH_3-N和TP等。

2) 废水排放量计算。砂石料加工系统废水排放量、机械修配系统污水排放量、混凝土拌合、养护废水排放量一般按用水量的80%～90%计算。施工营地生活污水排放量按用水量的80%计算。

3) 废水特征参数。采用实测资料确定，如无实测数据可参考下列数值：

a. 砂石料加工系统废水悬浮物浓度根据料源和冲洗水量确定，一般在20000～90000mg/L之间。

b. 机械修配保养系统废水中主要污染物有石油类、COD_{Cr}和悬浮物，一般情况下污染物浓度指标为：COD_{Cr}25～200mg/L，石油类10～30mg/L，悬浮物500～4000mg/L。

c. 混凝土拌和冲洗废水及加水拌和时少量洒落水，主要污染物为悬浮物，浓度约5000mg/L，pH值9～12。

d. 施工营地生活污水主要污染物指标有COD_{Cr}、BOD_5、TP、粪大肠菌群等，各项污染物浓度低于城市生活污水，其中COD_{Cr}约为300～400mg/L、BOD_5约为100～200mg/L。

(2) 声环境影响源。水利水电工程施工区噪声主要来源于：固定、连续式的钻孔和机械设备产生的噪声；短时、定时的爆破噪声；移动的交通噪声。声级较高的噪声源主要分布于大坝基坑、导流明渠和地下厂房尾水渠施工区、砂石骨料加工系统、混凝土生产系统和主干道交通运输噪声。

1) 大坝施工区噪声。主要噪声源有钻孔与爆破、开挖与出渣、大坝浇筑与混凝土拌和等。

a. 钻孔开挖噪声：钻爆开挖过程中使用的各种钻机产生的噪声均大于90dB（A），最高值大于100dB（A）；各种运输车辆行使过程中产生的噪声也接近90dB（A）。

b. 爆破噪声：水利水电工程施工中爆破作业面主要有边坡、基坑、地下厂房开挖和料场开采。爆破噪声与爆破方式、单响装药量等有关。

c. 大坝浇筑与混凝土拌和噪声：混凝土拌和楼拌和作业，骨料制冷系统及冲洗、脱水、运输过程中等均产生噪声。拌和楼在未采取隔音降噪措施时，搅拌层噪声与出料口噪声实测值均大于90dB。与拌和楼配套的设备如圆筒振动筛、空压机、螺杆制冷压缩机在无隔音措施时噪声级分别为115dB、95dB、105dB。

2) 施工企业加工噪声。以砂石加工系统和机械加工厂为例，砂石加工系统生产工序一般包括粗碎、中碎、细碎、制砂、筛分、洗泥生产。例如，葛洲坝水电工程砂石料系统设备实测颚式破碎机、棒磨机噪声为95～115dB；湖南东江水电工程实测粗碎机、筛分楼噪声分别为94～98dB、114dB。

(3) 大气环境影响源。

1) 砂石加工系统。砂石加工系统排放的污染物主要是粉尘，在破碎、筛分和运输过程中均会产生粉尘污染。砂石加工粉尘排放系数在无控制排放的情况下一般为0.77kg/t产品，有控制情况下为0.3kg/t产品。

2) 坝基爆破与开挖。在开挖和填筑过程中会产生大量的粉尘；因开挖前需要使用大量的炸药，将产生CO、NO_2等污染物。传统的TNT单体炸药和铵锑混合炸药中的主要成分TNT（三硝基甲苯）为致毒、致癌、致突变物质，爆炸后污染物除CO、CO_2、NO外，还含有硝基成分，对人体及水体有很大的毒害作用。目前，大多数工程均已采用乳化炸药，如采用传统炸药，应提出改用环保乳化炸药的要求。乳化炸药爆炸后主要污染物为NO，另有少量的CO、CO_2、NO_2，爆炸过程中NO产生量一般取25L/（kg乳化炸药）计算。

粉尘的产生量，根据三峡工程分析，排放系数为12t/万m^3。

3）混凝土拌和系统。污染物主要是粉尘，主要产生自水泥运输和装卸及进料过程。在无防治措施情况下，粉尘排放系数为0.91kg/t；如采用全封闭拌和楼，粉尘排放系数为0.009kg/t。

4）交通运输系统。公路运输汽车燃油将产生CO、THC、NO_2、铅化物等废气；车辆在行驶过程中也会产生扬尘。根据扬尘排放强度和施工运输车辆的车次，可估算出施工道路扬尘的产生量。

（4）固体废物。

1）生产废渣。根据工程土石方平衡成果，确定工程弃渣量，给出工程土石方平衡表。

2）生活垃圾。施工营地生活垃圾一般为0.8～1.0kg/(人·d)。施工现场采用旱厕，粪便产生量约为0.8kg/(人·d)。

（5）生态环境影响源。主要有施工临时占地对土地资源的影响，施工活动对土壤、地表植被和野生动物的影响以及施工期产生水土流失等。

（6）其他。主要有施工期人群健康、当地交通、农牧业生产活动及沿江河各用水户等社会环境影响因素。

2. 工程占地分析

（1）占地类型分析。根据工程设计相应专业确定的工程淹没、工程永久征地和临时占地资料，分析占地类型，包括耕地、林地、草地、水域等。根据占用各类土地的数量，分析其占总占地的比例。其中，工程永久占地（包括水库淹没）与临时占地分别评价。

（2）占地利用方式变化分析。分析工程建成后土地利用方式发生的变化。重点对永久征地（包括水库淹没）的土地利用方式进行评价。

（3）占地对动植物影响程度分析。在了解当地生态系统现状的基础上，重点关注对环境敏感点的影响，是否导致物种消失或灭绝。其次是工程占地范围内动植物资源的损失，破坏野生生物生境情况，有无珍稀保护动植物；是否破坏生态系统的结构和稳定性等。

（4）占地与景观。工程占地会改变河谷地貌和自然景观，改变当地的地形、地貌，并形成新的景观。

（5）占地与社会环境。包括占地区社会经济结构、独特地域文化改变等。

3. 移民安置分析

（1）移民安置范围与方式。移民安置工程的范围，重点评价移民安置区的影响，包括后靠安置区和外迁安置区；就时间而言，涉及前期、搬迁安置期、恢复期和发展期。移民安置分析，重点分析移民安置方式与土地利用、植被、动物栖息地及社会经济的关系。确定各项移民安置活动影响源、影响方式和影响程度。

（2）农村移民安置分析。农村移民安置主要包括生活安置和生产安置。生活安置涉及移民房屋的建设、服务设施配套等内容。生产安置包括：①进行土地开发；②通过土地或草场调剂来实现移民生产需要；③以货币方式支付一定的资金购买移民现有生产资料。前两种安置方式还需进行必要的水利等基础或配套设施建设，以满足生产需要。

农村移民安置产生的环境影响主要有：

1）移民安置的环境适宜性。从环境保护角度分析移民安置选址是否符合环境保护要求。

2）扩大灌溉面积、进行房屋建设、配套相关的生产与生活设施所引发的土地利用方式的改变，以及由此引发的对自然生态的影响问题。

3）关注移民安置区的环境污染防治问题。对于外迁安置方式，移民新增的污废水、生活垃圾、固体废弃物等处置方式及影响分析。

4）移民安置的社会问题。对于调剂土地等安置方式，移民改变原有居民生产资料所带来的对原有居民生产影响问题；分配的土地对移民生产及生活条件的影响；多民族地区移民，还应关注移民之间、移民与原居民的民族风俗、生活习惯等差异所带来的社会影响问题。

（3）城（集）镇迁建分析。

1）明确城（集）镇迁建规模、地点，新增污染物排放方式和强度。

2）迁址环境适宜性分析。

3）迁建期各项施工活动与环境的关系，施工期引发水土流失影响。

4）城（集）镇形成后新增污染、人群健康问题。

（4）工业企业迁建分析。

1）明确搬迁企业性质、规模、数量和迁建方式。

2）迁建企业是否符合现行环境政策。

3）迁址的环境适宜性分析。

4）迁建设施的生态破坏影响及污染防治问题。

（5）专业项目改（复）建（指影响区道路、供电、通信等设施的迁建）分析。

1）需明确改（复）建规模、地点、施工方式。

2）选址、选线的环境适宜性分析。

3）迁建活动引起的生态破坏、水土流失，以及对当地出行、通信等的影响。

（6）水库库区防护工程分析。库区防护工程是为减少淹没土地采取的工程措施。主要分析工程运行风险，防护工程若不能达到设计要求，会在运行期对防护区内的居民生产生活产生影响，造成土地浸没、地下水位上升等问题。

4. 工程运行分析

（1）对区域水资源配置和水文、泥沙情势的影响。

1）工程实施对涉及区域水资源分配的影响分析。

2）结合工程特征和河流天然水文过程，进行工程实施后流量、水位、流速变化分析。

3）工程实施后泥沙冲淤变化分析，包括泥沙淤积速率、水库回水变动区泥沙淤积、坝下游和河口泥沙淤积及其对环境的影响分析。

（2）对水环境的影响。

1）因工程影响河段水文情势变化，河道水量增加或减少、入河污染负荷变化，从而引发工程影响河段水质变化的分析。

2）水库库区及下游河道水温沿程变化影响分析。

3）输水工程对沿线地下水环境的影响分析。

（3）对陆生生态环境的影响。

1）工程所在区域生态系统组成与服务功能影响分析。

2）对敏感目标的影响分析，包括因工程各类活动直接或间接影响引发的对所涉及各类环境敏感目标的影响分析，如自然保护区、风景名胜区、森林公园、基本农田保护区等敏感区域，天然河谷次生林草、河流湿地、珍稀陆生动植物等敏感目标等。

3）对工程所在区域现有生态的影响趋势分析。

（4）对水生生态的影响。

1）水生生境阻隔影响分析。

2）河流水文情势、水温水质变化等对饵料生物和其他水生生物的影响分析，对鱼类及其繁殖、索饵、越冬、洄游的影响分析，对鱼类“三场”的影响分析，对鱼类种群资源的影响分析。

（5）对社会环境的影响。

1）对区域社会经济的影响分析。

2）区域人群健康影响分析。

3）其他社会环境因素影响分析。

5. 各类水利水电工程分析重点

（1）综合利用水利工程。

1）工程各项调度运用过程对水文情势的影响，重点是流量的削减、各水期流量分配的变化以及最小下泄流量变化，重点关注下泄流量能否满足闸（坝）下游生态需水量、大型水库修建蓄水水温变化、对下游河道水温和水质的影响等。

2）拦河建筑物对水生生物的阻隔影响，水文情势变化、水体理化性质（水温、水质）改变对水生生物生境的影响。

3）对河流湿地的影响，对地下水的影响及浸没影响，对河谷林草的影响。

4）是否涉及敏感区域（目标）及对其的影响。

（2）水电工程。分析水电站调度运行方式，根据发电和综合利用要求而进行的年调节、月调节、日调节方式，重点分析工程实施引发的河流水文情势变化、对水环境的影响、对陆生生态和水生生态的影响。

（3）防洪工程。

1）水库工程需明确下游防洪标准、水库规模、防洪水位库容、调节性能（多年调节、年调节、日调节等）、防洪调度方式；堤防工程需明确洪水过程线、与现状对比各主要控制断面的水位变化过程；蓄滞洪工程需明确蓄滞洪量、蓄滞洪运用方案等。

2）水库工程对下游防洪的作用，分析工程建成后洪水过程的变化。

3）堤防工程重点关注堤防建设对堤防两侧及河滩地的生态阻隔效应、以及对河势变化的影响。

4）行蓄洪区工程重点分析行蓄洪后对蓄滞洪区生态环境影响及退水对水环境的影响。

（4）灌溉工程。灌溉工程分水源工程、渠系工程和田间工程。其重点分析内容包括：

1）明确灌溉取水量、取水方式和灌溉方式、田间排水方式等。

2）工程取水后区域水资源配置变化。

3）低温水对灌溉的影响。

4）灌区退水对水环境的影响，灌溉对地下水环境的影响，及是否产生土壤次生盐碱化或土壤潜育化问题等。

5）若实施节水措施，还应进行节水措施的效益分析。

（5）供水工程。

1）明确水源工程、输水工程组成及供水对象、取水供水方式、年供水量、供水调度方案等。

2）关注水源地和输水干渠水质变化。

3）项目实施后，输水总干渠工程、分干渠、调蓄工程沿线所在区域的土地利用格局变化。

4）沿线地下水影响。主要分析输水渠（管）是否阻断地下径流，以及渠道渗漏对地下水的影响。

5）干渠生态线形切割，阻隔地表径流、阻隔陆生动物，及对区域生态完整性的影响等。

（6）其他工程。治涝工程重点分析治涝方案对地下水及土壤环境的影响，排涝渍水对水环境的影响。围垦工程重点分析工程实施后对局部区域河势、防洪（潮）、航运及生态环境的潜在影响等（工程施工分析中针对吹填、采砂、护岸及围堤等施工工艺进行作用因素和产污环节分析）。

2.3.4 环境影响识别

2.3.4.1 目的

通过系统地检查拟建项目的各项“活动”与各环境要素之间的关系，根据工程特性，在工程分析和环境现状调查与质量评价的基础上，识别可能的环境影响。目的是明确主要影响因素、主要受影响的环境因子，从而初步筛选出评价工作重点内容。

2.3.4.2 内容

水利水电工程环境影响识别是在工程特性、工程分析和环境现状调查与评价基础上，识别工程环境影响评价系统、环境要素及环境因子（影响对象），确定评价指标体系；识别环境影响性质（属性）、影响程度、影响范围和时间等；识别环境影响评价的重点。

1. 环境影响范围识别

影响范围包括工程施工活动与运行过程直接或间接涉及的区域。影响时段包括工程的全过程，拟建水利水电项目通常应分析工程“筹建期”、“建设期”、“运行期”所有可能对环境造成影响的“活动”，从而确定影响范围。根据工程特点，影响范围可划分为施工区、淹没区、占地区、移民安置区、工程上游区和下游区。

2. 环境影响性质识别

环境影响性质识别主要识别工程对环境的有利影响和不利影响。

工程对环境的有利影响，如防洪、发电、灌溉、供水等带来的社会、经济和环境效益、局地气候改善、库区及下游水质改善，生活用水、工农业用水及生态用水条件改善等。

工程对环境的不利影响，如淹没、占地造成土地资源损失、大坝对鱼类的阻隔作用及生境破碎化、水库富营养化，移民造成的社会环境问题，施工期水、气、声、固体废物污染等。

影响性质识别还有：①可逆影响、不可逆影响识别，主要为筛选重点评价因子服务；②显著影响、潜在影响识别，主要关注潜在影响可能引发的环境风险。

3. 环境影响程度识别

影响程度可分为影响大、影响中度、影响较小、无影响等。结合水利水电工程特点，工程对环境影响的程度可按下列指标进行识别。

（1）重大环境影响：可能造成生态系统结构重大变化、重要生态功能改变，或生物多样性明显减少；对脆弱生态系统产生较大影响或可能引发和加剧自然灾害；容易引起跨行政区环境影响；跨流域调水和区域性开发活动的影响。

（2）中度环境影响：对地形、地貌、水文、土壤、生物多样性等有一定影响，但不改变生态系统结构和功能；污染因素单一，污染物种类少、产生量小，且影响性质主要为暂时影响和可逆影响；基本不对环境敏感区造成影响。

（3）轻度环境影响：基本不改变地形、地貌、水文、土壤、生物多样性等，不改变生态系统结构和功能，不对环境敏感区域造成影响。

4. 重点评价因子识别

评价因子筛选是在对工程环境影响范围全部环境要素及相关因子识别基础上，经过比较分析确定出受工程影响的环境要素及相关因子，并将重点环境要素确定为评价重点。可根据环境要素或环境因子受影响环境敏感度、生态敏感度、资源敏感度、经济敏感度和受关注的程度，确定重点评价因子。

水利水电工程环境影响重点评价因子有水文泥沙情势、水环境、生态（陆生生态、水生生态）、施工和移民等。每项重点环境要素识别后，还应识别重点环境因子，如水环境影响评价重点因子有水温、水质等；生态影响评价重点为生态完整性、生物多样性和珍稀、濒危动植物物种交流、迁移或灭绝、自然保护区、湿地生态的影响等。在重点因子识别中要有针对性，不仅要识别重点环境要素，而且要识别出重点评价的环境因子。

5. 主要评价指标选取

在开展各类水利水电工程环境影响评价过程中，可进行工程建设生态环境影响关键的限制性因素和影响方式分析，结合区域环境特点及工程影响特征，剖析工程建设对流域或区域生态系统结构、功能的生态效应；识别工程建设环境影响关键的限制性因素，研究其影响方式。可在有关河流健康评价、流域生态安全评价、生态需水量等研究分析总结和问题辨析基础上，通过选取可反映工程环境影响特征的关键性指标，开展工程建设环境影响分析评价。

2010年4月，水利部水利水电规划设计总院在水利部公益性科研项目《水工程规划设计标准中关键生态指标体系研究与应用》等研究成果和工程实践基础上，提出了《水工程规划设计生态指标体系与应用指导意见》（水总环移〔2010〕248号）。

水工程规划设计生态指标体系构建面向水工程规划设计，结合水工程规划设计不同阶段和类型，考虑不同的尺度效应，其中绝大部分指标可应用于水利水电工程设计阶段，见表2.3-3。

表 2.3-3　　水工程规划设计评价指标体系表（摘录）

环境要素		评价指标（关键生态指标）	枢纽工程	水电工程	灌排工程	河道整治工程	护岸及堤防工程	供水调水工程	蓄滞洪区建设工程	围垦工程
水文水资源	水资源配置	水资源可利用量 C_{wr-1}	B		B			B		
	地表水	生态基流 C_{wr-6}	R	C	R			R		
		敏感生态需水 C_{wr-7}	C	C	C			C		
水环境	水　质	湖库富营养化指数 C_{e-2}	R					R		
		污染物入河控制量 C_{e-3}			R			B		
		纳污能力变化率 C_{e-4}	R	R	R			R		
	水　温	下泄水温 C_{e-5}	R	R						
		水温恢复距离 C_{e-6}	R	R						
生　态	陆生生态	净初级生产力 C_{b-6}	R		B					
		植被覆盖度 C_{b-5}	R		B		C			R
		植物物种多样性 C_{b-2}	C	C	R				C	R
	水生生态	鱼类生境保护状况 C_{b-10}	CR	BC		R	R			R
		珍稀水生生物存活状况 C_{b-3}	CR	BC		CR	C			R
	环境敏感目标	保护区影响程度 C_{b-8}	R	C		R	R	R	C	R
		生态需水满足程度 C_{b-9}	CR					CR		
水文地质	地下水	地下水埋深 C_{wr-4}	B		B		C	B	B	
人群健康		传播阻断率 C_{s-2}	R	C	R			R	C	
景　观		景观舒适度 C_{s-7}	R			R	R			
社会经济及移民	节水水平	灌溉水利用系数 C_{s-5}			BR			R		
	移民（居民）生活状况	移民（居民）人均年纯收入 C_{s-1}	R	BC	B			R	B	

注　1. 表中空白格表示其对应的工程设计类型与对应的指标敏感性较低，此时该类工程设计一般不需要分析评价该指标。
　　2. 表格中的大写字母 B、C、R 表示该指标在该工程设计类型中进行分析评价的尺度。B(Basin)表示按照流域尺度进行分析评价；C(Corridor)表示按照河流廊道尺度进行分析评价；R(Reach)表示按照局部河段尺度进行分析评价。

该生态指标体系总体分为两类：一类是状态指标，用于描述该生态要素在工程实施前后的状态；另一类是对比指标，用于直接计算该生态要素由于工程实施引起的变化。各类水利水电工程可根据工程特性、环境特点及敏感目标分布等识别和筛选评价指标，进行工程环境影响分析评价。

指标定义如下：

（1）水文水资源。

1）水资源可利用量 C_{wr-1}：一个流域水资源开发利用的最大控制上限。北方水资源短缺地区水资源可利用量的主要控制因素是河道内生态环境需水量，南方水资源丰沛地区水资源可利用量的主要控制因素是人工对河川径流的调控能力。

2）生态基流 C_{wr-6}：为维持河流基本形态和基本生态功能，即防止河道断流，避免河流水生生物群落遭受到无法恢复性破坏的河道内最小流量。

3）敏感生态需水 C_{wr-7}：维持河道内生态敏感区在敏感期内正常生态功能的最小生态需水。在多沙河流，一般还要同时考虑输沙水量。

（2）水环境。

1）水质。

a. 湖库富营养化指数 C_{e-2}：反映湖泊、水库水体富营养化状况的评价指标，主要包括湖库水体透明度、氮磷含量及比值、溶解氧含量及其时空分布、藻类生物量及种类组成、初级生物生产力等指标。

b. 污染物入河控制量 C_{e-3}：污染物进入水功能区的最大数量。

c. 纳污能力变化率 C_{e-4}：水工程规划设计前后流

域（区域）纳污能力变化值与水工程规划建设前纳污能力的比值。

2）水温。

a. 下泄水温 C_{e-5}：水工程建成后水库下泄水体的温度及其温度年内月变化过程。

b. 水温恢复距离 C_{e-6}：河流水工程建设后下游水温恢复到满足下游敏感目标要求天然温度的长度。

（3）生态。

1）陆生生态。

a. 净初级生产力 C_{b-6}：植物在单位时间单位面积上由光合作用产生的有机物质总量（Gross Primary Productivity，简称 GPP）中扣除自养呼吸（Autotrophic Respiration，简称 RA）后的剩余部分，它是生态系统中物质与能量运转研究的基础，直接反映植物群落在自然环境条件下的生产能力。

b. 植被覆盖度 C_{b-5}：在单位面积内植被（包括叶、茎、枝）的垂直投影面积所占百分比。

c. 植物物种多样性 C_{b-2}：植物物种的多样化和不同植物物种在一定空间尺度上组合方式的多样性。

2）水生生态。

a. 鱼类生境保护状况 C_{b-10}：在规划或工程影响区域内，鱼类物种生存繁衍的栖息地状况，可通过流速、水深、水面宽、过水断面面积、湿周、水温等水力参数及急流、缓流、深潭、浅滩等水力形态参数表征。

b. 珍稀水生生物存活状况 C_{b-3}：在工程影响区域内，珍稀水生生物或者特殊水生生物在河流中生存繁衍，物种存活质量与数量的状况。

3）环境敏感目标。

a. 保护区影响程度 C_{b-8}：水工程规划建设对区域内保护区结构功能造成的影响损害程度，如是否占用保护区土地，是否减少保护区面积，是否产生隔离等。

b. 生态需水满足程度 C_{b-9}：评价年（对应水平年）流入保护区的多年平均水量与河流生态需水量的比值。

（4）环境地质。地下水埋深 C_{wr-4}：地表上某一点至浅层地下水水位之间的垂线距离。

（5）人群健康。传播阻断率 C_{s-2}：水利水电工程对各类涉水疾病的综合传播阻断效果。

（6）景观。景观舒适度 C_{s-7}：人类对环境景观的综合整体印象感受的评判。

（7）社会经济及移民。

1）灌溉水利用系数 C_{s-5}：消耗于作物蒸腾的灌水量与由灌区渠首进入灌区的灌水量之比值。

2）移民（居民）人均年纯收入 C_{s-1}：农村移民（水工程影响区居民）全年总收入扣除转移性收入和各项经营性费用以及税收等项支出后，可用于生产和生活支出的那部分收入的人均水平。

各生态指标的定义及生态内涵、表达形式、计算分析方法及使用条件可参考水总环移〔2010〕248号文《关于印发〈水工程规划设计生态指标体系与应用指导意见〉的通知》。

2.3.4.3 技术方法

1. 清单法（核查表法）

（1）简单型清单。仅是一个可能受影响的环境因子表，不做其他说明，可做定性的环境影响识别分析，但不能作为决策依据。

（2）描述型清单。较简单型清单增加了环境因子如何度量的准则。比较常用的是环境资源分类清单，即对受影响的环境因素（环境资源）先作简单的划分，以突出有价值的环境因子。通过环境影响识别，将具有显著性影响的环境因子作为后续评价的主要内容。

传统的问卷清单，在清单中仔细地列出有关“项目—环境影响”要询问的问题，针对项目的各项“活动”和环境影响进行询问。答案可以是“有”或“没有”。如果回答为有影响，则在表中的注解栏说明影响的程度、发生影响的条件以及环境影响的方式，而不是简单地回答某项活动将产生某种影响。

（3）分级型清单。在描述型清单基础上增加了对环境影响程度的分级。

2. 矩阵法

一般采用相关矩阵法，即通过系统地列出拟建项目各阶段的各项“活动”，以及可能受拟建项目各项“活动”影响的环境要素，构造矩阵确定各项“活动”和环境要素及环境因子之间的相互作用关系。如果认为某项“活动”可能对某一环境要素产生影响，则在矩阵相应交叉的格点将环境影响标注出来。

可以将各项“活动”对环境要素的影响程度划分为若干个等级，如三个等级或五个等级。

为了反映各个环境要素在环境中的重要性的不同，通常还采用加权的方法，对不同的环境要素赋不同的权重。

可以通过各种符号来表示环境影响的各种属性。

按行、列排出需进行识别与筛选的环境要素及因子，工程对环境的作用因素、影响源，识别影响性质和程度。

采用矩阵法可直观地判别工程作用因素对环境要素及因子的影响性质和程度。采用环境影响识别矩阵表的基本方法是：横轴表示工程对水文情势、水环境、生态、土壤环境、社会经济等环境因子的影响；纵轴表示作用因素、影响源、影响区域、影响时段等。

通过环境影响系统与影响源，作用因素相互交叉识别，归纳环境影响评价识别矩阵表。每项工程因特性、保护目标与环境状况不同，环境影响系统、环境要素、环境因子也是不同的。在评价中要有针对性列入识别系统及评价指标。环境影响识别矩阵表格式参见表 2.3-4 和表 2.3-5。

3. 其他识别方法

（1）专家评判法。指由专业技术经验丰富的专家采取评判、记分等方法进行识别。

表 2.3-4　水利水电工程环境影响识别矩阵表（以某水利枢纽工程为例）

影响因素			自然环境									社会环境			
			水文	水质	陆生植物	陆生动物	水生动物	环境空气	声环境	土地占用	水土流失	灌溉	自然景观	人群健康	经济发展
工程作用因素	准备期	场地平整			▽	▽		▽	▽	▼	▼				
		施工交通			▽	▽		▽	▽	▽	▽				
	主体施工期	料场开采			▽	▽		▽	▽	▼	▼				
		主体施工		▽	▽	▼	▽	▽	▽	▼	▽		▽		
		施工场地			▽	▽		▽		▼					
		施工人员		▽		▽								▽	
		附属工厂		▽					▽						
		弃渣场			▽					▽	▽		▽		
	淹没与占地				▼	▼				▼	▽		▲		
	运行期	运行调度	▼	▽	▽		▽					▲			▲
		拦河枢纽阻隔					▼								
		工程管理		▽						▽					
	移民安置	移民安置		▽	▽	▽				▽	▽				
		公用设施			▽						▽	▲			▲
		专项迁建			▽	▽		▽	▽	▼	▼	▽	▽		
影响区域		引水水源区	√	√	√	√	√	√		√	√		√		
		输水沿线区		√	√	√		√	√	√	√	√	√	√	√

注　▼表示显著不利影响；▽表示较小不利影响；▲表示显著有利影响；√表示影响区域。

（2）叠图法。指通过应用一系列的环境、资源图件叠置来识别、预测环境影响，标示环境要素、不同区域的相对重要性以及表征对不同区域和不同环境要素的影响。其主要用于生态环境影响识别与分析。具体步骤如下：

1）绘制工程底图，在图上标注出工程位置及影响的地区范围。

2）在底图上标示植被或动物栖息地、动植物分布或其他生态环境因子的现状特征。

3）给出经识别可能对生态环境要素及因子产生影响的作用范围图。

4）将作用范围图与底图重叠，用不同的色彩和不同的色度表示不同的影响范围和影响程度。

5）根据绘图成果，进行工程生态影响分析。

（3）类比法。其具体步骤是：

1）选择类比工程。选择工程特性、地理位置、地貌与地质、气候因素、生态环境背景等与拟建工程相似的已建工程作为类比工程。

2）调查类比工程实施前后拟类比环境问题的变化。

3）根据类比工程环境问题的变化，进行拟建工程环境影响分析。

（4）网络法。指采用因果关系分析网络来解释和描述拟建项目的各项“活动”和环境要素之间的关系。除了具有相关矩阵的功能外，其还可识别间接影响和累积影响。

表 2.3-5　　水利水电工程环境影响识别矩阵表

环境要素系统 作用因素、影响源与影响区域		自然环境													生态环境						社会环境											
		水文情势		水环境			局地气候		土壤环境		环境地质		大气环境	声环境							固体废物	移民环境			人群健康		景观文物		社会经济			
		流量流速	泥沙冲淤	水温	水质	底质	气温	降水湿度	土地利用	土地退化	诱发地震	崩塌滑坡			生态完整性	陆生生物	水生生态	湿地生态	自然保护区	水土流失		农村移民	城镇迁建	专项设施	环境卫生	传染病	景观	文物	防洪	发电	供水	民族文化
施工期	对外交通																															
	占地																															
	主体建筑物施工																															
	隧洞																															
	料场																															
	弃渣																															
淹没占地																																
移民安置																																
运行期	大坝阻隔																															
	运行调度																															
	工程管理																															
影响区域	工程上游区																															
	淹没区																															
	移民安置区																															
	施工区																															
	工程下游区																															

注　影响性质或程度可用＋＋＋、＋＋、＋、－－－、－－、－表示；影响区域可用△或○等符号表示。

2.4　环境影响预测与评价

2.4.1　水文、泥沙情势影响分析

水库、水电站、供水输水及河道整治等不同类型的水利水电工程对河流水文、泥沙情势影响有显著差异。水文、泥沙情势影响分析预测应结合不同类型的水利水电工程特点进行。

2.4.1.1　各类工程水文情势变化特点

1. 水库工程

水库工程影响水文情势的因素包括水库形状、调蓄能力以及调度运行方式。水库坝高越高，水库调节性能越好，对库区水文情势改变越大；反之亦然。各类水库水文情势变化主要特点如表 2.4-1 所示。

2. 水电站工程（径流式、引水式）

对于径流式水电站，由于水库无调节能力，运行期坝下水位、流量过程变化不大，但电站蓄水初期，坝下水位、流量过程会发生短时改变。

对于引水式水电站，上游引水口和下游电站之间可形成减（脱）水河段，河段流量、水位小于天然来水情况，特别在枯水期或调峰运行时，河道将可能形成完全脱水的河段。

对于抽水蓄能电站，水库蓄水初期，下游河段流量、水位将发生短时改变；运行期，由于蒸发、渗漏，水库需要补充一定水量，此时下游流量、水位随之发生一定改变，除补水期外，其他时段下游河段水文情势变化不大。

3. 供水工程

供水工程通过对水资源在时间和空间上的重新分配，将引发水源区、受水区、输水沿线区水文情势的一系列变化。供水工程各区水文情势的变化特点主要见表 2.4-2。

4. 河道工程

河道工程通过对河道形态、边界条件的改变，引发局部河道水位、水流流向、流速分布和流量等发生

表 2.4-1 各类水库水文情势变化主要特点

序号	水库类型	水文情势变化主要特点	
		库 区	坝 下 河 段
1	以防洪为主的水库	水域面积增加，水位明显升高，流速减缓	流量：主要对洪水过程进行调蓄，削减洪峰流量，洪水过程延长，对非洪水期流量过程影响不大； 水位：在汛期，坝下最高洪水水位将较天然状态低，但洪水位持续时间较长；在非汛期，坝下水位一般接近于天然状态
2	以供水为主的水库		流量：水库年下泄水量小于天然来水量，坝下流量过程趋于均化； 水位：由于水库向外供水导致下泄水量减少，坝下水位一般较天然状态呈下降趋势
3	以发电为主的水库		流量：主要改变流量过程，下泄总水量基本不变，丰水期受水库拦蓄可减小下泄流量，枯水期可增加下泄流量； 水位：由于水库在丰水期拦蓄以保证枯水期发电需要，因此丰水期坝下水位一般低于天然状况，枯水期坝下水位高于天然状况

表 2.4-2 供水工程各区域水文情势变化特点

序号	区域	水文情势变化主要特点
1	水源区	（1）年际径流较供水前减少，减少的幅度由上游向下游递减； （2）由于供水量主要集中在丰水期和丰枯过渡期，年内丰水期水量减少幅度大于枯水期，下游河道水文过程趋于均化； （3）下游水位均有不同程度的降低，其变化幅度与河流调水量的大小、距调水坝址的距离、调水年来水量丰枯程度、河道断面形状等因素有关
2	受水区	（1）水资源量增加； （2）年内丰、枯水量有所增加，河道水文丰、枯变化由调蓄水库的运行方式决定； （3）下游水位均有不同程度的升高，其变化幅度与河流调水量的大小、区间取用水及退水、河道断面形状等因素有关
3	输水沿线区	（1）年际径流较调水前增加； （2）由于供水主要集中在丰水期和丰枯过渡期，输水河段年内丰水期水量增加幅度大于枯水期，河道水文丰枯变化较供水前增大； （3）输水河段水位升高

不同程度的变化。不同类型河道工程对水文情势的影响见表 2.4-3。

表 2.4-3 不同类型河道工程对水文情势的影响

序号	工程类型	主 要 影 响
1	河道整治	（1）通过挖河疏浚、清淤等措施，降低同等流量下河道水位； （2）改变局部河道的流态、流速，改善水流状态等
2	堤防工程	（1）汛期提高河道行洪流量； （2）堤线调整工程改变局部河道的流态、流速

5. 灌区工程

灌区工程（其中水源工程对水文情势的影响基本同水库工程）将增加灌区的水资源量，渠首和渠道的水位、流量有所增加，同时，退水量也有所增加。

2.4.1.2 水文情势影响评价

1. 评价范围

根据各类水利水电工程对水文情势的影响范围确定评价范围。各类工程评价范围具体见表 2.4-4。其中，水库、水电站工程的评价范围主要为库区及坝下河段，供水工程的评价范围主要为水源区、受水区和输水沿线区。

表 2.4-4 各类水利水电工程水文情势影响评价范围

序号	工程类型	评 价 范 围
1	水库	库区、坝下河段。对于中下游的多年调节水库，评价范围应延伸至河口
2	水电站（径流式、引水式）	库区、坝下河段
3	供水工程	水源区：取水口及下游河段； 受水区：受水河段和下游河段； 输水沿线区
4	河道工程	工程所在河段及下游
5	灌区工程（不包括水源工程）	渠道沿线区、灌区、退水区

2. 评价因子

常用的水文情势影响评价因子为径流量、水位、流量、流速等。各类水利水电工程水文情势主要评价因子见表 2.4-5。

表 2.4-5 各类水利水电工程水文情势主要评价因子

工程类型		评价因子
水库	以防洪为主	库区：水位、流速、水域面积； 坝下河道：洪峰流量、洪水位、月均流量过程
	以供水为主	库区：水位、流速、水域面积； 坝下河道：最小流量、年下泄水量、枯水位、月均流量过程
	以发电为主	库区：水位、流速、水域面积； 坝下河道：最小流量、水位、年下泄水量，月、旬、日均流量过程
水电站（径流式、引水式）		库区：日水位、流速； 坝下河道：流量、水位、下泄水量，旬、日均流量过程
供水工程		水源区：年径流量、流量、水位； 受水区：水资源量、退水量； 输水沿线区：流量、水位
河道工程		水位、流量、流速
灌区工程（不包括水源工程）		水资源量、水位、流量、退水量

3. 评价断面

根据各类工程水文情势变化特点，结合工程影响河段的水文特征，确定环境影响评价断面。通常情况下，各类水利水电工程水文情势主要评价断面如表2.4-6所示，在实际工作中，应根据工程的具体情况选取合适的评价断面。

表 2.4-6 各类水利水电工程水文情势主要评价断面

工程类型		评价断面
水库	以防洪为主	库区：坝前、库尾； 坝下河道：防洪控制断面、生态敏感断面
	以供水为主	库区：坝前、库尾、库中、取水口； 坝下河道：取水断面、水环境生态敏感断面
	以发电为主	库区：坝前、库尾、库中； 坝下河道：水量水质影响断面、生态敏感断面
水电站（径流式、引水式）		坝前断面、引水断面、尾水断面、脱减水断面、生态敏感断面
供水工程		水源区：取水口、下游影响断面、生态敏感断面； 受水区：相关区域、主要退水断面； 输水沿线区：主要控制断面
河道工程		主要控制断面、水环境生态敏感断面
灌区工程		渠首及渠系主要控制断面、退水断面

4. 评价方法

主要根据已有的水文资料、水利调节计算成果，采用对比分析法进行水文情势影响预测评价。

（1）收集有关资料、调算数据。需收集的水文资料主要包括：设计洪水、设计径流、水资源量以及水位、流量、流速关系等。需收集的水利调节计算成果有：防洪调节、兴利调节、水资源供需平衡成果、发电调节等。如果缺乏相关的水文资料和水利调节计算成果，可以参考《水工设计手册》（第2版）第2卷进行相关计算。

（2）对比分析方案。对比分析工程运行前后和现状之间水文要素的变化。

5. 评价内容

（1）水库工程。

1）以防洪为主的水库。

a. 库区。

a）不同洪水条件下，工程建设前后库区水域面积的变化。

b）水库蓄水初期、运行期坝前和库尾断面水位、流速的变化。

b. 坝下河段。

a）水库蓄水初期：坝址断面、生态敏感断面下泄量、最小流量、水位、月均流量过程的变化。

b）运行期：不同洪水条件下，工程建设前后坝下河段主要防洪控制断面、生态敏感断面洪峰流量及洪水过程的变化；对于生态敏感断面，增加对生态敏感期流量及过程的变化分析。

2）以供水为主的水库。

a. 库区。

a）不同保证率来水条件下，工程建设前后库区水域面积的变化。

b）水库蓄水初期、运行期坝前、库尾、库中、取水口断面水位、流速的变化。

b. 坝下河段。

a）水库蓄水初期：坝下河段取水断面、水量水质影响断面、生态敏感断面的下泄量、最小流量、水位、月均流量过程的变化。

b）运行期：不同保证率来水条件下，工程建设前后坝下河段取水断面、水量水质影响断面、生态敏感断面的最小流量、年下泄水量、枯水位、月均流量过程的变化；对于生态敏感断面，增加对生态敏感期流量及过程的变化分析。

3）以发电为主的水库。

a. 库区。

a）不同保证率来水条件下，工程建设前后库区水域面积的变化。

b）水库蓄水初期、运行期坝前、库尾、库中断面水位、流速的变化。

b. 坝下河段。

a）水库蓄水初期：坝下河段水量水质影响断面、生态敏感断面的下泄量、最小流量、水位、月均流量过程的变化。

b）运行期：不同保证率来水条件下，工程建设前后坝下河段水量水质影响断面、生态敏感断面的最小流量、水位、年下泄水量及月、旬、日均流量过程的变化；对于生态敏感断面，增加对生态敏感期流量及过程的变化分析。

（2）水电站工程（径流式、引水式）。

1）库区。不同保证率来水条件下，工程建设前后坝前、库尾、引水断面的日水位、流速的变化。

2）坝下河段。

a. 水库蓄水初期：坝址断面、生态敏感断面下泄量、最小流量、水位、月均流量过程的变化。

b. 运行期：不同保证率来水条件下，脱减水河段的长度；工程建设前后减水断面、生态敏感断面的流量、水位、下泄水量及旬、日均流量过程的变化；对于生态敏感断面，增加对生态敏感期流量及过程的变化分析。

（3）供水工程。

1）水源区。不同保证率来水条件下，工程建设前后取水口、下游影响断面、生态敏感断面的年径流量、流量、水位的变化；对于生态敏感断面，增加对生态敏感期流量及过程的变化分析。

2）受水区。不同保证率来水条件下，工程建设前后受水区水资源量的变化、主要退水断面退水量的变化。

3）输水沿线区。不同保证率来水条件下，工程建设前后主要控制断面流量、水位的变化。

（4）河道工程。施工期、运行期不同保证率来水条件下，工程所在河段及下游主要控制断面、生态敏感断面的水位、流量、流速的变化。

（5）灌区工程。工程建设前后灌区水资源量的变化；不同保证率来水条件下，渠首断面、渠系主要控制断面的水位、流量的变化；灌区主要退水断面退水量的变化。

6. 案例

（1）峡江水利枢纽水文情势影响评价。江西省峡江水利枢纽工程坝址位于赣江中游峡江县老县城巴邱镇上游峡谷河段，是一座以防洪、发电、航运为主，兼有灌溉等综合利用功能的大型综合性水利枢纽工程。水库正常蓄水位 46.00m，水库总库容 11.87 亿 m^3，电站安装 9 台水轮发电机组，装机容量 360MW。

环境影响评价根据工程可行性研究的水利调节计算成果，采用对比分析法，评价了丰水年（$P=10\%$）、平水年（$P=50\%$）和枯水年（$P=90\%$）不同来水条件下，水库运行期坝下水文情势相对于现状的变化，见表 2.4-7 和表 2.4-8。

表 2.4-7　峡江水库运行前后典型年月均流量变化对比表　单位：m^3/s

典型年	丰水年（$P=10\%$）			平水年（$P=50\%$）			枯水年（$P=90\%$）		
月份	天然	水库调节后	增减（%）	天然	水库调节后	增减（%）	天然	水库调节后	增减（%）
1	1306	1219	−6.65	513	523	1.87	276	293	6.21
2	1898	2009	5.87	1133	1242	9.66	448	475	6.11
3	1792	1745	−2.65	1084	1135	4.70	1405	1484	5.68
4	3142	3240	3.12	3803	3739	−1.67	2339	2373	1.48
5	3551	3512	−1.12	2209	2238	1.35	3497	3505	0.22
6	6716	6457	−3.85	2495	2181	−12.60	2072	2005	−3.23
7	2648	2650	0.10	1404	1525	8.63	676	569	−15.76
8	2197	2190	−0.33	3424	3443	0.56	779	659	−15.51
9	1188	1242	4.55	1383	1407	1.74	561	526	−6.30
10	1103	1050	−4.89	714	657	−7.94	370	432	16.76
11	594	690	16.23	527	562	6.65	297	377	27.08
12	1680	1667	−0.75	456	528	15.86	272	293	7.57

表 2.4-8　　峡江水库运行前后石上水文站水位变化对比表　　单位：m^3/s

典型年	丰水年（P=10%）			平水年（P=50%）			枯水年（P=90%）		
月份	天然	水库调节后	水位差	天然	水库调节后	水位差	天然	水库调节后	水位差
1	21.67	21.67	0.00	20.58	20.62	0.04	20.33	20.37	0.04
2	22.41	22.53	0.12	21.45	21.59	0.14	20.88	20.97	0.09
3	22.37	22.32	−0.05	21.62	21.68	0.06	21.86	21.95	0.09
4	23.91	24.00	0.09	24.24	24.23	−0.01	24.35	24.37	0.02
5	24.43	24.40	−0.03	22.81	22.83	0.02	22.84	22.85	0.01
6	26.34	26.21	−0.13	23.34	23.06	−0.28	23.58	23.56	−0.02
7	23.58	23.58	0.00	22.3	22.41	0.11	22.58	22.44	−0.14
8	22.89	22.90	0.01	23.82	23.76	−0.06	23.85	23.78	−0.07
9	21.66	21.68	0.02	22.04	21.99	−0.05	21.89	21.84	−0.05
10	21.62	21.58	−0.04	21.08	21.1	0.02	21.06	21.11	0.05
11	20.90	21.01	0.11	20.73	20.78	0.05	20.59	20.69	0.10
12	22.24	22.25	0.01	20.57	20.65	0.08	20.46	20.55	0.09

由以上两表可见：

1）月均流量：丰水年、平水年和枯水年的月均流量变化大体一致，丰水期和平水期月均流量略有减少，枯水期略有增加，平水期和枯水期月均流量差值缩小，趋于均化。丰水年坝址下游最大月平均流量比天然状态减少3.9%；枯水年坝址下游最小月平均流量比天然状态增加7.57%。

2）月均水位：坝址下游石上水文站丰水期月平均水位有升有降，枯水期月平均水位有所上升。丰水年月平均最高水位较天然状态26.34m降低0.13m；调蓄后枯水年月平均最小水位较天然状态20.33m升高0.04m。

（2）董箐水电站水文情势影响评价。董箐水电站位于贵州北盘江下游贞丰县与镇宁县交界处，主要任务是发电，其次是航运。水库正常蓄水位490.00m、死水位483.00m，水库调节库容1.44亿m^3，死库容7.39亿m^3，坝址多年平均流量398m^3/s，库容系数为1.14%，具备日调节性能。

环境影响评价根据工程可行性研究的水利调节计算成果，采用对比分析法，主要评价电站运行后库区、坝下水文情势的变化，其中重点分析了丰水期、平水期、枯水期典型日坝下水文情势的变化。主要预测结果如下：

1）库区。水位抬升，库区河段的水域面积从3.67km^2增加到蓄水至正常蓄水位时的24.14km^2，建库后为天然状态的6.13倍，水域面积扩大。

2）坝下河段。

a. 典型年比较。由于董箐水电站具有日调节性能，从年内分配来看，各月平均流量基本没有变化，年内流量也持平。

b. 典型日水文情势分析。水库运行后，丰水期、平水期、枯水期典型日坝下河段流量变化过程线、水位变化过程线分别如图2.4-1和图2.4-2所示。

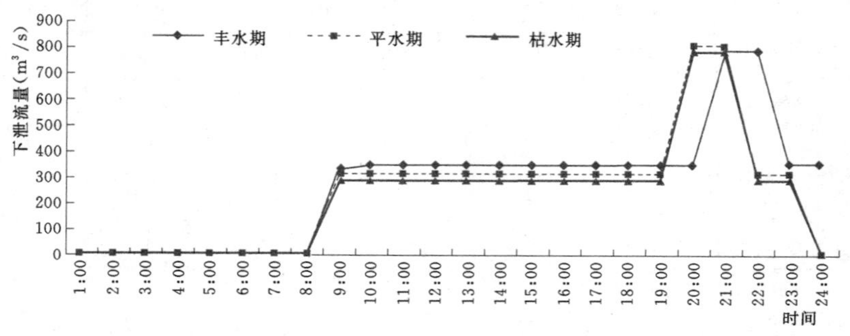

图 2.4-1　董箐水电站典型日坝址下泄流量变化过程图

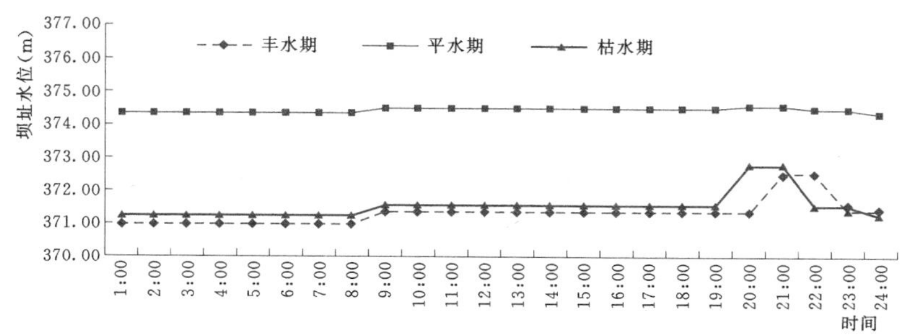

图 2.4-2　董箐水电站典型日坝址下游水位变化过程图

(3) 引大济湟调水总干渠工程水文情势影响评价。青海省引大济湟调水总干渠工程的建设任务是从大通河引水穿越大坂山入湟水干流地区，经黑泉水库调节后向西宁市和北川工业区的生活、工业供水，并结合向河道基流补水，兼顾发电。2015 年、2020 年和 2030 年预计工程毛调水量为 1.60 亿 m^3、1.89 亿 m^3 和 2.56 亿 m^3。

1) 调水河流。评价根据水资源论证的调水方案和调算结果，分析调水所引起大通河水文情势的变化情况。资料选取 1956～2000 年水文系列。多年平均条件下，坝址断面 2015 年、2020 年、2030 年年径流量较调水前分别减少了 12%、13%和 16%，逐月流量变化范围为 0.54～22.88m^3/s，逐月流量减少比例范围为 1%～51%，逐月水位下降范围为 0～0.14m。总的来说，引大济湟调水总干渠工程调水对尕大滩河段水文情势有影响。

评价选取多年平均、枯水年、特枯年为典型年，分析坝址断面、天堂寺断面、享堂断面 2015 年、2020 年、2030 年生态环境流量的满足程度。经分析，多年平均条件下，三个断面的生态流量均能满足；枯水年条件下，坝址断面除 11 月下泄流量略低于适宜生态环境流量的要求外，其他月份下泄流量能完全满足生态流量要求；特枯年来水条件下，坝址断面下泄流量能够完全满足生态环境流量的要求。

2) 输水河流。评价主要根据黑泉水库坝址处的水文径流过程，分析工程调水前后多年平均宝库河入库段水文情势变化。调水后，宝库河纳拉—黑泉水库段水量在 4～6 月、11 月明显增加，其他月份的水量也均有不同程度的增加，其中，多年平均调水后，预计 2015 年、2020 年、2030 年年平均水量分别增加 60%、68%和 84%。

3) 受水河流。北川河的水文情势主要由黑泉水库的运行方式决定。工程运行后，每年所调水量中有约 0.3 亿 m^3 水量用以补充北川河河道基流，调水时段北川河桥头断面流量增加约 1m^3/s。湟水干流的水文情势不会发生明显变化。

2.4.1.3　泥沙情势影响分析

水库工程和多泥沙河流的河道工程应开展泥沙情势影响分析。根据已有的水文资料及水利调节计算成果［如没有调算成果，按照《水工设计手册》（第 2 版）第 2 卷规定的方法进行有关计算］，重点分析：库区泥沙淤积量、淤积形态；坝下影响河段、河道工程影响河段、生态敏感河段的含沙量、泥沙冲淤变化；河口三角洲泥沙输送及入海量变化等。

2.4.2　水环境影响预测与评价

2.4.2.1　预测阶段和预测时期

水环境影响预测阶段分施工期和运行期。

水环境影响预测时期应考虑水体自净能力不同的各个时期，一般划分为丰水期、平水期和枯水期，重点考虑水体自净能力最不利的时期。对于冰封期较长的水域，当水体功能为生活饮用水、食品工业用水水源或渔业用水时，还应预测冰封期环境影响。不同评价等级水环境影响预测时期如下：①一级评价，预测丰水期、平水期、枯水期；②二级评价，预测丰水期和枯水期，至少预测枯水期；③三级评价，至少预测枯水期。

2.4.2.2　预测范围

水库工程水环境影响预测范围应包括库区的重要支流回水区、水库库区和坝下河段，坝下河段预测范围可根据水功能区划分、水文情势和水环境变化范围来确定。对于梯级开发的河段或下游有水利枢纽的河段，可以预测到下一个梯级或枢纽。下游重大支流汇入处也可以作为预测控制断面。

调水工程水环境影响预测范围应按水源区、输水沿线及受水区分别确定。

当附近有敏感区（如水源地、自然保护区等）时，水环境影响预测范围应延伸至敏感目标水域。

在预测范围内应布设适当的预测断面，通过预测这些断面所受的环境影响来全面反映建设项目对该范围内水环境的影响。预测断面的数量和布设应根据水体和建设项目的特点、评价等级以及当地的环保要求来确定。

2.4.2.3 水温预测

1. 预测因子及预测内容

水温预测因子：水库水温结构，丰、平、枯不同典型年月平均、典型日平均下泄水温和坝下河道水温沿程变化。

水温预测内容包括：①对水库水温结构进行判断，判别该水库水温结构属于混合型、分层型还是过渡型；②对于分层型和过渡型水库，要结合水库调度运行方式、排水口设置、库区来水及泄水情况以及库区热源分布，预测水库年内垂向水温分布情况；③预测丰、平、枯不同典型年水库月平均下泄水温和水库坝下水温沿程变化情况，预测水库建成后下游河道各预测断面水温极值出现时间，以及年内各月水温较天然状态变化情况。

2. 预测方法

(1) 水库水温结构判别方法。目前水库环境影响评价中普遍采用 α—β 法、密度弗劳德数法以及水库宽深比法等三种方法来判别水库水温分层类型。经验判别法是在综合水库实测资料的基础上总结出来的，使用简单快捷。但由于忽略了水库形态、气候条件、水库运行方式等其他因素，其判别标准对一些山区的窄深型水库不太适用。

1) α—β 法（径流—库容比法）。用我国 10 多座大型水库的资料对该方法作了验算，结果表明，除个别水库外，基本上符合实际。目前，我国在进行水利水电工程水温预测和水库工程环境影响评价工作时普遍采用这种判别方法。

该法采用 α、β 指标大致判断水库水温结构。

$$\alpha = \frac{\text{多年平均入库径流量}}{\text{总库容}} \tag{2.4-1}$$

$$\beta = \frac{\text{一次洪水总量}}{\text{总库容}} \tag{2.4-2}$$

计算出 α、β 值后，即可判断水库分层类型。

当 $\alpha \leqslant 10$ 时，为分层型；$10 < \alpha < 20$ 时，为过渡型；$\alpha \geqslant 20$ 时，为混合型。

对于分层型水库，如遇 $\beta \geqslant 1$ 的洪水，则往往成为临时的混合型；而遇 $\beta \leqslant 0.5$ 的洪水，一般对水温分层影响不大；遇 $0.5 < \beta < 1$ 的洪水，对分层的影响介于两者之间。

2) 密度弗劳德数法。密度弗劳德数法的表达式如下：

$$Fr = \frac{LQ}{HV\sqrt{gG}} \tag{2.4-3}$$

式中 Fr——弗劳德数；

L——水体长度，m；

H——水体平均深度，m；

Q——入库流量，m^3/s；

V——水体体积，m^3；

g——重力加速度，m/s^2；

G——水体分层密度特征梯度，1/m。

$Fr < 0.1$ 时，为稳定分层型；$0.1 < Fr < 1.0$ 时，为弱分层或混合型；$Fr > 1.0$ 时，为完全混合型。

3) 水库宽深比法。水库水深大于 15m 时，则可用水库宽深比法判别。宽深比公式为

$$R = B/H \tag{2.4-4}$$

式中 B——水库水面平均宽度，m；

H——水库平均水深，m。

当 $R > 30$，为混合型；当 $R < 30$，为分层型。

(2) 水库水温预测方法。

1) 类比法。采用类比法时，选用的类比对象位置应属于同一区域，以保证气象要素、水面与大气热交换等条件相似；并保证水库工程参数、水温结构类型等相似；同时类比对象还要有较好的水温分布资料和较丰富的水文资料。

2) 经验公式法。常用的经验公式为东勘院公式和朱伯芳公式，其适用条件见表 2.4-9。

表 2.4-9 水库水温经验公式法适用条件

序号	经验公式	适 用 条 件
1	东勘院公式	该方法应用简单，适用于库容系数（调节库容/年径流量）大于 1 的水库。对于库容系数不大于 1 的水库，计算误差较大
2	朱伯芳公式	该经验公式依据对国内外多个水库观测资料获得，而这些水库分布范围较广，因此该公式适用范围也相对宽泛

a. 东勘院公式。《水利水电工程水文计算规范》(SL 278—2002) 中推荐中水东北勘察设计研究有限责任公司（简称东勘院）提出的方法，计算公式见式 (2.4-5) ～式 (2.4-7)。

$$T_y = (T_0 - T_b)\exp\left[-\left(\frac{y}{x}\right)^n\right] + T_b \tag{2.4-5}$$

$$n = \frac{15}{m^2} + \frac{m^2}{35} \tag{2.4-6}$$

$$x = \frac{40}{m} + \frac{m^2}{2.37(1 + 0.1m)} \tag{2.4-7}$$

式中 T_y——从库水面计水深为 y 处的月平均水温，℃；

T_0——月平均库表水温，℃；

T_b——库底月平均水温值,℃;

m——月份;

y——坝前水深,m;

n、x——与 m 有关的参数。

月平均库表水温 T_0 的估算方法有以下两种:

a) 气温与水温相关法。气温与水温之间有良好的相关性,可根据实测资料建立两者之间的相关图,然后由气温推算出水库表层水温。

b) 来水热量平衡法。水库水温主要取决于上游来水的水温,上游来水温度可近似看做库表水温。即

$$T_0 = \sum_{i=1}^{12} Q_i T_i / \sum_{i=1}^{12} Q_i \qquad (2.4-8)$$

式中 T_0——月平均库表水温,℃;

Q_i——水库上游多年逐月平均来水量,m^3/s;

T_i——水库上游来水多年逐月平均水温,℃。

库底水温 T_b 的估算方法可区分以下两种情况:

a) 对于分层型水库,各月库底水温与其年值差别甚小,可用年值代替,SL 278—2002 根据 10 余座水库的情况点绘了纬度、水温和水深三因素相关图,可以采用该图查出拟建水库的库底平均水温。

b) 对于过渡型和混合型水库,各月库底水温可用式(2.4-9)计算,该式适用于北纬 23°～44°地区。

$$T_b = T_b' - K'N \qquad (2.4-9)$$

式中 N——大坝所在纬度;

T_b'、K'——参数,其值见表 2.4-10。

表 2.4-10 库底水温计算公式中的 T_b'、K' 值表

月 份	1～3	4～5			6～8			9			10			11			12
水深(m)		20	40	60	20	40	60	20	40	60	20	40	60	20	40	60	
T_b'(℃)	24.0	30.4	25.6	23.6	35.4	29.9	22.9	37.3	30.0	23.6	33.1	28.0	23.6	37.4	30.9	24.1	31.5
K'	0.49	0.48	0.48	0.47	0.42	0.43	0.44	0.44	0.43	0.44	0.45	0.43	0.44	0.61	0.52	0.44	0.64

b. 朱伯芳公式。通过对已建水库实测水温的分析,中国水利水电科学研究院朱伯芳提出不同深度的月平均库水温变化可近似用余弦函数表示[见式(2.4-10)]。

$$\left.\begin{aligned} T(y,t) &= T_m(y) + A(y)\cos\omega(t - t_0 - \varepsilon) \\ T_m(y) &= c + (b - c)e^{-\alpha y} \\ A(y) &= A_0 e^{-\beta y} \\ \varepsilon &= d - f e^{-\gamma y} \\ c &= \frac{T_d - b e^{-0.04H}}{1 - e^{-0.04H}} \end{aligned}\right\} \qquad (2.4-10)$$

式中 $T(y,t)$——水深 y 处在时间为 t 时的温度,℃;

$T_m(y)$——水深 y 处的年平均温度,℃;

$A(y)$——水深 y 处的温度年变幅,℃;

A_0——库表水温变幅,℃;

b——库表水温,℃;

c——系数;

ε——水温与气温变化的相位差,月;

T_d——库底水温,℃;

H——水库深度,m;

ω——温度变化的圆频率,$\omega = 2\pi/P$,其中 P 为温度变化的周期(12个月);

t_0——年内最低气温至最高气温的时间,月;

y——水深,m;

t——时间,月,当 $t=t_0$ 时,气温最高,当 $t=t_0+\varepsilon$ 时,水温达到最高,通常气温在 7 月中旬最高,故可取 $t_0=6.5$,见图 2.4-3;

α、β、γ、d、f——参数,分别取值 $\alpha=0.040$,$\beta=0.018$,$\gamma=0.085$,$d=2.15$,$f=1.30$。

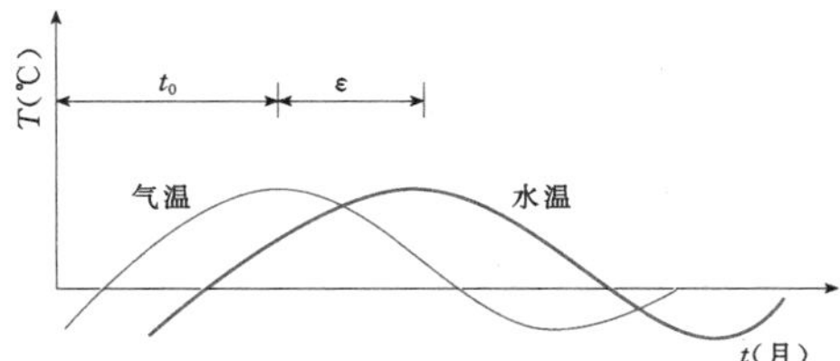

图 2.4-3 公式(2.4-10)中 t_0 和 ε 关系图

朱伯芳公式中,库表水温 b、库底水温 T_d、库表水温变幅 A_0 的估算方法分别介绍如下。

库表水温 b 的估算方法:

a) 对于一般地区(年平均气温 10～20℃)和炎热地区(年平均气温 20℃以上),这些地区冬季不结冰,可按公式(2.4-11)计算。

$$b = T_{气} + \Delta b \qquad (2.4-11)$$

式中 $T_{气}$——当地年平均气温,℃;

Δb——温度增量,一般地区 $\Delta b = 2～4℃$,炎

热地区 $\Delta b=0\sim4$℃。

b）对于寒冷地区（年平均气温 10℃以下），采用公式（2.4-12）计算。

$$b = T_{气修} + \Delta b \qquad T_{气修} = \frac{1}{12}\sum_{i=1}^{12} T_i \tag{2.4-12}$$

式中 $T_{气修}$——修正年平均气温，℃；

T_i——第 i 月的平均气温，℃，当月平均气温 $T_i<0$℃时，取 0℃。

库底水温 T_d 的估算方法：由于库底水温较库表水温低，故库底水密度也较库表要大。对于分层型水库来说，其冬季上游水温为年内最低，届时水库表层与底层水温相差较小。因此，库底水温可以认为近似等于建库前河道来水的最低月平均水温。以此为依据，可以采用 12 月、1 月和 2 月气温的平均值近似作为库底年平均水温，即

$$T_d \approx (T_{12} + T_1 + T_2)/3 \tag{2.4-13}$$

式中 T_{12}、T_1 和 T_2——12 月、1 月和 2 月的平均水温，℃。

a）在一般地区，库底年平均水温与最低 3 个月的平均气温相似，库底年平均水温也可以按照式（2.4-13）估算，其误差为 0～3℃。

b）对于深度在 50m 以上的水库，建议采用的库底年平均水温见表 2.4-11。

表 2.4-11 建议采用的库底年平均水温表

气候条件	严寒（东北）	寒冷（华北、西北）	一般（华东、华中、西南）	炎热（华南）
T_d(℃)	4～6	6～7	7～10	10～12

库表水温变幅 A_0 的估算方法：

a）在一般地区

$$A_0 = (T_7 - T_1)/2 \tag{2.4-14}$$

式中 T_7、T_1——分别为当地 7 月、1 月的平均气温，℃。

b）在寒冷地区

$$A_0 = (T_7 - \Delta T)/2 = T_7/2 + \Delta a \tag{2.4-15}$$

式中 Δa——日照引起的温度增量，℃，据实测资料，$\Delta a=1\sim2$℃，一般取 1.5℃。

3）数学模型法。经验公式法是在综合国内外水库实测资料的基础上提出的，应用简便，但需要知道库表、库底水温以及其他参数等，而通过水温与气温、水温与纬度的相关关系得出的库表和库底水温，精度不高，而且预测中也没有考虑当地的气候条件、海拔、水温以及工程特性等综合情况，因此预测结果精度相对较低，一般适用于水库水温的初步估算，对于重要工程还应采用更为精细的数学模型方法。

水库水温定量预测可以采用纵向一维数学模型、垂向一维数学模型、平面二维数学模型、立面二维数学模型等，各模型适用条件见表 2.4-12。

表 2.4-12 水温预测数学模型适用条件

数学模型	适用条件
纵向一维数学模型	适用于宽深比不大的水库和湖泊
垂向一维数学模型	适用于面积较小、水深较大、除太阳辐射外没有其他热源的水库和湖泊
平面二维数学模型	适用于水体宽度和长度比较接近，并且平面距离显著大于垂向深度的水库和湖泊
立面二维数学模型	适用于水体宽度较窄，水温在深度方向上分布具有明显差异的水库和湖泊

a. 纵向一维数学模型基本方程。

$$\frac{\partial(AT)}{\partial t} + \frac{\partial(uAT)}{\partial x} = \frac{\partial}{\partial x}\left(AD_{tx}\frac{\partial T}{\partial x}\right) + A\frac{\mathrm{d}T}{\mathrm{d}t} \tag{2.4-16}$$

式中 T——水温，℃；

A——断面面积，m^2；

u——断面平均流速，m/s；

D_{tx}——水温纵向离散系数，m^2/s；

$\frac{\mathrm{d}T}{\mathrm{d}t}$——温度随时间的变化项，℃/s。

b. 垂向一维数学模型基本方程。

$$\frac{\partial T}{\partial t} + \frac{1}{A}\frac{\partial}{\partial z}(wAT) = \frac{1}{A}\frac{\partial}{\partial z}\left(AD_{tz}\frac{\partial T}{\partial z}\right) + \frac{B}{A}(u_iT_i - u_oT_o) - \frac{1}{\rho C_pA}\frac{\partial(\phi A)}{\partial z}\frac{\partial(wA)}{\partial z} = (u_i - u_0)B \tag{2.4-17}$$

式中 T——水温，℃；

w——垂向流速，m/s；

A——垂向水面面积，m^2；

D_{tz}——水温垂向紊动扩散系数，m^2/s；

u_i——入流流速，m/s；

u_o——出流流速，m/s；

T_i——入流水温，℃；

T_o——出流水温，℃；

B——水面宽度，m；

ρ——水的密度，kg/m^3；

C_p——水的比热，J/（kg·℃）；

ϕ——太阳热辐射通量，J/（m^2·s）。

c. 平面二维数学模型基本方程。

$$\frac{\partial(hT)}{\partial t}+\frac{\partial(uhT)}{\partial x}+\frac{\partial(vhT)}{\partial y}=$$
$$\frac{\partial}{\partial x}\left(D_{tx}h\frac{\partial T}{\partial x}\right)+\frac{\partial}{\partial y}\left(D_{ty}h\frac{\partial T}{\partial y}\right)+h\frac{\mathrm{d}T}{\mathrm{d}t} \tag{2.4-18}$$

式中 T——水温,℃;

D_{tx}——水温横向紊动扩散系数，m^2/s；

D_{ty}——水温纵向紊动扩散系数，m^2/s；

$\frac{\mathrm{d}T}{\mathrm{d}t}$——温度随时间变化项,℃/s;

u——对应于 x 轴的平均流速分量，m/s；

v——对应于 y 轴的平均流速分量，m/s；

h——水深，m。

d. 立面二维数学模型基本方程。

$$\frac{\partial(BT)}{\partial t}+\frac{\partial}{\partial x}(BuT)+\frac{\partial}{\partial z}(BwT)=$$
$$\frac{\partial}{\partial x}\left(BD_{tx}\frac{\partial T}{\partial x}\right)+\frac{\partial}{\partial z}\left(BD_{tz}\frac{\partial T}{\partial z}\right)+\frac{1}{\rho C_p}\frac{\partial(B\phi)}{\partial z} \tag{2.4-19}$$

式中 T——水温,℃;

D_{tx}——横向的水温紊动扩散系数，m^2/s；

D_{tz}——垂向的水温紊动扩散系数，m^2/s；

ϕ——太阳热辐射通量，J/（m^2·s）；

ρ——水体密度，kg/m^3；

C_p——水的比热，J/（kg·℃）；

u——对应于 x 轴的平均流速分量，m/s；

w——垂向流速，m/s；

B——水面宽度，m。

4）水库下泄水温。水库下泄水温取决于坝前水温垂直分布、出库流速垂直分布、出库流量、泄水口高程等因素，可采用计算水库层间平均流速的方法来计算水库下泄水温。其计算公式如下：

水库垂向层间平均流速

$$V_i=(V_i+V_{i+1})/2 \tag{2.4-20}$$

各层流量

$$Q_i=V_ib_j \tag{2.4-21}$$

式中 b_j——j 层的库宽，m。

总流量

$$Q=\sum Q_i \tag{2.4-22}$$

水温层间平均值

$$T_i=(T_i+T_{i+1})/2 \tag{2.4-23}$$

各层流量占总流量的百分比

$$Q_j'=\frac{Q_j}{Q}\times 100\% \tag{2.4-24}$$

以 Q_j 值为加权值，最后根据加权计算结果，求得 $T=\sum Q_jT_j$，即水库下泄水温。

5）下泄水温沿程变化。下泄水温沿程变化与下泄水温、流量以及沿程气象条件、河道特征、支流汇入情况等因素有关。假定水温在横断面上分布均匀，取一个均匀河段研究其热量平衡，可以建立一维河流温度模型的基本方程。

$$\begin{cases}\dfrac{\mathrm{d}x}{\mathrm{d}t}=u\\[2mm]\dfrac{\mathrm{d}T}{\mathrm{d}t}=\dfrac{1}{\rho C_ph}\phi(t,T)\end{cases} \tag{2.4-25}$$

式中 h——平均水深，m；

u——断面平均流速，m/s；

ρ——水的密度，kg/m^3；

ϕ——水体与大气间的热交换，J/（m^2·s）；

C_p——水的比热，J/（kg·℃）。

始端河水水温与流量的计算公式如下：

$$T(x_{in})=T_{in}+\frac{W}{Q\rho C}+\frac{Q_x}{Q}(T_x-T_{in}) \tag{2.4-26}$$

$$Q=Q_{in}+Q_x \tag{2.4-27}$$

式中 $T(x_{in})$、Q——分别为河段的始端水温和流量,℃，m^3/s；

W——起始断面处进入的热源强度，J；

T_{in}、Q_{in}——分别为上游输入河水的水温和流量,℃，m^3/s；

T_x、Q_x——分别为起始断面处旁侧入流的水温和流量,℃，m^3/s。

基本方程可用数值法求解，差分方程如下：

$$\begin{cases}T(x+\Delta x)=T_x+\dfrac{\Delta t}{\rho Ch}\varphi_0\times\\ \qquad\left[t+\dfrac{\Delta t}{2},T(x)+\dfrac{T(x+\Delta x)-T(x)}{2}\right]\\ \Delta x=\dfrac{x_{out}-x_{in}}{n}\\ \Delta t=\dfrac{\Delta x}{u}\end{cases} \tag{2.4-28}$$

式中 Δx——步长；

T_x——x 断面处旁侧入流的水温,℃；

φ_0——x 断面处水体与大气间的热交换，J/（m^2·s）；

x_{in}、x_{out}——分别为计算河段的始端与终端坐标；

n——离散成微小单元的数目；

u——断面平均流速，m/s。

下泄水温恢复距离也可用以下经验公式表达：

$$C_{e-5}=-\frac{86400C\rho Q\ln\left(1-\dfrac{T_w-T_0}{T_e-T_0}\right)}{[109+Lf(W)\rho(0.61\times P_a/1000+b)]B}$$

$$L=597.31-0.5631T_w$$

$$f(W)=0.22\times10^{-3}(1+0.31W_{200}^2)^{0.5}$$

式中 C_{e-5}——水温恢复距离，m；

Q——流量，m^3/s；

B——研究河段水面宽度，m；

T_w——平衡水温，℃；

T_0——初始水温，℃；

T_e——研究河段天然水温，℃；

C——水的比热，J/（kg·K）；

ρ——水的密度，g/m^3；

P_a——大气压，Pa；

b——常数，当温度为 0～10℃时，b=0.52；当温度为 10～30℃时，b=1.13；

L——气化潜热；

$f(W)$——风速函数；

W_{200}——水面200cm处的风速，m/s。

3. 案例分析——溪洛渡水电站垂向水温计算

溪洛渡水电站是金沙江水电基地下游四个巨型水电站中最大的一个，上游为白鹤滩水电站，下邻向家坝水电站。溪洛渡坝址控制流域面积454375km²，多年平均径流量1436亿m³。最大坝高278m，水库正常蓄水位600.00m，死水位540.00m，水库总库容126.7亿m³，调节库容64.6亿m³，可进行不完全年调节。

(1) 水库水温垂向分布结构的判断。溪洛渡水库为巨型水库，水深在166～266m之间变化，正常蓄水位以下库容为115.7亿m³。按照径流-库容比法判断，α为12.6，为过渡型水库；用密度弗劳德数法判断，Fr=0.03，小于0.1，为分层型水库；按水库宽深比法计算，溪洛渡水库宽深比为7.53，小于30，水库为分层型水库。过渡型水库与分层型水库的区别在于分层型水库库底水温年内变化较小，库底存在稳定等温层；而过渡型水库库底水温年内变化较大。因此，判断溪洛渡水库为分层型或过渡型水库的关键在于库底水温的判断。

根据水库水温混合机理，影响库底水温的因素有太阳辐射、库表风速、水库异重流及水库出流等四个方面。溪洛渡水库水深高达166m以上，太阳辐射对库底水体的加热效应可以忽略；根据坝址处多年平均风速为2.8m/s，由风动力产生的水体混合亦不易到达库底；另外水库所含泥沙粒径较大，且水库回水长达205km，因此水库形成后30年内不会产生异重流，即使有也因其行程较短不会到达坝前；水库出流高程在500.00～586.50m之间，且大部分时间水库出流高程为518.00m，距库底（高程374.00m）约144m，水体出流对库底的扰动也较小。因此，可以认为溪洛渡水库库底存在稳定的低温水体，水库为分层型水库。

(2) 采用东勘院公式计算水库水温垂向分布结构。

1) 参数确定。采用东勘院公式预测水库的水温，只需知道各月的库表水温（T_0）、库底水温（T_b），就可计算出各月的垂向水温分布。

溪洛渡水库库表水温用气温-水温相关法推算，即根据实测资料建立两者之间的相关图，然后由气温推算出水库表层水温。溪洛渡坝址处1990～1993年气温观测资料见表2.4-13。

分层型水库各月库底水温与其年值差别很小，可用年值代替，溪洛渡水库纬度介于北纬26°40′～29°20′之间（计算中采用其平均值28°），其年值可根据水库纬度按照SL 278—2002中的库底月平均水温沿纬度分布图查得，为11.2℃。溪洛渡水库库表、库底水温详见表2.4-14。

表2.4-13　　溪洛渡坝址处多年逐月平均气温统计表

月　份	1	2	3	4	5	6	7	8	9	10	11	12	平均气温（℃）
气温（℃）	10.6	12.5	16.8	20.6	23.4	26.3	27.3	26.7	24.0	18.9	17.2	12.6	19.7

表2.4-14　　采用东勘院公式的溪洛渡库底、库表水温

月　份	1	2	3	4	5	6	7	8	9	10	11	12
库表水温(℃)	11.4	10.7	13.3	19.0	23.8	26.4	29.5	29.9	26.6	23.2	18.6	14.3
库底水温(℃)	11.2	11.2	11.2	11.2	11.2	11.2	11.2	11.2	11.2	11.2	11.2	11.2

2）计算结果。采用东勘院公式计算出的溪洛渡各月垂向水温分布见图 2.4-4。

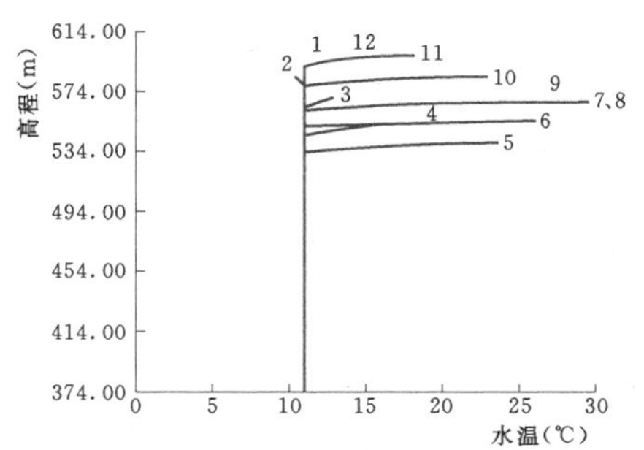

图 2.4-4　溪洛渡水库水温垂向分布曲线（采用东勘院公式）

从图 2.4-4 可以看出，采用东勘院公式计算时，溪洛渡水库库底厚约 158m 水体的水温终年不变，垂向温差集中在库表，2 月因查出的库表水温低于库底水温，水温分布出现逆温。

（3）采用朱伯芳公式计算水库水温垂向分布结构。

1）参数确定。采用朱伯芳法计算水库水温垂向分布结构，需要确定库底水温（T_d）、库表水温（b）、水温年变幅（A_0）、水温相位差（ε）等有关参数。

库表水温 $b=T_{气}+\Delta b$，Δb 取 3℃，根据表 2.4-13 坝址处气温统计，$T_{气}$ 为 19.7℃，则 $b=22.7$℃。库底水温（T_d）可采用最低 3 个月（12 月、1 月、2 月）的平均气温，即 11.9℃。

$A_0=(T_7-T_1)/2$，T_7、T_1 分别为坝址处 7 月和 1 月的平均气温，则 A_0 为 8.35℃。

其他各项参数取值为 $\alpha=0.040$，$\beta=0.018$，$\gamma=0.085$，$d=2.15$，$f=1.30$。

2）计算结果。采用朱伯芳公式计算出的溪洛渡水库各月垂向水温分布见图 2.4-5。

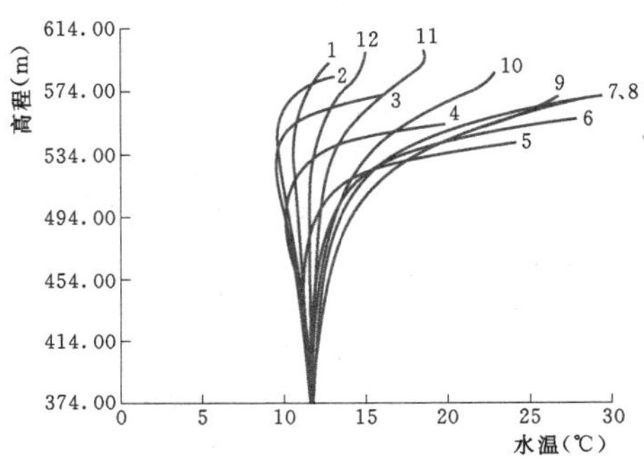

图 2.4-5　溪洛渡水库水温垂向分布曲线（采用朱伯芳公式）

从图 2.4-5 可以看出，采用朱伯芳公式计算时，1 月、2 月、3 月、4 月水库中下部出现逆温，库底水温为一变值，变化幅度约为 0.5℃；温跃层均出现在库表。

2.4.2.4　水质预测与评价

1. 预测因子与预测内容

水利水电工程运行期水质预测因子主要包括 COD_{Cr}、BOD_5、NH_3-N 等。除了控制指标 COD 以外，一般我国南方水域还要考虑 BOD、NH_3-N、TN、TP 等，北方干旱缺水地区还要考虑含盐量、总硬度指标等。预测因子选取具体情况应根据工程特点、水环境特点、区域总量控制指标和关注的主要污染物指标来确定。

施工期各类废水预测因子如下：砂石骨料冲洗废水预测因子一般选取 SS；基坑排水预测因子一般选取 SS 和 pH 值；混凝土养护及拌和系统冲洗废水预测因子一般选取 SS 和 pH 值；含油废水预测因子一般选取 SS 和石油类；生活废水预测因子一般选取 BOD_5、COD_{Cr} 和 NH_3-N 等指标。

各类水利水电工程水质影响预测内容见表 2.4-15。

2. 预测方法

（1）常用数学模型。水质预测常用的数学模型包括零维、纵向一维、平面二维等数学模型，不同河流、湖库推荐采用的数学模型见表 2.4-16。

1）河流完全混合模式。

$$c=(c_pQ_p+c_hQ)/(Q_p+Q) \quad (2.4-29)$$

式中　c——污染物浓度，mg/L；

c_p——污水排放浓度，mg/L；

Q_p——污水排放流量，m^3/s；

c_h——上游河段污染物浓度，mg/L；

Q——河段流量，m^3/s。

2）河流一维数学模型。

$$c_x=c_0\exp\left[\frac{u}{2E_x}\left(1-\sqrt{1+\frac{4KE_x}{u^2}}\right)x\right] \quad (2.4-30)$$

若忽略纵向离散作用时，则为

$$c_x=c_0\exp\left(-K\frac{x}{u}\right) \quad (2.4-31)$$

$$c_0=\frac{c_pQ_p+c_hQ}{Q_p+Q} \quad (2.4-32)$$

式中　c_x——流经 x 距离后污染物的浓度，mg/L；

c_0——起始断面（$x=0$）处污染物的浓度，mg/L；

Q_p——污水排放流量，m^3/s；

c_p——污水排放浓度，mg/L；

u——河流平均流速，m/s；

表 2.4-15　**各类水利水电工程水质影响预测内容**

序号	工程类型	预　测　内　容
1	水　库	1. 预测污染物在水库中的分布、变化情况。库边有污染源的时候，应预测污染带的主要污染物及其纵向、横向扩散范围；水库有饮用水源地或其他重要环保目标时，应预测库区水质变化对水源地等重要环保目标的影响。 2. 预测计算坝下河段污染物分布、变化情况。对于评价河段内有水源地或其他重要环保目标时，要预测对该重要保护目标的水质影响；当下游有梯级工程时，应预测分析本工程对下一个梯级工程水质的影响
2	调水工程	1. 调出区（水源区）水质预测。预测调出区（水源区）水质变化情况，分析预测水质能否满足调（供）水水质要求。 2. 输水沿线和调蓄水体水质预测。根据预测年区域污染源变化情况，预测工程对输水沿线、重要河渠交叉处以及调蓄水体水质影响，分析能否满足供水水质要求。 3. 受水区水质预测。根据预测年受水区生产、生活新增废水污染物情况，预测规划年受水区纳污水体水质变化情况
3	河道整治工程	预测河道整治后水文情势和水动力变化对评价范围内水环境的影响，包括对重要保护目标的影响
4	堤防工程	预测因河流流速、流向改变对评价范围内水质的影响
5	灌溉工程	预测新增灌溉退水对纳污水体水质的影响

表 2.4-16　**不同河流、湖库推荐采用的水质预测数学模型**

水体类型	数学模型	适　用　条　件
河流	完全混合模式	污染物充分混合的中、小河流，且计算河段较短时（不大于3～5km）
	一维数学模型	宽深比不大的河流和渠道，污染物在较短的时间内在断面上均匀混合，污染物输入量、河道流速等不随时间变化，且计算河段较长时
	二维数学模型	水体宽度与长度比较接近，其平面距离显著大于垂向深度；大、中河流排污口下游有重要保护目标时
	溶解氧模型（S-P模型）	
河口	欧康那河口衰减模式	狭长、均匀河口，连续点源稳定排放
湖泊（水库）	均匀混合模型	污染物均匀混合的平均水深不大于10m、水面不大于5km² 的小型湖（库）
	非均匀混合模型	对平均水深不小于10m、水面不小于25km² 的大型湖（库），且污染物入湖（库）后污染仅出现在排污口附近水域时

x——纵向距离，m；

c_h——上游河段污染物浓度，mg/L；

E_x——河段纵向离散系数，m^2/s；

K——污染物综合衰减系数，s^{-1}。

当遇瞬时突发排污或污染事故水质预测时，可按式（2.4-33）预测河流断面水质变化过程。

$$c(x,t)=c_h+\frac{W}{A\sqrt{4\pi E_x t}}\times \exp(-Kt)\exp\left[-\frac{(x-ut)^2}{4E_x t}\right] \tag{2.4-33}$$

式中　$c(x,t)$——瞬时污染源流经 t 时距 x 处河流断面污染物的浓度，mg/L；

W——瞬时污染物总量，g；

A——河流断面面积，m^2；

t——流经时间，s；

c_h——上游河段污染物浓度，mg/L；

E_x——河段纵向离散系数，m^2/s；

K——污染物综合衰减系数，s^{-1}。

3）河流二维数学模型。

a. 岸边排放时：

$$c(x,y)=\exp\left(-K\frac{x}{u}\right)\left\{c_h+\frac{c_pQ_p}{H\sqrt{\pi E_y x u}}\times \left\{\exp\left(-\frac{uy^2}{4E_y x}\right)+\exp\left[-\frac{u(2B-y)^2}{4E_y x}\right]\right\}\right\} \tag{2.4-34}$$

b. 非岸边排放时：

$$c(x,y)=\exp\left(-K\frac{x}{u}\right)\left\{c_h+\frac{c_pQ_p}{2H\sqrt{\pi E_y x u}}\times\left\{\exp\left(-\frac{uy^2}{4E_y x}\right)+\exp\left[-\frac{u(2a+y)^2}{4E_y x}\right]+\exp\left[-\frac{u(2B-2a-y)}{4E_y x}\right]\right\}\right\} \tag{2.4-35}$$

式中 $c(x,y)$——在坐标 (x,y) 处污染物浓度，mg/L；

H——污染带内平均水深，m；

B——河流宽度，m；

a——排污口距岸距离，m；

u——河流平均流速，m/s；

x——纵向距离，m；

y——横向距离，m；

c_h——上游河段污染物浓度，mg/L；

Q_p——污水排放流量，m^3/s；

c_p——污水排放浓度，mg/L；

E_x——河段纵向离散系数，m^2/s；

E_y——河段横向离散系数，m^2/s；

K——污染物综合衰减系数，s^{-1}。

4）河流溶解氧模型（S-P模型）。不考虑离散的稳态解：

$$L_x=L_0\exp\left(-K_1\frac{x}{u}\right) \tag{2.4-36}$$

$$c_x=c_s-(c_s-c_0)\exp\left(-K_2\frac{x}{u}\right)+\frac{K_1L_0}{K_1-K_2}\left[\exp\left(-K_1\frac{x}{u}\right)-\exp\left(-K_2\frac{x}{u}\right)\right] \tag{2.4-37}$$

$$D_x=D_0\exp\left(-K_2\frac{x}{u}\right)-\frac{K_1K_0}{K_1-K_0}\times\left[\exp\left(-K_1\frac{x}{u}\right)-\exp\left(-K_2\frac{x}{u}\right)\right] \tag{2.4-38}$$

式中 L_x、L_0——x、0处BOD浓度，mg/L；

c_x、c_0——x、0处DO浓度，mg/L；

D_x、D_0——x、0处溶解氧的氧亏浓度，mg/L；

c_s——某温度下的饱和溶解氧，mg/L；

u——河流平均流速，m/s；

x——纵向距离，m；

K_1、K_2——耗氧、复氧系数，s^{-1}。

S-P模型是描述污染物进入河流水体后耗氧过程与复氧过程的平衡状况。溶解氧在水体中呈一下垂曲线，其极限溶解氧 c_c 和极限距离 x_c 的计算式为

$$c_c=c_s-\frac{K_1L_0}{K_2}\exp\left(-\frac{K_1x_c}{u}\right) \tag{2.4-39}$$

$$x_c=\frac{u}{K_2-K_1}\ln\left\{\frac{K_2}{K_1}\left[1-\frac{(c_s-c_0)(K_2-K_1)}{L_0K_1}\right]\right\} \tag{2.4-40}$$

5）欧康那河口衰减模式。受潮汐影响的河口呈非稳定水流状态，水质预测一般可按高潮平均和低潮平均两种情况简化为稳定状态进行计算。

涨潮（$x<0$，自 $x=0$ 处排入）：

$$c_{x上}=\frac{c_pQ_p}{(Q_p+Q)N}\exp\left[\frac{ux}{2E_x}(1+N)\right]+c_h \tag{2.4-41}$$

落潮（$x>0$）：

$$c_{x下}=\frac{c_pQ_p}{(Q_p+Q)N}\exp\left[\frac{ux}{2E_x}(1-N)\right]+c_h \tag{2.4-42}$$

$$N=\sqrt{1+\frac{4KE_x}{u^2}} \tag{2.4-43}$$

式中 $c_{x上}$、$c_{x下}$——涨、落潮的污染物浓度，mg/L；

c_h——上游河段污染物浓度，mg/L；

Q_p——污水排放流量，m^3/s；

c_p——污水排放浓度，mg/L；

u——河流平均流速，m/s；

Q——河段流量，m^3/s；

E_x——河段纵向离散系数，m^2/s；

K——污染物综合衰减系数，s^{-1}。

在宽阔的河口，可采用一维非恒定流方程数值模式计算流场，采用二维动态混合衰减数值模式预测水质。一般均需将基本方程转换成差分格式，进行数值法求解。

6）湖（库）均匀混合模型。

$$c(t)=\frac{W_0}{K_hV}+\left(c_h-\frac{W_0}{K_hV}\right)\exp(-K_ht) \tag{2.4-44}$$

$$K_h=\frac{Q}{V}+K \tag{2.4-45}$$

式中 $c(t)$——计算时段污染物浓度，mg/L；

W_0——污染物入湖（库）速率，g/s；

K_h——中间变量，s^{-1}；

V——湖（库）容积，m^3；

Q——湖（库）出流量，m^3/s；

K——污染物综合衰减系数，s^{-1}；

c_h——湖（库）现状浓度，mg/L。

7）湖（库）非均匀混合模型。

$$c_r=c_h+c_p\exp\left(-\frac{K\varphi Hr^2}{2Q_p}\right) \tag{2.4-46}$$

式中 c_r——距排污口 r 处的污染物浓度，mg/L；

c_p——污染物排放浓度，mg/L；

c_h——上游河段污染物浓度，mg/L；

Q_p——废污水排放流量，m^3/s；

φ——扩散角，排污口在平直岸时取 π，排污口在湖（库）中时取 2π；

H——扩散区湖（库）平均水深，m；

r——预测点距排污口的距离，m。

（2）水质模型参数估值方法。模型参数估值，一般由实验室测定、野外观测以及通过资料分析得出的经验公式等方法求得。

1）横向扩散系数 E_y。

a. 现场示踪实验估值法。这种方法是向河流投放示踪物质，追踪它的沿程浓度变化，计算其扩散系数。此法需消耗较大人力、物力，建议有必要时才采用。其基本步骤如下：①选择示踪物质，常用罗丹明-B和氯化物；②投放示踪物质，可用瞬时投放或连续投放；③测定示踪物质的浓度，至少在投放点下游设两个以上断面在时间和空间上同步监测；④同时观测有关项目，包括水力、水文、河床等有关数据资料；⑤计算扩散系数，建议采用拟合曲线法。

b. 经验公式估值法。

a）费休公式。

顺直河段：

$$E_y = (0.1 \sim 0.2)H(gHI)^{1/2} \quad (2.4-47)$$

弯曲河段：

$$E_y = (0.4 \sim 0.8)H(gHI)^{1/2} \quad (2.4-48)$$

式中 H——河流平均水深，m；

g——重力加速度，$9.81m/s^2$；

I——河流水力坡降，m/m。

b）泰勒公式（适用河流 $B/H \leqslant 100$）。

$$E_y = (0.058H + 0.0065B)(gHI)^{1/2} \quad (2.4-49)$$

式中 B——河流平均宽度，m；

H——河流平均水深，m；

g——重力加速度，$9.81m/s^2$；

I——河流水力坡降，m/m。

2）纵向离散系数 E_x。

a. 水力因素法。根据实测断面流速分布计算纵向离散系数。

$$E_x = -\frac{1}{A}\sum_0^B q_i \Delta Z\left[\sum_0^Z \frac{\Delta Z}{E_y h_i}\left(\sum_0^Z q_i \Delta Z\right)\right] \quad (2.4-50)$$

$$q_i = h_i \Delta Z u_i \quad (2.4-51)$$

$$u_i = \overline{u_i} - u \quad (2.4-52)$$

式中 A——河流断面面积，m^2；

B——河流宽度，m；

ΔZ——分带宽度，可分成等宽，m；

h_i——分带 i 平均水深，m；

q_i——分带 i 偏差流量，m^3/s；

u_i——分带 i 偏差流速，m/s；

$\overline{u_i}$、u——分带 i 和全断面平均流速，m/s；

E_y——横向离散系数，m^2/s。

b. 经验公式估值法。

a）爱尔德公式（适用河流）。

$$E_x = 5.93H(gHI)^{1/2} \quad (2.4-53)$$

b）费休公式（适用河流）。

$$E_x = \frac{0.011u^2B^2}{H(gHI)^{1/2}} \quad (2.4-54)$$

式中 u——平均流速，m/s；

B——河流平均宽度，m；

H——河流平均水深，m；

g——重力加速度，$9.81m/s^2$；

I——河流水力坡降，m/m。

c）鲍登公式（适用河口）。

$$E_x = 0.295uH \quad (2.4-55)$$

d）狄欺逊公式（适用河口）。

$$E_x = 1.23U_{max}^2 \quad (2.4-56)$$

式中 U_{max}——河口最大潮速，m/s；

u——平均流速，m/s；

H——河流平均水深，m。

c. 实测河口盐度，计算河口纵向离散系数 E_x。

$$E_x = \frac{u\sum x_i^2}{\ln S_0 \sum x_i \ln S_i} \quad (2.4-57)$$

式中 u——河口上游断面平均流速，m/s；

x_i——i 点离河口的距离，m；

S_0——海水盐度，mg/L；

S_i——距河口 x_i 处的盐度，mg/L。

3）耗氧系数 K_1 估值方法。

a. 实验室估值法。在20℃恒温下，测得污水时间 t 与相应 BOD_5 资料，利用最小二乘法、图解斜率法、两点法推求 K_1 值。由于天然河流与实验室模拟条件不同，实验资料求得的 K_1 值常小于天然河流中的 K_1 值，可采用经验公式进行修订。

布斯科修正式：

$$K_1(\text{河流}) = K_1(\text{实验室}) + \partial \frac{u}{H} \quad (2.4-58)$$

式中 u——河流平均流速，m/s；

H——河流平均水深，m；

∂——流态修正系数，低流速 $\partial=0.1$，高流速 $\partial=0.60$。

b. 河流实测数据估值法。选择稳定均匀混合河段，测得上、下两个断面污染物浓度，即可推求 K_1 值。

对于河流：

$$K_1 = \frac{u}{\Delta x}\ln\frac{c_A}{c_B} \quad (2.4-59)$$

对于湖（库）：

$$K_1 = \frac{2Q_p}{\varphi H(r_B^2 - r_A^2)}\ln\frac{c_A}{c_B} \quad (2.4-60)$$

式中 Δx——上、下两断面间河段长度，m；

Q_p——废污水排放流量；m^3/s；

φ——扩散角度，平直河岸取 π，湖（库）中取 2π；

u——河流平均流速，m/s；

H——河流平均水深，m；

r_A、r_B——远、近两测点到排放点的距离，m；

c_A、c_B——河流上断面、下断面污染物排放浓度，mg/L。

4）复氧系数 K_2 估值方法。

a. 河流实测数据估值法。根据溶解氧平衡原理，利用式（2.4－61）推求复氧系数 K_2 值。

$$K_2 = K_1\frac{L}{D} - \frac{\Delta D}{2.3tD} \quad (2.4-61)$$

式中 K_1——耗氧系数，d^{-1}；

L——河段上断面与下断面 BOD 平均浓度，mg/L；

D——河段上断面与下断面氧亏平均浓度，mg/L；

ΔD——河段上断面与下断面氧亏差值，mg/L；

t——上断面至下断面流经时间，d。

b. 经验公式估值法。

a）奥康那-道宾斯公式。

$$K_{2(20℃)} = 294\frac{(D_m u)^{1/2}}{H^{3/2}} \quad (c_x \geqslant 17) \quad (2.4-62)$$

$$K_{2(20℃)} = 824\frac{D_m^{1/2}I^{1/2}}{H^{5/4}} \quad (c_x < 17) \quad (2.4-63)$$

$$c_x = \frac{1}{n}H^{1/6} \qquad D_{m(20℃)} = 2.036\times10^{-9} \quad (2.4-64)$$

式中 D_m——氧在水中的分子扩散系数，m^2/s；

u——河流平均流速，m/s；

H——河流平均水深，m；

I——水面比降，m/m；

c_x——谢才系数，$m^{1/2}/s$；

n——糙率。

b）丘吉尔公式。

$$K_{2(20℃)} = 5.03\frac{u^{0.696}}{H^{1.673}}$$

$$(0.6m \leqslant H \leqslant 8m;\ 0.6m/s \leqslant u \leqslant 1.8m/s) \quad (2.4-65)$$

5）K_1、K_2 的温度校正公式。

$$K_{1或2(T)} = K_{1或2(20℃)}\theta^{T-20} \quad (2.4-66)$$

式中 θ——温度常数，对 K_1，当 $\theta=1.02\sim1.06$ 时，可取 1.047；对 K_2，当 $\theta=1.015\sim1.047$ 时，可取 1.024。

6）综合衰减系数 K 估值方法。

a. 分析借用法。将计算水域在以往环境影响评价、环境规划、科学研究、专题分析等工作中可供利用的有关数据、资料经过分析检验后采用。无计算水域的资料时，可借用水力特性、污染状况及地理、气象条件相似的邻近河流的资料。我国部分流域综合规划中采用的参数取值范围见表 2.4－17，仅供参考。

表 2.4－17　部分流域综合规划中综合衰减系数 K 的取值

流域名称	长江	黄河	淮河	珠江	海河	太湖	松花江
K_{COD}	0.14～0.30	0.11～0.46	0.05～0.32	0.10～0.30	0.05～0.40	0.06～0.12	0.05～0.43
$K_{NH_3\text{-}N}$	0.25～0.40	0.10～0.33	0.06～0.28	0.10～0.39	0.05～0.40	0.10～0.25	0.08～0.38

b. 实测法。

a）选取一个顺直、水流稳定、无支流汇入、无入河排污口的河段，分别在其上游（A 点）和下游（B 点）布设采样点，监测污染物浓度值和水流流速，按照式（2.4－59）计算 K_1 值。

b）对于湖（库），选取一个入河排污口，在距入河排污口一定距离处分别布设 2 个采样点（近距离处：A 点；远距离处：B 点），监测污水排放流量和污染物浓度值，按照式（2.4－60）计算 K_2 值。

用实测法测定综合衰减系数时，应监测多组数据取其平均值。

c. 经验公式法。

怀特公式：

$$K = 10.3Q^{-0.49} \quad (2.4-67)$$

或

$$K = 39.6P - 0.34 \quad (2.4-68)$$

式中 P——河床湿周，m。

3. 影响评价

水质影响评价采用的评价标准、评价方法等，与环境现状评价基本相同。评价因子原则上同预测因子，评价的时期与影响预测的时期要对应。

一般采用单因子评价法进行水质影响评价，即根据水域类别及水功能区划分，选取相应的水环境质量标准，进行水质达标情况分析，对于水质超标的因子应计算超标倍数并说明超标原因。主要应包括以下内容：

(1) 分析环境水文条件及水动力条件的变化趋势与特征，评价水文要素及水动力条件的改变对水环境及各类用水对象的影响程度。

(2) 评价水文条件或最不利影响出现时段（或水期）的影响范围和影响程度，明确对敏感用水对象及水环境保护目标的影响。

(3) 水质评价应包括水文特征值和水环境质量，影响明显的水环境因子应作为评价重点。

(4) 明确建设项目可能导致的水环境影响，应给出排污、水文情势变化对水质影响范围和程度的定量或定性结论。

(5) 根据水质影响预测评价结果，简明扼要地表述建设项目主要影响因子、影响范围和影响程度，说明与有关环保法规、水环境标准、水环境保护目标要求的符合性。

4. 案例分析——南水北调中线工程汉江兴隆水利枢纽水质预测

(1) 工程概况。兴隆水利枢纽位于汉江下游湖北省潜江、天门市境内，上距丹江口大坝378.3km，下距河口273.7km。为平原区低水头径流式枢纽，无调节库容，正常蓄水位36.20m，正常蓄水位以下库容2.73亿m^3。

枢纽库周工业废水主要来自竹皮河以及库区上游的钟祥市，生活污染源为沙洋县城、马良镇、荆门市、钟祥市等城区生活污水。库周面源污染主要是农药和化肥。现状情况库区河段水质以有机污染为主，主要污染因子为TP。

采用径流-库容法对水库水温结构进行判断，兴隆水库水温结构属于混合型，建坝后库区河段的水温与天然状态相差不大。

(2) 库区水质预测因子及模型选取。预测水平年：以2000年为基准年，2010年为预测年。库区水质预测因子采用反映水体有机污染的指标——高锰酸盐指数进行预测。

兴隆水库属河道型水库，水体滞留时间较短，水深较浅，水温无明显分层，库区水质采用河流一维数学模型解析解（即不考虑离散情况）进行预测。

(3) 参数确定。

1) K值：本次预测以实测资料为基准，并参照汉江中下游水质模拟已有的研究成果，兴隆水库建坝前K值为0.2/d，考虑到建坝后水文条件的变化，K值取0.1/d。

2) c_h：取库区上游皇庄断面最近几年枯水期实测COD浓度平均值3.37mg/L，$Q=544m^3/s$，根据南水北调中线工程环评以前的研究成果，取COD浓度=2.5×高锰酸盐指数浓度。

3) 设计流量：采用兴隆河段保证率90%的枯水期月平均流量。

4) 污染源源强：采用2010年库周工业废水达标、生活污水未达标排放的污染物（COD）入库量。工业废水及主要污染物排放量预测采用弹性系数法。生活污水排放量预测采用以下公式估算：

$$Q = 0.365AF$$

式中 A——规划年人口，万人；

F——人均生活污水量，L/（人·d）。

竹皮河污染物入河系数取0.7。经预测，2010年入库废污水及主要污染物见表2.4-18。

表2.4-18 2010年入库废污水及主要污染物统计表

市（县）名称	废水量（万m^3/a）	COD排放量（t/a）
钟祥市	4816.6	12160.6
荆门市（竹皮河）	8415.2	14256.7
沙洋县	366.4	1099.2
马良镇	129.5	388.5
合计	13727.7	27905.0

(4) 预测结果。兴隆水利枢纽建成后，库区高锰酸盐指数浓度计算结果见表2.4-19。

表2.4-19 兴隆库区高锰酸盐指数浓度计算结果 单位：mg/L

断面	兴隆枢纽建成后	兴隆枢纽建成前
马良上	2.99	2.96
马良下	3.31	3.28
沙洋上	2.94	2.84
沙洋下	2.96	2.86
坝前	2.68	2.54

预测结果表明，在保证率90%的枯水期月平均流量水文条件以及工业废水达标、生活污水未达标情

况下，兴隆建坝前，竹皮河入汉江下游马良断面2010年预测水平年高锰酸盐指数浓度为3.28mg/L，建坝后高锰酸盐指数浓度为3.31mg/L。兴隆建坝前后沙洋城区下游断面高锰酸盐指数浓度分别为2.86mg/L和2.96mg/L。由此可见，兴隆水利枢纽建成后库区总体水质稍劣于建坝前。

2.4.2.5 水库富营养化预测与评价

1. 预测因子及预测内容

湖泊和水库的富营养化预测，预测因子一般为TP、TN等。

水库富营养化预测主要是结合水库水质现状监测，分析营养物质来源，结合水库库容、水量交换、流速变化，应用数学模型和判别标准，预测发生水库富营养化的趋势。

2. 预测方法

湖（库）富营养化预测，用营养元素氮、磷的浓度变化，判别湖（库）富营养化发展趋势。常用沃伦维德和狄龙经验模型，预测不同类型湖（库）氮、磷浓度。

（1）沃伦维德模型。

$$c = c_i\left(1+\sqrt{\frac{H}{q_s}}\right)^{-1} \qquad (2.4-69)$$

$$q_s = Q_{入}/A$$

式中 c——湖（库）中磷（氮）的年平均浓度，mg/L；

c_i——流入湖（库）按流量加权平均的磷（氮）浓度，mg/L；

H——湖（库）平均水深，m；

q_s——湖（库）单位面积年平均水量负荷，$m^3/(m^2 \cdot a)$；

$Q_{入}$——入湖（库）水量，m^3/a；

A——湖（库）水面积，m^2。

（2）狄龙经验模型。

$$P = \frac{L_P(1-R_P)}{\beta h} \qquad (2.4-70)$$

$$R_P = 1 - W_{出}/W_{入}$$

$$\beta = Q_a/V$$

式中 P——湖（库）中磷（氮）的平均浓度，g/m^3；

L_P——湖（库）单位面积年磷（氮）负荷量，$g/(m^2 \cdot a)$；

R_P——湖（库）中磷（氮）的滞留系数，a^{-1}；

$W_{入}$、$W_{出}$——入、出湖（库）年磷（氮）量，kg/a；

β——水力冲刷系数，a^{-1}；

Q_a——湖（库）年流入水量，m^3/a；

V——湖（库）容积，m^3；

h——扩散区湖（库）平均水深，m。

3. 影响评价

目前国内对湖泊（水库）富营养化评价，主要有《地表水资源质量评价技术规程》（SL 395—2007）推荐的指数法和中国环境监测总站《湖泊（水库）富营养化评价方法及分级技术规定》（2001年）推荐的综合营养指数法。

（1）指数法。指数法评价项目共5项，包括TP、TN、叶绿素a（chla）、COD_{Mn}和透明度（SD）。湖库营养状态评价宜包括上述5项评价项目，如果评价项目不足5项，则评价项目中必须至少包括叶绿素a，否则，不宜进行营养状态评价。透明度可以根据当地实际情况灵活掌握。

首先根据湖（库）营养状态评价标准（见表2.4-20），将参数浓度值转换为评分值。监测值处于表列值两者中间者可采用相邻点内插，得到评价项目的分值。然后根据各评价项目评分值采用下式计算营养状态指数。最后，对照表2.4-20中的评分值分级标准，由平均评分值确定营养状态等级。

$$EI = \sum_{n=1}^{N} E_n/N \qquad (2.4-71)$$

式中 EI——营养状态指数；

E_n——各评价项目赋分值；

N——评价项目个数。

根据营养状态指数EI对营养状态等级进行判别。营养状态评价分为贫营养、中营养和富营养；富营养再分为轻度富营养、中度富营养和重度富营养。

（2）综合营养状态指数法。综合营养状态指数法评价指标主要包括chla、TP、TN、SD、COD_{Mn}，其计算公式如下：

$$TLI(\sum) = \sum_{j=1}^{m} W_j \cdot TLI(j) \qquad (2.4-72)$$

式中 $TLI(\sum)$——综合营养状态指数；

W_j——第j种参数的营养状态指数的相关权重；

$TLI(j)$——第j种参数的营养状态指数。

以chla作为基准参数，则第j种参数的归一化的相关权重计算公式为

$$W_j = \frac{r_{ij}^2}{\sum_{j=1}^{m} r_{ij}^2} \qquad (2.4-73)$$

式中 r_{ij}——第j种参数与基准参数chla的相关系数；

m——评价参数的个数。

表 2.4-20 湖（库）营养状态评价标准

营养状态		评价项目赋分值	TP (mg/L)	TN (mg/L)	叶绿素 a (mg/L)	高锰酸盐指数 (mg/L)	透明度 (m)
贫营养 0⩽*EI*⩽20		10	0.001	0.02	0.0005	0.15	10
		20	0.004	0.05	0.001	0.4	5
中营养 20＜*EI*⩽50		30	0.01	0.1	0.002	1	3
		40	0.025	0.3	0.004	2	1.5
		50	0.05	0.5	0.01	4	1
富营养	轻度富营养 50＜*EI*⩽60	60	0.1	1	0.026	8	0.5
	中度富营养 60＜*EI*⩽80	70	0.2	2	0.064	10	0.4
		80	0.6	6	0.16	25	0.3
	重度富营养 80＜*EI*⩽100	90	0.9	9	0.4	40	0.2
		100	1.3	16	1	60	0.12

中国湖泊（水库）部分参数与 chla 的相关关系 r_{ij} 及 r_{ij}^2 值见表 2.4-21。

表 2.4-21 中国湖泊（水库）部分参数与 chla 的相关关系 r_{ij} 及 r_{ij}^2 值

参数	chla	TP	TN	SD	COD_{Mn}
r_{ij}	1	0.84	0.82	−0.83	0.83
r_{ij}^2	1	0.7056	0.6724	0.6889	0.6889

注 本表引自金相灿等著《中国湖泊环境》。r_{ij} 来源于中国 26 个主要湖泊调查数据的计算结果。

营养状态指数计算公式为

$$TLI(\mathrm{chla}) = 10(2.5 + 1.086\ln \mathrm{chla}) \tag{2.4-74}$$

$$TLI(\mathrm{TP}) = 10(9.436 + 1.624\ln \mathrm{TP}) \tag{2.4-75}$$

$$TLI(\mathrm{TN}) = 10(5.453 + 1.694\ln \mathrm{TN}) \tag{2.4-76}$$

$$TLI(\mathrm{SD}) = 10(5.118 - 1.94\ln \mathrm{SD}) \tag{2.4-77}$$

$$TLI(\mathrm{COD_{Mn}}) = 10(0.109 + 2.661\ln \mathrm{COD_{Mn}}) \tag{2.4-78}$$

式中：chla 的单位为 mg/m^3；SD 的单位为 m；其他项目的单位均为 mg/L。

采用 1～100 的一系列连续数字对湖泊（水库）营养状态进行分级，在同一营养状态下，指数值越高，其营养程度越高。富营养化类别与评分值的对应关系见表 2.4-22。

表 2.4-22 湖泊（水库）营养状态分级标准

营养状态分级	评分值 *TLI*（Σ）
贫营养	0＜*TLI*（Σ）⩽30
中营养	30＜*TLI*（Σ）⩽50
（轻度）富营养	50＜*TLI*（Σ）⩽60
（中度）富营养	60＜*TLI*（Σ）⩽70
（重度）富营养	70＜*TLI*（Σ）⩽100

4. 案例分析——松花湖富营养化评价

松花湖流域位于吉林省中南部，地跨 13 个市（县、区），约占吉林省总面积的 22.7%。流域内形成以白山湖、红石湖、松花湖为主体的三湖保护区。松花湖上游主要有松花江干流及辉发河、蛟河等支流。按水系分布，可将松花湖流域分为松花湖区、蛟河区、松花江源头区和辉发河 4 个区间。流域多年平均天然年径流量为 133.2 亿 m^3，多年平均入库水量为 128 亿 m^3，其天然径流量占吉林省松花江流域地表水资源总量的 81.7%，占全省地表水资源总量的 38.7%。由于水土流失加剧，入湖泥沙及污染物逐年增加，松花湖流域水质污染加重，呈现富营养化趋势。

（1）富营养化评价方法及评价指标选取。选择综合营养状态指数法对松花湖流域富营养化程度进行评价。评价指标为 chla、TP、TN、SD、COD_{Mn} 等 5 项参数。

（2）水质监测资料选取。松花湖流域主要汇水区集中在以白山湖、红石湖和松花湖为主体的三湖区间，污染物通过地表径流汇入湖泊，因此该三湖区间污染物浓度最高，污染物最为集中。其中松花湖面积最大，处于汇水区的核心位置，污染最严重，因此在选取水质监测点时按照白山湖—红石湖—松花湖顺序依次选择7个监测点，按上游至下游顺序排列，即白山水库、红石水库、辉发河口、桦树林、小荒地、沙石浒、丰满水库。其中5个断面在松花湖区域，桦树林、沙石浒、丰满为湖体断面，辉发河、小荒地分别为辉发河和蛟河的入湖口断面。

各断面富营养化程度评价采用2003～2007年5年水质监测数据，将5年各监测断面的参数营养状态指数取平均值并计算综合营养状态指数。

(3) 各断面富营养化程度评价结果。根据选取的各断面水质监测资料，计算各断面各参数平均营养指数和综合营养状态指数，计算结果见表2.4-23。根据计算结果，对比表2.4-22中的分级评分标准值，对松花湖流域各断面富营养化程度进行评价，见表2.4-24。

表2.4-23 2003～2007年松花湖流域各断面各参数平均营养指数和综合营养状态指数

断 面	chla	TP	TN	SD	COD_{Mn}	综合营养状态指数
白山水库	35.25	44.16	54.19	33.56	44.05	40.25
红石水库	29.45	35.68	50.11	29.57	40.58	35.66
辉发河口	43.59	56.03	64.98	63.10	50.37	55.75
小荒地	38.51	47.54	63.38	45.63	44.61	48.23
桦树林	37.32	54.28	62.65	54.39	47.55	51.17
沙石浒	36.55	43.82	62.51	43.55	44.15	46.37
丰满水库	32.64	37.54	61.27	34.84	42.94	42.08

表2.4-24 2003～2007年松花湖流域各断面富营养化状态评价

断 面	综合营养状态指数	富营养化程度
白山水库	40.25	中营养
红石水库	35.66	中营养
辉发河口	55.75	轻度富营养
小荒地	48.23	中营养
桦树林	51.17	轻度富营养
沙石浒	46.37	中营养
丰满水库	42.08	中营养

从表2.4-23和表2.4-24可以看出，在5个评价因子中，TN的污染指标最重，其次是TP和COD_{Mn}指数，最轻的是chla；红石水库断面的综合营养状态指数最低，辉发河口断面的综合营养指数最高；在松花湖区的5个评价断面中，辉发河口和桦树林已达到轻度富营养程度，松花湖流域整体处于中营养状态。

(4) 富营养化成因分析。从表2.4-23和表2.4-24可以看出，辉发河作为入湖第一大支流，其断面的5种污染物指标远高于其他断面，富营养化程度最高；蛟河入湖口的小荒地断面处于中营养化状态，说明蛟河也是松花湖一大污染源。上游水土流失，大量氮、磷等污染物随降雨径流进入湖体，是造成松花湖流域富营养化的重要原因。

2.4.2.6 水环境容量计算

水环境容量是一定区域的水体在规定的水功能和环境目标要求下，对排放于其中的污染物所具有的容纳能力，也就是水体对污染物的最大容许负荷量。水环境容量通常以单位时间内区域水体所能承受的污染物总量表示。水环境容量的计算，一方面需要充分利用水体的稀释和自净能力，另一方面还要注意保证下游功能区水质达到标准，混合区边界不应该影响邻近功能区水质。水环境容量计算方法主要包括零维、一维和二维模型，不同模型的适用条件见表2.4-16。

1. 湖(库)水环境容量(零维模型计算公式)

$$W_c = Qc_s + KVc_s \tag{2.4-79}$$

式中 W_c——湖(库)水环境容量，g/s；

c_s——水质目标浓度，mg/L；

K——污染物综合衰减系数，s^{-1}；

Q——水量平衡时流入与流出湖(库)的流量，m^3/s；

V——水体体积，m^3。

2. 河流水环境容量(一维模型计算公式)

$$W_c = \left[c_s - c_0\exp\left(-K\frac{x}{u}\right)\right]\exp\left(K\frac{x}{u}\right)(Q+q) \tag{2.4-80}$$

式中 W_c——河段环境容量，g/s；

c_s——水质目标浓度，mg/L；

c_0——河段入流背景浓度，mg/L；

q——排污口排放流量，m^3/s，当河流流量明显大于排放量时，q 可以忽略；

Q——断面流量，m^3/s；

u——断面平均流速，m/s；

x——河段长度，m；

K——污染物综合衰减系数，s^{-1}。

在进行水环境容量计算时，可以将计算河段内的多个排污口概化为一个集中的排污口，如果概化排污口处于河段的中间位置，式（2.4-80）中 x 取河段长度的1/2；如果概化排污口处于河段的上端，x 取河段长。

3. 河流水环境容量（二维模型计算公式）

如果以下游岸边污染物浓度作为水质控制目标，平面二维水环境容量模型解析解的计算公式为

$$W_c = \frac{c_s - c_0 \exp\left(-K\dfrac{x}{u}\right)}{\exp(-Kx/u)} \times h\sqrt{\pi E_y u x} \tag{2.4-81}$$

式中 c_s——水质目标浓度，mg/L；

c_0——河段入流背景浓度，mg/L；

E_y——横向污染物扩散系数，m^2/s；

h——断面水深，m；

u——断面平均流速，m/s；

x——河段长度，m；

K——污染物综合衰减系数，s^{-1}。

2.4.2.7 对地下水的影响

水利水电工程对地下水的影响主要有：①水库渗漏对地下水的影响；②灌溉、引水工程对地下水的影响；③施工对地下水的影响。对地下水的影响预测评价需要进行大量的地质勘探、调查和观测。在环境影响评价中主要是利用工程设计报告相关成果，对地下水渗透、水位、流量变化及其环境影响进行分析。

1. 水库渗漏对地下水的影响

（1）水库渗漏性质。水库渗漏是水库内水体经由库盆向外渗流而漏失水量的现象。水库渗漏分暂时性渗漏和永久性渗漏。

1）暂时性渗漏。出现在水库蓄水初期，库水渗入库内未饱和岩（土）体和喀斯特洞穴中，但不与库外相通，一旦饱和即停止入渗，渗水可返回水库。这种情况一般不会对库周地下水产生影响。

2）永久性渗漏。库水通过与库外相通的、具渗漏性岩（土）体长期向库外相邻的低谷、洼地和坝下游渗漏。悬河库防渗不够也可向库盆以下岩体长期渗漏。

（2）水库渗漏对环境的影响。

1）永久性渗漏会造成库水损失，影响水库发挥效益。小型水库或岩溶地区水库严重渗漏会造成库盆无法蓄水，甚至报废。

2）库水排泄至农田、矿山和建筑物地基，可能会出现浸没现象。

3）库水渗漏造成边坡失稳，诱发滑坡、崩塌等不良环境地质问题。

4）在岩溶发育地区，水库产生突发性大量漏水，可能产生灾害性后果。

2. 灌溉、引水工程对地下水的影响

1）灌溉、引水输水干渠衬砌对地下水阻隔的影响。分析输水工程与地下水含水层、水位之间的关系，预测对地下水阻隔的影响。主要有以下几种情况：

a. 输水干渠通过山前洪积（冲积）扇地下潜水埋藏区域，可能引起一定范围地下水位的变化。当工程挖方段对潜水含水层地下水径流的流动只有部分阻断时，可能对径流的流动速度、流量产生一定影响，但是不会阻断地下水的流动，地下径流基本上维持原有的流动。

b. 当工程对潜水含水层地下水径流有较大部分阻断或者完全阻断，甚至影响到承压含水层时，则可能对地下水产生较大影响。导致工程一侧（地下径流的上游）几公里甚至更大范围内地下水位抬升，在土壤含盐地区可能引发土壤次生盐碱化。而工程另一侧（地下径流的下游）地下水侧向径流减少，地下水位下降，将导致用水井出水减少，造成下游农业、居民生活用水困难。当城市位于地下水被阻断的一侧，并且城市饮用水源主要为地下水时，则对城市地下水水源地的补给造成影响。

2）引水、灌溉渠道对地下水的渗漏影响。当渠道输水，且渠水位高于两侧地下水位时，渠水侧渗会补给两侧地下水。一般对地下水的影响特征如下：

a. 在土渠条件下，渠道两侧地下水位变化随输水时间的延长，地下水位抬高及影响范围变大。

b. 渠道水位与地下水位差值越大，地下水升高值就越大，影响范围越远。

c. 输水渠道两侧布设截渗沟时，对地下水影响范围和程度会较轻。

3）井灌区地下水过度开采的影响。在一些井灌区由于地表水资源短缺，而过度开采地下水，会出现大面积地下水漏斗，严重的会造成地面沉降地质问题。例如，由于打井灌溉、生活用水过度开采地下水，河北省平原浅层地下水埋深由3～4m下降到10～35m，部分地区接近疏干。有些地区过量开采深层地下水，造成深层地下水位逐年下降，难以回补。

3. 施工对地下水的影响

当地下水位高于水利水电工程建筑物建基面时，

需要对基坑实施排水，一般布置竖井抽排降低地下水位，但这可能造成周围地下水位下降。例如，南水北调中线穿黄工程采用盾构方式施工，由黄河河道以下穿过。由于黄河两岸的地下水位较高，在施工过程中要先打竖井进行施工排水，使地下水位下降。局部地下水位可降低 20m 左右，对周围环境产生一定影响。

施工对地下水环境的影响可从以下方面进行分析：

(1) 局部地区地下水位降低，造成土地干旱，地表植被和农作物的生长受到影响，需要增加农田灌溉。

(2) 地下水位降低，使附近水井的水位降低，造成使用地下水的居民用水困难。

(3) 地下水位降低，造成局部地表水与地下水动态平衡改变。

一般来说，施工对地下水变化引起的生态环境影响较小，施工结束后，经过一段时间可以基本恢复原有的水平衡状况。

2.4.3 生态影响预测与评价

2.4.3.1 陆生生态影响预测与评价

陆生生态环境影响预测与评价是在工程分析、环境现状调查评价和环境影响识别的基础上进行的。陆生生态影响预测与评价内容应与现状评价内容相对应，依据区域生态保护的需要和受影响生态系统的主导功能选择评价预测指标。

1. 预测内容

陆生生态预测与评价的内容主要包括以下几个方面：

(1) 对工作范围内涉及的生态系统及其主要生态因子的影响预测与评价。通过分析影响作用的方式、范围、强度和持续时间来判别生态系统受到的影响程度；预测生态系统组成和服务功能的变化趋势，重点关注其中的不利影响、不可逆影响和累积影响。

(2) 对敏感生态保护目标的影响预测与评价。敏感生态保护目标的影响评价应在明确保护目标的性质、特点、法律地位和保护要求的情况下，分析评价项目的影响途径、影响方式和影响程度，预测潜在的后果。

(3) 预测与评价项目对区域现存主要生态问题的影响趋势。

2. 评价方法

生态影响预测与评价的方法应根据评价对象的生态学特性，在调查、判定该区主要的、辅助的生态功能以及完成该功能必须的生态过程的基础上，分别采用定量分析与定性分析相结合的方法进行预测与评价。常用的方法包括列表清单法、图形叠置法、生态机理分析法、景观生态学法、指数法与综合指数法、类比分析法、系统分析法和生物多样性评价法等。可参见《环境影响评价技术导则　生态影响》(HJ 19—2011) 附录 C。

(1) 列表清单法。列表清单法是 Little 等于 1971 年提出的一种定性分析方法。该方法的特点是简单明了，针对性强。

1) 方法。列表清单法的基本做法是，将拟实施的开发建设活动影响因素与可能受影响的环境因子分别列在同一张表格的行与列内，逐点进行分析，并逐条阐明影响的性质、强度等。由此分析开发建设活动的生态影响。

2) 应用：①进行开发建设活动对生态因子的影响分析；②进行生态保护措施的筛选；③进行物种或栖息地重要性或优先度比选。

(2) 图形叠置法。图形叠置法是把两个以上的生态信息叠合到一张图上，构成复合图，用以表示生态变化的方向和程度。本方法的特点是直观、形象，简单明了。

1) 图形叠置法有两种基本制作手段：指标法和 3S 叠图法。

a. 指标法。其工作步骤如下：

a) 确定评价区域范围。

b) 进行生态调查，收集评价工作范围与周边地区自然环境、动植物等的信息，同时收集社会经济和环境污染及环境质量信息。

c) 进行影响识别并筛选拟评价因子，其中包括识别和分析主要生态问题。

d) 研究拟评价生态系统或生态因子的地域分布特点与规律，对拟评价的生态系统、生态因子或生态问题建立表征其特征的指标体系，并通过定性分析或定量方法对指标赋值或分级，再依据指标值进行区域划分。

e) 将上述区划信息绘制在生态图上。

b. 3S 叠图法。其工作步骤如下：

a) 选用地形图，或正式出版的地理地图，或经过精校的遥感影像作为工作底图，底图范围应略大于评价工作范围。

b) 在底图上描绘主要生态因子信息，如植被覆盖、动物分布、河流水系、土地利用和特别保护目标等。

c) 进行影响识别与筛选评价因子。

d) 运用 3S 技术，分析评价因子的不同影响性质、类型和程度。

e）将影响因子图和底图叠加，得到生态影响评价图。

2）图形叠置法应用：①主要用于区域生态质量和影响评价；②用于具有区域性影响的特大型建设项目评价中，如大型水利枢纽工程、新能源基地建设、矿业开发项目等；③用于土地利用开发和农业开发中。

（3）生态机理分析法。生态机理分析法是根据建设项目的特点和受其影响的动、植物的生物学特征，依照生态学原理分析、预测工程生态影响的方法。生态机理分析法的工作步骤如下：

1）调查环境背景现状，搜集工程组成和建设等有关资料。

2）调查植物和动物分布，以及动物栖息地和迁徙路线。

3）根据调查结果分别对植物或动物种群、群落和生态系统进行分析，描述其分布特点、结构特征和演化趋势。

4）识别有无珍稀濒危物种及具有重要经济、历史、景观和科研价值的物种。

5）监测项目建成后该地区动物、植物生长环境的变化。

6）根据项目建成后的环境（水、气、土和生命组分）变化，对照无开发项目条件下动物、植物或生态系统演替趋势，预测项目对动物和植物个体、种群和群落的影响，并预测生态系统演替方向。

评价过程中有时要根据实际情况进行相应的生物模拟试验，如环境条件、生物习性模拟试验、生物毒理学试验、实地种植或放养试验等；或进行数学模拟，如种群增长模型的应用。

该方法需与生物学、地理学、水文学、数学及其他多学科综合评价，才能得出较为客观的结果。

（4）景观生态学法。景观生态学法是通过研究某一区域、一定时段内的生态系统类群的格局、特点、综合资源状况等自然规律，以及人为干预下的演替趋势，揭示人类活动在改变生物与环境作用方面的方法。景观生态学对生态质量状况的评判是通过两个方面进行的：①空间结构分析；②功能与稳定性分析。景观生态学认为，景观的结构与功能是相当匹配的，且增加景观异质性和共生性也是生态学和社会学整体论的基本原则。

空间结构分析基于景观是高于生态系统的自然系统，是一个清晰的和可度量的单位。景观由斑块、基质和廊道组成，其中基质是景观的背景地块，是景观中一种可以控制环境质量的组分。因此，基质的判定是空间结构分析的重要内容。判定基质有三个标准，即相对面积大、连通程度高、有动态控制功能。基质的判定多借用传统生态学中计算植被重要值的方法。决定某一斑块类型在景观中的优势，也称优势度值（D_o）。优势度值由密度（R_d）、频率（R_f）和景观比例（L_p）三个参数计算得出。其数学表达式见“2.2.5 环境现状评价”。

景观的功能和稳定性分析包括如下四方面内容：

1）生物恢复力分析：分析景观基本元素的再生能力或高亚稳定性元素能否占主导地位。

2）异质性分析：基质为绿地时，由于异质化程度高的基质很容易维护它的基质地位，从而达到增强景观稳定性的作用。

3）种群源的持久性和可达性分析：分析动、植物物种能否持久保持能量流、养分流，分析物种流可否顺利地从一种景观元素迁移到另一种元素，从而增强共生性。

4）景观组织的开放性分析：分析景观组织与周边生境的交流渠道是否畅通。开放性强的景观组织可以增强抵抗力和恢复力。

景观生态学方法既可以用于生态现状评价，也可以用于生境变化预测，目前是国内外生态影响评价学术领域中较先进的方法。

（5）指数法与综合指数法。指数法是利用同度量因素的相对值来表明因素变化状况的方法，是建设项目环境影响评价中规定的评价方法。指数法同样可将其拓展而用于生态影响评价中。指数法简明扼要，且符合人们所熟悉的环境污染影响评价思路，但困难之点在于需明确建立表征生态质量的标准体系，且难以赋权和准确定量。综合指数法是从确定同度量因素出发，把不能直接对比的事物变成能够同度量的方法。

1）单因子指数法。选定合适的评价标准，采集拟评价项目区的现状资料。可进行生态因子现状评价：例如以同类型立地条件的森林植被覆盖率为标准，可评价项目建设区的植被覆盖现状情况；亦可进行生态因子的预测评价：如以评价区现状植被盖度为评价标准，可评价建设项目建成后植被盖度的变化率。

2）综合指数法。其工作步骤如下：

a. 分析研究评价的生态因子的性质及变化规律。

b. 建立表征各生态因子特性的指标体系。

c. 确定评价标准。

d. 建立评价函数曲线，将评价的环境因子的现状值（开发建设活动前）与预测值（开发建设活动后）转换为统一的无量纲的环境质量指标。用1～0表示优劣（“1”表示最佳的、顶级的、原始或人类干预甚少的生态状况；“0”表示最差的、极度破坏的、几乎无生物性的生态状况），由此计算出开发建设活动前后环境因子质量的变化值。

e. 根据各评价因子的相对重要性赋予权重。

f. 综合各因子的变化，提出综合影响评价值。

$$\Delta E = \sum_{i=1}^{n}(Eh_i - Eq_i)W_i \qquad (2.4-82)$$

式中 ΔE——开发建设活动前后生态质量变化值；

Eh_i——开发建设活动后 i 因子的质量指标；

Eq_i——开发建设活动前 i 因子的质量指标；

W_i——i 因子的权值。

3）指数法应用：①可用于生态单因子质量评价；②可用于生态多因子综合质量评价；③可用于生态系统功能评价。

4）说明。建立评价函数曲线须根据标准规定的指标值确定曲线的上、下限。对于空气和水这些已有明确质量标准的因子，可直接用不同级别的标准值作上、下限；对于无明确标准的生态因子，须根据评价目的、评价要求和环境特点选择相应的环境质量标准值，再确定上、下限。

（6）类比分析法。类比分析法是一种比较常用的定性和半定量评价方法，一般有生态整体类比、生态因子类比和生态问题类比等。

1）方法。根据已有的开发建设活动（项目、工程）对生态系统产生的影响来分析或预测拟进行的开发建设活动（项目、工程）可能产生的影响。选择好类比对象（类比项目）是进行类比分析或预测评价的基础，也是该法成败的关键。

类比对象的选择条件是：工程性质、工艺和规模与拟建项目基本相当，生态因子（地理、地质、气候、生物因素等）相似，项目建成已有一定时间，所产生的影响已基本全部显现。

类比对象确定后，则需选择和确定类比因子及指标，并对类比对象开展调查与评价，再分析拟建项目与类比对象的差异。根据类比对象与拟建项目的比较，做出类比分析结论。

2）应用：①进行生态影响识别和评价因子筛选；②以原始生态系统作为参照，可评价目标生态系统的质量；③进行生态影响的定性分析与评价；④进行某一个或几个生态因子的影响评价；⑤预测生态问题的发生与发展趋势及其危害；⑥确定环保目标和寻求最有效、可行的生态保护措施。

（7）系统分析法。系统分析法是把要解决的问题作为一个系统，对系统要素进行综合分析，找出解决问题的可行方案的咨询方法。其具体步骤包括：限定问题、确定目标、调查研究、收集数据、提出备选方案和评价标准、备选方案评估和提出最可行方案。

系统分析法因其能妥善地解决一些多目标动态性问题，目前已广泛应用于各行各业。尤其在进行区域开发或解决优化方案选择问题时，系统分析法显示出其他方法所不能达到的效果。

在生态系统质量评价中使用系统分析的具体方法有专家咨询法、层次分析法、模糊综合评判法、综合排序法、系统动力学法、灰色关联法等，这些方法原则上都适用于生态环境影响评价。这些方法的具体操作过程可查阅有关资料。

（8）生物多样性评价方法。生物多样性评价是指通过实地调查，分析生态系统和生物种的历史变迁、现状和存在主要问题的方法。评价目的是有效保护生物多样性。

生物多样性通常用香农-威纳指数（Shannon - Wiener index）表征：

$$H = -\sum_{i=1}^{S} P_i \ln(P_i) \qquad (2.4-83)$$

式中 H——样品的信息含量，即群落的多样性指数；

S——种数；

P_i——样品中属于第 i 种的个体比例，如样品总个体数为 N，第 i 种个体数为 n_i，则 $P_i = n_i/N$。

（9）海洋及水生生物资源影响评价方法。海洋生物资源影响评价技术方法参见《建设项目对海洋生物资源影响评价技术规程》（SC/T 9110），以及其他推荐的生态影响评价和预测适用方法；水生生物资源影响评价技术方法可适当参照该技术规程及其他推荐的适用方法进行。

（10）土壤侵蚀预测方法。土壤侵蚀预测方法参见《开发建设项目水土保持技术规范》（GB 50443）。

3. 对生态系统及其主要生态因子的影响评价

（1）对主要生态因子的影响概述。以防洪、水力发电、水资源调控、城市供水和农业灌溉为目的的水利水电工程，对陆生生态环境的主要影响表现为占用土地、破坏植被、侵占动植物的栖息地等问题。针对水利水电工程的生态影响特点，提出水利水电建设工程陆生生态环境评价体系及指标，见表2.4-25。

（2）对生态系统组成和服务功能的影响。对区域生态系统组成的影响主要是由工程占地引起的。主体和辅助工程建设、淹没和移民安置造成各种拼块类型面积发生变化，并导致区域自然生态体系的生产能力和稳定状况发生改变，对区域生态系统组成和服务功能构成一定影响。对区域生态系统组成和服务功能的影响应分析预测工程对区域自然系统生物生产能力和稳定状况的影响。

表 2.4-25　　水利水电建设工程陆生生态环境评价体系及指标

因子类型	因　　子	评　价　指　标
生物量	淹没区生物量	淹没区生物量变化
	工程占地区生物量	工程占地区生物量变化
植　被	林地覆盖	林地面积比率
	草地覆盖	草地面积比率
物　种	珍稀保护植物种类、数量	珍稀保护植物种类、数量变化
	珍稀保护动物种类、数量	珍稀保护动物种类、数量变化
土　地	土地沙化、盐碱化	土地沙化、盐碱化面积的扩展率
	耕地	耕地面积的扩展率
土　壤	土壤侵蚀	土壤侵蚀率

1）自然生态体系生产能力变化情况。工程建设使评价区土地类型的面积和生物量发生变化，见表2.4-26。计算出工程建成后评价区域生物量的变化值，预测工程建设对评价区域内自然生产力的影响，并做出工程建设对自然体系生产力的影响是否能够承受的初步结论。

表 2.4-26　生态评价区内生物量变化情况表

土地类型变化		平均生物量（t/hm²）	生物量变化（t）
类　型	面　积（hm²）		
针叶林			
阔叶林			
灌木丛和灌草丛			
竹林			
经济林			
农田			
水域			
合计			
评价范围内平均生产力减少[g/(m² · a)]			
预测工程运行后评价区自然体系的生产能力[g/(m² · a)]			

注　表中未包括滩涂、道路和建筑用地；生产力以碳的克数记量。

2）自然生态体系稳定性分析。工程建成后，区域土地利用方式发生了变化，如果对景观的影响较轻，各种植被类型的面积和比例与现状仍然相当，模地并未发生改变，则生态系统保持稳定。若工程建设造成评价区域生态系统生物量减少，但生产力仍然保持在同等水平，则说明工程建设引起的干扰是可以承受的，生态系统的稳定性没有发生大的改变；反之，则说明工程引起的干扰是不能承受的。

3）景观生态体系综合质量评价。水利水电工程对自然体系生态完整性的影响主要是由工程占地引起的。由于主体工程建设、淹没和移民安置，各种拼块类型面积将发生变化，导致区域自然生态体系的生产能力和稳定性状况发生改变，对区域的生态完整性产生一定的影响。

工程建成后，应采用区域内土地利用格局的变化进行分析评价，具体分析数据见表2.4-27。

表 2.4-27　　工程建成前后主要拼块类型数目和面积比较

拼块类型	建成前		建成后	
	数目（块）	面积（km²）	数目（块）	面积（km²）
林地				
草地				
耕地				
水域				
道路和建筑用地				
难利用土地				

工程建成前后各类拼块类型优势度值计算结果按表2.4-28内容表示。

用表2.4-27和表2.4-28中土地利用格局发生变化时的数值上升与下降，作为判别工程建设对环境影响的依据。其中，模地类型及其优势度值的变化是判断工程建设和运行对评价区自然体系景观质量影响程度的重要指标。

工程建设造成的区域土地利用格局的变化，将对评价区自然体系产生影响，通过影响区自然生态系统

表 2.4-28　　工程建成前后主要拼块类型优势度值

拼块类型	R_d（%）		R_f（%）		L_p（%）		D_o（%）	
	实施前	实施后	实施前	实施后	实施前	实施后	实施前	实施后
林地								
草地								
耕地								
水域								
道路和建筑用地								
难利用土地								

的自我调节及可绿化地块上的植被恢复，在工程运行一段时间后，影响区自然体系的性质和功能将得到恢复。在工程建设过程中通过加强生态系统的保护工作，可促进生态系统自然生产力的恢复。

4）对自然体系生态承载力的影响。

a. 基本概念。生态学平衡是某种类型自然系统自我维持的一种基本功能，但这种功能是有限度的，超过这个限度将使该自然体系发生质的改变。因此，可以说，自然体系对内外干扰的承受能力（或承载能力）是其功能极限（或容载量）的表达，生态承载力是客观存在的某种类型自然体系调节能力的极限值。

第一性生产者抗御外力作用的限度是生态承载力的指示。奥德姆（Odum，1959）根据地球上各种生态系统总生产力的高低划分为下列四个等级：①最低：荒漠和深海，生产力最低，通常为 0.1g/（m^2·d）或少于 0.5g/（m^2·d）；②较低：山地森林、热带稀树草原、某些农耕地、半干旱草原、深海和大陆架，平均生产力约为 0.5～3.0g/（m^2·d）；③较高：热带雨林、农耕地和浅湖，平均生产力为 3～10g/（m^2·d）；④最高：少数特殊的生态系统（农业高产田、河漫滩、三角洲、珊瑚礁、红树林），生产力约 10～20g/（m^2·d），最高可以达到 25g/（m^2·d）。

b. 应用。水利水电工程对区域生态承载力的影响主要表现为改变区域净第一性生产力。

首先确定工程影响区现状净第一性生产力为以上划分等级中的哪一级，预测工程建设后评价区域净第一性生产力的变化情况，根据以上等级划分判断工程建设后区域本底净第一性生产力属于哪一级，与工程建设前相比，所属级别是否发生变化，从而预测工程建设对区域生态承载力的影响。

（3）对陆生植物的影响。水利水电工程施工期对陆生植物的影响主要表现为两方面：①由于施工占地将破坏占地区的植物资源；②在工程施工过程中，使外来物种进入区域，从而可能使区域植物物种组成发生变化。

水利水电工程运行期对陆生植物的影响主要是由于水库淹没和工程永久征收土地引起的，水库蓄水淹没和永久征收土地的直接影响是库区及工程区植被生境被淹没或占压，生物个体失去生长环境，影响程度为不可逆的。应对淹没区的植物种类、植被类型和珍稀保护植物的影响进行分析。

1）工程占地对森林和草原植被的影响。工程占地包括永久征收土地和临时占地两类。永久征收土地和临时占地均将损坏部分森林和草原资源，但临时占地对森林和草原植被的影响是暂时的，工程结束后可以采取措施进行植被恢复与重建，而永久占地对森林和草原植被的影响是不可恢复的。

通过卫星观测资料和实地调查成果，统计工程占用的林地和草地。通过对植物种属分布区的初步分析，对工程占地区要做出其对物种的繁衍和保存有无明显影响的结论。如果某一个物种分布局限在评价区的某一小区内，如淹没区、工程建筑物区、土石料场、弃渣场，因工程的原因将造成物种的灭亡，则工程建设对物种的影响是毁灭性的。在生态恢复措施中要提出有针对性的对策，如优化施工布置规划或移植等。

2）对古树名木和珍稀植物的影响。通过现场实地调查和查询有关资料，说明施工区内有无国家或省级重点保护植物分布，有无古树名木分布，在预测评价时要进行影响评价。

3）外来物种对当地植物的影响。工程施工过程中，工程建筑材料及其车辆的进入、水土保持方案中的植树造林、种植草坪等，可能会使外来物种进入该区域。

由于外来物种通过竞争、捕食、改变生境和传播疾病等方式对本地生物产生威胁，影响原植物群落的自然演替，降低了区域的生物多样性，因而植被修复时一定要以原有植物资源为主，减少对原生态系统组分的破坏。在调查中对外来物种要建立植物物种多样性编目，对其侵入性做出评价。

4）生境破坏和片段化对森林和草原生态系统稳定性的影响。水库蓄水后形成了许多库汊，使森林和草原的生境遭受破坏和形成片段，原有的森林和草原群落被人为分割，造成生境的丧失和片段化。

5）水库气候效应对森林和草原植被分布的影响。水库蓄水后，由于湿度增大，热容量增加，森林和草原植被的类型和分布范围可能会有所变化，阔叶树种的种类将会增加，其垂直分布范围将会有所扩大。水库蓄水后，一些水生植物将相继出现；河岸库汊的增加，将使一些耐短期渍水的物种数量增加。

6）对经济林木的影响。气候的变化可能对柑橘林和茶叶等经济林木的影响较大。柑橘喜温暖湿润气候，一般在年平均气温15℃以上，冬季绝对低温不低于－9℃，最冷月平均气温在5℃以上，≥12.5℃的积温在1500℃以上，年降雨量为1000～1500mm的地方均可发展。水库建成后，库区柑橘的栽培面积会相应增大。茶林的情况亦是如此，水库建成后，茶林栽培的海拔高度可能会上升一些，茶林面积也相应扩大，这可为山区带来经济效益。

7）移民安置土地利用改变对植被的影响。农村移民开发土地、居民迁建（建材）、集镇迁建等活动，将占用一定面积的林地，造成区域植被减少，易发生水土流失。

移民安置区的专项设施建设包括村镇道路的修建、输变电线的架设、桥梁的修建、通信网络的安装等，均对移民安置区的植被造成不利影响。

评价区耕地面积减小，移民将改变生产、生活方式。不采取开发性移民方式，将因开垦耕地而减少林地或草地面积，部分林地或草地将被人工植被替代。

（4）对陆生动物的影响。水利水电工程对陆生动物的影响源包括工程占地和水库淹没造成的影响，以及工程施工活动（包括占地、噪声等）造成的影响。一般可分为以下五种：①工程占地和水库淹没造成陆生动物觅食地的丧失和被迫转移；②工程占地和水库淹没造成陆生动物栖息地的丧失；③工程占地和水库淹没造成陆生动物栖息地连通性受到破坏，活动范围受限制；④多种动物在水库蓄水时被淹没栖息地或被迫转移他处；⑤施工废水、噪声排放及施工活动对陆生动物正常栖息生活的惊扰。

对陆生动物的影响，可分为对两栖类动物、爬行类动物、鸟类和兽类动物的影响，说明各种类的目、科、种，特别是优势种所占比例，是否属于国家级或省级保护动物，分别评价对物种数量、分布和生境的影响。

1）工程施工期对陆生动物的影响。

a. 对两栖和爬行类动物的影响。工程施工占用部分林地、草地和水域，将使一些两栖类和爬行类动物的栖息地减小，工程的开挖将对一些两栖类和爬行类动物的生境造成破坏。

施工废水对水体的污染影响两栖类和爬行类的栖息地。施工期间产生的生产废水、生活污水、弃渣等会改变河道水体的浑浊度和理化性质，使得一些喜欢栖息在阴暗潮湿的林间草丛、农田、河沟附近的两栖类和爬行类动物的生活环境遭到破坏，甚至消失。

工程施工将破坏一些两栖类和爬行类动物的栖息环境，使栖息于施工区附近的两栖类和爬行类动物向施工区以外迁徙，由于两栖类和爬行类动物的迁徙能力较弱，容易受到施工活动及施工人员的干扰，若施工人员无动物保护意识，非法捕获两栖类和爬行类动物，将使一些两栖类和爬行类动物受到伤害。

b. 对鸟类的影响。工程施工占用部分林地、草地和水域，将使一些鸟类动物的栖息地减小，工程的开挖将对一些鸟类动物的生境造成破坏。

由于施工的干扰，可导致施工区的鸟类生活、取食环境恶化，它们将被迫离开原来的领域；邻近领域的鸟类也由于受到施工活动的影响，远离原来的栖息地。

施工人员非法猎取鸟类动物，将使一些鸟类动物受到伤害。

工程施工过程中产生的爆破噪声、机械车辆噪声和施工灯光对对声、光比较敏感鸟类产生惊扰的影响，使其被迫迁徙。

c. 对兽类的影响。工程施工占用部分林地、草地和水域，将使一些兽类动物的栖息地减小，工程的开挖将对一些兽类动物的生境造成破坏。

由于施工的干扰，可导致施工区的兽类生活、取食环境恶化，它们将被迫离开原来的领域，邻近领域的兽类也由于受到施工活动的影响，远离原来的栖息地。

施工人员非法捕获兽类动物，将使一些兽类动物受到伤害。

工程施工过程中产生的爆破噪声、机械车辆噪声惊扰对声音比较敏感的小型兽类，使其被迫迁徙。

2）工程运行期对陆生动物的影响。

a. 对两栖类动物的影响。对于水库工程，水库蓄水后，河岸边、河谷地带现有的两栖类动物生境将被淹没，栖息地相对缩小；同时由于原分布区被部分破坏，导致生活区向上迁移。

水库水位的上升和水域面积的扩大，为静水型两栖类动物提供了适宜的生活环境，有可能增加该区域动物物种的种类和数量。

b. 对爬行类动物的影响。对于水库工程，水库蓄水后，河岸边、河谷地带现有的爬行类动物生境将被淹没，栖息地相对缩小，同时由于原分布区被部分破坏，导致生活区向上迁移。

水库水位的上升和水域面积的扩大，为静水型爬行类动物提供了适宜的生活环境，有可能增加该区域动物物种的种类和数量。

在低海拔分布的蜥蜴类和蛇类等爬行动物，由于原分布区被淹没，其分布区将会向上推移；由于水位上升，非淹没区的蛇类密度有所增加。

对于渠道等线性工程，工程运行将对两侧分布的爬行类动物形成阻隔，可能使其种群之间的交流发生困难。

c. 对鸟类的影响。在高海拔森林地带活动的鸟类，几乎不受水库淹没和移民的影响。

在低海拔森林地带或农田中生活的鸟类，随着新的森林生态系统和农田生态系统的建立，施工期造成的影响将消失。

对于喜欢在水边生活的鸟类，水域面积的增加给部分游禽和涉禽提供良好的栖息环境和食物基地，其种类和数量将会上升。

对于在被淹没的树林、灌草丛中活动的鸟类，将因失去栖息环境不得不向他处迁移。

d. 对兽类的影响。对于水库工程，水库蓄水后，河岸边、河谷地带现有的小型兽类动物生境将被淹没，栖息地相对缩小；同时由于原分布区被部分破坏，导致生活区向上迁移；对于部分栖息于低海拔灌丛、草丛中的大中型兽类，其栖息范围也将会被部分破坏，但因它们都具有一定迁移能力，食物来源也呈多样化，所以工程建设不会对其栖息造成较大的影响。

水库淹没造成一些啮齿类、食虫目小型兽类的生境范围有所缩小，相应地在非淹没区短期内其数量可能会上升，对当地的农业、林业和人群健康将造成一定影响，特别是那些作为自然疫源性疾病传播源的小型兽类，将增加与人类的接触频率，对当地居民的健康构成威胁。

对于渠道等线性工程，工程运行将对两侧分布的爬行类动物形成阻隔，可能使其种群之间的交流发生困难。

3）工程对野生动物栖息地的影响。栖息地退化是对哺乳动物和鸟类的最主要威胁。工程建设对栖息地的影响主要是：侵占栖息地，使栖息地及其养育的生物一同消失；使栖息地破碎化；使栖息地隔离。

栖息地评价程序包括：①选择关键指示物种，研究指示物种的栖息地需求；②确定研究限制条件；③确定栖息地植物群落的类型和估计栖息地适宜度的相关景观；④实地观察和收集栖息地变量数据（植物群落），并建立栖息地适合度指数模型；⑤评估物种的栖息地指数（从最不适到最适），确定栖息地单位；⑥根据栖息地单位描述栖息地条件，对未来的栖息地条件进行估计，评价不同条件下的结果（预测）。

（5）对湖泊生态系统的影响。水利水电工程，有疏干湖泊的，有淹没湖泊的，亦有形成新湖泊的。水利水电工程影响湖泊的途径更多的可能是改变入湖泊水量，从而对湖体水流特征、湖泊生态系统产生影响。可依照以下程序分析工程建设对湖泊的影响：

1）实地调查湖泊环境状况，搜集湖泊相关资料。进行历史资料、环境现状评价及对比分析。对湖泊的生境条件进行分析，了解湖泊的供水水源。

2）结合工程资料，明确湖泊与工程及评价区的关系。

3）根据工程特性、施工和运行情况，预测工程选址、工程施工、水库淹没对湖泊的影响，以及工程运行后水文情势改变对湖泊的影响等。预测工程运行后水文情势变化对湖泊的影响包括：由于入湖水量的变化影响湖体水流特征；入湖水量变化对湖泊水生生态环境的影响等。

（6）生物多样性预测与评价。生物多样性是指一定范围内多种多样活的有机体（动物、植物、微生物）有规律地结合在一起的总称。生物多样性包括4个层次，即遗传多样性、物种多样性、生态系统多样性、景观多样性。

近年来物种保护研究备受关注，随着经济的发展和人口的增加，许多大型陆生脊椎动物的栖息地被大量破坏，生境的破碎把许多随机交配的大种群分割成互相隔离的小种群，它们往往由于近亲繁殖、遗传演变、基因随机固定和丧失而使基因多样性枯竭，并不是通过动物的意外死亡而消失（Frankel，1983），生境破碎化和岛屿化是当前物种灭绝危机的最主要原因。

1）岛屿生物地理学的“平衡理论”。随着人对自然干扰的增多，强度的增大，生境呈现破碎化和岛屿化。因此，岛屿的许多显著特征为发展和检验自然选择、物种形成及演化，以及生物地理学和生态学诸领域的理论和假设，提供了重要的自然实验室（Diamond，1978）。岛屿生物地理学理论（Mac Arthur Wilson学说），即为岛屿生物学研究中所产生的著名理论之一。

a. 种—面积关系和岛屿生物地理学的“平衡理论”。种—面积关系的经典形式可表示为某一区域的

物种数量随面积的幂函数增加而增加，其公式表示为

$$S = CA^{Z} \qquad (2.4-84)$$

式中 S——物种数；

A——面积；

C、Z——常数。

此公式适用于大陆和岛屿的动植物物种。

岛屿物种的迁入速率随隔离距离的增加而降低，绝灭速率随面积减小而增加，岛屿物种数是物种迁入速率与物种绝灭速率平衡的结果，这就是岛屿生物地理学的“平衡理论”。根据“平衡理论”，相同面积的岛屿随隔离大陆或物种丰富度较高的岛屿的距离不同，所拥有的物种数不同。岛屿物种数随距物种源的距离增加而减小。

b. 示例。公式（2.4-84）所表示的数量关系是：如果一个原生系统10%的面积保存下来，则该生态系统50%的物种将最终保存下来；如果1%的面积保存下来，则25%的物种将保存下来。

例如，某地有脊椎动物物种47种，已知每平方公里有17种，Z值为0.2382，求最小的评价范围。

计算：$A=\sqrt[Z]{S/C}=\sqrt[0.2382]{47/17}=71.47$（km²）

答：该地最小评价范围为71.47km²。

2）种群生存力分析和最小存活种群。

a. 基本概念。保留面积技术是针对整个自然系统——景观、生态系统、群落和物种的保护，因此对生物多样性保护的评价也是针对整个自然系统的。但随着人口的增加和经济的发展，建立保护区可利用的土地越来越少，这就需要探索和研究自然系统生存力的最小条件。

种群生存力分析（Population Viability Analysis，简称PVA），结合分析和模拟技术，估计物种以一定概率存活一定时间的过程。PVA研究物种绝灭问题，它的目标是确定最小可存活种群。

最小可存活种群（Minimum Viable Population，简称MVP），广义的MVP概念有两种：一种是遗传学概念，主要考虑近亲繁殖和遗传演变对种群遗传变异损失和适合度下降的影响，即在一定的时间内保持一定的遗传变异所需的最小隔离的种群大小；另一种是种群统计学概念，即以一定概率存活一定时间所需的最小隔离的种群大小。

b. 示例。上海华东师大徐宏发等研究成果表明：种群中遗传杂合子的丧失减小了种群的生存力，一般认为，如果种群中杂合子丧失40%～50%，即达到一个物种能否生存的极限。种群中杂合子的丧失与种群生存的年代数和每代的长度有关。随着种群生存的年代数增加，种群中杂合子丧失率逐渐累积。经历的代数越多，种群中的杂合子丧失得越多。若以生存50代，按一般种群可以忍受40%的丧失率计算，结果为有效种群的数量接近于50。因此，Franklin建议有效种群的数量，若仅短期保护（50代）需50只，而长期保护（500代）则需要500只。

对于有效种群和实际种群之间的关系，可用下面的等式来表示：

$$Ne = (NK-2)/(K-1+V/K) \qquad (2.4-85)$$

式中 Ne、N——有效种群和实际种群；

K——每对成体的产仔数；

V——每对成体产仔数的方差。

使用上式，只要知道K和V值，即可根据可接受的最大杂合子的丧失率算出有效种群数量，然后算出实际数量。

c. 最小存活种群在水利水电工程物种保护中的应用。在开发建设项目中确定生物物种保护的主要步骤如下：

a）确定项目区内的关键物种。

b）确定可以接受的或一定时期内可以忍受的遗传杂合子丧失率（遗传学的最小存活种群）或三个参数（最大种群N_m，种群增长率r和方差V）。

c）确定计算保护的时间（50年，100年，200年，…）。

d）确定可以满足上述要求的最小有效种群。

e）根据最小有效种群计算出所需的实际种群。

f）根据经验和合理的推测提出保护关键物种所需评价的范围（栖息地面积）。

g）当栖息地面积不够大时，提出有效的补充生态学设计。

4. 移民迁建安置对陆生生态环境的影响评价

农村移民安置、城（集）镇迁建、专项设施恢复建设都会不同程度损坏部分植被，破坏森林，使部分野生动物栖息地改变或缩小。

（1）对森林植被的影响。

1）移民安置建设需要木材，有的从外调入，有的则就地取材，会采伐用材林。

2）移民工程建设用地，分析森林类型、面积、占用及损失情况。建设中按规定尽量少占林地，减少木材消耗。

3）山区农村如靠木柴作为能源，移民后人口密度加大，则能源消耗增加，可能破坏森林植被。水电工程如采取“以电代柴”措施，则可减少用柴，减少森林损失。

（2）对生物多样性的影响。

1）移民安置区或周边涉及珍稀、濒危动植物及

栖息地，则可能使某些物种生存、生态系统受到影响。要根据安置建设活动分析受影响的物种类型，栖息地面积，以及是否就地拆迁、迁地保护等问题。安置区涉及古树名木，需分株进行调查，提出保护措施。

2）移民后靠安置，将造成人口上移，生产活动向高海拔山区发展，也可能出现非法狩猎，对野生动物构成威胁。应对各种潜在影响进行分析，提出宣传教育和管理措施。

3）大量移民资金的投入，为建设社会主义新农村增添活力，有利于生态环境改善。农村移民安置发展生态农业，实行不同模式的生态庭院经济，大力发展农村的基本建设，植树造林，可以促进农村生态建设，使生态向良性循环发展。

(3) 移民安置对水土流失的影响。

1）造成水土流失的因素分析。移民迁建开发活动可能产生水土流失的因素主要有以下方面：

a. 农村移民村庄迁建。农村移民集中安置点建设、基础开挖、场地平整。弃渣都可以产生水土流失。其特点为分散，数量相对较少。

b. 城镇、集镇易地迁建。城镇一般范围较大，基础开挖、场地平整数量大，有的要改变地貌、削山填沟、挖坑，填方弃土数量都较大。坡陡地区可能诱发滑坡、崩塌等重力侵蚀。

c. 移民土地开发。水土流失具有分散面广特点，一般数量较小。

d. 安置区交通（公路）设施建设。交通沿线挖方、填方、料场、渣场都可能产生水土流失，在陡坡段可能诱发滑坡。

e. 其他专项设施复建弃渣场也可能产生不同类型水土流失。

2）水土流失预测。根据移民安置不同责任区，分析施工活动对地貌扰动面积、植被损坏情况、地形坡度改变情况，开挖区、料场、渣场位置、面积、堆弃方式，预测不同区域水土流失产生量和总量。

3）新增水土流失危害分析。主要分析：水土流失堵塞沟谷、河道，影响水质和河流管理；渣土流入河道影响行洪，加重洪涝灾害；大填方量地区，发生暴雨时，水土流失严重或引起滑坡崩塌，泥石流危及人民生命财产安全；移民土地开发区，平田整地过程，水土保持未及时跟进，发生暴雨洪水，引起水土流失破坏农田。

2.4.3.2 水生生态影响预测与评价

1. 预测与评价内容

水生生态影响预测与评价内容与陆生生态一样，主要包括以下几个方面：

(1) 工作范围内涉及的水生生态系统及其主要生态因子的影响评价。通过分析影响作用的方式、范围、强度和持续时间来判别生态系统所受到的影响；预测生态系统组成和服务功能的变化趋势，重点关注其中的不利影响、不可逆影响和累积影响。

(2) 敏感生态保护目标的影响评价。应在明确保护目标的性质、特点、法律地位和保护要求的情况下，分析评价项目的影响途径、影响方式和影响程度，预测潜在的后果。

(3) 预测评价项目对区域现存主要生态问题的影响趋势。

2. 评价方法

水生生态影响预测与评价方法应根据评价对象的生态学特性，在调查、判定该区主要的、辅助的生态功能以及完成功能必须的生态过程的基础上，分别采用定量分析与定性分析相结合的方法进行预测与评价。同陆生生态一样，常用的方法包括列表清单法、生态机理分析法、指数法与综合指数法、类比分析法、系统分析法和生物多样性评价法等。具体评价方法见陆生生态。

3. 水生生态系统及其主要生态因子影响预测与评价

(1) 水生生态系统的生境完整性。水体作为水生生物终生生活、繁衍的介质，其环境结构、理化条件是影响水生生物生存与分布的重要条件。在水环境影响预测与评价的基础上，主要对工程建设前后的微生境结构、水温变异状况、DO水质状况、耗氧有机污染状况、重金属污染状况等生境因子的改变可能对水生生物种群产生的影响进行预测评价。

1）水温变异状况。水温变异程度由评价年逐月实测平均水温与多年平均月均水温变异最大值表示。其表达式为

$$WT_1 = \max(|T_m - \overline{T}_m|) \qquad (2.4-86)$$

式中 T_m——评价年实测月均水温；

$\overline{T}_m$——多年平均月均水温。

也可以采用与评价河流指示物种（一般选用经济或土著鱼类）适宜水温低值及高值的最大偏离程度表达，计算公式如下：

$$WT_2 = \max(T_m - T_{high}) \qquad (2.4-87)$$

$$WT_3 = \max(T_{low} - T_m) \qquad (2.4-88)$$

式中 T_m——评价年实测月均水温；

T_{high}——指示物种适宜水温高值；

T_{low}——指示物种适宜水温低值。

水温变异程度指标赋分标准如表2.4-29所示。

表 2.4-29 水温变异程度指标赋分标准

水温变异指标	WT_1(℃)(<)	WT_2	WT_3	赋分
偏离程度	1	满足适宜水温要求		100
	2	高于不利高温及低于不利低温 0.5℃		50
	3	高于不利高温及低于不利低温 1℃		25
	4	高于不利高温及低于不利低温 2℃		0

2）DO水质状况。依据《地表水环境质量标准》(GB 3838—2002)，地表水水域环境功能和保护目标按功能高低依次划分为五类：①Ⅰ类，主要适用于源头水、国家自然保护区；②Ⅱ类，主要适用于集中式生活饮用水地表水源地一级保护区、珍稀水生生物栖息地、鱼虾类产卵场、仔稚幼鱼的索饵场等；③Ⅲ类，主要适用于集中式生活饮用水地表水源地二级保护区、鱼虾类越冬场、洄游通道、水产养殖区等渔业水域及游泳区；④Ⅳ类，主要适用于一般工业用水区及人体非直接接触的娱乐用水区；⑤Ⅴ类，主要适用于农业用水区及一般景观要求水域。

依据GB 3838—2002标准，等于及优于Ⅲ类的水质状况满足鱼类生物的基本水质要求，因此采用DO的Ⅲ类限值5mg/L为基点，DO状况指标赋分标准如表2.4-30所示。

表 2.4-30 DO水质状况指标赋分标准

DO(mg/L)(>)	7.5(或饱和率 90%)	6	5	3	2	0
DO指标赋分	100	80	60	30	10	0

3）耗氧有机污染状况。耗氧有机污染状况按照高锰酸盐指数、化学需氧量、五日生化需氧量、氨氮的含量分别根据赋分标准进行赋分。选用评价年12个月月均浓度，按照汛期和非汛期进行平均，分别评价汛期与非汛期赋分，取其最低赋分为水质项目的赋分，取4个水质项目赋分的平均值作为耗氧有机污染状况赋分。

$$OCP_r = \frac{(COD_{Mnr} + COD_r + BOD_5 + NH_3 \cdot Nr)}{4} \tag{2.4-89}$$

根据GB 3838—2002标准，确定高锰酸盐指数、化学需氧量、五日生化需氧量、氨氮赋分标准如表2.4-31所示。

4）重金属污染状况。按照汞、镉、铬、铅及砷的含量分别根据赋分标准进行赋分，选用评价年12个月月均浓度，按照汛期和非汛期进行平均，分别评价汛期与非汛期赋分，取其最低赋分为水质项目的赋分，取5个水质项目最低赋分作为重金属污染状况指标赋分。

表 2.4-31 耗氧有机污染状况指标赋分标准

COD_{Mn} (mg/L)	2	4	6	10	15
COD (mg/L)	15	17.5	20	30	40
BOD_5 (mg/L)	3	3.5	4	6	10
NH_3-N (mg/L)	0.15	0.5	1	1.5	2
赋分	100	80	60	30	0

$$HMP_r = \min(As_r, Hg_r, Cd_r, Cr_r, Pb_r) \tag{2.4-90}$$

根据GB 3838—2002标准，确定汞、镉、铬、铅及砷赋分标准如表2.4-32所示。

表 2.4-32 重金属污染状况指标赋分标准

砷	0.05		0.1
汞	0.00005	0.0001	0.001
镉	0.001	0.005	0.01
铬（六价）	0.01	0.05	0.1
铅	0.01	0.05	0.1
赋分	100	60	0

（2）水生生态系统的生物完整性。

1）底栖硅藻生物完整性指数（D-IBI）。生物完整性的内涵是支持和维护一个与地区性自然生境相对等的生物集合群的物种组成、多样性和功能等的稳定能力，是生物适应外界环境的长期进化结果。生物完整性指数，即可定量描述人类干扰与生物特性之间的关系，且对人类干扰反应敏感的一组生物指数。它最初由Karr提出，并以鱼类为研究对象建立的；随后的研究扩展到底栖动物、周丛生物、浮游植物、浮游动物以及高等维管束植物。D-IBI是基于硅藻群落结构与功能属性的生物完整性指数，D-IBI对水体营养状况、有机污染、沿岸带人类胁迫（农业、城镇化等）等有很强的指示意义。

用于构建D-IBI的备选参数很多，但并不是所有参数都能客观地反映人类活动对生态系统的胁迫，因此要对相关候选参数进行筛选。一般而言，最终的IBI指数需要选用6～10个参数，这些参数能综合地体现藻类集群的环境响应，并尽可能对大部分环境胁迫敏感。用于构建D-IBI的常见参数如表2.4-33所示。

备选参数需要进行判别能力分析、冗余度分析和变异度分析，筛选和淘汰掉一部分不能充分反映水生态系统受损情况的参数，才能用于最终D-IBI的构建。判别能力分析按照Barbour的方法，分别比较参

表 2.4-33　　D-IBI 的常见参数

属性/参数	分类水平	含义	响应
多样性指数			
香浓多样性指数	种	香浓多样性指数	—
均匀度指数	种	均匀度指数	—
种类数	种	观察到的种类数	V
属数	属	观察到的属数	—
功能群比例			
倒伏个体百分比（%）	属	倒伏种属个体百分比丰度	+
直立个体百分比（%）	属	直立种属个体百分比丰度	—
具柄个体百分比（%）	属	具柄种属个体百分比丰度	V
非着生个体百分比（%）	属	非着生种属个体百分比丰度	+
运动型个体百分比（%）	属	运动型种属个体百分比丰度	+
敏感性种类			
敏感性个体百分比（%）	种	敏感性种类的百分比丰度	—
敏感性种类数	种	观察到的敏感性种的种类数目	—
敏感性种类百分比（%）	种	敏感性种类占总种类数的百分比	—
耐受性种类			
耐受性个体百分比（%）	种	耐受种类的百分比丰度	+
耐受性种类数	种	观察到的耐受性种的种类数目	+
耐受性种类百分比（%）	种	耐受性种类占总种类数的百分比	+
相似性指数			
平均相似性指数	种	与参考点间的 Bray-Curtis 相似性指数	—
参考点种类数百分比（%）	种	受损点中包含的参考点种类数百分比	—
独有种种类数	种	只在参考点而未在受损点发现的种类数	—
种类组成			
极小曲壳藻个体百分比	种	极小曲壳藻的百分比丰度	—
曲壳藻/（曲壳藻＋舟形藻）	属	曲壳藻个体数除以曲壳藻加舟形藻之和	—
桥弯藻/（桥弯藻＋舟形藻）	属	桥弯藻个体数除以桥弯藻加舟形藻之和	—
优势种类个体百分比（%）	种	优势种类百分比丰度	+
曲壳藻个体百分比（%）	属	曲壳藻百分比丰度	—
双眉藻个体百分比（%）	属	双眉藻百分比丰度	V
卵形藻个体百分比（%）	属	卵形藻百分比丰度	—
小环藻个体百分比（%）	属	小环藻百分比丰度	+
桥弯藻个体百分比（%）	属	桥弯藻百分比丰度	—
脆杆藻个体百分比（%）	属	脆杆藻百分比丰度	—
肋缝藻个体百分比（%）	属	肋缝藻百分比丰度	—
异极藻个体百分比（%）	属	异极藻百分比丰度	—

续表

属 性/参 数	分 类 水 平	含 义	响 应
舟形藻个体百分比（%）	属	舟形藻百分比丰度	V
菱形藻个体百分比（%）	属	菱形藻百分比丰度	V
弯楔藻个体百分比（%）	属	弯楔藻百分比丰度	—
双菱藻个体百分比（%）	属	双菱藻百分比丰度	V
针杆藻个体百分比（%）	属	针杆藻百分比丰度	—
曲壳藻种类百分比（%）	属	曲壳藻属中占总种类数的百分比	—
双眉藻种类百分比（%）	属	双眉藻属中占总种类数的百分比	V
卵形藻种类百分比（%）	属	卵形藻属中占总种类数的百分比	—
小环藻种类百分比（%）	属	小环藻属中占总种类数的百分比	—
桥弯藻种类百分比（%）	属	桥弯藻属中占总种类数的百分比	—
脆杆藻种类百分比（%）	属	脆杆藻属中占总种类数的百分比	—
肋缝藻种类百分比（%）	属	肋缝藻属中占总种类数的百分比	—
异极藻种类百分比（%）	属	异极藻属中占总种类数的百分比	—
舟形藻种类百分比（%）	属	舟形藻属中占总种类数的百分比	V
菱形藻种类百分比（%）	属	菱形藻属中占总种类数的百分比	V
弯楔藻种类百分比（%）	属	弯楔藻属中占总种类数的百分比	—
双菱藻种类百分比（%）	属	双菱藻属中占总种类数的百分比	V
针杆藻种类百分比（%）	属	针杆藻属中占总种类数的百分比	—

注 ＋表示藻类属性或参数将因受损情况上升；—表示藻类属性或参数将因受损情况下降；V表示藻类属性或参数在受损情况下是可变的。

照系和受损系各个备选参数箱体IQ（25%分位值至75%分位值之间）的重叠程度，只有那些箱体没有重叠或有部分重叠，但各自中位数都在对方箱体范围之外的参数才有较强的判别能力，需要保留作进一步分析使用。冗余度分析是对剩余参数进行Person相关性分析，当几个参数之间相关系数$|r|>0.9$时，应保留其中一个，其余淘汰掉，从而最大限度地保证各参数反映信息的独立性。变异度分析是对剩余参数在参照系中的分布情况作进一步检验，看其变异性是否过大，能否稳定和准确地反映外界环境压力对水生态系统的胁迫程度，只有那些变异度较小的参数才能最终用于D-IBI的构建。

以三分制法来统一入选参数的量纲。三分制法以所有样点数值分布的95%或5%分位值为界限，对于随外界压力增加数值降低的参数，以95%分位值为最佳值，低于此值的分布范围再进行三等分，从大到小依次记为5分、3分、1分；对于随外界压力增加数值增加的参数，则以5%分位值为最佳值，三等分最佳值至最大值之间的差值，从小到大依次记为5分、3分、1分。

待最终入选参数量纲统一后，将所有站点各入选参数统一量纲后的赋值依次相加得到最终底栖硅藻IBI得分。以所有站点分值95%的分位值为最佳期望值，低于该值的分布范围进行四等分，靠近95%分位值的一等分代表被测站点处于健康状态，其余三等分依次为亚健康、一般和差。计算测试点的IBI分值，以确立的分级标准进行评价，评估准确率，同时将所有参照点和受损点的评价结果与确立的标准进行对比分析，评估正确率。若以上准确率过低，则需要将以上确立的入选参数进行调整或分级标准进行微调。

2）底栖动物完整性指数（B-IBI）。底栖动物目前被广泛应用于生态监测与评价中，是很好的指示生物，通过构建B-IBI可以对河湖的水生态现状进行较为全面和科学的评价。该方法体系是美国环保总局（EPA）重点推荐的方法体系，已被美国各州用于实际的生态系统健康评价，取得较好的应用效果。

用于构建 B-IBI 的备选参数很多，需要根据具体情况进行选择。必须遵循的原则是备选参数一定要能够充分反映底栖动物群落结构组成、多样性和丰富性、耐污度（抗逆力）和营养结构组成及生境质量方面的信息。湖泊水库和河流在具体参数的选择上稍有差异，基本构建流程相同。用于构建河流或溪流 B-IBI 的常见参数如表 2.4-34 所示。

表 2.4-34　河流或溪流 B-IBI 的常见参数

参　数	编号	参　数　含　义
多样性和丰富性	1	总物种数
	2	蜉蝣目、毛翅目和襀翅目种类数
	3	蜉蝣目种类数
	4	襀翅目种类数
	5	毛翅目种类数
群落结构组成	6	蜉蝣目、毛翅目和襀翅目数量所占百分比
	7	蜉蝣目数量所占百分比
	8	摇蚊类数量所占百分比
耐污度（抗逆力）	9	敏感类群数量所占百分比
	10	耐污类群数量所占百分比
	11	Hisenhoff 生物指数
	12	优势类群数量所占百分比
营养结构及生境质量	13	黏食者种类数
	14	黏食者数量所占百分比
	15	滤食者数量所占百分比
	16	刮食者数量所占百分比

用于构建湖泊或水库 B-IBI 的常见参数如表 2.4-35 所示。

备选参数需要进行判别能力分析、冗余度分析和变异度分析，筛选和淘汰掉一部分不能充分反映水生态系统受损情况的参数，才能用于最终 B-IBI 的构建。判别能力分析按照 Barbour 的方法，分别比较参照系和受损系各个备选参数箱体 IQ（25%分位值至75%分位值之间）的重叠程度，只有那些箱体没有重叠或有部分重叠，但各自中位数都在对方箱体范围之外的参数才有较强的判别能力，需要保留作进一步分析使用。冗余度分析是对剩余参数进行 Person 相关性分析，当几个参数之间相关系数 $|r|>0.9$ 时，应保留其中一个，其余淘汰掉，从而最大限度地保证各参数反映信息的独立性。变异度分析是对剩余参数在参照系中的分布情况作进一步检验，看其变异性是否过大，能否稳定和准确地反映外界环境压力对水生态系统的胁迫程度，只有那些变异度较小的参数才能最终用于 B-IBI 的构建。

表 2.4-35　湖泊或水库 B-IBI 的常见参数

参　数	编号	参　数　含　义
多样性和丰富性	1	样品中的总种类数
	2	两个随机个体不属于同一类群的概率
	3	反映群体的多样性和均匀度
	4	摇蚊类幼虫的种类数
	5	双翅目类群的种类数
	6	蜉蝣目、蜻蜓目和毛翅目的种类数
耐污度（抗逆力）	7	耐污值小于 4 的类群种类数
	8	耐污值介于 4～6 之间的类群种类数
	9	耐污值大于 6 的类群种类数
	10	Hilsenhoff 生物指数
	11	敏感类群种类所占百分比
	12	中间类群种类所占百分比
	13	耐污类群种类所占百分比
	14	敏感类群数量所占百分比
	15	中间类群数量所占百分比
	16	耐污类群数量所占百分比
群落结构组成	17	优势类群数量所占百分比
	18	总个体数/总种类数
	19	双翅目类群数量所占百分比
	20	摇蚊类数量所占百分比
	21	非水生昆虫类群数量所占百分比
	22	寡毛类和水蛭类数量所占百分比
	23	端足目数量所占百分比
	24	甲壳类和软体动物数量所占百分比
	25	摇蚊类种类数所占百分比
	26	双翅目种类数所占百分比
营养结构及生境质量	27	捕食者类群种类数
	28	收集者类群种类数
	29	捕食者类群种类数所占百分比
	30	收集者类群种类数所占百分比
	31	捕食者类群数量所占百分比
	32	收集者类群数量所占百分比
	33	滤食者类群数量所占百分比

采用比值法来统一各入选参数的量纲。比值法的计算方法为：对于外界压力响应下降或减少的参数，以所有样点95%的分位值作为最佳期望值，该类参数的分值等于参数实际值除以最佳期望值；对于外界压力响应增加或上升的参数，则以5%的分位值为最佳期望值，该类参数的分值等于（最大值－实际值）/（最大值－最佳期望值）。比值法规定计算后的分值分布范围为0～1，若实际计算值大于1，则均记为1。

将各入选参数的分值相加得到B-IBI分值，以所有样点B-IBI值分布的95%分位值作为最佳期望值，将低于该值的分布范围进行四等分，靠近95%分位值的一等分表示被测站点生态系统优，其余三等分依次代表良、中和差。

3）鱼类生物完整性指数（F-IBI）。通过对生态系统中某一类生物群落（如鱼类）的物种组成、多样性及功能结构等12个方面的指标进行分析，将其和相应的参考体系比较，然后根据分类指标评出选定区域的优劣（见表2.4-36）。

IBI＝指标1＋指标2＋…＋指标 n（$n=12$），指标1～12分别为：总的种类数占期望值比例，鱼类科别1个体占总的个体数比例，鱼类科别2个体占总的个体数比例，鱼类科别3个体占总的个体数比例，耐受性个体占总的个体数比例，底栖动物食性占总的个体数比例，鱼食性占总的个体数比例，杂食性鱼类占总的个体数比例，单位努力捕捞量，外来种个体数占总的个体数的比例，鱼类（疾病、肿瘤、鳍损伤或体形异常，DELT）个体健康状况，说明指标。表2.4-36可以根据具体运用区域和不同水体进行替换。

表2.4-36 F-IBI对应生物完整性评价等级

F-IBI数值范围	48～60	48～52	40～44	28～34	12～22
生物完整性等级	极好	好	一般	差	极差

河流。根据原始的F-IBI和适应性应用的F-IBI确定候选指标，考虑多种可能的F-IBI，其他由于上游独特的鱼类区系而使用的指标，早期的研究中使用的一些广泛适用的和较为稳定的指标以及和环境退化相关的指标被初步确定为本研究的指标。推荐12个适合长江上游的F-IBI，如表2.4-37所示。

湖泊。据长江中游鱼类资源特点、鱼类群落现状和所在河流的实际状态，推荐以下12个指标构建F-IBI体系，并对长江中游浅水湖泊的生物完整性进行评价（见表2.4-38）。

表2.4-37 适合长江上游的F-IBI和赋值标准

属性	指标	赋值		
		5	3	1
种类丰度和组成指标	1. 所有本地种数占期望值的比例	＞50%	30%～50%	＜30%
	2. 鲤科鱼类所占比例	＞50%	25%～50%	＜25%
	3. 鳅科鱼类所占比例	＞15%	5%～15%	＜5%
	4. 鲿科鱼类所占比例	＞20%	5%～20%	＜5%
耐受性指标	5. 耐受性个体所占比例	＜6%	6%～12%	＞12%
	6. 渔获物中出现的科数	＞18	12～18	＜12
营养结构	7. 杂食性鱼类所占比例	＜8%	8%～15%	＞15%
	8. 底栖动物食性鱼类所占比例	＞40%	20%～40%	＜20%
	9. 顶级肉食性鱼类所占比例	＞15%	5%～15%	＜5%
丰富度指标	10. 单位努力捕捞量（kg/船）	＞2	1～2	＜1
个体健康状况	11. 非本地种所占的比例	＜1%	1%～2%	＞2%
	12. DELT个体所占比例	＜2%	2%～5%	＞5%

4. 水生生物影响预测与评价

（1）对浮游植物的影响预测与评价。浮游植物是水体初级生产力的主要组成部分，处在水体食物链的第一环，其种类组成和变化对水体生产力的影响较大。根据工程所处的地理位置、地形地貌、工程类型和调节运用方式等因素，预测与评价浮游植物的种类组成、分布、优势种类、生物量和群落结构的变化。

（2）对浮游动物的影响预测与评价。浮游动物处于食物链中的中间环节，是水体次级生产力的组成部分。分析其种类组成、分布、优势种类、生物量和群

表 2.4-38 适合长江中游浅水湖泊的 F-IBI 体系

序号	指标	评分标准		
		5	3	1
1	种类数占期望值的比例	>60%	30%～60%	<30%
2	鲤科鱼类种类数百分比	<45%	45%～60%	>60%
3	鳅科鱼类种类百分比	2%～4%	4%～6%	6%～8%
4	鲿科鱼类种类百分比	2%～5%	5%～8%	9%～12%
5	商业捕捞获得的鱼类科数	>18	12～18	<12
6	鲫鱼（放养鱼类）比例	7%～22%	23%～38%	39%～54%
7	杂食性鱼类的数量比例	<10%	10%～40%	>40%
8	底栖动物食性鱼类的数量比例	>45%	20%～45%	<20%
9	鱼食性鱼类的数量比例	>10%	5%～10%	<5%
10	单位渔产量（kg/hm^2）	>100	80～40	<40
11	外来种所占比例	0	0～1%	>1%
12	感染疾病和外形异常个体比例	0～2%	2%～5%	>5%

落结构的变化，并结合浮游植物的变化进行分析。

(3) 对底栖动物的影响预测与评价。底栖动物栖息于水体底层，主要有环节动物、软体动物、水生昆虫和一些甲壳动物等。预测与评价底栖动物的种类组成、分布、优势种类、生物量和群落结构的变化。

(4) 对水生维管束植物的影响预测与评价。水生维管束植物按其生态特点可分为挺水植物、浮叶植物、沉水植物、漂浮植物以及岸边生长的湿生植物等。水生植物的生境与水文条件的关系比较密切，大多生长在水流较缓、水位变幅不大的水体中。根据工程的建设对生态环境的变化预测与评价水生维管束植物的种类组成、分布、优势种类、生物量和群落结构的变化。

(5) 对鱼类资源的影响预测与评价。水利水电工程建成后，大坝使原有连续的河流生态系统被分割成不连续的环境单元，造成了生态景观的破碎，对鱼类造成的最直接的影响是阻隔了洄游通道。同时，水文情势、水温、水质等生境条件变化都将对鱼类资源产生不同程度的影响。

1) 阻隔对鱼类的影响。大坝的修建，使原有连续的河流生态系统被分隔成不连续的环境单元，造成了生态景观的破碎，对鱼类造成的最直接的不利影响是阻隔了洄游通道。这对需要进行大范围迁移完成生活史的种类往往是毁灭性的；对在局部水域内能完成生活史的种类，则可能影响不同水域群体之间的遗传交流，导致种群整体遗传多样性丧失，引起鱼类资源的变化。

2) 水文情势变化对鱼类的影响。江河改道、河流湖泊取水或建闸、筑坝，都会从根本上改变河流和湖泊的水文状况，或发生量的变化（如取水使流量减少），或发生质的变化（如建坝造成河流断流或脱流），对鱼类有重大甚至毁灭性影响。

a. 对库区及上游河段的影响。

a) 水库条件适宜喜缓流鱼类生存，而喜急流鱼类生存条件恶化。水库形成后，水体的水文条件将发生较大的变化，鱼类的栖息环境也随之发生变化，由于不同的鱼类其栖息环境不同，因此，导致库区的鱼类组成发生明显的变化。通常，水库蓄水后，流速放缓、泥沙沉积、饵料增多，这种条件适合于喜缓流或静水生活的鱼类而不利于喜急流水生活的鱼类的生存。另外，由于山区的水库库水较深，水库中喜表层或中层生活的鱼类较多而底层鱼类相对较少。

通常在山区或峡谷选择较大的河段兴建水库。建库前的河道，水流湍急，底多砾石，鱼类的食料生物主要是着生藻类和爬附于石上的无脊椎动物。这里生活的鱼类，是一些适应流水条件、摄取底栖生物的种类。当水库建成蓄水后，库区的水流显著减缓，甚至呈静止状态；泥沙易于沉积，水色变清，但由于水的深度增加，光线往往不能透到底层，使着生藻类和水草难以生长，相应地底栖无脊椎动物也较少，相反，浮游植物大量繁衍，浮游动物也相应增多。所以，水库的环境条件，是为一些适应缓流或静水、摄食浮游生物的鱼类，提供了良好的摄食肥育场所，有利于养殖业的发展。但是水库淹没使生态因子改变，往往使土著和特有鱼类失去或减少生存机会。水库环境还可能增加外来种入侵的可能性，应引起重视。

b）水库流速变缓，影响漂流性鱼类受精卵的漂流孵化。水库建成后流速变缓，对产漂流性卵的鱼类，上游所产的卵没有足够的漂流孵化过程，其早期死亡率升高。因此，水利水电工程的建设和运行对产漂流性卵鱼类的不利影响较为突出。

b. 对坝下河段的影响。

a）洪峰过程坦化。大坝修建后，由于水库的调蓄作用，坝下江段水位、流速和流量的周年变化幅度降低，河道的自然水位年内变化趋小。洪峰过程坦化会对鱼类繁殖、摄食和生长产生一系列的负面影响，尤其是对鱼类的繁殖产生明显不利影响，从而影响鱼类的种群数量。

在水库的坝下河段，一些在流水中繁殖的鱼类所要求的涨水条件，可能因水库调节而得不到满足。多数鱼类的繁殖期在春末夏初，即4月下旬到7月上旬，鱼类繁殖期对洪水的调蓄作用会导致原有的洪峰过程发生变化，难以提供鱼类繁殖所需水文水力学条件。

河道水量的调整在很大程度上影响着坝下河道内鱼类的洄游。洄游期间，河道水量的减少会减低河道对鱼类的吸引力，使洄游刺激因子丧失，从而导致洄游鱼类锐减，甚至完全消失。

b）人工调度形成的非恒定流。鱼类适应河流自然水文过程，难以适应人工调度形成的非恒定流态。例如，水电站日调峰时，水位大幅度频繁波动，鱼类产卵则无法适应这种变化。水库在进行防洪、引水、发电和航运等功能时，将会频繁调度，水库水位也会产生大幅度变动。这种水位变动对产黏性卵的鱼类繁殖同样极为不利，鱼类产出的粘附在库边植物或砾石上的卵，可能因库水位下落、鱼卵裸露出水面死亡。

3）水质变化对鱼类的影响。

a. 水体透明度。由于水库的水流缓慢，甚至局部静水，上游河段带来的泥沙以及其他悬浮物质会在库区沉积，使库区以及坝下江段水体的透明度升高。水体的透明度改变，鱼类饵料生物基础的组成和数量也随之发生变化，引起鱼类种类结构的演替，局部水域的鱼产潜力上升。

b. 溶解氧。在水中溶解氧充足的环境中，鱼类才能进行正常的呼吸，各种鱼类对水中溶解氧含量的要求是有所不同的。鲑、鳟等是要求溶解氧较高的鱼类，它们最适溶解氧为6.5～11.0mg/L，低于5mg/L便感不适。而温水性的青、鲢、鳙、鳜等鱼类可在4mg/L溶解氧环境中生活。

水中溶解氧低于鱼类呼吸需要时，呼吸作用受到阻碍，会因窒息而死，青、草、鲢、鳙致死的溶解氧含量分别为0.4mg/L、0.27mg/L、1.55mg/L、0.16mg/L。

年调节和多年调节水库，由于水库分层导致的水体垂直交换受阻，以及外源有机物在库区沉积、微生物的分解作用耗氧等原因，可能导致库区底层出现缺氧甚至无氧的状况。如伏尔加河上的伏尔加格勒水库和伊万科夫水库，夏季坝前库区底层水的含氧量极低；Fraser河上的Moran水库坝前库区，冬季有机沉淀物的浓度上升了40倍，使得生物化学耗氧量（BOD）大大提高，导致坝前库区底部无氧状况发生。坝前库区底层的缺氧甚至无氧环境，可以直接造成鱼类的死亡。

c. 水体中氮气等气体过饱和。所谓氮气过饱和是指水中溶解的空气超过了在一定的温度和压力条件时的正常含量，在某些情况下会对鱼造成危害，受到影响的主要群体是幼鱼。过饱和的空气通过鱼的呼吸活动进入血液和组织，当鱼游到浅水区域或表层时，由于压力较小和水温较高，鱼体内的一部分空气便从溶解状态恢复到气体状态，出现气泡，使鱼产生"气泡病"，引起死亡。

水中气体过饱和是由于水库下泄水流通过溢洪道或泄水闸冲泄到消力池时，产生巨大的压力并带入大量空气所造成的。水中的过饱和气体，在坝下的河流内经过一定的流程，逐渐释放出去而恢复到平衡状态。但是，如果河流上修建了一系列电站，水库的水较深且流动缓慢，过饱和的气体到达一个梯级时尚未恢复平衡，通过溢洪再度溶解了过多的空气，如此反复多次，影响就会愈加严重。

我国较多的经济鱼类产漂流性卵，其繁殖往往与洪峰过程紧密相关，大坝泄洪对其仔幼鱼影响较为明显。

d. 低温水下泄对鱼类的影响。我国的鱼类资源以温水性鱼类为主，它们常常活动于水温较高的水域，在水库内一般栖息于水的上、中层或沿岸的浅水带。但是国外的一些重要经济鱼类，特别是鲑、鳟鱼类，适应于低温环境，在水库内常栖息于底层。

(a) 鱼类对水温的要求。鱼类虽然是变温动物，但不同种类的鱼有不同的适应幅度。如鲤、鲫在水温0～30℃的范围都能生存，称为广温性鱼类，因此其分布地区广泛。冷水性鱼类和一些热带、亚热带鱼类适应范围较小，称为狭温性鱼类。如鲑、鳟鱼类在水温超过20℃时就不易生存，罗非鱼等热带鱼类在水温降至7℃左右时会陆续死亡，因此它们的分布范围受到限制。此外，在不同的发育阶段对水温的适应范围也有差异，青、草、鲢、鳙、鳊、鲫等，生长繁殖最适宜的水温均在25℃左右，超过30℃或低于15℃

则摄食减退，新陈代谢缓慢，5℃以下停止摄食。在适宜的水温条件下，鱼类消化、吸收、代谢速度快，生长也明显较快。几种经济鱼类对水温的要求见表2.4-39。

表 2.4-39　几种经济鱼类对水温的要求

<table>
<tr><th>种类</th><th>产卵水温（℃）</th><th>最适宜水温（℃）</th><th>开始不利高温（℃）</th><th>开始不利低温（℃）</th></tr>
<tr><td>青鱼</td><td rowspan="4">18 以上</td><td rowspan="4">24～28</td><td rowspan="2">30</td><td rowspan="2">17</td></tr>
<tr><td>草鱼</td></tr>
<tr><td>鲢鱼</td><td rowspan="2">37</td><td rowspan="2">—</td></tr>
<tr><td>鳙鱼</td></tr>
<tr><td>鲤鱼</td><td>17 以上</td><td>25～28</td><td>—</td><td>13</td></tr>
<tr><td>鲫鱼</td><td>15 以上</td><td>—</td><td>29</td><td>—</td></tr>
<tr><td>罗非鱼</td><td>23～33</td><td>20～35</td><td>45</td><td>10</td></tr>
<tr><td>鲥鱼</td><td>26～30</td><td>—</td><td>—</td><td>—</td></tr>
</table>

（b）低温水对鱼类的影响。年调节和多年调节的高坝大库，由于水深、水体交换量少，库区容易产生水温分层现象。而大坝多采取深层取水，下游河道夏秋季水温一般低于天然河道水温。水库下泄的低温水，对鱼类的直接影响是导致繁殖季节推迟，当年幼鱼生长期缩短，生长速度减缓，个体变小等。

a）繁殖期推迟。水温与鱼类的生活有着密切的关系，特别是鱼类的繁殖，要求一定的水温条件，因为鱼类产卵和卵的孵化都需要适宜的水温。鲤、鲫等鱼类，在春季水温上升到14℃左右时即开始产卵，而四大家鱼以及其他产漂流性卵的鱼类，则是在18℃时才产卵。如果鱼类繁殖所要求的最低水温出现时间推迟，相应地鱼类也推迟产卵。如丹江口枢纽坝下江段家鱼的繁殖期，大约推迟了半个月到一个月的时间。鲥鱼产卵的最适水温为26～30℃，受新安江水库下泄低温水的影响，富春江鲥鱼产卵场达到26℃水温的时期推迟，对鲥鱼的繁殖产生不利的影响。因此，下泄低温水对鱼类资源影响较为显著。

b）幼鱼个体变小，生长速度缓慢。水温在鱼类的生活中起着重要的作用，直接和间接地影响鱼类生存，是一项极为重要的环境因子，鱼类各项生理机能都各有最适水温和最高、最低的耐受水温，如果水温超出上述限度，就对鱼类产生不利影响。鱼类索饵期河道水温降低，将导致这一时段内饵料生物代谢率降低，直接影响饵料生物的繁殖和生长，削弱水域供饵能力；但这一时期恰好是产后亲鱼肥育和仔幼鱼索饵期，所以水温降低会对鱼类，特别是仔幼鱼的发育、成活率以及生长等产生负面影响。

如丹江口水库由于坝下江段水温降低，导致该江段鱼类繁殖季节滞后20d左右，当年出生幼鱼的个体变小、生长速度变慢。对比建坝前后冬季的数据，该江段草鱼当年幼鱼的体长和体重分别由建坝前的345mm和780g，下降至建坝后的297mm和475g。

4）饵料生物基础的变化对鱼类的影响。水库蓄水运行后，随着水库生态系统的发育，库区水生生物种类组成、群落结构也相应发生演变。库区水面变宽，水流变缓，营养物质滞留，透明度升高，有利于浮游生物的繁衍，浮游植物、动物种类和现存量均会明显增加，水体生物生产力提高；库区虽然岸线增长，但水位涨落频繁，形成生物非常贫乏的消落带，沿岸带的着生藻类和底栖动物贫乏，库区深水区的底栖动物种类组成发生变化，多为适宜静水和耐低氧的寡毛类、摇蚊幼虫，虽然现存量会增高，但深水区的底栖动物鱼类利用率低。库区鱼类的饵料生物基础从原江河激流生境的以底栖动物、着生藻类为主，演变为以浮游动植物为主，库区饵料生物资源的群落结构，有利于仔幼鱼的育幼和以浮游生物食性的缓流或静水性鱼类的生长、繁衍。而以流水性饵料生物资源为基础的鱼类，其生长发育受到抑制，在主库区种群数量会明显下降，退缩至库尾以上流水河段和支流。因此，水库形成后，水体生物生产力提高，鱼类资源量和渔获量均会升高，但鱼类种群结构会发生相应变化，适应缓流或静水环境鱼类成为主要成分，原适应江河流水环境的鱼类比例下降，甚至在渔获物中消失。

在一些浅水的水库，光线能透入较大面积的底层，对水生植被生长有利，虾类和螺类也很丰富，情况与一般湖泊相类似。

在坝下河段，受下泄底层水的影响，浮游生物现存量会比较低，特别是引调水后，下游河道水量减少，水生生物有效栖息面积减少，鱼类饵料生物基础总量会明显下降，对鱼类生长不利，鱼类资源量下降，但鱼类种类结构不会发生大的变化，由于泄水透明度比较高，有利于着生藻类、底栖动物的生长，坝下河段内食底栖生物、着生藻类的鱼类比例会升高。

5）对重要生境的影响。依据评价区域鱼类重要生境分布状况，结合阻隔与水文、水质、饵料生物基础变化对鱼类资源影响分析，针对工程建设运行后鱼类生境的变化趋势，预测分析鱼类重要生境受影响的范围、程度以及发展演变趋势。

在水库库区，依据水库淹没面积、库容、调节性能和调度运行方式，以鱼类产卵场为重点，预测分析重要生境淹没的范围和程度；在干支流，根据干支流流水生境萎缩情况，预测喜流水性鱼类生存状况。

河流筑坝蓄水，会直接淹没蓄水区鱼类的集中产卵场，产卵场规模缩小或完全丧失。对不同鱼类而言，受水库蓄水淹没的影响是不同的。有些对产卵条件要求不高的鱼类可在河流上游或水库漫滩寻找和形成新的产卵场。例如，丹江口水库建成后，对青、草、鲢、鳙、赤眼鳟、吻鮈等典型产漂流性卵的鱼类繁殖影响特别严重，而对产具黏性漂流卵的鱼类，影响就比较小。这些产黏性漂流卵的鱼类，对产卵场和漂流条件要求不高，甚至只要有微小流水刺激就会产卵繁殖，鱼卵还可黏附在水下基质上孵化。

对于鲤、鲫等产黏性卵的鱼类，水库蓄水则更有利于其繁殖。例如，丹江口水库蓄水后，淹没了大片土地，形成长达7000km的库岸线，广阔的消落带为其提供了更为良好的产卵场所，而且水库中饵料丰富，更为鲤、鲫等鱼类提供了良好的生境，使其成为水库的优势种群和主要的经济鱼类。

河流蓄水引水使下游河道水量减少，河滩地功能发生重大变化。由于河岸地带的生境多样性高，饵料丰富，成为许多鱼类产卵索饵的重要场所。水利水电工程引水，下游河道减水，使河滩湿地萎缩，生境面积减少，条件恶化，自然也影响到很多鱼类产卵繁殖。例如产黏性卵的鱼类可能因滩地缩小、生物衰退而缺少黏附基质或饵料，对其繁殖、育幼不利。

由于建库蓄水对河流径流的调节，坝下游的洪峰一般会消减，对水库下游的河道鱼类产卵场将会产生重要影响，严重影响鱼类的正常繁殖。

另外，河湖的岸滩浅水区常是鱼类产卵、肥育和索饵的场所。围湖造田或其他活动破坏此类主要栖息地，会破坏水生生态系统，由此产生一系列的生态学问题，是不能忽视的。例如，围垦使湖泊周围消落区内的蒿草、芦苇等挺水植物大面积地消失，水面缩小相应地使湖水变浅，加之食草鱼类难以进湖摄食，黄丝草等水草大量孳生，加速了湖泊沼泽化的过程。所以，大肆围湖造田，使水生生物及水禽资源减少，原水生态系统遭受破坏。

6）对珍稀特有鱼类的影响。水利水电工程的建设，对珍稀特有鱼类的影响因素及方式如前文所述，主要包括阻隔、水文情势变化、水质变化、饵料生物基础变化以及重要生境改变等。

对珍稀特有鱼类的影响评价，应是水生生态环境影响评价中最为重要的工作任务之一。一些鱼类之所以变得珍稀或特有（只分布在十分有限的区域内），往往是因为这些鱼类有特殊的生境要求，而能满足其生存要求的生境又十分有限，只存在于某些特别的地区。这样的生境一旦破坏或消失，就意味着依赖其生存的珍稀或特有鱼类必然跟着灭绝。例如，大渡河特有的稀有鮈鲫，只分布于大渡河支流流沙河中，一旦流沙河受到影响，鮈鲫就很可能灭绝。

为充分掌握对珍稀特有鱼类的影响，就意味着要对珍稀特有鱼类的生物学特性和生境两个方面进行十分深入的调查与评价。通过已有的观察和知识积累或根据不断地研究，通过观察、实验等手段来加深认识，阐明问题，直至了解、说明影响并寻找到可行的保护方案。

7）对鱼类种群数量的影响。水利水电工程的建设将使河流的连续性受到影响，输移功能受到削弱，生物迁移、交流受阻，从而产生一系列的生态效应。大坝建设、在通江湖泊的港道上修建水闸等，致使鱼类洄游通道受到阻隔，使鱼类不能够适时地到达适宜的生活场所，不能顺利繁殖，无法充分摄食，成活率低，生长率慢，种群量就会减少，即所谓的“资源衰退”。相反，鱼类种群能保持相对稳定或不断扩大，鱼类资源就可得到发展。

水利水电工程取水、调水和对径流的调节作用会使河流的水文情势发生较大变化，库区水流变缓，水面变阔，水位涨落机制及其水动力学特征发生变化，库区从原来的河流生态相向湖泊生态相演变。相应地，将产生泥沙沉积、营养物质滞留、透明度升高、水温垂向分异等一系列水体理化性质变化。与非生物因子的变化相适应，鱼类种类也会发生演替，逐渐形成与水库生态环境相适应的种群结构。水库形成后，喜静水或缓流、摄食浮游生物的鱼类资源量增加，而喜急流、摄食底栖动物的鱼类资源量减少。同时水库淹没往往使土著和特有鱼类失去或减少生存机会。水库环境还可能增加外来物种入侵的可能性，有可能对土著和特有鱼类种群产生不利影响。

水库下泄水的水量、流速、流态、涨落过程及其时空分布等水文情势与天然状态相比有较大改变，水温、透明度、气体饱和度等理化性质也会有所变化，坝下江段水生生境发生变化；取水、调水后，下游河流水量减少，水位下降，水面积缩小，会对水生生物特别是鱼类的繁衍生息产生一系列的影响，造成鱼类种群数量的减少。

2.4.3.3 环境敏感目标影响预测与评价

建设项目对环境敏感目标的影响预测与评价，首先应明确工程占地或淹没区及影响区域与环境敏感目标的位置关系，分析项目建设运行对敏感目标的影响方式，在此基础上根据不同环境敏感目标特性进行影响预测与评价。

对于水利水电建设项目，比较经常遇到的“环境敏感目标”是自然保护区、风景名胜区、水源保护区及其他重要湿地、重要野生动物栖息地、自然遗迹和人文遗迹等。

根据对敏感生态保护目标的影响性质（可逆或不可逆）、影响时间长短、影响范围大小、影响的剧烈程度、是否影响到主要保护目标或主要环境功能、有无替代措施和可否进行功能补偿等，评价对生态环境敏感区、重要物种及其栖息地的影响。

1. 自然保护区

（1）一般要求。

1）自然保护区及功能区的划分。自然保护区是指在不同的自然地带和大自然地区区划内划出一定范围并设置管理机构，将自然环境和自然资源（包括森林、草原、水域、湿地、荒漠等），以及自然历史遗产加以保护和研究的地域。一个典型的自然保护区可分为三个部分：核心区、缓冲区和实验区。

2）自然保护区的分级。我国自然保护区分为国家级、省级、市级、县级。

国家级自然保护区要得到国家主管部门的审查和国务院的批准，其他级别的自然保护区要得到相应级别的政府主管部门的审查和人民政府批准。

3）自然保护区的保护目标。每个自然保护区都具有特定的或主要的保护目标（保护对象）。按其保护面，可划分为全面的保护目标——生态系统；部分保护目标——遗传资源；特殊保护目标——珍稀濒危物种。

按其具体的生态环境功能来分，保护目标有：自然历史遗产和文化遗产；水源涵养地；特别自然景观和乡土景观；物种多样性和基因库；珍稀濒危动植物及其生境；具有科学、艺术、旅游休养等特别功能的区域等。

4）按自然保护区条例要求严格执法。《中华人民共和国自然保护区条例》中明确规定了不同功能区保护要求及保护区内的禁止行为。自然保护区内部未分区的，依照条例中有关核心区和缓冲区的规定管理。

（2）预测与评价工程建设对自然保护区的影响。主要预测与评价对保护对象、保护范围及保护区的结构与功能的影响。根据工程特性、施工和运行情况，预测与评价工程选址、工程施工、水库淹没和移民安置对保护区的影响，以及工程运行后水文情势改变和低温水下泄对自然保护区的影响等。

自然保护区为开放生态系统。自然保护区和周围地区时刻进行着物质、能量和信息的交流。因此，建设项目对自然保护区有无影响不是只看界（线）内界（线）外，而是要研究其物质流向、能量流态、生物活动规律等，以此判断影响的有无、大小，影响到什么具体对象，造成什么实际影响等。

评价建设项目对自然保护区真实影响的程度，须十分注意研究对自然保护区规划功能的影响程度。如果导致自然保护区规划的主要保护功能降低或主要保护对象损失，甚至使自然保护区的规划功能完全丧失或大部分丧失，这是不可接受的影响。

2. 风景名胜区

（1）风景名胜区类型及分级。根据2006年12月1日起施行的《风景名胜区条例》，风景名胜区是指具有观赏、文化或者科学价值，自然景观、人文景观比较集中，环境优美，可供人们游览或者进行科学、文化活动的区域。

风景名胜区划分为国家级风景名胜区和省级风景名胜区。自然景观和人文景观能够反映重要自然变化过程和重大历史文化发展过程，基本处于自然状态或者保持历史原貌。具有国家代表性的，可以申请设立国家级风景名胜区；具有区域代表性的，可以申请设立省级风景名胜区。

风景名胜区可分为山岳型、湖泊型、山水结合型、滨海区、生态类、宗教寺庙及人文遗迹等不同的类型。不同类型的风景名胜区有不同的保护要求。

根据风景名胜区规划，风景名胜区有确定的性质，划定了风景名胜区范围及其外围保护地带，风景名胜区内划分了景区和其他功能区，并有规划的营运组织措施和开发保护措施。

（2）国家有关风景名胜区的政策。一些珍贵的景观资源与文物资源为法定的保护对象。因此，景观与文物影响评价前，应首先了解国家及当地政府有关景观与文物的保护法律、法规、政策与规定。《中华人民共和国环境保护法》、《中华人民共和国文物保护法》、《风景名胜区条例》、《关于在建设中认真保护文物古迹和风景名胜的通知》（城乡建设环境保护部、文化部〔1983〕城园字第344号）等有关法规和行政管理规章中都对建设项目涉及景观与文物时，作出了相关保护规定。

（3）工程建设对风景区景观的影响。工程影响区域在风景区周围或占用风景区，对风景区的景观影响在施工期和运行期均存在。由于工程施工产生的地表岩石等裸露物对旅游度假区的游客可能带来一定的视觉冲击，同时施工废水如果不经过处理直接排放会增加风景区水域的浊度，对风景区部分景观造成一定的影响。

根据《风景名胜区条例》，风景名胜区内的建设项目应当符合风景名胜区规划，并与景观相协调，不得破坏景观、污染环境、妨碍游览。在风景名胜区内进行建设活动的，建设单位、施工单位应当制定污染防治和水土保持方案，并采取有效措施，保护好周围景物、水体、林草植被、野生动物资源和地形地貌。

从美学价值、科学价值、生态价值、文化价值、历史价值、经济价值、政治价值等方面，对风景区进行评价。

1）防止“三化”：人工化、城市化、商业化。查明主要风景特点、代表性景观（点、线）及其景观美的要素；按是否保持自然景观的自然性进行评价；评价是否对主要景观造成“三化”影响。

2）风景名胜区整体性保护。风景名胜区及其外围保护带是一个景观整体，形成某种整体性特点。评价中需注意：是否因道路、大坝、索道、建筑等破坏自然植被的连续性和风景区的整体性；是否有喧宾夺主的构筑物破坏风景区的统一协调（体量过大、色彩过艳、位置不适等）。

3）主要景点和景观特色保护。识辨清楚主要景点和风景区景观特色，评价建设活动（如大坝等建筑物）是否与景观特色协调。

4）风景名胜区周边环境。评价工程建设是否将风景名胜区与周边自然背景割裂，使风景名胜区成“孤岛”；是否因遮挡、污染或人工建筑物与自然背景对比强烈而对风景区景观造成影响。

3. 基本农田保护区

国家实行基本农田保护制度。基本农田，是指按照一定时期人口和社会经济发展对农产品的需求，依据土地利用总体规划确定的不得占用的耕地。

基本农田保护区，是指为对基本农田实行特殊保护而依据土地利用总体规划和依照法定程序确定的特定保护区域。

《基本农田保护条例》对基本农田保护区保护提出了明确要求，评价中应对照该条例，甄别工程建设是否符合法规规定，对不符合规定的明确提出调整要求。

对基本农田的评价需结合工程永久征收土地与施工临时占地的调查成果，查明工程占用的基本农田数量和分布；掌握工程占地补偿对基本农田的占补和土地补偿方案，根据有关规定和标准评价工程征占地对基本农田的影响。

4. 世界文化和自然遗产地

我国于1985年加入《保护世界文化和自然遗产公约》，公约主要规定了文化遗产和自然遗产的定义、文化和自然遗产的国家保护和国际保护措施等条款，凡是被列入世界文化和自然遗产的地点，都由其所在国家依法严格予以保护。

（1）世界自然遗产。《保护世界文化和自然遗产公约》定义：从审美或科学角度看具有突出的普遍价值的由物质和生物结构或这类结构群组成的自然面貌；从科学或保护角度看具有突出的普遍价值，地质和自然地理结构以及明确划分为受威胁的动物和植物生境区；从科学、保护或自然美角度看具有突出的普遍价值的天然名胜或明确划分的自然区域。

世界自然遗产的主要保护要求是真实性和完整性。

建设项目对世界自然遗产的影响主要有影响其完整性、影响景观以及破坏和干扰其自然性。

（2）世界文化遗产。《保护世界文化和自然遗产公约》定义：

文物：从历史、艺术和科学角度看具有突出的普遍价值的建筑物、碑雕和碑画，具有考古性质成分或结构、铭文、窑洞以及合体。

建筑群：从历史、艺术或科学角度看在建筑式样、分布均匀或与环境景色结合方面具有突出的普遍价值的单位或连接的建筑群。

遗址：从历史、审美、人种学或人类学角度看具有突出的普遍价值的人类工程或自然与人联合工程以及考古地址的地方。

公约提出的主要须防止的问题：蜕变、工程、城市和旅游业造成的消失危险；土地使用或房主造成的破坏；未知原因导致的重大变化；随意摒弃；战乱；自然灾害。

世界文化遗产的保护要求是保护真实性、完整性。

（3）项目建设对世界文化和自然遗产地的影响预测。项目建设对世界文化和自然遗产地的影响预测与评价，应先从各遗产地保护要求出发，分析项目建设与其保护要求的符合性；在此基础上，还应关注项目建设对文化遗产和自然遗产的完整性、历史、艺术、科学、美学、人类学价值的影响。

5. 水产种质资源保护区

国家水生生物保护部门根据有关法规规定，从水生生物保护和渔业资源养护的角度划定了水产种质资源保护区，并制定了水产种质资源保护区管理相关办法。

预测评价中应进行工程项目建设与相关办法相关条款的符合性判断，同时根据保护区规划目标和规划内容，分析工程项目建设与保护目标的符合性；此外，还应与水生生态影响预测与评价结合，开展专题研究，论证工程项目建设对保护区主要保护对象的影响。

6. 地质公园、森林公园

地质公园是以具有特殊地质科学意义，稀有的自然属性、较高的美学观赏价值，具有一定规模和分布范围的地质遗迹景观为主体，并融合其他自然景观与人文景观而构成的一种独特的自然区域。既为人们提供具有较高科学品位的观光旅游、度假休闲、保健疗养、文化娱乐的场所，又是地质遗迹景观和生态环境的重点保护区，地质科学研究与普及的基地。

森林公园，是指森林景观优美，自然景观和人文景物集中，具有一定规模，可供人们游览、休息或进行科学、文化、教育活动的场所。

《地质遗迹保护管理规定》（1995年地质矿产部第21号令）对地质公园提出了保护要求，《森林公园管理办法》（1993年林业部令第3号）对森林公园提出了划定和保护要求。预测评价中应进行工程项目建设与上述规定和办法相关条款的符合性判断，同时分析工程项目建设与保护目标的符合性。

水利水电工程对地质公园和森林公园的影响有直接影响和间接影响。

直接影响主要有：工程淹没、占地、工程建设造成水文情势的变化对公园景观的影响。

间接影响主要有：由于水库蓄水会诱发地震、库岸崩塌滑坡和泥石流以及水库渗漏等环境地质问题，可能会对公园的环境地质造成影响，尤其是对于地质公园，其环境地质的变化将使其规划功能受到较大影响。

环境影响评价中，需查明工程与地质公园、森林公园的位置关系和水利联系等，根据工程建设与调度运行情况，评价工程建设与运行对公园的功能、结构、景观影响程度。

7. 重要湿地

（1）重要湿地生态系统认识。湿地是有水的陆地，或者说是开放水体与陆地之间过渡带的生态系统，具有特殊的生态结构和功能属性。按照《关于特别是作为水禽栖息地的国际重要湿地公约》的定义，湿地是指沼泽地、沼原、泥炭地或水域，无论是天然的或人工的、永远的或暂时的，其水体是静止的或流动的，是淡水、半咸水或咸水，还包括落潮时水深不超过6m的海域。这个定义过于广泛而不易把握。美国1956年发布的《39号通告》将湿地定义为被间歇的或永久的浅水层所覆盖的低地，并进而将湿地分为四大类：内陆淡水湿地、内陆咸水湿地、海岸淡水湿地、海岸咸水湿地。这种比较狭义的湿地定义可在评价中操作。

（2）湿地生态环境评价因子。湿地生态系统评价因子与参数可选择如下：

1）生态系统：类型、蓄水量、面积、形态、分布、水系连通性与生态完整性。

2）水平衡：补排平衡、补排规律、水源来源、进出水量、生态蓄水量。

3）生物多样性：水生植物、水生动物、陆生植物、水禽水鸟、保护物种等。

4）重要生物种：植物、动物（经济、生态、景观文化等方面重要的）。

5）珍稀濒危生物：保护对象与保护级别或珍稀濒危程度等。

6）水质：水质指标、富营养化程度。

7）底泥：底泥成分。

8）环境功能：水文调节（洪水蓄水量）、气候调节（蒸腾水分量、周边湿度与温度）、生物生境、营养保有、物质转化、资源生产、自然景观等。

9）整体性：面积维持性、水系完整性、自然性、堤坝阻隔或围垦影响、管理与保护程度等。

10）可持续性：面积动态、水源动态、资源动态、压力与威胁等。

（3）湿地生态环境影响评价重要问题。水利水电工程对湿地的影响主要有疏干湿地、淹没湿地和形成新湿地三种类别。

常见的影响途径多是分流引水或筑坝堵截减少湿地入水量，破坏湿地水平衡，也因而破坏湿地的生态系统；许多湿地是洪水的产物，洪峰来时补水蓄水，洪峰过后缓慢泄水出水，形成特殊的生态系统，而一些水利水电工程（特别是防洪工程）改变了洪水规律，从而也改变甚至破坏了湿地生态系统。

从湿地生态有效保护出发，结合建设项目对湿地的影响方式考虑，湿地生态影响评价中需要关注以下问题：

1）生态需水。生态需水是制约湿地生态系统的主要环境因素。湿地影响评价中，计算水的补排平衡和生态需水量是一项必不可少的工作。生态需水量以维持湿地生境最小面积为底线，还必须有一定的“保险系数”以防止诸如连续干旱年份和干旱年份竞争性需水所带来的风险。

2）认识生态系统特点与功能。在自然界，许多湿地与洪水密切相关，湿地补水是由每年洪峰完成的。许多水利水电工程以防洪为主要功能，在给人类带来防洪效益的同时，也给一些湿地生态系统带来影响。这些特殊性生态规律，是需要建设项目环境影响评价时针对项目特定影响与湿地的特定关系逐个进行研究与认识的。湿地功能的一般判别方法见表2.4-40。

3）湿地水系完整性影响。湿地水系的完整性包括两方面的含义：①连通性；②动态平衡性。

水系连通，就是湿地的水面不被切割、破碎，或虽有水面景观的切割但水流保持连通和通畅，不形成死水塘或孤立的片段化生境。

水的动态平衡，就是湿地水系的补水与排水是动态平衡的，水的流动状态与流动规律应基本维持自然

表 2.4-40　　湿地功能的一般判别方法

湿地功能	判别方法及指标
1. 补给地下水（排泄）	判别：地下水位与湿地高差判别，入口与出口判别，泉与水温判别
2. 洪水蓄积与削减洪峰	机会性：洪水（河水）注入湿地或河流连通湿地，集水区坡度大
	有效性：湿地洪枯比大，湿地在城镇上游，区域暴雨
3. 净化水质（沉积）	机会性：湿地低凹型，植被、水流速、坡度，历史调查
	有效性：有植被及相当面积；三角洲型
4. 初级生产力及营养物转化	机会性：废水进入，集水区特征
	有效性：水深不超过 1m，长宽比大于 15，有植被
	沉积物中有机物干重 10%～20%，保持时间长
5. 鱼类栖息地	判别：有鱼类、蛤、甲壳类动物及昆虫，有水鸟
	有效性：永久水体、水面大（水深小于 5m，面积大于 $8hm^2$）
	有隐藏物（沉水植物，草洲、河石等）
	无脊椎动物密度超过 2000 个/m^2 底泥
6. 野生动植物栖息地	有效性：面积大于 $3hm^2$
	有走廊（直接与其他湿地、森林、草地相接，廊宽大于 100m）
	稀有性、代表性、唯一性
	位置：在沿岸
	绿洲或群集地（附近有同类湿地多块）
	植被：水面植被占 30%～70%者，或高低错落分布
	有缓冲区（有 100m 宽的自然植被包围着）
	动植物物种多
	湿地中有岛屿
	有特殊栖息地（果实类植物，多种树木等）
7. 生产力与生物量	植物：种类，生产量及市场价值
	动物：海洋渔业，淡水渔业，毛皮动物等

态。换句话说，湿地的有效保护应模仿其自然状态，使其应时补水，并维持系统常态运行，如水的流向、流态、流量，出流去向等，都是其自然状态下的自然过程，不使其发生巨大变化或完全破坏。在必要时，应调查研究湿地水的动态平衡现象、规律、特点以及生态功能。

4）对湿地主要功能的影响。湿地具有多种生态环境功能，其中必有一些生态功能为其主要功能，也就成为主要的保护目标、保护对象和环境影响评价的主要对象。这些主要功能有的是由法规确定的，有些功能是由现实实际用途确定的，有些功能是在科学调查后才能确定的。

在环境影响评价中，当调查发现某湿地生态系统具有与众不同的特殊生态功能时，应对此特殊生态功能作专门的研究。

对湿地生态环境的保护，以保护其主要生态环境功能为主。主要功能得以保持或受影响后可通过采取一定的措施得以恢复，则认为此影响是“可以接受的”；主要功能被削弱甚至破坏而且难以恢复，其影响就是不可接受的。

主要生态功能是否受影响或受影响的程度如何，是通过分析生态系统中与主要功能相关的生态因子（或生态系统维持的条件）是否受影响作出的。影响与否或影响大小都是通过建立评价指标体系并经过分析、测算得出的，不是武断地认定其“没有影响”或“影响轻微”。

8. 其他敏感区域

（1）基本草原。基本草原保护管理办法由国务院制定，预测评价主要复核项目建设与相关法规条文提出的保护要求是否协调一致。

（2）天然林、珍稀濒危野生动植物天然集中分布区。工程项目建设对天然林、珍稀濒危野生动植物天然集中分布区的影响方式主要包括：侵占栖息地，使栖息地及其养育的生物一同消失；使栖息地破碎化；使栖息地隔离；栖息地污染等。

在影响预测时，应从项目建设对其的影响方式出发，在掌握野生动植物种群特性、群落特性的基础上，分析项目建设对其种群繁衍、群落稳定的影响。

（3）水土流失重点防治区。工程建设区域如果涉及水土流失重点防治区，在进行环境影响评价时要严格按照《水土保持法》等法规要求进行。水土流失影响预测应预测工程施工扰动原地貌、损坏土地和植被、弃渣、损坏水土保持设施和造成水土流失的类型、分布、流失总量及危害。

（4）沙化土地封禁保护区、封闭及半封闭海域。工程建设区域如果涉及沙化土地封禁保护区、封闭及半封闭海域，在进行环境影响评价时要严格按照法律法规要求进行。

（5）富营养化水域。通过水质预测结果，评价工程项目建设对涉及水域富营养化的影响，如加剧或改善富营养化。

（6）以居住、医疗卫生、文化教育、科研、行政办公等为主要功能区的区域。主要从环境空气和声环境等方面分析工程项目建设对此类区域的影响。

（7）文物保护单位及具有特殊历史、文化、科学、民族意义的保护地。应首先判定工程与此类保护区域的位置关系，是否符合其划定的不同保护区域的保护要求；此外，从历史、文化、科学、美学、政治等价值方面，分析工程项目建设对此类保护区的影响。

2.4.3.4 对区域现存主要敏感生态问题的影响趋势

经过区域现状生态调查与分析评价，确定区域现存的主要敏感生态问题，分析由于工程的建设对区域现存敏感生态问题的影响趋势。

区域性敏感生态问题是制约区域可持续发展的主要因素，主要包括水土流失、自然灾害、生物多样性减少、土壤环境问题、沙漠化、荒漠化等。

预测对区域现存主要敏感生态问题的影响趋势是以背景区域生态学基本特征为基础，结合建设项目的影响途径、区域生境抗御内外干扰的能力和受到破坏以后的恢复能力来进行的，回答工程项目实施后下述问题：①是否使某些生态问题严重化；②是否使生态问题发生时间与空间上的变更；③是否使某些原来存在的生态问题向有利的方向发展。

2.4.4 局地气候影响预测与评价

水库修建后，由于形成了广阔的水域，蒸发量大，太阳辐射得到调节，使库区及邻近区的温度、湿度、降水、风速等要素发生改变，从而引起局地气候状况发生变化。局地气候影响评价因素，主要有温度、湿度、降水和风速等。由于气候的变化，会影响到水库周围居民生活环境和动植物生态环境。

局地气候影响评价应进行实地观测，如有类似的已建工程，可进行类比分析，根据取得的数据，应用数学模型进行预测。

2.4.4.1 对气温的影响预测

1. 影响预测内容

（1）影响因素分析。水面和陆面物理性质不同，对太阳辐射的反射率和净辐射有很大差异。水面反射率小，水面净辐射比陆面显著增大，一般比周围陆地多12%～30%。水面和陆面净辐射的差异，影响到附近气温的变化。

水面蒸发耗热也不同于陆面。水体在增热时有大量热能由水面向下传导；蒸发时，大量热能被消耗于水面蒸发，水温上升缓慢；放热期间，有大量热能自水体放出，补偿水面的热量损失，加上水的热容量大，使水温降低缓慢。受水体温度影响，在水域上方及其周围地区温度变化幅度较陆面小。

（2）气温的季节变化。根据水库现状气候观测，对比水库修建后水面变化，综合类比工程分析和数学模型，可预测建库前后年均气温、季（月）平均气温及极端最高、最低气温变化。

当水面温度低于地表温度时，水体有降温效应；水面温度高于地表温度时，水体有增温效应。水体对局部气温影响呈季节性变化。一般秋、冬季气温逐渐下降，水温下降比气温缓慢，水温明显高于气温，向周围大气输送热量，使库周气温偏高。春季以后，水温开始回升，升温较周围陆地慢，直到夏季，水面气温略低于陆地气温，使库周气温较建库前偏低。如狮子滩水库3～8月水库平均温度低于地表温度，库周气温较建库前降低；9月至翌年2月水表平均温度高于地表平均温度，库周气温较建库前增高。据预测，丹江口水库大坝加高后（正常蓄水位170m），年平均气温增高0.1℃，1月平均气温增高0.4℃，7月平均气温降低0.4℃；1月平均最低气温增高1.1℃，7月平均最低气温降低1℃；极端最高气温降低，极端最低气温升高，其变化可以在几摄氏度范围内。经预测，三峡水库极端最高气温下降4.5℃，极端最低气温升高3℃左右。

(3) 温度效应水平梯度的变化。温度效应水平梯度绝对值的大小，反映了温度效应在库周增强或减弱的程度。梯度最大的区域是效应最强的区域，一般库区平均气温变化随离岸距离增加而减小。如狮子滩水库冬季强效应区在4～5km范围内，距水边平均每增加100m衰减约0.02℃，在5km外近于等温。东江水库1月库水面平均气温高于库周，水库对平均气温的影响范围约2km，7月库水面平均气温低于库周，影响范围在1km以内。丹江口水库大坝加高后水域对气温影响高度为80～100m。

2. 影响预测方法

气温影响预测方法可分为类比分析法和数学模型法。在类比分析法中，主要有面积比例系数法、水温-气温差值法和热量平衡法等。其中，水温-气温差值法计算式如下：

(1) 年平均气温变化值的估算。蓄水前库区某点1.5m高处的气温为T，蓄水后气温为T_a，蓄水前后的变化值为

$$\Delta T = T_a - T \qquad (2.4-91)$$

据水库水面热量整体输送公式

$$P = \rho C_a C_{Ap}(T_w - T_a)u_{1.5} \qquad (2.4-92)$$

式中 P——水面感热交换量，J/(m^2·s)；

ρ——空气密度，为1.2×10^{-3}g/cm^3；

C_a——水面阻力系数，可取1.3×10^{-3}（1.5m高处）；

C_{Ap}——空气定压比热，等于1.005J/(g·℃)；

T_w——水面水温，℃；

$u_{1.5}$——水面1.5m高处风速，m/s。

公式（2.4-93）可写成

$$T_a = T_w - \frac{P}{\rho C_a C_{Ap} u_{1.5}} \qquad (2.4-93)$$

利用与拟建水库条件类似的已建水库资料，可按公式（2.4-92）估算出水面感热交换量P。

拟建水库的表层水温，可通过表层水温与气温的经验关系确定，其关系式可表示为

$$T_w = a + bT_1 \qquad (2.4-94)$$

式中 a，b——系数，由类比水库水温与气温的关系确定；

T_1——库区附近气象站的平均气温。

各个分量计算出来后，按公式（2.4-93）估算T_a，即可根据公式（2.4-91）求得ΔT。

(2) 月平均气温变化值的估算。据理论与实际观测资料分析，蓄水后某月份水库表层水温与水面气温差ΔT_a，与表层水温和附近陆地未受水库影响的气温（亦可用蓄水前的气温来表示）之差ΔT_b密切相关。

$$\begin{cases} \Delta T = T_a - T_b \\ \Delta T_a = T_w - T_a \\ \Delta T_b = T_w - T_b \end{cases} \qquad (2.4-95)$$

式中 T_a——蓄水后某地在某月份的气温，℃；

T_b——蓄水前该地某月份水面的气温，℃；

T_w——某月份水库表面的水温，℃。

一般可选择条件接近的类比水库水面气温梯度观测资料，分别按1月和7月对ΔT_a和ΔT_b进行回归分析，其回归关系式为

$$\Delta T_a = b\Delta T_b + a \qquad (2.4-96)$$

参数a、b可以选择与拟建水库条件类似、水文气象资料比较系统的类比水库计算。

2.4.4.2 对降水的影响预测

水库对降水的影响主要在分析影响降水的区域大尺度天气过程的基础上，针对水库建成后影响降水因素的变化，预测库区及周围降水量的变化。

1. 影响因素分析

水体对降水影响因素复杂。对于特大水域，蒸发量增加，使大气中水汽含量增加，可以使降水增加。而一定区域的降水主要是大尺度天气过程控制，水面蒸发增加的降水量在降水总量中所占比重很小。因此，水库对区域降水的影响很小，主要在水库及周围有一定变化。

水域影响降水的因素有：①水上蒸发量较强，空气湿度较大，水汽含量多，具有增加降水的效应；②气流进入水域后，由于风速增加大，气流分散，产生下沉运动，具有减少降水的效应；③在暖季，水上温度比陆上低，大气层结构相对比陆上稳定，不利于对流发展，具有减少降水的效应；④在冷季，因为水面比陆面暖，有利于对流和空气上升，又具有增加降水的效应，但因冬季空气比较干燥，空气对流不强烈，增加降水效应是较弱的。

2. 降水的变化

水库建成后，水库及周围降水的变化不完全相同。要根据水库面积、地形条件及观测资料作具体分析。一般认为，在温暖季节由于水面较冷，气层稳定，热对流受到抑制，因此库中水面降水量比陆地少。也有一些观测表明：水库建成后，在夏季库面和库区周围附近的降水量减少，但距离库岸一定距离的地区降水量增加；在水库上风区水边地区降水效应小，对水库腹地和下风地区的降水效应大。

如柘溪水库，夏季水库及周围降水减少，在距离库岸8～10km降水开始增加，12km增加最多。龚嘴水库上风区水边区域降水减少4.4%，约56mm，水库腹地和库尾10km内，平均减少7.6%。

水库对降水的影响范围从几公里到上百公里不等，决定于水库形状和当地地形。新安江水库为湖泊型水库，流域内地形多为低山丘陵，河流由西北流向东南，切穿山岭形成峡谷。水库建成后对库区降水产生影响的最大距离为 80km，使库区及沿岸十几公里地带的年降水量减少。其中夏季减少较多，冬季则略有增加，在减少区之外的几十公里范围内降水量增加，受影响的区域主要位于水库下风向地带。

对于半干旱地区，降水效应与湿润地区的水体不同。在高原上，水汽是降水的主要因子，水库有增加降水的效应。

2.4.4.3 对湿度的影响预测

主要根据水库表面与库周陆地蒸发与湿度的差异，预测水库修建后相对湿度、绝对湿度的变化。

1. 影响预测内容

(1) 影响因素分析。水库修建后，水体蒸发增加，一般会使库周湿度增加。由于水域和陆地的蒸发和温度不同，水上与陆上空气湿度也存在差异。水域蒸发的水源充足，实际蒸发就等于蒸发力，而陆地蒸发的土壤水分，则受到地区气候条件的限制。在干旱地区，由于土壤干燥，实际蒸发很小，陆上空气的水汽压远比水上小。在湿润地区，土壤潮湿，陆地实际蒸发可接近蒸发力或水面蒸发，空气中的水体气压与水上相差不大。空气相对湿度与水汽压成正比，与决定于空气温度的饱和水汽压成反比，所以，水域对相对湿度的影响比较复杂，除了与空气中的水汽量有关外，还与气温的变化有关。

(2) 湿度变化。水库对湿度的影响，水平变化表现为离水域越近，相对湿度越大；垂直变化表现为随海拔高度增加，对湿度影响越小。而由陆地向水库区，绝对湿度有增加趋势。

从季节差异看，一般冬夏季，库区周围相对湿度增大较快。由于库水蒸发水汽向周围输送，而库区周围气温降低较快，导致相对湿度增大，形成较高相对湿度带。水库周围相对湿度较大主要出现在 8：00 和 20：00。

对于半干旱地区，水库水体对空气湿度有增加效应，主要是因为陆地干旱、水面蒸发比陆面蒸发大所造成的。

2. 影响预测方法

建库后水体增大，水面总蒸发量增加，导致库区平均湿度增大，预测湿度由水汽扩散方程经简化计算。

$$H(x,z) = H(z) + [H(x) - H(z)]\varphi(y,n) \quad (2.4-97)$$

$$\varphi(y,n) = 1 - F(y,n)/\Gamma(n) \quad (2.4-98)$$

式中 $H(z)$——某一高度上的陆面湿度；

$H(x)$——距陆面 x 方向水面的湿度。

计算中用辛普森积分求得 $F(y,n)$ 值，再查算 $\Gamma(n)$，即可求得 $\varphi(y,n)$ 值。

2.4.4.4 对风的影响预测

1. 影响预测内容

水库对风的影响，主要预测评价对风速的影响。

水库形成后，水面平滑的下垫面代替原来粗糙的陆地下垫面，当气流吹过水面时，气流不断加速，使库面风速增大，尤其是在水库的下风岸。例如，东江水库对风速的影响观测表明，冬季 1 月与夏季 7 月，水库库面风速分别增大 1m/s 和 0.5m/s。预测三峡水库，水面长度按 1500m 计算，下风岸增加约 0.3～0.4m/s。

对于库区周围陆上风速的变化，由于水库周围地形复杂，风受地形的影响较大，建库后风速将会有所增加，但增加的幅度小于水域上空，并且，对极大风速影响不大。主要由于较大的风速，常伴有强对流天气过程，此时下垫面粗糙度的影响甚微。

在大气环流微弱情况下，水陆之间常形成一种类似海陆风的局地环流。白天风从水面吹向陆地，夜间相反。这种水陆间的局地环流强度，随不同纬度带的太阳辐射强度不同而异。在热带，太阳辐射强度大，水陆之间温差大，在大水体附近几乎全年可出现这种水陆环流；在中高纬度，太阳辐射仅在暖季较强，在冬季水陆环流强度较弱。

2. 影响预测方法

根据有关研究，河谷的气流越过水面后风速的变化可用式（2.4-99）表示。

$$\frac{V}{U} = F(x) = a - be^{-cx} \quad (2.4-99)$$

式中 U——过水面前的风速（上风岸），m/s；

V——过水面后的风速（下风岸），m/s；

x——风区长度，m；

a、b、c——与下垫面形状和性质有关的系数，取值范围分别为 1.18～1.34，0.50～0.72，0.0018～0.0025。

当 x 约超过 2000m 以后，$\frac{V}{U}$ 即不再有明显增加，而趋于稳定，一般情况下：

$$\frac{V}{U} = 1.26 - 0.61e^{0.0022x} \quad (2.4-100)$$

2.4.4.5 对生态的影响评价

气候是生态系统中重要而敏感的环境因子。气候的变化，直接影响系统能量转化和物质循环的效率。

水库建成后库区周围局地气候不同程度地发生变化，对生态系统的稳定性产生影响。结合工程特点，主要分析以下内容：

（1）对农业的有利影响。无霜期变长，终霜日提前，初霜期推迟，对春季作物开花、早稻育秧及晚秋作物正常生长有利。

（2）对经济林的影响。平均气温升高，积温增加，有利于茶树、柑橘的生长、发育；而极端温度的变化，为茶树、柑橘等经济林木提供了良好的越冬条件和“避暑”环境。空气湿度增加，使茶叶叶绿素增加，柑桔果皮光滑、色泽鲜艳、汁多而味甜。例如，丹江口水库修建后，经济林果产量提高。3～4月是库区柑桔花期，气温较高有利于开花挂果。油桐的花期在4月，此时忌风寒。库水位升高后，春季平均气温升高，对库区柑桔、油桐等经济植物的生长生成条件有利。

（3）对农业生态的不利影响。由于气温日变化、日较差减小，使有机物质积累速度减缓。水库气候变得暖湿，造成病虫害的发生和蔓延。低温、冻害的减少，有利于害虫越冬。

2.4.5 土地资源与土壤环境影响预测与评价

水利水电工程对土地资源的有利影响主要是，防洪工程可有效保护农田，灌溉可提高土地生产力，有利于土地利用方式改变，为改良土壤创造条件；不利影响主要是，水库淹没和工程征地减少土地资源，工程施工临时占地影响土地质量等。

对土壤环境影响的有利方面是科学灌溉可改善土壤理化性质，不利影响是不合理灌溉、引水、超采地下水可能会造成土壤盐碱化、沼泽化、潜育化、荒漠化等环境问题。针对上述影响应充分利用工程成果，结合现状调查，进行预测评价。预测方法一般采用成因分析法、类比分析法、遥感调查法等。

2.4.5.1 对土地资源的影响

1. 防洪、灌溉对土地资源的影响

防洪工程可有效保护农村、城市安全和土地资源，可根据防洪工程保护范围、防洪标准，评价防洪工程实施后对农田、耕地、林地及其他用地等土地资源的保护情况。

灌溉工程实施后，改善土地灌溉条件，旱地可变为水浇地或水田，并有利于土地利用方式改变。灌区开发可充分利用土地资源，通过灌溉补充土壤水分，提供农作物、林草生长必要的水分条件，促进土壤充分吸收，改良土壤结构。在科学的田间水分管理条件下，农田水利工程将在一定设计保证率的水平上减免农田的旱、洪、涝、碱、渍、污诸种灾害。在不同土类土种上培育出肥力高的人工土壤，如园田土、水稻土、淤灌土、灌溉褐土、灌溉潮土、灌溉红土等，保证农业丰产、稳产。

例如，赣抚平原位于赣江东岸和抚河下游东西两岸，该区河流纵横、湖泊众多，为江西最大平原，但地势低洼，洪涝频繁。赣抚灌区的建成从根本上改变了平原地区的旧貌，减免了洪涝灾害。通过治理渍害，变水域为良田，改善了种植环境。工程采取蓄泄兼施和统一排水的措施：①利用畦田蓄渍，即利用水田蓄渍，蓄滞雨水（以不影响水稻生长为宜），延长径流集流时间；②开挖排渍道，加大排水能力；③堵支并圩，兴建防涝圩堤，开垦湖滩草洲，使低产农田变成平畴沃野。

又如，人民胜利渠位于河南省新乡地区中部，是黄河下游修建的大型引黄灌渠。人民胜利渠修建后，结合处理入渠泥沙建立沉沙池和有计划的淤灌稻改，使背河洼地、废坑塘淤改造成良田。采用以水利为主的综合治理措施，改造老盐碱地，增加了可耕地面积，提高了农业产量。

2. 工程建设用地对土地资源的影响

（1）水库淹没对土地资源的影响。

1）水库蓄水后将淹没耕地、林（园）地、草地等土地资源。受淹没的河谷地区土地肥沃，多为可灌溉的水田或高产旱地。可根据淹没范围、土地利用状况分析影响的土地数量、类型和生产力状况。

2）水库蓄水后库岸滑坡崩塌会引起土地破坏。

（2）工程占地与施工活动对土地资源的影响。工程建设用地包括永久征收土地和施工临时用地。

1）永久征收土地包括永久建（构）筑物的建设区、对外交通和管理区用地等。永久征收土地将损失部分土地，尤其是耕地资源。可结合征收土地面积、土地利用状况、土壤类型进行评价。

2）施工临时占地包括临时建（构）筑物、施工临时道路、料场、弃渣场、堆料场等施工期临时占用土地。施工临时建（构）筑物、施工临时道路对地表进行占压、碾压，料场土（砂、砾、石）方开挖，对土壤的结构、肥力及物理性质等将产生一定的影响。

a. 工程对原地表的扰动影响。由于工程施工料场、渣场等挖、压扰动原地表，破坏地表覆盖层（植被、沙砾层或结皮），对土地结构、质量产生一定影响，并极易造成水蚀和风蚀，加剧地表的土壤侵蚀。施工活动对地表植被的破坏，使“生物自肥”的途径被阻断，影响生物对灰分元素的吸收与富集。

b. 土壤结构、层次改变。施工开挖使农田土壤耕作层受到扰动和破坏。弃土（渣）场区堆放肥力低下的生土或土石混合物，将改变耕作层的性质，降低土地生产力。土方的开挖和回填将改变土壤的层次和质地，影响土壤的发育过程，降低耕作土壤的质量。

c. 土壤物理性质的变化。受到临时建（构）筑物、施工道路长时间碾压的区域，土壤结构变得密实，土壤容重加大。施工临时占地经采取生态修复或复耕措施后，可逐步恢复土地利用功能，但土壤质量的恢复需要较长时间。

2.4.5.2 对土壤环境的影响

水利水电工程建设，在合理开发利用土地资源、科学灌溉条件下对土壤环境的改善是有利的。但是，水库蓄水渗漏、淹没和回水，利用地表水灌溉，可引起土地浸没，造成土地沼泽化、潜育化。开采地下水不当，也可能引起荒漠化等环境问题。土壤环境影响评价，可根据工程特点、开发利用方式、施工活动等，分析对土壤潜育化、沼泽化、盐碱化、荒漠化等影响。

通过成因分析、类比分析、数学模型计算，结合野外调查等方法，分析影响因素、机理、影响程度及变化趋势，为采取防治措施提供科学依据。

1. 对土壤潜育化、沼泽化的影响

(1) 土壤次生潜育化、沼泽化成因分析。土壤潜育化又称渍害，是由于土壤长期受水浸渍，土壤内部水多气少，处于闭气还原状态，导致土壤理化性状变差、肥力减退，危害农作物正常生长的现象。

在湿润或半湿润地区兴建水库、渠道等水利水电工程，随着水库蓄水或渠道输水，地下水位上升，促使土壤向还原状态演化，土壤中重金属价态、迁移能力和生物毒性以及土壤微生物区系组成随之发生不利于农作物生长的变化。

随着水库蓄水或渠道输水，在排水不畅的区域，地下水往往壅出地面，在局部洼地产生薄层积水或间隙性积水，则形成沼泽化，逐步变成有利于沼生或湿生植物生长的洼地。这种情况在防渗较差的平原水库下游和渠道两侧尤为明显，建成水库的坝下和渠道两侧有时出现成片的沼泽。近年来随着水库除险加固和渠道防渗改造，沼泽化的趋势已得到一定的遏制。

(2) 土壤潜育化的影响。

1) 影响预测内容。根据工程特点、土壤性质，通过成因分析和野外环境调查，可预测土壤发生潜育化程度，评价对土地及农作物的不利影响。

a. 水温和土温降低，水稻僵苗迟发。

b. 土壤还原性有毒物质过多，危害农作物生长；积累大量有机酸、亚铁和硫化物等，水溶态亚铁达100～300mg/L，甚至更高，水稻出现烂根，明显坐苗，后期早衰。

c. 土壤有效养分缺乏，地力衰退。潜育化土壤闭气低温，处于强烈的还原状态，阻碍养分活化，影响根系活力。潜育化农田土壤有效磷含量较低，钾素营养缺乏，氮肥的施用效果明显下降。

d. 土壤结构变坏，耕作困难；农作物产量明显下降。

2) 影响评估方法。

a. 评估标准。水稻田以具有氧化还原型的A(耕作层)-P(犁底层)-B(淀积层)-G(潜育层)土壤剖面最利于水稻生长。土壤潜育化影响水稻生长的永久性地下水位，以自地表以下埋深60cm为临界值，潜育层（G）埋深大于60cm，对水稻生长影响不大。

b. 评估方法。其步骤是：

a) 查明区域内已有土壤潜育化面积、分布及其性状，以及表土层内地下水埋深、分布及年内变化。

b) 根据区域的地形、水文地质、土壤等条件，分析工程建成后区域内地下水位及年内变化。

c) 根据区域农作物品种及布局确定出评估标准，并按照作物各生长期对地下水埋深的不同要求，以及工程建成后区域内地下水位变化历时，评估其影响范围及影响程度。

d) 预测次生土壤潜育化面积，按预测的地下水埋深分级列出其相应的影响面积，作为调整作物布局、进行土地规划和排水工程措施的依据。

2. 对土壤次生盐碱化的影响

(1) 盐碱土判别及特征。兴建于干旱或半干旱地区的水库、渠道、灌溉等水利工程，随着水库蓄水或渠道输水、灌溉使地下水位上升，可溶性盐类在强烈的地表蒸发作用下，使盐分向土壤表层聚积，则可能导致土壤盐碱化。

当土壤表层含盐量超过0.6%时即属盐土。盐土最主要的特征是含有大量易溶性盐，一般包括Na^+、Ca^{2+}、Mg^{2+}三种阳离子和Cl^-、SO_4^{2-}、CO_3^{2-}、HCO_3^-四种阴离子所组成的各种盐类。

碱土最主要的特征是表层中含有过量的碳酸钠或重碳酸钠，胶体中富含代换性钠，并具有强碱性反应，其形成是由盐土发生碱化作用引起。

盐土和碱土在其形成的分布过程中往往很难区分，盐分和碱化现象往往是同时存在的，所以盐土、碱土又通称为盐碱土。

(2) 土壤盐碱化的演变及影响预测。土壤次生盐碱化是双向的动态过程。在实施水利工程及人为优化配置水资源，科学规划合理实施与管理条件下，盐碱化可向去盐化方向发展，已发生盐碱化的土地可以得到改良。反之，不合理灌溉或蓄水、输水则可引起地下水上升或加剧土壤盐碱化过程。以河北省东部平原

（主要是黑龙港地区）为例，灌溉40多年，土壤盐碱化发生明显消长演变。

第一阶段（1958～1962年）：基本没有进行大规模农田水利基本建设，土壤盐碱化基本处于自然状态。

第二阶段（1963～1972年）：经过海河治理，开挖疏浚下游骨干河道，解决排水出路，洪涝灾害减轻，地下水位下降。不仅土壤次生盐碱化得到一定治理，而且一些原生盐碱地也得到一定改良。

第三阶段（1973～1978年）：大量开发利用地下表水，在排水河道上普遍建坝、闸蓄水，使闸上长时间高水位蓄水，造成低洼地区盐碱地增加。

第四阶段：自进入20世纪80年代以来，连年干旱，大量开发利用地下水，地下水位大幅下降，从而截断或减少了地下水对土壤的水盐补给，使原来处于积盐过程的盐碱地向脱盐方向转化，盐碱地得到改良。

通过土壤水盐关系演变趋势分析，可为影响预测提供类比分析参考。

3. 对荒漠化的影响

（1）荒漠化成因分析。荒漠化是干旱区、半干旱区和某些湿润地区生态系统的贫瘠化，是由于人为活动和干旱共同影响的结果。判别是否发生荒漠化主要是分析生态系统的变化。评判指标可以用测定优势植物生产力的下降、生物量的变动、动植物区系的差异、土壤退化和对人类所增加的危害等予以表达。

从生态学进行评价，凡土地生物量下降、动植物群落组成改变、荒漠种属增加，都说明一个地区的土地向着荒漠化方向发展，出现流动沙丘、覆沙现象，则称为沙漠化（desertification）。沙漠化集中出现的地区表现“沙漠范围的扩大”以及半干旱地带或荒漠与草原过渡地带内因人为活动频繁引起的“人造沙漠”。可见沙漠化所涉及的范围远比荒漠化小得多。

土地沙化（land desertification）指耕地、草地、林地逐渐沙化的土地退化现象。这种退化系统由自然因素及不合理的人类活动所造成。在我国防沙治沙法中，土地沙化是指主要因人类不合理活动所导致的天然沙漠扩张和沙质土壤上植被及覆盖物被破坏，形成流沙及沙土裸露的过程。

（2）影响预测。

1）根据工程特点、植被状况，分析是否可能发生荒漠化。在干旱、半干旱地区，兴建水利水电工程，如水资源分配不合理或过度开发利用水资源，可能导致局部地区地下水位下降，地表非灌溉天然荒漠植被大量死亡消失，失去对地表的防护、保持、补给养分功能，使土壤发生荒漠化和沙化。如存在滥垦、滥伐、滥牧，将导致土壤的物理、化学和生物特性或经济特性退化，加剧沙化过程。

2）结合水资源重新分配后地下水位动态变化趋势分析，预测可能出现的地下水位下降区域，地表物质组成状况及其演变趋势；根据土壤水分条件、植被条件，分析土壤环境演化机制，预测评价土地荒漠化、沙化的影响趋势、范围和危害程度。

4. 河道整治、清淤对土壤环境的影响

评价河道整治、清淤，以及湖泊底泥疏浚、处置对土壤环境的影响，需对清淤、疏浚底泥成分进行监测，当底泥中有毒有害物质如重金属超标时，还需监测其浸出液的毒害性。根据底泥监测结果，对清淤方式、排泥场进行环境合理性分析，并预测评价底泥对土壤环境的影响。

（1）底泥处置、利用的污染控制与环境质量要求。河道、湖泊整治、清淤底泥一般以河、湖泥沙和砾石为主，属自然土，但在受到城市或工业污水污染的水域，底泥可能受到污染，甚至受到重金属污染。

1）环境质量标准。现行标准中，尚未有明确底泥质量的标准。底泥用作农田、林地、自然保护区等地土壤，应按照《土壤环境质量标准》（GB 15618—1995）执行，其中，二级标准为保障农业生产、维护人体健康的土壤限制值，三级标准为保障农林生产和植物正常生长的土壤临界值。

2）污染物控制标准。河道、湖库的清淤底泥用于农田，其污染物控制执行《农用污泥中污染物控制标准》（GB 4284）。

（2）清淤方式对环境的影响。河流、渠道底泥疏浚的方法很多，从施工排水程度可分为干河（湖）疏浚、带水疏浚。

1）干河（湖）疏浚。将河段或部分湖区的水抽干，然后使用排干疏浚设备，如推土机和刮泥机等进行底泥的清除。干河（湖）疏浚有利方面在于施工方便，清淤彻底，不利方面主要为湖区疏浚结束后要大量补水，原水生动物、底栖生物和水生植物会消失或受到较大影响，水生动物的恢复需要较长的时间。

2）带水疏浚。也称水下疏浚，主要通过螺旋式挖泥装置、密闭旋转斗轮挖泥设备等专用疏浚设备以及常规的挖泥船进行水下作业，利用污泥泵、输送管道将水下淤泥抽吸至淤泥堆场。带水疏浚不需要抽干河（湖）水，但是在作业过程中很容易造成二次污染，将富集于底泥中的重金属、有机物污染物扩散到水体中。

（3）底泥处置对环境的影响。

1）底泥农用可增加土壤肥力。疏浚底泥中含有有机质和植物所需的营养成分，具有大量有机质肥料和比较均衡的肥料成分，具有腐殖质胶体，能使土壤形成团粒结构，保持养分作用，是有价值的生物资源。

2）疏浚底泥施用于林地、园林、绿地可促进树木、花卉、草坪的生长，提高其观赏品质，并且不易构成食物链污染的危害。

3）疏浚底泥可用于渣场、料场、垃圾填埋场等迹地恢复。施用疏浚底泥可以增加土壤养分，改良土壤特性，促进地表植物的生长，有利于修复生态环境。

4）疏浚底泥对环境的不利影响。当工程弃土量大，除部分可用作农田、林地外，仍有很大部分要作为弃土处置时，将占用较多土地。弃土场在处置过程中，措施不力，将会造成水土流失。底泥含有超标污染物，因淋溶作用，造成弃土场附近土壤和地下水受到污染。在受工业废水排放污染严重的河段、湖泊，可能出现重金属等污染物严重超标。底泥污染物积累构成危险废物时，应按有关标准和规定处置。

2.4.6　环境地质影响预测与评价

水利水电工程建设，由于施工、移民安置、淹没、抽取地下水等活动引起岩（土）体稳定性改变、水文地质条件变化，会造成许多环境地质问题。随着工程地质条件、工程类型、环境特征的不同，会产生不同环境地质影响。评价的主要环境因子为水库诱发地震、库岸岩体稳定、地下水渗漏、地面沉降、湿陷等。

环境地质影响评价主要是利用工程地质成果对影响成因进行分析，在环境调查基础上，评价环境地质问题对工程安全、生活环境和生态造成的影响。

2.4.6.1　水库诱发地震影响

水库诱发地震是蓄水而引起库盆及其邻近地区原有地震活动性发生明显变化的现象，简称水库地震。它是兴建水库的工程建设活动与地质环境中原有内、外应力引起的不稳定因素相互作用的结果，是诱发地震中震例较多而常见的一种类型。

评价时，主要是利用工程地质、地震专业部门预测成果，针对工程地震地质条件，以及水库蓄水水重、深度、范围，分析地震诱发成因，评价对环境的影响。

1. 影响成因分析

（1）构造型水库地震。通过对主震震级大于等于4.5级震例的地震地质环境进行分析，由于地质构造引起的诱发地震主要的发震条件为：①区域性断裂带或地区性断裂通过库坝区；②断层有晚更新世以来活动的直接地质证据；③沿断层带有历史地震记载或仪器记录的地震活动；④断裂带和破碎带有一定的规模的导水能力，与库水沟通并可能渗往深部。

构造型水库地震中还有一种类型，即原来的天然地震活动水平比较高，蓄水至高水位时地震反而减少（如美国的安德逊水库）。其震例数量较少，对工程也没有明显影响。

（2）岩溶型水库地震。中国震例中70%以上处于碳酸盐岩分布地区。主震震级较轻，多数为1～2级，最大不超过4级。只有在合适的岩溶水文地质结构条件下，才会出现水库地震。其发生的主要条件为：①库区有较大面积的碳酸盐岩分布，特别是质纯、层厚、块状的石灰岩；②现代岩溶作用强烈；③一定的气候和水文条件（如暴雨中心、陡涨陡落型洪峰等）。

（3）地表卸荷型水库地震。地表卸荷型水库地震较为常见。近期强烈下切的河谷下部（所谓的卸荷不足区），富硅的岩性条件，可能有利于此类水库地震出现。一般震级不高，延续时间不长，但有时很小的地震就有强烈震感，对工程和库区的环境影响不可忽视。

2. 对环境的影响

（1）对大坝及其他建筑物的影响。地震对大坝的危害程度可分抗断问题和抗震问题。抗断问题是强震时，坝基下发震断裂或地震断裂活动会导致坝基错动、变形或破坏。抗震问题是强震时，地震波导致坝基土体滑动和失稳，从而造成坝体的变形和破坏。

在工程设计中，对区域性地震及水库地震都会进行周密研究和预测分析，提出工程抗震烈度要求，在工程建筑上确保稳定安全，防止坝体变形和破坏。

例如，三峡工程对水库诱发地震进行了大量研究，在分析预测基础上，认为任何诱发的极限地震对坝址影响的烈度都不超过Ⅵ度，小于大坝的设防烈度Ⅶ度，不会对大坝及其他重要建筑物的安全带来影响。

（2）对周围环境的影响。地震对周围环境的影响应根据地震强度来判断，一般小震不会对建筑物造成较大的危害；6级以上的地震可能会造成建筑物破坏、人员伤亡和产生地裂缝等影响。

水库诱发地震案例中，极少有超过6级以上的地震。但是由于地震危害较大，应加强观测防范，以免造成较大的不利环境影响。

2.4.6.2　库岸稳定影响

1. 库岸类型及稳定性评价

库岸稳定性是指水库蓄水后库岸岩体保持稳定或发生变形破坏的状态。库岸岩（土）体浸水饱和，地下水壅高，运动水位的升降导致库岸内动水、静水压的变化以及波浪的作用等，都将可能改变原有岸坡的稳定性，引起岩体的变形和破坏。经过一段时间的动力学调整，库岸将在新的环境条件下达到相对稳定状态。

(1) 库岸类型。库岸可划分为土质岸坡和岩质岸坡两大类。

土质岸坡。其破坏形式以塌岸为主，又可分为风浪塌岸和冲刷塌岸。

岩质质坡。多出现在峡谷和丘陵岸坡，其破坏形式以滑坡和崩塌为主。近坝库岸（一般认为距坝5km范围内）的高速滑坡可能激起涌浪，威胁大坝安全，是库岸滑坡稳定评价的重点。

从已建水库工程看，大多数库岸都处于稳定状态，但也有部分库岸因建库前岩体就存在不稳定因素，或本身就是崩塌、滑坡等，蓄水后将加速稳定性改变过程。

(2) 库岸稳定性评价。库岸稳定性分析要进行大量地质调查和岩体力学试验工作。在环境影响评价中，主要是利用工程地质调查成果，对不稳定库段岩体稳定状况进行分析，评价对工程建筑、施工环境、当地居民和移民安置以及土地、植被的影响。

岸坡变形破坏的主要类型有崩塌、滑坡、泥石流、塌岸等。

库岸稳定条件好坏，直观的标志是崩塌、滑坡体发育程度。库岸稳定条件评价，主要是分析岸坡的岩性与组合、地质构造、结构类型、岩层层状与河谷的关系，变形破坏程度，现有崩塌、滑坡体数量及其稳定性和库水作用下的可能变化等。一般以宏观地质判断为主，结合数值分析（主要对崩塌、滑坡体的稳定性），可将库岸的稳定条件分为好、较好、较差、差等类型。

2. 库岸失稳对环境的影响

库岸崩塌、滑坡体变形破坏将对枢纽建筑施工和运行、航运、库周城镇及移民安置带来不同程度的影响。这主要与塌（滑）量、建筑物距离和安置选址地质基础等因素有关。

(1) 对枢纽建筑物施工和运行的影响。当大坝附近有大型滑坡分布，特别是滑坡量大，滑面被剪断贯通，滑动前后抗剪强度差值大时，一旦滑体被剪穿，常导致高速剧烈滑动，形成很高的涌浪，传至大坝，则可能产生重大影响。

对枢纽建筑物的影响主要根据崩塌、滑坡体的位置、距离、体积、滑动方式进行分析。

例如，三峡水库距坝址26km以内的库段，不存在可能失稳的大型崩塌、滑坡体失稳入江，造成危及大坝安全的涌浪。正在发展的链子崖岩体及可能局部失稳的新滩滑坡距坝址26～27km。新滩滑坡已于1985年6月整体性大规模滑动，造成的最大爬坡浪高49m，但向下游衰减很快，到坝址河段涌浪已基本消失。链子崖危岩体，假定临江216万m^3岩体一次崩滑入江，采用不同方案与方法计算，到达坝址的浪高均小于2m，不会危及工程建筑物安全。

(2) 对航运的影响。主要根据稳定性差、较差的崩塌、滑坡体体积，可能滑入水库的体积，结合水库蓄水后深度变化，河谷宽度和航道宽度、深度要求进行分析。水库建库后，水深加大，水面展宽，滑体失稳一般对航运影响较小。

(3) 对库周城镇和移民安置的影响。河流两岸是人民生产、生活的主要场所。河谷两岸岩体稳定地段不会危及安全。如果在天然条件下已经存在正在变形和不稳定崩塌、滑坡体，则水库蓄水后，崩滑体可能出现加剧趋势，将对城镇和居民点造成危害。

移民安置中，如果移民安置点不做地质勘探工作或地质勘探出现失误，居民点选在潜在危岩体上，就会直接威胁建筑物安全。同时，崩滑体滑入水库形成涌浪也会对库周城镇、居民点造成间接危害。

2.4.6.3 其他环境地质问题影响

1. 地面沉降

地面沉降是地表面发生的高程降低现象。在自然地质作用下，如溶蚀、侵蚀、地震、地壳缓慢翘曲等可引起地面沉降。人为活动中，过量开采地下水也可能引起地面沉降。

水工程建设需分析农业井灌、生活用水抽取地下水，通过对已发生的地面沉降观测资料的类比分析，也可通过水头下降和沉积层压密所需时间，进行压密厚度分析，预测可能产生的沉降量和范围。

(1) 影响预测内容。

1) 根据工程设计资料，了解井灌范围，井群的分布，抽取水量，开采层位、深度，地层岩性及结构，地下水补给条件等影响因素，结合类比分析，预测地面沉降量和沉降范围。

2) 评价对环境的影响。地面沉降对环境造成的不利影响主要有：①损坏建筑物和生产设施，如房屋倾斜、开裂；②破坏地下管道、渠道和机井；③造成近海平原或低洼地区排水困难，使地下水矿化度升高，土壤盐碱化加重，更易遭受洪水和海潮的侵袭。

(2) 预测方法。

1) 机理分析。根据地层岩性、地下水压力、沉积物厚度变化，进行机理分析，预测地面沉积量、范围及时间。

2) 实地观测及类比分析。依靠地面水准测量精确地观测地面沉降数据。测量水准标志有地面标、分层标、基岩标。通过对已经产生地面沉降地区的观测，进行类比分析，可以预测评价区沉降量和沉降范围，总结沉降规律，制定预防措施。

2. 湿陷

(1) 影响因素分析。湿陷是土体侵蚀后发生的沉陷现象，一般常见于黄土分布区。在黄土地区由于灌溉、水库蓄水及渠道输水的浸润，黄土岩性的空隙结构发生变化，引发黄土湿陷。

1) 黄土基本由粒径小于0.25mm的粉末状物质(主要成分为石英和长石)组成，干燥时具有较高的固结强度，浸湿后固结性即不存在。

2) 黄土中最重要的胶结物为可溶性碳酸盐，遇水时易溶失。

3) 黄土的多孔性和多洞性，为水在黄土中的迁移创造了有利条件。

因此，黄土在引水、灌溉、浸水条件下，水溶盐被溶解或软化，结合水膜增厚，土粒联结减弱，在一定的压力下，结构被破坏，大孔变小，排列趋于紧密，形成湿陷。仅受自重作用即可发生湿陷的黄土，称为自重性湿陷性黄土；需附加外部压力才能发生湿陷的黄土，称为非自重性湿陷黄土。

(2) 湿陷对环境的影响。对自然环境的影响：①因湿陷的不均匀性，地面平整性遭到破坏；②沟谷边缘的湿陷呈阶梯状下陷，加速了冲沟的发育，沟头不断向台塬内延伸；③湿陷的不均匀性为台塬腹地地裂缝和陷穴的形成创造了条件。对社会环境的影响：①由湿陷形成的地裂缝等，使耕地减少；②加大了平整土地的工作量；③形成无用耗水；④造成附属建筑物的开裂。

2.4.7 声、气、固体废物环境影响预测与评价

2.4.7.1 声环境影响预测与评价

声环境影响预测是根据施工机械运行、附属企业加工、砂石料加工、爆破、机动车辆等产生的噪声强度、时间，预测施工噪声对施工场界和敏感目标的影响。预测方法有模型法和类比分析法。根据噪声执行标准，预测分析昼间和夜间施工噪声对施工场界及敏感目标的影响范围和影响程度，分析噪声超标原因，给出引起超标的主要噪声源。

一级评价的项目，噪声预测应覆盖全部敏感目标，给出各敏感目标的预测值及施工场界噪声值，固定声源评价、流动声源经过城镇建成区和规划区路段的评价应绘制等声级线图，当敏感目标高于(含)三层建筑时，还应绘制垂直方向的等声级线图。给出各噪声级范围内受影响的人口分布、噪声超标的范围和程度；二级评价的项目，噪声预测应覆盖全部敏感目标，给出各敏感目标的预测值及施工场界噪声值，根据评价需要绘制等声级线图，给出各噪声级范围内受影响的人口分布、噪声超标的范围和程度；三级评价的项目，噪声预测应给出噪声级的分布，并分析敏感目标受影响的范围和程度。

1. 预测范围

水利水电工程对声环境的影响主要在施工期。声环境预测范围包括施工区、办公生活区、料场、渣场、主要施工运输道路及其周围受影响地区，以及移民安置过程中集镇迁建及其受影响地区。

声环境预测范围为主体工程施工区及施工区边界外延200m范围；施工营地、施工工厂、料场、弃渣场等区域以及边界外延200m范围，主要运输道路中心线外两侧200m范围；如依据建设项目声源计算得到的贡献值到200m处，仍不能满足相应功能区标准值时，需将评价范围扩大到满足标准值的距离。

2. 预测因子

根据《声环境质量标准》(GB 3096—2008)，声环境功能区的环境质量评价量为昼间等效声级(L_d)、夜间等效声级(L_n)，突发噪声的评价量为最大A声级(L_{max})。根据《建筑施工场界环境噪声排放标准》(GB 12523—2011)，建筑施工场界噪声评价量为昼间等效声级(L_d)、夜间等效声级(L_n)。

3. 声环境影响源分析

施工活动产生的噪声包括以下类型：固定、连续式的钻孔和施工机械设备的噪声；短时、定时的爆破噪声；运输车辆产生的移动噪声。根据施工设备选型情况，采用类比工程实测数据，确定主要施工机械设备、运输车辆噪声源强。常见水利水电工程施工主要机械设备及运输车辆噪声实测值见表2.4-41。

大坝施工区噪声主要噪声源有钻孔与爆破、开挖与出渣、大坝浇筑等。由表2.4-41可见，钻爆开挖过程中使用的各种钻机产生的噪声大于90dB(A)，最高值大于100dB(A)；各种运输车辆行驶过程中产生的噪声接近90dB(A)。

砂石加工系统噪声产生于粗碎、中碎、细碎、制沙、筛分、洗泥生产过程中，噪声源强94～115dB(A)。

混凝土拌和系统噪声主要来源于混凝土拌和楼的拌和作业，骨料的制冷系统、冲洗、脱水、运输过程中都将产生噪声污染。拌和楼在未采取隔音降噪功能时，搅拌层噪声与出料口噪声实测值均大于90dB，出料口不出料时噪声值为77dB，拌和楼作业时拌和层和出料口噪声叠加声级为96～99dB。与拌和楼配套的设备如圆筒振动筛、空压机、螺杆制冷压缩机无隔音措施时噪声级分别为115dB、95dB、105dB。

表 2.4-41 水利水电工程施工主要机械设备及车辆噪声实测值

施工区域	噪声源	测试点位置	噪声级 dB(A)
大坝施工区	04 型风铲	风铲工操作点	102.9
	100 型钻机	钻机工操作点	94
	手风钻	手风钻操作点	104.4
	凿岩机	操作室	114
	推土机	1m，1min	84～99
	10t 汽车	5m，10s	75～99
	15t 汽车	1m，10s	99～102
	20t 汽车	1m，10s	100～101
	20t 汽车	驾驶室	93.8
	挖掘机	3m，10s	85～86
	装载机	3～5m，10s	83～96
砂石料加工系统	颚式破碎机	人工作业点	95
	棒磨机	人工作业点	115
	砂石料场皮带机	机头	106
	粗碎机		94～98
	筛分楼	砂石筛分	114
	地笼漏斗下料振动器	砂石下料	111
混凝土拌和系统	拌和楼（$3\times2.4m^3$）	拌和层	98.5
		出料口	92（不出料时 77）
		工作间	79
	拌和楼（$4\times5m^3$）	拌和层	92
		出料口	94（不出料时 76）
		工作间	78
机械加工厂	小型预制板厂	厂外 1m，1min	55～65
	钢管厂	正门外 1m，1min	78～95
	木材加工厂	距主声源 10m，10s	88～89
	钢筋加工厂	距主声源 10m，10s	90～91

水利水电工程施工中需爆破的作业面主要有边坡、基坑、地下厂房开挖和料场开采。爆破噪声与爆破方式、单响装药量等有关。根据三峡工程施工区爆破监测结果，当单孔药量在 68～198kg，总药量在 1678～20000kg 时，沿爆破正面，爆心距 500～600m 区间，实测的爆破噪声值为 120～130dB（A）；沿爆破面侧向，爆心距 150～600m 区间，实测爆破噪声值为 110～116dB（A）。根据向家坝水电站大坝爆破监测成果，当单孔药量在 5～60kg，总药量在 100～300kg 时，沿爆破源方向 40m 方向，实测爆破噪声为 92～107dB（A）。

通过实际工程爆破噪声监测，爆破噪声有如下特点：①随着爆心距的增加，声级值降低较慢，而声压值降低较快；②爆破噪声二次效应比较明显，爆破噪声出现的同时也有振动出现，尤其是噪声级超过 120dB 时更为显著，振动发生的时间滞后于噪声到达的时间，爆破噪声在一定范围内时产生的二次振动量级较低；③爆破噪声随测点的增高有放大作用，遇到障碍物反射也能得到加强；④随距离增加爆破噪声值减低较少，而噪声频率降低趋势明显。

4. 声环境影响预测内容与方法

（1）固定源噪声影响预测。

1）预测内容。根据各类施工噪声源分布特征、噪声源强和敏感目标分布，确定对敏感目标可能产生影响的施工区段。根据施工区附近的声环境敏感目标的性质及分布，结合施工噪声源影响范围，分别预测施工噪声对声环境敏感目标的影响程度及范围。

2）预测方法。根据噪声分布和强度，结合地形条件、障碍物以及污染源与敏感受体的相对位置，施工点源噪声扩散采用《环境影响评价技术导则　声环境》（HJ 2.4—2009）推荐的点声源预测模式。

a. 噪声户外传播衰减计算方法。

$$L_p(r) = L_p(r_0) - (A_{div} + A_{bar} + A_{atm} + A_{gr} + A_{misc}) \quad (2.4-101)$$

式中　$L_p(r)$——距声源 r 处的倍频带声压级；
$L_p(r_0)$——参考位置 r_0 处的倍频带声压级；
A_{div}——声波几何发散引起的倍频带衰减量；
A_{bar}——遮挡物引起的倍频带衰减量；
A_{atm}——大气吸收引起的倍频带衰减量；
A_{gr}——地面效应引起的倍频带衰减量；
A_{misc}——其他多方面效应引起的倍频带衰减量。

b. 点声源几何发散衰减。如果已知 r_0 处的 A 声级，引用下式计算：

$$L_A(r) = L_A(r_0) - 20\lg(r/r_0) \quad (2.4-102)$$

式中　$L_A(r)$——距声源 r 处的 A 声级，dB；
$L_A(r_0)$——参考位置 r_0 处的 A 声级，dB；
r——测点与声源的距离，m。

如果已知点声源 A 声功率级 L_{Aw}，且声源处于自由声场，则为

$$L_A(r) = L_{Aw} - 20\lg r - 11 \quad (2.4-103)$$

如果声源处于半自由声场，则为

$$L_A(r) = L_{Aw} - 20\lg r - 8 \quad (2.4-104)$$

c. 用声能叠加公式求出预测点的噪声级。

$$L_{总} = 10\lg\sum_{i=1}^{n}10^{0.1L_i} \quad (2.4-105)$$

式中　$L_{总}$——预测点叠加噪声级，dB；
L_i——第 i 个噪声源声级，dB；
n——声源个数。

（2）流动源噪声影响预测。

1）预测内容。工程流动声源为施工运输车辆，其噪声影响的大小与车流量、车型、车速及路况等因素有关。应对施工交通布置进行分析，根据施工道路两侧敏感目标性质及分布情况、地面声障物分布情况等，结合施工运输车辆行驶方式和流量，预测施工交通流动噪声对道路两侧声环境的影响。交通流动噪声影响对象主要为公路两侧居民点、学校和医院等敏感目标。

2）预测方法。施工交通运输噪声预测采用《环境影响评价技术导则　声环境》（HJ 2.4—2009）推荐的公路交通运输噪声预测基本模式。

$$L_{eq}(h)_i = (\overline{L_{OE}})_i + 10\lg\left(\frac{N_i}{TV_i}\right) + 10\lg\left(\frac{7.5}{r}\right) + 10\lg\left(\frac{\varphi_1+\varphi_2}{\pi}\right) + \Delta L - 16 \quad (2.4-106)$$

其中

$$\Delta L = \Delta L_1 - \Delta L_2 + \Delta L_3 \quad (2.4-107)$$

$$\Delta L_1 = \Delta L_{坡度} + \Delta L_{路面} \quad (2.4-108)$$

$$\Delta L_2 = A_{atm} + A_{gr} + A_{bar} + A_{misc} \quad (2.4-109)$$

式中　$L_{eq}(h)_i$——第 i 类车的小时等效声级，dB（A）；
$(\overline{L_{OE}})_i$——第 i 类车速度为 V_i（km/h）、水平距离为 7.5m 处的能量平均 A 声级，dB（A）；
N_i——昼间、夜间通过某个预测点的第 i 类车平均小时车流量，辆/h；
r——从车道中心线到预测点的距离，m；
V_i——第 i 类车的平均车速，km/h；
T——计算等效声级的时间，1h；
φ_1、φ_2——预测点到有限长路段两端的张角、弧度；
ΔL——由其他因素引起的修正量，dB（A）；
ΔL_1——线路因素引起的修正量，dB（A）；
$\Delta L_{坡度}$——公路纵坡修正量，dB（A）；
$\Delta L_{路面}$——公路路面材料引起的修正量，dB（A）；
ΔL_2——声波传播途径中引起的衰减量，dB（A）；
ΔL_3——反射等引起的修正量，dB（A）。

总车流等效声级为

$$L_{eq}(T) = 10\lg[10^{0.1Leq(h)大} + 10^{0.1Leq(h)中} + 10^{0.1Leq(h)小}] \quad (2.4-110)$$

水利水电工程施工期交通运输以大型载重汽车为主。车型分类（大、中、小型车）方法见表 2.4-42。

（3）爆破噪声影响预测。水利水电工程施工爆破噪声具有短时、定时、定点等特征。根据工程施工炸药使用量、施工爆破点布置、爆破作业时段和环境敏

表 2.4-42 车型分类

车 型	总质量（kg）
小	≤3500
中	3500～12000
大	>12000

感目标位置等，预测施工爆破噪声对附近敏感目标的影响。

爆破噪声可采用类比方法进行预测。三峡工程施工期针对坝区典型爆破开挖，进行了大量噪声测试。爆破采用V形起爆方式，测点均在爆破抛掷的正面方向（见表2.4-43、表2.4-44）。

表 2.4-43 临时船闸部位爆破参数及爆破噪声测试结果

爆源	炮孔数（个）	炮孔排数（排）	单孔药量（kg）	总装药量（kg）	爆心距（m）	与抛掷方向的关系	噪声级 dB（A）
1	259	13	150～170	41400	500	正前方	123
					140	侧向	108
2	110	6	160～190	20000	600	正前方	130
					150	侧向	116
3	110	8	140～150	11900	500	正前方	120
					200	侧向	110

注 孔深为12～15m，孔径为165mm。

表 2.4-44 三峡工程施工区下岸溪料场部位爆破参数及测点噪声级测值

爆源	炮孔数（个）	炮孔排数（排）	总装药量（kg）	爆心距（m）	与抛掷方向的关系	噪声级 dB（A）
1	45	3	3039	553	正前方	122
2	54	3	3720	198	正前方	129
3	14	2	1678	219	正前方	133

注 孔深为12～15m，孔径为165mm。

从表中测试结果看出，沿爆破抛掷的侧向测点，在总装药量达到11000～41000kg范围，在爆心距为140～200m区间，其实测的爆破噪声为108～116dB（A）；由三峡坝区的深孔台阶爆破噪声的实测结果可知，即使一次总的爆破规模超过10000kg，在爆破抛掷方向的侧向，对应爆心距120m左右，其实测峰值噪声等级约为100～120dB（A）。侧面噪声比正面噪声小。

通过三峡施工区爆破噪声监测资料分析可知：①爆破噪声虽峰值高，但由于障碍物反射和折射、地面和空气吸收，随着爆心距的增加噪声值衰减很快；②爆破噪声具有方向性，正面爆破噪声大于侧面。

爆破噪声对环境影响的允许标准，目前国际上尚无明确的爆破噪声规范。表2.4-45所列为美国矿务局公布的爆破噪声的允许标准。

表 2.4-45 美国矿务局公布的爆破噪声允许标准

项 目	声压级（dB）
城市控制爆破	≤90
爆破噪声安全限	128
爆破噪声警戒线	128～136
爆破噪声最大允许值	136

5. 声环境影响评价

根据声源的类别和建设项目所处的声环境功能区等确定声环境影响评价标准，没有划分声环境功能区的区域由地方环境保护部门参照GB 3096—2008和《城市区域环境噪声适用区划技术规范》（GB/T 15190）的规定划定声环境功能区。

根据噪声预测结果和环境噪声评价标准，评价工程噪声的影响程度、影响范围，确定敏感目标声环境是否达标；给出评价范围内不同声级范围覆盖下的面积，主要建筑物类型、名称、数量及位置，影响的户数、人口数；分析噪声超标的原因，明确引起超标的主要声源。

2.4.7.2 大气环境影响预测与评价

水利水电工程大气环境影响预测评价用于判断工程施工大气环境影响的程度和范围。大气环境影响通过对工程施工期间产生的大气污染源进行分析，确定污染源排放强度和排放方式，结合施工区气象条件、地形数据，采用预测模型和类比分析法预测施工产生的粉尘、扬尘和机械车辆燃油产生的污染物对环境空气质量的影响。

大气环境影响预测的步骤一般为：①确定预测因子；②确定预测范围；③确定计算点；④确定污染源计算清单；⑤确定气象条件；⑥确定地形数据；⑦确定预测内容和设定预测情景；⑧选择预测模式；⑨确定模式中的相关参数；⑩进行大气环境影响预测与评价。

1. 预测范围

大气环境预测范围应覆盖评价范围，同时还应考虑评价范围的主导风向、地形和周围环境空气敏感目标的位置等，并进行适当调整。

大气环境预测范围以主体工程施工区为中心，沿主导风向向两侧延伸，延伸范围依据大气环境影响范围和评价工作等级确定。把施工期排放污染物的最远影响范围作为预测范围，施工道路预测范围可设定为施工道路中心两侧各 200m。一般包括主体工程施工区、办公生活区、料场、渣场、施工交通道路及其周围受影响地区。

2. 计算点及预测因子

(1) 计算点。计算点可分为三类：环境空气敏感目标、预测范围内的网格点以及区域最大地面浓度点。应选择所有的环境空气敏感区的环境空气保护目标作为计算点。

(2) 预测因子。预测因子应根据评价因子而定，选取有环境空气质量标准的评价因子作为预测因子。水利水电工程常规大气污染物有颗粒物（TSP、PM10)、二氧化硫（SO_2)、二氧化氮（NO_2)、一氧化碳（CO）等。

3. 大气污染源分析

工程施工期对空气质量产生影响的污染源主要来自砂石加工系统的粉尘，坝基爆破、开挖及填筑时排放的粉尘，爆破作业排放的废气，交通运输中的扬尘，燃油排放的废气以及混凝土拌和系统排放的粉尘。

(1) 砂石加工系统。砂石加工系统排放的污染物主要是粉尘，在粗碎、中碎、细碎、筛分的运输过程中均会产生粉尘污染。砂石加工粉尘排放系数在无控制排放的情况下，一般为 0.77kg/t 产品（含破碎、筛选、运输等)；有控制情况下进行细碎、筛分，粉尘排放系数为 0.3kg/t 产品。

(2) 坝基爆破与开挖。在开挖和填筑的过程中会产生大量的粉尘；因开挖前需要使用大量的炸药，将产生 CO、NO_2 等污染物。

可根据每吨炸药爆破作业在无防治措施时产生的各种有害气体污染物排放系数，以及爆破开挖的工程量和炸药的使用量来估算施工期的有害气体的排放量。

目前，水利水电工程一般采用乳化炸药。乳化炸药的主要原料为硝酸铵、煤油（均为溶液)，在制作过程中需要添加亚硝酸钠作为发泡剂。乳化炸药爆炸后主要污染物为 NO，且有少量的 CO、CO_2、NO_2。根据经验，乳化炸药爆炸过程中 NO 产生量为 22～29L/kg 乳化炸药，一般取 25L/kg 乳化炸药。

水利水电工程坝基爆破与开挖可根据开挖的方式与选用的钻机设备，确定工程坝基开挖系统排放系数。如三峡坝基开挖施工，在未采取防尘降尘措施前为 12t/万 m^3；采取措施后为 0.96t/万 m^3。

(3) 混凝土拌和系统。混凝土拌和系统产生的污染物主要是粉尘，主要产生在水泥的运输和装卸及进料过程中。在无防治措施的情况下，粉尘排放系数为 0.91kg/t；如果混凝土拌和系统采用全封闭拌和楼，配有袋式除尘器和喷射泵，袋式除尘效率可达 99%，则拌和系统的粉尘排放系数为 0.009kg/t。

(4) 交通运输系统。水利水电工程交通运输对环境空气的影响主要是公路运输。公路运输以大量的车辆作为运输工具。汽车燃油将产生 CO、THC、NO_2、铅化物等废气；同时，车辆在行驶过程中也会产生扬尘。

1) 燃油污染物的排放。运输车辆尾气所含成分比较复杂，但排放的主要污染物为 CO、NO_x 等。这些污染源属于线性流动污染源，汽车尾气对道路 20～50m 以内影响较大，50m 以外随着距离的增加影响逐渐减少。污染源强计算方法可以根据如下公式计算：

$$Q_J = \sum_{i=1}^{3} 3600^{-1} BA_i E_{ij} \qquad (2.4-111)$$

式中 Q_J——行驶汽车在一定车速下排放的 J 种污染物源强，mg/（m·s)；

A_i——i 种车型的小时交通量，辆/h；

B——NO_x 排放量换算成 NO_2 排放量的校正系数；

E_{ij}——单车排放系数，即 i 种车型在一定车速下单车排放的 j 种污染物量，mg/（辆·m)，其值见表 2.4-46。

表 2.4-46 车辆单车排放因子推荐值

单位：mg/（km·辆）

平均车速(km/h)		50.00	60.00	70.00	80.00	90.00	100.00
小型车	CO	31.34	23.68	17.90	14.76	10.24	7.72
	NO_x	1.77	2.37	2.96	3.71	3.85	3.99
中型车	CO	30.18	26.19	24.76	25.47	28.55	34.78
	NO_x	5.40	6.30	7.20	8.30	8.80	9.30
大型车	CO	5.25	4.48	4.10	4.01	4.23	4.77
	NO_x	10.44	10.48	11.10	14.71	15.64	18.38

2) 交通运输扬尘的排放。交通运输的扬尘排放与车辆的行驶速度、载重量、路面状况等因素有关，在预测时可通过类比相近运输条件下的扬尘排放情况计算。

参考有关露天矿山载重车辆扬尘排放的数据，每辆载重汽车（载重量一般为 30t）扬尘的排放系数为 620～3650mg/s。水利水电工程施工区的道路均为硬质路面，运输条件好于矿山，路面的积尘远少于矿山，车速与矿山车速基本一致（不大于60km/h）。估算施工运输扬尘排放系数可取1500mg/s。根据三峡工程等交通运输的监测资料，在采取路面洒水降尘、保证路面清扫干净等措施后，运输扬尘的去除率可达90%，则粉尘的排放系数取150mg/s。

根据扬尘排放强度和施工运输车辆的车次，可估算出施工道路扬尘的产生量。

4. 大气环境影响预测内容与方法

（1）预测内容。大气环境影响预测评价需预测施工产生的粉尘、扬尘和机械与车辆燃油产生的污染物，对评价范围环境空气质量以及敏感目标的影响。

大气环境影响预测主要是研究各污染源对地面任意一点大气质量的影响程度，可根据污染源的排放方式，采用面源扩散模型和线源扩散模型进行计算。水利水电工程施工中污染物的排放方式基本上是无控制排放，污染源呈面状，在预测时将砂石加工系统、混凝土拌和系统、坝基爆破开挖系统等污染源作为面源，而交通运输系统污染源作为线源来分析。

（2）预测方法。大气环境影响预测是环境影响评价的一项重要内容，一、二级评价应选择《环境影响评价技术导则 大气环境》（HJ 2.2—2008）推荐模式清单中的进一步预测模式进行大气影响预测；三级评价可不进行大气环境影响预测工作，直接以估算模式的计算结果作为预测与分析依据。

1）估算模式（SCREEN3）。估算模式是一种单源预测模式，可计算点源、面源和体源等污染源的最大地面浓度，以及建筑物熏烟等特殊条件下的最大地面浓度。估算模式中嵌入了多种预设的气象组合条件，包括一些最不利的气象条件，此类气象条件在某个地区有可能发生，也有可能不发生。经估算模式计算出的最大地面浓度大于进一步预测模式的计算结果。对于小于1h的短期非正常排放，可采用估算模式进行预测。估算模式适用于评价等级及评价范围的确定。

2）AERMOD预测模式。AERMOD模式是HJ 2.2—2008推荐的进一步预测模式。AERMOD模型系统以扩散统计理论为出发点，假设污染物的浓度分布在一定程度上服从高斯分布。该模型引入了行星边界层等最新的大气边界层和大气扩散理论，可基于大气边界层数据特征模拟点源、面源和体源等排放的污染物计算短期（小时平均、日平均）、长期（年平均）的浓度分布，适用于农村或城市区域、简单或复杂地形。AERMOD包括两个预处理模式，即AERMET气象预处理模式和AERMAP地形预处理模式。AERMOD适用于评价范围小于等于50km的一级、二级评价项目。

3）ADMS预测模式。ADMS是一个三维高斯模型，以高斯分布公式为主计算污染物浓度，但在非稳定条件下的垂直扩散使用了倾斜式的高斯模型。烟羽扩散的计算使用了当地边界层的参数，化学模块中使用了远处传输的轨迹模型和箱式模型。可模拟点源、面源、线源和体源等排放出的污染物在短期（小时平均、日平均）、长期（年平均）的浓度分布，还包括一个街道窄谷模型，适用于农村或城市地区、简单或复杂地形。模式考虑了建筑物下洗、湿沉降、重力沉降和干沉降以及化学反应等功能。化学反应模块包括计算一氧化氮、二氧化氮和臭氧等之间的反应。ADMS有气象预处理程序，可以用地面的常规观测资料、地表状况以及太阳辐射等参数模拟基本气象参数的廓线值。在简单地形条件下，使用该模型模拟计算时，可以不调查探空观测资料。ADMS-EIA版适用于评价范围小于等于50km的一级、二级评价项目。

估算模式（SCREEN3）、AERMOD模式、ADMS预测模式的说明及计算要求见《环境影响评价技术导则 大气环境》（HJ 2.2—2008）。

5. 大气环境影响评价

根据环境空气预测结果，评价施工区附近功能区环境空气质量以及周边敏感目标受影响情况。分析典型气象条件下，工程对评价范围环境空气质量和敏感目标的最大影响，分析是否超标、超标程度、超标范围及位置，给出引起环境空气质量超标的主要污染源。

2.4.7.3 固体废物环境影响预测与评价

工程固体废物主要有施工区生活垃圾、建筑垃圾以及与工程有关的危险废物（如受污染的底泥、有毒有害尾矿及其废弃物、医疗机构废弃物等），应根据施工方式、工程量、施工人数，以及固体废物处理、处置方式，预测评价对环境的影响。

1. 生活垃圾

（1）生活垃圾组成。水利水电工程施工区生活垃圾可分为有机物和无机物。有机物主要有竹木、厨余、纸类、塑料、皮革、织物等；无机物主要有废玻璃、废易拉罐、砖石、灰土等。根据对锦屏二级水电站施工区的生活垃圾组成进行实地调查，大致情况见表2.4-47。

（2）生活垃圾产生量及影响预测与评价。根据施工布置、施工生活区和施工人员作业区的分布、施工人数以及施工工期，预测生活垃圾产生量、分布区域。

表 2.4-47　　施工区生活垃圾组成及特征表

废物类别		调查地	重量百分比（%）	小计（%）	特征
有机物	竹木	生活营地、食堂、办公区、宿舍和主要的垃圾堆放点	10	80	
	厨余		40		以菜叶、果皮和饭后剩余物为主
	纸类		10		比较干燥
	塑料		12		塑料包装为主
	皮革、鞋类、织物等		8		生活区为主
无机物	废玻璃		8	20	酒瓶居多
	金属		7		易拉罐居多
	砖石、灰土等		5		很少

注　此表中的重量百分比为现场调查估算列得。

根据水利水电工程施工生活垃圾统计分析，一般施工区生活垃圾可按 0.5～1.0kg/（人·d）计算，并统计日产量及总量，以确定生活垃圾收集和处理设施。

水利水电工程施工人员多，生活区、作业区分散。施工人员的生活垃圾若不妥善处理，一方面将污染空气、破坏周围自然景观，使土壤、水质受到污染；另一方面，生活垃圾亦是苍蝇、蚊虫孳生以及细菌繁衍、鼠类肆虐的场所，为各种疾病流行增加传播途径，危害人群健康。因此，应从以上方面开展生活垃圾环境影响评价。

2. 建筑垃圾

水利水电工程在主体工程基础开挖、施工临建设施拆除过程中将产生大量建筑垃圾。在施工过程中也可能产生木料碎块、废铁、废钢筋等建筑垃圾。工程施工产生的建筑垃圾量可从工程可行性研究（或初步设计）资料中取得。

大量的建筑垃圾堆放在施工区，形成杂乱的施工迹地，这些建筑垃圾若得不到有效的处理将影响视觉景观，不利于后期施工场地恢复建设。工程施工产生的建筑垃圾和生产废料尽量回用，不能回用的部分运往弃渣场与工程弃渣一并处理。

3. 危险废物

水利水电工程可能涉及的危险废物包括被有毒有害物质污染的底泥，存在于工程影响范围内并对工程运行有不利影响的有毒有害尾矿及其废弃物、医疗机构废弃物等。应针对不同危险废物及其环境影响性质开展工程涉及的危险废物对环境的影响预测工作。

依据《危险废物焚烧污染控制标准》(GB 18484)、《危险废物贮存污染控制标准》（GB 18597)、《危险废物填埋污染控制标准》（GB 18598）以及《医疗卫生机构医疗废物管理办法》等有关规定，危险废物及医疗机构废物应按规定专门存放，并交地方有处置资质的单位运输和处置。

2.4.8　人群健康影响预测与评价

水利水电工程建设，由于环境的变化，人群集中和迁移将对健康带来一定影响。人群健康影响预测评价的内容主要是根据环境医学调查结果，分析影响的途径和方式，如蓄水、改变水环境分布状况、病媒生物生态变化以及移民安置和施工人员流动引起传染源迁移和交叉感染。结合工程特点和所在地区环境状况，主要评价自然疫源性疾病、介水传染病、虫媒传染病、地方病等对人群健康的影响。

2.4.8.1　影响因素分析

（1）工程建设引起环境变化。

1）水环境变化。水库修建后使库区水位抬高，部分陆域变成水域，水面扩大，河流流水条件变成静水或缓流，改变病原体孳生环境及传播媒介，库湾、回水水域更适合昆虫孳生传播。施工区、移民安置点废污水排放，以及固体废物随意处置会影响施工区及附近居民环境卫生。

2）小气候和生活环境改变。水库周围地区、灌区小气候改变，以及温度、湿度、风速等变化影响居民的生活环境。湿度加大使人不适，接触水机会增多导致风湿类疾病增加，冬季气温升高使某些病原体死亡减少。

（2）环境改变导致病原体、传播媒介和宿主发生变化，引起疾病传播和流行。

1）自然疫源性疾病的病原体、传播媒介和宿主随着环境变化。自然疫源地的形成，病原体、传播媒介和宿主是必要条件，在自然状况下，构成一定种群关系和食物链。病原体在宿主体内生存繁殖，媒介昆虫靠寄生存在，并扩散病原体，使之在野生动物界中循环，再由野生动物传染给人类。工程修建后，会使疾病固有自然条件变化。例如血吸虫病中间宿主——钉螺随水迁移，孳生环境改变；蓄水使鼠类上迁，密度增加；鸟类原库区栖息地消失，向丘陵、山地迁徙。由于自然疫源性疾病病原体、传播和宿主关系改变，从而引起疾病传播和流行。

2）虫媒传染病的传播动物生存繁殖条件变化。半数以上虫媒传染病以蚊、虱、蚤、蜱等为媒介传播。水库修建后，由于水域扩大，气候适宜、土壤潮湿、杂草丛生，都有利于蚊虫孳生，从而使疾病流行频率增大。

(3）水体中存在病原体时，水域扩大，接触或直接饮用受感染和污染的水，有可能传播媒介水传染病。

(4）工程施工人员集中，生活环境变化，疾病交叉感染几率增加。

1）施工人员交叉感染。大型工程施工人员数以万计，来自四面八方。患病人员易将疾病带入，加之人员疲惫，疾病交叉感染机会增多。而且，施工人员与周边居民接触、交流也可能相互感染。

2）施工区环境不佳，饮用不符合卫生标准的水，会造成介水传染性疾病流行。

3）施工饮食卫生防范措施不力，可能造成疾病流行。

(5）农村移民安置、城（集）镇迁建环境变迁影响健康。

1）移民安置区环境变化，各类疾病病原体孳生，传媒和宿主有的自然条件变化，可能引起疾病流行。

2）农村移民搬迁，城（集）镇迁建量大面广，时间长，生活环境不适以及人员劳累会影响人群健康。

3）移民安置区环境保护规划不合理，措施不力，会出现水污染、生活垃圾乱堆乱放、废物随意堆置、饮用水卫生差等环境问题，影响移民和当地居民健康。

4）移民搬迁到某些地方病流行区，地球化学环境改变，可能感染碘缺乏、氟中毒等地方病。

2.4.8.2 主要疾病影响预测评价内容

1. 自然疫源性疾病的影响

自然疫源性疾病是由动物传染给人类的疾病，在自然界是由某些疾病的病原体、媒介和易感动物同在某一特定的生态系统中长期存在、循环，一旦人类进入这一生态环境中，也可感染此种疾病。存在自然疫源性疾病的地区称为自然疫源地。

自然疫源地在空间上具有暴发点或策源地的性质。一般情况下，已经被消灭的疫源地与具有相似景观条件的邻接区，当病原体从外地传入时可重新成为疫源地。自然疫源性疾病的流行常呈季节性和周期性。常见自然疫源性疾病有血吸虫病、流行性出血热、钩端螺旋体病等。下面主要预测与评价对血吸虫病的影响。

(1）病原与传播流行分析。

1）宿主。人是终宿主，钉螺是必需的唯一中间宿主。血吸虫在自然界还有广泛的动物储存宿主，家畜如牛、羊、狗、猫、猪等，以及多种野生动物，如鼠等，共40多种动物均可成为它的终宿主。

2）传染源。日本血吸虫病患者的粪便中含有活卵，为本病主要传染源。钉螺为血吸虫的唯一中间宿主，是本病传染过程的主要环节。

3）传播途径。人与脊椎动物对血吸虫普遍易感，主要通过皮肤、黏膜与疫水接触受染。尾蚴侵入的数量与皮肤暴露面积、接触疫水的时间长短和次数成正比。

(2）影响评价。通过调查自然条件适应钉螺孳生地，如河岸、沟渠边，芦苇滩地，池塘和未开垦的田边、地角等，了解是否存在钉螺分布。根据调查结果分析，环境中如有血吸虫病人存在，但无钉螺孳生，或者无钉螺孳生的条件，即使有病人介入，也不会引起血吸虫病流行。但是若环境中有孳生钉螺的土壤和水源条件，在上下游有钉螺存在时，就要考虑钉螺传入的可能性，极有可能引发血吸虫病的流行。重点分析易感人群，特别是水利水电工程的勘测人员和现场施工人员，以及移民和当地居民，是否因钉螺扩散受到感染，甚至传播流行。

(3）实例分析。

1）水库不易使钉螺孳生。据江苏句容、江陵6座水库调查，水库虽建在钉螺分布区，但建成后1～2年钉螺已自然消灭。1984年，四川省医科院寄生虫病研究所等单位对血吸虫病流行区89个水库进行调查，水库消落区有螺的为26个水库，但建成后最快2年、慢则10年内无螺分布。主要是由于水库冬夏水位变化不利钉螺孳生，泥沙沉积、含沙量大也影响钉螺寿命。

2）灌渠输水、灌溉可能引起的钉螺扩散。例如湖北汉北河1970年修建后，钉螺沿水流扩散，至20世纪90年代成为血吸虫病严重流行区。但每项工程所处地理位置、土壤条件、输水方式等具体条件不同，应作具体分析、评价。

2. 虫媒传染病的影响

虫媒传染病是指以蚊、虱、蚤、蜱等为媒介引起的传染病。虫媒传染病的三大流行趋势是：新的病种不断被发现，原有疾病的流行区域不断扩展，疾病流行的频率不断增强。全球气候变暖，许多过去仅在热带地区出现的虫媒传染病，也频频出现在亚热带甚至温带地区。虫媒传染病主要有疟疾、丝虫病、流行性乙型脑炎等。以下重点对常见疟疾的流行进行分析。

疟疾（Malaria）是由疟原虫经按蚊叮咬传播的传染病。临床上以周期性、定时性发作的寒战、高热、出汗退热，以及贫血和脾大为特点。因原虫株、感染程度、免疫状况和机体反应性等差异，临床症状和发作规律表现不一。

（1）病原与传播流行分析。寄生于人体的疟原虫有四种：间日疟原虫（P. lasmodium）、恶性疟原虫（P. falciparum）、三日疟原虫（P. malarial）和卵形疟原虫（P. ovale）。我国以前两种最为常见。疟原虫的发育过程分两个阶段，即在人体内进行无性增殖、开始有性增殖和在蚊体内进行有性增殖与孢子增殖。

1）传染源。疟疾病人及带虫者是疟疾的传染源，且只有末梢血中存在成熟的雌雄配子体时才具传染性。

2）传播途径。疟疾的自然传播媒介是按蚊。按蚊的种类很多，可传播给人的有60余种。人被有传染性的雌性按蚊叮咬后即可受染。人对疟疾普遍易感。多次发作或重复感染后，再发症状轻微或无症状，表明感染后可产生一定免疫力。

（2）影响评价。

1）工程施工期，因人员集中，如果卫生条件差，防治措施不力，则可能发生疟疾流行。随着现在施工区居住、生活条件改善，医疗设施完善，已很少有施工区疟疾暴发流行报道。

2）水库运行期，由于水面扩大，库湾、回水区水草孳生，气候潮湿，适宜蚊虫生长，有利于疟疾传播。如丹江口水库蓄水初期，库周郧阳地区居民疟原虫带虫率由蓄水前的1.34%上升到3.75%，疟疾发病率从1.3%上升到7.8%。

但是水库水位变幅大，也不利于蚊虫生长繁殖，如果放养鱼类可吞食幼蚊，许多水库并未发生蚊虫大量繁殖。例如，对四川省龚嘴、长沙坝、葫芦口等水库进行调查，发现水库浅水区未孳生按蚊或数量很少，未对疟疾流行产生影响。因此，每项工程应针对水库地形、土质条件、水草生长情况和工程调度特点作具体分析，进行影响预测。

3. 介水传染病的影响

介水传染病是指病原体通过饮水进入人体引起的肠道传染性疾病，主要有痢疾、伤寒和副伤寒、霍乱和副霍乱、传染性肝炎、脊髓灰质炎等，与水源和水环境关系十分密切。

以下对常见的细菌性痢疾影响进行分析：细菌性痢疾（以下简称菌痢）是由痢疾杆菌引起的常见肠道传染病。临床上以发热、腹痛、腹泻及黏液脓血便为特征。

（1）病原与传播流行分析。

1）传染源。传染源包括患者和带菌者。患者中以急性、非急性典型菌痢与慢性隐匿性菌痢为重要传染源。

2）传播途径。痢疾杆菌随患者或带菌者的粪便排出，通过污染的手、食品、水源或生活接触，或苍蝇、蟑螂等间接方式传播，最终均经口入消化道使易感者受感染。

（2）影响评价。分析施工区、移民安置区卫生条件、致病因素、各类传染源的存在及分布情况，预测可能发生的传染源，包括急性菌痢患者、慢性菌痢患者和细菌携带者，传播途径和易感人群。评价饮水水源管理和卫生状况，人们的卫生习惯和健康教育水平，各种传染源及其对人群健康的影响。

4. 水致地方病的影响

地方病类型较多，与水有关的地方病为水致地方病，即某一区域或地方的水源中某些化学元素含量过多或缺少，不能满足人的生理需要量或超过生理耐受量而引起的慢性疾病。人类生长和发育必须从环境中摄取一定种类和数量的化学元素，而水、土壤、食物的成分因地质演变或人为因素使地壳表面的化学元素分布有所差异。这种差异如超出人体生理所能适应的范围，就成为致病因素。饮水对人群健康的影响最大。例如，饮水中的碘元素贫乏是地方性甲状腺肿或遗传性克汀病的主要原因；饮水中含氟多易引起氟斑牙和氟骨症；饮水中含硒过少就可能引起克山病。

地方病流行的特点：①生活在某些元素含量异常地区的人群，其发病率比正常地区高，并随居住在该地区的年限增加而上升；②外来的健康人迁入致病地区，居住一定年限后，也患某种地方病，其发病率与当地居民相似；③居民迁出致病地区后患病率会下降，病人临床症状也可减缓或自愈；④改善水质后，疾病即可消除或减轻。

评价中应调查当地致病化学元素分布和水源水质状况、当地居民地方病流行状况，预测移民患病的可能性及影响程度。一般选择移民安置区时尽量避开病区。如无法避开，应对地球化学元素进行调查，提出预防措施，加强监测管理。

2.4.8.3 影响预测评价方法

1. 专家预测法

专家根据已掌握的资料或凭借本人的经验作出预测性判断。

2. 类比分析法

根据类比工程的疾病发生过程、条件，对比被预测工程，预测工程将产生的影响。

3. 生态机理或成因分析法

传染病的宿主、媒介动物的数量增加或减少，对疾病流行有直接的影响。可根据此类动物的分布与数量变化预测流行趋势。

4. 模拟实验法

根据生态环境相似性的原理，分别在观察点和对照区内对病媒动物进行生存适应能力的试验，利用对比观察资料预测疾病流行的可能性。

2.4.9 景观影响预测与评价

2.4.9.1 预测内容

1. 对景观要素的影响

(1) 水库淹没、施工活动、移民安置开发建设活动对河流水体、地形、地貌、植被、风景名胜等景观要素的影响。

(2) 水库调度运行使下游河流水文情势改变对河流和河谷地貌的影响。

(3) 水库形成新的“水体”景观等。

2. 对构成新的景观和区域性的独特景观的影响

(1) 雄伟的大坝枢纽建筑物将构成当地特色景观。

(2) 移民安置区建筑物可形成当地新的特色民居、聚落景观及建筑风格等。

(3) 水库广阔水域和支流回水区会出现许多新的独特湖泊、岛屿、峡谷景观。

3. 对重要景观价值的影响

(1) 水库淹没、施工活动对区域内原有重要风景名胜区、历史文化遗迹的影响等。

(2) 工程建设会引起当地的土地利用价值、规划以及公众对景观审美观念和意愿的变化。

水利水电工程建设在施工期、运营期均会对景观造成影响，评价内容见图 2.4-6。

2.4.9.2 评价方法

景观影响评价可参考或采用有关标准，如《旅游资源分类、调查与评价》（GB/T 18972—2003）和《山岳型风景资源开发环境影响评价体系》（HJ/T 6—94），结合景观美感文字描述法来进行评价。随着计算机技术，特别是GIS的广泛应用，景观影响评价

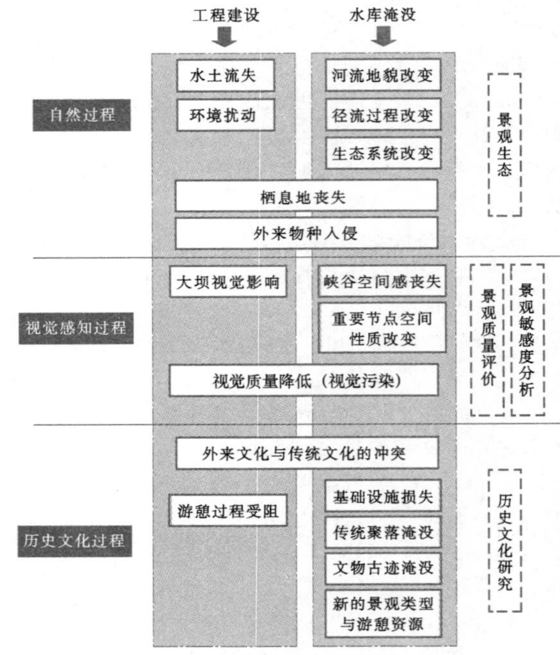

图 2.4-6 水利水电工程景观影响评价内容

方法不断发展。

1. 风景质量评价法

该方法可用于景观现状和影响评价，在调查现状风景资源的基础上，根据美学原则，将风景变化分为A级、B级、C级。对构成风景环境的形态、线条、色彩和质感等因子进行评价，然后将各单项评分值相加，评价风景质量。7个关键因子评分标准见表 2.4-48，3个风景质量等级的分级标准见表 2.4-49。

表 2.4-48 风景质量各因子评分标准表

因子	评分标准	分值
地形	高耸入云、陡峭险峻的山峰，其中附有奇峰怪石	5
	峡谷地带，细部景物尚能为人瞩目	3
	低矮的丘陵或谷地，缺乏吸引人的细部和景物	1
植被	在造型、质感、类型方面具有吸引人的多种多样的植被、品种	5
	有一些植被变化，但仅一二个品种植被	3
	没有或者缺乏变化	1
水体	在风景中起着主导作用，清澈透明	5
	流畅但在风景中不起主导作用	3
	缺乏或无清洁的水	0

续表

因子	评 分 标 准	分值
色彩	多样而生动丰富的色彩配合，或令人愉悦的土壤、岩石、植被、水体的色彩对比	5
	有些色彩的变化，但没有起主导作用的景色要素	3
	色彩变化微小、单调	1
毗邻风景	毗邻风景提高了本地区景观质量	5
	毗邻风景对本地区景观质量有少量提高	3
	毗邻风景对本地区景观质量无影响	0
特异性	独树一帜，有本地区极为稀少的景色	6
	有些与其他景色相同，但尚有自身特色	2
	在本地区极为常见	1
人文变更	人文变更丰富，景观质量被不协调的人工因素损害，但尚未对本地区构成全面危害	2
	人为变更对本地区景观变化没有多少影响	0
	变更大范围地损害了景观质量	−4

表 2.4-49 景观质量评价分级标准表

景观质量等级	A			B	C	
	A1	A2	A3		C1	C2
景观质量分数	28～33	23～27	19～22	12～18	7～11	0～6

2. 峡谷空间分析法

(1) 视点选择。观察者对于峡谷空间的感觉集中在沿江的公路和河流，可取河流中心线为观察的主要视点。沿着峡谷每隔一段距离（如 1km）取一个点作为研究的视点。

(2) 视线和可视域分析。借助数字高程模型（DEM）和 GIS 分析工具，在每个视点上作垂直于中心线的横断面，分析基于视点的最大仰角 θ_1 和 θ_2，得出最大仰角的夹角 θ 的值（见图 2.4-7）。

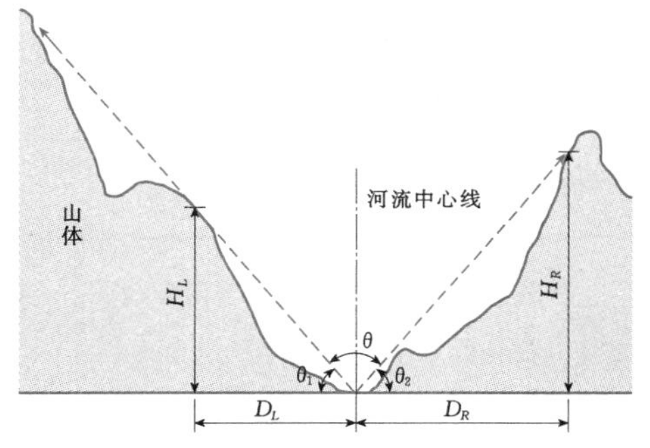

图 2.4-7 峡谷空间抽象示意图

(3) 峡谷空间变化分析。将每个视点的最大仰角的夹角绘制成曲线，即可分析在沿江的视线路径上峡谷空间的变化。

(4) 峡谷景观影响分析。根据视线、可视域分析结果，结合大坝建设和水库淹没情况，评价对景观的影响。一般水位上升，最大仰角增大，峡谷景观价值损失大；若将大坝作为峡谷景观的异质性因素，大坝视觉影响范围越大，对峡谷景观的影响也越大。

3. 景观敏感度评价法

景观敏感度是景观被注意程度的量度，是景观的醒目程度等的综合反映，与景观本身的空间位置、物理属性等都有密切关系。简而言之，景观敏感度高的区域或部位，即使轻微的干扰，都将对景观造成较大的冲击，因而应作为重点保护区。反之，景观敏感度低的区域或部位为次要地区。

影响景观敏感度的因素主要有景观表面相对于观景者的坡度、景观相对于观景者的距离、景观在视域内出现的几率或时间长短、景观的醒目程度等。景观敏感度是根据各单项因素评价的各敏感度分量的函数。其表达式为

$$S = f(S_\alpha, S_d, S_t, S_c) = \max[\min(S_\alpha, S_d, S_t), S_c] \tag{2.4-112}$$

式中 S_α——基于景观表面相对于观景者的坡度评价的敏感度分量；

S_d——基于景观与主要观景线和观景点的相对距离评价的敏感度分量；

S_t——基于景观在视域内出现几率的敏感度分量；

S_c——基于景观醒目程度的敏感度分量。

上述指标计算公式如下：

景观相对于观景者视线的角度（$0° \leqslant \alpha \leqslant 90°$）越大，景观被观察和注意的可能性越大。因此，可以用景观表面沿视线方向的投影面积来衡量相对坡度敏感度分量，即

$$S_\alpha = \sin\alpha (0° \leqslant \alpha \leqslant 90°) \tag{2.4-113}$$

在一般的仰视和平视情况下，α 角实际上就是地形的坡度，则

$$S_\alpha = \sin(\tan^{-1} H/W) \tag{2.4-114}$$

式中 H——等高距；

W——等高线间距。

在一定距离以内，景观相对于观景者的距离越近，景观的易见性和清晰度就越高，距离的敏感度分量与实际距离成反比：

$$S_d = \begin{cases} 1 & 当\ d \leqslant D \\ D/d & 当\ d > D \end{cases} \tag{2.4-115}$$

式中 D——能较清楚地观察某种景观元素、质地或成分的最大距离；

d——景观相对于观景者的实际距离。

景观在观景者视域内出现的几率越大或持续的时间越长，景观的敏感度就越高，S_t 与景观出现几率或时间成正比：

$$S_t = t/T \qquad (2.4-116)$$

式中　T——观景者在某一区域内所花的全部时间；

t——某一景观在视域内出现的累计时间。

景观的醒目程度主要由景观与环境的对比度决定，包括形体、线条、色彩、质地及动静的对比。景观与环境的对比度越高，则景观就越敏感。

在进行景观敏感度评价时，根据上述公式计算得不同量纲的敏感度分项指数值，为了便于比较，采用分级法进行无量纲化。将敏感度划分为 4 个等级，各等级对应的分项指数和综合指数见表 2.4－50、表 2.4－51。

表 2.4－50　景观敏感度单项因素评价标准

单项因素等级	S_a	S_d	S_t
一级	$S_a=1$	$S_d=1$	$S_t>3/4$
二级	$1/2\leqslant S_a<1$	$1/2\leqslant S_d<1$	$1/8\leqslant S_t\leqslant 3/4$
三级	$1/4\leqslant S_a<1/2$	$1/4\leqslant S_d<1/2$	$S_t<1/8$
四级	$S_a<1/4$	$S_d<1/4$	不可视区域

表 2.4－51　景观敏感度综合分级分布

分级	分布区及特点
一级	在近景带可见区内的陡崖，或特殊景观
二级	在近景带或中景带的可见区内，坡度大于 1/2 的区域（除一级敏感区外）
三级	在近、中、远距离带的可见区内，坡度大于 1/4 的区域（除一、二级敏感区外）
四级	不可见区域

4．加权综合评价法

用多因素变化来衡量水利水电工程建设对景观的影响，评价因子见表 2.4－52，将各因素变化对景观的影响进行分级（见表 2.4－53），采用景观权重综合评价法评价对景观的总体影响（见表 2.4－54）。

$$E^+ = \sum_{i=1}^{n} U_i^+ W_i$$

$$E^- = \sum_{i=1}^{n} U_i^- W_i \qquad (2.4-117)$$

式中　E^+、E^-——分别为各影响要素正面或负面的综合影响程度值，见表 2.4－52；

W_i——影响要素的权重，可采用层次分析法、专家评分法等方法确定；

U_i^+、U_i^-——分别为各影响要素正面或负面影响程度赋值。

表 2.4－52　评价因子和因素权值

类别	评价因子	权值
自然景观	生态环境破坏度	0.12
	动植物珍稀度	0.10
	动植物丰富度	0.08
	地形、地貌自然度、稳定度	0.08
	水体丰富度、观赏度	0.03
	天象、时令丰富度、观赏度	0.03
人文景观	虚拟景观丰富度、珍稀度	0.04
	虚拟景观开发度、利用度	0.06
	虚拟景观区位度	0.06
	具象观赏典型度	0.04
	具象景观观赏度	0.04
工程建设影响	人文变动公众关注度	0.08
	人文变动破坏度	0.12
	人文变动的经济、社会、环境效益	0.12

表 2.4－53　环境因素等级划分及分值

影响程度	极端影响	强烈影响	中度影响	轻微影响	微弱影响	无影响
正面影响	＋10、＋9	＋8、＋7	＋6、＋5	＋4、＋3	＋2、＋1	0
负面影响	－10、－9	－8、－7	－6、－5	－4、－3	－2、－1	0

表 2.4－54　评价分级标准

影响程度值	质量等级	分布区及特点
＜2	Ⅰ级	工程建设对沿线景观及视觉环境质量无影响
2～4	Ⅱ级	工程建设对沿线景观及视觉环境质量产生轻度影响
4～6	Ⅲ级	工程建设对沿线景观及视觉环境质量产生中度影响
6～8	Ⅳ级	工程建设对沿线景观及视觉环境质量产生强烈影响
8～10	Ⅴ级	工程建设对沿线景观视觉环境质量产生极端影响

2.4.10　社会经济及移民影响预测与评价

2.4.10.1　社会经济影响

水利水电工程对社会经济的影响主要有：防洪工程可保障社会经济发展和人民生命财产安全，减少洪灾带来的污染扩散、生态破坏、疾病流行等。水电工程可提供清洁能源、促进社会经济发展。灌溉工程可改善农业生产条件、提高农业生产力。供水工程可增加城市工业、生活用水，提高工业生产水平，改善居民生活质量。水利水电工程大量建设资金的投入和基础设施建设增加工程影响区的经济发展潜力、促进经济结构调整，为人们提供更多的就业机会，提高人民文化教育、社会福利、收入水平及生活质量等。

社会经济影响评价的目的是通过分析工程对社会经济环境产生的各种影响，提出防止或减少工程在获取效益时可能出现的各种不利社会经济环境影响的措施，进行社会效益、经济效益和环境效益的综合分析，使水利水电工程的论证更加充分可靠，工程的设计和实施更加完善。

1. 社会经济影响因素分析

(1) 完善防洪体系，提高防洪标准，减轻洪涝灾害，为防洪保护区及城市提供安全保障。

(2) 合理配置水资源，提供生产、生活、生态用水。供水工程改变水资源分布不均衡状态，使水资源由于自然的空间分布不均衡转变为经济配置的相对均衡，提高水资源利用效率以及受水区水资源的安全。

(3) 提供清洁能源，优化电力布局。水力发电可向电力系统提供大量的清洁电能，满足日益增长的用电需求，支撑经济社会可持续发展。水电如果替代火电的发电量，可大量减少温室气体的排放，保护大气环境。

(4) 提供农业用水，保障农业生产。灌溉工程可提高农田灌溉的保证率，实现水资源与光热、土地资源的有效配置，改善农业生产条件，提高农业产出水平，增加农民收入。灌溉工程可增加生态系统用水量，改善农村地区生态环境。

(5) 改善航道，促进航运。航运工程增加航道水深和宽度，延长河道通航里程，扩大通航能力，增加客货运量；淹没碍航滩险，改善航行条件，提高船舶航行安全度，减少航行事故。

2. 社会经济影响预测与评价内容

(1) 对经济发展的影响。

1) 防洪工程为防洪保护区经济发展提供有力保障，促进地区经济长期稳定发展。

a. 防洪工程可显著提高下游区防洪标准，保护城市、乡村经济建设和财产安全，有利于流域经济带的建设和产业布局，避免因洪水泛滥造成的经济损失。

b. 减少乡村淹没损失，包括洪水淹没、冲毁、淤压各类用地，以及居民房屋倒塌和财产损失等。

c. 减少城镇淹没损失，包括工厂、企业、公共设施和居民住宅被淹没造成设备、物资、财产以及停产、停业损失。

d. 避免重要经济设施的损失，包括铁路、公路、机场、电力、电信、水利工程以及其他重要经济设施被淹造成的运行中断、设施毁坏等方面的损失。此外，还可节省防汛抢险、医疗救护、救灾等费用，提高洪泛区土地开发利用的价值等。

2) 优化水资源配置，促进经济发展。

a. 供水工程，特别是实施跨流域调水工程可对水资源进行优化配置，有利于产业结构和地区经济结构调整，包括水资源、矿产资源、劳动力、技术、资本等在内的生产要素将发生重新组合。

b. 可缓解人口、经济布局和水资源短缺的严重矛盾，促进资源配置合理化和经济总体布局完善。

c. 提供城市生活、工业和生态用水。缓解城市用水矛盾，加快城市化进程，促进城市工业发展，改善人民生活用水条件，提供生态用水，改善生态环境，增强地区在宏观经济发展中的竞争力和在经济全球化形势下的国家竞争力。

3) 提供清洁能源，促进电力与产业布局的优化和调整。

a. 水力发电可向电力系统提供大量清洁电能，优化能源消费结构，满足日益增长的用电需求，增加地方财政收入，促进地方经济发展。

b. 改善电力资源分布与产业发展不协调状态，有利于调整区域产业结构，促进产业结构优化和升级。

c. 水电站建设可以推动农产品加工业的快速发展，同时，随着城镇化进程的加快，服务业、信息业等第三产业也将迅速发展。

d. 水电站建设将缓解农村能源短缺，“以电代柴”可保护生态环境，促进流域的生态恢复，从而促进农村经济的发展。

e. 水电站建设将扩大农民增收渠道，增加就业机会，加快农村经济发展，缩小城乡差别，促进城乡经济协调发展。

4) 提供灌溉用水，促进农业和农村经济发展。

a. 灌溉工程增加灌溉地区的水分，有利于农作物和草木生长，提高农作物产量和质量。

b. 灌溉耕地为我国提供75%的粮食和90%的农业经济。灌溉工程的实施有力地保障了我国粮食安全，改善了农业生产条件，促进农业结构调整，增加农民收入，解决农村地区脱贫。

5) 改善航运，促进港口建设和交通运输发展。

a. 水利水电工程的建设，使通航条件得到改善。库区河段水位抬高，淹没了险滩，航深加大，水面加宽，有可能行驶大吨位船舶，有些过去无法通航的河段也具备了通航条件而发展了航运事业；形成水库后，流速减缓，可以减小船舶所需动力，从而使库区通航条件大为改善。

b. 对于水电站下游的河道，则由于削减了洪峰流量，增加了枯水流量，而使通航期加长，枯水期水深加大，通航保证率提高。

c. 航运条件的改善，促进物流、能流、信息流和经济发展。

6）工程建设增加投入，促进经济发展。

a. 水利水电工程是在江河上大兴土木的建筑工程，需要大量的建筑材料、机电设备和人力资源，可带动建材、水泥、机械、冶金、服务等相关产业的发展，扩大内需，增加就业机会。

b. 水利水电工程实施后，投资环境的改善，移民资金的投入，将使库区内交通、航运、电力及通信等基础条件都得到提高，为资源开发利用提供有利条件，有利于当地产业结构的调整，促进区域经济发展。

（2）对社会发展的影响。

1）保护社会稳定与安全。

a. 防洪工程能有效避免洪灾引起水质和卫生条件恶化所造成的疫病流行、居民健康问题。减轻因洪灾给人们造成的精神压力和人员伤亡，避免洪灾引起治安、饥荒等一系列社会问题。

b. 供水工程可缓解水资源短缺的矛盾和引发的社会问题。供水提高了受水区水资源的安全程度，消减因用水紧张可能诱发的社会不稳定因素，有利于受水区优势产业发展，有利于城市化发展，改善居民用水质量和卫生条件。

供水有利于水资源的综合利用，增加农业灌溉，减轻干旱灾害的影响，改善受水区生态环境，减轻受水区因大量超采地下水带来的社会环境问题，控制以城市为中心的地下水下降漏斗的加大。

c. 水电工程的建设促进新城镇的建设和发展。水电站工程的建设过程中，在当地投入大量资金，可改善交通运输条件，增加就业机会，改善当地供电条件，使水电站周围形成新的城镇及工业区。例如三峡电站所在地的宜昌市，刘家峡水电站所在地的永靖县，由于工程兴建而使城市发展迅速。有的新建了建制，例如河南省的三门峡市及广西壮族自治区的大化县，工程的建设能推动城镇化的发展。

利用水能发电，可减少燃煤发电产生的 CO_2、SO_2 等温室气体的排放量，对减轻环境污染与酸雨危害、保护大气环境、防止全球变暖具有十分重要的意义。对于水库库容较大的水电站，水库蓄水后，水面大幅度增加，库区周围的小气候变化，有利于生态环境改善。

d. 水利水电工程建设形成新的自然、人文景观。大型水利枢纽建设完工后将出现“高峡平湖”的壮美秀丽景象。区域特有的大坝人工建筑和优美的自然风景将是库区自然景观和人文景观的重要组成部分。水库形成后，形成新的景观，旅游等资源将得到进一步开发利用。

河道渠化或疏浚整治可美化河道两岸的风景，改善河流景观。

e. 灌溉工程增加生态系统用水量，改善农村地区生态环境，增加地面植被覆盖率，保持水土，防止荒漠化。在中国西北，大面积荒漠通过灌溉引水而变成了绿洲。

2）提高生活质量。

a. 工程资金投入，增加就业机会，改善社会环境。水利水电工程建设、移民安置中大量的资金、物质、信息技术的投入，将使工程相关区域的电力、交通、通信设施得到改善，农业生产条件得到根本性改变，改善了当地居民和移民的生活质量，促进了安置区域社会发展。

b. 美化环境，改善卫生条件，保护人群健康。水利水电工程能提供优质的水源，增加城市生活及工业用水，改善受水区饮用水水质，减少传染病的流行，保护人群健康。有利于强化基础设施建设，促进城市规划治理和绿化美化，改善居住条件与卫生条件。

2.4.10.2 移民影响

水利水电工程建设，在移民迁移、安置和重建过程中，对移民生产条件、生活环境、民族习俗和宗教文化产生影响。

1. 对移民生产条件的影响

移民安置工程和资金的投入，将为当地经济社会发展提供动力，对区域经济社会发展起到较大的推动作用。

由于水库的修建，原生产系统将发生改变，水库淹没使耕地减少，导致人地矛盾突出，粮食生产可能出现紧张局面。通过加大农业科技投入，发展生态农业，新开发耕地，改造中低产田，将减缓这方面的压力。

生态农业的推行和土地生产力的提升需要一个过程，移民生活将面临暂时的适应和调整。因此，必须贯彻落实移民安置规划的措施，使资金落到实处，有关部门需加强过渡期的生活补助和后期扶持。

2. 对移民生活环境的影响

（1）在移民新村及集镇的建设过程中，将加强基础设施、公共设施、交通道路等方面的建设，改善饮用水源，对废污水进行处理，建设垃圾填埋设施，可使移民搬迁安置后的居住环境、医疗条件、儿童入学条件、交通条件及文化生活等方面较以前有所改善，生活水平可不低于原有水平并有所提高，生活质量有所改善。

(2) 移民离开世代居住的家园，原来的经济社会系统被打乱，与周围邻居的关系需要重新建立，行政关系变更等社会关系的重新调整都需要有一个适应和调整过程。

(3) 异地搬迁移民安置地的种植习惯、产业结构以及语言、饮食习惯跟原居住地差异大，缺乏文化认同感，给移民带来心理落差甚至是障碍。移民搬迁到新的安置区后，如果生产生活环境较差，邻里、亲属之间关系疏远，社区关系不融洽，可能会影响社会的稳定。

(4) 移民搬迁后，新老居民经过相互适应过程。按照构建和谐社会，建设社会主义新农村的要求，妥善处理移民和原居民的关系，正确处理各方面矛盾，将促进安置区社会稳定和发展。

3. 对民族习俗和宗教文化的影响

(1) 民族习俗。水库淹没和施工占地可能造成一些少数民族村寨的耕地、林地、民居房屋损失，部分少数民族居民需要重新进行安置。异地搬迁安置少数民族，导致其世代传承的生产、生活方式改变，对移民的民族文化和传承将产生影响。

(2) 宗教文化。少数民族地区的移民拥有特殊的民族文化环境，有自己的语言、文化和生活风俗习惯以及民族宗教信仰。其民间文学、民间工艺、民间艺术等都具独特性，是最具吸引力的民族文化资源。少数民族在长期的生产、生活过程中形成了与大自然和谐相处的生态文化支持系统，如山地农耕文化、山岳生态文化等将因环境的改变而发生改变。移民工程在对当地民众进行重新安置的过程中传统生态文化中的许多要素也有可能随着聚居格局的重组而改变甚至消失。水库移民安置中，少数民族移民在生产方式、生活方式、人际交往、理念文化、民族聚居等方面发生变化，对少数民族的宗教和文化体系产生影响。

(3) 移民安置方案选点和规划设计中，需充分考虑少数民族的特殊性，加强原有的生产方式、社会组织、宗教信仰、风俗习惯、文化传统。对于具有较强地域性的民族文化特别是非物质文化遗产，可以选择最具代表性的村落（社区）采取成建制整体搬迁的方式，尽量维护其原有社会文化网络的完整性，促进其在异地根植和延续。

2.5 生态需水及保障措施

2.5.1 生态需水构成及界定

广义的生态需水包括维持流域水热平衡、生物平衡、水沙平衡、水盐平衡等方面的需水。狭义的生态需水主要指维护河流、湖泊、湿地生态系统的结构和功能，维持其生物生存的基本生境条件所需要的水量及水量过程，主要包括生态基流和敏感生态需水。本节主要指后者。

2.5.1.1 生态基流

生态基流是指为维持河流基本形态和基本生态功能，即防止河道断流，避免河流水生生物群落遭受到无法恢复性破坏的河道内最小流量。生态基流的确定与河流生态系统的演进过程及水生生物的生活史阶段相关。河流水生生物的生长在汛期及非汛期对水量的要求不同，因此生态基流有汛期和非汛期之分。由于汛期生态基流多能得到满足，因此生态基流通常指非汛期生态基流。生态基流一般需要分不同区域，针对重要控制断面采用不同的计算方法综合确定。

生态基流控制断面选取原则为：①水资源量发生急剧变化、现状生态基流保证程度较低，且其下泄流量对下游生态影响较大的断面；②大型水库下游断面；③下游分布有重要鱼类的“三场一通道”以及与水力联系密切的重要湿地的控制性节点。为方便获取水文径流资料，在选择控制断面时应尽可能与水文测站相一致。比如：黄河上中游分界的头道拐断面，由于上游宁夏、内蒙古两自治区灌区的大量引水，特殊时段的河段水量锐减，90%保证率断面流量只有约 $80m^3/s$。鉴于该断面下泄流量对黄河中下游经济和生态用水极为重要，对中游北干流河段洪漫湿地以及保护鱼类十分关键，因此，头道拐断面应作为水量调度的重要水文节点。黄河下游的利津入海控制断面，其流量保证对淡水鱼类洄游通道和三角洲淡水湿地保护非常重要，因此也是重要控制断面。

2.5.1.2 敏感生态需水

敏感生态需水是指维持河湖生态敏感区正常生态功能的需水量及过程；在多沙河流，一般还要同时考虑输沙水量。敏感生态需水主要考虑生态保护对象在敏感期内的生态需水。对于非敏感区，或者敏感区的非敏感期，一般只需要考虑生态基流。

敏感生态需水包括：①Ⅰ类，有重要保护意义的河流湿地（如河流湿地保护区）及由河水为主要补给源的河谷林需水；②Ⅱ类，河流直接连通的湖泊需水；③Ⅲ类，河口生态需水；④Ⅳ类，土著、特有、珍稀濒危等重要水生生物栖息地，或者重要经济鱼类“三场”分布区需水。

生态敏感期可按以下原则确定：

1）河流湿地需要生长良好的湿地植被和丰富的水生动植物，以保障其生态功能的正常运转；河谷林是维持河流廊道功能最重要的生态系统类型，在西北干旱区尤其重要。因此该类生态系统的敏感期为其主要组成植物的水分临界期。

2）对湖泊和河口区生态系统，植物的水分临界期是其敏感期，但同时也需要考虑水生动物的栖息、觅食、繁殖等行为需要维持的水量。另外，对Ⅲ类生态系统，还需要考虑水—盐平衡、水—沙平衡和其他生物因素。

3）重要水生生物，其敏感期主要为该生物的繁殖期。

敏感区的敏感期划分见表2.5-1。

表2.5-1　敏感区的敏感期划分

类　型	敏　感　区	敏感期
Ⅰ类	河流湿地和河谷林	丰水期
Ⅱ类	河流直接连通的湖泊	逐月
Ⅲ类	河口	全年
Ⅳ类	重要水生生物三场	繁殖期

河流湿地和河谷林生态系统敏感期的划分主要考虑到我国属于大陆性季风气候，雨、热同期，在植物开始生长季后不久，各流域均进入了丰水期，西北干旱区以冰川融水为主要补给的河流春汛还在植物生长季之前。在自然状况下，河流湿地和河谷林生长季需要的水量均是在丰水期，通过脉冲洪水获得的。因此Ⅰ类生态系统生态需水敏感期在丰水期。

湖泊：为水生生态系统。虽然植物生长季仍然是湖泊最重要的生态需水敏感期，但在生长季之外，水生生物的栖息、觅食、遮蔽等行为在一年中任何一个时期均有生态水量的需求。考虑到实际资料的因素，湖泊生态系统可以月均生态水量的形式给出。

河口往往具有特有的栖息环境和饵料来源，因而其种群数量及生物多样性特征也具有一定的特殊性，计算河口海域的生态需水量相当复杂，国内外对河流入海口的生态需水量研究也还很少。因此，Ⅲ类生态需水可以年生态水量的形式给出。

重要水生生物，包括土著、特有、珍稀濒危或者重要经济鱼类。对不同的鱼种，繁殖期的时间可能完全不同，四大家鱼繁殖期主要在4～6月，而中华鲟的繁殖期在9～11月，而且还有许多种水生生物的生活习性还没有研究清楚，因此，无法统一确定此类型敏感期的具体时间段。在实际应用中，需要生物学家进行具体的调查研究，确定涉及的重要水生生物的繁殖期。

2.5.2　生态需水确定

受人工调控影响的河流，不可能再现天然径流，为保证河流生态系统生态功能的正常运转，应首先保障水文及水动力过程的变化不超过水生生物的耐受范围，河道内水量及水量过程仍能够满足水生生物正常生活史的完成。为此，必须明确维持河流生态系统生态功能的最低水量及适宜水量和过程要求，应根据不同流域水资源特点，从总水量角度进行生态需水量配置，并进一步根据河流的生态特征和功能需求，合理确定生态基流及敏感生态需水。

由于我国各流域的水资源量、年径流过程、水资源开发程度以及水质现状差异较大，生态保护对象和保护需求亦有差别，生态基流与敏感区生态需水也不尽相同，应统筹考虑河流的生态服务功能及保护目标、生态环境破坏程度及破坏类型、所在流域水资源开发利用现状及需求、尺度特征及规划设计、调度管理不同阶段的工作需求等综合确定。

2.5.2.1　生态基流的计算方法

确定生态基流应遵循以下原则：

(1) 应针对目标河段实际水资源量、年径流过程、水资源开发程度以及水质现状，采用多种方法计算生态基流，并通过综合分析选择符合流域实际的计算结果作为生态基流。

(2) 对于我国南方河流，生态基流应不小于90%保证率最枯月平均流量和多年平均天然径流量10%两者之间的大值，也可采用Tennant法取多年平均天然径流量的20%～30%或以上。对于北方河流，生态基流应按非汛期和汛期两个水期分别确定，一般情况下，非汛期生态基流应不低于多年平均天然径流量的10%；汛期生态基流可选取多年平均天然径流量的20%～30%。

(3) 对于湖泊，应提出维持湖泊生态系统的最低水位要求。

生态基流的计算方法主要有水文学法、水力学法、生境模拟法和整体分析法等。应根据工程对河流水文情势的影响情况和生态目标的需水特点，考虑满足生态需水的共性要求和实际数据获取的难易程度，合理选取计算方法。

1. 水文学法

水文学法以历史流量为基础，根据简单的水文指标确定河道内生态需水。水文学法简单易行，但要求拥有长序列水文资料（一般应为30年及以上），常用于无特定生态需水目标的水域生态需水量的计算。常用的代表方法有Tennant法、最枯时段平均流量法等。

（1）Tennant法。

1）计算方法：Tennant法主要根据水文资料和年平均径流量百分数来描述河道内流量状态。Tennant法认为，多年平均流量的10%是保持大多数水生生物短时间生存所需的最低短时径流量；多年平均流量的30%是保持大多数水生生物有良好栖息条件所需的基本径流量；多年平均流量的60%是为大多数水生生物在主要生长期提供优良至极好栖息条件所需的基本径流量。有关验证认为，在多年平均流量的10%情况下，大多数河流覆盖底土层达60%，平均水深达0.3m，平均流速达0.23m/s，这是一个维持大多数水生生物，尤其是鱼类短期内生存的最低限度。

该方法适用的保护目标包括鱼、水鸟、长皮毛的动物、爬行动物、两栖动物、软体动物、水生无脊椎动物，计算标准见表2.5-2。

表2.5-2　Tennant法推荐流量表

栖息地等定性描述	推荐的基流标准（年平均流量百分数,%）	
	一般用水期（10月至次年3月）	鱼类产卵育幼期（4～9月）
泛滥或最大		200
最佳范围	60～100	60～100
很好	40	60
好	30	50
良好	20	40
一般或较差	10	30
差或最小	10	10
极差	<10	<10

2）限制条件：

a. 比例确定困难，不同区域、不同需水类型、不同保护对象，生态健康程度与流量的比例关系不同，需要分析调整流量标准，而调整后的流量也仅是人们直接感知的，其机理缺乏解释。

b. 没有区分干旱年、湿润年和标准年的差异，未考虑水量的年内分配。水生生物对流量的要求在不同季节有所不同。Tennant法根据多年平均径流量的一定比例统一划定，未考虑水量需求的年内变化问题，与水生生物生境要求不尽相符。

c. 适用条件具有局限性。Tennant法没有明确考虑食物、栖息地、水质和水温等因素的变化情况，缺乏生态学角度的解释。

3）适用范围：适用于流量较大的河流，一般作为河流最初目标管理、战略性管理方法使用，具有简单、快捷、便于宏观管理的特点。

（2）最枯时段平均流量法。主要包括90%保证率最枯月平均流量法、近10年最枯月流量法以及7Q10法等。

1）计算方法：90%保证率最枯月平均流量法是根据水文系列最枯月平均流量观测结果，按保证率计算求得。近10年最枯月流量法主要是计算求出近10年最枯月平均流量的多年平均值。7Q10法主要是计算求取90%保证率最枯连续7天的平均流量。

2）限制条件：最枯时段流量法要求拥有长序列水文资料，同样缺乏生物学基础。

3）适用范围：对水资源量小，且开发利用程度已经较高的河流，用于维持河流不断流以及满足必要的纳污水量条件。该类方法关注的是水环境保护低限设计水量和生命极限需水量。目前，我国在进行河流纳污能力计算时，水量条件可采用近十年最枯月流量法和90%保证率最枯月平均流量法计算。美国一般将90%保证率最枯连续7天的平均流量作为河流生态水量的极限流量条件。

此外，还可采用流量历时曲线法，利用历史流量资料构建各月流量历时曲线，使用某个频率来确定生态流量，其频率可以按照目标生物的水量需求设定。此方法不仅保留了采用流量资料计算生态流量的简单性，同时考虑了各个月份流量的差异，但目前按照目标生物的水量需求设定频率的研究基础相对薄弱。各种生态基流水文学方法的适用条件和优缺点见表2.5-3。

2. 水力学法

水力学法主要有基于水力学参数提出的湿周法和R2-Cross法，其特点是通过研究河宽、水深、断面面积、流速、湿周等与栖息地质量的关系来估算河道内流量的最小值，确定能够提供特定对象生境保护要求的生态流量，并评价低于某一流量时可能发生的生境面积和功能损失。在计算特定区域生态需水，且生境保护与水域条件有明显相关关系时，推荐采用水力学法进行计算分析。

表 2.5-3 生态基流计算方法的适用条件和优缺点

序号	方 法	方法类别	指 标 表 达	适 用 条 件	优 缺 点
1	Tennant 法	水文学法	将多年平均流量的百分数（如10%～30%）作为生态基流	适用于流量较大的河流；拥有长序列水文资料	简单快速，但没有考虑到流量的季节变化
2	90%保证率最枯月平均流量法	水文学法	90%保证率最枯月平均流量	水资源量小，且开发利用程度已经较高的河流；拥有长序列水文资料	维持河流水质标准
3	近 10 年最枯月流量法	水文学法	近 10 年最枯月平均流量	与 90%保证率法相同，均用于纳污能力计算	维持河流水质标准
4	7Q10 法	水文学法	90%保证率最枯连续 7 天的平均流量	水资源量小，且开发利用程度已经较高的河流；拥有长序列水文资料	维持河道不断流
5	流量历时曲线法	水文学法	利用历史流量资料构建各月流量历时曲线，以某一频率（如 90%保证率）对应流量作为生态基流	拥有至少 30 年的日均流量资料	简单快速，同时考虑了各个月份流量的差异

（1）湿周法。

1）计算方法：湿周法采用湿周作为栖息地质量标准来估算期望的河道内流量值。假设保障临界区域的水生物栖息地的湿周，就能对非临界区域的栖息地提供足够的保护。该法在实际应用中需要确定湿周与流量之间的关系，河道内流量推荐值可根据湿周-流量关系图中的拐点确定生态流量；当拐点不明显时，以某个湿周率相应的流量作为生态流量。如湿周率为50%时对应的流量可作为生态基流。湿周流量关系如图 2.5-1 所示。

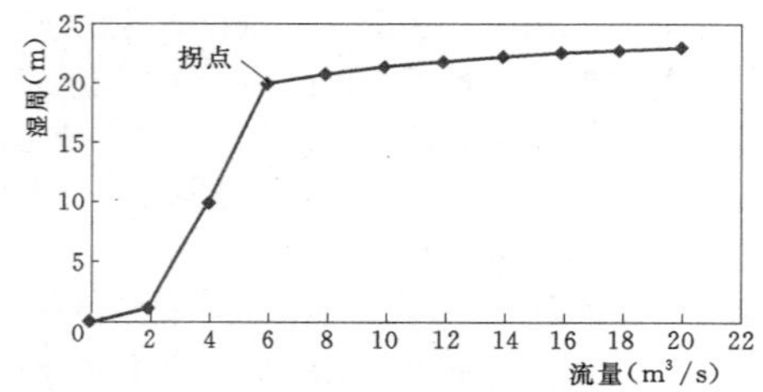

图 2.5-1 湿周—流量关系示意图

2）限制条件：受河道形状的影响，如三角形河道的湿周—流量曲线的增长变化点表现不明显，难以判别；河床形状不稳定且随实际变化的河道，没有稳定的湿周流量关系曲线，也没有固定的增长变化点。

3）适用范围：河床形状稳定的宽浅矩形渠道和抛物线形河道，可用于同时计算生态基流和河流湿地及河谷林的最小生态流量。

（2）R2-Cross 法。

1）计算方法：采用河流宽度、平均水深、平均流速及湿周率指标来评估河流栖息地的保护水平，从而确定河流目标流量。其中湿周率指某一过水断面在某一流量时的湿周占多年平均流量满湿周的百分比。该方法开始应用时的推荐值是按年进行控制的，后来根据水生生态保护和河流水文特点，制定了相应的标准，见表 2.5-4。

表 2.5-4 R2-Cross 法确定最小流量的标准

河 宽（m）	平均水深（m）	湿周率（%）	平均流速（m/s）
0.3～6	0.06	50	0.3
6～12	0.06～0.12	50	0.3
12～18	0.12～0.18	50～60	0.3
18～30	0.18～0.3	≥70	0.3

2）限制条件：

a. 不能确定季节性河流的流量。

b. 精度不高。根据一个河流断面的实测资料确定相关参数，将其代表整条河流，容易产生误差；同时，计算结果受所选断面影响较大。

c. 标准单一。三角形河道与宽浅型河道水力参数采用同一个标准不合理。

d. 标准设定范围较小。仅对河宽小于 30m 的中小型河流进行了标准设定，大中型河流的标准没有明确设定。

3）适用范围：非季节性小河流，同时可为其他方法提供水力学依据。

3. 生境模拟法

生境模拟法主要采用生态学和生理学方法，对特定生态保护目标的需水规律和特点进行分析，分析区域现存或者期望的典型、代表及保护物种与群落对水量需求规律和配置的要求，研究水量配置与生态系统发育和平衡的效应。代表性方法有河道内流量增加法（IFIM）和生态、生理需水观测法等。其中 IFIM 法是根据现场观测数据，采用 PHAB-SIM 模型模拟流速变化与栖息地类型的关系，通过水力学数据和生物学信息的结合，决定适合于一定流量的主要水生生物及栖息地，并由此作为确定生态水量的途径。

（1）计算方法：生境模拟法以 PHAB-SIM 模型为代表，该方法主要根据指示物种所需水力条件的模拟结果确定河流流量，为水生生物提供一个适宜的物理生境。

（2）限制条件：①没有预测生物量或者种群变化，用生境指标进行代替，生物生境与水力条件缺乏紧密结合；②结果比较复杂，实施需要大量人力、物力，不适于快速使用；③没有考虑河流两岸生态系统。

（3）适用范围：河流主要生态功能为某些生物物种的保护。

4. 整体分析法

整体分析法是以流域为单元，全面分析河流生态需水的方法。它包括南非的建筑堆块法（BBM）、澳大利亚的整体法（Holistic Method）等。

（1）计算方法：整体分析法以 BBM 法为代表，从河流生态系统整体出发，根据专家意见综合研究流量、泥沙运输、河床形状与河岸带群落之间的关系。这类方法建立在尽量维持河流水生态系统天然功能的原则之上，整个生态系统的需水，包括源头、河道、河岸地带、洪积平原、地下水、湿地和河口的需水都需要评价。

（2）限制条件：需要生态学家、地理学家、水文学家等专家队伍，资源消耗大，时间长，至少需要 2 年时间。

（3）适用范围：综合性、大流域生态需水研究。

2.5.2.2 敏感生态需水的计算方法

1. 计算程序

（1）尽可能全面地收集分析区域内有关资料。工程资料包括水资源开发利用资料，水利水电开发规划、枢纽工程、灌排工程、供（调）水工程等的设计文件及运行方案等。生态资料一般包括水生动植物资料、水文资料、河道地形及断面资料、水质资料和水生态资料等。当缺乏基本资料或基本资料不全时，应根据需要开展必要的补充调查。补充调查可通过实地勘察、典型调查与监测等方式进行，调查工作应符合相应规范和标准的要求。应对收集和调查的资料进行复核、整理，并分析工程建设运行与水文情势、水生态系统变化的响应关系。

（2）合理确定生态需水及计算断面。可选取入湖、河流湿地及河谷林、重要水生生物栖息地或河口上游临近的控制断面作为敏感区生态需水计算断面。水资源开发利用类规划和流域综合规划需采取分段计算的方法，以分段节点将规划及工程影响范围分段；在每一段中，综合计算每一个控制断面的生态需水。各类型规划和工程的生态需水控制断面、控制范围及分段节点见表 2.5-5。

表 2.5-5 各类型规划及工程的生态需水计算断面、控制范围及分段节点

规划及工程	控制断面	控制范围	分段节点
水力发电规划	各规划梯级坝址断面	1. 各规划梯级（除最后一个规划梯级外）：坝址断面至下游相邻梯级库尾断面； 2. 最后一个规划梯级：坝址断面至河口（干流）或汇入口（支流）	分段计算
水资源开发利用类规划	各用水单元取水口上游临近控制断面①	计算断面至下游分段节点	分段计算，分段节点为已建水库坝址断面及河口（干流）或汇入口（支流）
流域综合规划	A：各规划梯级坝址断面； B：各用水单元取水口上游临近控制断面	A 类断面：控制范围同水力发电规划； B 类断面：控制范围同水资源开发利用类规划	B 类断面：分段计算，分段节点为已建、规划中水库坝址断面及河口（干流）或汇入口（支流）
枢纽工程	坝址断面	坝址断面至下游相邻水库库尾断面；若下游无水库，则至河口（干流）或汇入口（支流）	
灌排工程	引水口上游相邻控制断面	引水口上游相邻控制断面至退水口下游相邻控制断面； 若此区间有水库，则至枢纽工程库尾断面	
供（调）水工程	引水口处上游临近控制断面②	引水口处上游临近控制断面至区间汇流达到引、调水规模的 40% 处临近控制断面；若此区间有水库，则至库尾断面	

① 最后一个用水单元取水后，河道内水量仍能够达到多年平均流量的 40% 时，可以不再计算该断面的敏感生态需水。
② 判定引水规模是否能满足敏感生态需水，满足则通过，不满足则调整引水规模，重新计算。

(3) 综合分析不同生态敏感需水对象的需水过程线，并取其外包线作为敏感生态需水过程。分析收集到的水生态资料，判断规划和工程影响范围内是否存在生态需水敏感区。如果有，需明确生态需水敏感区类型，以及敏感区上游临近的控制断面。对于影响范围内同时存在湖泊、河流湿地及河谷林、重要水生生物栖息地、河口等两种或两种以上生态需水敏感区时，应分别提出生态需水量及过程要求，并取其生态需水过程的外包线，绘制相应的生态需水过程线。对含沙量较高，且对河流形态影响较大的河流，还需计算河道输沙水量。河湖生态需水计算可参照《河湖生态需水评估导则》(SL/Z 479) 的有关规定。

(4) 合理确定生态需水优化配置方案。建立包含主要水库、重要闸坝、主要河段、主要用水区域等多个变量的水资源利用与转化模型，利用多目标优化分析方法，分析不同情景下的生态需水配置方案及其满足程度，提出生态需水优化配置方案。

2. 计算方法

敏感生态需水主要针对河流湿地及河谷林、与河流直接连通的湖泊、河口以及重要水生生物生境等各类生态敏感对象分别进行估算，然后取各类生态需水过程的外包线，综合确定总的敏感生态需水量及过程。各类敏感生态需水计算公式见表 2.5-6。

(1) 河流湿地及河谷林草生态需水 (W_W)。河流湿地及河谷林草生态需水可用最小洪峰流量 (q_w)、丰水期天数 (D)、必需的总洪水历时 (d) 表征。最小洪峰流量采用湿周法，采用湿周率为 100%时的流量；敏感时段的总天数为该流域的丰水期天数。计算采用表 2.5-6 公式 4。

(2) 湖泊生态需水 (W_L)。湖泊生态需水指入湖生态需水量及过程，其水量由湖区生态需水量和出湖生态需水量确定。对吞吐型湖泊，入湖生态需水量 W_L＝湖区生态需水量＋出湖生态需水量；对闭口型湖泊，入湖生态需水量 W_L 为湖区生态需水量。湖泊生态需水量需逐月计算。

湖区生态需水量包含两部分：湖区生态蓄水变化量和湖区生态耗水量。前者采用最小生态水位法计算；后者采用水量平衡法计算。

最小生态水位是湖泊能够维持基本生态功能的最低水位，表达式见表 2.5-6 公式 1；最小水位法计算湖泊生态蓄水变化量表达式见表 2.5-6 公式 2。水量平衡法计算湖区生态耗水量的表达式见表 2.5-6 公式 3。

出湖生态需水量计算：出湖生态需水量等于湖口下游生态需水敏感区的敏感生态需水量。计算范围由湖口至河口 (干流)、汇入口 (支流)，采用综合计算方法。

(3) 河口生态需水 (W_M)。现有的计算河口生态需水量的方法不统一，且比较复杂。推荐采用历史流量法，以干流 50%保证率下的年入海水量的 60%～80%作为河口生态需水量。

(4) 重要水生生物生态需水 (W_B)。重要水生生物的生态需水计算可采用生境模拟法。将水文过程与水生生物生长阶段结合，建立流速栖息地适宜度曲线，通过控制断面的流量-流速关系计算该断面的适宜生态流量 (q_a)。确定两个变量：繁殖期总天数 (D) 及需要达到适宜生态流量的天数 (d)。计算可以采用表 2.5-6 公式 5。

(5) 输沙需水量 (W')。输沙需水量指河道内处于冲淤平衡时的临界水量，计算见表 2.5-6 公式 6。对于多沙河流，需根据不同水平年来水来沙状况和水工程运用不同阶段，确定可接受的冲淤比。建立冲淤比与断面流量 (Q) 的相关关系，确定临界流量，估算输沙需水量。

(6) 当规划范围内涉及两种及两种以上生态敏感区时，应分别计算各类生态敏感区的敏感生态需水量及过程，采用表 2.5-6 公式 7 和公式 8 取各需水过程的外包线，确定逐月及全年的总敏感生态需水量及过程。

表 2.5-6　　敏感生态需水计算公式

序号	表　达　式	备　　注
公式 1	$Z_j=\min(Z_{ij})$	min 为最小值函数；Z_j 为 j 月最小水位；Z_{ij} 为水位数据序列中第 i 年 j 月天然月均水位
公式 2	$W_{ja}=(Z_j-Z)S_j$	W_{ja} 为 j 月湖区生态蓄水量；Z_j 为维持 j 月湖泊生态系统各组成分和满足湖泊主要生态环境功能的最小月均水位；Z 为现状水位；S_j 为 j 月的水面面积
公式 3	$W_{jb}=F(j)[E(j)-P(j)+KI]$	W_{jb} 为 j 月湖区生态耗水量；$F(j)$ 为 j 月平均水面面积；$E(j)$ 为 j 月湖面蒸散发量；$P(j)$ 为 j 月湖面降水量；K 为土壤渗透系数(无量纲)；I 为湖泊渗流坡度(无量纲)

续表

序号	表达式	备注
公式 4	$W_W=(D-d)\times\max(q_b,W')+d\times\max(q_w,W')$	W_W 为敏感期河流湿地及河谷林草生态需水量；q_w 为最小洪峰流量；q_b 为生态基流；D 为丰水期天数；d 为必需的总洪水历时；W'为输沙需水量，对于不考虑输沙水量的河流，此项为 0
公式 5	$W_B=(D-d)\times\max(q_b,W')+d\times\max(q_a,W')$	W_B 为敏感期重要水生生物生态需水量；q_a 为适宜生态流量；q_b 为生态基流；D 为繁殖期总天数；d 为需要达到适宜生态流量的天数；W'为输沙需水量，对于不考虑输沙水量的河流，此项为 0
公式 6	$\frac{\Delta W_S}{W_S}=(W_{S进}-W_{S出})\div W_{S进},W'=Q\times D\times 86400$	W'为输沙需水量；W_S 为输沙量；Q 为流量；D 为日数；$W_{S进}$ 为规划或工程影响范围上断面输沙量；$W_{S出}$ 为规划或工程影响范围下断面输沙量
公式 7	$W_{总i}=\max[(W_{Wi}-W_{CW}),(W_{Bi}-W_{CB}),(W_L-W_{CL})]$	$W_{总i}$为第 i 月规划或工程影响范围内总生态需水量，在 q_w 和 q_a 为 0 时，W_{Wi} 和 W_{Bi} 也为 0；W_{CW}、W_{CB}、W_{CL} 为生态需水敏感区至其计算断面之间的区间汇流
公式 8	$W_{总N}=\max(\sum_{i=1}^{12}W_{总i},W_M)$	$W_{总N}$为规划或工程影响范围内全年总生态需水量；当影响范围内没有河口时，W_M 为 0

2.5.3 生态需水保障措施

保障生态流量已成为流域水资源管理的重要组成部分。河湖生态需水保障措施应结合重要控制断面提出，主要包括积极性保障和限制性管理两类措施。其中，积极性保障包括生态用水配置、闸坝生态调度、生态补水等措施。限制性管理主要指限制取用水管理、生态流量监控等措施。

水利水电工程在施工期和运行期均有可能导致下游河段出现减（脱）水现象。在水库初期蓄水期，需从常水位蓄至发电水位，下游河道的来水量将大减，甚至断流。尤其是一些库容大、调节性能好的水电站，其蓄水期相对较长，产生的影响也相对较大。调峰电站在其不调峰期间，不通过其引水发电系统放流，如果其下游无反调节电站，将造成下游河段减（脱）水。引水电站引水发电，河道中的水将引入下游厂房发电放流，形成减（脱）水河段。水库（闸坝）供水期间，特别是灌溉期农业用水量较大，也将造成下游河道一定程度的减水。为确保下游河道生态需水得到满足，应结合各类水利水电工程特点，采取兼顾生态用水的工程调度、生态补水、泄流建筑物及监控设施等保障措施。

2.5.3.1 兼顾生态用水的工程调度

为消除或缓解水利水电工程建设运行对下游生态与环境的不利影响，应制定兼顾生态用水的工程调度方案，保障下游河道生态基流及敏感生态需水要求。根据工程类型，可分为水库调度、拦河闸坝调度和引水闸涵调度等方式。

兼顾生态用水的工程调度目标是根据确定的生态需水目标和过程要求，尽可能保持或者修复河流生态系统的完整性，维持水生态系统的稳定性，发挥生态系统的正常服务功能。工程调度应首先满足生态基流保障要求，在综合分析水利水电工程供水、防洪、发电、生态等不同调度目标要求的基础上，合理确定水利水电工程调度方案。对于涉及重要生态保护目标的流域梯级工程，还应研究梯级水库的联合调度要求和调度方式。

当发生以下情形时，应考虑采用生态调度的措施缓解不利影响：①下游河道基本生态需水量得不到满足；②水库建成前后坝址断面下泄水水温变化较大，对下游农作物、水生生物等造成不利影响；③水库泥沙淤积，引起库区以及下游生态与环境等复杂问题；④库区或下游河道水体发生富营养化现象或者突发性水污染事故；⑤原调度方案使水文过程趋于均一化，改变了自然水文情势的年内丰枯周期变化规律，已经影响了水生生物的栖息地及生态过程或影响下游重要湿地对水量的要求；⑥高坝水库泄水导致下泄气体过饱和，对下游重要水生生物等产生影响；⑦水工建筑物引起干支流分割、河流湖泊阻隔，对水生生物等产生重大不利影响等。

1. 调度原则

兼顾生态用水的工程调度应遵循以下原则：

(1) 尽可能地塑造近自然的水文情势。河流的自然动态变化特性是维护河流生态系统生态完整性的重要因素。在充分了解河流水文情势与河流生态响应关系、权衡社会经济可承受力的基础上，最大限度地塑造近自然的水文情势，尽可能恢复河流的生态完整性。

（2）对于拟建或在建的水利水电工程应当充分考虑其生态用水功能。对现有水利水电工程，特别是大中型水库、水闸的调度，要根据其下游的生态用水需求，在兼顾生态用水的基础上优化调度方案。在水利水电工程兴利库容中，应预留一定的生态用水库容。为避免河道断流及保证湖泊的水源补给，各类水利水电工程应保障生态基流下泄。在出现生态缺水时，应充分发挥水利水电工程的作用，进行生态用水调节，使得河道内流量尽可能地接近适宜生态流量。

（3）统筹协调社会、经济和生态目标的优先顺序。在水资源短缺的情况下，应采取限制性管理措施，首先保证基本生活用水和生态用水，在此基础上有水则供给生产，无水则减少或取消生产供水。为保证防洪安全，在大洪水洪峰来临之前，防洪调度优先于生态调度。在防洪风险处于可控的状态下，可以考虑利用水库的下泄流量进行输沙调度。

（4）充分利用汛期洪水资源，挖掘水库的防洪库容用于生态和兴利调度。在中小洪水期间，应在确保防洪安全的前提下，通过控制下泄流量，尽可能延长下游平滩流量过程，以为河滩地补水。可以将洪泛湿地的生态环境用水需求作为中小洪水期间的一个供水目标，在汛限水位以上合理调控洪水，尽量满足其用水需求。

（5）在建有梯级水库（闸坝）的河流上，应在满足相应的发电、防洪、冲沙调度的条件下，根据生态基流以及各类生态敏感区域在敏感期对水量、流速、水位等的要求，分析实现流域基本生态保护目标的水库群联合调度运行原则和方式，提出通过多库联调进行多目标协调及补偿的原则和方法。

2. 调度方案

在确定兼顾生态用水的调度方案时，应重点考虑以下几个方面：

（1）水利水电工程在调峰期间水位的涨落应当足够缓慢，以使得水生生物能够迁移到安全区域。在减水时段，应充分考虑对重要生态区域的保护，维持必要的最小水流以防止鱼类和底栖生物搁浅和死亡。

（2）对处于繁殖期的土著物种和珍稀濒危物种进行保护。调峰发电泄流的涨水梯度应当缓和，以满足重要栖息地，特别是特殊的产卵场、育肥场、敏感的滨河区和湿地等的生态水文学和生态水力学条件需求，避免鱼类和大型浮游动物被大面积冲走。对于需要洪水过程刺激来完成自然繁殖的物种，应设计合理的繁殖期调度方案，以创造一定的上涨洪水、促进其完成自然繁殖过程。

（3）生态调度应尽可能塑造近自然流态，以保护河流的连通性和动植物的多样性。对于流域内重要生物栖息地应当开展专门研究以确定所需的生态流量。下泄水流过程应当具有自然水流节律特征，以保持下游水流流速和流态的多样性，为河流生物群落提供足够的、不同类型的栖息地。

（4）应尽可能塑造合理的水沙关系，保持下游典型河流栖息地结构，维持河流栖息地时间和空间的变异性。调度还应考虑河流水温和溶解气体的变化，并采取一定的措施，尽量减少对水生生物及其生境的影响。

主要设计内容有：

（1）生态需水过程线的确定。基于生态基流和敏感生态需水的计算成果，确定实现具体生态保护目标所要求的逐时段（如月）流量过程范围，得到各生态保护目标对应的生态需水过程线，进而综合得到生态流量过程的上下限。生态需水过程线的实质是为受到水利水电工程胁迫的河流提供尽可能符合自然河流生态环境需求的水文周期信息。生态需水过程线作为生态调度的基础，是生态调度需要实现的生态目标的具体体现。生态需水过程线的概念图如图 2.5-2 所示。

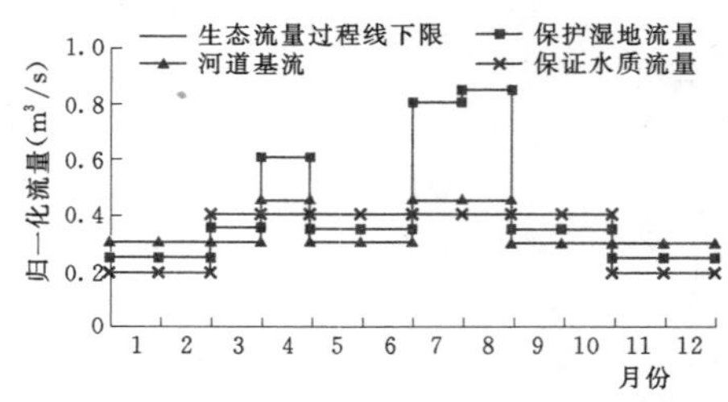

图 2.5-2 生态需水过程线的概念图

（2）其他相关约束条件的建立。搜集水库调度相关资料，包括水库库容与水位相关关系、死库容、最大容许蓄水量、汛限水位、水库下游河道的水位、水库逐月水位过程、水库逐月最大下泄能力过程、水轮机最大过水量等，确定水库调度的相关限制条件，主要包括泄流量约束、水库水位变化约束、水量平衡约束、各电站库容曲线约束、出力限制约束、航运约束、最大过水量约束等，并将其用数学表达式表示出来。

（3）初步方案设计及试运行。分析不同情景下的生态需水配置方案，研究水利水电工程布局对生态需水配置的影响，利用优化技术及多目标优化分析方法研究提出生态需水优化配置方案。根据生态需水优化配置方案，结合相关约束条件，初步提出一套或多套生态调度方案。通过试运行来验证生态调度方案的可行性及安全性。根据生态调度规模大小等因素合理确定试运行周期。对一套或多套初步方案进行试运行后，要科学评估各方案的可行性、存在问题及综合效益，为进一步优化运行方案提供经验指导。在初步方案试运行的基础上，选取可行性较好、综合效益较高的方案。

(4) 泄流建筑物及生态流量监控设施。根据优选的水库下泄流量调度方案，对水库泄流建筑物进行必要的改造，以确保方案的实施。对泄流可能造成的其他影响，要采取适当保护措施。为评估用于实现预定目标的泄流方案的有效性，还应设计和建立必要的生态流量监控系统。

2.5.3.2 生态补水

生态补水是指通过采取工程或非工程措施，向无法满足最小生态需水量而受损的生态系统补水，以满足特定重要生态保护目标需水要求的水量调配措施。生态补水可在一定程度上遏制生态系统的结构破坏和功能丧失，逐渐恢复生态系统原有的自我调节功能。

1. 生态补水类型

(1) 特殊生态保护目标需求的补水。根据特殊生态保护目标对水量和水量过程的要求，建立起常态的补水制度。如在我国西北干旱半干旱地区，可运用水库调控库容模拟常态的天然洪水过程，在汛期对河谷林和湿地进行补水，使下游河谷林和湿地得到较大程度的恢复。

(2) 生态应急补水措施。为保障重要生态区基本生态用水，尤其在干旱期间的基本生态用水，通过采取非常态的工程和调度管理措施，缓解重要生态区生态用水的行动，以避免造成生态环境不可逆转的恶化。

2. 生态补水方案的确定

对于生态补水，首先要根据敏感生态目标的生态特征确定所需的补水量和补水过程，即敏感生态需水量。在确定补水量时，需在确定蓄水量和可调水量的基础上，根据调水工程的布置情况，综合考虑社会经济、生态环境和工程技术等方面的限制条件进行优选，以取得水资源协调配置的最佳权衡和满意方案，从而确定出补水量。其次，还需要考虑补水的时机，在确定补水时机时应依据敏感生态需水的敏感期，并考虑以下因素：水文、气象条件，含沙量、冰期输水、汛期与防洪的相互影响，输水建筑物类型和工程检修要求等。同时，为了降低调水工程的规模，应对调入区水资源进行优化配置，使调入水量的用水过程尽量均匀，并应使调水过程尽可能与调入区用水过程同步。

2.5.3.3 生态流量泄放设施

1. 应用原则

生态流量泄放设施的应用需遵循以下原则：

(1) 对于已建水利枢纽，可通过闸门、底孔、水轮机等泄流设施下泄生态流量。泄流设施的泄流时间、泄流量和泄流历时等的确定，要充分考虑水库原有的功能，避免与泄洪、发电、供水等发生冲突。

(2) 对于新建水利水电工程，应进行科学合理的论证，增设必要的泄流设施，保障下游生态和生活用水需求。如需新建水闸进行泄流，宜采用无胸墙的开敞式水闸；无论何种型式的泄流设施，都需要注意消能防冲的设计。

(3) 进行必要和及时的工程安全监测，针对生态需水调度的泄流建筑物，需监测的项目主要有水流流态、流速、流量、水面线、消能、冲刷等水力学参数。

(4) 对于生态流量泄放设施无法缓解的水体富营养化、下泄气体过饱和、低温水下泄等问题，应结合其他相关辅助泄放技术（如改善溶解气体浓度过饱和的技术、分层取水技术、生态友好的多库群水沙联合调度技术等）进行调度。

(5) 对于多泥沙河流，需深入研究适宜水沙组合的水沙联合调度泄放技术等。

2. 初期蓄水期生态泄流

水库蓄水初期，生态流量泄放措施不仅需要依据工程特点和施工组织设计来进行设置，也需要考虑泄放措施的可行性和经济性。

(1) 导流洞导流的工程。由于导流洞封堵时水位与可自流泄水的水位存在差异，封堵有可能造成短暂断流，对此可通过在导流洞上设置生态流量放水管，或者通过泵站抽水方式解决。

1) 在导流洞上设置生态流量放水管放流。该方式工程投资相对较省，能够满足生态流量下泄要求，但存在增加导流洞设计工作量、对导流洞封堵有影响等问题。

2) 泵站抽水放流。采用泵站跨过大坝抽水泄放生态流量基本上可以适用于任何水利水电工程，技术可行，风险性相对较小，但其设备投资和运行费用很高，也易受到抽水高度过高和流量过大等因素的限制。

(2) 分期导流的水利水电工程。分期导流的水利水电工程，在一期修筑完成的枢纽建筑物上会设置导流孔等导流设施，以满足二期工程施工期间过流要求，其导流设施由闸门控制启闭，闸门设计能承受一定的水压要求。因此，分期导流的水利水电工程可在蓄水初期依靠控制一期工程导流设施（导流孔数目、闸门封闭程度）来泄放生态流量，直至水库水位升至可由泄水建筑物和引水建筑物泄放生态流量的水位。

3. 运行期生态泄流

运行期通常采用的泄流方式有闸门泄流、坝体埋管泄流、引水洞泄流等方式，可根据不同的水利水电工程类型和不同的生态流量要求加以选择。为满足常年泄流的需要，无论采用哪种泄流方式，其取水口均应低于水库（或调节池）死水位。

(1) 闸门泄流。主要利用现有低闸闸门，如泄洪闸、冲砂闸等泄流。该泄流方式的优点在于可以充分利用现有构筑物，不会因新增泄水建筑而影响坝体结构。但闸门设计泄流量很大，通过控制闸门开度难以精确调节下泄流量，无法满足中小型河流生态泄水要求，且闸门长期小开度泄流产生的振动可能使金属结构疲劳，影响工程安全。

(2) 坝体埋管泄流。即根据泄流能力要求，在坝体埋设特定尺寸的专用水管下泄生态流量。该泄流方式通常用于小流量下泄，但对于堆石坝等坝型，由于坝体纵向很长，泄水管极易发生堵塞，且泄水管贯穿坝体可能对大坝的防渗、抗震的安全性产生影响。

(3) 引流系统泄流。对于无法采用闸门和埋管进行泄流的堆石坝等坝型，可在发电引水隧洞的适合位置设引流系统泄流，但引流系统的布置对地形、地质条件有较高要求。

根据水电工程的实际情况，下游无反调节电站的调峰电站可在坝体和引水系统上设置生态流量放水管，在电站不运行时，通过另设的放水管往下游泄放生态流量；出现减（脱）水河段的引水电站，可以通过开启枢纽闸门或在坝体上设置生态流量放水管下泄生态流量，且保证减（脱）水河段不断流。同时，从水能资源利用的角度，在满足发电水头、流量要求和符合经济评价的情况下，可在生态流量放水管后设置小机组，发电放流。

2.5.3.4 生态流量监控

在泄流设施出口，通过增设摄像设施监控水流下泄；在下游河道内，增设水位观测标尺，通过水位观测，监控水流下泄。建立下泄流量自动测报和远程传输系统，确保生态流量数据获取的真实性和完整性，便于工程生态流量泄放调度管理和主管部门监督。

生态流量监控方法可参考《水资源水量监测技术导则》(SL 365—2007) 中相关技术方法。主要监测点设置在泄流设施出口及下游河道重要控制断面上。河道枯水期及生态需水敏感期生态流量监测可采用流速仪法、量水建筑物法、示踪剂稀释法、浮标法、声学法、电磁法等。具体监测方法及适用范围见表 2.5-7。

表 2.5-7 生态流量监测方法及适用范围

监测方法		适用范围
流速仪法		当水流流速没有超过流速仪的低速使用范围时
量水建筑物法	量水槽	比降较大、有一定含沙量的河渠
	量水堰	比降较大、含沙量较小的河流
示踪剂稀释法		紊流较强、流量较小的河流
浮标法		水流速度或水深很小不能用其他方法测流时
声学法		含沙量较小的河流
电磁法		水草从生、漂浮物较多的河流

除上述常规监测方法外，有条件的区域可选择在线监测手段，以便及时准确地反映下泄生态流量及河道生态水量的变化情况，结合水生生物、水质、湿地等监测结果，动态分析生态调度运行的效果，适时优化调整生态调度方案。在监控频次方面，生态流量监控应在现行规范规定的基础上，以满足生态调度和资料整编需要为原则，适当增加监控频次。

2.5.4 案例分析

2.5.4.1 部分水利水电工程生态流量及下泄方式

长期以来，人们对生态流量保障措施认识不足，部分水利水电工程，特别是引水式工程，在工程施工和运行中未考虑下游生态流量的需求，缺乏相应的泄水建筑物和调度方案，造成下游河道减（脱）水，部分河段河槽裸露，河流水生生态系统受到破坏，并影响河道景观、生产用水和生活用水。进入 21 世纪以来，为了落实水利水电工程建设环境保护的要求，我国开展了大量生态流量及保障措施的研究工作，水利水电工程环境保护设计规范中也进一步明确了生态流量保障要求和措施。近年来，新建水利水电工程在环境影响报告书和环境保护设计报告中均提出了生态流量保障措施设计的有关内容。我国部分水利水电工程生态基流及下泄方式见表 2.5-8。

表 2.5-8　　部分水利水电工程生态基流及下泄方式

序号	工程名称	生态基流流量(m^3/s)	计算方法	多年平均流量的10%(m^3/s)	生态流量下泄方式
1	四川南桠河冶勒水电站	1.5	多年平均流量的10%	1.45	拟通过引水隧洞1号支洞引水
2	四川雅砻江锦屏二级水电站	45	生境模拟法	122	改建导流洞与拦河闸联合泄水
3	四川南桠河一级水电站	5	环境景观用水要求	5	没有具体措施，工程设计阶段落实
4	黄河积石峡水电站	200	大河家小水电站的用水要求	71.3	机组满出力流量的50%过流量为288.1m^3/s
5	重庆乌江彭水水电站	280	结合当地航运部门的意见和取水要求	132	调节装机发电负荷，控制最小下泄流量
6	湖南资水枯溪水电站扩建工程	100	采用50%保证率河流历年最小月平均流量的40%，同时考虑通航要求	61.7	不发电时放基荷，但没有给出基荷的发电水流量值
7	四川雅砻江桐子林水电站	422	保证综合用水要求	192	承担70MW强制基荷
8	红水河桥巩水电站	400	最小通航要求	213	保证安排航运基荷出力82.4MW
9	清水江白市水电站	75.4	保证下游基本通航	36.4	采用部分关闸蓄水方式
10	清水江挂治水电站	83	保证下游基本通航	25	维持1台机组运行
11	湖北堵河潘口水电站	16.7	根据生态及生活用水要求	19	小机组
12	云南红河南沙水电站	26.1	坝址多年平均流量的10%	26.1	利用泄流设施改造
13	乌江思林水电站	193	根据航运和生活用水确定	84.9	基荷发电
14	四川大渡河深溪沟水电站	490	根据下游生产用水确定	135	发电基荷
15	金沙江向家坝水电站	1200	根据生产、生活需水量确定	457	承担基荷任务，发电基流
16	辽宁蒲石河抽水蓄能电站	1.32～23.7	每月放流量为90%保证率下的月均最小流量	2.29	封闭导流底孔前预埋输水涵管
17	北盘江善泥坡水电站	7	坝址处多年平均流量的5%	12	小机组
18	福建莆田仙游金钟水利枢纽	0.7	坝址处多年平均流量的10%	0.7	放水钢管
19	浙江长兴县合溪水库	0.41～1.55	在Tennant法基础上根据鱼类产卵确定	0.48	在供水管内设生态放水管
20	青龙山水库	2.95	多年平均流量的10%	2.95	小机组下泄流量
21	广东乐昌峡水利枢纽	13.8(运行期最小泄流14.0)	多年平均流量的10%	13.8	枢纽发电最小下泄流量59.7m^3/s，当机组发电流量小时，通过底孔泄放流
22	牛栏江—滇池补水工程	5.4(枯水期)，16.2(汛期)	多年平均天然径流量的10%～30%	5.4	通过布置溢洪道右侧山体中的发电放空隧洞下泄生态流量

续表

序号	工程名称	生态基流流量 (m^3/s)	计算方法	多年平均流量的10% (m^3/s)	生态流量下泄方式
23	嘉陵江亭子口水利枢纽	120	多年平均天然径流量的 20%	60	电站机组发电下泄流量或直接通过表孔、电站尾水泄流
24	江西昌江浯溪口水利枢纽	8.87	多年平均流量的 10%	8.87	蓄水初期通过底孔控制下泄流量，运行期间通过小机组发电泄流
25	江西峡江水利枢纽	221	根据坝址下游航运、城镇居民生活和工业用水要求确定	164	通过发电机组尾水渠及泄水闸进行泄流
26	小中甸水利枢纽	3.15	考虑工程的经济效益、下游地区生态用水与灌溉用水现状以及受影响的主要范围	1.42	生态放水钢管
27	海南万泉河红岭水利枢纽	4.72(枯水期)，8.06(汛期)	Tennant 法结合坝址到下游合口嘴区间的多年平均需水量	3.34	发电机组发电泄流，轮流检修
28	安徽白莲崖水库	1.3	坝下最小实测月平均流量	1.95	采取埋设预制混凝土管道至坝下河道的方式下泄河道生态流量
29	哈达山水利枢纽	100	有关综合规划确定的最小环境流量	50.9	发电时段 4 台机组灵活调度，其余时段通过溢流坝下泄

2.5.4.2 某河流多目标生态需水调度方案

某支流河道全长 485km，流域面积 13532km^2。河流干流上尚无控制性水利工程，下游引水灌溉，但是由于河流的天然来水丰枯悬殊，用水矛盾突出，致使下游河道频繁断流。支流上现无大型水利工程，规划中的甲水库位于 A 水文站以上 9.5km 处。甲水库控制流域面积 9223km^2，占流域面积的 68.2%。水库的开发任务是以防洪为主，结合供水、生态保护，兼顾发电。甲水库属大（2）型水库，坝高 117m，死水位 225.00m，汛限水位 232.00m，正常蓄水位 272.00m。水库结合灌溉放水进行发电，多年平均发电量 1 亿 kW·h。支流出 A 站后进入冲积平原，长 90km 的河道靠堤防束水，成为地上河，历史上决口频繁，洪水危害很大。下游地区历史上就引水灌溉，近年来农业迅速发展，而天然来水丰枯悬殊，远不能满足灌溉和供水需要，用水矛盾十分突出。

根据河流的特点，以甲水库为调度对象水库，以 A 水文站为控制性站点，A 站以下河段为研究对象来设计生态流量过程线。该段主要生态环境问题涉及 3 个方面：①河道断流情况严重；②局部河段污染严重；③干流缺乏控制性工程，地表水开发利用程度较低，地下水超采严重。

规划中的甲水库在实现防洪、供水这两大功能的同时，需要解决的生态环境问题包括防止河道断流、改善河流水质、适量回补地下水。此外，假设发展旅游业需要维持 A 站的河道景观，需要保护下游 B 站的河岸湿地。

1. 生态环境目标确定

根据以上分析，生态环境保护目标为：保证 A 站至 B 站间河道不断流，维持一定的河道基流；在 A 站断面水质为Ⅲ类的基础上，保证 B 站断面水质达到地表水Ⅳ类标准；A 站需要维持河道景观；B 站需要保护一定高程的河岸湿地。

2. 生态需水过程线确定

为了实现设定的 4 项生态环境目标，具体设计以下 5 项流量指标：A 站断面生态基流、保证 B 站断面基流、实现水质目标、河道景观以及保护湿地。

根据现有的 A 站 1998～2008 年逐日平均流量资料，采用近 10 年最枯月流量法确定各月生态基流（即以近 10 年各月次最小平均流量为各月生态基流）。为了保证 B 站断面不断流，根据现有的 B 站 1998～2008 年逐日平均流量资料采用最枯月流量法确定各月生态基流，具体见表 2.5－9。生态需水过程线的设计是以A站为控制性测站，故根据A站和B站的月平均流量关系计算得到满足生态基流要求的A站的需水过程，具体见表2.5-10。

表2.5-9 A站和B站逐月生态基流过程线

单位：m^3/s

月份	A站逐月生态基流过程线	B站逐月生态基流过程线
1	2.29	0.36
2	3.70	0.09
3	5.03	0.23
4	2.11	0.12
5	1.24	0.61
6	1.27	0.71
7	3.43	0.33
8	2.58	7.38
9	4.39	4.50
10	6.22	2.46
11	6.38	6.47
12	4.54	1.40

根据流域水资源利用规划报告，A站断面水质为Ⅲ类，水质较清洁。分析表明，使B站断面水质达到地表水Ⅳ类标准，需要非汛期生态基流流量为$3m^3/s$，以维持河道不断流和稀释污水。根据A站和B站的月平均流量关系，并考虑一定的沿途用水，A站断面需要维持$9.04m^3/s$的生态基流。

表2.5-10 对应B站逐月生态基流过程线的A站流量

单位：m^3/s

月份	B站逐月生态基流过程线	相应A站流量
1	0.36	6.28
2	0.09	6.00
3	0.23	6.14
4	0.12	6.02
5	0.61	6.54
6	0.71	6.64
7	0.33	6.25
8	7.38	13.61
9	4.50	10.61
10	2.46	8.48
11	6.47	12.66
12	1.40	7.36

为了保证A站附近的河流景观效果，需要维持一定的河道水深，并随着季节变化水位有所涨落，参考多年平均逐月流量过程线设计水位变化过程。汛期（7～10月）的最小水深1.00m，最大水深1.40m；非汛期（11月～次年6月）最小水深0.80m，最大水深1.00m。维持A站河道景观所需要的流量过程见表2.5-11。

表2.5-11 维持A站河道景观所需要的流量过程

单位：m^3/s

月 份	1	2	3	4	5	6	7	8	9	10	11	12
流 量	4.30	6.83	10.34	10.34	6.83	6.83	21.16	38.8	21.16	10.34	10.34	6.83

B站以下的河道长23km，有滩地面积$15.68km^2$。湿地需要维持一定的水深，而且随着季节变化水深要有所涨落。参考B站多年平均逐月流量过程线设计保护湿地所需要的水位变化过程，通过水位流量关系得到B站的流量变化过程，根据A站和B站的月平均流量关系得到A站的流量过程，见表2.5-12。

表2.5-12 保护湿地所需要的A站流量过程

单位：m^3/s

月份	1	2	3	4	5	6	7	8	9	10	11	12
B站	0.94	0.94	1.52	5.05	5.05	5.05	9.73	17.27	9.73	7.09	7.09	2.35
A站	6.88	6.88	7.49	11.18	11.18	11.18	16.07	23.95	16.07	13.31	13.31	8.35

3. 生态需水方案设计

保证河道不断流是最基本的环境目标，所以各生态需水方案的设计都包括A站断面和保证B站断面的生态基流，对其他3个目标进行适当的组合得到5个方案，见表2.5-13。各方案的月需水量过程线如表2.5-14所示。

4. 水库生态调度模型建立

以年发电量最大为目标，以满足生态目标的需水为约束条件，同时还包括其他相关约束条件：发电引用流量非负、不大于最大引用流量；水库蓄水量不小

表 2.5-13 生态需水方案设计

方案	A站断面生态基流	B站断面生态基流	实现水质目标	河道景观	保护湿地
1	√	√			
2	√	√	√		
3	√	√	√	√	
4	√	√	√		√
5	√	√	√	√	√

表 2.5-14 A站各生态需水方案的逐月需水量过程线 单位：m^3/s

方案 \ 月份	1	2	3	4	5	6	7	8	9	10	11	12
1	6.28	6.00	6.14	6.02	6.54	6.64	6.25	13.61	10.61	8.48	12.66	7.36
2	9.04	9.04	9.04	9.04	9.04	9.04	9.04	13.61	10.61	9.04	12.66	9.04
3	9.04	9.04	10.34	10.34	9.04	9.04	21.16	38.8	21.16	10.34	12.66	9.04
4	9.04	9.04	9.04	11.18	11.18	11.18	16.07	23.95	16.07	13.31	13.31	9.04
5	9.04	9.04	10.34	11.18	11.18	11.18	21.16	38.8	21.16	13.31	13.31	9.04

于死库容且不大于总库容；6月末至9月末水库水位不高于汛限水位；考虑生态方案时，发电引用流量不小于生态流量过程下限且不大于流量上限。水电站的月发电量为

$$E_j = 8T_jQ_j\left[\frac{1}{2}(Z_j + Z_{j+1}) - H_d\right] \tag{2.5-1}$$

生态调度模型如下：

目标函数：

$$\max E = \max\sum_{j=1}^{N=12} 8T_jQ_j\left[\frac{1}{2}(Z_j + Z_{j+1}) - H_d\right] \tag{2.5-2}$$

约束条件：

$$V_{j+1} = V_j + (QI_j - Q_j)T_j$$

$$V_{\min} \leqslant V_j \leqslant V_{\max}$$

$$Z_j \leqslant Z_{FC}$$

$$Z = f(V)$$

$$0 \leqslant Q_j \leqslant Q_{\max j}$$

$$EQL_j \leqslant Q_j \leqslant EQU_j$$

其中 E_j——第 j 个月的发电量；

E——年发电量；

T_j——第 j 个月的时间长；

Q_j——第 j 个月的水电站下泄流量；

QI_j——第 j 个月的水库来水流量；

$Q_{\max j}$——第 j 个月的水库最大下泄能力；

EQL_j、EQU_j——分别为某生态方案的生态流量过程线第 j 月的流量上限和下限；

Z_j——第 j 月的月初水位；

Z_{FC}——汛限水位；

Z——水库的水位库容曲线；

H_d——水库下游水位（假设其不受下泄流量影响）；

V_j——第 j 月月初的蓄水量；

$V_{\min}$、$V_{\max}$——分别为水库的死库容和最大容许蓄水量。

5. 模型的求解

不考虑生态要求的方案和考虑生态要求的5个方案的求解结果见表2.5-15。

表 2.5-15 各水库调度方案的年发电量

调度方案	年发电量（万 kW·h）	减少比例（%）
1	9616	
2（方案1）	9169	4.7
3（方案2）	9065	5.7
4（方案3）	8028	6.1
5（方案4）	8941	7.0
6（方案5）	8886	7.6

6. 优化调度决策的确立

结合生态需水保障的目标要求，合理选择生态调度方案，最终确立水库优化调度决策。

2.5.4.3 国外流域生态调度典型案例

1. 田纳西河流域的生态调度

田纳西河流域位于美国东南部，干流全长1050km，流域面积10.5万km^2，年径流量593亿m^3。1933年田纳西法案授权实施流域综合开发，开发目标为航运、防洪和电力供应。20世纪50年代完成全流域的梯级开发，共建水库54座，其中，总防洪库容约145亿m^3，占流域年径流总量的24.5%，水电装机3305MW，干流可通航里程达1045km。

田纳西河流域管理局（Tennessee Valley Authority，简称TVA）在20世纪50年代完成全流域的梯级开发后，水利水电工程的管理始终在顺应社会发展的需求和公众需求的变化下不断调整，通过对水库的调度方式进行优化来最大限度地满足经济发展与环境保护相协调的目标。自20世纪90年代开始，在工程调度方式优化方面，主要经历了两次重大的调整。1996年美国联邦能源监管委员会在水电站运行许可审查过程中，要求针对生态环境影响制定新的水库运行方案。由此开始第一次重大调整，调度目标相应增加了水质保护、生态修复和生物栖息地保护的内容，各个水库采取了相应的增加最小流量和DO浓度的技术措施。第二次重大调整在2004年实施，探求更大程度地满足公众娱乐需求的可能，与此同时避免对原有功能造成过度损害。美国环保局在评估TVA提出的8个备选方案后，提出了折中的方案，于2004年5月被TVA采纳正式实施。新的方案最大限度地满足了公众和管理机构的需求，同时，对原有的基本功能也没有造成大的损失。

2. 墨累—达令河流域生态流量管理

墨累—达令河流域位于澳大利亚的东南部，干流长3750km，流域面积106.1万km^2，地跨4个州，全流域年均径流量大约为238亿m^3。流域中修建了90多座大型水库，总库容295亿m^3，每年灌溉水量100亿m^3左右。墨累—达令河流域内湿地众多，拥有8个国际重要湿地，是澳大利亚生物多样性的重要区域。

墨累—达令河流域的水资源状况及水资源开发利用水平与我国整体状况具有很大的相似性，都具有水资源短缺、竞争性用水矛盾比较突出，且农业用水所占比例较大的特点。同时，河流生态系统由于承受多重胁迫，水污染严重，水生态恶化现象比较突出，流域下游水体中出现蓝藻暴发及盐渍化现象，流域内湿地都在经历不同程度的退化。为了遏制流域健康不断下降的趋势，墨累—达令河流域管理委员会在20世纪90年代开展了实施生态调度可能性的研究，对Hume和Dartmouth大坝调度进行了回顾分析，探寻实施生态调度的技术可行性。

经过近10年的准备，2002年由澳大利亚政府和流域内4个州共同启动了墨累—达令河生命行动计划，它也是澳大利亚最大的河流恢复行动，目的是将墨累—达令河建设成一条健康工作的河流。其内容包括河道结构和调度方式的改变以及必要的调查活动；同时，还要求墨累—达令河流域委员会建立水市场，按照实施的时间先后，将每年节水的目标逐渐从最初的3.5亿m^3提高到中期的7.5亿m^3和远期的15亿m^3，用于生态改善。墨累—达令河流域生态流量管理实践是世界上第一个在全流域尺度内大规模进行生态修复实践的案例。

3. 科罗拉多河格伦峡大坝调度的适应性管理

科罗拉多河流经美国和墨西哥，长度约2333km，流域面积64.2万km^2，多年平均径流量170亿m^3，流域内水库总库容达872亿m^3，年供给农业灌溉用水约95亿m^3，城市和工业用水约28亿m^3。流域内最大的蓄水工程是格伦峡大坝，位于上游段末端，库区为鲍威尔湖，总库容333亿m^3，1963年建成，其开发目标是航运、发电、灌溉、防洪，装机容量104.2万kW。

格伦峡大坝建成后，下游水文情势的季节和年际变化显著变小，而发电调峰引起的流量日变幅却显著增大，下泄的清水造成下游河道冲刷，下泄水温年内变幅缩小，引起了濒危物种种群的持续下降和下游河滩栖息地的冲刷。

社会公众对环境保护及休闲娱乐价值的重视推动了格伦峡大坝运行调度方式的调整。自1982～1995年，开展了大量大坝调度的生态环境效应研究。其中，1992年大峡谷保护法案通过，对格伦峡大坝的运用调度提出了新的要求；1995年格伦峡大坝调度环境影响报告完成，报告提出了9种调度备选方案和“适应性管理”建议。1996年内务部采纳了改进的低波动水流（MLFF）推荐方案，要求除满足传统的开发目标外，大坝调度还必须考虑濒危物种保护、下游河滩栖息地恢复及文化娱乐价值保护等。1997年内务部正式成立了格伦峡大坝适应性管理工作组，确定了组织机构和工作流程。从1996年至今，大坝调度一直按照MLFF方案进行，适时实施生态水流试验，不断改进调度方式。

4. 美国泰颇克（Tapoco）水电项目的生态调度管理

泰颇克（Tapoco）水电项目属田纳西和北卡罗来纳州的美国铝业发电公司（APGI）所有，总装机容量达366.82MW，共有4座水电站，分别为圣缔特拉（Santeetlah）、乔奥亚（Cheoah）、考尔德伍德（Calderwood）和奇尔侯维（Chilhowee）水电站。在实行新的生态调度制度之前，上游圣缔特拉水库不通过原乔奥亚河河道向下游水库进行经常泄流，而是通过压力管道和隧洞将水引入乔奥亚水库。来自上游圣缔特拉水坝的渗漏，支流和上游水库非经常性的溢流，在乔奥亚河段中也形成了一定的流量。该河段是濒临灭绝的阿帕拉契贻贝栖息地，为改善乔奥亚河的水生态状况，通过咨询当地资源和环境保护部门、美国森林局、美国鱼类及野生生物局，APGI制定了乔奥亚河的生态调度管理规划。

该管理规划要求自2007年3月1日起，圣缔特拉水库向下游河道下泄1.13～2.83m^3/s的生态基本流量。APGI将根据水库水位变化和泄流流量的测量记录计算出平均入库流量，再根据前3个月的平均入库计算流量来确定生态基本流量。如果某个月的平均入库流量大于历史入流$P=25\%$的流量，圣缔特拉水坝按照表2.5-16中“等级A流量”下泄；如果某个月的平均入库流量小于或等于历史入流$P=25\%$的流量，APGI将按照表2.5-16中“等级B流量”泄流。同时，APGI的水电站每年要有19～20d的峰值泄流，流量约为28.1m^3/s。

表2.5-16 圣缔特拉水坝下泄生态基本流量表

单位：m^3/s

月份	等级A流量	等级B流量
1	1.42	1.42
2	2.83	2.55
3	2.83	2.55
4	2.83	2.55
5	2.55	2.27
6	1.70	1.70
7	1.70	1.42
8	1.42	1.13
9	1.42	1.13
10	1.42	1.13
11	1.42	1.13
12	1.70	1.42

为获得美国低影响水电研究所（Low Impact Hydropower Institute，简称LIHI）管理委员会颁发的低影响水电认证，泰颇克水电项目在4个水电站之间调整了发电能力，其中圣迪特拉电站的装机容量由原来的49.2MW降低为47.0MW；奇尔侯维水电站的装机容量由原来的52.2MW降低为48.0MW，以确保维持原河道中的生态流量。

2.6 水环境保护

2.6.1 重要水域水质保护措施

重要水域水质保护的对象为环境影响报告书（表）确定的工程建设影响的重点保护水域和饮用水水源地的水源保护区。饮用水水源地包括地表水水源地与地下水水源地，地表水水源地包括水库、湖泊型、河道型水源地等类型。本节从技术手段的成熟度及使用广泛性等角度，划分为水质保护与污染控制措施、生态措施两部分分别阐述。

2.6.1.1 水质保护与污染控制措施

原则上，水源保护区等重点保护水域内应严格禁止任何形式排污，以此开展污染源治理工作；水源保护区外围应执行污染物排放总量控制方案，确保饮用水源控制断面达到目标要求。鉴于我国现阶段水源污染现状及经济社会发展状况，短期内上述污染控制要求无法一步到位，考虑到目标的可操作性及可达性，可拟定阶段性污染物削减计划，当外部条件满足时，即应确保严格执行污染控制要求。对于水源保护区最终目标，水源保护区外围污染物排放量必须控制在水功能区划确定的最大允许污染负荷量范围内，水源保护区和准保护区内禁止排污。

造成水源水体污染的主要原因是流域或区域污染治理薄弱、水源环境保护设施不到位等。大多数废水直接或间接进入江河湖库等自然水体，特别是水源保护区内的排污口尚未得到有效治理，成为污染来源。其次，水源周边和保护区内的农村养殖业、农村生活污水、生活垃圾、农用化肥农药等面源污染也严重影响饮用水源的水质状况。再者，旅游、船舶以及污染底泥等内源污染对水源水质的影响亦不容忽视。

为保障水质安全，水源保护区等重点保护水域水质保护与污染控制具体可落实在以下四方面：水源地环境保护设施建设、点源治理、面源治理及内源治理。

1. 水源地环境保护设施建设

根据水源地具体情况，本着预防为主的原则，开展水源地环境保护设施建设，包括水源保护区隔离防护工程、标示与警告设施建设等。

隔离防护工程是指通过在保护区边界设立隔离防护设施，防止人类及畜类活动等对水源地的干扰，拦截污染物直接进入水源保护区。隔离防护工程包括物理隔离和生物隔离两类，物理隔离是在保护区内采用隔栏或隔网对水源保护区进行机械围护；生物隔离工程是选择适宜的树木种类进行营造防护林。

隔离工程原则上应沿着水源保护区的边界建设，各地可根据保护区的大小、周边具体情况等因素合理确定隔离工程的范围和工程类型。物理隔离措施须明确隔栏或隔网的位置、规模、型式、工程量等；生物隔离须明确防护林的位置、树木种类、规模、工程量等。

2. 点源治理

水源地点污染源主要包括集中排入河流湖泊的城镇生活污水排污口、排放工业废水的企业及流域或区域内其他固定污染源。点源污染主要有：城市生活污水排放；工业点排放及工业化学品的渗漏和溢流；垃圾填埋场的渗滤液；畜禽养殖污染等。

水源地点源污染控制的途径主要包括清拆和关闭水源保护区内的非法建筑、企业和入河排污口。对于不能达标排放的排污企业采用搬迁、关闭或转产等措施，合理安排搬迁保护区内居民，改进生产生活方式减少污染物排放量，推行清洁生产，提高水的循环利用率，完善污染物排放标准和管理法律法规，加强执法力度，集中处理重点污染源和优先控制污染物，推广工业废水和生活污水的生态治理和污水回用技术，整治集中式畜禽养殖控制等。

(1) 生活污水治理。城镇生活污水处理要根据污染源排放的途径和特点，因地制宜地采取集中处理和分散处理相结合的方式。通过对方案的技术、经济分析比较，得出最佳设计方案。对于建有下水管网的城镇宜采用生活污水集中处理方案，这样既节省建设投资和运行费用，又可达到较好的处理效果，其占地面积小，易于管理；对于下水道系统尚未普及的地区，可采用集中处理和分散处理相结合的方案，具体做法视情况而定；对于没有下水道系统的地区，只能先采用点污染源分散治理的方法，同时应加强集水沟渠等的建设，将污水汇集到处理设施处，尽量避免生活污水直接进入天然水体造成污染，如有条件，可将下水道系统的建设纳入规划。另外，以湖库为受纳水体的新建城镇污水处理设施，必须采取脱氮、除磷工艺，现有的城镇污水处理设施应逐步完善脱氮、除磷工艺，提高氮和磷等营养物质的去除率，稳定达到国家或地方规定的城镇污水处理厂水污染物排放标准。

提出各污水处理厂（站）每年可削减污染物量，包括COD、氨氮、TN、TP等污染物的削减量。污水处理厂投入运营后的运行费主要靠收取城市污水处理费等措施，确保良性运行，污水处理后就近用于城镇环境用水。

(2) 工业点源治理。由于不合理的工业结构和粗放型的发展模式，我国50%以上的水污染负荷来自工业废水，绝大多数有毒有害物质都是通过工业废水的排放进入水体。加强工业污染的治理在一定时期内仍是我国水源地污染防治的重点。对工业废水污染防治必须采取综合性的对策措施，其中，发展清洁生产及节水减污是控制工业废水污染最重要的对策与措施。我国工业生产正处于发展的关键阶段，应以降低单位工业产品或产值的耗水量、排水量和污染物排放负荷为发展重点。

大力推行清洁生产，推广采取无废少废工艺、废水综合利用工艺、清污分流工艺，加快工业污染防治从以末端治理为主向生产全过程的转变。要求企业调整产业结构、用水结构及采取废水回用、综合利用和污水处理工艺，减少废水及污染物排放量。

对于主要工业点污染源的治理技术，应根据具体的排污特点而定。如对于以排放有机物或悬浮物为主的工业污染源，可采用生化、沉淀、气浮等手段进行处理；对于排放重金属、砷等有毒无机物的污染源，可采用沉淀、过滤、离子交换等手段进行处理，但处理后的排水，需采用专用管道排往敏感度较低的水体。

(3) 人口搬迁。为保护饮用水水源保护区水质，应对位于保护区内的人口进行搬迁，提出搬迁人口数及相应投资。移民搬迁工作应在充分考虑保护区划分时间、群众搬迁意愿、移民安置、环境容量等因素后，解决生活和生产安置问题，区别具体情况逐步实施。

(4) 集中式禽畜养殖污染控制。根据国家环境保护总局《畜禽养殖污染防治管理办法》（2001年第9号令）的规定，禁止在饮用水水源防护区内新建畜禽养殖场，对原有养殖业限期搬迁或关闭。按照水源防护区内目前已有的畜禽养殖场要在3年内限期搬迁或关闭的规定，提出规划水平年的饮用水源保护区内养殖场搬迁或关闭计划。

暂时不能搬迁的要采取防治措施，严格按照《畜禽养殖业污染防治技术规范》（HJ/T 81）、《畜禽养殖业污染物排放标准》（GB 18596）执行，对畜禽养殖场排放的废水、粪便要集中处理，规模化养殖场清粪方式要由水冲方式改为干检粪方式；畜禽废水不得随意排放或排入渗坑，必须经过处理后达标排放；畜禽废渣要采取还田、生产沼气、制造有机肥料、制造再生饲料等方法进行综合利用。用于直接还田利用的畜禽粪便，应当经处理达到规定的无害化标准，防止病菌传播。

3. 面源治理

面源污染是指溶解性或固体污染物在大面积降水和径流冲刷作用下汇入受纳水体而引起的水体污染，其主要来自水土流失、农业化学品过量施用、城市废水、畜禽养殖和农业与农村废弃物等。大量的泥沙、氮磷营养物、有毒有害物质进入江河、湖库，引起水体悬浮物浓度升高、有毒有害物质含量增加、溶解氧减少，水体出现富营养化和酸化趋势，不仅直接破坏水生生物的生存环境，导致水生生态系统失衡，而且还影响人类的生产和生活，威胁水源地安全和人体健康。

随着农业的发展，化肥和农药施用量逐年增加，其过量使用造成大量化肥和农药随降水或灌溉用水流入水域，面源污染负荷所占的比重也逐年增加。在许多水域，面源污染负荷已经超过点源污染负荷，成为水体污染的主要来源之一。与通过集中排污口排放的点源污染相比，面源污染具有随机性、广泛性、滞后性、不确定性和时空分布不均匀性等特点。

至今，公众对由农田施用化肥和农药等引发的污染以及农业生产过程中产生的污染缺乏足够的认识，对隐蔽性强、分散的村落污水垃圾及畜禽粪便等有机废弃物给水环境带来的危害也缺乏重视。

从图 2.6-1 可以看出，水源地面源污染主要有投放到农田中的化肥和农药，土壤侵蚀，累积在街道的地表沉积物，畜禽养殖产生的粪便、污水和垃圾，矿山的固体废弃物，农村随意堆放的生活垃圾和随意排放的生活污水等。

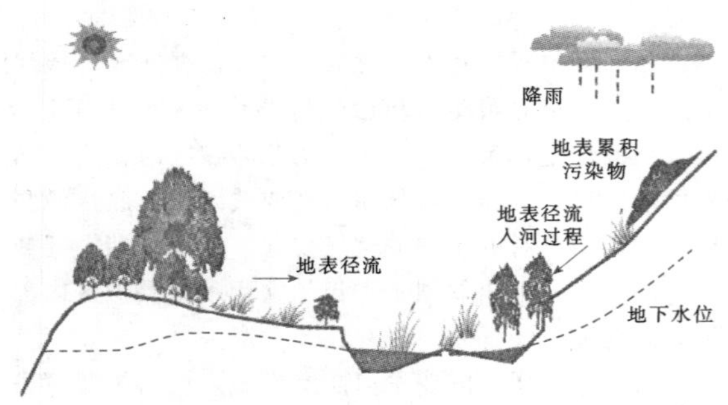

图 2.6-1 面源污染过程示意图

面源污染与点源污染的发生机制存在明显差异，因此，应对两者采取截然不同的控制对策和措施。点源污染控制主要是通过修建污水处理工程实现，属于“末端处理”；而针对面源污染，目前国际上仍然缺乏有效的控制和监测技术。借鉴欧美等发达国家经验，多采用源头控制策略，即在全流域内对面源污染进行分类别控制。就农业面源污染而言，主要推行农田最佳养分管理措施（BMP），分别就轮作方式、施肥量、施肥期、施肥方式等作出限制性规定。城市径流面源污染控制，主要通过管网改造建设、路面材料替代、线性污染源（主要为机动车辆）控制等方法进行治理。畜禽养殖面源污染控制，主要通过制定畜禽养殖场农田最低配置（指畜禽数量必须同可容纳畜禽粪便的农田面积匹配）、化粪池容量、密封性等规定实现源头控制。

对于饮用水水源地面源污染问题，可以从以下三方面采取对应控制措施：

（1）水土流失治理。由于不适当的人为开发，引起了生态环境改变和自然环境的退化，使水源涵养能力下降，部分草原退化、植被稀疏，土地沙化、水土流失，地表径流自净能力下降。

水土流失治理原理：地表防护，减少降雨击溅侵蚀污染；控制径流冲刷侵蚀污染地表径流；恢复生态系统，控制污染。

水土流失控制工程技术：坡面工程技术，包括梯田、蓄水沟、截留沟、拦沙挡、卧牛坑、蓄水涵和鱼鳞坑等；梯田工程技术，包括水平梯田、斜坡梯田和隔坡梯田等，无论梯田是何种型式，都具有切断坡面径流，降低流速，增加水分入渗量等保水保土作用；沟道工程技术，包括沟头防护工程（撇水沟、天沟、跌水工程、陡坡工程）、谷坊工程（土谷坊、石谷坊、柴梢谷坊、混凝土谷坊）和沟道防护工程（拦沙坝、淤地坝、透水坝）等。

针对坡面水土流失，采取坡改梯、配套坡面工程，配合营造水土保持林草措施（水土保持林、经济林果、种草）；针对沟道水土流失，采取拦沙坝、支沟整治和塘堰整治等措施。

另外，在人口较稀少地区，实行封山禁牧，设置必要的网围栏和封禁标牌，对于疏幼林采取补植措施；开展舍饲养畜，减少对林草植被的破坏，依靠自然修复能力，减少水土流失。

（2）农业面源污染治理。农业面源污染问题已引起国内外的极大关注，污染控制技术方法有几十种之多，包括免耕法、退田还林还草法、轮作法等，有一些技术方法虽然污染控制效果较好，但牺牲耕地，不符合我国人多地少的国情。根据我国国情，总结吸收国内外多年来的研究实践经验，归纳出四种不同技术方法，包括坡耕地改造技术、水土保持农业技术、农田田间污染控制工程技术以及农田少肥管理技术。

目前，欧美国家用于控制农田引起面源污染的技术标准主要包括：①对水源保护区、水源涵养地的轮作类型的限定；②对水源保护区、水源涵养地肥料类型、施肥量、施肥期、施肥方法的限定。各国的经验显示，在水源保护区或者面源污染严重的水域，因地制宜的制定和执行限定性农业生产技术标准，实施源头控制，是进行氮、磷总量控制，减少农业面源污染最有效的措施。

饮用水水源保护区内面源污染控制工程主要是农田径流污染控制工程，通过坑、塘、池等工程措施，减少径流冲刷和土壤流失，并通过生物系统拦截净化面源污染。

农田径流是农田污染物的载体，大量地表污染物在降雨径流的侵蚀冲刷下，随着农田径流进入保护区，对保护区水体产生污染影响。

农田径流主要来自降水和灌溉，通过一定规格的沟渠进行收集，依次流入缓冲调控系统和净化系统串联而成的人工湿地。缓冲调控系统的主要作用是调节径流，增加径流的滞留时间，沉降吸附含氮、磷等污染物的颗粒态泥沙，同时利用高等水生生物吸收部分氮、磷等污染物，使水体得到初步净化。净化系统的主要作用是利用系统中的天然填料及湿地植物吸附、吸收径流中溶解态的氮、磷等污染物。净化后的水经出水口排入附近水体或回用。农田径流污染控制工程示意图如图 2.6－2 所示。

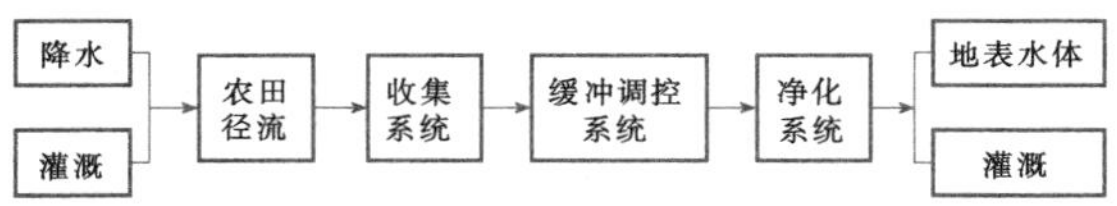

图 2.6－2　农田径流污染控制工程示意图

另外，通过农业生态工程建设，对农业结构和产品结构进行调整，大力发展精品农业、种子农业、观光农业等现代农业，积极推广有机食品、绿色食品，加强新技术开发，促进生态农业建设。

通过推广环境友好型缓释化肥、提高有机肥施用量等措施，控制、减少化肥使用量，减少化肥对水源的污染。

积极开展农业病虫害综合防治技术工作，通过推广采用物理、生物等防治技术，逐步减少农药使用量，严格限制并禁止使用高毒、高残留农药。

在饮用水水源保护区内规划实施以控制农药、化肥等农用化学品使用量为主要内容的农业生态工程建设，推广使用立体种植技术和共生互利养殖技术、以生物防治为主的病虫草害等综合防治技术、农业有机废弃物资源化利用等新技术，使农业资源得到合理利用，减少因施用农用化学物质造成的环境污染，实现农业的清洁生产。

(3) 农村生活污染治理。农村生活污染主要来自两方面：①污水，包括生活污水和雨水地表径流；②固体废弃物，包括生活垃圾、农业废弃物。

1) 农村废水处理。在中国大多数农村地区，农村污水收集系统建设滞后，许多村落没有管网系统，污水四溢，而建有收集系统的村落，也多为明渠，渠道淤积堵塞严重，雨季污水泛滥。鉴于中国农村经济状况，农村村落废水适合采用合流制暗渠收集，该系统具有投资少、易于管理、环境影响小等优点。对于经济较发达的农村地区，也可采用合流制暗管甚至分流制收集系统。

2) 农村固体废弃物处理。在中国广大农村地区，农村生活垃圾和农业废弃物不可能收集后焚烧，一方面投资大，管理难；另一方面不符合农村实际情况，浪费有机肥料。卫生填埋亦不可行，集中填埋造成运输困难和有机肥料浪费。分散填埋是农村地区长期以来处理固体废弃物的手段之一。随着土地资源日益缺乏，适当的填埋场地越来越难寻找，若简单堆存填埋，将造成严重的环境污染。农村生活垃圾与固体废弃物中除含有渣土外，还含有大量的有机组分，如食品、蔬菜叶、植物残枝落叶等，可以通过回收处理，变废为宝，生产沼气和肥料，满足居民生活和生态农业对有机肥的需求。因此，堆肥和沼气工程是处理农村固体废弃物的最佳途径。有些地方结合养殖，建起了畜圈、厕所、大棚、沼气联合运用的沼气池，深受农民欢迎。

另外，以农户为单位的牲畜圈改造，以自然村为单位的垃圾处理和厕所改造亦需进行。

3) 农村环境管理。把环境保护措施建设纳入村镇发展规划，包括村镇排水管网、废水处理工程、垃圾收集系统、垃圾处理工程；加强宣传，树立环保意识，将保护环境列入村规民约，加强管理力度；建设专职或义务的环境管理和环卫队伍，维护环境保护设施的正常运行，及时清运垃圾和处理污染问题。

4. 内源治理

内污染源指污染底泥、水产养殖、流动污染线源等与水体直接接触，排放形成污染物，不经过输移等中间过程直接进入水体的污染源。

(1) 底泥污染治理。作为内污染源的底泥是指能够向水体释放污染物的湖泊沉积物的表层（近湖水层）。其污染源主要是入湖废污水及径流输入所带来的泥沙、其他污染物的沉积、湖内死亡生物体及其他悬浮物的沉降。

底泥中污染物进入水体即污染物的释放过程与湖泊水环境状况、底泥的特性等密切相关。在湖泊环境发生变化时，底泥中的营养盐会重新释放出来进入水体。在外来污染源存在时，氮磷营养盐只是在某个季节或时期会对富营养化发挥比较显著的作用，然而在点源与面源污染得到有效控制后，底泥的释放速率会明显增加。

氮与磷的释放机制不同。前者取决于氮化合物分解的程度，而后者与其化学沉淀的形态有关。氮化合物在细菌的作用下可以相互转化，不同形态的氮，其释放能力不同，溶出的溶解态无机氮在沉积物表面的水层进行扩散。由于表面的水层含氧量不同，溶出情况也不同。厌气性时，以氨态氮溶出为主；好气性时，则以硝酸氮溶出，其溶出速度比厌气时快。底泥中的磷主要是无机态的正磷酸盐，一旦出现利于钙、铝、铁等不溶性磷酸盐沉淀物溶解的条件，磷就释放。

一般情况下，释放出的营养盐首先进入沉积物的间隙水中，逐步扩散到沉积物表面，进而向湖泊沉积物的上层水混合扩散，从而对湖泊水体的富营养化发生作用。

底泥污染的控制一般可从两个方面考虑，一是阻止底泥中污染物的释放，如底质封闭；二是清除污染底泥，如底泥疏浚。

对底泥污染严重并对水质造成不利影响的饮用水水源保护区，应根据底泥污染和影响水质的程度拟定底泥清淤方案，提出清淤的范围及厚度、土方量、主要污染物及超标情况等，避免底泥的二次污染。湖库污染底泥疏浚工程，除应按一般疏浚工程的要求进行外，还必须符合污染底泥疏挖和处置的环保疏浚要求。

(2) 湖库养殖污染治理。湖库养殖所形成的污染物，是指剩余饵料、养殖物（如鱼类）的排泄物等。由于污染物直接进入，湖库养殖对水质影响较大。在湖库养殖中尤其是网箱养鱼污染对周围水体的影响较大，水平方向将影响300～500m；在垂直方向，越是深水处、接近底泥的部位，因沉于底泥的残饵、鱼类粪便的二次污染致使水体污染浓度越大。参照于桥水库、密云水库网箱养鱼影响测试成果，饵料系数一般为2.5（鱼每生长1kg需2.5kg饵料），饵料中氮、磷含量分别为3.29%和0.50%，鱼对氮、磷的吸收率分别为21.7%和24%。

网箱养鱼所形成的污染物的量主要取决于以下几点：养殖密度、饵料的种类及投放量、鱼种等。根据水体功能要求及水环境状况确定适当的养殖水域，选择合适的鱼种，限制合理的养殖密度，投放适量的难溶性饵料，加强网箱养鱼的管理是网箱养鱼污染控制的关键与核心。

以饮用水水源地为主要功能的湖库，应禁止网箱养鱼或者严格限制、分别控制网箱养鱼业的发展。在允许发展网箱养鱼的湖泊中，网箱密度以及网箱养鱼负荷的大小都直接关系到湖库水体污染的大小。关于网箱密度不能一概而论，应依照不同湖库类型对水质的不同要求标准来确定。

在调查现状水源保护区内水产养殖的类型、数量、养殖品种、单位面积产量的基础上，估算禁止水产养殖后相应的总磷、总氮污染物的削减量，提出相应补偿和实施方案。

(3) 流动污染线源治理。流动污染线源主要是以运输、渔业、旅游等为主功能的机动船舶对水环境造成污染。污染物主要包括船上人员的生活废污水和固体废物、船舶运行过程中产生的含油废水以及散漏的运送物资等。

流动污染线源治理一般应包括如下内容：油污染控制、生活废污水处置、运送物质的防散漏措施等。在饮用水水源保护区内对流动污染线源提出禁止、限制、设备改造等治理措施。

2.6.1.2 生态措施

为防治环境污染，充分发挥资源的生产潜力，同时兼顾景观修复，对水源地保护区进行生态修复尤显重要。生态修复保护是指通过采取生物和生态工程技术，对湖库型水源保护区的湖库周边湿地、环库岸生态和植被进行修复和保护，营造水源地良性生态系统。

鉴于生态修复保护工程是新兴的技术，发展较快，在采用此类工程措施时，应根据水源地的具体特点，选择恰当的生物和生态工程技术，也可借鉴其他有实用基础的生态措施，以达到保护水源地的目的。

1. 水生态修复技术

20世纪90年代，美国、德国等国家提出通过生态系统自组织、自维持、自适应能力来修复环境污染的概念，即通过选择特殊植物和微生物，人工辅助建造生态系统来降解污染物，这一技术被称为环境生态修复技术，这也是生态修复的原始思想。

生态修复是指根据生态学原理，通过一定的生物、生态以及工程的技术与方法，人为地改变或切断生态系统退化的主导因子或过程，调整、配置和优化系统内部及其与外界的物质、能量和信息的流动过程及其时空秩序，使生态系统的结构、功能和生态学潜力尽快成功地恢复到一定的或原有的乃至更高的水平。

为了加速被破坏的水源地等敏感水域的恢复，除了依靠水生态系统本身的自适应、自组织、自调节能力外，还应采用人为活动加入的生态修复技术，这种方法就是充分认识和利用自然规律，以自然演化为主，通过人工强化，加速自然演替过程。水源地生态恢复技术需要通过水体生态系统中各种生态群落的综合作用而去除其中的污染物。该技术可以避免施用药物所产生的副作用和使用机械所产生的高成本，而且具有较长期持久的效果。经常采用的技术措施包括：人工湿地修复技术、水生植物修复技术、生物操纵修复技术、生物试剂添加修复技术等。

(1) 人工湿地修复技术。人工湿地是水体生物和生态修复技术，可处理多种工业废水，也可应用于雨水处理、水源水处理。人工湿地系统是在一定长宽比及底面有坡度的洼地中，由土壤和填料（如卵石等）混合组成的填料床，在床体的表面种植具有处理性能好、成活率高的水生植物（如芦苇等），形成一个独特的动植物生态环境，对受污染水体进行处理。

人工湿地的显著特点之一是其对有机污染物有较强的降解能力。水中的不溶性有机物通过湿地的沉淀、过滤作用，可以很快被截留进而被微生物利用；水中可溶性有机物则可通过植物根系生物膜的吸附、吸收及生物代谢降解过程而被分解去除。随着处理过程的不断进行，湿地床中的微生物也繁殖生长，通过对湿地床填料的定期更换及对湿地植物的收割而将新生的有机体从系统中去除。湿地对氮、磷的去除，是将废水中的无机氮和磷作为植物生长过程中不可缺少的营养元素，可以直接被湿地中的植物吸收，用于植物蛋白质等有机体的合成，同样通过对植物的收割而将它们从废水和湿地中去除。人工湿地系统是一个完整的生态系统，它形成了内部良好的循环并具有较好的经济效益和生态效益，在水源周边恢复和建立湿地生态系统对整个水源地生态恢复具有重要意义。

对于湖库型、河道型水源而言，湖滨、河岸湿地是水陆生态系统间的过渡和缓冲区域，具有保持物种多样性、调节和稳定相邻生态系统、净化水体、减少污染等功能，尤其在面源污染的控制方面更具有明显的优势。构建和恢复湖滨、河岸湿地就是构建水陆间的过渡带，合理利用湿地系统，能最大程度地发挥湖滨带、河岸带的净化能力。它通过截流、沉淀、吸附、吸收，使污染物质得以有效去除，同时又能营造怡人的景观效果。湖滨、河岸湿地系统能有效阻滞、截留地表径流携带的悬浮物，降解氮、磷营养物和其他有机物，它是从迁移、转化途径上控制陆域地表径流或潜流营养物入水的最后一道防线。

案例：日本渡良濑蓄水池人工湿地。

渡良濑蓄水池位于日本枥木县，是一座人工挖掘的平原水库，总库容 2640 万 m^3，水面面积 $4.5km^2$，水深 6.5m 左右。这座蓄水池平时为茨城县等 6 县市 64 万人口供水，日供水量 21.6 万 m^3。蓄水池周围是渡良濑川的滞洪区，汛期时洪水由溢流堤流入蓄水池，蓄水池用于调洪，提供调洪库容 1000 万 m^3。

由于上游用水造成生活污水以及含氮、磷的水流入，致使渡良濑蓄水池出现霉臭等水质问题。为保护蓄水池的水质，自 1993 年起在蓄水池一侧滞洪洼地上建人工湿地，将蓄水池的水引到芦苇荡，通过吸附、沉淀及吸收作用，去除水中的氮、磷及浮游植物，达到对水体进行自然净化的目的。净化过程循环进行，确保蓄水池水质洁净，见图 2.6-3。

图 2.6-3 日本渡良濑蓄水池人工湿地

在蓄水池出水口建高 3.5m、宽 40m 的充气式橡胶坝，用以控制出水口。水流经引水渠到达设于地下的泵站。泵站设于地下是为满足景观的要求。泵站安装单机流量为 $1.25m^3/s$ 的两台水泵，水体加压后流入箱形涵洞，再流入芦苇荡。芦苇荡占地 $20hm^2$，最大净化水体能力为 $2.5m^3/s$。芦苇荡分为 3 个间隔，水流通过 33 个挡水堰流入。水流在芦苇荡中蜿蜒流动，以增加净化效果，遂从 33 处出口汇入集水池，再由渡良濑蓄水池的北闸门回到蓄水池，完成一次净化循环。人工湿地内主要种植芦苇，高 2～3m，可收荻用于编苇帘。此外，还种植同属稻科的荻，高度为1.0～2.5m。

渡良濑人工湿地的人工植被从陆地到水面依次为：杞柳（水边林）—芦苇、荻、蓑衣草（湿地植物）—茭白、宽叶香蒲（吸水植物）—荇菜、菱（浮叶植物），形成了一体的生态空间。渡良濑人工湿地已经成为日本最大的芦苇荡，也成为对居民、儿童进行环保及爱水教育的场所，组织学生进行自然观察。在这里可以看到绿头鸭、针尾鸭等禽类及芦燕、白头鹞和鸢等鸟类。

为净化渡良濑蓄水池的水体，在蓄水池中部还建立了一批人工生态浮岛，种植芦苇等植物。芦苇根系附着微生物，可提供充足氧气，并通过迁移、转化水中的氮、磷等物质，降解水中有机质。浮岛还设置为鱼类产卵用的产卵床，也为鱼类设有栖身地，水中的浮游植物成为鱼饵。

(2) 水生植物修复。水生植物修复技术就是以植物（如水草、水生花卉等）忍耐和超量积累某种或某些化学物质的理论为基础，利用植物及其共生生物体系清除水体中污染物的环境污染治理技术。水生植物修复技术包括以下几种：

1) 植物萃取技术：利用金属积累植物或超积累植物将水体中的金属萃取出来，富集并运输到植物可收割部分。

2) 根际过滤技术：利用超积累植物或耐重金属植物从污水中吸收、沉淀和富集有毒金属。

3) 植物固化技术：利用耐重金属植物或超积累植物降低重金属的活性，从而减少因重金属扩散而进一步污染环境的可能性。

在具体的植物与技术运用上要注意针对不同污染状况的水用不同的生态型植物：以重金属污染为主的水体宜选用观赏型水生植物；以有机污染为主的水体可选用水生蔬菜；对混合型污染的水体常采用水葫芦、浮萍、紫背浮萍、睡莲、水葱、水花生、宽叶香蒲等植物。

选择的水生植物要从净化水质的方面考虑，因水生植被的净化能力与其面积成正比，故应尽量扩大水生植被的面积，且以选择沉水植物为宜。这是因为沉水植物不影响水面的开敞度和风流的搅拌作用（天然曝气作用），通过光合作用还可向湖水中释放大量的氧气，促进还原性有机物的氧化分解。沉水植物不仅可以直接吸收湖水中的营养盐，降低湖水中营养盐水平，抑制藻类的生长，同时沉水植物与湖水庞大的接触面积可作为“生物膜”的附着基，提供强大的生物降解能力。大多数沉水植物可用作饲料，定期收割不仅能有效地防止二次污染并输出大量的营养盐，还能创造一定的经济效益。

在利用水生植被进行修复时，首先要进行生态调查，了解湖泊或水库的环境现状，根据修复的目的和当地的气候条件、水生植物的生长及去污特点选择合适的水生植物。其次，要注意对水生植物的及时收割，否则可能造成二次污染。水生植物的收割目前多采用机械收割的方法，设备的投资可能比较大，且有时收割并不经济也不易做到。

(3) 生物操纵修复。生物操纵就是利用生态系统食物链摄取原理和生物的相生相克关系，通过改变水体的生物群落结构来达到改善水质、恢复生态平衡的目的。经典的生物操纵理论是调整鱼群结构，保护和发展大型牧食性浮游动物，从而控制藻类的过量生长。美国、加拿大和欧洲一些国家在这方面都进行了一定的研究。其主要途径是通过人为去除浮游生物食性鱼类，或投放肉食性的鱼类除去浮游生物食性的鱼类，从而促进大型浮游动物的发展，借以抑制藻类生长。事实证明该项技术在改善湖泊水质方面是行之有效的。

生物操纵法是利用自然生态系统中各生物间的捕食作用达到治污的目的，修复效果持久，成本低且无二次污染，完全符合可持续发展的原则。当然，同其他的生态修复方法一样，在进行生物操纵法之前要对湖泊或水库进行全面的生态调查，确定该方法的可行性，如水体的各项水质参数、生物参数、底质参数，还要对放养鱼类对水体和其他水生物可能产生的影响做出预测和评价，要注意土著鱼种的保护，避免不正确的引入造成整个生态系统结构与功能的改变。

(4) 生物试剂修复。根据投加的生物体不同，生物试剂修复可分为投加微型浮游动物修复、投加细菌微生物修复、投加植物病原体和昆虫修复。

投放微型动物的目的就是利用微型动物对藻类的捕食作用抑制藻类的疯长。通常将微型动物在专用的水池中培养后再投放于水体中。经典的生物操纵法也是利用微型动物摄食藻类控制水华的，所以可以考虑将两种方法结合使用。投加的细菌微生物也是经过预先培养的，这些微生物能够迅速吸收和转化水中的氮、磷等污染物，减少藻类生长的营养盐的来源，从而控制其生长。一般这些细菌都是专一性的或者是有选择性的，不影响其他动物群落和植物群落。投放植物病原体和昆虫也是一种有效控制水生植物的方法。植物病原体多具有针对性，容易散播、自我繁殖维持。

投加微生物试剂进行修复，见效快，效果明显。但无论是投加哪种微生物试剂，其培养条件、投放数量、投放方法、投放后的效果及后继处理等问题都需要进一步研究。目前，除加植物病原体这一方法外，其他两种方法还限于实验室的研究。

1）采用CBS水体修复技术。CBS是集中式生物系统（Central Biological System）的简称，为美国CBS公司的科学家开发研制，并得到广泛成功应用，是一种高科技的生物修复水体方法，是利用微生物生命过程中的代谢机理，将废水中的有机物分解为简单的无机物，从而去除有机污染物的过程。CBS是由几十种具备各种功能的微生物组成的一个良性循环的微生物生态系统，主要包括了乳酸菌、放线菌、光合菌、酵母菌等构成了功能强大的“菌团”。CBS的作用原理是利用其含有的微生物唤醒或者激活河道中、污水中原本存在的可以自净但被抑制而不能发挥其功效的微生物。通过它们的迅速增殖，强有力地牵制有害微生物的生长和活动。使用CBS可以清除水域有机污染及水体富营养化，消除水体的恶臭，对于底泥能起到硝化作用。当CBS生物制品投入水体后，唤醒水体中原有益微生物，并使其大量繁殖，进而分解水中的有机污染物，促进氮的反硝化作用，加速磷的无害化，并锁定水体中的重金属元素。水体水质的严重恶化除了富营养化之外，在通常情况下还与水体淤泥迅速淤积有关。CBS系统利用向水体喷洒生物菌团使淤泥脱水，让水和淤泥分离，然后再消灭有机污染物，达到硝化底泥、净化水质的目的。

2）采用EM技术进行水体恢复。EM是高效复合微生物菌群（high Effective complex Microorganisms）的简称，是一种由酵母菌、放线菌、乳酸菌、光合菌等多种有益微生物经特殊方法培养而成的高效复合微生物菌群。EM技术是日本琉球大学教授比嘉照夫先生于20世纪80年代初开发成功的一项微生物技术。EM菌群是由5科10属80多种对人类有益的微生物复合培养而成的多功能微生物菌群。其物理性状为棕褐色液体，包含有光合细菌、错醋酸杆菌、放线菌、乳酸菌和酵母菌等5大类微生物。EM菌群在其生长过程中能迅速分解污水中的有机物，同时依靠相互间共生增殖及协同作用，代谢出抗氧化物质，生成稳定而复杂的生态系统，抑制有害微生物的生长繁殖，激活水中具有净化水功能的原生动物、微生物及水体植物，通过这些生物的综合效应从而达到净化与修复水体的目的。

2. 饮用水水源生态修复工程

对于重要的湖库型饮用水水源保护区，在采取隔离防护及综合整治工程方案的基础上，根据需要和可能，还可有针对性地在主要入湖库支流、湖库周边及湖库内建设生态防护工程，通过生物净化作用改善入湖库支流和湖库水质。但应特别注意生态修复工程中植物措施的运行管理与保障措施，以免对水体水质造成负面影响。

（1）入湖库支流生态修复工程。

1）具有生态性能的混凝土工程。具有生态性能的混凝土是一种具有特殊结构与表面特性的混凝土，放置于河流中，通过物理、化学和生化作用降解水中的污染物，达到净化水质的目的。生态混凝土处理技术具有工程费用低、规模灵活、建设场地适应性强、便于施工等优点。一般布置在支流下游地形相对平缓的河段，这是因为下游河段水质相对较差，污染物浓度相对较高，有利于发挥生态混凝土的净化作用；同时，相对平缓的地形有利于扩大容积，增加水流的停留时间。

2）具有生态性能的滚水堰工程。在污染严重且有条件的入湖库支流下游，可建设生态滚水堰工程，形成一定的回水区域，增加水流停留时间，提高水体的含氧量。同时，可根据实际情况在滚水堰上游的湿地和滩地营造水生和陆生植物种植区，提高水体的自净能力。水生植物的选择应以土著物种为主，并适应当地条件，具有较强的污染物吸收能力，便于管理等。

3）前置库工程。对污染严重且有条件的湖库型饮用水水源地，可在支流口建设前置库，一方面可以减缓水流，沉淀泥沙，同时去除颗粒态的营养物质和污染物质；另一方面通过构建前置库良性生态系统，降解和吸收水体和底泥中的污染物质，改善水质。前置库工程中拦河堰的堰址和堰高的选择，既要满足防洪的需要，又要尽可能控制较大的汇流面积，保持足够的库容，满足蓄浑放清、改善水质的要求。前置库生态系统一般包括沿岸湿生植物带、挺水和浮水植物带、沉水植物带、底栖动物带等，布置前置库生物措施应因地制宜，以适应性、高效性和经济性为原则，选择合适的生物物种。

4）河岸生态防护工程。通过对支流河岸的整治、基底修复，种植适宜的水生、陆生植物，构成绿化隔离带，维护河流良性生态系统，兼顾景观美化，见图2.6-4。

图2.6-4 河岸生态防护工程

(2) 湖库周边生态修复与保护工程。对湖库周边生态破坏较重区域，结合饮用水水源保护区生物隔离工程建设，在湖库周边建立生态屏障，减少农田径流等面源对湖库水体的污染，减轻波浪的冲刷影响，减缓周边水土流失。

对湖库周边的自然滩地和湿地进行保护和修复，为水生和两栖生物等提供栖息地，保护生态系统。以保护现有生态系统为主，在破坏较重区域进行生态修复，选择合适的生物物种进行培育，维护生态系统的良性循环，见图 2.6-5。

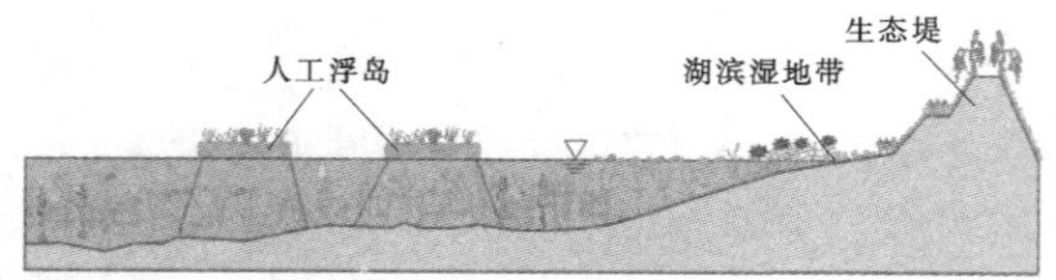

图 2.6-5 湖库周边生态修复与保护工程示意图

(3) 湖库内生态修复工程。对于生态系统遭受破坏，水污染、富营养化较重，存在蓝藻暴发等问题的湖库，可在湖库内采取适当的生态防护工程措施，保障水源地供水与生态安全。

1) 生态修复工程。在湖库内种植适宜的水生植物（包括浮水植物、挺水植物、沉水植物等）、放养合适的水生动物（包括底栖息动物、鱼类等），形成完整的食物链网，完善湖库内生态系统结构，使之逐步成为一个可自我维护、实现良性循环、具有旺盛生命力的水生生态系统。

对于采取生态修复工程的湖库型饮用水水源保护区，应考虑提出种植或放养动植物的名称、放养数量、种植面积等，并对其实施效果进行评价，见图 2.6-6。

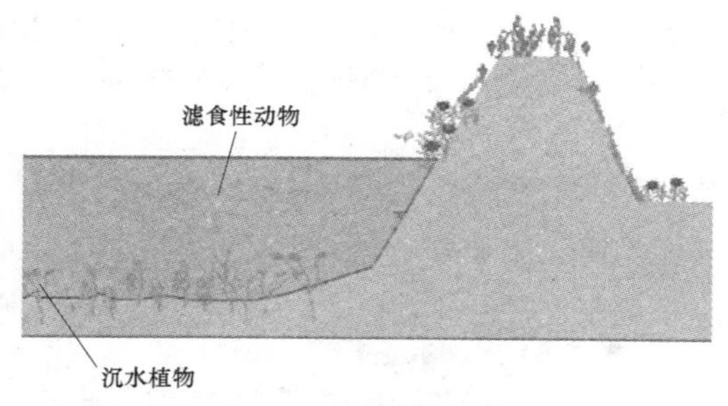

图 2.6-6 生态修复工程示意图

2) 生物净化工程。在取水口附近及其他合适区域布置生态浮床，选择适宜的水生植物物种进行培育，通过吸收和降解作用，去除水体中的氮、磷营养物质及其他污染物质。生态浮床宜选择比重小、强度高、耐水性好的材料构成框架，其上种植既能净化水质又具观赏效果的水生植物，如美人蕉、水芹、旱伞草等。在受蓝藻暴发影响较大的取水口，应采取适当的生物除藻技术，或建设人工曝气工程措施减轻蓝藻对供水的影响，见图 2.6-7。

图 2.6-7 生物净化工程

2.6.2 工程施工废污水处理

2.6.2.1 施工废水处理

1. 废水特性

施工废水主要来源于基坑和地下洞室开挖、砂石料加工、混凝土拌和系统冲洗、机械修配等作业，其中砂石料加工排放的废水为最大的污染源。

(1) 基坑排水。基坑排水分初期排水、经常性排水和混凝土围堰过水时的基坑排水。初期排水和围堰过水水质与江河水质基本相同，不会增加对江河水质的污染。经常性排水应分别计算围堰和基础在设计水头的渗流量、覆盖层中的含水量、施工时的降水量和施工弃水量，据此确定总排水量。经常性排水不含有毒物质，主要超标指标为悬浮物和 pH 值，悬浮物浓度约 2000mg/L 左右，pH＝11～12。根据已建工程监测资料，基坑土石方开挖废水悬浮物含量为 200～3000mg/L，pH＝6～8；钻探灌浆废水悬浮物含量为 1000～8000mg/L，pH＝9～12；混凝土养护废水悬浮物含量为 200～2000mg/L，pH＝9～12。

(2) 地下洞室施工排水。该部分排水主要源于施工用水和涌水，主要超标指标为悬浮物、COD 和石油类。施工用水量根据工程设计确定，涌水量根据抽水试验流量与降深关系确定。其中前期开挖过程中裂隙水较少，废水浓度较高，后期开挖过程中由于裂隙水和地下涌水的出现，水量增大，但废水浓度相对较低，表 2.6-1 为某工程施工区洞挖废水悬浮物和 COD 监测结果。有些地下厂房在施工过程中由于地质条件原因需要实施灌浆作业，在灌浆过程中遗漏的水泥浆可导致排水中 pH 值增高，一般为 10～12，悬浮物浓度 500～1500mg/L，最高可达 18000mg/L。

在洞室开挖过程中若采用普通炸药，排水中还含有部分三硝基甲苯（TNT）。

表 2.6-1　某工程施工区洞挖废水悬浮物和COD监测结果

月份	流量 (m^3/h)	pH值	悬浮物(mg/L)		COD_{Cr}(mg/L)	
			平均值	最高值	平均值	最高值
1	18.3	9.6～12.0	511	955	49	67
2	11.1	8.8～11.8	496	1684	16	48
3	83.2	11.1～11.7	8227	17520	183	402
6	15.7	11.2～11.4	1077	1525	53	84
7	21.3	8.3～11.1	307	414	47	69

（3）砂石料加工废水。砂石料加工废水来源于砂石料冲洗，排放方式为连续排放。冲洗用水因各工程砂石料含泥量、含沙量不同而不同，一般为每方砂石料耗水1～3t。含泥量大的石灰岩冲洗用水量大，而天然砂石料冲洗用水量较小，具体水量可根据工程设计具体确定。冲洗用水扣除蒸发的损耗量即为废水量，一般蒸发和损耗占冲洗水的10%～20%。砂石料加工废水中不含有毒有害物质，主要是悬浮物，废水颗粒粒径范围一般在0.5～160μm之间，浓度一般为30000mg/L，最高值达100000mg/L，最低值3000mg/L。表2.6-2为某工程砂石料加工系统废水悬浮物监测结果。

表 2.6-2　某工程砂石料加工系统废水悬浮物监测结果

月份	流量 (m^3/h)	pH值	悬浮物（mg/L）	
			平均值	最高值
1	5.1	8.0～8.1	26041	107376
3	27.5	7.8～7.9	10836	28042
6	23.6	7.7～8.2	14108	47060
7	34.4	7.8～8.0	3952	6640

（4）混凝土拌和系统冲洗废水。混凝土拌和系统冲洗废水主要来源于拌和楼料罐、搅拌机及地面冲洗，排放方式为间歇式。混凝土拌和系统冲洗废水呈碱性，pH=11～12，悬浮物浓度在2000mg/L以上。

（5）机械修配系统废水。机械修配系统主要包括机械修配厂、汽车修理及保养厂、各类加工厂。废水主要污染物成分为石油类，浓度约100mg/L。

2. *废水处理回用要求*

在遵循节约水资源、尽量回收利用的原则下，废水经处理后尽量回收利用。如需排放，需要根据所在区域水体功能要求，满足国家相关排放标准。

在水利水电工程中，废水经处理并达到相关要求后，可用于砂石料冲洗、混凝土拌和与养护、杂用等。

（1）砂石料冲洗水水质要求。《水利水电工程施工组织设计规范》（SL 303—2004）规定，施工用水水质应符合相关规范的要求。《水电工程施工组织设计规范》（DL/T 5397—2007）附录F.2.3规定，一般施工用水和砂石料生产用水等除悬浮物含量不超过100mg/L外，水质无特殊要求，但未经处理的工业排放水不得作为施工和生产用水；附录F.2.5规定，砂石加工、混凝土生产等产生的废水应进行适当处理后回收利用或者排放，回收利用水的悬浮物含量不应超过100mg/L；处理后排放水体应达到国家现行有关排放标准。

（2）混凝土拌和养护水水质要求。SL 303—2004规定，水利水电工程施工混凝土拌和与养护采用饮用水，采用其他水源时，水质应符合《混凝土用水标准》（JGJ 63—2006）的规定。《水工混凝土施工规范》（DL/T 5144—2001）对大、中型水电工程中1级、2级、3级水工建筑物的混凝土和钢筋混凝土的施工用水提出了相关要求，在5.5.1条规定，凡符合国家标准的饮用水，均可用于拌和与养护混凝土；未经处理的工业污水和生活污水不得用于拌和与养护混凝土；在5.5.2条规定，地表水、地下水和其他类型水在首次用于拌和与养护混凝土时，须按现行的有关标准，经检验合格后使用，用水指标要求见表2.6-3。

表 2.6-3　拌和与养护混凝土用水的指标要求

项　目	钢筋混凝土	素混凝土
pH值	>4	>4
不溶物(mg/L)	<2000	<5000
可溶物(mg/L)	<5000	<10000
氯化物(以 Cl^- 计)(mg/L)	<1200	<3500
硫酸盐(以 SO_4^{2-} 计)(mg/L)	<2700	<2700

在JGJ 63—2006中，对工业及民用建筑及一般构筑物的混凝土用水进行了规定，见表2.6-4。

表 2.6-4　混凝土拌和用水指标要求

项　目	预应力混凝土	钢筋混凝土	素混凝土
pH值	≥5.0	≥4.5	≥4.5
不溶物(mg/L)	≤2000	≤2000	≤5000
可溶物(mg/L)	≤2000	≤5000	≤10000
氯化物(Cl^-)(mg/L)	≤500	≤1000	≤3500
硫酸盐(SO_4^{2-})(mg/L)	≤600	≤2000	≤2700
碱含量(rag/L)	≤1500	≤1500	≤1500

注　碱含量按照 $Na_2O+0.658K_2O$ 计算值来表示。对于非碱活性骨料，可不监测碱含量。

此外，在JGJ 63—2006中，3.1.5条规定混凝土拌和用水不应漂浮有明显的油脂和泡沫，不应有明显的颜色和异味；3.1.6条规定混凝土企业设备洗刷水不宜用于预应力混凝土、装饰混凝土和暴露于腐蚀环境的混凝土，不得用于使用碱活性或潜在碱活性骨料的混凝土。

混凝土养护水除不溶物与可溶物不做要求外，其他项目指标见表2.6-4。

（3）杂用水水质要求。杂用水主要用于厕所冲便、道路清扫、消防、城市绿化、车辆冲洗以及临建施工用水等。其水质可参照《城市污水再生利用　城市杂用水水质》（GB/T 18920）标准，见表2.6-5。

表2.6-5　　城镇杂用水水质标准

序号	项目	冲厕	道路清扫、消防	城市绿化	车辆冲洗	建筑施工
1	pH值	6.0～9.0				
2	色（度）≤	30				
3	嗅	无不快感				
4	浊度（NTU）≤	5	10	10	5	20
5	溶解性总固体（mg/L）≤	1500	1500	1000	1000	—
6	BOD_5（mg/L）≤	10	15	20	10	20
7	氨氮（mg/L）≤	10	10	20	10	20
8	阴离子表面活性剂（mg/L）≤	1.0	1.0	1.0	0.5	1.0
9	铁（mg/L）≤	0.3	—	—	0.3	—
10	锰（mg/L）≤	0.1	—	—	0.1	—
11	溶解氧（mg/L）≥	1.0				
12	总余氯（mg/L）	接触30min后≥1.0，管网末端≥0.2				
13	总大肠菌群（个/L）≤	3				

注　混凝土拌和用水还应符合JGJ 63—2006标准。

2.6.2.2　砂石料加工废水处理

根据水利水电工程砂石料加工废水中细砂粒度级配试验结果，粒径不大于0.15mm的细砂约占85.9%。冲洗废水在出砂石料加工系统前经螺旋洗砂机进行脱水，使大于0.15mm砂粒沉入槽底由螺旋输送到卸料口排出回收。根据某工程砂石料加工废水监测结果，废水细砂最小粒径为0.41μm，最大粒径为120μm，平均粒径为8.2μm，测定废水比重为2.93。砂石料生产废水处理中可仅考虑去除此部分粒径细砂及漂着物。

1. *砂石料加工废水处理工艺*

砂石料加工废水处理工艺大体可分为3种，即平流式自然沉淀法、辐流凝聚沉淀法和成套设备法。

（1）平流式自然沉淀法。这是一种将污水引入平流式沉淀池进行自然沉淀的处理方式。微粒子沉淀需要的时间长，所需沉淀池的规模大，处理后悬浮物浓度通常在100～200mg/L左右，且必须设置备用沉淀池。砂石料生产运行高峰期，沉淀池需要频频更换，因其沉淀污泥含水率在90%左右，难以将其结块清除。其处理流程见图2.6-8。

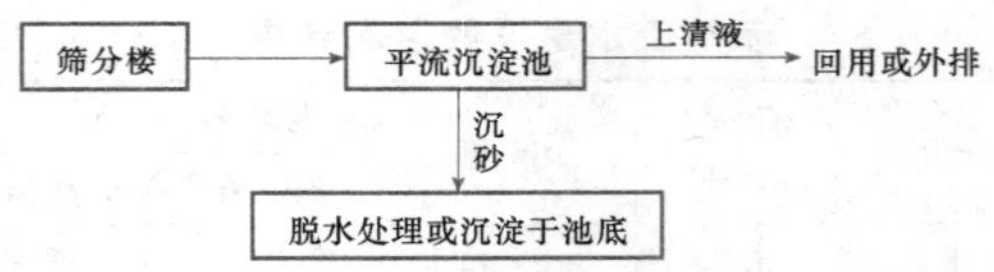

图2.6-8　平流式自然沉淀法处理流程图

设计中如有地形条件和足够的场地，利用本方案进行自然沉淀可大大降低运行成本。向家坝水电站工程马延坡砂石料加工废水就是利用天然地形条件，建设200万m^3的水库作为废水沉淀池进行自然沉淀，处理效果显著，实现了废水处理后循环利用，达到节能减排效果。

（2）辐流凝聚沉淀法。该方法是让添加凝聚剂的污水在凝聚沉淀分离装置（可利用辐流式沉淀池＋混合器）内凝聚沉淀，沉淀的污泥在储泥池内沉积，然后对污泥进行重力压实或机械脱水处理。该处理方法占地面积较小，但是，当污泥产生量较多时，储泥池的规模也会随之增大。其处理流程见图2.6-9。

（3）成套设备法。目前，在水利水电工程中实际应用的主要有DH高效（旋流）污水净化器等较成熟

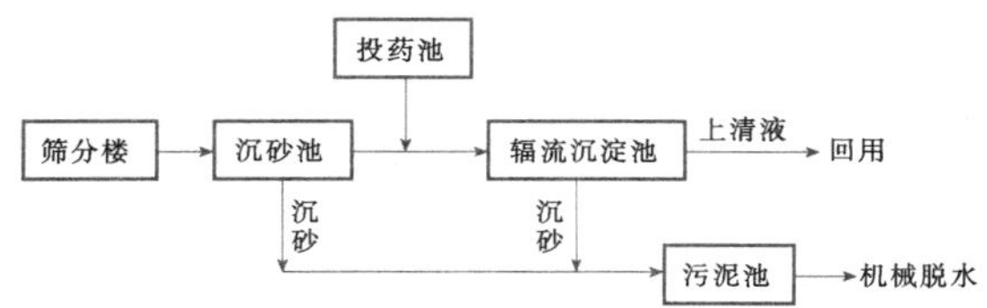

图 2.6-9 辐流凝聚沉淀法处理流程图

的设备。

DH高效（旋流）污水净化器运用组合和集成新技术使废水在短时间内实现多级高效净化。该设备占地面积小，为传统工艺的1/6～1/10，净化时间20～25min，净化效率高，排放污泥含水率一般为80%，能耗只需一次动力提升，耐负荷冲击力强，进水悬浮物浓度可达60000mg/L。其处理流程见图2.6-10。

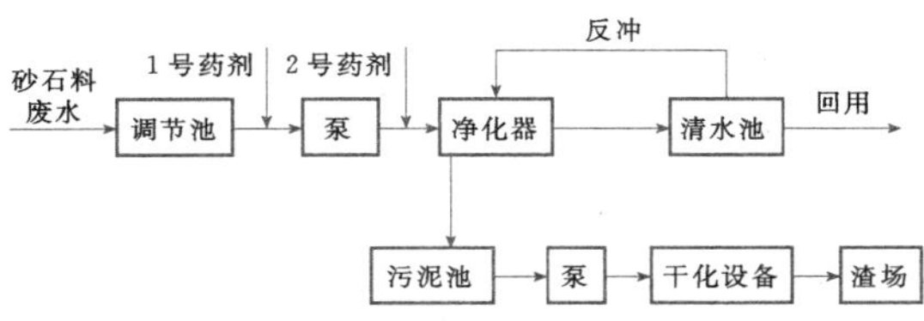

图 2.6-10 DH高效（旋流）污水净化器法处理流程图

该方法需考虑调节池和污泥池的设计，其中调节池具有水质、水量调节作用，池体不宜过大，最好需增加一定搅拌或曝气设施避免泥沙的沉淀，污泥池设计类似辐流凝聚沉淀方案中的污泥池。

2. 污泥处理工艺

砂石料加工废水中泥沙含量大，污泥清理和脱水工艺的运行关系整个系统运行的效果。根据废水处理的工艺方法可选择适合的污泥处理方案。

(1)"人工＋铲车"清理方案。

1) 污泥的清理。该方案主要适用于结构简单的自然沉淀法。如果自然沉淀池不能满足运行期间污泥的储存，则需要定期进行污泥的清理。可将沉淀池做成斜坡式，以方便"人工＋铲车"进行污泥的清理。由于自然沉淀法废水在沉淀过程中存在底部污泥板结和上部污泥无法实现泥水快速分离，在运行过程中沉淀污泥自然浓缩干化时间较长，需要有多个备用沉淀池。

2) 污泥的脱水干化。砂石料加工废水沉淀污泥成分主要为泥沙，可充分利用料场的剥离料作为过滤层进行污泥的自然过滤。在龙滩电站大法坪砂石料加工废水处理中，污泥处置利用大法坪料场剥离的无用料及开采过程中的弃料堆存场作为污泥干化场。由于剥离料中含有大量强风化的石灰岩类片石，可利用片石在底部做好排水盲沟，利于渗透水的排放。将泥渣输送至此，让其自然渗透、蒸发脱水干化，经几十米厚渣体过滤，出水达到标准要求。

(2) 机械脱水方案。机械脱水方案需结合废水处理设施选择合理的污泥排放方式，如重力排泥和机械刮泥等。机械脱水方案中污泥排出沉淀池后需进入污泥池进行储存。砂石料加工废水处理，因场地限制，可仅考虑储存和短暂的重力沉降功能，其后采用机械脱水方式进行污泥的脱水处理。

脱水机所需处理能力，首先计算1d的污泥产生量和脱水机运行1h的处理量（换算成脱水泥饼量），同时考虑1次脱水所需时间（脱水循环时间）进行计算，据此选定相应机械。

3. 废水处理构筑物

(1) 平流式沉淀池（自然沉淀法）。

1) 自然沉淀池设计。首先根据水中粒子的粒度分布曲线，确定计划去除粒子的临界粒径和去除率。去除率可以根据处理水的悬浮物标准值算出，临界粒径可利用粒度分布曲线算出，并利用式（2.6-1）计算确定沉淀池所需表面积。

$$A = \alpha Q/v \qquad (2.6-1)$$

式中 A——沉淀池表面积，m^2；

α——受乱流及偏流等因素影响的系数，一般取值为2；

Q——污水量，m^3/h；

v——沉淀速度，m/h。

粒径和沉淀速度实验关系见表2.6-6。如果临界粒径变小，则沉淀速度急速变慢，沉淀池的面积将增大。沉淀池宽和长的比值一般设定在1∶3～1∶8左右。

表 2.6-6 粒径和沉淀速度实验关系
（水温10℃，密度2.65t/m^3）

粒径（mm）	0.075	0.010	0.005	0.001
沉淀速度（m/h）	13.9	0.25	0.06	0.0025

自然沉淀法因为沉淀速度慢，污泥的清理比较困难，所以，沉淀池兼有储泥池作用。污泥清理方案的设计应考虑定期清理，沉淀池的总深度为泥深和有效水深之和。泥深采用运行周期泥浆量与表面积比值求得；有效水深应考虑污水防止沉降物再泛起的流速（水平流速，一般取5cm/s）与沉降速度关系，可采用式（2.6-2）计算：

$$h = Lv/(3600u) \qquad (2.6-2)$$

式中 h——有效水深；

L——池长，m；

v——水平流速，m/s；

其他符号意义同前。

2）自然沉淀加絮凝剂法。如场地受限制，可在沉淀池内投加絮凝剂（如聚丙烯酰胺等）进行池内的凝聚反应以加速颗粒物在池内的沉降。因此，沉淀池规模比自然沉淀情况下要求小，处理后水的悬浮物可以达到 70mg/L 左右。需要设置凝聚剂罐和注入设备、凝聚搅拌装置、中和装置等。

利用沉淀速度计算时，沉淀速度设定为 0.5～2m/h（处理浓度达 70mg/L 时沉淀速度可取 2m/h）。沉淀池的有效深度设定为 2～3m，宽和长的比值设定为 1：3～1：5 左右，滞留时间设定为 2～4h 左右。

（2）辐流式沉淀池。

1）计算参数。采用辐流式沉淀池将悬浮物降到 40mg/L 左右，通常将水力表面负荷设定为 2～5m^3/(m^2·h)。另外，沉淀速度设定为 2～5m/h，滞留时间设定为 60～90min。水表面负荷的确定要考虑凝聚沉淀试验值、安全率、经验值等。

为避免沉淀池内沉淀污泥的板结，需要及时排放底部污泥，由此可能导致排放污泥的含水率偏高（在 95%左右），需要增加污泥浓缩池。

2）污泥池。污泥池的容积根据污水产生时间、污泥产生量、脱水机的性能、运行时间等确定。砂石生产系统的污水产生时间为 8h 左右，排泥量设定为 1～3h 左右。同时要考虑脱水机运行的时间、处理规模、运行性能等因素。如果脱水机昼夜连续运行，要具备脱水机的泥饼排出时间及脱水机的日常检修等的停机时间内产生的污泥量的 1～3 倍左右的容量。若仅白天运行，要考虑夜间停机时间内产生的污泥量的 1～3 倍的容量。

4. 主要设备选型

（1）污泥泵选择。砂石料加工废水的主要成分为泥沙，所选泵类型应为渣浆泵，要求叶轮等耐磨程度高。砂石料加工废水的黏度系数较普通废水的大，选泵扬程要适当高于实际计算扬程。因沉淀后的污泥容易板结，污泥泵应配套搅拌设备。

（2）阀门选择。采用机械脱水除泥，需要污泥从沉淀池内或成套设备内快速排放，有效避免长久运行对阀门及管道的堵塞。可选择电控快开形式的阀门，如液压膜片快开阀、气动快速排泥阀、隔膜式快速排泥阀等。

（3）脱水设备选择。脱水设备选择应考虑污泥浓度或固含量，运行方式，滤布材料、使用寿命及更换费用，进料泵要求，单台设备的处理能力，自动化程度，出泥泥饼含水率，年电能消耗量，单台投资费用、运行费用及维护费用等参数。

1）卧式螺旋沉降离心机。

优点：单台设备占地面积小，处理方式为连续处理、无滤布，脱水效果好，劳动强度低，同时设备的使用寿命长。

缺点：进水浓度范围在 0.5%～6%，单台设备处理进料能力小，设备造价高，且能耗大、处理效率低。

2）液压自动拉板压滤机。

优点：进水浓度可达 30%～40%，脱水效果比较好，处理后泥饼含水率最小可达 22%。滤板一次性全部自动拉开，运行稳定可靠，滤布整体自动移动，可强制卸饼，滤布冲洗时间短。

缺点：所需过滤面积较大，进水泵要求扬程高达 60～80m。当强制卸饼不充分时，还需要人工清泥。滤布使用寿命比较短，一般为 3 个月，滤布需要每天人工清洗。液压自动拉板压滤机为周期运行，运行周期 1.5～2h，必须设备用机。

3）带式压滤机。

优点：进水浓度要求在 10%～15%，可以连续运行，脱水效果相对较好；处理后泥饼含水率最小可达 30%。单台设备占地面积小，进料泵扬程只需要在 10m 左右，单台能耗比较低。

缺点：单台设备最大的进料量只有 15m^3/h，一般 6 个月要更换滤布。带式过滤机运行时容易出现滤带跑偏，真空矫正系统容易出现故障。

4）橡胶真空带式过滤机。

优点：在整体结构上采用了模块化可拆式框架结构，确保了环行胶带的安装、维护和设备保养。橡胶真空带式过滤机进水浓度可达 25%～35%，物料进料、脱水连续处于真空状态。进料泵扬程只需要 10m 左右，单台能耗比较低。滤布使用寿命一般为 6～8 个月。

缺点：排水带容易磨损。

脱水设备性能参数比较见表 2.6-7。

5. 案例——向家坝水电站施工废水处理

（1）废水特性及排放标准。向家坝水电站田坝施工区布置三处混凝土生产系统，分别为高程 300.00m 系统、高程 310.00m 系统和高程 380.00m 系统。其中高程 310.00m 系统和高程 380.00m 系统废水主要来自两部分，一是二次筛分冲洗废水，二是拌和楼搅拌罐冲洗废水，废水中不含有毒有害物质，悬浮物浓度较高。

设计废水进水悬浮物指标为 30000mg/L，以保证较大的处理负荷。生产废水处理后需达到《污水综合排放标准》（GB 8978—1996）中的一级排放标准，悬浮物浓度小于等于 70mg/L，设计废水回用率不低于 50%。由于施工场地狭小，需要占地小、运行效果

表 2.6-7　**脱水设备性能分析表**

名称参数	卧式螺旋沉降离心机	液压自动拉板压滤机	橡胶真空带式过滤机	带式压滤机
进水浓度(最佳范围)(%)	0.5～6	30～40	25～35	10～15
滤布材质	—	双面光无纺布（国产）	丙纶（进口）	双面光无纺布（国产）
滤布使用寿命（月）	—	3	6～8	6
运行方式	连续	1.5～2h/周期	连续	连续
自动化强度	自动化程度高，可无人值守	自动化程度低，需要人工清泥和冲洗滤布	自动化程度高，可无人值守	自动化程度高，可无人值守

好的处理工艺。

（2）设计工艺。经多方案比选，采用 DH 高效（旋流）污水净化器法，处理工艺流程见图 2.6-11。

该废水处理系统由 4 套 DH-SSQ-250 型高效（旋流）净化器组成，单台处理能力为 250m³/h。工艺流程如下：

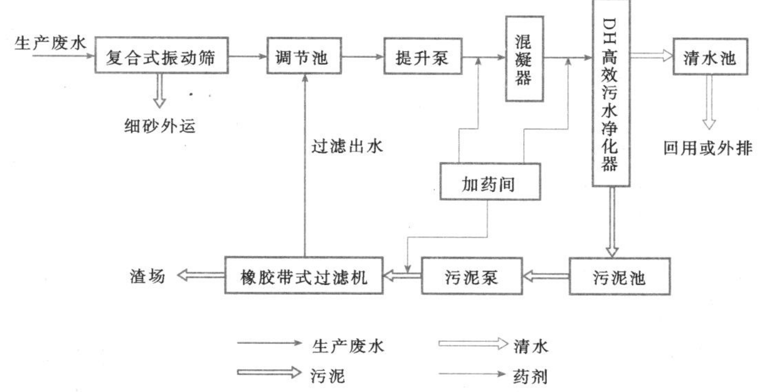

图 2.6-11　向家坝水电站二次筛分系统废水处理工艺流程图

1）生产废水首先经复合式振动筛分离大颗粒泥沙，筛上物用皮带运输机传输至细砂堆场，筛分后废水进入调节池。

2）调节池废水经废水提升泵输送至 DH 高效（旋流）污水净化器中，在废水提升泵出口管道上设置混凝混合器，在混凝混合器前后分别投加混凝和助凝药剂，在管道中完成直流混凝反应。

3）在净化器中经离心分离、重力分离及污泥浓缩等过程从净化器顶部排出清水，收集进入清水池回用或直接排放，设计废水回用率为 70%。

4）从净化器底部排出的浓缩污泥排入污泥池中，用污泥泵提升至橡胶带式真空过滤机进行脱水，污泥使用皮带运输机运至堆场，用铲车及渣土车外运至渣场。

（3）平面布置。DH 高效（旋流）污水净化器处理系统设计占地面积约 4000m²（80m×50m），主要建（构）筑物为净化器组、调节池、清水池、污泥池、泵房、加药操作间、污泥干化车间、变配电间等。

（4）主要建（构）筑物及设备。DH 高效（旋流）污水净化器处理系统主要建（构）筑物及设备分别见表 2.6-8 和表 2.6-9。

表 2.6-8　**DH 高效（旋流）污水净化器处理系统主要建（构）筑物表**

序号	名称	规格、规模（m×m×m）	单位	数量	备注
1	加药系统车间	13×8.3×3	座	1	活动房屋
2	助凝剂池	3.2×3.2×3.5	座	2	钢筋混凝土
3	絮凝剂池	1.5×1.5×3.5	座	2	钢筋混凝土
4	调节池	25×12×4	座	1	钢筋混凝土
5	清水池	25×6×4	座	1	钢筋混凝土
6	污泥脱水车间	36×22×4	座	1	活动房屋
7	循环水池	5×2×3.5	座	1	钢筋混凝土
8	污泥池		座	1	钢筋混凝土
9	污泥水泵间	11×5×3	座	1	活动房屋（半地下）
10	水泵间	12×4.6×3	座	1	活动房屋（半地下），新建

表 2.6-9 DH高效（旋流）污水净化器处理系统主要设备表

序号	名　称	规格、规模	数量	单位
1	高效污水净化器	DH-SSQ-250	台	4
2	复合振动筛	FMVS2020	台	6
3	混凝器	DH-HNQ-250	台	4
4	污泥混合器	DH-HNQ-50	台	3
5	加药系统		套	1
6	废水提升泵	100ZM-36	台	4
7	污泥提升泵	50ZM-20	台	3
8	滤布冲洗水泵	SLW50-200（I）B	台	2
9	加药螺杆泵	G35F-1	台	7
10	加药螺杆泵	RV12.2	台	4
11	调节池搅拌装置	22kW	台	2
12	橡胶带式过滤机	DU54/3000	套	3

2.6.2.3 混凝土拌和系统冲洗废水处理

1. 处理工艺方案

混凝土拌和系统冲洗废水采用絮凝沉淀法将废水进行固液分离。污水中的悬浮物通过使用聚合氯化铝及高分子凝聚剂进行高速造粒，在沉淀池中利用自然沉淀进行沉淀分离。

pH值调整主要是通过添加中和剂，使用稀硫酸等酸性液，反应时间为5～20min，使用液化二氧化碳时需要几分钟的时间。处理池的大小要满足滞留时间要求。

中和剂储存容器的容量为理论需要量的1.5～2倍。在考虑补给容量等因素的基础上，设定为数天至数周的所需容量。采用稀硫酸作为中和剂时，使用6m³左右的聚乙烯制容器。容器及阀门应具备抗损伤性能，并配备专门的pH仪、浊度仪、流量仪等。

2. 构筑物设计

混凝土拌和系统冲洗废水为间歇性排放，一般在交接班时进行冲洗，在进行废水处理沉淀池设计时，可根据加药反应时间，停留时间取30min以上，必要时可在池内增加隔墙以增加混合效果。

2.6.2.4 地下洞室施工废水处理

地下洞室施工排水进行清浊分流，可采取及时支护、裂隙水和污水分管路抽排等措施，将清水直接排除，减少废水的处理量。地下洞室废水处理，可根据不同施工工艺采取不同的方法：

（1）不采用三硝基甲苯（TNT）处理方案。采用类似砂石料加工废水处理工艺，考虑清浊分流对废水进行处理，对高碱度废水的处理可采用类似混凝土拌和系统废水处理工艺。

（2）采用三硝基甲苯处理方案。对地下洞室含三硝基甲苯成分的废水处理，可采用“混凝＋沉淀＋过滤＋吸附”的处理工艺。不仅对排水中三硝基甲苯指标进行控制，并可使石油类、悬浮物和COD处理达标。当地下洞室开挖结束后，可采用“混凝沉淀＋过滤”工艺处理。

其构筑物设计参照砂石料加工废水处理系统构筑物设计。

2.6.2.5 基坑废水处理

对基坑废水，可加混凝剂、助凝剂进行处理。pH＞8.5时，混凝剂采用硫酸亚铁，助凝剂采用聚丙烯酰胺；pH≤8.5时，混凝剂采用硫酸铝，助凝剂采用聚丙烯酰胺。基坑废水经混凝、中和并达到排放标准后就近排放到河道。如河道不允许排放，需将基坑废水抽到专门的生产废水处理站进行处理。

2.6.2.6 机械修配系统含油废水处理

1. 含油废水处理

含油废水可先采用混凝沉淀处理方式，铁屑、泥沙、悬浮物等进行沉淀处理，之后废水要分浮油、乳化油、溶解性油三部分进行处理。

（1）浮油去除。浮油经隔油池分离后由浮油回收机回收。该机依靠一条亲油疏水的环形集油拖，通过机械驱动，以一定的速度在油水液面上作连续不断地回转，将油从含油污水中黏附上来，经挤压滚把油挤落到油箱中，然后经油泵送至脱水罐中脱水。

（2）乳化油去除。废水中含有的乳化油采用破乳后气浮去除。废水用压缩空气加压到0.34～4.8MPa，使溶气达到饱和，当压缩过的气液混合物置于正常大气压下的气浮设备中时，微小的气泡从溶液中释放出来，油珠即可在这些小气泡作用下上浮，使这些物质附着在絮状物中。气固混合物上升到池表面，即被撇出。这种处理方法效果好。

（3）溶解性油去除。对废水中残存的溶解性油及其他有机物，最终采用生化法进行处理。由于此类废水的COD浓度不高，可选择运行稳定、操作简单的生物接触氧化工艺，设计停留时间为4h，反应器内置组合填料，采用鼓风曝气。出水经斜管沉淀池进行固液分离后，上清液外排。

2. 含油污泥和废油处理

废水处理采用“物化＋生化处理”主体工艺后，过程中产生的污染物主要有物化处理阶段产生的含油污泥和废油及生化处理阶段产生的剩余活性污泥。污泥及废油处理如下：

（1）污泥处理。生化剩余污泥排入生化污泥池，经板框脱水后即可外运处理。物化污泥主要为气浮池产生，其排入物化污泥池后再经板框压滤，滤出液为油水混合物，排入污油罐。静置分层后下层水排入综合废水调节池，上层油排入废油箱，板框压滤出的油渣可掺入煤中焚烧处理。

（2）废油处理。废油由两部分组成，一部分为污泥处理中产生的废油，储存在废油箱中；另一部分为陶瓷膜过滤后的乳化浓缩液，这部分废油含水量较高，需再经破乳槽处理，处理后的浓缩液分离成废油、污泥和废水三部分。污泥排入物化污泥池，废水排入综合废水调节池，废油则排入废油箱后统一资源化处理。

2.6.2.7 生活污水处理

1. 生活污水来源及特性

根据水利水电工程生活污水水质特点和排放特性，可分为施工区生活污水和移民安置区集镇生活污水、农村生活污水。

（1）施工区生活污水。施工区主要居住施工人员及管理人员，采用集中食堂及集中卫浴，排放的污染物浓度较一般生活污水偏低，排放时间集中，水量变化系数大。表2.6-10为某水电站施工区生活污水处理厂多年监测的进水水质指标平均值。

表2.6-10 某水电站施工区生活污水处理厂进水水质监测指标

单位：mg/L

指标	pH值	悬浮物	BOD_5	COD_{Cr}	总磷	总氮	氨氮
指标值	7.3	124	43.2	108	3.4	20.5	8.5

（2）移民安置集镇生活污水。移民安置集镇生活污水水质应根据调查资料确定。无调查资料时，参照《室外排水设计规范》（GB 50014—2006）按下列标准采用：

1）生活污水的BOD_5可按25～50g/(人·d)计算。

2）生活污水的悬浮固体量可按40～65g/（人·d）计算。

3）生活污水的总氮量可按5～11g/（人·d）计算。

4）生活污水的总磷量可按0.7～1.4g/（人·d）计算。

5）工业废水的设计水质可参照类似工业的资料，BOD_5、悬浮固体量、总氮量和总磷量可折合人口当量计算。

（3）农村生活污水。农村生活污水包括人粪尿及洗涤、洗浴和厨用废水等，具有分布散、污染物浓度相对较高、水量差异大等特点。农村居民生活用水量可参照表2.6-11，在调查分析当地居民的用水现状、经济条件、用水习惯、发展潜力等基础上确定。

表2.6-11 农村居民生活用水量参考值

村庄类型	用水量[L/(人·d)]
经济条件好，室内卫生设施齐全	120～150
经济条件较好，室内卫生设施较齐全	90～120
经济条件一般，有简单的室内卫生设施	80～100
无卫生间和沐浴设备，主要利用地表水、井水洗涤	60～90

居住较为集中、卫生设施与排水管网相对完善的村庄，生活污水排放量一般为总用水量的75%～90%。

农村生活污水含有机物质、氮磷营养物质、悬浮物及病菌等污染成分，各污染物排放浓度一般为：COD250～400mg/L，NH_3-N40～60mg/L，TP2.5～5mg/L。

2. 污水和污泥处理要求

（1）污水处理要求。

1）城镇污水的再生回用途径包括农业灌溉、工业回用、城镇杂用、地下回灌等。其中农业灌溉主要包括农作物、牧草、苗木、农副产品洗涤及冷冻等用水；工业回用主要包括冷却用水、锅炉补充水和工艺用水；城镇杂用包括生活杂用水、环境、娱乐和景观用水。

2）小城镇污水回用途径主要是农业灌溉、工业回用和城镇杂用。小城镇的污水回用应当与雨水综合利用和排水管道系统的生态化设计综合考虑。杂用水主要用于厕所冲便、道路清扫、消防、城市绿化、车辆冲洗以及临建施工用水等。其水质可参照GB/T 18920的标准。

（2）污泥处理要求。污泥土地利用主要包括土地改良和园林绿化等。利用的污泥应符合国家及地方标准和规定。

1）污泥用于园林绿化。泥质应满足《城镇污水处理厂污泥处置 园林绿化用泥质》（GB/T 23486）的规定。污泥首先进行稳定化和无害化处理，并根据土质和植物习性确定合理的施用范围、施用量、施用方法和施用时间。

2）污泥用于盐碱地、沙化地和废弃矿场等土地改良。泥质应符合《城镇污水处理厂污泥处置 土地改良泥质》（GB/T 24600）的规定。

3）污泥农用。污泥应进行稳定化和无害化处理，并达到《农用污泥中污染物控制标准》（GB 4284）的要求。污泥衍生产品应经有关部门审批后方可实施。污泥农用应严格控制施用量和施用期限。

4）污泥建筑材料综合利用。污泥建筑材料综合利用是应进行无机化处理，用于制作水泥添加料、制砖、制轻质骨料和路基材料等。污泥建筑材料利用应符合有关标准要求，并严格防范在生产和使用中造成二次污染。

5）不具备土地利用和建筑材料综合利用条件的污泥，可采用填埋处置。污泥填埋应满足《城镇污水处理厂污泥处置　混合填埋泥质》（GB/T 23485）的规定；填埋前的污泥需进行稳定化处理；横向剪切强度应大于 $25kN/m^2$；填埋场应有沼气利用系统，渗滤液能达标排放。

3. 施工区生活污水处理

施工区生活营地使用年限较短，污水排放量较小，可采用成套设备进行生活污水的处理。工艺可采用接触氧化法、分段曝气法和生物滤池法，可根据施工区污水特性和处理要求进行工艺选择。接触氧化法是在曝气室内装填接触材料，用生物膜净化的方法。分段曝气法与常规净化池相比，容量有所增加。生物滤池法一般称化粪池式。一级处理由多室型、双层池型改为多室型和变型多室型两种。二级处理有生物滤池法、平面氧化床法、单纯曝气法、地下砂滤法等型式。

对于施工期长，施工人员多，环境保护要求高的特大型水利水电工程，施工区生活污水处理可参照移民安置城镇生活污水处理工艺，结合污水特性和处理要求进行工艺选择。

4. 移民安置城镇生活污水处理

（1）污水处理工艺选择。处理厂工艺是指在达到所要求的处理程度的前提下，污水处理各单元的有机组合。确定污水处理厂工艺的主要依据是所要达到的处理程度，而处理程度则主要取决于接受处理后污水的水体的自净能力或处理后污水的出路。因此，各个地区的具体情况不同，需求不同，选择的工艺亦有所不同。根据统计资料，一般移民安置城集镇规模较小，污水产生量一般在 3 万 t/d 以下，污水处理可采用 SBR 法、氧化沟法、A/O 法和 BIOLAK 法、生物接触氧化、曝气生物滤池、净化沼气池等工艺，具体可按以下技术经济指标进行比选：处理单位水量投资、削减单位污染物投资、处理单位水量电耗和成本、削减单位污染物电耗和成本、占地面积、运行性能可靠性、管理维护难易程度、总体环境效益。

一般情况下，污水处理规模在 1 万～3 万 t/d 的集镇可采用氧化沟法、SBR 法和曝气生物滤池等技术；污水处理规模在 0.5 万～1 万 t/d 的集镇可采用 A/O 工艺、氧化沟、生物接触氧化、BIOLAK、曝气生物滤池等工艺；污水处理规模小于 0.5 万 t/d 的村镇或居民点根据当地的环保要求，可采用 A/O 工艺、土地处理、曝气生物滤池、净化沼气池等工艺，可做成一体化污水处理成套设备。

对于经济条件好、出水要求高或需要回用的地区，污水处理可选用 MBR 工艺，可做成一体化污水处理成套设备。

（2）污水处理工艺特点。

1）SBR 工艺。SBR（间歇式活性污泥）工艺又称序批次活性污泥处理系统，其工艺过程按时序间歇操作运行，一个操作过程一般分为进水期、曝气期、沉淀期、滗水期及闲置期。该工艺只有一个反应池，不需要二沉池和回流污泥设备，一般情况下可不设调节池和初沉池，故可节省土地和投资。在运行过程中，SBR 反应池各阶段的运行时间、反应器内混合液体积变化以及运行状态都可以根据具体污水的性质、出水水质与运行功能要求等灵活变化，因而该工艺耐冲击负荷能力强且运行方式灵活，可以从时间上安排曝气、缺氧和厌氧的不同状态，达到一定除磷脱氮的目的。其工艺流程见图 2.6-12。

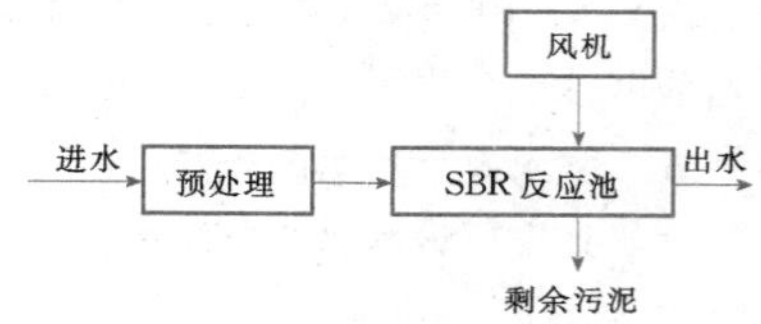

图 2.6-12　SBR 工艺流程图

近年来，研究人员在分析传统活性污泥法和传统 SBR 法的优缺点后，开发出许多变形工艺，如 ICEAS（间歇式循环延时曝气活性污泥）工艺、CASS（循环式活性污泥）工艺、UNITANK（交替式生物处理池）工艺、DAT—IAT（好氧池—间歇曝气池）工艺等。几种常见的 SBR 及其变形工艺的特点比较见表 2.6-12。

设计要点：反应池数量不宜少于 2 个，池数和周期长宜为整倍数。反应池以脱氮为主要目标时，污泥负荷宜为 0.05～0.15kg BOD_5/（kg MLSS·d）；以除磷为主要目标时，污泥负荷宜为 0.4～0.7kg BOD_5/（kg MLSS·d）；同时脱氮除磷时，污泥负荷宜为 0.1～0.2kg BOD_5/（kg MLSS·d）。反应池水深宜为 4～6m；间歇进水时反应池长宽比宜为（1～2）：1，连续进水时宜为（2.5～4）：1。

2）氧化沟工艺。氧化沟是一种曝气池呈封闭的沟渠形的延时曝气活性污泥工艺，具有完全混合式和

表 2.6-12　**常见SBR及其变形工艺的特点比较**

特　　点	传统SBR	ICEAS	CASS	UNITANK
运行方式	间歇进水、间歇排水	增设预反应区，连续进水、间歇排水	增设厌（缺）氧选择池，连续进水、间歇排水	三池交替运行，进出水方向周期交替，连续进出水
出水方式	滗水器排水	滗水器排水	滗水器排水	固定堰出水
沉淀性能好，处于理想沉淀状态	是	否	否	否
处理难降解废水效率	强	弱	弱（设预反应池改善）	很弱
脱氮除磷性能（厌氧、缺氧和好氧等多种状态）	除N、P	除N	除N、P	除N
是否需要污泥回流	否	否	是	否
工艺及运行控制	单池系统，运行简单	单池系统，运行简单	单池系统，运行简单	三池系统，运行复杂

推流式两种反应器的特点。其封闭循环式的池型具有明显的溶解氧浓度梯度，有利于硝化和反硝化的进行。该工艺具有耐冲击负荷能力强、出水水质稳定、操作简单、易于运行控制、运行费用低、综合处理成本较小等优点，但由于其在延时曝气条件下运行，水力停留时间长，占地面积较大。其工艺流程见图2.6-13。

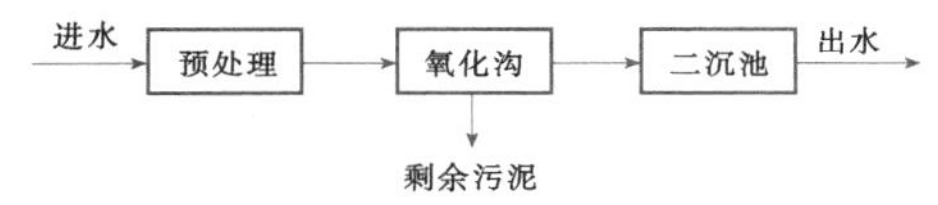

图 2.6-13　氧化沟工艺流程图

氧化沟系统前可不设初沉池，一般由沟体、曝气设备、进水分配井、出水溢流堰和导流装置等部分组成。目前常用的有卡鲁塞尔（Carrousel）氧化沟、奥贝尔（Orbal）氧化沟、交替工作式氧化沟、曝气—沉淀一体化氧化沟，其中前两种更为常用。各种氧化沟的型式和特点见表2.6-13。

为了获得更好的脱氮除磷效果，目前工程应用中有将常规氧化沟与其他脱氮除磷工艺结合的改良工艺，如将A^2/O工艺与卡鲁塞尔氧化沟结合在一起，称为卡鲁塞尔A^2/O工艺，即在氧化沟前端增设厌氧区和缺氧区。该工艺利用了氧化沟的沟道流速（不需将混合液提升），可实现硝化液的高回流比，获得较

表 2.6-13　**常见氧化沟的型式和特点**

类型	结构型式	性　能　特　点	常用曝气设备
Carrousel氧化沟	多沟串联	出水水质好，由于存在明显的富氧区和缺氧区，脱氮效率高；曝气设施单机功率大，调节性能好，且曝气设备数量少，可节省投资，简化运行管理；有极强的混合搅拌与耐冲击负荷能力；沟深加大，使占地面积减少；用电量较大，设备效率一般；设备安装较为复杂，维修和更换频繁	立式低速表曝机，每组沟渠只在一端安设1台
Orbal氧化沟	三个或多个沟道相互连通	出水水质好，脱氧效率高，同时硝化反硝化；可以在未来负荷增加的情况下加以扩展；易于适应多种进水情况和出水要求的变化；容易维护；节能，比其他任何氧化沟在运行时需要的动力都小；受结构型式的限制，总图布置困难	水平轴曝气转盘（转碟），可进行多个组合
交替式氧化沟	单沟（A型）、双沟（B型）和三沟（T型），沟之间相互连通	出水水质好；不需单独设置二沉池，处理流程短，节省占地；不需单独设置反硝化区，运行过程中设置停曝期进行反硝化，氮去除率较高；设备闲置率高；自动化程度高，运行管理难度增加	水平轴曝气转盘
一体化氧化沟	单沟环型沟道，分为内置固液分离式和外置固液分离式	工艺流程短，构筑物和设备少；不需设置单独的二沉池，占地面积小；沟内设置沉淀区，污泥自动回流，节省基建投资和运行费用；造价低、建造快，设备事故率低，运行管理工作量少；固液分离比一般二沉池高；运行和启动存在一定问题；技术尚还处于研究开发阶段	水平轴曝气转盘

高的脱氮效率，厌氧区的设置达到了更好的脱氮除磷效果。

设计要点：混合液悬浮污泥浓度（MLSS）宜为2500～4500mg/L；泥龄宜为15～30d；污泥负荷宜为0.03～0.1kg BOD_5/（kg MLSS・d）；污泥回流比为75%～150%；沟内混合液流速不得小于0.25m/s。氧化沟有效水深与曝气、混合和推流设备的性能有关，宜采用3.5～4.5m。

3）A/O工艺。A/O工艺是厌氧和好氧两部分反应组成的污水生物处理系统，其分为A_N/O（缺氧—好氧）脱氮工艺和A_P/O（厌氧—好氧）除磷工艺。A_N/O工艺在普遍活性污泥法前段加入缺氧段，通过污泥负荷的变化来实现脱氮的功能；A_P/O工艺在普遍活性污泥法前段加入厌氧段，通过污泥负荷的变化来实现除磷的功能。在A/O法的基础上又发展了A^2/O，即在厌氧、好氧段之间加入缺氧段以实现同步除磷脱氮，由于其污泥负荷适应范围较小，因此在实际运行中往往按偏重于除磷或脱氮之一功能进行。A/O、A^2/O工艺由于出水水质稳定、能耗不高、运行管理方便等特点，在国内外污水厂中采用最多。其工艺流程见图2.6－14。

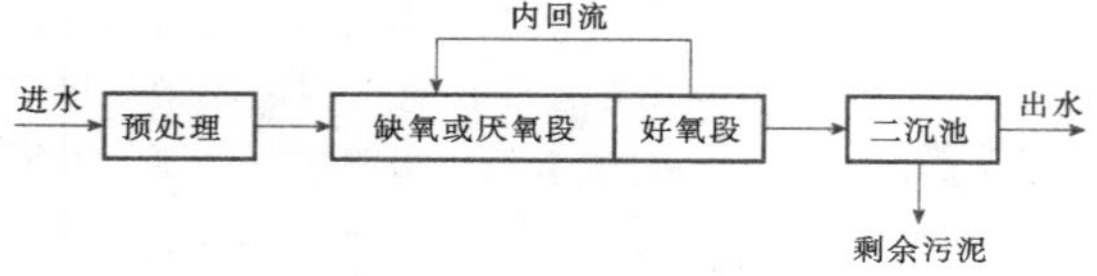

图 2.6－14 A/O工艺流程图

设计要点：采用A_N/O工艺时，缺氧池水力停留时间（*HRT*）一般控制在0.5～3h，污泥负荷宜为0.05～0.15kg BOD_5/（kg MLSS・d）；采用A_P/O工艺时，厌氧池*HRT*一般控制在1～2h，污泥负荷宜为0.4～0.7kg BOD_5/（kg MLSS・d）；同时脱氮除磷采用A^2/O时，*HRT*一般控制在厌氧池1～2h，缺氧池0.5～3h，污泥负荷宜为0.1～0.2kg BOD_5/（kg MLSS・d）。

4）生物接触氧化工艺。生物接触氧化工艺是介于活性污泥法与生物膜法之间的一种污水处理工艺。池内设有填料，微生物一部分以生物膜的形式固着于填料表面，另一部分则以絮状悬浮生长于水中，因此它兼有活性污泥法与生物滤池的特点。曝气系统可采用鼓风或射流曝氧增氧系统（设计时必须考虑投资及运行成本）。生物接触氧化工艺处理生活污水可单独应用，也可与其他污水处理工艺组合应用。单独使用时可用做碳氧化和硝化，需要脱氮除磷时应采用带前置厌氧缺氧区的活性污泥与生物膜混合系统或与其他具有脱氮除磷功能的污水处理工艺组合使用。常用的生物接触氧化法工艺流程包括一段式接触氧化法和二段式接触氧化法，如图2.6－15、图2.6－16所示。对于低浓度的易生物降解的有机废水可以采用一段式接触氧化法工艺，对于中高浓度的有机废水宜采用二段式接触氧化法，二段式接触氧化法工艺的中间沉淀池可以省去。

图 2.6－15 一段式接触氧化法主要工艺流程图

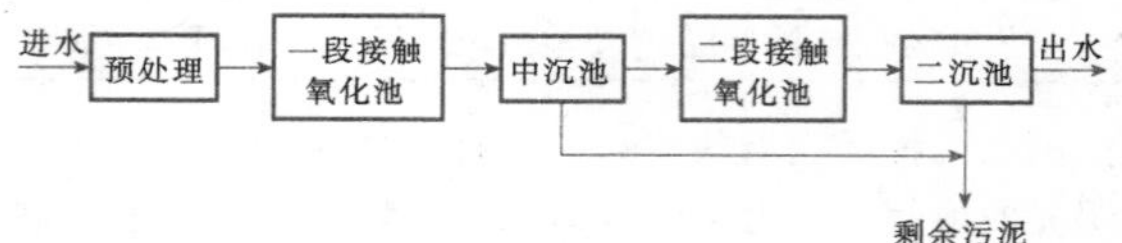

图 2.6－16 二段式接触氧化法主要工艺流程图

主要优点：适应能力强；耐冲击负荷；高容积负荷；不存在污泥膨胀；排泥量非常少；具有较好的脱氮效果。

主要缺点：生物除磷效果较差，需辅以化学除磷；填料易堵塞，需定期更换，运行维护不便。

设计要点：生物接触氧化法主要设计参数宜根据试验资料确定，无试验资料时，可采用经验数据。池体体积按照池内填料容积负荷来设计，一般只碳化时宜为0.5～3.0kg BOD_5/（m^3填料・d），碳化加硝化时宜为0.4～2.0kg BOD_5/（m^3填料・d），曝气的气水比宜为8∶1。生物接触氧化池平面形状宜为矩形，沿水流方向池长不宜大于10m，长宽比宜采用1∶2～1∶1，有效面积不宜大于25m^2。采用两段式工艺时，污水在第一生物接触氧化池内与填料接触的时间宜为总接触时间的55%～60%。

5）曝气生物滤池工艺。曝气生物滤池工艺充分借鉴了生物接触氧化法和给水处理中快滤池的设计思路，将生物降解与吸附过滤两种处理过程合并于同一工艺单元中。曝气生物滤池池内填装粒状滤料载体形成固定床，微生物群附着于载体表面形成生物膜，滤料层中下部进行曝气供氧，污水与空气同向流或逆向流通过粒状滤料载体层，依靠附着于载体表面的生物膜对污染物的吸附、氧化和分解，可使污水净化，粒状滤料层同时具有物理截留过滤作用。主要去除含碳有机物时，宜采用单级碳氧化曝气生物滤池；要求去除含碳有机物并完成氨氮的硝化时，可采用单级曝气生物滤池，同时应当降低负荷，也可采用碳氧化滤池和硝化滤池两级串联工艺；要求进行反硝化时，宜采用前置反硝化滤池和硝化滤池组合工艺。其工艺流程见图2.6－17。

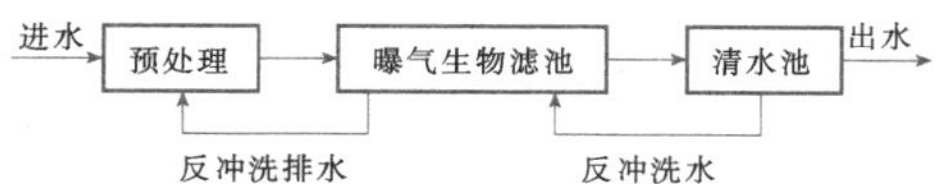

图2.6－17 曝气生物滤池主要工艺流程图

优点：克服了污泥膨胀，处理效果稳定，运行管理简单；改变了传统的高负荷生物滤池自然通风的供气方式，人为供氧，强化处理效果，出水水质提高；耐冲击负荷能力强；生物填料对空气有相互切割作用，可以明显提高氧气利用率；根据需要可以组合成具有生物除磷脱氮功能的组合工艺；采用中小气泡专用曝气头，杜绝了微孔曝气头容易堵塞、破裂的缺陷；采用生物陶粒填料，污泥浓度高，处理设施紧凑，占地面积小。

缺点：对进水悬浮物浓度要求较高，进水SS较多时容易堵塞，运行周期短，反冲洗频繁；生物除磷效果较差，需辅以化学除磷。

设计要点：曝气生物滤池主要设计参数宜根据试验资料确定，无试验资料时可采用经验数据。池体体积宜按照容积负荷法计算，按水力负荷校核。碳氧化滤池容积负荷宜为3.0～6.0kg BOD_5/(m^3·d)，硝化滤池容积负荷宜为0.3～0.8NH_3－N/(m^3·d)，反硝化生物滤池容积负荷宜为0.8～4.0NO_3－N/(m^3·d)。滤池截面积过大时应分格，单格滤池的截面积宜为50～100m^2。曝气气水比一般为5∶1～10∶1。

6) BIOLAK工艺。BIOLAK工艺是一种具有除磷脱氮功能的多级活性污泥污水处理系统，由最初采用天然土池作反应池发展而来，经多年发展形成了一种采用土池结构、利用浮在水面的移动式曝气链、底部挂有微孔曝气头的活性污泥处理系统。它利用天然的沟壑和洼地，采用高密度聚乙烯（HDPE）防渗膜做成土坝结构的生化池，在池内安装悬挂链式特殊曝气装置，通过控制曝气方式在生化池内交替形成多个好氧段和缺氧段，从而达到污染物去除目的。

工艺优点：有机负荷低，出水水质好；工艺流程简洁，处理构筑物少，工程投资省；采用土池结构时，建设投资更低；采用HDPE防渗膜土池结构，施工简单，投资低廉，使用寿命长，可适应地震多发地区、土质疏松地区；曝气系统采用浮在水面的移动式曝气链，不仅混合效果好，节约能耗，还能提高氧的传质效率。曝气链在运动过程中，曝气头跟着摆动，能够造成曝气池中缺氧和好氧状态交替出现，为硝化和反硝化创造条件，形成多级的硝化和反硝化，保证脱氮效果；在二沉池后，独特地建有稳定池。稳定池中还有一根曝气链在进行曝气，减少聚磷菌的磷的二次释放，提高除磷效果。

工艺缺点：易发生污泥膨胀；由于采取合建形式，二沉池沉淀效果欠稳定。

设计要点：污泥负荷宜为0.05～0.2kg BOD_5/(kg MLSS·d)，污泥回流比宜为50%～150%。

7) MBR工艺。膜—生物反应器（简称MBR）是一种将膜分离技术与传统污水生物处理工艺有机结合的新型污水处理与回用工艺。该技术是用膜过滤替代传统活性污泥法中的二沉池，可使生化反应器内的污泥浓度从3～5g/L提高到10～15g/L，使反应效率大大提高，出水水质明显优于传统工艺，出水悬浮物和浊度接近于零。

MBR按照膜组件的放置方式可分为分置式MBR和浸没式（又称一体式）MBR。分置式MBR把生物反应器与膜组件分开放置，混合液经增压后进入膜组件，在压力作用下混合液经过膜分离出水。浸没式MBR则直接将膜组件置于反应器内，利用水泵抽吸得到过滤液，曝气器设置在膜的正下方，曝气产生的气泡带动混合液向上流动，在膜表面产生剪切力，以减少膜污染。与分置式MBR相比，浸没式MBR工艺简单、运行费用低，能耗约为分置式的1/10，但其运行稳定性、操作管理及膜的清洗更换不及分置式MBR。目前在生活污水处理中多采用浸没式MBR，膜组件类型上以平板膜和中空纤维膜应用最为广泛。

与传统的生物处理工艺相比，MBR主要具有：处理效率高、出水水质好；设备紧凑、占地面积小；耐低温；易实现自动控制、运行管理简单等优点。但在实际应用中也存在着膜污染难以有效控制、膜组件价格偏高、运行成本高等问题，这些问题也极大地限制了MBR技术在国内的广泛应用。目前MBR工艺多应用在出水要求回用的城镇污水处理厂和住宅小区污水处理站，但随着膜制造技术的进步和运行条件的不断优化，膜污染和运行能耗问题将会不断改进，该工艺在污水处理和回用中将得到更广泛的应用。

设计要点：当无试验资料时，污泥负荷宜为0.05～0.15kg BOD_5/(kg MLSS·d)，MLSS宜为6000～12000mg/L，水力停留时间宜为2～5h。根据各厂家膜组件产品情况，膜的设计通量可按10～30L/(m^2·h)取值。

8) 污水土地处理系统。污水土地处理系统是在人工控制的条件下，将污水投配在土地上，通过土壤—植物系统，进行一系列物理、化学、物理化学和生物化学过程净化的工艺。其最大优点是，在实现经济、有效净化污水的同时，还可利用废水中的营养物质，促进农作物的快速生长，建立良好的水生态环境系统。目前，污水土地处理技术中常用的工艺有慢速渗滤处理系统、快速渗滤处理系统、地表漫流处理系统、地下渗滤处理系统和人工湿地处理系统。其中人工湿地处理系统发展最快、技术最为成熟、应用最为广泛。

人工湿地处理技术属于一种生态治理污水的方法，它利用自然生态系统中的物理、化学和生物三重协同作用来实现对污水的净化作用。这种湿地系统是在一定长宽比及底面坡度的洼地中，由土壤和按一定坡度充填一定级别的基质混合结构的基质床组成，污水可以在基质缝隙中流动，或在基质的表面流动，基质表面种植有处理性能好、成活率高、抗水性强、生长周期长、美观且具有经济价值的水生植物，形成一个独特的生态环境，对污水进行净化处理。人工湿地对污染物的去除机理主要包括：通过预处理和基质层的过滤作用去除悬浮物质；通过基质层的过滤、吸附作用和微生物氧化作用去除 COD 和 BOD_5；通过微生物的硝化、反硝化作用来完成氮的去除；通过植物根系分泌物的灭活作用以及基质层的沉淀与过滤作用去除细菌。为避免人工湿地系统填料堵塞，一般需在湿地前设置一级处理设施如沉砂、初沉池或厌氧水解池等。

工艺优点：有机负荷低，出水水质好；运行维护管理方便，投资及运行费用低；具备一定景观效果，环境综合效益高。

工艺缺点：占地面积较大，设计不当容易堵塞，处理效果受季节影响，对气候要求比较高。

设计要点：人工湿地主要设计参数宜根据试验资料确定，无试验资料时可采用经验数据。人工湿地面积应按表面有机负荷确定，同时应满足水力负荷要求。表面流人工湿地表面有机负荷宜为 15～50kg BOD_5/（hm^2·d），潜流人工湿地表面有机负荷宜为 80～120kg BOD_5/（hm^2·d）。

9）沼气净化池。沼气净化池是一种将厌氧发酵技术和兼性生物过滤技术相结合的污水处理技术，在厌氧和兼性厌氧条件下将生活污水中的有机物分解转化成 CH_4、CO_2 和 H_2O，达到净化处理生活污水的目的。它具有普通化粪池和沼气池的优点，根据厌氧发酵的机理设计。它主要适用于下水道系统不完善的小城镇或农村生活污水的分散处理，一般规模小于 $2000m^3/d$。

沼气净化池由前处理区和后处理区两部分组成。前处理区为两级厌氧沼气池，每 10～12 户居民的生活污水经沼气池处理，产生的沼气可供一个沼气炉或一盏沼气灯燃烧之用。由于圆形池不易漏气，一般采用圆形沼气池。若不收集、利用沼气，前处理区也可为矩形池。后处理区为折流式生物滤池，由滤板和填料组成。滤池宜分为四格，第一、二格为粗滤池，填料粒径宜为 5～40mm；第三格为中滤池，填料粒径宜为 5～20mm；第四格为细滤池，填料粒径宜为 5～15mm。每格填料高度宜为 0.45～0.5m。沼气净化池后处理区，即折流式生物滤池示意图见图 2.6-18。

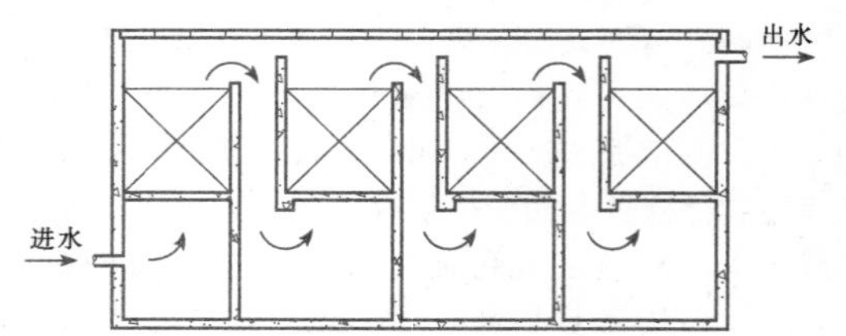

图 2.6-18 折流式生物滤池示意图

工艺优点：污泥减量效果明显，剩余污泥产量低，有机物降解效率高，可以有效利用沼气。

工艺缺点：污水处理效果有限，出水水质较差，适用于分散式处理系统，与普通化粪池相比管理较为复杂。

设计要点：沼气净化池设计总容积包括污水容积、污泥容积和气室容积，总容积不小于 $10m^3$，进料口直径不小于 0.2m，进出口标高差不小于 0.2m，进池管道坡度不宜小于 4%。为了提高效率，可在第二级沼气池中加半软性填料，加入量约为沼气净化池总池容的 15%～20%。

（3）污水深度处理工艺。对于污水需再生利用的地区，应根据用户需求和用途，合理确定用水量和水质，在选用上述工艺处理污水的基础上，再选用混凝、过滤、消毒、自然净化和曝气生物滤池等深度处理技术，也可直接采用 MBR 等工艺同时进行初步和深度污水处理。

（4）污泥处理工艺。由于库区小城镇管理技术差，经济发展水平低，因此，不宜采用污泥厌氧或好氧消化处理，污泥宜采用重力浓缩加机械脱水或采用机械一体化浓缩脱水的方式或者自然干化方式进行处理。

污泥脱水优先考虑自然干化和堆肥处理。污泥干化场的污泥固体负荷量，宜根据污泥性质、年平均气温、降雨量和蒸发量等因素确定。日处理能力过小的污水处理设施可不设置脱水机房，浓缩污泥根据当地情况采用妥善的处理方法。对于雨量小的地区，污泥宜采用自然干化处理。

污泥干化场宜分两块以上块数；围堤高度宜为0.3～0.7m，顶宽0.5～0.7m；污泥干化厂宜设人工排水层。

排水层下宜设不透水层，不透水层宜采用黏土，其厚度宜为0.2～0.4m，也可采用厚度为0.1～0.15m的低强度混凝土或厚度为0.15～0.30m的灰土。

由于污泥处理规模小，污泥处理系统常为间歇运行，污泥浓缩或脱水的上清液往往集中产生，如回流至水处理系统将会形成冲击负荷，影响水处理系统的稳定运行。因此，宜考虑将其集中储存，再以小流量形式连续地流入污水处理系统。

污水处理过程产生的污泥，通过浓缩脱水后，在经济和卫生条件允许的情况下，宜就地处置，有条件的地区可以集中处理。

小集镇污水厂污泥宜采用厌氧或堆肥等方法进行污泥稳定化处理，污泥可与粪便、秸秆等混合，采用厌氧方式进行消化，并回收沼气加以利用。

污泥堆肥宜采用静态堆肥，并设顶棚设施，不宜露天堆肥。堆肥产品可用于绿化种植或用作农肥。

对于工业废水少的小城镇污水厂污泥，在满足农用和林用标准时，可以通过自然发酵后用作农业和林业有机肥。不能农用的污泥，应按有关标准和要求进行适当处置。

5. 污水处理构筑物

(1) 格栅。格栅由一组平行的金属栅条或筛网制成，安装在污水渠道、泵房集水井的进口处或污水处理厂的前端，格栅是用来去除可能堵塞水泵机组及管道阀门的较粗大悬浮物，如纤维、破皮、毛发、木屑、果皮、水果、蔬菜、塑料制品等，以减轻后续处理构筑物的负荷，并使之正常运行。

污水处理厂大部分设置两道格栅，在水泵前设置一道中格栅，在水泵后设置一道细格栅。有的污水处理厂设置粗、中、细三道格栅。由于栅渣中的浮渣及细垃圾常会进入后续构筑物并引起后续处理构筑物及管道、水泵、污泥泵等设备的堵塞或淤塞，影响生产运行，因此宜设置细格栅和加密细格栅。小城镇污水厂，应在分析当地污水成分的基础上，确定格栅设置级数及每级格栅的间隙，以保证污水处理后续设施的正常运行。设置在污水处理厂处理系统前的格栅，还应考虑到使整个污水处理系统能正常运行。因此，可设置粗细两道格栅，栅条间距一般采用16～25mm，最大不超过40mm。所截留的污染物数量与地区的情况、污水沟道系统的类型、污水流量以及栅条的间距等因素有关。采用标准格栅的可参考《室外排水设计规范》(GB 50014—2006) 及《给水排水设计手册·第5分册·城镇排水》(第2版，中国建筑工业出版社，2002年，下同) 中给出的设计参数。规模较小的小城镇污水厂可用钢条或藤条等自行制备简易的撇渣设施，起到与机械格栅等效的作用。为了减少人力劳动负担，可采用电动葫芦根据撇渣情况起降控制。一般应有备用的格栅（框）。

(2) 沉沙池。沉沙池通常设置在细格栅后以去除进水中的砂粒，保证后续处理构筑物及设备的正常运行。

普遍采用的沉沙池包括以下几种：平流式沉沙池、曝气沉沙池、旋流沉沙池（钟氏及比氏）、多尔沉沙池等，竖流式沉沙池则很少在污水厂中使用。传统的平流式沉沙池进入20世纪80年代以后，越来越多地被曝气沉沙池所代替；90年代以后，随着国外设备的引进，旋流沉沙池越来越多地在污水处理厂中得到应用。

1) 平流式沉沙池。平流式沉沙池采用分散性颗粒的沉淀理论设计，只有当污水在沉沙池中的运行时间不小于设计的砂粒沉降时间时，才能够实现砂粒的截留。沉沙池的池长按照水平流速和污水中的停留时间确定。

平流式沉沙池不具备分离砂粒上有机物的能力，对于排出的砂粒必须进行专门的砂洗。根据国外所做的现场测定，平流式沉沙池所沉砂粒的粒径沿沉沙池长度方向变化，且当粒径小于0.6mm时，砂粒很容易被水流带走。

2) 曝气沉沙池。曝气沉沙池的特点是通过曝气形成的水的旋流洗砂，以提高除砂效率及有机物分离效率。当处理粒径小于0.6mm的砂粒时，曝气沉沙池有着明显的优越性。对粒径在0.2～0.4mm的砂粒，平流式沉沙池仅能截留33.52%，而曝气沉沙池则有65.88%的截留效率，两者相差将近1倍。但对于粒径大于0.6mm的砂粒，平流式沉沙池的除砂效率要远大于曝气沉沙池。

进水砂粒中的不同粒径级配对沉沙池除砂效率有不同影响。从水流特性来看，曝气沉沙池的流态并非水平流，由于曝气产生的上升流速作用，水流以螺旋状的流态行进。只要旋流速度保持在0.25～0.35m/s范围内，即可获得良好的除砂效果。尽管水平流速因进水流量的波动差别很大，但只要上升流速保持不变，其旋流速度可维持在合适的范围之内。曝气沉沙池的这一特点，使得其具有良好的耐冲击性，对于流量波动较大的污水处理厂较为适用。

曝气沉沙池在运行中也存在一定的问题。由于旋流速度在实际操作中难以测定，只能通过调节曝气量来控制，但气量调节难以掌握。气量过大虽能将砂粒冲洗干净，却会降低细小砂粒的去除率；气量过小又无法保证足够的旋流速度，起不到曝气沉砂的作用。考虑到水量是不断变化的，气量却不可能随机调节，实际运行中很难将曝气量始终控制在合适的数值上，往往会存在过度曝气的问题，浪费能量。

从操作环境看，由于曝气沉沙池的操作环境较差，特别是夏季对空气的污染较大。另外，如果不设消泡设施，会有相当多的悬浮物随泡沫流出池体而污染环境。

对于有脱氮除磷要求的二级强化处理工艺，为保持充足的碳源，不宜用曝气沉沙池和初沉池。

3）旋流沉沙池。旋流沉沙池具有占地省、除砂效率高、操作环境好、设备运行可靠等优点。目前国际上广泛应用的旋流沉沙池主要为钟氏（Jones - Attwood Jeta）旋流沉沙池和比氏（Pista）旋流沉沙池两大类。

采用旋流沉沙池时，对细格栅的运行效果要求较其他沉沙池高。如果格栅运行不正常，带入的布条、树枝等易导致搅拌桨损坏；同时，由于提砂方式为砂泵或气提，以上物体极易造成这类排砂设备及管路的堵塞，导致设备无法正常运行。

在进行沉沙池池型及工艺参数的选择时，应结合管网及生化系统的情况进行综合考虑。小城镇污水处理厂应根据自身的条件来选择合适的沉沙池。条件好的地区可以选择旋流沉沙池，条件差的地区可选择平流式沉沙池，水量波动较大以及对除油脂有要求时可以选择曝气沉沙池。沉沙池的设计参数可根据 GB 50014—2006 及《给水排水设计手册·第 5 分册·城镇排水》中给出的设计参数选用。

（3）调节池。调节池可克服流量变化以及水质异常变化，可改善下游工艺的性能，减少下游处理设施的规模和费用。调节流量是为抑制流量、水质的变化，以期达到恒定或接近恒定的流量。

小城镇人口少，处理规模小，时变化系数大，污水水质水量变化大，为保证工艺处理效果的稳定性，宜在污水处理厂进水端设置调节池，减小对系统的冲击负荷。

（4）初沉池。在污水处理厂一级处理中，初沉池设置在格栅、沉沙池之后，主要用于去除悬浮固体中的可沉固体物质，去除效果可达 90%以上。在可沉物质沉淀过程中，悬浮固体中不可沉的漂浮物质的一小部分（约 10%）会黏附在絮体上一起沉淀去除。此外，漂浮物质的大部分也将漂浮在初沉池表面被作为浮渣去除。沉淀池同样用作雨水储存池，储存池的设计为合流制下水道或雨水下水道的遗留提供中等停留时间（10～30min），由于初沉池的停留时间一般为 1.5～2.0h，所以初沉池还有均和水质和一定的水解（酸化）作用。

沉淀池的类型有平流式沉淀池、辐流式沉淀池、竖流式沉淀池和斜板沉淀池。平流式沉淀池、辐流式沉淀池适用于大中型水厂；竖流式初沉池适用于中小水厂，因其只适用于小水量，且池深大，运行管理不便，目前国内极少采用；斜板沉淀池适用于当需要挖掘原有沉淀池潜力或建造沉淀池面积很受限制时的情况。

对于一些工业废水占城镇污水比例较大、生化性较差的情况，可以将初沉池替换为水解池。初沉池的设计参数可根据 GB 50014—2006 及《给水排水设计手册·第 5 分册·城镇排水》给出的设计参数选取。

（5）反应池。反应池的设计与所选取的处理工艺有关，可参照相关的处理工艺参数进行设计。

（6）消毒池（渠）。消毒池（渠）的设计主要与消毒方式有关。

采用紫外消毒方式，其照射渠水流均布，灯管前后的渠长度不宜小于 1m；水深应满足灯管的淹没要求。紫外线照射渠不宜少于 2 条。当采用 1 条时，宜设置超越渠。

采用二氧化氯和氯消毒的消毒池，按照二氧化氯或氯消毒后应进行混合和接触，且接触时间不小于 30min 计算。

2.6.3 施工期水源地保护措施

2.6.3.1 水源地防护措施

河道清淤、堤防工程等施工活动涉及饮用水水源取水口及饮用水源保护区时，应采取选用电动清淤机、防污屏围护防治等措施进行施工期水源保护。

1. 电动清淤机选用

清淤可采用挖泥船，挖泥船又分为斗轮式、绞吸式、抓斗式、吸盘式、吹泥吸扬式等。杭州西湖一期底泥疏浚工程，嘉兴市区河道整治南湖、西南湖疏浚工程，无锡五里湖生态清淤工程，上海陈行水库清淤工程，官厅水库清淤应急供水工程，北京“六海”（西海、后海、前海、北海、中海和南海）清淤及护岸整修工程等都采用环保绞吸式挖泥船进行水下清淤，利用环保绞刀和排泥管输送相结合的施工方法，避免施工对水质的污染影响，取得了良好的效果。但是，由于挖泥船大多以柴油为动力，在清淤过程中有发生油污染的可能。

在安徽滁州琅琊山抽水蓄能电站下水库水源地清淤、北京高碑店湖底清淤、北京十三陵水库除险加固、大庆水库码头清淤、河北唐海曹妃甸围海造地等工程中应用组合式冲吸式清淤机清淤，效果良好。可采用一种小型组合式冲吸式清淤机，该机由浮箱（拼装式船体）、高压清水泵、配电箱、升降装置、吸斗、输泥管、输水管组成。其模拟自然界水流冲刷的原理，借助高压清水泵水力的作用来破土，用泥浆泵吸土，管道输土；采用封闭式吸头，将泥浆泵的吸口和高压水泵的出口分别用管道（长度视挖深而定）连接到一个铁制的罩壳上；工作时罩壳沉入水底与土层紧贴（清水泵与土层形成间隙）形成与周围水相隔的小区，启动高压清水泵，高压水柱切割水下土体，使之形成泥浆，启动泥浆泵，通过管道吸送到弃土区。该清淤机为双体式船体，抗风力强，吃水深 0.4m，作业深度可达 30m，输泥距离 600m，泥浆浓度在 20%～45%之间（视土质），泥浆流量 $250m^3/h$，扬程 15m，生产能力 $40m^3/h$。该机可单独作业，也可以数十台捆绑在一起形成作业平台（视情况自由组合）。挖泥平台采出的泥浆可集中到一艘空船或槽型浮箱里，通过大功率输送泵一次输至目的地。该清淤作业平台有如下优点：①清淤机拆卸很方便，最大部件四人可抬动，运输十分方便；②清淤机动力可由岸边通过防水电缆引至平台，避免发生污染；③机器价格低，可视工程情况随意增加或减少机器；④维修方便，单体机器发生故障不影响其他机器施工。

使用电动的冲吸式清淤机，可以利用外接电源而不使用柴油发电机，从而避免了由于机械漏油而产生的水体污染。

对输泥管道可能存在的漏泥情况，可以采取长距离封闭式的自浮式输泥管线和岸管的方法，并对其接头连接处进行密封，即可避免由此产生的环境影响。发现漏泥时，应立即停止清淤，检修排泥管道。

2. 防污屏选用

防污屏的作用是阻滤水中漂浮物、悬浮物，控制其扩散、沉降范围，使防污屏以外（内）的水域得到保护（SS 浓度增加值不超过 10mg/L）。目前，防污屏在水上施工作业中被广泛使用，效果较好。

（1）防污屏设计原理。防污屏的作用是阻滤水中漂浮物、悬浮物，控制它们扩散、沉降范围，使这一范围以外的区域得到保护。防污屏由带有浮体的水上拦阻部分和用高强度滤布制成的水下部分构成。防污屏是既可渗透水又能阻挡细粒悬浮固体的垂直屏蔽，从水表边向下延伸到一定水深，柔性的、聚酯织物形成的裙边被顶部浮体和底部的配重链维持在垂直状态。

（2）防污屏的应用范围。

1）防护特定水域。如水厂取水口、电站和电厂取水口、水生物养殖场、水上游乐园、水上试验场、某些水上工程、江河和海水浴场等处的防护。

2）控制悬浮物扩散范围。水上、水下工程施工，水上工程船及水工机械作业，例如填海、航道疏浚吹填、吸泥船作业等场合，设置防污屏可以将作业造成的泥浊污染限制在一个较小的范围内，保护其他水域免受影响。图 2.6-19 为国内相关应用实例。

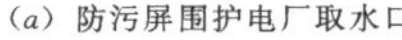

(a) 防污屏围护电厂取水口

(b) 防污屏围住工程船防止污染扩散

图 2.6-19 防污屏应用实例

（3）防污屏的组成与布放。防污屏由包布和裙体组成，包布为 PVC 双面涂覆增强塑料布。浮体为聚苯乙烯泡沫加耐油塑料模密封，浮子间的间距形成柔性段保证防污帘的可折叠性和乘波性，裙体的下端包有链条。防污屏漂在水中，浮子及包布的上中部形成水面以上部分，裙体由配重链保持垂直稳定性，形成水下部分。脊绳、加强带和配重链为纵向受力件，防污屏一般每节长 20m，节间用接头连接。防污屏用小船投放、展开及回收。

防污屏的布放需根据流速、流向及泥沙沉降速度等来确定围控面积。防污屏的长度、宽度要根据围控面积和当地的水深来确定。防污屏的围护方式有两种：一种是对施工作业点实施围护；另一种是对保护目标实施围护。两种方式也可以结合起来使用。

防污屏在水中的布放见图 2.6-20。

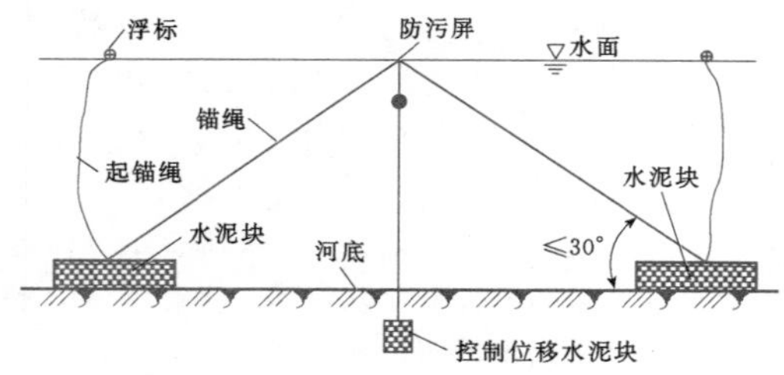

图 2.6-20（一） 防污屏的布放

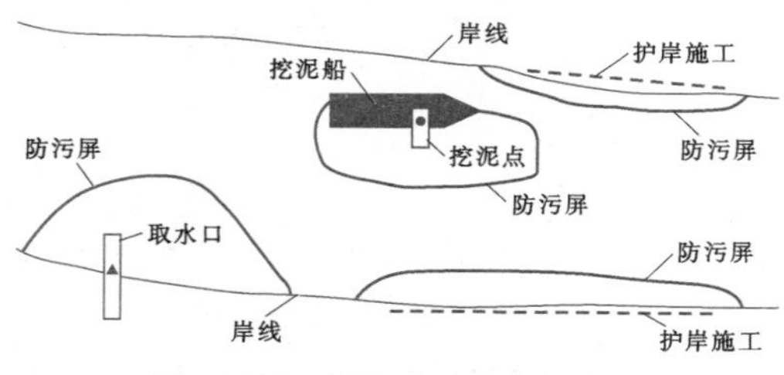

图 2.6-20（二） 防污屏的布放

（4）防污屏去除效率分析。根据国内相关应用研究单位提供的资料，防污屏的效率也就是防污屏外浑浊度相对防污屏内浑浊度的减少量，由诸如作业性质、防污屏上游悬浮物质的种类和数量、防污屏构造特性和条件、防污屏包围形状及面积、固锚方法以及现场水文情况（水流、潮汐和风浪等）等因数所决定。一般而言，在水流流速较小（不大于 0.5m/s）的场合，防污屏外面水的浑浊度可比屏内或上游减少 80%～90%。

2.6.3.2 水源替代措施

水源分为地表水（江河水、湖水、池塘水、水库水等）、地下水（浅层地下水、深层地下水、泉水等）及降水，应根据具体情况，选择水质良好、水量充沛、水源卫生条件和周围环境良好、便于防护、群众取用方便以及水质符合《生活饮用水卫生标准》（GB 5749—2006）规定的水作为居民饮用的水源。灌溉水源应水量充沛，尽可能自流引水且引水渠道短。

取水水源为地表水时，饮用水供水工程一般包括取水构筑物、泵站、输配水设施、调节池、水厂等工程。灌溉用水往往需要修建引水、蓄水和提水工程，以及相应的输配水工程。

取水水源为地下水时，供水工程一般包括抽水井、泵站和调节池。

2.6.4 水温恢复与调控措施

2.6.4.1 措施的类型和特点

1. 水温恢复与调控措施的分类及选型原则

（1）改善水温的措施分类。目前，国内外改善水温主要有以下四种途径：

1）合理设置取水口进行分层取水。分层取水设施型式大致可分为 4 大类：多孔式、分节式、铰链式和虹吸式。按外形不同，多孔式还可分为斜卧式、塔（井）式。多节式可分为平板式、半圆筒式、圆筒式。此外，还可以按启闭方式和动作原理分为人工启闭、电气自动启闭、浮式和自动翻板；按控制方式分为手动控制、水力自动控制和机械控制。只有多孔式和平板分节式分层取水设施用于大、中型工程，其他型式的分层取水设施只能用于小型工程。

2）破坏取水口附近的温跃层。这种措施在国外有研究和实践，且仅限于小型工程。

3）生态调度。这是近年来国外实验研究的主要管理措施。

4）延长渠道或设置晒水池，以提高灌溉用水水温。

（2）分层取水设施的选型原则：①要求取水效果好，能最大限度地取到表层水；②要方便管理，运行安全；③要考虑到制作、运输、施工等方面的问题；④在结构布置上要力求紧凑，与其他建筑物能协调统一；⑤结构新颖，技术先进，投资省。

2. 水温恢复与调控措施

（1）分层取水。

1）多孔式。在取水范围内设置标高不同的多个孔口，取水口中心高程根据取水水温的要求设定，不同高程的孔口通过水平输水洞、竖井或斜井连通，每个孔口分别由闸门控制。运行时可根据需要，启闭不同高程的闸门，达到分层取水的目的。其结构简单，运行管理方便，安全可靠，操作简便，工程造价较低，一般用于引用流量较小的工程，也可用在引用流量较大的工程中。其缺点是由于孔口分层的限制而不能连续取得表层水。

图 2.6-21 为取水口水平错开布置分层取水建筑物示意图。根据水库水温分层规律和灌溉用水要求，在坝前不同高程处设高、中、低 3 层取水口，各层水口经埋设在坝体内的竖向钢管与水平输水钢管相连，后接入阀室，每个取水口安装阀门，再经阀室到引水隧洞。运行时，随水库水位升降分别开启或关闭不同高程取水口阀门，从而确保取到表层水。

图 2.6-22 为典型取水口上下重叠布置竖井式分层取水建筑物示意图。根据水库水温分层规律和灌溉

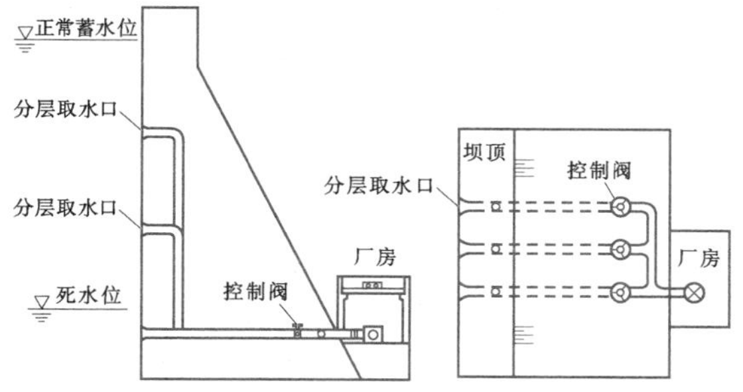

图 2.6-21 取水口水平错开布置分层取水建筑物示意图

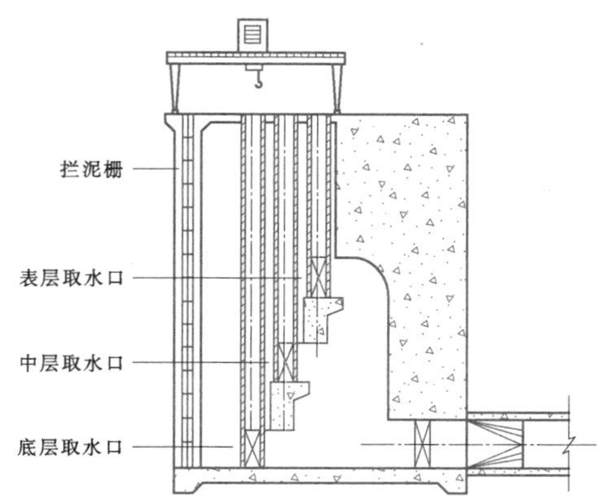

图 2.6-22 取水口上下重叠布置竖井式分层取水建筑物示意图

用水要求，取水塔进口为3层取水型式，由拦污栅、隔水闸门、进水竖井、事故检修蝶阀与启闭结构组成。取水口前段设拦污栅，拦污栅为由上至下的直线连通式，每层洞口各设1扇分层取水平板闸门，闸门呈阶梯状布置。为便于检修供水隧洞或管线突发事故时能及时断水，在取水口控制井内设一电动蝶阀作为控制阀，取水口还设有1台桥式双梁起重机等启闭设备。

岸坡式分层取水口，可结合常规的斜坡式及竖井式取水口布置方式，由斜坡道、取水平洞、竖井及启闭机室4大部分组成，见图2.6-23。在斜坡上，布置一道拦污栅导轨，根据水库水温分层规律和灌溉用水要求，分不同高程布置若干取水口，每层取水口经取水平洞与竖井相连通，每个取水口各设1扇平面滑动钢闸门，取水闸门兼作竖井工作闸门的检修闸门。竖井内设1扇潜孔式平面滚动钢闸门作为工作闸门，竖井后侧设1通气孔。取水建筑物顶部分别设取水闸门启闭机房和工作闸门启闭机房。

斜卧式分层取水建筑物（图2.6-24）主要由斜卧管、闸门、消力池、进水涵管等部分组成，主要通

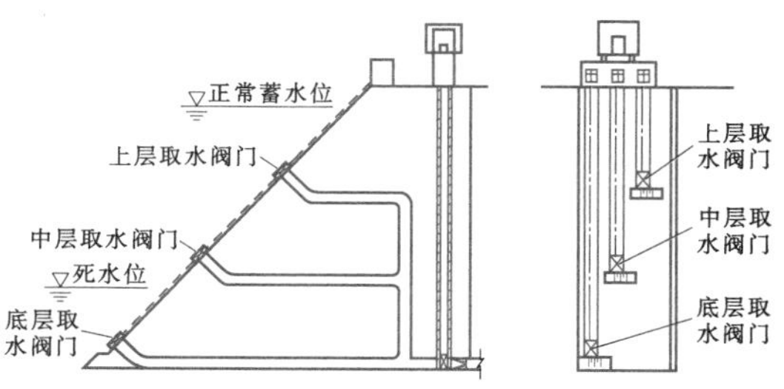

图 2.6-23 斜坡竖井式分层取水建筑物剖面和立面图

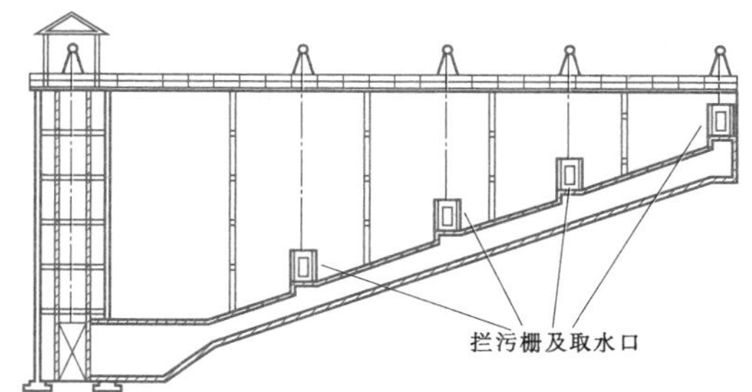

图 2.6-24 斜卧式分层取水建筑物剖面图

过斜卧在山坡或其他建筑物上的斜管分级开孔取水，孔口处的闸门一般采用人工或机械控制的拍门型式，斜卧管的断面尺寸一般按无压明流设计，斜卧管的高度一般可取为管中正常水深的3～4倍。斜卧式分层取水建筑物的优点是结构简单，施工方便，可节省或简化工作桥、进水塔等建筑物，小型斜卧管可采用砖、石等材料建造，造价较低，引取水库表层水比较可靠。其缺点是放水流量较小，一般应用于小型水库，主要是解决灌溉水温问题。这种斜置明露式分级卧管取水设施，具有操作简单、造价低廉的特点。但多个水库运行实践表明，这种取水设施在运行和管理中存在较多弊病：①人为操作随意性大，取水量不稳定；②取水口为敞开结构，水库漂浮物和山坡泥石极易进入取水口造成淤积堵塞，导致取水口无法关闭而使库水大量流失；③多年淤积形成的泥沙压力及冬季结冰形成的冰压力导致供水卧管多处断裂，无法供水；④多种设施外露，被盗现象严重；⑤管理不便，工作人员需经常下水操作，劳动强度大，安全系数低；⑥取水设施止水效果差。

通过改进其过流能力，该形式也可应用于大型水库。在国外，斜卧式分层取水建筑物已运用于大型水库或放取较大流量的工程，如日本的横山水库采用半圆形滚轴门进水，美国Oroille水库采用串联门叶作进水闸门等，说明斜卧式分层取水建筑物通过改进是可以增大其取水流量的。

2）多节式。多节式分层取水设施由取水塔、取

水闸门等结构物组成。依据库水位变化，随时调节闸门总高，以保持一定的取水深度，连续地取得表层水，但为取得一定的引用流量，闸门顶溢流水深较大，也会在一定程度上影响表层取水的效果，而且需要较高的运行管理水平。多节式表层取水设施有三种结构布置型式：平板多节式、半圆筒多节式和圆筒多节式。

a. 平板多节式。平板多节式由一个过水竖井和隔水门组成。过水竖井位于输水道的首部，竖井顶部设启闭塔，沿竖井两侧设两道闸槽，安置隔水门，取水时，随着水位的下降，相继提升隔水门，隔水门仅起隔水作用，流量由输水道出口工作闸门控制。其优点是：制作工艺简单，施工方便，检修容易，造价低。

平板多节式分层取水设施根据闸门及其运行方式的不同，有浮式板型、多层水力自动翻板型、叠梁门型等。

浮式板型分层取水设施主要包括浮筒、隔水门、过水竖井等（见图 2.6-25），由浮筒的浮力带动隔水门作竖直方向的移动，控制隔水门以上的取水深度或孔口尺寸，以达到取表层水的目的。浮式板型取水装置的优点是结构简单，使用范围广，在中、小型水库中均能适用，因此，早期在国内受到普遍推广。

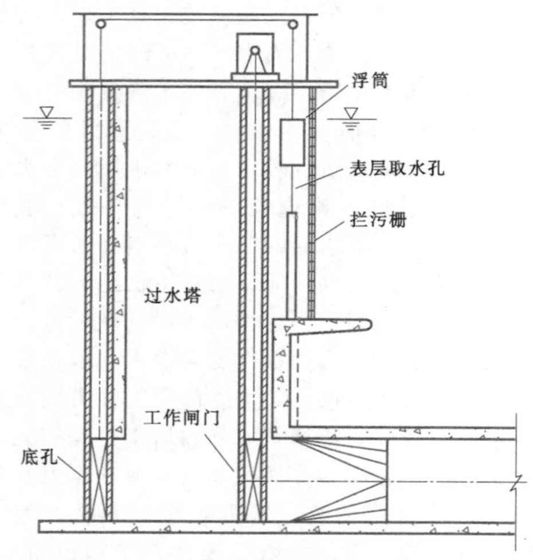

图 2.6-25 浮式板型分层取水建筑物剖面图

多层水力自动翻板型分层取水设施由进水塔或斜管、竖向安装在塔上游面的若干层翻板闸门等组成（见图 2.6-26）。其优点是能够依靠水力自动启闭，节省了提升设备和部分管理人员，一般在小型水利工程中使用。

叠梁门型分层取水设施在常规进水口拦污栅与检修闸门之间设置钢筋混凝土隔墩，隔墩与进水口两侧边墙形成从进水口底板至顶部的取水口，各个取水口

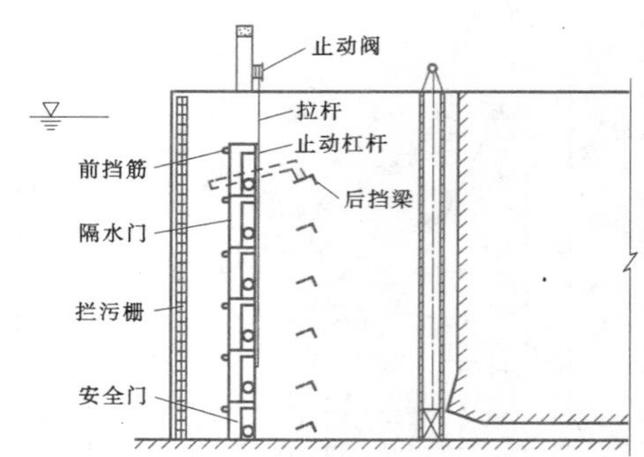

图 2.6-26 多层水力自动翻板型分层取水建筑物剖面图

均设置叠梁门（见图 2.6-27）。叠梁门门顶高度根据满足下泄水温和进水口水力学要求确定，用叠梁门和钢筋混凝土隔墩挡住水库中下层低温水，水库表层水通过取水口叠梁门顶部进入取水道。其优点是适用于不同取水规模的工程，可以根据不同水库水位及水温要求来调节取水高度，运行灵活。

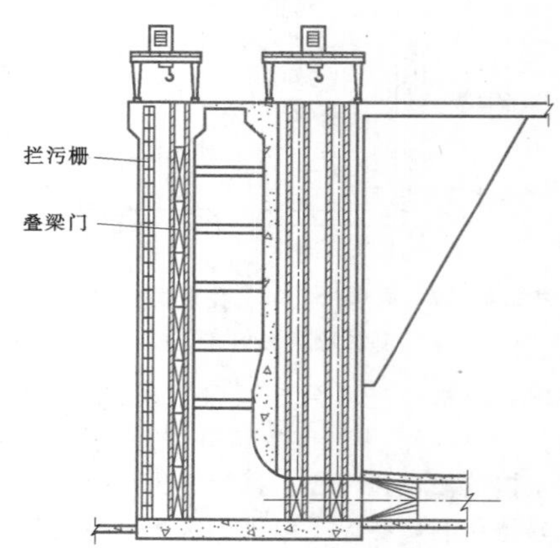

图 2.6-27 叠梁门型分层取水建筑物剖面图

案例 1：光照水电站叠梁门分层取水进水口由直立式拦污栅、叠梁闸门、喇叭口段、检修闸门段等组成（见图 2.6-28）。进水口底板高程 670.00m，顶部平台高程 750.50m，与右岸上坝公路连接。进水口前缘总宽度 75.5m，顺水流向长度 34m。进水口设 1 道直立式拦污栅，拦污栅共 14 块，每块宽度 3.5m，拦污栅顶高程 746.00m，高 76m。在拦污栅与检修闸门之间设置 4 个钢筋混凝土隔墩，隔墩底部高程 670.00m、顶部高程 750.50m，垂直水流向宽度 4.95m、顺水流向长度 6.5m；隔墩之间设置横向钢筋混凝土连系梁，隔墩与拦污栅墩净距 3.0m、与进水室胸墙净距 8.0m；顺水流方向设钢筋混凝土支撑梁，将隔墩与拦污栅墩、喇叭口胸墙连接。沿进水口中心线设钢筋混凝土隔墙，隔墙底部高程 670.00m，

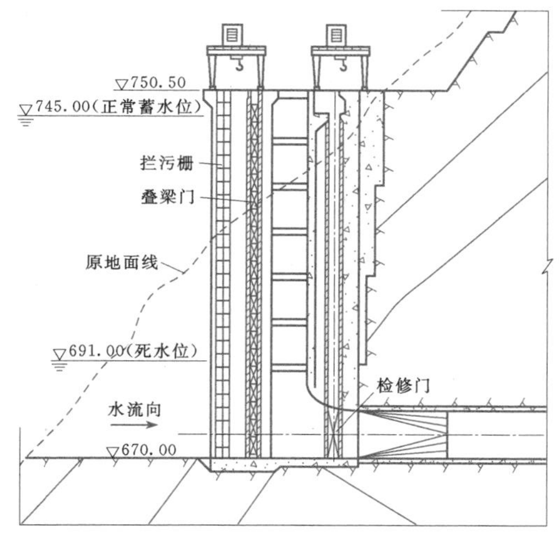

图 2.6-28 光照水电站叠梁门型分层取水建筑物剖面图

顶部高程 750.50m，将进水口分为 2 个相对独立的对称的进水室。

4 个隔墩与进水口两侧的边墙及中间的隔墙形成 6 个高程 670.00～750.50m 的取水口，每个取水口宽度为 7.5m，取水口内布置叠梁钢闸门，叠梁门分为 20 节，每节门高 3m，最高门顶高程 730.00m，底槛高程 670.00m。水库表层水通过叠梁门顶部进入取水道，门顶最低运行水深 15m。在进水口紧贴大坝处设 1 个叠梁门库，门库底板高程 685.00m，顺水流向长 15.58m，垂直水流向宽 10.8m。引水隧洞进水口喇叭口段长 12m，上缘采用 1/4 椭圆曲线，两侧采用 1/4 圆曲线，喇叭口中后段设 1 道检修闸门，闸门尺寸 8.0m×10.4m（宽×高）。

b. 半圆筒式。半圆筒式取水闸门由多节同心半圆形拱形门叶组成，拱形门叶由面板、拱横接而成，拱横梁按两固定铰进行设计。半圆形钢筒套叠在一起从上至下由大到小排列，随水位的升降而伸缩，以取到表层水。当水库水位变化时，筒顶水深也随之变化，这时启闭系统配置的自动跟踪装置发出信号，控制套筒升降。当水库水位已下降至表层取水范围的下限值时，闸门已完全套叠在一起，这时将套筒全部同时提起，就能取到最下一层套筒所隔离的水。这种取水方案流态简单，整个表层取水过程都是薄壁堰流或实用堰流，所需控制的是筒内外水头差、进口行进流速和筒内流速，这些因素相互影响，是决定整套取水装置尺寸的基本参数。但是，半圆筒取水闸门对制作工艺、运输和安装要求较高，若不能达到较高的圆度要求，稍有变形，运行时容易发生卡阻，不能自由伸缩。当水头较高，而套筒无法收缩时，会出现水头差过大，甚至空筒，从而造成套筒失稳破坏。

案例 2：美国俄马水电站分层取水系统，设计利用现有的拦污栅墩，在进水口前缘安装 3 个独立的半圆形闸门（见图 2.6-29），每扇闸门都可以自由升降，相互配合，达到分层取水的目的。上部控制闸门高 30.49m，内径 3.29m。中间封闭闸门与上部控制门同高，由 3 个独立的闸门重叠而成，上部第一层高 6.1m，第二、三层高均为 12.19m，3 个闸门内径均为 3.14m。下部减压闸门高 11.38m，内径为 2.91m。每扇减压闸门安装 35 块高 0.61m、长 1.22m 的减压板，每块减压板装有两根剪切销，当作用于减压板上游面的平均压力达到 17.9kPa 时，剪切销松开而起到减压作用。

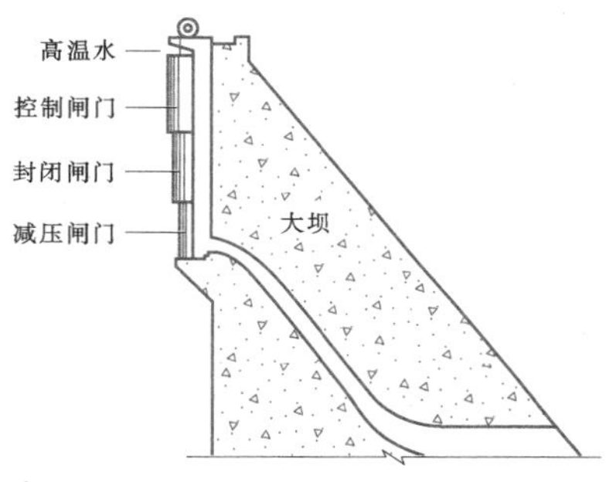

图 2.6-29 俄马水电站半圆筒式分层取水建筑物剖面图

c. 圆筒式。圆筒式分层取水装置由多节圆筒形门叶组成，其结构类似电视机上的拉杆天线，为使闸门伸缩自如，每节门叶均需焊接悬臂杆，杆端安装主滚轮或滑瓦，以使圆筒闸门沿埋设在取水塔上的主轨上下行走（见图 2.6-30）。从现有设备的理论构成和构造来看，有吸入式和溢流式两大类，各有所长。从工程规模来看，其取水流量从不到 $1m^3/s$ 至数十立方米每秒。如日本 1963 年建成的岩手县仙人发电站圆筒闸门，取水流量达 $60m^3/s$，利用水深 21.5m，取水深 3.0m，由 5 节圆管构成，直径 5.3～6.5m。1966 年建成的羽幌水库圆筒闸门，取水流量仅 $1.0m^3/s$，利用水深 17.75m，取水深 0.4m，由 3 节圆管构成，直径仅 0.5～0.65m。从闸门的升降方式看，有机械式和浮动式两种，机械式利用固定式启闭机通过联系构件与圆筒相连，用启闭机提升筒体，靠自重下降；浮动式把第一节圆筒悬挂在一个盘子形的浮子上，靠浮子的浮力支持，使筒首喇叭口随库水位变化而升降，保持固定的取水深度。一般来说，多节式取水设备多，投资大，管理较复杂，但安全稳定性高，能适用于深水大型取水建筑物。这种取水设施已被国际大坝委员会环境特别委员会作为典型模式推荐。在我国，20 世纪 80 年代才开始设计了几个圆筒多节式表层取水设施，如昇钟、扬角坝、刘兰、大龙洞等水库，但流量均不超过 $20m^3/s$。

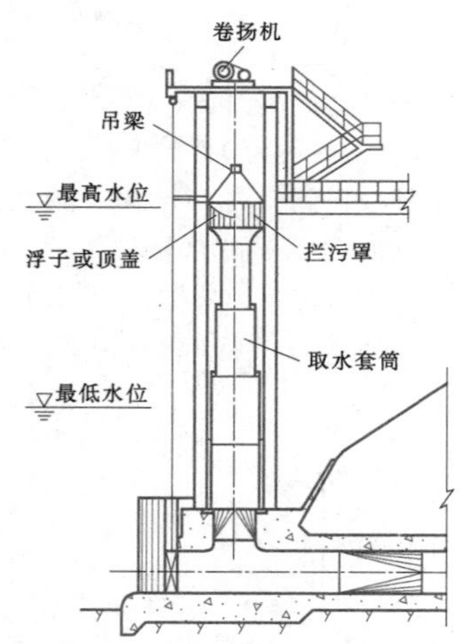

图 2.6-30 圆筒式分层取水建筑物剖面图

3）铰接式。铰接式分层取水设施由浮于水面的浮筒和铰连接管臂组成（见图 2.6-31）。水从水面流入管臂，浮筒随水库水位升降。当水位变化时，由于浮筒的浮力作用，悬在水中的进水漏斗和伸缩式引水管沿固定于钢塔主杆上的导轨自动在垂直方向移动。这种装置可连续地取得表层水，但取水量不大，一般在 $2m^3/s$ 以下，且适于水深在 10m 以内时采用。

4）虹吸式。即在水库大坝上设置虹吸管，利用虹吸作用将库内上层水引出。其优点是结构简单，造价低，无冰冻破坏，无跑漏现象。主要不足在于虹吸管的进水龙头须埋入水下一定深度。而在寒冷地区理想的温水是在距表层 30cm 以上。从提高灌溉水温角度来说，这种装置也存在一定不足。

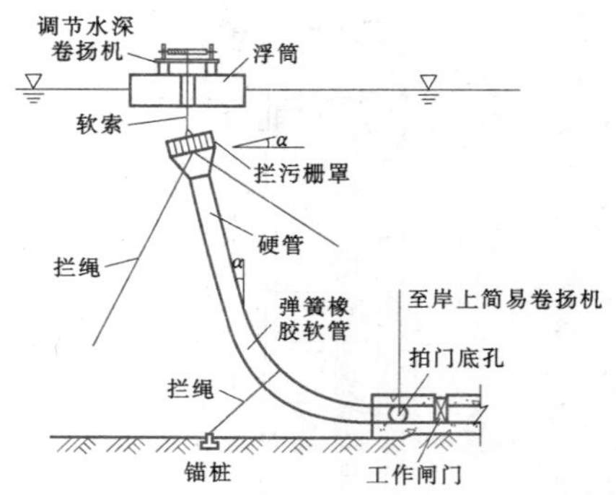

图 2.6-31 铰接式管型分层取水建筑物剖面图

（2）打破温跃层。打破温跃层是一种主动改善水温分层、保护下游河流水生生态环境的方法。其具体的实施方法就是在取水口前面的一定范围内，用动力搅动或向深层输气，促进水库水体的上下对流，破坏水温的分层结构，从而提高水库底层水温。水流从底层向表层或水面喷射，产生充足的溶解氧，可改善深层水缺氧状态，加速库底沉积物质的氧化分解，从而改善水质。由于表层水温降低，还可更多地吸取太阳能和氧气，减少水的蒸发。美国、英国采用过这种方法，效果不错。爱尔兰恩尼斯加（Inniscarra）水库，1957 年安装了 6 台气压水枪，使上下层水体产生不断对流，从而制止了水温、水质分层的形成，解决了电站尾水低温、缺氧对下游鲑鱼等珍贵鱼类所造成的影响。美国的最近研究表明，采用向深层输氧以直接增加深层水体溶解氧的方法，比输气更加经济。打破温跃层的主要方式如图 2.6-32 所示。

（3）生态调度。生态调度是目前最经济的调控方法，通过对水库的流量进行调节就可以有效地破坏或消除温跃层。对于已建大坝，合理的泄洪调度也能有效地提高下泄水流的水温。2000年5～8月，为了了

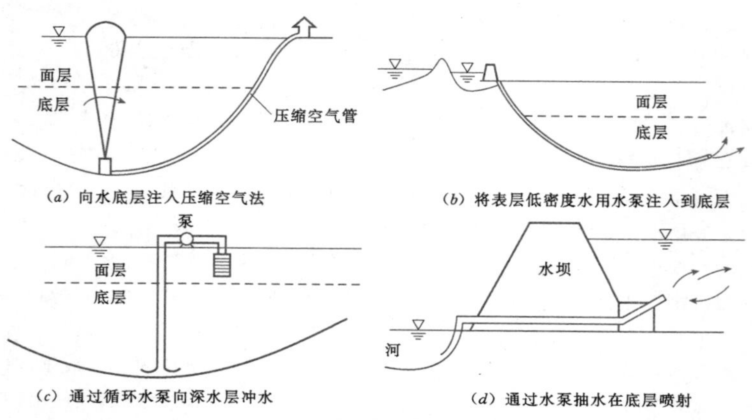

图 2.6-32 打破温跃层的主要方式示意图

解稳定小流量能否使科罗拉多河的水温升高，促进鲑鱼生长，提高存活率，格伦峡谷大坝进行了夏季稳定小流量试验。建坝前，科罗拉多河的流量变化范围为85～1130m^3/s，典型的变化范围为280～700m^3/s，试验所采用的流量为230m^3/s。稳定小流量试验表明，科罗拉多河干流平均水温较大坝正常运行时有了明显的提高。大型水利水电工程一般设有多种泄水方式，考虑到大型水利枢纽库区水温在夏季会有分层现象，多利用表层的泄水建筑物（如溢洪道、表孔等）将有助于提高下泄水温。

(4) 延长渠道或设置晒水池。对于具有灌溉功能的水库，从水库中泄放的低温水流入渠道一定流程后，通过与周围环境热交换，水温发生明显变化。水温变化大小与出库水温、流量、渠道长度、气温有很大关系。据测定，当气温在20℃以上时，支渠引用流量为100m^3/h、水温6℃左右的水流经100m长的渠道后可提高水温1～5℃。通过延长流程，可充分接受日晒，提高灌溉用水的温度。渠道增温的大小与水流的速度及渠道宽窄有关，通过抬高加宽支渠进水口，使之增加阳光的照射面积，可起到增温效果。对于黏土性稻田，可采取延长渠道措施提高水温。在修筑渠道时，除加宽水渠外，还可修筑迂回渠道，或在坡降大、水流急的地方增设跌水，并及时割去田间及渠道两旁的杂草，以增加灌溉水流的日晒时间和扩大日晒面积，提高水温。

设置晒水池也是增温灌溉行之有效的方法。晒水池可以利用地形灵活布置，可以利用地头空地或水田附近的池塘、水沟等。晒水池形状最好为长方形，池内设置“丁”字形隔板，将池分成多格（见图2.6-33），可以减缓水流速度，增加晒水池晒水的时间。池内水层不宜过深，一般以20～40cm为宜，在晒水池末端设溢水口，使表层温水进入稻田，出口加宽垫高，滚水入田增温。晒水池的大小，可根据当地地理

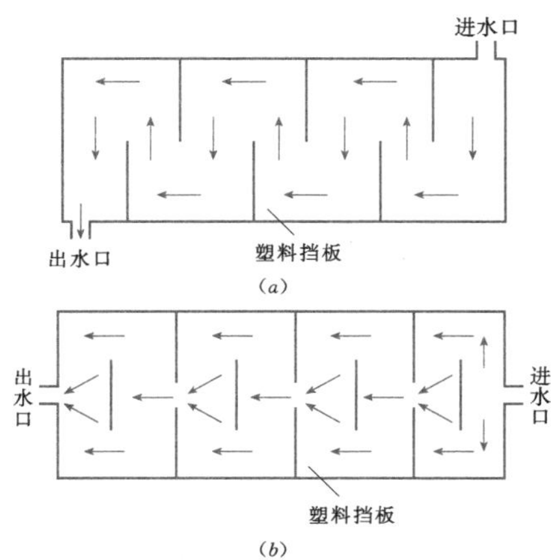

图 2.6-33 晒水池平面示意图

条件和灌溉稻田的面积确定。一般晒水池越大，吸收太阳光能的面积越大，提高水温的效果越显著。晒水池面积应占灌溉面积的1.0%～1.5%为宜。有条件的可在晒水池上扣成塑料大棚，两边压实，入水口和出水口以水封闭，增温效果更佳。一般晒水池一个白天可提高水温4～6℃，雨量少、气温高时效果更明显。砂质土等漏水严重的地块不宜设置晒水池。

此外，对于具有一定水头的渠道，可以在入口设置叠水板，水从叠水板以扇形面落入池中。也可以设散水器，散水器高3m左右、长2m左右、宽1.5m左右，呈长方体，空间由楼梯道组成分水板，水通过散水器顶板散开，沿楼梯道分水板下落晒水池，一般可增温1～2℃。

2.6.4.2 分层取水设施设计

1. 分层取水设施组成

大型水利水电工程分层取水设施一般采用多孔式或多节式，由拦污栅、取水闸门、取水塔、事故闸门、底部闸门、安全闸门、启闭机械、控制设备等组成。

(1) 拦污栅。拦污栅的功能是阻止流木、流冰、污物进入取水闸门、泄水道、阀门或水轮机。栅条多为扁钢构成，栅条可以焊接在拦污栅框架上成为固定拦污栅，也可以做成活动拦污栅，但最好做成能取出的活动拦污栅。拦污栅过栅流速过大会产生涡流、共振和水头损失大等，为此，一般控制过栅流速为1m/s左右。

(2) 取水闸门。取水闸门起到取水、隔水作用，是多节式表层取水设施的重要设备。平面表层取水设施、圆筒表层取水设施、半圆筒表层取水设施中分别对应设置平面取水闸门、圆筒取水闸门、半圆筒取水闸门。取水闸门由多节门连成一体，闸门依据库水位的升降而增减或伸缩，其全伸、全缩时的长度由表层取水的最高、最低水位决定。

圆筒式和半圆筒式取水闸门布置型式分为两种，即塔内过流断面向下逐渐增大的渐扩型和相反的渐缩型。设计时经综合比较确定选用型式，比较因素主要包括：①对进水口形状及大小的影响；②检修时便于将门叶提至检修平台；③从稳定性分析利于抗震；④泥沙堆积不影响各节门叶间的伸缩。

(3) 取水塔。取水塔的作用是支持取水闸门、拦污栅，并在取水塔顶部设置固定卷扬启闭机、控制盘等。取水塔有以下类型：

1) 斜槽式取水塔多为钢筋混凝土结构，建在地质条件良好的斜坡上，为防止斜槽滑动，每隔5～10m设置一个抗滑台阶，必要时用锚杆或地脚螺栓加以固定。斜槽式取水塔中的取水闸门与取水塔本身一样亦为斜向布置。

2）从坝体上游面伸出牛腿、托梁以支持立柱，形成矩形框架形的取水塔。该种取水塔有混凝土结构，也有钢结构。

3）取水塔独立设在水库中，为细长的水中建筑物，有钢结构和混凝土结构两种，必须具有稳定性及抗震性，取水塔顶部的操作平台通过工作桥与水库边坡相连。

（4）事故闸门。事故闸门布置在取水闸门之后，其作用是当取水闸门拆修时或泄水道、泄水道出口的阀门、发电机组发生事故时下闸挡水。该门动水关门，利用充水阀充水，静水启门。该门在多节式表层取水设施中必须设置。

（5）底部闸门。底部闸门设置在取水闸门下面，当水位太低，取水闸门取不到水时，可用底部闸门取水。有时水库为排除浊水（泥沙）也需设置底部闸门。底部闸门根据需要可设也可不设。底部闸门一般为平面滑动闸门，静水启闭。

（6）安全闸门。安全闸门门体结构的设计水头等于取水闸门的设计水头。安全闸门自动开门水头值设计成小于取水闸门的设计水头，其自动复位水头值设计成小于自动开门水头值。当取水塔内外水位差等于安全闸门的开门水头值时，安全闸门自动打开，水库水经安全闸门迅速进入取水塔内，塔内水位迅速上升，到塔内外水位差等于安全闸门自动复位水头值时，安全闸门关闭，保证塔内外水位差不会大于取水闸门的设计水头。

（7）启闭机械和控制设备。启闭机械用于操作拦污栅、底部闸门、事故闸门及取水闸门。控制设备包括水位计、闸门开度计、水温计、浊度计等检测装置和现地操作盘、远方操作盘等。

2. 结构和布置

分层取水设施布置和结构设计应遵循《水利水电工程进水口设计规范》（SL 285—2003）和《水电站进水口设计规范》（DL/T 5398—2007）。采用叠梁门和多层取水口设计时，还应考虑下列要求：

（1）叠梁门控制分层取水时，门顶过流水深应通过取水流量与流态、取水水温计算以及单节门高等综合分析后选定。

（2）叠梁门单节高度应结合水库库容及水温计算成果进行设置，确保下泄水温满足要求，同时也应避免频繁启闭。一般单节叠梁门高度 5～10m，并宜就近设置叠梁门库，便于操作管理。

（3）多个取水口并排的叠梁门式分层取水建筑物，可在叠梁门与取水口之间设置通仓流道。通仓宽度应根据流量、流速、流态等确定，必要时应通过水工模型试验论证，一般不宜小于取水口喇叭段最前缘宽度的1/2，通仓内流速不宜超过 1.5m/s。若通仓内存在漩涡，应进行消涡措施计算与分析。

（4）多层取水口形式的分层取水建筑物，分层取水口数量及其高程应根据水温计算成果来确定，确保下泄水温满足要求。不同高程的取水口可根据实际情况上下重叠布置或水平错开布置，且应确保每层取水口的取水深度和最小淹没水深。

（5）多层取水口形式的分层取水建筑物，每层取水口应设置一扇阻水闸门，根据水库水位的变化以及下泄水温要求，开启或关闭相应高程闸门，以达到控制取水水温的目的。阻水闸门宜布置紧凑，便于运行管理。

（6）多层取水口之间一般通过汇流竖井连通，竖井底部连接引水隧洞。为确保竖井内水流平顺，竖井断面不宜小于取水口过流面积。

3. 水力设计

分层取水设施水力设计应遵循 SL 285—2003 和 DL/T 5398—2007，采用叠梁门和多层取水口设计时，还应考虑：

（1）叠梁门分层取水进水口的门顶过流为堰流形式，除应根据门顶过水深度计算最小淹没深度和过流能力外，还应计算叠梁门上下游水位差，确保叠梁门及门槽结构安全。

（2）多层取水口分层取水各高程进水口应计算最小淹没深度，防止产生贯通漩涡及出现负压。

2.6.5 地下水保护措施

2.6.5.1 措施分类

地下水保护措施主要有截堵、疏排、水源替代等工程措施和经济补偿措施。对于运行期的长期影响，可采用截堵、疏排、水源替代等工程措施；施工期的临时影响，可采用水源替代等工程措施和经济补偿措施。

2.6.5.2 排水措施

1. 排水类型

排水措施主要有：

（1）明沟排水。即从地面开挖排水沟排水的方式。其特点是工程投资少，施工简便易行，但排水沟占地较多，在粉砂壤土区塌陷淤积严重。

（2）暗管排水。即将排水管道埋在地下一定深度进行排水。其优点是埋设的深度不受土质的影响，易于长期保存，不占面积，还可避免塌坡淤积，便于机械操作，特别适合土质疏松的地区。但施工复杂，一次性投资大。暗管排水技术与管材制作和埋设技术有关。管材有陶管、瓦管、混凝土管、塑料管等，应根据当地实际，就地取材，依据“经济、坚固、易于养护”的原则选取。

(3) 竖井排水。即在排水沟的基础上设计配置机井群加快排水速度。其可以降低地下水位，减少田间排水沟的密度，增加土地使用面积。

(4) 机械排水。其主要是在自然排水出路困难的封闭洼涝地带，把扬水站、排沟、井及灌渠互相结合起来，做到遇涝能排、遇旱能灌。

针对不同的工程，可采取上述单项措施或综合措施。各种排水沟的沟距以 6～8m（重黏土）和 10～15cm（轻黏土）为宜。

2. 案例

南水北调中线工程北京段，渠道中段与北尚乐河、南泉水河、南沟（黄元井村南）、岔子沟、夹括河、瓦井河、马刨泉河交叉，交叉区域透水层较薄，渠道底部接近或置于基岩上，且地下水水位较高，渠道与地下水流向直交。上游地下水受阻，不能正常排泄至下游，将会引起上游水位升高，可能引发土壤次生盐碱化或沼泽化；同时，会减少下游地下水补给，对下游以地下水为水源的城镇和村庄带来影响。

为减免工程建设造成的地下水影响，采取了地下水排泄导流的措施。在与输水管涵正交方向的上游设置垂向集水井，并在管涵下方设置与管涵正交的横向排水渠与之连通，使上游地下水汇集到集水井后再通过横向排水渠顺畅地导排到下游，以避免管涵造成上游地下水壅高。地下水排泄疏导措施见图 2.6-34。

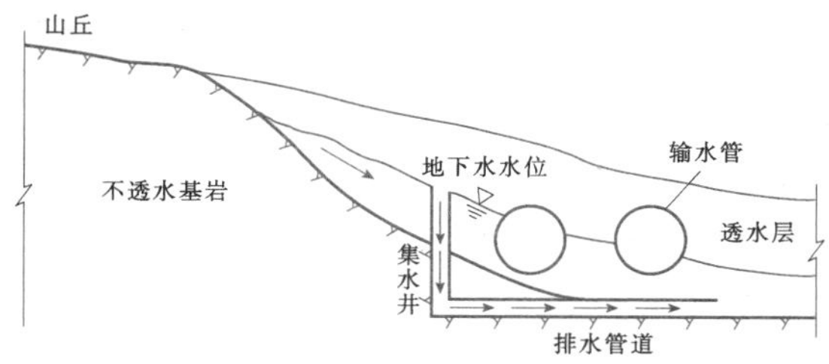

图 2.6-34 地下水排泄疏导措施示意图

2.6.5.3 防渗措施

防渗措施分为两种：一种是水平防渗，主要是上游水平防渗铺盖；另一种是垂直防渗，包括防渗墙、防渗帷幕灌浆以及两者之间多种组合型式等。水平防渗施工简便，建造成本低，可延长渗透路径，但不能完全截阻渗流，因此，防渗效果有限，且运行和后期维护存在困难，不适用于地层条件复杂、渗流系数较大且防渗要求较高的大型工程。垂直防渗可以在坝基形成完整的墙（幕）体，能够完全截断坝基渗漏，而且地层的适应性强，运行稳定可靠，也便于后期维护和检修，是大多数水利水电工程采用的防渗形式。

1. 水平防渗

(1) 防渗材料。水平防渗按衬层可分两种：一种是天然防渗，即利用黏土衬层作防渗；另一种是人工防渗，即利用人工合成衬层防渗。

1) 黏土。根据它所含有的矿物种类不同，可分普通黏土和膨润黏土。黏土因其颗粒小，与水形成胶体，具有较强的抗渗透性，渗透系数一般小于 10^{-7} cm/s。其造价相对较低，应用较多。

2) 人工合成衬层（土工膜 Geomembrane）。其为不透水的土工合成材料。国外从 20 世纪 80 年代开始在工程中应用土工膜作为防渗材料，逐步成为一项成熟的技术。通常采用 1～2mm 厚的高密度聚乙烯（HDPE）塑料作为衬里材料，其渗透系数可达 10^{-12} cm/s。土工膜已形成了系列产品，制定了相应的设计和施工标准，1999 年颁布了《聚乙烯（PE）土工膜防渗工程技术规范》（SL/T 231—98）。

(2) 案例。河北省保定市境内的瀑河水库，长期以来水库渗漏严重，工程不能正常发挥效益。坝后曾多次出现管涌和大面积沼泽化现象，大坝存在渗透破坏的危险。针对瀑河水库的地层分布及水库渗漏的特点，分别对土工膜水平防渗、壤土水平防渗和垂直防渗方案进行比选，最终采用土工膜水平防渗补强方案。该方案施工容易，防渗效果好于壤土防渗方案，施工条件优越，施工方法简单，土工膜埋于地下，不存在老化而导致的防渗失效问题，耐久性较好，总投资最小。

2. 垂直防渗

(1) 防渗工艺。垂直防渗是进行防渗层竖向布置，防止水体向周围或下游渗透。防渗幕墙是垂直防渗的重要方式，该工艺在地基处理中属于化学加固法。化学加固法通常可分为灌浆法、高压喷射注浆法和搅拌法三类。它利用水泥浆液、黏土浆液或其他化学浆液，通过灌注压入、高压喷射或机械搅拌，使浆液和土颗粒胶结起来，以改善地基土的物理和力学性质。该项技术比较成熟，防渗效果很好。

垂直防渗方案的选择主要考虑适应工程性质、条件，可满足工程防渗目的和要求，技术方案可行，施工进度合适，工程费用较低，避免工程污染环境或污染最小，能保障工程本身、相邻建筑物安全和施工人员的安全。

(2) 案例。黄河西霞院水库蓄水后，由于绕坝渗流，左岸下游的洛阳市吉利区南陈村井水位迅速上升，村东废弃砖厂取料坑低洼处出现渗水。随着地下水位的继续上升，南陈村部分地表和房屋出现不同程度的裂缝，裂缝宽度一般为 3～10mm，裂缝最宽处约 25mm，危及到部分村民房屋的安全。为此，及时采取了降低水位、南陈村整体搬迁的应急措施。随后，经过勘测研究，采取以下措施：

1）建立坝下地下水位监测网。整个观测网由分布于两岸上下游的20个自动观测井水位计和20个人工观测井组成，其中自动水位计每天测一组数据，人工观测井水位定期观测，在水位变化敏感期均对人工观测井进行了加密观测。随着防渗墙工程的施工，又先后在防渗墙轴线附近增加了若干观测孔进行补充观测。

2）大坝基础混凝土防渗墙向南、北两岸延伸。北岸防渗墙延伸设计长度为1260m，南岸防渗墙延伸设计长度1516m。防渗墙采用分期施工、边施工边观测分析的方式进行。通过抬高库水位后观测，证实防渗墙的延长长度还未达到降低地下水位的要求，因此，进行二期防渗墙施工。两期施工结束后，通过蓄水观测，坝下地下水位未出现升高现象。

2.7 陆生生态保护

陆生生态保护应依据《中华人民共和国野生动物保护法》、《野生植物保护条例》等法律法规，有效保护受工程影响的野生动植物资源，重点保护珍贵、濒危的野生动植物和有重要经济、科学研究价值的野生动植物，以及古树名木和受工程影响的森林、草原。陆生植物、古树名木以及珍稀濒危陆生动物保护可根据工程影响的特点采取就地保护和迁地保护措施。对受工程影响的森林和草原采取避让和恢复保护措施。

2.7.1 保护对象和设计原则

2.7.1.1 保护对象

1. 陆生植物保护对象

陆生植物保护对象为受工程影响的珍稀、濒危、特有植物，其他具有重要经济、科学研究、文化价值的野生植物，古树名木、集中分布的森林、草原等。

（1）珍稀濒危植物保护对象为列入国家和地方野生植物重点保护名录，或列入《中国植物红皮书》（傅立国，科学出版社，1991年）的野生植物。特有植物为仅在一定区域（流域、河段）分布的植物。

（2）古树名木保护对象为树龄在100年以上的古大树，以及树种稀有、名贵或具有历史价值、纪念意义的名木。

（3）森林保护主要对象为受影响的集中分布的天然林、水源涵养林、水土保持林和经济林等。

（4）草原保护主要对象为受工程影响的天然草原和人工草原。

2. 陆生动物保护对象

（1）陆生动物保护对象包括受工程影响的爬行类、两栖类、鸟类、兽类等野生动物及栖息地。

（2）重点保护对象为受工程影响的珍稀濒危的野生陆生动物或有重要经济、科学研究价值的野生陆生动物。珍稀濒危陆生动物为列入国家和地方野生动物重点保护名录，或《中国濒危动物红皮书》（郑光美等，科学出版社，2003年）的野生动物。

2.7.1.2 保护设计原则

陆生动植物保护应在工程环境影响评价基础上对保护措施进行设计，设计应遵循以下原则：

（1）避让原则。工程布置要避让陆生生物保护敏感区，如自然保护区、野生动物集中栖息地、原生地天然生长并具有重要经济、科学研究价值的珍稀濒危动植物。

（2）减量化、最小化原则。采取措施使生态影响降低到最小程度，控制在可承受范围内。

（3）保护与恢复原则。使受影响的陆生动植物得到有效保护，对生态进行修复。

（4）实用与先进技术相结合原则。措施力求实用，讲求实效，对生物多样性采用先进技术进行保存。

2.7.2 陆生植物保护

2.7.2.1 珍稀濒危特有植物就地和迁地保护

1. 就地保护

就地保护措施主要根据陆生植物的生态学特性、数量、分布、生长情况等，明确保护范围，提出实施方案，采取避让、挂牌警示和围栏等措施建立保护区（点）。

（1）确定就地保护对象和范围。

1）在工程施工区、水库淹没区、移民安置区等直接影响范围内，对可能分布的受保护植物进行复核和详查，包括植物种类、生态习性、数量、分布、生长情况，确定需要进行保护的对象。

2）根据需要保护的植物集中分布或单株分布情况，确定保护范围。

（2）就地保护措施设计。

1）避让。工程选址、施工区、移民区，尽量避开珍稀植物集中分布区。

2）挂牌保护。对已确定保护的植物设置宣传牌和挂牌，说明植物种类、保护级别、树龄、用途及保护要求。

3）围栏保护。为防止人为活动和动物干扰、侵害，可设置围栏。根据植物大小、分布范围，可采取设置木栅、绿篱、铁丝网、水泥桩（墙）等围栏进行保护。

4）建立保护区（点）。对不影响工程施工和移民安置，且保护植物集中分布地区，可考虑建立珍稀植物保护区。建立植物保护区应依据有关规定，开展野外实地调查，查明植物分布范围、数量、植物生态学意义及在生态系统组成中的意义，确定保护对象、范围、相关设施及管理要求等。

(3) 就地保护实例。三峡工程修建后，为保护珍稀植物荷叶铁线蕨，采取了就地保护措施。

荷叶铁线蕨（*Adiantum reniform var. sinense*）为国家2级保护植物，是亚洲铁线蕨科中唯一的单叶型植物。它与产于大西洋亚速尔岛的肾叶铁线蕨和分布于非洲东南部的细辛叶铁线蕨形成间断分布，对地质变迁的研究有重要的理论意义，并具有重要的药用价值。荷叶铁线蕨是三峡地区的特有物种，主要分布在重庆市万州区与石柱县接壤的长江沿岸，即东起万州西至石柱沿江大约100km长、纵深5km以内的狭长地段，海拔高度在80～480m之间。

1）原地保护选址。荷叶铁线蕨断续分布于东起重庆市万州区西至石柱县西沱镇沿江地段，绝大多数生长在海拔200m以上。因此首先在海拔175m以上的地段确定就地保育地点，充分考虑到现有种群的数量、密度、生长状况、干扰程度和管护的可操作性，设置固定样地进行观测，监测种群动态。

2）确定未来群落的建群种。选定的原地保护生境的现有植物群落的物种是本地生态系统的本底，应予以保留。但如有少数有害的外来入侵种，应去除或至少要严加控制。荷叶铁线蕨常与多种植物混生，因此在进行该种的种群复壮时，要搭配好混生的主要建群种。

3）生长监测。对荷叶铁线蕨个体进行定位、编号，准确记载：种植后发芽长叶时间，新生植株的多少、长度；死亡个体数及死亡原因；地表侵蚀情况，侵蚀地段，受侵蚀原因等。

4）种群复壮。海拔175m以下有足够的实生苗，可全部采用实生苗，按300株/亩种植。如没有足够的实生苗，可将繁殖的荷叶铁线蕨定植到野生种群中，扩大野生种群。

5）原生地复壮保护。在重庆市万州区新乡荷叶铁线蕨建立原生地复壮保护点，主要采取以下措施：

a. 整地。清除杂草：根据科学资料对原生环境中荷叶铁线蕨的伴生植物种加以保留，非伴生植物种清除；抽定植穴：定植穴并不设定固定的株行距，而是在栽培保护地中选取与原生环境相似的特殊区域作为定植穴，如山坡径流槽边缘或突出的石头檐上水土相对丰厚的地方作为定植穴的点位。抽穴按30cm×30cm×40cm的规格进行。

b. 苗木定植。先在穴底填入一定的松软的土壤，将苗木以蔸为单位放入穴中，然后将根部掩土踏实，并浇透水。共定植苗木6亩，共2000蔸。

c. 抚育管理、监测与观察。定植苗木指定专人负责抚育管理和观察，并记录相关气象数据。遇到春旱、暴雨、塌方等，对苗木造成一定伤害时，需进行补植。在管护过程中，注意保留伴生物种，给荷叶铁线蕨一定的遮阴条件。为防止干旱情况，在林中修建蓄水池。

在春季较干旱时，经常浇水，在雨季雨水较大时，逐株掏沟排水，利用储备苗木补植。对叶片进行标记，调查寿命，从野外带回荷叶铁线蕨的孢子进行繁殖。

在秋季，利用实验室培养的苗木开展种群复壮方面的研究。

2. 迁地保护

迁地保护措施主要根据受影响陆生植物的生态学特性，分析立地条件，采取移栽、引种繁殖、保存物种种质、建立植物种子库等措施。

(1) 迁地保护基础工作。

1）保护植物的现状调查。根据工程施工区、水库淹没与移民安置区范围，分析和复核工程施工、水库水位线分布、移民生产生活安置可能对保护植物的影响，复核和调查保护植物的分布范围、资源现状，确定保护对象。

2）保护植物的生境和生态学特征分析与研究。生境特征包括植物分布区地貌地形条件、坡度、坡向、小气候条件、海拔高度、土壤性质、肥力状况。

分析植物的群落结构，包括主要乔木、灌木、草丛结构以及主要物种和优势种。

分析植物的生理生态特征，如比较不同种群的叶片碳、氮含量，比叶重（SLW），构建成本与光合能力。

3）确定植物迁地移栽、引种繁殖物种的种子保存、建立植物种子库等措施。

4）迁地保护的技术路线，见图2.7-1。

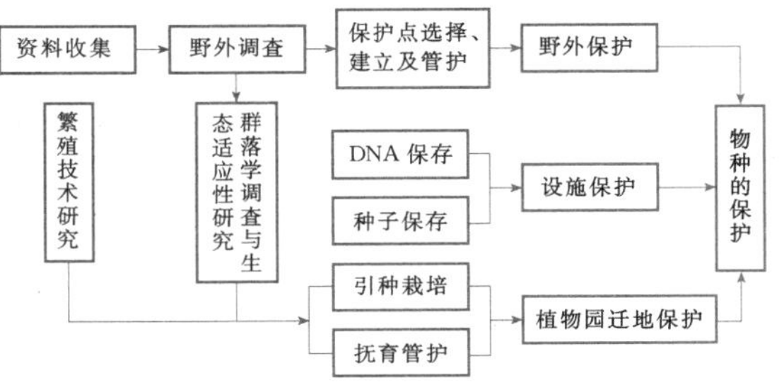

图2.7-1 植物迁地保护技术路线

(2) 迁地移栽与引种繁殖设计要求。

1) 移栽措施。要通过野外调查确定保护植物的种类、分布、数量，生物学特性，迁地的生态条件、工程施工与管理要求等。

2) 引种繁殖。确定需引种植物的种类，采种的时间、方式、数量，种子处理方式、方法，播种生境条件，种苗的培育，移栽苗木的规格，种植整地要求等。

(3) 迁地移栽实例。三峡工程对受影响的荷叶铁线蕨和疏花水柏枝进行了迁地保护。

1) 两物种的植物园迁地保护技术。植物园是植物迁地保护的重要基地。受三峡工程影响的荷叶铁线蕨和疏花水柏枝的迁地保护地为中国科学院武汉植物园，见图 2.7-2。

图 2.7-2 疏花水柏枝和荷叶铁线蕨

a. 疏花水柏枝的植物园迁地保育。

整地与种植：对栽植地进行全面整地，并清除部分杂灌杂草。按大于 300 株/亩的密度栽种，使用野外实生苗，如果实生苗数量难以满足，可使用扦插苗。疏花水柏枝具有很高的萌根能力，可以在植物园直接扦插种植。插条长 20～30cm，扦插深度 20～30cm，种植后用脚踏实，浇透水。

施工季节：选择长江枯水期后的深秋、冬季、春季进行，以利于插条伤口愈伤组织和不定根的形成，提高成活率。

补植：第一次种植的苗木可能会由于各种原因导致一些死亡或缺株现象，要及时补植。补植时期宜选在秋季或早春进行，以减少对其他已成活植株的不良影响。

监测：记载所植的树种苗木或插条大小，地表的处理，种植后发芽长叶的时间，新生枝的多少、长度，成活、死亡个体数及死亡原因。

b. 荷叶铁线蕨的植物园迁地保护。

育苗：通过孢子繁殖和萌蘖分株方式繁殖荷叶铁线蕨幼苗，为迁地栽种准备材料。

整地与种植：对栽植地进行全面整地，清除杂灌杂草。按大于 300 株/亩的密度栽种，采用实生苗。栽种后用脚踏实，浇透水。在秋季和春季进行种植，以利于提高成活率。

补植：第一次种植的苗木可能会由于各种原因导致一些死亡或缺株现象，因此要及时补植。补植时期宜选在秋季或早春进行，以减少对其他已成活植株的不良影响。

监测：记载种植后的成活、死亡个体数及死亡原因。

2) 疏花水柏枝的野外迁地保育。根据生态相似性的原则，并考虑水库水位与长江洪水的消涨在时间上存在着反季节的现象，选择香溪河河滩地（昭君村至湘坪）和大宁河河滩地（大昌镇以上）进行保护。由于疏花水柏枝野生群落的分布格局呈聚集分布，没有固定的株行距，所以在迁地保护过程中不设置固定的株行距，而实行总量控制。迁地保护的程序如下：

迁地保护地的生态系统现状评价：对迁地保护地的生态系统进行本底调查，将其与原产地进行比较，进而评价其适宜性。

物种选择：现有植物群落的物种原则上是本地生态系统的本底，应予以保留。引入种除疏花水柏枝外，还应引种一些疏花水柏枝的共生种，以便构建稳定的群落。

整地：对滩地进行整地，并清除部分杂灌杂草。

种植设计与要求：疏花水柏枝按大于 300 株/亩的密度栽种，尽量使用实生苗，如果实生苗数量难以满足，可以使用扦插苗。扦插深度以不易被洪水冲走为宜。在土层松软处，采用有根苗，种植后用脚踏实，浇透水。

施工季节：选择长江枯水期后的深秋、冬季、春季进行，以利于插条伤口愈伤组织和不定根的形成，提高成活率。实生苗可选择上述时段内任何时间进行。

补植：第一次种植的苗木可能会由于各种原因导致一些死亡或缺株（被水冲走）现象，因此要及时补植。补植时期宜选在秋季或早春进行，以减少对其他已成活植株的不良影响。

监测：记载所植的树种苗木或插条大小，地表的处理，种植后发芽长叶时间，新生枝的多少、长度，成活、死亡个体数及死亡原因，地表侵蚀情况、侵蚀地段、受侵蚀原因等。监测时间为水浸之前、水浸之后、生长结束时、翌年发芽时间等。

（4）建立植物种子库，对种子进行低温保育。

1）技术要求。设计应根据工程影响范围、程度确定保护对象，提出种子采集时间、方式，选择种子库位置、规模，明确保存质量及管理要求。种子库是提供适宜的环境条件保存植物种子的建筑与设施，按照预期储藏时间的长短可分为短期库、中期库和长期库三种。不同的植物种子，保存的最佳条件不同，需要针对具体的物种进行种子保存最适条件的实验。种子储藏前后的操作程序见图 2.7-3。

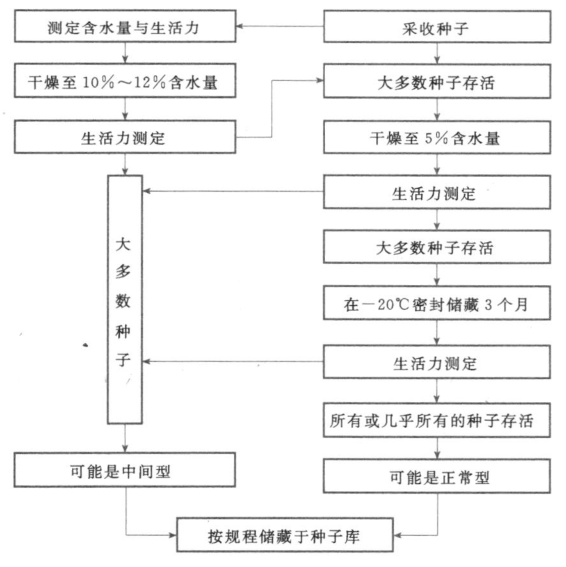

图 2.7-3 种子储藏前后的操作程序

2）建立植物种子库实例。三峡工程对珍稀植物疏花水柏枝进行种子低温保存。

2004 年：将野外采回的种子分别置于 5℃（冷藏）与－18℃（冷冻）两种不同的温度条件下存放，定期检测发芽能力。实验结果表明：在初期的发芽率实验中，冷藏种子的发芽率在 80%以上，而冷冻种子的发芽率接近零，这主要是由于初期未将种子含水量降下来，直接放在冷冻条件下，使种子产生冻害。而 2 月的发芽实验表明当种子含水量降低以后，冷冻（－18℃）条件下储存的种子发芽率就超过了冷藏（5℃）条件下储存的种子。冷藏的种子含水量降低后，冷冻条件下，种子发芽率为 77%。

2005 年：根据以往的实验表明，当种子含水量降低以后，在－18℃（冷冻）的温度条件下存放，保存的疏花水柏枝种子具有较高的发芽率。因此，主要将种子放在－18℃（冷冻）的温度条件下存放。全年共进行了 5 次发芽率实验，发芽率正常。

2006 年：低温保存进展顺利，种子发芽率均超过 80%，这说明保存的条件基本达到了疏花水柏枝种子低温保存的最适条件，种子低温保存是成功的。保存的种子数量也远远超过计划要求的 20000 粒。

（5）物种的 DNA 和离体保存。目前水利水电工程对珍稀特有植物的遗传基因保存应用尚不多。根据三峡工程对特有植物宜昌黄杨、鄂西鼠李及珍稀植物疏花水柏枝的保护试验研究，主要是采取 DNA 提取保存和植物的离体保存。

1）DNA 提取保存流程见图 2.7-4。

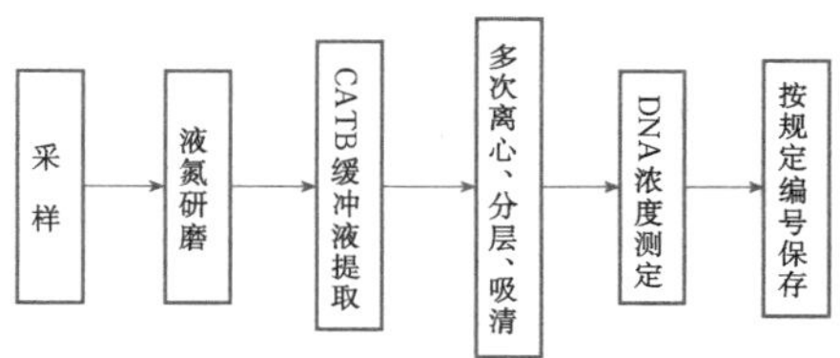

图 2.7-4 DNA 提取保存流程

2）离体保存。离体保存程序如下：

生物材料的收集：植物的外植体需要保护清净，短期保存可使用塑料袋密封，必要时需放在冰壶中运输。

培养物的表面消毒：需先用洗涤液（几滴）加水洗净表面后，再用 70%酒精快速浸沾（5s），再用 0.1%的 $HgCl_2$ 浸 1min，然后将 $HgCl_2$ 稀释 5～10 倍再消毒 3～5min。

接种与培养：在培养获得初步成功后需在继代培养中完善培养条件，去除污染和生长不正常的培养物使其保护稳定。获得稳定的培养物往往要经过相当长的时间和多次继代培养。离体保存程序见图 2.7-5。

培养物的保存：培养物已经稳定并且不污染；保存过程中不污染；保存后仍能正常繁殖；尽可能延长继代时间；在不影响培养物质量的前提下，温度尽可能降低，琼脂浓度尽可能提高；外植体尽可能小；容器密封；容器需有适当空间；每种培养物最少有 3 个以上重复；保存过程中要经常检查培养物和培养条件。

数据资料的记录：对每一种植物或一类培养方法

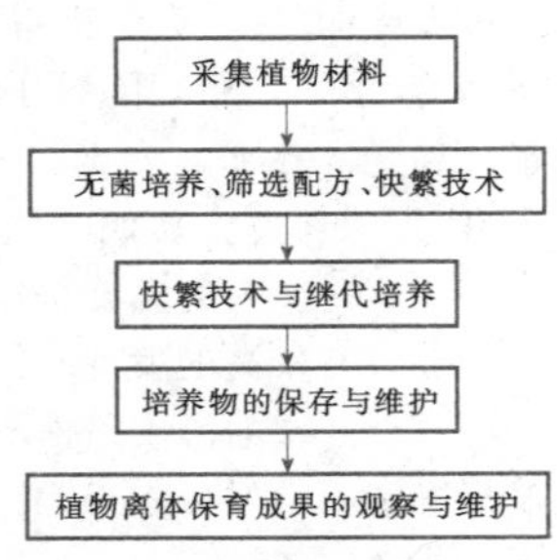

图 2.7-5 离体保存程序

相同的植物材料来源，培养物建立的具体方法和保存条件以及发放情况都须有详细的记录，包括植物材料的原始记录、培养物建立方法的记录、培养物稳定培养方法的记录和培养物保存方法的记录。

从三峡工程对疏花水柏枝采取的离体保存实验看，主要表现为继代培养 1～2 代均生长良好，但 3 代以后存活率急剧下降，无法满足长期保存要求。因此，这类方法还待继续研究。对于其他植物也需进一步实验。

2.7.2.2 古树名木保护

1. 就地保护

就地保护是指主要在工程影响范围内对古树名木分布区就地修筑围栏、挂牌登记等措施加以保护，防止人、畜损毁。

(1) 调查古树名木的生长情况。在工程区，加强对古树名木保护的宣传工作，认真调查古树名木的生长状况及生长指标，对每株树木登记造册，建立档案，挂牌保护。将易受施工和移民安置活动影响的古大树木作为重点保护对象，采取避让或就地单株保护措施。

(2) 加强挂牌植物的营养管理和病虫害防治。根据需要对树木及时覆土、追肥及防治病虫害，使树木处于良好的生长状态。

(3) 核实淹没线上和移民安置区内的古树名木。尽量减少评价区古树名木的损失，补充对淹没区库岸附近和移民安置区内树种分布情况的调查。发现古树名木，要及时进行就地保护。

2. 迁地保护

迁地保护是指将树木移植到适宜生存的环境中进行保护。

(1) 迁地保护的要求。

1) 天然生长的需要移植的树木大部分生长在大森林生态环境中，移植地应具备适宜小气候、水分、地貌、土壤等生态环境，以保证成活率。

2) 不同植物具有不同的生理生态特性，应根据迁地保护区生态环境和树种适应能力，选择适当的位置移栽。

3) 为防止一些虫媒花植物不结实，在迁地保护区应调查有无传粉昆虫，如没有应进行培育。

4) 广布种一般比分布区狭窄种有更强的适应能力，对分布区狭窄种应注意选择适当环境。

5) 干旱、低温或霜冻可能制约一些古树名木和珍稀濒危植物在迁地保护区的生存。不论人工或天然生长的树木，都要遵循植物自然生长规律进行移植。移栽的环境尽可能与原来生境相同，才可能移栽成功。

(2) 树木移栽的准备工作。

1) 掌握树木生物特性、生态习性及大树来源地、种植地的土壤等环境因素。

2) 准备好必要的机械设施（如吊车、平板运输车等）、人力及辅助材料，并实地勘测行走路线，制定详细的起运栽植方案。

3) 预先进行疏枝、短截及树干伤口处理（涂白调合漆或石灰乳），以及栽植地树穴处理。对树穴除考虑土坨大小外，还要预留出人工坑内作业空间。

(3) 树木移栽的工作步骤。在起运栽植过程中要做好以下工作：

1) 植树时间一般在 3 月下旬至 4 月中上旬较合适。此时树木还在休眠，树液尚未流动，要做到随起、随运、随栽、随浇。挖掘大树时，首先保证根系少受损伤。

2) 用吊车吊苗时，钢丝绳与土坨接触面放适当厚度的木块，以防止土坨因局部受力过大而松散。

3) 大树过于高大，行走路线上有线路时，必须使苗木保持一定的倾斜角度放置。为防止下部枝干折伤，在运输车上要做好支架。栽植深度略深于原来的深度。

4) 带土坨苗木剪断草绳，取出蒲包或麻袋片，边埋土边夯实。裸根树木栽植时，根系要舒展，不得窝根，当填土至坑的 1/2 时，将苗木轻轻提几下，再填土、夯实。

5) 树木栽好后，做好三角支架或铅丝吊桩。支柱与树干相接部分要垫上蒲包片，以防磨伤树皮。

(4) 树木移栽后的养护管理。

1) 新移植的大树由于根系受损，吸收水分的能力下降，所以要保证水分充足，确保树木成活。

2) 根据树种和天气情况进行喷水雾保湿或树干包裹。新植树木的抗病虫能力差，所以要根据当地病虫害发生情况随时观察，适时采取预防措施。

3) 大树移植后，根据树种不同，对水分的要求也不同，适当多浇水和注意及时排水。

4) 夏季气温高，光照强，珍贵树种移栽后应喷水雾降温，必要时应做遮荫伞；冬季气温偏低，为确保新植大树成活，常采用草绳绕干、设风障等方法防寒。

3. 古树保护实例

光照水电站位于北盘江中游贵州省晴隆县境内，是北盘江干流（茅口以下）梯级开发的龙头电站。最大坝高 200.5m，总库容 32.45 亿 m^3，装机容量 104 万 kW。水库淹没范围较大，周围森林植被较好。

根据光照水库库区库周进行详细调查，发现淹没区有需要移栽的百年以上黄葛树 10 株、青香木 12 株、国家 2 级保护珍稀濒危植物毛红椿 14 株。水库蓄水后，这些珍稀濒危植物及古大树将被淹没。

移栽过程中，光照水电站的建设单位贵州省北盘江电力股份有限公司光照分公司，组织有关环境保护、植物生态专家，对光照水电站水库淹没区的珍稀植物、古树进行了详细调查，区分可移栽及不可移栽树种。为保证移栽植株成活，移栽过程严格按操作技术执行，加强养护管理。

移栽过程中，选择水电站营地为移栽地点，以便于移栽后的养护，保证成活。营地海拔高度和环境与需移植物生长地的环境相近，符合保证成活的条件，同时有利于营地的绿化建设。制定《大古树和珍稀濒危植物抢救移栽技术要求》，组织投标单位进行现场踏勘，选中有技术实力和大树移栽经验的投标单位，开展移栽工作。

移栽后，加强管理抚育，包括浇灌、遮盖，防止病虫害及其他不利的自然因素，防止人为破坏等。除 5 株由于气候、土壤等诸多因素死亡外，其余已全部成活，成活率达到 90% 以上。移栽保护效果明显，见图 2.7-6。

图 2.7-6 光照水电站迁地保护的古大树

2.7.2.3 森林、草原植被保护

对受工程影响的森林和草原采取避让、优化施工方案和恢复等保护措施。

1. 避让天然林、基本草原

工程的选址、施工区尽量避开天然林、集中分布的森林、基本草原或有重要意义的森林生态系统分布区。在受淹集镇搬迁和农村移民集中安置区，拆迁房屋尽量避免对林地的占用。防止村民在离开之前乱砍滥伐森林。

工程建设如果占用林地，应采取优化方案，对渣场、料场、移民开发土地采取措施保护植被。移民安置要充分利用荒山、荒坡，不要在有林地上建房。

2. 保护和修复森林植被

（1）在移民安置规划中制定植树造林、封山育林和幼林抚养规划，合理调整植被结构。房前屋后要植树造林，积极推广庭院生态，绿化环境。坡度在 25°以上的陡坡地要种草、种树，实行退耕还林。因地制宜，充分利用气候资源，恢复和扩大经济林的种植面积和种类。

（2）施工区、渣场、料场、施工道路两侧，要水土流失防治与植树造林相结合，防止出现新的水土流失。对施工中形成的次生裸地及时进行覆土还林。

（3）加强消落带植被绿化。选择地方品种和地方特色物种，按照植被演替规律，在绿化的基础上进行环境美化，根据植物的生态适应性及自然演替规律，增加多种林木成分。

（4）水库周围水源涵养林的营造，施工迹地绿化，要统一规划，对林、草进行合理布局，选择适宜品种，细致整地，适时科学种植。并注意与景观建设相结合，进行抚育保护，适当灌水、施肥。

3. 草原植被保护

（1）修建引水工程，应防止地表径流减少，地下水位下降，引起草原退化、沙化、水土流失。改善灌溉设施，防止不合理灌溉引起草原盐碱化。

（2）对需保护的草原，采取围栏防护，提出围栏范围、材料和工程设施。

（3）减轻草原承载力，实施草场轮牧，明确轮牧的区域和时间。

(4) 对受影响的草原，进行合理引水、灌溉，实施草场轮作。

2.7.3 陆生动物保护

珍稀濒危陆生动物保护可根据工程影响的特点采取就地保护和迁地保护措施。

2.7.3.1 陆生动物就地保护

陆生动物就地保护是指主要根据保护对象的特性，采取划定保护范围，避让栖息地、活动通道，以及设立保护区（点）等做法。

1. 生态环境现状调查

根据工程环境影响特点、范围，确定需保护的野生动物种类，如两栖类、爬行类、鸟类、兽类等，种群数量，调查保护物种的生态习性、活动范围、主要栖息繁殖场所，以及觅食、饮水等生活习性。

2. 设立保护区（点）实例

根据工程影响特点和保护对象生态习性，依据有关法规和管理要求，可设置一定范围的保护区（点）。例如云南省小湾水电站在环境保护设计中采取建立自然保护区，保护巍山县青华乡的绿孔雀。

小湾水电站位于云南省西部南涧县与凤庆县交界处澜沧江中游河段。库区内巍山县青华乡是我国少有的绿孔雀集中地，大约分布有80多只绿孔雀。

绿孔雀主要栖息在海拔2000m以下的低山丘陵及河谷地带，活动于森林及林缘的稀树草地之中。小湾水电站水库蓄水后，将淹没该保护区143hm^{2}的面积，占保护区总面积的13%，缩小了绿孔雀生境，但不直接影响主要保护对象绿孔雀，对整个保护区的总体功能不会产生较大的影响。

工程环境影响报告书审批后，大理州向云南省政府提出巍山青华绿孔雀自然保护区升级为省级自然保护区的申请，得到云南省政府批准，属省级森林和野生动物类型自然保护区。

青华绿孔雀自然保护区总面积1080hm^2。其中，核心区面积230hm^2，占保护区总面积的21.3%；缓冲区面积850hm^2，占保护区总面积的78.7%。保护区地势北高南低，年平均气温16～20℃，主要保护对象是国家一级保护野生动物绿孔雀（Pavo muticus）及其栖息的生态环境。保护区内有针叶林、常绿阔叶林、灌木林、荒山草坡、农耕地5种植被类型。以针叶林为主，其次为灌木林和灌草丛。森林覆盖率约为47%。

保护区内的野生动物属东洋界西南区系，保护区内除绿孔雀外，尚有国家二级保护动物白鹇（*Lophura nycthemera*）、白腹锦鸡（*Chyrsolophus amherstlae*）、苏门羚（*Capricornis sumatraensis*）、穿山甲（*Manis pentadactyla*）等。保护区划定后，由于加强了管理，绿孔雀和其他珍稀野生动物得到有效保护。

3. 野生动物避难和救护站建设实例

因水库淹没等原因改变野生动物生境，可利用附近森林植被较好地区或自然保护区建立野生动物避难、庇护场所。为受伤害或捕捉的野生动物建立救护站，保护野生动物。以云南省小湾水电站为例，依托库周金光寺省级自然保护区作为野生动物避难场所，主要保护受水库淹没影响的珍稀动物，如白鹇、白腹锦鸡、猕猴、菲氏叶猴、穿山甲、水獭、大灵猫、林麝等。采取的措施是：

(1) 轰赶捕捉。动物对环境有较强的应变能力，在某种危险到来之前或遇到危险时能主动地逃离。为了使动物在蓄水之前尽快离开淹没地区，可以组织一定的人力，也可利用猎狗在保护区的西南缘，即小湾电站水库库区，大约20～40m的横向距离内，沿江边向保护区方向搜索轰赶动物，并将幼体和鸟卵捕获或拾取，安放到适合的环境中，进行人工饲养或孵化。

(2) 招引或诱入。金光寺自然保护区优越的环境条件对许多动物有招引作用，当库区的环境受到破坏时，动物都会就近迁移而进入金光寺自然保护区。如果再沿动物活动的路线附近投食或种一些动物喜食的作物，对它们更具吸引力。

(3) 建立饲养救护野生动物场所。将因环境不适濒于绝种的珍稀濒危物种，捕捉后精心饲养，待发展到一定种群数量后再放归保护区，以保持自然界中一定的种群数量。

对各种渠道得来的体弱、有病的动物进行救护，待恢复健康后再放归保护区或留作饲养繁殖之用。

4. 乌江彭水水电站黑叶猴就地保护实例

(1) 营造黑叶猴食物林。在麻阳河口至库区麻阳河回水末端自然保护区以及洪渡河的公溪口至库区洪渡河回水末端自然保护区一带，根据黑叶猴的生活习性，在其觅食和经常出入的林地，栽培朴树、鹅耳枥、桃、李、梨、山樱桃、枇杷等树木，营造食物林，保护黑叶猴的栖息地。

(2) 建立珍稀野生动物急救站。在麻阳河国家级自然保护区的公溪口建立珍稀野生动物急救站，对因食物短缺、受伤的珍稀野生动物进行暂时收养，再找合适栖息地放生。

(3) 宣传与教育。采用广播、电视、墙报、标语、宣传单、宣传车等多种形式，宣传野生动物保护的知识。在通往自然保护区内的主要交通路口、入山路口以及保护区交界处设置永久性指示、禁示与宣传标牌。

(4) 自然保护区生态环境监测。完善监测能力：分别在自然保护区的长依、跳洞建立两个监测点。监测内容：主要保护对象黑叶猴种群数量、分布范围及栖息地环境；监测时间与频次：监测时间为工程建设期和工程完建后第5年，监测频次为4次/年。

(5) 开展科学研究。

1) 水库蓄水后黑叶猴栖息环境变化及对策措施研究。重点研究黑叶猴繁殖行为表达对栖息地的需求，水库淹没区黑叶猴群体繁衍的潜在影响，针对潜在不利影响提出补救措施。

2) 自然保护区生态环境对水库的响应研究。分析麻阳河国家级自然保护区的特殊性和敏感性，探讨自然保护区生态环境与水库的响应关系，及时了解遗留的生态环境问题，提出妥善的解决方案。

2.7.3.2 野生动物迁地保护

陆生野生动物迁地保护可根据影响对象的特性，采取设计迁移通道、新建栖息地、建立人工繁殖基地等措施。

1. 设计迁移通道

(1) 选择迁移路线。动物受淹没、施工等影响，会沿一定路线迁移，对迁移路线要予以保护，构造生态廊道。沿途要有适宜的湿地、森林、草灌丛等栖息环境，必要时可设置栅栏引导，提供食物和饮用水源，保证迁移路线安全。

(2) 保护通道选择与设计。两栖类、爬行类、鸟类、兽类均有不同生态习性，应根据工程影响特点、环境状况，针对物种栖息对地形、小气候、水流和食物等不同要求选择通道，可选择平交、上方通道、下方通道或涵洞等多种形式。

1) 通道设计原则。开展与野生动物栖息地相关科学研究，初步确定建立通道的区段。在与野生动物迁移路线交叉处划定通道的准确位置；考虑动物的生活习性、行为特点和迁移活动路线；考虑尽可能多的动物种类的需求；工程技术指标与动物需求相结合；设置安全防护和引导措施。

2) 野生动物通道的种类和形式选择。

a. 涵洞。利用涵洞加宽洞道长度、宽度、改变洞口形状和增加引导措施，为小型野生动物提供通道。对于两栖类、爬行类动物，须增加涵洞内湿度以引导动物通过。

b. 下方通道。可利用一定形式的渡槽和大型涵洞作为通道。野生动物可由建筑物下穿行。野生动物有沿水源迁移和活动的习性，通道可利用河渠立交河道、沟谷引导动物沿自然活动路线自由穿行。

c. 渠道上方通道。野生动物由渠道上方桥梁通过，小型动物可夜间通过。桥面可适当绿化、种植植物，营造景观以引导动物自然通过。

(3) 根据选择确定的通道进行工程布置和构筑物设计。

(4) 通道监测。

1) 足迹法。利用沙床、染料判断统计通道动物足迹的种类和数量。这种方法适合作为爬行类和一些小型哺乳动物的通道。

2) 自动摄影。在通道主体或周围安装自动相机记录动物穿越通道情况。

3) 摄像监测。在通道安置摄像设备，进行全天候观测。

4) 无线电遥测。通过给动物安装无线装置（如项圈，或一种置于皮下的芯片）进行全程跟踪。

2. 新建栖息地或保护区

野生动物都有独特的生态习性，对栖息、活动、迁徙、繁殖环境有一定要求和习惯。由于水利水电工程修建改变了某些动物的栖息环境，有时需要重新提供或新建栖息地。而动物对新栖息地是否适应也需要一个过程，新建栖息地的生态环境也应基本满足动物习性要求。

(1) 建新栖息地或保护区的主要工作内容。

1) 明确保护对象。确定受保护物种，了解生态习性要求。

2) 选择新栖息地或保护区位置、范围。有条件时，可利用临近保护区放养或驱赶至新栖息地。调查了解栖息地食物来源、饮用水状况、生态系统及食物链。新栖息地必须提供野生动物栖息、繁殖和生态安全条件。

3) 保护范围较小时，可选用栅舍、围网、栅栏、洞穴等形式。

(2) 新建栖息地实例。黑龙江莲花水电站对苍鹭的保护是新建栖息地的成功实例。

国家级保护动物苍鹭（*Ardea cinerea*）迁徙栖息的鹭岛位于海林市三道河子镇边安村附近，距边安村0.5km，是牡丹江下游面积5万m^2的江心小岛。岛上林木参天，是苍鹭夏秋栖息地。边安村民也把苍鹭视为“吉祥鸟”，与宿居岛上的苍鹭和谐共处。

由于边安村民的倾力保护，苍鹭岛的环境自然而怡人。夏令以后，岛上郁郁葱葱，浓密的树林、丛生的灌木、长长的蒿草覆盖着全岛。岛上有榆树1700多棵，其中高达二三十米的多年枯榆有37棵，一半以上都悬挂着很大的、外表粗糙但里面柔软的鸟巢。全岛共有鸟巢160多个，有一棵树上竟有17个。平时岛上栖息着四五百只苍鹭，多时达千余只。每年立秋前后，它们纷纷南飞，至第二年清明前，又准时返回鹭岛家园。

1996年修建莲花电站，苍鹭岛和边安村都被淹没，边安村后靠搬迁到新的地方居住。为给苍鹭提供新的栖息地，边安村将新村附近的两个江心小岛作为苍鹭的新“家”，将旧岛上一些有巢的大榆树挪到新岛，使新岛上的老榆树增加到了700多棵，还人工搭建了一些鸟巢。苍鹭飞回来虽不见旧岛鸟巢，但在一番盘旋后，终于飞进了新岛的新巢。

莲花水库建成后形成人工湖泊，湖面 $133km^2$，被列为黑龙江省风景名胜区和省级自然保护区。苍鹭的生态环境得到有效保护，数量有大幅度增长，已达到4000多只。

3. 建立迁地保护基地和繁育中心

（1）引种。包括捕捉、检疫、运输工作。捕捉野生动物应针对不同的动物种类采用不同的方式，力求避免机体损伤、精神损伤。新捕捉的动物，应对其进行寄生虫、传染病等多方面的检疫。大型野生动物运输时，一般采用麻醉运输的方式，小型动物及鸟类多采用遮光运输，使动物处于黑暗环境而保持安静。两栖和爬行动物可采用淋水湿运方式。

动物引种时，合理引入雌雄个体及成幼个体的数量与比例。

（2）驯养。饲养方式有动物园中的圈养和繁育基地的半散放、散放三种。

饲养种群的管理包括饲育、遗传管理及种群统计管理，饲育的任务是保证动物在饲养条件下存活并促进其繁殖。遗传管理是指应用现代新技术检测饲育种群的遗传多样性，建立动物的谱系记录簿，以利于持久地保存动物的遗传多样性，避免近亲繁殖。有效种群检测遗传多样性的方法主要有蛋白质（同工酶）电泳技术、遗传指纹分析、RFLP（限制片段长度多态）及RAPD（随机引物扩增技术）。

饲育下繁殖是极危和濒危动物进行迁地保护的主要手段，通过饲育下繁殖建立的饲养种群可作为未来复壮或重建该野生种群的储备。

（3）野化。野化是指把饲养下繁殖的后代再引入到自然栖息地，复壮面临灭绝的物种或重建已消失种群的过程。

2.7.3.3 施工区陆生动物保护

1. 避让预防措施

（1）工程施工中，料场、渣场及施工运输公路选址应尽量避开野生动物集中分布的栖息地。

（2）避开自然疫源地，防止野生动物传播自然疫源病及对人类带来伤害。施工人员要防止毒蛇伤害，掌握被毒蛇咬伤的野外处理办法。注意施工人员生活和饮食卫生制度，预防野生动物传播自然疫源性疾病。

2. 减少施工活动对野生动物的滋扰和伤害

（1）施工废水、生活污水不任意排放，避免污染溪流水体，防止对两栖类、爬行类动物栖息地的影响。

（2）施工中的弃渣要合理处置。泥渣经沉淀池处理后进行安全、合理处置，采取有效措施去除油污。弃渣不能随意倾倒河道，破坏河谷、滩地原有地貌，对两栖类、爬行类栖息地造成不利影响。作业噪声大的设备应安装消声器，以降低噪音污染，减少对陆生脊椎动物的惊吓。

（3）尽量避免在早晨、黄昏和正午爆破。鸟类、兽类大多在早晨、黄昏或夜间外出觅食，正午是鸟兽休息时间。要做好爆破方式、数量、时间的合理安排。

3. 保护和恢复措施

（1）加强宣传教育。严格遵守《中华人民共和国野生动物保护法》，严禁在施工区及其周围捕猎野生动物。加强施工管护，在施工区及附近特别在林地区域内设置告示或警示牌，要求施工人员、移民和当地居民保护野生动物及其栖息环境。

（2）防止乱捕滥杀野生动物，破坏栖息环境。由于施工活动和水库淹没，两栖类和爬行类栖息地将会上移，活动范围相对缩小，周边地区密度会有所增加。鸟类和兽类会向适宜生存繁殖地迁移。要严禁施工人员和当地居民捕杀野生动物。

（3）在渣场、料场等临时施工场地恢复中，植树造林，营造适宜野生动物的环境和景观。吸引鸟类、爬行类、小型兽类栖息。保障河道生态需用水，满足两栖类和爬行类动物的水源和生理、生态需求。

（4）加强对野生动物保护的监控，设置观测、瞭望设施，定期开展调查。

2.8 水生生态保护

2.8.1 生境保护与修复

2.8.1.1 生境保护确定原则和方法

水生生境保护主要分为两个层次。第一个层次是从区域、流域或地方生物多样性保护出发，选择多样性丰富、生态脆弱区域或珍稀水生动物关键栖息地、洄游通道等建立各级、各类保护区，从政策法律层面严格禁止或限制人类活动。如三江源国家级自然保护区、长江上游珍稀特有鱼类国家级自然保护区、长江宜昌中华鲟保护区。第二个层次是从局部生物资源的保护出发，保护局部水域水生生物重要繁衍、栖息生境或洄游通道等，主要采取强化管理措施，划定禁渔期、禁渔区，限制人类活动的干扰。如大坝水库建设后，流水生境萎缩，对库尾、坝下流水河段以及支流、支流汇口区域的保护；引水式电站形成的减水河段的保护；鱼类重要产卵场、索饵场、越冬场等重要生境的保护等。一般而言，第一个层次的生境保护主要是国家、各级地方政府或流域根据生态环境保护的需要规划设立，水利水电工程建设过程中涉及的生境保护主要是第二个层次的生境保护。

1. 确定原则

(1) 自然性、特异性和关键性优先。

(2) 统筹兼顾，重点突出，合理布局。

(3) 形式多样，分类管理。

(4) 以重要生物类群生态需求为基本出发点，与相关规划相协调。

(5) 以天然生境保护为主，再自然化生境修复为辅。

2. 确定方法

(1) 生境多样性高的特异性生境。如高坝大库形成后库尾、坝下、支流、支流汇口等流水生境以及可能涉及的洲滩、河网、沼泽等湿地生境。

(2) 鱼类等水生动物关键栖息地。如鱼类重要的产卵场、索饵场、越冬场、洄游通道等，甚至包括某些对特异性生境依赖程度高的物种完成整个生活史的水域。

(3) 受损程度高的生境。如引水式电站形成的减水河段等。

2.8.1.2 生境保护范围

生境保护的范围需要根据水生生物生物学特性、生态环境状况以及相关水资源开发利用规划综合考虑，坚持保护优先、合理开发的原则。

1. 干流生境

重点保护库尾以上和坝下流水生境。库尾以上包括库尾肉眼可觉察流动的库区及以上流水河段，若为梯级开发，则包括上级坝址以下的整个流水江段；若以上无梯级开发，则需要保护多数鱼类具有完成整个生命史的最小栖息空间，保证库区和河流形成完整的河库生态系统。坝下包括坝址至下级水库库尾肉眼可觉察流动的库区间的流水江段，如坝下无梯级开发，又无重要生境时，主要保护坝址附近江段鱼类上溯集聚区域，保护江段应在2km以上；如下游有重要生境时，应尽可能包括这些重要生境。

2. 支流生境

工程影响区的所有支流流水河段及其汇口。对一些生境多样性高、开发程度低、水生生物资源较为丰富的支流，保护范围应包括整个支流水系；已经进行开发的支流，梯级以下流水河段，甚至是汇口附近微流水区域也具有较高的保护价值，应该纳入保护范围；对于一些落差大、水流湍急的支流或季节性的支沟，丰水期下游平缓河段，甚至河口区域也纳入保护范围。

3. 其他生境

引水式电站或取调水后的减水河段，只要泄放适当的生态流量，虽然水域面积萎缩，但仍保留河流流水生境的基本特性，还可为流水性生物提供一定的繁衍栖息生境，具有重要的保护价值。其保护范围除整个减水河段外，还应包括电站尾水口以下的流水河段及下游重要生境，若下游为下级水库库区，还应包括下游水库库尾流水河段，并维护与水库库区的连通性。

2.8.1.3 生境保护措施

1. 划定禁渔区、禁渔期

为保护某些重要的经济鱼类、虾蟹类或其他水生经济动物资源，将其产卵繁殖、幼鱼生长、索饵肥育和越冬洄游季节所划定的禁止或限制捕捞活动的水域，划为禁渔区。禁渔区是保护鱼类资源或其他水生经济动物正常产卵、繁殖、幼体成长、越冬及维持其生态平衡的重要措施之一。就生境保护的区域而言，所有的生境保护区域均为禁渔区。

通常在划定禁渔区的同时，相应规定一定的禁渔时间。如在某一水域范围内全年或某一段时间内禁止捕捞，或禁止捕捞某些种类（或某种规格的鱼类），或禁止使用某种渔具作业等。就生境保护区域而言，不同的生境类型，禁渔期的期限可以有差别。一般而言，干流坝下、库尾以上流水江段和减水河段以及有重要保护价值的支流应全年禁捕，一般的支流及其汇口在鱼类繁殖期禁捕。

2. 确定合适的利用方式和强度

(1) 取缔酷性渔具渔法。电鱼、毒鱼、炸鱼以及迷魂阵等对鱼类资源有毁灭性的影响，予以严格取缔。

(2) 确定合理的起捕规格。根据鱼类生长发育特性，保证鱼类性成熟后能够完成第一次繁殖活动，确定合适的起捕规格，据此规定捕捞网具的网目大小。

(3) 控制混捕比例。在实际捕捞生产中，尽管规定了捕捞的网目大小，不可避免地混捕幼鱼及非允许捕捞种类，因此，需要确定混捕比例。我国海洋渔业允许混捕幼鱼的比例一般规定为总渔获量的20%以下，在内陆江河可以规定不得超过总渔获量的10%。

(4) 确定捕捞总量和限制捕捞船只数量。根据鱼类种群资源增长的特点，确定最适持续渔获量；同时，根据单船鱼产量，确定捕捞船只数，通过捕捞许可制度控制捕捞船只。

3. 限制生境保护区域的开发利用

对于生境保护区域，严格限制水利水电、航运枢纽、河道采砂、航道整治等相关开发利用。

2.8.1.4 微生境修复

1. 滨岸带生境修复

(1) 河岸带生境修复。对已建防洪堤、护坡、护岸等对河岸带生境造成破坏的工程，通过必要的湿地恢复、生态堤防和生态护坡改建等措施进行河岸带生境修复。

未建和规划的防洪堤、护坡、护岸等工程在前期设计中增加生态水工理念，在满足工程发挥效益的前提下，尽量选择生态材质，建设生态型堤防、护坡和护岸，减少微生境破坏和受损程度，改善生境条件与提高微生境复杂度。

生态型堤防、护坡和护岸可根据河岸稳定和过流能力的要求，在适宜河段采用具有可渗透性的生态砌块和混凝土格构石块，实现水土界面交换，生态孔洞的内外、纵横相通，水生动物可以从墙前到达墙背的土体，创造良好的水生物生养环境。同时，种植于水中的水生植物，从水中吸收无机盐类营养物，植物根系是大量微生物以生物膜形式附着的好介质，促进水体净化，改善河流水质。

建设植被缓冲带，种植植被控制河岸侵蚀，针对河段具体侵蚀情况合理布局植物群落结构，在植物群落建群和生长的过程中通过加固和稳定河岸，控制河岸带水土流失和水流侵蚀，达到河岸带微生境、河岸结构和景观的恢复。

(2) 河漫滩生境修复。经常性的淹没河漫滩在一定程度上拓展了鱼类的栖息空间，为产黏性卵的鱼类提供产卵底质和栖息地。在进行河漫滩生境修复时，可设置一定宽度的缓冲区，在缓冲区内合理分布水生植物、耐水植物等，构建适于生物生存的生境条件，确定平滩流量后，恢复周期性淹没的河流脉冲水流。

2. 敞水区生境修复

敞水区生境修复主要是修复鱼类和水生无脊椎动物的栖息场所，如产卵场、索饵场、越冬场所等，在满足河流防洪安全的前提下，修复河流形态多样性及河道底质的微生境复杂度。常用的生境修复有重塑河道形态、修复横断面、底质、人工设置浅滩和布置深槽等措施来创造多样性的生境。

(1) 河道底质修复。对采砂活动较多的地区，已经破坏的底质应尽量恢复与原有底质相类似的河床结构，可通过堆砌在河岸上的采砂废弃石块再回填、合理分布大小卵石位置等手段，改善受损区域底质类型和组成。

(2) 河流形态。在河道整治工程中尽量避免规则化、几何化的河道均一形态设计，保持河流形态的蜿蜒性和断面形态的多样性，人工设计河道深潭和浅滩交错状态，营造急流、缓流、回流并存的多样化流态，通过工程措施的手段恢复受损的微生境。

根据河流的自然地貌特征，尽量遵循河流蜿蜒特性，人工设置深潭和浅滩的分布，如在河流弯曲处的凹岸布置深潭，凸岸布置浅滩，在深潭之间建设过渡性的浅滩，造成深潭和浅滩的交错状态，恢复河流横断面的复式断面形态。同时深潭和浅滩的位置要结合河道冲刷规律和淤积情况来综合设置，不仅有利于河道的稳定，也可降低生境修复的工程造价。在河段较宽的地方，设计江心洲来营造多样化的河流流态，合理布局江心洲大小，增加缓流区域的面积。

3. 人工产卵场

鱼类自然繁殖受影响的栖息地，或者运行调度无法满足鱼类自然繁殖需求的河段，应重点进行人工模拟产卵场建设，通过修建适宜鱼类产卵场所，模拟鱼类产卵的生境要求等措施，部分做到产卵场的再自然化。

在产黏沉性卵鱼类有较大种群规模分布的江段，选择缓流区或回水区流速较小的场所，利用原有河道、库湾、边滩等建设人工河道和人工河床，根据产黏沉性卵鱼类的繁殖习性，建设有利于鱼卵黏着和孵化的卵石、砾石、沙质、水草等多种底质，控制河段流量和水位变幅，使鱼卵不被水冲走，或不因水位的剧烈下降导致鱼卵、鱼苗干枯死亡。

对产漂流性卵鱼类，确定原有产卵场位置和规模，按照原有产卵场的微生境状况、河道河流形态和断面特征建设人工产卵场，地点尽量相近，创造合适的水流条件诱使产卵鱼群进入人工产卵场进行产卵活动。

在水利水电工程建成后新出现的适宜鱼类繁殖但受水库、大坝调度影响鱼类不能完成繁殖孵化过程的水域，建设人工鱼巢，改善不同生活、繁殖习性鱼类的繁殖产卵条件。人工鱼巢的设计要求如下：

(1) 鱼巢地点：一般选择在回水区、浅水区等水流较缓区域，鱼卵比较集中的地方。

(2) 鱼巢材料：材料要求无毒、耐用、来源广、价格低、质地柔软、黏着力强，不易腐烂，不影响水质变化。一般常用的材料有棕榈皮、棕树枝、生麻丝、柳树根、水草和人造纤维等。

（3）鱼巢数量确定：根据鱼类种群规模、产卵亲鱼数量、鱼巢平均附卵率和每束鱼巢平均附卵量综合确定。

（4）鱼巢布设：可捆扎成束状，系在浮在水上的竹制框架下面，每个框架单独设置，并用单个锚固定在水中，以保证框架在水中随水位涨落而一直漂浮在水中；也可成束串联固定于水体底部，置于产卵场所。

（5）注意事项：设置地点要注意避开航道，一般位于岸边、湖汊和库湾内。

2.8.2 过鱼设施设计

2.8.2.1 过鱼目标确定

1. 主要过鱼种类

（1）选择范围。选择过鱼对象时，应满足以下条件：

1）工程上游及下游均有分布或工程运行后有潜在分布可能的鱼类。

2）工程上游或下游存在其重要生境的鱼类。

3）洄游或迁徙路线经过工程断面的鱼类。

（2）优先考虑的种类。依据现代生态学的理论和观点，过鱼设施所需要考虑的鱼类不仅仅是洄游鱼类，空间迁徙受工程影响的所有鱼类都应是过鱼设施需要考虑的。

但一定的过鱼设施的结构和布置很难做到同时对所有鱼类都有很好的过鱼效果，因此在设计过鱼设施时，有些鱼类需要优先考虑：①具有洄游特性的鱼类；②受到保护的鱼类；③珍稀、特有及土著、易危鱼类；④具有经济价值的鱼类；⑤其他具有洄游特性的鱼类。

2. 主要过鱼季节

过鱼设施的过鱼季节要根据过鱼种类的洄游需要、繁殖习性以及工程的运行方式来确定。

2.8.2.2 过鱼方案设计

1. 过鱼设施选型

过鱼设施可分为上行过鱼设施和下行过鱼设施两大类。上行过鱼设施研究较早，目前应用较为广泛；下行过鱼设施研究较晚，目前应用范围较小。

过鱼设施的主要类型见表 2.8-1。

过鱼设施的形式多种多样，这些形式都是为不同的工程、不同的过鱼种类而设计的，具有不同的特点。表 2.8-2 是几种过鱼设施的特点比较。

2. 过鱼设施布置与选址

过鱼设施的布置型式可分为绕岸式布置、格形布置、多层空间盘折式布置、圆塔形布置等。过鱼设施的选址应避离有机械振动和嘈杂喧闹的建筑群区。

表 2.8-1　过鱼设施的主要类型

上行过鱼设施	下行过鱼设施
鱼道	物理阻拦引导
仿自然通道	行为阻拦引导
升鱼机	与表层栅栏或深层进水口结合的表层旁道
集运鱼设施	鱼泵
鱼闸	泄洪道
过鳗设施	机组过鱼

表 2.8-2　几种过鱼设施优缺点比较

方　案	优　点	缺　点
鱼道	消能效果好； 结构稳定； 占地小； 连续过鱼	设计难度较大； 不易改造
仿自然通道	适应生态恢复原则； 鱼类较易适应； 连续过鱼； 易于改造	消能效果差； 结构不稳定； 适应水位变动能力差； 占地较大
升鱼机	适合高水头工程	不易集鱼； 操作复杂； 运行费用较高
鱼闸	适合高水头工程	操作复杂； 运行费用较高
集运鱼设施	适合高水头工程	操作复杂； 运行费用较高

2.8.2.3 设计水位与设计流速

1. 设计水位

过鱼设施上下游的运行水位，直接影响到过鱼设施在过鱼季节中是否有适宜的过鱼条件，过鱼设施上下游的水位变幅也会影响到过鱼设施出口和进口的水面衔接和池室水流条件。如果运行水位设计不合理，可能造成下游进口附近的鱼无法进入过鱼设施，也可能造成上溯至鱼设施出口处的鱼无法进入上游河道。

一般情况下，设计水位须满足过鱼季节中可能出现的最低及最高水位要求，使过鱼设施在过鱼季节中均有适合的水流条件。

2. 设计流速

过鱼设施内部的设计流速是过鱼设施成败的关键环节之一，通常由过鱼对象的克流能力决定，同时参考天然河流的流速。其原则是：过鱼设施内缓流区流速小于鱼类的巡游速度，这样鱼类可以保持在过鱼设施中前进；过鱼断面流速小于鱼类的突进速度，这样鱼类才能够通过过鱼设施中的孔或缝。国内已知的部分种类的流速值见表 2.8-3。

表 2.8-3 鱼类克服流速能力试验结果表

鱼的种类	体长 (cm)	感应速度 (m/s)	巡游速度 (m/s)	突进速度 (m/s)
梭鱼	14～17	0.2	0.4～0.6	0.8
鲫鱼	10～15	0.2	0.3～0.6	0.7
	15～20	0.2	0.3～0.6	0.8
鲤鱼	6～9	0.2	0.3～0.5	0.7
	20～25	0.2	0.3～0.8	1.0
	25～35	0.2	0.3～0.8	1.1
鲢鱼	10～15	0.2	0.3～0.5	0.7
	23～25	0.2	0.3～0.6	0.9
鲂	10～17	0.2	0.3～0.5	0.6
草鱼	15～18	0.2	0.3～0.5	0.7
	18～20	0.2	0.3～0.6	0.8
鲌	20～25	0.2	0.3～0.7	0.9
乌鳢	30～60	0.3	0.4～0.6	1.0
鲇鱼	30～60	0.3	0.4～0.8	1.1
鳗鲡	5～10		0.18～0.25	0.5
刀鲚	10～25		0.2～0.3	0.5
	25～33		0.3～0.5	0.7
蟹	体宽 1～3		0.18～0.23	0.5

注 以上包含河北省根治海河指挥部勘察设计院等单位研究结果。

2.8.2.4 鱼道设计

鱼道类型根据过鱼对象种类和生态习性、枢纽工程坝型、提升高度、地形条件等因素，经技术经济比较选定。

鱼道应与枢纽其他建筑物的布置相协调，根据地形条件、工程布置特点选择合适的位置。鱼道布置应有利于防污防淤和良好的交通条件，便于运行和管理。

鱼道宜采用钢筋混凝土结构型式，结构设计和地基处理参照《水闸设计规范》(SL 265—2001)；在寒冷地区，材料应满足抗冰冻要求，参照《水工建筑物抗冰冻设计规范》(GB/T 50662—2011)。

鱼道进口和出口的控制调节闸门、启闭设备、电气设备等均应保证操作灵活，安全可靠。闸门设计满足一般金属结构设计要求，可参照《水利水电工程钢闸门设计规范》(SL 74—95、DL/T 5013—95)。

1. 结构类型选择

目前常见的几种鱼道结构型式有丹尼尔式、溢流堰式、潜孔式和竖缝式四种，各有优缺点，分别适应不同的鱼类、工程以及水文特征。表 2.8-4 为四种鱼道的优缺点比较。

2. 池室设计

池室宽度应根据过鱼对象的体长和设计过鱼规模综合分析确定，一般取 2～5m。

池室长度应按池室消能效果、鱼类的大小、习性和休息条件而定，不应小于 2.5 倍最大鱼体长度，并达到鱼道宽度的 1.2～1.5 倍。

表 2.8-4 四种鱼道优缺点比较

鱼道型式	优点	缺点	备注
丹尼尔式	消能效果好，鱼道体积较小； 鱼类可在任何水深中通过且途径不弯曲； 表层流速大，有利于鱼道进口诱鱼	鱼道内水流紊动剧烈，气体饱和度高； 鱼道尺寸小，过鱼量少	适合水头差较小的河流和游泳能力较强的鱼类
溢流堰式	消能效果好； 鱼道内紊流不明显	不适应上下游水位变幅较大的工程； 易淤积	适合翻越障碍能力较强的表层鱼类
潜孔式	消能效果较好； 鱼道内紊流不明显	易淤积	适合底层鱼类
竖缝式	消能效果较好； 表层、底层鱼类都可适应； 适应水位变幅较大； 不易淤积	鱼道下泄流量较小时，诱鱼能力不强(需要补水系统)	适用于多种鱼类

池室水深应视鱼类习性而定，一般取 1.0～3.0m，对于表层型鱼取小值，底层型鱼取大值。

鱼道的池间落差应按主要过鱼对象的种类及游泳能力确定，一般取 0.05～0.3m。鱼道底坡宜取统一的固定底坡。如因布置条件所限需变坡时，必须保持底坡的连续和缓变。

当鱼道总落差较大、长度较长时，应间隔一定距离布置休息池，一般每隔 5～10 个标准水池设 1 个休息池。休息池池长宜取池室长度的 1.7～2.0 倍。鱼道方向改变处应设置休息池，池内水流不可直接冲击池壁，避免形成螺旋流。

3. 进口设计

鱼道进口应设在经常有水流下泄、鱼类洄游路线上及经常集群的地方，并尽可能靠近鱼类能上溯到达的最前沿。

鱼道进口前水流不应有漩涡、水跃和大环流。进口下泄水流应使鱼类易于分辨和发现，有利于鱼类集结。如进口布置在电站尾水口上方，利用电站泄水诱鱼，或者布置在溢洪道侧旁以及闸坝下游两侧岸坡处。

鱼道进口位置应避开泥沙易淤积处，选择水质新鲜、肥沃的水域，避开有油污、化学性污染和漂浮物的水域。

鱼道进口应能适应拟定过鱼对象对水流的要求及运行水位变化范围；为适应下游水位变化和不同过鱼对象的要求，可设置多个不同高程的进口，或采用补水系统调节进口诱鱼流量，以及采用自动控制堰和调节闸门。

鱼道进口水流方位，应根据鱼道进口水流流量选择，以增大水流的影响宽度。鱼道进口前宜设计成一个平面上呈“八”字张开、并向梯身收缩的喇叭型水域，以帮助鱼群寻找和发现进口。在此水域中，应有明显的从进口流出的水流，该水流流量占河流流量的比例通常不应小于1%，枯水期应占到总水流的10%左右。

进口底板高程应低于下游最低设计进鱼水位 1.0～1.5m。进口不能超过河床太高,应与河床平顺衔接。

进口可采用溢流堰、竖缝或孔口型，一般进口设计成宽高比为 0.6～1.25 的方形入口。

进口宜根据鱼类对光色、声音的反应设置照明、洒水管等诱鱼设施。

4. 出口设计

鱼道出口的平面位置应靠岸，并远离泄水流道、发电厂房和取水泵房的进水口，以免过坝亲鱼被泄水或进水口前的水流重新卷入下游。一般要求鱼道出口与一切取水口、泄水建筑物进水口的距离不小于 100m。

鱼道出口一定范围内不应有妨碍鱼类继续上溯的不利环境，如水质严重污染区、码头和船闸上游引航道出口等，要求水质清洁、无污染。

鱼道出口要求布置在水深较大和流速较小的地点，位置设在最低水位线下，便于亲鱼上溯。必要时可设置调节设备。

鱼道出口高程应能适应水库水位涨落的变化，确保出口有一定的水深，一般应低于过鱼季节水库最低运行水位以下 1～2m。出口高程还需适应过鱼对象的习性，对于底层鱼应设置深潜的出口，幼鱼、中上层鱼的出口可在水面以下 1～2m 处。

如水库水位变幅较大，鱼道应设置若干个不同高程的出口，或采取其他结构、机械调节措施，以适应上游水位变幅，保持鱼道水池的水位、流量和水流条件的稳定。

出口结构一般为敞开式，为控制鱼道进水量和方便鱼道检修，需设置闸门。

出口视情况设置拦污、清污和冲污设施。

2.8.2.5 仿自然通道设计

仿自然通道一般分为进口、通道和出口三部分，可单独使用，也可与其他过鱼构筑物相结合，形式和形状可多样。

仿自然通道系统要求有足够的空间，一般不适宜水头过高的大坝，也不适宜高山峡谷地区。仿自然通道应尽量利用或改造工程区现有溪流、沟渠和废弃河道等，增加鱼类栖息地面积，减少占地和工程成本。仿自然通道应避开人口密集区域，减小人类对鱼类干扰，便于运行管理。

1. 结构类型选择

与人工鱼道相似，仿自然通道也有三种常用的结构型式：

(1) 平铺石块式。仿自然通道底部平铺不同大小的石块，以底部沿程摩阻起到消能减低流速的目的。

(2) 交错石块式。在仿自然通道底部铺设碎石块的同时，沿程在不同位置设置大石块，束窄过水断面，产生局部跌水和水流对冲，以消能和减缓流速。

(3) 池堰式。在仿自然通道中使用石块将通道分隔成一个个小的水池，通过局部跌水消能并降低流速。

三种仿自然通道型式各有特点，适用在不同条件下，见表 2.8-5。

2. 通道设计

通道应满足以下要求：

(1) 通道断面形状应尽可能多样，底部宽度应不小于 0.8m。

(2) 通道坡降应尽可能平缓，一般不应超过 1∶20。

(3) 通道底坡和边坡应进行生态防护，宜采用植物或捆枝与岩石混合的结构。

(4) 通道应设置流量调节设施，确保丰、平、枯不同水期洄游鱼类均能顺利通过。

(5) 通道内水深应能满足鱼类洄游的需要，平均水深一般大于 0.5m。

表 2.8-5　三种仿自然通道型式优缺点比较

通道型式	优点	缺点	适用范围
平铺石块式	结构简单； 水流方向较明确	消能效果较弱； 水位变动适应能力弱； 水深较浅	水头差很小、水位变动不大的工程（如一些溢流坝等）
交错石块式	过水断面深度较深； 能适应相对较大的水位变动	结构不够稳定	适应水位变化范围相对较大，应用范围较广
池堰式	消能效果较好	水位变动适应能力弱	上下游水位较稳定，过鱼对象为跳跃能力较强的鱼类

（6）仿自然通道的水流流速、流量、落差和湍流应与河流中洄游鱼类的游泳能力和行为相适应。

（7）仿自然通道的设计应体现“亲近自然”的原则，所用材料尽可能取自自然、当地，尽量避免使用钢筋混凝土、浆砌砖石等不透水结构。

3. 进口设计

进口位置选择应满足以下要求：

（1）应位于在大部分洄游鱼类能够发现的地方，一般紧靠河流主流。

（2）应尽可能靠近闸坝，但同时要能满足旁通道的坡度要求。

（3）应设在河流水流平稳顺直、水质适宜的区域。

进口形状应设计成喇叭形，便于鱼类发现和进入通道。

进口底部必须与河床和河岸基质相连，使底层鱼类也能进入。和河床底部之间应除去直立跌坎，若其间有高差，应以斜坡相衔接。可铺设一些原河床的卵砾石，以模拟自然河床的底质和色泽。

进口应能适应下游水位的涨落，适应鱼类对水深的要求，保证过鱼季节进鱼口水深不小于 1.0m，必要时可设计多个不同高程进口。

进口应确保在任何情况下都有足够的吸引水流，流速应适于所有过鱼种类。连接尾水的部分应具有一定的坡度，以产生吸引水流，必要时可设计补水设施。

4. 出口设计

出口位置选择应满足以下要求：

（1）应远离泄水闸、船闸及取水建筑物，周边不应有妨碍鱼类继续上溯的不利环境。

（2）出口外水流应平顺，流向明确，没有漩涡，以便鱼类能够沿着水流和岸边线顺利上溯。

（3）朝向应迎着水流方向。

出口应能适应上游水位的变动，保证有足够的水深，与上游水面衔接良好。

应设置水流控制闸门，可调节进入旁通道的流量，保证功能的有效性。

2.8.2.6 升鱼机设计

升鱼机一般用于水位变幅较大，由于空间布置、流量、鱼类行为习性等限制不能采用传统鱼道的工程。相比其他过鱼设施，升鱼机的主要优点是：①外形尺寸较小，易于建造安装在建筑物内；②对上下游水位的变化不是很敏感；③可用于那些通过传统鱼道有困难的鱼类。

1. 进口设计

升鱼机进口应满足下列条件：

（1）入口处的水头差不能太大，便于鱼类进入，对大多数鱼种为 0.2～0.3m。

（2）同其他过鱼设施类似，升鱼机的进口最好设置在鱼群聚集、污染小、水流平顺且易于进入的区域。

（3）进口处应设置诱鱼水流和具有适当拦阻漂浮物的防护装置。

（4）设置鱼类止回装置，一般由栅网组成。

2. 集鱼池和运鱼厢设计

集鱼池和运鱼厢体积 V 的计算公式如式(2.8-1)。

$$V = N_c V_{\min} \tag{2.8-1}$$

式中　N_c——在运作周期内集鱼池中各种鱼的最大数量；

$V_{\min}$——大多数鱼类所需要的平均体积。

旁路水流吸引洄游鱼类进入集鱼池，池内一般布置竖栅或网格闸门。竖栅由两块铰接板组成，可用于诱鱼（板打开可诱鱼）和赶鱼（板闭合形成平板栅）。鱼类被诱入一个带有止回装置的运鱼厢后，为了避免其他鱼类在水槽提升期间进入闸室，需立即运行在诱鱼设施下游的机械化竖栅，此竖栅的操作类似于吊闸。

体积小的运鱼厢应易于倾斜排空。体积大的运鱼厢必须装有排空水闸。应特别注意形状设计和最终的表面修整，以保证尽可能把对鱼的伤害风险降到最低（圆角、无粗糙不平表面等）。结构也应能指引鱼类向排空闸门游动（倾斜底面、收缩侧面），以保证排空后不会有鱼留在槽中。

3. 出口设计

升鱼机出口应满足下列条件：

(1) 使水槽倾斜或用阀门把鱼排放到上游水域。

(2) 如果从水槽放鱼时要使用滑槽，则滑槽必须非常光滑，尽可能为圆形截面。为了避免鱼受伤或受到冲撞，排空点和接收水面之间的跌水高度不得超过5m。

(3) 为了防止游泳能力差的鱼类被吸入水轮机或溢洪道，必须选择适当的排空地点，避免高紊动和高污染的区域。

(4) 水槽必须在上游集水区或转移槽排空，这一区域应足够深，足够宽，以防止鱼撞上墙壁或底面。

2.8.2.7 鱼闸设计

鱼闸一般用于上下游水位变幅较大的中高水头水利水电工程中。在空间和水流受限制，不适宜建鱼道的情况下也可考虑建造鱼闸。

鱼闸一般由下游水槽、闸室和上游水槽三部分组成，利用上、下两座闸门调节闸室内水位变化而过鱼。

鱼闸应设置旁道补水系统，流速小于2.0m/s，可用于进口和出口的诱鱼。

鱼闸操作运行的周期和次数由过鱼量和鱼类种群的行为特征决定。

1. 进口设计

鱼闸进口的位置选择应满足以下条件：

(1) 应选在鱼类易于发现的地方，并能适应上下游水位的变化。

(2) 附近水流不应有漩涡、水跃和大环流，进口下泄水流应使鱼类易于分辨和发现。

(3) 选择水质适宜的水域，避开有油污、化学性污染和漂浮物的水域。

进口的水流条件、诱鱼水流的流速流量、诱鱼驱鱼措施和闸室的光线应根据鱼类行为特征确定。进口的水流应适合鱼类进入，在其他干扰水流中占据优势。

鱼闸进口的储留室应有一定的容积，防止鱼类重新游出鱼闸。

2. 闸室设计

闸室设计应满足以下条件：

(1) 闸室的容积由洄游鱼类的规模决定。

(2) 闸室应有一定的水深，尽可能减小紊流的产生。

(3) 闸室底层的赶鱼栅应根据过鱼对象的种类和生命阶段设置足够尺寸的间隙，防止对鱼类的伤害。

(4) 赶鱼栅的提升速度不宜过快，以避免对鱼类造成伤害。

(5) 运行时，闸室水位升高或降低的速度要小于2.5m/min。

(6) 在排空鱼闸时，应保证鱼有充足的时间离开。

(7) 闸室底部要做成渐变式或台阶式，且做成粗糙底面以便于消能。

3. 出口设计

鱼闸出口的位置选择应满足以下条件：

(1) 与其他设施的进水口保持一定距离，周边不应有妨碍鱼类继续上溯的不利环境。

(2) 应布置在水较深和流速较小的地点，位置设在最低水位线下，必要时可设置调节设备。

(3) 朝向应迎着水流方向。

槽室的容积应与过鱼规模相适应，尽可能减小鱼类返回鱼闸的几率。

2.8.2.8 集运鱼系统设计

在以下几种情况下可考虑采用集运系统进行人工过鱼：

(1) 已建大坝没有预留过鱼设施位置或无法补充建设。

(2) 鱼道、仿自然通道、鱼闸等设施难以布置或者预计效果不佳。

(3) 下游鱼类需要长距离迁徙至上游。

集运系统的使用不应妨碍水利水电工程的正常运行。

集运系统主体为集鱼设施和运鱼设施，还包括观测、诱导等辅助设施。

集运系统设计应考虑鱼类的行为特征和生活习性，必要时对闸坝下游的河流生境和鱼类种群进行生态学调查和行为学研究。

1. 集鱼设施设计

集鱼设施包括可连续集鱼的集鱼平台和间断性集鱼的集鱼船。

集鱼方法主要包括：水流吸引，光、声等因素诱导，人工捕捞，利用生物和物理屏障导拦等，具体措施应根据工程实际情况选取，可结合使用。

集鱼位置的选择应满足以下条件：

(1) 应处于鱼类的洄游路线上，且处于鱼类在坝下集群的位置，同时还要考虑工程运行的水力学影响。

(2) 应选择流速合适区域，诱鱼水流应与周围水流有明显差别，一般比周围水流大。

(3) 集鱼设施在坝下停放的位置应能满足集运鱼系统安装、运行的条件。

(4) 集鱼的位置应远离人为干扰，避开污染的水域。

集鱼设施的船体、集鱼容器的结构及尺寸应符合内河通航标准的要求。容器的设计参考集鱼设施船体尺寸按容积最大化原则设计，同时满足陆地运输的要求。

集鱼的周期和频次由过鱼目标习性、过鱼量和工程运行特点决定。过鱼量的确定应进行评估，不低于保证种群延续的资源量。

集鱼设施的运行应满足全年过鱼的要求。

2. 运鱼设施设计

运鱼设施包括升鱼机、索道等直接过坝设施或通过运鱼船、运输车等转运过坝设施，可根据工程实际情况选取。

运鱼过程应能将鱼转运到上游合适的生境投放，并保证鱼的存活，尽可能减小对鱼的伤害，不影响鱼的生理机能。

运鱼设施的暂养容器根据集鱼容器的大小设计容积，应配有充氧设备。

运鱼设施的船体结构和尺寸应符合内河通航标准的要求。

2.8.2.9 附属设施设计

1. 观察室

过鱼设施设有观察室，观察室用以统计成功上溯的鱼类种类和数量，评估过鱼设施的过鱼效果，以便将来改进过鱼设施的结构，改善过鱼效果，同时兼具宣传和演示功能。

观察室内设有摄像机、电子计数器等设备。底层不设亮窗，用绿色或蓝色防水灯来照明。在过鱼设施侧壁上设有玻璃观察窗，用来观察鱼类的洄游情况，电子计数器用来记录洄游鱼类的种类及数量，摄像机可将鱼类通过过鱼设施的实况录制下来，供有关人员及游客观看，可为今后对鱼类的洄游规律和生活习性的研究以及过鱼设施的建造提供依据。

2. 防护措施

过鱼设施两侧墙的顶部设防护栏，可防止鱼类跳出鱼道，也可避免杂物从鱼道两侧落入鱼道，同时对人员起到安全防护作用。

此外，为防止当地村民进入鱼道捕鱼，可以在过鱼设施周围设置隔离护栏。

3. 栏污装置

为防止杂物进入并堵塞过鱼设施，鱼道或仿自然通道的上游出口可以侧向开口，这样杂物不易进入，此外应设置拦污栅。

2.8.2.10 模型试验

过鱼设施是否可行取决于很多因素，它与是否有足够的鱼道空间、鱼道入口的条件、整个鱼道体型结构中的水力特性和鱼道出口条件都密切相关。由于过鱼设施的尺寸相对较小，所以易于进行大比例尺的水工模型试验，目前水工模型试验被广泛应用于过鱼设施的设计中。

过鱼设施的物理模型试验主要包括局部模型试验及整体模型试验。

1. 局部模型试验

鱼道局部模型试验是从鱼道整体布置中选取一段，布置10～15块隔板进行试验。模型比例为1：1～1：10。鱼道局部模型试验的任务是：

(1) 针对设计拟采用的池室结构型式进行各种布置试验，以求在满足鱼道容许流速的要求下池室之间有较好的流态，适合于主要过鱼对象的上溯，并有良好的休息条件，修正和优化池室结构设计。

(2) 测定在不同的坡度下池室之间的流速分布、竖缝上下部分的流速变化。

(3) 观察各池室的水流流态和局部水流现象，避免不利于过鱼的水力条件。

(4) 确定鱼道的池室长度、宽度、结构、底坡、鱼道运行水深等参数。

(5) 针对设计的集鱼系统的结构型式，对补水槽的补水过程、扩散池和集鱼槽中的流速以及集鱼系统进鱼口的流速进行测定。

2. 整体模型试验

鱼道整体模型包括整个鱼道进口、主体以及出口部分。模型比例为1：10～1：40。鱼道整体模型试验的任务是：

(1) 验证上下游的运行水位。

(2) 验证局部模型试验的成果，测定鱼道各隔板的竖缝流速，测定鱼道的水面线。

(3) 确定鱼道进口段适应下游水位变化的措施，测定各鱼道进口的流速。

(4) 确定鱼类休息池的布置和细节尺寸。

(5) 进出口的闸门设计要求及其他鱼道的水力学问题。

3. 相似准则

模型与原型必须保持几何相似、水流运动相似和动力相似。

常规模型试验的主要作用力为重力，必须遵循重力相似准则，即模型与原型弗劳德数应保持相等。

2.8.2.11 过鱼设施运行管理

1. 运行操作规程

过鱼设施建设完成之后、正式运行之前，需要对其进行试运行，监测通道内的流速、水深、过鱼设施进口流速等重要指标，如果发现不利于过鱼的各种情况，应立即对其结构等进行修改完善，以创造最佳的过鱼条件。

由于上下游水位的变化，需要对过鱼设施的进水量和运行水位进行控制，以使通道内的流速和流态保持稳定并满足鱼类上溯的要求。在各种水位情况下，通过上游出口闸门的启闭，控制出口的进水量和进水水位；通过下游进口闸门的启闭程度来控制过鱼设施进口位置的水位，避免局部出现较大的水位跌落，造成超过鱼类游泳能力的极限流速或者出现局部水位的壅高。

2. 管理和维护

过鱼设施投入运行后，必须加强维修与保养。很多过鱼设施因为管理不善或后期维护不够而最终导致废弃停用。管理维护主要包括以下方面：

(1) 严禁在鱼道或仿自然通道内捕鱼，倾倒废弃物及污水。

(2) 严禁在通道出口停泊船只、倾倒废弃物及污水。

(3) 要经常检查各闸阀机器启闭机，保证可以随时启闭。

(4) 经常清除通道内的漂浮物，防止堵塞。

(5) 定期清除通道内的淤积泥沙或软体动物的贝壳，保证通道内部畅通。

(6) 随时擦洗通道观察室的观察窗，保持一定的透明度。

(7) 所有观测仪器和设备要注意防潮，以备随时使用。

2.8.2.12 过鱼设施案例

1. 长洲鱼道

长洲水利枢纽工程所处浔江河段历史上是中华鲟(*Acipenser sinensis Grdy*)、鲥鱼(*Tenualosa reevesii*)、七丝鲚(*Coilia grayi*)、鳗鲡(*Anguilla Japonica Temminck et Schlegel*)、花鳗鲡(*Anguilla marmorata*)、白肌银鱼(*Leucosoma chinensis*)等6种鱼类洄游、肥育的主要通道。过鱼设施由泗化洲岛鱼道与外江和内江两座电栅组成。鱼道引用流量为 $6.64m^3/s$，由下至上布置有入口段、鱼道水池、休息池、观测室、挡洪闸段和出口段，全长1443.3m。下游入口设在厂房尾水下游约100m处，为敞开式，底宽5m，为改善入口流态和加强导鱼作用，在入口闸右侧设长约8m的导墙，与鱼道中心线成30°左右夹角。上游出口设置在坝上游泗化洲岛外江侧。鱼道与坝轴线相交处还设一道挡洪闸门，在鱼道进、出口处各设一道检修闸门，入口检修闸门设计水位为9.0m，出口检修闸门设计水位为20.6m。

(1) 鱼道结构与布置。

1) 池室。鱼道池室为分离式结构，由两侧边墙和底板组成。边墙顶宽0.8m，底宽2.8m，底板厚0.8m。为满足施工进度和鱼道流速、流态的需要，边墙和底板大部分采用混凝土，仅在鱼道内侧砌筑0.4m厚的浆砌石，形成便于鱼类上溯的环境。每级水池均设预制混凝土隔板，隔板由一侧“竖孔—坡孔”和一侧底孔组成，交错布置。底孔尺寸1.5m×1.5m，“竖孔—坡孔”宽1.5m。水池宽5m，长6m，池室水深3m，底坡12.55‰，共设198块横隔板，9个休息池，休息池底为平底，其长度为12.4～34.252m。观测室段位于靠上游坝轴线附近，该段为平底、矩形，长14m，宽9m。观测室位于中部，呈岛形布置，上下游侧为半圆形钢筋混凝土墙，两侧为钢化玻璃观测窗。

2) 挡洪闸。鱼道挡洪闸上下游方向长18.0m，顶部高程为34.40m。挡洪闸过鱼部位槽宽5.0m，鱼道水池底部高程为15.97m，采用整体式结构。左右边墩顶宽均为4.0m，底部高程为－10.0～－7.0m，两高程变位处采用1：1的斜坡连接。挡洪闸闸门门槽中心线为鱼上0＋008.65。挡洪闸闸门采用平板门，顶部布置有启闭机房。挡洪闸下游侧为坝顶公路，坝顶桥面梁体系包括观测廊道梁和桥面公路梁，桥面系统均采用钢筋混凝土预制梁。

3) 下游入口闸。鱼道下游入口检修闸上下游方向长12.4m，顶部高程为13.30m。入口检修闸过鱼部位槽宽7.0m，底部高程为2.28m，采用整体式结构。左右边墩顶宽分别为2.5m和3.0m，底部高程为0.78m。入口检修闸闸门门槽中心线为鱼下1＋253.688m，检修闸闸门采用平板门，上下游侧均设检修平台，检修平台梁采用钢筋混凝土预制梁。顶部布置有启闭排架和拦鱼电栅设备房。

4) 上游出口闸。鱼道上游出口检修闸上下游方向长14.3m，顶部高程为22.00m。出口检修闸过鱼部位槽宽7.0m，底部高程为17.60m，采用整体式结构。左右边墩顶宽均为3.0m，底部高程为16.10m。出口检修闸闸门门槽中心线为鱼上0＋162.336，检修闸门采用平板门，下游侧设检修平台，检修平台梁采用钢筋混凝土预制梁。顶部布置有启闭排架。

5) 诱鱼设施。鱼道入口设置喷洒水管网，水管网由主管和支管组成，布置在入口检修闸上。水管网洒水面积约 $50m^2$。喷水管网给水水源取自外江厂房上游水库，并与厂内消防供水系统相连。设两种取水方式，自流供水方式和加压供水方式。对应引水管路，一个接自滤水器出水管；另一个接自消防稳压设备出水管。每年的1～4月，上游水位为正常蓄水位20.60m，下游鱼道入口水位为5.31～11.95m，全天24h开启辅助诱鱼装置，根据上下游水位差进行调试，通过喷水管网出水情况来确定供水方式。

（2）拦鱼电栅。在每年过鱼季节（1～4月），除中江泄水闸不泄洪外，内江、外江都有厂房及泄水闸下泄水流，下游上溯的鱼类会被这两股水流吸引，分别进入内江、外江的厂房和泄水闸下游，不能找到鱼道入口上溯过坝。因此，在内江和外江各建一座拦鱼导鱼电栅就非常必要。内江电栅拦住进入内江的鱼类，将它导引到外江；外江电栅拦住外江上溯的鱼类，将它导引到鱼道入口。在过鱼季节即每年的1～4月开启拦鱼电栅，将鱼拦导至鱼道入口附近，通过鱼道上溯（见图2.8-1）。

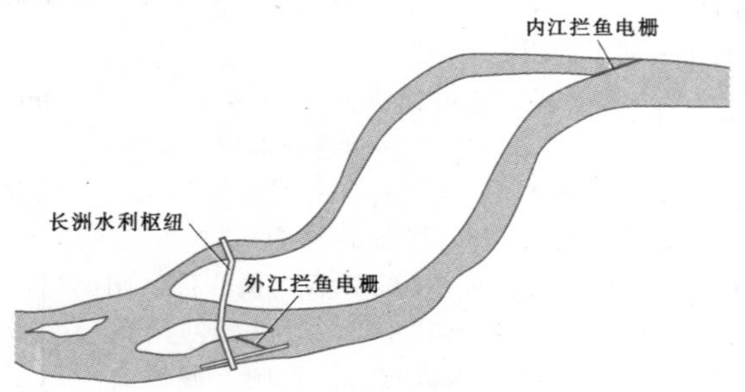

图2.8-1 拦鱼导鱼电栅位置布置

1）外江拦鱼电栅。外江拦鱼电栅两端分别位于鱼道入口闸边墙外侧和下游引航道左侧隔水堤第5段混凝土导墙外侧，长约670m，与水流方向交角约为55°。外江拦鱼电栅为悬挂式结构，由主索、吊索、水平索、电极（包括附件）及支柱、锚墩等组成。主索跨度为42m、60m和81m。在主索上水平距离每隔10m设一根吊索，吊住水平索，水平索高程为13.15m，电极悬挂于水平索上。外江拦鱼电栅共设9个支柱。为避免洪水期巨型漂浮物撞到电栅拉歪或拉倒支柱，设计考虑在电栅主索适当位置设置断点，当漂浮物推力超过设计值时，主索自动断开，以保证支柱的稳定安全。

2）内江拦鱼电栅。内江拦鱼电栅一端位于内江左岸，另一端位于长洲岛尾，长约240m，与水流方向交角约为60°。内江拦鱼电栅为浮筒式结构，电极由漂浮在水面的浮筒和沉于水底的混凝土墩固定。电极为柔性链接，间距3m。浮筒采用高分子量、高密度聚乙烯材料，浮筒单体尺寸为50cm×50cm×40cm（长×宽×高）。混凝土墩尺寸为1.3m×1m×1m（长×宽×高）。

内江左岸现有码头若干，每天都有船只进出装卸，内江拦鱼电栅的运行与通航存在较大矛盾。如考虑码头搬迁，会涉及渔政、海事、航务等较多相关部门，难度较大。如考虑内江拦鱼电栅上移，因内江泄水闸下游和厂房尾水处距离长洲岛尾约十几公里，鱼类沿内江上溯至电栅后，因返回的路径太长，很难找到出口，拦鱼电栅就发挥不了它应有的作用。

为解决内江电栅和通航的矛盾，设计考虑在电栅中部即内江主河道开辟15m宽的通航区。该区电栅布置四个电极，浮筒最大高程为3.49m（1～4月内江出口处最小水位），以满足内江通航的要求。

2. 鱼道过鱼效果

应用渔获物统计分析调查鱼道江段鱼类种类组成、规格，采用渔业声学调查方式统计鱼类资源丰度、空间分布情况，采用Simrad EY60型鱼探仪监测鱼道过鱼效果。其结果如下：

对于过鱼对象，在试运行期间的连续取样中发现有18种鱼类通过鱼道上行，其中以赤眼鳟、瓦氏黄颡鱼、鲮鱼为优势种群。通过与坝下该时段的渔获物对比可知，进入鱼道的赤眼鳟和鲮鱼以相对较大的个体为主。通过性腺发育期可知，鲮鱼个体以雄性个体为主，占85%以上。鱼道对该江段的另一优势种鱼类——广东鲂的过鱼效果不明显。“四大家鱼”仅发现有鲢鱼从鱼道中通过，且数量极少（仅2尾）。对于鱼道设计针对的几种过鱼对象，在试运行调查中尚未发现，其可能由数量极少（例如中华鲟、鲥），或无过坝需求（例如七丝鲚）等原因造成。此外，上述鱼类的洄游季节均在1～4月，而监测评价实施的时间为5月中下旬，因而，监测时段并非这些鱼类的洄游时间，可能有些鱼类在此之前已完成了上行。

对于鱼道的通过效果，通过水声学设备的定点监测，在一个昼夜内约有4125尾鱼类完全进入鱼道并上行，同时约有3798尾鱼可以从鱼道出口上行至上游水域。对于不同鱼类进入各池室的具体情况，通过鱼道池室内的生物取样可知，进入鱼道的不同种类均可以寻找到出口并上行至上游水域。同时，能够进入观察室下游段的不同规格的鱼类也可以上行至出口位置。然而，只有那些个体相对较小的鱼类可以从入口位置上行至观察室下游段，相对较大的个体却比较困难，其中以赤眼鳟最为显著。结合流速观测数据可知，流速在观察室下游的第一个转弯休息池位置突然增大，很可能是流速过大，造成了部分个体上行过程中无法克服该位置的流速。

对于过鱼时间规律，在鱼道入口位置，鱼类通过呈现两种明显的趋势：①傍晚和凌晨为鱼类进入鱼道的主要时段，而且鱼类的体长规格相对其他时段（夜晚）的要大；②在夜间，鱼类以游出鱼道为主，期间的鱼类个体相对较小。

在出口位置，鱼类游出鱼道有两个高峰期：①早晨7：00～下午15：00，为鱼类上行的高峰期，通过数量约占一个昼夜通过总量的67.4%，同时该时段内通过的鱼类规格相对较大；②夜间20：00左右为鱼类上行的次高峰期，在该时段内上行的鱼类个体规格相对较小。

2.8.3 鱼类增殖站设计

2.8.3.1 放流规模

1. 放流种类确定

(1) 放流品种保护顺序：①列入国家级或省级保护动物名录的鱼类；②列入《中国濒危动物红皮书—鱼类》（汪松，科学出版社，2003年）的鱼类；③地域性特有鱼类；④水域生态系统中的关键物种（如同类食性鱼类少，甚至是唯一的种类）；⑤重要经济鱼类。

(2) 放流对象按以下原则确定：

1) 坚持统筹兼顾、突出重点的原则。在已确定的保护对象中，依据保护鱼类资源状况、生物学特性、生态环境变化趋势、技术经济可行性等方面进行综合分析，远近结合，合理优化。

2) 从受工程影响程度考虑，分布区域狭窄、抗逆能力差、生境受损程度高、与工程影响水域生态环境适应性强的鱼类优先选择。

3) 依鱼类资源现状考虑，可按濒危、渐危、稀有、易危、依赖保护、接近受胁的顺序选择。

4) 从鱼类生活史考虑，生活史复杂、洄游距离长、繁殖条件要求高、生长繁育缓慢、性成熟晚和繁殖周期短、繁殖力低的鱼类优先选择。

5) 对于适宜生境受损严重，已经无法在工程影响水域形成自然种群的鱼类，不宜作为增殖放流对象。

6) 苗种繁育技术较为成熟，已经形成一定生产规模的种类优先考虑，可作为近期放流对象；苗种繁育技术尚未成熟的种类可作为远期放流对象。

(3) 放流种类品质。放流种类品质需符合农业部2009年颁布的《水生生物增殖放流管理规定》第十条中提出的“用于增殖放流的亲体、苗种等水生生物应当是本地种。苗种应当是本地种的原种或者子一代，确需放流其他苗种的，应当通过省级以上渔业行政主管部门组织的专家论证。禁止使用外来种、杂交种、转基因种以及其他不符合生态要求的水生生物物种进行增殖放流。”

2. 放流规格和数量

(1) 放流种类规格。放流种类规格，应根据放流江段的水文特征灵活掌握。放流苗种规格太小，抵抗风浪等自然环境影响的能力差，活动力弱，易被捕食，降低存活率，直接影响到放流效果。放流苗种过大，则需要增加更多的经济投入。

(2) 放流种类数量。水利水电工程鱼类增殖放流属于补偿性放流，多为珍稀特有物种，对生境要求较高，其主要目标是为了促进形成自行繁衍的种群，增殖放流量需要依据放流对象的基础生物学特性和水库形成后生态环境条件以及鱼类自我繁衍能力确定，一般不进行回捕。因此，增殖放流规模远小于渔业养殖放流规模。

2.8.3.2 建设内容

1. 放流鱼类亲鱼数量确定

按照鱼类繁殖生物学特性，根据近期增殖放流的数量、鱼类的平均产卵量、催产率、受精率、孵化率和幼鱼成活率，推算出达到放流规模所需要的各种成熟雌性亲鱼理论需求量。

雌性亲鱼理论需求量＝放流量/(平均产卵量×催产率×受精率×孵化率×幼鱼成活率)

雄性亲鱼理论需求量＝雌性亲鱼理论需求量/雌雄性比

鱼的种类不同，其平均产卵量也不同，而且产卵量受亲鱼成熟度和外界环境等条件的影响。雌性亲鱼的平均产卵量由鱼类生殖力决定，其多少与种类、年龄、个体大小、营养状况等不同种类亲鱼繁殖生物学特性相关。

根据文献资料并结合生产实践经验，确定各参数值。自然产卵和受精雌雄亲鱼的性比为1：1.5，如采用人工授精方法，雌雄亲鱼的性比可以为1.5：1，自然水域鱼类分布的性比一般为1：1。

根据鱼类生态习性，进行亲鱼培育。按照亲鱼的食性选择混养、单养方式。肉食性鱼类须单养。亲鱼培育密度与亲鱼培育模式密切相关，静水养殖模式培育密度一般为0.15～0.25kg/m^2；流水养殖模式培育密度可适当提高；全循环水养殖模式培育密度一般不大于10kg/m^2。

2. 放流鱼类繁育生产设计

一般根据放流的种类、规格、数量计算放流鱼类苗种和受精卵生产量。计算中涉及的关键参数包括催产率、受精率、孵化率、出苗率、成活率。计算公式如下：

催产率＝催产成功的亲鱼数/用于催产的亲鱼总数×100%

受精率＝受精卵粒数/检查卵的总卵数×100%

孵化率＝出膜鱼苗数/受精卵总数×100%

出苗率＝出苗数/受精卵总数×100%

成活率＝存活苗种数/苗种总数×100%

不同鱼类的各种关键参数是不同的，这些参数受多种因素的影响。如：影响鱼类催产率的因素有鱼类的种类、亲鱼的成熟度、催产时水温等环境条件、催产方式、催产药物的种类和剂量等；影响鱼类受精率的因素有雌雄亲鱼的比例、雌鱼卵细胞的发育、雄鱼精子的活力、水温等；影响鱼类孵化率的因素主要是水温、水体溶氧等环境条件；影响幼鱼成活率的主要因素包括水温、水体溶氧、食性转化期的开口饵料及食性驯化、养殖密度、病害等。

鉴于鱼类增殖放流站拟放流鱼类的研究现状，参考有关鱼类试验开发初期的类似参数，并结合当地水产技术水平设定各种鱼类的催产率、受精率和幼鱼成活率。

幼鱼成活率指由鱼苗培育到放流规格幼鱼的成活率，可分为：开口摄食成活率、夏花（4～6cm）成活率、冬片（8～12cm）培育成活率。在计算苗种生产量和受精卵的生产量时要加以考虑。例如，放流苗种为夏花（4～6cm），则苗种的生产量计算方法如下：

苗种生产量＝放流量/(孵化率×出苗率×开口摄食成活率×夏花成活率)

苗种培育分开口苗、鱼苗、鱼种培育三个阶段。苗种的不同生产阶段，放养的密度也不同。

开口苗培育阶段的放养密度：微流水培育方式以0.2万～0.4万尾/m^3为宜；全循环水培育方式以0.5万～1.0万尾/m^3为宜。

鱼苗培育阶段放养密度：静水养殖方式以600～800尾/m^3为宜，应定期换水和增氧；微流水养殖方式以1200～1500尾/m^3为宜。

鱼种培育阶段放养密度：静水养殖方式以30～50尾/m^3为宜，应定期换水和增氧；微流水养殖方式以80～120尾/m^3为宜。

3. 繁育设施建设内容

繁育设施主要包括亲鱼培育车间、催产孵化及开口苗培育车间、苗种培育车间。亲鱼培育车间布置亲鱼培育池，催产孵化及开口苗培育车间布置催产池、孵化器（孵化桶、孵化槽）、开口苗培育缸，苗种培育车间布置苗种培育池。各种建筑物的规模根据生产需要量进行设计，具体设计详见“2.8.3.5 工艺设计”内容。

4. 科研设施

增殖站需要配置常规的仪器设备，如便携式多功能多参数水质分析仪、分光光度计、显微镜、解剖镜、冰箱、天平、放流标志器械、各种常规玻璃器皿等，用于日常监测养殖水温、pH值、盐度、浊度、硬度、碱度、SiO_2、DO、TP、TN等的各种理化指标，监测养殖鱼类的健康状况。

5. 生产配套设施

生产配套设施包括蓄水沉淀池、循环水处理系统、活饵培育、防疫隔离池、废水处理池，其详细介绍见“2.8.3.5 工艺设计”部分。生产过程中还需要各种网具、水泵、增氧机、饲料机、运输的车船等。

6. 附属设施

附属设施包括站区公路、输变电、生活用自来水等工程，其设计按常规方法进行。为保证用电需求，另自备一台柴油发电机。

7. 总体布局

（1）增殖放流站工程应以生产孵化车间为主体进行布置，其他各项设施应按生产工艺流程、功能分区合理布置，并应做到总体效果协调、美观。

（2）对于分期建设的增殖放流站，近远期工程应统一规划。近期工程应集中、紧凑、合理布置，并应与远期工程合理衔接。对于近远期相结合的公共设施，应在近期一次性建成；在远期用地内，不得修建永久性建（构）筑物等设施。条件许可时，建（构）筑物宜按功能分区合理地确定通道宽度；功能分区内各项设施的布置应紧凑、合理。

（3）鱼类增殖放流站总体布置，应充分利用地形、地势、工程地质及水文地质条件，合理布置建（构）筑物和有关设施，并应减少土（石）方工程量和基础工程费用。当场址地形坡度较大时，建（构）筑物的长轴宜顺等高线布置，并应结合竖向设计。

（4）鱼类增殖放流站总体布置，应结合当地气象条件，使建筑物具有良好的朝向、采光和自然通风条件。

（5）鱼类增殖放流站总体布置应使建（构）筑物群体的平面布置与空间景观相协调，并应结合站区景观绿化，提高环境质量，创造良好的生产条件和整洁的工作环境。

2.8.3.3 站址比选

1. 比选站址基本情况

鱼类增殖放流站应根据水利水电工程环评报告对站址的要求，结合流域规划和主体工程布置初定2个或2个以上的站址，对每个站址应充分了解和收集水源、水文及气象、地质、征地、电力和交通、原材料等方面的资料。

2. 供水

（1）供水要求。鱼类增殖放流站供水按其用途主要分为三类：生产用水、生活用水和消防用水。另外还需考虑景观用水、浇洒道路和绿地用水以及管道冲洗用水。

(2) 供水水源。供水水源主要选择天然的江河、湖泊、支沟和水库，应水量充沛，水质满足要求。与养殖鱼类不同流域或同一流域而水质有明显变化的应进行水质监测分析，地下水经水质监测分析满足要求的也可作为供水水源。

(3) 供水方式。供水方式一般采用自流、抽提和两者结合三种方式。

水源水量充足、取水点高程高于站址且能靠重力流入站址的采用自流方式；取水点高程低于站址的采用水泵取水方式；水源在枯水期水量不足但取水点高程能满足要求的，可采用以自流水源为主，配套采用水泵抽取附近水量充足的河流河水的方式。

站址水源有几种供水方式时应进行经济比较。比较时应将供水的运行维护费用纳入。

3. 平面布置

鱼类增殖站平面布置应遵循节约用地的原则，按照养殖工艺流程的要求合理布置。布置各建（构）筑物时，既要考虑给排水系统管网、场内交通，同时也要考虑运行操作管理方便，结合场地地形条件，做到平面、竖向合理布局。

4. 场平、道路建（构）筑物规划

(1) 根据拟选的场地地形地质情况提出初步的场平方案，以及场地面积、分区分级布置、场平高程、场平支挡结构物型式以及涉及的边坡处理方式等。该工作建立在地勘、测绘和现场查勘等综合工作的基础上。

(2) 场址选择须充分考虑便利的交通条件，要求其紧邻已有或即将建成的地方交通道路或水利水电建设对外交通道路等，且在可预见期内该道路将始终满足通行条件。选址时要求场地对外交通建设无严重制约因素。在增殖放流站前期选址工作中应该广泛收集周边地区的交通规划和建设资料，为选址提供充分的依据。

(3) 增殖放流站场内建（构）筑物规划需要充分结合相关水利水电工程建设规划及相关布局，使其在景观上协调；充分利用已有建（构）筑物及相关场地设施，并同部分已有或可利用的设施一并协调规划设计。

(4) 增殖放流站站址范围内的建设运行活动不应与其他工程的建设运行活动发生冲突，并满足地方土地利用规划和地方建设规划要求。

5. 施工条件

增殖放流站在选址时应充分考虑施工条件中的施工交通条件、市场供应条件、施工场地条件和通信、电力条件等可能严重制约工程实施的因素。

6. 运行管理条件

站址选择时应充分考虑管理人员现场管理的条件，考虑野生亲鱼的捕捞、运输条件，考虑鱼苗的放养条件，有技术研究要求的站址还应考虑为科研人员提供必备的科研条件。

7. 方案确定

站址应综合考虑场地地形地质、水文，还应考虑各建（构）筑物、场内交通、给排水系统等因素，经技术经济比较后综合确定。

2.8.3.4 站址环境条件

1. 工程地质

站址地勘工作应根据《岩土工程勘察规范》(GB 50021) 的要求进行，场地存在滑坡、泥石流等不良地质作用和地质灾害的，应依据各专项勘察规范进行勘察工作。

勘察工作应在搜集鱼类增殖放流站布局、建筑物结构类型、基础型式等方面资料的基础上进行。其工作内容主要有：查明场地和地基的稳定性、地层结构、持力层和下卧层的工程特性、地下水条件以及不良地质作用等；提出满足设计、施工所需的岩土参数，确定地基承载力；提出地基处理方案；提出对建筑物有影响的不良地质作用的处理方案建议。

2. 气象

搜集站址所在区域的气象资料（优先利用附近气象站多年统计资料），包括风、干雨季分布、降水量、气温、湿度等。

3. 水文

搜集站址所在河流（溪沟）的水文资料（包括电站建成前后），对资料缺乏的溪沟按各省区小流域计算手册计算各频率洪水（有条件的进行洪调等辅助手段），提出鱼类增殖放流站需要的各频率洪水流量、水位、生态流量和相应水位。

2.8.3.5 工艺设计

1. 供水系统

(1) 蓄水池。为保证增殖放流站的用水需要，需要在室外建一蓄水池，根据养殖水体的体积和换水率确定蓄水池的容积。蓄水池需靠近取水点，根据实际地形情况修建。蓄水池底部高程宜在放流站园区繁育设施地面高程 1.00m 以上，利用位差自动供水，其结构多为钢筋混凝土浇制，设有进水管、供水管、排污管和溢流管，池底排水坡度为 2%～3%，容积应为放流站最大日用水量的 3～6 倍。蓄水池隔为两格，交替使用。

为避免江水中的悬浮物进入输水管，可在取水口装配铁纱网进行粗滤，蓄水池出水口装配纱绢进行二次过滤。江水中泥沙等微细杂质在蓄水池里存储一段时间，经过自然沉淀去除。蓄水池经过一段时间的使用，池底沉淀有大量的泥沙，池底必须留置较大的清淤管口。蓄水池上方不作封闭设计。

(2) 循环水处理系统。循环水处理系统主要包括：循环水处理子系统、水温调控子系统、给排水子系统。

1) 循环水处理子系统。循环水处理子系统的核心部件由物理过滤器、生物过滤器和紫外线消毒仪等部件构成。该子系统使水体水质符合渔业用水标准。

a. 物理过滤器。其是以密度细小的滤网作为过滤介质，通过筛滤去除水中较细小的有机颗粒。目前已广泛应用于工厂化养殖循环系统中，可大量、快速、有效地去除水中浮游生物、残饵和细颗粒悬浮杂质，除去这些固体悬浮物有利于减少养殖水体的耗氧量，同时减少因有机物分解释放的氨。

物理过滤器是由 ABS 箱、旋转过滤轮、120 目过滤布、变速器、水位控制器、自动高压冲洗泵、酸碱度调节器组成。

b. 生物过滤器。湿式生物过滤器及雨淋曝气式生物过滤器统称为生物过滤方式。其利用好氧细菌帮助有机物（如残饵、排析物、蛋白质）氧化，使有毒的亚硝酸盐氧化成无毒的硝酸盐，再由厌氧性脱氮细菌将硝酸盐还原成氮气释放回大气中。

湿式生物过滤器由 ABS 水箱、分水器、生物球组成。

雨淋曝气式生物过滤器由 ABS 水箱、分水器、生物球、生物篮、自动加热器、曝气装置、自动补水装置组成。

c. 紫外线消毒仪。紫外线消毒仪由量子（Quantum）紫外线处理系统（包括一个紫外线室、电源和连接电缆）、现场控制单元（LCU）和紫外线监控器等组成。

2) 水温调控子系统。即为保证鱼类繁育设施内水环境长期且稳定处于一定的恒温状态而自动控制和调节水温，以达到鱼类繁育最佳水环境温度的控制系统。

鱼类繁育水温控制包括升温和降温。降温采用管道系统接入相应功率的制冷机对流经水流实施降温；升温通过电锅炉加热对升温调节池水体实施升温。另通过空调对流水性鱼类循环水养殖系统车间的气温实施调控。

3) 给排水子系统。给排水子系统共由五部分组成：

a. 给水系统：养殖废水经循环水处理系统处理后，通过给水管网进入到每个养殖缸内循环利用的养殖用水。

b. 补水系统：在循环水处理系统因故停止运行期间、鱼苗孵化期间、某个养殖缸暴发鱼病期间作为外来水源替代给水系统。

c. 进气系统：补充养殖缸内缺失的氧气，保证水体内有充足的氧供鱼类使用。

d. 回水系统：当水位到达一定高度，继续供水时，多出的水则会通过平衡水位管回流到循环水处理系统。

e. 排污系统：当养殖缸内需消毒清理或鱼苗收集时，缸内养殖水需部分或全部排出，排污系统能既快速又安全的将养殖废水送走。

给排水子系统设计要求如下：

a. 给水管径确定：管径确定时应考虑远近期结合，同时照顾经济性和可靠性。管径确定涉及设计供水量及经济流速的确定。既要保障管网内最远点的水量水压，又不可造成资源的浪费。

b. 排水管径确定：排水管在考虑远期扩建的基础上，按非满流的设计原则设计管径，在爆发大规模鱼病的同时，及时、快速地将带有病菌的养殖污水排掉。

c. 管材选用：综合许多因素后最终选定硬聚氯乙烯管（UPVC），其优点在于表面光滑、输送流体阻力小、耐腐蚀、重量轻、接口方便、产品本身无毒且长久使用亦不会产生有毒有害物质等。这些优点能有效保障通过管网输送到养殖缸内的水不会对珍稀鱼类造成影响。

2. 亲鱼培育设施

增殖放流站中主要的亲鱼培育设施是亲鱼培育池，其设计应符合下列要求：

(1) 亲鱼在繁殖季节前一定时间需进行水流刺激，促使其性腺发育。亲鱼池内水流产生可由给水水头或池内设置潜水泵推动。

(2) 亲鱼池形状可根据增殖站地形和鱼类的特性而定，一般采用长方形、圆形或者环道形。

(3) 亲鱼池单个面积：长方形池面积不小于 $50m^2$，圆形池直径不小于 3m，环道形内短直径不小于 3m。

(4) 亲鱼池总面积=亲鱼培育量/培育密度。

(5) 亲鱼池深度：有效水深一般以 1.2m 为宜，超高一般取 0.3m。

(6) 培育池进排水口应设置拦鱼设施，根据培育鱼类个体大小设计拦鱼结构。

(7) 培育池池底坡降满足排水通畅、彻底的要求。

(8) 培育池最高水位控制处应设置溢水口和拦鱼

设施。

3. 催产、孵化设施

(1) 催产设施。催产设施包括催产池、受精卵收集系统、亲鱼防跳网。

1) 催产池。催产池数目由鱼类增殖放流站放流规模、种类以及不同种类繁殖时间的重叠度而定。一般设1～2个。催产池设计应符合下列要求：

a. 形状：一般为圆形。

b. 大小：根据放流鱼类亲鱼个体大小确定，一般催产池直径为3.0～5.0m。

c. 深度：水深以0.7～1.5m为宜，水面超高一般为0.3～0.5m。

d. 结构：底部由四周向中心均匀倾斜，倾斜比降一般取2%；中心排水口拦鱼栅槽平面尺寸以40.0cm×40.0cm为宜，深度一般为5.0cm；拦鱼栅由栅格框和栅格构成，栅格间距一般取2.0～3.0cm；中心排水口管径以15.0～20.0cm为宜。

e. 进排水系统：进水管径以10.0～15.0cm为宜，进水管沿池壁切线进入，位于壁高2/3处，便于形成回流。排水口出水管在催产池外壁处设置排水控制阀。

2) 受精卵收集系统。受精卵收集系统由受精卵收集池和收卵网箱组成。

受精卵收集池：设在排水管口处，规格可取80.0cm×150.0cm×80.0cm。池底部设排水孔，孔径一般为30.0cm。

收卵网箱：网箱大小根据一次产卵规模而定，一般用40～50目筛绢网制成40.0cm×60.0cm×40.0cm网箱，网箱短边中心开口接袖状连接筛绢网桶，筛绢网桶直径同催产池排水管径。收卵网箱用竹制或钢制支架支撑，置于收集池中。

3) 防跳网。亲鱼防跳网由聚乙烯无结或有节网片制成，网目径3.0～5.0cm，大小应能覆盖整个催产池。

(2) 孵化设施。孵化设施根据受精卵特性，可分别采用孵化桶、孵化环道、孵化槽或尤先科孵化器。孵化桶、孵化环道一般孵化漂流性受精卵，孵化槽一般孵化黏性受精卵，尤先科孵化器一般孵化沉性受精卵和脱黏后黏性受精卵。增殖放流站孵化设施应配置孵化桶、孵化槽和尤先科孵化器，以满足开展科研及后续放流鱼类繁育需求。

孵化设施数量具体可以根据放流规模和生产安排确定，一般来说，孵化桶不少于5个，孵化槽不少于2个，尤先科孵化器不少于2个。

孵化桶设计要求：可用白铁皮、玻璃钢制成。大小根据需要而定，一般以容水量250kg为宜。结构为下部圆锥体，上部圆台体（见图2.8-2）。孵化桶过滤纱窗可用铜丝布或筛绢制成，规格为46～55目/英寸。要求底部进水，并能使受精卵在孵化桶内均匀翻滚。

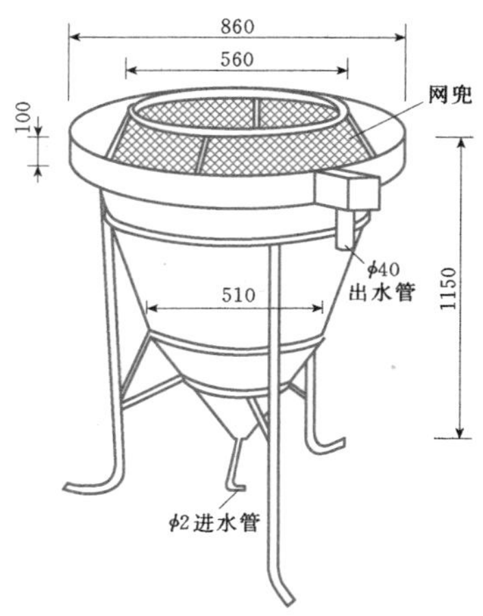

图2.8-2 孵化桶（单位：mm）

玻璃钢孵化槽设计要求：孵化槽由1.9m×0.7m×0.8m的玻璃钢制成。内设有80目网片制成的人工鱼巢，可悬挂于孵化槽中，槽上方有进水管，下方有出水管与循环水系统相连，每槽均有充气管增氧（见图2.8-3）。孵化槽主要用于黏性卵孵化，每槽可放受精鱼卵5万～8万粒。

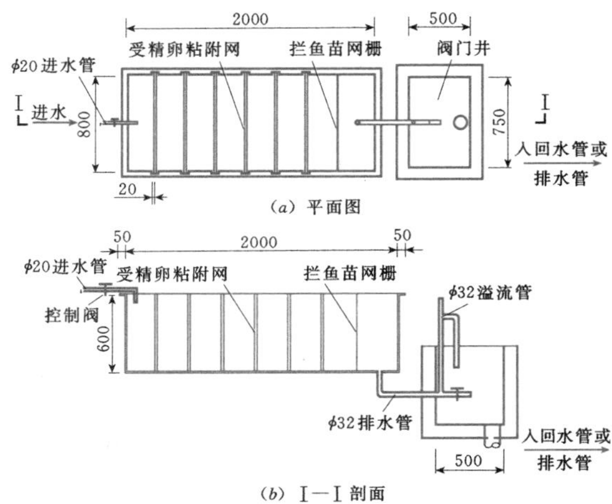

图2.8-3 玻璃钢孵化槽（单位：mm）

尤先科孵化器设计要求：可用钢板、PE板制成，规格一般为320.0cm×80.0cm×60.0cm，不锈钢支架支撑，支架高60.0cm。上部喷淋式进水，底部排水（见图2.8-4）。所排水进入水斗，水斗连接孵化

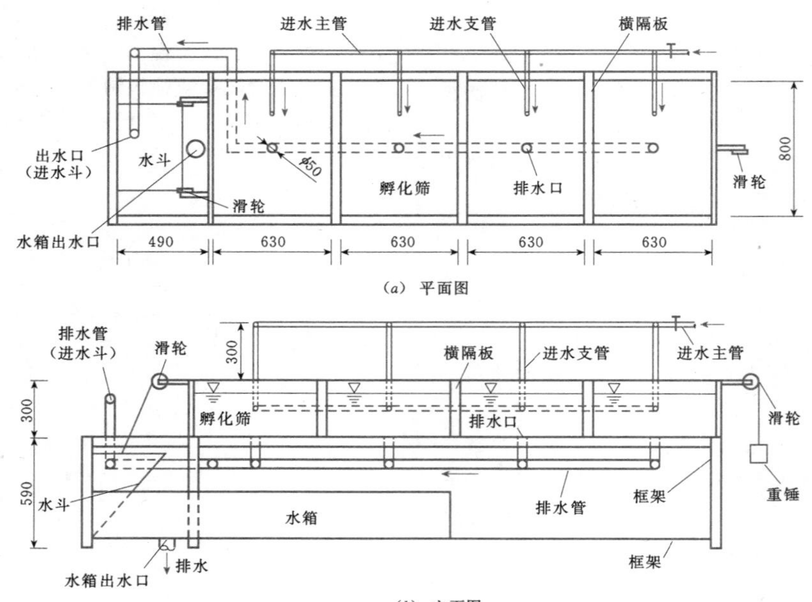

图 2.8-4 尤先科孵化器（单位：mm）

槽内划水板，通过水斗无水时和有水时重量不同拉动划水板，定时划动孵化槽内的水使受精卵定时翻动。

4. 苗种培育设施

苗种培育缸：培养缸有直径 1m、深 0.8m 和直径 2m、深 1m 两种规格，均由玻璃钢制成，上方设有进水管，下有排水管并与循环水系统相连，每口缸都有冲气管增氧（见图 2.8-5）。培养缸主要用于鱼

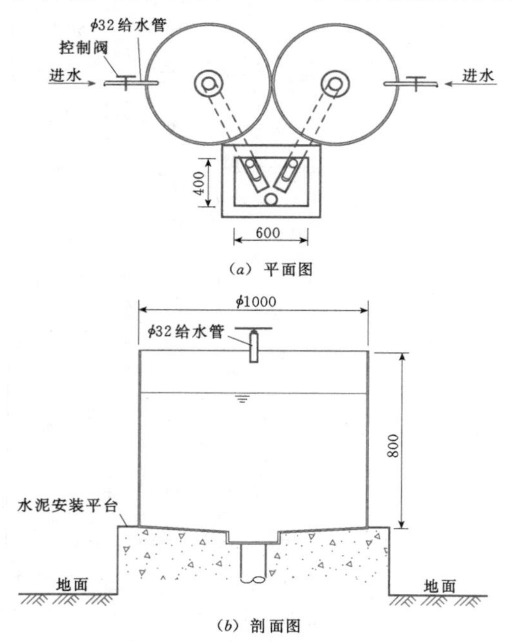

图 2.8-5 苗种培育缸

苗、鱼种的分级培育。

其数量由放流鱼类种类、鱼苗放养密度、单个培育缸有效容积、培育平均成活率、放流要求数量确定。估算公式如下：

$$n_1 = W/P_1 S_1 D_1 \qquad (2.8-2)$$

式中 n_1——鱼苗培育缸数量，个；

W——放流要求数量，万尾；

P_1——鱼苗、鱼种培育过程平均成活率，%；

S_1——单个鱼苗培育缸有效容积，m^3；

D_1——鱼苗放养密度，万尾/m^3。

5. 生产附属设施

(1) 防疫隔离池。江河收集或者采购进入增殖放流站的鱼类，先在防疫隔离池培育 10～15d，采取消毒和隔离培育后再进行分类培育。防疫隔离池面积根据生产需要确定，规格 15m×5m×1.5m，水深控制在 1.2m。

防疫隔离池建在地面上，池子地面以上高度为 1.5m。池底呈微倾斜状，进水口与出水口呈对角线布置，为利于排水和排污，池底向出水口倾斜，出水口设置在隔离池一侧。

进出水管道布置：防疫隔离池进水口设置在池一侧中间，进水管采用 $DN40$ 的 UPVC 管，采用球阀（球阀型号同进水管管径）控制流速，进水管口位于隔离池上部，进水管中心线应高出隔离池池底 1.2m。排水口设置同圆形鱼种培育池。

(2) 活饵料培育池。鱼苗开口期需要摄食天然饵料生物，在预计鱼苗开口摄食前进行活饵料培育。培

育方式采用豆浆培育法，以保证饵料生物清洁无病菌。活饵料培育池面积根据生产需要设计，规格 40m×15m×1.5m，水深控制在 1.2m。排水口和楼梯在池的一角，确定排水口后再确定进水口，进水口与排水口成对角线。进出水管道具体布置设计同防疫隔离池。

(3) 苗种培育池。放流前的苗种需要在室外苗种培育池暂养一段时间，以增强放流鱼种的适应能力。

1) 放养密度：静水养殖方式以 30～50 尾/m^3 为宜，应定期换水和增氧；微流水养殖方式以 80～120 尾/m^3 为宜。

2) 室外苗种培育池尺寸一般为（100～500m^2）×1.5m（面积×水深）；材质一般为钢筋混凝土；池底放坡，坡降 1%～2%。排水口应设置拦鱼栅。

3) 室外苗种培育池数量：由放流鱼类种类、鱼种放养密度、单个鱼种培育池有效容积、鱼种培育平均成活率、放流要求数量确定。估算公式如下：

$$n_2 = WN/P_2 S_2 D_2 \qquad (2.8-3)$$

式中 n_2——鱼种培育池数量，个；

W——放流鱼类种类；

N——放流数量，万尾；

P_2——鱼种培育过程平均成活率，%；

S_2——单个鱼种培育池有效容积，m^3；

D_2——鱼种培育放养密度，万尾/m^3。

6. 环保宣教设施

在增殖放流站设置一展示厅，用于展示放流江段珍稀鱼类。主要设置标本展示架及标本瓶、活体展示整体水族箱、墙体宣传展示版。水族箱可以在市场上根据鱼体大小选购。

2.8.3.6 工程设计

1. 供水工程

(1) 取水构筑物。

1) 鱼类增殖站常用的取水构筑物。取水构筑物的型式应根据设计取水量、水质要求、水源特点、地形、地质、施工、运行管理等条件，通过技术经济比较确定。

a. 河（库、湖等）岸坡较陡、稳定、工程地质条件良好、岸边有足够水深、水位变幅较小、水质较好时，可采用岸边式取水构筑物。

b. 河（库、湖）岸边平坦、枯水期水深不足或水质不好，而河（库、湖）中心有足够水深、水质较好且床体稳定时，可采用河床式取水构筑物。

c. 在推移质不多的山丘区浅水河流中取水，可采用低坝式取水构筑物；在大颗粒推移质较多的山丘区浅水河流中取水，可采用底栏栅式取水构筑物。

d. 有地形条件时，应采取自流引水。

2) 取水构筑物水位。地表水取水构筑物最低运行水位的保证率：严重缺水地区应不低于 90%，其他地区应不低于 95%；正常运行水位，可取水源的多年日平均水位；最高运行水位，可取水源的最高设计水位。

3) 取水泵房或闸房的进口地坪设计标高应符合以下要求：

a. 浪高小于 0.5m 时，应不低于水源最高设计水位加 0.5m。

b. 浪高大于 0.5m 时，应不低于水源最高设计水位加浪高再加 0.5m，必要时应有防止浪爬高的措施。

4) 地表水取水构筑物进水孔位置要求：

a. 进水孔距水底的高度，应根据水源的泥沙特性、水底泥沙沉积和变迁情况以及水生物生长情况等确定。侧面进水孔，下缘距水底的高度应不小于 0.5m；顶面进水孔，下缘距水底的高度应不小于 1.0m。

b. 进水孔上缘在最低设计水位下的淹没深度，应根据进水水力学要求、冰情、漂浮物和风浪等情况确定，且不小于 0.5m。

c. 在水库和湖泊中取水，水质季节性变化较大时，宜分层取水。

5) 地表水取水构筑物进水孔前设置格栅要求：

a. 栅条间净距应根据取水量大小、漂浮物等情况确定，可为 30～80mm。

b. 过栅流速可根据下列情况确定：河床式取水构筑物，有冰絮时采用 0.1～0.3m/s，无冰絮时采用 0.2～0.6m/s；岸边式取水构筑物，有冰絮时采用 0.2～0.6m/s，无冰絮时采用 0.4～1.0m/s；过栅流速计算时，阻塞面积可按 25%估算。

6) 取水构筑物中闸、坝、泵站等的结构设计应符合国家相关规范的规定。

(2) 输水管（渠）。输水管（渠）是指从水源输送原水至鱼类增殖站的管或渠。输水管（渠）按其输水方式可分为重力输水和压力输水。一般输水管（渠）在输水过程中无流量变化。

1) 输水管道布置应符合以下要求：

a. 一般可按单管布置；长距离输水单管布置时，可适当增大调节构筑物的容积。

规模较大的工程，长距离输水宜按双管布置；双管布置时，应设连通管和检修阀，干管任何一段发生事故时仍能通过 70%的设计流量。

b. 在管道凸起点，应设自动进（排）气阀；长距离无凸起点的管段，每隔一定距离亦应设自动进（排）气阀。

c. 在管道低凹处，应设排空阀。

d. 重力流输水管道，地形高差超过 60m 并有富余水头时，应在适当位置设减压设施。

e. 地埋管道在水平转弯、穿越铁路（或公路、河流）等障碍物处应设标志。

2）供水管材及其规格，应根据设计内径、设计内水压力、敷设方式、外部荷载、地形、地质、施工和材料供应等条件，通过结构计算和技术经济比较确定，并符合以下要求：

a. 应符合卫生学要求，不污染水质。

b. 应符合国家现行产品标准要求。

c. 管道的设计内水压力可按表 2.8－6 确定；选用管材的公称压力应不小于设计内水压力。

表 2.8－6 不同管材的设计内水压力

单位：MPa

管材种类	最大工作压力 P	设计内水压力
钢管	P	$P+0.5\geqslant 0.9$
塑料管	P	$1.5P$
铸铁管	$P\leqslant 0.5$	$2P$
	$P>0.5$	$P+0.5$
混凝土管	P	$1.5P$

注 1. 塑料管包括聚乙烯管、硬聚氯乙烯管、聚丙烯管等；铸铁管包括普通灰口铸铁管、球墨铸铁管等；混凝土管包括钢筋混凝土管、预应力混凝土管等。
2. 最大工作压力应根据工作时的最大动水压力和不输水时的最大静水压力确定。

d. 管道结构设计应符合《给水排水工程管道结构设计规范》（GB 50332）的规定。

e. 地埋管道，应优先考虑选用符合卫生要求的给水塑料管，通过技术经济比较确定。选用聚乙烯（PE）或硬聚乙烯（UPVC）给水塑料管时，PE 管应符合《给水用聚乙烯（PE）管材》（GB/T 13663）的要求，UPVC 管应符合《给水用硬聚氯乙烯（PVC－U）管件》（GB/T 10002.1）的要求。

f. 明设管道，应选用金属管或混凝土管，不应选用塑料管。

g. 采用钢管时，应进行内外防腐处理，内防腐不得采用有毒材料；壁厚应根据计算需要的壁厚另加不小于 2mm 的腐蚀厚度。

3）输水管（渠）设计流量应根据工艺的要求确定。

4）输配水管道的设计流速宜采用经济流速，输送浑水管道的，设计流速不宜小于 0.6m/s。

5）管道设计内径应根据设计流量和设计流速确定，设置消火栓的管道内径不应小于 100mm。

6）管道水头损失计算应包括沿程水头损失和局部水头损失。

沿程水头损失可按式（2.8－4）计算。

$$h = iL \tag{2.8-4}$$

式中 h——沿程水头损失，m；
L——计算管段的长度，m；
i——单位管长水头损失，m/m。

a. UPVC、PE 等硬塑料管的单位管长水头损失可按式（2.8－5）计算。

$$i = 1.774 \times 0.000915Q/4.774d \tag{2.8-5}$$

式中 Q——管段流量，m^3/s；
d——管道内径，m。

b. 钢管、铸铁管的单位管长水头损失可按下式计算：

当 $v<1.2$m/s 时

$$i = 2\times 0.3\times 0.000912v(1+0.867/v)/1.3d$$

当 $v\geqslant 1.2$m/s 时

$$i = 2\times 0.00107v/1.3d$$

式中 v——管内流速，m/s；
其他符号意义同前。

c. 混凝土管、钢筋混凝土管的单位管长水头损失可按式（2.8－6）计算。

$$i = 4\times 10.294nQ/5.333d \tag{2.8-6}$$

式中 n——粗糙系数，应根据管道内壁光滑程度确定，可为 0.013～0.014；
其他符号意义同前。

输水管和配水管网的局部水头损失可按其沿程水头损失的 5%～10%计算。

7）输配水管道应地埋。管道埋设应符合以下要求：

a. 管顶覆土应根据冰冻情况、外部荷载、管材强度、与其他管道交叉等因素确定。

b. 管道一般应埋设在未经扰动的原状土层上；管道周围 200mm 范围内应用细土回填；回填土的压实系数不应小于 90%。在岩基上埋设管道，应铺设砂垫层；在承载力达不到设计要求的软地基上埋设管道，应进行基础处理。

c. 当供水管与污水管交叉时，供水管应布置在上面，且不应有接口重叠；若供水管敷设在下面，应采用钢管或设钢套管，套管伸出交叉管的长度每边不得小于 3m，套管两端应采用防水材料封闭。

d. 供水管道与建筑物、铁路和其他管道的水平净距，应根据建筑物基础结构、路面种类、管道埋深、内水工作压力、管径、管道上附属构筑物大小、卫生安全、施工和管理等条件确定。

8）露天管道应有调节管道伸缩的设施，冰冻地区尚应采取保温等防冻措施。

9）穿越河流、沟谷、陡坡等易受洪水或雨水冲刷地段的管道，应采取必要的保护措施。

10）承插式管道在垂直或水平方向转弯处支墩的设置，应根据管径、转弯角度、设计内水压力和接口摩擦力等因素通过计算确定。

11）采用明渠输送原水时，应有可靠的防渗和水质保护措施。

2. 场区总平面布置

（1）总平面布置应符合下列要求：

1）建（构）筑物宜按功能分区，并合理地确定通道宽度。

2）建（构）筑物的外形宜规整。

3）功能分区内各项设施的布置应紧凑、合理。

（2）总平面布置的预留发展用地应符合下列要求：

1）对于分期建设的增殖放流站，近远期工程应统一规划，近期工程应集中、紧凑、合理布置，并应与远期工程合理衔接。

2）对于近远期相结合的公共设施应在近期一次性建成，在远期用地内不得修建永久性建（构）筑物等设施。

（3）鱼类增殖站通道宽度应根据下列因素确定：

1）通道两侧建（构）筑物及露天设施对防火、安全与卫生间距的要求。

2）各种工程管线的布置要求。

3）景观绿化布置的要求。

4）施工、安装、检修及运行的要求。

5）远期用地的要求。

（4）鱼类增殖站总平面布置应充分利用地形、地势、工程地质及水文地质条件，合理布置建（构）筑物和有关设施，并应减少土（石）方工程量和基础工程费用。当站址地形坡度较大时，建（构）筑物的长轴宜顺等高线布置。

（5）鱼类增殖站总平面布置应结合当地气象条件，使建筑物具有良好的朝向、采光和自然通风条件。

（6）鱼类增殖站总平面布置应使建（构）筑物群体的平面布置与空间景观相协调，并应结合站区景观绿化提高环境质量，创造良好的生产条件和整洁的工作环境。

3. 场平、道路、建（构）筑物设计

（1）场平设计。增殖放流站场平应按照工艺布置要求在拟建的场地上根据场地的地形地貌以及地质条件规划场平范围和高程等。场平设计中有防护构筑物设计和地基处理设计两部分内容。其中涉及防护构筑物的有支挡、锚固构筑物两种类型，其中又以支挡构筑物使用最为广泛。场平建筑物的级别根据增殖放流站的等别，按《防洪标准》（GB 50201）、《水利水电工程边坡设计规范》（SL 386）或《水电水利工程边坡设计规范》（DL/T 5353）、《水工挡土墙设计规范》（SL 379）等相应建筑物级别划分标准确定。

1）支挡构筑物设计。

a. 支挡构筑物的主要类型。支挡构筑物主要包括重力式挡土墙、悬臂式挡土墙、扶壁式挡土墙、土钉挡土墙、锚定板挡土墙、加筋挡土墙、排桩锚杆挡土墙和连续墙式挡土墙等型式。

b. 支挡结构物的设计方法和受力计算。挡土墙设计的方法和计算模型比较成熟，可参考《支挡结构设计计算手册》（中国建筑工业出版社出版，2008年）进行规划设计。

2）场平土石方工程设计。场平设计应考虑填挖平衡，减少弃渣。计算开挖回填的各类土质类型方量，明确回填碾压标准。

3）场平不良土地基处理。土建工程中的软弱和不良土地基主要包括软黏土、人工杂填土、部分砂土和粉土、湿陷性黄土、有机质土和泥炭土、膨胀土、盐渍土、垃圾土、多年冻土、岩溶和山区地基等。

软弱和不良土地基处理的方法和设计计算参照《地基处理手册》（第3版）（中国建筑工业出版社，2008年）。

（2）道路设计。鱼类增殖放流站工程规划涉及的道路工程，主要包括进场公路、场内道路及沿线的排水、安全等配套交通设施。道路工程设计一般参照交通行业的设计速度20km/h的四级公路标准。道路设计的内容、标准、程序、计算以及规划设计相关的方式方法参照《公路设计工程师手册》（人民交通出版社，2004年）。

（3）建筑物设计。增殖放流站建筑物是指鱼类增殖放流站工程规划设计的办公楼、住宿楼、仓库、车间、配套的门卫室等基础设施。从功能上分主要有生产车间（仓库）和办公生活用房两种类型。其房屋建筑设计应依据现行建筑行业标准进行，《实用建筑结构设计手册》（第2版）（机械工业出版社，2004年）。

车间建筑物设计应根据工艺要求的建筑面积，结合场平实际情况进行布设，满足工艺对层高、采光、通风和保温的需求。

办公及生活建筑物根据运行管理人员数量，按照常规办公生活需要配备相应的水电等设备设施进行设计。

建筑电气和给排水设计分别参照《民用建筑电气设计手册》（中国建筑工业出版社，2007年）和《建筑给水排水设计手册》（第2版）（中国建筑工业出版社，2008年）进行设计。

（4）构筑物设计。构筑物是指鱼类增殖放流站工程场内规划设计的引水设施、蓄水池、养鱼池、废水池以及配套的基础设施等。

1）鱼池宜采用半地下式结构，边墙高于地面200～500mm。鱼池纵向长度大于15m时，底板及边墙宜采用分离式结构，一般对圆形水池可不分缝。

2）日照强烈及严寒地区，应根据增殖站工艺要求，为鱼池设置必要的防晒、防冻等措施。

3）蓄水池设计高程应满足场地各养殖区域的自流用水，当蓄水池采用半地下式场地高程不满足时，应考虑将蓄水池架空设置，严寒冰冻区域应设置防冻保温措施。

构筑物设计的标准、规定、荷载和结构计算等可参照《给水排水工程结构设计手册》（第2版）（中国建筑工业出版社，2007年）进行取值和设计。

以上手册中未明确的构筑物设计宜依据现行水利水电行业的相关标准进行设计。

4. 场内给排水设计

鱼类增殖站场内一般采用管道供水，采用渠道排水。给水管网一般布置成树枝状，可分为给水干管和给水支管。

（1）场内给排水管（渠）网选线和布置应符合以下要求：

1）线路应合理分布于整个用水区。在满足各需水建（构）筑物对水量、水压的要求以及考虑施工维修方便的原则下，应尽可能缩短给排水线路的总长度。

2）管线宜沿现有道路或规划道路路边布置。

3）在管道凸起点，应设自动进（排）气阀。树枝状管网的末梢，应设泄水阀。干管上应分段或分区设检修阀，各级支管均应在适宜位置设检修阀。

4）地形高差较大时，应根据供水水压要求和分压供水的需要在适宜的位置设加压泵站或减压设施。

5）寒冷地区管网应有防冻措施。

（2）场内给水管网各管段的设计流量应根据以下要求确定：

1）管网中所有管段的沿线出流量之和应等于最高时用水量。

2）树枝状管网的管段设计流量，可按其沿线出流量的50%加上其下游各管段沿线出流量计算。

（3）场内给排水管（渠）网可参照相关规范设计。

2.8.3.7 运行规划

1. 工作内容

增殖放流站的运行管理主要包括：亲鱼的捕捞、挑选、运送、暂养、人工催产、受精、孵化、鱼苗培育、鱼种培育等，当鱼种培育到一定规格后，向天然水体放流。对于目前人工繁殖技术还不成熟的鱼类，需开展相关的研究，待其繁育技术成熟后开始放流。

2. 运行机制

考虑鱼类增殖站实际情况，将增殖放流工作划分为两个部分，分别为技术攻关与生产操作。技术攻关可以采用项目招标方式，发包给有相当能力的单位执行。生产操作则由放流站内固定员工完成。

3. 机构设置及人员编制

鱼类增殖站设生产技术部和后勤保障部。生产技术部包括技术站长、专业技术员、技术工人、生产工人。站长负责增殖站科技攻关项目招标管理以及监督各项生产任务的执行。专业技术人员负责亲鱼放流及苗种生产等生产操作的技术指导。站长和专业技术负责人员是鱼类增殖站核心工作人员，其专业技术水平、管理水平、工作协作能力对整个鱼类增殖站的运行至关重要。后勤保障部包括水电工人、安保工人、司机。

4. 生产、研究方案

根据鱼类苗种繁育生产特点和亲鱼、苗种生产量要求，初步设计亲鱼和苗种生产安排。亲鱼生产安排包括亲鱼的需要量和亲鱼培育池的面积，具体的计算方法按设计要求确定。放流鱼种生产及放流安排包括不同养殖阶段苗种的放养量、产出量，不同养殖阶段苗种的放养密度。苗种培育池的数量、规格及需要量按设计要求确定。

为保证鱼类增值站增殖放流任务完成，并达到放流苗种在自然环境中较好地生存、繁衍的目的，需针对人工繁殖技术不成熟的增殖放流对象开展科技攻关研究，主要包括增殖放流鱼类的野生亲鱼的采集与驯养技术、人工繁育技术、苗种培育技术、放流技术、病害防治技术等方面内容。

（1）亲鱼采集与驯养技术。亲鱼采集的难点在于如何将采集到的亲鱼运输到增殖站，并保证一定的成活率。不同鱼类的采集地点不同，根据采集地的远近分为短距离运输和中长距离运输，若一些种类的亲鱼采集地距离增殖站比较远，就必须考虑中长距离运输。

目前，短距离亲鱼运输技术已基本成熟，长距离亲鱼运输技术还有待研究，特别是对于一些特有鱼类，由于其生物学特性比较特殊，对运输条件要求较高，因此需要研究相应的运输技术。长距离运输主要采用麻醉运输和活体运输维生系统。关于麻醉运输技术，研究内容主要包括麻醉剂种类的比选、给药方式、适合的浓度和剂量等；对于活体运输维生系统，还需要进行研发。

由于亲鱼自然生活水体环境和人工养殖水体环境有较大的差异，为保证野外采集的亲鱼能够在人工养殖条件下继续存活、生长，必须对其驯养技术进行研究。研究重点是亲鱼的人工驯养技术，主要包括人工养殖维生系统的设计开发、人工驯养条件下亲鱼的行为观察（摄食行为、生殖行为等）、亲鱼在不同环境条件下的存活与生长比较（不同水温、流速、光照条件对亲鱼生长和繁殖的影响）、人工控制条件下的饲养管理方法（食性驯化、配合饲料的开发）等。

（2）人工繁殖技术。人工繁殖的成功是进行苗种放流的基础。人工繁殖技术研究的主要内容包括鱼类繁殖生物学（包括繁殖策略、两性系统、性腺发育、繁殖时间、场所、产卵群体、繁殖力、繁殖方式和行为等）、催产亲鱼的选择标准（体表特征的观察，体长、体重标准，成熟度等）、亲鱼的强化培育方法，以及人工诱导其性腺发育成熟、人工催产技术（催产针剂、剂型、处理方法等）、产后亲鱼的恢复培育与再催产效果。

（3）苗种培育技术。鱼类在早期生活史阶段死亡率较高，此项研究内容主要包括建立规范化苗种培育技术、早期发育阶段的营养需求及适口饵料的研制、活饵生产培育技术、仔鱼的生活方式、摄食、生长，影响仔鱼存活的生态因子、饲养条件下的生长特征研究等。

（4）放流技术。为满足日后对苗种放流效果监测评价的需要，放流前需进行放流苗种标志技术的研究，该方面的研究可为建立标准化放流程序奠定基础。

为评估人工增殖放流效果，调整人工增殖放流计划，需要在苗种放流期间以及放流一段时间后进行相应监测。监测内容主要包括种群数量与遗传多样性变动两个方面。通过渔获物调查评价各放流鱼类种群数量的涨落，并通过鱼类早期资源调查获得放流鱼类自然繁殖状况的有关信息。通过渔获物调查所获得的DNA材料，进行种群遗传结构与遗传多样性分析。具体研究包括分子标记的筛选、自然种群的遗传多样性水平和遗传结构研究、人工增殖放流对种群遗传多样性的影响评价等。

（5）病害防治技术。研究内容主要包括人工驯养及苗种培育过程中有关病害种类及其预防、治疗方法。

5. 放流鱼类繁育技术操作规程

（1）亲鱼来源与选择。亲鱼可直接从江河、水库等天然水体选留性成熟或接近性成熟的个体，也可以从鱼苗开始专池培育并不断选择最终留下优秀个体。为了防止近亲繁殖带来的不良影响，最好在不同来源的群体中对雌雄亲鱼分别进行选留，同时注意选用性成熟个体时年龄不能太大。此外，从养殖水体或天然水域捕捞商品鱼时选留的亲鱼，有必要在亲鱼培育池中专池培育一段时间，至第二年再催产效果较好。

（2）亲鱼培育。亲鱼体质应健壮、无病、无伤、无畸形。亲鱼投喂遵循："秋季攻、春季冲，产后加强护理。"即秋季加强投喂，让亲鱼体内积累营养物质；春季（产卵前1个月）加强冲水，亲鱼在流水环境使体内沉积的营养物质转化为性腺物质。日投饲率在产卵期间为亲鱼体重的1%，在产卵前1个月和产卵后1个月为亲鱼体重的2%，其他时间为亲鱼体重的3%，对初产亲鱼可适当加大投饲量，日投喂两次。具体根据亲鱼摄食和天气情况进行适当调整。亲鱼培养池的池水交换量控制在4h交换一次为宜。并及时清除残饵、粪便，保持鱼池清洁。每天早上坚持巡池，发现亲鱼在池内不正常游动，应及时拉网检查，发现病鱼应及时治疗。

（3）人工繁殖。

1）挑选亲鱼。性成熟的雌鱼腹部膨大而柔软，生殖孔红肿外突；性成熟的雄鱼轻压腹部即有精液流出。每隔5～8d进行一次成熟度鉴别，对已成熟的亲鱼应及时催产。

2）催产。

a. 剂量和注射次数：一般使用的鲤、鲫脑垂体（干燥）剂量是每千克雌鱼注射3～6mg（或1～1.5kg鲤鱼的脑垂体2～3个），或绒毛膜促性腺激素800～1200国际单位（或按产品说明使用），或促黄体生成素释放激素1～3μg。

剂量还需视亲鱼成熟情况、催产剂的质量、鱼体大小等而定。一般在催产的早期和晚期剂量相对较大；个体较小的亲鱼，使用剂量相对较大，反之则否。

一般分两次注射，较之一次注射，特别是对不够成熟的雌鱼，效果要好些，其原因可能是使亲鱼卵巢从第Ⅳ期过渡到第Ⅴ期时充分地作好产卵的准备，使卵母细胞的成熟趋向一致。

采用分次注射，还可以在第一次注射后观察雌角卵巢有无反应而判断它是否充分成熟；如果腹部稍有膨大和变软，表明亲鱼的成熟程度基本上能符合催产要求；如无反应，甚至腹部稍微变硬和缩小，则表示亲鱼的卵巢发育还不够充分完善，应培育一段时间后再选用。

b. 催产的效应时间：亲鱼经催产后，经过一定时间，就会出现发情现象，这段时距称为效应时间。水温、注射次数和激素的不同，其效应时间也不相同，其中以水温和注射次数与效应时间的关系最为密切。水温高，效应时间较短；水温低，则效应时间较长；两次注射的效应时间（距最后一次注射的时距）要显著地比一次注射的为短。此外，一般说，垂体效应时间较快而较稳定，激素的效应时间则较慢。

c. 人工授精。亲鱼发情到一定阶段，开始产卵时，立即捕起亲鱼，用人工的方法产卵、采精，使精子与成熟卵子相结合称为人工授精。人工授精有干法和湿法两种，两种方法受精的效果相仿。湿法由于不需要把亲鱼身上的水抹干，操作比较方便，受精效果也不比干法差，所以近年来生产上已较多地采用湿法。

(4) 人工孵化。人工孵化是根据胚胎发育所需要的条件，将受精卵放在适宜的孵化工具内，使胚胎正常发育，以达到孵化的目的。提高孵化率的因素，除上面已谈到的水温、水质、溶氧等以外，关键还在于孵化过程中的管理工作。

(5) 鱼苗培育。当仔鱼肠道通畅（观察肛门前有黑色粪便）时，即开始投喂，开口饵料可以是轮虫和枝角类，使用全价配合饲料，饲料含蛋白质不小于45%，开口料粒径为0.3～0.5mm。随着鱼体的增大选择适口的饲料，每天投喂3～4次。池水交换量控制在每小时交换1～2次，及时清除残饵，保证池内清洁卫生。做好防病、治病工作。鱼苗达到2.5～3.0cm后应及时分级过筛，转入鱼种培育池中饲养。

(6) 鱼种培育。在鱼种放入鱼种培育池前7～10d，应对鱼种培育池带水彻底消毒。鱼种放养前1d，放10尾进行试水，确定水体毒性已消失后放鱼种。转池鱼种可能体表受伤，需对鱼种进行消毒处理，鱼种阶段饲料投喂为3～4次/d，具体根据水温和鱼种摄食情况灵活掌握。池水交换根据水质状况进行确定。每天坚持巡池，发现异常及时处理，做好防病、治病工作。

6. 放流技术

(1) 放流前的准备工作。

1) 掌握水文资料。放流江段水域环境中影响鱼类生长、发育、行为、生殖、分布的环境因子有很多，水库的自然地理概况如水库的地理位置、面积、水深和蓄水量、水位常年变化状况、气候条件、水质以及水库的底质构成等，都会给鱼类的栖息、生长、繁殖造成很大影响。因此，在确定人工放流时，必须全面地掌握水文资料，深入分析水文变化给放流品种可能带来的影响，尽早采取对应措施，保证放流效果。

2) 调查生物资源。水库作为一个相对独立的环境，生存于该环境内的各种生物种群——生物资源是其中的重要组成部分，生物资源的组成和数量是判断水库生态容量的重要依据。这些资源包括水生植物、浮游生物、底栖动物、鱼类等。在开展人工放流工作前，必须进行现时的水库生物资源调查，准确掌握水库生物资源量，以此为基础确定放流的品种与数量。

3) 评估生态容量。鱼类的生存与繁殖，要依赖天然水体中综合环境全部因子的存在，只要其中一种因子的量或质不足或过多，超过了鱼类的耐性限度，则该鱼类品种不能存在。因此，在评估水体环境的生态容量时，应充分考虑到其中的每一个因子可能带来的生态作用，只有认真研究生物资源与栖息环境之间的相互作用，建立起完整的生态系统营养动态生态模型，才能准确运用该模型确定放流水域的生态容量。

(2) 放流技术。

1) 选择放流时间。放流时间一般采取三个时间段：①水体温度保持在5～10℃，即冬末春初，这种温度条件有助于提高放流品种的存活率，也是苗种放流的最佳时间；②水产苗种的来源时间，如夏花鱼种、蟹苗种及一些特种水产苗种的产出时间都是相对固定的，也只能在这一时间段进行放流；③禁渔的时间，在这一时间段放流可有效杜绝偷捕、误捕现象发生，有助于放流品种的适应、栖息和生长。因此，最佳放流时间应尽可能将这三个时间段或其中两个时间段进行有机结合。

2) 选择放流地点。深入调查水库生态环境指标包括区位、水深、底质、温度、饵料和敌害生物、风力、风向等，根据不同放流品种的生物学特性和生态习性，确定适宜的放流地点。一是选择原有水库生物资源比较丰富，生物种群组成、生态种群以及自然水库生态系统未遭到严重破坏的库区；二是选择水库环境未遭受严重污染，敌害鱼少或没有，得到保护或经济捕捞库区；三是选择近岸性、定居性生物种类比较丰富的库区，或库底倾斜度小，水位落差较小，底质较硬，有砂，无淤泥和水草丛生的湖湾；四是选择水交换能力较强的库区。对于一些特殊的水产苗种放流，还要满足其特定要求，如太湖银鱼应选择敞水区域，中华绒螯蟹苗种则需要水草密集区域。不得在进排水闸附近、鱼类繁殖保护区、网箭密集区以及重要经济鱼、虾、蟹类的产卵场等敏感水域进行放流。

3) 运输技术。放流地点尽量选择靠近增殖站的水域，尽可能缩短运输距离，节省运输时间，提高运输成活率。一般常规鱼苗种采用活水船或活水车运输，根据水体温度和运输距离确定运输密度，在装卸水产苗种时，应注意快速、细致。

4) 苗种投放。首先应注意放流前的苗种消毒，根据不同放流品种采取不同的消毒方式；其次是选择适宜的计数方法，尽可能减少因中间环节过于繁琐造成损失；再次是分散投放，尽可能扩大投放范围。减少集群过多、不易分散，避免偷捕、误捕现象发生。

7. 放流效果监测

(1) 放流标识及监测。标志方法应具有成本低、易于识别，对鱼虾苗种生长及存活率影响小等特点。目前常用标志方法有挂牌法、剪鳍法、染色法、微型不锈钢磁性标志法、化学气味鉴别法，其中染色法和不锈钢磁性标志法较为先进。

(2) 放流效果评价。开展鱼类资源调查跟踪监测，根据对回捕鱼类种群中放流标识的分析，推断放流鱼种成活率和自然增殖效果，结合当年的自然、气候条件等综合评价放流效果。

2.8.4 拦、赶鱼设施设计

2.8.4.1 设施类型及其比选

1. 拦、赶鱼设施类型

拦、赶鱼设施有网拦、栅拦、电拦、多孔混凝土板、气泡膜、声、光等类型。

2. 拦、赶鱼设施选型

网拦设施由网具等设施组成，网具由上纲、下纲、网衣、浮子和沉子等组成。栅拦按材料可分竹(木)栅、竹篓、金属栅和其他拦栅等。电拦设施由电栅组成，电栅由金属管沿拦鱼断面按一定阵式排列和固定而成，并通过输电线与岸上的脉冲发生器相连，电极可采用固定式、地埋式、悬挂式和浮筒式。多孔混凝土板设施在混凝土板设置多孔结构。

2.8.4.2 网拦赶鱼设施

1. 原理与特点

网拦设施利用网具拦阻鱼类，阻止鱼类通行，达到防止鱼类外逃的目的。

网拦设施是我国目前大中型水库溢洪道使用最广泛的拦鱼设施，它具有对拦鱼断面变化适应性强、根据拦鱼对象设计网目、抗洪强度高、防逃效果好、结构简单、一次性投资较为经济等特点。如果设计巧妙，不仅能拦鱼防逃，而且还拦截一部分飘浮物。但其使用期限受到限制，尤其在水下部分难以更换，难以通过大型飘浮物，易引起水流壅塞，影响流速和流量。

2. 网具设计

(1) 断面选择。断面选择根据拦、赶鱼要求，拦鱼断面应选择在两岸岸坡平缓、底部平坦无障碍、断面过水面积大、流速适宜的位置。

(2) 设计参数。

1) 网具规格。网具上、下纲长度应能拦阻拦网断面的最大跨度，为使拦网易于安装与使用，拦网上纲长度为拦网断面最大跨距的长度再加上最大跨距长度的5%，下纲长度为最大底线长度再加上最大底线长度的1%，网高为实际高度再加上实际高度的5%进行设计。

2) 网目尺寸。网目尺寸根据网具阻力、拦阻对象、鱼类资源保护目的和投资成本等综合确定。其计算公式为

$$a = k_2 \sqrt[3]{G} \qquad (2.8-7)$$

式中 a——半个网目大小，mm；

k_2——鱼类的体重系数；

G——鱼体体重，g。

3) 网线规格。网线规格依据拦阻断面长度、使用年限，选择不同直径、捻度、断裂伸长度和断裂强度的网线。

4) 缩结系数。为使网具在水中保持良好形状，减少网线所受的张力和网线的使用量，降低拦网在水中的阻力，必须缩短网片的长度。一般拦网的水平缩结系数取0.6左右，垂直缩结系数取0.8左右。

5) 网片规格。网片规格依据拦阻断面形状进行设计，一般可以将地形形状拆分为矩形和三角形，网片的网目数依据公式(2.8-8)计算。

$$n = \frac{L}{2au} \qquad (2.8-8)$$

式中 n——网目数；

L——网片长度，mm；

a——网目大小，mm；

u——缩结系数。

6) 网片用线量计算。网片用线量按网片缩结面积公式计算，即

$$G = \frac{G_H S}{aE_1E_2}\left(1+\frac{cd}{2a}\right) \qquad (2.8-9)$$

式中 G——网片用线量，kg；

G_H——网线单位长度重量，g/m；

S——网片缩结后面积，m^2；

a——半个网目大小，mm；

c——结型消耗系数；

d——网线直径，mm；

E_1——水平缩结系数；

E_2——垂直缩结系数。

为保证拦网网片的用线量，设计时应在计算值的基础上加10%的损耗。

7) 绳索规格。绳索是构成网具的主要材料之一，主要用来固定网具的形状和尺寸，承受作用在网具上的载荷，其中包括网具本身的重量和外加载荷。

在绳索的设计与制造过程中，需要考虑绳索的粗度、重量、强度和阻力大小。

绳索的粗度，对于合成纤维索和钢丝索都用直径表示，植物纤维索一般都用圆周表示，可用卡尺直接测量。

绳索的重量可按式（2.8-10）计算。

$$W = K_1 d^2 \quad (2.8-10)$$

式中 W——1000m长的绳索重量，kg；

K_1——绳索的重量系数；

d——绳索直径，mm。

绳索的强度可按经验公式（2.8-11）计算。

$$P = K_2 d^2 \quad (2.8-11)$$

式中 P——绳索的断裂强度，kg；

K_2——绳索的断裂强度系数；

d——绳索直径，mm。

为正确选用绳索材料，确保网具的强度以及取得合理的经济效果，需对绳索阻力进行计算。

紧拉绳索的阻力可按式（2.8-12）计算。

$$R_\alpha = K_\alpha F V^2 \quad (2.8-12)$$

式中 R_α——冲角为α时的绳索阻力，kg；

K_α——冲角为α时的阻力系数；

F——绳索的投影面积，m^2；

V——绳索的运动速度，m/s。

非紧拉绳索的阻力计算：

$$R'_\alpha = K'_\alpha F V^2 \quad (2.8-13)$$

式中 R'_α——冲角为α时非拉紧绳索的阻力，kg；

K'_α——冲角为α时的阻力系数；

F——绳索的投影面积，m^2；

V——绳索的运动速度，m/s。

8）绳索重量。绳索重量可按式(2.8-14)计算。

$$G = G_H L \quad (2.8-14)$$

式中 G——绳索重量，g；

G_H——绳索单位长度重量，g/m；

L——绳索长度，m。

设计时实际绳索的用量，应加上10%的损耗。

9）拦网受力计算。拦网受力部分包括网衣阻力、绳索（钢丝索、底环）阻力和浮子阻力等。

a. 网衣阻力。拦网的网衣与水流冲角大约为90°，其网衣阻力一般按垂直阻力公式计算，即

$$R_{90} = 180 \frac{d}{a} S V^2 \quad (2.8-15)$$

式中 R_{90}——网衣阻力，kg；

d——网线直径，mm；

a——半个网目大小，mm；

S——网衣缩结后的面积，m^2；

V——水流速度，m/s。

b. 绳索（钢丝索、底环）阻力。水流与绳索的冲角与网衣相同，故应按绳索垂直阻力公式计算，即

$$R = K_0 L d V^2 \quad (2.8-16)$$

式中 R——绳索阻力，kg；

K_0——阻力系数；

L——绳索投影长度，m；

d——绳索直径，m；

V——水流速度，m/s。

c. 浮子阻力。浮子阻力按其形状计算阻力，如采用玻璃钢制作成圆柱体形状，故其阻力公式应按圆柱体阻力公式计算，即

$$R_{90} = K_0 L d V^2 \quad (2.8-17)$$

式中 R_{90}——绳索阻力，kg；

K_0——阻力系数；

L——绳索投影长度，m；

d——绳索直径，m；

V——水流速度，m/s。

d. 拦网总阻力。网衣、绳索和浮子阻力相加，再加上其他物体阻力等因素的10%为拦网的总阻力。

e. 岸墩受力。根据力学模拟法和悬链线原理，当水流与拦网的冲角为90°时，即拦网的两端固定悬点在同一水平上时，左、右岸墩受力即上、下纲所承受最大切向张力大致相等。当拦网的上、下纲两端均固定在两岸的左、右岸墩上，其网具总阻力将全部通过上、下纲作用于左、右岸墩上。因此，上、下纲即左、右岸墩应承受网具总阻力的1/2。即

$$T_1 = T_2 = R_t / 2 \quad (2.8-18)$$

式中 T_1——左岸墩切向张力，kg；

T_2——右岸墩切向张力，kg；

R_t——拦网总阻力，kg。

f. 浮力与沉力。拦网在水中的浮力与沉力是相同的，浮力可按式（2.8-19）计算。

$$Q = 0.85 k R \quad (2.8-19)$$

式中 Q——浮子浮力，kg；

k——浮子储备系数；

R——网具总阻力，kg。

3. 辅助设施设计与现场布设

（1）左、右岸墩设计。根据拦网的大小，在左、右岸设计建设岸墩以固定拦网。左、右岸墩可采用圆柱形钢筋混凝土拉柱制作。拉柱直径、埋入地面深度、柱顶中央露出地面高度、钢筋圆环安置、环径大小根据拦网大小、岸墩受力大小进行设计。

（2）护坡。在拦网下纲所处的地方，根据需要设置护坡，以保证拦网的稳固性、安全性，延长其使用寿命。护坡一般采用混凝土，其宽度为2m左右。

4. 操作管理与维护

拦网一经安装使用后，需做好日常维护。观察拦网各部分受力情况、拦网处水位变动情况，避免拦网

长时间露水曝晒，及时清除拦阻的杂物，对破损的网具及时进行修补和维护。

2.8.4.3 电拦赶鱼设施

1. 原理与特点

电拦防逃是利用一定频率的脉冲电流，在水中布置电极阵，形成一定范围的水中电场，当鱼类游向水中电场并感觉到刺激时，产生回避反应，会避离电场，达到阻挡鱼类通过、防逃目的。

电栅拦鱼对鱼类刺激性强，拦赶鱼效果好，可赶拦一定规格各种体型的鱼类，不仅可赶拦鱼，而且不受杂物和深度等影响，设备维护简单，排污抗流能力强，生产安全，耗电省，经久耐用，特别是能在不影响过水量的前提下，高效率拦截鱼类，但其一次性投资费用较高。

2. 电源设备类型与选择

拦鱼电栅使用电流形式可分为交流电、直流电和脉冲电。一般采用220V交流电通过电源隔离升压变压器，由主机输出电流小而电压高、对鱼类刺激性强的高压脉冲电。

3. 电拦设施与现场布设

(1) 断面选择。防逃设施断面的布设主要依据防逃鱼类的抗流能力来选择，因为超过适应流速，鱼类将失去顶流返回的能力，电拦防逃设施将失去作用。拦阻断面应选择在鱼类的适应流速范围内。在有效流速范围之内，根据岸线和地形条件、土质状况、水面宽度和深度等综合条件进行断面选择。

(2) 电拦仪器设备。选择输出的高压脉冲电所建立的水下电场强、电场范围较宽、封闭性能好、防逃效率高的电赶拦鱼设备。

电赶拦鱼设备单机承担的电拦断面可按式（2.8-20）计算。

$$S = nDL \tag{2.8-20}$$

式中 S——单机可承担的电拦断面，m^2；

n——电极组数；

D——电极间距，m；

L——电极入水深度，m。

电极组数 n 可按式（2.8-21）计算。

$$n = \frac{\beta \ln \frac{2D}{\pi r}}{\pi L R_{1-3}} \tag{2.8-21}$$

式中 β——水质电阻率，为电导率的倒数，$\mu\Omega \cdot cm$；

D——接1～3号输出线的电极间距，m；

r——电极半径，m；

L——电极入水深度，m；

R_{1-3}——机器双路负载电阻下限值，Ω。

根据拦阻断面大小与单机可拦阻断面，计算所需的电拦设备。在设计时，如需长期连续不间断使用，则需两套电拦设备轮换运行。

(3) 电栅结构。电栅结构分为单排式、双排式和多排式。根据拦阻断面水深、跨距大小、电极固定形式，选择能尽量减少使用电极材料，又能达到拦阻效果的电栅结构。

(4) 电极与导线。电极可采用固定式、地埋式、悬挂式和浮筒式。电极材料选择导电性能好、抗流强度大而又不易锈蚀的镀锌钢管或不锈钢管等材料。导线选择导电性能好、绝缘耐用材料。

(5) 拦鱼机输出线与电栅的连接。拦鱼设备一般设计为上下两路叠加输出高压脉冲电，有1、2、3号不同电位的输出线。拦鱼机的输出线与电栅的连接，从电极的一端开始以1、2、3、2、1的顺序连接。

4. 赶鱼设备与操作

电栅拦鱼的原理可应用于电赶鱼。将电极阵在水中布设或拖行，形成电场屏障，将鱼驱离某一水域。可应用于水下爆破前清除影响水域的鱼类，减少水下爆破对鱼类资源的影响；在鱼类放流水域，为提高放流效果可临时性采取电赶鱼方式驱赶其他鱼类。

5. 管理与维护

电拦设施运行后，应保证电源的供应，使赶拦鱼机在正常电源状态下持续工作；机器运行时，机房应派专人值班，值班人员应熟悉机器的操作，注意供电及机器运行是否正常；观察电栅前的动态，避免船只和大型漂浮物的冲撞和堆积。

2.8.4.4 其他拦、赶鱼设施

除上述电拦设施和网拦设施形式外，尚有栅栏设施、多孔混凝土板、气泡膜、声、光等类型的拦、赶鱼设施。栅拦设施是利用固定拦栅建筑物阻止鱼类外逃，栅拦按材料可分竹（木）栅、竹篓和金属栅等，将做成的拦栅稳定封闭于逃鱼口，金属拦栅需焊接固定，安装于逃鱼口的上、下侧。栅拦防逃只适用于小型涵洞口和流速不大的逃鱼口，具有制作简单、成本低廉等特点。

国外采用的拦鱼设备主要有机械式拦鱼栅、水力式拦鱼栅及其他拦栅。美国、英国、俄罗斯、德国和日本等国对电栅拦鱼颇有研究，并建成了不同形式的电栅。气泡拦栅、光气拦栅、光拦栅、声拦栅等尚处于试验与探索阶段。

2.9 土壤环境保护

水利水电工程建设，在合理开发利用土地资源、

科学灌溉条件下对土壤环境的改善是有利的。但是水库蓄水、利用地表水灌溉、开采地下水不当等，会对土壤次生盐渍化、土壤潜育化、沼泽化产生影响；河道整治、清淤以及湖泊底泥疏浚会对土壤环境产生影响。为了防止土壤污染，保护土壤质量，需采取一定的工程措施、生物措施或管理措施以减免工程建设运行对土壤环境和土地资源的影响。

2.9.1 土壤次生盐渍化防治

防治土壤次生盐渍化的关键是调控水的运动，防治措施宜采取"三结合"，即工程措施与管理措施相结合；渠灌与井灌相结合；沟排与井排相结合。特别是在低洼易盐碱灌区，引调外水必须坚持以排水为基础，统筹处理好排、灌、蓄、补的关系，控制地下水位，改善农田水盐状况，防止土壤返盐。土壤次生盐渍化防止措施主要包括工程措施、生物措施、化学改良措施和管理措施。

2.9.1.1 工程措施

工程措施主要有水平排水、井灌井排（即垂直排水）、平整土地、渠道防渗、灌溉和冲洗措施等。

1. 水平排水

水平排水设施有明沟、暗管和排水泵站等。各类水平排水措施中，明沟排水实践运用最多、最广泛，暗管排水运用较少，排水泵站仅用于排水出路受阻的少数地区。

(1) 明沟排水。

1) 排水沟规格。

a. 深度及间距确定。排水地段地下水位下降速度决定于排水沟的深度和间距，两者互相关联、共同作用。

田间末级固定排水沟（农沟）的深度和间距宜通过田间试验确定，也可按照《灌溉与排水工程设计规范》(GB 50288—99）中附录K公式计算，无试验资料时可按该规范表7.1.3确定。

实际运用中，由于土壤质地差异，特别是粉砂壤土易塌坡，农沟深度多小于2m，可通过缩小排水沟间距增强排水效果。

根据已确定的农沟深度，考虑溶泄区的水位和排水沟的水深，便可逐级推算干、支、斗各级排水沟的深度。为保证排水畅通，上下级排水沟的水位衔接一般应有0.1～0.2m水位差。

b. 排水沟断面。排水沟断面应能确保通过设计流量，并满足纵向稳定（不冲不淤）和横向稳定（边坡稳定）条件。排水沟断面设计可参见GB 50288—99第7.1节。

排水沟断面一般采用边坡上下一致的梯形断面，但当沟深较大或剖面上下土壤质地差异较大时，可采用变边坡的复式断面（见图2.9-1)。石质排水沟可采用矩形断面。

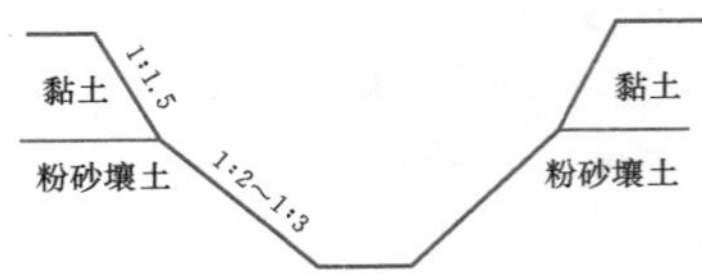

图2.9-1 排水沟复式断面示意图

边坡的大小主要取决于土壤质地及其层次排列。边坡过小容易坍塌，过大则增加开挖土方量和占地面积。GB 50288—99表7.1.10给出了土质排水沟最小边坡系数经验值。淤泥、流沙地段的排水沟边坡系数应适当加大。

2) 排水系统规划和布置。

a. 规划技术要求及修建程序：

a) 开荒地区，一般地下水埋深大于8m、土壤含盐量少时，只要开垦后能做好预防，可不考虑规划排水系统；当地下水埋深在5～7m时，应进行排水系统规划设计，但不必马上开挖；当地下水埋深小于4m且土壤含盐较重时，应逐步开挖排水沟，以保证顺利洗盐和防止土壤次生盐渍化。

b) 现有灌区，当地下水接近临界深度、盐渍化开始发生时，可先开挖干、支沟控制地下水位，以后视情况开挖斗、农沟；当地下水位已经很高、次生盐渍化发展很快，且排水洗盐任务很重时，必须修建完善的排水系统。

c) 排水系统的开挖施工自下而上分期分片进行，即先挖干、支沟，后挖斗、农沟，做到挖一条通一条，并力求沟系建筑物配套。

b. 农沟与农渠的布置形式。农沟与农渠有相间和相邻两种布置形式。前者为农沟与农渠间隔分开，毛渠从农渠两侧引水；后者为农沟与农渠紧靠在一起，毛渠从农渠一侧引水。

在地形平坦的区域，相间布置由于农沟远离农渠，条田宽度和毛渠长度较短，使它与相邻布置相比具有渠道渗漏损失减少、排水和淡化地下水的效果提高、平整土地的工作量减少，以及避免因农渠渗漏而引起农沟塌坡等明显优点，但也有渠道修建时运土距离较远、地条窄对机耕横向作业带来不便等缺点。当地形具有单一坡向时，则采用相邻布置的形式，灌溉排水都较顺畅。

c. 毛沟的布置和规格。冲洗期间，为加速土壤脱盐，常在农沟控制的地块内加开临时毛沟，它对于土质黏、透水性差、盐碱重及排水沟间距过宽的地段尤其必要。

毛沟的深度一般为0.6～1.0m，间距为30～100m（透水性差、脱盐困难的地块应密些），边坡多为1∶1～1∶1.25。为防止灌水冲刷，毛沟两侧的渠埂要有足够的高度并拍打结实，毛沟出口要做防冲处理。

毛沟的布置有垂直于农沟和平行于农沟、灌排相间和相邻等形式，根据地形、农沟和农渠的布置形式、机械作业及种植方式来确定。

（2）暗管排水。暗管排水与明沟排水相比，具有减少施工土方量和地面建筑物、节省工程占地、方便机械耕作、减少管理维修工作量，以及提高排水排盐效果等优点。但一次性投资较大，技术要求较高，不能直接排泄地表径流。

1）管材。管材是决定暗排投资的主要因素，目前各地使用的暗管管材主要有陶（瓦）管、水泥砂浆管、水泥滤水管和塑料管，不同材料暗管特性比较见表2.9-1。

表2.9-1 不同材料暗管特性比较

管材	特性
陶（瓦）管	有一定强度、耐冻、耐腐蚀
水泥砂浆管	不易腐蚀、经久耐用、强度较高，缺点是有一定脆性、较重，运输安装不便，抵御地基变形能力差
水泥滤水管	节省水泥用量，管壁透水，连接简便，强度较低
塑料管	重量轻、施工简易、接头少，适应地基变形性好，抗冻性能较差、严寒区要埋入冻土层以下

2）规划设计。为改善灌区排水状况，不宜布置明排系统的区域可建设暗排系统，即采用暗式农、毛沟排水排盐，而输水系统（斗、支、干）为明沟。GB 50288—99 7.2.2节对暗管排水系统布置提出了应符合的规定要求。

a. 间距与埋深。

a）吸水管埋深。吸水管埋深可按当地地下水临界深度加滞流水头来确定，即

$$h = H_k + \Delta h \qquad (2.9-1)$$

式中 h——吸水管埋深，m；

H_k——地下水临界深度，m；

Δh——滞流水头，视土质和间距不同而异，一般为0.2～0.5m。

GB 50288—99 7.2.3节提出，吸水管埋深应采用允许排水历时内要求达到的地下水位埋深与剩余水头之和计算。季节性冻土地区，还应满足防止管道冻裂的要求。

b）吸水管间距。吸水管间距宜通过田间试验确定。GB 50288—99附录K列出了吸水管间距公式，可与田间试验结果综合分析确定。式（2.9-2）为吸水管间距粗算公式。

$$b = MhK/E_0 \qquad (2.9-2)$$

式中 b——吸水管间距，m；

h——吸水管埋深，m；

M——经验系数，可取0.63；

K——含水层渗透系数，m/d；

E_0——地下水埋深为0时的蒸发强度，m/d，可近似用多年平均日水面蒸发量代替。

GB 50288—99表7.2.3列出了不同土壤质地吸水管埋深及间距经验值，可供设计人员参考。

c）集水管埋深。集水管埋深应低于集水管与吸水管连接处的吸水管埋深10～20cm，间距应根据灌溉排水系统平面布置的要求确定。

b. 纵坡与流速。为避免淤积，排水暗管内流速一般不应小于0.4m/s。选择暗管纵坡时，在满足防淤前提下，应尽量符合地面自然坡降，以减少土石方工程量。表2.9-2为满足不淤流速时不同管径的纵坡，可供参考。

表2.9-2 不同管径暗管纵坡

坡度（%） 管内径（mm） 糙率 n	100	125	150	200	250	300
0.011	0.28	0.21	0.17	0.11	0.08	0.07
0.013	0.41	0.31	0.24	0.17	0.12	0.09
0.015	0.53	0.40	0.32	0.21	0.16	0.13

c. 管径。暗管管径应满足排水流量的要求。暗管排水流量一般由暗管的控制面积乘以排水模数来确定，暗管排水模数可参考表2.9-3。排水量确定后，可按假定管内完全充水的无压管依明渠均匀流公式计算管径。

表2.9-3 实测暗管排水模数

单位：L/（s·亩）

项目	轻壤土		粉砂壤土		黏土	
	平均	最大	平均	最大	平均	最大
排水模数	0.036	0.045	0.027	0.034	0.01	—

GB 50288—99第7.2.5条也推荐了吸水管和集水管内径计算公式及参数参考值。

d. 裹料与滤料。裹料和滤料是保证暗管进水和

防止管内淤堵的重要技术措施。滤料是设在管口接缝或管壁孔眼处防止泥沙进入管内的滤水材料，而裹料则是在管周围填充的滤水材料，其作用是改善暗管周围的水流条件，促进水流进入暗管，两者性能相似，作用不同。

常用的裹料和滤料按材料性质可分为三类：

a）砂砾材料：最为常用，级配得当时对各种土壤都有良好效果，但造价较高。沙砾料铺设厚度一般为10cm左右，其级配状况以均一系数和曲率系数来衡量。

$$均一系数\quad C_u=\frac{D_{60}}{D_{10}} \tag{2.9-3}$$

$$曲率系数\quad C_c=\frac{D_{30}^2}{D_{10}D_{60}} \tag{2.9-4}$$

式中 D_{10}、D_{30}、D_{60}——级配曲线上10%、30%、60%处的粒径，mm。

级配良好的砂砾料其均一系数，砾石应大于4，砂粒应大于6，它们的曲率系数为1～3。

b）生物材料：常用稻草、稻壳、麦秸、芦苇和草炭等当地材料，其压实厚度一般要求在10～20cm以上。当土壤或地下水中含有铁、镁、铝化合物时，应注意因生化反应所产生的化学沉淀可能降低排水效果。

c）化纤材料：如玻璃丝布及使用于国产波纹塑料管的丙纶地毡丝等。玻璃丝布易被淤泥堵塞，特别是在土壤中含铁质较多时，使用几年便形成不透水层。一般说来，粗玻璃纤维比细的好，材质应为石灰—硅酸硼型。

裹料、滤料设计时应注意：①除在有结构的土层、黏土层砂、砾石层和泥炭层可不用包裹料外，其他土层一般都要用包裹料；②用砂砾石作裹料、滤料时，滤料和周围土壤的粒径应搭配适当，可参考使用美国滤料和土壤粒径关系限定值：

$$\frac{50\%\text{ 的滤料粒径}}{50\%\text{ 底土粒径}}=12\sim15 \tag{2.9-5}$$

$$\frac{15\%\text{ 的细滤料粒径}}{15\%\text{ 细底土粒径}}=12\sim40 \tag{2.9-6}$$

$$\frac{15\%\text{ 的细滤料粒径}}{85\%\text{ 细底土粒径}}<5 \tag{2.9-7}$$

其中，15%、50%、85%相应的粒径值可从级配曲线上查得。

2. 井灌井排

明沟排水对改良盐渍化土地虽有作用，但效果有限。对于进一步降低地下水位和提高土壤脱盐标准，明沟因受到有效排水深度的限制，常难于达到。在条件许可的情况下，可采用井灌井排，其不仅便于实现更高标准的治理，还能避免明沟占地多、养护困难的弊病，且兼得排灌两利。

（1）井群布置。从流域或较大范围来考虑，冲积扇下部和溢出带附近是开发利用地下水最适宜的部位，而且这一地带又是冲积平原地下水的补给源。因此，在该地带集中布置防线井群，建成水源地或井灌区，可截取地下径流，减少对下游的补给，有利于下游的盐渍化土地改良。

在一个灌区或较小范围内，应在渗漏较大的河道，干、支渠沿线，平原水库周围，水量较丰富的古河床地带，以及稻区边界，布井开采地下水，以减少上述水源对周围的浸渗作用。

在农田内部可按一定间距均匀布井抽水，以全面控制地下水位。

（2）井距确定。一般来说，以开采地下水为目的的灌溉井采用非干扰井，以保证在长期抽水的情况下，不发生因水位大幅下降、出水量减少，而使抽水设备效率明显降低。因此，以单井影响半径（R）的2倍来确定井距（L）。单井影响半径以抽水试验确定。

在灌排结合、以排为主的灌区，应按排水任务来确定井距，一般采用干扰井为宜。根据实验经验，井距应以土壤改良有效半径的2倍来确定。所谓土壤改良有效半径是指在竖井正常运行管理的情况下，灌溉冲洗后能及时把潜水位控制到安全深度以下，保证土壤不发生返盐范围的半径。表2.9-4为某省4个分灌区实测单井影响半径和土壤改良有效半径。一般来说，土壤改良有效半径约为单井影响半径的0.5～0.7倍。

（3）井位确定。以灌溉为主的井，应尽量布置在

表2.9-4　某省4个分灌区实测单井影响半径和土壤改良有效半径

灌区	开 采 方 式	主井动水位（m）	单井影响半径（m）	土壤改良有效半径（m）
A	30～45m浅井与60～150m深井相结合	15.00～25.00	400～600	250～350
B	25～40m浅井	8.00～10.00	400～600	200～300
C	潜水、承压水混合开采	—	400	200～250
D	30～35m潜水井	6.00～9.00	550	300～350

灌水地段较高部位或沿灌溉渠道布置，以便就地灌溉或汇流入渠，提高井水的灌溉效益。

灌排结合、以排为主的井，应考虑灌排两便，使抽出的水排能入沟、灌能入渠，故以布置在农渠首部与农沟之间的地段为宜。以排水为目的的井应布置在地段低洼处，并靠近排水沟。井位排列方向应垂直于地下水流，以便充分截取地下水径流。

据观测，距支、斗渠 50m 以内的井，可使渠道输水损失增大 2～3 倍。因此，布井地段的灌溉渠道应优先防渗，或避免把井布在距支、斗渠 50m 范围以内。

确定井位时，还必须考虑井、电、沟、渠、路、林的结合，尽量成直线排列成行，做到灌排顺畅，交通便利，占地面积少，输电线路经济合理，且不影响机耕作业。

(4) 井型结构设计。

1) 井型确定。井型根据含水层性质及建井目的确定。开采浅层潜水的，可为管井、插管井或筒井。当潜水含量不丰、含水土层透水性差时，需采用横管井、联井和射流井等特殊井型，借以扩大单井出水量。开采深层地下水的，均为管井；当浅层水与深层水混合开采时，一般采用管井或筒管井。各种井型及适用条件见表 2.9-5。

表 2.9-5　各种井型及适用条件

名称	构造要点	适用条件
筒井	直径 0.6～5m 的潜水井	潜水埋深浅，水量丰富且上部水质好的地区
管井	直径小于 0.5m 的各种管井	平原低洼地区，下部为砂层，上部无明显隔水层
筒管井	在筒井底部下泉管或打管井	潜水贫乏，而承压水丰富的地区
插管井	管与水泵进水管密封连接，用真空锥打井	浅层水较丰富，水质好
横管填料井	在筒井中向四面打横管、井管外围填砾料	潜水不丰富，上部土层透水性差，而深层无淡水的地区，急需利用潜水灌溉或需建立排水井时采用
联井	在主井周围打若干口副井，副井与主井在含水层处用横管连通	
射流井	在虹吸井基础上，在水泵出水口装射流器，使连接管形成真空，使副井水流向主井，其中一部分被射流器带出	

2) 单井结构设计。

a. 井径：理论计算表明，最佳井径范围为 0.25～1.0m。在生产实践中，井径的确定主要是考虑水泵类型、过滤器结构及钻井工具等因素，要求管井不得小于 $d_{最小}$。

$d_{最小}$ = 井管内径 + 2 倍井管壁厚 + 2 倍填砾厚度

井管内径的大小要根据含水层的富水、透水性能及抽水设备规格等因素来确定。井管内径应比水泵下入管部分的最大直径大 5～10cm。井管外填砾厚度应根据主要含水层的类型确定，砾石粗砂层中不小于 7.5～10cm，中、细、粉砂层中不小于 10～20cm。

b. 井深：井的深度主要根据含水层的埋藏深度、厚度和性质确定。应尽可能使井底在隔水层上，打完整井，以增加出水量。含水层厚度大、水量丰富、出水量有保证时，也可打非完整井。

c. 过滤器：其结构根据含水层岩性颗粒来定，适宜的过滤器应使水向井内渗流阻力最小、涌砂量最少。常用的几种井管及过滤器优缺点见表 2.9-6。

表 2.9-6　常用井管及过滤器的优缺点

类型	优点	缺点
钢管	强度大，质量好，过滤器孔隙率较大，深井使用效率最好	造价高，重量较大
铸铁管	强度及质量均可，孔隙率较大，价格约为钢管的一半，可用于 250m 深度的供水井	重量大，管壁欠光滑
石棉水泥管	强度尚可，价格经济，管壁光滑，抗腐蚀性强，重量轻	孔隙率较小
塑料管	重量轻，耐腐蚀，成本低，制作容易	热安定性差
多孔混凝土管	成本低，制作简单，取材容易，可做小型供水井、灌溉井、排水井及观测井	强度低，渗漏性差，孔隙率小，耐腐蚀性差

过滤器的长度应根据含水层厚度、岩性、设计流量和过滤器的直径来确定。含水层厚度小于10m时，过滤器长度可与含水层厚度相等；含水层厚度很大时，可按式（2.9-8）估算。

$$L=\frac{Qa}{d} \tag{2.9-8}$$

式中 L——过滤器长度，m；

Q——设计小时流量，m^3；

d——过滤器断面面积，m^2，不填砾井按过滤器缠丝或包网外径计算，填砾井按填砾层外径计算；

a——决定于含水层颗粒组成的经验系数，可参考表2.9-7确定。

表2.9-7 经验系数 a 值

含水层渗透系数（m/d）	2～5	5～15	15～30	30～70
a	90	60	50	30

d. 管井填料规格：在粉、细、中、粗砂地层中，按含水层标准粒径 d_{60} 的6～8倍确定填料规格；在砾石卵石含水层中，按含水层标准粒径 d_{90} 的6～10倍确定填料规格。

3）机泵选型。机泵选型配套是井灌井排工程提高机械效率、降低抽水成本、充分发挥工程效益的一个重要环节。为提高机械效率、降低抽水成本，必须严格按设计降深和单井出水量选择适宜的机泵型号。

（5）井灌井排与沟排渠灌的结合。

1）井排与沟排结合。明沟最大的弊病是塌坡淤积严重，有效排水深度受到限制；井排主要缺点是消耗能源，且不能把矿化地下水和土体中的盐分排出灌区之外。将二者结合有利于盐渍化土地的改良和利用，特别是在地下水位高、矿化度大、土壤含盐重的冲积平原中上部，实行竖井与明沟结合，对于加速土壤脱盐和潜水淡化、减轻竖井排水强度能起到很好的作用。

2）井灌与渠灌结合。在冲积平原地区，由于竖井出水量小、水质较差及水温较低等问题，单纯井灌常不能适应灌溉用水要求；单纯渠灌则又存在输水损失大、枯水季节引水量不足等缺点。实行井渠结合可起到余缺相济的作用，提高井、渠水的利用率和灌溉用水保证率，也减少了渠道水对地下水的补给。井灌和渠灌的比例及井渠结合方式因地制宜。

3. 平整土地

（1）平地种类。可分为开荒造田平地、工程性复平地和管理性平地。

1）开荒造田平地：也叫工程性平地。首先粗平，通过重点搬包、填坑和削坡，使条田达到大致平整；其次，在深翻松土、修渠的基础上，对农渠一侧所控制的灌溉区进行全面平整，使之达到设计要求的坡降；最后，对灌水地段和格田进行细平。

2）工程性复平地：土地投产后，为弥补开荒造田平地的不足而进行的重复平地。一般在农闲或结合条田改建进行，方法和要求同前。

3）管理性平地：生产过程中结合田间作业反复平地。其任务是将田间作业过程中产生的局部高差整平，并逐步提高灌水地段和格田的平整度。

（2）平地标准。

1）条田坡降：以农渠一侧的灌水范围为平地单元，单元内田面的适宜坡降为：水旱轮作地，纵坡1/1000～1/2000，横坡等于或小于纵坡，视单元宽度而定；旱作地，纵坡1/300～1/1000，横坡等于或略大于纵坡；大坡度薄土层地区采用细流沟灌时，纵坡可达1/30～1/100；一个平地单元内尽量采用一个纵、横坡，条件不允许时也可分段采用不同的坡降，但不能倒坡。相邻的平地单元，田面设计高程的平均差值不超过10～15cm。

2）毛渠和灌水地段：毛渠间距根据土质、田面坡降和灌水方式而定。在地形允许的情况下，毛渠尽可能成直线并互相平行。

沟、畦灌的细平范围为灌水地段，灌水地段内不能有倒坡，地面与田面设计高差不大于5～7cm，同一毛渠两侧的灌水地段应具有相同的设计高程，条件不允许时，差值不超过6～10cm。

3）格田大小和高差：格田面积一般为3～5亩，平整度好的可扩大到10亩，平整度差的可为1亩左右。格田越平越好，格田内允许高差，水稻田为3～5cm，洗盐地为5～7cm。格田大小依坡度而定，其宽度和长度可按式（2.9-9）确定。

$$L=\frac{\Delta h}{i} \tag{2.9-9}$$

式中 L——格田的长度或宽度，m；

Δh——格田内允许高差，m；

i——田面纵坡或横坡。

4. 渠道防渗

各种渠道护砌防渗措施的技术指标见表2.9-8。

渠道防渗工程有水利行业标准《渠道防渗工程技术规范》（SL 18），该规范对农田灌溉渠道防渗工程的设计、施工、测验和管理等都提出了具体要求，这里不再赘述。

5. 灌溉

灌溉不当会引起土壤盐渍化。采用先进的灌溉技术，既能提高灌水效率，节省灌溉用水，提高作物产

表 2.9-8　各种渠道护砌防渗措施的技术指标

防渗种类		防渗效果（减渗%）	使用(年)年限	应有条件与场合
混凝土类	就地浇筑混凝土	85～90	40～50	1. 防渗要求高； 2. 渠中流逝大； 3. 当地产砂石骨料
	预制混凝土板			
	预制钢筋混凝土槽	95～100		
	混凝土管			
塑料类	塑料薄膜	90	15～20	塑料便宜，经济上合理时，目前适用于中小型渠道
砌石类	干砌卵石挂淤	50～80	30～50	1. 附近产卵石、块石； 2. 渠中流逝大、含推移质泥沙多
	干砌卵石灌浆	80～95		
	浆砌卵石			
	浆砌块石			
沥青类	沥青混凝土	80～95	10～30	附近产沥青且造价比混凝土衬砌便宜时
	沥青砂浆			
黏土类	黏土护面	80～90	5～10	附近盛产黏土
	埋藏黏土隔层			
灰土类	二合土	85～95	10～20	附近产石灰、砂、黏土
	三合土			
改变渠床透水性	浅层夯压	50～95	1～3	渠床为黏性土壤，地下水位较低，适用于大小不同渠道
	深层夯压		5～20	
	人工挂淤	60～75	5～10	适用于渠床为沙砾石，附近有土料

量，又能避免破坏土壤表层结构和抬高地下水位，利于淋盐。普遍采用的有畦灌、沟灌、喷灌和微灌。

（1）畦灌。适用于小麦等密植作物灌溉。水在畦田内成薄水层沿畦面流动，在重力作用下随流随渗，湿润土壤。与串灌、漫灌相比，畦灌除可减少对地下水的补给外，还可分别降低 22.2%和 35.6%的灌溉定额，产量可提高 27.8%和 31.9%，耗水系数可降低 39%和 50%。

畦块纵向要有适宜的坡度，以 1/1000～4/1000 为宜。当地面坡度小于 4/1000 时，应垂直于等高线布置畦块；大于 4/1000 时，应使畦块平行于等高线或与等高线斜交。

畦块长度决定于地面坡度和土壤质地，坡度较小、质地较轻的土地，入畦流量应大些，畦块应短些，反之畦块应长些。畦面越长，灌水定额越大，灌水质量亦难控，土地平整工作量也要增大。一般畦块长度以 30～60m 为宜。

畦块宽度一般应为播种机播幅的整数倍。在入畦流量相同的前提下，畦块越宽，灌水定额越大，灌水效率越低。

（2）沟灌。适用于中耕作物，密播作物采用沟灌的也不少。灌水时，除沟底土壤由重力作用湿润外，其余部分基本上由毛管作用湿润，1/3 的土壤可保持疏松，且灌溉定额小。沟灌的缺点是垄背容易积盐，在积盐比较强烈的地区可通过播前淹灌消除。

沟长要根据土壤质地、地面坡度来确定。地面坡度小、土质轻，灌水沟应短些；反之长些。一般沟长为 30～80m。

沟距应根据作物行距和土壤质地确定，一般 50～60cm 为宜。沟深视做物种类和生长阶段而定。

细流沟灌是在沟灌基础上发展起来的，它用很小的单沟流量（一般 0.05～0.2L/s）在沟底以 10～30m/h 速度缓慢流动，主要借毛细管作用浸润土壤。适用于坡度大（1/30～1/100）、土层薄的地区，既可用于中耕作物，也可用于密植作物。

（3）喷灌。喷灌特点是“小水勤浇”，具有省水、增产的优点，可使耕层土壤经常保持较高的含水率，有利于稀释土壤溶液和抑制土壤返盐、防止板结，利于幼苗出土，适当加大灌水定额能够淋洗土壤盐分。

喷灌系统设计规定可参照 GB 50288—99，具体设计可依据《节水灌溉工程技术规范》（GB/T 50363）、《喷灌工程设计规范》（GB/T 50085）等。

(4) 微灌。微灌是将水增压过滤，以点滴或微喷的方式对作物进行灌溉。微灌灌水定额小，土壤可长期保持在适宜含水率状态下，浸润深度浅，因而防止了深层渗漏和地下水位升高。

微灌系统设计规定可参照 GB 50288—99，具体设计可依据 GB/T 50363、《微灌工程技术规范》(GB/T 50485) 等。

6. 冲洗

盐渍化土地冲洗有四种形式。

(1) 洗盐：在有排水设施条件的地块进行土壤冲洗。淋洗的盐分能够被排水设施排走，冲洗效果较好，返盐率也大大降低。

(2) 压盐：也叫无排水压盐，在无排水设施条件下进行土壤冲洗。只适用于地下水埋深大于 5m、径流条件较好的情况下采用。由于冲洗水和盐无出路，当预防措施跟不上时，会导致地下水位迅速上升和土壤强烈返盐。

(3) 管理性洗盐：也叫复洗盐，为消除耕地土壤中年度或季节性的积盐而进行的冲洗。冲洗定额一般较小，且多在有排水条件下进行。

(4) 加大灌水定额压盐：盐渍化程度较轻的耕地一般只结合灌溉，加大灌溉定额进行压盐，达到调节耕层盐分的目的。

2.9.1.2 生物措施

生物措施主要为盐渍化土地植树造林、种植耐盐作物。

生物防治措施最主要是农田防护林建设，当前逐步发展起来了田间林、果间林、用材林等形式的造林技术，其作用均为：调节农田小气候，减少地面蒸发，削弱土壤返盐；通过树木蒸腾作用控制和降低地下水位，同时降低地下水矿化度；增强土壤透水性，促进土壤脱盐，削弱毛管上升水流，抑制土壤返盐。

1. 农田防护林规划布局

护田林带的布置应与灌、排渠系和道路布置统一起来，主副林带沿道路或渠道设置，围绕条田形成林网。

(1) 林带方向。主林带与主害风向垂直，起到主要防护作用；副林带垂直于主林带，在风向改变时起作用。

林带疏透度适中，且垂直于主害风向时，防风效果最好。当因灌排渠系和条田方向的限制，使主林带不能与主害风向垂直时，可调整主林带的间距和林带疏透度。

在风害较小、地下水位较高的地区，垂直地下水流向布置林带，排水效果最好。

(2) 林带结构。按照风力通透情况可分为三种林带结构类型。

1) 紧密结构林带：是由乔灌木组成的多层林冠的宽林带，构成枝叶茂密无透光孔隙林墙。此种林带透风系数在 0.1 以下，3～4m/s 的风几乎不能透过，气流被抬高从树冠顶部翻越而过。这种林带虽然可以在一定范围内大幅度降低风速（48%左右），但当防风距离短，一般只有树高的 15 倍左右，大风时林带背风面可出现强烈旋涡，晴朗无风时林缘还会出现增温，所以一般不作农田防护林带。

2) 稀疏结构林带：是由 2～3 层树冠所组成的林带，从上到下孔隙分布比较均匀，3～4m/s 的风可以部分通过林带而不改变其主风向。透风系数在 0.3 左右，有效防风距离为树高的 23～31 倍，降低风速较大（40%～47%），林缘不发生风蚀，适用于风沙危害严重的地区和绿洲前缘。

3) 通风结构林带：是一种上层树冠紧密、下部（距地面 2m 左右）有很大透风孔隙且宽度不大的林带。按照通风程度，可将通风结构林带分为高透风林带和低透风林带两种。

高透风林带是由两行乔木构成的窄林带，透风系数在 0.75 以上，有效防风距离约为树高的 17 倍，平均降低风速约 20%，不宜用作护田林带，只宜在风沙危害较轻的地区配合其他结构林带采用。

低透风林带是 4～6 行树木构成两层树冠的林带，通风系数在 0.5 左右，有效防风距离为树高的 24～38 倍，平均降低风速 34%～41%，但大风时，林缘附近易出现风蚀，故不宜配置在风沙危害严重地区和绿洲前缘，可在风沙危害较轻或绿洲内部采用。

(3) 林带宽度。林带过窄，不仅生物排水效果差，而且高度通风；林带过宽，生物排水效果较好，但会降低防风作用。一般地区护田林带宽度以 4～8 行（8～16m）较为适宜。

(4) 林带间距。主林带间距要根据林带结构和主要树种成林后的高度，并结合条田宽度确定。要求林带防护范围内风速降低 30%～40%，蒸发降低不小于 20%，便于排灌、机耕，且尽量减少占用耕地。一般地区主林带间距为 250～300m，风沙危害较严重或以生物排水为主的地区为 150～250m，风沙危害特别严重的前缘地带还可缩小为 100～150m。副林带间距结合条田长度确定，一般为 500～800m，林网面积 100～300 亩不等。

(5) 林带配置。

1) 在风沙前缘地带，宜配置多带式防沙基干林带；在其他地带，宜配置稀疏结构的基干林带。

2) 沿道路和干、支、斗渠的林带一般布置在道路和渠道两侧，也可布置在一侧（尤其是防渗渠道）。布置于一侧时最好在路北渠南或路东渠西。

3）为减少林带与农田作物争光、争肥，林带和农田之间应有沟渠、道路相隔。

4）渠旁有路并行时，林带应布置在渠道两侧，在道路的另一侧可添植行道树，机耕道例外。

5）两级渠道并列时，林带配置应以高一级渠道两侧为主，次级渠道两侧为副。

6）灌排相邻时，为减少灌渠向排水沟渗水和防止塌坡，林带应布置在灌、排渠之间。

7）当排、灌、路并列，而道路在排、灌渠之间时，林带配置以道路两侧为主；若道路在一侧时，林带应以排、灌渠之间为主。

8）为保证农机具通行，主副林带交接处要留适当宽度的缺口，一般 20～25m。

9）沿灌渠林带应布置在渠道堤坡以外。未防渗渠道内坡植树应以不阻碍水流为原则，最好栽在流水线以上。为减轻排水沟塌坡，沟坡上可插一行耐盐灌木。

10）河岸和平原水库周围应布置护岸林，以起到防冲护岸、减少水库水面蒸发和防止水库周围土壤次生盐渍化的作用，林带宽度也可适当加大。

（6）树种选择。选择树种的原则是适地适树，具体应注意以下几点：

1）为形成低度透风和稀疏结构的林带，一般应选择 2～3 个树种进行混交，已形成复层林冠。以树体高大、树冠冠幅适宜的乔木作主要树种；以伴生树种辅助主要树种形成第二层林冠；以灌木作为林带的下木，并起保土、改土作用。

2）一般盐碱较轻的地区要选择抗风力强、根系稳固、枝干坚韧、不易被风吹倒吹折的树种；地下水位高、盐碱严重的地区，应考虑生物排水能力和耐盐碱能力强的树种；防风固沙地区应选择具有根系发达、盘结力强，耐风蚀、沙割和沙埋，耐干旱和沙地温度急变等特点的树种；护岸林宜采用根系发达、固土力强、喜水湿、耐水淹的树种。

3）速生树种与长寿树种结合，以长寿树种为主，一般速生树种可占 30%～40%。

4）配置在边行的树种，应选择深根性、根幅较小、冠幅较窄的树种，以减少林带胁地范围。

5）乡土树种和引进树种结合，以乡土树种为主。

2. 造林技术

（1）造林地土壤改良。土壤盐碱重的地区要先进行改良，将土壤含盐量降低到树种耐盐度以下，然后造林。实践表明，当根层土壤含盐量小于 0.5%时，一般树种都可正常生长；含盐量在 0.5%～1.0%时，在加强灌溉和管理的情况下，一般树种成年植株和耐盐树种的幼苗可正常生长；含盐量在 1.0%～1.5%时，在加强管理的情况下，耐盐树种的成年植株能够正常生长；含盐量大于 1.5%时，一般耐盐树种生长不良。造林地土壤改良，除修建灌排渠系之外，还可根据不同情况采取平整土地深水压盐、种稻改良和消除盐碱斑等措施。

（2）整地。整地要因地制宜，以达到躲盐巧种。整地方式有以下几种：

1）小畦整地：土地比较平整、压盐较彻底或土壤盐分上少下多的地段，可以平地挖坑栽植，小畦灌水。畦块长宽视地形而定，畦埂高度 40cm 左右。栽植坑大小视苗木而定，一般 2 年阔叶树苗可为 40cm×40cm×40cm。

2）开沟整地：地形起伏、风沙较大、盐碱较重或盐分上多下少的地段，可采用开沟种植方式。沟分为窄沟和宽沟两种，窄沟一般深 0.5m、上口宽 0.7～1.0m、底宽 0.4m，沟间距 2～3m，在沟内挖坑栽一行树；宽沟一般深 0.8m、上口宽 1.5～2.0m、底宽 0.8m，沟间距 5～6m，在沟底栽双行树。在地下水位较低的重盐渍化土地上，宽沟成活率较高；而在地下水较高且水质较咸的地区，以窄沟为好。

3）高台整地：在地下水位较高、排水困难的低洼盐渍化地段，宜采用高台整地。在地下水位最低的季节，林地全面耕翻后，每隔一定距离（4～8m）挖一条沟（深 0.8～1.2m），将挖出的土堆放在沟间地上抬高地面（一般可抬高 0.3～0.7m），周边筑埂，中间分段筑畦（见图 2.9-2）。高台整地的优点是：由于抬高了地面，相对降低了地下水位，有利于淋洗、防盐、增厚熟土层和提高成活率；由于林带两侧有沟，还可减少林带胁地范围。

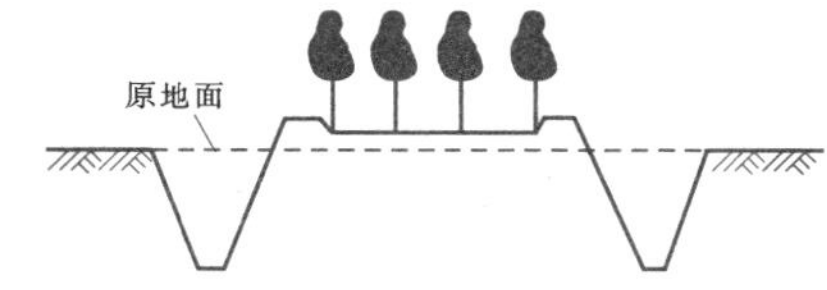

图 2.9-2 高台整地示意图

4）挖坑换土：在重盐碱土或盐碱斑上植树，宜先挖树坑，把重盐土、碱土替换掉后再栽植。

整地全年均可进行，一般多在春秋两季，盐渍化土地造林以秋季整地为好，可通过冬灌、积雪，促进土壤脱盐和熟化，有利于幼林成活。

（3）栽植。为尽可能大面积地覆盖盐渍化土地，防护林前期可适当密植，以后适时采伐或移栽；选用根系发达、无机械损伤、无病虫害的苗木，可提高对盐碱的耐受能力；盐渍化土地造林以春季为好。

2.9.1.3 化学改良措施

实践表明，采用工程和生物措施对轻度和中度盐渍化土的改良是有效的，但对强盐渍化土还应配合使用化学改良措施。

化学改良剂按其作用可分为三类：①钙剂，如石膏、过磷酸钙；②钙活化剂，如粗硫酸、硫磺、黑矾、黄铁矿等；③其他改良剂，如腐殖酸类肥料、土壤增温抑盐剂、土壤结构改良剂、保水剂、炉渣、工矿副产品等。

1. *石膏*

其原理是：石膏中的钙离子代换土壤胶体上吸附的钠镁离子，形成钙质胶体，土壤碱化度和 pH 值降低，对作物危害最大的碳酸钠和重碳酸钠显著减少，土壤物理性质和营养状况得到改善。

根据新疆生产建设兵团某试验站监测，碱化土地亩施石膏 200～300kg 并结合冲洗，一年后总碱度（HCO_3^-）比冲洗前降低 6%～12%，pH 值降低 0.5～0.7，第二年继续下降，总碱度比冲洗前降低 27%～29%，pH 值降低 0.7～1.0；而只冲洗不施用石膏的对照田，一年后 pH 值比冲洗前只减少 0.1，总碱度反增 50%。

2. *腐殖酸类肥料*

腐殖酸类肥料以风化煤、褐煤、草泥碳等为原料，经过简单加工而成。腐殖酸具有胶体的黏结性、吸收性、代换性和缓冲性，并含有一定的营养元素，因此腐殖酸类肥料具有改土增产效果。

根据新疆生产建设兵团某试验站监测，苏打盐土亩施风化煤 150kg（总腐酸含量为 83.25%），土壤碱性和含盐量均明显降低，盐碱害面积减少 44.1%，保苗率提高 20.1%，当年水稻增产 109kg/亩，第二年小麦增产 93.7kg/亩。

3. *磷石膏*

磷石膏是制造磷铵类复合肥料的副产品，主要成分为石膏，同时含有一定的磷素。磷石膏既有石膏的作用，又有一定的磷肥效果，很适于盐渍化土地施用。

一些地区试验资料表明，碱化土施用磷石膏（200kg/亩）后，每百克土活性钙由 0.18mg 当量增为 0.61mg 当量，总碱度由 1.23mg 当量减为 0.38mg 当量，pH 值由 9.5 降为 8.8，水稻秧苗返青快、根系发育好，小麦穗、粒数均有所增加，作物增产 10%～30%。

4. *硫磺和黑矾*

硫磺为制酸原料，黑矾为酸性盐类（主要成分为硫酸亚铁）。它们在微生物作用下或水解后生成硫酸。硫酸不仅可直接降低土壤碱性，而且可与难溶性碳酸钙反应，生成溶解度较大的硫酸钙，从而使土壤中活性钙增加，起到改土作用。这两种改良剂成本高，大面积使用困难，但在有条件的地区，用于碱斑或苏打盐斑的改良是可行的。

根据新疆生产建设兵团某团试验站监测，在碱化土上种植水稻并亩施硫磺粉 7kg，收获后较播种前土壤容重降低 0.15g/cm³，孔隙度增加 10%，pH 值降低 0.3，水稻增产 29.6%。又据一些地区试验资料，碱化土施黑矾（100kg/亩）后改土效果明显，碱化度降低 16%，pH 值由 10.0 降至 8.4，每 100g 土 CO_3^- 由 0.25mg 当量降为 0，Ca^{2+} 由 0.05mg 当量增为 5.5mg 当量。

5. *土壤增温抑盐剂*

用如沥青、重油、动植物油残渣、高级脂肪酸残渣、高级脂肪醇等成膜有机化合物，经加工处理制成乳剂，稀释于水后，喷于地面可形成一层连续性薄膜。土壤增温抑盐剂在低温、干旱季节使用最为适宜。

据试验资料，这种薄膜能减少土壤水分蒸发 50%左右，早春可使 5cm 土层日平均地温提高 1.5～4℃，并能抑制土壤返盐。

6. *炉渣*

含有多种矿物质（如钙、镁、磷、钾、硫、铁等）的炉渣可以用来改良盐渍化土地。施用炉渣后，土壤变得较为疏松，容重减轻，通透性提高，保墒、脱盐能力增强，还能提高地温、提早出苗和促进作物生长。

据某地试验资料，在不保苗的苏打盐化土上施用炉渣，不但作物获得了正常的产量，而且土壤含盐量也明显降低（见表 2.9-9）。

表 2.9-9 炉渣改良苏打盐化土效果示例

处理	土层深度（cm）	土壤盐分含量（%）				
		总盐	CO_3^-	HCO_3^-	Cl^-	SO_4^-
施炉渣（2500kg/亩）	0～15	0.25	0	0.027	0.038	0.068
对照	0～15	1.29	0.006	0.125	0.184	0.753

2.9.1.4 管理措施

1. *选育耐盐作物品种*

灌溉水质、土质对不同的耐盐作物表现出不同的抗性，收益也不同，宜引进或选育种植耐盐作物以适应输水灌溉的水土环境，降低土壤盐分。

不同作物对盐渍化土地的改良效果有不少研究成

果，张晓琴、胡明贵就紫花苜蓿对盐渍化土地理化性质的影响进行了试验研究。1996年以来，试验人员在甘肃临泽小泉子滩原生盐渍化土地上引种新疆和田大叶苜蓿建立人工苜蓿草地，改良利用盐渍化土地取得了显著效果。

研究人员在临泽小泉子滩选择具有代表初始理化性质基本一致的荒滩地为对照，灌水、施肥条件基本一致、种植2～6年的新疆和田大叶苜蓿草地为样地。土壤盐分、机械组成测定的取样深度为0～30cm和30～60cm，土壤容重测定的取样深度为0～20cm和20～40cm。

土壤理化性质与苜蓿生长发育互相关联、相互影响。一方面土壤是苜蓿赖以生存的基础，为苜蓿生长发育长期提供营养和水分，另一方面苜蓿在生长发育过程中必然对土壤产生影响。实验表明，种植苜蓿2～6年后，土壤盐分、土壤容重、孔隙度、土壤结构都发生了明显的变化。

在自然条件一致的情况下，0～30cm土层中生长2～6年的苜蓿地土壤全盐量平均下降36.20%，30～60cm土层中生长5～6年的苜蓿地土壤全盐量下降76.62%和77.92%。

种植苜蓿后，土壤物理性质得到改善，生长2～6年的苜蓿地，0～20cm土层中土壤容重平均下降12.69%，土壤孔隙度增加12.91；20～40cm土层中土壤容重平均下降5.79%，土壤孔隙度增加6.75%。苜蓿对土壤容重的影响表现在，苜蓿根的生长能改善土壤结构，根系的穿透作用使土壤疏松，容重降低。

种植苜蓿6年后，盐渍化土壤的物理性质得到改善，土壤变得疏松，通气透水性更好，改变了湿润时泥泞、干燥时板结的现象。经过种植苜蓿改良后，盐渍化土壤含盐量逐渐下降，孔隙度增加，土壤的可耕性增强，大大提高了盐渍化土地的可利用性。苜蓿改良盐渍化土壤的效果非常明显。

2. 实行平衡施肥

平衡施肥是根据土壤养分状况、供肥能力以及作物对养分的需要进行定量施肥的一种科学施肥方法。实行平衡施肥既可以保证目标产量所需的养分供给，又不至于在土壤中残留过多的盐分物质，在一定程度上维持土壤养分的大致平衡和肥力的基本稳定。

平衡施肥涉及的内容很多，这里只讨论施肥量的确定。合理确定施肥量也有很多办法，其中养分平衡法直观、简明、易懂，适合农业生产者使用。应用养分平衡法确定施肥量时，按下式计算：

肥料需要量＝(目标产量×作物单位产量养分吸收量－土壤养分测定值×0.15)÷(肥料养分含量×肥料当季利用率)

在上面的公式中，“目标产量”可以根据生产经验确定，“土壤养分测定值”需要每季作物种植前实地测定，其他参数可以查阅相关资料（如，陈贵林主编《蔬菜温室建造与管理手册》，中国农业出版社，2000）。

用上述方法计算出来的施肥量是一个理论值，因为各地的生产条件千差万别，理论值与实际情况不会完全吻合，所以应用时还应该根据生产经验和简单的对比试验加以修正，使之逐渐符合当地实际。

3. 利用秸秆改土

施用作物秸秆不仅能提高土壤中的有机质和各种营养物质，同时也能够改变土壤的化学性质和物理性质。

微生物在分解秸秆过程中，同化土壤中NO_3^-，使土壤盐分浓度降低。在作物生长过程中，被微生物固定的氮可以逐渐被矿化出来，供作物吸收利用。作物秸秆还可以使土壤疏松，在灌水时土壤中NO_3^-－N的淋洗作用加强。梁成华在温室土壤上进行稻草改土实验，施用稻草的处理从6月26日～8月8日，土壤中NO_3^-－N含量急剧下降，由273.8mg/kg下降到65.9mg/kg，土壤电导率从0.65ms/cm下降到0.20ms/cm；而对照区NO_3^-－N含量略有上升，电导率基本不变。

2.9.1.5 典型案例

防治土壤盐渍化灌区典型设计——东北黑龙岗案例。

1. 崔庄典型区

崔庄灌区位于深州灌区辰时渠以东，总面积4.94km^2，耕地面积393.3hm^2，平均高程20.10m，现状浅层地下水埋深6.5～7.2m，矿化度2～3g/L，地表0～8m土层以亚砂土为主，区内现状以深井水灌溉为主，由于浅层地下水质较差，基本无浅井开采。

现状地面灌溉输水渠道从辰时渠引水，该渠原属天平沟排沥支沟，后经改建成为灌排两用地下渠。退水、排水入天平沟。由于兴建京九铁路，渠道引水口已改建在京九铁路东侧北四王节制闸前。

崔庄典型区规划为引汉直灌区，利用现有工程。支、斗级为地下渠道，排灌两用，不设置排水农沟，地下水位调控主要由浅井调控；灌水农渠为地上渠，提水灌溉，采用原土夯实防渗。全区打浅井40眼，沿灌水渠布设。其工程规划设计平面布置见图2.9－3。

2. 南午召典型区

南午召灌区，位于冀州市南侧，冀午渠以西，总面积4.79km^2，耕地面积380hm^2。本区地势低平，

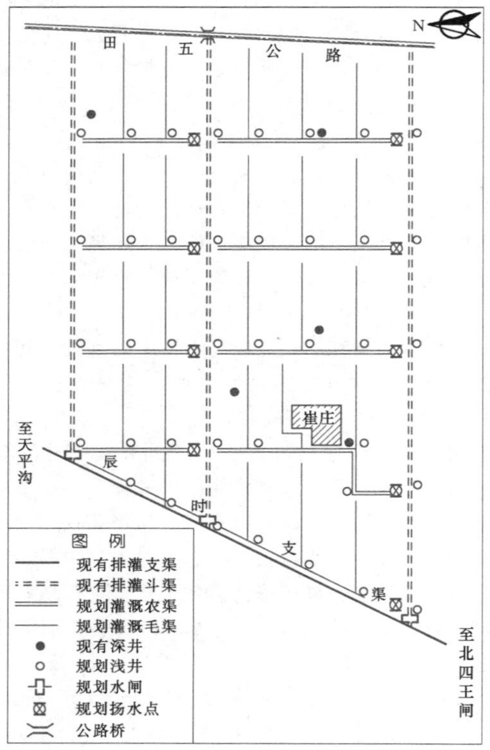

图 2.9-3 黑龙岗崔庄典型区工程规划图

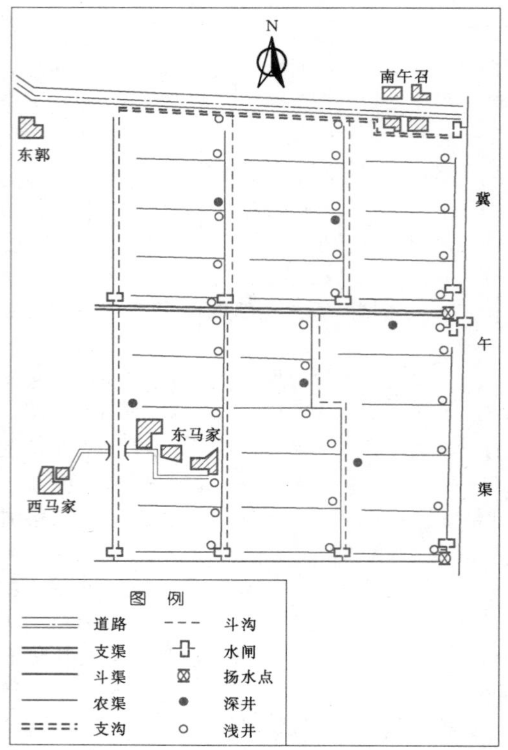

图 2.9-4 黑龙岗南午召典型区工程规划图

地面高程 25.00m，现状浅层地下水埋深 5～7m，矿化度 2～43g/L，地表 0～8m 土层以亚砂土为主，区内现状以深井水灌溉为主，无浅层水开采条件。

本区地面灌溉可利用千倾洼水库经冀午渠供水。冀午渠为排灌两用渠道，渠深 5～6m，渠首底高程 17.00m，与千顷洼地齐平，渠底宽 2.5m，可自流输水。

南午召典型区规划为引汉蓄供区。现有冀午渠为地下排灌两用渠道，现有支渠为半地上或地上渠道，相距 1000～1400m，规划在各支渠口设扬水点，从冀午渠提水，支渠范围内自流灌溉，支渠下设斗、农渠。支、斗渠采用塑料膜防渗，农渠以下渠道原土夯实。规划本区排水支、斗沟与支、斗渠相邻布置。鉴于本区地表多砂质土，降雨入渗快，不再设置排水农沟。地下水由浅井控制。区内增打浅井 33 眼，沿灌水渠布置。现有深井作为应急水源，或实行深浅井搭配灌溉，并应尽量限制开采。典型区工程规划设计平面布置见图 2.9-4。

2.9.2 土壤潜育化、沼泽化防治

水利水电工程对土壤潜育化、沼泽化的影响，主要体现在，由于工程的实施改变了区域地下水的补给、排泄和径流关系，造成局部地下水位埋深升高，进而加剧影响区土壤潜育化或沼泽化。某种程度上土壤潜育化、沼泽化防治措施与土壤次生盐渍化防治措施有着相同的目标，即通过各种工程、生物及管理措施降低或控制地下水位，阻断土壤水分的毛细管上升作用。

2.9.2.1 工程措施

1. 灌区土壤潜育化、沼泽化防治

主要为渠道防渗、建立排水体系等。渠道防渗的目的是减少灌溉系统渗漏水，从而控制地下水位，渠道防渗设计与土壤次生盐渍化防治相同。排水工程包括明沟排水、暗管排水及垂直排水。此类措施设计与土壤次生盐渍化防治基本相同，排水工程规模根据防治目标设计。除上述措施之外，通常还需辅以平整土地、淋洗钠盐、深耕、增加土壤有机质含量等措施进行防治。

2. 平原水库坝外土壤潜育化、沼泽化防治

防治平原水库坝外土壤潜育化、沼泽化，需做好水库防渗设计，主要措施包括在水库坝前铺盖粉质黏土等防渗层，或在坝外修建导渗沟截渗导流。可参见相关水工设计规范。对于未开展防渗设计的平原水库

可采取相应的排渗设计，主要包渗井、排渗暗管、集水池和排渗泵站等。

2.9.2.2 生物措施

(1) 适时晒田，水旱轮作。种双季稻的稻田，冬季翻耕种油菜，与不翻耕种红花草相比，速效氮提高20～60mg/kg，速效磷提高5～18mg/kg，氧化还原电位提高43～63mV。经调查，在连续五年轮作中，单季稻和旱作轮作无“潜育化”形成。

(2) 因地制宜，发展多种经营。对土地资源的开发利用，要进行全面规划，合理布局，地尽其力，选取最优的开发方案。对高程很低的农田，排渍工程投资过大，应因地制宜，利用水面发展水产养殖和水生作物。建立稻田—养殖系统，如稻田—鱼塘、稻田—鸭—鱼系统，或种植潜水藕等经济作物，有条件的可实施水旱轮作，使潜育化土壤得以治理和综合利用。

(3) 合理施肥。潜育化和次生潜育化土壤中氮肥的效用大大降低，宜施磷、钾、氮肥以获增产。

(4) 采用耐渍作物品种。即生态适应性措施，采用耐潜育化水稻良种，可收到一定的增产效果。

2.9.2.3 管理措施

通过对影响区地下水位的监测，及时掌握动态变化，并通过水资源的统一利用和管理，提高水资源的利用率，使影响区域的土壤潜育化、沼泽化得到有效的监控。

2.9.3 底泥处理

2.9.3.1 隔离处置

隔离处置包括与其他固体废物一起在填埋场填埋处置和在单独为处置受污染底泥而建的隔离处置场处置两种基本方式。由于城市填埋场处置量有限，而且要求底泥必须经过脱水处理，具有较低的含水率，因而实际工程中更多的是用底泥隔离处置场来处置受污染底泥。目前，底泥隔离处置场已经具有较完善的设计理论和经验。图2.9-5为底泥隔离处置场污染物释放的主要途径，在设计底泥处置场时应采取措施阻断和控制各类污染物释放途径。

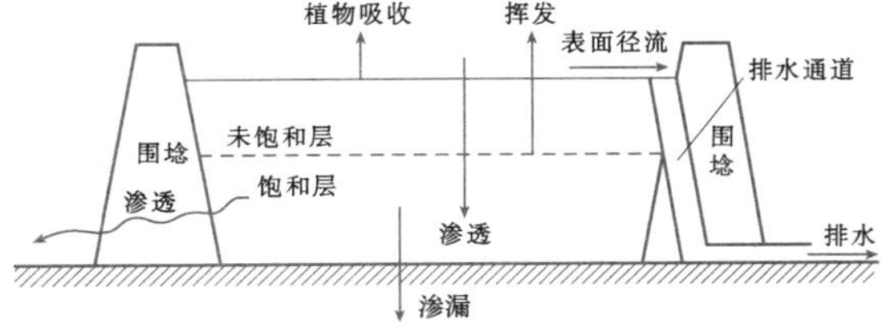

图2.9-5 底泥隔离处置场的污染物释放途径

2.9.3.2 资源化利用

在底泥的各种处置方法中，应优先选用可实现资源利用的方法。

20世纪70年代以前，底泥的资源化利用通常是用做机场、港口的扩建和新建用土。这样的资源化途径填埋了海湾和河口，破坏了动物的栖息地，对环境极其不友好。而今，底泥资源化应用于更有利于环境的方面，以下是当今底泥资源化利用的一些方向。

1. 土地利用

土地利用是将底泥应用于农田、蔬果林地、绿化园林及受严重扰动的土地修复与重建等，该技术适应我国现阶段国情，是当前最具发展潜力的处置方式。

底泥中富含有机质和营养成分，具有多量且均衡的肥料成分，富含腐殖质胶体，能使土壤形成团粒结构，保持养分。可用《土壤环境质量标准》(GB 15618—1995)和《农用污泥中污染物控制标准》(GB 4284—84)作为衡量底泥污染程度和土地利用可行性的指标，对不符合标准的底泥不可直接农用。

底泥施用于林地、园林绿地可促进花木草坪生长，提高园林观赏品质，且不易构成食物链污染危害。朱广伟等对京杭运河(杭州段)疏浚底泥的农业利用与园林绿化可行性及其生态影响进行了研究和比较，结果表明土壤中大量掺入疏浚底泥对种子发芽率有一定影响，疏浚底泥田间投放量在270t/hm^{2}以下，对青菜生长具有促进作用，超过270t/hm^{2}对青菜产量有一定影响；底泥用量在1080t/hm^{2}以下时，青菜中Cu、Zn含量均未超过食品卫生标准，用量为1350t/hm^{2}时则均超过了标准。与青菜相比，草坪草、园艺花卉对底泥投放量具有更大的耐性，表现出明显的促进生长现象，原状土柱淋洗实验发现底泥用量在450t/hm^{2}以下未造成地下水污染，这表明运河底泥直接土地利用较一般污水污泥堆肥的危害更小，园林投放比农田投放具有更大的可行性。因此，农田及园林利用是底泥切实可行的利用方向。

此外，底泥还可应用到修复受到严重扰动土地。严重扰动土地是指各种采矿后残留的矿场、建筑取土废用的深坑、森林采伐场、垃圾填埋场、地表严重破坏区等需要复垦的土地。这类土地一般已失去土壤的优良特性，无法直接植树种草，施入底泥可增加土壤养分，改良土壤特性，促进地表植物生长。底泥用于修复严重扰动土地也避开了食物链，对人类生活潜在威胁较小，既处置了底泥又恢复了生态环境，是一种很好的利用途径。秦峰等对苏州河疏浚底泥用作填埋场封场覆盖防水材料进行了实验研究，研究结果表明苏州河疏浚底泥通过适当的预处理，满足填埋场的防渗要求，同时对周围环境不会造成二次污染。

2. 填方材料利用

在适宜条件下对底泥进行预先处理，先通过改良其含水量高、强度低的性质，使其适合于工程要求，然后进行回填施工，作为填方材料进行使用。固化处理后的底泥成为填方材料，可代替砂石和土料进行使用。与一般的土料相比，固化土具有不产生固结沉降、强度高、透水性小等优点，除可以免去进行碾压、地基处理施工外，有时还可达到普通土砂所达不到的工程效果。可用于筑堤或堤防加固工程。底泥固化后具有强度高、透水性小的特点，可以成为良好的筑堤材料，将其使用于筑造江湖堤防，可满足边坡稳定、防渗和防冲刷的要求。结合江河、湖泊的堤防加固工程，将疏浚底泥进行固化处理后作为培土对堤防进行加高、加宽，可提高堤防的抗洪能力。

道路工程的路基、填方工程：使用经过固化处理的疏浚底泥可以完全满足工程的要求。而且，所得到的路基强度较高，在防止边坡失稳、不均匀沉降和雨水冲刷方面比较有利。

3. 建筑材料利用

底泥处理后可用于制造建筑墙体材料、混凝土轻质骨料和硅酸盐胶凝材料。砖瓦、水泥等各行业都对黏土有着大量的需求，黏土资源的大量开采已影响到农村耕田的数量和质量，而当前黏土砖、混凝土等仍是最大宗的墙体材料。因此，利用疏浚底泥替代黏土会减缓建材制造业与农业争土，是底泥资源化的又一途径，这种方法在我国有着广阔的发展前景。

4. 污水处理材料利用

刘贵云等采用曝气生物滤池用自制河道底泥陶粒对生活污水进行深度处理试验，同时用对照陶粒和活性炭进行对比试验，结果表明，底泥陶粒滤料在生活污水深度处理中对 NH_4^+-N 的去除效果较好，运行稳定，且去除效果不亚于对照陶粒和活性炭。

任乃林等利用底泥吸附处理模拟含 Cr^{6+} 废水，结果表明，底泥对废水中铬具有较强的吸附能力，吸附量及去除率远高于陶土。其原因是底泥中含有大量腐殖质，对金属离子具有吸附交换和络合的作用，且因粉状底泥表面积更大，吸附能力也比颗粒状底泥更强。

5. 湖滨带生态修复利用

以湖泊疏浚底泥为材料，通过重建湖滨带基底的方式，在湖泊近岸水域营造和恢复适宜水生植物生长的浅滩湿地环境，形成从岸边至湖内近似自然变化的基底环境，然后在重建改造的基底上，根据区域原有水生植物的种类及分布情况，筛选确定生态修复的植被和植物群落，恢复湖滨植被和植物多样性，最终形成完整的湖滨带生物净化体系。

湖滨带生态修复应遵循以下原则：

(1) 湖滨带湿地生态修复应以不破坏或影响现状环湖堤、保证防洪安全为原则。

(2) 注重生态功能恢复与景观效果的关系，力求湿地生态效应与景观效应和谐统一的原则。

(3) 通过有效工程和生物的措施，防治疏浚底泥及其余水中的污染物质重新进入湖泊水体，避免对湖泊水环境产生二次污染的原则。

2.10 大气、声环境保护

2.10.1 空气污染控制

2.10.1.1 主要保护对象和保护要求

工程施工废气主要来自于爆破、开挖、取料、砂石料生产、混凝土拌和，以及各类施工机械设备运行和施工运输，废气中的主要污染物是粉尘、CO、NO_2，并以粉尘为主。根据已建水利水电工程实测资料，砂石料破碎、筛分，混凝土拌和，水泥装卸、交通运输等作业区废气排放超标，如不采取控制措施，则污染作业区大气环境，影响施工人员和施工区周围居民身体健康。

水利水电工程大气环境保护目标主要是控制大气污染物排放量和污染物浓度，维护施工区及周围的环境空气质量，保证施工人员生活区和周围环境敏感区大气环境达到相关标准。环境敏感区主要包括自然保护区、风景名胜区、森林公园、地质公园、世界遗产地、人口密集区、文教区、党政机关集中的办公地点、疗养地、医院等，以及具有历史、文化、科学、民族意义的保护地等。

施工区大气污染排放执行《大气污染物综合排放标准》(GB 16297—1996)；对环境的影响执行《环境空气质量标准》(GB 3095—2012)。

2.10.1.2 砂石料生产系统除尘

采用湿法生产砂石料一般不产生粉尘，细碎车间粉尘含量较低，可采用喷水雾除尘防范。

湿式除尘一般采用喷雾器喷洒，喷口直径不小于2mm，扩散角为40°～60°，每个喷头喷水量为250～300L/h，水压力要求在0.2～0.3MPa。立轴破碎、干法生产，粉尘含量高，应采用除尘设施。主要扬尘点为：立轴冲击破的入料口及出料口、振动筛的入料端及第一层筛面、出料皮带机的受料端。在各扬尘点采用局部密闭罩，在密闭罩内抽吸一定量的空气，使罩内维持一定的负压以防污染物溢出罩外。

为便于管理，按照破碎筛分系统自然形成的结构划分成多个单元，每个单元中除尘设备包括集气吸尘罩、管路、除尘器、风机及排气管道。除尘器所收集到的粉尘进行集中管理，把除尘器的粉尘送到储粉罐中进行下一步处理。除尘系统可采用气力输送系统进行输排灰，气力输送不受空间位置和输送线路的限制。气力输送系统的组成包括：高压风机、气力输送管道、星形卸灰阀、储粉罐、固气分离装置及卸灰装置，以及运尘车。

2.10.1.3 混凝土拌和系统除尘

混凝土拌和系统产生粉尘的主要部位是水泥煤灰罐、拌和楼的称量层及灰罐。为使水泥装卸运输过程中保持良好的密封状态，水泥由密封系统从罐车卸载至储存罐，储存罐安装警报器，所有出口配置袋式除尘器。粉煤灰及水泥传送带安装防风板，转折点处和漏斗排放区进行密闭，煤灰罐专门安装收尘装备（收尘箱）。混凝土拌和楼楼体进行全封闭，楼内搅拌设备、粉料罐、称量层都安装降尘装备（收尘箱）。

在拌和楼生产过程中，要制定除尘设备的使用、维护和检修制度，将除尘设备的操作规程纳入作业人员工作手册中，要加强除尘设备的维修、保养，使除尘设备始终处于良好的工作状态，需确保除尘装置与生产设备能同时正常使用，维持除尘器的效率。

2.10.1.4 道路扬尘控制

1. 道路硬化

对于主要施工道路，应采用混凝土或沥青混凝土硬化路面。

2. 洒水降尘

施工过程中，成立道路除尘保洁队伍，加强道路清扫和洒水，及时清理混凝土路面积尘，并运至渣场，洒水频次以道路无明显扬尘为准，一般夏季晴天为8～10次/d，浇洒道路用水量可参考《室外给水设计规范》（GB 50013），按浇洒面积以2.0～3.0L/(m^2·d)计算。8t洒水车若以硬化路面不起尘为标准进行洒水约20～40min，行车车速一般控制在约5km/h左右。

3. 修建简易石渣路和洗车池

在进入主干道前的临时道路，设30m以上的石渣道路，减少运输车辆轮胎带往主干道的灰尘和泥土。在出渣道路上设置洗车设施，防止出渣车辆把泥渣带入主道路，洗车设施分三段：冲车台、缓冲平台、洗车池。平台及洗车池宽均为4.5m（可满足20t汽车通行），各段均需进行拉毛处理。冲车台长20m，设置为斜坡式，坡度为10%～12%，冲车台四周及平台中间设置排水槽，排水槽末端接排水钢管；缓冲平台长2m；洗车池长3m，分为三段——下坡段、水平段、上坡段，其中下坡段、上坡段坡比可设置为1∶10。

2.10.1.5 爆破钻孔粉尘控制

爆破开挖防尘降尘措施：一是改进施工工艺。优化施工方法、施工技术等，采取减粉降尘措施；优化开挖爆破方法，采取产尘率低的开挖爆破方法；采用湿式作业，最大限度地减少粉尘的产生量；爆破钻孔设备要选用带除尘器的钻机，减少粉尘的排放量。二是降尘防护措施。爆破前向预爆体表面洒水，湿润表面，通过裂隙透到岩体内部；在预爆区钻孔进行高压注水；采用孔外水封爆破，在钻孔附近布置水袋和辅助起爆药包；配备洒水车，在开挖、爆破高度集中的区域进行洒水；爆破时应尽量采用草袋覆盖爆破面，以减少爆破产生的粉尘。

边坡开挖过程中，为降低爆破粉尘，有条件的爆破工作面在施爆前进行洒水，防止积聚的表面粉尘扬起。尽量采用水钻进行钻孔作业，如有特殊要求不能进行水钻作业的，需配备吸尘装置，将粉尘污染降低到最小。

地下洞（井）爆破开挖产生的粉尘及烟尘等控制措施主要为：①洞室钻孔时，采用湿式作业，减少粉尘危害；②配备通风机，采用压入式通风，向洞内输入新鲜风流，风袋随着开挖的推进而延伸，风筒均挂在离地面较高的侧墙或顶拱上，排除洞内烟尘。

在进行粉尘污染源治理的同时，施工承包商应按国家对劳动保护的有关要求，做好现场施工作业人员的劳动保护工作，配备足够的防护用品。

2.10.1.6 施工场地扬尘、臭气控制

（1）对风大易起尘的施工现场堆置的原土及回填土，用防尘网覆盖，有效防止扬尘。充分利用经沉淀处理后的施工废水定期对表层进行喷水，遇干旱天气或大风天气应随时喷水防止扬尘。

（2）及时清理施工场地内的尘屑、砂浆等，按要求堆放到指定地点处理。

（3）施工场地内产生的建筑垃圾集中、分类堆放并及时清运。运输过程中，采取措施防治掉落，避免行驶途中对道路及周边的影响。对于场内堆放的水泥、灰土及砂石料等易产生粉尘的物料，采取围栏围挡及绿色密目网遮盖等防尘措施。

（4）散装物料、建筑垃圾在6m^3以上时采取封闭运输，施工场地清扫的建筑垃圾、渣土等采用封闭清运。

（5）施工开挖散发臭气的污染底泥，臭气排放标准执行《恶臭污染物排放标准》（GB 14554）的规定。

（6）污染严重、臭气级别高的底泥，在采取生物除臭措施除臭后，物理填埋。污染底泥填埋后，用无污染的弃渣覆盖。底泥中无有毒有害物质，应运至弃渣（土）场填埋。

2.10.2 噪声防治

2.10.2.1 主要保护对象和保护要求

水利水电工程施工区噪声主要来源于施工开挖、钻孔、砂石粉碎、爆破、交通运输等作业。较大的噪

声源主要分布在砂石加工系统、混凝土生产系统、施工主干道等区域。

砂石加工系统为固定噪声污染源，参照已建工程砂石加工设备噪声实测资料，系统的叠加声级约为102dB。混凝土生产系统噪声主要来源于混凝土拌和楼的拌和作业，拌和层和出料口噪声叠加声级为96～99dB。水利水电工程运输车辆多以大型载重汽车为主，噪声最大达95dB。

工程施工产生的噪声对施工区及其周围的环境以及运输道路沿线两侧居民将会产生影响。根据类比调查，施工机械设备噪声的影响范围一般为周围200m区域；车辆噪声影响的范围一般为道路两侧200m区域。声环境敏感目标主要包括自然保护区、风景名胜区、森林公园、地质公园、世界遗产地、人口密集区、文教区、党政机关集中的办公地点、疗养地、医院等，以及具有历史、文化、科学、民族意义的保护地等。在施工区内按照《建筑施工场界噪声限值》(GB 12523）控制，并做好施工人员劳动保护工作；施工区外执行《声环境质量标准》(GB 3096)。

水利水电工程噪声控制一般采用声源控制和传播途径控制。

2.10.2.2 声源控制

1. 利用地形隔离噪声源

在施工平面布置中，充分利用施工区的地形、地势等自然隔声屏障进行合理布置。噪声源具有方向性，布置时避免将传播噪声高的一面朝向安静的场所，将噪声源尽量布置在低凹地形处，充分利用地形阻隔噪声。为减免噪声对施工生活办公区的影响，施工作业区与施工生活办公区之间应有一定距离，降低噪声的影响。

2. 优化施工布置

在对施工区噪声敏感保护目标调查和施工噪声源分析的基础上，优化施工布置，尽量将噪声大的生产设施（如砂石料加工、混凝土拌和等）远离噪声敏感对象布置。

3. 噪声源防治

(1) 钻孔开挖噪声控制。钻孔的施工机械主要有挖掘机、推土机、装载机以及各种运输车辆，这些移动性机械设备为钻孔开挖的主要噪声源。这些机械设备声功率级范围在100～120dB，声源无明显的指向性。为了减少钻孔开挖噪声的影响，采取如下控制措施：

1) 严格控制施工时间。避开夜间施工，以保障施工区及其周围人员有良好的生活和工作环境。

2) 加强各种设备的维修保养，降低设备运行时的噪声。

(2) 混凝土拌和噪声控制。混凝土拌和系统由混凝土拌和楼、筛分系统、空压站、制冷系统组成。各系统均有多种高噪声设备，为从源头上消减噪声，购买混凝土拌和系统设备时，应采购具有降噪功能的设备，混凝土拌和楼和骨料制冷系统采用全封闭运行。

1) 空压站噪声控制。空压机是一个多声源发生体，其噪声主要分为进气噪声、驱动机构和机体辐射噪声、排气、管道和储气罐噪声、排气放空和阀门噪声。其噪声声压级大、频带宽且散热量大。一般单台空压机噪声在95dB以上。可采用隔声材料进行空压站的全封闭，但门窗和一些缝隙容易传出噪声，空压机进出气口及管道噪声也比较突出，空压站内设有值班室，可采取以下措施：

隔声窗：站房用于采光的窗设计为固定隔声玻璃窗，选用4mm＋6mm夹胶玻璃，设计隔声量不小于30dB。站房内值班室窗设计为固定隔声玻璃窗，设计隔声量不小于40dB。

隔声门斗：为了防止噪声从通向室外的门传出，将站房门设计为隔声门斗，相当于声闸，设计隔声量不小于20dB。

站内空间吸声体：为了降低站内的混响声，站内的吸声处理采用空间吸声体。将吸声体水平悬挂屋顶，沿整个站房空间均匀布置。

进排气口消声器：空压机进排气口气流比较大，可选用微穿孔板消声器，消声器的设计消声量不小于20dB。其中排气消声器具有减压扩容作用。进排气口背向居民区。

2) 冷却塔噪声治理。空压机站有冷却塔，冷却塔的噪声主要为淋水噪声和顶部风机噪声。对于淋水噪声采取的措施主要是在冷却塔下安装消声垫，能降低淋水噪声5～10dB，消声垫可用金属网垫、天然纤维垫、透水性能好的泡沫塑料垫等多孔材料制作。对于顶部风机噪声，可采取在顶部安装消声器的措施，消声器要设计成防水结构。

3) 拌和楼噪声控制。混凝土拌和楼主要设备包括搅拌机、进料胶带机、冷风机等，采用彩钢板隔离的全封闭结构。

隔声窗：拌和楼窗户设置为隔声玻璃窗。

缝隙密封：彩钢板与彩钢板之间存在缝隙，必须进行密封，一般密封方式有安装密封条、玻璃胶和水泥密封等。

进排风系统：采用低噪音轴流风机，每个轴流风机配一台消声器。

隔声廊道：混凝土拌和楼运行时，主要噪声源除了上述设备发声外，更重要的是混凝土搅拌后倾倒至载重汽车时的击打声，可用彩钢板对进出道路两侧朝向敏感点方向进行临时拦挡，切断噪声传播的途径，形成隔声廊道可以减少出料噪声 15dB 左右。

筛分系统噪声控制：振动筛以聚胺酯筛网代替金属筛网，采用耐磨橡胶内衬增加阻尼，安装隔声罩。

减振：对于振动较大的设备采取减振处理，一般减振措施包括安装减振器、在设备下设置减振台和在设备周围挖减振沟等。

(3) 交通运输噪声控制。交通噪声的控制主要是通过采取有效的管理制度来达到降噪的目的。

1) 做好施工区道路规划。对于主要施工道路或通过噪声敏感区的道路，应采用混凝土或沥青混凝土硬化路面。

2) 加强管理。车辆通过噪声敏感区，车速应控制在 20km/h 以内；并禁鸣高音喇叭。

3) 加强道路养护和车辆维修保养，降低机动车辆行驶的振动速度。

4) 选用符合国家有关环保标准的运输车辆，其噪声应符合《汽车定置噪声限值》(GB 16170) 和《汽车加速行驶车外噪声限值及测量方法》(GB 1495) 的规定，如卡特 751 型载重汽车在其行驶过程中产生的噪声声级比同类水平的其他车辆低 10～15dB。

(4) 爆破噪声控制。

1) 合理控制施工中一次起爆的总导爆索量、总炸药量和起爆方式，以降低振动及噪声，控制爆破抛头方向，避免正面爆破噪声指向敏感点。

2) 严格控制爆破时间。爆破作业时间应避开深夜，以保障施工区及其周围人员有良好的生活和工作环境。爆破时间可选择在固定时间段降低噪声影响历时。爆破前鸣警笛，提示警戒。

3) 采用先进的爆破技术，如采用微差松动爆破可降低噪声 3～10dB。

2.10.2.3 传播途径控制

传播途径的控制主要是指声屏障的建设，声屏障通常采用的结构可以分为土堤结构、木质结构、混凝土砖石结构、金属和合成材料结构，以及不同材料的组合结构等，其性能特点见表 2.10-1。

(1) 声屏障设计及选择。声屏障高度根据敏感点来设计，在声屏障设计模型中，声源高度以 1m 计，声源距路边缘 5m，声屏障的插入损失根据式 (2.10-1)、式 (2.10-2) 计算。

$$\Delta L = 10\lg(3 + 10N) \qquad (2.10-1)$$

$$N = 2\delta/\lambda \qquad (2.10-2)$$

式中 δ——声程差，m；

λ——声波波长，m。

表 2.10-1　声屏障的类型及特点

类　型	特　　点
土堤结构	适用于地广人稀的区域，是经济减噪办法，降噪效果约为 3～5dB。建造此类声屏障所需空地较大
混凝土砖石结构	适用于郊区和农村区域，易与周围自然环境相协调，价格便宜，且便于施工与维护，降噪效果约 10～13dB
木质结构	适用于农村、郊区个人住宅或院落且木材资源比较丰富的地区，降噪效果约 6～14dB
金属和合成材料结构	世界各国最普遍使用的，材料易于加工，结合景观设计要求，可加工成各种形式，安装简易，便于规模制造生产，降噪效果也很好，降噪效果约 10～15dB
组合式结构	必须根据现场条件、周围环境、景观要求和经济性决定

根据国内经验，如果声屏障降噪效果达到 9.0～10.0dB (A)，从技术经济的角度比较合理，既能在工程上实施，又可以改善受保护敏感点的声环境。

声屏障按其结构外形可分为直立形、倒 L 形、圆弧形，按降噪方式可分为吸收型、反射型、吸收—反射复合型，按其材质可分为轻质复合材料、圬工材料等。由于声屏障的类型各异，所以在降噪效果、造价、景观方面各有特点。因此，在选用声屏障时，应根据受声点的敏感程度、造价、自然环境等多方面来选择声屏障。

1) 可重复利用性。一般声屏障的使用年限为 15～20 年，鉴于水利水电工程施工时间相对较短，可考虑声屏障的可重复利用性，使用可拆卸式结构。在声屏障结构中可拆卸式结构为型钢立柱＋吸隔声屏体。

2) 结构外形。声屏障结构外形分为直立形、倒 L 形、圆弧形。当声屏障高度一致时，圆弧形效果好，而且最美观，但造价高。三种形式的优缺点见表 2.10-2。

3) 降噪方式。按降噪方式可分为吸收型、反射型、吸收—反射复合型。吸声型从上到下均为吸隔声板，反射型从上到下均为吸收板，吸收—反射复合型上下板块为吸隔声板，中间板块为隔声板块。三种形式的优缺点见表 2.10-3。

4) 材质。可拆卸式、吸声—反射复合型声屏障中，吸声屏体材质包括：珍珠岩吸声板、穿孔铝合金

表 2.10-2　三种声屏障形式的优缺点

结构外形	降噪量（dB）	造价	美观
直立形	10.2	略低	一般
倒L形	12.0	中等	较好
圆弧形	12.0	略高	好

注　1. 声屏障高度均为5m。

2. 降噪量计算时，假设受声点距屏障10m，受声点高8m，声源高1m，路面宽10m，声屏障高5m。

3. 三种结构材质一致，为全吸收型。

表 2.10-3　三种声屏障形式的优缺点

降噪方式	降噪量	造价	美观
吸收型	12.0dB	略高	一般
反射型	9.0dB	略低	一般
吸声—反射复合型	11.0dB	略低	好

注　1. 声屏障高5m。

2. 降噪量计算时，假设受声点距屏障10m，受声点高8m，声源高1m，路面宽10m，声屏障高5m，外形为倒L形。

3. 反射型声屏障屏体材质为彩钢夹芯板，吸收—反射复合型中反射板为夹胶玻璃。

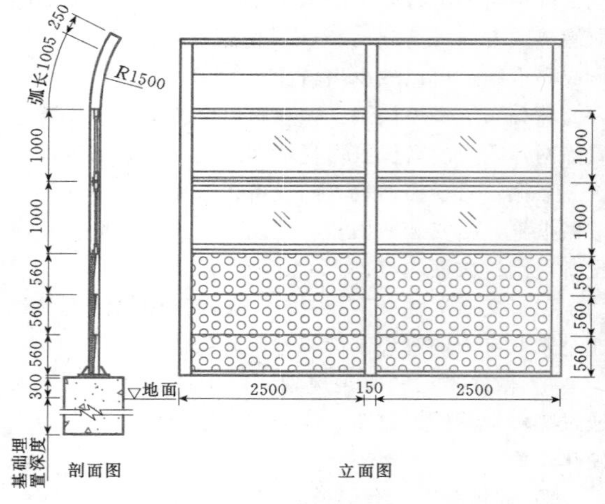

图 2.10-1　5m高弧形声屏障结构图
（尺寸单位：mm）

板内包离心玻璃棉吸声板、微穿孔吸声板等；反射屏体材质包括：钢化夹胶玻璃板、聚碳酸酯板等。其中，吸声板中穿孔铝合金板内包离心玻璃棉吸声板和微穿孔吸声板性价比较高，反射板中钢化夹胶玻璃板价格比聚碳酸酯板低。

（2）声屏障结构。声屏障一般分为2.0m、2.5m、3.0m、3.5m和4.0m几种形式，其设计可参照《城市道路—声屏障》（标准图集号09MR603，中国建筑标准设计研究院）。由于噪声源原因，在一些区域需要建设5m以上规格声屏障。向家坝水电站施工区采用了5m高隔声墙，设计如下：

隔声墙下部直立形、上部弧形半透明吸隔声屏障。单位屏体长度，即H形钢立柱间距为2.5m。屏体由下部两层0.85m高吸声屏体、中部2m高透明隔声屏体和上部两层0.5m高吸声屏体组成，其中顶部一层为弧形部分，见图2.10-1。设计地梁基础顶面高出路面0.3m，即声屏障顶部高出路面5m。上下吸声屏体与中部透明隔声屏体结构与下部直立形上部倒L形半透明声屏障结构一致。声屏障基础采用地梁潜桩，桩距2.5m，桩深2.5m，地梁总高0.8m，高出硬路肩0.3m。

（3）绿化林带设计。如有场地条件，可考虑绿化带降噪，栽种一定高度常绿枝叶浓密的树木，可以适当增加降噪效果。根据经验，密集的林带对宽带噪声典型的附加衰减量是每10m衰减1～2dB(A)，取值的大小与树种、林带结构和密度等因素有关，密集的绿化林带对噪声的最大附加衰减量一般不超过10dB(A)。

绿化林带是大乔木和灌木组合而成的一条绿色挡墙，林带尽量靠近声源而不要靠近受声区，具体要求如下：

1）林带宽度：根据场地布设林带，宽度约6～15m。

2）林带高度：林带中心的树行高度为10m。

3）林带长度：防噪声林带的长度与声屏障等长，长度满足声源至受声区距离的两倍以上的要求。

4）林带的结构与配置：林带以乔木、灌木和草地相结合，形成连续而密集的障碍带；树种应选择较高大、树叶密集、叶片垂直分布均匀的乔本，也可以用小乔木、矮灌木与草地配合，常绿树效果更好。

5）树种的选择：乔木类可选用雪松、桧柏、龙柏、水杉、梧桐、垂柳、云衫、薄壳山核桃、柏木、樟树、椿树、柳杉、栎树等；小乔木及小灌木类可选用珊瑚树、海桐、桂花、女贞等。

2.10.2.4　受体防护

1. 选择建筑材料

办公、住宅建筑物的建筑材料应选择具有较强吸声、消声、隔音性能的材料。目前常用的隔墙材料和构件主要有5大类，它们的隔声状况大体如下：

（1）混凝土墙。200mm以上厚度的现浇实心钢筋混凝土墙的隔声量与240mm黏土砖墙的隔声量接近，150～180mm厚混凝土墙的隔声量约为47～48dB，但面密度200kg/m^{2}的钢筋混凝土多孔板隔声量在45dB以下。

(2) 砌块墙。砌块品种较多，按功能划分有承重砌块和非承重砌块。常用砌块主要有陶粒、粉煤灰、炉渣、砂石等混凝土空心和实心砌块，以及石膏、硅酸钙等砌块。砌块墙的隔声量随着墙体重量厚度的不同而不同。面密度与黏土砖墙相近的承重砌块墙，其隔声性能与黏土砖墙也大体相接近。水泥砂浆抹灰轻质砌块填充隔墙的隔声性能，在很大程度上取决于墙体表面抹灰层的厚度。两面各抹15～20mm厚水泥砂浆后的隔声量约为43～48dB，面密度小于80kg/m^{2}的轻质砌块墙的隔声量通常在40dB以下。

(3) 条板墙。砌筑隔墙的条板通常厚度为60～120mm，面密度一般小于80kg/m^2，具备质轻、施工方便等优点。条板墙可再细划为两个分类：①用无机胶凝材料与集料制成的实心或多孔条板，如（增强）轻集料混凝土条板、蒸压加气混凝土条板、钢丝网陶粒混凝土条板、石膏条板等，这类单层轻质条板墙的隔声量通常在32～40dB之间；②由密实面层材料与轻质芯材在生产厂预复合成的预制夹芯条板，如混凝土岩棉或聚苯夹芯条板、纤维水泥板轻质夹芯板等。预制夹芯条板墙的隔声量通常在35～44dB之间。

(4) 薄板复合墙。薄板复合墙是在施工现场将薄板固定在龙骨的两侧而构成的轻质墙体。薄板的厚度一般在6～12mm，薄板用作墙体面层板，墙龙骨之间填充岩棉或玻璃棉。薄板品种有纸面石膏板、纤维石膏板、纤维水泥板、硅钙板、钙镁板等。

薄板本身隔声量并不高，单层板的隔声量在26～30dB之间，而它们和轻钢龙骨、岩棉（或玻璃棉）组成的双层中空填棉复合墙体却能获得较好的隔声效果。它们的隔声量通常在40～49dB之间。增加薄板层数，墙的隔声量可大于50dB。

(5) 现场喷水泥砂浆面层的芯材板墙。该类隔墙是在施工现场安装成品芯材板后，再在芯材板两面喷复水泥砂浆面层。常用芯材板有钢丝网架聚苯板、钢丝网架岩棉板、塑料中空内模板。这类墙体的隔声量与芯材类型及水泥砂浆面层厚度有关，它们的隔声量通常在35～42dB之间。

2. 配戴个人防声用具

敏感受体主要是针对受噪声影响的个人进行噪声保护。在施工过程中，当施工人员进入强噪声环境中作业时，如凿岩、钻孔、开挖、机械检修工等，应配戴个人防声用具，这是一种经济而有效的防噪声措施。表2.10-4中列出几种个人防护用具及效果，各有其特点和使用范围，可在施工中根据需要选择使用。

表 2.10-4　防噪声用具性能表

种　类	重　量 (g)	衰减噪声 (dB)	备　　注
棉花	1～5	5～10	塞在耳内
棉花涂蜡	1～5	15～20	塞在耳内
伞形耳塞	1～5	15～30	塑料或人造棉胶
柱形耳塞	3～5	20～30	乙烯套充蜡
耳罩	250～300	20～40	罩壳内充海绵
防声头盔	1500	30～50	头盔内加耳塞

配戴防噪声耳塞的隔声效果一般可达20～35dB；配戴防噪声耳罩的隔声效果可达30～40dB，但使用不够方便；棉球塞耳可隔声10～15dB。在90dB以上的噪声环境中工作，必须使用防护用具。

3. 安装通风隔声窗

通风隔声窗在国内已经得到广泛的应用，其主要措施是用隔声性能较好的中空玻璃来代替单层玻璃，为考虑其通风性，在窗上部安装隔声型通风器。室内通风量需要满足《室内空气质量标准》（GB/T 18883—2002）“室内新风量不小于30m^3/人”的要求。

通风隔声窗采用双层中空玻璃及密封性能较好的塑钢结构，起到了很好的隔声作用。塑钢窗的缝隙处用抗老化的硅胶条密封，可以有效降低因为成窗玻璃振动而产生的二次噪声污染，提高通风隔声窗的平均隔声量。通风器的选择满足《建筑门窗用通风器》（JG/T 233）规定的通风量和隔声量的要求。通风隔声窗的示意图如图2.10-2所示。

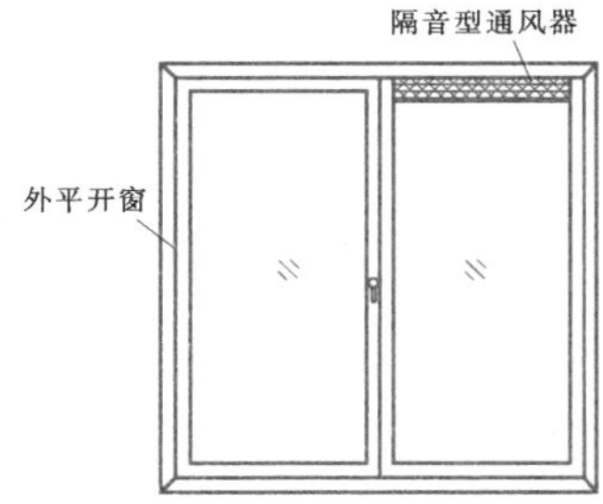

图 2.10-2　通风隔声窗示意图

2.10.2.5　隔声屏障工程实例

向家坝水电站隔声屏障的建设，主要是为了降低坝区混凝土拌和系统噪声、二次筛分系统噪声、机械加工系统噪声以及交通噪声对云天化生活区和水富县城部分居民的影响。

隔声屏障总长度870m，高度5m，外形为直立倒L形，2根立柱之间的间距2500mm。基础采用钢筋混凝土结构，地梁的宽度800mm，高度300mm。立柱采用标准的H形钢（150×150×7×10）制作，经焊接加工成形后镀锌及涂覆环氧树脂等防腐处理。屏体由顶部的倒L形吸隔声屏体和下部的岩棉彩钢夹心板隔声屏体组成，在混凝土地梁与立柱屏体之间设置了封盖板，使声屏障与地梁成为一体，防止漏声，后面采用型钢斜支撑加固，增加整体结构强度。

设计降噪量为10dB（A），经运行期间实测，平均降噪量14dB，最大降噪量达18dB。

2.11 固体废弃物处置

2.11.1 固体废弃物产生和处置要求

固体废弃物的危害主要表现为侵占土地、污染水体、污染大气、污染土壤、影响人类健康等。

水利水电工程固体废弃物主要产生于施工区和移民安置区，包括生活垃圾、建筑垃圾和医疗废物（含有毒、有害等危险废物），应遵循分类处置的原则分别处置。医疗废物（危险、有毒、有害废物）的处置应交由取得县级以上人民政府环境保护行政主管部门许可的医疗废物集中处置单位处置，处置应按照《危险废物焚烧污染控制标准》（GB 18484）、《危险废物存贮污染控制标准》（GB 18597）《危险废物填埋污染控制标准》（GB 18598）执行。

水利水电工程施工区和移民安置区生活垃圾和建筑垃圾可单独处理，也可利用附近已有设施，委托有资质的单位处理，并遵循国家和地方有关标准。

2.11.2 生活垃圾处置

2.11.2.1 生活垃圾处置方式

生活垃圾处理通常采用卫生填埋、堆肥和焚烧等技术方法。

卫生填埋法是目前我国城镇生活垃圾最主要的无害化处理方式，约占我国垃圾处理量的80%。其优点是成本低廉，处理费用是焚烧法的1/15～1/8、堆肥处置法的1/5～1/3。卫生填埋设施及作业设备简单，适用范围广，其在世界各国的采用比例也较大。

垃圾堆肥处理法设备投资额较大而处理量小，环境卫生条件差，操作过程易产生恶臭，最突出的问题在于堆肥产品的销路，堆肥产品中含有许多有毒、有害物质，如农田长期大量使用堆肥，可能会造成潜在污染，特别是一些重金属在土壤中富集将随食物链进入人体。

焚烧法投资较大，垃圾减量化程度高，焚烧过程中可能产生有毒有害气体，需要采取严格的环保措施，运行成本较高。此外，焚烧法要求垃圾具有一定的热值，亦即要求垃圾中的可燃性物质的含量达到一定水平。一般来说，热值在3347～4184kJ/kg之间的垃圾焚烧时，要加辅助燃料，当热值大于4184kJ/kg时，才可不加辅助燃料。

水利水电工程生活垃圾成分中有机物质含量较城镇生活垃圾含量低，目前处置工艺主要有卫生填埋和垃圾焚烧。

2.11.2.2 垃圾收集与运输

垃圾收运系统主要包括收集及运输两部分，该系统的运转效率主要取决于收运系统设计的科学性和合理性。目前城镇垃圾收集的方式主要有居民自行投放到收集容器和保洁工人上门收集后投放到收集设备中两种方式。使用的收集设备主要有移动式收集和固定式收集两大类，其中移动式收集占主导地位，主要形式有压缩式后装车和非压缩式侧装车；固定式收集类别较多，但代表发展方向的是垃圾压缩收集站。垃圾中转的目的是降低运输费用、减少交通流量、提高运输效率。垃圾中转方式主要有压缩转运及非压缩转运，其中具有压缩功能、大吨位集装箱的中转方式因具有环境好、效率高的特点，近年得到快速发展。

1. 垃圾收集方式

针对水利水电工程垃圾产生量相对较小、垃圾产生源分散等特点，应尽量简化收集工作，所涉及的步骤应该尽量少。目前采用的生活垃圾收集方式主要为混合收集和分类收集。施工区尽可能采用分类收集方式，并对施工人员进行宣传教育，增强有效性；移民安置区城（集）镇可根据当地实际情况，有针对性地、科学合理地选择垃圾收集方式；农村地区一般采用混合收集方式。

（1）分类收集。分类收集方式可以提高回收物资量，减少需要处理的垃圾量，有利于资源化和减量化，降低垃圾处理成本，简化处理工艺，是实现垃圾综合利用的前提。分类收集应配备相应的设施和设备，并有明显的标志。

（2）混合收集。混合收集的优点是简单易行、运行费用低，但是，由于收集过程中各种垃圾混杂在一起，降低了垃圾中有用物资的再利用价值，同时也增加了生活垃圾处理的难度，提高了生活垃圾处理费用。混合收集是目前我国城镇生活垃圾收集的主要方式。

2. 垃圾转运站

（1）垃圾转运站选址。合理的选址对转运站功能发挥起到较大的作用。垃圾转运站选址考虑以下因素：

1）一般情况下，中小型收集站作业地距转运站的平均距离不超过5～8km，并且转运站的位置尽可能靠近垃圾产生量多的地方。

2）转运站应设置在道路条件好、交通方便的地方，以方便垃圾收集车的出入。

3）转运站需要设计较好的供电、供水、排水、排污条件。

4）在转运站运行期间，应尽可能提高站区的环境标准，尤其是站址选择在人群较多的地方时不能影响人群生活。

（2）转运站规模。转运站规模和类型的确定是由转运站服务区域内的每日垃圾产量决定的，并且要考虑满足服务区内垃圾未来的变化趋势，以保证在服务区内完成生活垃圾的转运任务。

转运站服务区垃圾收集量。根据《生活垃圾转运站技术规范》（CJJ 47—2006）第2.2.5条规定计算。

（3）转运站规模确定。根据转运站的服务期限，转运站规模确定如下：

$$Q_D = K_s Q_c \qquad (2.11-1)$$

式中 Q_D——设计规模（日转运量），t/d；

Q_c——服务区垃圾收集量（年平均值），t/d；

K_s——垃圾排放季节性波动系数，应按当地实测值选用，无实测值时，可取1.3～1.5。

3. 垃圾收集、运输装置

垃圾收集可使用各种各样的运输工具，如两轮车、三轮车等。这些人力车的容积一般在200～400L之间，用来收集混合垃圾。类似的一些车辆也可以用来收集某些特殊材料。现有的垃圾运输车主要有5t垃圾车、5t后装压缩车、8t垃圾压缩车、进口和合资8t、10t垃圾压缩车等。对于运距不小于12km的车辆，从运输费用来看（包括车辆维护费、油耗、新车购置费、保险费、人员工资和福利），大型压缩车优于中小型压缩车，大型垃圾车优于中小型垃圾车。

2.11.2.3 卫生填埋工艺类型

卫生填埋通常是定期把运到填埋场的垃圾在限定的区域内铺散成40～75cm的薄层，然后压实以减少垃圾的体积，并在每天操作之后用一层厚15～30cm的黏土或粉煤灰覆盖、压实。垃圾层和土壤覆盖层共同构成一个单元，即填埋单元。具有同样高度的一系列相互衔接的填埋单元构成一个填埋层。完整的卫生填埋场是由一个或多个填埋层组成的。当土地填埋达到最终的设计高度之后，再在该填埋层之上覆盖一层90～120cm的土壤，压实后就得到一个完整的封场后的卫生填埋场。

卫生填埋场的规划、设计、建设、运行和管理应严格按照《城市生活垃圾卫生填埋技术规范》（CJJ 17）、《生活垃圾填埋污染控制标准》（GB 16889）和《生活垃圾填埋场环境监测技术标准》（CJ/T 3037）等的要求执行。垃圾填埋工艺主要有厌氧填埋、好氧填埋、准好氧填埋、生物反应器填埋技术等。垃圾卫生填埋场剖面图见图2.11-1。

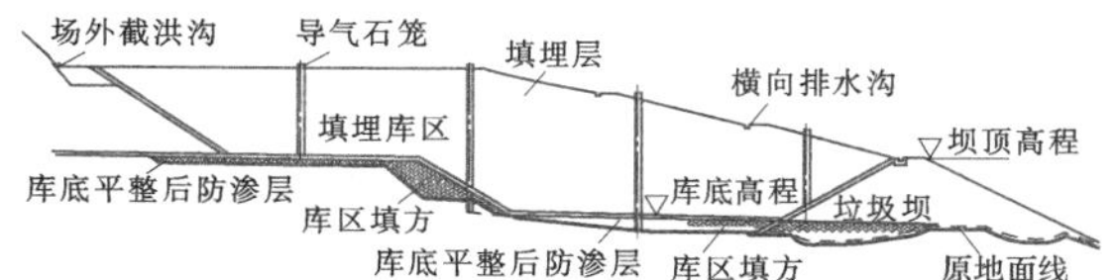

图2.11-1 垃圾卫生填埋场剖面图

1. 厌氧填埋工艺

垃圾厌氧填埋是广泛采用的城镇生活垃圾处置方法。该方法将垃圾填埋体独立于周围环境，经过漫长的厌氧发酵使垃圾实现最终稳定化、无害化，具有投资省、处理成本低、工艺简单、管理方便、对垃圾成分无严格要求等优点。但厌氧卫生填埋也存在着占用土地多、稳定化时间长、渗沥液处理难等缺点。

2. 好氧填埋工艺

垃圾好氧填埋的技术核心是在垃圾层底部布设通风管网，用鼓风机向垃圾层内部输送空气，保持垃圾堆体的好氧状态，以促进垃圾的分解，使场内垃圾迅速实现稳定化。由于通风加大了垃圾体的蒸发量，可部分甚至完全消除垃圾渗沥液，可以不设收集渗滤液的管网系统。但通气管路多，且需设鼓风系统，单位造价高，作业复杂。其适用于干旱少雨的地区和处理有机物含量高、含水率低的生活垃圾。

3. 准好氧填埋工艺

准好氧填埋场的结构与厌氧填埋场的非常相似。准好氧性填埋结合了改良型厌氧卫生填埋和好氧性填埋两者的优点，通过利用大管径的渗滤液收集管和填埋气体导气石笼向垃圾中排入自然风，填埋场内的有机物通过与空气接触，发生好氧分解，产生CO_2气体，气体通过导气石笼排出，形成一定的负压，促使空气向填埋体扩散，从而扩大好氧范围，促进有机物的分解。但是，空气无法到达整个填埋区域，当垃圾层变厚后，垃圾表面、渗滤液导排层附近和导气石笼周围成为好氧状态，而空气接近不了的填埋体中部则处于厌氧状态。在厌氧区域，部分有机物被分解，硫化物被还原成硫化氢，垃圾中的重金属与硫化氢反应生成不溶于水的硫化物，存留在填埋体内。该工艺使垃圾渗滤液浓度大大低于改良型厌氧卫生填埋场，垃圾腐熟速度快，但通气管路多，作业较繁琐，渗沥液导排尺寸较大，投资较大。

4. 生物反应器填埋技术

生物反应器填埋技术是通过有目的的控制手段强化微生物过程，从而加速垃圾中可降解有机组分的转化和稳定。控制手段包括液体（水、渗沥液）注入、被选覆盖层设计、营养物添加、pH值调节、温度调节等。这些调控措施为微生物提供了较好的生长环境，增强了微生物的活力，明显地提高了垃圾的降解速率和降解量。

2.11.2.4 卫生填埋场工艺设计

1. 卫生填埋工艺

垃圾的填埋工艺总体上服从“三化”（即减量化、资源化、无害化）的要求。垃圾进入填埋场，运至填埋作业单元，进行卸料、推铺、压实并覆盖，最终完成填埋作业。每天垃圾作业完成后，应及时进行覆盖操作，填埋场单元操作结束后及时进行终场覆盖，以利于填埋场地的生态恢复和终场利用。此外，根据填埋场的具体情况，有时还需要对垃圾进行破碎和喷洒药液。生活垃圾卫生填埋典型工艺流程如图2.11-2所示。

填埋时，一般先从右至左或从左至右推进，然后从前向后延伸。左、中、右之间的连线应该呈圆弧形，使覆盖后的表面排水能畅通地流向两侧进入排水沟、边沟等，以减少雨水渗入垃圾体内，前后上部的连线应呈一定的坡度。填埋后纵向坡度在设计时应根据堆高、垃圾体坡度的稳定和排水等要求来确定。填埋时应服从总体设计的堆高要求。一般要求外坡为1∶3，顶坡不小于2%。单元厚度达到设计厚度后，可进行临时封场，在其上面覆盖45～50cm厚的黏土，并均匀压实。还可以再加15cm厚营养土，种植浅根植物。最终封场覆土厚度应大于1m。最终封场后至少3年内（即不稳定期）不得进行任何方式的使用，并进行封场监测，注意防火防爆。

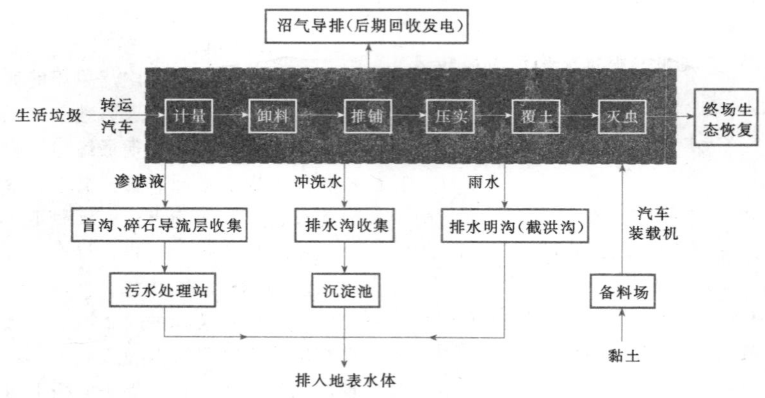

图2.11-2 生活垃圾卫生填埋工艺流程图

2. 垃圾填埋场选择

卫生填埋场场址的选择和最终确定是一个复杂的过程，必须以场地详细调查、工程设计和费用研究、环境影响评价为基础。填埋场场址的选择制约了填埋场工程安全和投资。场址的选择是卫生填埋场规划设计的第一步，主要遵循以下两个原则：①从防止污染角度考虑的安全原则；②从经济角度考虑的经济合理原则。安全原则是填埋场选址的基本原则。垃圾填埋场建设中和使用后应保证对整个外部环境的影响最小，不使场地周围的水、大气、土壤环境发生恶化。经济原则是指垃圾填埋场从建设到使用过程中，单位垃圾的处理费用最低，垃圾填埋场使用后资源化价值最高，即要求以合理的技术、经济方案，以较小的投资达到最理想经济效果，实现环保的目的。

当填埋场场址确定之后，要进行场地综合技术评价工作。场地综合技术评价依据要通过场地综合地质详细勘察技术工作来实现。填埋场详细勘察阶段最终提交的成果和必须要达到的目的，是根据调查资料和数据对场地的防护能力、安全程度、稳定性、环境影响和污染预测作出的可靠评价。

3. 场地布置

根据CJJ 17—2004的要求，填埋场场地要结合实际地形、工程地质和水文地质条件采取适当的场地平整措施，即对场地平整和清除石块等坚硬物体等，并具有足够的承载能力和不小于2%的纵向和横向坡度。

场地平整的目的是使具有承载填埋体负载的自然土层或经过地基处理的平稳层，不因填埋垃圾的沉降而使基层失稳，保护防渗层中防渗膜。同时，为了防止渗滤液在填埋场底部的积蓄，填埋场底部应做一系列坡型的阶地。竖向整平是考虑到场区防渗处理需要建设锚固沟，以有利于膜的锚固。根据填埋作业道路的需要，在通往填埋库区底部设计临时道路；横向整平是为了便于地下水的收集导排、渗滤液的收集导排以及填埋区内部雨水的收集导排。

4. 渗滤液产生及控制

（1）渗滤液水质与特性。垃圾填埋场内的渗滤液主要有三个主要来源：①外来水分，包括大气降水和地表水；②垃圾受到挤压后部分初始含水的释放；③垃圾降解过程中大量的有机物在厌氧及兼氧微生物的作用下转化为水、二氧化碳、甲烷等所释放的内源水。

垃圾填埋场的垃圾渗滤液具有有机物浓度高、成分复杂、含有大量病毒和致病菌等特点，从中可检测出几十种有机污染物，包括单环芳烃类、多环芳烃类、杂环类、烷烃、烯烃类、醇及酚类、酮类、羧酸及酯类及胺等。污染物浓度高，浓度变化大，由此引起水质的较大变化。且渗滤液的浓度由于水量变化而不呈周期性变化，不同的月份其浓度可相差几十倍，旱季和雨季其水量可相差数百倍。也就是说，垃圾渗滤液还具有水质、水量大幅度急变的特性。

（2）渗滤液收集与导排系统。该系统的主要功能是将填埋场内产生的渗滤液收集起来，并通过污水管或集水池输送至污水处理系统。为尽量减少对地下水的污染，应保证衬层或场底以上渗滤液的累积不超过30cm。渗滤液收排系统由收集系统和导排系统组成。收集系统的主要部分是一个位于底部防渗层上面、由砂或砾石构成的排水层，在排水层内设有穿孔管网，以及为防止堵塞铺设在排水层表面和包在管外的无纺布；导排系统由渗滤液贮存罐、泵、输送管组成，有条件的可采用重力流。典型的渗滤液导排系统主要由以下几部分组成：

排水层：砂砾铺设厚度为5～10mm，碎石、粗砂等为30cm，渗透系数应大于10^{-3}cm/s，水平坡度不应小于2%，也可使用土工布作排水层。

管道系统：排水管道需要进行水力或静力作用测定或计算确定，管道最小直径不小于100mm（有的规定为150mm），最小坡度应为1%，主要管材有PVC、HDPE、混凝土。材料选择时应考虑到渗滤液的侵蚀、管道的变性与稳定。管道开有许多小口，管间距要合适：主管30～50m，支管15～30m，以便于能及时迅速地收集渗滤液。

多孔管：孔口不能位于最底处，一般位于下半部分，与垂直方向成45°～60°的夹角。孔径一般为9.5～16mm，孔距为12～15cm。

隔水衬层：由黏土或人工合成材料构筑，具有一定厚度，能阻碍渗滤液的下渗，并具有一定坡度，通常2%～5%，以利于渗滤液流向排水管道。

此外，导排系统还有集水井、泵、检修设施，以及监测和控制装置等。

（3）渗滤液处理方法。该方法包括场内和场外处理两类方法。场内处理方法按照工艺特征可分为生物法、物理化学法、土地法、循环喷灌处理等。场外处理是指渗滤液经过预处理后，排入当地的污水处理系统与城镇污水合并处理的方法。后者对于垃圾处理规模较小，渗滤液产生量较小，经济、技术相对落后的小城镇尤为适宜，应用前提是垃圾填埋场一定经济运距范围内建有污水处理厂。

1）生物法。该方法是渗滤液处理中最常用的一种方法，具有运行处理费用相对较低、对环境影响较小的优点。生物法包括厌氧生物处理和好氧生物处理两大类，具体的方法有上流式厌氧污泥床、厌氧生物滤池、稳定塘、生物转盘和活性污泥法等。生物法处理渗滤液的难点是氨、氮的去除。

2）物理化学法。该方法包括混凝沉淀、活性炭吸附、膜分离和化学氧化法等。混凝沉淀主要采用Fe^{3+}或Al^{3+}作混凝剂；粉末活性炭的处理效果优于粒状活性炭；膜分离法通常应用反渗透技术；化学氧化法包括用臭气、高锰酸钾、氯气和过氧化氢等氧化剂，在高温高压条件下的湿式氧化和催化氧化。与生物法相比，该方法不受水质的影响，出水水质比较稳定，对渗滤液中较难降解的成分有较好地处理效果。

3）土地法。该方法包括慢速渗滤系统（SR）、快速渗滤系统（RI）、表面漫流系统（OF）、湿地系统（WL）、地下渗滤处理系统（UG）及人工快渗处理系统（ARI）等多种土地处理系统，主要通过土壤颗粒的过滤、离子交换吸附、沉淀及生物降解等作用去除渗滤液中的悬浮固体和溶解成分。土地法投资费用省，运行费用低。

4）循环喷灌处理法。该方法主要是利用土壤颗粒和垃圾体的过滤、离子交换吸附、沉淀等作用去除渗滤液中的悬浮物和溶解性物质；利用微生物作用使渗滤液中的有机物和氮发生转化，并通过蒸发作用减少渗滤液的处理量。其处理过程是将垃圾渗滤液收集经沉淀调节池沉淀处理后，喷灌回流至垃圾填埋场。回灌法可减少渗滤液处理量，避免二次污染，但不适宜单独使用，只能作为渗滤液的预处理措施，需与其他工艺配合使用，主要适合降雨量小、蒸发量大的北方地区。

5. 填埋场防渗系统

填埋场防渗分为天然防渗和人工防渗两类。人工防渗又包括单层衬垫系统、单复合衬垫系统、双层补垫系统和双复合衬垫系统。天然防渗要求天然黏土衬里及改性黏土衬里的渗透系数不应大于 1.0×10^{-7} cm/s，且场底及四壁衬里厚度不应小于 2m。人工防渗要求在填埋库区底部及四壁铺设人工防渗材料，当采用高密度聚乙烯（HDPE）土工膜作为防渗衬里时，膜厚度不应小于 1.5mm，并应符合填埋场防渗的材料性能和现行国家相关标准的要求。

防渗系统工程材料主要包括：高密度聚乙烯（HDPE）膜、土工布、钠基膨润土防水毯（GCL）、土工复合排水网等。

6. 填埋气体收集

垃圾填埋气（LFG）又称填埋气体或沼气，它是垃圾中有机成分生化分解的产物。它含有多种气体成分，主要包括甲烷、二氧化碳、一氧化碳、氧、氨等。它的典型特征为：温度达 43～49℃，相对密度约 1.02～1.06，为水蒸气所饱和，高位热值在 15630～19537kJ/m^3。这些气体无控制的迁移和聚积，会产生二次污染，引发燃烧爆炸事故，LFG 又是一类温室气体，它对大气臭氧层有破坏作用。填埋场气体收集和导排系统的主要功能是减少填埋气体向大气的排放和在地下的横向迁移，并回收利用甲烷气体。导排方式一般有主动导排和被动导排两种。主动导排是在填埋场内铺设一些垂直的导气井或水平的盲沟，用管道将这些导气井或盲沟连接至抽气设备，利用抽气设备对导气井和盲沟抽气，将填埋场内的填埋气体抽出来。被动导排就是不用机械抽气设备，填埋气体依靠自身的压力沿导排井和盲沟排向填埋场外。

水利水电工程施工区和移民安置小城镇生活垃圾总量少，生活垃圾日产总量不足 50t，其产气量很小，一般安装简单火炬直接燃烧排放系统。

7. 终场覆盖

终场覆盖是填埋场运行的最后阶段，作为人工衬层来建造的。覆盖层的构成要有足够的坡度，以便在降水量很大时排走雨水。卫生填埋场的封场覆盖系统由多层组成，主要分为两部分：①土地恢复层，即表层；②密封工程系统，从上至下由保护层、排水层、防渗层和排气层组成。

覆盖材料的用量与垃圾填埋量的关系为 1∶4 或 1∶3。覆盖材料包括自然土、工业渣土和建筑渣土等。自然土是最常用的覆盖材料，它的渗透系数小，能有效地阻止渗滤液和填埋气体的扩散，但除了掘埋法外，其他类型的填埋场都存在着大量取土而导致的占地和破坏植被问题。工业渣土和建筑渣土作为覆盖，不仅能解决自然土取用问题，而且能为废弃渣土的处理提供出路。

填埋场终场覆盖后应进行植被恢复。植被恢复的目标是改善填埋场封场后的环境质量和景观，加速封场单元的生态恢复和生态演替，以便通过分阶段的合理开发，创造一个新的优良的生态环境，实现对填埋场及其周边地区包括土地在内的所有资源的再利用。

2.11.3 建筑垃圾处置

《城市建筑垃圾管理规定》（2005 年中华人民共和国建设部令第 139 号）中规定，任何单位和个人不得将建筑垃圾混入生活垃圾，不得将危险废物混入建筑垃圾，不得擅自设立弃置场受纳建筑垃圾。

水利水电工程建筑垃圾主要以渣土、废砖瓦、废混凝土、废木材、废钢筋为主，废木材、废钢筋应全部回收利用，渣土、废砖瓦、废混凝土等也应尽量用于路基填筑等重复利用，剩余渣土、废砖瓦、废混凝土不含有害物质，应结合工程弃渣填埋。而移民安置区的建筑垃圾比较复杂，除渣土、废砖瓦、废混凝土、废木材、废钢筋以外，还有废石棉瓦、废塑料等物品，甚至有些垃圾存在一些细菌、病菌等，因此，移民安置区的建筑垃圾应首先进行回收利用，剩余垃圾应参照生活垃圾进行填埋处置，必要时进行消毒处理。

对于迁建集镇建筑垃圾，可按不同产生源种类、性质进行分别堆放，分流收运，分别处理。对建筑垃圾的处理方式可按垃圾类型分别处理。对工程弃渣，可以用作回填或作为生活垃圾填埋物中间覆盖用土；其他建筑废物可进行分类并用于生产再生建筑材料。具体可参照《建筑垃圾处理技术规范》（CJJ 134—2009）。

2.12 人群健康保护

人群健康保护是指对水利水电工程建设造成环境条件改变，可能引起传染病和地方病传播和流行，给人群健康带来影响所采取的防治措施。人群健康保护措施主要包括卫生清理与检疫防疫、疾病预防与控制，以及水利血防工程设计等。

2.12.1 卫生清理与检疫防疫

为维护施工区和移民安置区的环境卫生，确保施工人员和移民健康，降低病原微生物和虫媒动物的密度，预防和控制疾病的传染和流行，可采取卫生清理、预防免疫、疫情监控、食品卫生管理、环境卫生管理和工程运行调度管理等措施。

2.12.1.1 卫生清理

1. 污染源清理

(1) 清理范围和重点。清理和消毒的范围包括施工区和移民安置区。施工区主要为施工人员的生活区、集中活动场所，居住或施工使用的旧址等；移民安置区主要为移民生活安置区。清理的重点为施工区和安置区原有的厕所、粪坑、畜圈、垃圾堆放点和近10年新埋的坟地等。

(2) 清理方法和要求。施工区和移民安置区的卫生清理方法：首先要对区域内的废弃物进行清理，然后选用石碳酸，采用机动喷雾消毒。对粪坑、畜圈、垃圾堆放点的坑穴采用生石灰 1kg/m^2 撒布、浇湿后，用净土或建筑渣土填平、压实。厕所地面和坑穴表面用4%漂白粉上清液1～2kg/m^2 进行消毒。

清理的时间要求：卫生清理和消毒的时间应在施工营地和移民房屋开挖、平整、建筑等施工作业之前进行。

2. 传染源与媒介的杀灭

疾病的传染源与媒介主要为蚊、蝇、鼠等有害生物，采取杀灭蚊、蝇、鼠等措施可有效控制自然疫源性疾病和虫媒传染病的传染源。

(1) 控制蚊蝇孳生地。清除和控制施工区和移民安置区的蚊蝇孳生地，要保持住房周围环境清洁，清除杂草和垃圾，填平坑凹地，消除积水，保障居民区沟渠的通畅。

(2) 蚊蝇杀灭。

1) 室内滞留喷洒：可用2.5%溴氰酯水悬液，按50mg/m^2 均匀喷洒四壁、顶棚或天花板。亦可使用苯酮菊酯、胺菊酯等。

2) 室内速效喷洒：可使用已允许销售的商品喷射剂、气雾剂、烟雾剂等，使用方法及用药量按药品说明书的规定。

3) 室外速效喷洒：将80%敌敌畏乳剂原液，加水稀释成0.1%浓度的乳剂，喷洒用量为1mL/m^2。室外灭蝇可用80%马拉硫磷乳剂原液8份加8%敌敌畏乳剂2份，混匀后使用，可用超低容量喷雾器进行喷洒，用量为50mg/次。

4) 厕所及垃圾堆喷洒：可用0.1%敌百虫水溶液，用量为500mg/m^2，2.5%敌百虫粉剂，用量为50g/m^2，倍硫磷1～1.5g/m^2。

(3) 防鼠灭鼠。

1) 清理居室和周围环境，做好粮食和食品的保管和储藏，防止鼠类污染食物。

2) 施工区每月实行一次鼠情监测，移民安置区可在搬迁期间及搬迁以后的前几年每年进行一次监测，使鼠密度长期维持在国家标准即夹液法1%或粉迹法5%以内。鼠密度监测采取夜放晨收，注意收捡残饵，对死鼠要进行深埋处理。

3) 灭鼠以药物毒杀为主，应在鼠类繁殖季节（3～5月）与疾病流行季节之前，使用0.025%敌鼠钠盐连续布放5d，要求达到一定的覆盖率。由专业人员根据鼠种的特点，投放在鼠类活动频繁地点，在投放期间，应注意毒饵的补充。亦可使用第二代抗凝血剂类，如溴敌隆、大隆等。为收到更好的灭鼠效果，在使用药物灭鼠的同时，可配合使用挖洞、灌水、布设鼠夹等常规的捕鼠灭鼠方法。

2.12.1.2 检疫防疫

1. 卫生检疫

(1) 卫生检疫主要是了解施工人员的健康状况，及时发现和控制带菌者以及进入施工区的新病种，防止疾病在施工人群中造成相互传染和流行。卫生检疫包括在进入现场之前和施工过程中对施工人员进行的体检。

(2) 卫生检疫项目。一般将疟疾（疟原虫、疟原虫抗体）、肺结核、乙型肝炎、传染性肝炎、钩端螺旋体病等作为卫生检疫项目。外来施工人员要视其来源地的疾病构成确定相应的检疫项目。

(3) 卫生检疫的频次。施工人员进入现场之前体检一次，工程开工后每年抽检一次。抽检数量以施工总人数为基数，进场抽检比例以10%～20%为宜，每年抽检比例取10%，若工程遇到特殊疫情，可增加检查人数。

2. 预防免疫

(1) 提高施工人群对疾病的抵抗能力。防止危害较大且易感染的疾病在施工区暴发流行，要针对疫情状况制定施工区预防免疫计划。

(2) 预防免疫项目有疟疾预防性服药、乙肝疫苗和钩体疫苗接种等预防措施。

(3) 施工区医疗急救中心和各施工医疗单位要储备足够的破伤风免疫制剂，以便及时抢救受破伤风感染的外伤人员。若发现新病种，要及时进行针对性预防和治疗。

3. 疫情监控

(1) 施工营地设疫情监控点，落实责任人。按当地政府制定的疫情管理及报送制度进行管理。一旦发现疫情，及时采取治疗、隔离、观察等措施，对易感人群提出预防措施，同时要报送疫情报告。此项工作由施工区卫生防疫机构负责落实。

(2) 疫情监控预防措施。施工区一旦发生传染病流行，应按疫情上报制度及时上报并采取治疗、抢救、隔离措施，对易感人群采取预防措施。由于施工区医疗条件所限，要与地方有关医院保持经常联系，做到有备无患。施工区应有一定量的应急药品储备。

2.12.1.3 食品与环境卫生管理

1. 生活饮用水卫生管理

按照国家颁布的《生活饮用水卫生标准》（GB

5749）及有关规定，对移民安置新建城镇及工地的供水单位加强卫生管理，防止饮用水污染事件的发生。

（1）对生活饮用水水质进行监测。为保证向施工人员提供符合卫生要求的饮用水，随时掌握水源及饮用水水质变化动态，应开展对生活饮用水的水质监测工作。检验生活饮用水的水质，应在水源、出厂水和施工人员经常用水点采样。施工区每一采样点，每月采样检验应不少于两次。细菌学指标、浑浊度和肉眼可见物为必检项目，其他指标可根据当地水质情况和需要选定。

对移民生活安置区及新建城镇的水源、出厂水和部分有代表性的管网末梢水每半年进行一次常规检验项目的全分析。出厂水至少每天测定一次细菌总数、总大肠菌群、浑浊度和肉眼可见物，并适当增加游离余氯的测定频率。

（2）定期对供、管水人员进行卫生检查。对直接从事供、管水的人员，每年进行一次健康检查。凡患有痢疾、伤寒、病毒性肝炎、活动性肺结核、化脓性或渗出性皮肤病及其他有碍饮用水卫生的疾病和病原携带者，不得直接从事供、管水工作。

2. 食品卫生管理

（1）定期清理公共餐饮场所的废弃物。在加强公共餐饮场所日常清理的基础上，对生活废弃物要妥善处理，每月按时集中清理垃圾。

（2）定期对与公共餐饮相关人员进行卫生检查。对食堂服务人员每年定期进行健康检查，有传染病带菌者要及时撤离岗位。

（3）加强食品卫生管理工作。在工程施工期间，做好施工区的食品卫生管理和监督工作，落实“卫生许可制度”，对接触食品的工作人员及食品操作人员实行“健康证制度”。

3. 环境卫生管理

（1）日常卫生清理。成立专门的清洁队伍，负责生活区、办公区环境卫生清扫，并根据施工区人员垃圾产生量配置垃圾清运车，定期清运垃圾。生活垃圾做到一日一清，并送往处理场及时处理。

（2）公共卫生设施设置。公共卫生设施应符合国家规定的卫生标准和要求，主要包括公共厕所、垃圾桶（箱）、果皮箱等。公共卫生设施的布置应根据施工总体布置，结合工程管理实际和施工人员居住区分布状况，设置永久性或半永久性设施及临时卫生设施。

1）生活垃圾桶（箱）与果皮箱的设置，要便于生活垃圾的收集与清运，在各标施工营地、办公区、运输码头及施工人群密集区设置垃圾筒（箱）和果皮箱。

2）公共厕所的设置，应根据《城市环境卫生设施规划规范》（GB 50337）和《城市公共厕所设计标准》（CJJ 14）的要求，按照施工人口密度和数量确定个数和密度。厕所内应配备相应的自来水冲洗系统，保持空气流通，采光良好，有夜间照明设施。厕所地面要坚硬平整，便于清扫。化粪池要符合标准要求。

2.12.1.4 工程运行调度管理

1. 工程调度管理

针对工程影响范围内的疾病，尤其是病原传播范围广、病媒增殖速度快、致病性强和发病率高的疾病，应制定工程运营期卫生防病预案，通过工程运行调度管理消灭和抑制病原和病媒生物。

2. 卫生防病

根据水利水电工程的类型，可采取以下卫生防病措施：

（1）蓄洪工程重点：蓄洪前和蓄洪退水后蓄洪区的卫生清理和消毒。

（2）调水工程：主要考虑水源区卫生防病，包括病原和病媒生物清理、引水渠道卫生清理和渠岸致病污染源控制。

（3）拦河工程：主要是库区致病污染源控制。

（4）供水工程：主要为水源区卫生防病，包括病原和病媒生物清理、库岸致病污染源控制。

（5）涵闸工程：包括生活饮用水源供水渠卫生清理和渠岸致病污染源控制。

2.12.2 疾病预防与控制

水利水电工程建设在工程施工、移民安置和工程运行中可能发生的疾病主要有自然疫源性疾病、介水传染病、虫媒传染病、地方病等。在工程施工、运行中根据不同的疾病分别采取以下防控措施。

2.12.2.1 自然疫源性疾病的预防与控制

水利水电工程建设涉及的自然疫源性疾病主要有血吸虫病和钩端螺旋体病、流行性出血热等。

1. 血吸虫病预防和控制

血吸虫病（Schisosomiasis）主要通过皮肤、黏膜与疫水接触受染。在血吸虫病流行地区修建水利水电工程，其预防和控制措施主要包括：

（1）依靠专业队伍，经常性地对施工区和移民安置区的血吸虫病进行主动监测。

（2）通过工区医院、门诊的病例报告，由群众对查螺的举报，专业人员复核，并组织专项调查。

（3）针对钉螺可能输入的场地进行监测，重点为与有螺水系直接相通的区域，放养来自有螺地区水生动植物的场地，以及来往有螺区船舶停靠的码头、船坞等地区。

(4) 对历史上有螺区的外围进行监测，重点在其毗邻的工程施工区以及移民安置的乡、村，特别是与原有螺水系相通或山脉相连等适宜钉螺孳生的地区。

(5) 历史上有过钉螺、病人、病畜的工程施工区或移民安置区，每年对7～14岁的人群进行重点检查。发现病人、病畜或病鼠，应追踪来源并治疗，或处理病畜、病鼠。

(6) 对必须接触疫水的工作人员要采取防护措施，定期组织进行血吸虫病的专项体检。

(7) 在疫区施工时，应调查钉螺分布，明确存有钉螺的地带范围，实施杀灭措施。采用土埋时，要求铲净有螺草土，扫清散落螺土，埋深压紧，覆土厚度一般以30cm为佳，灭螺后现场保持无杂草和砖瓦垃圾、没有坑洼地、覆土层无缝等。根据地形地貌等具体情况，可选取填埋法、覆土法、封土法、铲土法等。要在专业人员的指导下，将有螺土深埋在工程的底部。采用化学灭螺时，选取灭螺药物，计算用药量、正确配制稀释，选用施药方法（浸泡法、喷洒法、铲草皮沿边药浸法），用适当的药物工具撒布在规定的范围内。

2. 钩端螺旋体病预防和控制

钩端螺旋体病（Leptospirosis）的传播途径主要是间接接触传播，传染钩体病的宿主非常广泛，但主要传染源为鼠类、猪和犬。

(1) 水库蓄水后，迫使鼠类迁徙，淹没区周围和淹没后形成的陆地“孤岛”，鼠密度将会增加，在这些地区应采取灭鼠措施，降低鼠密度，减少人群与老鼠接触机会。

(2) 家畜是水库库区“洪水型”钩体病的主要传染源。在洪水季节应加强牲畜管理，防止粪肥外溢，减少人群接触疫水的机会，减少感染钩体病的可能性。

(3) 灌溉工程在灌区水稻收割期应放干田水后再收割，或在田中撒入草木灰或石灰再收割，以降低人群感染钩体病的机会。

(4) 加强施工区巡回医疗，做好人员、技术、药品“三落实”，早发现、早诊断、早治疗；凡发烧病人要考虑到钩体病，用药尽量选择控制和消灭细菌性的药物，以减轻重症，降低死亡率。

(5) 进入疫区的外来人群或高危人群，应进行预防接种。

3. 流行性出血热预防和控制

流行性出血热（Epidemic hemorrhagic fever）是由病毒引起以鼠类为主要传染源的自然疫源性疾病。兴建水利水电工程时，由于大面积野鼠栖息地被淹没，野鼠可能迁至居民区觅食，为鼠间传播提供了条件，使鼠类带菌率升高，易造成出血热暴发和流行。

为了有效控制出血热的流行，在库区应做好下列工作。

(1) 加强疫情监测，及时掌握疫情动态，争取做到早发现、早诊断、早治疗，降低病死率。

(2) 在水库蓄水前，结合库底卫生清理工作开展有效的灭鼠活动。重点放在年发病率大于12/10万以上的高发病区。在移民安置区也应做好灭鼠工作，把鼠密度控制在2%以下，对新迁入的移民要做好出血热疾病的免疫接种工作。防止鼠类排泄物污染饮用水源和食品。

(3) 施工临时工棚不要搭在堤坡、稻田边或仓库附近。施工临时工棚内要设置与地面有一定距离的床铺，不能就地滩草而卧，以免直接接触鼠类及其排泄物。

(4) 提前做好抢救和治疗出血热患者的药物和器械供应工作。

2.12.2.2 介水传染病的预防与控制

兴建水利水电工程，大量施工人员聚集，工程用水和生活用水量多，肠道传染病人的大便、呕吐物里含有大量致病菌，垃圾、污水随地表径流进入地面水体和浅井水水源，极易导致介水传染病的发生。通过水源而传播的疾病大约有40多种，但一般常见和多发疾病有肝炎、痢疾、腹泻等肠道传染病。

1. 甲型肝炎预防和控制

(1) 加强饮食、饮用水卫生管理。水利水电工程施工区和移民安置区人群密集、流动性大，饮食、饮用水易遭肝炎病毒污染，尤其在夏秋季节，应加强各种生冷食品及饮料的卫生质量监督和管理。遭受污染的水源必须在净化消毒后或煮沸后方可饮用。当水质达到净化时，余氯应保持在0.3～0.5mg/L。

(2) 加强疫情监测，及早发现病人，重视施工区和移民安置区肝炎疫情的管理工作。出现疑似肝炎病人，应立即报告，由当地防疫站会同医院进行确诊。当有疑似戊型肝炎的病例，应邀请卫生防疫站协助诊断，并进行流行病学调查，找出传播途径及可能涉及的范围，预测疫情趋势，及时采取防治对策。对确诊后的肝炎病人应立即隔离治疗，尽量使病人入院治疗。

(3) 病人排泄物及污染物的消毒。肝炎病毒对酸、热和低温有较强的抵抗力，对病人的排泄物及污染物等必须进行严格的消毒处理。甲肝病毒有效消毒的药物有漂白粉、生石灰、氯胺T、二氯异氰尿酸钠、过氧乙酸、次氯酸钠等。病人排泄物用漂白粉按

1∶4或用20%漂白粉乳液以2∶1投入粪便持续4～6h。每升尿液加30g漂白粉搅拌成乳液放置2h。病人用过的污物，耐热物可蒸或煮沸20～30min，对不耐热物品或不能蒸煮的物品用1%～3%漂白粉、过氧乙酸等溶液浸泡2h或用上述溶液冲洗，湿抹床铺、桌椅等。

对病人废弃物可焚烧或用上述消毒液浸泡2h以上。对病者家庭或发病集中的单位污染的环境用上述消毒液进行喷雾消毒或用过氧乙酸薰蒸，并进行灭蝇，做好环境卫生。

(4) 对高危险人群进行严密观察。对密切接触中的高危险人群，特别是少年儿童，进行严密观察，注射丙种球蛋白，提高机体抵抗力。

2. 痢疾、腹泻等肠道传染病预防和控制

(1) 保证饮用水水质的安全。改善和保护施工区和移民安置区生活饮用水水质是控制该疾病的重要措施。禁止在水源周围修建厕所、粪坑、牲畜棚圈等，已存在的污染源要进行清除，防止取水点受到污染，保证饮用水水质的安全。做到有专人负责饮用水消毒，集中式供水水管末梢余氯应不小于0.05mg/L。

(2) 重视疫情监测，早期发现病人，及时隔离治疗。施工区、移民安置区人口多，流动性大，应做好食品卫生管理工作。搞好环境卫生，做好灭鼠灭蝇工作，提高自我防病意识。发现病人应及时隔离治疗，对病人和带菌者的排泄物、污染物要进行消毒处理。病人必须达到三次粪检阴性标准才能出院。

2.12.2.3 虫媒传染病的预防和控制

虫媒传染病中最常见的两种疾病是疟疾和乙脑。人对疟疾普遍易感，当人被有传染性的雌性按蚊叮咬后即可受染。乙脑主要是通过蚊虫叮咬而传播。疟疾和乙脑的防控措施主要包括：

(1) 凡在疟疾流行区兴建水利水电工程时，应搞好工地及周围的抗疟工作，彻底清除蚊蝇孳生点，提倡施工人员和移民使用浸过防蚊药物的蚊帐。

(2) 加强对发病病人的血涂片检查，早期发现病人并及时隔离和治疗，消除传染源和流行因素。

(3) 给疟疾病人周围的人群普遍服抗疟药。如发现流行趋势，应增加再次服药和灭蚊的力度，控制流行。

(4) 对施工区和移民安置区12岁以下儿童进行乙脑疫苗的预防接种。

2.12.2.4 地方性疾病预防措施

移民安置区和施工区比较常见的地方性疾病主要有碘缺乏病和以饮水型和燃煤型为主的氟中毒病。

1. 碘缺乏病防治措施

(1) 普及加碘食盐，在供应人们的碘盐中保证碘含量达到20mg/kg；批零销售用小包装，加专用商品标记，严禁销售非加碘食盐。

(2) 对移民中的青少年、育龄期妇女、哺乳期妇女，加服一次碘油胶丸，防止移民搬迁过程中产生碘缺乏。在不能保证加碘食盐的移民安置区，每两年内对上述对象补服碘油胶丸一次。

(3) 在有条件的地方，可推行新婚妇女口服碘油胶丸的办法。

(4) 普及碘缺乏病的知识，使人们懂得食用加碘食盐的意义和使用与保管加碘食盐的方法。

(5) 加强移民安置区碘缺乏病的监测，观察移民加碘食盐普及率、食盐含碘平均值（mg/L）等指标。

2. 饮水型和燃煤型氟中毒病防治措施

(1) 移民安置区或施工区尽量避开饮水型氟中毒流行区和饮用水含氟量超过1.0mg/L以上的地域。

(2) 当无合适的水源而采用高氟化物的水源时，应采取除氟措施，降低饮用水中氟化物含量。或通过调水工程等措施，改善水源水质，提供新的饮用水水源。

(3) 炉灶安装烟囱，内径至少为10cm，高度应超出屋顶40cm以上。

(4) 加强氟病区的监测工作。

2.12.2.5 流感的预防和控制

(1) 有关部门应开展人群免疫水平的监测，对疾病流行进行预报。

(2) 早期发现病人，做好疫情监测。一旦发现流感流行，对病人应采取隔离治疗。

(3) 甲型流感进行药物预防，可用金刚烷胺100mg，一日2次，连续7d，或用中草药（贯仲、野菊花、桑叶等）煎汤口服。

2.12.3 血吸虫病防治工程措施设计

水利水电工程在血吸虫病疫区施工，或者由于工程建设可能使钉螺扩散，应当根据《水利血防技术规范》(SL 318) 的要求采取相应措施，充分发挥水利血防措施的防螺、灭螺作用，控制和减少血吸虫中间宿主——钉螺的孳生与蔓延，减免工程建设对血吸虫病流行的影响。

水利水电工程建设涉及的血吸虫病防治（以下简称血防）包括工程建设和环境改造，治理钉螺孳生环境，以及防螺、灭螺等措施。

2.12.3.1 涵闸（泵站）血防工程措施设计

在有钉螺水域修建引水涵闸（泵站）时，为防止血吸虫病的蔓延和扩散，应因地制宜修建防螺、灭螺工程设施。防螺、灭螺工程设施可选用沉螺池或中层取水防螺建筑物。修建的建筑物应位于水流流态平顺、岸坡稳定且不影响行洪安全的岸段，要能适应河道（渠道）流量和水位变化，且便于运行管理和维修。

1. 沉螺池

（1）沉螺池布置。沉螺池宜布置在涵闸（泵站）消能设施的下游，由连接段和工作段组成。沉螺池的布置如图 2.12-1 所示。

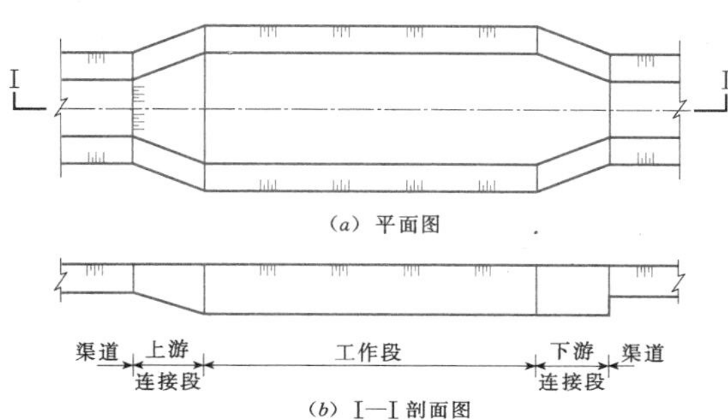

图 2.12-1 沉螺池布置示意图

（2）沉螺池工作段的长度、宽度和横断面面积。沉螺池应满足设计引水流量和正常输水要求，并且，工作段的长度和过水断面面积应保证钉螺能沉积在池内；与涵闸（泵站）消能设施及渠道的连接应合理、紧凑，少占（耕）地；便于清淤和灭螺。

沉螺池工作段的长度、宽度和横断面面积，应根据涵闸（泵站）的引水流量和钉螺的生物、水力学特性，采用以下公式计算：

1）工作段长度按式（2.12-1）计算：

$$L = KHV/\omega \qquad (2.12-1)$$

式中 L——沉螺池工作段沿水流方向的长度，m；

H——沉螺池设计水深，m；

V——沉螺池设计断面的平均流速，m/s，可采用 0.20m/s；

ω——钉螺的静水沉降速度，m/s，可采用 0.01m/s；

K——安全系数，可采用 1.1～1.5。

2）工作段过水断面的宽度采用式（2.12-2）和式（2.12-3）计算：

$$b = (A - mH^2)/H \qquad (2.12-2)$$

$$B = b + 2mH \qquad (2.12-3)$$

式中 A——沉螺池横断面面积，m^2；

B——沉螺池的水面宽度，m；

b——沉螺池的底宽，m；

m——沉螺池横断面的边坡系数，$m=\cot\alpha$，α 为边坡坡角，（°）。

3）工作段过水断面的面积采用式（2.12-4）计算：

$$A = Q/V \qquad (2.12-4)$$

式中 Q——涵闸、泵站设计流量，m^3/s。

沉螺池工作段宽度与深度的比值不宜大于 4.5。梯形断面的计算宽度为水面宽度和底宽的平均值。

（3）沉螺池工作段的连接。沉螺池工作段底部高程应低于上、下游渠道的底部高程，高差不小于 0.5m。沉螺池工作段底部与上游涵闸（泵站）消能设施或渠道可以斜坡连接，工作段末端应以垂直面或陡坡与下游渠道连接。

（4）拦污栅。沉螺池上游连接段的上端必要时可设置 1 道拦污栅。沉螺池内可设置 1～2 道拦螺墙或 1 道拦螺网等工程设施。

（5）拦螺墙（网）。

1）拦螺墙的位置可根据沉螺池规模、平面布置及螺情等确定，其顶部宜高出沉螺池最高运行水位 0.2m 以上。墙体的中、下部设过水孔（管），其底部高程宜低于沉螺池最低运行水位 0.5m。

2）拦螺网可采用固定的或随水位变化而升降的形式，其顶部宜高出沉螺池运行水位 0.2m 以上，底部宜低于沉螺池运行水位 0.5m。拦螺网可采用钢丝或塑料制作，网孔可采用 40 目。沉螺池边墙的顶面应高于附近地面，并设防护栏。

2. 中层取水防螺建筑物

对位于岸线较稳定、水源区的水深较大、进水口距主河槽较近且滩地较窄河段的涵闸（泵站），可采用中层取水建筑物防螺。

（1）建筑物的形式和布置。中层取水防螺建筑物可采取固定式或活动式进水口，进水涵管可采用圆形、矩形或拱形断面，涵管与涵闸的连接可采用密封或调压井的形式。固定式进水口典型布置如图 2.12-2 所示。

（2）进水口。固定式进水口的顶板高程宜低于所在地最低无螺高程线 2～3m。固定式涵管进水口宜采用喇叭形，并可设置除涡设施。活动式取水口顶部高程应随水位而变，要保持在水面之下不小于 1.2m。

2.12.3.2 堤防血防工程措施设计

堤防血防工程应根据堤防工程形式、洲滩地形、钉螺分布的范围与高程，以及河道水位变幅等进行布置，主要有以下类型：①填塘灭螺；②防螺平台（带）；③防螺隔离沟；④硬化护坡防螺。结合堤防工

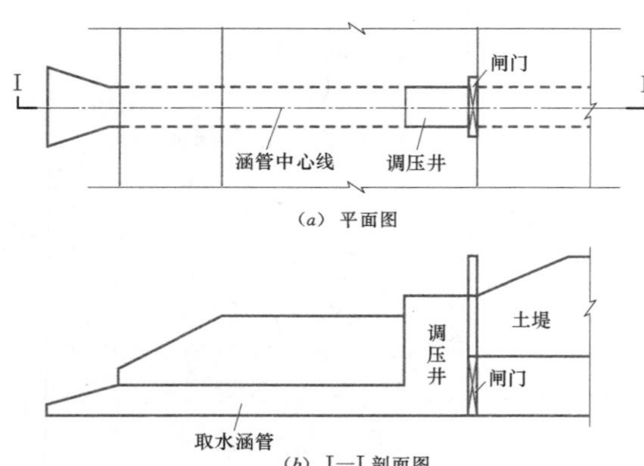

图 2.12-2 固定式中层取水防螺涵管布置示意图

程实施的血防工程不得影响防洪。

1. 填塘灭螺

(1) 填塘高度。在堤防管理范围内孳生钉螺的坑塘、洼地等，结合堤防加固，尽可能填平或抬高，顶部高程宜达到最高无螺高程线以上，并有一定的坡度，以利于排水。

(2) 灭螺措施。在堤防加固中采用填塘灭螺时，先铲除池塘周围厚15cm以上的有螺土，堆于坑塘底部，上覆厚30cm以上的无螺土，必要时应喷洒灭螺药物。

2. 防螺平台（带）

堤防两侧的护堤平台，应考虑防螺、灭螺的要求，形成防螺平台（带）。防螺平台（带）的顶面高程不宜低于当地最高无螺高程线，顶面宽度不应小于1m；当平台较宽时，平台的顶面应规则平整。

3. 防螺隔离沟

(1) 隔离沟位置。在湖区，堤防临湖侧滩地宽度大于200m时，在堤防保护范围以外可修建防螺隔离沟。

(2) 隔离沟淹水时间与宽度。防螺隔离沟应平顺、规则，与河湖连通。每年淹水时间宜保持连续8个月以上，且水深不小于1m。防螺隔离沟宽度宜控制在3～10m或采取其他拦阻措施。

4. 硬化护坡防螺

(1) 堤防采取硬化护坡措施，应考虑防螺、灭螺的要求。由于堤防挡水，堤身临水坡土壤含水度较高，潮湿并生长杂草，适宜钉螺孳生，故可结合护坡，采用坡面硬化措施，改变坡面环境，防止钉螺孳生。

(2) 堤坡硬化措施形式。采用现浇混凝土、混凝土预制块或浆砌石形式，也可采取经论证推广应用的新材料、新工艺。坡面应保持平整无缝。坡面硬化的下缘宜至堤脚，顶部应达到当地最高无螺高程线。

2.12.3.3 灌排渠系血防工程措施设计

灌排渠系防螺、灭螺可采取埋设暗渠（管）、开挖新渠、硬化渠道或沉螺池等措施。

1. 埋设暗渠（管）

(1) 选用暗管条件。对灌排流量不大和含沙量较小的渠道，可选用暗渠（管）。钉螺在阳光条件下的生存时间约为2～3个月，渠道改为暗渠（管）可防止钉螺孳生。暗渠（管）的长度和流速应在渠系设计时一并考虑。

(2) 暗渠（管）形式。暗渠（管）可采用箱涵、混凝土预制管或波纹塑料管等形式。暗渠（管）的断面尺寸、埋深等应按《灌溉与排水工程设计规范》(GB 50288—99) 执行。暗渠（管）应便于维护。

2. 开挖新渠

(1) 弃旧渠挖新渠。在改造和调整渠系时，对已有的钉螺密集的渠系，可采取废弃旧渠、开挖新渠的措施。

(2) 旧渠处理。对废弃的有螺旧渠进行填埋处理；如不填埋，应铲除有螺土，铲土厚度大于15cm，并进行灭螺处理。

3. 硬化渠道

(1) 渠道硬化范围。对有防渗、防冲或建设现代高效农业园区要求的有螺渠道，宜进行硬化处理。渠道边坡硬化范围，上至渠顶或设计水位以上0.5m，下至渠底或最低运行水位以下1m。渠底是否硬化应根据渠道建设要求和运行等条件确定。

(2) 渠道硬化形式。渠道硬化可采用现浇混凝土、预制混凝土块（板）、浆砌石或砖砌等形式。渠道硬化表面宜保持光滑、平整、无缝。

(3) 施工中灭螺处理。渠道硬化施工清除的有螺土应进行灭螺处理。

4. 修建沉螺池

在有螺渠系两级渠道的连接处，宜修建沉螺池。沉螺池设计可参照涵闸（泵站）沉螺池设计进行。

2.12.3.4 河湖整治血防工程措施设计

在血吸虫病疫区整治河湖，对血吸虫病流行可能产生影响时，应采取防螺、灭螺措施。

1. 防螺、灭螺措施类型

河湖整治工程中，根据工程具体情况，可采取抬高或降低洲滩、封堵支汊、坡面硬化等防螺、灭螺措施。

2. 洲滩高程控制

抬高后的洲滩顶面高程，应高于当地最高无螺高程线。降低后的洲滩顶面高程，应低于当地最低无螺高程线。

3. 堵汊工程

修建堵汊工程应考虑防螺、灭螺要求，确定上、下口封堵工程的形式和高程。

4. 河道整治弃土处理

河道整治的弃土堆置应规则、平顺、表面平整，无坑洼，对有螺弃土进行灭螺处理。

2.12.3.5 饮水血防工程措施设计

(1) 新建饮水工程应选择无螺的地表水或地下水作为水源。

(2) 从有螺水域取水的已建饮水工程，应更换水源，或采取保证饮水安全的防护措施。

(3) 加强有饮水功能的蓄水塘堰的水源保护，采取防螺措施。

(4) 在疫区的饮水工程采用管道输水。

(5) 疫区的水井设置砌筑井台，加设井盖。井台的高程应高于当地的最高内涝水位。井的四周宜设置排水沟。

2.12.3.6 血吸虫病防治案例

南水北调东线工程从长江引水，为避免长江钉螺通过取水口、部分输水干线及其涵闸向北扩散，采取了以下防控措施。

1. 河道硬化工程

河道硬化工程措施主要是防止进水口出现钉螺孳生的土壤和植被，避免钉螺通过抽水而进入输水河道。各河段防螺治理工程措施详见表 2.12-1。

表 2.12-1 南水北调东线河道防螺治理工程

河道名称	长度(km)	现 状	防螺工程	目 标
江都站东西闸引水河	1.5	部分护砌	河岸硬化	消灭钉螺孳生地，防止钉螺北移扩散
新通扬运河江都东闸至泰州东郊段	34.2	无护砌硬化	河岸硬化	
高水河	15.2	大部分护砌	整修护砌	
三阳河、潼河	81.3	部分护砌	河岸硬化	
里运河高邮段	43.0	块石驳岸	浆砌护岸	
金宝航道	30.75	基本无护砌	河岸硬化	
芒稻河	11.0	无护砌	河岸硬化	

2. 河道防螺拦网工程

南水北调东线河道防螺拦网工程的设置地点分别为：江都站西闸外、江都站东闸外、宝应站前引水河。

拦网类型设计为双层半幅拦网。第一层为水面拦网，采用 40 目/25.4mm 尼龙网，高 1.5～2.0m，水面上 0.5m，水下 1.0～1.5m；第二层为水下拦网，采用 20 目/25.4mm 尼龙网，高 1.5m。

拦网工程设专人进行管理，主要负责拦网前漂浮物清理。漂浮物不得随意丢弃，须集中指定地点作无害化处理，并定期检查更换拦网。

3. 涵闸防螺工程

南水北调东线里运河宝应以南血吸虫流行区沿输水线有 34 个涵闸（洞），均无防螺设施，存在钉螺扩散的可能，需要结合涵闸修建增设防螺设施。该工程结合涵闸主要采用了 6 种防螺设施。

(1) 单层拦网。在水流平缓、漂浮物和泥沙较少的小型灌渠，采用 20 目的尼龙网或金属网，固定于钢架，制成闸门式拦网，主要用于拦阻成螺。

(2) 双层拦网。在水流平缓、泥沙较少的中小型灌渠，第一层采用 20 目的尼龙网或金属网，固定于钢架，主要拦阻漂浮物和成螺，并定期打捞漂浮物；第二层采用 45 目网，主要拦阻幼螺。

(3) 双层半幅拦网。双层半幅拦网与河道拦网相同，适用于过水量较大的灌渠。控制流速不大于 0.2m/s，需定时打捞拦渣网前的漂浮物。

(4) 平流沉淀法。平流沉淀法也叫"沉螺池"技术，沉螺池的布置形式和断面尺寸与上、下游渠道具有同等的过水能力，同时要便于清除沉积的泥沙和杀灭钉螺。沉螺池由连接段和工作段组成，其横断面面积、宽度、深度和长度的确定，需结合工程所在地区的地形、地质、涵闸（泵站）的引水流量、渠道状况以及钉螺的生物、水力学特性等条件，按照《水利血防技术规范》(SL 318—2011) 推荐的公式计算确定。

沉螺池设计断面平均流速为钉螺在沉淀池内的起动速度，即钉螺在沉螺池底部保持静止不动的垂线平均流速，其值与沉螺池水深和钉螺的外形、大小及其在池底吸附状态等因素有关。钉螺的起动流速和Ⅰ级钉螺（幼螺）、Ⅱ级钉螺（中螺）、Ⅲ级钉螺（大螺）的静水沉降速度可按 SL 318—2011 推荐的公式计算确定。

根据实验室实验资料统计分析，沉螺池设计时钉螺起动流速值小于 0.20m/s。具体可结合沉螺池实际条件分析确定。

钉螺的静水沉降速度与钉螺的外形、大小及容重等因素有关。根据实验室实验资料统计分析，Ⅰ级钉螺（幼螺）的静水沉降速度最小，为 0.0094～0.0365m/s，从偏于安全考虑，沉螺池设计时，钉螺的静水沉降速度推荐采用 0.01m/s。沉螺池的宽度与深度的比值不宜大于 4.5，目的是使沉螺池内的流速沿池宽分布较均匀，提高沉螺效果。沉螺池工作段的底部低于上、下游渠道底部，以防止沉螺池底部的钉螺进入下游渠道，且便于集中杀灭。各地已建的沉螺池的底部与上、下游渠道底部的高差均在 0.5m 以上。沉螺池工作段底部与上游渠道以斜坡连接，使上游渠道的水流通过均匀扩散进入沉螺池；沉螺池工作段的末端以垂直面与下游渠道连接，以防止沉螺池底部的钉螺进入下游渠道。沉螺池内设置拦螺网和拦螺墙，目的是拦截和集中收集水体表层的钉螺和漂浮物，提高防螺、灭螺效果。拦污栅的作用是防止漂浮物进入沉螺池，若涵闸（泵站）已设置拦污栅，沉螺池则不必重复设置。由于钉螺一般存在于水体的表层和底层，拦螺网的底部和拦螺墙过水孔（管）的顶部高程均宜低于沉螺池运行水位 0.5m，以便拦截钉螺，防止钉螺随表层水体进入下游渠道。

（5）沉螺池＋双层半幅拦网。沉螺池与双层半幅拦网两种方法组合使用，防螺阻螺效果更好。

（6）中层取水防螺涵管。中层取水防螺涵管进水口顶板高程低于当地洲滩钉螺分布最低高程线以下，一般低 2～3m，以保证引水时避开水体表层的钉螺、螺卵和尾蚴。涵管进水口分固定式和活动式两种，主要根据水源区水位变幅、钉螺分布高程、涵闸（泵站）底板高程等因素分析确定。为防止涵管进水口附近产生立轴漩涡，将水体表层的钉螺和漂浮物卷入进水口内，涵管进水口应设计成喇叭形状。中层取水防螺涵管适用于水深较大，岸线较稳定，进水口距主河槽深水区较近，且外滩宽度较窄的涵闸（泵站），以保证建筑物运行正常，便于清淤及减少工程投资。

4. 药物灭螺

在水源区和受水区进行药物灭螺，每年春秋季采用氯硝柳胺乙醇胺盐喷粉法或喷洒法杀灭水源区钉螺，降低钉螺密度，减少钉螺来源，水源区每年灭螺面积 1000 万 m^2，受水区每年灭螺面积 30 万 m^2。

5. 控制调水灭螺

枯水期增调长江水，汛期减调长江水而增调淮水，以减少长江钉螺向输水河道扩散的风险。

2.13 景观保护与生态水工设计

2.13.1 景观与景观保护

2.13.1.1 景观

一般而言景观泛指地表的自然景色，包括形态、结构、色彩等。景观具有美学观念，是人类对环境的一种感知，也是人类对环境的一种需求。景观主要分为自然景观和人文景观两大类。自然景观指自然地理环境和生态环境所展示的景观形象。目前在我国具有珍贵价值和保护意义的自然景观，主要有自然保护区、风景区、温泉、疗养区等。人文景观是指人类生产和生活活动所创造的一切文化产物所显示的景观形象。人文景观与环境保护直接相关的有名胜古迹、园林、城市景观、水库游览区、重要的政治文化设施以及其他人类活动遗迹或印记。人文景观既受人类历史、民族文化及时代意识的制约，同时也受自然环境的影响。

2.13.1.2 景观保护

景观作为客观物质系统，由于鲜明的色彩、线条、形态和性质等呈现出来的某些特定形式，具有满足人类追求美的客观意义。随着社会经济水平和文明程度的提高，作为生活环境一部分的美学环境越来越受到人们的重视。在建设项目环境影响评价中开展景观影响评价，其目的在于预测和评价拟建项目在某一特定区域造成的景观影响的显著性和强度，以便采取相应的景观保护措施。相对而言，我国的景观影响评价工作起步较晚，工程建设领域中的景观规划设计还处于摸索发展之中，尚未形成系统的技术标准和规范。景观影响评价在日本、美国、英国等发达国家早已受到重视，开展了较多的研究工作，并已发展为景观及视觉影响评价。欧盟明确规定，在评价拟建项目时，必须进行景观的直接和间接潜在影响评价。

水利水电工程在取得防洪、发电、灌溉、供水、航运等诸多综合效益的同时，大坝、堤防、电站、渠道、水闸等建筑物建设以及人为改造所形成的水库、渠道、河道，不可避免地将对原自然景观造成一定的影响，这种影响可能是不利影响，也可能是有利影响。根据景观影响调查和评价结论，开展景观保护设计，其目的是避免或减缓有关不利影响，恢复或改善区域环境。

景观保护（Landscape protection）是指防止或治理对自然与文化景观的破坏所造成的景观结构与功能上的损失，包括生态系统与视觉景观两方面的保护。

2.13.2 景观保护设计

2.13.2.1 设计的重点和原则

1. 景观保护设计的重点

根据《环境影响评价技术导则　总纲》（HJ 2.1— 2011）确定的环境影响评价工作程序，景观保护设计应基于景观影响的预测评价结论进行。按照《环境影响评价技术导则　水利水电工程》（HJ/T 88—2003），景观预测一般包括风景名胜区、自然保护区、疗养区、温泉等内容。由于自然保护区等一般纳入生态影响评价及保护措施考虑的范畴，疗养区、温泉等一般多与风景名胜区相联系，或其本身也属于风景名胜区的范畴，所以水利水电工程景观保护设计的重点是风景名胜区。风景名胜区的景观保护规划和设计，应符合《风景名胜区条例》的有关规定和要求。

水利水电工程建设形成的构筑物及受其调度运行影响的水体、陆域和动植物等，也会创造出新的人造（人工）景观系统。水是生态系统中最重要的基础要素，水利工程形成的水文景观，加上周边的地文景观、森林景观、湿地景观和人文景观等，常常形成优美的风景资源。通过适当的安排与组合，发掘其美学价值，赋予一定的文化内涵，可供人们进行游览、探险、休闲和科普教育活动，造就了众多独具特色的水利风景区。2004 年 5 月，水利部印发《水利风景区管理办法》，规定了水利风景区的设立、规划、建设、管理和保护等方面的要求，对于科学、合理利用水利风景资源，保护水资源和生态环境，加强水利风景区的建设、管理和保护具有重要意义。随着近年来人水和谐理念的倡导，从满足人的根本需求出发，景观保护设计的范畴已从最早工程涉及自然保护区、风景名胜区等重要景观的保护，逐步向水工程与周边自然景观融合、协调的方向发展。在满足工程安全及开发利用功能的前提下，引入有关生态学和景观生态规划原理，协调和处理好工程与景观的关系，已经成为水利工程设计发展的新领域之一。由于水利工程的首要任务为兴水利除水害、满足经济社会发展要求，基于当前我国经济社会发展的水平，在水利基本建设项目投资控制以及建设单位管理水平、工程建设理念等因素影响下，水利工程景观美学价值尚未在项目前期和设计工作中得到应有的重视。

2. 景观保护设计理念和原则

景观保护设计就是对建设项目用地范围内和范围外一定宽度（可视范围）的自然景观和人文景观进行保护、利用、开发、创造和完善。景观保护设计的主要内容是建筑物造型及平面布置、景观绿化美化。这些内容不仅在自身的形式、风格、质感、色彩、尺度、比例和协调等方面符合美学原则，而且要与环境浑然一体，相互协调或相互映衬，共同构成良好的项目景观。

按照人水和谐的要求，景观保护设计要树立水工程与景观相协调的理念，工程要尽可能保持项目沿线自然景观的天然特点，充分利用地形地势，合理进行平面和竖向布置，充分突出自然景观美，项目构建筑物和辅助设施造型与自然景物在尺度、色彩上相匹配，形成人工与自然相互融合、映衬的和谐关系。

根据景观影响预测评价的结论，从其影响景观对象的敏感性和保护级别、影响是否可逆、影响程度（或破坏的可接受程度）等，水利水电工程景观保护设计确立以下设计原则：

（1）避免。对于工程建设可能产生不可逆影响的自然和人文景观，应采取“避免”原则，这也是最直接的景观保护设计，即改变工程的选址选线和布局，避开受影响的自然和人文景观，寻求工程替代方案。如料场、渣场、施工场地布设，移民安置点选址如涉及重点保护的风景名胜区、古树名木或自然保护区，应在可行范围内改变选址以规避扰动和破坏影响。

（2）协调。首先，协调原则是指水利水电工程的主体工程设计要与工程周边景观尽可能相协调，从建筑色彩、材料、风格等角度尽可能与自然和人文景观相融合；其次，在工程建设扰动区域的生态景观恢复与重建中，应遵循协调原则，如林草措施的适地适树、恢复治理措施与水利工程总体景观风格和周边自然景观相协调和统一。

（3）补偿。在满足水利水电工程开发任务的方案中，有时因淹没或其他原因，导致一些以生态系统或民俗人文风情为特色的景观受到破坏和侵占，如风雨桥、木楼、牌坊等少数民族建筑，可根据保护需要采取搬迁、异地重建恢复措施，并对资源和环境损失予以补偿。

2.13.2.2 设计内容

1. 景观规划指标

根据《山岳型风景资源开发　环境影响评价指标体系》（HJ/T 6—94），规划指标是反映开发建设项目用地的可行性指标，即规划确定的各类型地域中允许或限制开发建设活动的规定和要求。规划指标的确定参见表 2.13－1。

2. 景观保护设计内容

（1）“避免影响”设计。对于涉及风景名胜区的水利水电建设项目，应首先查明风景名胜区的范围及区外保护地带，掌握景区和其他功能分区。在此基础上，对于表 2.13－1 中一级、二级景观，应采取“避免影响”设计。一般而言，工程上可通过枢纽选址优化，渠线比选优化，控制水库有关特征水位，施工场地及道路重新选址（线），采用隧洞、桥梁等替代方案等，避开有关风景名胜区的保护区域。有关内容参见图 2.13－1。

（2）“降低影响”设计。对于风景名胜区一级、二级景观之外的一般保护区、保护控制区，在风景名胜区规划中未予限制的水利水电建设项目，对于因工程建设、运行而受到不利影响的区域，必须进行生态恢复和景观重建，以减缓相应的不利影响。一般而言，

表 2.13-1 景观规划指标确定

景观类别	景观级别	用地特征	保护方式	允许的开发建设活动
特别保护区	一级	重要生态保护小区，精华景点（含人文景观），饮用水源保护小区	绝对保持原有面貌，人工干预是为了保持	自然风景名胜保护；天然植被抚育和绿化；人文景观维护和利用
重点保护区	二级	一般生态保护小区，重要景点	严格控制人工干预，不允许破坏地貌、水体、植被	除一级保护区允许的开发建设活动外，可建设供观光的交通设施项目
一般保护区	三级	一般景点，局部利用工程技术实现“天人合一”	人工有条件地改变自然生态，提高生态质量，实行一般保护	可建设交通和基础设施、旅游服务设施等工程项目
保护控制区	四级	外围保护带，环绕划定保护范围外的地带	限制工矿业生产，提高绿化水平，禁止滥采滥伐	除规划明确限制的项目外均可

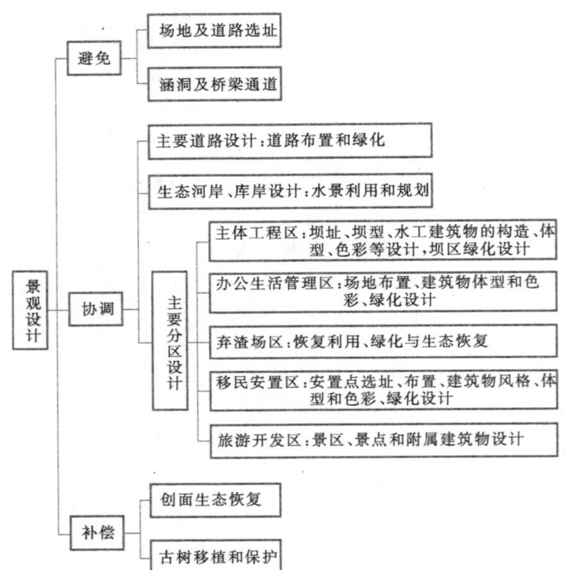

图 2.13-1 水利水电工程景观保护设计的主要内容

根据景观保护的对象和保护要求，因地制宜，采取“降低影响”设计。如黄河海勃湾水利枢纽工程，对于水库库尾淹没影响的胡杨岛，采取了“防护围堤＋排水泵站＋排水沟＋退水闸”的工程防护方案，以降低工程对区域独特森林景观的淹没影响。另外，水土保持工程中，植被恢复措施也是一种降低工程扰动影响的设计。

根据工程建设内容或分区，“降低影响”设计的内容包括：永久道路选线和绿化，河岸、库岸区结合水景利用或规划的生态防护措施，枢纽大坝区兼顾景观要求的水工建筑物设计，办公生活区平面布置、建筑物设计，工程管理区的景观绿化设计，移民安置区的选址、布置和建筑物设计；另外，运行管理期间建管单位通过自筹资金开展满足旅游休闲要求的景区和景点规划、设计。

（3）“补偿影响”设计。除上述两种景观保护设计之外，“补偿影响”设计主要包括：①对施工受损创面进行生态恢复，如坝肩开挖岩质边坡的生态覆绿措施；②对工程淹没区或施工扰动范围内的古树名木采取异地繁育措施。

2.13.2.3 设计案例

南水北调中线总干渠一期工程终点——团城湖景观保护设计。

1. 颐和园概况

颐和园位于北京市西郊，距市中心约 19km，原名清漪园，建成于 1764 年，是清代皇家园林和行宫。颐和园是中国传统造园艺术的典范，也是北京清朝皇家园林——“三山五园”中唯一完整独存的一处。颐和园占地 290hm^2，其中水面 220hm^2，占全园的 3/4。园内分为宫廷区、前山前湖区、后山后湖区三大景区，共有殿堂楼阁、亭台水榭 3000 余间，是帝、后政治活动和游憩的地方。1860 年被英法联军焚毁，1888 年重建，改名为“颐和园”。1900 年，又遭八国联军严重破坏，1902 年再次修复。

颐和园依靠后湖景区使万寿山形成三面环水的格局，后湖起到了观赏、游览和防火的三个功能，特别是将防火功能与园林设计巧妙结合，其作用类似于城墙四周的护城河。1998 年 12 月 2 日，颐和园荣列《世界遗产名录》，成为世界级的文化瑰宝。世界遗产委员会评价颐和园亭台、长廊、殿堂、庙宇和小桥等人工景观与自然山峦和开阔的湖面相互和谐、艺术地融为一体，堪称中国风景园林设计中的杰作。

2. 工程对颐和园景观的影响

团城湖明渠段为南水北调中线总干渠最末端工程，总长 885m，其中明渠段长 777.8m，建筑物长 107.2m。按一般设计方案，南水北调中线终端将拆除颐和园围墙进入团城湖，并且团城湖闸的控制闸室将高出颐和园围墙。即便工程完工后对颐和园围墙进行恢复，但仍将留下新建痕迹，这将对建筑和景观产生一定破坏。墙外闸室建筑物与园内建筑反差较大、不和谐，势必影响颐和园整体风貌。

3. 景观保护设计

为保护颐和园整体风貌，工程设计部门充分与颐和园管理部门协调，按公园管理部门的意见，对南水北调中线终端建筑物设计做了修改。设计原则为工程不破坏公园现有围墙，并在公园内通道上不得看见墙外建筑物。为满足颐和园景观要求，将闸室与颐和园的墙距增大至30m，同时闸门启闭机选用柱塞式液压启闭机，将闸门控制室高度降低至6.6m，以暗涵方式下穿颐和园围墙。团城湖闸立面造型设计中，考虑到此闸与颐和园公园很近，在风格上应与颐和园建筑物风格保持相近，融入了清代建筑的设计元素。为不影响颐和园的整体风貌，将闸房层数限定为一层。

为与周围景观相协调，明渠设计采用复式断面，上开口宽约36m，在水位以下0.8m左右处设二层平台。通过二层平台宽度的变化，使水边岸线富于变化，给河道绿化美化创造了有利条件；明渠两侧各设计12m宽的绿化带。团城湖明渠是南水北调中线进入北京市区后唯一的明水渠道，其明渠及其建筑物外观设计充分考虑了与周围景观及颐和园整体风貌相协调，工程建成后不仅改善了周围环境，业已成为颐和园南墙外一道亮丽的风景线。

2.13.3 生态水工设计

2.13.3.1 生态水利工程学

生态水利工程学（Eco - Hydraulic Engineering）是研究水利工程在满足人类社会需求的同时，兼顾淡水生态系统健康与可持续性需求的原理与技术方法的工程学（董哲仁，2003）。它是人们在反思传统水利工程与自然、环境关系的过程中，寻求水利水电工程建设和生态保护之间合理平衡点的基础上逐步发展起来的一门交叉学科。生态水利工程学有着极其丰富的内涵，涉及规划、设计、调度、监测、管理等诸多领域，内容上包括河流生态修复、兼顾生态保护的水库调度、与生态友好的水利水电工程规划设计方法、河流生态监测与健康评估等。

生态水利工程学在工程实践中将生态学和水利工程学结合，既满足人类社会发展的需求，又能缓解人为活动对生态系统的胁迫效应，维护水生态系统的健康和可持续发展。生态水利工程学仍处于起步发展阶段，尚需长期探索、研究和实践。

2.13.3.2 生态河流的自然化理念

河流自然化就是河流生态修复，其内涵是在满足河流防洪、供水等社会经济功能的前提下，通过人的适度干预，使河流恢复人类大规模经济活动以前的某些自然特征，提高河流的生态价值和美学价值。城市中小河流的自然化目标可归纳为“一个定位”和“四个改善”。

“一个定位”，即城市总体规划中河流的定位问题。城市景观以人工景观为主，河流是十分宝贵的自然景观资源。在城市的总体规划中，城市河流应作为重点保护对象，河流周边地区不宜划为商业区，沿河流两侧包括滩地、池塘、湿地等，应明确划出有足够宽度的河流保护管理区，辟为生态保护区或公共休闲区，提供生态产品，为全体市民共享。

“四个改善”是：

（1）改善河流水质。城市河流的治污不能脱离周边地区，也不能脱离上下游孤立进行，需要统筹协调。在城市范围内，提高城市污水处理率是当前治污的关键。河道两岸应修建截污管线或截污沟，避免未经处理的污水直接排入河道；在暴雨期要调度好上游水库塘坝，增加蓄水，降低暴雨期的“污染脉冲”效应；对于人工湿地、氧化塘、生态廊道和植物浮岛等较为成熟的生态工程技术，都可因地制宜选择应用。

（2）改善水文条件。首先，要在历史调查和论证的基础上，尽可能恢复城市河湖水面，使水面面积与城市面积之间保持合适的比例；其次，大力改造硬质地面，发展透水地面，改善下垫面条件补给地下水；最后，要完善上游水库闸坝调度方式，保障河流生态环境用水。

（3）改善河流景观格局。在河流平面形态上，恢复河流的蜿蜒型，形成浅滩—深潭序列；扩展滩区宽度，发挥滩区作为水陆交错带生物多样性的优势；拆除使用价值不大的闸坝，增强河流、河滩、河汊、湖泊、湿地和洼地之间的连通性，保证物质输移和鱼类洄游的通畅。在河流横断面形态上，通过冲淤、疏浚等方式，重建河床底层，有利鱼类产卵和提高次级生产力。岸坡防护工程提倡采用生态型技术，采用具有良好反滤的插活枝条堆石、活植物梢料排、天然材料织物、土工网垫植被护坡等柔性结构，采用透水、多孔的混凝土构件如生态砖、鱼巢砖等。通过综合配置，使得河流在纵、横、深三维方向都具有丰富的景观异质性，形成浅滩与深潭交错、急流与缓流相间、植被错落有致、水流消长自如的多样丰富的景观空间格局。

（4）改善生物群落结构。岸边植被是河流的缓冲带。自然化理念提倡采用乡土树木和草种重建河道护坡，不但有利于岸坡稳定，也有利于形成稳定的生物群落。

2.13.3.3 河道岸坡生态防护工程设计

河道岸坡生态防护工程设计应遵循“道法自然”的原则，除满足防洪安全、岸坡冲刷侵蚀防护、环境美化、日常休闲游憩等功能外，同时还须兼顾维护各类生物适宜栖息环境和生态景观完整性的功能，因此，要求岸坡防护结构具有表面多孔、材质自然、内外透水的特点。在结构材料的选择上，须选用多孔透水性结构。

这类结构设计的技术关键在于反滤层设计，防止防护结构下面的土层在波浪、水流及渗流作用下发生冲刷侵蚀破坏，从而保证防护结构的整体和局部稳定性。反滤层材料可选用植物纤维垫、土工布（软体排）或碎石。应用土工布作为反滤层时，要求土工布满足保土性、透水性和防堵性三方面的要求，其主要设计指标包括等效孔径、孔隙率和垂直渗透性，在拉伸强度和顶破强度方面也有一定的要求，详见《土工合成材料应用技术规范》(GB 50290—98)。碎石反滤层和垫层的设计，可参照相关土石坝设计规范等技术标准。

生态型岸坡防护工程常用的结构和材料包括植被护坡、抛石、干砌石、石笼、混凝土砌块或铰接混凝土块（排体）、混凝土框架、土工格室等。结构型式应根据河道岸坡的坡度、水流特点和土质条件选择确定。结构设计应根据不同设计洪水流量和水位，验算岸坡及防护结构在水流拖拽力、坡内渗流作用力和波浪吸力作用下的整体稳定性和局部稳定性，例如岸坡的深层抗滑稳定、防护结构整体沿坡面的抗滑稳定性、单个块体的稳定性等。另外，须分析计算可能的坡脚淘刷深度及范围，据此确定防护结构向河床方向的延伸范围。此外，在这类防护结构设计中，还需要通过人工种植或自然生长的技术途径，促进岸坡植被的发育。以下对典型岸坡防护型式分别介绍。

1. 块石护岸＋植物措施护岸

如图 2.13-2 所示，此类结构是在岸坡防护中最常用的一种结构型式。

按河道防洪水位加一定安全超高确定防护范围，块石护岸以上部位采取适生植物防护，具有水流冲刷和波浪防护、植被生长发育及生物栖息地改善等多种作用。设计中须验算水流淘刷深度，以确定块石防护范围，必要时坡脚设置挡墙；按照满足在水流和波浪作用下的稳定性要求确定块石尺寸或护岸厚度。块石层下面必须设反滤层，必要时还应设置垫层。按照护岸结构来分，包括干砌块石护岸、浆砌块石护岸、抛石护岸等；对于流速较大的河流，还可采用石笼护岸。

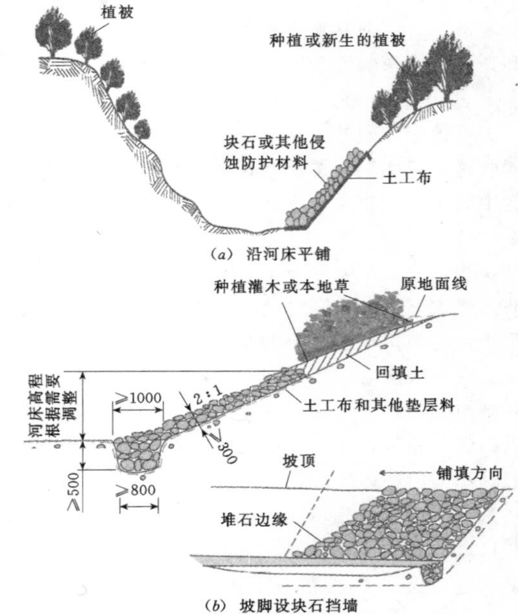

图 2.13-2 块石护岸＋植物措施护岸结构型式示意图（单位：mm）

2. 挡墙护岸

如图 2.13-3 所示，采用挡土墙结构的防护型式一般适用于岸坡相对较陡的河段，需要进行挡土墙及岸坡土体的抗滑稳定、墙体抗倾覆稳定以及加筋土工布或格栅的抗拉拔稳定性验算。挡土墙后一般设土工布反滤层，以保证植被发育前墙后土体的抗侵蚀稳定性。挡土墙型式可分为格宾石笼挡墙、土工格室挡墙等。

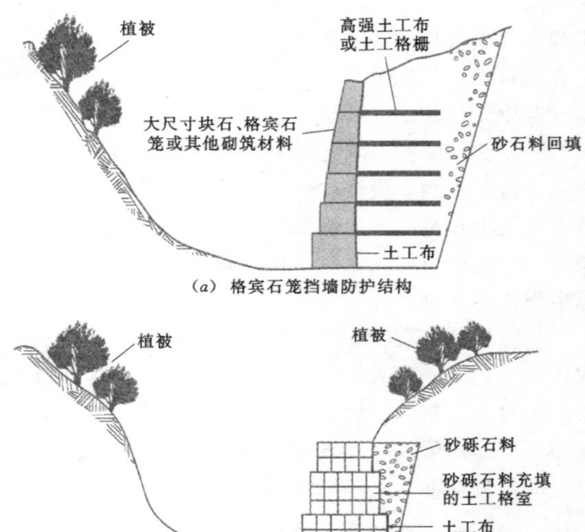

图 2.13-3 挡土墙护岸结构型式示意图

图 2.13－4 所示是块石挡墙护岸，挡墙要深入河床至少 0.6m 以上，墙后有效排水路径要在冻土深度以下。墙体要向坡内倾斜，块石要按照最大接触面积相互搭接，墙体重心后面的土压力按主动土压力计算。块石间扦插的灌木枝条要深入墙后土体，枝条轴向要垂直于墙体外坡面。

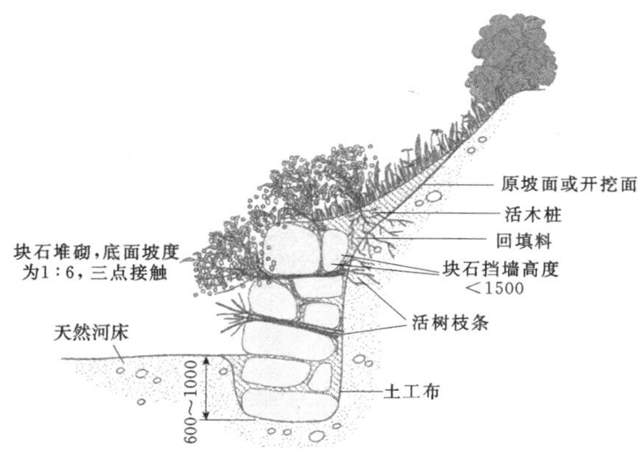

图 2.13－4　块石挡墙护岸结构型式示意图（单位：mm）

3. 植物纤维垫护岸

如图 2.13－5 所示，植物纤维垫一般采用椰壳纤维、黄麻、木棉、芦苇、稻草等天然植物纤维制成(也可应用土工格栅进行加筋)，可结合植被一起应用于河道岸坡防护。这类防护结构下层为混有草种的腐殖土，植物纤维垫可用活木桩固定，并覆盖一薄层表土，可在薄层表土内撒播种子，并穿过纤维垫扦插活枝条。

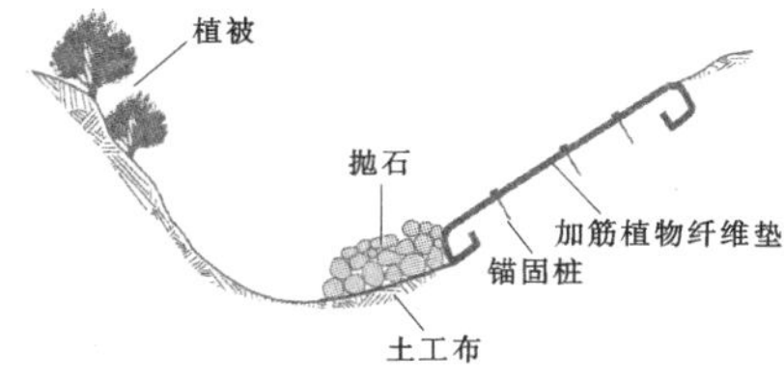

图 2.13－5　植物纤维垫护岸结构型式示意图

4. 铰接式混凝土护岸

如图 2.13－6 所示，铰接式混凝土护坡是由一组尺寸、形状和重量一致的预制混凝土块，用镀锌的钢缆或聚酯缆绳相互连接而形成的连锁型矩阵，是一种连锁型高强度预制混凝土块铺面系统。其特点是可利用机械整体安装，提高施工效率和安装精度。

铰接混凝土块的孔隙率要满足充填表层土或砾石材料的要求，以利于植被的生长发育。适宜植物类型为乡土草种，应避免种植灌木和树木，以免其根系生长造成铰接混凝土块被顶破。

图 2.13－6　铰接式混凝土护岸

5. 植物梢料岸坡防护

如图 2.13－7 所示，梢料材料一般利用 2～3m 长、直径约为 10～25mm 的活体枝条加工而成。枝条必须足够柔软以适应边坡表面的不平整性。梢料要用活木桩或粗麻绳固定，可用少量块石（直径约 20cm）压重。

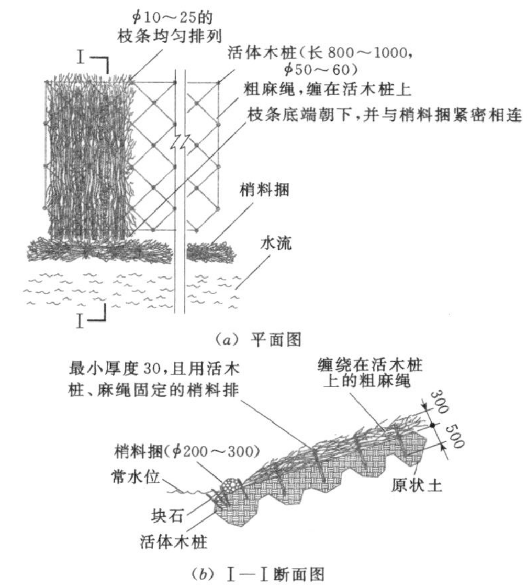

图 2.13－7（一）　植物梢料岸坡防护结构型式示意图（梢料排）（单位：mm）

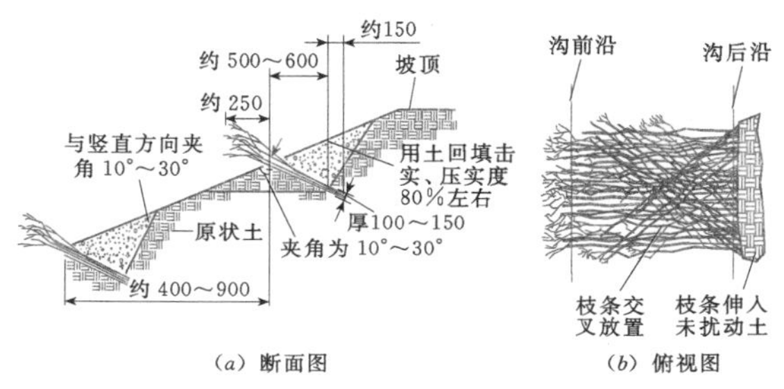

图 2.13－7（二）　植物梢料岸坡防护结构型式示意图（梢料层）（单位：mm）

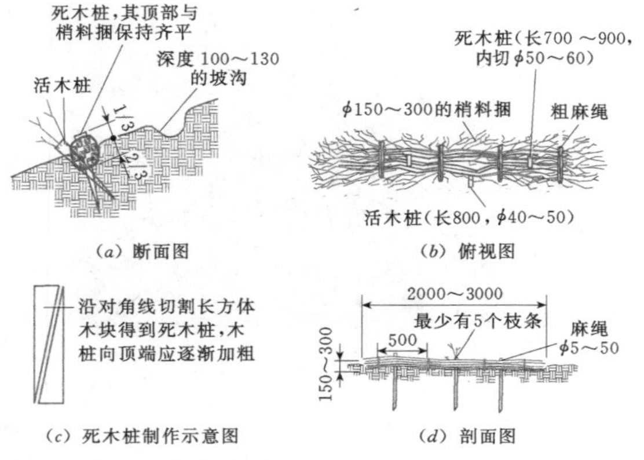

(a) 断面图　(b) 俯视图　(c) 死木桩制作示意图　(d) 剖面图

图 2.13-7（三） 植物梢料岸坡防护结构型式示意图（梢料捆）（单位：mm）

6. 生态混凝土护坡

如图 2.13-8 所示，生态混凝土是以水泥、单粒级碎石、掺合料等为原料，制备出满足一定孔隙率和强度要求的无砂大孔隙混凝土；用 $FeSO_4$ 进行降 pH 值处理后，将种子和营养土填入混凝土孔隙中，植物在混凝土孔隙内发芽和生长，然后通过混凝土孔隙扎根于基土。

(a) 施工照片

(b) 绿化效果照片

图 2.13-8 生态混凝土护坡

7. 生态植被毯护坡

生态植被毯护坡是利用人工加工复合的防护毯结合灌草种子进行坡面防护和植被恢复的技术方式。生态植被毯主要利用稻草、麦秸等为原料，在载体层添加灌草种子、保水剂、营养土等材料。

生态植被毯铺设施工前，根据主体功能和立地条件，落实坡面的整理、土壤的改良、坡面的排水等相关工作；生态植被毯铺设时，应与坡面充分接触并用U形铁钉或木桩固定；施工后应立即喷水，使坡面表层 2～3cm 保持湿润状态直至种子发芽；植被完全覆盖前，应加强水分管理；植被覆盖保护形成后的 2～3 年内，注意对灌草植被组成进行人工调控，利于目标群落的形成。其设计如图 2.13-9 所示，实施效果见图 2.13-10。

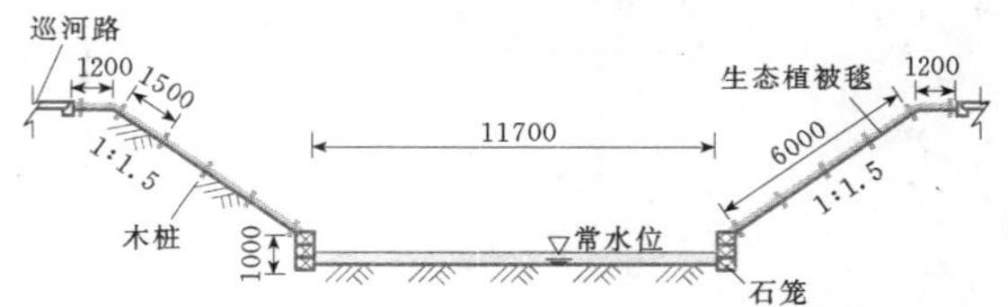

图 2.13-9 渠道生态植被毯护坡设计图（单位：mm）

生态植被毯护坡适用于土质、土石边坡，一般坡比缓于 1∶1.5，坡面太长时需要进行分级处理，尤其适用机械车辆运输不便和养护管理困难的区域。

2.13.3.4 案例：北京市北护城河生态治理工程

北护城河起点为海淀区新街口豁口暗沟出口，终点为东城区东直门闸，全长 5.9km，是北京市北环水系的一部分。北护城河承担中海、南海、北海、筒子河等内城河湖及其下游亮马河、工体水系、平房灌区等输水和城区泄洪任务，上游水源自京密引水渠经长河、转河进入北护城河。河道功能以行洪、排水等为主。实施生态治理工程前，原设计主要采用混凝土或浆砌石的河道岸坡。河道断面整齐、笔直顺畅，仅有两种断面形式：在河道起始段 1.0km 是梯形断面，全断面由预制混凝土板护砌；余下 4.9km 为矩形断面，河床为预制混凝土板，河道两岸采取混凝土直立式挡墙。经过多年输水运用及冬季的冻融破坏，右岸的不同河段先后发生了 4 次倒塌事故，挡墙倾斜变形，已危及墙身的安全；左岸在水位变化区有 200～300mm 的冻融破坏区，挡墙的钢筋外露，显得斑斑驳驳、破乱不堪。

长期运行以来，其弊端主要表现为对环境和生态的负面影响。硬质挡墙和岸坡隔绝了生物与土壤的接触，破坏了河流生态系统的整体平衡，使河流逐渐丧失自净能力；加之连续几年干旱，河道槽蓄水量得不到及时补充、更换，水动力极差，水流不顺，进一步

施工前(2005年3月)

施工结束(2005年5月)

初期效果(2005年6月)

图 2.13－10 渠段生态植被毯防护效果

加剧了水环境的恶化趋势，连续几年夏季均发生了“水华”现象，途经河边不时闻到污水散发的臭味。另外，河道平面整齐划一、走向笔直，直立式挡墙设计亲水性差，存在一定危险，河道与周围环境也极不协调，违背了现代人们追求回归自然、返璞归真的需要。

在北京市城市水系综合治理北环水系规划中，统筹上下游、左右岸和经济社会发展的需求，确定了北护城河需满足防洪、排水、供水、水质、景观、通航等多种功能要求。为此从防洪、排水、生物多样性恢复、自然景观和水文化等多目标出发开展河道整治和生态修复设计。

1. 双层河道设计

1971年修建环线地铁时，位于北护城河北侧的太平湖被填垫，建设成为环线地铁车辆段，从而减少了城市水面12.4hm²。转河于2003年贯通后，使北护城河起始600m河段成为“盲肠段”，没有河道防洪的功能要求。“盲肠段”河道深约5.5m，水深4.0m，常水位距岸顶约1.5m。由于水太深，河道内不能生长水生植物；游人在河边嬉水，安全也得不到保证。

城市水面弥足珍贵，北京更是如此。尽管“盲肠段”河道不需保留其防洪的基本功能，但绝不能将其填埋，规划将其作为景观水面并尽量扩大水面，满足亲水要求。为此提出了双层河道设计方案，下层走排水，上层作为景观水面。该段河道下层设排水管道，用来排泄上游的雨水，并埋设循环管道，可将下游河水抽至“盲肠段”起点，形成“凸泉”景点。当河床填高以后，“盲肠段”最深处水深约1.3m，河水与河岸自然相接，两岸园路蜿蜒，设6座形式各异的亲水栈桥。

2. 直墙河道的生态修复设计

(1) 河段硬性防护措施的拆除改造。北护城河的治理在生态修复设计上有一定难度，它北临滨河路，南靠二环路，所以对它的挡墙是不可以一次性拆除的。针对其河底及两侧挡墙均为混凝土结构的特点，除将河底部分混凝土结构拆除外，在闸区防冲段铺设透水砖，加强水与河底土壤的交换；拆除部分河段直立式挡墙，结合浅水湾设计近自然型放缓河道边坡，并在岸线控制上适度进行蜿蜒变化（见图2.3－11和图2.13－12）。

图 2.13－11 整治前河道

图 2.13－12 整治后近自然型缓坡

(2) 种植槽加固挡墙结构。北护城河位于城市中心，两岸均为城市主要交通道路，在各种市政设施限制下，不可能将河道挡墙全部拆除重建，只能在现状挡墙基础上对其进行加固。因此首先考虑将河水从混凝土挡墙中释放出来，使其与河坡的土壤自由接触，因此将河道挡墙上半部分沿其顶部削除至常水位下，使水面上看不到混凝土的痕迹（见图 2.13-13）。消除顶部后，河道挡墙变矮，有利于挡墙的稳定。在挡墙内侧距原岸墙 1.1m 处新建挡墙，结构厚 0.3m，新建挡墙顶高程也位于常水位下，在底部采用植筋、顶部每间隔 5m 采用隔墙与原挡墙连接。新、旧挡墙联合受力可使原挡墙满足抗滑、抗倾稳定的要求。同时新建挡墙与原岸墙间形成 0.8m 宽的种植槽。种植槽内下层填料尽量采用拆除材料，废物利用，尽量减少外弃；其上层则填筑种植土，以满足水生植物种植要求。改造后的河岸再看不到硬质的混凝土，挡墙与河岸景观相结合，突出水景设计，掩盖堤防特征，用景观缓解堤岸给视觉造成的压迫，形成水面到岸坡的绿色过渡。

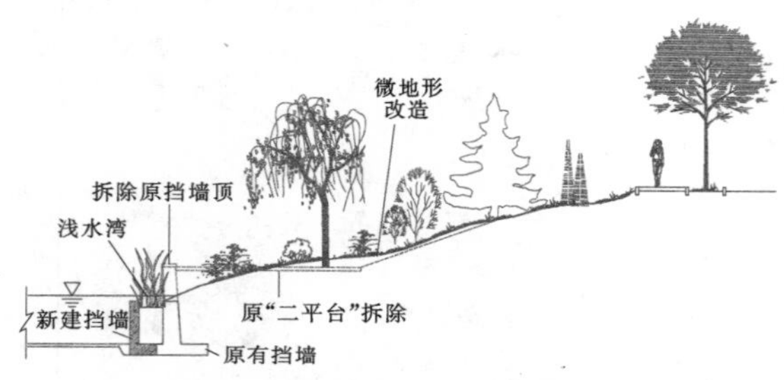

图 2.13-13 河道横断面示意图
（含浅水湾、种植槽加固挡墙结构、岸坡微地形调整）

（3）浅水湾设置。北护城河原为贯通的梯形和带"二平台"矩形断面。"二平台"虽然部分实现了亲水的目的，但从亲水方式上看过于单一、乏味。设计中根据不同的地形、地势，恢复成缓坡断面，并在缓坡中设置尺度较小的透水步行道。而接近水边的某些地段，在水边设计纵向的临水栈桥、亲水平台，以增加行走的乐趣。岸坡部分尽可能地直接入水，利用生态砖、生态袋护岸材料蜿蜒地置于水边，形成形态多变、宽窄不一的浅水湾种植槽，其间种植水生植物，形成有层次的岸坡绿化。这种变"二平台"为缓坡设计，没有过多的岸边小品，保留岸坡简洁的特性，可在减少设计工作量的情况下取得很好的生态、景观效果（见图 2.13-14）。

总结转河、刺猬河等河道治理的成功经验，北护城河同样采用浅水湾进行河道生态修复设计，浅水湾具有以下优点：

1）浅水湾增加过水断面，解决在既有河道用地不变的情况下洪水流量增加的矛盾。

2）设置浅水湾后，北护城河扩大水面 8000m²。

3）便于构筑蜿蜒岸线，更符合多自然河道的水

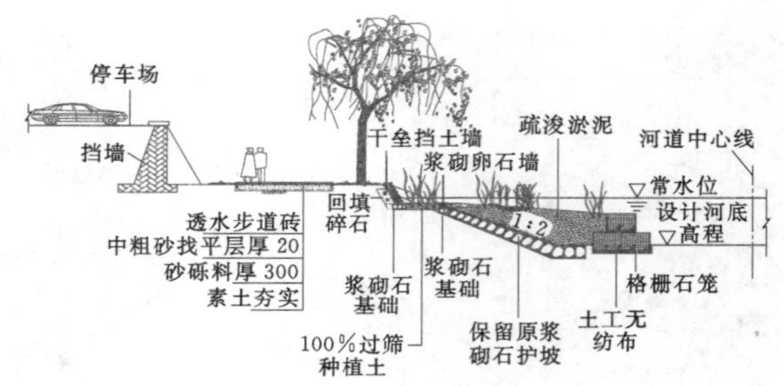

图 2.13-14 生态河道横断面示意图（含浅水湾）
（单位：mm）

岸要求。

4）缓坡断面有利于冬季防冰，便于冰盖在缓坡推移，防止冻蚀，保护护岸结构。

5）浅水湾的水深一般不超过 0.7m，满足了亲水的安全要求。

6）便于种植水生植物，形成水绿过渡带。

7）有供水生动物栖息和避难的场所，利于两栖动物的爬行。

8）便于利用浅水湾构筑亲水栈桥、点缀岸边小平台等，满足景观需要。

9）有利于防浪或船行波，尤其缓解建成初期波浪对岸边的冲蚀。

（4）生态袋护岸。北护城河初次在北京地区的河道修复中使用了生态袋护岸。生态袋采用 100%可循环使用的聚丙烯材料制成，原材料可满足抗拉伸、抗撕裂及抗紫外线等各种强度要求，不受土壤中化学物质的影响，不会发生质变或腐烂，不可降解并可抵抗昆虫和鼠害的侵蚀。在生态袋内装土，可形成 0～90°自由变化的岸坡，然后在生态袋上播种黑麦草、高羊茅等草种，长势良好，郁闭度达到 95%以上，与土质岸坡的绿化浑然一体（见图 2.13-15）。生态袋护岸增加水生动物生存空间，为鱼、青蛙、螺蛳、蚌等提供栖息、产卵、繁衍、避难的场所，从而更好地形成河流生物链。同时削减船行波对河道冲刷影响，有利于堤防保护和生态环境的改善。

（5）透水铺装。原河道两侧设有笔直的人行步道，高出水面很多，人们在步道上行走时，亲水性差，还容易产生视觉疲劳。改造后的园路贯穿于河坡中，曲折迂回，拉近人与水的距离。园路全部使用透水砖、嵌草青石板、汀步石等透水路面做法，透水铺装具有良好的透水、透气性能，可吸收水分和热量，减轻城市排水和防洪压力，雨后不积水，有利于雨洪利用。许多亲水平台、亲水栈桥、码头为不透水钢筋混凝土基层，采取在不透水结构上预留泄水孔，面层

图 2.13－15　生态袋护岸实施效果图

采用透水铺装，使得不透水基层上实现透水铺装。

3. 河道水质维护

由于北京地区水资源紧张，京密引水渠不可能经常或大量地补给下游河道环境用水，从而延长了河道水体的滞留时间，使得北护城河及其下游亮马河等河道水质变差，河道水体污染较严重，特别是氮、磷污染严重，已属严重富营养化水体，在气温、光照及水流适宜的条件下，水体会发生严重蓝藻水华、浑浊变质并常常发臭。如果治理工程实施后河道内仍是这样的河水，治理工程将毫无意义，因此在河道综合治理工程中引入优质水维护工程。

水质维护工程的总体方案是充分利用现有工程条件，因地制宜构建河道水体原位净化生态系统，在必要的人工辅助与强化下充分利用自然能量，实现水质的长效净化与保护。为此，根据河道各段具体情况，分别构建水生植被、主要水生动物种群、人工水草生物膜净化系统和曝气系统等。

人工水草生物膜采用生物惰性很强的高分子材质，具有很大的比表面积，能吸收、吸附、截留水中溶解态和悬浮态污染物，为各类微生物、藻类和微型动物的生长、繁殖提供良好的着生、附着和穴居等生境条件。生物膜可以在不降低水体营养水平的情况下，在较短的时间内显著提高富营养水体的透明度和景观功能，而后逐渐改善富营养水体水质，为重建健康的生态系统营造一个良好的环境条件。

河道原位净化系统的正常运行需要河道水体具有一定水平的溶解氧。由于北护城河这样流动性小、受污染的河水常常处于缺氧、厌氧状态，不能满足原位净化生态工程系统正常运行的需要，因此构建河道水体曝气系统以适应满足河道水质净化要求。

在常水位条件下，水深 0.6～2.0m 的河底和河坡种植沉水植物，在北护城河河道两侧种植槽的水陆交错带种植挺水植物。利用水生植物直接吸收水体中的氮、磷及微量元素等营养并使之“钝化”，从而使水体向贫营养化逆向发展。同时沉水植物还具有独特的水下景观效果，治理后的河道不仅岸坡美丽，水下亦别具风情。在种植水生植物的同时，在河道中溶解氧能够保证的条件下，放养适当数量的滤食性鱼类和底栖动物螺、蚌等。滤食性鱼类用于控制藻类生物量，底栖动物可以滤食水中悬浮的微型生物及有机碎屑，提高湖水的透明度。通过上述水生动植物的定植技术，让原有河道生物群回迁，重新建立水生生态系统，同时通过水生生物自身的功能净化水体，维护水质。

另外，在河道内设 2 处跌落式的生物填料汀步，营造出水位落差，在“盲肠段”末端形成一个落差达 1.8m 的瀑布景观，不仅给北护城河增加一处亮丽的景点，还实现了河水的流动，让河水变“活”，净化水质。改造后的“盲肠段”成为“太平观荷”美景，部分恢复往日太平湖的风貌（见图 2.13－16）。

(*a*) 跌水

(*b*) 凸泉

图 2.13－16（一）　北护城河生态治理工程实景

(c) 抽水循环

(d) 水生植物

图 2.13-16（二） 北护城河生态治理工程实景

实施生态治理工程后的北护城河，水中有浮萍、睡莲伫立，水边有荷花、千屈菜、香蒲斗艳，水底鱼苗、螺蛳、河蚌等水生动物栖息生长，两岸蜿蜒，垂柳依依，治理成效显著。在满足防洪、排水任务的基础上，按照生态水工学原理和要求建设的近自然型生态河道，使得人们可以零距离与水亲密接触，形成一处安全的亲水乐园和亮丽的城市风景线。

2.14 环 境 监 测

2.14.1 环境监测任务

(1) 水利水电工程环境监测通过获取工程影响区环境信息，掌握工程建设前后环境质量的变化状况和趋势，验证环境影响预测评价结果，为施工期环境污染控制和运行期环境管理以及流域开发的环境保护提供科学依据。

(2) 及时掌握工程区域环境保护措施的实施状况及运行效果，预防突发性事故对环境的危害。

(3) 获取工程影响区环境背景数据、积累长期监测资料，为研究环境容量，实施污染总量控制、目标管理，预测预报环境质量等提供数据。

(4) 为工程建设中的环境监督管理和环境保护执法、改进环境污染防治对策提供依据。

(5) 为分类建立工程环境影响技术档案和数据库服务。

2.14.2 环境监测分类

环境监测可按其监测目的或监测介质对象进行分类，也可按工程类型进行分类，如枢纽工程、防洪工程、供水、灌溉工程等。

1. 按监测目的分类

(1) 监视性监测。在水利水电工程影响范围内，对指定的有关项目进行定期的、长时间的监测，以了解工程建设的环境质量及污染状况，评价环保措施的效果。

监视性监测包括污染源监测（污染物浓度、排放总量、污染趋势等）和环境质量监测（所在地区的水质、环境空气、噪声、固体废物等)。

(2) 特定目的监测。可分为污染事故监测、仲裁监测、考核验证监测和咨询服务监测。如新建水利水电工程应进行环境影响评价，按评价要求进行的监测属于咨询服务类监测。

(3) 研究性监测。指针对水利水电工程环境影响研究需要而进行的监测。例如，水利水电工程大坝建成后对河流生态环境的影响研究监测、水库水温分层及下泄低温水恢复研究监测、生态流量研究监测、入河污染物分析监测以及生产废水特性研究监测等。

2. 按监测介质对象分类

可分为水环境监测、大气环境监测、声环境监测、土壤环境监测、生态监测、人群健康监测等。

2.14.3 环境监测原则

1. 结合工程建设的原则

根据工程施工期、运行期环境影响因子、影响范围、影响程度、影响时间、敏感点分布及环境保护要求，确定环境监测因子、范围和重点，拟定监测方案。

2. 针对性原则

根据环境现状和环境影响预测评价结果，选择对环境影响大、对区域或流域环境影响起控制作用的主要因子进行监测，力求监测方案有针对性和代表性。并根据监测站的实际运行效果，对监测点和监测项目进行适当的调整或增减。

3. 经济与可操作性原则

按照相关专业技术规范要求，监测项目、频次、时段和方法以满足本监测系统主要任务为前提，尽量利用现有监测机构的技术力量，并充分利用已有监测站点。力求以较少的投入获得较完整的环境监测数据，同时要可操作性强。

4. 统一规划、分步实施的原则

监测系统应总体考虑，统一规划，根据工程不同阶段的重点和要求，分期分步建立，逐步实施和完善。

5. 主要污染物优先监测的原则

影响水利水电工程环境质量的因素众多，实际工作中应对危害大、出现频率高的污染物，以及工程施工过程中排放的主要污染物实行优先监测。

2.14.4 施工期环境监测

2.14.4.1 水环境监测

1. 监测范围、断面及点位布设

(1) 监测范围。包括工程施工区和工程影响区、移民安置区的地表水、地下水域以及饮用水源地敏感水域。

(2) 监测断面及点位布设。

1) 工程施工区：①工程上游不受施工活动及水污染影响、能反映来水水质状况的干流河段；②工程下游反映施工活动影响、水质基本处于稳定的干流河段，可能受施工影响的敏感水域、水源地、取水口等；③工程下游施工区边界干流河段；④生产废水（砂石加工、混凝土拌和、施工机械和车辆保养、基坑等）、生活污水（施工营地、办公生活等）排污口及其他入河排污口；⑤施工人员饮用水水源地；⑥入施工区支流，其水质可能影响干流水质的支流口。

2) 入库库区及下游区河段：①入库河段；②库区河段；③主要支流口，主要城（集）镇河段；④敏感的、重要的水域河段。

施工期地表水监测应设置对照断面、控制断面与消减断面。对照断面应设在施工影响河段上游附近；控制断面应设在施工污染源最下游一个排放口的下端、污染物与地表水混合较为充分处；消减断面应设置在控制断面下游、污染物浓度有明显衰减处。

2. 采样垂线和采样点设置

地表水根据水面宽度和水深情况设置采样垂线和采样点，设置方法应符合《水环境监测规范》（SL 219）的规定。

当水面较宽和水体较深时，需设置多条采样垂线和多个采样点。

地下水监测点设置：背景监测点根据水文地质单元特征和主要补给来源，设置在污染区域之外、垂直于地下水流的上方向（设置一个或多个监测井）；其他监测点在工程影响区域内根据水文地质条件、地下水流向、污染源分布，以及水化学特征等因素，采用网格法或放射法布设。采样点一般设在监测井水面下0.3～0.5m处，若有间温层或多含水层分布，可按具体情况分层布设采样点。

沉积物采样点设置在相应的监测垂线的河床上。

水样采集按照《水和废水监测分析方法》规定方法执行，样品分析按照《地表水环境质量标准》（GB 3838）规定的选配方法执行。

3. 监测项目

水环境监测项目可分为水质常规项目、饮用水水源地项目、废（污）水项目、沉积物项目、地下水项目、水文项目及其他项目等。

(1) 水质常规项目。根据 GB 3838 和 SL 219，监测项目有：水温、pH 值、电导率、氧化还原电位、悬浮物、溶解氧、高锰酸盐指数、化学需氧量、生化需氧量、氨氮、总磷、总氮（湖、库）、挥发酚、氰化物、总碱度、总硬度、砷、六价铬、汞、镉、铅、铜、锌、氟化物、硫化物、阴离子表面活性剂、石油类、粪大肠菌群等。

(2) 饮用水水源地项目。在确定的常规监测项目基础上增测硫酸盐、氯化物、硝酸盐、铁、锰、溶解性总固体等，同时还可选取 GB 3838 中规定的特定有毒有机污染物项目。

(3) 废（污）水项目。根据《污水综合排放标准》（GB 8978）和有关行业标准要求，结合工程建设特点确定。其中，生产废水监测 pH 值、悬浮物、石油类等；生活污水监测 pH 值、悬浮物、化学需氧量、生化需氧量、氨氮、总汞、总磷、总砷、阴离子洗涤剂、粪大肠菌群、石油类、动植物油等；垃圾填埋场渗滤液及出水水质主要监测有机物和细菌类。施工期的监测项目应能控制各类污染物，针对污水类型进行选择。

(4) 沉积物项目。通常监测砷、汞、铅、铬、铜、镉、锌、氮、磷、有机质及工程建设区域特征污染物和高背景项目等。另外，可选择监测氰化物、硫化物、有机氯农药、有机磷农药、除草剂等。

(5) 地下水项目。根据《地下水质量标准》（GB/T 14848）和《地下水监测规范》（SL 183），一般监测地下水位、pH 值、氨氮、硝酸盐、亚硝酸盐、挥发性酚类、氰化物、重金属类、总硬度、高锰酸盐指数、大肠菌群等，以及反映本地区主要水质问题的其他项目。

(6) 水文项目。包括断面水位、流速、流量等。

(7) 其他项目。工程建设区域特征污染物，根据工程建设影响区排污情况和开发建设情况确定。并考虑选择受纳水域敏感的或曾出现过超标而要求控制的污染物。

另外，对工程建设影响区具有特定功能或用途的水域，应依据国家或行业相应标准规范确定监测项目。如《农田灌溉水质标准》(GB 5084)、《渔业水质标准》(GB 11607)、《生活饮用水卫生标准》(GB 5749)、《景观娱乐用水水质标准》(GB 12941) 等。

4. 监测时段和频次

根据工程类型、水体和监测目的，结合实际情况确定监测时段和频次。监测时段、频次应同时反映施工废水排放的时段性与地表水系的水文时期变化，见表 2.14-1。

表 2.14-1　　水环境监测时段和频次

项目时期	监测对象		监测时段与频次	备注
准备期	地表水（河流、湖泊、水库）	水质	每季度监测 1 次	潮汐河段每次需采涨潮和落潮时的样品
		沉积物	枯水期监测 1 次	
		水文	与水质监测同步	
	饮用水水源地	水质	每年监测 3～12 次	测次均匀分布
	废（污）水排放口	水质、水量	在 1 个排放周期内，间隔 4～8h 采样监测 1 次，连续监测 3d	
	地下水	水质	丰、平、枯 3 个水期各监测 1 次	根据需要，可与地表水同步采样监测
施工期	地表水（河流、湖泊、水库）	水质	每年的丰、平、枯水期	潮汐河段同准备期
		沉积物	每年枯水期监测 1 次	每年可增测丰水期 1 次
		水文	与水质监测同步	
	饮用水水源地	水质	每年监测 12～36 次	测次均匀分布
	废（污）水排放口	水质、水量	对于生产稳定且污染物排放有规律的排放源，可取 24h 混合样，一般工程每年监测 4 次以上，施工高峰期应增加监测频次。无规律的排放源适当增加监测频次，并对最大排污情况进行监测	
	地下水	水质	每月监测 1 次或两月监测 1 次	可与地表水同步采样监测

5. 监测方法和质量保证

(1) 采样方法。采样方法按国家有关标准和规范要求进行。要选用合适的采样器和样品容器，样品采集量根据各项目测定的实际用量，同时考虑重复测定和质量控制的需要确定。

根据监测项目的分析测试方法与要求进行样品采集，使样品具有代表性，并做好现场采样记录，包括时间、地点、天气状况、现场环境、样品感观、采样人等。

(2) 分析方法。监测项目的分析方法应选用国家标准分析方法、统一分析方法或行业标准分析方法。某些项目无“标准”或“统一”分析方法时，可采用 ISO、美国 EPA 等方法体系的等效分析方法。

(3) 质量保证。水利水电工程水环境监测应选择有相应专业资质的单位承担。质量保证与质量控制包括对监测人员、基本实验设施和实验环境的保证，以及对监测全过程的质量控制。水环境监测和质量保证应符合国家有关环境监测规范和技术要求。

监测结果报告需经监测单位进行三级审核签章后报送、存档。

2.14.4.2 生态监测

1. 水生生物

(1) 监测范围。监测范围为水利水电工程影响区域涉及的河段，主要为施工区河段。施工区以外河段主要为水生生物现状监测。

(2) 站点布设：①工程影响区上游河段（水库回水区以上）；②工程影响区（库区及支流）河段，布设 1 个或多个站点；③重要敏感水域，如鱼类产卵场、索饵场、越冬场等；④工程下游受影响干流及主要支流的水生生物栖息水域、洄游场所等。

(3) 监测内容和频次。

1) 监测内容。主要包括叶绿素 a、浮游植物、浮游动物、底栖动物、着生生物、水生维管束植物、鱼类等种类和数量。

对初级生产力、生物现存量、微生物（卫生学指标）、生物残毒等，可选择性监测。

对鱼类，以受工程建设影响的保护物种如珍稀、特有土著鱼类为监测重点，主要监测鱼类的种类、分布、数量、资源量等。

2）监测频次。浮游植物、浮游动物、底栖动物、着生生物、叶绿素 a 等监测频次一般每季度一次，必要时可根据水生生物生长与分布特点、排污状况等增加监测次数；微生物（卫生学指标）及理化与营养指标与水质项目监测频次相同；水体初级生产力每年不得少于 2 次；生物残毒每年监测 1 次；水生维管束植物定期监测。

（4）监测方法。监测方法参照《水库渔业资源调查规范》（SL 167）及《内陆水域渔业自然资源调查手册》（农业出版社，1991 年）等提出的方法，并结合工程区实际情况选择。

2. 陆生生物

（1）调查范围。主要为施工作业区及附近区域。其他影响区为陆生生物现状背景调查。

（2）调查或观测内容。

1）陆生植物。在水利水电工程影响区选择具有典型性和代表性的植被类型和生态系统，并能反映陆生植物特点及分布等区域，对森林、灌丛、草地、农田等类型及主要群落、建群种、分布、生态习性进行调查。重点对国家重点保护植物，珍稀、濒危、特有植物，古树名木，天然林进行调查或观测。

2）陆生动物。调查内容包括两栖类、爬行类、鸟类、兽类等野生动物的种群类型、生态习性、数量、分布。重点调查受工程建设影响的国家重点保护动物，珍稀、特有和具有重要经济价值、科学价值的野生陆生动物的种类、保护级别、分布、栖息活动情况。

（3）调查时段。陆生生物调查，宜选择每年的春秋季进行。

（4）调查方法。陆生植物可采用遥感（3S）技术、样线调查、样方调查等方法。陆生动物可采用样线调查、样方调查、访问、收集资料等方法。

2.14.4.3 环境空气监测

1. 监测范围

监测范围根据施工区大气污染物排放、扩散情况及敏感点环境空气质量状况确定，主要包括施工区及周围影响区、移民安置区。

2. 监测点布设

环境空气监测点设置应能控制施工工区、施工生活区及附近敏感点（居民区、学校、疗养院、医院等）环境空气质量，主要包括：①施工作业区（如砂石料加工区、筛分区、混凝土拌和区、围堰基坑区、大坝修筑区等）；②办公与生活营地、居民区；③主要施工道路；④对外交通区（对外公路、码头等）；⑤施工区边界外敏感区；⑥移民安置、城（集）镇迁建施工区及附近受影响的敏感对象。

3. 监测项目

监测项目应反映施工期主要大气污染物。一般监测总悬浮颗粒、可吸入颗粒物、二氧化氮、二氧化硫、一氧化碳等，同时测定风向、风速、气温、气压等气象参数。

根据水利水电工程建设特点，监测项目主要选择总悬浮颗粒、可吸入颗粒物、二氧化氮等。

4. 监测时段和频次

监测时段和频次需根据水利水电建设项目性质、监测目的、污染物分布特征及影响范围与程度等因素确定，还应考虑扩散条件不利季节的环境空气状况。

施工高峰期可每月实施监测，其余时期可 1 季度或半年监测 1 次，施工项目完工则停止监测。

有条件的可采用自动采样仪器进行连续自动采样，并配用自动监测仪器进行自动测试（即自动监测站或准自动监测站）。

5. 监测方法和质量保证

监测方法按《环境监测技术规范·第二册·大气和废气部分》和《环境空气质量标准》（GB 3095—2012）规定的分析方法执行。环境空气监测点设置应能控制施工区及影响区环境空气质量，采样、分析测试、数据处理等应满足相关规定的质量保证与控制要求。

2.14.4.4 声环境监测

1. 监测范围

为掌握水利水电工程施工区环境噪声状况及噪声衰减规律，声环境监测包括声源监测和区域环境噪声监测。监测范围包括施工区（包括主体工程、移民安置施工区）、对外交通沿线等区域和周边敏感目标，主要监测施工机械噪声、交通噪声、施工生活区及敏感点声环境质量等。

2. 监测项目及测点布设

声源监测项目为等效 A 声级。监测点设置应控制施工主要噪声源的源强、衰减特征。监测点布设区域如下：①施工作业区，如砂石料粉碎、筛分、混凝土拌和、土地开挖平整、大坝浇筑等区域；②主要施工道路、对外交通运输线路；③办公区、生活营地、学校、居民区等人口密集区；④施工区界外敏感区、敏感点。

如果区域不大，功能分区明显，则通常采用定点测量法，每个功能区选取 1 个或多个测点。

施工场地边界选择离敏感建筑物或区域最近的点作为测点。

3. 监测时间和频次

(1) 办公、生活营地，边界外敏感区。宜采用自动监测设备无条件自动监测，可采取每季度监测1次，每次1～3d，昼夜连续监测。

(2) 施工作业区、交通道路。正常施工时可选择定期监测，如1个月、1季度、半年监测。施工高峰时应提高监测频次以反映噪声源高峰强度。

4. 监测方法

监测方法应符合《工业企业厂界环境噪声排放标准》(GB 12348)的规定，质量保证应满足相关规定要求。

2.14.4.5 土壤环境监测

1. 监测范围

监测范围根据水利水电工程施工区土壤污染物排放、扩散情况及敏感点土壤环境质量状况确定，主要包括施工区及周围影响区、移民安置区。

2. 监测点布设

根据工程占地数量和工程规模确定采样点数量，水利水电工程施工期土壤环境影响以水污染型为主，土壤按污水水流方向带状布点。监测点设置应能控制施工工区、施工生活区及附近敏感点（农田、果园、牧场等）的土壤环境质量，主要包括：①工程区不受施工活动及水污染影响、能反映土壤本底状况的区域；②生产废（污）水排放影响区（如砂石料加工废水影响区、机修废水影响区等）；③生活污水排放影响区；④施工区边界外敏感区；⑤移民安置、城（集）镇迁建施工区及附近受影响的敏感对象。

3. 监测项目

(1) 土壤常规监测项目。根据《土壤环境监测技术规范》(HJ/T 166)，监测项目有pH值、阳离子交换量、镉、铬、汞、砷、铅、铜、锌、镍等。

(2) 特征污染项目。监测项目有氰化物、六价铬、挥发酚、有机质、硫化物、石油类等。

另外，对工程建设影响区具有特定功能或用途的土壤，应依据国家或行业相应标准规范确定监测项目。

4. 监测时段和频次

由于水利水电工程施工期土壤环境影响以水污染型为主，监测时段和频次应根据废（污）水变化趋势确定，及时采样监测。一般情况下，施工高峰年和完建年应安排一次监测，其余时段根据废（污）水排放情况酌情安排。

5. 监测方法和质量保证

监测方法按HJ/T 166规定的采样、分析方法执行，数据处理等应满足相关规定的质量保证与控制要求。

2.14.4.6 人群健康监测

1. 监测范围

人群健康监测包括：库区及移民安置区卫生防疫状况，自然疫源性疾病、介水传染病、虫媒传染病和地方病及其变化情况，水库水环境改变可能引发的传染途径、疫情的变化，施工区环境卫生状况。监测范围为工程影响区域。

2. 监测内容

(1) 环境医学背景调查与资料收集。主要开展鼠类、蚊类、带毒带菌率的调查。对进场施工人员流行性出血热、疟疾、肝炎等传染病进行人群抗体监测；对饮用水卫生和环境卫生状况进行调查。在移民安置区主要进行原居民和移民的人口情况、带毒带菌情况、疫情情况、接种预防情况等调查。

(2) 人群健康监测。主要监测施工人员和移民与施工、迁建活动密切相关的传染病、传播源、饮水卫生、突发疫情等。传染病一般包括病毒性肝炎、细菌性痢疾、疟疾、布鲁氏菌病、肺结核、流行性乙脑、流行性骨髓膜炎、流行性腮腺炎、流行性出血热、伤寒等；传播源包括鼠类和蚊虫类等；饮水卫生包括水源水质和供水水质等。

如果水利水电工程涉及血吸虫病疫区，应按照国家相关规定进行监测。

3. 监测方法与监测时间

人群健康调查对象包括当地居民及移民，采取普查与定点跟踪监测相结合的方法进行。监测时间与频率应根据常规检查与疾病流行检查的要求确定。

根据不同情况采用抽检、定期普查、定点跟踪、就医登记等监测方法。

传染病监测一般选择流行季节和高发季节进行，每半年或1年监测1次；鼠类和蚊虫类监测于每年的春夏季和夏秋季各监测1次；饮用水卫生监测一般在水源区和供水管网布点采样，按水环境监测方法进行分析测定，一般每半年监测1次。

2.14.5 运行期环境监测

2.14.5.1 水环境监测

1. 监测范围

监测范围根据水利水电工程运行后引起水环境变化的水域确定，为对比分析，还包括上游来水水质未变化的水域。对枢纽工程、灌溉供水工程，主要包括以下水域：

(1) 枢纽工程水库及下游区：①水库上游入库河段；②库尾、库中、库首、枢纽大坝下游；③库区城镇附近及下游河段；④库区主要支流口及汇入后的混合均匀河段；⑤饮用水源地以及其他重要的敏感水域。

（2）灌溉工程与调水工程：①取水水源地；②主要分（进）水口门；③输水渠首、渠道主要分（进）水口门上下游；④大型交叉建筑物前、后段的渠道或河道；⑤输水（灌溉）渠道主要退水口。

2. 采样垂线和采样点设置

根据河道、水库水面宽度和水深情况设置采样垂线和采样点，设置方法参照 SL 219 的规定。

水样采集应符合《水和废水监测分析方法》，样品分析采用 GB 3838 和《生活饮用水标准检验方法》（GB 5750）规定的选配方法。

3. 监测项目

（1）水质常规监测项目。按照 GB 3838、SL 219 及水质受影响的项目确定。

（2）饮用水水源地监测项目。在确定的常规监测项目基础上增测硫酸盐、氰化物、硝酸盐。铁、锰、溶解性总固体等，同时还可选取 GB 3838 中规定的特定有毒有机污染物项目。

（3）地下水监测项目。按照 GB/T 14848 和水质受影响的项目确定。

4. 监测时段和频次

根据工程类型、水体和监测项目，结合实际情况确定监测时段和频次。监测时段、频次应能反映地表水域的水文时期变化。表 2.14－2 列出了水环境监测时段和监测频次的一般要求。

表 2.14－2　　运行期水环境监测时段和频次要求

监测对象		监测时段与频次	备注
地表水（河流、湖泊、水库）	水质	每月监测 1 次或两月监测 1 次	潮汐河段每次需采涨潮和落潮时的样品
	沉积物	每年枯水期监测 1 次	
	水文	与水质监测同步	
饮用水水源地	水质	每月监测 1 次或两月监测 1 次	
废（污）水排放口	水质、水量	每年枯水期监测 1 次	监测频次与时段同准备期
地下水	水质	每年监测 3～6 次	测次均匀分布，并与地表水同步采样监测

2.14.5.2 生态监测

1. 水生生物

（1）监测范围及要求。监测范围主要为水利水电工程影响区域涉及的河段。监测要求：监测工程建成后，库区及下游鱼类种群组成、资源量及饵料丰度的变化；水生生物保护措施实施后，过鱼设施运行及水生生物洄游状况；人工增殖放流效果；鱼类种群数量恢复、补充和扩大等效果。

（2）站点布设。水生生物监测站点布设，应在建设期背景监测基础上，根据工程对水生生物的影响特点统筹考虑，并尽量与水文、水环境监测站点结合。监测站点布设范围主要为工程直接影响区和水生生物迁徙活动的河段，包括：①工程影响区上游河段（水库库尾以上）；②工程影响区（库区及支流）河段，布设 1 个或多个站点；③工程影响区水流速度有明显差异的水域；④工程影响区的重要敏感水域，如水生生物洄游通道、产卵场、索饵场、越冬场等；⑤工程下游受影响的水生生物活动水域、洄游、育肥场所等；⑥工程影响区的主要支流、库湾，连通或调蓄的湖泊、输水干渠等。

（3）监测内容。主要包括叶绿素 a、初级生产力、浮游植物、浮游动物、底栖动物、着生生物、水生维管束植物、鱼类的种类、分布及数量，以及生物现存量、微生物（卫生学指标）、生物残毒及相应的理化与营养指标等。

对初级生产力、生物现存量、微生物（卫生学指标）、生物残毒等，可选择性监测。

监测重点为国家重点保护的水生生物，珍稀、特有、土著鱼类。监测内容主要包括鱼类的种类分布、组成、种群数量，以及资源分布等。

（4）监测时段和频次。可在水库蓄水前监测（或调查）1 次，工程运行后每 3 年监测 1 次，连续监测一定年限（根据工程运行和环境状况及影响特点具体确定）。

（5）监测方法。参照施工期监测方法，针对运行期水域变化，突出对比分析方法。

2. 陆生生物

（1）调查范围。调查范围主要根据水利水电工程运行后的影响范围确定，包括水库和供水、灌溉等工程周围地区，移民安置区等直接影响区，以及因局地气候、水文条件等环境因素变化等间接影响的区域。

（2）调查内容。

1）陆生植物。主要调查具有典型性和代表性的植被类型和生态系统，森林、灌丛、草地、农田等植被类型、群落、建群种的数量及分布变化。重点调查珍稀、濒危、特有植物，古树名木，天然林等受影响状况及保护措施实施效果。

2）陆生动物。主要调查工程影响区两栖类、爬行类、鸟类、兽类及其栖息环境、种群数量及分布的变化。重点调查珍稀、濒危、特有野生动物受影响状况，以及野生动物保护措施实施及效果。

（3）调查时段。陆生生物调查可在水库蓄水前调查1次，工程运行后每3年调查1次，连续调查一定年限（根据工程运行情况和环境影响特点具体确定）。

（4）调查方法。陆生植物采用遥感（3S）技术、样线调查、样方调查等方法。陆生动物采用样线调查、样方调查、访问和收集资料等方法。

2.14.5.3 土壤环境监测

1. 监测范围

监测范围为工程运行影响区域，主要包括灌溉供水区及移民安置区。

2. 监测点布设

（1）在灌溉供水区周边不受供水影响、能反映灌区土壤本底状况的区域。

（2）在灌溉供水区内均匀布点或按水流方向带状布点。

（3）在移民安置区结合生活污染源排放情况布点。

3. 监测项目

（1）灌溉供水区监测项目。监测pH值、阳离子交换量、镉、铬、铅、铜、锌、镍、氮、磷、钾、有机质、六六六、滴滴涕等。

（2）移民安置区监测项目。监测挥发酚、有机质、硫化物、石油类等。

另外，对工程运行影响区具有特定功能或用途的土壤，应依据国家或行业相应标准规范确定监测项目。

4. 监测时段和频次

灌溉供水区在运行期第一年、第三年、第六年的供水季节前、后分别采样监测。

移民安置区在运行期第一年、第三年采样监测。

5. 监测方法和质量保证

监测方法按HJ/T 166—2004规定的采样、分析方法执行，数据处理等应满足相关规定的质量保证与控制要求。

2.14.5.4 人群健康监测

1. 监测范围及要求

监测范围为水利水电工程影响区域，主要包括库区及移民安置区。监测卫生防疫状况、自然疫源性疾病、介水传染病、虫媒传染病和地方病及变化情况，以及水库水环境改变可能引发的传染途径、疫情的变化。

2. 监测内容

（1）工程影响区医疗卫生防疫设施建设和运行情况。

（2）工程运行后，工程影响区（如水库）和移民安置区环境改变可能引发的传媒生物、传播途径、疫情的变化。

（3）工程影响区原居民、移民人口，环境卫生条件和疫情变化，防疫检疫情况。

（4）人群健康密切相关的自然疫源性疾病、介水传染病、虫媒传染病、地方病流行情况，以及饮水卫生、突发疫情等。监测主要疾病如病毒性肝炎、细菌性痢疾、疟疾、布鲁氏菌病、肺结核、流行性乙脑、流行性骨髓膜炎、流行性腮腺炎、流行性出血热、伤寒等传播情况；传播源调查包括鼠类和蚊虫类等；饮水卫生调查包括水源水质和供水水质等。

3. 监测方法与监测时间

人群健康调查对象包括当地居民及移民，采取普查与定点跟踪监测相结合的方法进行。监测时间与频次根据常规检查与疾病流行检查的要求，对比建设期监测时间确定。

根据不同情况可采用抽检、定期普查、定点跟踪、就医登记等监测方法。

参 考 文 献

[1] GB/T 18920—2002 城市污水再生利用 城市杂用水水质［S］．北京：中国标准出版社，2002.

[2] GB 50014—2006 室外排水设计规范［S］．北京：中国计划出版社，2006.

[3] GB 50337—2003 城市环境卫生设施规划规范［S］．北京：中国建筑工业出版社，2003.

[4] GB 50288—99 灌溉与排水工程设计规范［S］．北京：中国计划出版社，1999.

[5] GB 3838—2002 地表水环境质量标准［S］．北京：中国环境科学出版社，2003.

[6] GB 20425—2006 皂素工业水污染物排放标准［S］．北京：中国环境科学出版社，2006.

[7] GB/T 14848—1993 地下水质量标准［S］．北京：中国标准出版社，1993.

[8] GB 5084—2005 农业灌溉水质标准［S］．北京：中国标准出版社，2005.

[9] GB 11607—1989 渔业水质标准［S］．北京：中国标准出版社，1989.

[10] GB 5749—2006 生活饮用水卫生标准［S］．北京：中国标准出版社，2006.

[11] GB 3095—1996 环境空气质量标准［S］．北京：中国标准出版社，1996.

[12] GB/T 5750—2006 生活饮用水标准检验方法[S]．北京：中国标准出版社，2006.

[13] SL 278—2002 水利水电工程水文计算规范［S］．北京：中国水利水电出版社，2002.

[14] SL 492—2011 水利水电工程环境保护设计规范［S］．北京：中国水利水电出版社，2011.

[15] SL 285—2003 水利水电工程进水口设计规范[S]．北京：中国水利水电出版社，2003.

[16] SL 167—96 水库渔业资源调查规范［S］．北京：中国水利水电出版社，1996.

[17] SL 303—2004 水利水电工程施工组织设计规范［S］．北京：中国水利水电出版社，2004.

[18] SL 318—2011 水利血防技术规范［S］．北京：中国水利水电出版社，2011.

[19] SL 219—98 水环境监测规范［S］．北京：中国水利水电出版社，1998.

[20] SL 183—2005 地下水监测规范［S］．北京：中国水利水电出版社，2005.

[21] SL 167—1996 水库渔业资源调查规范［S］．北京：中国标准出版社，1996.

[22] HJ 2.3—93 环境影响评价技术导则 地面水环境［S］．北京：中国环境科学出版社，1999.

[23] HJ 2.4—2009 环境影响评价技术导则 声环境［S］．北京：中国环境科学出版社，2010.

[24] HJ 2.2—2008 环境影响评价技术导则 大气环境［S］．北京：中国环境科学出版社，2008.

[25] HJ 19—2011 环境影响评价技术导则 生态影响［S］．北京：中国环境科学出版社，2011.

[26] HJ/T 166—2004 土壤环境监测技术规范［S］．北京：中国标准出版社，2004.

[27] HJ 610—2011 环境影响评价技术导则 地下水环境［S］．北京：中国环境科学出版社，2011.

[28] HJ/T 88—2003 环境影响评价技术导则 水利水电工程［S］．北京：中国环境科学出版社，2003.

[29] DL/T 5398—2007 水电站进水口设计规范［S］．北京：中国电力出版社，2007.

[30] DL/T 5398—2007 水电站进水口设计规范［S］．北京：中国电力出版社，2007.

[31] DL/T 5397—2007 水电工程施工组织设计规范［S］．北京：中国电力出版社，2007.

[32] DL/T 5144—2001 水工混凝土施工规范（新版）［S］．北京：中国电力出版社，2001.

[33] DL/T 799.2—2010 电力行业劳动环境监测技术规范［S］．北京：中国电力出版社，2011.

[34] JGJ 63—2006 混凝土用水标准［S］．北京：中国建筑工业出版社，2006.

[35] CJJ 14—2005 城市公共厕所设计标准［S］．北京：中国建筑工业出版社，2005.

[36] 王家骥，李京荣，常仲农，等．非污染生态影响评价技术导则培训教材［M］．北京：中国环境科学出版社，1999.

[37] 邹家祥．环境影响评价技术手册 水利水电工程［M］．北京：中国环境科学出版社，2009.

[38] 环境保护部环境工程评估中心．环境影响评价技术方法［M］．北京：中国环境科学出版社，2010.

[39] 朱党生，周奕梅，邹家祥，等．水利水电工程环境影响评价［M］．北京：中国环境科学出版社，2006.

[40] 环境保护部环境影响评价工程师职业资格登记管理办公室．环境影响评价工程师职业资格登记培训教材 农林水利类环境影响评价［M］．北京：中国环境科学出版社，2010.

[41] 刘胜祥，薛联芳．水利水电工程生态环境影响评价技术研究［M］．北京：中国环境科学出版社，2005.

[42] 国家环境保护总局自然生态保护司．非污染生态影响评价技术导则培训教材［M］．北京：中国环境科学出版社，1999.

[43] 朱党生，等．河流开发与流域生态安全［M］．北京：中国水利水电出版社，2012.

[44] 朱党生，等．中国城镇饮用水安全保障方略［M］．北京：科学出版社，2008.

[45] 何文杰，等．饮用水安全保障技术［M］．北京：中国建筑工业出版社，2006.

[46] 张觉民，何志辉．内陆水域鱼类自然资源调查手册［M］．北京：农业出版社，1991.

[47] 章宗涉，黄祥飞．淡水浮游生物研究方法［M］．北京：科学出版社，1991.

[48] 南京水利科学研究所．鱼道［M］．南京：水利电力出版社，1982.

[49] 上海水产学院．淡水捕捞学［M］．北京：中国农业出版社，1983.

[50] 刘建康，何碧梧．中国淡水鱼类养殖学．第三版．［M］．北京：科学出版社，1992.

[51] 黄玉瑶．内陆水域污染生态学——原理与应用［M］．北京：科学出版社，2001.

[52] 罗家雄，等．新疆垦区盐碱地改良［M］．北京：水利电力出版社，1985.

[53] 董哲仁，等．生态水利工程原理与技术［M］．北京：中国水利水电出版社，2007.

[54] 国家环境保护总局《水和废水监测分析方法》编委会．水和废水监测分析方法［M］．第四版．北京：中国环境科学出版社，2002.

[55] 张觉民，何志辉．内陆水域渔业自然资源调查手册［M］．北京：中国农业出版社，1991.

[56] 王亚平，陈惠欣，杨臣莹，等．鱼道［M］．北京：水利电力出版社，1982.

[57] Larinier M.，Travade F. &Porcher J. P. Fishways - Biological Basis，Design Criteria and Monitoring［M］. Bulletin Francais de la PêchePisicole，2002.

[58] Clay C H. Design of Fishways and Other Fish Facilities［M］. Boca Raton：Lewis Publishers，CRC

Press Inc., 1995.

[59] FAO,DWVK. Fish passes - Design, Dimensions and Monitoring [M] Rome, 2002.

[60] 水利部水利水电规划设计总院．水工程规划设计生态指标体系与应用指导意见 [R]．北京：水利部水利水电规划设计总院，2010.

[61] 上海勘测设计研究院．江西省峡江水利枢纽工程环境影响报告书 [R]．上海：上海勘测设计研究院，2009.

[62] 中国水电顾问集团贵阳勘测设计研究院．北盘江董箐水电站环境影响报告书 [R]．贵阳：中国水电顾问集团贵阳勘测设计研究院，2007.

[63] 黄河水资源保护科学研究所．青海省引大济湟调水总干渠工程环境影响报告书 [R]．郑州：黄河水资源保护科学研究所，2009.

[64] 长江水资源保护科学研究所，南水北调中线工程汉江兴隆水利枢纽环境影响报告书 [R]．武汉：长江水资源保护科学研究所，2004.

[65] 中华人民共和国水利部．全国城市饮用水水源地安全保障规划（2008—2020 年）[R]．北京：中华人民共和国水利部，2009.

[66] 水利部水利水电规划设计总院．全国城市饮用水水源地安全保障规划技术大纲 [R]．北京：水利部水利水电规划设计总院，2005.

[67] 中华人民共和国水利部．全国主要河湖水生态保护与修复规划 [R]．北京：中华人民共和国水利部，2011.

[68] 浙江省环境保护科学设计研究院．平湖塘延伸拓浚工程环境影响报告书 [R]．杭州：浙江省环境保护科学设计研究院，2009.

[69] 浙江省环境保护科学设计研究院．杭嘉湖地区环湖河道整治工程环境影响报告书 [R]．杭州：浙江省环境保护科学设计研究院，2009.

[70] 中国水利水电科学研究院．黄河小浪底水利枢纽配套工程——西霞院反调节水库竣工环境保护验收调查报告 [R]．北京：中国水利水电科学研究院，2010.

[71] 江苏省工程建设标准设计站．苏 S03—2004 江苏省工程建设标准设计图集生活污水净化沼气池 [R]．南京：江苏省工程建设标准设计站，2004.

[72] 中国水电顾问集团中南勘测设计研究院．向家坝环境影响报告书 [R]．长沙：中国水电顾问集团中南勘测设计研究院，2005.

[73] 朱伯芳．库水温度估算 [J]．水利学报，1985，2：12-21.

[74] 蒋红．水库水温计算方法探讨 [J]．水力发电学报，1999，2：60-69.

[75] 汤洁，孙立新，等，松花湖富营养化评价及防治措施 [J]．水资源管理，2010，19：40-42.

[76] 朱党生，张建永，廖文根，等．水工程规划设计关键生态指标体系 [J]．水科学进展，2010，21 (4)：560-565.

[77] 胡和平，刘登峰，田富强，等．基于生态流量过程线的水库生态调度方法研究 [J]．水科学进展，2008，19 (3)：325-331.

[78] 孙小利，赵云，于爱华．国外水电站生态流量的管理经验 [J]．水利水电技术，2010，41 (2)：13-15.

[79] 孟伟，苏一兵，郑丙辉．中国流域水污染现状与控制策略的探讨 [J]．中国水利水电科学研究院学报，2004，2 (4)：242-246.

[80] 崔福义．城市给水厂应对突发性水源水质污染技术措施的思考 [J]．给水排水，2006，7：7-9.

[81] 张嘉治，王海泽，王绍斌．我国饮用水污染现状及防治对策 [J]．沈阳农业大学学报，2003，34 (6)：460-463.

[82] 薛联芳．基于下泄水温考虑的水库分层取水建筑物设计 [J]．中国水利，2008，(6)：45-46.

[83] 刘欣，陈能平，肖德序，等．光照水电站进水口分层取水设计 [J]．贵州水力发电，2008，22 (5)：33-35.

[84] 杜效鹄，李岳军．饿马水坝分层取水系统改建设计和运行分析 [J]．水力发电，2009，35 (4)：15-17.

[85] 吴莉莉，王惠民，吴时强．水库的水温分层及其改善措施 [J]．水电站设计，2007，23 (3)：97-100.

[86] 齐远东．寒地水稻井水增温灌溉技术 [J]．现代农业科技，2009，(1)：212.

[87] 赵蓉，李振海，祝秋梅．南水北调中线工程北京段总干渠地下水影响分析及保护对策 [J]．南水北调与水利科技，2010，8 (4)：19-22.

[88] 陈卫国，侯英杰．瀑河水库库区防渗处理设计方案论证 [J]．水科学与工程技术，2005， (1)：15-17.

[89] 史红文，黄汉东，江明喜，等．三峡地区特有植物荷叶铁线蕨的群落特征及其保护对策 [J]．武汉植物学研究，2005，3：262-266.

[90] 陈芳清，谢宗强，熊高明，等．三峡濒危植物疏花水柏枝的回归引种和种群重建 [J]．生态学报，2005，25 (7)：1811-1817.

[91] 陈金生，余秋梅，周迪华，等．南水北调中线工程引水渠首鱼类防逃措施探讨 [J]．水利渔业，2001，21 (1)：51-52.

[92] 董哲仁．城市河流的渠道化园林化问题与自然化要求 [J]．中国水利，2008，22：12-15.

[93] 邓卓智，冯雁．北护城河的生态修复 [J]．水利规划与设计，2007，6：14-16.

第3章

水　土　保　持

本章为《水工设计手册》（第2版）的新增内容，共分14节，主要内容包括：概述；水土保持设计标准和水文计算；水土保持调查与勘测；水土保持工程总体布置；弃渣场设计；拦渣工程设计；斜坡防护工程设计；土地整治工程设计；防洪排导工程设计；降雨蓄渗工程设计；植被恢复与建设工程设计；防风固沙工程设计；水土保持施工组织设计；水土保持监测等。

本章"案例"所涉工程是《水利水电工程水土保持技术规范》（SL 575—2012）颁布之前设计的，参考应用时，涉及工程等别和设计标准的，应按现行标准执行。

章主编　朱党生　王治国　史志平

章主审　王礼先　焦居仁　刘世煌

本章各节编写及审稿人员

节次	编　写　人	审稿人
3.1	王治国　李世锋　纪　强	王礼先 焦居仁 刘世煌
3.2	方增强　李亚农　邱进生　张红云	
3.3	李晓凌　马　力　刘　晖　史志平	
3.4	孟繁斌　徐小燕　林晓纯	
3.5	操昌碧　李晓凌　张金凯　纪　强	
3.6	贺前进　谢光武　杜运领　李晓凌	
3.7	李建生　赵心畅　操昌碧　张晓利	
3.8	苗红昌　马朝霞　朱太山	
3.9	赵心畅　杨伟超　张晓利　方增强	
3.10	王利军　王艳梅　张　彤	
3.11	贺康宁　李建生　杜运领　杨宪杰	
3.12	任青山　于铁柱　王亚东	
3.13	王　虎　刘　飞　孟繁斌　徐小燕	
3.14	陈晨宇　李　健	

参加工作人员（以姓氏笔画排序）：

丰　瞻　邓　飞　朱永刚　朱春波　刘　毅　江　涛　阮　正　苏　展　苏芳莉　李　俊　李冬梅　李海林　吴　伟　何彦锋　陈　杭　张海涛　周军军　姜　楠　袁　宏　唐　铬　谢吉海　熊　峰　樊忠成　薛建慧　戴鹏礼

第3章 水 土 保 持

3.1 概 述

3.1.1 水土流失与水土保持

3.1.1.1 水土流失

（1）定义。水土流失是指在水力、风力、重力及冻融等自然营力和人类活动作用下，水土资源和土地生产能力的破坏和损失，包括土地表层侵蚀及水的损失。

在我国，水土流失一词最先用以描述山丘地区水力侵蚀作用。20世纪30年代，土壤侵蚀概念从欧美传入中国，它是指在水力、风力、冻融、重力等自然营力作用下，土壤或其他地面组成物质被破坏、剥蚀、搬运和沉积的过程。由此，水土流失的概念与范畴不断扩展。《中华人民共和国水土保持法》中“水土流失”的涵义实际上已经超出了国际上土壤侵蚀的范畴，其不仅包括水力侵蚀、风力侵蚀、重力侵蚀、混合侵蚀等，而且还包括水损失及其由此而引起的面源污染（非点污染），即水土流失的涵义包涵土地表层侵蚀、水损失和与之相关的面源污染。

（2）类型。水土流失类型是指根据引发水土流失的主要作用力的不同而划分的水土流失类别。引发水土流失的主要作用力包括水力、风力、重力、冻融等自然营力及人类对土地破坏的作用力。水土流失的类型主要有水力侵蚀、风力侵蚀、重力侵蚀、冻融侵蚀、混合侵蚀和人为侵蚀等。

1）水力侵蚀是指土壤及其母质或其他地面组成物质在降雨、径流等水体作用下，发生破坏、剥蚀、搬运和沉积的过程。根据水力作用于地表物质形成不同的侵蚀形态，水力侵蚀可进一步分为溅蚀、面蚀、细沟侵蚀、浅沟侵蚀和切沟侵蚀等。水力侵蚀分布最广泛，在山区、丘陵区和一切有坡度的地面，暴雨时都会产生水力侵蚀。其特点是以地面的水为动力击溅并冲蚀土壤。

2）风力侵蚀是指风力作用于地面，引起地表土粒、沙粒飞扬、跳跃、滚动和堆积，并导致土壤中细粒损失的过程。由于风速和地表组成物质的大小及质量不同，风力对土、沙、石粒的吹移搬运有吹扬、跃移和滚动三种形式。风力侵蚀主要分布在我国西北、华北和东北的沙漠、沙地和丘陵盖沙地区；其次是东南沿海沙地；再次是河南、安徽、江苏等省的“黄泛区”。其特点是以风为动力扬起沙粒。

3）重力侵蚀是指土壤及其母质或基岩在重力作用下，发生位移和堆积的过程。根据其形态，重力侵蚀可分为崩塌、崩岗、滑坡、泻溜等。重力侵蚀主要分布在山区、丘陵区的沟壑和陡坡上。在陡坡和沟的两岸沟壁，其中一部分下部被水流淘空，当遇上土壤水分变化或震动时，由于自身的重力作用，土壤及其成土母质不能继续保留在原来的位置，分散地或成片地塌落。

4）冻融侵蚀是指土体和岩石因反复冻融作用而发生破碎、位移的过程。冻融侵蚀主要分布在青藏高原和高山雪线以上，以及东北大兴安岭山地及新疆的天山山地。

5）混合侵蚀是两种或两种以上侵蚀作用力复合形成的水土流失类型。最为严重的一种是泥石流，其是水力和重力共同作用的结果，是处于超饱和状态的固体径流。泥石流具有突然性、毁灭性，破坏力极为惊人，常造成灾难。实际上泻溜、冻融侵蚀也是一种混合侵蚀，是温度、水力和重力共同作用的结果。崩岗则是特殊地质条件（如强风化花岗岩）下水力和重力共同作用的结果。

6）人为侵蚀实际上就是人为加速侵蚀，是人们不合理利用自然资源和经济开发造成新的土壤侵蚀现象。如水利水电工程建设过程中的开挖、采石、修路、建房等扰动地表，以及弃土、弃渣产生的泥沙流失。

侵蚀营力是相互作用的，只是在特定的条件下某一侵蚀营力起了主导作用。如滑坡往往是由于地震或降雨诱发产生的，而滑动力是重力。由于侵蚀营力复杂多样，以及地质、土壤、地形、植物覆盖和土地利用等因素的影响，不同类型的土壤侵蚀表现出多种不同的外部形式、发展程度和潜在危险性。

（3）水利水电工程水土流失特点。水利水电工程水土流失包括：水利水电工程控制流域或一侧山丘

(如沿山脚布置的引水渠道)的自然水土流失;建设期和运行期建设或运行产生的水土流失。前者实际上影响着河道泥沙治理及河势演变,因而对工程规划与布置、建设规模等有很大影响,水土保持专业应参与充分论证;后者则是因建设开挖与扰动,以及运行期水位、水流流态等变化产生的水土流失。自然水土流失属于小流域综合治理的范畴;运行期所产生的水土流失影响因素复杂,危害可能延伸至上下游及周边更广大区域,需在工程建设完成后根据具体情况采取对策。本节重点阐述建设期的水土流失。

水利水电工程建设期的水土流失,主要是由于土建工程对地表和植被扰动破坏而产生的。水利水电工程的水土流失涉及工程建设区、移民安置及专项设施迁建区,其水土流失特点与工程布置有很大关系,下面按点型工程和线型工程分别说明。

1)点型工程建设过程中的水土流失特点。点型工程主要包括水利水电工程枢纽、电站、闸站、泵站等,其水土流失特点(以水利水电枢纽为例)可概括为:

a. 工程造成的水土流失集中,某一时段水土流失严重。水利水电枢纽建设期相对较长,建设地点多为山区、深山峡谷,交通不便,施工场地狭窄,施工准备期首先需要进行“三通一平”(通道、通水、通电和场地平整),修建围堰、导流等建筑物,动土石方量大,对地貌和植被破坏严重,加之施工难度大,防治措施不易到位,易产生严重水土流失。建设期间水土流失主要集中在取料场和弃土弃渣场,由于点型工程弃渣集中,一旦发生水土流失,泥沙可能直接进入河道,影响行洪,甚至给下游人民生命财产安全造成严重威胁。在水利水电工程建设末期,对地表的挖填扰动基本结束,临时堆土、石及设备材料均已清理运走,场地开始平整,该时段虽有少部分裸露地表,但水土流失强度大大降低。

b. 工程影响范围潜在危害大,水土流失类型复杂。水利水电枢纽除工程建设区外,还包括淹没区、移民安置区。工程占地多以数平方公里或几十平方公里计。道路复改建、移民安置区建设等都会扰动破坏地表植被,造成水土流失。另外,枢纽工程的库岸再造、水位消落等还可能诱发滑坡崩岸,导致植被死亡和景观破坏,且潜在危害大,时间长。

2)线型工程建设过程中的水土流失特点。线型工程是指工程布局及占地面积呈线状分布的工程,主要包括输水工程、河道工程、灌溉工程、供水工程等。线型工程建设过程中局部建筑物如闸站、泵站、倒虹吸等也具有点型工程的水土流失特点,渠线、管线、堤线沿线水土流失特点表现在:

工程沿线涉及的地形地貌类型多样,水土流失类型多样,且呈线状分布。河道、输水、灌溉工程渠道等线型工程一般达几十公里至数百公里,沿线可能经过山地、丘陵、平原等地貌类型,取料场、弃渣场多而分散,且常布设在农田或临河临水侧,占用农田,破坏土地生产力,同时水土流失对周围影响较大。

施工便道是线型工程水土流失的重点防治区域,特别是在山区丘陵区,工程往往采取里切外垫方式,极易产生较严重的水土流失。

(4)水利水电工程水土流失影响因素。水利水电工程建设期水土流失影响因素,除建设区域的地形条件和地面组成物质、降雨、风等外,工程建设过程中的开挖、填筑及施工场地平整、料场开采、土石方临时堆置、弃渣堆放、建筑材料堆放、施工道路建设、施工生产生活区布设、施工围堰拆除、移民安置等各项活动也是影响水土流失发生发展的主要因素。

1)工程开挖、填筑及场地平整。在水利水电工程建设过程中,施工导流系统建设及拆除、基坑开挖、工程构筑物区挖填、施工生产生活区建设等活动涉及大量土石方挖填工程,这些开挖、填筑和场地平整活动使原地面组成物质及地形地貌受到扰动,地表植被遭到破坏,表土层裸露,失去原有的防冲、固土能力,也使其自然稳定状态受到破坏,从而容易诱发或加剧面蚀、沟蚀和坍塌等水土流失的发生和发展。

2)弃渣堆放及临时堆放。山区、丘陵区水利水电枢纽工程、引水工程、灌渠工程、堤防工程等的土石方开挖量较大,在施工组织设计的调运与回填利用等土石方平衡处理的基础上,剩余土石方应运送堆放至弃渣场,因其为集中松散堆置体,若不及时进行处置或处置不当就会造成水土流失。平原和微丘区水利水电工程也因开挖扰动等产生水土流失,如平原河道疏浚工程疏浚的废弃土常采用外抛法或吹填法等方式处理,采用外抛法时,常因处理不当,在水流及泥沙输移扩散作用下,导致泥沙回淤,影响疏浚效率;采用吹填法时,则因疏浚土排水和固结过程缓慢而导致固结后的土质难以进行开发利用,对陆域生态环境造成影响,同时也会造成新的水土流失。工程施工期间还有大量的建筑材料堆放在施工场地,此外,各施工区及生活区也会产生零星的建筑垃圾及散落的生活垃圾,若不及时采取遮盖和清理,降雨时也有可能被地表径流冲走。

3)施工道路建设。在施工道路建设过程中,开挖、填筑等活动将对原地貌、植被与地面组成物质造成损坏。特别是在山区建设水利水电工程时,道路一般沿山坡修建,开挖、填筑、碾压、护坡等施工易造成水土流失,其程度受施工道路选线和施工组织管理的影响很大。

4）料场开采。水利水电工程一般对砂石料或土料的需求量大，这些用料除部分利用工程开挖方外，其余将从料场开采。料场的开采扰动了原料场区的地形地貌，并使料场区的地表植被遭到破坏，表层裸露，失去固有的防冲、固土能力。此外，在开挖面形成大面积的开挖边坡，使其自然稳定性遭到破坏，易产生崩塌、滑坡等灾害，增加水土流失。

5）移民安置。大中型水利水电工程建设往往移民数量巨大，安置任务繁重。许多项目是就近后靠安置，移民被迁入地势更高、更偏远的山区，要进行开垦土地、修筑道路、建镇设村、耕地开荒，以及建设相关的基础设施。同时，水库淹没或主体工程占用土地等损坏原有基础设施如道路、管线等需恢复重建。这些工程建设同样也会造成水土流失。

（5）水土流失危害。

1）水土流失对水利水电工程的危害。由于水利水电工程多修建在河流上，自然水土流失的发生使泥沙淤积河床，加剧洪涝灾害；泥沙淤积水库湖泊，降低其综合利用功能。

水土流失使大量泥沙下泄，淤积下游河道，削弱行洪能力，一旦上游来洪量增大，常引起洪涝灾害。新中国成立以来，黄河下游河床平均每年抬高 8～10cm，至 21 世纪初，已高出两岸地面 4～10m，成为地上“悬河”，严重威胁着下游人民生命财产安全；长江河床 20 年来平均升高 0.45m，荆江河段洪水水面比堤背水侧高出 8～10m。近几十年来，全国各地都有类似黄河、长江的情况，随着水土流失的日益加剧，各地大、中、小河流的河床淤高和洪涝灾害也日益严重。

水土流失不仅使洪涝灾害频繁，而且产生的大量泥沙淤积水库、湖泊，严重威胁到水利水电设施的安全和效益的发挥。据初步估计，全国水库年均淤积 16.24 亿 m^3。由于水量减少造成的灌溉面积、发电量的损失，以及水库周围生态环境的恶化，更是难以估计。

2）水利水电工程建设期水土流失的危害。水利水电工程建设过程产生的水土流失危害主要表现在以下几个方面：

a. 影响工程施工安全和进度。在水利水电工程建设期，挖方、填方产生各类人工边坡，若不及时采取水土保持措施，在重力、降雨的作用下产生面蚀、沟蚀，甚至产生崩塌、滑坡，水土流失还可能导致施工场地冲蚀和淤埋，弃土、弃渣布设和防护不合理也可能导致泥石流，风沙扰动地面和植被导致风蚀和扬尘等。这些水土流失不仅影响施工安全和施工进度，甚至也对施工人员的人身安全构成威胁。

b. 淤积河道，影响行洪排水。工程建设过程中产生的水土流失将随地表径流进入各级河道，特别是突发性边坡崩塌、弃渣塌滑和泥石流等形成土沙石粒涌入河道或排洪排水渠道，影响了行洪排水能力，对施工安全及下游水利水电设施和航运等造成严重威胁。

c. 破坏土地资源，影响土地生产力。由于工程施工扰动了原地貌，引起地表植被损坏，使裸地在雨水的冲刷下产生水土流失，不仅破坏土地资源，使表土损失殆尽，而且降低土地生产力，严重影响后期利用。严重的水土流失携带的土石可能侵入农田，淤塞田间沟渠，影响农业生产。

d. 影响生态环境和景观。工程建设、水库淹没等常导致建设区和淹没区原有的自然景观遭到破坏和调整。另外，在水利水电工程施工建设期间产生的水土流失将对周边环境带来不利影响，浊水、扬尘将降低施工区周围的地表水和空气质量，工程开挖产生的土石临时堆放也会对周边景观产生影响。

3.1.1.2 水土保持

（1）定义。水土保持是指防治水土流失，保护、改良与合理利用水土资源，维护和提高土地生产力，减轻洪水、干旱和风沙灾害，以利于充分发挥水、土资源的生态效益、经济效益和社会效益，建立良好生态环境，支撑可持续发展的生产活动和社会公益事业。

（2）水土保持区划。全国水土保持区划采用三级分区体系，全国共划分为东北黑土区（东北山地丘陵区）、北方风沙区（新甘蒙高原盆地区）、北方土石山区（北方山地丘陵区）、西北黄土高原区、南方红壤区（南方山地丘陵区）、西南紫色土区（四川盆地及周围山地丘陵区）、西南岩溶区（云贵高原区）和青藏高原区等 8 个一级区、41 个二级区、117 个三级区。一级区为总体格局区，主要用于确定全国水土保持工作战略部署与水土流失防治方略，反映水土资源保护、开发和合理利用的总体格局，体现水土流失的自然条件（地势—构造和水热条件）及水土流失成因的区内相对一致性和区间最大差异性。二级区为区域协调区，主要用于确定区域水土保持总体布局和防治途径，主要反映区域特定优势地貌特征、水土流失特点、植被区带分布特征等的区内相对一致性和区间最大差异性。三级区为基本功能区，主要用于确定水土流失防治途径及技术体系，作为重点项目布局与规划的基础，反映区域水土流失及其防治需求的区内相对一致性和区间最大差异性。

（3）水利水电工程水土保持管理制度。依照《水土保持法》及有关法律、法规的规定，水利水电工程水土保持管理规定可概括为“三同时”、水土保持方案编报、监督管理、监理、监测、竣工验收、水土保持补偿等七个方面的制度。

(4) 水利水电工程水土流失防治措施分类。

1) 根据《开发建设项目水土保持技术规范》(GB 50433) 及《水利水电工程水土保持技术规范》(SL 575)，从措施的水土流失防治功能上来区分，水利水电工程水土流失防治措施可分为8类，详见表3.1-1。

2) 按照《水土保持工程概（估）算编制规定》(水总〔2003〕67号) 中的项目划分方法，水利水电工程水土保持措施可分为工程措施、植物措施、临时防护措施三大类。其中拦渣工程、土地整治工程、防洪排导工程、降水蓄渗工程、防风固沙工程主要属于工程措施，植被恢复与建设工程主要属于植物措施；斜坡防护工程则是工程措施、植物措施均有所涉及；临时防护措施主要包括临时拦挡、排水、沉沙、苫盖等，其特点是均为施工期临时工程，施工完毕后即不存在或失去原功能，无法形成固定资产。

表 3.1-1　水利水电工程水土流失防治措施分类

序号	措施类型	防　治　措　施
1	拦渣工程	拦渣坝、挡渣墙、拦渣堤、围渣堰等
2	斜坡防护工程	挡墙工程、护坡工程、坡面固定工程、滑坡防治工程等
3	土地整治工程	表土剥离及堆存、扰动占压土地的平整及翻松、表土回覆、田面平整和犁耕、土地改良、水系和水利设施恢复等
4	防洪排导工程	拦洪坝、护岸护滩工程、堤防工程、排洪排水工程、泥石流排导工程、沟床固定与泥石流拦挡工程、清淤清障（施工过程中的淤积物）等
5	降水渗蓄工程	坡面蓄水工程、径流拦蓄工程，专门用于植被建设的引水、蓄水、灌溉工程等
6	防风固沙工程	造林、种草，封禁治理；沙障、砾质土覆盖、化学固沙、网围栏等
7	临时防护工程	拦挡措施的彩钢板、编织袋装土、草袋装土、钢支架加编织布等临时拦挡；排水和沉沙措施的临时排水沟、临时排水管、沉沙池或沉沙凼等；苫盖措施的塑料薄膜、防尘网、防雨布等；临时植物防护措施等
8	植被恢复与建设工程	边坡植被建设、渣面及场地植被建设、护岸护滩绿化、道路绿化、工程永久办公生活区绿化、防风林带建设、固沙造林、固沙种草等

3.1.2　水土保持设计原则与规定

水利水电工程水土保持设计，指针对水利水电工程项目区水土流失防治及水土资源保护利用所进行的设计工作的总称，主要包括主体工程区以水土流失防治为主要目的的防护、排水措施设计，植物措施设计，弃渣场选址、布设及防护措施设计，料场区防护和整治措施设计，施工生产生活区、交通道路区防护措施设计，移民水土保持设计，以及施工期临时防护措施设计等。

3.1.2.1　设计原则

(1) 落实责任，明确目标。根据《中华人民共和国水土保持法》确立的“谁开发，谁保护”“谁造成水土流失，谁负责治理”的原则，通过分析项目建设和运行期间扰动地表面积、损坏水土保持设施数量、新增水土流失量及产生的水土流失危害等，结合项目征占地及可能产生的影响情况，合理确定项目的水土流失防治责任范围，即明确水利水电工程建设单位负责水土流失防治的时间和空间范围，明确其水土流失防治目标与要求，特别是应根据项目所处水土流失重点预防区、重点治理区及所属区域水土保持生态功能重要性等确定其水土流失防治标准执行的等级，并按防治目标、标准与要求落实各项水土流失防治措施。

(2) 预防为主，保护优先。“预防为主，保护优先”是水土保持的工作方针之一，也是水利水电工程水土保持设计的基本原则之一。据此，针对项目建设和新增水土流失的特点，水土保持设计首先是对主体工程进行评价，即提出约束和优化水利水电建设项目选址（线）、规划布局、总体设计、施工组织设计等方面的意见与要求，并通过工程设计的不断修正和优化减少可能产生的水土流失。水土保持设计思路应由被动治理向主动事前控制转变，特别注重与施工组织设计紧密结合，完善施工期临时防护措施，防患于未然。

(3) 综合治理，因地制宜。“综合防治、因地制宜”不仅适应于小流域综合治理，也同样适用于水利水电工程水土保持。所谓综合防治，是指水利水电工程布设的各种水土保持措施要紧密结合，并与主体设计中已有措施相互衔接，形成有效的水土流失综合防治体系，确保水土保持工程发挥作用。所谓因地制宜，是根据水利水电工程的自然条件与预测可能产生的水土流失及其危害，合理布设工程、植物和临时防护措施。由于我国幅员辽阔、气候类型多样，地域自然条件差异显著，景观生态系统呈现明显的地带性分布特点，植物种选择与配置设计是能否做到因地制宜的关键，必须引起高度重视。

(4) 综合利用，经济合理。任何生产建设项目都是要进行经济评价的，其产出和投入首先必须符合国家有关技术经济政策的要求。技术经济合理性是生产建设项目立项乃至开工建设的先决条件。水利水电工程水土流失防治所需费用是计列在基本建设投资或生产费用之中的，因此，加强综合利用，建立经济合理的水土流失防治措施体系同样是水利水电工程水土保持设计所必须遵循的原则之一。如选择取料方便、易于实施的水土保持工程建（构）筑物；选择当地适生的植物品种，降低营造与养护成本；选择合适区段保护剥离表层土，留待后期植被恢复时使用；提高主体工程开挖土石方的回填利用率，以减少工程弃渣；临时措施与永久防护措施相结合等，均是这一原则的具体体现。

(5) 生态优先，景观协调。随着我国经济社会的发展，广大人民群众物质、精神和文化需求日益提高，水利水电工程的设计、建设在满足预期功能或效益要求的同时，也逐步向“工程与人和谐相处”方向发展。由于植物具有自我繁育和更新能力，植物措施实际也就成为水土流失防治的根本措施，同时也具有长久稳定的生态与景观效果，是其他措施不可替代的。因此，水利水电工程水土保持设计必须坚持“生态优先、景观协调”原则，措施配置应与周边的景观相协调，在不影响主体工程安全和运行管理要求的前提下，尽可能采取植物措施。

3.1.2.2 设计规定

1. 基本设计规定

(1) 水利水电工程水土流失防治应遵循下列规定：

1) 应控制和减少对原地貌、地表植被、水系的扰动和损毁，减少占用水土资源，注重提高资源利用效率。

2) 对于原地表植被、表土有特殊保护要求的区域，应结合项目区实际剥离表层土、移植植物以备后期恢复利用，并根据需要采取相应防护措施。

3) 主体工程开挖土石方应优先考虑综合利用，减少借方和弃渣。弃渣应设置专门场地予以堆放和处置，并采取挡护措施。

4) 在符合功能要求且不影响工程安全的前提下，水利水电工程边坡防护应采用生态型防护措施；具备条件的砌石、混凝土等护坡及稳定岩质边坡，应采取覆绿或恢复植被措施。

5) 水利水电工程有关植物措施设计应纳入水土保持设计。

6) 弃渣场防护措施设计应在保证渣体稳定的基础上进行。

7) 开挖、排弃、堆垫场地应采取拦挡、护坡、截排水及整治等措施。

8) 改建、扩建项目拆除的建筑物弃渣应合理处置，宜采取就近填凹或置于底层、其上堆置弃土的方案。

9) 施工期临时防护措施应结合主体工程施工组织设计的水土保持评价确定，宜采取临时拦挡、排水、沉沙、苫盖、绿化等措施。

10) 施工迹地应及时进行土地整治，根据土地利用方向，恢复为耕地或林草地。干旱风沙区施工迹地可采取碾压、砾石（卵石、黏土）压盖等措施。

(2) 工程选址（线）、建设方案及布局应符合下列规定：

1) 主体工程设计在工程布局、选址（线）、主要建筑物型式等方案比选中应将水土流失影响和防治作为比选因素之一。

2) 选址（线）必须兼顾水土保持要求。应避开泥石流易发区、崩塌滑坡危险区、易引起严重水土流失和生态恶化的地区，以及全国水土保持监测网络中的水土保持监测站点、重点试验区，不得占用国家确定的水土保持长期定位观测站。

3) 选址（线）应当避让水土流失重点预防区和重点治理区；无法避让的，应当提高防治标准，优化施工工艺，减少地表扰动和植被损坏范围，有效控制可能造成的水土流失。

4) 选址（线）宜避开生态脆弱区、固定半固定沙丘区、国家划定的水土流失重点治理成果区，最大限度地保护现有土地和植被的水土保持功能。

5) 工程占地不宜占用农耕地，特别是水浇地、水田等生产力较高的土地。

(3) 主体工程施工组织设计中的料场规划应兼顾水土流失防治要求。料场选址应遵循以下规定，并经综合分析和比选后确定：

1) 严禁在县级以上人民政府划定的崩塌和滑坡危险区、泥石流易发区内设置取土（石、料）场。

2) 在山区、丘陵区选址，应分析诱发崩塌、滑坡和泥石流的可能性。

3) 应符合城镇、景区等规划要求，并与周边景观相互协调，宜避开正常的可视范围。

4）在河道取砂（砾）料的，应遵循河道管理的有关规定。

（4）料场应在合理安排开挖与弃渣施工时序的基础上，尽可能回填弃土（石、渣）。占用耕地的料场，应考虑移民占地、施工组织设计等因素，对取料厚度、占地面积和占地方式等进行综合分析、比较确定。

（5）弃渣场选址应符合下列规定：

1）弃渣场选址应在主体工程施工组织设计土石方平衡基础上，综合运输条件、运距、占地、弃渣防护及后期恢复利用等因素确定。

2）严禁在对重要基础设施、人民群众生命财产安全及行洪安全有重大影响的区域布设弃渣场。弃渣场不应影响河流、沟谷的行洪安全；弃渣不应影响水库大坝、水利工程取用水建筑物、泄水建筑物、灌（排）干渠（沟）功能，不应影响工矿企业、居民区、交通干线或其他重要基础设施的安全。

3）弃渣场应避开滑坡体等不良地质条件地段，不宜在泥石流易发区设置弃渣场；确需设置的，应采取必要防治措施确保弃渣场稳定安全。

4）弃渣场不宜设置在汇水面积和流量大、沟谷纵坡陡、出口不易拦截的沟道；对弃渣场选址进行论证后，确需在此类沟道弃渣的，应采取安全有效的防护措施。

5）不宜在河道、湖泊管理范围内设置弃渣场，确需设置的，应符合河道管理和防洪行洪的要求，并采取措施保障行洪安全，减少由此可能产生的不利影响。

6）弃渣场选址应遵循“少占压耕地，少损坏水土保持设施”的原则。山区、丘陵区弃渣场宜选择在工程地质和水文地质条件相对简单、地形相对平缓的沟谷、凹地、坡台地、阶地等；平原区弃渣优先弃于洼地、取土（采砂）坑，以及裸地、空闲地、平滩地等。

7）风蚀区的弃渣场选址应避开风口区域。

（6）山区、丘陵区的弃渣场应进行必要的地质勘察工作。山区、丘陵区的1级、2级、3级弃渣场应对选址、堆置方式及水土流失防治措施布设进行方案比选。

（7）移民安置规划及工程设计应分析研究可能产生的水土流失影响或危害，采取必要的水土流失防治措施。

（8）主体工程施工组织设计应符合以下规定：

1）控制施工场地占地，避开植被良好区。

2）应合理安排施工，减少开挖量和废弃量，防止重复开挖和土（石、渣）多次倒运。

3）应合理安排施工进度与时序，缩小裸露面积和减少裸露时间，减少施工过程中因降水和风等水土流失影响因素可能产生的水土流失。

4）在河岸陡坡开挖土石方，以及开挖边坡下方有河渠、公路、铁路和居民点时，开挖土石必须设计渣石渡槽、溜渣洞等专门设施，将开挖的土石渣导出后及时运至弃土（石、渣）场或专用场地，防止弃渣造成危害。

5）施工开挖、填筑、堆置等裸露面应采取临时拦挡、排水、沉沙、覆盖等措施。

6）弃土（石、渣）应分类堆放，布设专门的临时倒运或回填料的场地。

7）设置导流围堰的，应明确围堰填筑的型式、土石方来源、围堰防护方案、拆除方式及拆除土石方去向等。

8）涉及风蚀区域的，主体工程施工组织设计中土方施工进度安排宜避开大风季节。

9）石料场开采应根据工程地质条件，采取分台（阶）开采设计方案，满足水土流失防治及后期植被恢复要求。

10）无用土剥离宜与表土剥离相结合，经水土保持评价确需利用表层熟土时，无用土剥离时应将表层熟土先行剥离并单独存放。

11）高原区、风沙区、草甸区等生态脆弱、扰动破坏后难以恢复的区域，不宜布设料场和弃渣场，施工应严格控制临时道路和生产生活设施占地，减少对原地貌和地表植被的破坏，做好临时防护措施。

12）需要二次转运的综合利用土石方应设置临时堆料场并明确其施工布置。

（9）水土保持设计中表土剥离措施应符合以下要求：

1）应估算弃渣场、料场、工程永久办公生活区等区域绿化、复垦等覆土需求量，结合工程弃土的可利用量，经平衡分析后，确定表土剥离量。

2）黄土覆盖深厚地区不宜剥离表土。

3）除特殊地区表土保护要求外，应结合主体工程施工组织设计合理确定临时占地表土剥离措施。

4）应与临时占地复垦措施中有关表土剥离要求相协调，避免重复。

（10）存在风蚀的区域应采取营造防风林带、种植草灌、设置沙障、苫盖等风蚀控制措施，并与环境保护设计中洒水抑尘等环境空气保护措施衔接。

（11）工程施工应符合下列规定：

1）施工道路应充分利用现有道路并控制在规定范围内，减小施工扰动范围；施工期结合地形条件和降水情况，采取适宜的拦挡、排水措施，山区、丘陵区道路应加强开挖边坡的防护措施；施工结束后临时道路应根据利用方向及时恢复土地功能。

2）风沙区、高原荒漠等生态脆弱区及草原区应划定施工作业带，严禁越界施工。

3）主体工程动工前，应剥离熟土层并集中堆放，施工结束后作为复耕地、林草地的覆土。

4）减少地表裸露的时间，遇暴雨或大风天气应加强临时防护。雨季填筑土方时应随挖、随运、随填、随压，避免产生水土流失。

5）开挖土石和取料场地应根据地形和汇流条件先设置截排水、沉沙、拦挡等措施后再开挖。不得在指定取土（石、料）场以外的地方乱挖。

6）土（砂、石、渣）料在运输过程中应采取保护措施，防止沿途散溢，造成水土流失。

7）临时堆土（石、渣）及料场加工的成品料应集中堆放，并采取临时拦挡等措施，必要时增设沉沙、苫盖措施。

2. 不同类型水利水电工程设计规定

（1）水库枢纽工程应符合下列规定：

1）应从占地、损坏水土保持设施数量、水土流失危害、水土保持防护工程量、移民占地、投资等角度，结合地形条件对水库淹没区弃渣、枢纽永久征地内弃渣、临时征用地弃渣等方案进行比选，并与主体工程规划、水工设计、施工组织设计和建设征地与移民等相协调。

2）对于水库淹没范围内的耕地，可根据水土保持有关剥离表土供需平衡分析，综合取土、运输、储量等条件，将其耕作熟土剥离，用于后期绿化覆土。

3）弃渣不宜弃于水库淹没区内。确需在水库淹没区弃渣的，弃渣场宜避开水库削落带布设；占用死库容的，弃渣场选址不应影响水库大坝、取（用）水及泄水等建筑物安全及运行。

4）对于高山峡谷等施工布置困难区域，经技术经济论证后可在库区内设置弃渣场，但应不影响水库设计使用功能。施工期间库区弃渣场应采取必要的拦挡、排水等措施，确保施工导流期间不影响河道行洪安全。

5）枢纽工程规划布置应充分结合周边景观及后期运行管理要求，并为植被恢复和建设创造条件。

（2）水闸及泵站工程设计应符合下列规定：

1）弃渣应优先利用闸、泵站永久征地和周边堤防护堤地集中堆放，不宜在河道内设置弃渣场。确需在附近滩地设置弃渣场的，应经充分论证并不得影响行洪安全。

2）工程永久办公生活区应结合水闸及泵站景观和运行管理要求进行绿化。

（3）河道工程设计应符合下列规定：

1）堤防清基和削坡土方优先进行综合利用，多余土方运至指定弃渣场处置；在满足防洪要求的前提下，堤坡应优先采取生态型护坡措施；应根据降雨及堤身垂高等情况布设排水设施。

2）河道扩挖土石方应优先结合堤防填筑、填塘固基、压浸等进行综合利用。

3）具备条件的，弃渣应优先回填取土场。弃渣场优先布置在堤防背水侧永久管理范围，不宜设置在行洪区、泄洪区内；确需设置在行洪区、泄洪区内的，不应影响防洪安全。

4）疏浚排泥场应设置围堰拦挡、场内排水措施，做好围堰边坡防护。待泥浆沉淀固结后，排泥场顶面应进行土地整治，结合环境保护要求恢复耕地或植被；应根据排泥场土壤特性和后期恢复利用需要，进行表土剥离、堆存和防护。

5）护坡工程削坡土方应采取合理施工方法或防护措施，避免土（石）落入河道。

6）水土保持措施布置应结合工程穿越城镇、重要景观区、农村等情况，并与河道生态景观规划等协调。

（4）输水及灌溉工程设计应符合下列规定：

1）具有重要生态功能且植被难以恢复的山丘区，宜采用隧洞输水方案。山区、丘陵区深挖高填段产生较大水土流失影响的，应优先采用隧洞、管涵、渡槽等输水方案，边坡宜采用综合护坡型式。

2）沿山前丘陵阶地布置的输水及灌溉工程，应分析坡面洪水和水系调整产生的水土流失影响，并采取必要的措施。

3）弃渣场应优先布设在渠道坡面汇水的下游侧，不宜布设在挖方渠段汇水侧。输水明渠的弃渣宜结合防洪堤、渠堤永久征地和料场迹地堆放，并采取防护措施。

4）渠道开挖弃土弃渣应结合渠堤填筑，优先堆放在渠道管理范围内；改线渠道应优先回填原有渠道；田间工程弃土宜就近平整。

5）明渠输水的护渠林，以及埋涵、管线工程区植被恢复措施设计应考虑树木根系对其结构安全的影响，并满足后期运行管理要求。

6）沿坡面开挖的渠道，应在渠道上坡侧采取截排水、护坡等防护措施，必要时可设密植灌木林带，拦截入渠泥沙。

7）风沙区明渠工程，断面成形后应及时布设沙障等工程措施，施工完毕后，宜结合已有工程措施布设防风固沙植物措施。

（5）移民水土保持（对水库淹没和工程征占地所

导致的移民安置工程有关水土流失防治工作的统称，包括集中安置区（点）、专项设施复（改）建工程、库区防护工程以及新开垦土地等区的水土保持）应遵循以下规定：

1）移民安置点宜选择地形平缓、土石方挖填量相对较少的区域。对于山区、丘陵区的安置点，应合理确定竖向布置规划，采取分台布置方案，避免大挖大填，并配套相应护坡、排水措施。集中安置区绿化指标应与林草植被覆盖率指标相协调。

2）铁路、公路等专项设施复（改）建应根据地形地貌特点，合理布设渣料场及路基路堑边坡的水土流失防护措施；对于高填深挖路段，应采用加大桥、隧比例的方案，减少大填大挖。

3）安置点或库区防护工程应合理选择料场；应在满足防洪安全前提下对防护堤边坡采取生态型防护措施；弃渣应优先利用防护区堤防永久征地或回填垫地；应合理布设安置点和防护区的截排水措施。

4）抬田工程应做好表层耕作土剥离防护措施，优先利用工程弃渣或库区内淹没耕地取土作为填方。

5）新开垦土地应符合水土保持要求，对于坡耕地应采取整治和坡面水系改造等综合配套措施。

3. 各阶段设计深度与主要内容

（1）规划阶段应符合下列规定：

1）应根据主体工程规划情况，编写“水土保持”篇章。篇章内容应包括：简要说明规划工程区水土流失现状、治理状况以及水土流失重点防治区划分情况；进行主体工程水土保持初步评价；初步分析规划实施可能产生的水土流失影响；初步明确水土流失防治重点区域；提出水土流失防治总体要求，初拟水土保持措施布局并匡列水土保持投资。

2）应结合主体工程设计有关资料，进行水土保持初步调查，以资料收集方法为主。

（2）项目建议书阶段应符合下列规定：

1）应根据主体工程设计情况，编写“水土保持”篇章。篇章内容应包括：简要说明项目区水土流失现状及治理状况；明确水土流失重点防治区划分；明确水土流失防治责任范围界定原则，初估防治责任范围；初步分析项目建设过程中可能产生的水土流失影响并进行估测，从水土保持角度对工程总体方案进行评价并提出相关建议；基本明确水土流失防治标准，初拟水土保持布局与措施体系以及初步防治方案；提出水土保持监测初步方案；确定水土保持投资估算原则和依据，初步估算水土保持投资；提出水土保持初步结论以及可行性研究阶段需要解决的问题及处理建议。

2）应结合主体工程设计的有关资料，进行水土保持初步调查。

3）点型工程应根据工程规划布置布设水土保持措施，估算工程量及投资；线型工程可按典型工程设计推算工程量并估算投资，也可选择区域类比工程按指标法估算投资。

4）弃渣场设计要求：对于点型工程，要初步选定弃渣场场址，选择典型工程进行水土保持措施布设；线型工程弃渣场要提出选址原则，初步明确弃渣场数量和类型，根据类比工程按指标法估算工程量。

5）附图主要包括：水土流失防治责任范围及措施总体布局图。

（3）可行性研究阶段（水电工程为预可行性研究阶段）应符合下列规定：

1）应根据主体工程设计情况，编写“水土保持”篇章及水土保持方案，且两者主要内容和投资保持一致。篇章及水土保持方案内容应包括：简述项目区水土流失及其防治状况；进行主体工程水土保持评价；确定水土流失防治责任范围，并进行水土流失防治分区；进行水土流失预测，明确水土流失防治和监测的重点区域；确定水土流失防治标准等级及目标，确定水土保持措施体系与总体布局，分区进行水土流失防治措施布设，明确水土保持工程的级别、设计标准、结构型式，基本确定水土保持措施量和工程量；进行水土保持施工组织设计，确定水土保持工程施工进度安排；确定水土保持监测方案；提出水土保持工程实施管理意见；估算水土保持投资，并进行效益分析；提出水土保持结论与建议。

2）弃渣场选址应由水土保持专业会同施工、移民、地勘等专业选择确定，料场规划应征求水土保持专业意见。

3）弃渣场设计要求：对于点型工程，应初步确定弃渣场场址，分类开展典型设计；对于线型工程，1～3级弃渣场应基本确定其选址，4～5级弃渣场应明确选址原则和弃渣场类型，分类开展典型设计。

4）附图应包括：水土流失防治责任范围及措施总体布局图、主要水土保持措施典型设计图等。

（4）初步设计阶段（水电工程为可行性研究阶段）应符合下列规定：

1）应根据批复的水土保持方案，编制“水土保持设计”篇章。移民水土保持执行SL 575—2012的规定。

2）篇章内容应包括：简述水土保持方案的主要内容、结论及批复情况；根据主体工程初步设计情况复核水土流失防治责任范围、损坏水土保持设施面积、弃渣量、防治目标、防治分区和水土保持总体布局，对其中调整内容说明原因；确定水土保持工程设计标准，按防治分区，逐项进行水土保持工程措施设计和植物措施设计；计算水土保持工程量，细化水土保持施工组织设计；开展水土保持监测设计，提出水土保持工程管理内容；编制水土保持投资概算。

3）弃渣场设计要求：对于点型工程，应确定弃渣场场址，逐一进行弃渣场初步设计；对于线型工程，应确定1～4级弃渣场选址并逐一进行弃渣场初步设计，5级弃渣场应明确选址原则和弃渣场类型，并选择至少30%典型弃渣场进行初步设计。

4）附图应包括：水土流失防治责任范围及措施总体布局图；分区水土保持措施设计图，包括弃渣场布置图、剖面图、工程措施断面设计图、植物措施配置图、临时工程设计图；水土保持监测点位布置图。

（5）施工图阶段应符合下列规定：

1）应编制“水土保持施工图设计说明书”。

2）设计图纸应包括：水土保持工程总体布置图；单项工程平面布置图、剖面图、结构图、细部构造图、钢筋图及植物措施施工图。

4. 水土保持设计变更

（1）水土保持重大设计变更应符合下列条件之一，除此之外的水土保持设计变更为一般设计变更。

1）当主体工程规模或布置发生变化，且主体工程土建部分提出重大设计变更。

2）总弃渣量500万m^3以上的增加弃渣20%，100万～500万m^3的增加弃渣30%，且弃渣场水土保持措施发生重大变化。

3）增加或减少重要的水土保持措施，水土保持工程量有重大变化。

4）由于国家政策调整或措施变化所导致的水土保持投资严重不足或剩余，水土保持措施费用增（减）30%。

（2）水土保持重大设计变更应编制设计变更报告，一般设计变更可不编制设计变更报告。设计变更报告应提出主要变更原因，复核水土流失防治责任范围和防治分区和水土保持措施布局，对照初步设计进行水土保持措施变更设计，并分析投资变化原因。

5. 工程建设管理方面要求

（1）工程管理应符合下列规定：

1）水土保持工程应纳入招标文件、施工合同。外购料应选择符合规定的料场，并在合同中明确水土流失防治责任。

2）工程监理文件中应明确水土保持工程监理的具体内容和要求。施工期应进行水土保持监测。

3）建设单位机构设置中，应有水土保持管理专职机构或人员。建设单位应通过合同管理、宣传培训和检查验收等手段进行水土保持管理。

4）工程检查验收文件中应落实水土保持工程检查验收程序、标准和要求。

（2）施工期水土流失防治应符合下列规定：

1）导流工程、料场、弃渣场、生产生活区、施工道路等应严格按照主体工程施工组织设计进行布置和实施；施工布置发生变化的，水土保持措施应相应进行调整，并按水土保持设计变更有关规定执行。

2）土（块石、砂砾石）料、弃渣在运输过程中应采取防护措施，防止沿途散逸。

3）对特殊保护要求地区，应设立保护地表及植被的警示牌。

6. 竣工验收方面要求

（1）水利水电工程竣工验收之前，应开展水土保持设施竣工专项验收。

（2）水土保持设施竣工验收应以初步设计批复内容和投资为依据，对照批复的水土保持方案，充分结合实施阶段水土保持设计变更情况进行。

（3）移民水土保持设施验收应纳入移民安置专项验收。分阶段进行移民安置验收的，应进行相应阶段的水土保持设施验收。

3.2　水土保持设计标准和水文计算

3.2.1　级别划分与设计标准

3.2.1.1　级别划分

1. 弃渣场及拦渣工程级别划分

（1）弃渣场级别应综合考虑渣场的堆渣量、堆渣最大高度及弃渣场失事后对主体工程或环境造成的危害程度等因素，按表3.2-1确定。

（2）弃渣场防护工程建筑物级别根据渣场级别分为5级，按表3.2-2确定，并符合以下要求：

1）拦渣堤、拦渣坝、挡渣墙、排洪工程及临时性防护工程建筑物级别按弃渣场级别确定。

2）当拦渣工程高度H不小于15m时，弃渣场等级为1级、2级时，挡渣墙建筑物级别可提高1级。

2. 斜坡防护工程级别划分

斜坡防护工程级别应综合考虑边坡失事后对周边设施安全和正常运用的影响程度、对人身和财产安全的影响程度、边坡失事后的损失大小、对社会和环境的影响等因素，按表3.2-3确定。

3. 防风固沙工程级别

根据风沙危害程度、保护对象、所处位置、工程规模、治理面积等因素，防风固沙工程级别按表3.2-4规定执行。

表 3.2-1　弃渣场级别划分

弃渣场级别	堆渣量 V (万 m^3)	堆渣高度 H (m)	弃渣场失事对主体工程或环境造成的危害程度
1	$2000 \geqslant V \geqslant 1000$	$200 \geqslant H \geqslant 150$	严重
2	$1000 > V \geqslant 500$	$150 > H \geqslant 100$	较严重
3	$500 > V \geqslant 100$	$100 > H \geqslant 60$	不严重
4	$100 > V \geqslant 50$	$60 > H \geqslant 20$	较轻
5	$V < 50$	$H < 20$	无危害

注 1. 根据堆渣量、堆渣最大高度、渣场失事对主体工程或环境的危害程度确定的渣场级别不一致时，就高不就低。
2. 弃渣场失事对主体工程的危害指对主体工程施工和运行的影响程度；弃渣场失事对环境的危害指对城镇、乡村、工矿企业、交通等环境建筑物的影响程度。
3. 严重：相关建筑物遭到大的破坏或功能受到大的影响，可能造成人员伤亡和重大财产损失的；较严重：相关建筑物遭到较大破坏或功能受到较大影响，需进行专门修复后才能投入正常使用；不严重：相关建筑物遭到破坏或功能受到影响，及时修复可投入正常使用；较轻：相关建筑物受到的影响很小，不影响原有功能，无需修复即可投入正常使用。

表 3.2-2　弃渣场防护工程建筑物级别划分

弃渣场级别	拦渣工程建筑物			排洪工程建筑物
	拦渣堤	拦渣坝	挡渣墙	
1	1	1	2	1
2	2	2	3	2
3	3	3	4	3
4	4	4	5	4
5	5	5	5	5

表 3.2-3　斜坡防护工程建筑物级别划分

边坡破坏危害的对象	边坡破坏造成的危害程度		
	严重	不严重	较轻
	斜坡防护工程级别		
工矿企业、居民点、重要基础设施等	3	4	5
一般基础设施	4	5	5
农业生产设施等	5	5	5

注 1. 斜坡防护工程级别3级、4级、5级，对应《水利水电工程边坡设计规范》(SL 386—2007) 的相应边坡级别。
2. 边坡破坏造成的危害程度，严重：指危害对象、相关设施遭到大的破坏或功能受到大的影响，可能造成人员伤亡和重大财产损失；不严重：指相关设施遭到破坏或功能受到影响，及时修复后仍能使用；较轻：指相关设施受到很小的影响或间接地受到影响，不影响原有功能的发挥。

表 3.2-4　防风固沙工程级别

对主体工程或环境的危害程度	重度	中度	轻度
输水（灌溉）渠道	1	2	3

注 重度，指使主体工程失去使用或运行功能，引起周围一定范围内土地沙化；中度，指定期清理风积沙，工程才能具备使用或运行功能，引起周边土地沙化；轻度，指一年内清理一次风积沙，工程才能具备使用或运行功能，引起周边土地向沙化发展。

4. 植被恢复与建设工程级别划分

植被恢复与建设工程级别，应按水利水电工程主要建筑物的等级及绿化工程所处位置，按表 3.2-5 确定。

表 3.2-5　水利水电工程植被恢复与建设工程级别划分

主要建筑物级别	水库、闸站等点型工程永久占地区	渠道、堤防等线型工程永久占地区
1～2	1	2
3	1	2
4	2	3
5	3	3

注 1. 临时占用弃渣场、料场的植被恢复和建设工程级别一般取3级；对于工程永久占地区的弃渣场和料场，执行相应级别。
2. 渠堤、枢纽等位于或通过5万人以上城镇的水利工程，可提高1级标准。
3. 饮用水水源及其输水工程，可提高1级标准。
4. 对于工程永久办公和生活区，植被恢复与建设工程级别可提高1级。

3.2.1.2　设计标准

1. 防洪标准

拦渣堤、拦渣坝、排洪工程防洪标准根据其相应建筑物级别，按表 3.2-6 规定执行，并符合下列要求：

(1) 拦渣堤、拦渣坝工程不设校核洪水标准，设计防洪标准按表 3.2-6 确定，拦渣堤防洪标准还应满足河道管理和防洪要求。

(2) 排洪工程设计、校核洪水标准按表 3.2-6 确定。

(3) 拦渣堤、拦渣坝、排洪工程等失事可能对周边及下游工矿企业、居民点、交通运输等基础设施造成重大危害时，2级以下拦渣堤、拦渣坝、排洪工程的设计防洪标准可按表 3.2-6 的规定提高1级。

表 3.2-6　　弃渣场防护工程防洪标准

拦渣堤（坝）工程建筑物级别	排洪工程建筑物级别	防洪标准［重现期（年）］			
		山区、丘陵区		平原区、滨海区	
		设计	校核	设计	校核
1	1	100	200	50	100
2	2	50～100	100～200	30～50	50～100
3	3	30～50	50～100	20～30	30～50
4	4	20～30	30～50	10～20	20～30
5	5	10～20	20～30	10	20

2. 抗震设防

地震基本烈度为Ⅶ度及Ⅶ度以上的区域，弃渣场及其防护建筑物应进行抗震验算，可参照《水工建筑物抗震设计规范》（DL 5073）进行。

3. 安全超高

（1）拦渣堤工程的安全加高值不应小于表 3.2-7 规定值。

（2）排洪工程建筑物安全加高值参照《灌溉与排水工程设计规范》（GB 50288）执行。

（3）拦洪坝安全超高经验值，当坝高在 10～20m 时为 1.0～1.5m；当坝高大于 20m 时为 1.5～2.0m。

表 3.2-7　拦渣堤工程的安全加高值　单位：m

拦渣堤工程的级别	1	2	3	4	5
不允许越浪的拦渣堤工程	1.0	0.8	0.7	0.6	0.5
允许越浪的拦渣堤工程	0.5	0.4	0.4	0.3	0.3

4. 结构安全系数

（1）弃渣场抗滑稳定安全系数。

1）采用简化毕肖普法、摩根斯坦-普赖斯法，计及条块间作用力计算时，弃渣场抗滑稳定安全系数应不小于表 3.2-8 中数值。

表 3.2-8　　弃渣场抗滑稳定安全系数

应用情况	弃渣场级别			
	1	2	3	4、5
正常运用	1.35	1.30	1.25	1.20
非常运用	1.15	1.15	1.10	1.05

2）采用瑞典圆弧法，不计及条块间作用力计算时，抗滑稳定安全系数应不小于表 3.2-9 中数值。

表 3.2-9　　弃渣场抗滑稳定安全系数

应用情况	弃渣场级别			
	1	2	3	4、5
正常运用	1.25	1.20	1.20	1.15
非常运用	1.10	1.10	1.05	1.05

（2）拦渣工程建筑物稳定安全系数。

1）挡渣墙稳定安全系数。

a. 挡渣墙基底抗滑稳定安全系数应不小于表 3.2-10 规定的允许值。

b. 土质地基挡渣墙抗倾覆安全系数应不小于表 3.2-11 规定的允许值。

表 3.2-10　　挡渣墙基底抗滑稳定安全系数允许值

计算工况	土质地基					岩石地基					
	挡渣墙级别					挡渣墙级别					按抗剪断公式计算时
	1	2	3	4	5	1	2	3	4	5	
正常运用	1.35	1.30	1.25	1.20	1.20	1.10	1.08	1.08	1.05	1.05	3.00
非常运用	1.10	1.10	1.10	1.05	1.05	1.00					2.30

表 3.2-11　　土质地基挡渣墙抗倾覆安全系数允许值

计算工况	挡渣墙级别			
	1	2	3	4、5
正常运用	1.60	1.50	1.45	1.40
非常运用	1.50	1.40	1.35	1.30

c. 在各种计算情况下，挡渣墙基底应力应满足下列要求：

a）土质地基和软质岩石地基上的挡渣墙平均基底应力不应大于地基允许承载力值。

b）最大基底应力不大于地基允许承载力值的 1.2 倍。

c）挡渣墙基底应力的最大值与最小值之比：对于松软地基应小于1.5；对于中等坚硬、密实地基应小于2.0。

2）拦渣堤稳定安全系数。

a. 拦渣堤抗滑稳定安全系数不应小于表3.2－12中的规定值。

表3.2－12　拦渣堤抗滑稳定安全系数允许值

拦渣堤工程级别	1	2	3	4	5
正常运用	1.35	1.30	1.25	1.20	1.20
非常运用	1.15	1.15	1.10	1.05	1.05

b. 拦渣堤抗倾覆安全系数标准同挡渣墙，即不应小于表3.2－11中的允许值。

c. 拦渣堤基底应力要求同挡渣墙基底应力之规定。

3）拦渣坝稳定安全系数。

a. 混凝土重力坝抗滑稳定安全系数。按抗剪强度计算公式和抗剪断强度计算公式计算的安全系数应不小于表3.2－13中的最小允许安全系数。坝基岩体内部深层抗滑稳定按抗剪强度公式计算的安全系数指标可经论证后确定。

b. 浆砌石重力坝抗滑稳定安全系数。浆砌石重力坝抗滑稳定安全系数应不小于表3.2－14的规定值。

表3.2－13　混凝土重力坝抗滑稳定安全系数允许值

荷载组合 \ 级别		1	2	3	4、5
抗剪强度计算	基本组合	1.10	1.05～1.08	1.05～1.08	1.05
	特殊组合Ⅰ	1.05	1.00～1.03	1.00～1.03	1.00
	特殊组合Ⅱ	1.00	1.00	1.00	1.00
抗剪断强度计算	基本组合	3.00	3.00	3.00	3.00
	特殊组合Ⅰ	2.50	2.50	2.50	2.50
	特殊组合Ⅱ	2.30	2.30	2.30	2.30

注　抗滑稳定安全系数主要参考《混凝土重力坝设计规范》（SL 319—2005）。

c. 碾压土石坝抗滑稳定安全系数。不同碾压土石坝坝坡稳定分析计算方法的安全系数详见表3.2－15。

5. 防风固沙工程设计标准

防风固沙工程设计标准按表3.2－16执行，对防风固沙带宽大于300m的工程项目，应经论证确定其宽度。

防风固沙带主导风向最小防护宽度根据防护对象建筑物级别及防风固沙工程级别，可按表3.2－16选取；对于需要保护的水库、泵（闸）站工程等防护对象，其防风固沙带宽度宜根据侵蚀危害经试验论证后确定。

表3.2－14　浆砌石重力坝抗滑稳定安全系数允许值

计算工况	按抗剪公式计算时			按抗剪断公式计算时
	工程级别			
	1	2、3	4、5	
正常运用	1.1	1.05	1.05	3.0
非常运用	1.05	1.0	1.0	2.3

注　抗滑稳定安全系数主要参考《砌石坝设计规范》（SL 25—2006）。

表3.2－15　碾压土石坝坝坡抗滑稳定安全系数表

计算方法	荷载组合	坝的级别			
		1	2	3	4、5
计及条块间作用力的方法	基本组合	1.50	1.35	1.30	1.25
	特殊组合	1.20	1.15	1.15	1.10
不计及条块间作用力的方法	基本组合	1.30	1.24	1.20	1.15
	特殊组合	1.10	1.06	1.06	1.01

注　表中基本组合指不考虑地震作用，特殊组合指考虑地震作用。

表 3.2-16 防风固沙带设计标准 单位：m

防风固沙工程级别	防风固沙带宽	
	主害风上风向	主害风下风向
1	200～300	100～200
2	100～200	50～100
3	50～100	20～50

注 对防风固沙带宽＞300m 工程项目，应经论证确定其宽度。

6. 永久排水设施设计标准

弃渣场、料场、施工生产生活区需采取永久截（排）水措施的，其永久排水设计标准采用 3～5 年一遇 5～10min 短历时设计暴雨。

7. 降雨蓄渗工程设计标准

降雨蓄渗工程设计标准按照《水土保持综合治理技术规范 小型蓄排引水工程》（GB/T 16453.4）、《雨水集蓄利用工程技术规范》（SL 267）规定执行。

蓄水型截水沟暴雨径流量计算按照 10 年一遇 24h 最大降雨量计算；排水沟断面设计可按 10 年一遇 10min 最大降雨量设计；水窖、涝池、山间泉水利用等工程的规模可按 10～20 年一遇 3～6h 最大暴雨量设计。

8. 植被恢复与建设工程设计标准

植被恢复与建设工程设计标准应符合下列规定：

（1）1 级植被恢复与建设工程应充分考虑景观、游憩、环境保护和生态防护等多种功能的要求，按照园林绿化工程标准执行。

（2）2 级植被恢复与建设工程应考虑生态防护和环境保护要求，适当考虑景观、游憩等功能要求，按照生态公益林的要求执行，并参照园林绿化标准适度提高。

（3）3 级植被恢复与建设工程应考虑生态保护和环境保护要求，按照生态公益林绿化标准执行。

3.2.2 水文计算

3.2.2.1 一般规定

（1）水土保持工程的水文计算应符合国家现行有关标准的规定。

（2）对于来水面积较大以及重要的防洪排导工程，必须进行防洪排水水文计算，以确定设计洪水成果，满足防洪排导工程水利和水力计算的需要。

（3）设计洪水应充分利用实测水文资料，依据《水利水电工程设计洪水计算规范》（SL 44）进行分析计算；对于无资料地区小流域的设计洪水，可依据 SL 44，各省（自治区、直辖市）编制的暴雨洪水图集，以及各地编制的水文手册所提供的方法进行计算，经分析论证后合理选用计算成果。

（4）截（排）水工程根据确定的排水标准，按短历时设计暴雨计算排水流量。

3.2.2.2 防洪水文计算

（1）对于设计汇水面积小于 300km² 的小流域，多采用推理公式法、瞬时单位线法和地区综合经验公式法等方法。

对水文资料缺乏地区的洪水计算，可采用瞬时单位线法。

对局部和流域性发生暴雨、特大暴雨几率较高，极易引发山洪地区的洪水计算，可采用地区综合经验公式法。

对于山区、丘陵区小流域的设计洪水计算多采用推理公式法。

这里重点推荐中国水利水电科学研究院水文研究所提出的推理公式。

推理公式的一般表达式为

$$Q_m = 0.278\left(\frac{S_P}{\tau^n} - \mu\right)F \quad （全面汇流，t_c \geqslant \tau） \tag{3.2-1}$$

$$Q_m = 0.278\left(\frac{S_P t_c^{1-n} - \mu t_c}{\tau}\right)F \quad （部分汇流，t_c < \tau） \tag{3.2-2}$$

$$\tau = \frac{0.278L}{mJ^{1/3}Q_m^{1/4}} \tag{3.2-3}$$

$$t_c = \left[(1-n)\frac{S_P}{\mu}\right]^{1/n} \tag{3.2-4}$$

式中 Q_m——设计洪峰流量，m³/s；

F——汇水面积，km²；

S_P——设计雨力，即重现期（频率）为 P 的最大 1h 降雨强度，mm/h；

τ——流域汇流历时，h；

t_c——净雨历时，或称产流历时，h；

μ——损失参数，即平均稳定入渗率，mm/h；

n——暴雨衰减指数，反映暴雨在时程分配上的集中（或分散）程度指标；

m——汇流参数，在一定概化条件下，通过对该地区实测暴雨洪水资料综合分析得出；

L——河长，即沿主河道从出口断面至分水岭的最长距离，km；

J——沿河长（流程）L 的平均比降（以小数计）。

（2）推理公式中的参数 m、n、μ 等一般通过实测暴雨洪水资料经分析综合得出，或查最新出版的《中国暴雨统计参数图集》和各省（自治区、直辖市）最新出版的《暴雨统计参数图集》得到。对于无条件进行地区综合的流域，汇流参数 m 可参考表 3.2-17 选用。

表 3.2-17 **汇流参数 m 查用表**

类别	雨洪特性、河道特性、土壤植被条件	推理公式洪水汇流参数 m 值 $\left(\theta=\frac{L}{J^{1/3}}\right)$			
		θ=1～10	θ=10～30	θ=30～90	θ=90～400
Ⅰ	北方半干旱地区，植被条件较差，以荒坡、梯田或少量的稀疏林为主的土石山区，旱作物较多，河道呈宽浅型，间隙性水流，洪水陡涨陡落	1.00～1.30	1.30～1.60	1.60～1.80	1.80～2.20
Ⅱ	南北方地理景观过渡区，植被条件一般，以稀疏、针叶林、幼林为主的土石山区或流域内耕地较多	0.60～0.70	0.70～0.80	0.80～0.90	0.90～1.30
Ⅲ	南方、东北湿润山丘区，植被条件良好，以灌木林、竹林为主的石山区，或森林覆盖度达40%～50%，或流域内多为水稻田、卵石，两岸滩地杂草丛生，大洪水多为尖瘦型，中小洪水多为矮胖型	0.30～0.40	0.40～0.50	0.50～0.60	0.60～0.90
$Ⅳ_1$、$Ⅳ_2$	雨量丰沛的湿润山区，植被条件优良，森林覆盖度可高达70%以上，多为深山原始森林区，枯枝落叶层厚，壤中流较丰富，河床呈山区型，大卵石、大砾石河槽，有跌水，洪水多为陡涨缓落	0.20～0.30	0.30～0.35	0.35～0.40	0.40～0.80

(3) 一次洪水过程总量可用式(3.2-5)、式(3.2-6)计算。

$$W_P = 0.1\varphi H_P F \qquad (3.2-5)$$

$$W_P = AF^m \qquad (3.2-6)$$

式中 W_P——设计洪水总量，万 m^3；

H_P——设计暴雨量，mm；

A、m——洪量地理参数及指数，可采用当地经验值；

其他符号意义同前。

(4) 与设计洪峰流量 Q_m 和洪水总量 W_P 相配合，其洪水概化过程线一般有三角形过程线、五边形过程线和无因次过程线。

3.2.2.3 排水水文计算

(1) 永久截（排）水沟设计排水流量采用式(3.2-7)计算。

$$Q_m = 16.67\varphi qF \qquad (3.2-7)$$

式中 q——设计重现期和降雨历时内的平均降雨强度，mm/min；

其他符号意义同前。

径流系数 φ 按照表3.2-18要求确定。若汇水面积内有两种或两种以上不同地表种类时，应按不同地表种类面积加权求得平均径流系数 φ。

表 3.2-18 **径流系数 φ 参考值**

地表种类	径流系数 φ	地表种类	径流系数 φ
沥青混凝土路面	0.95	起伏的山地	0.60～0.80
水泥混凝土路面	0.90	细粒土坡面	0.40～0.65
粒料路面	0.60～0.80	平原草地	0.40～0.65
粗粒土坡面和路肩	0.10～0.30	一般耕地	0.40～0.60
陡峻的山地	0.75～0.90	落叶林地	0.35～0.60
硬质岩石坡面	0.70～0.85	针叶林地	0.25～0.50
软质岩石坡面	0.50～0.80	粗砂土坡面	0.10～0.30
水稻田、水塘	0.70～0.80	卵石、块石坡地	0.08～0.15

(2) 当工程场址及其邻近地区有10年以上自记雨量计资料时，应利用实测资料整理分析得到设计重现期的降雨强度。当缺乏自记雨量计资料时，可利用标准降雨强度等值线图和有关转换系数，按式（3.2-8）计算降雨强度。

$$q = C_P C_t q_{5,10} \tag{3.2-8}$$

式中 $q_{5,10}$——5年重现期和10min降雨历时的标准降雨强度，mm/min，可按工程所在地区，查中国5年一遇10min降雨强度（$q_{5,10}$）等值线图；

C_P——重现期转换系数，为设计重现期降雨强度 q_P 同标准重现期降雨强度比值（q_P/q_5），按工程所在地区，由表3.2-19确定；

C_t——降雨历时转换系数，为设计重现期降雨历时 t 的降雨强度 q_t 同10min降雨历时的降雨强度 q_{10} 的比值（q_P/q_{10}），按工程所在地区的60min转换系数（C_{60}），由表3.2-20查取，C_{60} 可查中国60min降雨强度转换系数（C_{60}）等值线图。

表 3.2-19　重现期转换系数 C_P 表

地　区	重现期 P（年）			
	3	5	10	15
海南、广东、广西、云南、贵州、四川（东）、湖南、湖北、福建、江西、安徽、江苏、浙江、上海、台湾	0.86	1.00	1.17	1.27
黑龙江、吉林、辽宁、北京、天津、河北、山西、河南、山东、四川（西）、西藏	0.83	1.00	1.22	1.36
内蒙古、陕西、甘肃、宁夏、青海、新疆（非干旱区）	0.76	1.00	1.34	1.54
内蒙古、陕西、甘肃、宁夏、青海、新疆（干旱区，约相当于5年一遇10mm降雨强度小于0.5mm/mim的地区）	0.71	1.00	1.44	1.72

表 3.2-20　降雨历时转换系数 C_t 表

C_{60}	降雨历时 t（min）										
	3	5	10	15	20	30	40	50	60	90	120
0.30	1.40	1.25	1.00	0.77	0.64	0.50	0.40	0.34	0.30	0.22	0.18
0.35	1.40	1.25	1.00	0.80	0.68	0.55	0.45	0.39	0.35	0.26	0.21
0.40	1.40	1.25	1.00	0.82	0.72	0.59	0.50	0.44	0.40	0.30	0.25
0.45	1.40	1.25	1.00	0.84	0.76	0.63	0.55	0.50	0.45	0.34	0.29
0.50	1.40	1.25	1.00	0.87	0.80	0.68	0.60	0.55	0.50	0.39	0.33

(3) 降雨历时一般取设计控制点的汇流时间，其值为汇水区最远点到排水设施处的坡面汇流历时 t_1 与在沟（管）内的沟（管）汇流历时 t_2 之和。在考虑路面表面排水时，可不计沟（管）内的汇流历时 t_2。t_1 及其相应的地面粗度系数 m_1 按式（3.2-9）计算。

$$t_1 = 1.445\left(\frac{m_1 L_s}{\sqrt{i_s}}\right)^{0.467} \tag{3.2-9}$$

式中 t_1——坡面汇流历时，min；

L_s——坡面流的长度，m；

i_s——坡面流的坡降，以小数计；

m_1——地面粗度系数，可按地表情况查表3.2-21确定。

表 3.2-21　地面粗度系数 m_1 参考值

地表状况	地面粗度系数 m_1
光滑的不透水地面	0.02
光滑的压实地面	0.10
稀疏草地、耕地	0.20
牧草地、草地	0.40
落叶树林	0.60
针叶树林	0.80

(4) 计算沟（管）内汇流历时 t_2 时，先在断面尺寸、坡度变化点或者有支沟（支管）汇入处分段，分别计算各段的汇流历时后再叠加而得，即

$$t_2 = \sum_{i=1}^{n}\left(\frac{l_i}{60v_i}\right) \qquad (3.2-10)$$

式中 t_2——沟（管）内汇流历时，min；

n、i——分段数和分段序号；

l_i——第 i 段的长度，m；

v_i——第 i 段的平均流速，m/s。

沟（管）的平均流速 v 可按式（3.2-11）计算。也可采用系齐哈（Rziha）公式 $v=20i_g^{3/5}$ 近似估算沟（管）的平均流速，其中，i_g 为该段排水沟（管）的平均坡度。

$$v = \frac{1}{n}R^{2/3}I^{1/2} \qquad (3.2-11)$$

$$R = A/X$$

式中 n——沟（管）壁的粗糙系数，按表 3.2-22 确定；

R——水力半径，m；

A——过水断面面积，m^2；

X——过水断面湿周，m；

I——水力坡度，可取沟（管）的底坡，以小数计。

表 3.2-22 排水沟（管）壁的粗糙系数 n 值

排水沟（管）类别	粗糙系数 n
塑料管（聚氯乙烯）	0.010
石棉水泥管	0.012
铸铁管	0.015
波纹管	0.027
岩石质明沟	0.035
植草皮明沟（v=0.6m/s）	0.035～0.050
植草皮明沟（v=1.8m/s）	0.050～0.090
浆砌石明沟	0.025
浆砌片石明沟	0.032
水泥混凝土明沟（抹面）	0.015
水泥混凝土明沟（预制）	0.012

3.2.2.4 算例

【算例 3.2-1】 湖南省湘江某支流欲修建一座以灌溉为主的小（1）型水库，工程位于北纬 28°以南，流域面积 2.93km²，干流长度 2.65km，河道坡率 0.033，用推理公式推求坝址处 100 年一遇设计洪水洪峰流量。

（1）求 S_P、n。由《湖南省小型水库水文手册》(湖南省革命委员会水电局水文总站，1973 年）中的雨量参数图表，查得该流域中心多年平均 24h 暴雨量均值 $\overline{H_{24}}=120$mm，变差系数 $C_v=0.4$，偏态系数与变差系数之比 $C_s/C_v=3.5$，$n_2=0.76$，$n_1=0.62$。

按 $C_s=3.5C_v=3.5\times0.4=1.4$，查 φ 值表得离均系数 $\varphi_{1\%}=3.27$，据此计算得 100 年一遇最大 24h 暴雨量为 $H_{24,1\%}=\overline{H_{24}}(\varphi_{1\%}\times C_v+1)=277(\text{mm})$，100 年一遇最大 1h 设计雨力 $S_P=H_{24,1\%}/24^{1-n_2}=277/24^{1-0.76}=129$（mm/h）。

（2）求 μ。由 μ 值等值线图查得该流域中心 μ 为 2mm/h。

（3）净雨历时 t_c。

$$t_c=\left[(1-n)\frac{S_P}{\mu}\right]^{1/n}=\left[(1-0.76)\times\frac{129}{2}\right]^{1/0.76}=36.8(\text{h})$$

（4）汇流参数 m。根据《湖南省小型水库水文手册》中的经验公式计算汇流参数 m。

$$m=0.54\left(\frac{L}{J^{1/3}F^{1/4}}\right)^{0.15}=0.54\times\left(\frac{2.65}{0.033^{1/3}\times2.93^{1/4}}\right)^{0.15}=0.71$$

（5）Q_m 的试算。将有关参数代入式（3.2-1）、式（3.2-2）和式（3.2-3）得：

$$\tau=\frac{0.278L}{mJ^{1/3}Q_m^{1/4}}=3.235Q_m^{-0.25} \qquad (3.2-12)$$

当 $t_c\geqslant\tau$ 时

$$Q_m=0.278\left(\frac{S_P}{\tau^n}-\mu\right)F=95.03\tau^{-0.76}-1.47 \qquad (3.2-13)$$

当 $t_c<\tau$ 时

$$Q_m=0.278\left(\frac{S_Pt_c^{1-n}-\mu t_c}{\tau}\right)F=64.74\tau^{-1} \qquad (3.2-14)$$

假设 $Q_m=90\text{m}^3/\text{s}$，代入式（3.2-12）得 $\tau=1.05\text{h}<t_c$，由式（3.2-13）得 $Q_m=90.1\text{m}^3/\text{s}$，两者相对误差为 0.1%，故 $Q_m=90\text{m}^3/\text{s}$，$\tau=1.05$h 为本算例所求。

【算例 3.2-2】 某公路位于陕北地区，路堑开挖边坡为软质岩石坡面，坡面面积 1650m²，坡度为 1∶0.2，坡面流长度为 15m，设计排水重现期为 10 年一遇，欲在坡脚处修建一岩石质矩形排水沟，长 210m，底坡 2%，试求排水沟的设计流量。

（1）查汇水面积和径流系数。$F=1650\text{m}^2$，软质岩石坡面的径流系数 $\varphi=0.50$。

（2）查汇流历时和降雨强度。假设汇流历时为

10min。查中国5年一遇10min降雨强度（$q_{5,10}$）等值线图，该地区5年重现期10min降雨历时的降雨强度 $q_{5,10}=1.6\text{mm/min}$；该地区10年一遇重现期时的重现期转换系数 $C_P=1.34$；该地区60min降雨强度转换系数 $C_{60}=0.38$，10min降雨历时转换系数 $C_{10}=1.00$，则10年重现期设计降雨强度 $q=1.34\times1.00\times1.6=2.14$（mm/min）。

（3）计算设计排水流量。

$$Q_m=16.67\times0.50\times2.14\times1650\times10^{-6}=0.0294\ (\text{m}^3/\text{s})$$

（4）检验汇流历时。查表得边坡的地表粗度系数 $m_1=0.02$，已知 $L_s=15\text{m}$，则

$$t_1=1.445\times\left(\frac{0.02\times15}{\sqrt{5}}\right)^{0.467}=0.57(\text{min})$$

设排水沟底宽为0.40m，水深0.40m，则排水沟过水断面面积 $A=0.16\text{m}^2$，水力半径 $R=0.13\text{m}$，岩石边沟的粗糙系数取 $m_1=0.035$，按照曼宁公式计算排水边沟内的平均流速

$$v=\frac{1}{0.035}\times0.13^{2/3}\times0.02^{1/2}=0.73(\text{m/s})$$

因而，沟内汇流历时 $t_2=l/v=210/0.73=4.8$（min）。

由此，汇流历时为 $t=t_1+t_2=5.37\text{min}<10\text{min}$，符合原假设，计算结果正确。

【算例3.2-3】 某开发建设项目一大型渣场位于牡丹江某支流上，根据规划，渣场上游需建一座拦洪坝，坝址以上流域面积 50km^2，河道长度16km，河道坡度8.75‰，试用推理公式法推求20年一遇设计洪峰流量。

（1）流域特征参数 F、L、J 的确定：$F=50\text{km}^2$，$L=16\text{km}$，$J=8.75‰=0.00875$。

（2）设计暴雨特征参数 n 和 S_P 计算。查该省水文手册，暴雨衰减指数 n 的数值以定点雨量资料代替面雨量资料，暴雨衰减指数 $n=0.60$，不作修正。该流域最大24h雨量的统计参数

$$H_{24,P}=60\text{mm},\ C_v=0.60,\ C_s/C_v=3.5$$

则20年一遇最大1h暴雨强度

$$S_P=H_{24,P}24^{n_2-1}=60\times2.2\times24^{0.6-1}=37(\text{mm/h})$$

（3）产汇流参数 μ、m 的确定。根据水文手册，该流域 $\mu=3.0\text{mm/h}$，

$$m=0.0567\left(\frac{L}{J^{1/3}F^{1/4}}\right)=0.0567\times\left(\frac{16}{0.00875^{1/3}\times50^{1/4}}\right)=1.63$$

（4）净雨历时 t_c 计算。

$$t_c=\left[(1-n)\frac{S_P}{\mu}\right]^{1/n}=\left[(1-0.60)\times\frac{37}{3}\right]^{1/0.6}=14.3\ (\text{h})$$

（5）Q_m 试算。将有关参数代入相关计算式得

$$\tau=\frac{0.278L}{mJ^{1/3}Q_m^{1/4}}=13.22Q_m^{-0.25}\quad(3.2-15)$$

当 $t_c\geqslant\tau$ 时

$$Q_m=0.278\left(\frac{S_P}{\tau^n}-\mu\right)F=514.3\tau^{-0.6}-41.7\quad(3.2-16)$$

当 $t_c<\tau$ 时

$$Q_m=0.278\left(\frac{S_Pt_c^{1-n}-\mu t_c}{\tau}\right)F=894.3\tau^{-1}\quad(3.2-17)$$

假设 $Q_m=200\text{m}^3/\text{s}$，代入式（3.2-15）得 $\tau=3.32\text{h}<t_c$，由式（3.2-16）得 $Q_m=200.2\text{m}^3/\text{s}$，两者相对误差为0.1%，故 $Q_m=200\text{m}^3/\text{s}$，$\tau=3.32\text{h}$ 即为本算例所求结果。

3.3 水土保持调查与勘测

3.3.1 水土保持调查

水土保持调查是为查明水土保持工程区的自然条件、自然资源、社会经济和土地利用情况、水土流失特点、水土保持现状和水土保持工程措施的适应性，为水土保持工程布局和建筑物设计提供科学依据与基础资料而进行的调查工作。其调查类型主要分为区域调查和工程调查。

3.3.1.1 区域调查

区域调查是对项目区域的一个总的、概括性调查，主要包括地质地貌、水文、气象、土壤、植被、社会经济、土地利用、水土流失、水土保持情况等。

1. 地质地貌

地质地貌包括地形地貌、地质构造、地层岩性、地震和新构造运动、地下水活动等内容。调查方法主要为收集资料和询问调查等。

地形地貌：调查天然地貌成因类型、分布位置、形态与组合特征、过渡关系与相对时代；查明人工地貌类型、分布位置、形态特征、规模、形成时间和现状等。

地质构造：了解区域构造轮廓、各种构造形迹的特征、主要构造线的展布方向等；调查代表性岩体中原结构面及构造结构面的产状、规模、形态、性质、密度及其切割组合关系，划分岩体结构类型。

地层与岩性：了解区内地层的层序、地质时代、厚度、产状、成因类型、岩性岩相特征和接触关系等。

地震和新构造运动：了解区内历史地震资料和附近地震台站测震资料，了解不同构造单元和主要构造断裂带在附近地质时期以来的活动情况。

地下水活动：了解区域水文地质条件，查明地下水位或孔隙水压力及地下水流等情况。

2. 水文

水文包括长周期年降水量变化、单次最大降水量及持续时间、最大降水强度等；了解所在流域汇流面积，径流特征，主要河、湖及其他地表水体（包括湿地、季节性积水洼地）的流量和水位动态，包括最高洪水位和最低枯水位及出现日期和持续时间、汛期洪水频率及变幅等。

调查方法主要为询问、收集资料和典型调查等。

降雨：调查降雨量、雨强、一日最大降雨量、一日次最大降雨量、降雨量年际分布、降雨量年内季节分布等；调查最大年、最小年、多年平均年降雨量和丰、平、枯水平年降雨量各占比例，根据年降雨量等值线，了解其地区分布；调查年降雨量的季节分布、汛期与非汛期的雨量；调查暴雨出现的季节、频次、雨量、强度占年降雨量比重。

3. 气象

气象主要调查内容包括温度、蒸发和灾害性气候等。调查方法主要为收集资料。

光照与温度：调查年平均气温、1月和7月平均温度、极端最高温度、极端最低温度、≥10℃的年活动积温、无霜期、冻土深度、日照时数等。

风：调查年平均风速、春冬季月平均风速、大风日数、沙尘日数、干热风日数、风频和风向，特别是主害风方向。

蒸发：了解水面年蒸发量与陆面年蒸发量，根据有关等值线了解其地区分布；调查中以年蒸发量（陆面）与年降雨量的比值即干燥度（d）作为气候分区依据：$d>2.0$ 的为干旱地区，$d<1.5$ 的为湿润地区，$d=1.5\sim2.0$ 的为半干旱地区。

灾害性气候：着重调查霜冻、冰雹、干热风、风暴、风沙等分布的地区、范围与面积、出现的季节与规律、灾害程度等具体情况。

4. 土壤

查明土壤类型及其分布规律、土壤资源数量和质量。主要调查内容有土壤类型、土壤质地、土壤厚度、土壤养分（有机质、全氮、速效氮等）。

调查方法主要为询问、收集资料、典型调查、抽样调查等。

土壤类型：调查项目区土壤类型及分布情况。

土壤质地和土壤养分：调查项目区土壤质地类型，分析其对土壤结构、土壤养分和肥力的影响。根据土壤的颗粒组成，分为砂土、壤土和黏土。砂土抗旱能力弱，易漏水漏肥，土壤养分少，保肥性能弱，要增施有机肥，适时追肥，并掌握勤浇薄施的原则；黏土含土壤养分丰富，且有机质含量较高，保肥性能好，但水分在土体中难以下渗，影响农作物生长和发育，应注意开沟排水，以避免或减轻涝害；壤土兼有砂土和黏土的优点，是较理想的土壤，其耕性优良，适种的农作物种类多。

5. 植被

植被调查可根据自然地理、农业、林业、畜牧等部门的科研成果进行初步划分，重点调查天然林区与草原的分布范围、面积、主要树种、林分、草类、群落；调查树木与草类的生长情况，包括林地的郁闭度、草地的盖度和林草的植被覆盖率。

调查方法主要为收集资料、典型调查和抽样调查等。

植被调查通常采用线路调查，也可采用样方进行调查。主要调查内容包括植物种类、植物类型、郁闭度（森林）、覆盖度（草或灌木）、生长状况、林下枯枝落叶层等，线路调查表见表3.3-1。样方一般采用方形或长方形样地，乔木林样地面积大于400m^2，一般为600m^2，草地调查为1～4m^2，灌木林为10～20m^2，农业用地和其他用地根据坡度、地面组成、地块大小及连片程度确定，一般采用10～100m^2。一次综合抽样，各种不同地类的样地面积应保持一致，以400～600m^{2}为宜。样方调查表见表3.3-2。

表3.3-1　　植被线路调查表

<table>
<tr><td>地理位置</td><td colspan="5">________（省）________（县）________（镇）________（村）</td></tr>
<tr><td>土地利用类型</td><td colspan="2"></td><td>地貌类型</td><td colspan="2"></td></tr>
<tr><td>海拔（m）</td><td colspan="2"></td><td>坡向</td><td colspan="2"></td></tr>
<tr><td>坡度</td><td colspan="2"></td><td>地表组成物质</td><td colspan="2"></td></tr>
<tr><td>基岩种类</td><td colspan="2"></td><td>土壤类型</td><td colspan="2"></td></tr>
<tr><td>其他</td><td colspan="5"></td></tr>
<tr><td>线路调查线号</td><td></td><td>调查点</td><td></td><td>离起点距离</td><td></td></tr>
</table>

表 3.3-2　　　　植物样方调查表

样地号		地点	
样地面积（m^2）		经纬度	
海拔（m）		坡向	
坡度（°）		群落高（m）	
总盖度（%）		土壤	
乔木层高度（m）		乔木层郁闭度	
灌木层高度（m）		灌木层盖度（%）	
草本层高度（m）		草本层盖度（%）	
乔木层			
……			
草本层			
……			

植被类型：调查项目区植被所属类型。植被类型划分具体应根据调查目的和要求确定，一般可分为针叶林、阔叶林、针阔混交林（此三者又可分为落叶和常绿）、灌木林、灌丛草地等。

郁闭度和盖度：选取有代表性地块，分别取样方进行观测，调查样方地块内树冠或草冠垂直投影面积与地块总面积的百分比，即林地的郁闭度或草地的盖度。

覆盖度：调查地块内草灌覆盖面积与地块总面积的百分比，野外调查的方法一般是触针法。

6. 经济社会

经济社会调查包括调查区所属县、乡人口，农、林、牧、果业的生产情况、群众生活情况等（见表3.3-3）。

调查方法主要为收集资料、询问等。

表 3.3-3　　　　经济社会基本情况调查表

名称	面积（km^2）	人口（人）		农业劳动力（人）	农业人口密度（人/km^2）	农业人均耕地（hm^2/人）	粮食总产（万 kg）	粮食亩产（kg/hm^2）	农业人均产粮（kg/人）	农业总产值（万元）					农业人均纯收入（元/人）
		合计	农业人口							小计	农业	林业	牧业	其他	

7. 土地利用

调查区域内土地的数量、分布、类型和利用状况。调查表格按《土地利用现状分类》（GB/T 21010）执行。

调查方法主要为收集资料、普查、抽样调查。

8. 水土流失

(1) 现状调查。着重调查不同侵蚀类型及其侵蚀强度的分布面积、位置与相应的侵蚀模数，推算调查区年均侵蚀总量。各类土壤侵蚀形态，在分别调查其侵蚀模数的基础上，应根据《土壤侵蚀分类分级标准》（SL 190）分别划定其侵蚀强度及其分布。

调查方法主要为收集资料、普查、典型调查等。

(2) 专项调查。

针对布置大型弃渣场、拦渣坝等区域存在山洪侵蚀及泥石流、滑坡或湿陷性黄土等不良地质情况分布的，可根据设计需要开展专项调查。

1) 山洪侵蚀沟调查。山洪是山区常见的一种土壤侵蚀形式。山洪侵蚀调查，一是查清以往发生山洪的条件、规模、频率、危害范围及危害程度；二是预测将来发生山洪危害的可能性及危害程度，为制定预防和治理措施提供依据。调查的主要内容包括：

a. 地质地貌：调查断裂构造，新构造运动的地壳切割变动，地震构造，地表岩层风化破碎情况，地形坡度，冲沟纵横断面，松散固体物质堆积量等。

b. 地表侵蚀：调查侵蚀类型（水力、风力、重力等）及侵蚀强度，年平均流失厚度。

c. 流域降雨：调查集雨面积，年平均降雨量，年最大降雨量，暴雨强度，历史洪水特征数值。

d. 历史山洪灾害发生情况：发生频次，激发因素，运动的轨迹及每次的气象情况，降雨情况，损失情况等。

e. 坡面沟谷治理情况：调查有无综合治理规划，工程实施情况，工程管理和效益，人为活动影响，水土保持措施效果等。

2）泥石流调查。泥石流调查主要采用遥感调查、地面调查、测绘和勘查相结合的方式综合开展。运用遥感和地面网格，了解泥石流发生和分布的地质条件与岩（土）体结构特征。泥石流调查内容主要包括：地形地貌、地质构造、岩（土）体工程地质、地表水和地下水、环境因素、人类工程及经济活动等几个方面。

重点调查区主要采用点、线、面相结合，以遥感和野外调查结合的方式进行。对重大灾害隐患点进行大比例尺地面和剖面测绘，辅以必要的物探、钻探、山地工程等验证。

点：根据已掌握的资料和群众报险线索，对危险区或出险点逐一进行现场调查。对县城、村镇、矿山、重要公共基础设施、主要居民点都须进行现场地质调查。在地质灾害高易发区，对所有的居民点须进行现场核查。

线：沿滑坡、崩塌、泥石流易发生的沟谷和人类工程活动强烈的公路、铁路、水库、输气管线等进行追索调查。

面：采用网格控制调查，对地质条件进行修测，了解灾害形成演化的地形地貌、岩（土）体结构等地质背景条件；了解人类活动较弱地带滑坡、崩塌、泥石流等分布和发育规律；了解中、远程滑坡致灾的可能性。

3）黄土湿陷性调查。调查内容主要包括：黄土地层的年代、成因、厚度调查等。

黄土湿陷性评价根据《湿陷性黄土地区建筑规范》（GB 50025—2004），一般采用室内浸水压缩试验，根据试验在一定压力下测定的湿陷系数 δ_s 进行判定。

a. 当湿陷系数 $\delta_s<0.015$ 时，应定为非湿陷性黄土；当湿陷系数 $\delta_s\geqslant0.015$ 时，应定为湿陷性黄土。

b. 湿陷系数 δ_s 值，应按下式计算：

$$\delta_s=\frac{h_p-h'_p}{h_0}$$

式中 h_p——保持天然湿度和结构的试样，加至一定压力下沉稳定后的高度，mm；

h'_p——上述加压稳定后的试样，在浸水（饱和）作用下下沉稳定后的高度，mm；

h_0——试样的原始高度，mm。

c. 测定湿陷系数 δ_s 的试验压力，应自基础底面（如基底标高不确定时，自地面下 1.5m）算起：10m 以内的土层，应用 200kPa；10m 以下至非湿陷性黄土层顶面，应用其上覆土的饱和自重压力（当大于 300kPa 压力时，仍应用 300kPa）；当基底压力大于 300kPa 时，宜用实际压力；对压缩性较高的新近堆积（Q_4^2）黄土，基底下 5m 以内的土层宜用 100～150kPa 压力，5～10m 和 10m 以下至非陷性黄土层顶面，应分别用 200kPa 和上覆土的饱和自重压力。

（3）危害调查。危害调查主要包括水土流失在生产生活和生态环境方面对当地、周边、下游地区的危害调查及大型灾害性水土流失事故的调查。调查方法以收集资料和询问为主，必要时可进行典型调查。

对当地的危害调查：着重调查降低土壤肥力和破坏地面完整等情况。

对下游的危害调查：着重调查加剧洪涝灾害，泥沙淤积水库、塘坝、农田，淤塞河道、湖泊等。

对大型灾害性水土流失事故，如山洪、泥石流、滑坡等进行典型调查。

（4）成因调查。造成水土流失的原因包括自然因素和人为因素。

自然因素调查：应结合调查区内水土流失综合因子进行，如地形、降雨、土壤、植被等自然因素对水土流失的影响。

人为因素调查：应调查区内近年来由于开矿、修路、开发建设、开荒以及滥牧滥砍等人类活动破坏地貌植被面积、新增水土流失等情况；有条件的地方，可结合水文观测资料，分析调查区在大量人为活动破坏之前和之后洪水及泥沙的变化情况加以验证。

9. 水土保持

调查内容包括水土保持发展过程、水土保持成果、水土保持经验和水土保持问题。

调查方法以收集资料和询问为主，也可进行抽样调查和必要的典型调查。

水土保持发展过程调查：着重了解调查区内水土保持经历的主要发展阶段，以及各阶段工作的主要特点。

水土保持成果调查：调查各项治理措施的开展面积和保存面积，各类水土保持工程的数量和质量；在区域调查中要着重了解重点治理小流域的分布与作用。

水土保持经验调查：调查水土保持措施效果及经验，经验包括各项措施的规划、设计、施工、管理、经营等技术经验及水土保持领导工作经验。

水土保持存在的问题调查：着重了解水土保持工作过程中的失误和教训，包括治理方向、治理措施、经营管理等方面的问题；了解水土保持工作中客观上存在的困难和问题，包括经费、物资、人员、科技含量等。

3.3.1.2 工程区调查

工程区调查是一种典型的、针对性的调查，一般可依照项目组成，根据施工及水土流失特点，按照不同防治分区或工程防护措施进行。

1. 不同防治分区调查

(1) 枢纽工程区。根据坝型、坝址（闸、站址）区地勘资料及主体工程设计成果，调查项目区地形地貌、地质构造、地层岩性、土壤植被，开挖边坡坡度、裸露边坡面积、工程防护措施类型及工程量，施工期临时防护措施、施工导流方式、导流建筑物和围堰临时防护措施类型及工程量等。不同类型区还应开展如下调查：

1) 黑土区及西南土石山区还应着重对土壤质地、理化性质、岩性等开展调查。

2) 北方土石山区还应对区域现有沟壑数量、淤地坝规划及建设、淤积程度，降水蓄渗工程类型及雨水利用方式，污水处理现状及设施等进行详细调查。

3) 风沙区还应重点调查：①地表覆盖物：戈壁、沙地（流动沙地、半固定沙地、固定沙地）、沙丘（流动沙丘、半固定沙丘、固定沙丘）、甸子地、地表结皮（膜）、林地（灌木林、乔木林）、草地；②沙丘前进速度及沙丘形状；③土壤风蚀强度。

4) 黄土高原区还应重点调查区域现有沟壑数量、淤地坝规划及建设情况等。

5) 青藏高原区还应重点调查冻土层性质（多年冻土区、季节性冻土区）和厚度、光热资源、冻融侵蚀、霜冻、雪灾、风沙灾害、植被（阔叶林、针叶林、灌丛、草甸、草原、荒漠和高山流石坡植被）。

6) 南方红壤区应调查岩石风化程度、崩岗分布、边坡防护类型。

(2) 渠系工程区。渠系工程区主要调查：渠道布置，渠道沿线渡槽、隧洞、倒虹管等主要构筑物分布，穿（跨）越地表水系的水文特征；隧洞进出口连接渠道构筑物的型式（明渠或渡槽）；无水文设计成果的沟道需收集沟道流域航测图；区域降水特征渠道沿线地形地貌条件、不良地质分布；渠道明渠的型式（包括全断面开挖渠道、半挖半填渠道和全填方渠道）及其分布情况，渠道边坡坡比等；不同型式渠道设计水位以上开挖及渠堤填方边坡的面积等。

各不同类型区域调查内容同枢纽工程区。

(3) 施工道路区。施工道路区主要调查永久道路、施工临时道路的组成、等级及占地面积，临时道路线路走向、长度，沿线土地利用现状、地形坡度、植被分布，施工进度安排、使用后的归属及植被恢复责任等。

各不同类型区域调查内容同枢纽工程区。

(4) 施工生产生活区。收集永久营地平面布置图，主要调查土地利用现状、地形坡度、土壤厚度、施工进度安排、使用后的归属及植被恢复责任。

各不同类型区调查内容同枢纽工程区。

(5) 弃渣场区。弃渣场区主要调查：弃渣位置、面积、容量及周边敏感目标，经土石平衡分析确定的渣料来源及组成、堆渣量、回采量、弃渣物理力学参数等资料；弃渣场地形地貌条件，地层岩性、覆盖层组成及厚度，泥石流、滑坡等不良地质分布及基础物理力学参数；周边主要居民点及构筑物的分布情况，弃渣场占地范围内的土地利用现状、地形坡度、土壤厚度；与弃渣场设防标准相应的，涉及河道、沟道的洪水流量及洪水位、流速等资料。

地面沉降严重地区的平原区弃渣场还应调查沉降的发生发展及影响情况。山区、丘陵区弃渣场还应重点调查弃渣场上方集水区的汇水面积、地面覆盖情况等。位于沟谷区的，应调查弃渣场区地形及与周边水系等的相对位置、洪水情况等。可能涉及敏感区域的，还应调查周边自然保护区、风景名胜区、水源保护区、大坝、水闸及堤防等重要设施的保护范围及管理要求等。

东北黑土区和南方红壤区还应调查经济发达区靠近城镇的弃渣利用方向；北方土石山区及黄土高原区还应对弃土组成、筑坝材料要求等进行详细调查；西南土石山区还应重点对山洪泥石流沟道灾害影响进行详细调查；青藏高原区还应对冻土层性质等内容进行调查。

(6) 料场区。砂卵石料场需收集地勘资料，有用层及无用层开挖量；河道水文，开采方式、时序，河道洪水影响情况。块砾石料场需调查土地利用现状、植被现状，收集地质资料和施工期开挖方式、开采平台布置等。沿海经济发达区或料源紧缺地区，需查清料源供应方式、自行开采的可行性，以及开采后利用方向。

东北黑土区、北方土石山区、西南土石山区、南方红壤区还应重点对现有植被类型、表土利用方向进行调查；青藏高原区还应对冰川分布及其性质、冻土层性质等内容进行调查。

(7) 移民安置及专项设施迁建区。移民安置及专项设施迁建区主要调查移民拆迁安置规模、安置方式，专项设施内容及规模等，收集移民安置区规划报告、移民调查及实施方案等相关资料。各不同类型区参照上述区域调查内容开展相应调查。

2. 不同防护措施调查

(1) 拦渣工程。调查拦渣工程布置位置的地形地质条件，以及降雨、洪水、地下水位等资料。挡墙应调查墙后填土的组成、性质等基本情况。位于平原区的，应调查石料等的来源、运距情况。

(2) 斜坡防护工程。重点调查边坡类型、形状、规模、地形地貌和岩土体的性质；结构面性状、分布及其组合；边坡水文地质条件及其动态特征变化规律；边坡稳定状态。布置于弃渣体等边坡的防护工程，应调查弃渣填筑压实、边坡可能失稳模式等情况。

各不同类型区还应重点对植被恢复适宜坡度、岩性及风化程度开展调查。

(3) 土地整治工程。土地整治工程重点收集当地的土地利用总体规划，调查工程占地性质，以及原土地类型、立地条件和使用要求。位于山区、丘陵区的，还应调查土地整治时的覆土来源及水源等灌溉条件。

北方土石山区、西南土石山区和青藏高原区还应对表土数量及可利用方向、土壤厚度、质地和土壤养分等进行详细调查。

(4) 防洪排导工程。气象水文重点调查项目区所处气候带、气候类型、气温、风和沙尘资料等，还应收集地表水系，集水情况，降雨量，降雨年内分布，降雨过程，年内梅汛、台汛和非汛期降雨特性，实测暴雨洪水资料等；项目所在地区、有关暴雨图集(册)，以及工程场址所在河道有关设计洪水位及其他规划设计成果等。

对于可能受台风、梅雨影响的地区，应调查台风、梅雨的影响范围、时段、强度、可能引发的次生灾害及影响区域等。

近海工程或河口工程，还应调查潮汐资料。

地形地质资料主要包括工程场址地形图、地质勘探资料，地下水的类型及补给来源，地下水埋深、流向和流速，泉水出露位置、类型和流量等。

东北黑土区还应重点调查设计频率1h、3h、6h、24h降雨强度等；北方土石山区、西南土石山区及南方红壤区应对山洪泥石流沟道及滑坡等不良地质灾害影响开展详细调查；青藏高原区还需对冻土层性质、冻融侵蚀等进行调查。

(5) 降雨蓄渗工程。气象水文资料主要包括实测系列资料、当地水文手册、当地市政暴雨强度计算公式，雨水入渗工程应有相关区域滞水层及地下水分布、土壤类型及渗透系数等方面资料；项目建设区地形资料，雨水收集回用、入渗工程还应具备区域周边管线网连接资料；项目区周边已建或主体工程设计的各类雨水集流面性质、面积、蓄水设施的种类、数量及容积；需灌溉养护的植被类型及其面积的相关资料及数据，以及相关植被类型耗水定额。

(6) 植被恢复与建设工程。植被恢复与建设工程重点调查工程区地面组成物质、土壤类型及分布情况、土壤厚度、土壤养分含量。对于山区、丘陵区，还应调查可能的覆土厚度、坡面位置（阴坡、阳坡）。调查工程区气温（年平均温度、≥10℃的年活动积温，最高、最低气温和最热、最冷月平均气温）、降雨（多年平均降水量、降雨强度、降雨年内分布）、风（年平均风速、主害风风向、大风日数），以及工程区主要植被类型、主要树种草种、周边类似工程的植被恢复措施设计情况、当地的主要病虫害等。

布置防浪林、护岸、护滩林的，应调查正常水位、设计洪水位等资料，布置防浪林的还应调查起浪高度等资料。

东北黑土区还应重点调查沙尘天数；北方土石山区、西南土石山区、黄土高原区还应调查适宜栽植的植物、需水定额、养护要求、养护用水的水源；风沙区应调查植被类型（超旱生植被、旱生植被、沙生植被）、沙化人为因素及治理、防风固沙治理措施；青藏高原区还应重点调查光热资源、适宜栽植的指示植物；南方红壤区还应调查酸性土壤pH值、周边适宜栽植的指示植物等。

(7) 水土保持施工组织。重点收集工程区气象、水文、工程地质、水文地质和地震资料，以及水电供应、交通、建筑材料（含苗木、种子）等施工条件。需布置围堰施工的，应调查设计洪水、潮汐特征资料等。

风沙区还应调查起沙风速、起沙风速历时，以及在各月的分布、主风向、次风向、年沙尘暴日数、风向玫瑰图等；青藏高原区还应调查霜冻、雪灾、风沙灾害；南方红壤区还应调查台风暴雨情况等。

3.3.2 水土保持勘测

水土保持勘测是为查明、分析和评价水土保持工程建设场地的地形地貌、地质地理环境特征、稳定性和适宜性而开展的测量和地质勘察工作。

水利水电工程水土保持各设计阶段应收集和利用主体工程地形图、地质勘察成果，并进行必要的、相应深度的补充测量和勘察。勘测工作重点针对弃渣场、取料场和其他重要的防护工程。

3.3.2.1 测量

水土保持工程测量内容包括地形测量和断面测量等。

(1) 各阶段测量要求。弃渣场、取土（石、料）

场及其他重要的防护工程布置地形测量比例尺，项目建议书和可行性研究阶段宜为1∶10000～1∶2000；初步设计和施工图阶段宜为1∶5000～1∶2000，断面测量比例尺宜为1∶500～1∶100。一般林草措施地形测量比例尺宜为1∶10000～1∶2000。永久办公生活区等的绿化工程地形测量比例尺宜为1∶500～1∶200。其他水土保持工程的测量比例尺应与主体工程相应设计阶段的要求相一致。

(2) 弃渣场测量要求。项目建议书和可行性研究阶段，弃渣场应进行踏勘调查并在图上标注，4级以上的弃渣场应进行测量；初步设计及施工图阶段，弃渣场均应进行测量。各阶段弃渣场地形图范围应满足汇水和容量计算的要求。

1）测量范围应涵盖设计提供的弃渣场占地面积边缘以外50m，并应根据安全防护距离适当扩大。应对场区周围的企业、村庄、河流、沟谷、道路做标示。

2）规划堆渣区根据地形情况进行断面测量，且断面个数不少于5个。断面测量范围与地形测量相同。

3）拦渣工程、防洪排导工程布置等地形测量比例尺宜为1∶2000～1∶500，局部地形复杂地段根据情况可适度放大。拦渣工程纵断面沿轴线布置，沿轴线方向每隔10～50m布置一个垂直于轴线的横断面，且断面数不少于5个。

(3) 开挖及回填区边坡测量要求。采取水土保持措施的区域，若主体工程测量图无法满足布置要求，应补充与主体工程相一致的地形图；已形成的边坡如需采取斜坡防护工程，其测量地形比例尺宜为1∶2000～1∶500。

(4) 拦沙坝测量要求。拦沙坝测量包括库区地形测量和坝址地形测量。库区地形测量范围应高出坝高5～20m，具体根据地形起伏变化确定；坝址上、下游测量范围应包括放水建筑物及溢洪道布置。

(5) 滑坡灾害防治工程参照《滑坡防治工程勘查规范》(DZ/T 0218) 执行。泥石流灾害防治工程参照《泥石流灾害防治工程勘查规范》(DZ/T 0220) 执行。

3.3.2.2　勘察

水土保持工程勘察内容包括工程区的基本地质条件和主要地质问题评价，以及天然建筑材料的分布、储量、质量等。

在开展勘察工作前，应收集和分析已有资料，进行现场踏勘，结合工程设计方案和要求，编制工程地质勘察大纲。同时，应根据工程的类型和规模、地形地质条件的复杂程度，综合运用各种勘察手段，合理布置勘察工作。应在工程地质测绘的基础上布置其他勘察工作。岩土物理力学试验的项目、数量和方法应结合工程特点、岩土体条件、勘察阶段、试验方法的适用性等确定。试样和原位测试点的选取均应具有地质代表性。

(1) 主要勘察内容。根据水土保持工程项目或场地（主要是弃渣场）的规模、特点，开展相应的水土保持工程地质勘察工作，特别是弃渣场及拦渣工程的岩土工程勘察。对于山区、丘陵区，4级以上弃渣场应着重查明下列内容（其他级别弃渣场可适当简化）：

1）查明规划堆渣区域的地形地貌、地层岩性、地质构造、不良地质现象。

2）查明规划堆渣区域的水文地质条件和渣场上游汇水面积，以及弃渣弃土的堆置对周边设施及环境的影响，评价渣场堆渣后是否存在泥石流等次生灾害，并提出渣场防冲刷的工程措施建议方案。

3）查明规划堆渣区域场地稳定性，评价渣场堆渣后的整体稳定性，对护坡工程应提出堆渣边坡的稳定坡比建议值。

4）评价地下水、地表水对混凝土的侵蚀性。

5）重点查明拦渣工程、防洪排导工程区工程地质条件、主要工程地质问题，以及地基岩（土）体物理力学性质，提供工程设计需用的岩（土）体物理力学参数。

(2) 各阶段勘察深度。水土保持工程的地质勘察应配合工程建设分阶段进行，可分为可行性研究勘察、初步勘察和详细勘察，并应符合有关标准的规定。

1）可行性研究勘察：应主要采用踏勘调查，必要时辅以少量勘察工作，对拟选场地的稳定性和适宜性做出评价。对于丘陵区、山区，4级以上弃渣场应达到初步勘察深度，勘察要求参照《岩土工程勘察规范》(GB 50021—2001) 4.5节执行，拦渣工程的构筑物参照《水利水电工程地质勘察规范》(GB 50487) 执行；5级弃渣场应进行地质调查。

2）初步勘察：应以工程地质测绘为主，辅以勘探、原位测试、室内试验，初步评价拟建水土保持工程的总平面布置、场地的稳定性等，并提出工程防护措施建议。对于山区、丘陵区，4级以上弃渣场应进行详细勘察，详细勘察要求按GB 50021—2001第4.5节执行，拦渣工程的构筑物参照GB 50487执行；5级弃渣场应补充必要的勘察工作。

3）详细勘察：应采用勘探、原位测试和室内试验等手段进行，地质条件复杂地段应进行工程地质测绘，获取水土保持工程设计所需的参数，提出设计施工和监测工作的建议，对不稳定地段应进行评价，并提出治理建议。5级弃渣场可不进行详细勘察。

3.4　水土保持工程总体布置

3.4.1　水土流失防治责任范围

3.4.1.1　防治责任范围的内容

水利水电工程水土流失防治责任范围包括项目建设区和直接影响区。

项目建设区指项目建设扰动的区域，包括：项目建设永久征地和临时征用地，集中安置区、专项设施复（改）建区，以及项目建设不需征收却占用的国有土地等。

直接影响区指项目建设过程中可能对项目建设区以外造成危害的地域，主要是工程挖填、运输、临时堆存、弃渣、取料等扰动可能对项目建设区以外造成水土流失危害的区域。

3.4.1.2　防治责任范围确定的方法及要求

（1）水土流失防治责任范围既是建设单位治理水土流失的责任面积，也是主体工程总体方案比选水土保持评价的指标之一。

（2）水土流失防治责任范围应以主体工程布置、施工组织设计、工程建设征地与移民安置规划为基础，通过查阅设计资料、图纸量算和调查确定。

项目建设区主要依据施工组织设计、工程管理和移民占地等资料来分析确定；对于涉及工程占用但不征用的国有土地时，需查阅设计资料和图纸进行量算；有时还需开展必要的调查来确定。

（3）涉及移民安置的，集中建村建镇安置所需的征用地面积应计入防治责任范围；分散、插户、货币安置的不计入防治责任范围。

（4）经对主体工程水土保持分析评价，弃渣场、料场、工程布置等需增加或减少的征地面积和区域，应在项目建设区界定时予以说明。

（5）直接影响区范围应合理界定和测算。直接影响区不布设措施，亦不计列投资。直接影响区不在工程永久征地与临时征用土地范围内，一般不布设水土保持措施。如果有直接危害、需要布设措施进行治理，说明原项目建设区界定偏小，应对工程征占地进行调整。从这个意义上说，直接影响区一般不布设措施。

（6）直接影响区是主体工程方案比选水土保持评价的指标之一，其面积越小，方案相对越合理。

（7）应说明水土流失防治责任范围与工程征占地之间的关系。分析水土流失防治责任范围与工程征占地的关系，需重点关注以下三种情况：

1）工程涉及已征用地或河道管理用地，如河道工程、闸站改（扩）建工程等，在主体工程征用土地指标中一般不予考虑，但在防治责任范围界定时需要计入并加以说明。

2）对于水库枢纽工程，枢纽区征占用地与水库淹没及影响区常有重叠，如上坝道路、导流工程、库区渣料场等，需加以分析说明。

3）施工临时设施布置与工程永久征地范围重叠的，如水库枢纽工程管理范围中布置的施工生产生活区、施工道路区等，需加以分析说明。

3.4.1.3　防治责任范围的界定原则

根据“谁开发，谁保护”、“谁造成水土流失，谁负责治理”的原则确定水利水电工程水土流失防治责任范围。

1. 项目建设区

（1）项目建设区包括：项目建设永久征收和临时征用地，集中安置区、专项设施复（改）建区，以及项目建设不需征收而占用的国有土地等。

（2）水库枢纽工程应将建设征地与移民安置规划确定的水库淹没区及影响区计入项目建设区。

（3）施工生产生活区、弃渣场、料场等和水库淹没及影响区、枢纽区征用土地重叠的，其面积不应重复计列。

（4）涉及江河湖库水域或滩涂用地的工程，项目建设区应计入取料和施工占用的、季节性淹没的滩地，但不计入水下疏浚、抛石护岸、取料等扰动水域面积。

（5）移民生产安置规划确定的新开垦土地面积应计入项目建设区。

（6）主体工程选取的料场，应根据主体工程地质勘察与施工组织设计情况，经分析后采用移民征用地面积。

（7）原国有土地，如河道工程的原有堤防占地及滩涂等，不纳入建设征地指标，也不计列投资，但施工扰动产生水土流失的应计入建设项目区。

确定项目建设区时，涉及项目建设不需征收却占用的国有土地包括以下两种情况：

1）堤防加固、河道治理、灌区渠道续建改造，以及水库、水闸、泵站等建筑物除险加固工程及扩建工程，工程建设均需结合已建成工程开展，其施工布置往往也充分利用原有管理范围布置，扰动的土地为已征收的国有土地。这些土地不需重新征地，但水土流失防治责任范围界定时应计列面积。

2）堤防加固、河道治理及其他项目主体工程、施工布置、弃渣场、土（砂砾石）料场等占用不需征收或征用的河（湖）滩地面积，也应计入项目建设区。

2．直接影响区

（1）点型工程的直接影响区应选择类比工程进行全面调查分析确定；线型工程可根据地貌和施工特点分段选取典型类比工程经调查分析确定。

（2）水库淹没造成的未纳入水库淹没影响区的塌岸区域应计入直接影响区，并根据地质调查资料分析可能发生塌岸的地段，合理估算确定可能坍塌的范围和面积。

（3）直接影响区的范围可参考表3.4－1界定。

表3.4－1　直接影响区范围界定参考表　单位：m

施工方式	平原区	山地丘陵区							
		5°～15°		15°～25°		25°～35°		>35°	
		上方	下方	上方	下方	上方	下方	上方	下方
主体开挖	外延1～2	1～3	5～15	3～5	15～30	3～5	20～40	5～10	40～50
主体填筑	外延1～3	—	1～2	—	3～5	—	5～10	—	10～15
临时挖填	外延2～5	5～10	20～30	10～15	30～50	15～20	50～80	20～30	80～100
风蚀施工区	按常年主导风向，取上风向10～50，下风向500～1000，根据风速确定								

（4）主体工程对水库淹没造成的库岸塌岸、滑坡体等一般会作为水库影响区永久征地或对库岸塌岸、滑坡体采取工程措施进行治理。但塌岸、滑坡体不明显或对工程及周边未造成较大影响的，不纳入水库影响区，也不采取治理措施。这类塌岸区域应计入水土流失防治责任范围的直接影响区，其可能的坍塌范围和面积可根据地质调查资料分析确定。

3.4.2 水土流失防治分区

3.4.2.1 防治分区划定的原则

水土流失防治分区划分以合理布设防治措施、便于分区分类进行典型设计、便于与主体工程衔接为目的。划分防治分区时应遵循以下原则：

（1）根据原地貌类型、工程总体布置、施工布置划分。

（2）区内造成水土流失的主导因子和拟采取的水土保持措施相近或相似，区间具有显著差异。

（3）点型工程宜按工程总体布置和施工布置划分。

（4）线型工程宜按地貌、水土流失类型及工程组成确定分级体系，一级防治分区宜根据地貌类型、水土流失类型划分，次级防治分区宜按工程布置、施工布置划分。

（5）工程规模大、建设内容组成复杂时，防治分区宜与主体工程项目划分相协调。

3.4.2.2 防治分区的划分

水利水电工程水土流失防治分区一般可划分为：主体工程区、工程永久办公生活区、弃渣场区、料场区、交通道路区、施工生产生活区、水库淹没区、移民安置与专项设施复（改）建区、其他区域等。实际应用时可视具体情况进行调整。各水土流失防治分区主要包含如下内容。

1．主体工程区

主体工程区指主体工程及附属工程建设中的永久占地范围，含永久占地和利用弃渣建设的景观工程范围。一般可根据工程建筑物组成，划分为枢纽、电站厂房、闸站、泵站、堤防、渠道、管线、隧洞、倒虹吸、渡槽等工程区。

2．工程永久办公生活区

工程永久办公生活区指工程建设和运行管理期间工程永久管理范围内除工程建筑物以外的区域，包括建设单位办公及生活区等。

3．弃渣场区

弃渣场区主要指工程堆放弃土（石、渣）的永久或临时征用土地区域。

4．料场区

料场区包括因主体工程建设所需征用的土料场、块石料场和砂砾石料场区域。

5．交通道路区

交通道路区包括因工程建设所修建的永久性交通道路和施工期间需临时征用土地建设的道路区域，可分为永久道路区和临时道路区。

6．施工生产生活区

施工生产生活区指施工期为主体工程建设所需临时征用的生产生活区域，可细分为施工营地区、临时堆料区、施工附企区。

7．水库淹没、移民安置与专项设施复（改）建区

水库淹没、移民安置与专项设施复（改）建区指

水库、水电站等淹没区域、集中的移民安置区域和因工程建设需复建的专项设施区域，可细分为水库淹没区、集中安置点（区）、集镇迁建区、防护工程区、抬田工程区、专项（公路、铁路）设施复（改）建区等。

3.4.3 水土流失防治目标及措施总体布局

3.4.3.1 防治目标及标准

（1）水土流失防治目标确定的原则如下：

1）基本目标应达到《开发建设项目水土流失防治标准》（GB 50434）规定指标的要求。

2）项目建设区的原有水土流失得到基本治理，因建设产生的新增水土流失得到有效控制。

3）项目区的生态环境应得到恢复和改善。工程管理范围植物措施标准应兼顾区域规划、运行管理要求，工程穿越城镇区域应兼顾城市规划要求。

（2）水土流失防治标准的等级及指标应按 GB 50434 确定。

（3）按以下原则确定、分析水土流失防治六项指标的可达性：

1）工程建设形成的水域面积不计入扰动土地总面积、水土流失总面积及项目建设区面积。

2）项目涉及临时征用耕地复耕面积较大时，还要分析项目永久征收地的林草覆盖率等指标。

3.4.3.2 水土保持措施总体布局和水土流失防治措施体系

（1）项目建设区除建（构）筑物、道路等硬化地面外，各类填筑开挖面、弃渣场、料场、闲置地等土壤流失强度超过容许土壤流失量的区域均需进行治理，满足水土流失防治标准及防治目标。

（2）根据主体工程区位条件、工程任务和规模、工程总体布置、自然条件和水土流失类型等拟定总体布局原则。

（3）水土保持措施总体布局宜突出生态优先理念，并注重水土流失防治措施体系协调性。

（4）总体布局应结合主体工程水土保持分析评价、水土流失预测内容和结论拟定。

（5）水土流失防治措施体系包含主体工程设计的、具有水土保持功能的防护措施和水土保持措施，宜同主体工程设计水土保持评价内容相对应。

（6）措施体系按防治分区分工程措施、植物措施、临时措施拟定，并以框图或表格形式体现。

3.4.3.3 分区水土保持措施布局

1. 主体工程区

（1）工程措施与主体设计相衔接和协调，布设拦挡、护坡、截排水、土地整治等措施。

（2）在分析主体工程总体布置和建筑物及道路等设施占地情况的基础上，确定配置植物措施的区段，并根据各区段水土流失防治及运行管理的要求、立地条件确定植物措施的布局。

（3）主体工程区内的临时设施宜永临结合，统筹布设临时防护措施。

2. 工程永久办公生活区

根据运行管理和景观的要求，结合项目区自然条件，进行草坪建植、喷播绿化、植生带绿化、观赏乔灌花卉种植、雨水集蓄利用、配套灌溉等措施的布局。

3. 弃渣场区

（1）综合考虑工程安全、施工条件、材料来源等因素，从防护措施类型、防护效果、投资等方面进行方案比选，提出推荐方案。

（2）根据弃渣场位置、类型、地形、渣体稳定及周边安全、渣场后期利用方向，结合弃渣土石组成、气候等因素，选择与布置水土流失防治措施。

（3）耕地紧缺的农村地区，弃渣场顶部应优先复耕；复耕困难或离居民点距离较远、不便耕种时，应布设水土保持植物措施。

（4）对有覆土需要的弃渣场，在弃渣前剥离表层土，暂存并采取临时拦挡、覆盖等措施。

分类型弃渣场水土保持措施布置详见“3.5 弃渣场设计”。

4. 料场区

（1）料场结合地形地貌、地质、覆盖层、土地利用现状及植被生长情况，会同施工组织设计、建设征地与移民等专业，拟定开采方式、取料厚度、边坡坡度、无用层剥离及表土保护、征地性质及后期恢复利用方向。

（2）石料场应当自上而下分层顺序开采。对于稳定性差的岩石坡面应采取喷浆固坡、锚杆支护、喷锚加筋支护等护坡工程，有条件的可与植物措施相结合。

（3）根据料场当地降水条件和周边来水情况布置截排水设施。

（4）料场应根据覆盖层厚度及组成、土地利用现状、后期利用方向布设土地整治、复耕和植物措施，以及必要的表土剥离及防护措施，表土剥离应与无用层剥离相结合，还应根据具体情况布设临时拦挡、苫盖、排水等措施。

（5）料场开采过程中的废弃料应布设相应的水土流失防治措施。

5. 交通道路区

（1）永久道路宜布设行道树措施。

(2) 涉及山体开挖的交通道路，可布设边坡防护、弃渣拦挡、截排水及植被恢复等措施。

(3) 临时施工道路可根据地形条件、降水条件、对周边的影响等布设临时排水、挡护措施。同时，可结合后期利用方向，布设土地整治、植被恢复措施或复耕措施。

(4) 永临结合的施工道路宜布设永久性排水和植物措施，涉及山区道路及上堤（坝）道路的可布设道路上下边坡的防护措施。

(5) 西北风沙区施工期较长的施工道路两侧宜采取砾石压盖、沙障等挡护措施。

6. 施工生产生活区

(1) 可根据施工期及季节、降水条件、占地面积、地形条件，在其周边及场区内布设临时排水措施；场区内的堆料场可布设临时拦挡或覆盖措施；施工期较长的临时生活区可采用临时绿化措施；对永临结合的生活区采用绿化美化措施。

(2) 根据施工生产生活区的占地类型及土地最终利用方向，可采取土地整治、复耕、植被恢复措施。西北风沙区可布设场地清理和必要的压盖措施。

7. 水库淹没、移民安置与专项设施复（改）建区

水库淹没区域宜做好区内的施工生产生活区、施工道路、料场及弃渣场的临时防护措施，并根据工程需要，合理利用淹没耕地的表土资源。结合建设征地与移民安置规划，在集中安置区布设绿化措施，专项设施复（改）建区可根据具体复（改）建项目采取相应的临时防护、边坡防护、弃渣拦挡和植物绿化等措施。

各类水利水电工程的水土保持措施布局可参考表3.4-2。

表 3.4-2　水利水电工程水土保持措施布局

<table>
<tr><th colspan="2">分　区</th><th>总体措施布局</th><th colspan="2">不同类型特殊措施布局</th></tr>
<tr><td rowspan="9">主体工程区</td><td rowspan="3">水库（水电站）枢纽区</td><td rowspan="3">1）土石坝背水坡、溢洪道上边坡、泄洪洞开挖面、引水渠边坡等在满足工程安全的前提下可根据不同情况采取挂网喷草、植物混凝土、分台覆土绿化、草皮护坡等措施；
2）电站厂房、管理处（所）上坝道路两侧及边坡等采取植物绿化美化措施；
3）坝区管理范围根据现状植被状况和立地条件采取绿化、美化及植物护坡等防护措施；
4）施工期对开挖临时堆土及堆料临时拦挡、覆盖及排水措施</td><td>山区、丘陵区</td><td>1）水库大坝两侧开挖边坡尽可能复绿，顶部及两侧布设截排水沟措施；
2）永久上坝道路边坡采取挡墙、护坡及植被恢复措施；
3）施工期大坝开挖边坡上游、永久及施工道路两侧布设临时排水措施</td></tr>
<tr><td>平原区</td><td>主、副坝背水坡草皮护坡、管理范围内栽植防护林带</td></tr>
<tr><td>风沙区</td><td>坝区栽植防风固沙林带，管理区可布设灌溉设施</td></tr>
<tr><td rowspan="3">闸（站）工程区</td><td rowspan="3">1）对管理区域内采取植物绿化、美化措施；
2）引渠（连接段）管理范围内植物防护及绿化措施；
3）施工期对开挖临时堆土及堆料采取临时拦挡、覆盖及排水措施</td><td>山区、丘陵区</td><td>闸（站）周边开挖边坡防护、排水措施</td></tr>
<tr><td>平原区</td><td>周边布设排水措施和防护林带</td></tr>
<tr><td>风沙区</td><td>周边布设防风固沙林带</td></tr>
<tr><td rowspan="3">河道、堤防工程区</td><td rowspan="3">1）堤防管理征地范围内布设堤防防护林措施；
2）堤顶道路两侧栽植灌木、路肩撒播草籽措施；
3）堤防迎水坡设计水位以上及背水坡可采取铺设草皮、撒播草籽或栽植灌木等措施；
4）穿堤建筑物开挖面、翼墙等采取铺设草皮、撒播草籽或栽植乔灌木措施；
5）施工期对开挖临时堆土及堆料采取临时拦挡、覆盖及排水措施</td><td>山区、丘陵区</td><td rowspan="2">降雨量较大区域可在背水坡及坡脚布设排水措施</td></tr>
<tr><td>平原区</td></tr>
<tr><td>风沙区</td><td>背水坡及管理范围内布设沙障等</td></tr>
</table>

续表

<table>
<tr><th colspan="2">分　区</th><th>总体措施布局</th><th colspan="2">不同类型特殊措施布局</th></tr>
<tr><td rowspan="7">主体工程区</td><td rowspan="3">输水（灌溉）渠道工程区</td><td rowspan="3">1）渠道背水坡管理范围布设渠道防护林、防风林措施；
2）渠道迎水坡设计水位以上及背水坡应考虑铺设草皮、撒播草籽、栽植灌木措施</td><td>山区、丘陵区</td><td>1）全挖方或半挖半填方渠道外侧上下边坡布设撒播草籽、栽植灌木措施；
2）渡槽等建筑物开挖边坡防护及绿化措施</td></tr>
<tr><td>平原区</td><td>—</td></tr>
<tr><td>风沙区</td><td>1）周边宜布设沙障等防沙固沙措施；
2）适当增加移动式灌溉设施</td></tr>
<tr><td rowspan="3">供水管线（箱涵）工程区</td><td rowspan="3">1）管线及箱涵顶部宜采取土地整治、撒播草籽、栽植灌木措施；
2）穿越河流、公路、铁路等区域可采取植物绿化措施；
3）施工期对开挖临时堆土及堆料可采取临时拦挡、覆盖及排水措施</td><td>山区、丘陵区</td><td>—</td></tr>
<tr><td>平原区</td><td>—</td></tr>
<tr><td>风沙区</td><td>施工期临时压盖措施</td></tr>
<tr><td>引（输）水隧洞区</td><td>1）洞口开挖面采取栽植攀援植物、挂网喷草等措施；
2）洞口顶部及两侧布设排水设施；
3）调压井顶部开挖区采取护坡、植被恢复措施</td><td>—</td><td>—</td></tr>
<tr><td colspan="2" rowspan="3">工程永久办公生活区</td><td rowspan="3">1）进行草坪建植、景观乔灌花卉绿化等植物绿化美化措施；
2）雨水集蓄利用措施</td><td>山区、丘陵区</td><td>办公生活区外侧边坡绿化措施</td></tr>
<tr><td>平原区</td><td>周边布设防护林带</td></tr>
<tr><td>风沙区</td><td>办公生活区内配套灌溉设施</td></tr>
<tr><td colspan="2" rowspan="3">弃渣场区</td><td rowspan="3">1）布设拦挡、防洪排水、坡面防护、土地整治、植被恢复等措施；
2）对有覆土需要的弃渣场采取表土剥离及回覆措施；
3）对剥离土采取临时拦挡、覆盖等措施</td><td>山区、丘陵区</td><td>1）采取挡渣墙、拦渣坝、拦渣堤等拦挡措施；
2）采取渣场上游及两侧截排水及渣场底部排水措施</td></tr>
<tr><td>平原区</td><td>1）堆渣坡脚拦挡、排水措施；
2）降雨量较大区域坡面布设排水设施</td></tr>
<tr><td>风沙区</td><td>顶部压盖措施</td></tr>
<tr><td colspan="2" rowspan="3">料场区</td><td rowspan="3">1）施工期对剥离的表层土采取临时拦挡、遮盖、排水措施；
2）施工结束后采取表层土回填、土地整治和植被恢复措施</td><td>山区、丘陵区</td><td>石料场的后期恢复可采取边坡喷浆固坡、锚杆支护、喷锚加筋支护或挂网喷草、栽植攀缘植物等护坡措施；对开采结束后形成的底面或缓坡地、开挖平台，可采取覆土、栽植灌木等措施；采石场以上坡面汇水面积较大的，应设置截排水措施</td></tr>
<tr><td>平原区</td><td>—</td></tr>
<tr><td>风沙区</td><td>采取回填后压盖等措施</td></tr>
<tr><td colspan="2" rowspan="3">交通道路区</td><td rowspan="3">1）永久道路布设行道树措施；
2）临时道路施工结束后采取土地整治、植被恢复措施；
3）施工期宜采取临时排水或临时挡护措施</td><td>山区、丘陵区</td><td>道路两侧采取边坡防护、弃渣拦挡、截排水及植被恢复等措施</td></tr>
<tr><td>平原区</td><td>降雨量较大区域采取临时排水等措施</td></tr>
<tr><td>风沙区</td><td>施工道路两侧可采取砾石压盖、沙障等防护措施</td></tr>
</table>

续表

分 区	总体措施布局	不同类型特殊措施布局	
施工生产生活区	1）施工期采取临时排水、堆料场临时拦挡或覆盖、临时生活区绿化等临时措施； 2）施工结束后采取土地整治及植被恢复措施	山区、丘陵区	上游集雨面积较大区域周边布设截排水措施
		平原区	—
		风沙区	堆料场的临时苫盖措施
水库淹没、移民安置与专项设施复（改）建区	1）集中的安置点采取周边绿化和道路绿化措施； 2）临时占地及堆渣采取土地整治、拦挡及排水、植被恢复等措施； 3）专项设施复建区采取护坡、弃渣拦挡、截排水、植被恢复及临时防护等措施	山区、丘陵区	
		平原区	安置点周边布设防风林带
		风沙区	安置点周边布设沙障、防风林等措施

注 1. 水土保持措施布局可参考上表进行选择，应根据工程地理位置、水土流失类型及建设特点选择其中一种或多种措施。
2. 各水土流失防治分区的土地整治及植被恢复措施应根据占地性质和占地类型确定。

3.4.4 案例

3.4.4.1 南水北调中线鲁山段工程

1. 工程概况

南水北调中线总干渠从陶岔渠首至北京市团城湖全长1277km，其中河南省境内渠道长731km，沿途经过河南省南阳、平顶山、许昌、郑州、焦作、新乡、鹤壁、安阳8市34个县（市、区）。总干渠第三标段鲁山北段在河南省鲁山县境内，起点位于鲁山县三街村北，鲁山坡流槽出口下游50m处，终点在鲁山县和宝丰县交界处，全长7.74km。该渠段为全挖及半挖半填型式，其中全挖方段长2.32km，半挖半填段长5.42km，开挖深度2～22m，渠道开口宽度105～150m。渠段土石方开挖381.13万m^3，土方填筑194.23万m^3，土方平衡后尚有295.19万m^3弃方。该渠段总占地面积228.62hm^2，其中主体工程区105.79hm^2，弃土弃渣场区24.50hm^2，取土场区71.28hm^2，生产生活区8.00hm^2，施工道路区19.05hm^2。

2. 防治分区

根据工程建设内容，水土流失防治分区划分为主体工程区、弃土弃渣场区、取土场区、表土堆放区、生产生活区和施工道路区。

3. 防治措施布局

主体工程区：施工期间需对临时堆放在渠道和建筑物施工区的回填土进行防护，措施为在堆土的坡脚四周码放装土编织袋筑挡坎，挡坎外开挖临时排水沟。施工结束后，在建筑物占地范围内采取防护，措施为开挖排水沟截流汇水，对裸露地面种植乔木、灌木、草，苗木选用毛白杨、紫穗槐，草种选用羊茅。

弃土弃渣场区：弃土弃渣两级堆放，为防止雨水冲刷坡面及坡脚，在场顶四周临空侧边缘设置挡水土埂。坡面每间隔50m设置一道纵向预制混凝土排水沟；分级平台内侧设横向预制混凝土排水沟；西、南、北侧坡脚设置浆砌石截排水沟与坡面排水沟连通，并最终汇入总干渠左岸截流沟；东侧坡面的纵向预制混凝土排水沟直接连接至总干渠截流沟。考虑总干渠安全及景观要求，临总干渠侧坡面设置预制混凝土框格护坡，分级平台及坡脚与总干渠截流沟之间的区域种植羊茅草及火棘、迎春等有景观效果的小型灌木，其余坡面种植羊茅、紫穗槐。弃土弃渣场为永久征地，顶面无复耕要求，种植羊茅、紫穗槐、苹果树。

取土场区：为防止雨水冲刷取土边坡，取土前，首先在其四周设置一道临时挡水土埂；取土完成后，取土坑用于安置弃土、弃渣；待弃土、弃渣结束后，及时覆盖表土，恢复农业耕种。

表土堆放区：弃土弃渣场及取土场使用前先剥离场区表层0.5m厚表土临时堆放。表土堆放期间，在坡脚四周码放装土编织袋拦挡，挡坎外开挖临时排水沟。

生产生活区：在运用时，砂石料冲洗水、机械冲洗水、生活用水及场地雨水如果不集中排放，将会对地面造成冲刷，发生水土流失，因此在生产生活区内外设置排水沟，引导汇水排入河、沟当中。为防止降雨冲刷地面、改善施工人员生产生活环境，在生产生活区空闲地种植草和灌木，草种选用红三叶，苗木选用小叶女贞。

施工道路区：防护措施主要是在施工道路两侧开挖临时排水沟，集中排泄汇集的雨水。

水土流失防治分区防护措施布局见表3.4-3。

表 3.4-3　　水土流失防治分区防护措施布局

分　区	措施类型	位　　置	内　　容
主体工程区	工程措施	建筑物永久占地外围	开挖排水土沟
	植物措施	建筑物永久占地内空闲地	种植羊茅、紫穗槐、毛白杨
	临时措施	回填土临时堆放区坡脚	填筑装土编织袋
		回填土坡脚装土编织袋外侧	开挖临时排水沟
弃土弃渣场区	工程措施	场区顶面四周临空侧边缘	填筑挡水土埂
		弃土弃渣坡面，间距 50m	砌筑预制混凝土排水沟
		分级平台内侧	砌筑预制混凝土排水沟
		弃土弃渣西、南、北侧坡脚	砌筑浆砌石截排水沟
		临总干渠侧弃土弃渣坡面	砌筑预制混凝土框格护坡
	植物措施	临总干渠侧分级平台及坡脚外区域	种植羊茅、火棘、迎春
		西、南、北侧坡面及分级平台	种植羊茅、紫穗槐
		弃土弃渣顶面	种植羊茅、紫穗槐、苹果树
生产生活区	植物措施	区内空闲地	种植红三叶、小叶女贞
	临时措施	生产生活区内及外围	开挖临时排水沟
取土场区	临时措施	场区四周	填筑临时挡水土埂
表土堆放区	临时措施	临时堆土坡脚	填筑装土编织袋
		坡脚装土编织袋外侧	开挖临时排水沟
施工道路区	临时措施	道路两侧	开挖临时排水沟

3.4.4.2　金沙江向家坝水电站工程

1. 项目组成

项目由主体工程、移民安置工程、库岸防护工程等项目组成。主体工程包括永久工程、施工临时工程。永久工程主要包括：挡水建筑物、泄洪消能建筑物、冲排沙建筑物、左岸坝后引水发电系统、右岸地下引水发电系统、通航建筑物、永久生活设施、场内永久道路、对外交通和改线公路等；施工临时工程主要包括：导流工程、施工生产企业、土石料场、弃渣场、场内临时道路、施工生活区等。移民安置工程主要包括：移民生产开发、县城及集镇迁建、专项设施建设等。库岸防护工程主要指针对不稳定库岸采取的防护处理。

2. 总体布置

坝址位于金沙江峡谷出口处，下游两岸地势开阔，有充足的台地和平缓坡地可作为施工场地。坝区附近右岸有田坝、马延坡等场地，距坝址 0.3～3.0km，可利用面积约 140hm^2；左岸坝址下游莲花池区距坝址 2.1～4.5km，可利用面积约 150hm^2；左岸坝址上游 0.6km 的凉水井区可利用面积约 20hm^2。根据工程所处位置的地形地质条件和工程总体布置特点，结合地方长远发展规划，施工场地布置适宜采用两岸分区布置的方式：右岸以田坝、马延坡为主进行施工场地布置；左岸以莲花池为中心进行布置，并在凉水井附近平缓坡地布置一期工程的天然砂石加工系统和混凝土系统等。施工弃渣场选择在左岸下游新田湾冲沟及右岸上游新滩坝滩地，并在施工前期利用部分弃渣将莲花池区进行填筑作为施工场地。太平砂石料场位于坝址右岸上游距大坝直线距离约 30km 的太平村。料场附近有平缓坡地，可利用面积约 50hm^2，能满足料场开采及砂石料粗碎、中碎加工系统的生产生活设施和料场剥离弃渣场地等布置的需要。柏溪土料场位于坝址下游金沙江左岸，料场勘察储量 590 万 m^3，土料由侏罗系紫红色粉砂质泥岩风化后形成。向家坝水电站施工场地采用两岸分 5 个区布置。场内交通主要由对外公路场内段、永久建筑物交通通道、场内施工主干道组成。对外公路场内段包括左岸进厂公路、左岸上坝公路、右岸进厂公路和右岸上坝公路；永久建筑物交通通道为右岸至开关站道路；场内施工主干道包括左岸缆机平台道路、左岸至炸药库道路、左岸出渣道路、右岸重大件运输道路、右岸出渣道路、右岸其他主干道路。

3. 水土流失防治措施体系和布局

水土流失防治区划分为主体工程施工区、水库及移民安置区、库岸影响区3个大的区域。主体工程施工区根据主体工程施工布置的特点，又进一步划分成大坝枢纽区、道路区（包括场内施工道路、对外交通及改线公路）、土石料场区、弃渣场区、施工营地区（包括其他占地）等5个小区域。水库及移民安置区根据移民安置迁建规划情况，又进一步划分为城（集）镇迁建新址区、农村移民居民点新址区、移民安置新开土地防治区（包括施工移民安置区）、专项设施迁建区等4个小区域。各分区的水土保持措施方案设计按照永久和临时措施相结合，工程措施、植物措施、农耕复垦措施相结合的原则，结合主体工程中具有水土保持功能的分析评价结论进行布局。

（1）主体工程施工区。枢纽工程施工区开挖量大，对地表扰动强烈，水土流失防治以工程措施为主，同时辅以植物措施。主体工程设计中出于安全考虑，设计了边坡防护、排水、挡墙等具有水土保持功能的一些工程，在具体分析这些工程基础上，进行水土流失防治总体规划设计。

大坝枢纽区：大坝枢纽建筑永久占地253.09hm^2，坝区水土流失防治主要为左右岸开挖高边坡的支护与排水设计；同时，考虑部分开挖边坡的垂直绿化设计。

道路区：主要防治措施为开挖、回填边坡的防护，路基路面排水设计，混凝土路面结构道路布设行道树，泥结碎石路面结构道路施工完毕后的复垦等。

土石料场区：该区主要指太平料场区的水土保持防治措施设计，太平石料场距坝址较远，石料开采量大，主要防治设计指开采后对裸露岩面的植被恢复设计，料场弃渣场的防护、排水设计及植被恢复设计，以及长距离胶带输送系统的水土保持规划设计等。

弃渣场区：弃渣场的水土保持防治主要为堆渣前的排水设计、拦挡渣措施，堆渣过程的临时防护，堆渣完毕后边坡处理与防护，以及渣场平整后植被恢复设计等。

施工营地区：主要指施工企业区和施工生活营地（含太平料场施工营地占地），该区主要为施工期内临时防护设计及施工完毕后施工占地的植被恢复设计。

（2）水库及移民安置区。水库及移民安置区包括移民安置区和水库库岸影响区等。该区移民安置涉及的屏山县城、绥江县城、16个集镇搬迁，农村移民生产开发，专项设施复建等规模大，设计范围广，水土保持措施主要采取工程措施、植物措施和保土耕作措施相结合。

城（集）镇迁建新址区：该区包括屏山县城、绥江县城、16个集镇搬迁新址。城（集）镇迁建规划中具有水土保持功能的措施包括：场地平整过程中修建挡土墙、截排水系统、边坡防护、支护、锚杆、锚索等，同时规划了公共绿地、园林小品环境绿化等措施，这些措施对城集镇迁建区的水土保持具有重大作用。新增水土保持措施主要为渣料场的挡土墙、护坡、排水沟等工程措施，适当新增补充植物措施。

农村移民居民点新址区：在居民点迁建规划场地平整设计中，采取了挡土墙、护坡、排水沟等工程措施。新增水土保持措施主要为房前屋后植树、种植果木等。

移民安置新开土地防治区：在移民生产开发规划中，设计的具有水土保持功能的措施主要包括挡土墙、截排水沟、边坡防护、支护、蓄水池、梯土、梯田等。新增水土保持措施包括：截排水沟、沉沙池等工程措施，少耕免耕、横向耕作、间套互补等农耕措施，“四旁”绿化等植物措施。

专项设施迁建区：包括库周公路复建、电力通信设施建设等。专项设施迁建规划中采取的工程措施包括浆砌石挡土墙、截排水沟、边坡防护、支护等，新增水土保持措施包括弃渣拦挡、截排水沟、边坡防护等工程措施，铺塑料布、提出水保要求等预防和临时防护措施，坡面种草、道旁绿化等植物措施。

（3）库岸影响区。布设浆砌石排水沟并对可能产生的滑坡塌岸库岸地段加强观测和防护。

金沙江向家坝水电站水土流失分区及措施体系见表3.4-4。

表3.4-4　金沙江向家坝水电站水土流失分区及措施体系表

分区			措施类型	主体工程设计措施	水土保持防治措施
主体工程施工区	大坝枢纽区	左岸边坡、导流明渠、引航道及坝肩等	工程措施	钢筋混凝土衬护、挂网喷混凝土、排水孔、截排水沟、边坡锚固、采空区回填、边坡修整等	钢筋混凝土框、槽、临时防护
			植物措施		种植攀缘、灌木植物
		右岸边坡、厂房、进出水口及坝肩等	工程措施	挂网喷混凝土、排水孔、截排水沟、边坡锚固、削坡开级、灌浆、卸载、采空回填等	钢筋混凝土框、槽、临时防护
			植物措施		种植攀缘、灌木植物

续表

分区			措施类型	主体工程设计措施	水土保持防治措施
主体工程施工区	道路区	场内交通道路	工程措施	路面硬化、浆砌石挡土墙、截排水沟、边坡防护、支护等	土地整治、临时防护工程
		对外交通道路	预防及临时措施		对开挖等施工活动提出水保要求，道路沿线布置临时防护措施
		地方改线道路	植物措施	边坡种草	种植行道树
	土石料场区	土料场	工程及预防措施	截排水沟、无用料临时堆场防护、临时覆盖等措施	开采完毕后土地整治、截排水沟等
			植物措施		种草、种植果树
		石料场及运输系统	工程措施		截排水沟、干砌石石坎、浆砌石挡土墙、浆砌石网格护坡、土地整治等
			预防及临时措施		对开采、运输过程提出水保要求，临时防护、覆盖措施
			植物措施		植树、种草、栽植攀缘植物等
	弃渣场区	新田湾渣场	工程措施		削坡开级、设置马道、浆砌石挡土墙、浆砌石网格护坡、截排水沟、土地整治等
			植物措施		植树、种草等
		新滩坝渣场	工程措施		削坡开级、设置马道、浆砌石挡土墙、大块石护坡、截排水沟等
	施工营地区	莲花池场地平整	工程措施	干砌石护坡、截排水沟、排水涵管、隧洞等	土地整治等
			植物措施		种植林草等
		田坝区场平、砂石毛料堆场	工程措施	排水涵管、排水沟	浆砌石挡墙、土地整治
			植物措施		植树种草等
		其他防治区	工程措施	场地平整、浆砌石挡土墙、截排水沟、边坡防护、支护等	土地整治等
			植物措施	永久占地绿化、美化	植树、种草等
			预防及临时措施		临时防护、临时覆盖等
水库及移民安置区	城（集）镇迁建新址区		工程措施	挡土墙、截排水系统、边坡防护、支护、锚杆、锚索等	渣料场挡土墙、护坡、排水沟
			植物措施	公共绿地、园林小品等	植树等
	农村移民居民点新址区		工程措施	挡土墙、护坡、排水沟等	
			植物措施		房前屋后植树、种植果木等
	专项设施迁建区		工程措施	浆砌石挡土墙、截排水沟、边坡防护、支护等	弃渣拦挡、截排水沟、边坡防护等
			预防及临时措施		铺塑料布、提出水保要求
			植物措施		坡面种草、道旁绿化等

续表

分区		措施类型	主体工程设计措施	水土保持防治措施
水库及移民安置区	移民安置新开土地区	工程措施	挡土墙、截排水沟、边坡防护、支护、蓄水池、梯土、梯田等	截排水沟、沉沙池等
		农耕措施		少耕免耕、横向耕作、间套互补等
		植物措施		“四旁”绿化等
库岸影响区		工程措施	挂网喷护、抗滑桩、锚固、灌浆、截排水沟等	浆砌石排水沟
		植物措施		植树造林、封山育林等
		观　测		加强对影响较大的滑坡体观测

3.5 弃渣场设计

弃渣场设计包括弃渣场场址选择、容量复核、堆置方案设计，以及拦渣工程、防洪排导工程、后期利用或植被恢复等防护措施设计。

3.5.1 弃渣场分类

水利水电工程弃渣场可布置在主体工程区上下游附近河（沟）道两岸缓坡地、阶地、滩地上，山区可布置于河道两岸流量不大的支沟内。依据弃渣场地形、弃渣场与河（沟）道、水库的相对位置等，将水利水电工程弃渣场分为沟道型渣场、临河型渣场、坡地型渣场、平地型渣场、库区型渣场五种类型，各类弃渣场特征及适用条件见表 3.5－1。

弃渣场也可按堆存材料分类。按弃渣组成、性质划分为弃土场、弃石场、弃土石混合渣场等三种类型，对环境有污染的建筑垃圾需要单独处理。

按堆存位置分类和按堆存材料分类的弃渣场稳定分析方法相同，采用按堆存位置分类，有利于进行弃渣场防护措施体系布设，切实有效防治弃渣水土流失。

表 3.5－1　水利水电工程弃渣场类型、特征及适用条件

序号	弃渣场类型	特　征	适用条件
1	沟道型渣场	弃渣堆放在沟道内，堆渣体将沟道全部或部分填埋	适用于沟底平缓、肚大口小的沟谷，其拦渣工程为拦渣坝或拦渣堤，同时考虑排水渠（涵洞、隧洞）措施
2	临河型渣场	弃渣堆放在河流或沟道两岸较低台地、阶地和滩地上，堆渣体临河（沟）侧底部高程低于河（沟）道防洪水位	河（沟）道两岸有较宽台地、阶地和滩地，其拦渣工程为拦渣堤，同时考虑临河（沟）边坡防护
3	坡地型渣场	弃渣堆放在河流或沟道两侧较高台地、缓坡地上，堆渣体底部高程高于河（沟）道防洪水位	沿山坡堆放，坡度不大于 25°且坡面稳定的山坡，其拦渣工程为挡渣墙
4	平地型渣场	弃渣堆放在平地上，渣脚可能受洪水影响	地形平缓，场地较宽阔地区，其拦渣工程为围渣堰
5	库区型渣场	弃渣堆放在未建成水库库区内河（沟）道、台地、阶地和滩地上，水库建成后堆渣体全部或部分淹没	库区外无合适堆渣场地，未建成水库内有适合弃渣的河（沟）道、台地、阶地和滩地，其拦渣工程主要为拦渣堤和斜坡防护工程

3.5.2 基本资料和设计基本要求

3.5.2.1 基本资料

弃渣场设计所需基本资料包括：

(1) 地形测绘资料：渣场区地形、地貌及地类资料，即渣场地形地类图。

(2) 工程地质资料：渣场区工程地质条件，如地层岩性、覆盖层组成及厚度、基础物理力学参数，以及渣场是否涉及泥石流、滑坡等不良地质情况。

(3) 弃渣数量及组成资料：经土石方平衡分析确定的弃渣来源及组成、弃渣量、回采量、弃渣物理力学参数等资料。

(4) 洪水资料及成果：与各渣场防洪标准相应的河（沟）道洪水流量及洪水位、流速等资料。

3.5.2.2 设计基本要求

弃渣场设计基本要求如下：

(1) 弃渣场规划主要应考虑以下三方面因素：①弃渣数量、弃渣时序、弃渣材料类型；②各渣场容量及地形、地质、环境条件；③便于弃渣运输和再利用。

(2) 建筑垃圾应合理处置，对环境有影响的应按照环境保护相关要求进行处置。

(3) 有可靠的截流、防洪、排水设施。

(4) 弃渣场防护措施设计应在渣体稳定的基础上进行，坡面防护须在堆渣体型设计满足稳定要求的前提下进行。

(5) 采用弃渣料修建拦渣设施时，拦渣设施应与堆渣体型一体设计。

3.5.3 弃渣场选址

弃渣场位置选择宜在主体工程施工组织设计土石方平衡基础上，根据弃渣类型、弃渣数量、出渣部位、弃渣时序、运输条件、水保环保要求，结合初拟渣场的地形、地貌、工程地质和水文地质条件，周边的敏感性因素，容量、占地、防护措施及其投资，损坏水土保持功能面积和水保设施数量及可能造成的水土流失危害，弃渣场后期恢复利用等，经综合比较后确定。场址选择主要遵循如下原则：

(1) 科学布局、减少占地，力求工程建设经济合理。弃渣就近堆放与集中堆放相结合，尽量靠近出渣部位布置弃渣场，以缩短运距，减少投资。尽可能减少渣场占地，本着节约耕地的原则，不占或少占耕地，减少损坏水土保持设施。山区、丘陵区选择工程地质和水文地质条件相对简单、地形相对平缓的沟谷、凹地、坡台地、滩地等布置渣场；平原区优先选择洼地、取土（采砂）坑，以及裸地、空闲地、平缓滩地等布置渣场；风沙区布置渣场应避开风口和易产生风蚀的地方。

(2) 充分调研、科学比选，确保工程本身稳定安全。弃渣场选址应确保主要建（构）筑物地段具有良好的工程地质、水文地质条件，确保整体结构安全及稳定。避开潜在危害大的泥石流、滑坡等不良地质地段布置弃渣场，如确需布置，应采取相应的防治措施，确保弃渣场的稳定安全。

(3) 全面论证、统筹兼顾，保证人民生命财产安全和原有基础设施的正常运行。重要基础设施、影响人民群众生命财产安全及行洪安全、对环境有重大影响的敏感区域（如河道、湖泊、已建水库管理范围内）等不布置弃渣场。弃渣场不应影响河流、沟谷的行洪安全以及水库大坝、取水建筑物、泄水建筑物、灌（排）干渠（沟）功能；不应影响工矿企业、居民区、交通干线或其他重要基础设施的安全。

不宜在河道、湖泊管理范围内设置弃渣场，若需在河岸布置渣场，应根据河流治导规划及防洪行洪的要求，进行必要的分析论证，采取措施保障行洪安全和减少可能由此产生的不利影响，并征得河道管理部门同意。

若确需在未建成水库区域设置弃渣场，应不影响水库设计使用寿命，并尽量避免布置在水库消落区内。如确需在水库消落区内布置渣场，须经综合论证后确定，并充分考虑水位消落对渣体稳定的不利影响，采取相应的防护措施，确保渣体稳定。

(4) 因地制宜、预防为主，最大限度保护环境。对周围环境的影响必须符合现行国家环境保护法规的有关规定，特别对大气环境、地表水、地下水的污染必须有防治措施，并应满足当地环保要求。

(5) 超前筹划、兼顾运行，有利于渣场防护及后期恢复。避免在汇水面积和流量较大、沟谷纵坡陡、出口不易拦截的沟道布置弃渣场；如确不能避免，须经综合分析论证后，采取安全有效的防护措施。在设计弃渣场时必须考虑复垦造地的可能性，考虑覆土来源。

3.5.4 弃渣堆置方案设计

弃渣场拦挡、护坡、排水等防护措施设计应在渣体稳定的基础上进行，因此，须根据弃渣场地形、地质及水文条件等，确定弃渣堆置要素，按照堆置要素进行堆置，确保渣场稳定。同时应根据渣场周边环境条件，确定其安全防护距离，保护渣场周边设施安全。

3.5.4.1 弃渣场堆置要素

弃渣场堆置要素主要包括容量、台阶高度与堆置总高度、平台宽度、自然安息角与综合坡度等。

(1) 容量。渣场容量是指在满足稳定、安全条件下，按照设计的堆渣方式、堆渣坡比和堆渣总高度，以松方为基础计算渣场占地范围内所容纳的弃渣量。弃渣场容量应不小于该渣场堆渣量。渣场的堆渣量可按式 (3.5-1) 计算。弃渣场顶面无特殊用途时，可不考虑沉降和碾压因素。需要考虑碾压及沉降因素进行修正的，应考虑岩土松散系数、渣体沉降时间等因素后计算。

$$V=\frac{V_0K_s}{K_c} \tag{3.5-1}$$

式中 V——弃渣的松方量，m^3；

V_0——弃渣自然方量，m^3；

K_s——岩土初始松散系数；

K_c——渣体沉降系数。

无试验资料时，岩土初始松散系数的参考值可按表 3.5-2 选取，渣体沉降系数的参考值可按表 3.5-3 选取。

表 3.5-2 岩土初始松散系数参考值

种类	砂	砂质黏土	黏土	带夹石的黏土	最大边长度小于 30cm 岩石	最大边长度不小于 30cm 岩石
岩土类别	Ⅰ	Ⅱ	Ⅲ	Ⅳ	Ⅴ	Ⅵ
初始松散系数	1.10～1.20	1.20～1.30	1.24～1.30	1.35～1.45	1.40～1.60	1.45～1.80

表 3.5-3 渣体沉降系数参考值

类别	沉降系数	类别	沉降系数
砂质岩土	1.07～1.09	砂黏土	1.24～1.28
砂质黏土	1.11～1.15	泥夹石	1.21～1.25
黏土	1.13～1.19	亚黏土	1.18～1.21
黏土夹石	1.16～1.19	砂和砾石	1.09～1.13
小块度岩石	1.17～1.18	软岩	1.10～1.12
大块度岩石	1.10～1.12	硬岩	1.05～1.07

(2) 台阶高度与堆置总高度。台阶高度为弃渣按照一定高度分台进行堆置后，台阶坡顶线至坡底线间的垂直距离；堆置总高度为弃渣堆置的最大高度，即各台阶高度之和。

堆置总高度与台阶高度应根据弃渣物理力学性质、施工机械设备类型、地形、工程地质、气象及水文等条件确定。采用多台阶堆渣时，原则上第一台阶高度不应超过 15～20m；当基础为倾斜的砂质土时，第一台阶高度不应大于 10m。

影响渣场堆置高度的因素较多，其中场地原地表坡度和地基承载力为主要因素。渣场基础为土质，弃渣初期基底压实到最大的承载能力时，弃渣的堆置总高度需要控制，堆置总高度可按式 (3.5-2) 计算。

$$H=\pi C\cot\varphi\left[\gamma\left(\cot\varphi+\frac{\pi\varphi}{180}-\frac{\pi}{2}\right)\right]^{-1} \tag{3.5-2}$$

式中 H——弃渣场的堆置总高度，m；

C——弃渣场基底岩土的黏聚力，kPa；

φ——弃渣场基底岩土的内摩擦角，(°)；

γ——弃渣场弃土（石、渣）的容重，kN/m^3。

缺乏工程地质资料的 4、5 级渣场，堆置台阶高度可按表 3.5-4 确定。

表 3.5-4 弃渣堆置台阶高度 单位：m

弃渣类别	堆置台阶高度
坚硬岩石	30～40 (20～30)
混合土石	20～30 (15～20)
松软岩石	10～20 (8～15)
松散硬质黏土	15～20 (10～15)
松散软质黏土	10～15 (8～12)
砂土	5～10

注 1. 括号内数值系工程地质基础不良及气象条件不利时的参考值。
2. 弃渣场地基（原地面）坡度平缓，弃渣为坚硬岩石或利用狭窄山沟、谷地、坑塘堆置的弃渣场，可不受此表限制。

(3) 平台宽度。按照设计弃渣方式堆置的平台宽度，应根据弃渣物理力学性质、地形、工程地质、气象及水文等条件确定。按自然安息角堆放的渣体，平台宽度可参考表 3.5-5 选取。

表 3.5-5　各类渣体不同台阶高度对应的最小平台宽度　单位：m

弃渣类别	台阶高度				
	10	15	20	30	40
硬质岩石渣	1.0	1.0～1.5	1.5～2.0	2.0～2.5	2.5～3.5
软质岩石渣	1.5	1.5～2.0	2.0～2.5	2.5～3.5	3.5～4.0
土石混合渣	2.0	2.0～2.5	2.0～3.0	3.0～4.0	4.0～5.0
黏土	2.0～3.0	3.0～5.0	5.0～7.0	8.0～9.0	9.0～10.0
砂土、人工土	3.0	3.5～4.0	5.0～6.0	7.0～8.0	8.0～10.0

按稳定计算需进行整（削）坡的渣体，土质边坡台阶高度宜取5～10m，平台宽度应不小于2m，且每30～40m设置一道宽5m以上的宽平台；混合的碎（砾）石土台阶高度宜取8～12m，平台宽度应不小于2m，且每40～50m设置一道宽5m以上的宽平台。

(4) 自然安息角与综合坡度。自然安息角指弃渣在堆放时能够保持自然稳定状态的最大角度，由弃渣材料的物理力学性质决定。综合坡度应根据弃渣物理力学性质、施工机械设备类型、地形、工程地质、气象及水文等条件确定。多台阶堆置的弃渣场综合坡度应小于弃渣堆置自然安息角（宜在22°～25°），并经过稳定性验算最终确定。

自然安息角是弃渣堆放时形成的暂时稳定边坡，可作为渣场容量计算参考值，但弃渣场设计中不允许采用。弃渣堆置的自然安息角可参照表3.5-6选取。

表 3.5-6　弃渣堆置自然安息角参照表

弃渣类别			自然安息角（°）	自然安息角对应边坡
岩石	硬质岩石	花岗岩	35～40	1∶1.43～1∶1.19
		玄武岩	35～40	1∶1.43～1∶1.19
		致密石灰岩	32～36	1∶1.60～1∶1.38
	软质岩石	页岩（片岩）	29～43	1∶1.81～1∶1.07
		砂岩（块石、碎石、角砾）	26～40	1∶2.05～1∶1.19
		砂岩（砾石、碎石）	27～39	1∶1.96～1∶1.24
土	碎石土	砂质片岩（角砾、碎石）与砂黏土	25～42	1∶2.15～1∶1.11
		片岩（角砾、碎石）与砂黏土	36～43	1∶1.38～1∶1.07
		片岩（角砾、碎石）与砂黏土	36～43	1∶1.38～1∶1.07
		砾石土	27～37	1∶1.96～1∶1.33
	黏土	松散的、软的黏土及砂质黏土	20～40	1∶2.75～1∶1.19
		中等紧密的黏土及砂质黏土	25～40	1∶2.15～1∶1.19
		紧密的黏土及砂质黏土	25～45	1∶2.15～1∶1.00
		特别紧密的黏土	25～45	1∶2.15～1∶1.00
		亚黏土	25～50	1∶2.15～1∶0.84
		肥黏土	15～50	1∶3.73～1∶0.84
	砂土	细砂加泥	20～40	1∶2.75～1∶1.19
		松散细砂	22～37	1∶2.48～1∶1.33
		紧密细砂	25～45	1∶2.15～1∶1.00
		松散中砂	25～37	1∶2.15～1∶1.33
		紧密中砂	27～45	1∶1.96～1∶1.00
	人工土	种植土	25～40	1∶2.15～1∶1.19
		密实的种植土	30～45	1∶1.73～1∶1.00

3.5.4.2 安全防护距离

安全防护距离是指弃渣场堆渣坡脚线至重要基础设施之间的最小间距，可按表 3.5-7 确定。

表 3.5-7 渣场堆渣坡脚线至保护对象之间的安全防护距离

序号	保护对象	安全防护距离
1	干线铁路、公路、航道、高压输变电线路塔基等重要设施	(1.0～1.5)H
2	水利水电枢纽生活管理区、居住区、城镇、工矿企业	≥2.0H
3	水库大坝、取用水建筑物、泄水建筑物、灌（排）干渠（沟）	≥1.0H

注 1. 表中 H 为弃渣场堆置总高度。
2. 安全防护距离：铁路、公路、道路建（构）筑物由其边缘算起，航道由设计水位线岸边算起，工矿企业由其边缘或围墙算起。
3. 规模较大的居住区（人口 0.5 万以上）和有建制的城镇应按表中的数据适当加大。

3.5.4.3 弃渣场稳定分析

弃渣场稳定分析指堆渣体及其地基的抗滑稳定分析。抗滑稳定应根据渣场等级、地形、地质条件，结合弃渣堆置型式、堆置高度、弃渣组成及物理力学参数等，选择有代表性的断面进行计算。

（1）计算工况。渣体抗滑稳定分析计算可分为正常运用工况和非常运用工况两种。

1）正常运用工况：指弃渣场在正常和持久的条件下运用。弃渣场处在最终弃渣状态时，需考虑渗流影响。

2）非常运用工况：指弃渣场在非常或短暂的条件下运用，即渣场在正常工况下遭遇Ⅶ度以上（含Ⅶ度）地震。

弃渣完毕后，渣场在连续降雨期，渣体内积水未及时排除时，稳定计算安全系数按非常运用工况考虑。

（2）弃渣场稳定计算。

1）弃渣场抗滑稳定计算方法。抗滑稳定计算时，针对不同情况应采用不同的计算方法。一般情况下，弃渣场抗滑稳定计算应采用不计条块间作用力的瑞典圆弧法（见图 3.5-1 和图 3.5-2）。对均质渣体，宜采用计及条块间作用力的简化毕肖普法；对有软弱夹层的渣场，宜采用满足力和力矩平衡的摩根斯坦-普赖斯法（见图 3.5-3）。

抗滑稳定计算时，渣场基础及弃渣体的抗剪强度指标——C、φ 取值，应根据弃渣场区域地质勘探资料、弃渣来源、弃渣体材料组成、弃渣堆置时序等，结合工程区地质资料确定。

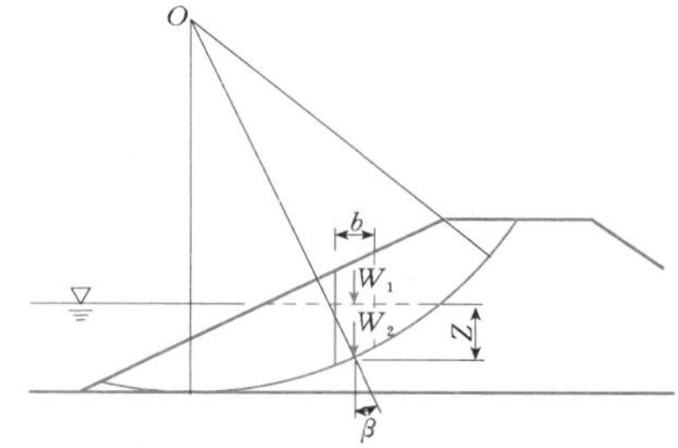

图 3.5-1 圆弧滑动法计算简图

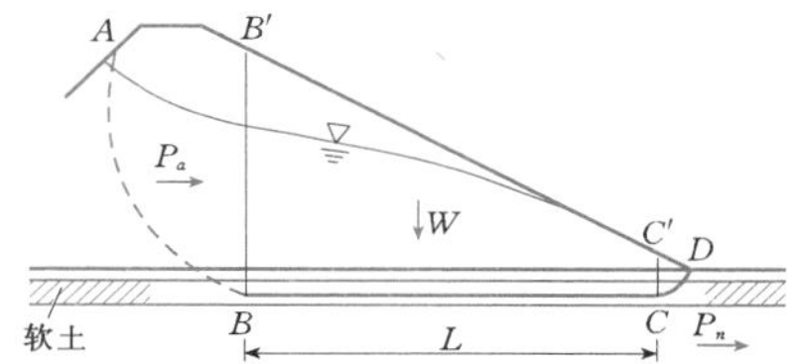

图 3.5-2 改良圆弧滑动法计算简图

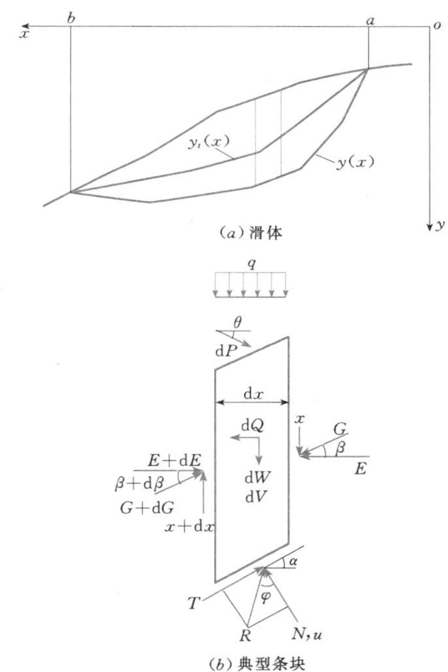

图 3.5-3 摩根斯坦-普赖斯法（改进方法）计算简图

2）特殊规定。采用简化毕肖普法、瑞典圆弧法计算渣场稳定时，应遵守下列规定：

a. 静力计算时，地震惯性力应等于零。

b. 弃渣场无渗流期运用，渣体容重为湿容重。

c. 稳定渗流期用有效应力法计算，孔隙压力 u 应用 $u-\gamma_w Z$ 代替，γ_w 为水的重度；条块容重 $W=$

W_1+W_2，W_1 为外水位以上条块容重，浸润线以上为湿容重，浸润线和外水位之间为饱和容重，W_2 为外水位以下条块浮容重。

d. 水位降落期用有效应力法计算时，应按降落后的水位计算，方法同 c 条规定。用总应力法时，C'、φ'应采用 C_{cu}、φ_{cu} 代替；分子应采用水位降落前条块容重 $W=W_1+W_2$，W_1 为外水位以上条块湿容重，W_2 为外水位以下条块浮容重；分母应采用水位降落后条块容重 $W=W_1+W_2$，W_1 浸润线以上为湿容重，浸润线和外水位之间为饱和容重，W_2 为外水位以下条块浮容重；孔隙压力 u 采用 $u_i-\gamma_w Z$ 代替，u_i 为水位降落前孔隙压力。

3）弃渣体抗剪试验方法和强度指标。弃渣体的抗剪强度指标可用三轴剪力仪测定，亦可用直剪仪测定。采用的试验方法和强度指标见表 3.5-8，抗滑稳定计算时，可根据运用情况选用。

表 3.5-8　土的抗剪试验方法和强度指标

渣场工作状态	计算方法	强度指标
施工期或竣工时	总应力法	C_{cu}，φ_{cu}
无渗流、稳定渗流期	有效应力法	C'，φ'
不稳定渗流期	总应力法	C_{cu}，φ_{cu}

（3）弃渣场抗滑稳定安全系数。根据弃渣场级别和计算方法，按照运用工况采用不同的抗滑稳定安全系数。

采用简化毕肖普法、摩根斯坦-普赖斯法计算时，抗滑稳定安全系数按照表 3.5-9 采用。

表 3.5-9　弃渣场抗滑稳定安全系数

应用情况	弃渣场级别			
	1	2	3	4、5
正常运用	1.35	1.30	1.25	1.20
非常运用	1.15	1.15	1.10	1.05

采用不计条块间作用力的瑞典圆弧法计算时，抗滑稳定安全系数按照表 3.5-10 采用。

表 3.5-10　弃渣场抗滑稳定安全系数

应用情况	弃渣场级别			
	1	2	3	4、5
正常运用	1.25	1.20	1.20	1.15
非常运用	1.10	1.10	1.05	1.05

3.5.4.4 弃渣场基础处理

弃渣场应避开大的构造破碎带；对有可能出现滑坡、坍塌的弃渣场，须根据工程地质、水文地质勘察资料、堆置高度等验算边坡稳定性；对稳定性较差的土质坡面，宜将原坡面修整为台阶状，以增加稳定性；对松软潮湿土，宜在堆渣之前挖渗沟疏干基底，倾填块碎石作垫层，或将大块石堆置在最底层，以利排水和增加稳定性。

对于地表植被较好的渣场，为防止植被腐烂后形成软弱夹层，影响稳定，一般应在弃渣前清除地表植被。

3.5.5 弃渣场防护措施布置

弃渣场防护措施主要有工程措施和植物措施两大类，工程措施主要有拦渣工程、斜坡防护工程和防洪排导工程三种类型。弃渣场防护以工程措施防治中、高强度的水土流失，辅以渣体坡面、顶面植物措施。

弃渣场防护措施布置主要包括：根据弃渣场类型、地形地质及水文条件、弃渣组成、防护建筑物材料、施工工期等，选择拦渣、斜坡防护和防洪排导等工程措施建筑物型式，以及合理确定拦渣和防洪排导建筑物走向、轴线位置及主要尺寸。

3.5.5.1 弃渣场防护措施体系

按照水土保持规范要求，各类弃渣场工程防护措施不尽相同，主要体现在拦渣工程、斜坡防护工程和防洪排导工程类型上。渣脚的拦渣工程为：渣脚受洪水影响的采用拦渣堤，否则采用挡渣墙；沟道型渣场有挡渣要求时，采用拦渣坝，否则，采用拦渣堤或挡渣墙。斜坡防护工程为：受洪水影响的渣场坡面采用混凝土、砌石等工程护坡，否则，宜采用植物护坡或综合护坡。防洪排导工程包括渣场内、外排水两部分。外部排水：由于沟道型渣场受堆渣范围外沟道洪水影响，须采取沟水处理措施，沟水处理措施主要有拦洪坝配合泄洪隧（涵）洞或排洪渠等；渣场顶面以上有较大汇流面积的，需采取截水沟排出外部坡面汇水。内部排水：渣体坡面有汇流的应采取排水沟；挡渣墙、拦渣堤等拦渣工程墙（堤）体内需布设排水孔，排出渣体内部积水。

各类弃渣场主要防护措施体系参见表 3.5-11。

3.5.5.2 弃渣场防护措施总体布局

根据弃渣场防护要求，各类弃渣场防护措施总体布局如下。

1. 沟道型弃渣场防护措施总体布局

沟道型弃渣场防护措施与沟道洪水处置方式有关，根据堆渣及洪水处置方式，沟道型弃渣场可分为截洪式、滞洪式、填沟式三种型式。

（1）截洪式弃渣场的上游洪水一般通过隧洞等措施排泄到邻近沟道中，或通过埋涵方式排至场地下游。其防护措施布局应满足以下要求：

表 3.5-11　　弃渣场主要防护措施体系

渣场类型	主要工程防护类型及措施体系			备　注
	拦渣工程类型	斜坡防护工程类型	防洪排导工程类型	
沟道型渣场	拦渣坝、拦渣堤、挡渣墙	混凝土、砌石、植物护坡或综合护坡等	拦洪坝、排洪渠、泄洪隧（涵）洞、截水沟、排水沟	
临河型渣场	拦渣堤	混凝土、砌石、植物护坡或综合护坡等	截、排水沟	
坡地型渣场	挡渣墙	植物护坡或综合护坡	截、排水沟	堆渣较高时宜采取综合护坡
平地型渣场	围渣堰	植物护坡或综合护坡	排水沟	
库区型渣场	拦渣堤	混凝土、砌石、植物护坡或综合护坡等	截、排水沟	

1）采取防洪排导措施排泄渣场上游来（洪）水，防洪排导措施包括拦洪坝，配合排洪渠（沟）、排洪隧洞或排水涵（洞、管）等。

2）渣体下游视具体情况可修建拦渣坝、挡渣墙、拦渣堤等，防护顶高程不应低于下游主河道设防洪水位。如设防洪水位较高，弃渣场边坡应考虑洪水影响，可结合立地条件和气候因素，采取混凝土、砌石等工程护坡措施。

3）不受洪水影响的渣体坡面需采取植物护坡或综合护坡措施；渣场顶面如没有复耕要求，应采取植物措施。

（2）滞洪式弃渣场下游布设拦渣坝，具有一定库容，可调蓄上游来水。其防护措施布局应考虑堆渣量、上游来水来沙量、地形、地质、施工条件等因素确定，并满足以下水土保持要求：

1）拦渣坝应配套溢洪、消能设施等。

2）重力式拦渣坝适宜在坝顶设溢流堰，堰型视具体情况采用曲线型实用堰或宽顶堰，堰顶高程和溢流坝段长度应兼顾来沙量、淹没等因素，根据调洪计算确定。

3）采取土石坝拦渣时，筑坝材料应尽量利用弃渣。

4）弃渣场设计洪水位以上坡面需采取植物护坡或综合护坡措施；渣场顶面需采取植物措施或复耕措施。

（3）填沟式弃渣场上游无汇水或者汇水量很小，不必考虑洪水排导措施。其防护措施布局如下：

1）渣场下游末端宜修建挡渣墙、拦渣坝等建筑物。

2）降雨量大于 800mm 的地区应布置截、排水沟以排泄周边坡面径流，结合地形条件布置必要的消能、沉沙设施；降雨量小于 800mm 的地区可适当布设排水措施。

3）挡渣墙、拦渣坝应设置必要的排水孔。

4）渣场边坡采取综合护坡措施，渣顶需采取植物措施或复耕措施。

2. 临河型弃渣场防护措施总体布局

临河型弃渣场防护措施须考虑洪水对渣场渣坡脚或渣体坡面的影响，其防护措施布局如下：

（1）在迎水侧坡脚布设拦渣堤，或设置混凝土、砌石、抛石等护脚措施，拦渣堤内须布设排水孔。

（2）设计洪水位以下的迎水坡面须采取斜坡防护工程措施；设计洪水位以上坡面应优先考虑植物措施；陡于 1∶1.5 的坡面宜采取综合护坡措施。

（3）渣顶以上需布设必要的截水措施，渣体坡面汇流较大的需布置排水措施。

（4）渣顶需采取植物措施或复耕措施。

3. 坡地型弃渣场防护措施总体布局

（1）堆渣体坡脚需设置挡渣墙或护脚护坡措施。

（2）坡面优先考虑植物措施，陡于 1∶1.5 的坡面宜采取综合护坡措施。

（3）渣体周边有汇水或占地大于 $1hm^2$ 的渣场，渣顶和坡面宜布设必要的截排水措施。

（4）渣顶需采取复耕或植物措施。

4. 平地型弃渣场防护措施总体布局

（1）堆渣坡脚需设置围渣堰，坡面宜布设排水措施；不需设置围渣堰时，可直接采取斜坡防护措施，坡脚做适当处理。

（2）坡面优先考虑植物措施，陡于 1∶1.5 的坡面宜采取综合护坡措施。

(3) 渣顶需采取复耕或植物措施。

(4) 弃渣填凹地的，优先考虑填平后复耕或采取植物措施；若堆渣超出原地面线时，应采取相应防护措施。

5. 库区型弃渣场防护措施总体布局

根据渣场所处地形地貌及水库蓄水可能对渣场的影响，按上述四类弃渣场防护措施布局相关要求采取相应的工程及临时防护措施，避免施工期弃渣流失进入河道。淹没水位以下，一般不采取植物恢复措施，确有必要的应结合蓄水淹没前水土流失影响分析拟定。

3.5.6 案例

下述典型案例目前均已实施完成，仅供参考。

3.5.6.1 弃渣场设计算例

在四川省嘉陵江上修建一座以防洪、灌溉、发电为主要任务的水电站，水电站主要规划了4处弃渣场，其中小坝沟渣场是电站右岸的弃渣场，东起于2号公路，南以车家溪左岸为界，西北从小坝沟左岸跨沟延伸到右岸，北缘紧邻亭子口枢纽右岸灌溉引水洞的下游，上邻五福水库大坝。弃渣场总占地面积约24.3hm^2，渣场容量约560万m^3，堆渣高程400.00～470.00m，最大堆高70m。该渣场弃渣结束后，将平整复垦为耕地。

1. 弃渣场基本资料收集

基本资料包括：地形地类图、工程地质、弃渣数量及组成、洪水资料及成果等。

(1) 地形地类图。根据弃渣场堆渣范围、周边环境情况及水土保持防护要求，提出了小坝沟渣场地形地类测绘范围，测绘弃渣场1∶1000地形地类图。

(2) 工程地质。

1) 地形地貌。小坝沟渣场位于嘉陵江右岸小坝沟内，为阶梯状地形，地面高程400.00～485.00m，平台宽度100～200m不等，坎高一般小于10m，平均地形坡度小于15°。小坝沟长约3km，宽约5～12m，切割深约3～8m，沟底坡降约5%，沟岸两侧460.00m高程以下均为梯田，地表起伏不大，平均坡度约10°。两岸谷坡基本对称，呈阶梯状陡坎和构造剥蚀平台相间分布，陡坎系砂岩，高度2～10m；平台及缓坡为泥岩与粉砂岩，平台宽度5～30m，长度多大于200m。两岸山体宽厚，地表多被植被覆盖，左岸峰顶高程541.00m，高程460.00～517.00m区间岸坡坡度10°～22°，地形较陡，高程517.00～526.00m区间岸坡坡度4°～8°，高程526.00～541.00m区间岸坡坡度15°～25°；右岸峰顶高程620.00m，高程460.00～515.00m区间岸坡坡度22°～30°，地形较陡，高程515.00～522.00m区间岸坡坡度4°～10°，高程522.00～620.00m区间岸坡坡度15°～30°。

2) 地质。地表主要为粉质黏土夹块碎石，堆积厚度3～5m，最厚可达14m，下伏基岩为粉砂岩、砂质黏土岩及灰白色细粒长石石英砂岩，场地堆填不会诱发新的地质问题；拟建挡渣坝基础持力层可置于原堆积土的中下部（即耕植土需挖除），或在黏土分布较广、含水量较大地段采用碎石垫层，其承载力可满足持力层要求。

渣场区两岸地形坡度陡，坡面均一，地形高差大，场地地形利于地表水、地下水排放。场区地下水按其赋存介质分为松散介质孔隙水和基岩裂隙水。

场地地震基本烈度为Ⅳ度，设计基本地震加速度为0.05g。

(3) 弃渣数量及组成。根据土石平衡分析，小坝沟渣场堆渣主要来源于右岸非溢流坝段基础开挖、明渠（含纵堰、升船机）开挖、灌溉渠首开挖、一期围堰拆除、三期围堰拆除、丁坝拆除、隔流堤围堰拆除、渗孔开挖、缺陷处理弃渣等，堆渣量约为410万m^3（自然方）。堆渣体物质组成主要为粉质黏土夹碎块石、泥岩强风化角砾及碎石等。

(4) 洪水资料及成果。通过现场调查和收集项目区已建工程资料进行水文计算，获得与渣场防护建筑物防洪标准相应的沟道洪水流量。

场地洪水主要由暴雨形成，属陡涨陡落型洪水。暴雨发生时间以7月、8月、9月三个月最多，6月次之，5月、10月亦偶有发生。根据水文计算，小坝沟集水面积为2.99km^2，不同频率洪峰流量计算见表3.5-12。

表3.5-12 小坝沟洪水流量表 单位：m^3/s

地名	集水面积(km^2)	$P=1\%$	$P=2\%$	$P=5\%$	$P=10\%$	$P=20\%$
小坝沟	2.99	67.7	59.6	48.8	40.4	31.7

2. 设计基本要求

(1) 该电站枢纽建筑物基础开挖土石方总量为1128.49万m^3（自然方），其中土方262.88万m^3（自然方），石方865.61万m^3（自然方）。开挖料综合考虑大坝用料、场地平整和围堰填筑后，弃渣分别堆存在小坝沟、王家坝、徐家坡、左岸桥头4个渣场，其中小坝沟弃渣场堆渣量约为410万m^3（自然方），堆渣高程400.00～470.00m，最大堆高约70m。

(2) 施工单位出渣必须严格按施工设计指定的渣

场集中堆放，不得沿途、沿江、沿沟随意倾倒。弃渣堆置要求如下：①弃渣场下部应堆存抗剪强度高、透水性好的石方弃渣，抗剪强度低、透水性差的石方或土方弃渣堆存在上部；②采用从自下至上分层弃渣，单层弃渣厚度不得超过 5m，严禁从上至下倾倒弃渣；③堆渣过程中，每次卸渣完成后，应及时采用推土机平整，并形成倾向内侧的反坡，以防止雨水冲刷，渣场弃渣结束后，将渣顶平整复垦为耕地。

(3) 弃渣场防护措施设计应在渣体稳定的基础上进行，坡面防护须在堆渣体型设计满足稳定要求的前提下进行。

3. 弃渣场选址

根据弃渣场选址原则，结合工程区地形、地貌条件分析，该工程坝址上游仅有冲沟和河滩地可作为弃渣场，上游的干溪沟和小淅河至坝址距离较远，需新修建约 8km 道路方能弃渣；王家坝的左岸河滩地和大寨田台地较为宽缓，容量大，运距短，且位于库底不新增占地，可作为弃渣场。坝址下游分布有一定的宽缓河滩地，但除嘉陵江桥头附近左侧滩地外，大部分已考虑作为工程砂砾料场；下游冲沟中，左岸的沙溪浩和右岸的车家坝汇水面积大，作为弃渣场所需排水工程量和投资大；左岸老屋湾沟谷和徐家坡沟谷汇水面积小，容量大，运输方便，但分布有耕地和民房；右岸车家坝支流小坝沟汇水面积较小，距离坝址近，且交通便利，弃渣方便；漩头沟汇水面积较小，距离坝址约 2km，沟道相对较窄，渣场容量较小，弃渣堆高较高，稳定性较差。渣场分布详见表 3.5-13。

表 3.5-13　可选渣场基本情况表

序号	可选渣场	位　置	渣场条件	选择情况
1	干溪沟	左岸上游约 8km	需新修 8km 道路	
2	小淅河	左岸上游约 7km	需新修 8km 道路	
3	王家坝左岸滩地和大寨田台地	左岸上游 2km	位于死水位以下，容量大，运输方便	选定弃渣场
4	左岸下游桥头滩地	左岸下游约 1.5～3km	需回填，需作行洪论证	选定弃渣场
5	沙溪浩	左岸下游 3km	集水面积较大，分布大量耕地和居民	
6	徐家坡沟谷	左岸下游 3.6km	位于进场公路旁，运输方便，集水面积较小，容量大，分布居民和耕地	选定弃渣场
7	老屋湾沟谷	左岸下游 3.6km	位于进场公路旁，运输方便，集水面积较小，容量大，分布居民和耕地	
8	车家坝	右岸下游 1km	交通便利，但集水面积较大，分布大量耕地和居民	
9	小坝沟	右岸下游 1km	运距近、容量大，水土保持措施易于实施	选定弃渣场
10	漩头沟	右岸下游 2km	渣场容量较小，堆渣高程偏高，稳定性较差	

考虑运距、容量、移民、经济性和有利于水土保持防护等方面，该枢纽工程最终选择王家坝左岸滩地和大寨田台地、下游嘉陵江桥头左侧滩地和徐家坡沟谷作为左岸弃渣场，小坝沟为右岸弃渣场。以下以小坝沟渣场为例进行弃渣场设计计算。

4. 弃渣场类型

根据弃渣场分类原则、地形及其与河（沟）道的相对位置等，小坝沟渣场属沟道型渣场；根据小坝沟地形及所在沟道水文条件，该渣场拟采取排洪渠从渣场上游截走沟水，因此，小坝沟渣场属沟道型渣场中的截洪式渣场；按弃渣组成、性质，小坝沟渣场属弃土石混合渣场。

5. 弃渣堆置方案设计

弃渣场拦挡、护坡、排水等防护措施设计应在渣体稳定的基础上进行，因此，须根据弃渣场地形、地质及水文条件，确定其弃渣堆置要素，按照堆置要素进行弃渣堆置。

(1) 弃渣场堆置要素确定。该渣场堆置要素主要包括容量、台阶高度与堆置总高度等。

1) 容量。

a. 弃渣量计算。根据施工组织设计，弃渣自然方为 410 万 m^3。考虑弃渣组成主要为粉质黏土夹碎块石、泥岩强风化角砾及碎石等，初始松散系数 K_s =1.35，因弃渣场顶面复耕，无其他特殊用途，可不考虑沉降和碾压因素，渣体沉降系数 $K_c=1$。采用式（3.5-1）计算，弃渣的松方量 $V=553.5$ 万 m^3。

b. 渣场容量计算。渣场容量应不小于弃渣的松方量 553.5 万 m^3。

根据小坝沟渣场 1∶1000 地形图，初拟堆渣范围、堆渣边坡及高程后，利用横截面法估算高程 470.00m 以下渣场容量。

$$V_s=(S_1+S_2+\sqrt{S_1S_2})L/3 \quad (3.5-3)$$

式中 V_s——渣场容量，m^3；

S_1、S_2——所在断面面积，m^2；

L——两断面间的距离，m。

经计算，渣场容量为 560.92 万 m^3，满足堆渣要求。渣场容量计算见表 3.5-14。

表 3.5-14　470.00m 以下渣场容量计算表

断面编号	断面间距 L (m)	断面面积 S (m^2)	体积 V (万 m^3)
P0		0	
P1	40	942.4	1.26
P2	80	1496.1	9.67
P3	80	3350.4	18.89
P4	80	5906.4	36.55
P5	80	8284.6	56.5
P6	80	9675.3	71.77
P7	80	12288.4	87.65
P8	80	13988.8	105.04
P9	80	15891.5	119.44
P10	80	733.2	53.44
P11	17	168.4	0.71
合　计			560.92

2）台阶高度与堆置总高度。

a. 堆置总高度。该渣场基础为粉质黏土夹块碎石，堆渣体组成物质主要为粉质黏土夹碎块石、泥岩强风化角砾及碎石等，主要物理力学参数为：弃渣场基底岩土的黏聚力 $C=180\sim220$kPa，弃渣场基底岩土的内摩擦角 $\varphi=24°\sim26°$，弃渣场弃土（石、渣）容重 $\gamma=18.63$kN/m^3。取弃渣场基底岩土黏聚力 $C=200$kPa，内摩擦角 $\varphi=25°$，弃渣容重 $\gamma=18.63$kN/m^3。根据式（3.5-2）计算弃渣场的堆置总高度为 71.6m，取弃渣场的堆置总高度为70m。

b. 台阶高度、平台宽度、综合坡度。根据弃渣物理力学性质、渣场地形、工程地质、气象及水文等条件，初拟弃渣体各台阶高度为 10m，平台宽度为 2m，弃渣边坡按 1∶2 控制，综合坡度为 26.6°。

（2）安全防护距离。小坝沟渣场东起于 2 号施工公路，西北从小坝沟左岸跨沟延伸到右岸，北缘紧邻亭子口枢纽右岸灌溉引水洞的下游，上邻五福水库大坝，不影响渣场周边设施安全，满足安全防护要求。

6. 工程级别及洪水标准

小坝沟渣场堆渣量约 560 万 m^3，堆渣高度约 70m。根据水土保持工程级别划分与洪水标准的规定，规模在 500 万～1000 万 m^3，堆渣高度 60～100m，渣场失事危害程度较轻，渣场级别确定为 2 级，拦渣工程、排洪工程建筑物级别均为 2 级。

7. 弃渣场稳定分析

（1）计算方法。渣场整体稳定计算采用瑞典圆弧法。该渣场弃渣主要为粉质黏土夹碎块石、泥岩强风化角砾及碎石等，即土石混合渣，渣体黏聚力低。

（2）计算工况。渣体抗滑稳定分析计算分为正常运用工况和非常运用工况两种。

正常运用工况：弃渣场在正常和持久的条件下运用。

非常运用工况：因场地地震基本烈度为Ⅳ度，不验算地震工况。但验算弃渣完毕后，渣场在连续降雨期的稳定。

（3）计算条件。

1）从偏安全考虑，渣料按无黏性土考虑，不计渣体黏聚力；

2）假定堆渣体渣料单一均匀。

计算工况时渣体及基础物理力学具体参数见表 3.5-15。

（4）计算结果。渣场边坡稳定计算成果见表 3.5-16。

表 3.5-15　小坝沟渣场渣体及基础物理力学参数值

计算工况	项　目	渣体	渣场基础层
正常运用	天然容重（kN/m^3）	18.63	19.22
	饱和容重（kN/m^3）	20.64	21.36
	水上内摩擦角（°）	31～34	24～26
	水下内摩擦角（°）	21～24	20～22
	水上黏聚力（kPa）	0	180～220
	水下黏聚力（kPa）	0	160～160
	承载力（kPa）		240～260

续表

计算工况	项 目	渣体	渣场基础层
非常运用	天然容重（kN/m³）	18.63	19.22
	饱和容重（kN/m³）	20.64	21.36
	浮容重（kN/m³）	10.84	11.56
	水上内摩擦角（°）	31～34	24～26
	水下内摩擦角（°）	21～24	20～22
	水上黏聚力（kPa）	0	180～220
	水下黏聚力（kPa）	0	160～160
	承载力（kPa）		240～260

表 3.5-16　小坝沟渣场边坡稳定计算成果表

计算工况	抗滑稳定安全系数	
	规范值	计算值
正常运用	1.20	1.225
排水不畅（3m 水深）	1.10	1.163

计算结果表明，渣场边坡稳定满足规范要求。

8. 弃渣场防护措施布置

截洪式渣场采取排洪渠从渣场上游截走沟水，在沟道下游渣脚修建浆砌石拦渣坝拦挡弃渣。根据水土保持规范要求，小坝沟渣场水土流失防治措施体系以工程措施为主，以预防措施、植物措施、临时措施为辅。工程措施主要为渣脚拦挡、渣体坡面斜坡防护、防洪排导等；预防措施主要为提出弃渣、表土剥离及堆放要求；植物措施主要为浆砌石网格内植草、马道灌草结合恢复植被；临时措施主要为表土临时拦挡、排水、表土堆放场表面植草。浆砌石拦渣坝距离小坝沟沟口较远，不考虑洪水影响，拦渣坝高度根据堆渣要求确定为 8m。

小坝沟渣场防护措施体系详见表 3.5-17。

小坝沟渣场水土保持措施平面布置及典型剖面见图 3.5-4。

3.5.6.2 沟道型渣场案例

根据堆渣及洪水处置方式，沟道型弃渣场可分为截洪式、滞洪式、填沟式三种堆渣型式。本手册针对这三种型式渣场分别选取了案例。

表 3.5-17　小坝沟渣场防护措施体系表

序号	措施类型	措 施 名 称	建筑物设计标准
1	工程措施		2 级
1.1	拦渣工程	浆砌石挡渣坝	50 年一遇洪水设计
1.2	斜坡防护工程	浆砌石网格护坡	4 级
1.3	防洪排导工程	沟道及坡面排水	2 级。沟道排水：50 年一遇洪水设计，100 年一遇洪水校核；坡面排水：10 年一遇洪水设计
1.4	土地整治工程	表土剥离、土地整治及覆土	
2	植物措施	浆砌石网格内植草、马道内植灌草	
3	临时措施	表土临时拦挡、排水、表面植草	排水：3 年一遇洪水设计
4	预防措施	提出弃渣、表土剥离及堆放要求	

1. 截洪式渣场——地面截洪排导式设计案例[1]

（1）工程及渣场名称：四川华能宝兴河硗碛水电站 5 号支洞 A 渣场。

（2）渣场概况。5 号支洞 A 渣场位于宝兴河硗碛水电站 5 号支洞口附近挡巴沟（宝兴河主源东河右岸支流）左岸一小支沟沟口，弃渣堆放在沟口，拦断了沟道，属沟道型渣场中的拦沟渣场；渣场临挡巴沟侧受沟水影响，同时属临河型渣场。渣场堆渣量 3.53 万 m³，占地面积为 1.85hm²，渣顶高程 2018.00～2007.50m，堆渣高度 12～35.7m，渣体平均边坡 1∶1.6。

该渣场为施工阶段新增渣场，施工单位在临挡巴沟侧渣脚修建有干砌块石挡墙，堆渣体中部建有 162m 长的浆砌块石排洪沟以排除上游沟道来水。由于排洪沟及渣脚挡墙已部分损毁，须进行水土保持措施调整设计。

（3）工程级别及洪水标准。根据水土保持工程级别划分与洪水标准的规定，渣场规模小于 10 万 m³，

[1] 本案例由中国水电顾问集团成都勘测设计研究院李瑞华提供。

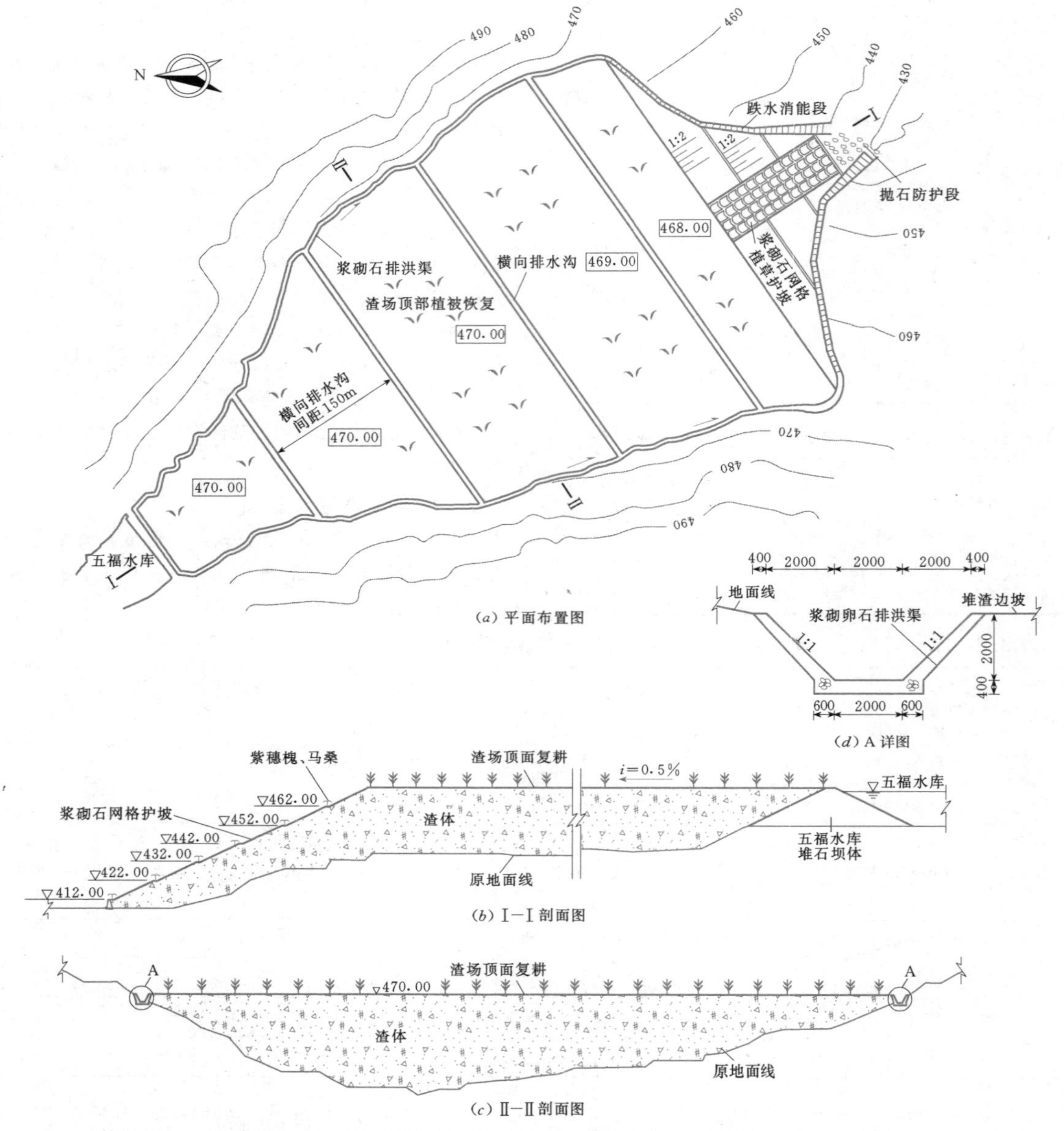

图 3.5-4 小坝沟渣场水土保持措施平面布置图和典型剖面图（尺寸单位：mm；高程单位：m）

堆渣高度在 12～35.7m，渣场失事危害程度较轻，渣场级别定为 4 级，拦渣工程、排洪工程级别均为 4 级。其设计防洪标准为 20 年一遇，校核标准为 50 年一遇。

（4）工程地质。5 号支洞 A 渣场附近场地基础为碎砾石土层。工程区地震基本烈度为Ⅷ度。

（5）渣场稳定性复核。该渣场堆渣高度在 12～35.7m，堆渣体边坡 1∶1.6，弃渣主要为支洞开挖覆盖层和块碎石渣料，且石渣所占比例较大，渣体黏聚力小，按无黏性土考虑。渣场基础和渣料物理力学参数详见表 3.5-18。

表 3.5-18　渣场基础和渣料物理力学参数值

项　目	渣场基础	渣　料
土层名称	碎砾石土层	
天然容重（kN/m^3）	21～21.5	19.5～22
饱和容重（kN/m^3）	22.5～23	20～24
内摩擦角（°）	29～30	28～33
黏聚力（MPa）	0.015	0
基础承载力（MPa）	0.30～0.40	

采用瑞典圆弧法，按渣场满堆方式、堆渣边坡1∶1.6计算典型断面渣场边坡稳定安全系数。计算工况为正常情况和非常情况，正常情况为渣场坡脚发生设计洪水，非常情况为正常情况+地震。

4级渣场抗滑稳定安全系数，正常情况：1.15；非常情况：1.05。经计算：堆渣边坡1∶1.6情况下，抗滑稳定安全系数正常情况为1.12，非常情况为1.0，不满足抗滑稳定要求，须削坡处理。按堆渣边坡1∶1.75进行削坡后抗滑稳定安全计算，正常情况为1.20，非常情况为1.08，均满足抗滑稳定要求。

(6) 水土保持措施布局。渣场现状堆渣边坡1∶1.6不能满足稳定要求；渣场顶面以上有一小支沟，受支沟洪水和坡面汇水影响；渣场临挡巴沟侧渣脚高程（1980.54～1993.93m）低于挡巴沟50年一遇洪水位（1982.50～1997.00m），受洪水影响。因此，该渣场水土保持工程主要有：防洪排导工程（排导渣场外围小支沟洪水和渣顶以上坡面汇水），拦渣工程（渣脚拦渣堤），排水管（排出渣场内部积水），对现有渣体按设计边坡1∶1.75进行削坡处理，渣场顶面和坡面进行植被恢复等。

防洪排导工程：由于该渣场后靠山坡且渣体中间有一小支沟通过，为防止暴雨形成的坡面水和沟水对渣体冲刷，须采取沟水处理措施和截排水措施。鉴于该渣场所在沟道集雨面积不大，原有沿渣体中部的排洪渠破坏较严重，修复难度大，且在渣体上建设永久排洪措施运行可靠性低，于是采取了沿渣场内侧乡村道路修建排洪渠，沿渣顶修建排水沟，将沟水和坡面水排入挡巴沟。

排洪渠：无名小支沟汇水面积为0.8km^2，50年一遇洪峰流量为4.0m^3/s。排洪渠采用梯形断面，C20钢筋混凝土衬砌，衬砌厚度0.4m，衬砌后断面尺寸为1.6m×1.2m（底宽×高），边坡为1∶0.5，纵坡1/800，排洪渠长度194.56m。

硗碛水电站5号支洞A渣场水土保持措施平面布置及典型剖面见图3.5-5。

2. 截洪式渣场——拦洪坝配合排水洞设计案例

(1) 工程及渣场名称：四川木里河卡基娃水电站瓦郎沟渣场。❶

(2) 渣场概况。瓦郎沟渣场位于四川木里河卡基娃水电站厂房下游1.9km处右岸支沟瓦郎沟内。弃渣堆放在沟口，拦断了沟道，属沟道型渣场中的拦沟渣场；渣场临木里河，也属于临河型渣场。渣场堆渣量190万m^3，占地面积为12.77hm^2，渣顶高程2658.00m，渣脚最低高程2573.00m，最大堆渣高度85m，设有4级马道，马道最大高度20m，渣体边坡1∶1.80。

(3) 工程级别及洪水标准。根据水土保持工程级别划分与洪水标准的规定，渣场规模为190万m^3，堆渣高度85m，渣场失事危害程度不严重，渣场级别定为3级，拦渣工程、排洪工程级别均为3级。

考虑到沟口位于下游沙湾水电站的库尾，木里河流域对外公路从沟口通过，为确保工程施工正常进行及沙湾电站运行安全，沟水处理设计防洪标准采用50年一遇（洪水流量167m^3/s），校核洪水为100年一遇（洪水流量193m^3/s）。

(4) 工程地质。瓦郎沟主沟长23.39km，落差2160m，平均坡降9.2%，流域面积139.73km^2，植被覆盖率约40%。沟道区域内出露地层以奥陶系下统瓦厂组和人公组为主，岩性以长石英砂岩、板岩为主。沟内及左岸均为覆盖层，沟内主要为冲洪积漂（块）砂卵砾石土；左岸以大孤石、大块石为主，夹少量碎砾石土，结构松散。从现状上看，左岸崩坡积堆积体厚度较薄，植被较好，整体稳定。根据对瓦郎沟弃渣场地及其上游的调查表明，沟内固体径流物质以坡洪积为主，少量崩积物，不易产生泥石流、滑坡等不良物理地质现象。

根据《四川省木里河卡基娃水电站工程场地地震安全性评价报告》，该工程区地震基本烈度为Ⅷ度。

(5) 渣场稳定性分析。该渣场堆渣高度85m，堆渣体边坡1∶1.8，弃渣主要为引水系统、厂房、瓦郎沟沟水处理、公路等开挖覆盖层和块碎石渣料，且石渣占的比例较大，渣体黏聚力小，按无黏性土考虑。渣场地基和渣料物理力学参数详见表3.5-19。

表3.5-19　渣场地基和渣料物理力学参数值

项目	渣场地基	渣　料
土层名称	漂（块）砂卵砾石土	
天然容重（kN/m^3）	20～21	19～21
饱和容重（kN/m^3）	21～22.5	20～22
内摩擦角（°）	28～30	33～35
黏聚力（MPa）	0.01	0
地基承载力（MPa）	0.20～0.30	

❶ 本案例由中国水电顾问集团成都勘测设计研究院蔡元刚提供。

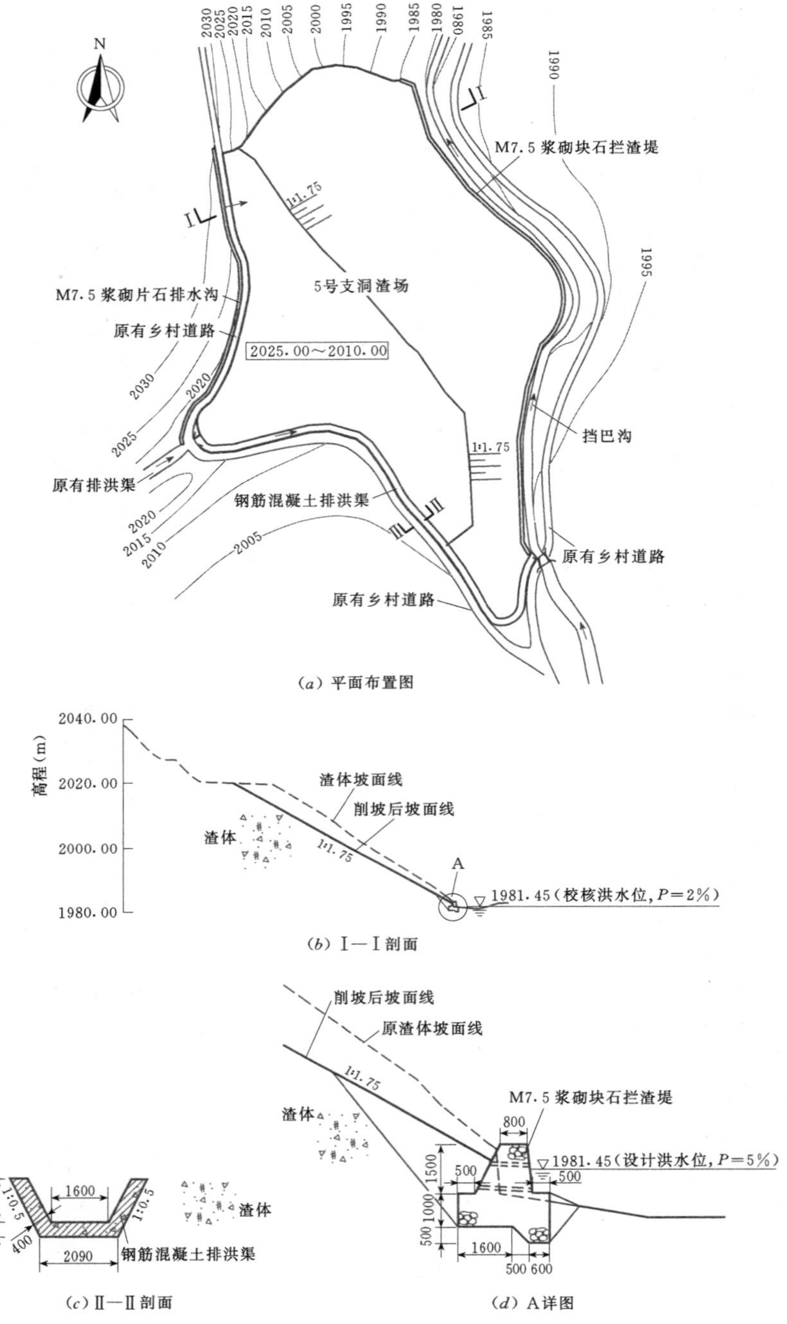

图 3.5-5 5 号支洞 A 渣场水土保持措施平面布置图和典型剖面图（尺寸单位：mm；高程单位：m）

采用瑞典圆弧滑动法，按渣场满堆方式、堆渣边坡 1∶1.8 计算典型断面渣场边坡稳定安全系数。计算工况为正常情况和非常情况，正常情况为渣场坡脚发生设计洪水，非常情况为正常情况＋地震。

3 级渣场抗滑稳定安全系数，正常情况：1.20，非常情况：1.05。经计算：堆渣边坡 1∶1.8 情况下，抗滑稳定安全系数正常情况为 1.26，非常情况为 1.10，均满足抗滑稳定要求。

(6) 水土保持措施布局。渣场位于瓦郎沟内，须采取沟水处理措施排导瓦郎沟沟道洪水；渣场顶面以上沟道两岸山坡汇水面积较大，为防止山坡来水冲刷，需在渣场两侧修建截、排水沟；渣场临木里河渣脚高程（2573.00m）高于下游梯级沙湾水电站水库正常蓄水位 2572.00m 和木里河 100 年一遇洪水位（2561.10m），基本不受沙湾水库正常蓄水位和木里河洪水影响。因此，该渣场水土保持工程主要有：防洪排导工程，拦渣工程，堆渣完成后对渣场顶面和坡面采取植物措施进行植被恢复。

防洪排导工程：该渣场为拦沟型渣场，须对沟水采取沟水处理工程。根据该渣场实际情况，在渣场上游端（距沟口 650m 以上）修建拦洪坝拦挡洪水后，采用隧洞排导至渣场下游木里河。沟水处理工程主要包括拦洪、排导措施，沟水处理工程主要建筑物由碎石土心墙堆石坝、排洪隧洞和泄洪槽组成。碎石土心墙堆石坝坝顶高程 2645.00m，最大坝高 18m，坝顶宽 5m，上、下游边坡均为 1∶2。排洪隧洞排洪标准为 100 年一遇（洪水流量 $193m^3/s$），布置在沟道右岸，采用圆拱直墙断面，进口段尺寸为 4.5m×7m，出口段尺寸为 4.5m×5.0m，进口高程为 2634.00m，出口高程为 2580.00m，全长约 774.20m。由于水流落差较大，出口需采取消能防冲措施。

为防止山坡来水冲刷，需在渣场两侧修建截、排水沟，将坡面汇水从渣场上、下游分别排入瓦郎沟。

瓦郎沟渣场水土保持措施平面布置和典型剖面见图 3.5-6。

3. 截洪式渣场——排水涵设计案例

(1) 工程及渣场名称：清远抽水蓄能电站 5 号渣场。[❶]

(2) 渣场概况。清远抽水蓄能电站 5 号渣场，位于上、下库连接公路 K7+140 处，现状为秦皇河流域小秦支流上游支沟，为沟道型渣场，占地面积约 $4.2hm^2$，南北长约 430m，东西平均宽约 100m，渣场范围现状沟底高程 141.00～180.00m（珠江基面高程），设计堆渣量约 41 万 m^3，堆渣顶面高程 178.00m，弃渣来源主要为上、下库连接道路和开关站开挖土方及少量石方。该渣场为临时征地，堆渣完成后，北侧与地面齐平，南侧为 26m 高的放坡及坡脚，渣场坡面及顶面均进行植物防护。电站下水库位于渣场下游约 2.0km 处，正常蓄水位为 137.70m，水库蓄水不会对渣场构成影响。

(3) 工程等级及洪水标准。根据水土保持工程级别划分与洪水标准的规定，渣场规模为 41 万 m^3，堆渣高度 37m，渣场失事危害程度较轻，渣场级别定为 4 级，拦渣工程级别为 4 级。其设计洪水标准采用 25 年一遇，校核洪水标准为 50 年一遇。[❷]

(4) 工程地质。渣场区主要分布寒武系和泥盆系石英砂岩、泥质砂岩，所在沟道覆盖砂卵砾石、漂石、块石等，厚度较薄，大部分沟段可见基岩，以强风化岩为主。受岩层及断层裂隙因素的影响，沟道两侧山坡较陡，岩体风化较深，全风化层厚度不一，两岸自然边坡整体稳定。

工程区地震基本烈度为Ⅵ度，因此不作抗震设计。

(5) 渣场稳定分析。弃渣场主要堆放松散的开挖土方，为砂岩风化土，属含砾低液限黏土，挡渣墙后堆放边坡最高处高出墙顶 26m，通过边坡稳定计算，设计分 5 级堆放，由下而上每级高度分别为 2.5m、6m、6m、6m、6m，边坡坡比均为 1∶3.0，每级中间设置宽 2.0m 的戗台。4 级渣场抗滑稳定安全系数，正常情况：1.15，非常情况：1.05。经计算，堆渣边坡 1∶3.0 情况下，抗滑稳定安全系数：正常情况为 1.22，非常情况为 1.11，均满足抗滑稳定要求。

(6) 水土保持措施布局。为排导堆渣期沟水，在渣场堆渣范围内沿原沟道埋设一条钢筋混凝土排水管；为疏导渣场上游各支沟来水，在渣场左侧渣面布设一条排水渠将水排至下游沟道，排水渠按 25 年一遇防洪标准设计，采用 C20 混凝土护砌；为防止山坡汇水对渣面的冲刷，在渣面右侧布设截水沟；沿堆渣顶面每间隔约 50m 及坡面戗台内侧设置一条横向排水沟接入渣面排水渠，由西向东沟底比降为 0.2%，截（排）水沟（渠）均采用浆砌石护砌。渣场堆渣完毕后，对堆渣顶面及坡面平整，采取乔灌草混种绿化。

排洪工程：在渣场堆渣范围内沿原沟道埋设一条 ϕ1200mm 的钢筋混凝土排水管排导沟道洪水，排洪标准为 25 年一遇，钢筋混凝土排水管长约 426m、壁厚 120mm。

排水工程：渣面左侧排水渠：排水渠设计流量为 $18.6m^3/s$，排水渠平段采用梯形断面，渠道底宽 2.0

❶ 本案例由广东省水利电力勘测设计研究院邓飞提供。

❷ 由于该渣场水保方案编制时间为 2008 年 1 月，洪水标准与《水利水电工程水土保持技术规范》（SL 575—2012）有差异。

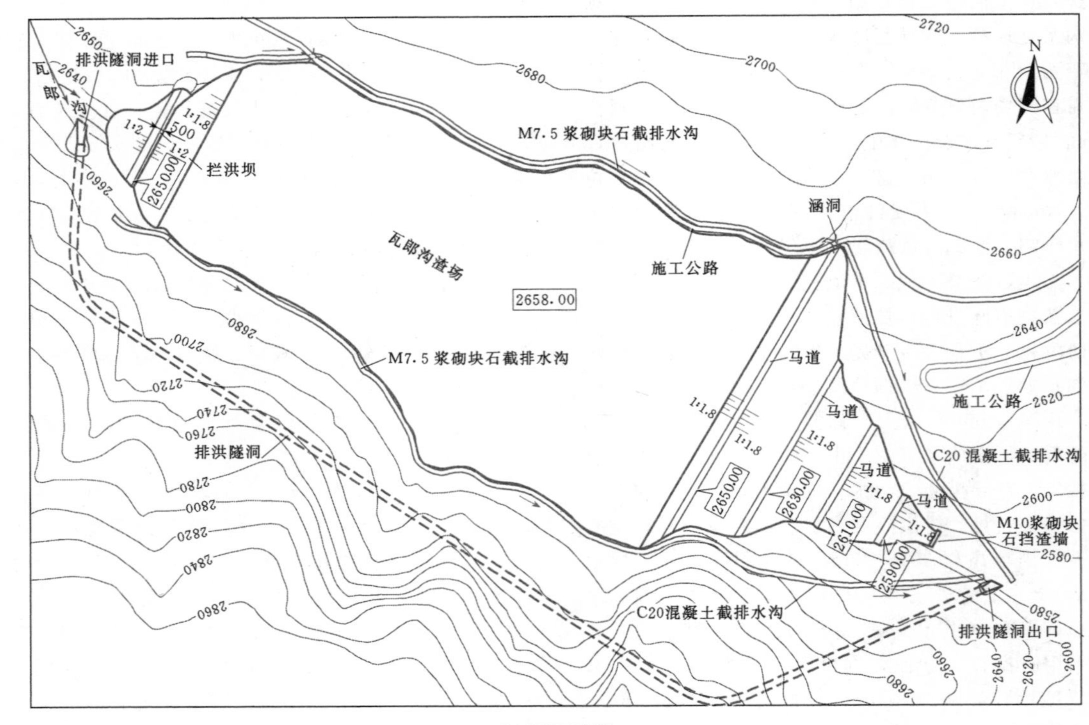

(a) 平面布置图

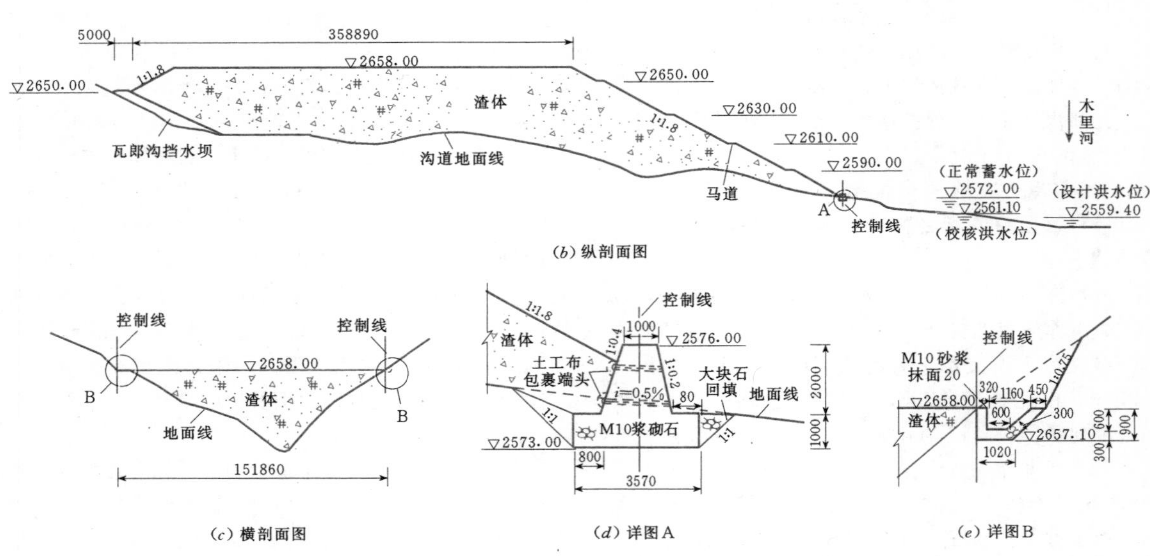

(b) 纵剖面图

(c) 横剖面图

(d) 详图A

(e) 详图B

图 3.5-6 瓦郎沟渣场水土保持措施平面布置图和典型剖面图

(尺寸单位：mm；高程单位：m)

～2.8m，深 2.0m，边坡 1：0.75，纵坡 1：40～1：300，C20 混凝土衬砌厚 300mm；斜坡段采用矩形断面，C25 混凝土底板、浆砌石侧墙结构，渠道底宽 3.0m，深 2.5m，渠底设消能台阶。渠道斜坡段下游沟道强风化岩出露，排水渠出口采用挑流消能。左侧排水渠总长约 526m。

渣场右侧排水沟：采用 M7.5 浆砌石，矩形断面，开口宽 0.5m，深 0.5～0.7m，壁厚 0.4m。右侧排水沟总长约 377m。

坡面及戗台内侧浆砌石排水沟：采用 M7.5 浆砌

石，矩形断面，开口宽 0.4m，深 0.4～0.5m，壁厚 0.3m。

清远抽水蓄能电站 5 号渣场水土保持措施典型剖面及排水渠设计见图 3.5-7 和图 3.5-8。

4. 滞洪式渣场案例

(1) 工程及渣场名称：山西引黄入晋工程八里泉渣场。❶

(2) 渣场概况。八里泉河在偏关河右岸，是偏关河的一级支流，流域面积 13.8km²，河流长度 7.3km，流域平均宽 1.89km，流域平均坡度 38.9‰。八里泉渣场位于八里泉河下游，主要堆放总干 11 号洞 03 支洞弃渣，约 15.3 万 m³。

(3) 工程级别及洪水标准。渣场规模为 15.3 万 m³，渣场失事危害程度较轻，渣场级别定为 5 级，拦渣工程级别为 5 级，其设计洪水标准采用 20 年一遇，洪峰流量为 150m³/s，校核洪水标准实际采用 50 年一遇，洪峰流量为 190m³/s。

(4) 工程地质。拦渣坝坝址位于八里泉渣场下游约 50m 处，右岸为黄土台地，左岸为黄土梁，沟横断面为 U 形，谷底平坦，宽约 12m，高程约 1279.00m，与两岸相对高差大于 50m。

坝址左、右两坝肩均为第四系松散堆积物，坝基碎石土厚度大于 7m，宜修建土石类坝型。建议对左、右岸坝肩的粉土、黄土层进行夯实或预浸水处理以消除湿陷性，对左坝肩的砂卵砾石层及坝基的碎石土在坝前、坝基进行防渗处理，以免在坝后出溢处产生渗透破坏。在坝体或坝肩设排水设施，保证坝体稳定。

(5) 水土保持措施布局。八里泉弃渣场弃渣覆盖了整个河床，严重阻塞行洪通道，由于渣场占地面积较大，无法清理。为防止洪水将弃渣冲走，造成水土流失，需采取拦渣坝进行防护。八里泉弃渣场属滞洪式弃渣场，采用在下游修建拦渣坝拦渣，拦渣坝顶设溢流堰排泄八里泉河水。

1) 拦渣坝坝址、坝型选择。经现场踏勘，选择了两个坝址进行方案比较。选定坝址位于渣场下游约 50m 处。根据坝址处工程地质条件分析，左右两坝肩均为第四系松散堆积物，坝基覆盖层厚度大于 7m，宜修建碾压石渣坝，筑坝材料来源于弃渣，坝体用石碴分层填筑、碾压，要求干容重不低于 19kN/m³，利用坝内弃土在坝上游 20m 范围内河床覆土厚 1m 形成铺盖，防止渗透变形。

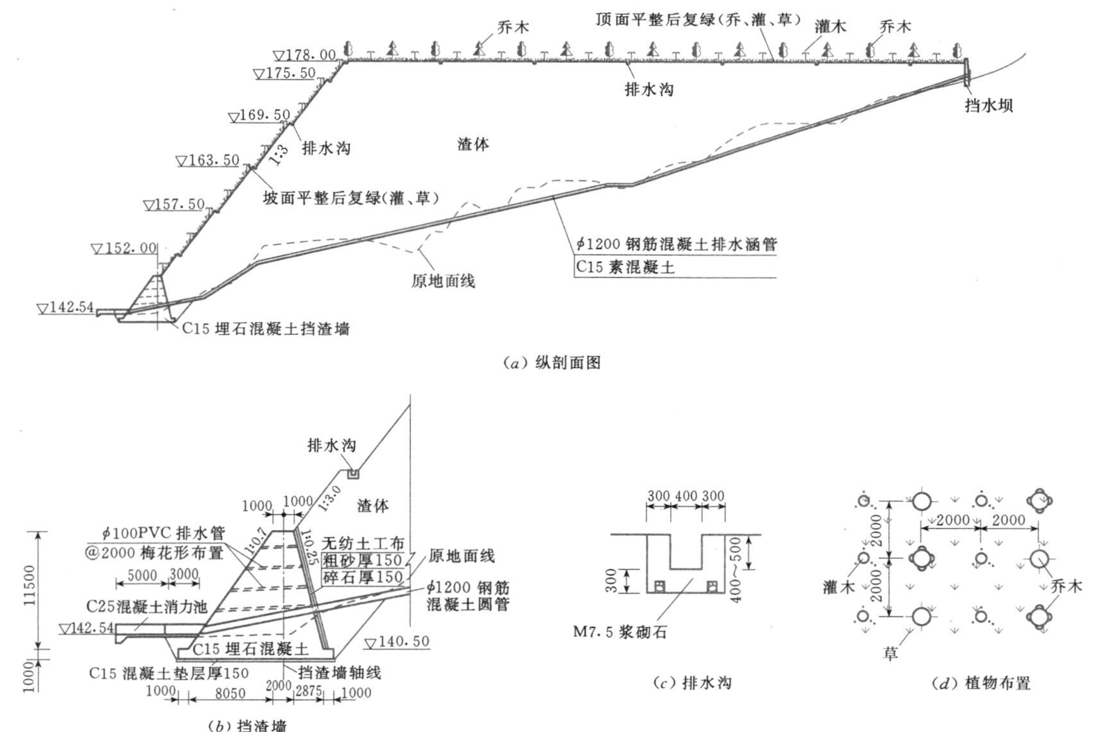

图 3.5-7 清远抽水蓄能电站 5 号渣场水土保持措施典型剖面图（单位：mm）

❶ 本案例由山西省水利水电勘测设计研究院张红云提供。

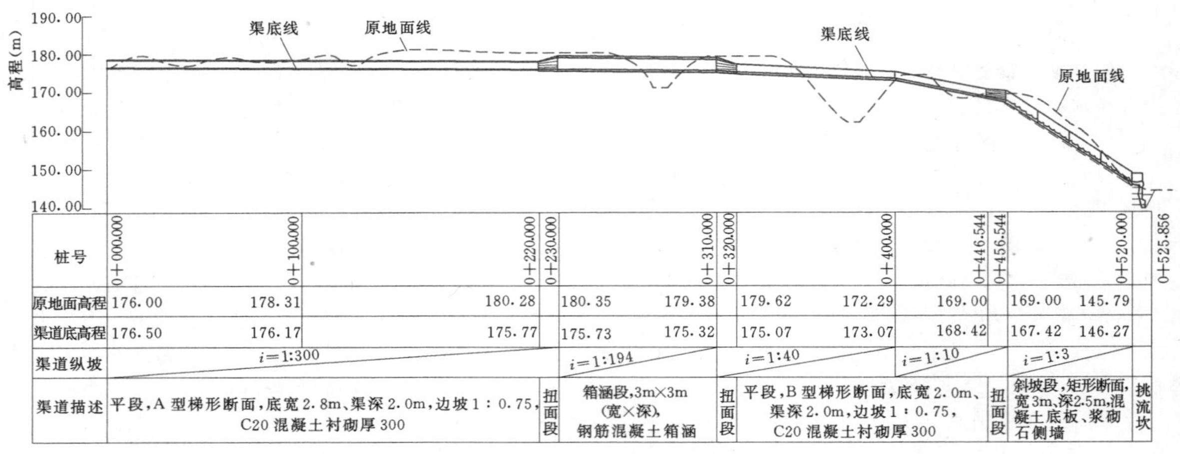

(a) 纵剖面图

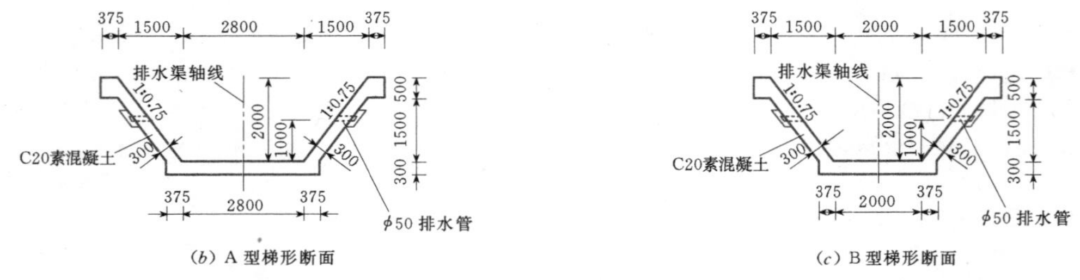

(b) A 型梯形断面　　(c) B 型梯形断面

图 3.5-8　清远抽水蓄能电站5号渣场排水渠设计图（高程单位：m；尺寸单位：mm；桩号单位：km+m）

2）拦渣坝设计。经多方案比较，最终确定拦渣坝总长45m，坝顶宽4m，坝顶高程1289.00m，坝底高程1279.00m，坝高10m，设计洪水位1287.76m。大坝分为三段：0+000～0+007为非溢流坝段；0+007～0+039为溢流坝段；0+039～0+045为非溢流坝段，溢流堰顶高程1285.00m。大坝上游边坡为1∶2.5，下游边坡为1∶3.0，从上游坝坡1283.40m高程开始至坝后消力坎全部用铅丝石笼防护，铅丝石笼厚1.0m。铅丝石笼下作坝体反滤。消力坎用浆砌石砌筑，顶宽0.5m，底宽1.5m，高3.0m。消力坎之后再做长5.0m、厚1.0m铅丝石笼防冲海漫。铅丝网用8号铅丝，网格大小为8cm×8cm。石料选用质地坚硬、表面无风化的新鲜岩石，粒径不小于10cm。

3）拦渣坝溢流堰设计。溢流堰为宽顶堰，泄量计算采用公式（3.5-4）。

$$Q=\sigma_c mnb\sqrt{2g}H_0^{3/2} \qquad (3.5-4)$$

式中　Q——下泄流量，m^3/s；

b——溢流堰每孔净宽，$b=20m$；

n——孔数，$n=1$；

H_0——包括行进流速水头的堰前水头，m；

m——自由溢流流量系数；

σ_c——侧收缩系数。

计算结果见表3.5-20。

表 3.5-20　溢流堰水位—流量关系表

H (m)	0.5	1.0	1.5	2.0	2.5	3.0	3.5
Q (m^3/s)	10.81	30.65	56.45	87.15	121.81	158.75	200.05

经计算，溢流堰顶宽度20m，堰顶水头3.50m，堰高采用4.0m。

山西引黄入晋工程八里泉渣场拦渣坝设计图见图3.5-9～图3.5-11。

5. 填沟式渣场案例

（1）工程及渣场名称：南水北调中线工程郑州2段罗寨南弃土场。❶

（2）渣场概况。罗寨南弃土场为南水北调中线工

❶ 本案例由河南省水利水电勘测设计研究有限公司张立强提供。

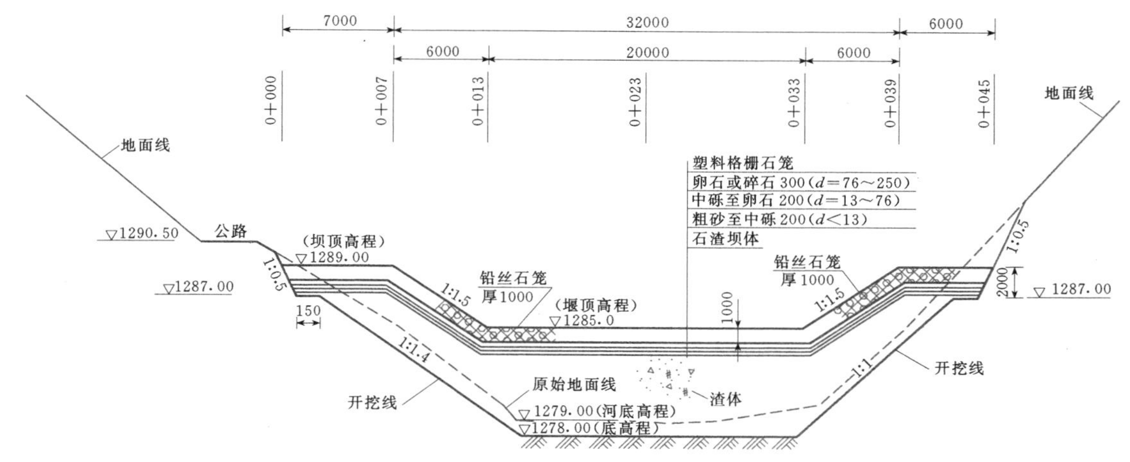

图 3.5-9 山西引黄入晋工程八里泉渣场拦渣坝轴线纵剖面图

(尺寸单位：mm；高程单位：m；桩号单位：km+m)

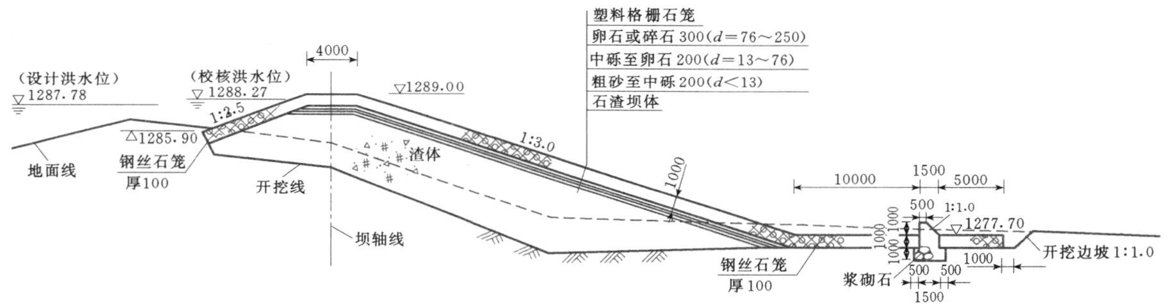

图 3.5-10 山西引黄入晋工程八里泉渣场挡水坝横剖面图（尺寸单位：mm；高程单位：m）

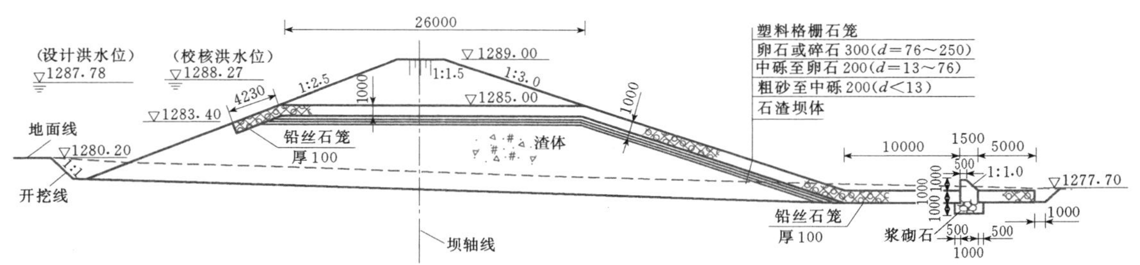

图 3.5-11 山西引黄入晋工程八里泉渣场溢流坝横剖面图（尺寸单位：mm；高程单位：m）

程郑州 2 段的弃土场，距总干渠左岸堤脚外 1km，弃土场现状地形为贾鲁河右岸支沟，修建总干渠后截断了支沟，利用沟头堆放弃土。沟道长 600m，宽 35～86m，深 4～18m，控制流域面积 0.33km^2。弃土量 30 万 m^3，弃土场长 300m，宽 35～86m，堆土高 4～18m，设计弃土场顶面高程 139.00m，占地面积 3.82hm^2。弃土性质为黄土状粉质壤土和砂壤土。区域地形地貌属岗丘区，所在区域多年平均降雨量 610mm。

(3) 工程级别及洪水标准。根据水土保持工程级别划分与洪水标准的规定，弃土场规模小于 50 万 m^3，堆渣高度小于 20m，渣场失事危害程度较轻，渣场级别定为 5 级，拦渣工程、排洪工程级别均为 5 级。根据《南水北调中线工程总干渠河道交叉建筑物防洪评价（郑州市渠段）》（河南省水利水电勘测设计研究有限公司，2005 年 7 月），贾鲁河河道防洪设计标准为 100 年一遇，河沟交叉处水位为 123.00m。因此，与贾鲁河交叉处弃土场坡脚按 100 年一遇洪水防护，截、排水工程按 5 年一遇标准防护。实际采用洪水标准比规范规定标准高。

(4) 工程地质。罗寨南弃土场区域地形地貌属岗丘区，工程区地震基本烈度为Ⅶ度。总干渠勘察区地面高程 144.18～147.60m。地层分布自上而下依次为，砂壤土：厚 2.0～17.0m，土质不均，局部为轻壤土，具轻微～中等湿陷性，分布于桩号 SH195＋650 以前之地表；黄土状轻粉质壤土：厚 6.7～24.2m，土质不均，局部具轻微湿陷性，$\delta_s=0.020$，分布于桩号 SH195＋650 以后之地表；黄土状重粉质壤土：厚 2.8～18.5m，土质不均，夹黄土状轻粉质壤土、细砂透镜体，分布连续；重粉质壤土：厚 11.0～35.5m，岩性较均一，分布较连续。

(5) 渣场稳定性分析。弃土场底面为沟底，较平缓，基底土质密实、稳定，不存在滑动、沉陷等问题，不需采取特殊的地基处理。

根据弃土场堆置情况，对沟口处高出地面 18m 的弃土边坡进行稳定分析计算，计算单元边坡分三级放缓，由下而上每级高度分别为 7m、6m、5m，边坡坡比分别为 1∶2.0、1∶1.5、1∶1.5，每阶中间设置宽 3.0m 的戗台。

1) 计算工况：

正常运用情况：弃土完成状态，无地下水，无地震。

非常运用情况：在正常运用情况下遭遇Ⅶ度地震。

2) 计算参数：见表 3.5－21。

3) 计算方法：采用简化边坡稳定分析计算。

5 级弃渣场抗滑稳定安全系数，正常运用工况为 1.15，非常运用工况为 1.05。

计算结果见表 3.5－22，经分析，稳定系数均大于抗滑稳定安全系数，渣场稳定性满足要求。

表 3.5－21 弃土场计算参数表

土层分类	摩擦角 (°)	黏聚力 (kPa)	天然容量 (kN/m³)	饱和容量 (kN/m³)
黄土状轻粉质壤土（弃土）	18	0.0173	16.7	19.3
重粉质壤土（地基）	20	0.0216	19.6	20.1

表 3.5－22 弃土场稳定计算成果表

工况	最小安全系数	临界滑弧圆心坐标		滑弧深度
		X	Y	H
正常运用工况	1.48	37.65	－14.09	10.97
非常运用工况	1.21	43.84	－17.21	17.52

(6) 水土保持措施布局。该弃土场为临时征地，根据土地复垦规划，弃土完成后顶面需利用沟头弃土复耕。该弃土场弃土性质为黄土状粉质壤土和砂壤土，弃土场顶面北侧与地面基本齐平，南侧有 4m 高的放坡，沟口处高出沟底 18m。

该弃土场属填沟式渣场，为保证边坡的稳定和防止河道洪水冲刷弃土坡脚，在沟口弃土坡脚设置 3.9m 高浆砌石挡渣墙，其余坡面平整后种植当地适生植物以固土护坡，减少雨水侵蚀所造成的水土流失；在弃土场顶临坡面一侧设置挡水土埂，土埂表面种羊茅草防护，顶面植 2 排紫穗槐；坡脚设置截、排水沟，戗台内侧设置横向排水沟，坡面间隔 50m 设一道排水沟，坡面及戗台内侧排水沟连通坡脚排水沟，汇水经防冲消能后排入贾鲁河。

1) 拦渣工程。贾鲁河与该支沟交叉处 100 年一遇洪水位为 123.00m，在沟口弃土坡脚设置 3.9m 高挡渣墙。墙身采用 M7.5 浆砌石，直墙高 3.4m，墙顶宽 0.4m，面坡倾斜坡度 1∶0.4，底板厚 0.5m、宽 2.6m，前、后趾宽均为 0.5m，墙身排水管为 ϕ60mmPVC 管，排水孔纵向间距 2m，梅花状布置。挡渣墙典型断面见图 3.5－12。

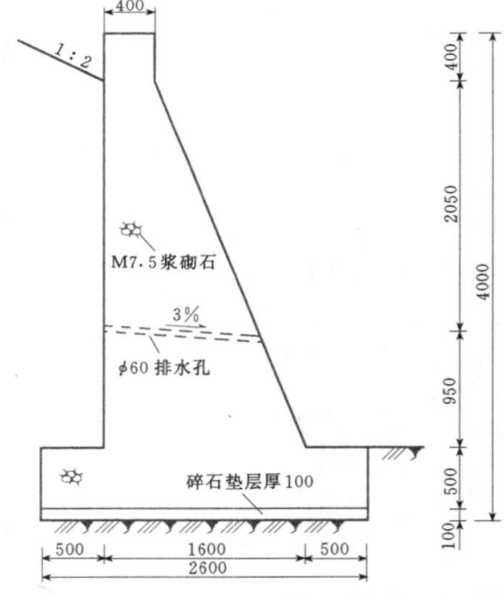

图 3.5－12 挡渣墙典型断面图（尺寸单位：mm）

按 5 级挡渣墙计算抗滑、抗倾覆、地基承载力，均满足要求。

2) 防洪排导工程。沟道被弃土填筑后稍微高出地面，暴雨形成的汇水经弃土堆拦截后沿弃土场坡脚处排泄，为防止冲刷，需在坡脚修筑排水沟，当排水沟至贾鲁河交叉二级边坡处陡降 13m，坡面及戗台内侧按构造设置排水沟，由北向南沟底比降为 0.5%，排水沟均采用M7.5浆砌石。经布置，坡脚排水沟长570m，后接10m长渐变段，经50m跌水进入消力池消能后排至贾鲁河。工程区域多年平均降雨量610mm，通过水文计算，5年一遇洪峰流量为6.3m³/s，按明渠均匀流的方法确定坡脚排水沟断面为梯形，开口宽3.9m，底宽1.5m，深1.2m，边坡1∶1，纵坡1/500；经消能防冲计算，确定陡降段底宽5m，深0.75m，边坡1∶1；坡脚排水沟与陡降排水沟之间连接渐变段排水沟，底宽1.5～5m，深0.75～1.2m，边坡1∶1；陡降段排水沟底宽设计为5m，深0.75m，比降1∶4；消力池尺寸分别为8m×6m×0.5m（长×宽×高），消力坎高0.5m、宽0.5m，坡面及戗台内侧排水沟为矩形断面，开口宽0.4m，深0.4m。所有排水沟砌筑厚度0.3m，下铺0.1m。台内侧及坡面、坡脚排水沟和消力池平剖面见图3.5-13和图3.5-14。

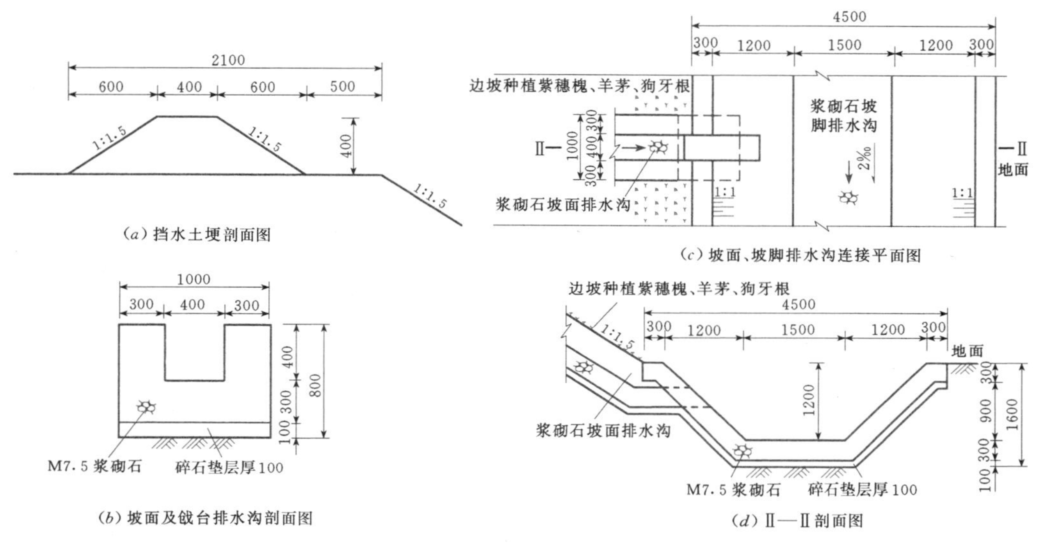

图3.5-13 台内侧及坡面、坡脚排水沟平剖面图（尺寸单位：mm；高程单位：m）

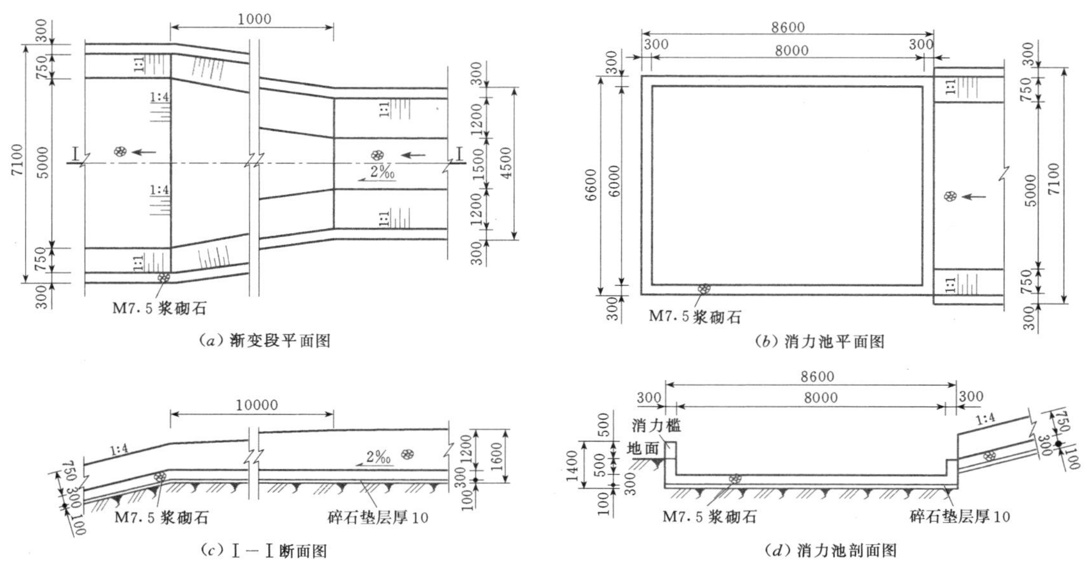

图3.5-14 消力池平面图和剖面图（尺寸单位：mm；高程单位：m）

3.5.6.3 临河型渣场案例

(1) 工程及渣场名称：四川华能宝兴河硗碛水电站1号支洞B渣场❶

(2) 渣场概况。硗碛水电站1号支洞B渣场位于硗碛水电站1号支洞口附近原S210公路外侧东河河岸，主要堆放1号支洞开挖部分弃渣，堆渣量5.72万m^3。堆渣最大长度约105m，最大宽度60m，堆渣高度约10m，占地面积为0.60hm^2，渣体边坡约1∶1.65。渣场顶面已平整，坡面有部分自然恢复植被，原S210公路侧渣脚原有干砌石和临河侧渣脚铅丝石笼挡渣墙，现已被弃渣掩埋。

由于该渣场渣脚拦渣工程标准不够，且大部分已损毁，须进行水土保持措施补充设计。

(3) 工程级别及洪水标准。根据水土保持工程级别划分与洪水标准的规定，渣场规模为5.72万m^3，堆渣高度10m，渣场失事危害程度较轻，渣场级别定为5级，其设计洪水标准20年一遇，校核洪水标准50年一遇，拦渣工程级别为5级。

(4) 工程地质。该渣场附近场地基础为砂卵砾石层。工程区地震基本烈度为Ⅷ度。

(5) 渣场稳定性复核计算。该渣场堆渣高度10m，堆渣体边坡1∶1.65，弃渣主要为支洞开挖覆盖层和块碎石渣料，且石渣占的比例较大，渣体黏聚力小，按无黏性土考虑。渣场地基和渣料物理力学参数见表3.5-23。

表3.5-23　渣场地基和渣料物理力学参数值

项　目	渣场地基	渣　料
土层名称	砂卵砾石层	
天然容重（kN/m^3）	21.5～22	20～22
饱和容重（kN/m^3）	23.5～24	21～23.5
内摩擦角（°）	30～32	28～32
黏聚力（MPa）	0.03	
地基承载力（MPa）	0.45～0.50	

采用瑞典圆弧法，按渣场满堆方式、堆渣边坡1∶1.65计算典型断面渣场边坡稳定安全系数。计算工况为正常情况和非常情况，正常情况为渣场坡脚发生设计洪水，非常情况为正常情况下遭遇地震。

5级渣场抗滑稳定安全系数，正常情况：1.15；非常情况：1.05。经计算，堆渣边坡1∶1.65情况下，抗滑稳定安全系数正常情况为1.30，非常情况为1.15，均满足抗滑稳定要求。

(6) 水土保持措施布局。该渣场属临河型渣场。据计算，该渣场临河侧渣脚略高于设防洪水位，渣脚受洪水淘刷。堆渣不高，且高于公路，可不设排水措施。因此，该渣场需补充公路侧渣脚挡渣墙和临河侧渣脚拦渣堤措施。

1) 渣脚防护设计。该渣场所在区域块石料丰富，且渣场堆放的弃渣中主要以支洞开挖石渣为主，同时考虑渣场处地形地质条件、施工条件等，经技术经济比较后选择挡渣墙或拦渣堤，为重力式浆砌石结构。

该渣场位于原S210公路外侧，局部坡面较陡，原有挡渣墙已不存在，为防止渣体滑塌影响公路行车安全和造成水土流失，公路侧渣脚需补修浆砌石挡渣墙，断面尺寸：顶宽0.50m，高1.0m，面坡直立，背坡1∶0.5，基础厚度为0.5m，堤趾和堤踵宽0.30m，长度93m。

临河侧渣脚略高于洪水位，可修建挡渣墙，为安全起见，该方案仍按拦渣堤考虑。采用浆砌石拦渣堤，拦渣堤型式为重力式，断面尺寸：顶宽0.60m，高1.5m，面坡直立，背坡1∶0.5，基础厚度为0.5m，堤趾和堤踵宽0.30m，堤址下伸0.50m形成齿墙防淘刷，长度178.85m。

5级拦渣堤抗滑、抗倾覆稳定、地基承载力安全系数分别为1.20/1.05（正常情况/非常情况，下同）、1.40/1.30、1.20/1.20。经对拦渣堤进行抗滑、抗倾覆和地基承载力稳定性分析计算，安全系数分别为1.55/1.17、4.65/3.60、5.88/6.70，均满足规范要求。

2) 拦渣堤抗冲刷措施。考虑洪水对拦渣堤堤脚的淘刷问题，对堤脚应采取防淘措施。为了保证堤基稳定，基础底面应设置在设计洪水冲刷线以下一定深度。根据计算成果，淘刷深度0.30m，类比相似河段淘刷深度，并考虑一定的安全裕度，确定冲刷深度为1.0m。采用回填大块石和堤趾下伸形成齿墙的综合措施防止洪水对渣脚的淘刷。

3) 排水设计。为排除渣体内积水，拦渣堤和挡渣墙内需设置排水孔。挡渣墙内设置ϕ100mm的PVC管材排水孔，下排排水孔距底部0.2m，排水孔沿高度间距1.0m，水平间距2.0m，梅花形布置，排水孔比降为5%。在渗透水向排水设施逸出地带，渗透流速有很大增长。为了防止发生管涌，在水流入口PVC管端包裹土工布，起反滤作用。

4) 分缝及止水。为了避免地基不均匀沉陷而引

❶ 本案例由中国水电顾问集团成都勘测设计研究院史小栋提供。

起拦渣堤身开裂，同时为了防止因堤体材料和温度变化产生裂缝，需设置沉降缝和伸缩缝。设计时，拦渣堤的沉降缝和伸缩缝合并设置，沿堤线方向每隔 10～15m 设置一道宽 2～3cm 的横缝，缝内填塞沥青麻絮、沥青木板、聚氨酯、胶泥等材料，填料距离拦渣堤断面边界深度不小于 0.2m。

硗碛水电站 1 号支洞 B 渣场拦渣工程平面布置和典型断面见图 3.5－15。

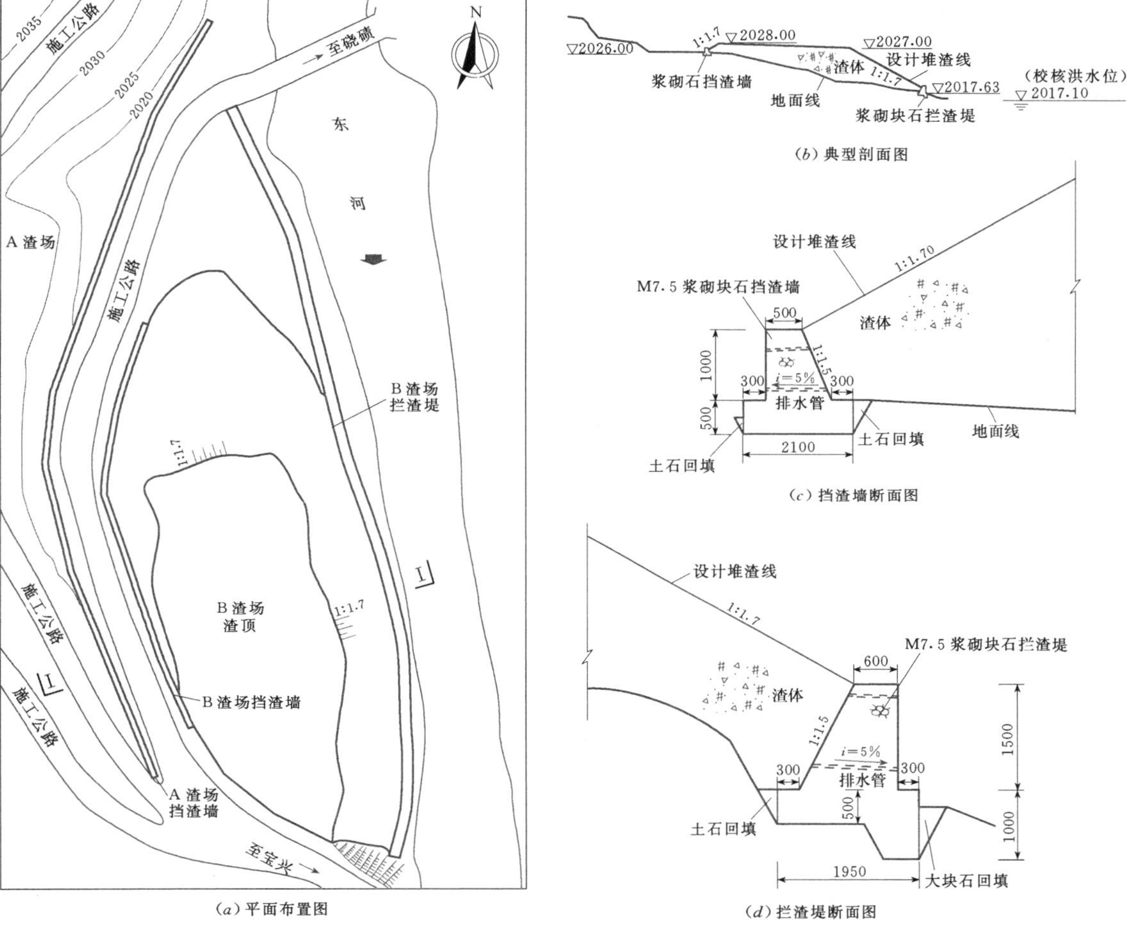

图 3.5－15　硗碛水电站 1 号支洞 B 渣场拦渣工程平面布置图和典型断面图（尺寸单位：mm；高程单位：m）

3.5.6.4　坡地型渣场案例

（1）工程及渣场名称：硗碛水电站 3 号支洞渣场。[1]

（2）渣场概况。硗碛水电站 3 号支洞渣场位于 3 号支洞口附近 S210 公路内侧，为坡地型渣场，主要堆放 3 号支洞开挖弃渣，堆渣量 12.65 万 m^3，占地面积 1.14hm^2，最大堆渣高度 47.5m，渣体边坡约 1∶1.7。据调查，堆渣体距离 S210 公路约 15～70m，且渣脚低于公路路面 2～3m。

（3）工程级别及洪水标准。根据水土保持工程级别划分与洪水标准的规定，渣场规模为 12.6 万 m^3，堆渣高度约为 50m，渣场失事危害程度较轻，渣场级别定为 4 级，拦渣工程级别为 5 级。

（4）工程地质。工程区基岩由志留系下统灰黑色炭质千枚岩与变质砂岩组成。覆盖层主要为第四系松散堆积层，包括现代河床堆积层、古河道堆积层、冰缘冻融堆积层以及崩坡积堆积层等。

（5）现状稳定分析。该渣场堆渣高度约 50m，堆

[1] 本案例由中国水电顾问集团成都勘测设计研究院白霞提供。

渣体边坡 1∶1.70，弃渣主要为支洞开挖覆盖层和块碎石渣料，且石渣占的比例较大，渣体黏聚力小，按无黏性土考虑。渣场地基和渣料物理力学参数见表 3.5-24。

表 3.5-24　渣场地基和渣料物理力学参数值

项目	渣场地基	渣　料
土层名称	块（漂）碎石层	
天然容重（kN/m^3）	19.5～20.5	19.5～22
饱和容重（kN/m^3）	20.5～22	20～24
内摩擦角（°）	31～33	28～33
黏聚力（MPa）	0.025	0
地基承载力（MPa）	0.30～0.35	

采用瑞典圆弧法，按渣场满堆方式、堆渣边坡 1∶1.7计算典型断面渣场边坡稳定安全系数。计算工况为正常情况和非常情况，正常情况为渣场坡脚发生设计洪水，非常情况为正常情况＋地震。

4 级渣场抗滑稳定安全系数，正常情况为 1.15，非常情况为 1.05。经计算，堆渣边坡 1∶1.7 情况下，抗滑稳定安全系数正常情况为 1.32，非常情况为 1.18，均满足抗滑稳定要求。

（6）水土保持措施布局。根据边坡稳定计算，堆渣基本满足稳定要求，但考虑堆渣高度和边坡偏高偏陡，仍需进行削坡处理。该渣场属坡地型渣场，渣脚需修建挡渣墙；渣顶面以上坡面汇水面积不大，不必设置截、排水沟；堆渣完成后，需进行植被恢复。因此，该渣场主要防护措施为削坡和设置挡渣墙，渣场顶面、坡面播撒草籽，渣脚栽植一排树进行植被恢复。

挡渣墙：该渣场位于 S210 公路内侧，局部坡面较陡，渣脚需设置浆砌石挡渣墙，挡渣墙型式为重力式，断面尺寸：顶宽 0.50m，墙高 1.5m，面坡直立，背坡 1∶0.5，基础厚度为 0.50m，堤趾和堤踵宽 0.50m、长 146m。挡渣墙内预埋 ϕ10cm 的 PVC 管材 2 排，比降为 5%，沿水平方向间距为 2.0m，梅花形布孔。

硗碛水电站 3 号支洞渣场挡渣工程平面布置和典型剖面见图 3.5-16。

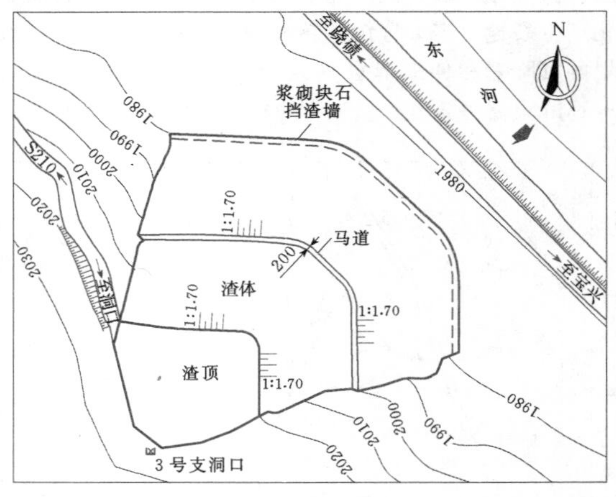

（a）平面布置图

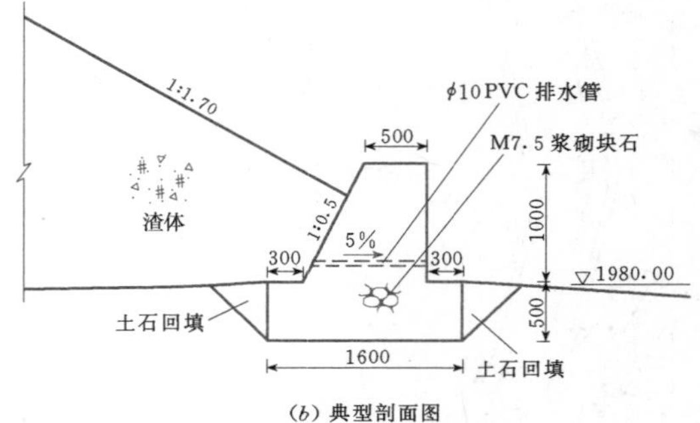

（b）典型剖面图

图 3.5-16　硗碛水电站 3 号支洞渣场挡渣工程平面布置图与典型剖面图
（尺寸单位：mm；高程单位：m）

3.5.6.5　平地型渣场案例

（1）工程及渣场名称：大钱港河道拓浚工程弃土场。❶

（2）渣场概况。大钱港河道拓浚工程位于浙江省湖州市吴兴区，河道起自太湖口大钱水闸，往南穿越解放港、北横塘、南横塘、龙溪港，至畈塘，河道全长 12.56km，设计河道底宽 40m，河底高程 −2.30m。工程施工期 3 年。由于河道疏浚、拓宽，产生大量的水下弃土方，共 133.75 万 m^3，设 2 处弃土场，占地面积 46.95hm^2。其中 1 处弃土场弃土量为 67 万 m^3，占地类型为鱼塘、耕地。

工程位于太湖流域的杭嘉湖平原区，地形平坦，水网密布，地面高程在 1.50～5.50m。

（3）工程级别及洪水标准。根据水土保持工程级别划分与洪水标准的规定，弃土场规模为 67 万 m^3，堆土高度 3～7.5m，渣场失事危害程度较轻，渣场级别定为 4 级，拦渣工程级别为 5 级。

（4）工程地质。弃土场大部分为鱼塘，地基土层由粉质黏土、黏质粉土及沙质粉土等组成，层厚一般为 0.5～2.1m。

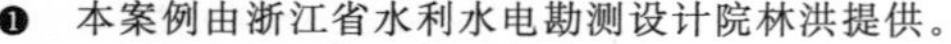

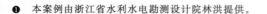

❶　本案例由浙江省水利水电勘测设计院林洪提供。

（5）水土保持措施布局。该弃土场属平地型渣场，堆土高度3～7.5m，高于地面1.5～5.5m，须修筑围渣堰拦挡弃土；弃方以水下方为主，弃土沉淀时将排放上层泥浆水，需设置排水口。该渣场堆土后全部复耕。

1）围渣堰措施。弃土场占地类型为鱼塘和耕地，鱼塘塘底高程一般低于地面1.5～2.0m左右。填筑前，在弃土场四周筑围渣堰进行挡护。围渣堰顶宽2m，高0.5～2.0m，弃土堆置边坡放缓至1：2左右。鱼塘和耕地范围统一设置围渣堰，弃渣填筑完成后，弃土场顶部高程需基本一致。

2）排水措施。弃方以水下方为主，水下方在弃土沉淀时将排放上层泥浆水，为减少对周边水域水质的影响，排出的泥浆水经沉淀或过滤处理后排入附近河道。须在适当位置设置排水口，为便于管理，设置1～2个排水出口，排水出口设置在便于衔接已有排灌沟渠处（不考虑再修建顺接沟道），并考虑碎石滤层等拦截泥水外流。常用的方法是在排水通道口布置一道碎石滤层对排水进行过滤，滤层断面采用梯形，顶宽1.5m，滤层高度与围渣堰的高度相等，边坡为1：1.5，长度根据排水口宽度设置，一般3m左右，纵向宽度与围堰顶宽同为2m左右。

3）复耕措施。将原先占用养殖水面的改造为旱地，原占地类型为耕地的复耕。水下土方弃土干化后，原先占用耕地的表土回覆并复耕。

3.5.6.6 库区型渣场案例

（1）工程及渣场名称：某项目3号渣场。[1]

（2）渣场概况。某项目3号渣场位于其水库区河道右岸，距坝址9.96km，为库内型渣场。该渣场位于公路下方，占地面积3.76hm^2，堆渣量14.5万m^3，渣顶与公路齐平，高程为1760.80～1762.60m，渣脚高程为1735.00～1736.00m，堆渣高度25.8～26.6m，堆渣体边坡1：1.6。水库正常蓄水位1842.00m，死水位1802.00m。渣顶高程低于死水位，渣场位于库底。渣场已修建浆砌石拦渣堤，为衡重式，长约350.72m，断面尺寸：堤身总高7m，堤顶宽0.5m，台宽1.24m，面坡1：0.1，上墙背斜坡1：0.25，下墙背斜坡—1：0.25，墙趾宽0.3m，墙趾高1m。拦渣堤堤身为浆砌石砌筑，基础采用片石混凝土。

该渣场为新增渣场，须进行水土保持措施补充设计。

（3）工程级别及洪水标准。根据水土保持工程级别划分与洪水标准的规定，渣场规模为14.5万m^3，堆渣高度为25.8～26.6m，渣场失事危害程度不严重，渣场级别定为4级，库底渣场设计洪水应采用工程施工洪水标准。该工程施工导流初期，坝体建设高度未超过围堰，施工导流标准为50年一遇，因此，3号渣场确定设计洪水标准采用50年一遇洪水。拦渣堤高度为7m，拦渣堤工程级别为3级。

（4）工程地质。工程区所在的大渡河河谷谷底及两岸基岩岩性较单一，以厚层白云质灰岩、变质灰岩为主，岩体较完整，强度较高，岩体风化、卸荷相对较弱。无区域性断裂通过，其构造形迹主要为次级小断层、层间挤压破碎带及节理裂隙等。场区内出露灯影组千枚岩、绢云千枚岩、白云质灰岩；5号渣场场地基础为砂卵石，局部地段分布砂层透镜体。砂卵石压缩性低，其变形和承载力满足设计要求，可作为堤基持力层。工程区地震基本烈度为Ⅷ度。

（5）现状稳定分析。

1）渣场稳定性复核计算。该渣场堆渣高度为25.8～26.6m，堆渣体边坡为1：1.60，弃渣主要为支洞开挖覆盖层和块碎石渣料，且石渣占的比例较大，渣体凝聚力小，按无黏性土考虑。渣场地基和渣料物理力学参数见表3.5-25。

表3.5-25　渣场地基和渣料物理力学参数值

项　目	渣场地基	渣　料
土层名称	砂卵石层	
天然容重（kN/m^3）	22.5～22.7	20～23
饱和容重（kN/m^3）	23～23.5	21～24
内摩擦角（°）	28～35	28～36
黏聚力（MPa）	0.020	0
地基承载力（MPa）	0.22～0.30	

采用瑞典圆弧法，按渣场满堆方式、堆渣边坡1：1.6计算典型断面渣场边坡稳定安全系数。计算工况为正常情况和非常情况，正常情况为渣场坡脚发生设计洪水，非常情况为正常情况下遭遇地震。

4级渣场抗滑稳定安全系数，正常情况为1.15；非常情况为1.05。经计算，堆渣边坡1：1.6情况下，抗滑稳定安全系数正常情况为1.25，非常情况为1.18，均满足抗滑稳定要求。

2）拦渣堤稳定性复核。对拦渣措施的稳定性进行复核。

3级拦渣堤工程抗滑、抗倾覆稳定、地基承载力

[1] 本案例由中国水电顾问集团成都勘测设计研究院邹兵华提供。

安全系数分别为 1.25/1.10（正常情况/非常情况，下同）、1.45/1.35、1.2/1.2。经对拦渣堤进行抗滑、抗倾覆和地基承载力稳定性验算，安全系数分别为 1.38/1.14、2.46/1.95、1.55/1.52，复核计算结果表明：已建拦渣堤抗滑稳定性、抗倾覆稳定性及地基承载力均能满足规范要求。

3）拦渣堤防淘刷稳定验算。根据已建拦渣堤断面型式、基础埋置深度，复核洪水对岸边淘刷后拦渣堤的安全性。经计算，淘刷深度约为 2.72m，考虑一定的安全裕度，确定水流淘刷深度为 3.22m。

已建拦渣堤墙趾下伸 1.0m，不能够满足防淘要求。

（6）水土保持措施布局。根据渣场现状稳定性分析结果，渣体稳定性按照 1∶1.6 坡比堆渣，稳定性基本满足要求。位于库底的渣场水土保持措施应考虑施工期洪水影响及渣顶以上坡面排水，施工期，可利用 S211 公路已有排水措施排导渣顶以上坡面地表径流，临河侧渣脚须采取拦渣堤进行防护。经分析，已建拦渣堤措施和原有公路排水沟均满足水土保持防护要求。

经复核计算，已建拦渣堤抗滑稳定性、抗倾覆稳定性及地基承载力均能满足规范要求，但堤脚防淘不满足规范要求。针对这些问题及防洪要求，在已有拦渣堤基础上，进一步采取堤脚防冲及坡面防护措施，并在工程措施基础上采取临时绿化措施。

1）堤脚防淘措施。主要采用大块石回填于拦渣堤堤趾，进行堤脚加固。

2）坡面防护工程。根据渣体稳定性要求，该渣场边坡应采用分级放坡方式，渣体边坡采用 1∶1.6，于堆高约 10m 处设置马道，马道高程 1750.00m，宽 2m。根据防洪要求采用浆砌石护坡对渣体坡面进行防护，减轻洪水对渣体的冲刷，进一步减小水土流失。浆砌石护坡护顶高程采用 50 年一遇设计洪水位加 1m 安全超高。

3）临时植物措施。该渣场位于水库淹没区，渣顶高程 1760.80～1762.60m，低于死水位 1842.00m，水库蓄水后将被淹没，可不布设永久植物措施。但由于距离水库蓄水还有 5 年时间，裸露时间较长，为防止渣场发生水土流失，需采取播撒草籽进行临时绿化。

某项目 3 号渣场水土保持措施平面布置及典型剖面见图 3.5-17。

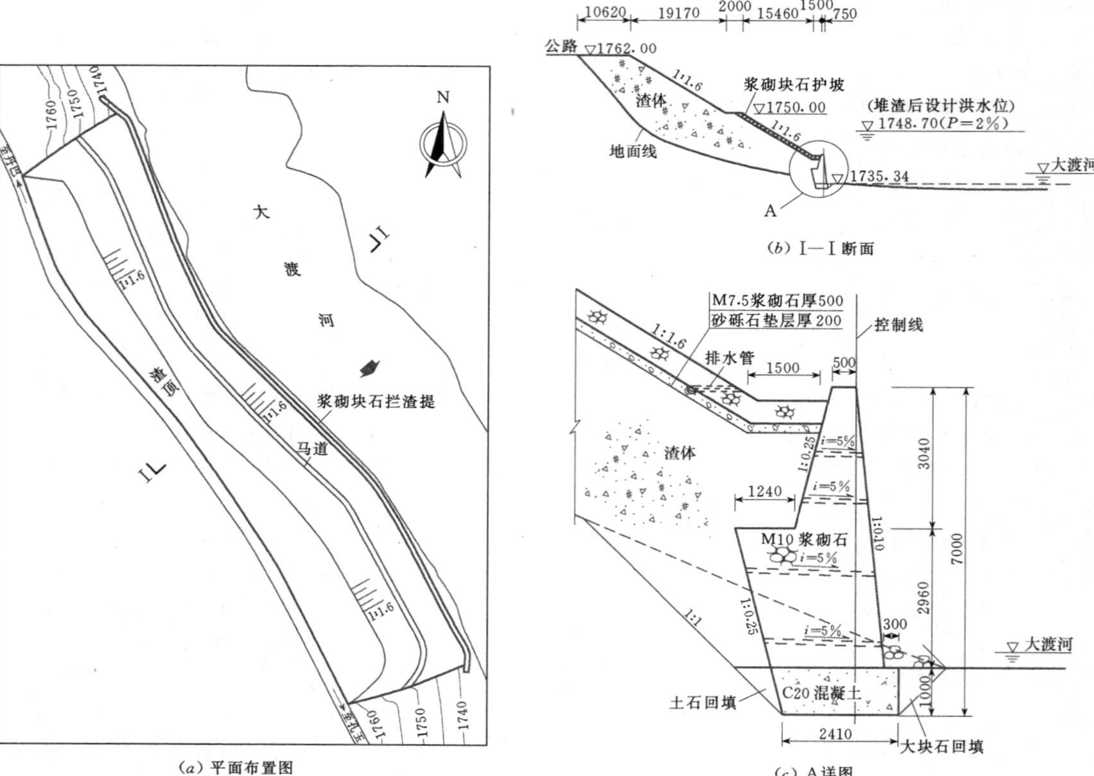

图 3.5-17 某项目 3 号渣场水土保持措施平面布置及典型剖面图（尺寸单位：mm；高程单位：m）

3.6 拦渣工程设计

3.6.1 拦渣工程分类及其适用条件

3.6.1.1 工程分类

按规定，弃渣必须设置专门的堆放场地并修建拦渣工程，以防止弃渣流失对周边环境造成危害。

根据拦渣工程特点，常用拦渣工程分为挡渣墙、拦渣堤、围渣堰、拦渣坝四种类型。

弃渣堆置于台地、缓坡地上，易发生滑塌，应修建挡渣墙；堆置于河道或沟道岸边，受洪水影响，应按防洪要求设置拦渣堤；堆置于沟道内，受沟水影响，应修建拦渣坝；堆置于平地上，应设置围渣堰。

3.6.1.2 适用条件

根据拦渣工程分类及特点，挡渣墙适用于坡地型渣场和沟道型渣场坡脚的拦挡。拦渣堤适用于临河型渣场、库区型渣场，受洪水影响的沟道型渣场（临河侧）坡脚也常用拦渣堤。围渣堰适用于平地型渣场坡脚的拦挡，不受洪水影响时，同挡渣墙；受洪水影响时，同拦渣堤。拦渣坝适用于沟道型弃渣场。

3.6.2 挡渣墙工程设计

3.6.2.1 型式

按挡渣墙断面的几何形状及其受力特点，挡渣墙型式有重力式、半重力式、衡重式、悬臂式、扶壁式（支墩式）、空箱式（孔格式）及板桩式等。水土保持工程中常用重力式、半重力式、衡重式挡渣墙。鉴于建筑材料可就地取材、施工方便、工程量相对较小等原因，水利水电工程挡渣墙多采用重力式，其高度一般不宜超过6m。

按建筑材料，挡渣墙可分为干砌石、浆砌石、混凝土、石笼等型式。

重力式挡渣墙常用干砌石、浆砌石、格栅石笼等建筑材料；半重力式、衡重式挡渣墙多采用混凝土；悬臂式、扶壁式（支墩式）、空箱式（孔格式）及板桩式挡渣墙常用钢筋混凝土。

工程实践中，可根据弃渣堆置型式，地形、地质、降水与汇水条件，以及建筑材料来源等选择经济实用的挡渣墙型式。

3.6.2.2 断面设计

挡渣墙断面一般先根据拦渣要求，结合弃渣类型、地基承载力等条件，参考已有工程经验初步拟定断面轮廓尺寸及各部分结构尺寸，经验算满足抗滑、抗倾覆和地基承载力要求，且经济合理的墙体断面即为设计断面。

抗滑稳定验算是为保证挡渣墙不产生滑动破坏。抗倾覆稳定验算是为保证挡渣墙不产生绕前趾倾覆而破坏。地基应力验算一般包括：地基应力不超过容许承载力，以保证地基不出现过大沉陷；控制地基应力大小比或基底合力偏心距，以保证挡渣墙不产生前倾变位。

一般情况下，挡渣墙的基础宽度与墙高之比为0.3～0.8（墙基为软基时例外），当墙背填土面为水平时，取小值；当墙背填土（渣）坡角接近或等于土的内摩擦角时，取大值。初拟断面尺寸时，对于浆砌石挡渣墙，墙顶宽度一般取0.5～1.0m；对于混凝土挡渣墙，为便于混凝土的浇筑，一般不小于0.3m。

3.6.2.3 细部构造设计

1. 排水和反滤设计

（1）墙身排水。为排出墙后积水，需在墙身布置排水孔。孔眼尺寸一般为5cm×10cm、10cm×10cm或直径为5～10cm的圆孔。孔距为2～3m，梅花形布置，最低一排排水孔宜高出地面约0.3m。

排水孔进口需设置反滤层。反滤层由一层或多层无黏性土构成，并按粒度大小随渗透方向增大的顺序铺筑。反滤层的颗粒级配依据堆渣的颗粒级配确定。随着土工布的广泛使用，可在排水管入口端包裹土工布，以起反滤作用。

（2）墙后排水。为排除渣体中的地下水及由降水形成的积水，有效降低挡渣墙后渗流浸润面，减小墙身水压力，增加墙体稳定性，可在挡渣墙后设置排水。

若渣场弃渣以块石渣为主，挡渣墙渣料透水性较强，可不考虑墙后排水。

2. 分缝

为了避免地基不均匀沉陷而引起墙身开裂，一般根据地基地质条件的变化、墙体材料、气候条件、墙高及断面的变化等情况设置沉降缝。

一般沿墙轴线方向每隔10～15m设置一道宽2～3cm的横缝，缝内填塞沥青麻絮、沥青木板、聚氨酯、胶泥等材料，填料距离挡渣墙断面边界深度不小于0.2m。

3.6.2.4 埋置深度

挡渣墙基底的埋置深度应根据地基条件、冻结深度以及结构稳定要求等确定。

（1）当冻结深度大于1m时，基底应在冻结线以下，且不小于0.25m，并应符合基底最小埋置深度不小于1m的要求；当冻结深度大于1m时，基底埋置深度亦应在冻结线以下，也可以将地基土换填为弱冻胀材料。

(2) 在风化层不厚的硬质岩石地基上，基底宜置于基岩表面风化层以下；在软质岩石地基上，基底最小埋置深度不小于1m。

3.6.2.5 常用挡渣墙设计

1. 重力式挡渣墙

(1) 根据墙背的坡度分为仰斜、垂直、俯斜三种型式，多采用垂直和俯斜型式；当墙高不大于3m时，宜采用垂直型式；墙高大于3m时，宜采用俯斜型式。

(2) 重力式挡渣墙宜做成梯形截面，高度不宜超过6m；当采用混凝土时，一般不配筋或只在局部范围内配以少量钢筋。

(3) 垂直型挡渣墙面坡坡比一般采用1∶0.3～1∶0.5；俯斜型式挡渣墙面坡一般采用1∶0.1～1∶0.2，背坡采用1∶0.3～1∶0.5。具体取值根据稳定计算结果确定。

(4) 当墙身高度或地基承载力超过一定限度时，为了增加墙体稳定性和满足地基承载力要求，可在墙底设墙趾、墙踵台阶和齿墙。

(5) 建筑材料一般采用砌石或混凝土，但Ⅷ度及Ⅷ度以上地震区不宜采用砌石结构。挡渣墙砌筑石料要求新鲜、完整、质地坚硬，抗压强度应不小于30MPa，胶结材料应采用水泥砂浆和一、二级配混凝土。

常用的水泥砂浆强度等级为M7.5、M10、M12.5三种。墙高低于6m时，砂浆强度等级一般采用M7.5；墙高高于6m或寒冷地区及耐久性要求较高时，砂浆强度等级宜采用M10以上。常用的混凝土强度等级一般不低于C15，寒冷地区还应满足抗冻要求。

2. 半重力式挡渣墙

半重力式挡渣墙是将重力式挡渣墙的墙身断面减小、墙基础放大，以减小地基应力，适应软弱地基的要求。半重力式挡渣墙一般采用强度等级不低于C15的混凝土结构，不用钢筋或仅在局部拉应力较大部位配置少量钢筋，如图3.6-1所示。

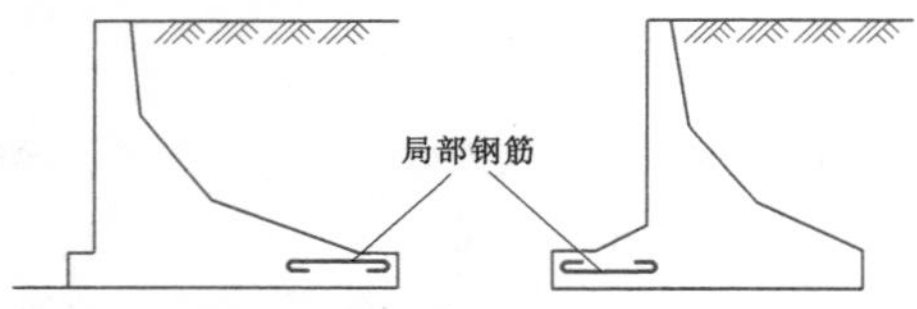

图3.6-1 半重力式挡渣墙的局部配筋

半重力式挡渣墙主要由立板与底板组成，其稳定性主要依靠底板上的填渣重量来保证，常将立板做成折线形截面。

半重力式挡渣墙的设计关键是确定墙背转折点的位置。若墙高不大于6m，立板与底板之间可设1个转折点；若墙高大于6m，可设1～2个转折点。立板的第一转折点，一般设在距墙顶3～3.5m处。第一转折点以下1.5～2m处设第二转折点。第二转折点以下，一般属于底板范围，底板也可设1～2个转折点。

外底板的宽度宜控制在1.5m以内，否则将使混凝土的用量增加，或需配置较多的钢筋。立板顶部和底板边缘的厚度不小于0.4m，转折点处的截面厚度经计算确定。距墙顶3.5m以内的立板厚度和墙踵3m以内的底板厚度一般不大于1.0m。

3. 衡重式挡渣墙

衡重式挡渣墙由直墙、减重台（或称卸荷台）与底脚三部分组成。其主要特点是利用减重台上的填土重量增加挡渣墙的稳定性，并使地基应力分布比较均匀，体积比重力式挡渣墙减少10%～20%。

在减重台以上，直墙可做得比较单薄，以下则宜厚重，或是将减重台做成台板而在下面再做成直墙。前一种型式，施工比较方便，在减重台以下的体积可以利用填渣斜坡直接浇混凝土，体积虽大但节省了模板费用；后一种型式则相反。

减重台面距墙底一般约为墙高的0.5～0.6倍，但其具体位置应经计算确定。一般减重台距墙顶不宜大于4m。墙顶厚度常不小于0.3m。

3.6.2.6 设计算例

1. 渣场基本情况

四川华能宝兴河硗碛水电站3号支洞渣场为坡地型渣场，其基本情况和工程地质条件见“3.5.6.4 坡地型渣场案例”。该渣场采用挡渣墙拦渣。

2. 挡渣墙设计

挡渣墙级别为5级。

(1) 墙型选择。该渣场所在区域块石料丰富，同时考虑渣场处地形地质条件、施工条件等，经技术经济比较后选择重力式浆砌石挡渣墙。

(2) 平面布置。该渣场临省道公路S210，但渣脚距离公路约15～70m，且渣脚低于公路路面2～3m，挡渣墙沿渣脚布置，墙底高程与该处地面高程基本一致，转折处采用平滑曲线连接，挡渣墙长度约415m。墙基为块（漂）碎石层，地基承载力为300～350kPa，可满足承载力要求。

(3) 断面设计。按照重力式浆砌石挡渣墙墙型初拟断面尺寸：顶宽0.50m，墙高1.5m，面坡直立，背坡1∶0.5，基础厚度为0.50m，墙趾和墙踵宽0.50m。根据《开发建设项目水土保持技术规范》

(GB 50433) 等的要求，按照挡渣墙所处工况，对挡渣墙进行稳定分析后确定其断面尺寸。

(4) 稳定性分析。

1) 计算工况。该工程区地震基本烈度为Ⅷ度，所以，挡渣墙稳定性分析须考虑地震工况，即计算工况为正常工况和非常工况。正常工况为渣场及挡渣工程正常运用时的工况，非常工况为正常运用时遭遇地震的工况。

2) 稳定性安全系数。根据挡渣墙高度确定拦渣工程建筑物级别为5级，抗滑稳定安全系数：正常运用工况1.15，地震工况1.05；抗倾覆稳定安全系数：正常运用工况1.40，地震工况1.30；地基承载力安全系数：正常运用工况、地震工况均采用1.20。

3) 抗滑稳定。根据地质勘探资料，该渣场基础内无软弱面，计算沿基底面的抗滑稳定。

基底面与地基之间的摩擦系数 $f=0.50$。

a. 正常运用工况：滑移力 $\sum P=21.66$kN，抗滑力 $f\sum W=33.69$kN，抗滑稳定验算满足要求：$K_s=1.56>1.15$。

b. 地震工况：滑移力 $\sum P=30.74$kN，抗滑力 $f\sum W=35.86$kN，抗滑稳定验算满足要求：$K_c=1.17>1.05$。

4) 抗倾覆稳定。

a. 正常运用工况：相对于墙趾点，墙身重力的力臂 $Z_w=0.95$m，土压力垂直分力的力臂 $Z_x=1.71$m，土压力水平分力的力臂 $Z_y=0.62$m，验算挡渣墙绕墙趾的倾覆稳定性：倾覆力矩 $\sum M_0=13.47$kN·m，抗倾覆力矩 $\sum M_y=84.39$kN·m，倾覆稳定验算满足要求：$K_t=6.27>1.40$。

b. 地震工况：相对于墙趾点，墙身重力的力臂 $Z_w=0.95$m，土压力垂直分力的力臂 $Z_x=1.71$m，土压力水平分力的力臂 $Z_y=0.62$m，验算挡渣墙绕墙趾的倾覆稳定性：倾覆力矩 $\sum M_0=19.34$kN·m，抗倾覆力矩 $\sum M_y=91.79$kN·m，倾覆稳定验算满足要求：$K_t=4.75>1.30$。

5) 地基承载力验算。

该渣场为密实地基，容许承载力 $[R]=300$kPa，软质基础最大应力 σ_{max} 与最小应力 σ_{min} 之比应小于3。

a. 正常运用工况：

基础为天然地基，验算墙底偏心距及压应力。

作用于基础底面的总垂直分力 $\sum W=67.39$kN，作用于墙趾下点的总弯矩 $\sum M=70.92$kN·m，基础底面宽度 $B=2.0$m，偏心距 $e=-0.05$m。

基础底面合力作用点距离基础趾点的距离 $Z_n=1.05$m。

基底压应力：最小应力（趾部）$\sigma_{min}=28.64$kPa，最大应力（踵部）$\sigma_{max}=38.75$kPa，最大应力与最小应力之比$=38.75/28.64=1.35<3.0$。

作用于基底的合力偏心距验算满足要求：$e=-0.05\text{m}<2.00\times 1/6=0.33\text{m}$；墙踵处地基承载力验算满足要求：最大基底压应力$=38.75\text{kPa}<300\times 1.2=360\text{kPa}$。

地基平均压应力验算满足要求：$\sigma_{cp}=33.70\text{kPa}<300\text{kPa}$。

b. 地震工况：

作用于基础底面的总竖向力 $\sum W=71.72$kN，作用于墙趾下点的总弯矩$=72.46$kN·m。

基础底面宽度 $B=2.00$m，偏心距 $e=-0.01$m。

基础底面合力作用点距离基础趾点的距离 $Z_n=1.01$m。

基底压应力：趾部 $\sigma_{min}=34.78$kPa，踵部 $\sigma_{max}=36.94$kPa。

最大应力与最小应力之比$=36.94/34.78=1.06<3.0$。

作用于基底的合力偏心距验算满足要求：$e=-0.01\text{m}<1/6\times 2.00=0.33\text{m}$。

墙踵处地基承载力验算满足要求：最大地基压应力 $\sigma_{max}=36.94\text{kPa}<300\times 1.2=360\text{kPa}$。

地基平均压应力验算满足要求：$\sigma_{cp}=35.86\text{kPa}<300\text{kPa}$。

经过对挡渣墙的抗滑、抗倾覆和地基承载力稳定性分析，挡渣墙设计断面可以满足稳定要求。

(5) 基础埋置深度。该工程位于南方地区，冻胀问题不突出，不考虑冻结深度。

(6) 细部构造设计。

1) 排水设计。该渣场堆渣以块石渣为主，挡渣墙基础为碎石层（间有块石），透水性较强，只需考虑墙身排水。

为使挡渣墙后积水易于排出，在墙身呈梅花形布置两排排水孔，排水孔比降为5%，沿水平方向间距为2.0m，孔内预埋 ϕ10cm 的 PVC 管。

为了防止发生管涌，在水流入口管端包裹土工布，以起反滤作用。

2) 分缝及止水。挡渣墙的沉降缝和伸缩缝合并设置，沿轴线方向每隔10～15m设置一道宽2～3cm的横缝，缝内填塞沥青麻絮。

挡渣墙断面见图3.5-16。

3.6.3 拦渣堤工程设计

3.6.3.1 堤型选择

拦渣堤主要有墙式拦渣堤和非墙式拦渣堤。按建筑材料分，有土堤、砌石堤、混凝土堤、石笼堤等型式。

水土保持工程采用的拦渣堤型式多为墙式拦渣堤，断面型式有重力式、半重力式、衡重式等，其设计要点与挡渣墙相似；非墙式拦渣堤可参照《堤防工程设计规范》（GB 50286）进行设计，此处不予赘述。

对于墙式拦渣堤，堤型选择应综合考虑筑堤材料及开采运输条件、地形地质条件、气候条件、施工条件、基础处理、抗震要求等因素，经技术经济比较后确定。

3.6.3.2 平面布置

（1）满足河流治导规划或行洪要求。

（2）拦渣堤应布置在弃渣场渣坡坡脚，并使拦渣堤位于相对较高的地面上，以便降低拦渣堤高度。

（3）拦渣堤应顺等高线布置，尽量避免截断沟谷和水流，否则应考虑沟谷排洪设施；平面走向应顺直，转折处应采用平滑曲线连接。

（4）堤基宜选择新鲜不易风化的岩石或密实土层，并考虑地基土层含水量和密度的均一性，避免不均匀沉陷，满足地基承载力要求。

3.6.3.3 断面设计

拦渣堤断面设计主要包括堤顶高程、堤基高程、堤顶宽、堤面及堤背坡比等内容，一般先根据拦渣堤工程区的地形、地质、水文条件及筑堤材料、堆渣量、堆渣高度、堆渣边坡、弃渣物质组成及施工条件等，按照经验初步选定堤型、初拟断面主要尺寸，经试算满足抗滑、抗倾覆和地基承载力要求，且经济合理的堤体断面即为设计断面。

拦渣堤堤顶高程应满足挡渣要求和防洪要求，因此，堤顶高程应按满足防洪要求和安全拦渣要求二者中的高值确定。按防洪要求确定的堤顶高程应为设计洪水位（或设计潮水位）加堤顶超高，堤顶超高按公式（3.6-1）计算。

$$Y = R + e + A \qquad (3.6-1)$$

式中 Y——堤顶超高，m；

R——设计波浪爬高，m，可按 GB 50286—98 附录 C 计算确定；

e——设计风壅增水高度，m，可按 GB 50286—98 附录 C 计算确定，对于海堤，当设计高潮位中包括风壅增水高度时，不另计；

A——安全加高，m，按表 3.6-1 确定。

表 3.6-1 拦渣堤工程安全加高值

拦渣堤工程级别	1	2	3	4	5
拦渣堤工程安全加高值（m）	1.0	0.8	0.7	0.6	0.5

拦渣堤高度不宜大于 6m；当设计堤身高度较大时，可根据具体情况降低堤身高度，如采用拦渣堤和斜坡防护相结合的复合形式。斜坡防护措施的材料可视具体情况采用干砌石、浆砌石、石笼或预制混凝土块等。当采用拦渣堤和斜坡防护措施时，拦渣堤高度仅满足常年防洪要求，堤顶以上防洪任务由护坡承担。

3.6.3.4 埋置深度

基础埋置深度应结合不同类型拦渣堤结构特性和要求，考虑地基条件、河道水文、水流冲刷、冻结深度等因素综合确定。

1. *冲刷深度及防冲（淘）措施*

（1）冲刷深度。拦渣堤工程须考虑洪水对堤脚的淘刷，堤脚需采取相应防冲（淘）措施。为了保证堤基稳定，基础底面应设置在设计洪水冲刷线以下一定深度。

拦渣堤冲刷深度根据 GB 50286 计算，并类比相似河段淘刷深度，考虑一定的安全裕度确定。

对于水流平行于岸坡的情况，局部冲刷深度按公式（3.6-2）计算。

$$h_B = h_p \times \left[\left(\frac{V_{cp}}{V_{允}} \right)^n - 1 \right] \qquad (3.6-2)$$

式中 h_B——局部冲刷深度，m，从冲刷处的地面算起；

h_p——冲刷处的水深，m；

V_{cp}——平均流速，m/s；

$V_{允}$——河床面上容许不冲流速，m/s；

n——与防护岸坡在平面上的形状有关，一般取 $n=1/4$。

（2）防冲（淘）措施。拦渣堤通常采取的防冲（淘）措施有：抛石护脚；堤趾下伸形成齿墙，并在堤外开挖槽内回填大块石；堤岸外侧铺设钢筋（格宾）石笼等。

2. *冻结深度*

在冰冻地区，除岩石、砾石、粗砂等非冻胀地基外，堤基底部应埋置在冻结线以下，并不小于 0.25m。

3. *其他要求*

在无冲刷、无冻结情况下，拦渣堤基础底面一般应位于天然地面或河床面以下 1.0m，以保证堤基稳定性。

3.6.3.5 细部构造设计

1. 排水

(1) 堤身排水。为排出堤后积水，需在堤身布置排水孔。孔眼尺寸一般为5cm×10cm、10cm×10cm或直径为5～10cm的圆孔。孔距为2～3m，梅花形布置，最低一排排水孔宜高出地面0.3m以上。

孔进口需设置反滤层。反滤层由一层或多层无黏性土构成，并按粒径大小随渗透方向增大的顺序铺筑。反滤层的颗粒级配依据堆渣的颗粒级配确定。近年来，随着土工布的广泛使用，常在排水管入口端包裹土工布，以起反滤作用。

(2) 堤后排水。为排除渣体中的地下水及由降水形成的积水，有效降低拦渣堤后渗流浸润面，减小堤身水压力，增加堤体稳定性，可在拦渣堤后设置排水。

若弃渣以石渣为主，可不考虑堤后排水。

(3) 堤背填料选择。为了有效排导渣体积水，降低堤后水压力，拦渣堤后一定范围内需设置排水层，选用透水性较好、内摩擦角较大的无黏性渣料，如块石、砾石等。

(4) 堤基排水。堤基排水形式有层状排水、带状排水和垂直排水三种方式。

2. 分缝及止水

根据地基地质条件的变化、堤体材料、气候条件、堤高及断面的变化等情况而设置沉降缝。

一般沿堤线方向每隔10～15m设置一道宽2～3cm的横缝，缝内填塞沥青麻絮、沥青木板、聚氨酯、胶泥等材料，填料距离拦渣堤断面边界深度不小于0.2m。

3.6.3.6 设计算例

1. 渣场概况

某渣场位于西南地区某大型电站坝址下游左岸约8km处的河岸，属下游梯级电站水库（未建）库尾的耕地，设计堆渣量251万m^3，回采量55万m^3，最终堆渣量114万m^3。堆渣最大长度约1100m，最大宽度约150m，占地面积13.20hm^2，其中，渣顶面积7.00hm^2，坡面面积6.20hm^2（其中水面以上面积2.2hm^2）。渣脚高程1684.00m，渣顶高程1725.00～1740.00m，堆渣高度41～56m，回采后渣顶高程1715.00m，在坡面高程1700.00m、1720.00m处设置马道。

2. 工程地质

渣场地形较平缓，坡度一般为3°～5°，局部5°～8°，现状为耕地。拦渣工程基础为碎石，物理力学参数建议值：容重19.5～20.5kN/m^3，内摩擦角27°～30°，黏聚力5kPa，容许承载力300～350kPa。场地后坡基岩裸露，地层岩性为流纹岩，坡度50°～60°，较稳定。

3. 工程级别及洪水标准

渣场规模为251万m^3，堆渣高度41～56m，渣场级别为3级，鉴于渣场位于下游梯级电站水库库尾，下游梯级电站大坝导流洪水标准为50年一遇，渣场设计洪水标准与导流标准一致，采用50年一遇，校核洪水标准采用100年一遇。拦渣堤高度小于5m，拦渣工程建筑物级别为5级。

下游梯级电站水库正常蓄水位1690.00m，死水位1680.00m；50年一遇：天然水位1684.51～1691.95m，设计洪水位（考虑水库回水）1694.26～1695.36m；100年一遇：天然水位1685.09～1692.57m，校核洪水位（考虑水库回水）1694.64～1695.98m。

4. 拦渣堤设计

确定渣场设计洪水标准为50年一遇，校核洪水标准为100年一遇。该渣场位于下游梯级电站水库（未建）库尾，渣脚高程1684.00m，低于下游梯级电站水库正常蓄水位1690.00m和100年一遇校核洪水位1694.64～1695.98m，渣顶高程高于水库正常蓄水位，属库区型渣场。因此，该渣场施工期受洪水影响，运行期受水库水位升降影响。

(1) 堤型选择。该渣场所在区域块石料丰富，且弃渣主要以放空洞、泄洪洞等洞室开挖石渣为主，同时根据渣场地形地质条件、施工条件等，经技术经济比较后选择堤型为重力式浆砌石拦渣堤。

(2) 平面布置。拦渣堤顺河岸布置，转折处采用平滑曲线连接。

(3) 断面设计。拦渣堤高度应满足拦渣和防洪要求。该渣场堆渣容量可以满足要求，因此，拦渣堤高度由防洪要求控制。

由于下游梯级电站建成之前的施工期洪水位高于渣脚10.64～11.98m，考虑安全超高，防洪要求的拦渣堤最大高度达13m。若采用单一的拦渣堤防护方案，很不经济，所以，采用拦渣堤和工程护坡相结合的方案，拦渣堤高度仅满足常年洪水位加安全超高，其上采用工程护坡措施。

拦渣堤初拟断面尺寸为：顶宽1.0m，底宽2.0m，高2.0m，面坡直立，背坡1∶0.5。拦渣堤基础采用C15埋石混凝土，基座厚1.0m，堤踵、堤趾宽0.8m。根据GB 50433等的要求，最终通过稳定分析确定其断面尺寸。

(4) 稳定分析。

1) 计算工况。工程区地震基本烈度为Ⅷ度，稳定分析计算工况为正常工况和地震工况。正常工况为渣场及拦渣工程遭遇100年一遇洪水或下游水库运行水位在正常蓄水位1690.00m与死水位1680.00m之间升降；地震工况为渣场及拦渣工程正常运用时遭遇地震。

2）稳定分析内容、方法及安全系数。稳定分析内容包括拦渣堤的抗滑、抗倾覆稳定和地基承载力要求复核。抗滑稳定分析采用瑞典圆弧法。抗滑稳定安全系数，正常运用工况1.20，非常工况1.05；抗倾覆稳定安全系数，正常运用工况1.40，非常工况1.30。

3）抗滑稳定。根据地质勘探资料，该渣场地基内无软弱面，计算沿基底面的抗滑稳定。

基底面与地基之间的摩擦系数 $f=0.50$。

a. 正常运用工况：滑动力 $\sum P=74.74$kN，抗滑力 $f\sum W=120.35$kN，抗滑稳定安全系数 $K_s=1.61>1.20$。

b. 地震工况：滑动力 $\sum P=114.92$kN，抗滑力 $f\sum W=129.10$kN，抗滑稳定安全系数 $K_s=1.12>1.05$。

4）抗倾覆稳定。

a. 正常运用工况：倾覆力矩 $\sum M_0=149.92$kN·m，抗倾覆力矩 $\sum M_y=650.22$kN·m，抗倾覆稳定系数 $K_t=4.34>1.40$。

b. 地震工况：倾覆力矩 $\sum M_0=201.80$kN·m，抗倾覆力矩 $\sum M_y=711.14$kN·m，抗倾覆稳定系数 $K_t=3.52>1.30$。

5）地基承载力验算。该渣场为密实地基，承载力取300kPa。

a. 正常运用工况：

基底压应力：趾部 $\sigma_{min}=35.66$kPa，踵部 $\sigma_{max}=98.06$kPa；

最大应力与最小应力之比：98.06/35.66＝2.75＜3.0。

堤踵处压应力 $\sigma_{max}=98.06<300\times1.2=420$kPa。

地基平均压应力 $\sigma_{cp}=66.86\text{kPa}<300\text{kPa}$。

b. 地震工况：

基底压应力：趾部 $\sigma_{min}=51.40$kPa，踵部 $\sigma_{max}=92.05$kPa。

最大应力与最小应力之比＝92.05/51.40＝1.79＜3.0。

堤踵处压应力 $\sigma_{max}=92.05<300\times1.2=420$kPa。

地基平均压应力 $\sigma_{cp}=71.73<300$kPa。

拦渣堤设计断面满足稳定要求。

（5）细部设计。

1）排水。

为使拦渣堤后积水易于排出，在堤身布置排水孔，布孔方式为梅花形，排水孔直径为10cm，排水孔垂直间距1m，水平间距1m，最低一排排水孔高出地面0.35m。

为防止管涌发生，在排水管入口端包裹土工布。

2）堤背填料选择。拦渣堤后填料选用透水性较好、内摩擦角较大的渣料，以减小堤背主动土压力。

3）基础埋置深度。

a. 冲刷深度。根据冲刷计算公式（3.6-2）进行冲刷深度计算。

冲刷处的水深 $h_p=3.75$m，平均流速 $V_{cp}=6.40$m/s，河床面上容许不冲流速 $V_{允}=3.0$m/s，经计算，$h_B=0.78$m。类比相似河段淘刷深度，并考虑一定的安全裕度，确定冲刷深度为2.0m。

b. 抗冲措施。采用回填大块石和堤趾下伸形成齿墙的综合措施防止洪水对渣脚的淘刷。渣场位于冲刷段，采用在拦渣堤外开挖槽内回填大块石和2m范围内铺砌大块石，并用10cm厚水泥砂浆抹面。

c. 冻结深度。该工程位于南方，无冻胀问题。

（6）分缝及止水。沿堤线方向每隔10～15m设置一道沉陷缝，缝宽2～3cm，缝内填塞沥青麻絮。某渣场拦渣堤典型剖面见图3.6-2。

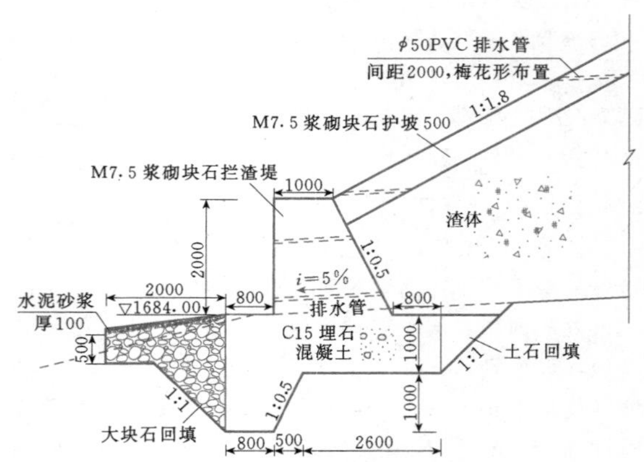

图3.6-2 某渣场拦渣堤典型剖面图
（尺寸单位：mm；高程单位：m）

3.6.4 拦渣坝工程设计

水土保持工程采用的拦渣坝坝型通常为重力坝和土石坝，一般采用低坝，以6～15m为宜，在渣场渣量较大、防护要求较高等特殊情况下坝高可超过15m，但一般不宜超过30m。根据上游洪水处理方式，拦渣坝可分为截洪式和滞洪式两类。

3.6.4.1 截洪式拦渣坝

截洪式拦渣坝坝体只拦挡坝后弃渣以及少量渣体渗水，渣体上游的沟道洪水通过拦洪坝、排水洞等措施进行排导，坝体不承担拦洪作用。截洪式拦渣坝按照建筑所用材料可分为混凝土坝、砌石坝、土石坝等类型。本节仅对混凝土拦渣坝、浆砌石拦渣坝、碾压堆石拦渣坝设计予以详述。

1. 混凝土拦渣坝

（1）特点。混凝土坝坝型通常为实体重力坝，适用于堆渣量大、基础为岩石的截洪式弃渣场，具有排水设施布设方便、便于机械化施工、运行维护简单的特点，但筑坝造价相对较高。

（2）适用条件。

1）地形条件。混凝土拦渣坝的坝址宜选择在上游库容条件好、坝址沟谷狭窄、便于布设施工场地的位置。

2）地质条件。混凝土拦渣坝对地质条件的要求相对较高。一般要求坐落于岩基上，要求坝址处沟道两岸岩体完整、岸坡稳定。对于岩基可能出现的节理、裂隙、夹层、断层或显著的片理等地质缺陷，需采取相应处理措施。对于非岩石地基，需经过专门处理，以满足设计要求。

3）施工条件。混凝土拦渣坝筑坝所需水泥等原材料一般需外购，需有施工道路；同时为了满足弃渣场“先拦后弃”的水土保持要求，坝体需在较短的时间内完成，施工强度大，对机械化施工能力要求较高。

（3）坝址选择。坝址选择一般应考虑下列因素：

1）沟谷谷底地形平缓，沟床狭窄，坝轴线短，筑坝工程量小。

2）坝址应选择在岔沟、弯道的下游或跌水的上方，坝肩不宜有集流洼地或冲沟。

3）坝基宜为新鲜、弱风化岩石或覆盖层较薄，无断层破碎带、软弱夹层等不良地质，无地下水出露，两岸岸坡不宜有疏松的坡积物、陷穴和泉眼等隐患的地基，坝基处理措施简单有效；如无地形、地质等条件限制，坝轴线宜采用直线式布置，且与拦渣坝上游堆渣坡顶线平行。

4）坝址附近地形条件适合布置施工场地，内外交通便利，水、电来源条件能满足施工要求。

5）筑坝后不应影响周边公共设施、重要基础设施及村镇、居民点等的安全。

（4）坝体断面。

1）坝坡。坝体上、下游坝坡根据稳定和应力等要求确定，上游坝坡坡比可采用1∶0.4～1∶1.0，下游坝面可为铅直面、斜面或折面。下游坝面采用折面时，折坡点高程应结合坝体稳定、应力以及上下游坝坡选定；当采用斜面时，坝坡坡比可采用1∶0.2～1∶0.05。

2）坝顶构造。坝顶宽度主要根据其用途并结合稳定计算等确定，坝顶最小宽度一般不小于2.0m。

由于截洪式拦渣坝不考虑坝前蓄水，坝顶高程为拦渣高程加超高，其中，拦渣高程根据拦渣库容及堆渣形态确定；坝顶超高主要考虑坝前堆渣表面滑塌的缓冲拦挡以及后期上游堆渣面防护和绿化等因素确定，一般不小于1.0m。

3）坝体分缝。坝体分缝根据地质、地形条件及坝高变化设置，将坝体分为若干个独立的坝段。横缝沿坝轴线间距一般为10～15m，缝宽2～3cm，缝内填塞胶泥、沥青麻絮、沥青木板、聚氨酯或其他止水材料。在渗水量大、坝前堆渣易于流失或冻害严重的地区，宜采用具有弹性的材料填塞，填塞深度一般不小于15cm。

由于混凝土拦渣坝一般采用低坝，混凝土浇筑规模较小，在混凝土浇筑能力和温度控制等满足要求的情况下，坝体内一般不宜设置纵缝。

4）坝前排水。为减小坝前水压力，提高坝体稳定性，应设置排水沟、排水孔、排水管及排水洞等排水设施。

当坝前渗水量小时，可在坝身设置排水孔，排水孔径50～100mm，间距2～3m，干旱地区间距可稍予增大，多雨地区则应减小。当坝前填料不利于排水时，宜结合堆渣要求在坝前设置排水体。

当坝前渗水量较大或在多雨地区，为了快速排除坝前渗水，坝身可结合堆渣体底部盲沟布设方形或城门洞形排水洞，并应采用钢筋混凝土对洞口进行加固。排水洞进口侧采用格栅拦挡，后侧填筑一定厚度的卵石、碎石等反滤材料。考虑到排水洞出口水流对坝趾基础产生的不利影响，坝趾处一般采用干砌石、浆砌石等护面措施，或布设排水沟、集水井。

为尽可能降低坝前水位，坝前填渣面以及弃渣场周边可根据要求设置截留和排除地表水的设施，如截水沟、排水明沟或暗沟等。对于渣体内渗水，可设置盲沟排导。

5）坝体混凝土。设计时，拦渣坝混凝土除应满足结构强度和抗裂（或限裂）要求外，还应根据工作条件、地区气候等环境情况，分别满足抗冻和抗侵蚀等要求。

坝体混凝土强度根据《水工混凝土结构设计规范》（SL 191—2008）采用，亦可参考表3.6-2。

表 3.6-2　　坝体混凝土强度标准值

拦渣坝混凝土强度等级	C15	C20	C25	C30
轴心抗压 f_{ck} (MPa)	14.3	18.5	22.4	26.2

坝体混凝土应根据气候分区、冻融循环次数、表面局部小气候条件、水分饱和程度、结构构件重要性和检修的难易程度等综合因素选定抗冻等级，并满足《水工建筑物抗冰冻设计规范》（SL 211—2006）的要求。

当环境水具有侵蚀性时，应选用适宜的水泥及骨料。

坝体混凝土强度等级主要根据坝体应力、混凝土龄期和强度安全系数确定，坝体内不容许出现较大的拉应力。坝体混凝土宜采用同一强度等级，若使用不同强度等级混凝土，不同等级之间要有良好的接触带，施工中须混合平仓，加强振捣，或采用齿形缝结合。同时，相邻混凝土强度等级的级差不宜大于两级，分区厚度尺寸最小为2～3m。

6）坝前堆渣设计。坝前堆渣宜分区，按照一定坡度分级堆置，并设置马道或堆渣平台。

堆渣应注意渣体内排水。坝前堆渣体应保证有良好的透水性，一般在坝前不小于50m的范围内堆置透水性良好的石渣料作为排水体。同时堆渣设计需保证堆渣体自身处于稳定状态。

（5）坝基处理。对存在风化、节理、裂隙等缺陷，或涉及断层、破碎带和软弱夹层等坝基，必须采取有针对性的工程处理措施。

坝基处理的目的主要包括：提高地基的承载力、提高地基的稳定性，减小或消除地基的有害沉降，防止地基渗透变形。经处理后的坝基应满足承载力、稳定及变形的要求。常用的地基处理措施主要有基础开挖与清理、固结灌浆、回填混凝土、设置深齿墙等。

1）坝基的开挖与清理。一般情况下，混凝土拦渣坝坝基只须挖除基岩上的覆盖层及表层风化破碎岩石，使坝体建在弱风化中部至上部基岩上。随两岸岸坡高程的增加，坝体高度减小。基础较高坝段对坝基防渗、基岩强度等的要求相对较低，其利用基岩的标准可适当放宽。但当坝体修建在非均质岩层、薄层状或片状岩层、水平裂隙发育的岩层上时，地基开挖深度应较上述要求加大，达到较完整的基岩。

靠近坝基面的缓倾角软弱夹层应清除。顺河流流向的基岩面尽可能略向上游倾斜，基岩面如向下游倾斜，坚固均质岩石可以开挖成水平台阶，台阶的宽度和高度应与混凝土浇筑块大小和下游坝体的厚度相适应。在坝体上游部分可加深开挖成坡度平缓的齿槽，以利于坝体稳定。两岸岸坡如倾角较大时，为了坝段的横向稳定，通常在斜坡上按坝体的分段开挖成台阶，台阶宜位于坝体横缝部位，台阶的尺寸和数量在满足应力及稳定的条件下结合岩石节理裂隙情况决定，应避免开挖成锐角或高差较大的陡坡，开挖台阶的宽度一般约为坝段宽度的30%～50%，且不宜小于2.0m。

2）固结灌浆。灌浆的范围主要根据岩石的工程地质条件并结合坝高参照水泥灌浆试验资料确定，一般布置在应力较大的坝踵和坝趾附近，以及节理裂隙发育和破碎带范围内。

灌浆孔一般呈梅花状或方格状布置，孔排距和孔深取决于坝高和基岩地质条件。灌浆施工的各项参数如孔排距、灌浆压力、水灰比等通过现场生产性试验确定。

3）断层破碎带的处理。当坝基有倾角较陡的断层破碎带时，可用混凝土塞处理，其高度可取断层宽度的1.0～1.5倍，且不小于1.0m。如破碎带延伸至坝体上、下游边界线以外，则混凝土塞也应向外延伸，延伸长度取为1.5～2.0倍混凝土塞的高度。对于缓倾角断层破碎带，应根据其性状采用混凝土塞、灌浆或以上综合措施处理。

4）软弱夹层的处理。对埋藏较浅的软弱夹层，多采用挖除、回填混凝土；对埋藏较深的软弱夹层，应根据夹层的埋深、产状、厚度、充填物的性质，采取深齿墙、混凝土塞等措施处理。

（6）设计算例。

1）算例概况。西南地区某低闸高水头引水式电站的一处沟道型弃渣场，堆渣量150万m^3，占地面积8hm^2。该弃渣场采用引水隧洞加拦洪坝（兼作拦渣坝，以下均称拦渣坝）方案进行沟水处理。

2）设计要点。

a. 坝型及坝址选择。根据弃渣场规划容渣量以及渣场平面布置，拦渣坝位于沟道转弯段下游古河槽左侧，转弯段沟谷相对下游沟谷狭窄，拦渣坝挡水可使上游沟水顺势由排水洞排至九龙河。坝址下游右侧为堆积台地，地形平缓，施工场地布置相对容易。拦渣坝施工弃渣可就近堆置在弃渣场内。经综合比选分析，设计选用混凝土拦渣坝。根据弃渣场布置、水流及地质情况，拟定坝轴线布置在沟道转弯段下游侧。

b. 坝体及断面设计。

a）初拟坝体及断面尺寸。拦渣坝采用C20混凝土重力坝，坝顶高程1623.00m，宽2.5m，坝底高程1609.00m，最大坝高14.0m，坝顶直墙段高度2.0m，迎水面坝坡1∶0.1，拦渣面坝坡1∶0.6，坝顶总长 57.0m。整个坝体共分为 5 个坝段，各坝段之间设置伸缩缝，缝宽取 1.0～1.5cm，伸缩缝迎水侧设置铜片止水。坝前堆渣平台高程 1622.00m，堆渣起坡点为坝前水平 10m。拦渣坝典型断面见图 3.6-3。

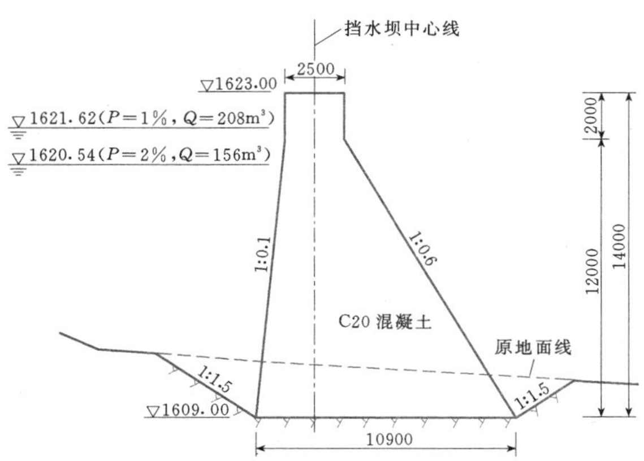

图 3.6-3 拦渣坝典型断面图

（尺寸单位：mm；高程单位：m）

b）应力及抗滑稳定分析。电站主体工程建筑物为 2 级永久水工建筑物，拦渣坝为 3 级永久性建筑物。工程场地地震基本烈度为Ⅶ度。

基本组合为坝后无水、坝前填渣和存在地下水的情况，特殊组合为坝后无水、坝前填渣、存在地下水并发生地震的情况。

计算表明，各种工况下抗滑稳定安全系数均满足规范要求。

c. 坝基处理。拦渣坝建基面开挖成台阶状，开挖深度约 2.0m。坝基主要为冲洪积漂（块）卵（碎）石层，透水性较强。为了防止沟水渗漏对渣场下游的营地及工厂仓库造成破坏，原设计对拦渣坝坝基进行帷幕灌浆，后来复核坝前堆渣可满足渗透稳定要求，取消了帷幕灌浆，仅对右岸覆盖层坝基进行了固结灌浆加固处理。拦渣坝坝基处理纵剖面见图 3.6-4。

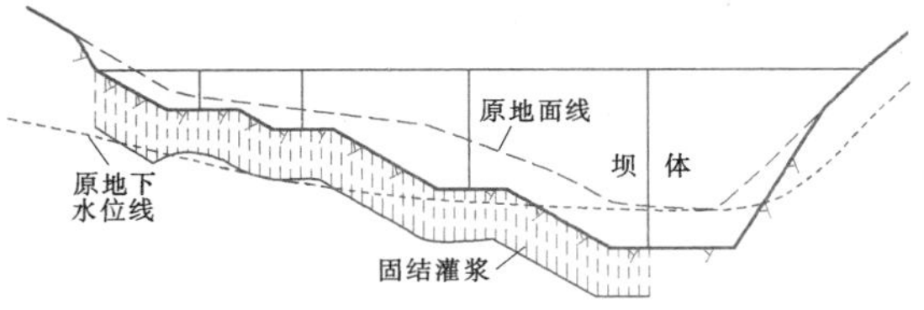

图 3.6-4 拦渣坝坝基处理纵剖面图

d. 温度控制及防裂措施。由于拦渣坝坝体规模相对较小，工程设计中仅提出了一些温度控制的要求。

2. 浆砌石拦渣坝

（1）特点。

1）坝体断面较小、结构简单，主要建筑材料（石料和胶结材料等）可就地取材或取自弃渣。

2）雨季对施工影响不大，全年有效施工期较长。

3）施工技术较简单，对施工机械设备要求比较灵活。

4）工程维护较简单。

5）坝顶可作为交通道路。

（2）适用条件。地形条件应满足堆渣要求，工程量较小，并便于施工场地布置。基础一般要求坐落于岩石或硬土地基上。适用于筑坝石料丰富的地区。

（3）坝址选择。坝址选择原则和要求与混凝土坝基本相同，但需考虑筑坝石料来源。

（4）筑坝材料。石料要求新鲜、完整、质地坚硬，常用石料有花岗岩、砂岩、石灰岩等。浆砌石坝的胶结材料应采用水泥砂浆和一、二级配混凝土。水泥砂浆常用的强度等级为 M7.5、M10、M12.5 三种。

（5）坝体断面。坝体断面结合水土保持工程布置，坝址区的地形、地质、水文等条件进行技术经济比较后确定。

为了满足拦渣功能，浆砌石重力坝的平面布置（坝轴线）可以是直线式，也可以是曲线式，或直线与曲线组合式。

为及时、顺畅地排除积水，宜在坝前不小于 50m 距离范围内堆置透水性良好的石料或渣料。

1）坝顶宽度。若无特殊要求，坝高 6～10m 时，坝顶宽度宜为 2～4m；坝高 10～20m 时，坝顶宽度宜为 4～6m；坝高 20～30m 时，坝顶宽度宜为 6～8m。

2）坝顶高程。坝顶高程确定原则同混凝土拦渣坝。

3）坝坡。一般上游面坡比为 1∶0.2～1∶0.8，下游面坡比为 1∶0.5～1∶1.0。地基条件较差的工程，为了坝体稳定或便于施工，边坡可适当放缓。

4）坝体构造。拦渣坝应设置横缝，一般不设置纵缝。横缝的间距可根据坝体布置、施工条件以及地形、地质条件综合确定。

为了排除坝前渣体内的渗水，可在坝身设置排水管或在底部设置排水孔洞。布设原则与方法参考混凝土拦渣坝。

（6）坝基处理。坝基处理的目的是为了满足承载力、稳定和变形的要求。

经处理后，坝基应具有足够的强度，以承受坝体的压力；具有足够的整体性和均匀性，以满足坝体抗滑稳定的要求和减小不均匀沉陷；具有足够的抗渗性，以满足渗透稳定的要求；具有足够的耐久性。

拦渣坝的地基处理，根据坝体稳定、地基应力、岩体的物理力学性质、岩体类别、地基变形和稳定性、上部结构对地基的要求，综合考虑地基加固处理效果及施工工艺、工期和费用等，经技术经济比较确定。水土保持工程的浆砌石坝高度一般小于30m，地基宜建在弱风化中部至上部基岩上。对于较大的软弱破碎带，可采用挖除、混凝土置换、混凝土深齿墙、混凝土塞、防渗墙、水泥灌浆等方法处理。

当基岩完整坚硬、基岩面较规整时，可将坝身砌体直接与基岩连接。否则，在坝体与基岩之间设一层较坝底宽度稍扩大的垫层，宜采用C15混凝土，厚度一般大于0.5m。基岩与坝体接触面之间可采用反坡斜面、锯齿形连接、设置沟槽等措施，以增强抗滑稳定性。

全风化带岩石须予以清除，强风化带或弱风化带可根据受力条件和重要性进行适当处理，对裂隙发育的岩石地基可采用固结灌浆处理。对岩石地基中的泥化夹层和缓倾角软弱带，应根据其埋藏深度和地基稳定的影响程度采取不同的处理措施。对岩基中的断层破碎带，应根据其分布情况和对结构安全的影响程度采取不同的处理措施。地基中存在的表层夹泥裂隙、风化囊、断层破碎带、节理密集带、岩溶充填物及浅埋的软弱夹层等局部工程地质缺陷，应结合地基开挖予以全部或局部挖除。浆砌石拦渣坝不良地基处理措施可参考混凝土拦渣坝有关内容。

3. 碾压堆石拦渣坝

碾压堆石拦渣坝是用碾压机具将砂、砂砾和石料等建筑材料或经筛选后的弃石渣分层碾压后建成的一种用于渣体拦挡的建（构）筑物。碾压堆石拦渣坝类似于透水堆石坝，不同之处在于其采用坝体拦挡弃土（石、渣），同时利用坝体的透水功能把坝前水通过坝体排出，以降低坝前水位。

（1）特点。碾压堆石拦渣坝具有以下特点：

1）建筑材料来源丰富。

2）地基处理工程量较小。

3）工程适用范围广，后期维护便利。

4）施工简便，投资低。

（2）适用条件。

1）地形条件。碾压堆石拦渣坝对地形适应性较强。因其坝体断面较大，主要适用于坝轴线较短、库容大、有条件且便于施工场地布设的沟道型弃渣场。

2）地质条件。该坝型对工程地质条件的适应性较好，对大多数地质条件，经处理后均可采用。但对厚的淤泥、软土、流沙等地基，采用时需经过论证。

3）筑坝材料来源。筑坝材料优先考虑从弃石渣中选取，也可就近开采砂、石料、砾石料等。

4）施工条件。由于该坝型工程量较大，为满足弃渣场“先拦后弃”的水土保持要求，坝体需要在较短的时间内填筑到一定高度，施工强度较大，对机械化施工能力要求较高。

（3）坝址选择。该坝型的坝址选择一般考虑如下因素：

1）坝轴线较短，筑坝工程量小。

2）坝址附近场地地形开阔，容易布设施工场地。

3）地质条件较好，无不宜建坝的不良地质条件，坝基处理容易，费用较低。

4）筑坝材料丰富，运距短，交通方便。

（4）筑坝材料。

1）坝体堆石料。筑坝材料应优先考虑就近利用主体工程弃石料，以表层弱风化岩层或溢洪道、隧洞、坝肩、坝基等开挖的石料为主。

a. 坝体堆石材料的质量要求：①筑坝石料有足够的抗剪强度和抗压强度，具有抵抗物理风化和化学风化的作用，具有坚固性；②石料要求以粗粒为主，能自由排水，级配良好；③多选用新鲜、完整、坚实的较大石料，且填筑后材料具有低压缩性（变形较小）和一定的抗剪强度；④石料的抗压强度一般不宜低于20MPa，石料的硬度一般不宜低于莫氏硬度表的第3级，石料容重一般不宜低于20kN/m^3，细料多的石渣饱和度以达到90%为佳。当拦渣要求和标准较低时，可根据实际情况适当降低石料质量要求。

b. 坝体堆石材料的级配要求：①尺寸应使堆石坝的沉陷尽可能小；②具有一定的渗透能力；③粒径应多数大于10mm，最大粒径不超过压实分层厚度（一般为60～80cm），粒径小于5.0mm的颗粒含量不超过20%，小于0.075mm的颗粒含量不超过5%；松散堆置时内摩擦角一般不小于30°。当拦渣要求和标准较低时，可适当降低标准。

2）坝上游反滤料。上游坝坡需设置反滤层，一般由砂砾石垫层（反滤料）和土工布组成。

反滤料一般采用无黏聚性、清洁而透水的砂砾石，也可采用碎石和石渣，要求质地坚硬、密实、耐风化，不含水溶岩；抗压强度不低于堆石料强度；清洁、级配良好、无黏聚性、透水性大，并有较好的抗冻性。反滤料渗透系数应大于堆渣渗透系数，且压实后渗透系数在$1\times10^{-3}\sim1\times10^{-2}$cm/s之间。反滤料粒径$D$与坝前堆渣防流失粒径$d$的关系为$D<(4\sim8)d$，且最大粒径不超过10cm，粒径小于0.075mm的颗粒含量不超过5%，小于5mm的颗粒含量在30%～40%之间。

当反滤料和堆渣体之间的颗粒粒径差别相当大时，在堆渣体和反滤层之间还需设置过渡区，过渡区渣料要求可参照反滤料的规定。

(5) 坝体断面。

1) 坝轴线布置。轴线布置应根据地形、地质条件，按便于弃渣、易于施工的原则，经技术经济比较后确定。坝轴线宜布置成直线。

2) 坝顶宽度。坝顶宽度主要根据后期管理运行需要、坝顶设施布置和施工要求等综合确定，一般为3～8m。坝顶有交通需要时可加宽。

3) 坝顶高程。坝顶高程为拦渣高程加安全超高。拦渣高程根据堆渣量、拦渣库容、堆渣形态确定；安全超高主要考虑坝前堆渣表面滑塌的缓冲阻挡作用、坝基沉降，以及后期上游堆渣面防护和绿化等因素分析确定，一般不小于1.0m。

4) 坝坡防护。坝上游坡设置反滤层或过渡层，下游坡为防止渗水影响坡面稳定，可采用干砌石护坡、钢筋石笼护坡或抛石护脚等。

5) 坝面坡比。坝坡应根据填筑材料通过稳定计算确定，一般应缓于填筑材料的自然安息角对应坡比，且不宜陡于1∶1.5。

6) 反滤层和过渡层。为阻止坝前堆渣随渗水向坝体和下游流失而影响坝体透水性和稳定性，需在上游坝坡设置反滤层。

反滤层一般由砂砾垫层（反滤料）和土工布组成，厚度一般不小于0.5m，机械施工时不小于1.0m，随着坝高而加厚，一般设一层，两侧为砂砾石层，中间为土工布。当堆渣与碾压堆石粒径差别较大时，需设粗、细两种颗粒级配的反滤层。

当反滤料和堆石体之间的颗粒粒径差别相当大时，在堆石体和反滤层之间还需设置过渡层。过渡层设置要求可参照反滤层的规定。

7) 坝体填筑。坝体填筑应在基础和岸坡处理结束后进行。堆石填筑前，需对填筑材料进行检验，必要时可配合做材料试验，以确保填筑材料满足设计要求。

坝体填筑时需配合加水碾压，碾压设备以中小型机械为主。堆石料分层填筑、分层碾压。

8) 坝前堆渣设计。坝前堆渣设计要求同混凝土拦渣坝。

(6) 坝基处理。坝基处理主要包括地基处理和两岸岸坡处理。

1) 地基处理。对于一般的岩土地基，可直接进行坝基开挖，将覆盖层挖除，使建基面达到设计要求即可；对于活动性断层、夹泥层发育的区段，深厚强风化层和软弱夹层整体滑动等地基应避开；对于强度、密实度与堆石料相当的覆盖层，一般可以不挖除。

对于易液化地基、湿陷性黄土地基、透水地基等不良地基，需查明软层厚度、分布范围、物理力学性质、液化性质，采用相应的措施处理，方可作为建基面。对于透水性好的地基，可采用设置截水墙、设置水平铺盖、挖槽回填等方式进行处理。对于节理、裂隙发育、风化严重的岩基，当风化层或裂隙发育岩石层厚度不大时，可对其进行清理，开挖至新鲜岩面并进行平整；当风化层或裂隙发育岩石层厚度较大、可能影响坝体稳定时，可以适当清理后，采用灌浆措施处理。对于存在软土、易液化土、湿陷性黄土等透水性较差的软土地基，可采用换填、铺排水垫层的方式进行处理。

坝基开挖一般采用人工或机械开挖，特殊情况下亦可使用爆破开挖。

2) 两岸岸坡处理。对于坝肩与岸坡连接处，开挖时，一般岩质边坡坡度应缓于1∶0.5，土质边坡应缓于1∶1.5，并力求连接处坡面平顺，不出现台阶式或悬坡，坡度最大不陡于70°。

如果岸坡为砂砾或土质，一般应在连接面设置反滤层，如砂砾层、土工布等型式。

如果岸坡有整体稳定问题，可采用削坡、抗滑桩、预应力锚索等工程措施处理，并加强排水和植被措施。如果有局部稳定问题，可采用削坡处理、浆砌块石拦挡、锚杆加固等型式加固。

(7) 设计算例。以东北地区某电站1号弃渣场为例，对碾压堆石拦渣坝的设计过程介绍如下。

1) 算例概况。该弃渣场位于调压井附近的杨家沟内，占地面积约5.58hm^2，拟堆放弃渣56.68万m^3（自然方），折合松方82.87万m^3，其中石方占81%，渣源主要为厂房石方明挖和引水系统石方洞挖产生的弃渣。

2) 设计要点。

a. 初选堆石坝设计断面。根据设计和地质勘察资料，初选堆石坝设计断面，主要包括选址选型、确定拦渣高程及坝轴线、坝顶设计、拟定坝坡、坝基处理等步骤。

a) 选址选型。根据现场查勘，杨家沟内地形相对开阔，便于布设施工场地；拟建坝址处覆盖层较薄，基础处理简便；且该渣场石渣料丰富，质地较好，交通方便，运距较短；拟建坝址处坝轴线相对较短，具备建坝的有利条件，适宜于建坝。经综合比选分析，设计选用碾压堆石拦渣坝，并根据现场地勘情况，初步拟定了坝轴线可选范围。

b) 确定拦渣高程及坝轴线。根据堆渣量，拟定不同坝轴线位置和拦渣高程进行方案比较，选择适宜的拦渣高程和轴线位置方案，使得拦渣坝高度、坝轴线长度、堆渣高度等较为合适，基础处理难度不大。

经验算后，确定坝拦渣高程为78.00m，河床中心处坝高约18m，基础覆盖层厚度小于3m，坝前堆渣高度42m，坝轴线长71m。

c）坝顶设计。考虑坝顶交通和后期管理运行需要，该渣场坝顶宽度取5m，坝顶高程在拦渣高程基础上加超高1.0m，并采用C15混凝土压顶20cm。

d）拟定坝坡。根据同类工程设计经验，考虑到该渣场的拦渣坝高度接近20m，因此，上、下游坝面坡比均采用1∶1.5，并在坝背坡设置反滤层，层厚120cm，两侧为60cm砂砾石层，中间为土工布。

e）坝基处理。由于坝址处覆盖层较薄（小于3m），并考虑到坝高度较大，故选择将坝基覆盖层全部挖除，且至少挖至强风化层上限。

根据以上设计，初拟的拦渣坝断面见图3.6-5。

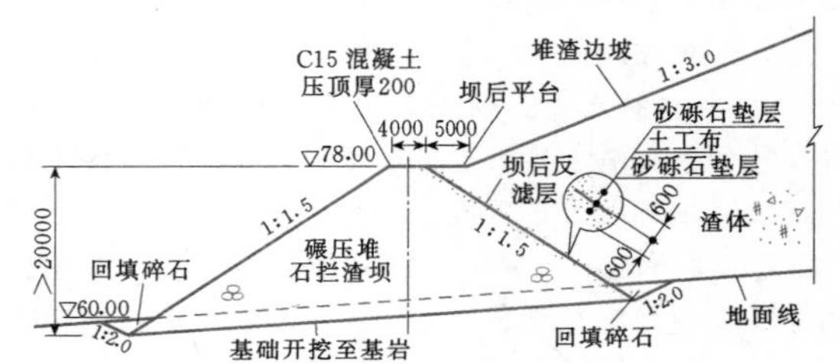

图3.6-5 拦渣坝断面图

（尺寸单位：mm；高程单位：m）

b. 稳定分析。根据初拟的拦渣坝断面进行稳定分析，分析内容主要包括渗透稳定分析、坝坡稳定分析，以及将拦渣坝与堆渣体作为一个整体的稳定性分析等方面。

a）渗透稳定分析。根据地形资料，坝址处河谷近似为三角形，按照三角形断面的河谷公式求解坝的渗透流量。

根据地质资料，碾压堆石以黑云斜长片麻岩和燕山期中粗粒花岗岩为主，石料容重平均约$2.6\times10^4kN/m^3$，堆石压实后干容重$2.0\times10^4kN/m^3$，孔隙率23%；河谷宽度B为71m；坝底宽度S为58m；三角形河谷的边坡平均坡率m为（2.35＋1.45）/2＝1.9；坝下游水深取河道常水位，约0.8m；取上、下游水位差16.0m（基本全蓄水）、9.0m（蓄水约一半）、2.0m（基本不蓄水）和石料平均粒径25cm、35cm、50cm三组数据分别验算。

经计算，结果见表3.6-3。

表3.6-3 渗透稳定计算结果表

序号	平均粒径D_m（cm）	渗透系数k（m/s）	上、下游水位差H（m）	渗透流量Q（m^3/s）	临界流量q_k［$m^3/(s\cdot m)$］	允许渗透流量Q_d（m^3/s）	是否满足要求
1	25	0.22	16.0	29.93	0.42	29.82	否
2	25	0.22	9.0	12.63	0.42	29.82	是
3	25	0.22	2.0	1.32	0.42	29.82	是
4	35	0.27	16.0	35.70	0.62	44.02	是
5	35	0.27	9.0	15.06	0.62	44.02	是
6	35	0.27	2.0	1.58	0.62	44.02	是
7	50	0.32	16.0	42.93	0.83	58.93	是
8	50	0.32	9.0	18.11	0.83	58.93	是
9	50	0.32	2.0	1.90	0.83	58.93	是

由计算结果可知，除在水位差16m、平均粒径25cm时不满足要求外，其余工况条件均满足要求，因此，堆石坝在填筑时要严格控制石料级配，要求平均粒径超过30cm。

b）坝坡稳定分析。根据《水利水电工程等级划分及洪水标准》（SL 252）的要求，水电站等别为Ⅲ等，拦渣坝建筑物级别为4级（参考永久次要建筑物），工程区地震烈度为Ⅶ度，内摩擦角取40°，核算结果见表3.6-4。

表3.6-4 坝坡稳定计算结果表

计算方法	荷载组合	规范要求安全系数	计算结果
简化毕肖普法	基本组合	1.25	1.259
	特殊组合	1.10	1.171
瑞典圆弧法	基本组合	1.15	1.258
	特殊组合	1.01	1.193

由计算结果可知，各种工况均满足规范要求。

c）整体稳定性分析。将碾压堆石拦渣坝和堆渣体看做一个整体，根据《水利水电工程边坡设计规范》（SL 386）的要求，电站等别为Ⅲ等，弃渣场边坡级别为5级，验算结果见表3.6-5。

表3.6-5　整体稳定计算结果表

计算方法	荷载组合	规范要求安全系数	计算结果
简化毕肖普法	基本组合	1.15	1.173
	特殊组合	1.05	1.112
瑞典圆弧法	基本组合	1.15	1.174
	特殊组合	1.05	1.093

由计算结果可知，各种工况均满足规范要求。

3.6.4.2 滞洪式拦渣坝

滞洪式拦渣坝是指坝体既拦渣又挡上游来水的拦挡建筑物，其设计原理和一般水工挡水建筑物相同。其按坝型可分为重力坝和土石坝，按建筑材料可分为混凝土坝、浆砌石坝和土石坝。重力坝一般不设溢洪道，采用坝顶溢流泄洪；土石坝一般采用均质土坝或土石混合坝，土石坝设专门的溢洪道或其他如竖井设施等排泄洪水，如从坝顶溢流泄洪，应考虑防冲措施。

此处仅详述浆砌石坝，其他坝型参考相应规范设计。

1. 特点

（1）常用滞洪式拦渣坝一般采用低坝，规模小、坝体结构简单，主要建筑材料可以就地取材或来源于弃渣，造价相对低。

（2）对渗漏要求不高，在不发生渗透性破坏、不影响稳定的前提下，渗漏有助于排除渣体内积水，进而减轻上游水压力。

（3）施工技术简单，对施工机械设备要求比较灵活，但机械化程度一般较低，以人工为主；建成后的维修及处理工作较简单。

（4）和传统浆砌石重力坝相比较，其主要区别在于滞洪式拦渣坝上游不是逐年淤积的水库泥沙，而是以短时间内工程弃土弃渣为主，弃渣顶高程可能与溢流坝顶齐平。

2. 适用条件

（1）地形条件。库容条件较好，坝轴线较短，筑坝工程量小；坝址附近有地形开阔的场地，便于布设施工场地和施工道路。

（2）地质条件。基础一般要求坐落于基岩地基上，坝址处应地质条件良好，基岩出露或覆盖层较浅，无软弱夹层；坝肩处岸坡稳定，无滑坡等不良地质条件；坝基和两岸的节理、裂隙等处理容易。

（3）筑坝材料。坝址附近有适用于筑坝的石料，条件容许时应尽量从弃渣中筛选利用；其他材料可在当地购买。

（4）筑坝后不直接威胁下游村镇的安全。

（5）弃渣所在沟道流域面积不宜过大，在库容满足要求的前提条件下，坝址控流域面积越小越好。

3. 筑坝材料

浆砌石拦渣坝的筑坝材料主要包括石料和胶凝材料，筑坝材料要求可参考截洪式浆砌石拦渣坝。

4. 设计要点

（1）稳定计算、应力计算方法同截洪式浆砌石拦渣坝，但需重点考虑坝上游水压力影响。

（2）设计洪水标准，可参考《水利水电工程水土保持技术规范》（SL 575—2012）确定，拦渣库容为弃渣量和坝址以上流域内的来沙量之和。

（3）坝顶高程＝建基高程＋拦渣高度＋滞洪水深＋超高。

（4）设计洪水：一般情况下，拦渣坝控流域面积比较小，应采用当地小流域洪水计算方法进行计算。

5. 设计算例

（1）渣场概况。大岔沟流域面积约7km^2，拦渣坝坝址控制流域面积3.74km^2，河流长度3.13km，平均宽度1.19km，平均比降为74.1‰。弃渣来源于山西引黄入晋工程总干二级泵站，弃渣量约70万m^3，弃渣堆放在沟槽内，堆高约36m。为防止洪水将弃渣冲走，造成水土流失，需采取必要的工程措施对渣场进行防护。

（2）气象水文。渣场所在县多年平均气温7℃，极端最低气温－31℃，极端最高气温38.1℃，相对湿度53%，年降雨量436.9mm，年蒸发量1986.5mm，降雨多集中在7月、8月、9月三个月，无霜期153d。最大风速20m/s左右，冬季多西北风，春季多东南风，最大冻土深1.9m。

沟内无实测水文资料，经计算，20年一遇设计洪峰流量95m^3/s，洪量27.3万m^3；50年一遇校核洪峰流量125m^3/s，洪量29.5万m^3。

（3）地形地质。坝址处沟底和两岸基岩出露，谷底宽15～20m，高程1028.00～1031.00m。坝址处大岔沟走向由西转为S40°～50°W。左岸岸坡下部为陡坎，以上坡度为25°～40°，坡顶高程1100.00m左右；右岸岸坡下部为陡坎，以上坡度为40°左右，坡顶高程约1080.00m。谷底与两岸的相对高差大于50m，沟谷断面呈V形。

坝址区出露地层为古生界寒武系风山组、奥陶系冶里和亮甲山组碳酸盐岩，以及第四系全新统松散堆积物。左岸坝肩处出露岩层自下而上为：寒武系上统凤山组第二岩组中厚层的白云质灰岩，奥陶系下统冶里组岩组中厚层白云岩夹薄层白云岩及泥质条带白云质灰岩和亮甲山组中厚层白云岩等。岩层倾向沟谷，倾角 3°～5°，为顺向岸坡，但因倾角小，而且岩体中无软弱夹层分布，岸坡整体稳定性较好。右岸坝肩处出露地层自下而上为：寒武系上统凤山组第二岩组中厚层白云质灰岩，奥陶系下统冶里组岩组中厚层白云岩夹薄层白云岩及泥质条带白云质灰岩和亮甲山组中厚层白云岩等。岩层倾向岸坡内部，为逆向岸坡，加之岩体中无软弱岩层或软弱夹层分布，坝肩岩体稳定性较好。

坝基沟底基岩裸露，为寒武系凤山组第一岩组，中厚层状灰岩，岩性坚硬，强风化层厚 0.5～1m，左、右岸坡脚处分布有坡积的块碎石土。根据其他相似工程的坝基岩体试验资料类比，坝基薄层灰岩层面的抗剪断指标为 $\tan\varphi=0.55\sim0.6$，$C'=0.1\sim0.3$MPa，混凝土与弱风化灰岩岩体的抗剪断强度为 $\tan\varphi=0.65\sim0.7$，$C'=0$。

对上述工程地质条件及存在的工程地质问题进行分析，该坝址建坝地形条件好，坝基及坝肩岩体质量较好，适宜修建混凝土坝或砌石坝。但是，应将坝基及左、右坝肩强风化层挖除，并挖除一部分岸边卸荷体，将坝建于弱风化岩体上。

（4）工程等级及洪水标准。拦渣坝工程为Ⅴ级，设计洪水标准取 20 年一遇，相应洪水位 1047.20m；校核洪水标准采取 50 年一遇，相应洪水位 1047.50m。

（5）拦渣坝工程布置及设计。

1）坝型选择。弃渣场下游河道窄而深，河底基岩裸露、完整，地形条件适宜建坝。坝址处基岩稳定性好，上部为薄层灰岩，厚约 2m，下部为中厚层状灰岩，两岸坝坡整体稳定性较好，岩体中无软弱夹层分布，工程地质条件较好，适合建重力坝，因此考虑修建浆砌石重力拦渣坝。

2）拦渣坝布置及断面尺寸。经布置方案比较，选定的拦渣坝坝顶总长 58.6m，坝顶高程 1047.80m，溢流堰顶高程 1045.50m，设计洪水位 1047.20m，校核洪水位 1047.50m。拟定最大坝高 19.8m，上游坝坡 1∶0.4，下游坝坡 1∶0.8，起点桩号布置在右岸坝肩，桩号 0＋019～0＋039 为溢流坝段，桩号 0＋000～0＋019、0＋039～0＋058 为挡水坝段。大坝无交通要求，坝顶宽 3.5m，坝底最大宽度为18.94m。

拦渣坝溢流坝段长 20m，溢流堰两侧墙高 0.45m，厚 0.8m，堰面曲线采用 WES 剖面，幂曲线方程为 $x^{1.85}=3.171y$，原点上游为 1/4 椭圆曲线，椭圆方程为 $\frac{x^2}{0.516^2}+\frac{(0.292-y)^2}{0.292}=1.0$。挑流反弧半径 2.81m，挑角 23.2°，挑坎顶高程 1036.30m。

3）溢流堰泄流能力计算。溢流堰为实用堰，泄量计算采用公式（3.5－4）。计算结果见表 3.6－6。

表 3.6－6　　溢流堰堰前水深－下泄流量关系表

H（m）	0.5	1	2	3	4	5	6	7	8
Q（m³/s）	15.66	44	123.2	224.04	341.38	472.1	614.08	765.58	925.3

4）溢流坝段挑流消能计算。挑距计算采用如下公式。

$$L=\frac{1}{g}\left[V_1^2\sin\theta\cos\theta+V_1\cos\theta\times\sqrt{V_1^2\sin^2\theta+2g(h_1+h_2)}\right]\tag{3.6-3}$$

$$V_1=1.1\varphi\sqrt{2gH_0}\tag{3.6-4}$$

$$h_1=h\cos25°\tag{3.6-5}$$

式中　L——水舌抛距，m；

V_1——坝顶水面流速，m/s；

H_0——库水位至坎顶落差，m；

θ——鼻坎挑角；

h_1——坎顶垂直方向水深，m；

h——坎顶平均水深，m；

h_2——坎顶至河床面高差，m；

φ——堰面流速系数，取 0.876。

计算结果为 $L=25.05$m。

最大冲坑深度计算公式如下。

$$t_k=\alpha q^{0.5}H^{0.25}\tag{3.6-6}$$

式中　t_k——水垫厚度，自水面算至坑底，m；

α——冲坑系数，取 1.0；

q——单宽流量，m³/(s·m)；

H——上、下游水位差，m。

计算结果为 $t_k=4.5$m。

5）坝基及上下游处理。根据地质资料，坝址基岩完整，强风化层厚 0～0.5m，坝肩处强风化层厚约 1～3m，开挖时将强风化岩层全部清除。高程 1030.00m 以下浇筑 C15 素混凝土，1030.00m 以上用 80 号浆砌石砌筑。为了增加溢流面的抗冲性能，溢流面用C20混凝土浇筑，厚度40cm，并用$\phi5@250$钢筋挂网。拉筋采用$\phi12@500$，长1m，保护层厚20m。另外，在坝体中埋设两排共9根硬聚氯乙烯管，外径0.18m。出口高程分别为1034.50m和1030.60m，坡度为1/100，以利于排除上游积水。

6）抗滑稳定。拦渣坝的稳定计算分基本荷载组合和特殊荷载组合两种情况，设计洪水位情况为基本荷载组合，校核洪水位情况为特殊荷载组合，两种情况均假定渣面高程和溢流堰顶齐平。选取1028.00m、1030.00m、1041.00m三个不同高程的截面进行计算，计算结果（见表3.6-7）满足规范要求。

7）应力计算。

a. 垂直正应力公式：

$$\sigma_1 = \frac{\sum G}{F} + \frac{\sum M}{W} \tag{3.6-7}$$

式中 σ_1——上游面垂直正应力；

$\sum G$——铅直力总和；

F——计算底面积；

$\sum M$——作用于计算坝体上全部作用力对坝底面形心轴的力矩和；

W——计算截面的截面系数。

b. 水平主应力计算公式：

$$\sigma_2 = (1 + m_1^2)\sigma_1 - m_1^2(p - p') \tag{3.6-8}$$

式中 σ_2——上游面水平主应力；

m_1——上游坝坡；

σ_1——上游面垂直正应力；

p——计算截面在上游坝面所承受的水压力强度；

p'——计算截面在上游坝面处的扬压力强度。

本次主要对上游面折坡点处的应力进行了计算，计算结果满足规范要求，见表3.6-7。

表3.6-7　稳定计算及应力计算成果表

计算截面 \ 项目		考虑泥沙压力及水压力情况			不考虑泥沙压力情况		
		K	σ_1 (kN/m²)	σ_2 (kN/m²)	K	σ_1 (kN/m²)	σ_2 (kN/m²)
混凝土垫层及基层面（1028.00m）	基本荷载组合	3.4	42.77	42.77	4.34	25.00	25.00
	特殊荷载组合	3.32	30.00	30.00	4.32	15.11	15.11
浆砌石体及混凝土垫层（1030.00m）		3.76	81.05	43.61	4.73	45.80	3.07
1041.00m高程折坡处	溢流坝段	11.23	43.48	43.48		41.20	41.20
	挡水坝段	7.92	41.68	41.68		52.14	52.14

大岔沟弃渣场拦渣坝平面布置、纵横剖面及实景照片见图3.6-6和图3.6-7。

3.6.5 拦挡工程稳定计算

3.6.5.1 挡渣墙稳定计算

设计挡渣墙时，应计算墙体的抗滑稳定、抗倾覆稳定、地基应力、应力大小比或偏心距控制，重要的挡渣墙还应计算墙身的应力。

1. 抗滑稳定计算

$$K_s = \frac{f\sum W}{\sum P} \geqslant [K_s] \tag{3.6-9}$$

式中 K_s——抗滑稳定安全系数；

f——挡渣墙基底与地基之间的摩擦系数，宜由试验确定，无试验资料时，根据类似地基的工程经验确定，可参照表3.6-8取值；

$\sum W$——作用于挡渣墙上、全部垂直于基底面的荷载，kN；

$\sum P$——作用于挡渣墙上、全部平行于基底面的荷载，kN；

$[K_s]$——抗滑稳定安全系数容许值。

挡渣墙抗滑稳定安全系数容许值应根据挡渣墙级别，按相关标准确定。

2. 抗倾覆稳定计算

$$K_t = \frac{\sum M_y}{\sum M_o} \geqslant [K_t] \tag{3.6-10}$$

式中 K_t——抗倾覆稳定安全系数；

$\sum M_y$——作用于墙身各力对墙前趾的稳定力矩，kN·m；

$\sum M_o$——作用于墙身各力对墙前趾的倾覆力矩，kN·m；

$[K_t]$——抗倾覆稳定安全系数容许值。

挡渣墙抗倾覆稳定安全系数容许值应根据挡渣墙级别，按相关标准确定。

3. 基底应力验算

(1) 基底应力计算。

$$\sigma_{max、min} = \frac{\sum G}{A} \pm \frac{\sum M}{W} \tag{3.6-11}$$

其中 $$\sum M = e\sum G$$

式中 σ_{max}——基底最大应力，kPa；

σ_{min}——基底最小应力，kPa；

$\sum G$——所有作用于挡渣墙基底的竖向荷载总和，kN；

A——挡渣墙基底的面积，m^2；

$\sum M$——各力对挡渣墙基底中心力矩之和，kN·m；

W——挡渣墙基底对于基底平行前墙墙面方向形心轴的截面矩，m^3。

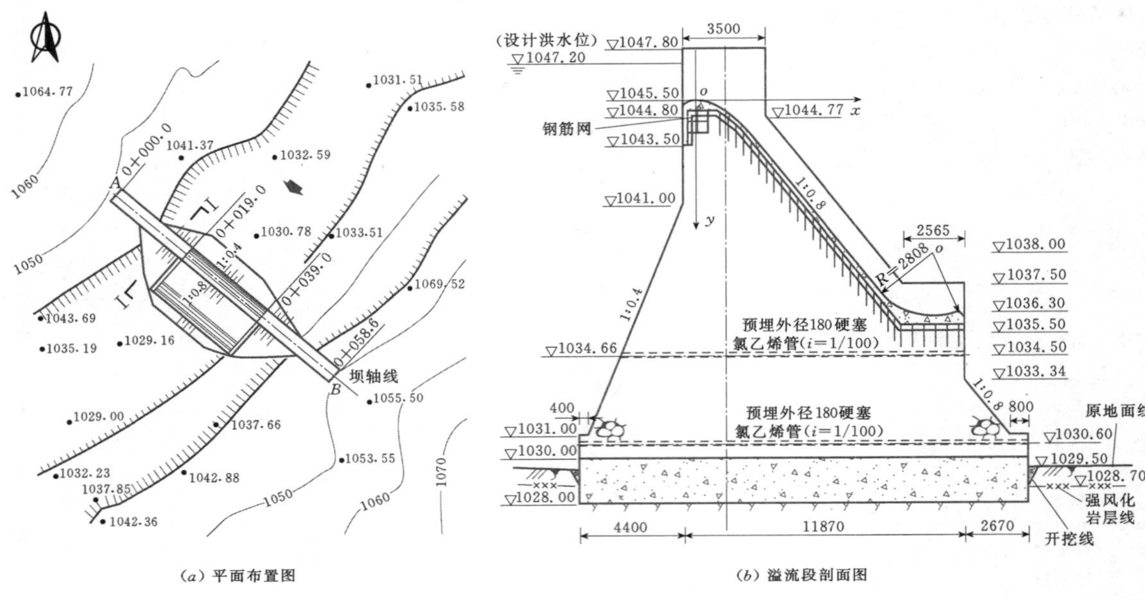

(a) 平面布置图　　(b) 溢流段剖面图

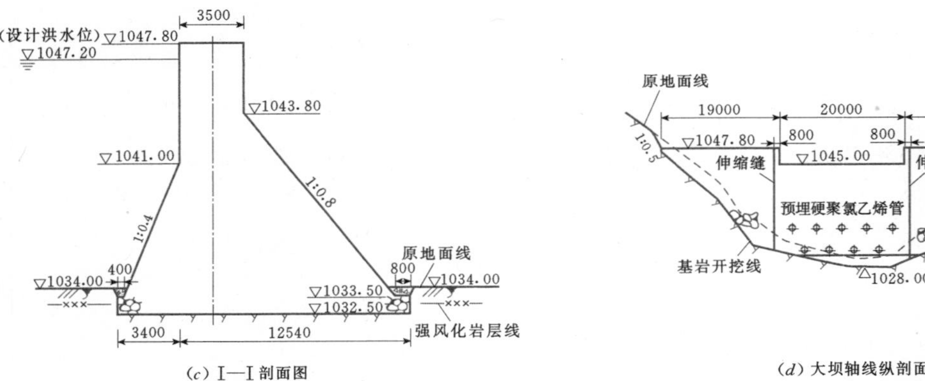

(c) Ⅰ—Ⅰ剖面图　　(d) 大坝轴线纵剖面图

图3.6-6 大岔沟弃渣场拦渣坝平面布置和纵横剖面图（高程单位：m；桩号单位：km+m；尺寸单位：mm）

图3.6-7 大岔沟弃渣场拦渣坝实景照片

表 3.6-8　挡渣墙基底与地基的摩擦系数表

土的类别		摩擦系数
黏性土	可塑	0.25～0.3
	硬塑	0.3～0.35
	坚硬	0.35～0.45
粉土	$S_r \leqslant 0.5$	0.3～0.4
中砂、粗砂、砾砂		0.4～0.5
碎石土		0.4～0.5
软质岩石		0.4～0.55
表面粗糙的硬质岩石		0.65～0.75

注　表中 S_r 是与基础形状有关的形状系数，$S_r=(1\sim0.4)B/L$，B 为基础宽度，m；L 为基础长度，m。

（2）基底应力验算。对于建在土基上的挡渣墙，基底应力验算应满足以下三个条件：

1）基底平均应力不大于地基容许承载力。

$$\sigma_{cp} \leqslant [R] \qquad (3.6-12)$$

式中　σ_{cp}——平均应力，kPa；

$[R]$——地基容许承载力，kPa。

2）基底最大应力：

$$\sigma_{\max} \leqslant \partial[R] \qquad (3.6-13)$$

式中　∂——加大系数，一般为 1.2～1.5。

3）基底应力不均匀系数不大于容许值。

$$\eta=\frac{\sigma_{\max}}{\sigma_{\min}} \leqslant [\eta] \qquad (3.6-14)$$

式中　η——基底应力不均匀系数；

$[\eta]$——基底应力不均匀系数容许值，对于松软地基，宜取 $[\eta]=1.5\sim2.0$；对于中等坚硬、密实地基，宜取 $[\eta]=2.0\sim3.0$。

4. 墙身应力验算

挡渣墙一般不需作墙身应力复核。对于较高的重力式挡渣墙，其正应力可参照公式（3.6-7）计算，此时垂直正应力和水平主应力等是对计算截面取值。

5. 挡渣墙稳定计算荷载组合

（1）荷载分类。作用在挡渣墙上的荷载有墙体自重、土压力、水压力、扬压力、冰压力、地震力、其他荷载（如汽车、人群等荷载）。

（2）荷载组合，见表 3.6-9。

6. 土压力计算

挡渣墙一般情况下可按平面问题分析，设计时参照本手册挡土墙设计部分。

3.6.5.2　拦渣堤稳定计算

拦渣堤稳定计算包括抗滑、抗倾覆稳定和地基承载力要求验算。稳定安全系数可根据拦渣工程建筑物级别和所遭遇的工况，按相应规范取值。

1. 荷载组合

（1）荷载分类。作用在拦渣堤上的荷载有自重、土压力、水压力、扬压力、浪压力、冰压力、地震力、其他荷载（如汽车、人群等荷载）。

（2）荷载组合，见表 3.6-10。

表 3.6-9　荷载组合表

荷载组合	计算情况	荷载						
		自重	土压力	水压力	扬压力	冰压力	地震力	其他荷载
基本组合	正常运用	√	√	√	√	√	—	√
特殊组合	地震情况	√	√	√	√	√	√	√

表 3.6-10　荷载组合表

荷载组合	计算情况	荷载							
		自重	土压力	水压力	扬压力	浪压力	冰压力	地震力	其他荷载
基本组合	正常运用	√	√	√	√	√	√	—	√
特殊组合	地震情况	√	√	√	√	√	√	√	√

2. 稳定计算

拦渣堤的稳定计算原理同挡渣墙，但在实践中应注意以下几点：

（1）岩基内有软弱结构面时，还要核算沿地基软弱面的深层抗滑稳定。

（2）抗滑稳定安全系数容许值 $[K_s]$、抗倾覆稳定安全系数容许值 $[K_t]$ 和挡渣墙取值不同，应参照《堤防工程设计规范》（GB 50286）选取。

（3）基底与地基之间或软弱结构面之间的摩擦系数，宜采用试验数据。当无试验资料时，可参考表 3.6-8 取值。需要注意，拦渣堤应考虑到水对摩擦系数的影响，按偏于安全选取。

3.6.5.3　拦渣坝稳定计算

1. 混凝土拦渣坝稳定计算

混凝土拦渣坝由于坝前后设排水设施，一般坝后地下水位控制在较低水平，可不进行坝基抗渗稳定性验算，必要时采取坝基防渗排水措施即可。混凝土拦渣坝基础要求坐落在基岩上，条件较好的岩石地基一般不涉及地基整体稳定问题，当地基条件较差时，需对地基进行专门处理后方可建坝。本节主要介绍混凝土拦渣坝的抗滑稳定和应力计算。

（1）荷载组合及荷载计算。

1）荷载组合。混凝土拦渣坝承受的荷载主要有坝体自重、静水压力、扬压力、坝后土压力、地震荷载以及其他荷载等。作用在坝体上的荷载可分为基本组合与特殊组合。基本组合属正常运用情况，由同时出现的基本荷载组成；特殊组合属校核工况或非常工况，由同时出现的基本荷载和一种或几种特殊荷载组成。

a. 基本荷载：①坝体及其上固定设施的自重；②稳定渗流情况下坝后静水压力；③稳定渗流情况下的坝基扬压力；④坝后土压力；⑤其他出现机会较多的荷载。

b. 特殊荷载：①地震荷载；②其他出现机会很少的荷载。

荷载组合见表3.6-11。

表3.6-11　　混凝土拦渣坝荷载组合

荷载组合	主要考虑情况		荷载						附注
			自重	静水压力	扬压力	土压力	地震荷载	其他荷载	
基本组合	正常运用		√	√	√	√	—	√	其他荷载为出现机会较多的荷载
特殊组合	Ⅰ	施工情况	√	—	—	√	—	√	其他荷载为出现机会很少的荷载
	Ⅱ	地震情况	√	√	√	√	√	√	

注 1. 应根据各种荷载同时作用的实际可能性，选择计算中最不利的荷载组合。
2. 施工期应根据实际情况选择最不利荷载组合，并应考虑临时荷载进行必要的核算，作为特殊组合Ⅰ。
3. 当混凝土拦渣坝坝后有排水设施时，坝后地下水位较低，荷载组合可不考虑扬压力计算。

2）荷载计算。

a. 坝体自重。坝体自重按式（3.6-15）进行计算。

$$G = \gamma_0 V \qquad (3.6-15)$$

式中 G——坝体自重，作用于坝体的重心处，kN；
γ_0——坝体混凝土容重，kN/m³；
V——坝体体积，m³。

b. 静水压力。静水压力按式（3.6-16）进行计算。

$$p = \gamma_1 H_1 \qquad (3.6-16)$$

式中 p——静水压力强度，kN/m²；
γ_1——水的容重，kN/m³；
H_1——水头，m。

c. 坝基扬压力。坝基扬压力一般由浮托力和渗透压力两部分组成。设计拦渣坝时，当下游无水位时（或认为水位与坝基齐平），扬压力主要为渗透压力。

当坝基未设防渗帷幕和排水孔时，对下游无水的情况，坝趾处的扬压力为0，坝踵处的扬压力为 H_1，其间以直线连接，如图3.6-8所示。

d. 坝后土压力。弃渣场弃渣一般按非黏性土考虑。当坝后填土面倾斜时，坝后土压力按库仑理论的主动土压力计算（见图3.6-9）；当坝后填土面水平时，坝后土压力按朗肯理论的主动土压力计算（见图

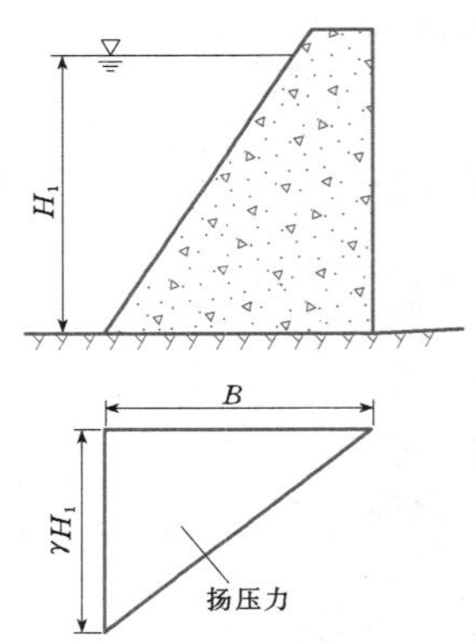

图3.6-8　混凝土拦渣坝坝基面上的扬压力分布

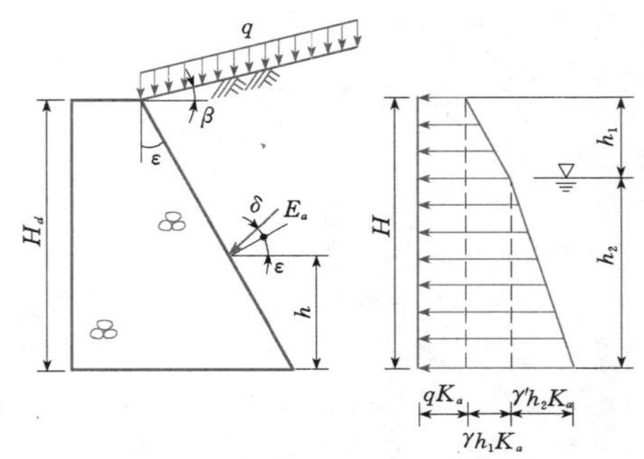

图3.6-9　坝后库仑主动土压力图（坝后填土面倾斜）

3.6-10)；坝体下游面若有弃渣压坡，土压力按照被动土压力计算。当拦渣坝在坝后土压力等荷载作用下产生的位移和变形都很小，不足以产生主动土压力时，应按照静止土压力计算。此处仅考虑坝后主动土压力的计算。

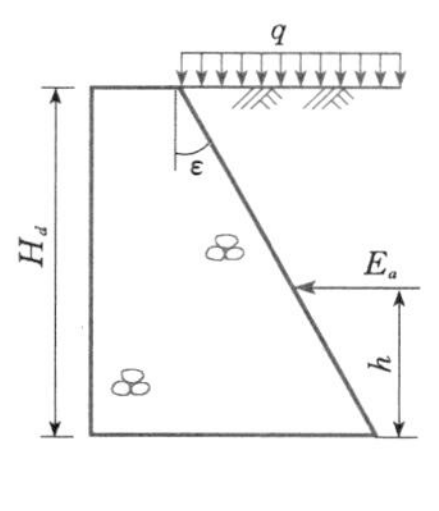

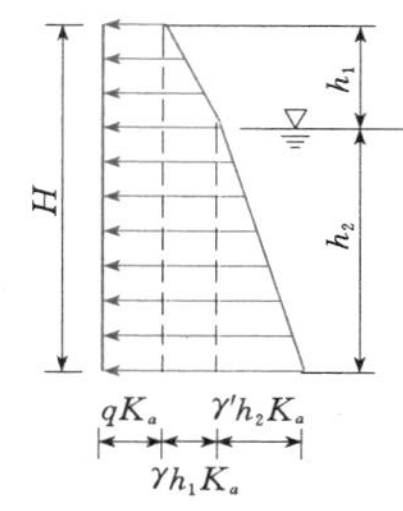

图 3.6-10 坝后朗肯主动土压力图
（坝后填土面水平）

作用于坝后的主动土压力按式（3.6-17）计算：

$$E_a = qHK_a + \frac{1}{2}\gamma h_1^2 K_a + \gamma h_1 h_2 K_a + \frac{1}{2}\gamma' h_2^2 K_a \tag{3.6-17}$$

当坝后填土倾斜时

$$K_a = \frac{\cos^2(\varphi - \varepsilon)}{\cos^2\varepsilon\cos(\varepsilon + \delta)\left[1 + \sqrt{\dfrac{\sin(\varphi + \delta)\sin(\varphi - \beta)}{\cos(\varepsilon + \delta)\cos(\varepsilon - \beta)}}\right]^2} \tag{3.6-18}$$

当坝后填土水平时

$$K_a = \tan^2(45° - \varphi/2) \tag{3.6-19}$$

式中 E_a——作用在坝体上的主动土压力，kN/m；

q——作用在坝后填土面上的均布荷载，如护坡、框格等的压力，kN/m^2；

H——土压力计算高度，m；

K_a——主动土压力系数；

β——坝后填土表面坡度，(°)；

ε——坝背面与铅直面的夹角，(°)；

φ——坝后回填土的内摩擦角，可参照表 3.6-12 根据实际回填土特性选取，(°)；

δ——坝后填土对坝背面的摩擦角，可参照表 3.6-13 根据实际情况采用，(°)；

γ——坝后填土容重，一般应根据试验结果确定，无条件时根据回填土组成和特性等综合分析选取；

γ'——坝后地下水位以下填土浮容重，kN/m^3；

h_1——坝后地下水位以上土压力的计算高度，m；

h_2——坝后地下水位至基底面土压力的计算高度，m。

表 3.6-12 岩土内摩擦角
（H·A·费道洛夫） 单位：(°)

岩石种类	内摩擦角	岩石种类	内摩擦角
绢云母、炭质	43	裂隙粉砂岩	30
薄层页岩	42	破碎粉砂岩	30
粉碎砂岩	30	第四系黄土物质	25
粉碎页岩	28	绿色黏土	50
破碎砂岩	28	泥灰质黏土	27

表 3.6-13 坝后填土对坝背面的摩擦角

坝背面排水状况	δ值
坝背光滑，排水不良	$(0.00 \sim 0.33)\varphi$
坝背粗糙，排水良好	$(0.33 \sim 0.50)\varphi$
坝背很粗糙，排水良好	$(0.50 \sim 0.67)\varphi$
坝背与填土之间不可能滑动	$(0.67 \sim 1.00)\varphi$

e. 地震荷载。地震荷载一般包括坝体自重产生的地震惯性力和地震引起的动土压力。当坝后渣体内水位较高时，还需考虑地震引起的动水压力。当工程区地震设计烈度高于Ⅶ度时，应按抗震规范的规定进行地震荷载计算。对于处在设计烈度高于Ⅷ度地域的大型混凝土拦渣坝，应进行专门研究。

常规的混凝土拦渣坝，地震作用效应采用拟静力法，一般只考虑顺河流方向的水平向地震作用。

a) 根据《水工建筑物抗震设计规范》(SL 203—97)，沿坝体高度作用于质点 i 的水平向地震惯性力代表值按式（3.6-20）计算。

$$F_i = \alpha_h \xi G_{Ei} \alpha_i / g \tag{3.6-20}$$

式中 F_i——作用于质点 i 的水平向地震惯性力代表值；

α_h——水平向设计地震加速度代表值，当地震设计烈度为Ⅶ度时取 $0.1g$、地震设计烈度为Ⅷ度时取 $0.2g$、地震设计烈度为Ⅸ度时取 $0.4g$；

ξ——地震作用的效应折减系数，除另有规定外，取 0.25；

G_{Ei}——集中在质点 i 的重力作用标准值；

α_i——质点 i 的动态分布系数，按式（3.6-21）进行计算；

g——重力加速度，m/s^2。

$$\alpha_i = 1.4\frac{1 + 4(h_i/H)^4}{1 + 4\sum_{i=1}^{n}\dfrac{G_{Ej}}{G_E}(h_j/H)^4} \tag{3.6-21}$$

式中 n——坝体计算质点总数；

H——坝高，m；

h_i、h_j——分别为质点 i、j 的高度，m；

G_E——产生地震惯性力的建筑物总重力作用的标准值。

b）根据 SL 203—97，水平向地震作用下的主动动土压力代表值按下式进行计算，其中 C_e 应取式中按“+”、“-”号计算结果中的大值。

$$F_E=\left[q_0\frac{\cos\varphi_1}{\cos(\varphi_1-\varphi_2)}H+\frac{1}{2}\gamma H^2\right](1-\zeta a_v/g)C_e \tag{3.6-22}$$

$$C_e=\frac{\cos^2(\varphi-\theta_e-\varphi_1)}{\cos\theta_e\cos^2\varphi_1\cos(\delta+\varphi_1+\theta_e)(1\pm\sqrt{Z})^2} \tag{3.6-23}$$

$$Z=\frac{\sin(\delta+\varphi)\sin(\varphi-\theta_e-\varphi_2)}{\cos(\delta+\varphi_1+\theta_e)\cos(\varphi_2-\varphi_1)} \tag{3.6-24}$$

$$\theta_e=\arctan\frac{\zeta\alpha_h}{g-\zeta\alpha_v} \tag{3.6-25}$$

式中　F_E——地震主动动土压力代表值；

q_0——土表面单位长度的荷重，kN/m²；

φ_1——坝坡与垂直面夹角，(°)；

φ_2——土表面和水平面夹角，(°)；

H——土的高度，m；

γ——土的容重的标准值，kN/m³；

φ——土的内摩擦角，(°)；

θ_e——地震系数角，(°)；

δ——坝体坡面与土之间的摩擦角，(°)；

ζ——计算系数，拟静力法计算地震作用效应时一般取 0.25；

α_h——水平向设计地震加速度代表值；

α_v——竖向设计地震加速度代表值。

（2）抗滑稳定计算。

1）计算方法。坝体抗滑稳定计算主要核算坝基面滑动条件，根据《混凝土重力坝设计规范》（SL 319—2005），按抗剪断强度公式或抗剪强度公式计算坝基面的抗滑稳定安全系数。

a. 抗剪断强度的计算公式。

$$K'=\frac{f'\sum W+c'A}{\sum P} \tag{3.6-26}$$

式中　K'——按抗剪断强度计算的抗滑稳定安全系数；

f'——坝体混凝土与坝基接触面的抗剪断摩擦系数；

c'——坝体混凝土与坝基接触面的抗剪断黏聚力，kPa；

A——坝基基础面截面积，m²；

$\sum W$——作用于坝体上全部荷载（包括扬压力）对滑动平面的法向分值，kN；

$\sum P$——作用于坝体上全部荷载对滑动平面的切向分值，kN。

b. 抗剪强度的计算公式。

$$K=\frac{f\sum W}{\sum P} \tag{3.6-27}$$

式中　K——按抗剪强度计算的抗滑稳定安全系数；

f——坝体混凝土与坝基接触面的抗剪摩擦系数；

其他参数同抗剪断强度计算公式。

当坝基内存在缓倾角结构面时，尚应核算坝体带动部分坝基的抗滑稳定性，根据地质资料可概括为单滑动面、双滑动面和多滑动面，进行抗滑稳定分析。双滑动面为最常见情况，其抗滑稳定计算采用等安全系数法，按抗剪断强度公式或抗剪强度公式进行计算（见图 3.6-11）。

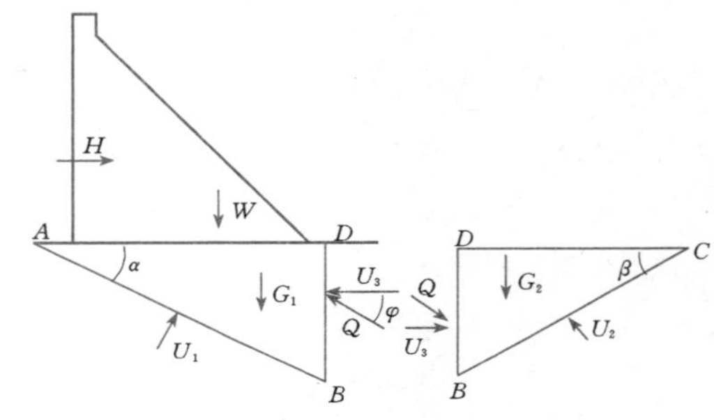

图 3.6-11　双滑动面计算示意图

采用抗剪断强度公式计算。考虑图 3.6-11 中 ABD 块的稳定，则有

$$K_1'=\frac{f_1'[(W+G_1)\cos\alpha-H\sin\alpha-Q\sin(\varphi-\alpha)-U_1+U_3\sin\alpha]+c_1'A_1}{(W+G_1)\sin\alpha+H\cos\alpha-U_3\cos\alpha-Q\cos(\varphi-\alpha)} \tag{3.6-28}$$

考虑 BCD 块的稳定，则有

$$K_2'=\frac{f_2'[G_2\cos\beta+Q\sin(\varphi+\beta)-U_2+U_3\sin\beta]+c_2'A_2}{Q\cos(\varphi+\beta)-G_2\sin\beta+U_3\cos\beta} \tag{3.6-29}$$

式中　K_1'、K_2'——按抗剪断强度计算的抗滑稳定安全系数；

W——作用于坝体上全部荷载（不包括扬压力）的垂直分值，kN；

H——作用于坝体上全部荷载的水平分值，kN；

G_1、G_2——岩体 ABD、BCD 重量的垂直作用力，kN；

f_1'、f_2'——AB、BC 滑动面的抗剪断摩擦系数；

c_1'、c_2'——AB、BC 滑动面的抗剪断黏聚力，kPa；

A_1、A_2——AB、BC 面的面积，m^2；

α、β——AB、BC 面与水平面的夹角；

U_1、U_2、U_3——AB、BC、BD 面上的扬压力，kN；

Q——BD 面上的作用力，kN；

φ——BD 面上的作用力 Q 与水平面的夹角，φ 值需经论证后选用，从偏于安全考虑，φ 可取 0°。

通过两公式及 $K_1'=K_2'=K'$，求解 Q、K' 值。

当采用抗剪断强度公式计算仍无法满足抗滑稳定安全系数要求的坝段，可采用抗剪强度公式计算抗滑稳定安全系数。

考虑 ABD 块的稳定，则有

$$K_1=\frac{f_1[(W+G_1)\cos\alpha-H\sin\alpha-Q\sin(\varphi-\alpha)-U_1+U_3\sin\alpha]}{(W+G_1)\sin\alpha+H\cos\alpha-U_3\cos\alpha-Q\cos(\varphi-\alpha)}\tag{3.6-30}$$

考虑 BCD 块的稳定，则有

$$K_2=\frac{f_2[G_2\cos\beta+Q\sin(\varphi+\beta)-U_2+U_3\sin\beta]}{Q\cos(\varphi+\beta)-G_2\sin\beta+U_3\cos\beta}\tag{3.6-31}$$

式中 K_1、K_2——按抗剪强度计算的抗滑稳定安全系数；

f_1、f_2——AB、BC 滑动面的抗剪摩擦系数；

其他参数意义同前。

通过上述两个公式及 $K_1=K_2=K$，求解 Q、K 值。

对于单滑动面和多滑动面情况及坝基有软弱夹层的稳定计算可参照相关规范。

2）岩基上的抗剪摩擦系数 f、抗剪断摩擦系数 f' 和相应的黏聚力 c' 值。根据试验资料及工程类比，由地质、试验和设计人员共同研究决定。若无条件进行野外试验时，宜进行室内试验。岩基上的抗剪摩擦系数、抗剪断摩擦系数和抗剪断黏聚力可参照表 3.6-14 所列数值选用。

3）抗滑稳定安全系数。按抗剪强度计算公式和抗剪断强度计算公式计算的安全系数，应不小于表 3.6-15 中的最小允许安全系数。坝基岩体内部深层抗滑稳定按抗剪强度公式计算的安全系数指标可经论证后确定。

表 3.6-14　岩基上的抗剪、抗剪断参数

岩石地基类别		抗剪断参数		抗剪参数
		f'	c'（MPa）	f
硬质岩石	坚硬	1.5～1.3	1.5～1.3	0.65～0.70
	较坚硬	1.3～1.1	1.3～1.1	0.60～0.65
软质岩石	较软	1.1～0.9	1.1～0.7	0.55～0.60
	软	0.9～0.7	0.7～0.3	0.45～0.55
	极软	0.7～0.4	0.3～0.05	0.40～0.45

注　如岩石地基内存在结构面、软弱层（带）或断层的情况，抗剪、抗剪断参数应按《水利水电工程地质勘察规范》（GB 50487）的规定选用。

表 3.6-15　抗滑稳定安全系数

荷载组合 \ 级别		1	2	3	4、5
抗剪强度计算	基本组合	1.10	1.05～1.08	1.05～1.08	1.05
	特殊组合Ⅰ	1.05	1.00～1.03	1.00～1.03	1.00
	特殊组合Ⅱ	1.00	1.00	1.00	1.00
抗剪断强度计算	基本组合	3.00	3.00	3.00	3.00
	特殊组合Ⅰ	2.50	2.50	2.50	2.50
	特殊组合Ⅱ	2.30	2.30	2.30	2.30

注　抗滑稳定安全系数主要参考 SL 319—2005。

4）提高坝体抗滑稳定性的工程措施：

a. 开挖出有利于稳定的坝基轮廓线。坝基开挖时，宜尽量使坝基面倾向上游。基岩坚固时，可以开挖成锯齿状，形成局部倾向上游的斜面，但尖角不要过于突出，以免应力集中。

b. 坝踵或坝趾处设置齿墙。

c. 采用固结灌浆等地基加固措施。

d. 坝后增设阻滑板或锚杆。

e. 坝后宜填抗剪强度高、排水性能好的粗粒料。

(3) 应力计算。

1) 坝基截面的垂直应力计算。拦渣坝坝基截面的垂直应力按式 (3.6-32) 计算。

$$\sigma_y = \frac{\sum W}{A} \pm \frac{\sum Mx}{J} \quad (3.6-32)$$

式中 σ_y——坝踵、坝趾垂直应力,kPa;

$\sum W$——作用于坝段上或 1m 坝长上全部荷载在坝基截面上法向力的总和,kN;

$\sum M$——作用于坝段上或 1m 坝长上全部荷载对坝基截面形心轴的力矩总和,kN·m;

A——坝段或 1m 坝长的坝基截面积,m^2;

x——坝基截面上计算点到形心轴的距离,m;

J——坝段或者 1m 坝长的坝基截面对形心轴的惯性矩,m^4。

2) 坝体上、下游面垂直正应力计算。坝体上、下游面垂直正应力计算采用式 (3.6-33):

$$\sigma_y^{u,d} = \frac{\sum W}{T} \pm \frac{6\sum M}{T^2} \quad (3.6-33)$$

式中 $\sigma_y^{u,d}$——坝体上、下游面垂直正应力,上游面式中取"+",下游面式中取"-",kPa;

T——坝体计算截面上、下游方向的宽度,m;

$\sum W$——计算截面上全部垂直力之和,以向下为正,计算时切取单位长度坝体,kN;

$\sum M$——计算截面上全部垂直力及水平力对于计算截面形心的力矩之和,以使上游面产生压应力者为正,kN·m。

3) 坝体上、下游面主应力计算。坝体上、下游面主应力计算采用式 (3.6-34) ~式 (3.6-37)。

上游面主应力:

$$\sigma_1^u = (1+m_1^2)\sigma_y^u - m_1^2(P - P_u^u) \quad (3.6-34)$$

$$\sigma_2^u = P - P_u^u \quad (3.6-35)$$

下游面主应力:

$$\sigma_1^d = (1+m_2^2)\sigma_y^d - m_2^2(P' - P_u^d) \quad (3.6-36)$$

$$\sigma_2^d = P' - P_u^d \quad (3.6-37)$$

式中 m_1、m_2——上、下游坝坡;

P、P'——计算截面在上、下游坝面所承受的土压力和水压力强度,kPa;

P_u^u、P_u^d——计算截面在上、下游坝面处的扬压力强度,kPa。

坝体上、下游面主应力计算公式适用于计及扬压力的情况,如需计算不计截面上扬压力的作用时,则计算公式中将 P_u^u、P_u^d 取值为 0。

4) 应力控制标准。

a) 坝踵、坝趾的垂直应力。运行期,在各种荷载组合下(地震荷载除外),坝踵垂直应力不应出现拉应力,坝趾垂直应力应小于坝基容许压应力;在地震荷载作用下,坝踵、坝趾的垂直应力应满足 SL 203—97 的要求。

施工期,硬质岩石地基情况坝基拉应力不应大于 100kPa。

b) 坝体应力。运行期,坝体上游面的垂直应力不出现拉应力(计扬压力),坝体最大主压应力不应大于混凝土的允许压应力值;在地震荷载作用下,坝体应力控制标准应满足 SL 203—97 的要求。

施工期,坝体任何截面上的主压应力不应大于混凝土的允许压应力值,坝体下游面主拉应力不应大于 200kPa。

c) 混凝土强度安全系数。混凝土的允许应力应按混凝土的极限强度除以相应的安全系数确定。

坝体混凝土抗压安全系数:基本组合不应小于 4.0;特殊组合(不含地震情况)不应小于 3.5;当局部混凝土有抗拉要求时,抗拉安全系数不应小于 4.0;地震情况下,坝体的结构安全应满足 SL 203—97 的要求。

2. 浆砌石拦渣坝稳定计算

浆砌石拦渣坝的稳定计算方法、应力计算方法与混凝土拦渣坝坝体基本相同,荷载及其组合等亦可参考混凝土拦渣坝。

(1) 抗滑稳定计算。浆砌石拦渣坝坝体抗滑稳定计算,应考虑下列三种情况:①沿垫层混凝土与基岩接触面滑动;②沿砌石体与垫层混凝土接触面滑动;③砌石体之间的滑动。

抗剪强度指标的选取由下述两种滑动面控制:胶结材料与基岩间的接触面、砌石块与胶结材料间的接触面,取其中指标小的参数作为设计依据。前一种接触面视基岩地质地形条件,其剪切破坏面可能全部通过接触面,也可能部分通过接触面,部分通过基岩,或者可能全部通过基岩。后一种接触面由于砌体砌筑不可能十分密实、胶结材料的干缩等原因,石料或胶结材料本身的抗剪强度一般均大于接触面的抗剪强度,其剪切破坏面往往通过接触面;应进行沿坝身砌体水平通缝的抗滑稳定校核,此时滑动面的抗剪强度应根据剪切面上下都是砌体的试验成果确定。

(2) 应力计算。浆砌石拦渣坝坝体应力计算应以材料力学法为基本分析方法,计算坝基面和折坡处截面的上、下游应力,对于中、低坝,可只计算坝面应力。浆砌石拦渣坝砌体抗压强度安全系数在基本荷载组合时，应不小于3.5；在特殊荷载组合时，应不小于3.0。用材料力学法计算坝体应力时，在各种荷载（地震荷载除外）组合下，坝基面垂直正应力应小于砌石体容许压应力和地基的容许承载力；坝基面最小垂直正应力应为压应力，坝体内一般不得出现拉应力。实体重力坝应计算施工期坝体应力，其下游坝基面的垂直拉应力不大于100kPa。

3. 碾压堆石拦渣坝稳定计算

（1）坝坡稳定计算。碾压堆石拦渣坝可能受坝前堆渣体的整体滑动影响而失稳，此时的抗滑稳定验算需将拦渣坝和堆渣体看作一个整体进行验算。

对于坝坡抗滑稳定分析，由于坝上游坡被填渣覆盖，不存在滑动危险，只要保证坝体施工期间不滑塌即可，因此可不进行稳定分析。本节内容主要针对坝下游坡（临空面）的抗滑稳定进行分析计算。

1）安全系数。坝坡稳定分析计算应采用极限平衡法，当假定滑动面为圆弧面时，可采用计及条块间作用力的简化毕肖普法和不计及条块间作用力的瑞典圆弧法；当假定滑动面为任意形状时，可采用郎畏勒法、詹布法、摩根斯坦-普赖斯法、滑楔法。

不同计算方法的安全系数详见表3.6-16。

表3.6-16　坝坡抗滑稳定安全系数表

计算方法	荷载组合	坝的级别			
		1	2	3	4、5
计及条块间作用力的方法	基本组合	1.50	1.35	1.30	1.25
	特殊组合	1.20	1.15	1.15	1.10
不计及条块间作用力的方法	基本组合	1.30	1.24	1.20	1.15
	特殊组合	1.10	1.06	1.06	1.01

注　表中基本组合指不考虑地震作用，特殊组合指考虑地震作用。

2）稳定计算方法。

a. 简化毕肖普法计算公式：

$$K=\frac{\sum\{[(W\pm V)\sec\alpha-ub\sec\alpha]+\tan\varphi'+c'b\sec\alpha\}[1/(1+\tan\alpha\tan\varphi'/k)]}{\sum[(W\pm V)\sin\alpha+M_c/R]} \quad (3.6-38)$$

b. 瑞典圆弧法计算公式：

$$K=\frac{\sum\{[(W\pm V)\cos\alpha-ub\sec\alpha-Q\sin\alpha]\tan\varphi'+c'b\sec\alpha\}}{\sum[(W\pm V)\sin\alpha+M_c/R]} \quad (3.6-39)$$

式中　K——安全系数；

W——土条重量，kN；

Q、V——分别为水平和垂直地震惯性力（向上为负、向下为正），kN；

u——作用于土条底面的孔隙压力；

α——条块重力线与通过此条块底面中点的半径之间的夹角，(°)；

b——土条宽度，m；

c'、φ'——土条底面的有效应力抗剪强度指标；

M_c——水平地震惯性力对圆心的力矩，kN·m；

R——圆弧半径，m。

3）应用说明：

a. 坝坡抗滑稳定分析采用有效应力法计算。

b. 计算时，孔隙压力 u 用 $u_1-\gamma_w Z$ 代替，u_1 为稳定渗流时的孔隙压力［采用流网法确定，具体参考《碾压式土石坝设计规范》（SL 274—2001）附录C］；γ_w 为水的容重；Z 为条块底部中点至坡外水位的距离（见图3.6-12）。

c. 条块重 $W=W_1+W_2$，W_1 为外水位以上条块实重，浸润线以上为湿重，浸润线和外水位之间为饱和重；W_2 为外水位以下条块浮重。

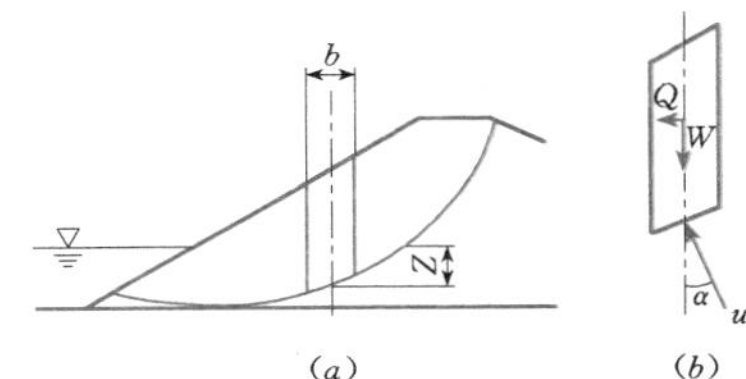

图3.6-12　瑞典圆弧法计算示意图

（2）坝的沉降、应力和变形。

1）坝的沉降。坝的沉降是指在自重应力及其他外荷载作用下，坝体和坝基沿垂直方向发生的位移。对碾压堆石拦渣坝而言，其沉降主要包括由于堆石料的压缩变形而产生的坝体沉降量，以及基础在坝体重力作用下的坝基沉降量。影响沉降的因素有：

a. 材料的物理力学性质及粒径级配：当堆石料质地坚硬、软化系数小，能承受较大的由堆石体自重所产生的压应力时，不仅可以减少堆石体在施工期内的沉降，同时也可以减少运行期间堆石体材料的蠕变软化所产生的变形，堆石料粒径级配良好与否，对碾压密实度的影响很大，从而对变形的影响也很大，使用粒径级配良好的石料，碾压后密实度和变形模量较大，可相应减小施工期和运行期的位移。

b. 碾压密实度：对堆石料所采取的碾压方法不同，坝体密实度差异较大。用振动碾压的堆石体密实度明显提高，变形也小得多。

c. 坝体高度：堆石体高度越大，坝前主动土压力和自重力越大，引起的堆石体变形也愈大。

d. 地基土性质：坝基础为岩基或密实的冲积层且承载力满足要求时，变形较小，否则容易沉降变形。

因此，要求在拦渣坝设计时，对石料质量、级配、碾压要求和基础处理严格按照规范进行；施工中加强施工监理和管理，确保基础处理和坝体施工严格按照设计要求进行；对于竣工后验收合格的碾压堆石拦渣坝，应加强观测，当坝顶沉降量与坝高的比值大于1%时，应论证是否需要采取工程防护措施。

2）应力和变形。对于碾压堆石拦渣坝而言，由于其规模和高度与水工碾压土石坝相比均较小，坝体失事产生的危害也相对较小，因此对于一般的碾压堆石拦渣坝而言，不需进行应力和变形验算；对于特殊要求的高坝或涉及软弱地基时，可参考水工建筑物碾压土石坝方法进行验算。

（3）坝的渗透计算。碾压堆石拦渣坝类似于水工建筑物渗透堆石坝，本节的计算方法、公式和相关参数参考《混凝土面板堆石坝设计规范》（DL/T 5016—1999）和《堆石坝设计》（电力工业部东北勘测设计院陈明致，浙江省水利厅金来鋆，水利电力出版社，1982年）中的渗透堆石坝设计。

1）堆石中渗流速度。堆石中的渗流并不服从达西定律，其渗透流速与水力坡降之间并不成直线比例，不同粒径的渗透流速计算公式如下：

a. 大粒径石料（$D>30$mm）。对于粒径大于30mm的碎石，其过水断面平均渗透流速公式如式（3.6-40）：

$$v = C_0 P(DJ)^{1/2} \qquad (3.6-40)$$

式中 C_0——谢才系数，计算公式为 $C_0=20-14/D$（当 $0.1<J<1.0$ 时）；

P——堆石孔隙率；

D——石块化成球体的直径，cm；

J——水力坡降。

式（3.6-40）是针对磨圆的石块而言的，对于有棱角的石块，可将其改写为

$$v = APJ^{1/2} \qquad (3.6-41)$$

式中 A——系数，由试验确定，计算公式可写为 $A=C_0D^{1/2}$；

其他符号意义同前。

b. 小粒径石料（$D<30$mm）。对于粒径不大的碎石，渗透流速公式为

$$v = APJ^{1/m} \qquad (3.6-42)$$

当 $J<0.1$ 时

$$m = 1.7-0.25/D_m^{3/2} \qquad (3.6-43)$$

当 $0.1<J<0.8$ 时

$$m = 2-0.30/D_m^{3/2} \qquad (3.6-44)$$

式中 D_m——堆石平均粒径，cm；

m——介于1～2之间；

其他符号意义同前。

c. 简化公式。若令前述公式中 $AP=k$，则

$$v = kJ^{1/2} \qquad (3.6-45)$$

式中 k——渗透系数，是决定坝体渗透特性的重要指标，可查表3.6-17获得；

其他符号意义同前。

表3.6-17 堆石渗透系数 k 值

石块特性	按形状	圆形的	圆形与棱角之间的	棱角的
	按组成	冲积的	冲积与开采之间的	开采的
孔隙率		0.40	0.46	0.50
球状石块的平均直径 d（cm）		渗透系数 k（m/s）		
5		0.15	0.17	0.19
10		0.23	0.26	0.29
15		0.30	0.33	0.37
20		0.35	0.39	0.43
25		0.39	0.44	0.49
30		0.43	0.48	0.53
35		0.46	0.52	0.58
40		0.50	0.56	0.62
45		0.53	0.60	0.66
50		0.56	0.63	0.70

2）坝的渗流方程式及渗透流量。

a. 渗流基本方程（浸润线方程式）。参考DL/T 5016—1999中的渗透堆石坝设计，碾压堆石拦渣坝渗透计算相关典型断面见图3.6-13（a）。

当河谷为不同形状时，碾压堆石拦渣坝渗透水流不等速流运动的基本方程式为（式中有关符号的意义参考图3.6-13）

$$\frac{i_k}{h_k}(x-x_0) = \frac{1}{y_0+1}\left[\left(\frac{h}{h_k}\right)^{y_0+1} - \left(\frac{h_1}{h_k}\right)^{y_0+1}\right] \qquad (3.6-46)$$

对于矩形河谷断面［见图3.6-13（b）］

$$h_k = \sqrt[3]{\frac{\alpha Q^2}{gP^3\varepsilon^2B^2}} \qquad (3.6-47)$$

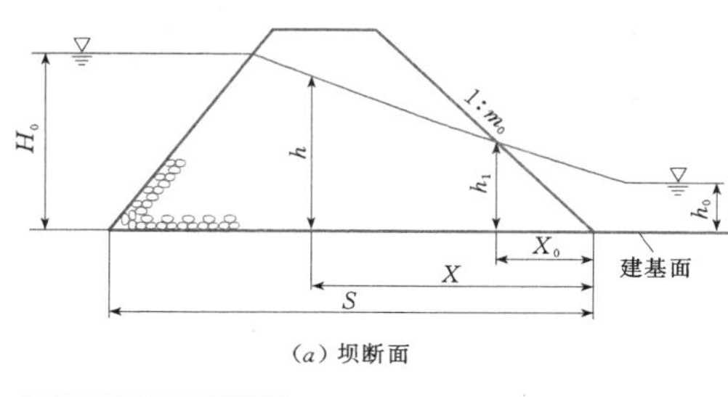

(a) 坝断面

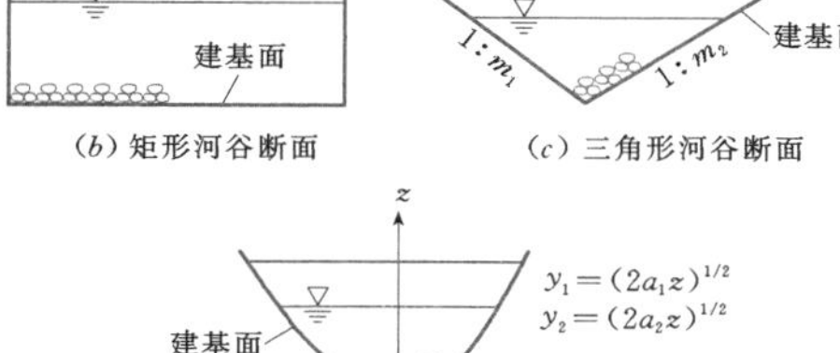

(b) 矩形河谷断面　(c) 三角形河谷断面

(d) 抛物线河谷断面

图 3.6-13　碾压堆石拦渣坝渗透计算典型断面图

对于三角形河谷断面［见图 3.6-13 (c)］

$$h_k=\sqrt[5]{\frac{2\alpha Q^2}{gP^2\varepsilon^2B^2}} \tag{3.6-48}$$

对于抛物线形河谷断面［见图 3.6-13 (d)］

$$h_k=\sqrt[4]{\frac{3\alpha Q^2}{2gP^2\varepsilon^2A^2}} \tag{3.6-49}$$

$$A=2(\sqrt{2a_1}+\sqrt{2a_2})/3 \tag{3.6-50}$$

式中　i_k——临界坡降；

h_k——临界水深；

y_0——河谷水力指数，矩形河谷取 2，抛物线形取 3，三角形取 4；

P——堆石孔隙率；

B——河谷顶宽，m；

ε——考虑到堆石孔隙中有一部分停滞水的系数，$\varepsilon=0.915\approx0.90$；

A——抛物线形河谷的一个形状系数；

a_1、a_2——河谷两岸抛物线的常数，在图 3.6-13 (d) 中：$\begin{cases}y_1=\sqrt{2a_1z}\\y_2=\sqrt{2a_2z}\end{cases}$；

m——三角形河谷的边坡平均坡率，见图 3.6-13 (c)，$m=(m_1+m_2)/2$；

α——水流动能系数，取 1.0～1.1；

g——重力加速度，m/s^2；

Q——渗流量，m^3/s。

b. 简化公式。对于一般的河槽，纵向底坡 i_0 通常小于 0.01，当 $0\leqslant i_0\leqslant 0.01$ 时，浸润线方程式和渗透流量计算公式可简化如下：

(a) 浸润线方程式。

a) 对于矩形断面的河谷

$$x-x_0=\frac{h^3-h_1^3}{3Q^2}B^2k^2 \tag{3.6-51}$$

b) 对于抛物线形断面的河谷

$$x-x_0=\frac{h^4-h_1^4}{4Q^2}B^2A^2k^2 \tag{3.6-52}$$

c) 对于三角形断面的河谷

$$x-x_0=\frac{h^5-h_1^5}{5Q^2}B^2k^2m^2 \tag{3.6-53}$$

式中　k——堆石的平均渗透系数。

(b) 渗透流量。

a) 对于矩形断面的河谷

$$Q=kB\sqrt{\frac{H^3}{3S}} \tag{3.6-54}$$

b) 对于抛物线形断面的河谷

$$Q=\frac{1}{3}kB\sqrt{\frac{H^3}{S}} \tag{3.6-55}$$

c) 对于三角形断面的河谷

$$Q=kB\sqrt{\frac{H^3}{20S}} \tag{3.6-56}$$

式中　H——水头，即上、下游水位差，m；

S——坝底宽度，m。

如果坝基为土层时，应验算其渗透稳定性，各类土的容许水力坡降见表 3.6-18。

表 3.6-18　容许水力坡降表

序号	坝基土种类	容许的 i 值
1	大块石	1/3～1/4
2	粗砂砾、砾石，黏土	1/4～1/5
3	砂黏土	1/5～1/10
4	砂	1/10～1/12

3) 坝的渗流稳定性。碾压堆石拦渣坝按透水坝设计，透水要求为：既要保证坝体渗流透水，又要使坝体不发生渗透破坏。

为了防止堆石坝渗流失稳，要求通过堆石的渗透流量应小于坝的临界流量，即

$$q_d=0.8q_k \tag{3.6-57}$$

式中　q_d——渗透流量，m^3/s；

q_k——临界流量，临界流量与下游水深、下游坡度和石块大小有关，m^3/s。

要求在坝体设计时，对石料质量、级配和碾压要求严格按照规范进行；施工中加强施工监理和管理，确保坝体施工严格按照设计要求进行；对竣工验收合格的拦渣坝，应加强渗透破坏观测，坝体一旦发生渗透破坏现象，应立即论证是否需要采取工程防护措施。

3.7　斜坡防护工程设计

3.7.1　斜坡分类及防护

3.7.1.1　斜坡分类

本节的斜坡特指人工扰动形成的边坡，即人工再塑作用下形成的各种斜坡面。按照组成物质，斜坡可分为土质边坡、石质边坡、土石混合边坡三类；按照形成过程，斜坡可分为堆垫边坡、挖损边坡、构筑边坡、滑动体和塌陷边坡等五类；按照固结稳定状况，斜坡可分为松散非固结不稳定边坡、坚硬固结较稳定边坡和固结稳定边坡三类。

在水利水电工程边坡中，对主体工程安全有影响的边坡一般是指修建水工建筑物及场地上其他建筑物形成的边坡，而弃渣场、取料场、施工道路边坡等一般对主体工程安全无影响。弃渣场等堆填边坡按照“3.5　弃渣场设计”中有关堆置要求进行设计，本节重点针对与主体工程安全无影响的开挖形成的稳定边坡进行坡度选定和防护设计。

3.7.1.2　斜坡开挖坡度

斜坡开挖坡度应根据地层岩性、岩土物理力学指标和类似工程经验，结合稳定性分析成果确定。斜坡容许坡度和安全参照《水利水电工程边坡设计规范》(SL 386）和《水工设计手册》（第 2 版）第 10 卷“边坡工程与地质灾害防治”。

3.7.1.3　斜坡防护类型

斜坡防护工程措施有挡墙、抗滑桩、削坡、排水和防渗、干砌石、浆砌石、喷混凝土、喷纤维混凝土、挂网喷混凝土和现浇混凝土等，这些措施已广泛应用于水利水电工程各类边坡防护中，《水工设计手册》（第 2 版）第 10 卷“边坡工程与地质灾害防治”已有详尽设计。

斜坡防护植物措施主要有铺草皮、液压喷播植草、三维植被网、土工格室植草、骨架植草、攀缘植物、喷植生混凝土、厚层基材植被等。植生袋、三维植被网等植物为主的防护类型将在“3.11　植被恢复与建设工程设计”部分叙述。

斜坡防护措施应在斜坡稳定的基础上进行设计，还应根据不同的基质、适宜绿化条件、绿化方式，结合周边环境景观等因素，对人工造成的裸露边坡选定适宜植被恢复和绿化的措施，以提高林草覆盖率和景观效果。各类斜坡主要防护措施见表 3.7-1。

表 3.7-1　　各类斜坡主要防护措施

工程区域		斜坡类型	工程护坡措施	植被护坡措施
主体工程区	闸坝区	开挖石质	喷混凝土护坡或锚喷混凝土护坡	喷植生混凝土护坡、厚层基材植被护坡
	厂区	开挖石质	浆砌石护坡、喷混凝土护坡或锚喷混凝土护坡	攀缘植物护坡、喷植生混凝土护坡、厚层基材植被护坡
	引水隧洞口	开挖石质	浆砌石护坡、喷混凝土护坡或锚喷混凝土护坡	攀缘植物护坡、喷植生混凝土护坡、厚层基材植被护坡
	施工支洞口	开挖石质	浆砌石护坡、喷混凝土护坡或锚喷混凝土护坡	攀缘植物护坡、喷植生混凝土护坡、厚层基材植被护坡
	永久办公生活区	填筑土质或土石混合	干砌石护坡、浆砌石护坡、喷混凝土护坡	铺草皮护坡、液压喷播植草护坡、三维植被网护坡、骨架植草护坡
	河堤渠道	填筑土质或土石混合	干砌石护坡、浆砌石护坡、石笼护坡	铺草皮护坡、骨架植草护坡
道路区	路堤	填筑土质或土石混合	干砌石护坡、浆砌石护坡	铺草皮护坡、骨架植草护坡
	路堑	开挖石质	浆砌石护坡、喷混凝土护坡或锚喷混凝土护坡	三维植被网护坡、土工格室植草护坡、厚层基材植被护坡
	隧道口	开挖石质	喷混凝土护坡或锚喷混凝土护坡	喷植生混凝土护坡、厚层基材植被护坡

续表

工程区域		斜坡类型	工程护坡措施	植被护坡措施
施工设施区	开挖区	开挖石质	浆砌石护坡、喷混凝土护坡或锚喷混凝土护坡	三维植被网护坡、土工格室植草护坡、厚层基材植被护坡
	填筑区	填筑土质或土石混合	干砌石护坡、浆砌石护坡	铺草皮护坡、液压喷播植草护坡、三维植被网护坡、骨架植草护坡
弃渣场		填筑土质或土石混合	干砌石护坡、浆砌石护坡、抛石护坡、钢筋石笼护坡	铺草皮护坡、液压喷播植草护坡
石料场		开挖石质	浆砌石护坡、喷混凝土护坡或锚喷混凝土护坡	攀缘植物护坡、三维植被网护坡、土工格室植草护坡、厚层基材植被护坡

3.7.2 斜坡防护工程适用条件

3.7.2.1 削坡开级

削坡开级适用于经开挖的料场边坡未达到稳定边坡容许值范围或不满足植物防护措施布设要求等情况。削坡即削掉非稳定体部分，减缓坡度，满足植物措施布设基本要求；开级即通过开挖边坡平台或修筑边坡阶梯，截短坡长，以改变坡型、坡度、坡比，降低荷载重心，维持边坡稳定，同时开级阶梯或平台面还可结合用于布设植物措施。一般对于高度大于 6m 的黄土质边坡、高度大于 8m 的石质边坡、高度大于 5m 的其他土质和强风化岩质边坡，可采取削坡开级工程。

土质坡面的削坡开级主要有直线形、折线形、阶梯形、大平台形等四种形式：

(1) 直线形适用于高度小于 20m、结构紧密的均质土坡，或高度小于 12m 的非均质土坡。

(2) 折线形适用于高 12～20m、结构比较松散的土坡，特别适用于上部结构较松散、下部结构较紧密的土坡。

(3) 阶梯形适用于高 12m 以上、结构较松散，或高 20m 以上、结构较紧密的均质土坡。

(4) 大平台形适用于高度大于 30m，或在Ⅷ度以上高烈度地震区的土坡。

石质边坡的削坡开级适用于坡度陡直或坡型呈凸型，荷载不平衡，或存在软弱交互岩层，且岩层走向沿坡体下倾的非稳定边坡。

3.7.2.2 综合护坡

综合护坡技术指将植被防护技术与工程防护技术有机结合起来，实现共同防护的一种方法，通常采用混凝土、浆砌片（块）石、石笼等形成框格骨架或做成护垫，然后在框格内、护垫表面植草或低矮灌木。根据工程防护的材料不同，可分为框格（骨架）植草护坡、石笼护垫植草护坡、钢筋石笼护坡等综合护坡型式。

(1) 框格（骨架）植草护坡。框架（骨架）植草护坡是用混凝土、浆砌片（块）石等材料，在边坡上构筑骨架形成框格，并在框格内结合铺草皮、三维土工网、土工格室、喷播植草、栽植苗木等方法形成的一种综合护坡型式。为分散坡面径流流量，提高边坡粗糙系数，减缓径流流速，减轻边坡冲刷，常采用截水型骨架。

框格的结构可根据所需支护坡体稳定情况来确定，坡面条件好且边坡较缓，可采用浆砌石框格；坡面稳定性较差且边坡较高的，则需要采用钢筋混凝土框格，对于稳定性很差的高陡岩石边坡，可在框格交叉处布设一定长度的锚杆或预应力锚杆加固坡体，增强框格的抗滑力，保持整体的稳定性。

该方法在风化较严重的岩质边坡和坡面稳定的较高土质边坡均适用，但在干旱、半干旱地区应保证供应养护用水。

(2) 石笼护垫植草护坡。石笼护垫以 2000 余年前在我国都江堰及埃及尼罗河广泛采用的柳条笼及竹笼为基本原理，采用专业设备将符合相关国际标准的高质量低碳钢丝编制成六边形双绞合金属网面，进而将金属网面制作成箱体结构，并在其内填充符合既定要求的块石或鹅卵石，来达到冲刷防护的目的。与传统护坡结构相比，石笼护垫具有安全性、耐久性、组装和施工便捷、高效和环保等优良性能。

石笼护垫植草护坡适用于以下条件：

1) 主要用于受水流冲刷或淘刷的边坡或坡脚，挡墙、护坡的基础，以及受水影响的库内渣场边坡；宜用于边坡较陡、其他固坡措施较难施工且有绿化要求的坡面，或经常浸水且水流方向较平顺的景观河床边坡等。

2) 不受季节性限制，对于季节性浸水或长期浸水的边坡均可适用，并可在填筑体沉实之前施工。

3) 适用于附近石料较多的弃渣场或沿河废石较多的河道护坡绿化。

4）防护的边坡坡体本身必须稳定，石笼护垫需加木桩或土钉加以固定。一般土质边坡坡比不陡于1∶1.6，土石边坡不陡于1∶1.5，砂质土坡不陡于1∶2.0，松散堆体边坡宜缓于1∶2.0。

（3）钢筋石笼护坡。钢筋石笼为采用钢筋焊接的传统石笼，具有与石笼护垫基本一样的优点。石笼网面采用钢筋焊接，骨架强度大，而且体积大、稳定性好，抗冲刷能力较石笼护垫强，可用于流速较高的河流或溪沟防护。但由于钢筋石笼主要在现场焊接加工，钢筋防腐处理不充分将导致其抗蚀性较低，因此目前主要用于河道坡脚固岸，以及施工围堰、边坡抢险等临时工程护坡。

3.7.2.3　砌石护坡

（1）干砌石护坡。干砌石护坡的坡度，应与防护对象的坡度一致，根据土体的结构性质而定，土质坚实的边坡护坡坡度可陡些；反之则应放缓。干砌石护坡主要适用于以下条件：

1）不受主流冲刷河段，流速大于1.8m/s时；受主流冲刷河段、波浪作用强烈河段，流速小于4.0m/s时，可采用干砌石护坡。

2）边坡坡度为1∶2.5～1∶3、受水流冲刷较轻的土质或软质岩石坡面，宜采用单层干砌石或双层干砌石护坡。护坡厚度小于0.3m用单层干砌石护坡，护坡厚度不小于0.35m用双层干砌石护坡。

3）沉降稳定的土石混合堆积体边坡，其坡面受水流冲刷较轻时可采用干砌石护坡。

4）干砌石护坡不宜用于有流冰的地区。

（2）浆砌石护坡。对于坡度在1∶1～1∶2之间，或坡面位于沟岸、河岸，下部可能遭受水流冲刷，且洪水冲击力强的防护地段，宜采用浆砌石护坡。

3.7.2.4　边坡排水和防渗

（1）地表排水。地表排水工程适用于上部有汇水的边坡，措施是将地表水拦截在坡体之外，或将地表水快速排出，减少地表水入渗。地表排水系统应能满足在最大降雨强度下地表水的排泄需要，分为截水沟和排水沟两种类型。在斜坡的外围设置截水沟，以阻止斜坡范围外的地表水进入坡体。在坡体范围内设置坡面排水沟，排水沟多呈树枝状布设，主沟与次沟相结合。支护结构前、分级平台和斜坡坡脚处设置排水沟。

（2）地下排水。地下排水适用于排除和截断渗透水的边坡，排水系统应能保证使地下水位不超过设计验算所取用的地下水位标准。当排水管在地下水位以上时，应采取措施防止渗漏。

（3）坡体排水。常用的坡体排水措施有坡面排水孔、排水洞、排水盲沟、贴坡排水四种类型。

排水孔打入边坡体内的含水带排除深层地下水，具有设计、施工和运行期间的维护较方便、排水效果良好、费用低等优点，适用于常规的水利水电工程边坡。

排水洞适用于地下水埋藏较深（大于15～30m）、含水层有规律、含水丰富且对边坡稳定影响大的边坡。修筑排水洞，一方面可截断地下水流，疏干边坡坡体，增加其稳定性；另一方面又可避免明挖太深而引起的施工困难。其降低地下水位效果良好，但成本较高。

排水盲沟一般排除边坡浅层地下水（地表以下3m范围内），并与边坡地表的截、排水沟相连接，到达疏干边坡浅层地下水的目的。

贴坡排水属于保护性质的排水措施，一般多用于填筑体边坡表面。

（4）防渗处理。地表水渗入边坡土体内，既增加了上部坡体的重量，增加了滑动力，又降低了滑动层面的抗剪强度，对边坡稳定不利。对斜坡表面特别是开裂的地方用黏土封培、低洼地方用废渣填平并进行防渗，尽量减少入渗途径和入渗量是非常重要的。常见的防渗措施有喷射混凝土护面和帷幕灌浆等。喷射混凝土护面适用于地下水位较低或不受地下水位影响的边坡，减少雨水渗入。帷幕灌浆主要是用浆液灌入岩层或土层的裂隙、孔隙，形成阻水带，以阻止或减少边坡坡体中地下水的渗透，保证边坡的稳定。

3.7.3　斜坡防护工程设计

3.7.3.1　削坡开级工程

1. 设计及要求

削坡开级属于改变边坡几何形态的一种减载治理方法，治理效果与削坡部位及地质环境关系密切。削方后应有利于排水，不因削方导致汇集地表水，且要有合适的弃方场地。

一般在坡体上部削坡形成减载平台，其后缘及两侧开挖成1∶3～1∶5的较缓横坡。上部开挖坡面应整平、封填压实，并做好排水及防渗处理。

削坡减载部位宜通过清除表层坡体及变形体、设置马道等方法降低边坡总坡度。削坡高度小于8m时，可以一次开挖到底。岩质坡削坡高度大于15m时，采用自上而下分段开挖，边开挖边采取适当的护坡措施。岩质边坡马道宽度不小于1.5m。

在坡面采取削坡开级工程时，必须布置山坡截水沟、马道排水沟、急流槽（即排水边沟）等排水系统，以防止削坡面径流及坡面上方地表径流对坡面的冲刷。

土质坡面的削坡开级主要有以下四种形式：

(1) 直线形：要求从上到下削成同一坡度，削坡后比原坡度减缓，达到该类土质的稳定坡度及水土保持措施布设要求。对有松散夹层的土坡，其松散部分应采取加固措施。

(2) 折线形：重点是削缓上部，削坡后保持上部较缓、下部较陡的折线形。上下部的高度和坡比，根据土坡高度与土质情况分析确定，以削坡后能保证稳定安全及满足水土保持措施布设要求为原则。

(3) 阶梯形：每一阶小平台的宽度和两平台间的高差，可根据当地土质与暴雨径流情况研究确定。一般小平台宽 2.0～3.0m，两台间高差 6～12m。干旱、半干旱地区，两台间高差可大些；湿润、半湿润地区，两台间高差宜小些。开级后应保证土坡稳定及满足水土保持措施布设要求。

(4) 大平台形：大平台一般开在土坡中部，宽 4m 以上。平台具体位置与尺寸需考虑地震影响分析确定。大平台尺寸基本确定后，对边坡进行稳定性验算。

石质边坡的削坡开级应符合以下要求：

(1) 坡度要求。除坡面石质坚硬、不易风化的外，削坡后的坡比一般应缓于 1∶1。

(2) 石质坡面削坡，应留出齿槽，齿槽间距 3～5m，齿槽宽度 1～2m。在齿槽上修筑排水明沟和渗沟，一般深 10～30cm，宽 20～50cm。

2. 设计案例[1]

(1) 工程及料场名称：小浪底石门沟石料场。

(2) 料场基本情况。石门沟石料场位于小浪底大坝坝址右岸石门沟右侧约 2.5km 处，南北长 1km，东西宽 0.5km，交通十分便利。

石门沟石料场岩石为三叠系刘家沟 T_1^{3-1}、T_1^{3-2} 和 T_1^4 岩组，上覆黄土厚 10～30m。T_1^{3-1} 岩性为巨厚层硅质、钙质石英细砂岩，层厚 28～31m；T_1^{3-2} 岩性以厚层泥钙质粉细砂岩为主，夹厚层、中厚层硅钙质细砂岩，层厚 30m；T_1^4 岩性为巨厚层硅质石英细砂岩，层厚 60m。各岩层中夹有少量黏土岩。硅质、钙质石英细砂岩饱和单轴抗压强度大于 200MPa，泥钙质粉细砂岩饱和单轴抗压强度大于 100MPa。

(3) 削坡开采方法。由于石料场岩石稳定性较好，为控制石料级配和创造多工作面开挖，根据料场区地形情况和石料开采强度的要求，石料开采分 310m、320m、330m、340m、350m、360m、370m、380m 及 380m 以上等 9 个台阶，除 380m 以上台阶的台阶高度随地形变化，高度在 10～16m 变化外，其余台阶的台阶高度为 10m 左右。石料开采坡面角采用 70°，台阶工作面平均长度 1000m，每个台阶布置 2～3 个工作面。

小浪底石门沟料场实景、平面布置见图 3.7-1 和图 3.7-2。

图 3.7-1 小浪底石门沟石料场实景图

3.7.3.2 综合护坡工程

1. 框格（骨架）植草护坡设计

(1) 结构型式及其布置。根据采用的材料不同，框格可分为浆砌块石框格、现浇钢筋混凝土框格和预制预应力混凝土框格等。目前，我国在边坡工程中主要使用浆砌块石框格和现浇钢筋混凝土框格。框格的常用型式有以下四种（见图 3.7-3）：

1) 方形：顺边坡倾向和沿边坡走向设置方格状框格。框格间距，对于浆砌块石框格应小于 3.0m，对于现浇钢筋混凝土框格应小于 5.0m。

2) 菱形：沿平整边坡坡面斜向设置框格。框格间距，对于浆砌块石框格应小于 3.0m，对于现浇钢筋混凝土框格应小于 5.0m。

3) 人字形：按顺边坡倾向设置浆砌块石或钢筋混凝土条带，沿条带之间向上设置人字形浆砌块石或钢筋混凝土框格。框格间距，对于浆砌块石框格应小于 3.0m，对于现浇钢筋混凝土框格应小于 4.5m。

4) 弧形：按顺边坡倾向设置浆砌块石或钢筋混凝土条带，沿条带之间向上设置弧形浆砌块石或钢筋混凝土框格。框格间距，对于浆砌块石框格应小于 3.0m，对于现浇钢筋混凝土框格应小于 4.5m。

(2) 设计要求。框格设计必须充分考虑工程的服务期限，一般可取 50～80 年。设计应在调查、收集、分析原有地形、地质资料的基础上，进行详细工程地质勘察、现场钻探和各种试验，查清地质体的强度、渗透性、断层和节理的形态与产状，以及边坡的环境地质条件，并对边坡稳定系数进行计算，作为设计的依据。

[1] 本案例由黄河勘测规划设计有限公司薛建慧提供。

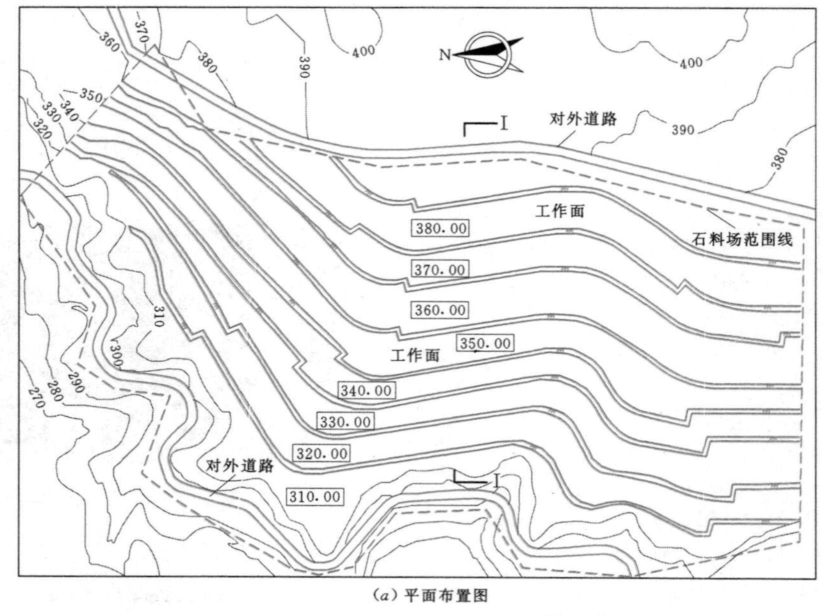

图 3.7－2 小浪底石门沟石料场平面布置图

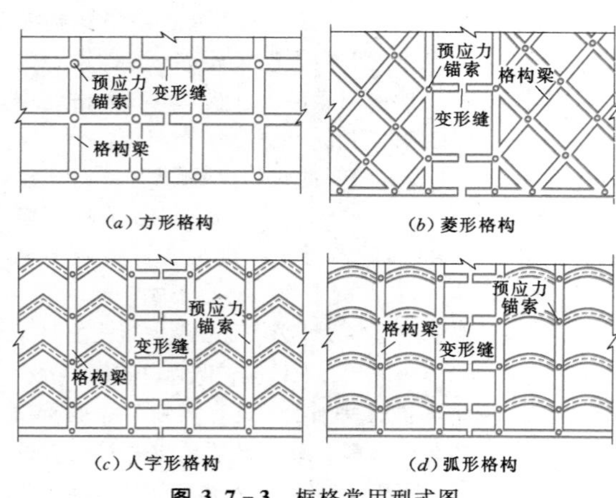

图 3.7－3 框格常用型式图

边坡设计荷载应包括边坡体自重、静水压力、渗透压力、孔隙水压力、地震力等。

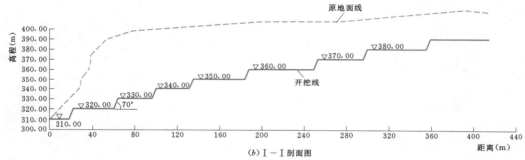

对于整体稳定性好，并满足设计安全系数要求的边坡，可采用浆砌块石框格进行护坡。采用经验类比法进行设计，坡度一般不陡于 35°。当边坡高度超过 30m 时，须设马道放坡，马道宽 1.5～3.0m，如图 3.7－4 所示。

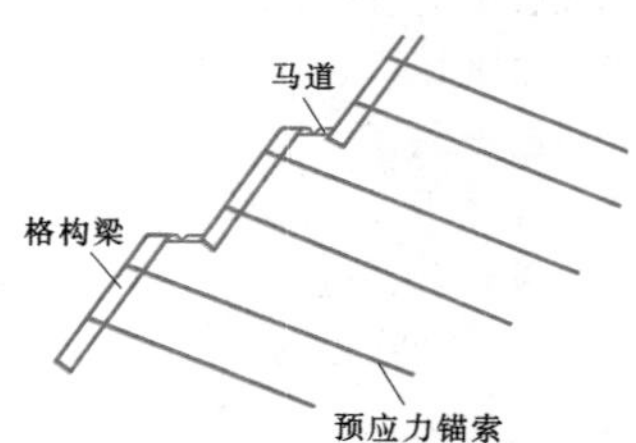

图 3.7－4 框格加固设计中采用马道放坡

对于整体稳定性好，但前缘出现溜滑或坍滑的边坡，或坡度陡于 35°的高陡边坡，宜采用现浇钢筋混凝土框格进行护坡，并采用锚杆进行加固。采用经验类比和极限平衡法相结合的方法进行设计。锚杆须穿过潜在滑面1.5～2.0m，且采用全黏结灌浆。

对于整体稳定性差，且前沿坡面须防护和美化的边坡，宜采用现浇钢筋混凝土框格与预应力锚杆进行防护。而对于整体稳定性差、斜坡推力过大，且前沿坡面须防护和美化的边坡，宜采用预制预应力钢筋混凝土框格与预应力锚杆进行防护。锚固荷载可按锚固力计算，或根据有关预应力锚杆设计吨位推荐值或规定进行确定。

边坡框格护坡设计的内容包括：

1）边坡稳定性分析和荷载计算。

2）选择框格护坡型式及加固方案。

3）拟定框格的尺寸，确定锚杆的锚固荷载。

4）锚杆的设计计算。

5）框格内力计算及结构设计。

6）加固后边坡的稳定性验算。

由于框格护坡应用比较广泛，其设计计算方法可参阅《水工设计手册》（第2版）第10卷《边坡工程与地质灾害防治》及边坡工程处理技术相关资料。浆砌块石断面设计以类比法为主，采用的断面一般不小于300mm×200mm（高×宽）。浆砌块石框格边坡坡面应平整，坡度一般小于35°。为了保证框格的稳定性，可根据岩土体结构和强度在框格节点设置锚杆，长度一般为3～5m，采用全黏结灌浆。若岩土体较为破碎和易溜滑时，可采用锚管加固，全黏结灌浆，注浆压力一般为0.5～1.0MPa。

钢筋混凝土框格断面设计应采用简支梁法进行弯矩计算，并采用类比法校核。一般断面不小于300mm×250mm（高×宽）。框格纵向钢筋应采用直径14mm以上的Ⅱ级螺纹钢筋，箍筋应采用直径6mm以上的钢筋。框格混凝土强度等级不应低于C25。现浇钢筋混凝土框格护坡的坡面应平整，坡度一般不大于70°。当边坡高于30m时，应设置马道。为了保证框格护坡的稳定性，根据岩土体结构和强度在框格节点设置锚杆。锚杆应采用直径25～40mm的Ⅱ级螺纹钢加工，长度一般在4m以上，采用全黏结灌浆，并与框格钢筋笼点焊连接。若岩土体较为破碎和易溜滑时，可采用锚管加固，锚管用直径50mm的架管加工，采用全黏结灌浆，注浆压力一般为0.5～1.0MPa，同样应与框格钢筋笼点焊连接。直径50mm架管的设计拉拔力可取为100～140kN。锚杆（管）均应穿过潜在滑动面。如果是整体稳定性差或下滑力较大的斜坡时，应采用预应力锚杆进行加固。

不论是浆砌块石框格还是现浇钢筋混凝土框格，均应每隔10～25m宽度设置伸缩缝，缝宽2～3cm，缝内填塞沥青麻筋或沥青木板。

框格内植草设计参“3.11 植被恢复与建设工程设计”有关内容。

2. 石笼护垫护坡设计

（1）结构型式及技术要求。

1）石笼护垫的结构由双绞合尺寸为6cm×8cm、8cm×10cm的六边形金属网孔构成（见图3.7-5）。网孔容许公差为16%～-4%，网面机械强度为35kN/m。

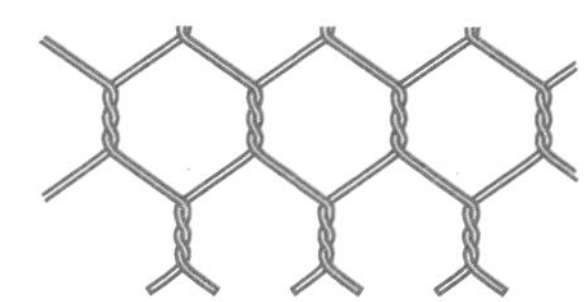

图3.7-5 双绞合六边形金属网孔示意图

2）根据石笼护垫的技术参数，常用石笼护垫厚度为17cm、23cm、30cm等，规格为6m（5m、4m）×2m×0.17m（0.23m、0.30m）（长×宽×厚）。内部每隔1m采用隔板隔成独立的单元，长度、宽度公差为±3%，厚度公差为±2.5%；石笼护垫为一次成型，除盖板外，边板、端板、隔板及底板间不可分割。石笼护垫示意图如图3.7-6所示。

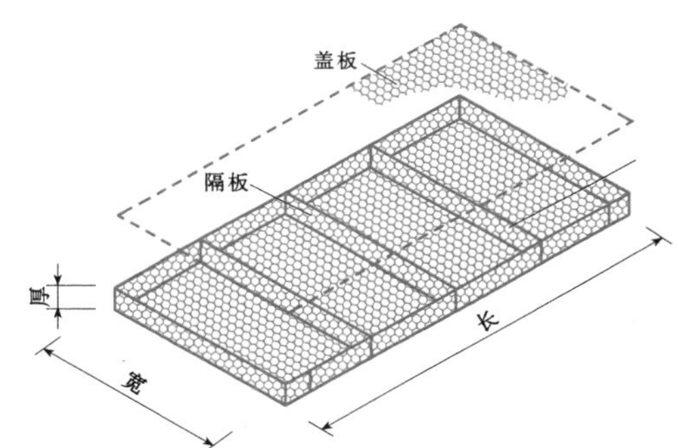

图3.7-6 石笼护垫示意图

3）用于生产石笼护垫的镀锌、镀5%铝-锌合金、镀10%铝-锌合金镀层钢丝。按照《工程用机编钢丝网及组合体》（YB/T 4190—2009），其技术要求如下：

a. 抗拉强度：达到350～500N/mm²。

b. 伸长率：不能低于10%。

c. 镀层重量及公差：最低上镀层重量及公差选用标准见表3.7-2。

表3.7-2 最低上镀层重量表

名称	钢丝直径（mm）	公差（mm）	最低镀层重量（g/m²）
绞边钢丝	2.20	0.06	215
网格钢丝	2.00	0.05	215
边端钢丝	2.70	0.06	245

d. 填料：不同地域使用的材料类别不同，常见的有鹅卵石、片石、碎石砂、砂砾（土）石。根据工程类别和当地情况制定填充方案。一般填料按石笼网孔大小的1～2倍选择，片石可分层用人工填充，添加20%碎石或沙砾（土）进行密实填充，严禁使用锈石、风化石。石料粒径7～15cm，中值粒径 $d_{50}=12cm$，如果不放置在石笼表面，粒径大小可以有5%变化，超大的石块尺寸必须不妨碍用不同大小的石块在石笼内至少填充两层的要求。在特殊地区选用黄土或沙砾土，用透水土工布包裹，不得添入淤泥、垃圾和影响固结的土壤。填料必须按试验标准、设计要求及工程类别而定，在填充时应尽量不损坏石笼上的镀层。

（2）设计要点。

1）坡脚处石笼护垫水平铺设长度的确定。石笼护垫在坡脚处水平铺设长度 L 主要与坡脚处的最大冲刷深度 ΔZ 和石笼护垫沿坡面的抗滑稳定性两个因素有关，即水平段的铺设长度应大于或等于坡脚处最大冲刷深度的1.5～2.0倍，并满足石笼护垫沿坡面的抗滑稳定系数不小于1.5的要求，以上两个数值中取大者作为水平段的铺设长度（见图3.7-7）。

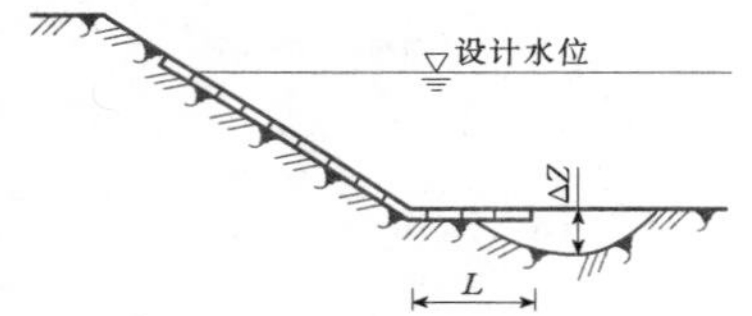

图3.7-7 石笼护垫水平铺设长度示意图

a. 坡脚处冲刷深度计算。详见《堤防工程设计规范》(GB 50286—98) 附录D。

b. 石笼护垫抗滑稳定性分析。平铺型石笼护坡不允许在自重的作用下沿坡面发生滑动，并要求抗滑稳定系数不小于1.5，抗滑稳定系数 F_s 可根据静力平衡条件按式（3.7-1）计算。

$$F_s=\frac{R}{T}=\frac{L_1+L_2\cos\alpha+L_3}{L_2\sin\alpha}f_{cs}\geqslant 1.5 \tag{3.7-1}$$

$$\cos\alpha=m/\sqrt{1+m^2},\ \sin\alpha=1/\sqrt{1+m^2},$$

$$f_{cs}=\tan\theta$$

式中 R、T——分别为石笼护垫沿坡面的抗滑力与滑动力，kN/m；

L_1、L_2、L_3——分别为石笼护坡的长度，m，见图3.7-8；

α——岸坡角度，(°)；

m——岸坡坡比；

f_{cs}——石笼护垫与边坡之间的摩擦系数；

θ——坡土的内摩擦角。

当石笼护垫下部铺设土工布时，建议将此摩擦系数 f_{cs} 减少20%。通过上述两种情况的计算，选用数值大者作为水平段铺设长度。

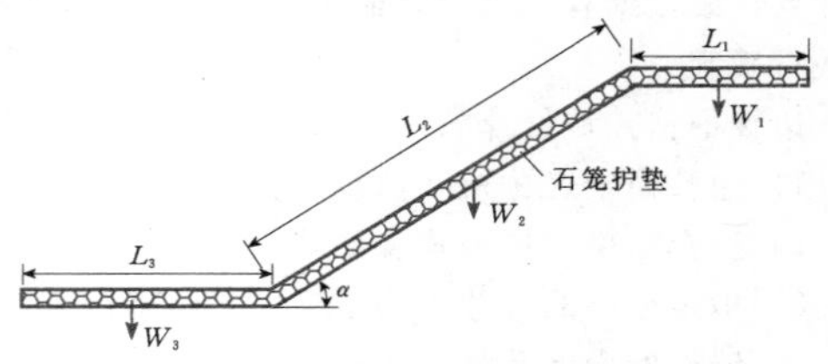

图3.7-8 石笼护垫稳定性分析计算简图

需要说明的是，在水流流速不大的情况下，石笼护垫水平铺设长度由其抗滑稳定性决定，且其计算长度相对较大，相对于采用固脚（箱形或梯形结构）抗滑不经济，因此当计算结果较大时，可考虑采用石笼网箱做固脚替代平铺段石笼护垫，石笼网箱内填石块。

2）石笼护垫厚度的确定。石笼护垫厚度主要由水力特性确定，一般在0.17～0.30m之间。确定石笼护垫厚度时，一般要考虑两个因素：水流流速、波浪高度及岸坡的倾角。当石笼护垫既受到水流的冲刷，又受到波浪的作用时，需选用两者中的大值作为计算厚度。

a. 考虑水流冲刷影响时，石笼护垫厚度的计算公式为式（3.7-2）。

$$D=0.035\frac{\Phi K_T K_h V_c^2}{C^0 K_s 2g} \tag{3.7-2}$$

其中 $$K_s=\sqrt{1-(\sin\alpha/\sin\phi)^2}$$

$$\sin\alpha=1/\sqrt{(1+m^2)}$$

式中 D——石笼护垫的厚度，m；

Φ——稳定参数，对于石笼护垫，取 $\Phi=0.75$；

V_c——平均流速，m/s；

C^0——临界防护参数，对于石笼护垫，取 $C^0=0.07$；

g——重力加速度，$g=9.81\text{m/s}^2$；

K_T——紊流系数，取 $K_T=1.0$；

K_h——深度系数，取 $K_h=1.0$；

K_s——坡度参数；

α——岸坡角度；

m——岸坡坡率；

ϕ——石笼护垫内填石的内摩擦角。

b. 考虑波浪高度及岸坡倾角影响时，石笼护垫厚度的计算公式为式（3.7－3）和式（3.7－4）。

$\tan\alpha \geqslant \frac{1}{3}$ 时

$$D \geqslant \frac{H_s \cos\alpha}{2} \tag{3.7-3}$$

$\tan\alpha < \frac{1}{3}$ 时

$$D \geqslant \frac{H_s (\tan\alpha)^{1/3}}{4} \tag{3.7-4}$$

$$\tan\alpha = 1/m$$

式中 D——石笼护垫的厚度，m；

H_s——波浪设计高度，m；

α——岸坡倾角，(°)；

m——岸坡坡比。

风浪要素计算可根据 GB 50286—98 附录 C，波浪的平均波高和平均波周期采用莆田试验站公式计算。

采用上述两种方法的大值，同时，还应考虑一定的安全裕度，并应依照石笼护垫的规格选用石笼护垫厚度。

3. *钢筋石笼护坡设计*

（1）结构型式及技术要求。钢筋石笼骨架采用 ϕ8～16mm 的钢筋，整体刚性需要加强的部位可采用 ϕ20～25mm 钢筋骨架，钢筋网格采用 ϕ6.5～8mm 钢筋，网格大小可采用 150mm×150mm 或 200mm×200mm。为避免笼体变形，可设置拉筋，单个石笼尺寸一般为（2.0～4.0）m×1.0m×1.0m（长×高×宽）。

网格钢筋应按照相关规定弯折，焊接钢筋骨架时要按要求在搭接处留用搭接长度，焊接方法符合《钢筋焊接及验收规程》（JGJ 18）的有关规定。钢筋网格每一个交点都要保证焊接到位，严禁出现漏焊现象。

（2）填料。石笼内填充石料要求采用坚硬、不易风化、不易水解、不易碎的卵石或者块石，石料粒径以 20～30cm 最佳。超大的石头尺寸必须不妨碍用不同大小的石头在石笼内至少填充两层的要求。

（3）设计要点。钢筋石笼护坡边坡整体稳定性计算、石笼挡墙抗倾覆（滑移）稳定性计算等和传统的护岸结构一样，河道护岸工程可参考 GB 50286—98 附录 D 进行计算。

3.7.3.3 砌石护坡工程

1. *干砌石护坡设计*

（1）设计要点。

1）石料质量要求。用于干砌石护坡的石料有块石、毛石等。

用于干砌石护坡的块石质量及尺寸应满足：上下两面平行，大致平整，无尖角、薄边，块厚大于 20cm，面石用料要求质地坚硬，无风化，单块质量不小于 25kg，最小边长不小于 20cm。

用于干砌石护坡的毛石质量及尺寸应满足：不规则，无一定形状，中部厚大于 15cm，质地坚硬，无风化，单块质量不小于 25kg。

2）护坡表层、石块直径换算。在水流作用下，防护工程护坡、护脚块石保持稳定的抗冲粒径（折算）可按下式计算：

$$d = \frac{V^2}{C^2 2g \frac{\gamma_s - \gamma}{\gamma}} \tag{3.7-5}$$

$$d = \left(\frac{6S}{\pi}\right)^{1/3} = 1.24\sqrt[3]{S} \tag{3.7-6}$$

式中 d——折算直径，m，按球型折算；

S——石块体积，m^3；

V——水流速度，m/s；

g——重力加速度，9.81m/s^2；

C——石块运动的稳定系数，水平底坡取 0.9，倾斜底坡取 1.2；

γ_s——石块的重率，t/m^3，可取 2.65；

γ——水的重率，t/m^3，取 1。

（2）单层干砌石护坡案例。某河段为沙壤土，边坡坡比 1∶2.5，岸坡自身稳定，较密实。为季节性溪流，汛期溪沟内洪水对该岸坡进行冲刷、淘蚀，造成岸坡局部垮塌，流速可达 3.0m/s。拟对该段岸坡进行单层干砌块石保护。

根据式（3.7－5）进行石块直径换算。

河段呈倾斜低坡，$C=1.2$；经计算得出 $d=0.193$m，即对该河段护坡的块石直径约为 20cm 左右。

2. *浆砌石护坡设计*

浆砌石护坡由面层和起反滤作用的垫层组成。原坡面如为砂、砾、卵石，可不设垫层。对长度较大的浆砌石护坡，应沿纵向设置伸缩缝，并用沥青砂浆或沥青木条填塞。

（1）石料质量要求。用于浆砌石护坡的石料有块石、毛石、粗料石等，所用石料必须质地坚硬、新鲜、完整。

块石质量及尺寸应满足：上下两面平行，大致平整，无尖角、薄边，块厚大于 20cm，面石用料要求质地坚硬，无风化，单块质量不小于 25kg，最小边长不小于 20cm。

毛石质量及尺寸应满足：不规则，无一定形状，中部厚大于15cm，质地坚硬，无风化，单块质量不小于25kg。

粗料石质量及尺寸应满足：棱角分明，六面大致平整，同一面最大高差宜为石料长度的1%～3%，石料长度宜大于50cm，块高宜大于25cm，长厚比不宜大于3。

(2) 胶结材料。浆砌石的胶结材料应采用水泥砂浆或混凝土。水泥砂浆和混凝土标号根据不同的极限抗压强度确定。

胶结材料的配合比必须满足砌体设计标号的要求，并采用重量比，再根据实际所用材料的试拌试验进行调整。

3.7.3.4 边坡排水和防渗工程

(1) 地表排水设计。地表排水系统的设计应考虑汇水面积、最大降雨强度、地面坡度、植被情况、斜坡地层特征等因素，原则上应以最直接的导向将地表径流导离斜坡区域，从造价和维护方面考虑，设计中应尽量减少地面排水渠的数量及长度。地表截、排水沟按排水流量设计。截、排水沟分梯形或矩形断面，分土质、块石、混凝土现浇或混凝土件砌筑等四种型式。

在坡面上一般应综合考虑布设截、排水沟，并在连接处做好沉沙、防冲设施。

截水沟和排水沟在坡面上的比降，应视其水流去处的位置而定。当排水沟位置沿等高线布设时，沟底比降应满足不冲不淤的流速；当沟底比降过大或截水沟与等高线交叉布设时，必须做好防冲措施。

截、排水沟规划应该尽量避开滑坡体、危岩地带，同时应注意节约用地，使交叉建筑物最少，投资最省。断面设计应根据设计频率暴雨坡面汇流洪峰流量，按明渠均匀流公式计算。

截水沟设计断面确定后，还应根据不同的建筑材料等因素，选择沟底宽和安全超高。较小型的截水沟，土质沟底宽不小于0.30m，安全超高一般视沟渠设计流量大小而定，流量小于$1m^3/s$时，超高采用0.2～0.3m；流量为$1～10m^3/s$时，超高采用0.4m。

(2) 地下排水设计。

1) 地下水渗透流量的确定。渗流计算应求出地下水水面线、等势线、渗透比降和渗流量等成果，1级、2级边坡的渗流计算宜采用数值分析方法，3级及其以下级别的边坡可采用公式计算。渗流计算参数宜根据现场试验、室内试验和工程类比等方法确定，对于地质条件复杂的边坡还宜采用反演分析方法复核和修正。具体的计算详见《水利水电工程边坡设计规范》(SL 386)。

2) 设计要点。地下排水设施一般布置在地下水汇集或地表水向下汇集的部位，如出露的地下含水层及含裂隙水的岩层等。根据斜坡水文地质与工程地质条件，地下排水设施形式可选择排水盲沟、大口管井、水平排水管、排水截槽等。支护结构上应设泄水孔，泄水孔应优先设置于裂隙发育、渗水严重的部位或含水层的位置。

大口径管井应采用砖砌体砂浆砌筑，管井壁留有排水孔，渣体渗透水通过排水孔汇入管井，管井下接排水洞或排水盲沟进行排水。水平排水管应接近水平布设，把地下水引出，以降低坡体内静水压力，从而疏干斜坡，增加坡体的稳定性。排水截槽内应回填透水性材料，透水性回填料可采用粒径为5～40mm的碎石或砾石。

(3) 坡体排水设计。坡面排水孔设计宜采用梅花形布置，孔排距宜不大于3m，孔径可为50～100mm，孔向宜与边坡走向正交，并倾向坡外，倾角可为10°～15°。在岩质边坡中，孔向宜与主要发育裂隙倾向呈较大角度布置。为防止孔壁坍塌堵孔和有利于泄水，还应考虑设计反滤层。

排水洞应沿斜坡走向设置，与地下水流向基本垂直。在排水洞平面转折处、纵坡由陡变缓处及中间适当位置应设置检查井，其间距一般为100～120m。排水洞内设置排水孔，排水孔的深度、方向和孔位布置应根据裂隙发育情况、产状、地下水分布特点等确定。孔排距不宜大于3m，孔径可为50～100mm。设置多条排水洞时，应形成完整的排水体系。常用的排水洞断面形式有拱形（城门洞形）、鹅卵形和梯形三种，一般采用砖、石及混凝土衬砌。排水洞的断面尺寸一般不受水量的控制，主要取决于施工和养护的方便，并考虑节约投资。一般的排水隧洞断面都比较大，足以满足边坡地下水排水量的要求。详细设计可参考《水工隧洞设计规范》(SL 279—2002) 有关无压式涵洞规定。

排水盲沟内填渗水性强的粗砂、砾石、块石等，以利于排水，两侧和顶部做反滤层，盲沟与地表的截排水沟、马道排水沟相接，将边坡浅层的地下水排出。盲沟一般沿着地下水迎水面布置，常采用矩形断面（见图3.7-9），断面尺寸可根据地下水水量确定。

贴坡排水常用于水利水电工程中填筑坝体排水，其设计可参照《碾压式土石坝设计规范》(SL 274) 有关规定执行。

(4) 防渗措施设计。一般在开挖坡面喷射混凝土防护，其厚度一般为8～15cm。风化较为严重的部位可以采取挂网喷射混凝土的防护方法。在喷射混凝土的防护区域设置排水孔，孔距宜不大于3m，孔径可

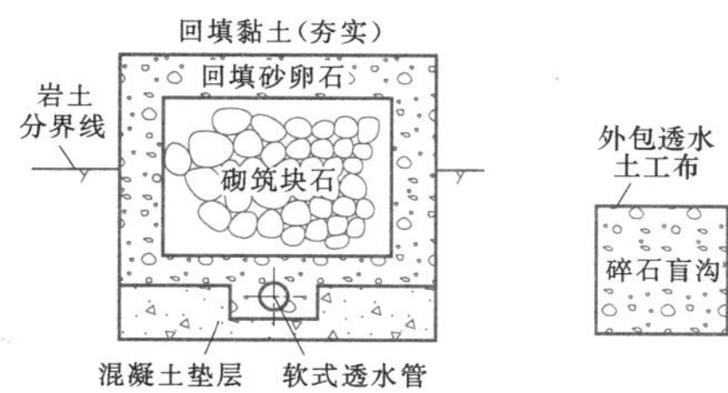

图 3.7-9 盲沟构造示意图

为 50～100mm，孔向宜与边坡走向正交，并倾向坡外，倾角可为 10°～15°，与坡体排水相结合设计。排水孔排出的水汇集到坡面纵、横向排水沟排走。

帷幕灌浆常用的布孔型式有单排帷幕孔布置、两排帷幕孔布置、多排帷幕孔布置（3 排及以上）等，设计时，可根据坝基边坡岩性、水工建筑物等级、地质勘探资料、现场试验等综合确定。排距、孔距应根据岩体的透水性、地质勘探资料、现场试验综合确定，孔距一般取 2.0m。灌浆压力按照工程和地质情况进行分析计算，并结合类比工程拟定，必要时进行灌浆试验论证，而后在施工过程中调整确定。

3.8 土地整治工程设计

3.8.1 土地整治分类及适用范围

3.8.1.1 土地整治分类

1. 土地整治

水利水电工程项目中的土地整治是指对工程建设中被破坏和占压的土地采取措施，使之恢复到期望的可利用状态的土地整治措施，也有从主体工程安全运行角度考虑进行的土地整治措施。其目的是控制水土流失，最大限度地恢复和改善土地生产力、提高资源利用率。

土地整治措施一般可分为工程措施、植物措施和农业措施三部分。工程措施主要根据工程建设过程中形成废弃地、占用破坏地的地形、地貌现状，按照新规划的土地利用方向的要求，对破坏土地进行回填、平整、覆土及综合整治，常用的工程措施有就地整平、梯田式整平、挖深垫浅式整平和充填法整平等；植物措施包括植被恢复、农作物和树种选择种植等；农业措施包括快速土壤改良工艺等。

2. 土地整治分类

土地整治的分类方法有如下三种：

（1）按土地最终利用方向分类，可分为恢复为耕地、恢复为林草地、改造为水面养殖用地或其他用地等三类。

（2）按征占地性质分类，可分为工程永久占地区的土地整治和临时占地区的土地整治两类。

（3）按水土流失防治分区分类，可分为主体工程区的土地整治、工程永久办公生活区的土地整治、弃土（石、渣）场区的土地整治、土（块石、砂砾石）料场区的土地整治、交通道路区的土地整治、施工生产生活区的土地整治，以及移民安置与专项设施复（改）建区的土地整治等七类。

3.8.1.2 土地整治的适用范围

（1）工程建设过程中由于开挖、回填、取料、排放废弃物及清淤等扰动或占压地表形成裸露土地，包括平面和坡面，为恢复植被而进行的土地整治。

（2）对终止使用的弃土（石、渣）场表面的整治。

（3）工程建设结束，施工临时征占区如施工作业区、施工道路区、施工生产生活区及加工场等需要恢复耕地或植被的土地整治。

（4）水利水电工程的坝坡、闸（站）等建筑物进出口坡面、堤防（渠道）坡面、工程管理区等工程永久占地范围内需恢复植被的裸露土地的整治，以及工程永久占地范围内工程建设未扰动但根据美化环境和水土流失防治要求需要种植林草的土地。

3.8.2 土地整治设计

3.8.2.1 设计原则

（1）土地整治应符合土地利用总体规划。土地利用总体规划一般确定了项目所在区的土地利用方向，土地整治应与土地利用总体规划一致。若在城市规划区内，还应符合城市总体规划。

（2）土地整治应与蓄水保土相结合。土地整治工程应根据坑凹与弃土（石、渣）场的地形、土壤、降水等立地条件，按“坡度越小，地块越大”的原则划分土地整治单元。按照立地条件差异，将坑凹地与弃土（石、渣）场分别整治成地块大小不等的平地、平缓坡地、水平梯田、窄条梯田或台田。对形成的田面应采取覆土、田块平整、打畦围堰等蓄水保土措施。

（3）土地整治应与生态环境建设相协调。整治后的土地利用应注意生态环境改善，合理划分农林牧用地比例，尽力扩大林草面积。同时在有条件的情况下，根据需要布设各种景点，改善并美化项目区的生态环境，使项目区建设与生态环境有机融合。

（4）土地整治应与防排水工程相结合。坑凹回填物和弃渣都是人工开挖、堆置形成的松散堆积体，易产生沉陷，加大产流汇流。必须把土地整治与坑凹、渣场本身及其周边的防排水工程结合起来，才能保障土地的安全。

(5) 土地整治应与主体工程设计相协调。主体工程设计中有弃土和剥离表土等，土地整治应首先考虑利用主体工程的弃土和剥离表土。

3.8.2.2 土地利用方向的确定

1. 土地利用方向的确定原则

在土地整治前应首先确定土地的用途，根据土地的用途采用适宜的土地整治措施。土地利用方向的确定原则如下：

(1) 根据占地性质、原土地类型、立地条件和使用者要求综合确定，与区域自然条件、社会经济发展和生态环境建设相协调，宜农则农，宜林则林，宜牧则牧，宜渔则渔，宜建设则建设。

(2) 一般工程永久占地范围内的裸露土地和未扰动土地尽量恢复为林草地；工程临时占地范围内原地貌为耕地的恢复为耕地，原地貌为非耕地的恢复为林草地；也可根据土地总体利用规划改造为水面养殖用地或其他用地。

2. 土地整治的标准

(1) 恢复为耕地的土地整治标准。经整治形成的平地或缓坡地（自然坡度一般在15°以下），土质较好，覆土厚度0.5m以上（自然沉实），覆土pH值一般为5.5～8.5，含盐量不大于0.3%，有一定水利条件的，可整治恢复为耕地。用作水田时，地面坡度一般不超过2°～3°；地面坡度超过5°时，按水平梯田整治。

(2) 恢复为林草地的土地整治标准。受占地限制，整治后地面坡度大于15°或土质较差的，可作为林业和牧业用地。对于恢复为林地的，坡度宜不大于35°，裸岩面积比例在30%以下，覆土厚度宜不小于0.3m，pH=5.5～8.5，硬盘层深度大于0.3m；对于恢复为草地的，坡度宜不大于25°，覆土厚度不小于0.3m，土壤pH=5.0～9.0。

(3) 恢复为水面的整治标准。有适宜水源补给且水质符合要求的坑凹地可修成鱼塘、蓄水池等，进行水面利用和蓄水发展灌溉。塘（池）面积一般为0.3～0.7hm^2，深度以2.5～3m为宜；有良好的排水设施，防洪标准与当地一致。

(4) 其他利用的整治标准。根据项目区的实际需要，土地经过专门处理后可进行其他利用，如建筑用地、旅游景点等。整治标准应符合相关要求。

3.8.2.3 土地整治内容及要求

土地整治的内容主要包括表土剥离及堆存、扰动占压土地的平整及翻松、表土回覆、田面平整和犁耕、土地改良，以及必要的水系和水利设施恢复。水利水电工程项目可根据工程施工扰动破坏土地的具体情况以及土地恢复利用方向确定土地整治内容。不同利用方向的土地整治内容见表3.8-1。

1. 表土剥离及堆存

表土剥离是指将建设扰动土地的表层熟化土剥离搬运到固定场地存储，并采取必要的水土流失防治措施，土地完成使用后再将其回铺到需恢复为耕地或林草地的扰动场地表面的过程。

(1) 适用条件。表土剥离适用于土层较薄区域的弃土（石、渣）场、土（块石、砂砾石）料场、施工临时占地区、主体工程区和工程管理区等区域；当土壤层太薄或质地太不均匀，或者表土肥力不高，而附近土源丰富且能满足生态重建要求时，可以不对表土进行单独剥离。对于黄土高原黄土覆盖深厚区域，表土与生土的有机质含量（0.45%～0.55%）相差不大，可通过快速培肥等措施使生土恢复地力，工程建设中不需剥离表土。

表土剥离应结合工程占地性质考虑，永久占地（建筑物、水库淹没区）内的表土应优先考虑剥离，临时占地使用后需恢复农、林、牧草等农业种植的表土需考虑剥离。

(2) 设计要点。

1) 表土剥离。

a. 表土剥离量应根据水利水电工程项目所在区域的地形地貌、覆盖层厚度、土地利用现状及项目区绿化、复垦等覆土需求量，结合弃土的可利用量经平衡分析后确定。

b. 采集土壤前应对剥离作业区土壤分布进行测绘，并在有代表性的样品测点取样，测试其物理、化学性质，并评估它们用于植物种植的适用性、限制因素和可采数量。

c. 表土剥离厚度根据表层熟化土厚度确定，应优先选择土层厚度不小于30cm的扰动地段。一般对自然土壤可采集到灰化层，农业土壤可采集到犁底层。

各地区表土剥离厚度参考值见表3.8-2。

2) 表土堆存。剥离表土就近集中堆存于征用的土地范围内，且不宜受到水蚀，堆放过程中防止岩石等杂物混入，使土质恶化，尽可能做到回填后保持原有土壤结构。

a. 堆存场地应当避免水蚀、风蚀和各种人为破坏。

b. 剥离土壤若长期堆放，应在土堆上播种一年生或多年生的草类。

c. 堆置高度不宜超过5m，含肥岩土堆置高度不宜超过10m。

d. 应避免雨季剥离、搬运和堆存表土。

表 3.8-1 不同利用方向的土地整治内容

利用方向		整治内容						
		坡度	覆表土厚	覆壤土厚	平整	蓄水保土	改良	灌溉
耕地	平地 坡地	不大于15°	旱作区厚度一般为0.2～0.3m	0.5～0.8m	场地清理、翻耕、边坡碾压	改变微地形，修筑田埂，增加地面植物被覆，增加土壤入渗，提高土壤抗蚀性能，如等高耕作、沟垅种植、套种、深松等	草田轮作、施肥、秸秆还田等	设置坡面小型蓄排工程
	台地 梯田	坡率不大于2‰			场地清理、翻耕、粗平整和细平整	修筑田坎，精细整平		机井灌溉或渠道灌溉
草地	撒播	坡率一般小于1∶1	—	≥0.3m	场地清理、翻松地表、粗平整和细平整	深松土壤增加入渗，选择根系发达、萌蘖力和抓地力强的多年生草种	选豆科草种自身改良、施肥、补种	喷灌或人工喷水浇灌
	喷播	坡率一般不小于1∶1	—	—	修整坡面浮渣土、凿毛坡面增加糙率	处理坡面排水，保留坡面残存植物	施肥、施保水剂	人工喷水浇灌或滴灌
	草皮	小于1∶1时可自然铺种，不小于1∶1时坡面需挖凹槽、植沟等特殊处理	—	≥0.3m	翻松地表，将土块打碎，清除砾石、树根等垃圾，整平	深松土壤增加入渗，选择抓地力强的草种	施肥、补植或更新草皮	人工喷水浇灌或滴灌
林地	坡面	一般不大于35°	—	≥0.5m	场地清理、翻松，一般采用块状整地和带状整地	采用块状整地，如采用鱼鳞坑、回字形漏斗坑、反双坡或波浪状等	施肥，与豆科草类混植	设置坡面小型蓄排工程
	平地	—			场地清理、翻松地表，一般采用全面整地和带状整地	深松增加入渗，林带与主风向垂直，减少风蚀；选择根系发达、蒸腾作用小、抗旱的树种		人工浇灌
草灌地		坡率一般不大于1∶1.5	—	≥0.3m	翻松地表、粗平整和细平整	密植，合理搭配和混植草灌，增加土壤入渗	选豆科草种自身改良	人工浇灌
鱼塘		水面下1∶（2.5～1.5），水面上1∶（1.0～1.5）。	—	—	场地清理、修筑防渗塘，塘深一般为2.5～3m，矩形，长宽之比以5∶3为最佳，在最高蓄水位以上筑0.5m高堤埂	定期检查和修补防渗工程	保持鱼塘清洁，定期清塘消毒，防止病原体和病毒、农药、盐渍污染	有适宜的水源补给和排水设施，水质符合标准

表 3.8-2 各地区表土剥离厚度参考值

单位：cm

分 区	表土剥离厚度
西北黄土高原区的土石山区	30～50
东北黑土区	30～80
北方土石山区	30～50
南方红壤丘陵区	30～50
西南土石山区	20～30

注 黄土覆盖地区可不剥离表土。

2. 扰动占压土地的平整及翻松

扰动后凸凹不平的地面要采用机械削凸填凹进行平整，平整时应采取就近原则，对局部高差较大处由铲运机铲运土方回填，开挖及回填时应保证表土回填前田块有足够的保水层。扰动后地面相对平整或经过粗平整、压实度较高的土地应采用推土机的松土器进行耙松。

（1）适用条件。平整包括粗平整和细平整，弃土（石、渣）场、土（块石、砂砾石）料场区粗平整和细平整工作都有，主体工程区、施工生产生活区、工程管理区等一般只有细平整，这里的平整主要指粗平整。

（2）设计要点。粗平整包括全面成片平整、局部平整和阶地式平整三种型式，各种型式平整适用范围不同：

1）全面成片平整是对弃土（石、渣）场、土（块石、砂砾石）料场区等全貌加以整治，多适用于种植大田作物，整平坡度一般小于1°（个别为2°～3°）；用于种植林木时，整平坡度一般小于3°～5°。

2）局部平整主要是小范围削平堆脊，整成许多沟垄相间的平台，宽度一般为8～10m（个别4m）。

3）阶地式平整一般是形成分层平台（地块），平台面上成倒坡，坡度为1°～2°。

不同类型土地平整示意图见图3.8-1。

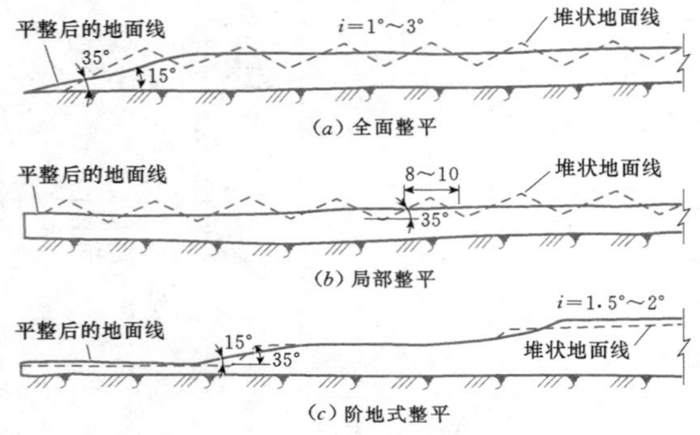

图 3.8-1 不同类型土地平整示意图

3. 表土回覆

土地整平工作结束之后，把剥离表土回覆在需要绿化、复耕的地块表层。

覆土要有顺序地倾倒，形成“堆状地面”，若作为农业用地，必须进一步整平；若作为林业、牧业用地，可直接采用“堆状地面”种植。

表土回覆时要充分考虑以下因素：

（1）充分利用预先收集的表土覆盖形成种植层，未预先收集表土的，在经济运距之内有适宜土源时，可借土覆盖。土源地用作农地、林地或草地时，取土以不影响土源地取土后的再种植为原则。

（2）在土料缺乏的地区，可覆盖易风化物如页岩、泥岩、泥页岩、污泥等；用于造林时，只需在植树的坑内填入土壤或其他含肥物料（矿区生活垃圾、污泥、矿渣、粉煤灰等）。

（3）表土覆盖厚度可根据当地土质情况、气候条件、种植种类以及土源情况确定。一般地，种植农作物时覆土在50cm以上，耕作层不小于20cm；用于林业种植时，在覆盖厚度1m以上的岩土混合物后，覆土30cm以上，可以是大面积覆土，土源不够时也可只在植树的坑内覆土，种植草类时覆土厚度为20～50cm。

各地区覆土厚度参考值见表3.8-3。

表 3.8-3 各地区覆土厚度参考值 单位：cm

分 区	覆土厚度		
	农地	林地	草地（不含草坪）
西北黄土高原区的土石山区	60～100	≥60	≥30
东北黑土区	50～80	≥50	≥30
北方土石山区	30～50	≥40	≥30
南方红壤丘陵区	30～80	≥40	≥20
西南土石山区	20～50	20～40	≥10

注 1. 黄土覆盖地区一般不需覆土。
2. 采用客土造林、栽植带土球乔灌木、营造灌木林时，可视情况降低覆土厚度或不覆土。
3. 铺覆草坪时，覆土厚度不小于10cm。

4. 田面平整和犁耕

粗平整之后，细部仍不符合耕作要求的要进行细平整，也就是田面平整，包括修坡、作梯地和其他地面工程。恢复林草的，可采取机械或人工辅助机械对田面进行细平整，并视具体种植的林草种采取犁耕。恢复为耕地的，应采取机械或人工辅助机械对田面进行细平整、犁耕。全面整地耕深一般为

0.2～0.3m。

(1) 田面平整标准。田面平整后既要满足地面灌溉技术要求，又要便利耕作和田间管理。

对于恢复为耕地的，平整后的田面要求坡度一致，一般畦灌地面高差小于±5cm，水平畦灌地面高差在±1.5cm以内，沟灌地面高差小于±10cm。

(2) 设计要点。田面平整包括坡度大于15°的坡面、坡度不大于15°的坡面和平台面的平整，可根据土壤成分和土地利用方向进行平整。

1) 坡度大于15°的坡面，一般恢复为林草地。以土壤或土壤发生物质（成土母质或土状物质）为主的坡面，采用水平沟、水平阶地、反坡梯田整地；以碎石为主的地块，采用鱼鳞坑、穴状或块状整地。各种整地规格如下：

a. 水平沟挖深、底宽、蓄水深、边坡尺寸根据土层厚度、土质、降雨量和地形坡度确定，一般挖深与底宽为0.3～0.5m，挖方边坡1∶1，填方边坡1∶1.5，蓄水深0.7～1.0m，土埂顶宽0.2～0.3m，水平沟沿等高线开挖，每两行水平沟呈“品”字形排列，每个水平沟长3～5m。

b. 水平阶地阶长4～5m，阶宽有0.7m、1.0m、1.5m三种。

c. 反坡梯田田面宽一般为2～3m，长5～6m。

d. 鱼鳞坑包括大鱼鳞坑和小鱼鳞坑，大鱼鳞坑尺寸：1.0m×0.6m×0.6m（长径×短径×坑深）、1.5m×1.0m×0.6m；小鱼鳞坑尺寸：(0.6～0.8m)×(0.4～0.5m)×(0.5m)（长径×短径×坑深）。

e. 穴状整地规格一般为30cm×30cm（穴径×坑深）、40cm×40cm、50cm×50cm、60cm×60cm。

f. 块状整地规格多为30cm×30cm×30cm（边长×边长×坑深）、40cm×40cm×40cm、50cm×50cm×50cm、60cm×60cm×60cm。

2) 对于坡度不大于15°的坡面和平台面，若恢复为耕地，按耕作要求全面精细平整；若恢复林草地，按林草种植要求进行平整。

a. 恢复为耕地的土地平整。

a) 对于坡度小于5°的地块。在粗平整之后要对田面进行细平整即实施田间整形工程。整形时田块布置与田间辅助工程如渠系、道路、林带等结合，田块形状以便于耕作为宜，最好为长方形、正方形，其次为平行四边形，尽量防止三角形和多边形；田块方向与日照、灌溉、机械作业及防风效果有关，与等高线基本平行，并垂直于径流方向；田块规格与耕作的机械要求和排水有关，拖拉机作业长度为1000～1500m，宽度为200～300m，或更宽些。另外，土壤黏性越大，排水沟间距越小，则田块宽度越小，如黏土一般宽80～200m，宜透水覆盖层或底部有砂层则可宽到200～600m，最高可达1000m。田块两头和局部洼地高差不大于0.5m。

b) 对于坡度大于5°的地块。先在临空侧布置挡水土埂，田块沿等高线布设，考虑机耕田块宽度一般为20～40m，长度不小于100m，田块之间修建土埂。土埂高度按最大一次暴雨径流深、年最大冲刷深与多年平均冲刷深之和计算，地埂间距可按水平梯田进行设计。在缺乏资料时，土埂高度取0.4～0.5m，顶宽取0.4m，边坡取1∶1～1∶2。坡度大于5°的地块设计图见图3.8-2。

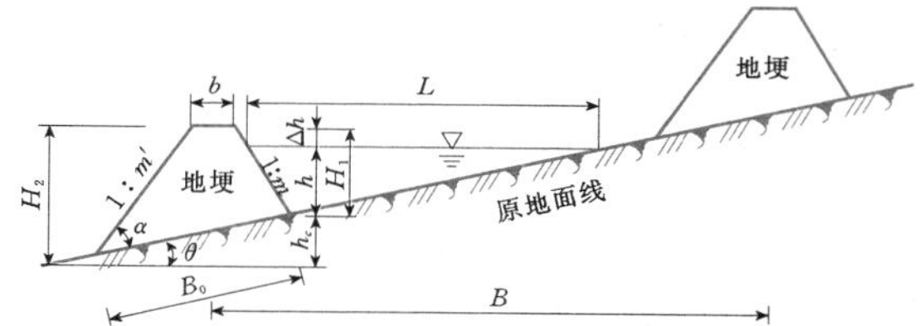

图3.8-2 坡度大于5°的地块设计图

土埂内侧高度

$$H_1 = h + \Delta h \qquad (3.8-1)$$

式中 h——地埂最大拦蓄高度，m；

Δh——地埂安全加高，m，可采用0.5m。

地埂最大拦蓄高度h可根据单位埂长的坡面来洪量Q（包括洪水及泥沙）及最大拦蓄容积V确定。

来洪量

$$Q = B(h_1 + h_2) + V_0 \qquad (3.8-2)$$

式中 B——地埂水平间距，m；

h_1——最大一次暴雨径流深，m；

h_2——最大冲刷深度，m；

V_0——三年耕作翻入埂内的土方量，m^3/m。

最大冲刷深度h_2可根据年最大冲刷深$h_{大}$与多年平均冲刷深$h_{平}$计算：

$$h_2 = h_{大} + 2h_{平}$$

年最大冲刷深$h_{大}$因自然条件（地面坡度、土质、降雨等）不同，各地有所差别，应通过实验调查确定。

每米埂长最大拦蓄容积

$$V = \frac{1}{2}Lh = \frac{1}{2}h^2\left(m + \frac{1}{\tan\theta}\right) \qquad (3.8-3)$$

式中 L——最大拦蓄高度时的回水长度，m；

m——地埂内侧坡坡率；

θ——田面坡度，(°)。

地埂最大拦蓄高度h可根据下式计算：

设计时取 $Q=V$，故

$$h=\sqrt{\frac{2V\tan\theta}{1+m\tan\theta}}+\Delta h \tag{3.8-4}$$

所以地埂内侧高度

$$H_1=\sqrt{\frac{2V\tan\theta}{1+m\tan\theta}}+\Delta h \tag{3.8-5}$$

地埂铺底宽度

$$B_0=[b+H_1(m'+m)]\frac{\sin(\theta+\alpha)}{\sin\alpha} \tag{3.8-6}$$

式中　m'——地埂外侧坡坡比；

α——地埂与田面的夹角，(°)。

地埂外侧高度

$$H_2=H_1+h_0=H_1+B_0\sin\theta \tag{3.8-7}$$

b. 对于恢复为林草地的土地平整。整地方式主要有全面整地、水平沟整地、鱼鳞坑整地、穴状（圆形）整地、块状（方形）整地等。以土壤或土壤发生物质（成土母质或土状物质）为主的地块，宜依据其覆盖厚度和造林种草的基本要求，采取全面整地；以碎石为主的地块，且无覆土条件时，采用穴状整地；砂页岩、泥页岩等强风化地块，宜采取提前整地等加速风化措施。

5. 土地改良

（1）适用条件。土地改良适用于土壤贫瘠、无覆土条件或表土覆盖层较薄但又要恢复为耕地的临时占地区域。

（2）改良措施。土地改良措施主要包括增肥改土、种植改土和粗骨土改良三种。

1）增肥改土。增肥改土主要是通过增加有机肥如厩肥、沤肥、土杂肥、人畜粪尿等实现土壤培肥。增施有机肥有助于改良土壤结构及其理化性质，提高土壤保肥保水能力。

2）种植改土。种植改土主要是指种植绿肥牧草和作物以达到改良土地的目的。在最初几年先种植绿肥作物改良土壤、增肥养地，然后再种植大田作物。种植绿肥牧草品种有苜蓿、草木樨、沙打旺、箭舌豌豆、毛叶苕子等，作物如大豆、绿豆等。也可实行轮作、间作、套种等改良土壤。

a. 草田轮作。草田轮作是在一个轮作周期内，先种植一段时间牧草再种植农作物的种植改土措施。轮作制和轮作周期根据具体情况确定，一般先种植 2～3 年牧草后再种植 3～5 年农作物。

b. 草田带状间作。在坡长较长的缓坡地上，为了保持水土，减少冲刷，可进行等高草田带状间作，即在坡地沿等高线方向，一般坡度不大于 10°以 20～30m、大于 10°以 10～20m 间距划分为若干等高条带，每隔 1～3 带农作物种植一带牧草，形成带状间作，以拦截、吸收地面径流和拦泥挂淤，改良土壤。

3）粗骨土改良。对覆盖土含有大量粗砂物质、岩石碎屑及风沙土的区域，土壤结构松散、干旱、贫瘠、透水性强、保水保肥能力差，有效养分含量底，要通过掺黏土、淤泥物质和一些特殊的土壤改良剂，如泥炭胶、树胶、木质等，以达到土壤改良的目的。粗骨土改良还要结合施用有机肥，翻耕时注意适宜的深度，避免将下部大粗砂石砾翻入表土；同时利用种植牧草和选择耐干旱、耐贫瘠的作物合理种植，以达到综合改良目的。

（3）设计要点。地表有土型的土地改良，主要是通过增肥改土和种植植物等种植改土措施，实现土壤培肥。恢复为耕地的，应采用增施有机肥、复合肥或其他肥料的增肥改土措施；恢复林草地的，优先选择具有根瘤菌或其他固氮菌的绿肥植物进行种植改土，必要时，工程管理范围的绿化区应在田面细平整后采用增施有机肥、复合肥或其他肥料的增肥改土技术。

地表无土型土地改良，一般用易风化的泥岩和砂岩混合的碎砾作为土体，调整其比例，在空气中进行物理和化学风化，如添加城市污泥、河泥、湖泥、锯末等改良物质；对于 pH 值过低或过高的土地，施加化学物料如黑矾、石膏、石灰等改善土壤；盐渍化土地，应采取灌水洗盐、排水压盐、大穴客土等方式改良土壤。

6. 灌溉设施

灌溉的范围主要为主体工程区、工程永久办公生活区的绿化区域及弃土（石、渣）场区、土（块石、砂砾石）料场区土地整治后恢复为耕地或林草地的区域。灌溉范围内采用渠道灌溉的参考《水工设计手册》（第 2 版）“第 9 卷　灌排、供水”部分，本节内容主要指节水灌溉技术。

改良盐碱地采取蓄淡压盐、灌水洗盐以及大穴客土，下部设隔离层和渗管排盐等水利和其他措施。

（1）适用条件。目前，国内常用的节水灌溉技术主要有渠道防渗、低压管道输水、改进地面灌溉技术、喷灌与微灌等。

喷灌与微灌可以根据植物需水状况，适时适量地供水，一般不产生深层渗漏和地面径流，且地面湿润较均匀，灌溉水利用系数可达 0.8 以上，与地面灌溉相比，可节约水量 30%～50%，并具有对地形和土质适应性强、保持水土等特点。综合考虑水利水电工程项目区水源、气候、土壤、种植、地形和社会经济发展水平等因素，主体工程区、工程永久办公生活区的绿化区域及弃土（石、渣）场区、土（块石、砂砾石）料场区土地整治后恢复为耕地或草地的区域优先选择喷灌技术，弃土（石、渣）场区、土（块石、砂砾石）料场区土地整治后恢复为林地的区域可选择微灌技术。

（2）喷灌工程设计。

1）喷灌系统的组成。喷灌系统一般由水源、动力机、水泵、管道系统和喷头组成。水源依据当地水源条件确定，可以是河道、引水渠、水库、蓄水池、井泉。动力机有电动机和柴油机。水泵可为离心泵、专业喷灌泵和潜水泵等。管道系统有铝合金管、石棉水泥管、薄壁钢管、PVC 塑料管等。喷头型式很多，常用旋转式喷头。

2）喷灌系统的类型。喷灌系统通常分为固定式喷灌系统、半固定式喷灌系统和移动式喷灌系统。

固定式喷灌系统所有组成部分是固定的，不再移动。水泵和动力机安装在泵房，输水管埋设地下，喷洒器安装在竖管上，可以拆卸。其适宜安装在主体工程区、工程永久办公生活区的绿化区或需要灌溉的经济作物区。

半固定式喷灌系统是泵房及输水干管固定，喷洒支管可以移动。

移动式喷灌系统的特点是动力机、加压泵、喷洒管道都可移动，适宜地块不大、水源分散、来水量较小的区域。

3）喷灌系统规划设计。

a. 设计灌水定额和灌水周期。

设计灌水定额

$$m = 10.2\gamma h\beta(\beta_1 - \beta_2)/\eta \qquad (3.8-8)$$

式中 m——设计灌水定额，mm；

γ——土壤容重，N/cm^3；

h——计划湿润层深度，cm；

β——田间持水量，重量百分比，%；

β_1、β_2——适宜土壤含水量上、下限，重量百分比，%；

η——喷洒水利用系数。

设计灌水周期

$$T = m\eta/ET_a \qquad (3.8-9)$$

式中 T——设计灌水周期，d；

ET_a——作物灌水临界期日需水量，mm/d；

其他符号意义同前。

b. 喷头选型与组合。

a）计算允许的喷头最大喷灌强度。喷头的运行方式包括单喷头喷洒、单行多喷头喷洒和多行多喷头喷洒三种。喷头的喷洒方式有全圆喷洒、扇形喷洒、带状喷洒等，除了在田边路旁或房屋附近使用扇形喷洒外，其余全部采用全圆喷洒。喷头的组合形式有矩形组合和平行四边形组合，一般采用矩形组合。

组合喷灌强度按下式计算：

$$\rho = K_w C_\rho \eta \rho_{允} \qquad (3.8-10)$$

$$C_\rho = \pi/[\pi - (\pi/90)\arccos(a/2R) + (a/R)\sqrt{1-(a/2R)^2}] \qquad (3.8-11)$$

$$a = K_a R$$

式中 ρ——组合喷灌强度，亦称设计喷灌强度，mm/h；

C_ρ——布置系数，反映喷头组合形式和作业方式对 ρ 的影响；

K_w——风向系数，反映风对 ρ 的影响；

η——喷洒水利用系数，$\eta=0.85$；

a——喷头组合间距，m；

R——初选喷头射程，m；

$\rho_{允}$——允许喷灌强度，根据喷灌区土壤资料查得；

K_a——喷头间距射程比。

b）选择喷头。喷头的选择包括喷头型号、喷嘴直径和喷头工作压力的选择，这些参数取决于作物种类、喷灌区的土壤条件，以及喷头在田间的组合情况和运行方式。要求所选喷头的喷灌强度小于计算的喷灌强度允许值，一般选择中、低压喷头，灌溉季节风比较大的喷灌区应选用低仰角喷头。

c）喷头的组合间距。喷头的组合间距与所选喷头有关，目前常将喷头组合间距的确定和喷头选型工作一起进行，即先根据喷灌区自然条件和拟定的喷头组合形式及作业方式，确定满足喷灌灌水质量要求的参数，然后根据这些参数选择喷头并确定其组合间距。

c. 进行田间管道系统的布置。根据田块的形状、地面坡度、耕作与种植方向、灌溉季节的风向与风速、喷头的组合间距等情况进行田间管道系统的布置。

d. 拟定喷灌工作制度。

a）喷头在一个喷点上的喷洒时间。喷头在一个喷点上的喷洒时间按下式计算：

$$t = abm/(1000q) \qquad (3.8-12)$$

式中 t——喷头在一个喷点上的喷洒时间，h；

a——喷点间距，m；

b——支管间距，m；

m——设计灌水定额，mm；

q——喷点设计流量，m^3/h。

b）喷头每日可工作的喷点数。喷头每日可工作的喷点数就是指每日可工作的支管数量，即

$$n = t_r/t \qquad (3.8-13)$$

式中 n——喷头每日可工作的喷点数，次/d；

t_r——喷头每日喷灌作业时间，即设计日净喷时间，h；

t——喷头在一个喷点上的喷洒时间，h。

c）每次同时工作的喷头数。喷灌系统每次同时工作的喷头数可按下式计算：

$$n_p = N/(n \times T) \quad (3.8-14)$$

式中 n_p——每次同时工作的喷头数，个；

N——喷灌区内总喷点数，个；

n——喷头每日可工作的次数，一般情况下就是指每根支管每日可移动的次数，次/d；

T——设计灌水周期，d。

d）编制轮灌顺序。根据计算出需要同时工作的喷头数，结合系统平面布置图上喷点分布情况，编制轮灌组并确定轮灌顺序。

e. 管道系统设计。管道系统设计包括管材选择、管径确定、管道纵剖面设计、管道系统结构设计及管道系统各控制点压力确定。

（a）管材选择。用于喷灌的管道种类很多，应根据喷灌区的地形、地质、气候、运输、供应，以及使用环境和工作压力等条件结合管材的特性确定，一般地埋管采用硬聚氯乙烯管（UPVC管），对于地面移动管道，优先采用带有快速接头的薄壁铝合金管。

（b）管径确定。

a）支管管径。按《喷灌工程技术规范》（GB/T 50085）的要求，同一条支管上任意两个喷头之间的工作压力差应在设计喷头工作压力的20%以内，则喷灌系统多口出流的支管管径可按下式计算：

$$h'_f = FfLQ^m/d^b \leqslant 0.2h_p + \Delta Z \quad (3.8-15)$$

式中 h'_f——多喷头支管沿程水头损失，m；

F——多口系数；

f——摩阻系数，取 $f=0.948\times105$；

L——支管长度，m；

Q——支管流量，m^3/h；

d——支管内径，mm；

m——流量指数，取 $m=1.77$；

b——管径指数，取 $b=4.77$；

h_p——喷头设计工作压力水头，m；

ΔZ——同一支管上任意两喷头的进水口高程差，m，顺坡铺设支管时，ΔZ 的值为负；逆坡铺设支管时，ΔZ 的值为正。

b）干管管径。喷灌系统的干管管径按下式计算：

当 $Q<120m^3/h$ 时，$D=13\sqrt{Q}$

当 $Q\geqslant120m^3/h$ 时，$D=11.5\sqrt{Q}$

式中 D——干管内径，mm；

Q——干管流量，m^3/h。

（c）管道纵剖面设计和管道结构设计。管道纵剖面设计主要是根据各级管道平面布置和计算的管道直径，确定各级管道在立面上的位置及管道附件的位置。纵剖面设计应力求平顺、减少折点、避免产生负压。

管道系统结构设计包括镇墩、支墩、阀门井、竖管的高度确定等。

（d）管道系统各控制点压力确定。管道系统各控制点压力包括支管、干管入口和其他特殊点的测管水压力。支管入口压力的计算是系统中其他各控制点压力计算的基础，常采用以下方法近似计算：

当喷头与支管入口的压力差较大时，按支管上工作压力最低的喷头推算：

$$H_{支} = h'_f + \Delta Z + 0.9h_p \quad (3.8-16)$$

式中 $H_{支}$——支管入口的压力水头，m；

h'_f——多口系数法计算的支管相应管段的沿程水头损失，m；

ΔZ——支管入口地面高程到工作压力最低的喷头进水口的高程差，顺坡时为负值，m；

h_p——喷头设计工作压力水头，m。

当支管沿线地势平坦且支管上喷头数较多（$N>5$）时，按较低 $0.25h_{f首,末}$ 计算：

$$H_{支} = h'_f + \Delta Z + 0.9h_p - 0.25h_{f首,末} \quad (3.8-17)$$

式中 $h_{f首,末}$——支管首末两端喷头间管段管段的沿程水头损失，m；

其他符合意义同前。

支管入口压力求出后，再根据系统在各轮灌组运行时的流量，分别计算各分干管、干管的沿程水头损失和局部水头损失，最后，计算出各控制点在各轮灌组作业时的压力。

f. 水泵选择。

（a）喷灌系统设计流量。喷灌系统的设计流量就是设计管线上同时工作的喷头流量之和，再考虑一定数量的损失水量，按下式计算：

$$Q = \sum_{i=1}^{n} q_i/\eta_c \quad (3.8-18)$$

式中 Q——喷灌系统设计流量，m^3/h；

q_i——设计工作压力下的喷头流量，m^3/h；

n——同时工作的喷头数目；

η_c——设计管线输水利用系数，取0.95。

（b）水泵设计扬程。喷灌系统设计扬程是在设计管线中的支管入口压力水头的基础上，考虑沿设计管线的全部水头损失、水泵吸水管的水头损失，以及支管入口与水源水位的地形高差等，按下式计算：

$$H = Z_d - Z_S + h_S + h_P + \sum h_f + \sum h_j \tag{3.8-19}$$

式中 H——喷灌系统设计水头，m；

Z_d——典型喷点的地面高程，m；

Z_S——水源水面高程，m；

h_S——典型喷点的竖管高度，m；

h_P——典型喷点喷头的工作压力水头，m；

$\sum h_f$——由水泵吸水管至典型喷点之间管道的沿程水头损失，m；

$\sum h_j$——由水泵吸水管至典型喷点之间管道的局部水头损失，m。

(c) 水泵选型。水泵是喷灌工程的重要设备，其选型应符合以下原则：

a) 其流量和扬程应与喷灌系统设计流量和扬程基本一致，且当工作点变动时，泵始终在高效区范围内工作，既不能产生气蚀，也不能使动力机过载。

b) 在相同流量和扬程的条件下，应尽量选择一台大泵，因其运行效率比若干小泵高，且设备、土建和管理费用均可相应减少，但泵的台数也不能太少，否则难以进行流量调节。当系统流量较小时，可只设一台泵，但应配备足够数量的易损零件，以备随时更换。

c) 如有几种泵型都满足设计流量和扬程要求时，首先应选择气蚀性能好、工作效率高、配套功率小，便于操作、维修，并使总投资较小的泵型，其次要推荐采用国优与部优产品。

d) 同一喷灌系统安装的泵，尽可能型号一致，以方便管理和维修。

(3) 微灌工程设计。

1) 微灌系统的组成。微灌系统由水源工程、首部枢纽、输配水管网和灌水器组成，其特点是灌水流量小，一次灌水延续时间较长，灌水周期短，需要的工作压力较低，能够精确地控制灌水量，能把水和养分直接地输送到作物根部的土壤中。

微灌系统的水源依据当地水源条件确定，同喷灌工程。首部枢纽通常由水泵及动力机、控制阀门、水质净化器、施肥装置、测量和保护设备等组成。输配水管网按灌溉控制面积分为干、支、毛管道，一般均埋入地面下一定深度。灌水器有滴头、微喷头、涌水器和滴灌带等多种形式。

2) 微灌系统的类型。根据微灌工程中毛管在田间的布置方式、移动与否以及进行灌水的方式不同，微灌系统可以分为地面固定式微灌系统、地下固定式微灌系统、移动式微灌系统和间歇式微灌系统四类。

地面固定式微灌系统将毛管布置在地面，在灌水期间毛管和灌水器不移动。这种系统的优点是安装、拆卸清洗方便，便于检查土壤湿润和测量滴头流量变化情况，缺点是毛管和灌水器易于损坏和老化。

地下固定式微灌系统将毛管和滴水器全部埋入地下。与地面固定式微灌系统相比，其免除了作物种植和收获前后的安装和拆卸工作，延长了设备使用寿命，缺点是不能检查土壤湿润和灌水器堵塞的情况。

移动式微灌系统在灌水期间，毛管和灌水器由一个位置灌水完毕后再移向另一个位置进行灌水。

间歇式微灌系统又称脉冲式微灌系统，工作方式是系统每隔一定时间喷水一次，灌水器的流量比普通滴头的流量大4～10倍。

3) 微灌系统规划设计。

a. 设计灌水定额和灌水周期。微灌设计灌水定额可依下式计算：

$$m = \gamma z p(\theta_{max} - \theta_{min})/\eta$$

或

$$m = \gamma z p(\theta'_{max} - \theta'_{min})/\eta \tag{3.8-20}$$

式中 m——设计灌水定额，mm；

γ——土壤容重，N/cm^3；

z——计划湿润土层深度，cm；

p——设计土壤湿润比，%；

θ_{max}、θ_{min}——适宜土壤含水率上、下限（占干土重量的百分比）；

θ'_{max}、θ'_{min}——适宜土壤含水率上、下限（占土壤体积的百分比）；

η——灌溉水利用系数，对于滴灌不低于0.90，对于微灌不低于0.85。

设计灌水周期应根据资料确定。在缺乏试验资料的地区，可参照邻近地区的试验资料并结合当地实际情况按下式计算确定：

$$T = (m/E_a)\eta \tag{3.8-21}$$

式中 m——灌水定额，mm；

E_a——耗水强度，mm/d；

T——灌水周期，d。

设计时，灌水器允许流量偏差率应不大于20%。灌水小区内灌水器流量和工作水头偏差率依下式计算：

$$q_v = \frac{q_{max} - q_{min}}{q_d} \times 100\% \tag{3.8-22}$$

$$h_v = \frac{h_{max} - h_{min}}{h_d} \times 100\% \tag{3.8-23}$$

式中 q_v——灌水器流量偏差率，%；

q_{max}——灌水器最大流量，L/h；

q_{min}——灌水器最小流量，L/h；

q_d——灌水器设计流量，L/h；

h_v——灌水器工作水头偏差率，%；

h_{max}——灌水器最大工作水头，m；

h_{min}——灌水器最小工作水头，m；

h_d——灌水器设计工作水头，m。

b. 设计流量与设计水头。

(a) 微灌系统某级管道的设计流量应按下式计算：

$$Q = \sum_{i=1}^{n} q_i \tag{3.8-24}$$

式中 Q——某级管道的设计流量，L/h；

q_i——第 i 号灌水器设计流量，L/h；

n——同时工作的灌水器个数。

(b) 微灌系统及某级管道的设计水头，应在最不利条件下按下式计算：

$$H = Z_p - Z_b + h_0 + \sum h_f + \sum h_w \tag{3.8-25}$$

式中 H——系统或某级管道的设计水头，m；

Z_p——典型毛管的进口高程，m；

Z_b——系统水源的设计水位或某级管道的进口高程，m；

h_0——典型毛管进口的设计水头，m；

$\sum h_f$——系统或某级管道进口至典型毛管进口的管道沿程水头损失，m；

$\sum h_w$——系统或某级管道进口至典型毛管进口的管道局部水头损失，m。

(c) 水头损失计算。水头损失计算包括管道沿程水头损失和管道局部水头损失两项，其计算与喷灌水力计算类同。

a) 管道沿程水头损失依下式计算：

$$h_f = f\frac{Q^m}{d^b}L \tag{3.8-26}$$

式中 h_f——沿程水头损失，m；

f——摩阻系数；

Q——流量，L/h；

d——管道内径，mm；

L——管长，m；

m——流量指数；

b——管径指数。

各种管材的 f、m、b 值，按表 3.8-4 选用。

表 3.8-4 管道沿程水头损失计算系数、指数表

管材			f	m	b
硬塑料管			0.464	1.77	4.77
微灌用聚乙烯管	$d>8$mm		0.505	1.75	4.75
	$d\leqslant 8$mm	$Re>2320$	0.595	1.69	4.69
		$Re\leqslant 2320$	1.75	1	4

注 1. Re 为雷诺数。

2. 微灌用聚乙烯管的 f 值相应水温为10℃，其他温度时应修正。

当微灌系统的支、毛管为等距多孔管时，其沿程水头损失可依下式计算（当 $N\geqslant 3$）：

$$h'_f = \frac{fSq_d^m}{d^b}\left[\frac{(N+0.48)^{m+1}}{m+1} - N^m\left(1-\frac{S_0}{S}\right)\right] \tag{3.8-27}$$

式中 h'_f——等距多孔管沿程水头损失，m；

S——分流孔间距，m；

S_0——多孔管进口至首孔的间距，m；

N——分流孔总数；

q_d——单孔设计流量，L/h。

b) 管道局部水头损失依下式计算：

$$h_w = 6.376\times 10^{-3}\zeta Q^2/d^4 \tag{3.8-28}$$

式中 h_w——局部水头损失，m；

d——管道内径，mm；

Q——流量，L/h；

ζ——局部水头损失系数。

当缺乏资料时，局部水头损失也可按沿程损失的一定比例估算，支管路为0.05～0.10，毛管为0.1～0.2。

3.8.2.4 不同场地土地整治模式

1. 主体工程区及工程永久办公生活区

主体工程区包括水库枢纽、水电站枢纽、水闸、泵站、河道堤防、输水渠道、输水隧洞、灌溉渠道等及永久占地区内的道路、料场。工程永久办公生活区包括管理局（处、站、所）永久征占地范围。该征占地范围内除构筑物占地之外的空闲地及从工程安全运行角度考虑进行的防护措施外的裸露面，土地利用方向一般确定为恢复成林草植被。

对填筑好的土坝坡、堤防坡面、排水建筑物进出口等裸露的坡面，一般需铺种草皮。这些部位土质多为黏性土，铺种草皮时需凿毛表面，再撒一层细土整治。

对工程永久占地内的管理区，施工结束后地面裸露，需进行整治，一般硬化或恢复植被，满足水土流失防治要求，同时美化环境。

2. 弃土（石、渣）场区

弃土（石、渣）场恢复利用方向，由工程建设过程中产生的弃料的性质、堆放方式及堆放地占地类型决定。

(1) 弃料性质。

1) 弃料为土和渣。首先剥离堆放地或永久占地内的表土集中堆放，防护备用。堆放时要求将渣堆放在下部，土堆放在上部。顶面恢复耕种的先铺一层厚度不小于30cm的黏土并碾压密实作为防渗层，表面按复耕作物的种植要求或地理位置确定回铺备用表土的厚度；堆放的坡面一般不可耕种，按林草种植要求放坡整治，恢复林草。

2）弃料为渣。首先剥离堆放地或永久占地内的表土和壤土堆放，防护备用。若没有，附近壤土丰富时，可在附近取土覆盖，回覆表土复耕；取土困难的，按草灌种植要求放坡整治，恢复成草灌。

弃土弃渣场整治见图3.8-3，弃渣场整治见图3.8-4。

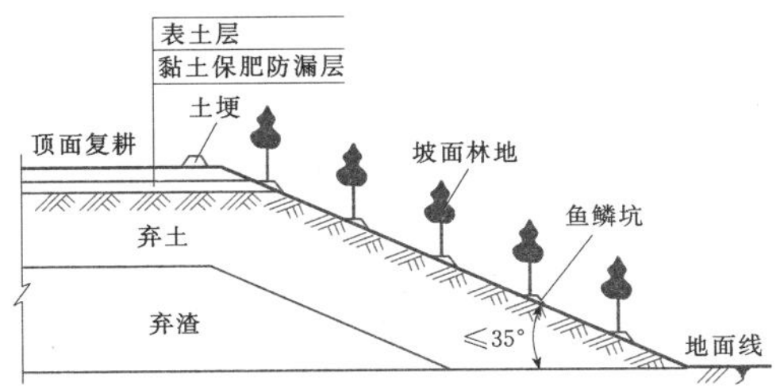

图3.8-3 弃土弃渣场整治示意图

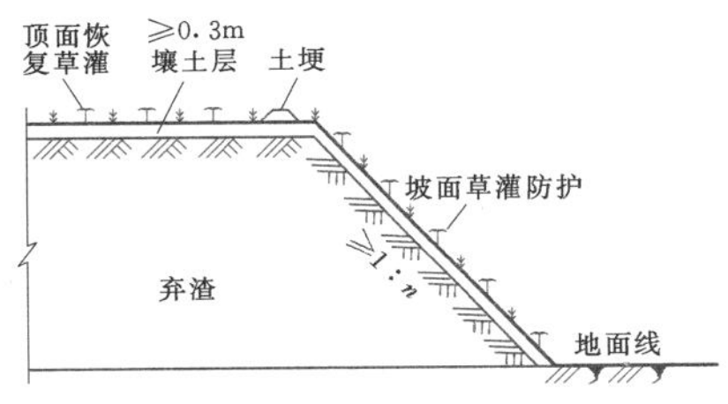

图3.8-4 弃渣场整治示意图

(2) 弃料堆放方式。

1）坑凹地渣场。堆放时在工程附近寻找如窑坑、沟头、废弃沟道、取料坑、开采沉降塌陷取料坑等坑凹地，将弃土弃渣填入坑凹，预留一定沉降高度，按复耕整治或林草恢复要求对其进行平整。

沟头渣场先修建拦挡建筑物，然后采用分阶后退方式回填坑凹，降水量大、集流面积大的地方要配套排水工程。

2）平缓地渣场。渣场现状地形为平缓地的基本恢复为耕地，堆高尽量小于3m。

经济条件较好的地区，周围可修建高出渣面1m的挡渣墙以便覆土利用；经济条件一般的地区，边坡坡度适当放缓并在底部修建排水沟。

场区施工按照"表土剥离→拦挡→弃料堆放→整平→覆土"的顺序进行，堆渣至最终高度时，渣面应大致平整，以利改造利用。

渣场表面平整后，先铺一层黏土并碾压密实作为防渗保肥层，再覆表土，在顶面临空四周筑土埂挡水，防止雨水冲刷坡面，保持水土。作为耕地用的，一般覆土0.5～0.8m；作为林地用的，覆土0.4m以上；作为草地用的，覆土0.3m以上。在土源缺乏的地方，可铺垫一层风化碎屑，改造为林草用地。

拦渣坝与拦渣堤内弃渣填满后，渣面应进行平整，按上述办法改造利用。

3）斜坡渣场。沿斜坡和沟岸倾倒形成的坡地弃料场，除对弃料自然边坡及坡脚采取防护工程外，渣场顶部应平整，外沿修筑截排水工程，内侧修建排水系统。

将渣场顶面根据土地利用方向整修成田块，然后覆土改造，临空侧修筑土埂挡水，种植农林草等植被，斜坡面根据恢复利用的性质整治坡度大小。

斜坡弃土（渣）场整治示意图见图3.8-5。

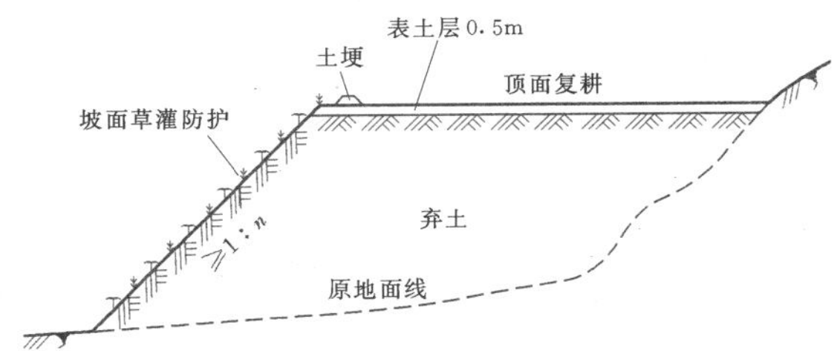

图3.8-5 斜坡弃土（渣）场整治示意图

(3) 弃土（石、渣）场复垦。在经过整治的弃土（石、渣）场平台和边坡，应覆盖土层，充分利用工程前收集的表土覆盖于表层。覆盖土层厚度应根据场地用途确定：用于农业时，与取土场相同；用于林业时，覆土厚度应在0.3m以上；采取坑栽时，坑内放少许客土或人工土。边坡在35°以下时，可以用于一般林木种植，坡度15°～20°时，可用于果园（含桑）和其他经济林。用于牧业时，边坡坡度不大于30°，内排台阶稳定后，覆土0.2m以上，场地大的复垦区应有作业通道。

3. 土（砂砾、块石）料场区

工程建设过程中取料造成的坑凹地形，尽量利用工程土方平衡后弃料填筑，并按土地利用方向采取平整、覆土等土地整治工程，覆土时需高出四周地面预留一定的沉降高度；不能填筑的坑凹地，底面恢复耕地的同时需要结合做好截、排水工程，坡面采用植物护坡工程；山坡坡地在距开挖边缘线10m以外布置截排水工程，避免取土上方地表径流对边坡坡面的冲刷，截排水工程设计见"3.9 防洪排导工程设计"相关内容。滩地取土坑可淤地整平恢复耕地，地下水位高或水利条件好的取土坑凹可整治恢复为鱼塘。

(1) 土料场区。根据地形地质地貌条件、周边地表径流量大小情况，采用边坡防护工程、截排水工程、坡面水系工程和土地整治工程。

1）凹形取土场。对干旱、半干旱地区且无地下水出露的凹形取土场，采用生土填平坑凹，表层按农林草用地要求铺覆熟化土，覆土厚度根据土地利用方向确定。若取土场周边无熟化土，则采取深耕、深松、增施有机肥、种植有机物含量高的农作物或草类等耕作措施改良土壤。

对降水量丰沛、地下水出露地区，当土壤、水分等符合农林草类植物种植要求时，采取土地平整、覆土措施，将取土场改造成为农地或林地，并种植适宜农作物或乔灌木，同时在周边布置截（引、排）水工程和边坡防护工程。

当取土场内外水量丰富、水质较好，适合养殖水产品或种植水生植物时，可用黏土、砌石、混凝土等防渗处理工程，并修筑引水排水工程，将其改造成为养殖场或水生植物种植场。当土质较差时，采取边坡防护、场地粗平整和植被恢复工程。

2）山坡地取土场。应分台阶取土，每台高度不大于6m，台阶宽度不小于2m。取土前应清理表层熟化土，集中堆放并采取临时防护措施；取土结束后应对形成的坡面和平台面进行削坡、平整，根据林草种植要求覆熟化土、整地。

3）平地取土场。根据土地管理部门要求深度取土，取土深不宜超过1.5m。取土前应清理表层熟化土，集中堆放并采取临时防护措施；取土结束后应对形成的取土坑坡面和平底面进行削坡、平整，根据农作物或林草种植要求覆熟化土、增施有机肥及整地等。

地下水位高或水利条件好的取土坑凹可整治恢复为鱼塘。

平地深挖取土场整治示意图见图3.8-6，山坡地取土场整治示意图见图3.8-7。

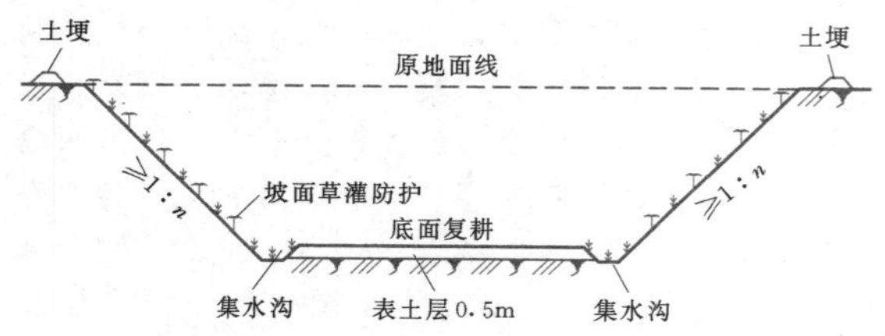

图3.8-6 平地深挖取土场整治示意图

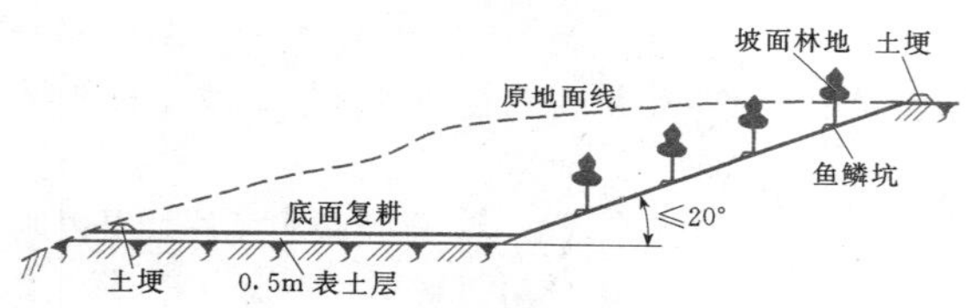

图3.8-7 山坡地取土场整治示意图

（2）砂砾料场区。砂砾料场开采前应将表土全部剥离，运至永久弃渣场或其他施工迹地，用于植被恢复；未被淹没的滩地砂砾料场，开采前将表土剥离，用于后期砂坑回填。

河道内砂石坑取料结束后对料场进行土地平整，尽量利用采砂后的废弃料回填，回填应满足河道管理部门的规划设计河底线高程要求。

有景观要求的取料区域，可将坑内堆料清除，蓄积降雨形成水面。

（3）采石场（开采面）区。采石场应按照批准的开采方案开采，宜分区、分台阶采石，台阶高度不宜超过12m；采石前应剥离表层土，集中堆放并采取临时防护措施；采石结束后，应对场顶平台及坡面进行整治。

在干旱、半干旱地区，首先利用岩石碎屑平整采石场坑凹，然后铺覆0.3m厚的黏土防渗层，在黄土区或有取土条件的地方，对平整土地表面覆土。

在土料缺乏的地区，可先铺一层易风化岩石碎屑，改造为林草用地。

在降水丰沛、地下水出露地区，当凹形采石场（挖砂场）周边有充足土料时，采用岩屑、废沙填平坑凹，表层铺土，将采石场改造为农林用地，种植耐湿耐涝农作物或乔灌木，铺土厚度根据用地需求确定；若缺乏土料，则采取坑凹平整和边坡修整加固工程，将其改造成蓄水池（塘），作为水产养殖用地。

坡面整治主要是用机械铲去浮石、松动悬岩，并保留平台宽度，平整、覆土并种植植物防护。

4. 施工道路区

工程结束后，对施工道路区等临时用地应恢复原迹地功能。

山坡地的施工道路结束使用后，应清理垃圾、平整、削坡，根据林草种植要求覆土、整地；平耕地的施工道路结束使用后，应清除垃圾、翻松，根据农作物种植要求整地。

5. 施工生产生活区

工程结束后，对施工生产生活区等临时用地应恢复原迹地功能。

施工生产生活区结束使用后，应拆除临时建筑、清除垃圾、翻松土地，根据林草和作物种植要求覆土、整地。

3.8.3 案例

3.8.3.1 金沙江向家坝土地整治案例

（1）工程基本情况。在向家坝水电站左岸缆机平台开挖、支护施工期间，开挖边坡部分缓坡区域用于施工临时营地，在施工期间经扰动、占压后土地板结，植被受到损毁。该场地地形坡度为5°～30°，原土地利用类型为荒草地，属工程永久征地范围。为了恢复原地表植被，防止水土流失，改善生态环境，在施工结束后，对该场地进行了土地整治和植树种草。场地面积约为1hm²。该场地区域地形及相对位置见图3.8-8，整治前现状见图3.8-9。

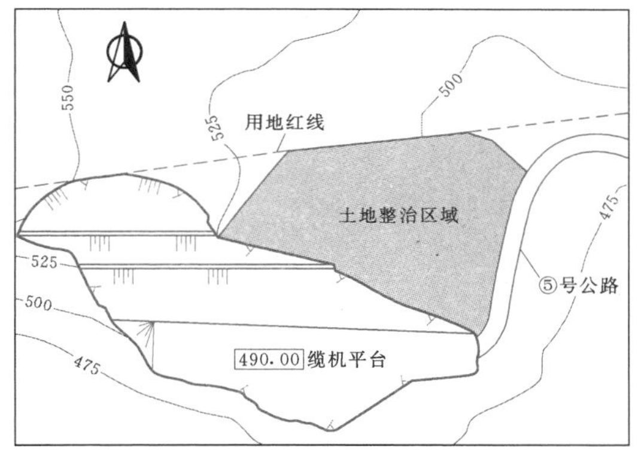

图3.8-8　场地区域地形及相对位置图

（2）土地整治方案。整治前，场地凹凸不平，有部分便道经机械设备碾压后板结严重，土石混合。为了便于土地整治后植物的生长，防止水土流失，首先用设备将场地进行挖松，并除去施工时留下的陡坎，整治后的场地坡度保持在5°～15°。因场地上游侧为喷锚支护处理的开挖边坡，故在场地周边布设截排水沟，排导边坡汇流。现场场地整治情况见图3.8-10。

在场地整体进行平整后，回覆前期剥离的表层土壤，覆盖厚度为30～50cm。表层土壤回覆情况见图3.8-11。

（3）植被恢复方案。土地整治完成后，选择马尾松、麻栎、马桑、黄荆、狗牙根草、结缕草等乔、灌、草综合绿化，乔木株行距为2m×2m，带土球挖穴种植，对种植穴土壤不满足设计要求的进行换填处理；灌木株行距为1m×1m；树间撒播狗牙根草，临近⑤号公路、坡度较大区域树间满铺结缕草皮，护脚墙内侧种植黄荆、火棘绿化带。植被恢复施工及实施后效果见图3.8-12和图3.8-13。

图3.8-9　扰动后的地表现状

图3.8-10　土地整治现场

图 3.8-11 场地平整后回覆表土

图 3.8-12 人工种植乔木

图 3.8-13 植被恢复后效果（2010 年）

3.8.3.2 黑龙江省平原灌区工程土地整治案例

（1）工程基本情况。黑龙江省平原灌区工程主要有新建、扩建骨干渠道，新建水源工程建筑物、渠系建筑物。除主体工程外，该工程还设有取料场、弃渣场、临时生产生活区和临时施工道路，其中取料场和弃渣场均沿线布置。

工程建设土方开挖量较大，主要来源于渠道、建筑物清基及开挖。占地类型主要为耕地，还有少部分荒草地和林地。项目区水土流失以水力侵蚀为主。

为了恢复原地貌，防止水土流失，改善生态环境，在施工结束后，对该场地进行了土地整治和植树种草。整治前现状见图 3.8-14。

（2）土地整治方案。

1）主体工程防治区。灌区新建、扩建骨干渠道施工过程中，填方段渠道清基土方用于回填料场；半填半挖方段渠道清基土方及多余土方首先考虑回填料场，在无取料场的渠段土方合理调动；全挖方渠段没有取料场，土方永久堆弃。

施工结束后，对主体工程可能造成水土流失的渠堤坡面进行植物护坡措施，对两侧管理用地进行绿化

图 3.8-14 扰动后的地表现状

措施。

2）取料场防治区。灌区位于平原区，工程共布置沿线取土料场 57 座，占地以耕地为主，有少量荒草地，料场周边地势平坦。为防止集中降雨对料场边坡造成冲刷，在料场周边设临时挡水土埂；取料场施工前清除的表层腐殖土及渠道工程回填料场的土方集中堆放在一起，并采取必要的临时防护措施，取土完成后，堆土回填料场，经土地平整后恢复原地貌。

3）弃渣场防治区。主体工程设计永久弃渣布置在渠道两侧管理用地内，除部分新建渠道管理用地为新增占地外，其余全为旧渠道，管理用地工程已经征用，现状为荒地。弃渣堆放高度依不同渠段弃渣量而定，高度小于 3m。

半填半挖及填方渠段，弃渣沿渠堤外侧堆弃，堆渣坡比与渠堤外坡比相同，堆渣前弃渣坡脚修筑拦渣土埂，防止弃渣外流。全挖方渠由于渠堤基本与地面相平，弃渣堆放断面为梯形断面，边坡比 1∶1，堆高由渠段弃渣量而定，堆渣前弃渣周边修筑拦渣土埂。施工结束后堆渣表面经土地整理后种植胡枝子。

4）建筑物临时堆土及施工临时占地防治区。灌区修建骨干渠系建筑物和水源工程建筑物施工临时堆土共计 16.86 万 m^3，对施工期较长的建筑物工程采取临时防治措施，施工结束后土方回填，施工临时占地进行土地平整后恢复原地貌。

5）施工临时道路防治区。工程施工临时道路布置在建筑物工程周边，在新增临时道路一侧挖临时排水沟。施工结束，经土地平整后恢复原地貌。

6）管理站防治区。工程新建 7 座管理站，水土保持措施为绿化，站内空地铺草皮、种植柳树绿化，四周种植云杉。

现场场地整治情况见图 3.8-15。

表层土壤回覆情况见图 3.8-16。

土地整治并实施植被恢复后效果见图 3.8-17。

3.8.3.3 内蒙古自治区红花尔基水利枢纽土地整治案例

（1）工程基本情况。红花尔基水利枢纽位于内蒙古自治区呼伦贝尔市鄂温克旗境内海拉尔河一级支流伊敏河中游，毗邻著名的呼伦贝尔红花尔基旅游区和我国重要的樟子松母树林保护区。气候类型为中温带半干旱大陆性季风气候，年平均气温 -1.6℃，年平均降水量 350mm，6～9 月降水量占全年降水量的 70%，年平均蒸发量 1080mm，多年平均风速 3.2m/s，年平均日照时数 2800h，无霜期 90d。枢纽规模为大（2）型水库，工程由拦河坝、溢洪道、发电引水洞、水电站和工业供水洞组成，坝型为壤土心墙砂砾

图 3.8-15 土地整治现场

图 3.8-16 场地平整后回覆表土

图 3.8-17 实施后效果（2006年）

石坝，最大坝高 31.7m。工程以供水、防洪为主，兼顾防凌、灌溉、发电等综合利用。枢纽建设占地面积为 2124.98hm^2，其中永久工程占地 2051.22hm^2，临时工程占地 73.76hm^2。在永久占地中，水库淹没区 1932.67hm^2。建设过程中，土石方开挖 125.19 万 m^3，填筑 238.65 万 m^3，产生弃土、弃渣84.60 万 m^3。

（2）土地整治方案。工程建设对永久占地及临时占地产生扰动，工程建设结束后，需对扰动区域进行土地整治。土地整治方案以植被恢复为主，植被恢复建设体现与周边环境相协调的原则。对工程建设产生的大量弃渣，在水库蓄水前，挖取库区内的黑土，覆盖渣场，恢复植被，同时保护和利用珍贵的黑土资源。对坝下游管理区，顺地形地势进行土地平整，绿化美化。坝下游砂砾石料场的采掘坑，改造为鱼塘，实现开发建设，坚持经济与环境友好性的可持续发展理念。

（3）植被恢复方案。弃渣场占地面积 14.84hm^2，弃渣 84.60 万 m^3，堆积高度 6～7m，渣场表层覆土厚 0.5～0.8m，为与旅游景点和生态环境相协调，渣场坡角与地面以自然安息角相衔接，不设工程护坡。库区内分布的土壤类型为沼泽土和黑土，库底清理利用冬季结冰时期，采用机械施工，挖掘库区内表土 16.50 万 m^3，用于坝下游渣场的覆土。覆土采用推土机、装载机，结合人工修整边坡的方法。植被恢复树种选择樟子松、落叶松、垂柳、榆叶梅、丁香等。

坝下游的水库管理区范围内的土地，以河滩地为主，既有河床，又有一级阶地，为减少对土地的扰动，又满足发展旅游业的需求，进行分区小范围土地平整，栽植绿化美化树种，面积 84.32hm^2。

对施工临时占地，首先进行土地整理。对取土场进行削坡 1.21 万 m^3，对开挖表土进行回覆，覆土 5.56 万 m^3。然后采用灌草结合进行绿化，面积 11.12hm^2，灌木为沙棘，栽植 2.71 万株；草种为老芒雀麦、披肩草混播，用草籽 265kg。对砂砾石料场，也是采取上述方法恢复植被。对施工道路，乔灌结合恢复植被，所选树种为山杏、沙棘。

顺地形地势将坝下游的沙砾石料厂采掘坑建设成 1.77 万 m^2 的鱼塘，设计池深 2.5～4m，采用黏土和高密度聚乙烯土工膜防渗。

红花尔基水利枢纽工程施工总平面布置见图 3.8-18，土地整治总平面布置见图 3.8-19，渣场覆土示意见图 3.8-20。

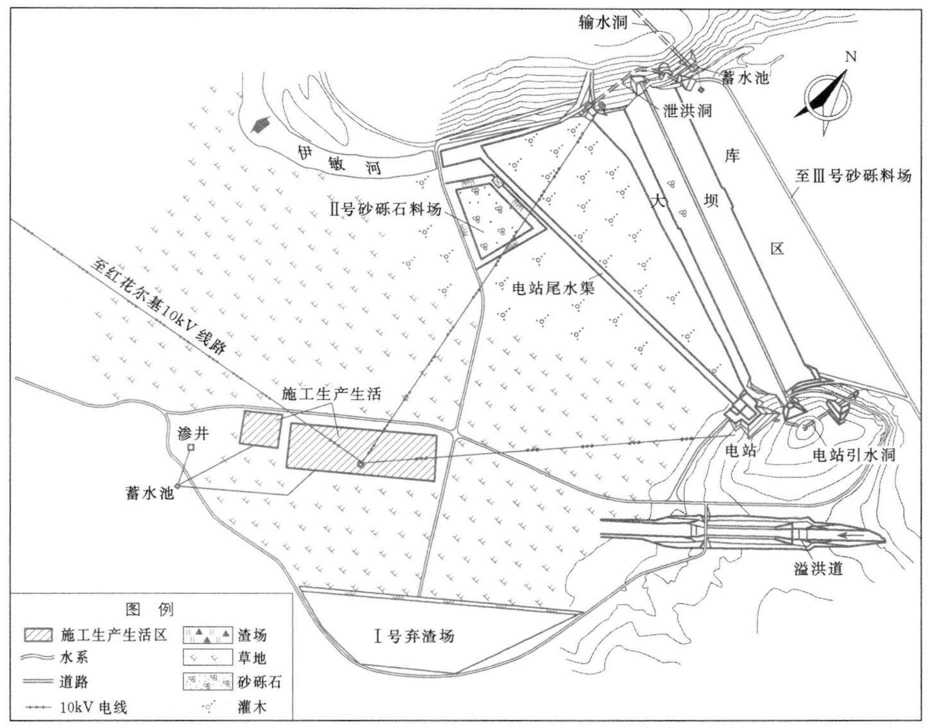

图 3.8-18 红花尔基水利枢纽工程施工总平面布置图

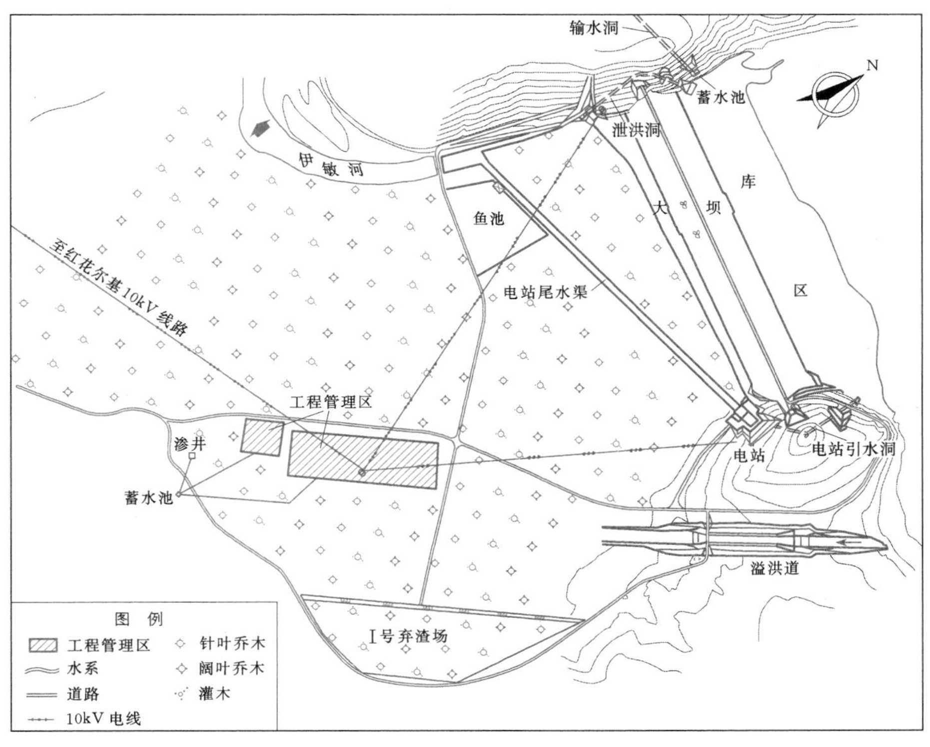

图 3.8-19 红花尔基水利枢纽工程土地整治总平面布置图

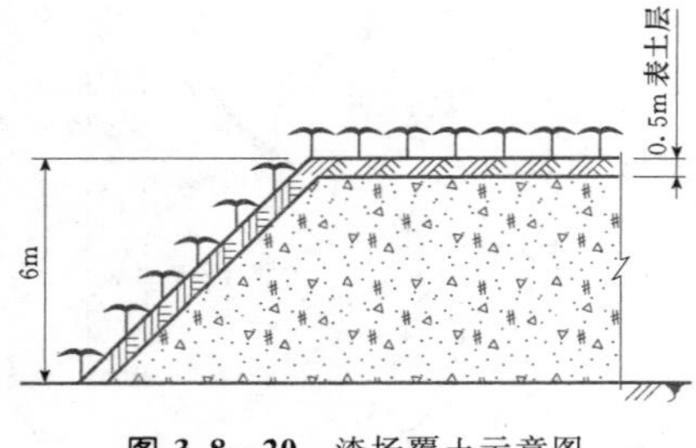

图 3.8-20 渣场覆土示意图

3.9 防洪排导工程设计

3.9.1 防洪排导工程类型与适用范围

3.9.1.1 工程类型

防洪排导工程主要包括拦洪坝、排洪排水、护岸护滩、泥石流防治等工程。

拦洪坝主要有土坝、堆石坝、浆砌石坝和混凝土坝等型式。

排洪排水工程主要有排洪渠、排洪涵洞、排洪隧洞等型式。

护岸护滩工程主要有坡式护岸、坝式护岸护滩和墙式护岸三种型式。

泥石流防治工程主要有：泥石流形成区的谷坊、淤地坝和各类固沟工程；泥石流流过区的格栅坝、桩林工程；泥石流堆积区的停淤、排导工程等。

3.9.1.2 适用范围

(1) 项目区上游沟道洪水较大，排洪渠（沟）不能满足洪水下泄要求时，应在沟道中修建拦洪坝调洪。

(2) 项目区一侧或周边坡面有洪水危害时，应在坡面与坡脚修建排洪渠。各类场地、道路以及其他地面排水应与排洪渠衔接顺畅，形成有效的洪水排泄系统。

(3) 当坡面或沟道洪水与道路、建筑物、弃渣场等发生交叉时，应采用排水涵洞或排水隧洞排洪。

(4) 弃渣场的排水建筑物设计应首先计算山洪设计洪水及坡面洪水，按渣场布置复核渣场内和渣场外排水建筑物的排水能力，进行排水建筑物结构设计，还应视需要进行消能设计。

(5) 当沟道、河道洪水影响扰动区安全时，或当建设区内沟岸、河岸在洪水作用下易发生坍塌时，应布置护岸护滩工程。

(6) 对危及工程安全的泥石流沟道应布设专项治理工程。

3.9.1.3 设计所需基本资料

防洪排导工程设计所需基本资料主要以收集和分析为主，辅以野外查勘。

(1) 气象水文资料，主要包括项目区所处气候带、气候类型、气温、风、沙尘等资料，地表水系，实测暴雨洪水资料，项目所在地省（自治区、直辖市）有关暴雨洪水计算图集（册）等。

(2) 地形地质资料，主要包括工程场址地形图、地质勘探资料，地下水的类型及补给来源，地下水埋深、流向和流速，泉水出露位置、类型和流量等。

(3) 工程场址所在河道有关设计洪水位及其他规划设计成果。

(4) 主体工程设计相关资料及其他有关资料。

3.9.2 拦洪坝工程

3.9.2.1 工程分类

拦洪坝主要用于拦蓄截洪式弃土（石、渣）场上游来水，并导入隧洞、涵、管等放水设施。拦洪坝的坝型主要根据山洪的规模、地质条件及当地材料等决定，可采用土坝、堆石坝、浆砌石坝和混凝土坝等型式。

3.9.2.2 工程设计

1. 坝址选择

坝址的选择以满足拦洪效益大、工程量小和安全的要求为原则，一般应考虑以下几点：

(1) 地形上要求河谷狭窄，坝轴线短，库区开阔，容量大，沟底比较平缓。

(2) 坝址附近应有良好的建筑材料。

(3) 坝址处地质构造稳定，两岸无疏松的坍土、滑坡体，断面完整，岸坡不大于60°。坝基应有较好的均匀性，其压缩性不宜过大。岩石要避免断层和较大裂隙，尤其要避免可能造成坝基滑动的软弱层。

(4) 坝址应避开沟岔、弯道、泉眼，遇有跌水时应选在跌水上游。

(5) 库区淹没损失小，尽量避开村庄、耕地、交通要道和矿井等设施。

2. 水文计算与调洪演算

(1) 拦洪坝的防洪标准宜与其下游弃渣场的设防标准相适应。

(2) 设计洪水计算应符合防洪排导工程水文计算的规定。

(3) 调洪演算应符合《水利工程水利计算规范》(SL 104) 的规定，调洪过程原则上按照不大于相应防洪标准最大24h暴雨的设计洪水。

3. 拦洪库容

(1) 拦洪坝总库容包括死库容和调蓄库容两部

分。死库容根据坝址以上来沙量和淤积年限综合确定，一般按上游1～3年来沙量计算。调蓄库容根据校核洪水标准设计，洪水来水量与泄洪能力经调洪演算确定。

（2）坝顶高程为总库容对应坝高加上安全超高。安全超高按表3.9-1确定。

表3.9-1　安全超高经验值　单位：m

坝高	10～20	>20
安全超高	1.0～1.5	1.5～2.0

4. 坝型选择

拦洪坝的坝型主要根据山洪的规模、地质条件及当地材料等决定。按结构分，主要坝型有重力坝、拱坝；按建筑材料分，有砌石坝（干砌石坝和浆砌石坝）、混合坝（土石混合坝和土木混合坝）等。

5. 坝体设计

（1）土坝坝体设计参照《碾压式土石坝设计规范》（SL 274、DL/T 5395），浆砌石坝坝体设计参照《砌石坝设计规范》（SL 25）执行。

（2）应力计算与稳定分析依照SL 274、DL/T 5395的有关要求及其附录提供的方法计算。碾压式土坝应对运行期下游坝坡稳定性及上游库水位骤降时坝坡的稳定性进行验算。

6. 基础处理

（1）根据坝型、坝基的地质条件及筑坝施工方式等，采用相应的基础处理措施。

（2）土坝基础处理参照SL 274、DL/T 5395，浆砌石坝基础处理参照SL 25执行。

3.9.3 排洪排水工程

3.9.3.1 工程分类

1. 排洪工程

排洪工程主要分为排洪渠、排洪涵洞、排洪隧洞等三类。

排洪渠主要指排洪明渠，一般采用梯形断面。按建筑材料分，排洪渠一般有土质排洪渠、衬砌排洪渠和三合土排洪渠等。

排洪涵洞有管涵、拱涵、盖板涵、箱涵等四类。按建筑材料分，排洪涵洞一般有浆砌石涵洞、钢筋混凝土箱型涵洞、钢筋混凝土盖板涵洞、钢筋混凝土圆管涵洞等四类。按水力性能，排洪涵洞可分为无压力式涵洞、半压力式涵洞和压力式涵洞。按填土高度，排洪涵洞分为明涵和暗涵，当涵洞洞顶填土高度小于0.5m时称明涵；当涵洞洞顶填土高度不小于0.5m时称暗涵。

排洪隧洞主要为排泄上游来水而穿山开挖建成的封闭式输水道。隧洞按洞内有无自由水面分为有压隧洞和无压隧洞；按流速大小分为低流速隧洞和高流速隧洞；有压隧洞按洞内水压力大小分为低压隧洞和高压隧洞。

2. 排水工程

排水工程主要包括山坡排水工程、低洼地排水工程和道路排水工程。沟道、河道汇水采用排洪建筑物，坡面来水采用排水建筑物。

3. 弃土弃渣场排水

弃土弃渣场排水包括场外排水和场内排水。场外排水主要指河道、沟谷和弃土弃渣场流域内的排水；场内排水为弃土弃渣本身含水（如疏浚工程放淤场排水）和场区坡面雨水排除。

3.9.3.2 工程设计

1. 防洪标准

排洪工程的防洪标准应根据《水利水电工程水土保持技术规范》（SL 575—2012）的相关要求确定。

2. 排洪渠

（1）排洪渠的分类。

1）土质排洪渠。可不加衬砌，结构简单，取材方便，节省投资。适用于渠道比降和水流流速较小且渠道土质较密实的渠段。

2）衬砌排洪渠。用浆砌石或混凝土将排洪渠底部和边坡加以衬砌。适用于渠道比降和流速较大的渠段。

3）三合土排洪渠。排洪渠的填方部分用三合土分层填筑夯实。三合土中土、砂、石灰的混合比例为6：3：1。适用范围介于前两者之间的渠段。

（2）排洪渠的布置原则。

1）在总体布局上，应保证周边或上游洪水安全排泄，并尽可能与项目区内的排水系统结合起来。

2）渠线布置宜走原有山洪沟道或河道。若天然沟道不顺直，或因开发项目区规划要求必须新辟渠线，宜选择地形平缓、地质条件较好、拆迁少的地带，并尽量保持原有沟道的引洪条件。

3）渠道应尽量设置在开发项目区的一侧或周边，避免穿绕建筑群，充分利用地形，减少护岸工程。

4）渠道线路宜短，减少弯道，最好将洪水引导至开发项目区下游或天然沟河中。

5）当地形坡度较大时，应布置在地势较低的地方；当地形平坦时，宜布置在汇水面的中间，以便扩大汇流范围。

（3）洪峰流量的确定。一般洪峰流量根据各地水文手册中的有关参数，按“3.2　水土保持设计标准和水文计算”有关内容确定。

(4) 排洪渠设计。排洪渠一般采用梯形断面，根据最大流量计算过水断面，按照明渠等速流公式计算：

$$Q=\frac{AR^{2/3}}{n}\sqrt{i} \qquad (3.9-1)$$

式中 Q——需要排泄的最大流量，m^3/s；

A——渠道过水断面面积，m^2；

R——断面水力半径，m；

n——粗糙系数，按照表 3.9-2 确定；

i——排水渠纵坡坡率。

当排洪渠水流流速大于土壤最大允许流速时，应采用防护措施防止冲刷。防护形式和防护材料，应根据土壤性质和水流流速确定。排水渠排水流速应小于容许不冲流速，按照表 3.9-3 和表 3.9-4 确定。

表 3.9-2 排洪渠壁的粗糙系数

排洪渠过水表面类型	粗糙系数 n
岩质明渠	0.035
植草皮明渠（$v=0.6$m/s）	0.035～0.050
植草皮明渠（$v=1.8$m/s）	0.050～0.090
浆砌石明渠	0.025
浆砌片石明渠	0.032
水泥混凝土明渠（抹面）	0.015
水泥混凝土明渠（预制）	0.012

表 3.9-3 明渠的最大允许流速 单位：m/s

明渠类别	允许最大流速	明渠类别	允许最大流速
亚砂土	0.8	黏土	1.2
亚黏土	1.0	草皮护坡	1.6
干砌片石	2.0	混凝土	4.0
浆砌片石	3.0		

表 3.9-4 最大允许流速的水深修正系数

水深 h (m)	$h<0.40$	$0.40<h\leqslant1.00$	$1.00<h<2.00$	$h\geqslant2.00$
修正系数	0.85	1.00	1.25	1.40

注 1. 最小流速不小于 0.4m/s。
2. 沟渠坡度较大，致使流速超过上表时，应在适当位置设置跌水及消力槽，但不能设于沟渠转弯处。

根据渠线、地形、地质条件以及与山洪沟连接要求等因素确定排洪渠设计纵坡。当自然纵坡大于 1∶20 或局部高差较大时，应设置陡坡式跌水。排洪渠的纵断面设计应将地面线、渠底线、水面线、渠顶线绘制在纵断面设计图中。

排洪渠断面变化时，应采用渐变段衔接，其长度可取水面宽度变化之差的 5～20 倍。

排洪渠进出口平面布置，宜采用喇叭口或八字形导流翼墙。导流翼墙长度可取设计水深的 3～4 倍。出口底部应做好防冲、消能等设施。

渠堤顶高程按明渠均匀流公式算得水深再加安全超高确定。排洪渠的安全超高可参考表 3.9-5 确定，在弯曲段凹岸应考虑水位壅高的影响。

表 3.9-5 防洪（排洪）建筑物安全超高

防洪（排洪）堤级别	1	2	3	4	5
安全超高（m）	1.0	0.9	0.7	0.6	0.5

排洪渠宜采用挖方渠道。梯形填方渠道断面，渠堤顶宽 1.5～2.5m，内坡 1∶1.5～1∶1.75，外坡 1∶1～1∶1.5。渠道过水断面通过计算确定。

排洪渠弯曲段和弯曲半径，不得小于最小允许半径及渠底宽度的 5 倍。最小允许半径可按下式计算：

$$R_{min}=1.1v^2\sqrt{A}+12 \qquad (3.9-2)$$

式中 R_{min}——最小允许半径，m；

v——渠道水流流速，m/s；

A——渠道过水断面面积，m^2。

3. 排洪涵洞

(1) 排洪涵洞的分类。

1) 浆砌石拱形涵洞。其底板和侧墙用浆砌块石砌筑，顶拱用浆砌粗料石砌筑。当拱上垂直荷载较大时，采用矢跨比为 1/2 的半圆拱；当拱上荷载较小时，采用矢跨比小于 1/2 的圆弧拱。

2) 钢筋混凝土箱形涵洞。其顶板、底板及侧墙为钢筋混凝土整体框形结构，适合布置在项目区内地质条件复杂的地段排出坡面和地表径流。

3) 钢筋混凝土盖板涵洞。涵洞边墙和底板由浆砌块石砌筑，顶部用预制的钢筋混凝土板覆盖。

(2) 排洪涵洞的构造。涵洞一般由基础、洞身、洞口组成。

(3) 排洪涵洞的布置原则。排洪涵洞的位置应符合沿线形布设要求。当不受线形布设限制时，宜将涵洞位置选择在地形有利、地质条件良好、地基承载力较高、沟床稳定的河（沟）段上。排洪涵洞设计前应对拟布设区域进行详细的外业勘察。

(4) 洪峰流量的确定。涵洞排洪流量计算方法参见排洪渠的洪峰流量确定。

(5) 排洪涵洞设计。涵洞的孔径应根据设计洪水流量、河沟断面形态、地质和进出水口河床加固形式等条件，经水力验算确定。

无压涵洞中水流流态按明渠均匀流计算。由于边墙垂直、下部为矩形渠槽，其过水断面面积按以下公式计算：

$$A = bh \quad (3.9-3)$$

$$A = Q/v \quad (3.9-4)$$

式中 A——过水面积，m^2；

b——涵洞底宽，m；

h——最大水深，m；

Q——最大排洪流量，m^3/s；

v——水流流速，m/s。

最大流速 v 可选用以下两公式计算：

$$v = C(Ri)^{1/2} \quad (3.9-5)$$

$$v = R^{2/3} i^{1/2}/n \quad (3.9-6)$$

其中

$$C = R^{1/6}/n$$

式中 v——最大流速，m/s；

C——谢才系数；

R——水力半径，m；

i——涵洞纵坡比降；

n——涵洞糙率。

A 和 R 通过试算求解。

涵洞高度由最大水深 h 加上不小于 0.3m 的超高确定。

当上游水位升高至使涵洞进口埋深在水面以下时，则沿整个洞身长度上全断面为水流所充满，整个洞壁上均作用有水流的内水压力，为涵洞的有压流状态。有压涵洞分自由出流和淹没出流两种。

有压排洪涵洞水力计算可参考《水工设计手册》（第 2 版）第 1 卷第 3 章“水力学”的相关内容。常见的涵洞适用跨径应符合表 3.9－6 的规定。

表 3.9－6　常见涵洞适用跨径　单位：m

构造型式	适用跨径
钢筋混凝土管涵	0.75、1.00、1.25、1.50、2.00
钢筋混凝土盖板涵	1.50、2.00、2.50、3.00、4.00、5.00
钢波纹管涵	
石盖板涵	0.75、1.00、1.25
钢筋混凝土箱涵	1.50、2.00、2.50、3.00、4.00、5.00
拱涵	

4. 排洪隧洞

（1）布置原则及水力计算。排洪隧洞的布置及水力计算可参照《水工隧洞设计规范》（SL 279—2002）的有关内容确定。

（2）排洪隧洞设计。排洪隧洞的支护与衬砌设计可参照 SL 279—2002 的有关内容进行。

隧洞的衬砌型式包括锚喷衬砌、混凝土衬砌、钢筋混凝土衬砌和预应力混凝土衬砌（机械式或灌浆式）。根据防渗要求，隧洞衬砌结构设计可分为抗裂设计、限制裂缝开展宽度设计和不限制裂缝开展宽度设计。按不同防渗要求，衬砌结构的设计原则见表 3.9－7。

表 3.9－7　衬砌结构的设计原则

防渗要求	计算控制条件	衬砌结构的设计原则
严格	衬砌结构中拉应力不应超过混凝土允许拉应力	抗裂设计
一般	衬砌结构裂缝宽度不应超过允许值	限制裂缝宽度设计
无	不计算裂缝宽度和间距，钢筋应力不应超过钢筋允许拉应力	不限制裂缝宽度设计

根据隧洞衬砌结构的不同，考虑隧洞的压力状态、围岩最小覆盖厚度、围岩分类、围岩承担内水压力的能力等四项因素，可按表 3.9－8 并通过工程类比选择隧洞衬砌型式。

5. 弃土弃渣场排水建筑物设计

（1）场外排水必须确定弃土弃渣场的防洪标准，及相应河道、沟谷、弃渣场本身所在流域的洪峰、洪量及洪水过程。对于临河型的挡土挡渣坝（墙），主要是合理确定坝（墙）高度及埋深，防止洪水淘刷及洪水漫顶；对于沟谷内具有拦洪导洪排洪功能的场外排水设施，应合理确定拦洪、排洪设施布置及结构型式，初拟结构尺寸，经调洪计算，复核排洪能力，合理确定拦洪排洪设施尺寸。

（2）弃渣场内排水应首先确定场内来水流量（如疏浚工程的排淤流量），结合弃土弃渣场布置及挡土挡渣坝（墙）布置，合理确定排水设施位置及排水出路，复核排水能力。

（3）为确保挡土挡渣坝（墙）自身安全，挡土挡渣坝（墙）除必要防渗措施外，还应设置可靠的坝身或坝基排水设施，并以此作为场内排水的安全储备措施。

（4）为防治坡面雨水造成斜坡式多级弃土弃渣场的水土流失，应在每级平台内侧设截洪排洪沟，将坡面雨水汇集至场外集中排放。

表 3.9-8　　岩洞衬砌型式选择

<table>
<tr><th rowspan="2">压力状态</th><th rowspan="2">设计原则</th><th rowspan="2">围岩最小覆盖厚度要求</th><th rowspan="2">围岩承担内水压力能力</th><th colspan="3">围岩分类</th><th rowspan="2">备注</th></tr>
<tr><th>Ⅰ、Ⅱ</th><th>Ⅲ</th><th>Ⅳ、Ⅴ</th></tr>
<tr><td rowspan="3">无压</td><td>抗裂</td><td>—</td><td>—</td><td colspan="3">钢筋混凝土并加防渗措施</td><td>研究是否采用预应力混凝土</td></tr>
<tr><td>限裂</td><td>—</td><td>—</td><td>锚喷、钢筋混凝土</td><td colspan="2">钢筋混凝土</td><td>—</td></tr>
<tr><td>非限裂</td><td>—</td><td>—</td><td colspan="2">不衬砌、混凝土、锚喷</td><td>锚喷、钢筋混凝土</td><td>—</td></tr>
<tr><td rowspan="9">有压</td><td rowspan="3">抗裂</td><td rowspan="2">满足</td><td>具备</td><td colspan="2">预应力混凝土、钢筋混凝土并加防渗措施</td><td>预应力混凝土、钢板</td><td rowspan="3">钢筋混凝土并加防渗措施宜在低压洞使用</td></tr>
<tr><td>不具备</td><td colspan="3">预应力混凝土、钢板</td></tr>
<tr><td>局部不满足</td><td>—</td><td colspan="3">预应力混凝土、钢板</td></tr>
<tr><td rowspan="3">限裂</td><td rowspan="2">满足</td><td>具备</td><td colspan="2">锚喷、钢筋混凝土</td><td>钢筋混凝土</td><td rowspan="3">锚喷宜在低压洞使用</td></tr>
<tr><td>不具备</td><td colspan="3">钢筋混凝土</td></tr>
<tr><td>局部不满足</td><td>—</td><td colspan="3">钢筋混凝土、预应力混凝土</td></tr>
<tr><td rowspan="3">非限裂</td><td rowspan="2">满足</td><td>具备</td><td colspan="2">不衬砌、混凝土、锚喷、钢筋混凝土</td><td>锚喷、钢筋混凝土</td><td rowspan="3">不衬砌隧洞宜在Ⅰ、Ⅱ类围岩使用</td></tr>
<tr><td>不具备</td><td colspan="3">钢筋混凝土</td></tr>
<tr><td>局部不满足</td><td>—</td><td colspan="3">钢筋混凝土</td></tr>
</table>

6. 排水工程案例[1]

(1) 设计条件。浙江省某引水工程隧洞施工支洞口附近设置一小子溪弃渣场，弃渣场位于山岙处，底部占地范围边缘有一自然溪沟。弃渣场占地 1.10hm^2，现状主要为荒地和灌丛，地面高程 74.40～83.30m，弃渣场上游集水面积 0.20km^2。弃渣场弃渣 6.00 万 m^3（松方）。小子溪弃渣场先建排水、拦挡措施及清表后再弃渣，弃渣完成后覆土绿化。

弃渣场所在区域属亚热带季风气候区，年平均气温 18.2℃，多年平均年降水量 1850mm，10 年一遇 24h 暴雨强度为 263mm，10 年一遇 72h 暴雨强度为 338mm。地层岩性为紫红色晶屑熔结凝灰岩，具晶屑凝灰结构，块状构造，新鲜岩石致密坚硬，覆盖层较薄。土壤主要为红壤。自然植被类型属中亚热带常绿阔叶林，工程区主要为马尾松林等。

(2) 排水布置。为避免小子溪弃渣场上方的坡面洪水冲刷弃渣，在弃渣场上方布置截洪排水设施导排洪水。考虑到弃渣场位置较偏僻，下游附近无居民，也无其他重要的设施，坡面洪水取设计重现期为 10 年一遇。采用两侧排水，东侧可以直接排入弃渣场下方的自然溪沟；西侧排水沟出口段坡面较陡，为避免急流损坏排水沟，在出口处设跌水，跌水出口处过机耕路采用涵管与自然溪沟衔接。

(3) 措施设计。按“3.2　水土保持设计标准和水文计算”有关内容算得坡面集水洪峰流量为 2.3m^3/s。按沟道糙率 $n=0.032$，渠道底坡 $i=0.03$，排水沟边坡 $m=0.5$，跌水采用与排水沟相同的断面尺寸，不考虑安全超高；排水涵管按无压流，底坡 $i=0.01$ 计算。经计算，排水沟底宽 0.7m，深 0.7m，最大流速 2.4m/s，满足不冲不淤流速条件；排水涵管内径 1.20m。

截洪排水沟及跌水总长 220m，排水涵管长 3.0m。排水沟及跌水均采用 M7.5 浆砌片石衬护，衬厚 0.3m，截洪沟及跌水沟每隔 10～20m 设置一道 2cm 宽伸缩缝。排水涵管采用水泥管。

小子溪弃渣场排水沟平面布置及排水细部设计见图 3.9-1。

[1] 本案例由浙江省水利水电勘测设计院朱晓莹提供。

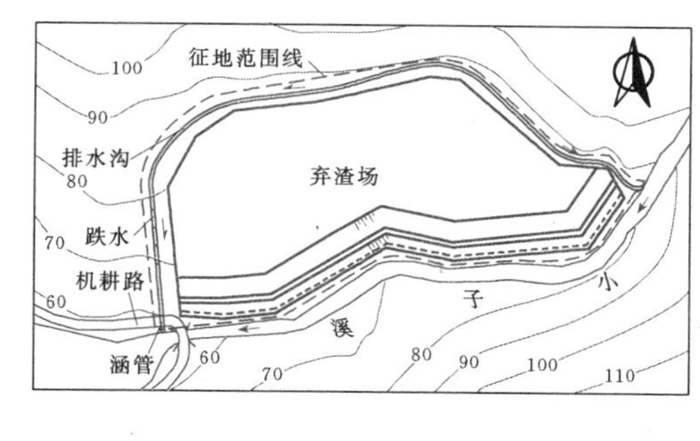

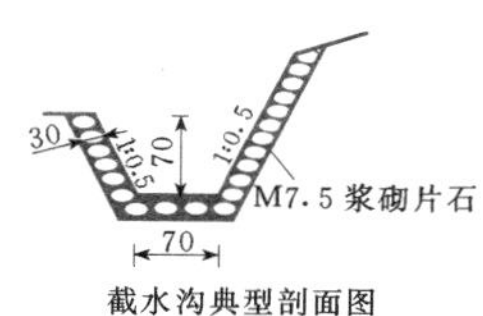

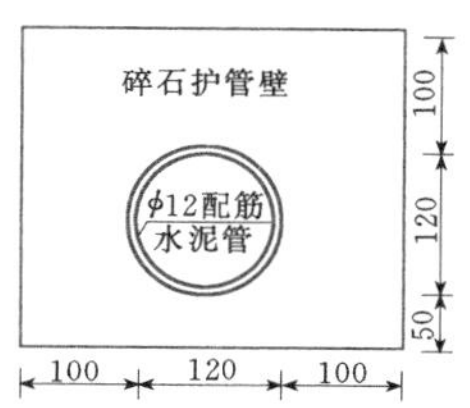

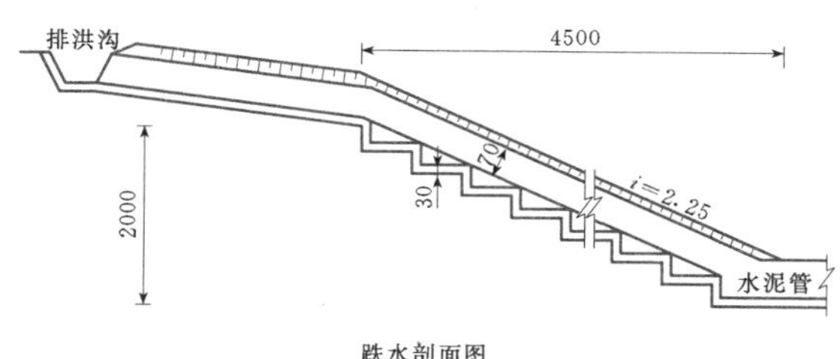

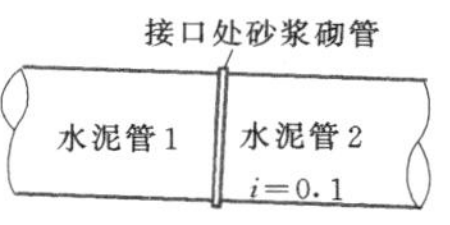

图 3.9-1 小子溪弃渣场排水沟平面布置及排水细部设计（高程单位：m；尺寸单位：cm）

3.9.4 护岸护滩工程

3.9.4.1 工程分类

工程类型主要有坡式护岸、坝式护岸和墙式护岸三种，可根据河岸的地形地质条件、水文条件及防护对象要求选用。

3.9.4.2 坡式护岸

坡式护岸枯水位以下采用抛石、石笼、柴枕、柴排等形式护脚，上部采用干砌石、浆砌石等形式护坡。

1. 抛石护脚

（1）抛石范围上自枯水位开始，下部根据河床地形而定，对于深泓线距岸较远的河段，抛石至河岸底坡坡度达 1∶3～1∶4 的地方；对于深泓线逼近岸边的河段，应抛至深泓线。

（2）抛石直径一般为 40～60cm，抛石大小以能经受水流冲击、不被冲走为原则。

（3）抛石边坡应小于块石体在水中的临界休止角（一般为 1∶1.4～1∶1.5，不大于 1∶1.5～1∶1.8），不大于饱和情况下的河（沟）岸稳定边坡。

（4）抛石厚度一般为 0.8～1.2m，相当于块石直径的 2 倍；在接坡段紧接枯水位处，加抛顶宽 2～3m 的平台，岸坡陡峻处，需加大抛石厚度。

2. 石笼护脚

（1）石笼护脚多用于水流流速大于 5m/s、岸坡较陡的河（沟）段。

（2）石笼由铅丝、钢筋、木条、竹篾、荆条土工格宾等制作成，内装块石、砾石或卵石，铺设厚度一般为 1.0～1.5m。

3. 柴枕护脚

（1）柴枕抛护范围，上端在常年枯水位以下 1m，其上加抛接坡石，柴枕外脚加抛压脚大块石或石笼。

（2）柴枕规格根据防护要求和施工条件确定，一般枕长 10～15m，枕径 0.6～1.0m，柴石体积比约 7∶3。柴枕一般采用单抛护，根据需要也可采用双层或三层抛护。

4. 柴排护脚

（1）用于沉排护岸，其岸坡坡比不大于 1.0∶2.5，排体上端在枯水位以下 1.0m。

（2）排体下部边缘应达到最大冲刷深处，并要下沉后仍保持大于 1∶2.5 的坡度。

（3）相邻排体之间向下游搭接不小于 1m。

上述各种型式护脚以上岸坡采用干砌石、浆砌石或预制混凝土块等砌护。

3.9.4.3 坝式护岸

坝式护岸有丁坝、顺坝两种型式，依托滩岸修建，坝体长度根据工程的具体情况确定，以使水流不冲刷岸滩为原则。

1. 丁坝

（1）丁坝间距一般为坝长的 1～3 倍。

（2）浆砌石丁坝的主要尺寸如下：坝顶一般高出设计水位约 1m；坝体长度根据工程的具体情况确定，以水流不冲对岸为原则；坝顶宽度一般为 1～3m；两侧坡度为 1.0∶2.5～1.0∶2.0；不影响对岸岸滩。

（3）土心丁坝坝身用壤土、砂壤土填筑，坝身与护坡之间设置垫层，一般采用砂石、土工织物。其主要尺寸如下：坝高一般为5～10m，根据工程的需要确定：裹护部分的背水坡一般为1.0∶1.5～1.0∶2.0，迎水坡与背水坡相同或适当变陡；坝顶面护砌厚度一般为0.5～1.0m；护坡和护脚的结构、型式与坡式护岸基本相同。

2. 顺坝

（1）根据建坝材料，顺坝分为土质顺坝、石质顺坝与土石顺坝三类。

（2）土质顺坝坝顶宽度2～5m，一般为3m，背水坡不小于1.0∶2.0，迎水坡不小于1.0∶1.5～1.0∶2.0。石质顺坝坝顶宽1.5～3.0m，背水坡1.0∶1.5～1.0∶2.0，迎水坡1.0∶1.0～1.0∶1.5。土石顺坝坝基为细砂河床时，应布置沉排，沉排伸出坝基的宽度，背水坡不小于6m，迎水坡不小于3m。

3.9.4.4 墙式护岸

墙式护岸临水面采用直立式，背水面可采用直立式、斜坡式、折线式、卸荷台阶式及其他型式。根据墙体材料，可分为钢筋混凝土、混凝土、浆砌石、干砌石等类型。

（1）墙后与岸坡之间应回填砂、砾石，与墙顶相平。墙体设置排水孔，排水孔处设反滤层。

（2）沿护岸长度方向设置变形缝，其分段长度：钢筋混凝土结构20m，混凝土结构15m，浆砌石结构10m。岩基上的墙体分段长度可适当加长。

（3）墙式护岸嵌入岸坡以下的墙基结构，可采用地下连续墙结构或沉井结构。

（4）地下连续墙采用钢筋混凝土结构，断面尺寸由计算确定。

（5）沉井一般采用钢筋混凝土结构。

3.9.5 泥石流防治工程

3.9.5.1 设计基本要求

1. 地表径流形成区

地表径流形成区主要分布在坡面，应在坡耕地修建梯田，或采取蓄水保土耕作法；荒地造林种草，实施封育治理，涵养水源；同时配合坡面各类小型蓄排工程，力求减少地表径流，减缓流速。有条件的流域可将产流区的洪流另行引走，避免洪水沙石混合，削减形成泥石流的水源和动力。

2. 泥石流形成区

泥石流形成区主要分布在容易滑塌、崩塌的沟段，应在沟中修建谷坊、淤地坝和各类固沟工程，巩固沟床，稳定沟坡，减轻沟蚀，控制崩塌、滑塌等重力侵蚀的产生。

3. 泥石流流过区

泥石流流过区主要分布在主沟道的中、下游地段，应修建各种类型的格栅坝和桩林等工程，拦截水流中的石砾等固体物质，尽量将泥石流改变为一般洪水。

4. 泥石流堆积区

泥石流堆积区主要分布主要在沟道下游和沟口，应修建停淤工程与排导工程，控制泥石流对沟口和下游河床、川道的危害。

泥石流防治工程详细设计参照《水工设计手册》（第2版）第10卷“5.4　泥石流”有关内容。

3.9.5.2 地表径流形成区

坡面是泥石流发生过程中地表径流的主要策源地，防治措施主要是针对坡面，防治工程主要有坡耕地治理、荒坡荒地治理、小型蓄排工程和沟头沟边防护工程等，具体包括修建梯田、保土耕作，造林种草、封山育林育草和坡面小型蓄排工程等。

1. 坡耕地治理

（1）以小流域为单元，对坡耕地进行全面治理，根据土层薄厚、雨量大小等条件，分别修建水平梯田、坡式梯田和隔坡梯田。当梯田区以上坡面为坡耕地或荒地时，应部署坡面小型蓄排工程，防止坡面径流进入梯田区。梯田防御暴雨标准为10年一遇3～6h最大降雨，在干旱、半干旱地区采用20年一遇3～6h最大降雨，根据各地降雨特点，分别采用当地最易产生严重水土流失的短历时、高强度暴雨。具体要求可参照《水土保持综合治理　技术规范　坡耕地治理技术》（GB/T 16453.1）。

（2）对于25°以下未修梯田的坡耕地，应根据其条件，分别采用不同的保水保土耕作法，如沟垄种植、草田轮作、套种、间作、深耕深松等。具体技术要求可参照GB/T 16453.1。

2. 荒地治理

（1）对于荒坡荒地，首先应布置造林工程，其中的荒山宜林地，可营造水土保持经济林、薪炭林、用材林和饲料林等；应按照林种、林型、树种规划和整地工程设计要求开展植物工程设计。

（2）对于荒坡荒地中适宜种草的非宜林地和水土保持规划中用于发展牧业生产的土地，可采取人工种草；须搞好人工草地规划，选好草种和种植方式。

（3）对于残林、疏林和退化草地，宜采取封山、封坡、育林育草的封育治理，并搞好有关的工程管理与技术管理。

荒地治理具体技术要求可参照《水土保持综合治理　技术规范　荒地治理技术》（GB/T 16453.2）。

3. 沟头沟边防护工程

小流域侵蚀沟的沟头、沟边，还应根据不同条件修建围埂式、跌水式、悬臂式等不同类型的防护工程，具体技术要求可参照《水土保持综合治理　技术规范　沟壑治理技术》(GB/T 16453.3)。

4. 小型蓄排工程

对于雨量较多、坡面径流较大的土石山区和丘陵区，坡耕地和荒地治理还应配合截水沟、排水沟、沉沙池、蓄水池、路旁水窖、涝池等小型蓄水工程，减少暴雨径流，具体技术要求可参照《水土保持综合治理　技术规范　小型蓄排引水工程》(GB/T 16453.4)。

3.9.5.3　泥石流形成区

泥石流形成区防治措施有谷坊、淤地坝、沟底防冲林、斜坡防护工程。

1. 谷坊

对于小流域沟底比降较大、沟底下切严重的沟段，应分别修建土谷坊、石谷坊、柳谷坊等各种类型的谷坊。

谷坊工程的防御标准应为10～20年一遇3～6h最大暴雨；根据各地降雨情况，可分别采用当地最易产生水土流失的短历时、高强度暴雨。谷坊应布置在谷口狭窄、沟床基岩外露、上游有宽阔平坦的储砂地方；在有支流汇合的情形下，应在汇合点的上游修建谷坊；谷坊不应设置在天然跌水附近的上下游，但可设在有崩塌危险的山脚下。

谷坊工程设计技术要求可参见GB/T 16453.3。

2. 淤地坝

淤地坝可以拦截泥沙，巩固沟床，增加耕地，具体技术要求可参见GB/T 16453.3。

3. 沟底防冲林

(1) 在纵坡比较小的支毛沟沟底，顺沟成片造林，以巩固沟底，缓流落淤。

(2) 在纵坡较大、下切较为严重的沟段，应在修建各类谷坊的基础上，在谷坊淤泥面上乔灌混交成片造林。

4. 斜坡防护工程

对于存在活动性滑塌、崩塌的沟坡、谷坡和山坡，应采取削坡反压、排除地下水、修筑抗滑桩和挡土墙等，并在滑坡体上造林，以制止沟坡崩塌、滑塌的发展，具体技术可参照斜坡防护工程相关内容。

3.9.5.4　泥石流流过区

泥石流流过区分布在沟道的中、下游，应在适宜的位置修建各种类型的拦挡坝工程，拦截水流中的石砾、漂石等固体物质，使泥石流中固体物质含量降低，以减小泥石流的冲击力。常见的拦挡坝工程有格栅坝、桩林、重力式拦挡坝等。

1. 格栅坝

格栅坝可分为刚性格栅坝和柔性格栅坝两种，刚性格栅坝又可以分为平面型和立体型两种。其材料主要有钢管、钢轨、钢筋混凝土构件。柔性格栅坝材料主要为高弹性钢丝网，不适用于细颗粒的泥流、水沙流等泥石流河沟。

栅格坝格拦间距及孔口尺寸受过坝设计流量、过坝允许石块粒径等两个条件控制。

(1) 切口坝。切口坝的顶部布置齿状溢流口，切口采用窄深的梯形、矩形或三角形断面。

(2) 梁式坝。在重力坝中部作溢流口，口上用钢材作横梁，形成格栅，梁的间隔应能上下调整，以便根据坝后淤积和泥石流活动情况及时将梁的间隔放大或缩小。

同一沟段布置的梁式坝，筛孔由大到小依次向下布置成坝系，并使此坝系有最高的筛分效率。

(3) 耙式坝。坝和溢流口作法与梁式坝相同。不同的是，在溢流口处用钢材作成耙式竖梁，形成格栅。

(4) 梳齿坝。将重力坝的顶部作成齿状溢流口，齿口采用窄深式的三角形、梯形或矩形断面。

2. 桩林

(1) 在泥石流间歇发生、暴发频率较低的沟道中下游，在沟中用型钢、钢管桩或钢筋混凝土桩，横断沟道成排地打桩，形成桩林，拦阻泥石流中粗大石砾和其他固体物质，削弱其破坏力。

(2) 垂直于沟中流向，布置两排或多排桩，每两排桩上下交错成"品"字形。

(3) 当桩基总长在地面外露部分在3～8m的范围时，要求桩高为间距的2～4倍。

(4) 桩基应埋在冲刷线以下，且埋置长度不应小于总长度的1/3。

(5) 桩林的受力分析与结构设计同悬臂梁。

3.9.5.5　泥石流堆积区

泥石流堆积区主要措施有停淤工程与排导工程两类。

1. 停淤工程

根据不同地形条件，选择修建侧向停淤场、正向停淤场或凹地停淤场。

(1) 侧向停淤场。当堆积扇和低阶地面较宽、纵坡较缓时，将堆积扇径向垄岗或宽谷一侧山麓做成侧向围堤，在泥石流前进方向构成半封闭的侧向停淤场，将泥石流控制在预定的范围内停淤。

(2) 正向停淤场。当泥石流出沟处前方有公路或其他需保护的建筑物时，在泥石流堆积扇的扇腰处，垂直于流向修筑正向停淤场。其布设要点如下：

1）正向停淤场由齿状拦挡坝与正向防护围堤结合而成，拦挡坝的两端有出口，齿状拦挡坝与公路、河流之间建防护围堤，形成高低两级正向停淤场。

2）拦挡坝两端不封闭，两侧留排泄道，在堆积扇上形成第一级停淤场，具有正面阻滞停淤、两侧泄流的功能，加快停淤与水土（石）分离。

3）拦挡坝顶部做成疏齿状溢流口，在拦挡石砾的同时将洪水排向下游。

4）在齿状拦挡坝下游河岸（公路路基上游）修建围堤，构成第二级停淤场，经齿状拦坝排入的洪水在此处停淤。

5）沿堆积扇两侧开挖排洪沟，引导停淤后的洪水排入主河。

（3）凹地停淤场。在泥石流活跃、沿主河一侧堆积扇有扇间凹地处，可修建凹地停淤场。其布设要点如下：

1）在堆积扇上部修导流堤，将泥石流引入扇间凹地停淤。凹地两侧受相邻两个堆积扇挟持约束，形成天然围堤。

2）根据凹地容积及泥石流的总量，确定是否需要在下游出口处修建拦挡工程，以及拦挡工程的规模。

3）在凹地停淤场出口以下开挖排洪道，将停淤后的洪水排入下游主河道。

2. 排导工程

排导工程有排导槽、渡槽等形式。

（1）排导槽。排导槽主要修建在泥石流的堆积扇或堆积阶地上，使泥石流按一定路线排泄。

（2）渡槽。在铁路、公路、水渠、管道或其他线形设施与泥石流的流通区或堆积区交叉口处，需修建渡槽，使泥石流从渡槽通过，避免对各类建筑物造成危害。

渡槽由沟道入流衔接段、进口段、槽身段、出口段和沟道出流衔接段等五个部分组成。

不产生淤积或冲刷，保证渡槽的正常使用。

3.10 降雨蓄渗工程设计

3.10.1 工程分类与适用范围

3.10.1.1 定义及分类

降雨蓄渗工程主要是对工程建设区域内原有良好天然集流面、增加的硬化面（坡面、屋顶面、地面、路面）形成的雨水径流进行收集，并用以蓄存利用或入渗调节而采取的工程措施。降雨蓄渗工程主要包括蓄水工程和入渗工程两种类型。

在工程实际中，蓄水工程的开发利用较广泛，而入渗工程多根据建设区域的特殊要求而设，故本节重点介绍蓄水工程的设计内容，对入渗工程仅作简略说明。

3.10.1.2 适用范围

降雨蓄渗工程适用区域如下：

（1）蓄水工程适用于多年平均年降雨量小于600mm的北方地区，云南、贵州、四川、广西等南方石漠化严重地区，以及海岛和沿海淡水资源短缺地区。

（2）入渗工程适用于土壤渗透系数为 10^{-6}～10^{-3}m/s，且渗透面距地下水位大于1.0m的区域。存在陡坡坍塌和滑坡灾害的危险场所以及自重湿陷性黄土、膨胀土和高含盐土等特殊土壤区域不允许设置入渗工程，且不得对居住环境和自然环境造成危害。

3.10.1.3 设计所需基本资料

（1）气象水文资料。工程所在地应有10年以上的气象站或雨量站的实测资料。当实测资料不具备或不充分时，可根据当地水文手册进行查算或采用当地市政暴雨强度公式计算。

（2）地形地质资料。

1）满足工程平面布置及建筑物布置要求的1∶500～1∶1000地形图。

2）拟建蓄（渗）水建筑物区域地勘资料，城镇区域工程还应有其周边现状地下管线和地下构筑物的资料；入渗工程还应有建筑区域滞水层及地下水分布、土壤类型及渗透系数等方面的资料。

（3）其他资料。

1）各类集流面的面积，如屋面、地面、道路及坡面的面积。

2）需灌溉养护的植被类型、种植面积及相应植被灌溉定额等。若有其他用水要求，还应包括其他用水的需水类型、耗水定额及频次调查资料。

3）项目区周边已建蓄渗工程类型、相关蓄渗设施型式及设计参数等。

4）项目建设区建筑材料类型及来源等。

3.10.2 蓄水工程设计

蓄水工程多用于水资源短缺地区，所收集雨水主要用于植被灌溉、城市杂用和环境景观用水等。《水工设计手册》（第2版）仅针对农业补充灌溉用水和建设区域内植被种植养护用水而设置，若需要与其他用水结合（如移民安置区综合性用水）并需进行净化处理时，可参考其他相关设计手册。

蓄水工程应根据当地的水资源情况和经济发展水平统筹布设。由于雨水利用的季节性较为明显，工程设计应尽量简化处理工艺，减少投资和运行费用。有条件时，可利用其他水源作为补充水源提高蓄水工程的利用率。

3.10.2.1 工程类型

蓄水工程分为雨水集蓄工程、建筑小区及管理场站雨水收集回用工程。

雨水集蓄工程多应用于非城镇建设项目区，以收集蓄存坡面、路面和大范围地面径流为主。该类工程是西北地区小流域综合治理和解决人畜饮水的一项重要措施。建筑小区及管理场站雨水收集回用工程则应布置于城镇建设项目区或工程管理场站院所内，以收集蓄存场区范围内的屋顶、绿地及硬化铺装地面径流为主。

上述两类蓄水工程除雨水收集区域不同外，均包含雨水收集和蓄存设施两部分，故本节将按照收集和蓄存设施两方面内容进行叙述，具体设计可按照工程类型选择不同的雨水收集和蓄存设施组合使用。

3.10.2.2 工程规模确定

蓄水工程设计时，首先需对受水对象需水量和区域可集雨量进行水量平衡分析计算，以确定经济合理的雨水收集和蓄存设施规模。

1. 受水对象需水量

蓄水工程一般用于项目管理区（主体工程永久占地区、永久办公生活区、道路等）植被种植、养护用水的收集利用，当弃渣场、料场等特殊区域有植被养护需求时，可根据实际情况和场区特点选择使用；当工程项目中含有移民安置方面的内容时，亦可考虑移民安置区内的水源综合利用要求设置。设计时受水对象需水量分以下两种情况进行：

（1）受水对象为植被种植、养护用水。需水量计算时，根据区域种植养护植物的需水特性，采用非充分灌溉的原理，确定补充灌溉的次数及每次补灌量。当建设项目位于旱作农业区，且区域内资料比较完善时，按式（3.10-1）进行计算；当区域资料缺乏时，可根据工程所在地域，按照区域气候条件、降雨特点及植物生长要求，参考当地植物用水定额或植物灌溉制度确定灌溉用水定额。

$$W_d = \beta(N - 10P_e - W_e)/\eta \qquad (3.10-1)$$

式中 W_d——非充分灌溉条件下年灌溉定额，m^3/hm^2；

β——非充分灌溉系数，一般取0.3～0.6；

N——养护植被的全年需水量，m^3/hm^2；

P_e——林草生育期有效降雨量，mm；

W_e——种植前土壤有效储水量，可根据实测资料确定，缺乏实测资料的地区可按N值的15%～25%估算；

η——灌溉水利用系数，可取0.8～0.95。

（2）蓄水工程为移民安置区综合利用水源。移民安置区内的需水对象为居民用水、公共建筑用水、饲养畜禽用水、浇洒道路和绿地用水等，具体用水量可根据各地区用水定额标准、《村镇供水工程技术规范》（SL 310—2004）、《建筑给水排水设计规范》（GB 50015—2003）中的相关规定及计算公式确定。

2. 可收集雨量

可收集雨量通常根据是否接受集流面以外的客水分两种情况进行计算。当可集雨量包括集流面直接受水面积以外的客水时，采用水利工程的计算方法，根据排洪标准、流域面积及所收集客水区域的特征参数确定相应的可收集雨量；当仅收集集流面直接受水面积上的雨水时，通常采用市政工程的雨量计算方法，根据地区暴雨洪水标准，按多年平均降雨量、汇水面积及综合径流系数估算区域内雨量。

（1）集流面可集雨量包括直接受水面积以外的客水时，雨水收集量按式（3.10-2）计算。该公式通常适用于道路、坡面以及有特殊要求的渣场和料场等区域雨水收集量计算。

$$W_j = \sum_{i=1}^{n} F_i \varphi_i P_P / 1000 \qquad (3.10-2)$$

式中 W_j——年可集水量，m^3；

F_i——第i种材料的集流面面积，m^2；

P_P——保证率为P时的年降雨量，mm；

φ_i——第i种材料的径流系数，可参考表3.10-1确定；

n——集流面材料种类数。

在确定集雨灌溉供水保证率时，地面灌溉方式的供水保证率可按50%～75%计取，喷灌、微灌方式的供水保证率可按85%～95%计取。

（2）当集流面可集雨量仅为直接受水面积上的降水时，集雨量按式（3.10-3）计算。该公式通常适用于主体工程永久占地区、工程永久办公生活区以及移民安置区内的屋面、绿地、硬化地面等的雨水收集量计算。

$$W = 10\Psi HF \qquad (3.10-3)$$

式中 W——雨水设计径流总量，m^3；

H——设计降雨深度，降雨重现期宜取1～2年，mm；

F——汇水面积，hm^2；

Ψ——雨量径流系数，可根据表3.10-2选取。

上式中的径流系数为同一时段流域内径流量与降水量之比，径流系数为小于1的无量纲常数。具体计算时，当有多种类集流面时，可按$\psi=\frac{\sum \psi_i F_i}{\sum F_i}$计算，$\psi_i$为每部分汇水面的径流系数，可参考表3.10-2的经验数据选用；F_i为各部分汇水面的面积。

表 3.10-1　　不同材料集流面在不同年降雨量地区的径流系数

集流面材料 \ 径流系数 \ 年降雨量	250～500mm	500～1000mm	1000～1500mm
混凝土	0.75～0.85	0.75～0.90	0.80～0.90
水泥瓦	0.75～0.80	0.70～0.85	0.80～0.90
机瓦	0.40～0.55	0.45～0.60	0.50～0.65
手工制瓦	0.30～0.40	0.35～0.45	0.45～0.60
浆砌石	0.70～0.80	0.70～0.85	0.75～0.85
良好的沥青路面	0.70～0.80	0.70～0.85	0.75～0.85
乡村常用的土路	0.15～0.30	0.25～0.40	0.35～0.55
水泥土	0.40～0.55	0.45～0.60	0.50～0.65
自然土坡（植被稀少）	0.08～0.15	0.15～0.30	0.30～0.50
自然土坡（林草地）	0.06～0.15	0.15～0.25	0.25～0.45

3. 收集与蓄存构筑物规模确定

蓄水工程设计通常按收集雨水区域内既无雨水外排又无雨水入渗考虑，即按照可集雨量全部接纳的方式确定雨水收集与蓄存设施的规模。当建设区域内的可收集雨水量超过区域内受水对象的需水量时，可参照其他相关设计手册考虑增加雨水溢流外排或入渗设施。

表 3.10-2　　径流系数

集流面种类	径流系数
硬屋面、未铺石子的平屋面、沥青屋面	0.8～0.9
铺石子的平屋面	0.6～0.7
绿化屋面	0.3～0.4
混凝土和沥青路面	0.8～0.9
块石等铺砌路面	0.5～0.6
干砌砖、石及碎石路面	0.4
非铺砌的土路面	0.3
绿地和草地	0.15
水面	1
地下建筑覆土绿地（覆土厚度≥500mm）	0.15
地下建筑覆土绿地（覆土厚度<500mm）	0.3～0.4

（1）当集流面可集雨量包括直接受水面积以外的客水时，根据求得的总需水量和可集雨量按式（3.10-4）、式（3.10-5）进行水量平衡，确定雨水收集与蓄存设施的工程规模。

1）收集设施。

$$W_P \leqslant W_j \qquad (3.10-4)$$

式中　W_P——保证率等于 P 的年份的受水对象需水量，m^3；

W_j——年可集水量，m^3。

2）蓄存设施。计算时推荐使用简化的容积系数法，容积系数定义为在不发生弃水又能满足供水要求的情况下，需要的蓄水容积与全年供水量的比值。计算公式如式（3.10-5）：

$$V = \frac{KW_j}{1-\alpha} \qquad (3.10-5)$$

式中　V——蓄水设施容积，m^3；

W_j——年可集雨量，m^3；

α——蓄水工程蒸发、渗漏损失系数，取 0.05～0.1；

K——容积系数，半干旱地区，灌溉供水工程取 0.6～0.9；湿润半湿润地区，可取 0.25～0.4。

（2）当集流面可集雨量仅为直接受水面积上的降水时，根据求得的总需水量和可集雨量按式（3.10-6）、式（3.10-7）确定相应雨水收集与蓄存设施的工程规模。

$$W_{td} \geqslant 0.4W_d \qquad (3.10-6)$$

$$V = 0.9W_d \qquad (3.10-7)$$

式中　W_{td}——雨水收集回用系统最高日用水量，m^3；

W_d——日雨水设计径流总量，有初期弃流时雨水总量应扣除设计初期雨水弃流量，m^3；

V——蓄水池有效容积，m^3。

3.10.2.3　雨水收集设施设计

雨水收集设施主要包括集流设施和其他附属设施。集流设施包括集流面、雨水输送设施等。集流面通常利用建筑区及其周围硬化的空旷地面、路面、坡面、屋面等，雨水输送设施主要为集水沟（管）槽、输水管等，其他附属设施包括过滤、沉淀和初期弃流装置。

1. 集流设施相关计算

（1）集流面有效汇水面积。集流面有效汇水面积通常按汇水面水平投影面积计算。当集流面所收集雨水包括直接受水面积以外的客水时，还应计入客水的汇流面积。

计算屋面汇水面积时，应根据不同屋面形状分别计算。对于高出屋面的侧墙，应附加其最大受雨面正投影的一半作为有效汇水面积；若屋面为球形、抛物线形或斜坡较大的集水面，其汇水面积等于集水面水平投影面积附加其竖向投影面积的1/2。计算示意图见图3.10-1。

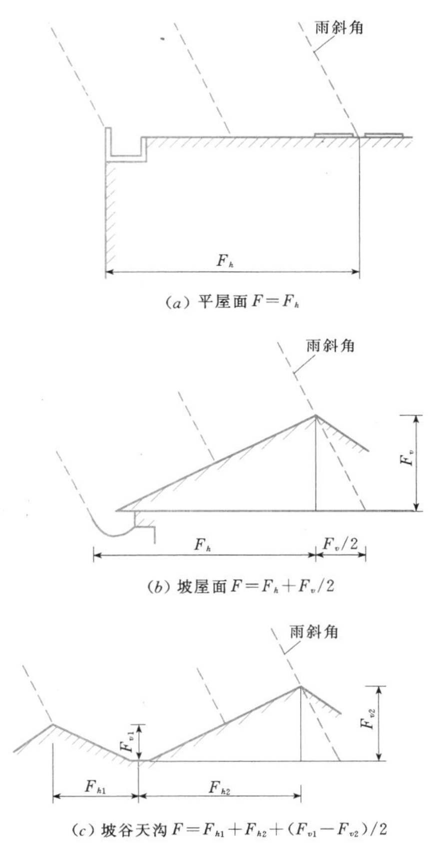

图3.10-1 屋面雨水有效集水面积计算示意图

(2) 雨水输送设施。雨水输送设施主要为集水沟（管）槽、输水管等。雨水输送设施主要根据确定的集流面，按照区域内汇流面积、降雨强度等进行汇流流量计算，通过汇流流量确定各集水沟（管）槽、输水管等的规模。

1) 集水面上降雨高峰历时内汇集的径流量可参照“3.2.2 水文计算”的相关公式计算。

2) 集水沟槽根据明渠均匀流公式采用试算法拟定断面及底坡。沟槽纵向坡度通常为0.3%～5%。沟槽断面多为梯形断面，深度宜为50～250mm，两侧边坡坡比应尽可能小于1∶3。

3) 集水管设计主要为管径和配套系统的选择，其计算选型根据《室外排水设计规范》(GB 50014)和《给水排水工程管道结构设计规范》(GB 50332)中的相关规定进行。

2. 集流设施及构造要求

集流面主要利用主体工程永久占地区、永久办公生活区、道路、弃渣场、料场等区域内硬化的空旷地面、路面、坡面、屋面等，具体选择集流面时，应优先考虑收集屋面雨水。

(1) 屋面雨水收集设施。屋面雨水收集系统主要适用于项目建设区内较为独立的建筑，通过屋面收集的雨水污染程度较轻，可直接回用于浇灌、地面喷洒等杂用。

屋面的典型材料为混凝土、黏土瓦、金属、沥青以及其他木板或石板。作为集流面的屋顶应保持适当的坡度，以避免雨水滞留。由于沥青屋面雨水污染程度较深，设计中尽量避免使用。

屋面雨水收集可采用汇流沟或管道系统。采用汇流沟时，汇流沟可布置在建筑周围散水区域的地面上，沟内汇集雨水输送至末端蓄水池内。汇流沟结构型式多为混凝土宽浅式弧形断面，混凝土强度等级不低于C15，开口尺寸约20～30cm，渠深约20～30cm。

城镇项目建设区域的屋面雨水收集通常采用管道系统。收集时，屋面径流经天沟或檐沟汇集进入管道（收集管、水落管、连接管）系统，经初期弃流后由储水设施储存。屋面排水沟应有足够的坡度以利于排水，并需定期维护和清洗，防止发生堵塞；排水沟进入落水管的进、出口处可设置滤网或过滤器防止树叶和树屑进入。管材可采用金属管或者塑料管，其中镀锌铁皮管断面多为方形，铸铁管或塑料管多为圆形。

(2) 路面雨水收集及输水设施。可作为集流面的路面通常有混凝土路、沥青公路、砾石路面、土路面等。选择集流路面时，道路前方应具有较大的汇水面积，路牙连接间隙尽量小，而且路面应有一定的坡度，路旁有地势低于路面的空阔地，以便修建蓄水构筑物。

修建雨水输送设施时，应注意保护道路原有排水系统并需满足公路的相关技术要求。雨水输送设施通常采用雨水管、雨水暗渠和明渠等。雨水管通常埋深较大，相应储水设施深度也较大，工程造价一般比较高，雨水暗渠埋深较浅，便于清理和衔接外管系。水土保持工程中多采用雨水暗渠和明渠，也有利用道路两侧的低势绿地或有植被的自然排水浅沟的，后两种型式与明渠类似。雨水暗渠和明渠的断面尺寸根据路面集流量的大小确定，断面多采用现浇、预制混凝土或浆砌石砌筑的梯形、方形或U形。渠道纵向坡度一般不宜小于0.3%，渠道应进行防渗处理。

路面雨水采用雨水口收集时，通常选用具有拦污截污功能的成品雨水口，雨水口的型式和数量按照汇水面积所产生的径流量和雨水口的泄水能力确定，其计算及选型可参照相关市政设计规范进行。当系统设置弃流装置且连接多个雨水斗时，为防止不同流程的初期雨水相互混合导致初期冲刷效应减弱，各雨水斗至弃流装置的管长宜接近。

因路面收集的初期雨水含有较多的杂质，应设置沉淀池及初期弃流设备，有条件的也可将初期雨水排入污水管道至污水厂进行处理。

(3) 其他汇水面的雨水收集。利用天然土坡集流时，坡面应尽量采用林草措施增加植被覆盖度，输水系统末端应设置沉沙设施，以减少收集及蓄水设施的泥沙淤积。地面、局部开阔地的集流面基本与路面类似，利用其集流时可参照路面进行。

天然土坡汇流需修建截排水系统。截流沟沿坡面等高线设置，排水沟设于截流沟两端或较低一端，并在连接处布置防冲措施，排水沟的终端经沉沙设施后与蓄水构筑物连接。截流沟沿等高线每隔20～30m设置，排水沟在坡面上的比降根据蓄水建筑物的位置而定。若蓄水建筑物位于坡脚时，排水沟大致与坡面等高线正交，若位于坡面，可基本沿等高线或与等高线斜交。截流沟和排水沟通常为现浇、预制混凝土或砌体衬砌的矩形、U形渠，其结构设计可参考《水土保持综合治理技术规范　小型蓄排引水工程》(GB/T 16453.4)。

3. 过滤、沉淀等附属设施

附属设施包括过滤、沉淀和初期弃流装置。当利用天然坡面、地面或路面等集流面收集雨水时，雨水的含沙量较大，输水末端需设沉沙设备；还应设计过滤装置。除绿化屋面外，其他集流方式均应布设初期雨水弃流装置。

(1) 雨水内杂物截留。为防止初期雨水中树叶、杂草、砖石块等进入过滤、沉淀及弃流设施内，通常于输水末端设筛网、格栅等拦截。道路和坡面集流需同时设格栅和筛网以去除雨水中较粗的悬浮物质，利用屋面集流只采用筛网过滤即可。

格栅、筛网形式多样，可选用成品，亦可就地取材。制作格栅时以细格栅为宜（栅条间距为2～5mm），栅条材料多为金属，或可直接用型钢焊接。筛网为平面条形滤网，倾斜或平铺放置，滤网孔径为2～10mm。

(2) 初期雨水弃流设施。初期雨水弃流量一般应按照建设用地实测收集雨水的污染物浓度变化曲线和雨水利用要求确定。当无资料时，屋面弃流深度2～3mm，地面弃流深度3～5mm，间隔3日以内的降雨不需弃流。初期弃流量按式(3.10-8)计算。

$$W_i = 10\delta F \tag{3.10-8}$$

式中 W_i——雨水净产流量，m^3；

δ——初期雨水弃流深度，mm；

F——汇水面积，m^2。

一般情况下，弃流池根据雨水初期弃流量采用容积法设计，汇水面较大时，由于弃流收集效率不高且池容大，需斟酌使用。弃流池可参照蓄水池及《建筑与小区雨水利用工程技术规范》(GB 50400—2006)有关规定进行结构设计。弃流池一般为砖砌、现浇或预制混凝土，通常设于室外，可单独设置在集雨末端，亦可与蓄水设施连通设置。降雨结束后，初期弃流可排入雨、污管道或就地排入绿地。

(3) 沉沙设施。当集蓄雨水含沙量较大时，集流输水末端需设置沉沙池。有泥沙资料时，沉沙池利用式(3.10-9)、式(3.10-10)进行估算。

$$L = \sqrt{\frac{2Q}{v_c}} \tag{3.10-9}$$

$$v_c = 0.563 D_c^2 (\gamma - 1) \tag{3.10-10}$$

式中 Q——上游排水沟设计雨水流量，m^3/s；

v_c——设计标准粒径的沉降速度，m/s；

D_c——设计标准粒径，mm；

γ——泥沙颗粒容重，kN/m^3；

L——沉沙池长，m。

沉沙池多为矩形，根据多年已建工程经验，宽度约为上游排水沟宽度的2倍，池体长度约为池体宽度的2倍，池深通常为1.5～2.0m。沉沙池底应下倾一定坡度，并预留排沙孔、溢流口，进水口底高程宜高于池底100～150mm，出水口宜高于进水口底150mm以上，溢流口底高程宜低于沉沙池顶100～150mm。

沉沙池与蓄水构筑物间距应大于3m，池前需设拦污栅截留漂浮物。

(4) 过滤设施。雨水经初期弃流后，若需进一步去除前期处理后剩余的悬浮物、胶体物质及有机物等，则需设置过滤池。雨水利用设施中多为简易滤池，可采用单层滤池或多层滤池。单层滤池滤料多采用细砂，滤层厚度通常为80～200mm，滤料粒径为0.5～1.2mm，或1.5～2.0mm。多层滤池滤料采用不同级别粒径的砂砾料按照卵石、粗砂、中砂三种材料依自下而上顺序铺设，滤层厚度参考单层滤料厚度，滤料层间设聚乙烯塑料密网，并定期清理更换滤料，防止滤池堵塞。多层滤池断面结构示意见图3.10-2。

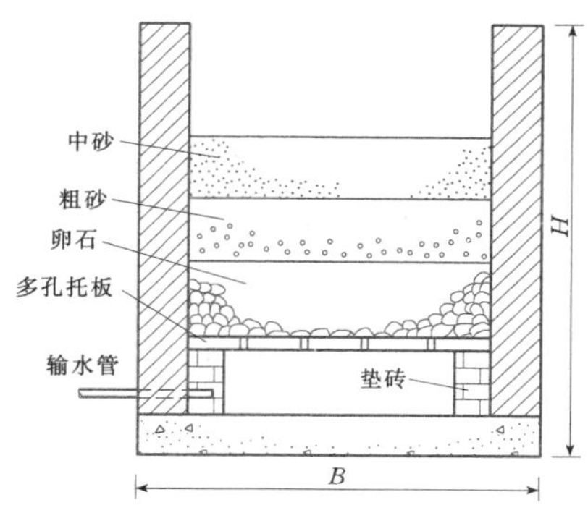

图 3.10-2 过滤池断面结构图（单位：cm）

3.10.2.4 雨水蓄存设施设计

雨水蓄存设施比较常用的有蓄水池、水窖等，具体可根据区域特点，结合建筑材料和经济条件等确定。

1. 蓄水池

蓄水池分为开敞式和封闭式。开敞式蓄水池多用于山区，主要在区域地形比较开阔且水质要求不高时使用；封闭式蓄水池适用于区域占地面积受限制或水质要求较高的城镇建设项目区。

（1）容积的确定。蓄水池容积主要由有效蓄水容积、池体泥区容积和池体超高组成。

有效蓄水容积根据公式（3.10-5）计算确定。池体泥区容积由所收集雨水水质和排泥周期确定，封闭式蓄水池可参照污水沉淀池设置专用泥斗以节省空间；敞开式蓄水池排泥周期相对较长，泥区深度可按200～300mm考虑。池体超高根据表3.10-3的规定取值。封闭式应不小于0.3m，开敞式应不小于0.5m。

表 3.10-3　蓄水池超高

蓄水容积（m^3）	<100	100～200	200～500
超高（m）	0.3	0.4	0.5

（2）池体结构设计。

1）荷载组合：不考虑地震荷载，只考虑蓄水池自重、水压力及土压力。计算时荷载组合根据表3.10-4确定。

表 3.10-4　蓄水池设计荷载组合

蓄水池型式	最不利组合条件	蓄水池自重	水压力	土压力
开敞式	池内满水，池外无土	√	√	
封闭式	池内无水，池外有土	√		√

2）池体结构及材料。蓄水池池体结构型式多为矩形或圆形，池底及边墙可采用浆砌石、素混凝土或钢筋混凝土砌筑，在最冷月平均气温高于5℃的地区也可以采用防水砂浆抹面的砖砌体结构。浆砌石砂浆强度等级不低于M10，厚度不小于25cm；混凝土强度等级不宜低于C15，厚度不小于10cm。

封闭式蓄水池应尽量采用标准设计，或按5级建筑物根据有关规范进行设计。蓄水池除进、出水口外还应设溢流管，溢流管口高程应等于正常蓄水位。池内需设置爬梯，池底设排污管。封闭式水池还应设清淤检修孔，开敞式蓄水池应设置护栏，高度不低于1.1m。

3）地基基础。蓄水池地基要求有足够的承载力，不允许坐落在半岩基半软基或直接置于高差较大或破碎的岩基上；地基为湿陷性黄土时，需进行预处理，同时池体优先考虑采用整体式钢筋混凝土或素混凝土蓄水池。

（3）蓄水池构造要求。

1）开敞式蓄水池。开敞式蓄水池又分为全埋式和半埋式两种，全埋式蓄水池使用较广泛，半埋式蓄水池主要分布在开挖比较困难的地区，容积一般不小于30m^3。

池体型式为矩形或圆形，其中圆形池因受力条件好，应用比较多。矩形池蓄水量小于60m^3时，多为近正方形布设，当蓄水池长宽比超过3时，池体中间需布设隔墙，隔墙上部留水口，以减少边墙侧压力、有效沉淀泥沙。

池体包括池底和池墙两部分。池底多为混凝土浇筑，混凝土强度等级不低于C15。容积小于100m^3时，护底厚宜为100～200mm；容积不小于100m^3时，护底厚宜为200～300mm。池墙通常采用砖、条石、预制混凝土块浆砌，采用水泥砂浆抹面并进行防渗处理，池墙厚度通过结构计算确定，一般为200～500mm。

当蓄水池为高位蓄水池时，出水管应高于池底300mm，以利水体自流使用，同时在池壁正常蓄水位处设溢流管。

全埋式蓄水池池体近地面处应设池沿，池沿高出地面至少300mm，以防止池周泥土及污物进入池内。同时在池沿设置护栏，护栏高度不低于1100mm，池内设梯步以方便取水。

开敞式蓄水池典型结构图见图3.10-3。

2）封闭式蓄水池。封闭式蓄水池池体基本设在地面以下，其防冻、防蒸发效果好，但施工难度大，费用较高。池体结构型式可采用方形、矩形或圆形，池体材料多采用浆砌石、素混凝土或钢筋混凝土等。在湿陷性黄土地区修建时，应尽量采用整体性好的混凝土或钢筋混凝土结构，不宜采用浆砌石结构。

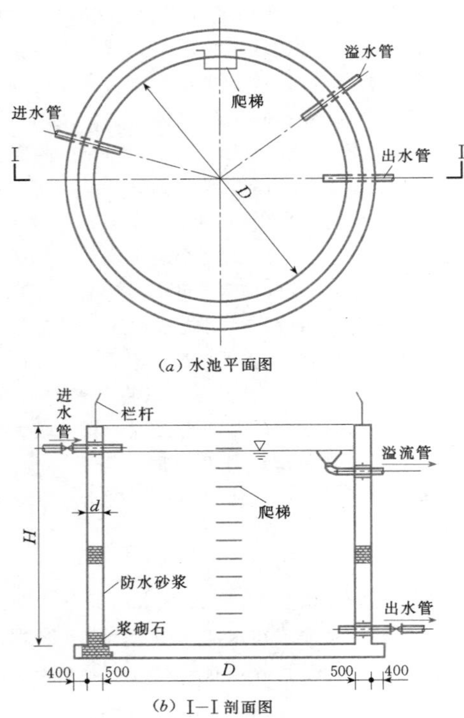

图 3.10－3 开敞式蓄水池典型结构图（单位：mm）

蓄水池池尽量采用定型设计结构，参考符合使用条件的蓄水池定型图集进行结构选型，结构设计应满足《给水排水工程钢筋混凝土水池结构设计规程》（CECS 138：2002）的要求。

蓄水池底宜设集泥坑和吸水坑，池底以不小于5%的坡度设倾向集泥坑，同时于集泥坑上方设检查口，以利清理淤泥。

3）其他形式蓄水池。其他形式蓄水池包括玻璃钢、金属或塑料制作的地上式定型储水设备，主要在建设项目永久占地区内的管理场站使用，通常用于收集屋面雨水。该种集雨箱（桶）可根据要求选材制作，亦可选用成品，安装简便，维护管理方便，但需占地，水质不易保障，不具备防冻功能，使用季节性较强。

2. 水窖

水窖属于地埋式蓄水设施，多建于蒸发量大、降水相对集中和雨旱季比较分明的地区。

(1) 水窖形式。土质地区的水窖多为口小腔大、竖直窄深式，断面一般为圆形（圆柱形、瓶形、烧杯形、坛形等）；石质山区的水窖一般为矩形宽浅式，主要是利用现有地形条件，在无泥石流危害的沟道两侧不透水基岩上，经修补加固而成，通常利用浆砌石修筑并采取防渗处理措施。下面以土质山区的筒式窖为例简略说明水窖的结构型式。

(2) 水窖结构。水窖通常由窖体、窖拱、窖口、窖盖、放水设备五部分组成（见图 3.10－4）。窖体、窖拱两部分位于地面以下，窖口设窖盖，既防止蒸发又避免安全事故。

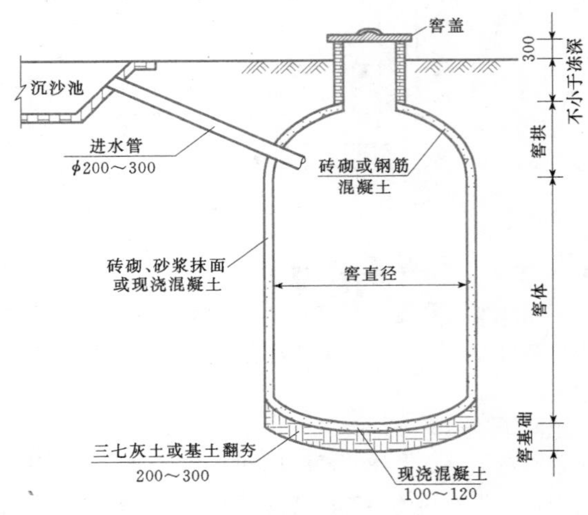

图 3.10－4 水窖典型断面结构图（单位：mm）

1）窖体：水窖的主要蓄水部分，多为圆柱形。直径一般为 3～4m，深度 4～6m，多为砖浆砌或现浇混凝土，水泥砂浆抹面的形式。现浇混凝土窖壁厚一般为 100～150mm。

2）窖拱：上部与窖口相连，深 2～3m，球冠（穹隆）形，内径自上而下逐渐放大，下部与窖筒相接。一般采用砂浆砌砖拱或钢筋混凝土定型浇筑而成。砖砌窖拱的砂浆强度等级应不低于 M10，混凝土拱的混凝土强度等级不宜低于 C15，厚度不小于 100mm。当土质较好时，也可采用厚 30～50mm 的黏土和水泥砂浆防渗。

3）窖口：窖口直径一般为 600～800mm，水窖顶应高出地面 300mm 以上，以方便管理并防止地表污物及沙土进入窖内。

4）窖盖：一般为钢筋混凝土预制成的圆形顶盖，顶盖厚 80～100mm，中心处需设置提环，方便开启。

(3) 水窖构造要求。土层内的水窖设计宽度不宜大于 4.5m，拱的矢跨比不宜小于 0.33，窖顶以上土体厚度应大于 3m，蓄水深度不宜大于 3m。窖顶壁和底均采用水泥砂浆或黏土防渗。无其他支护的水窖总深度不宜大于 8m，最大直径不宜大于 4.5m，顶拱的矢跨比不小于 0.5；窖顶采用混凝土或砖砌拱，窖底采用混凝土、窖壁采用砂浆防渗的水窖总深度不宜大于 6.5m，最大直径不宜大于 4.5m，顶拱的矢跨比不宜小于0.3。

(4) 水窖防渗。土层内修建的水窖防渗材料可采用水泥砂浆抹面、黏土或现浇混凝土，当土质较好时，通常采用传统的胶泥防渗窖或水泥砂浆防渗窖；土质条件一般时，多采用混凝土防渗窖。水泥砂浆抹面的砂浆强度等级不低于M10，厚度应大于30mm，亦可以在窖壁上按一定间距布设深度不小于100mm的砂浆短柱，与砂浆层形成整体。黏土防渗时，黏土厚度为30～50mm，同时在窖壁上按一定间距布设土铆钉，铆钉深度不小于100mm，且不少于20个/m^2。采用混凝土防渗时，混凝土强度等级不应低于C15，厚度可为100mm。

(5) 水窖基础。水窖应坐落于质地均匀的土层上，以黏性土壤最好，黄土次之。水窖的底基土进行翻夯处理后，可采用厚100mm的现浇混凝土，也可以采用200～300mm三七灰土垫层填筑，垫层上抹30～40mm水泥砂浆。

3. 水窑

水窑的容积较大，多利用区域现有崖面开挖而成，与水窖型式较为相似。水窑通常为窄长形，断面为城门洞形。若利用现有崖面水平开挖时，土崖上开挖的形状通常为窑洞状，岩石崖面上开挖的通常为隧洞状。

窑体由窑身、窑顶、窑门三部分组成。窑身（蓄水部分）断面宽度一般为3～4m，长8～10m，蓄水深度一般小于3m。窑顶（不蓄水部分）长度与窑身一致，采用半圆拱形断面，直径3～4m，与窑身宽度一致，窑顶上土体厚度应大于3m。窑门与窑体断面尺寸一致，与窑身对应部分通常由浆砌石砌筑并采取防渗措施，砌石厚度0.6～0.8m，砌石下部预埋放水管可自由放水。与窑顶对应的半圆形部分通常由木板或其他材料制成，中间开有可开关的小门。有的窑式水窖为取水方便，还会在窑顶中部留圆形取水井筒与地面相通，取水井筒直径0.6～0.8m，深度随崖坎高度而异。水窑建筑材料及防渗结构型式可参考水窖相关内容。水窖断面结构见图3.10-5。

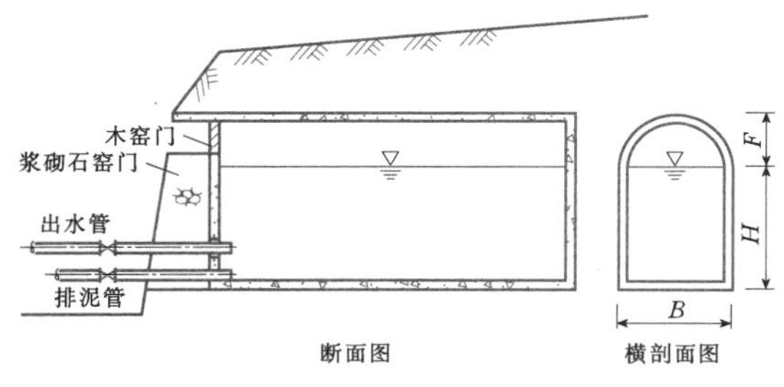

图3.10-5 水窖断面结构图

3.10.2.5 蓄水工程案例

1. 南水北调中线惠南庄泵站工程降水蓄渗工程案例

(1) 工程概况。惠南庄泵站是南水北调中线工程总干渠上的大型加压泵站，位于北京市房山区大石窝镇惠南庄村东。泵站厂区南北向长420m，东西向宽290m，占地面积12.18hm^2。厂区内用地类型主要为建筑用地、厂区交通用地和厂区绿化景观用地等。其中建筑用地包括核心生产区建筑（主、副厂房等）、生产服务用房和办公生活用房，厂区交通用地主要为通行路面及人行步道，厂区绿化景观用地主要包括绿化地及景观水池。厂区整体布局见图3.10-6。

修建该泵站时，为充分利用厂区内降水，缓解用水矛盾，同时减少雨水外排的压力，综合厂区景观绿化、交通、生产、办公用房等的布置，进行了雨洪利用设施的设计。

(2) 降水蓄渗工程布置。泵站厂区总占地面积12.18hm^2，厂区内绿化面积72490m^2，道路广场硬化铺装面积26800m^2，景观水池（兼做集水池）面积8500m^2。泵站主副厂房屋顶汇水面积5000m^2。

结合惠南庄泵站厂区布置情况，利用厂区内的泵站主、副厂房屋顶作为集流面，收集雨水排入景观水池。厂区内通行路面及人行步道采用透水材料铺设，路面雨水以入渗为主、收集为辅。厂区绿地结合地势下沉作为雨水入渗设施，景观水池结合雨水存储设施布设。

厂区内蓄渗工程设计标准为2年一遇降雨零排放。对于设计标准内雨水，主、副厂房屋顶以收集为主，绿化地、道路广场硬化铺装面则以入渗为主；对于超标准雨水，设置专门的排水系统排入景观水池。厂区降水蓄渗工程工艺流程见图3.10-7。

厂区内布设的主要降水蓄渗设施如下：

1）主、副厂房建筑群的屋顶雨水经初期弃流直接收集于景观水池中。

2）厂区内绿地为下凹式设计，绿地低于周边道路100mm以利蓄水入渗。

3）道路均采用透水砖面层和无砂混凝土垫层，主要利于雨水入渗。

4）沿厂区主要道路及主要绿地下层铺设雨洪利用渗滤沟，通过透水砖及下垫面过滤净化雨水，渗滤沟的末端通向厂区的景观水池。

5）厂区内除主、副厂房外的其他建筑屋顶雨水利用周围的散水排放，散水采用生态卵石散水，散水外侧用透水缘石挡边，并使之与周边的绿地连通，雨水直接排入绿地。

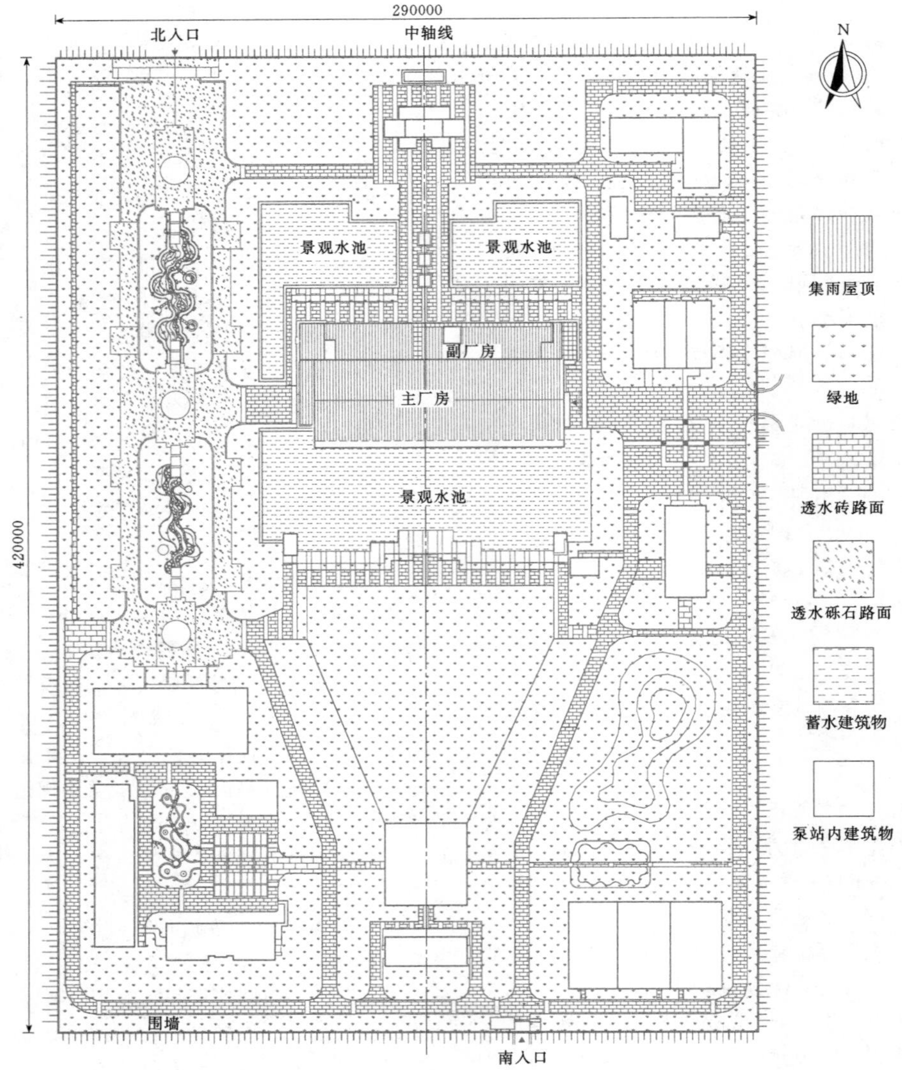

图 3.10-6 惠南庄泵站厂区整体布局示意图（单位：mm）

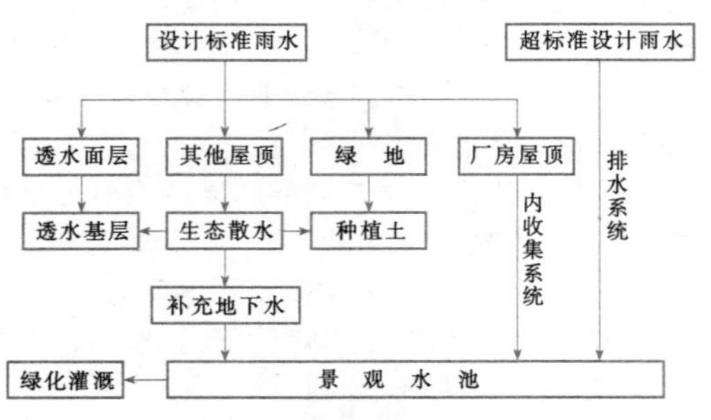

图 3.10-7 惠南庄泵站厂区雨洪利用工艺流程图

(3) 厂区蓄水工程设计。

1) 集流设施设计。

a. 集流面主要利用泵站厂区内的主、副厂房屋顶，屋顶为钢化平屋顶，集水面有效汇水面积 5000m^2。

b. 由于泵站厂房属于跨度大、跨度较多的建筑物，屋面雨水收集采用屋面设雨水斗、厂房内部配套集水管的内收集系统，收集后的雨水进入景观水池。集水管的管径及配管系统设计根据屋面面积及屋顶汇流流量计算。

2) 雨水蓄存设施。泵站主、副厂房前后分别设置景观水池兼作雨水蓄存设施。景观水池为地下开敞式方形蓄水池，钢筋混凝土结构，池顶与厂区地面平齐。综合考虑超标准雨水的排放，景观水池总面积 8500m^2，平均蓄水深度 0.8m，蓄水容积 6800m^3。

(4) 厂区其他雨水利用工程。

1）绿地入渗。绿地全部采用下凹式绿地，绿地比周围路面、厂区铺装面下凹 100mm，路面及其他铺装面多余的雨水可经过绿地入渗或外排。

2）厂区道路、广场硬化铺装面。中心区的园路、小型广场及道路铺装地面均采用透水铺装。透水铺装由透水面层和透水性垫层构成（见图 3.10－8），透水系数大于 0.1mm/s。透水面层采用透水砖、嵌草石板等。透水路面设计标准为降雨零排放，超标准降雨排入周边绿地。

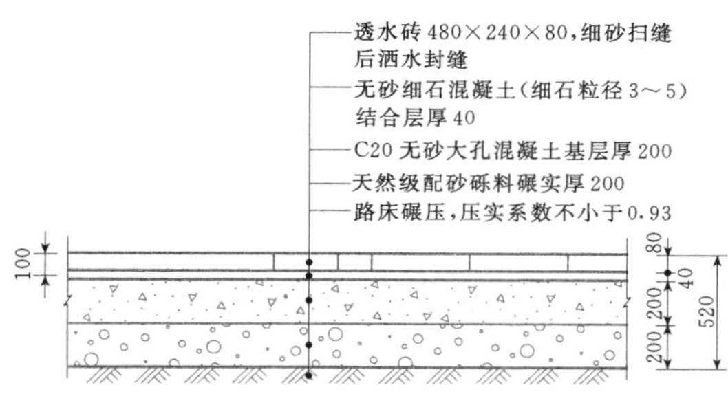

图 3.10－8 厂区透水路面结构示意图（单位：mm）

2. 万家寨水利枢纽移民安置区雨水集蓄工程案例

（1）工程概况。万家寨水利枢纽位于内蒙古自治区与山西省交界处，属于国家“九五”重点工程，工程主要由大坝、泄洪排沙、厂房、开关站、引黄取水口等建筑物组成。大坝为混凝土重力坝，最大坝高 105m，坝顶长 443m，坝顶高程 982.00m。水库总库容 8.96 亿 m^3，设计年供水量 14 亿 m^3。坝后式厂房内装设 6 台单机容量 18 万 kW 的发电机组，装机容量 108 万 kW。工程静态总投资 42.98 亿元，动态总投资 60.58 亿元。工程于 1994 年 11 月开工建设，2002 年通过竣工验收。

工程建设形成的库区分布在内蒙古自治区的准格尔旗、清水河县境内，水库淹没耕地 5191 亩，搬迁人口 5078 人，移民安置方式以后靠安置为主。

（2）自然地理概况。移民安置区地貌属黄土高原丘陵沟壑区，地形支离破碎。多年平均气温 7.2℃，极端最高气温 36.8℃，极端最低气温－29℃；不低于 10℃有效积温 2958℃；多年平均降水量 408mm，7 月、8 月、9 月降水占 65%，24h 最大降雨量 124.80mm，以短历时降水为主；多年平均蒸发量 2546mm；年平均风速 3.4m/s，大风日数 25d，全年主导风向为西北风；最大冻土深度 1.50m，无霜期 136d。

（3）雨水集蓄工程布置。移民安置区域地表水、地下水资源匮乏，移民生产和生活用水主要依靠简便易行的雨水集蓄工程来解决。

1）雨水集蓄工程由集流面、输水及蓄水设施组成。集流面多利用庭院、路面、自然坡面等；输水设施将集流面所汇集的雨水引入蓄水设施，由截留沟、沉沙池、拦污栅和输水管组成；蓄水设施为旱井（瓶式水窖）。

2）建筑物结构。

a. 集流面：将庭院、路面及自然坡面等表面堆积物进行清理，保持平整。

b. 截流沟：梯形断面，底宽 200～300mm，深 200～300mm，边坡 1：0.5，长 5～20m，浆砌石、混凝土或砖衬砌。

c. 沉沙池：梯形或矩形断面，底宽 400～800mm，深 400～1000mm，长 2～3mm，浆砌石、混凝土或砖衬砌。与井距不小于 2000mm。

d. 拦污栅：$\phi8$ 钢筋焊接而成。

e. 输水管：采用聚乙烯管或铁管，$\phi150$～250mm。

f. 旱井：井口 $\phi600$～800mm，高出地面 400～500mm，预制混凝土；直筒 $\phi800$～1300mm，深 1000～1600mm；井筒 $\phi3000$～5000mm，深 5000～8000mm。用大穰泥做衬里，外挂 2 层水泥砂浆。

3）旱井运用方式：户均 2 眼旱井，1 眼使用，另 1 眼蓄水，井水经一年的沉淀、自净，隔年使用。

标准旱井总剖面图见图 3.10－9。

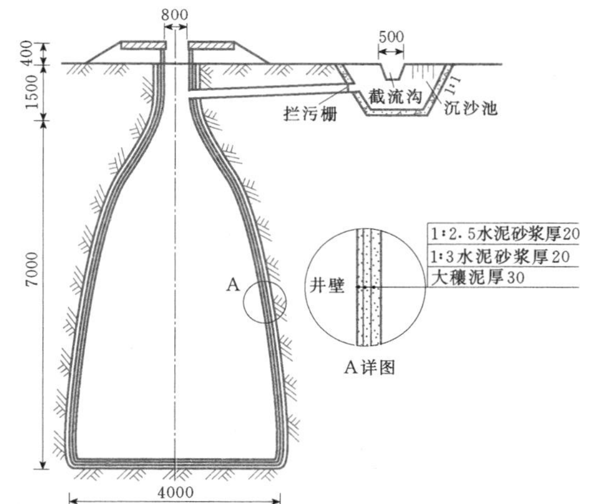

图 3.10－9 标准旱井总剖面图（单位：mm）

3.10.3 入渗工程设计

水土保持工程采用入渗工程的主要目的在于控制初期径流污染，减少雨水流失，增加雨水下渗等，多用于缓解内涝或对雨水入渗回灌地下水有要求的城市建设区。入渗工程主要由雨水收集输送设施和渗透设施组成。其中，雨水收集输送设施可参照蓄水工程中集流系统的相关内容设置。渗透设施主要为绿地入渗、透水铺装地面入渗、渗透浅沟、渗透洼地、渗透管、入渗井、入渗池等，工程实践中优先选用绿地、透水铺装地面等地面入渗方式，当地面入渗方式不能满足要求时，可采用其他入渗方式或组合入渗方式。

3.10.3.1　渗透设施布置要求

渗透设施适宜建于土壤渗透系数为 $10^{-6}\sim10^{-3}$ m/s，且地下最高水位或地下不透水岩层至少低于渗透设施底表面 1.0m 的区域。同时，渗透设施布设时应注意避开地下结构物、生活基础设施管线、以地下水作为饮用水的地区及陡坡区，且与建筑物基础边缘的距离应大于 3.0m，避免建在建筑物回填土区域内，距建筑物基础回填区域的距离应不小于 3.0m。

3.10.3.2　绿地入渗

1. 绿地入渗结构设计

绿地雨水入渗不适用于土壤渗透系数小于 1×10^{-6} m/或大于 1×10^{-3} m/s 的区域，以及地下水位高、距渗透面距离小于 1.0m 的场所。入渗设计应采用分散、小规模就地处理原则，尽可能就近接纳雨水径流，条件不允许时，可通过管渠输送至绿地。

对于已建成绿地，只考虑削减自身的雨水；对于新建下凹式绿地，应尽量将屋面、道路等各种铺装表面的雨水径流汇入绿地中蓄渗，以增大雨水入渗量。

新建绿地应根据地形地貌、植被性能和总体规划要求布置，需建为下凹式，一般与地面竖向高差 50～100mm 左右。绿地周边还需布设雨水径流通道，使超过设计标准的雨水经雨水口排出。雨水口设在道路两边的绿地内，通常采用平箅式，其顶面标高宜低于路面 20～50mm，且不与路面连通，设置间距不宜大于 40m。

2. 植被选择

下凹式绿地植物应选用耐淹品种，建议选择大羊胡子、早熟禾、黑麦草、高羊茅等，种植布局应与绿地入渗设施布局相结合。各种花卉耐水性较差，设计、施工时应避免在绿地低洼处大量种植。

3.10.3.3　透水铺装地面入渗

透水铺装地面入渗是指将透水良好、孔隙率高的材料用于铺装地面的面层与基层，使雨水通过人工铺筑的多孔性地面直接渗入土壤的一种渗透设施。其通常应用于人行、非机动车通行的硬质地面、工程管理场站等不宜采用绿地入渗的场所。透水铺装地面通常不接纳客地雨水入渗，仅接纳自身表面的雨水。

1. 设计重现期确定

透水铺装地面最低设计标准为 2 年一遇 60min 暴雨不产生径流。

2. 透水铺装地面结构设计

(1) 路面结构。透水路面结构总厚度应满足透水、储水功能的要求。厚度计算应根据该地区的降雨强度、降雨持续时间、工程所在地的土基平均渗透系数、透水铺装地面结构层平均有效孔隙率进行计算。地面结构厚度计算见公式（3.10－11）。

$$H=(0.1i-3600q)t/60v \qquad (3.10-11)$$

式中　H——透水铺装地面结构总厚度（不包括垫层的厚度），cm；

q——地区降雨强度，mm/h；

i——土基的平均渗透系数，cm/s；

t——降雨持续时间，min；

v——透水铺装地面结构层平均有效孔隙率，%。

透水铺装地面结构一般由面层、找平层、基层、垫层等部分组成。透水地面面层渗透系数均应大于 1×10^{-2} cm/s，找平层和透水基层的渗透系数必须大于面层。

(2) 路面结构层材料。面层材料可选用透水砖、多孔沥青、透水水泥混凝土等透水性材料，面层厚度宜根据不同材料和使用场地确定，并应同时满足相应的承载力、抗冻胀等要求。透水面砖的有效孔隙率应不小于 8%，透水混凝土等的有效孔隙率应不小于 10%。

找平层可以采用干砂或透水干硬性水泥中、粗砂等，厚度宜为 20～50mm。

基层应选用具有足够强度、透水性能良好、水稳定性好的材料，推荐采用级配碎石、透水水泥混凝土、透水水泥稳定碎石基层。其中，级配碎石基层适用于土质均匀、承载能力较好的土基，透水水泥混凝土、透水水泥稳定碎石基层适用于一般土基。设计时基层厚度不宜小于 150mm。

垫层材料宜采用透水性能较好的中砂或粗砂，厚度宜为 40～50mm。

透水砖铺装地面结构见图 3.10－10。

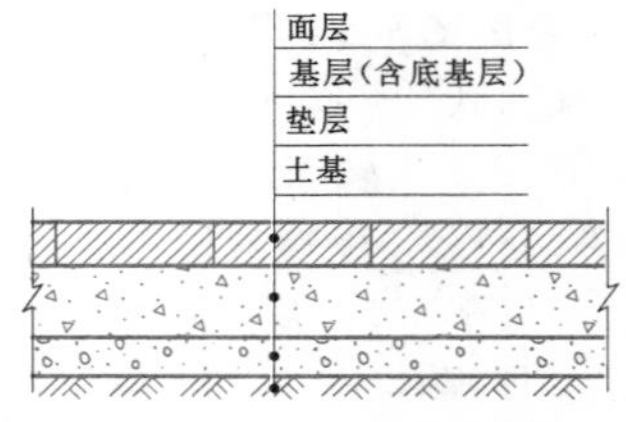

图 3.10－10　透水砖铺装地面结构图

3.10.3.4　渗透浅沟

渗透浅沟是底部采用多孔材料铺设或利用表层植被增大入渗效果的一种渗透设施。当项目区土质渗透能力较强时，采用植被覆盖的渗透浅沟，以避免径流中的悬浮固体堵塞土壤颗粒间的空隙，保持原土壤的渗透力；当浅沟土壤渗透系数较差，可以采用人工混合土或下部采用碎石调蓄区提高渗透性和调蓄能力。

1. 浅沟断面型式及尺寸

植被浅沟断面型式多采用三角形、梯形或抛物线形。三角形适用于低流速、小流量的情况；梯形适用于大流量、低流速的情况；抛物线形增加了可利用的空间，适用于排放更大的流量。浅沟深度宜为 50～250mm，边坡坡比应尽可能小于 1∶3，纵向坡度通常为 0.3%～5%。

浅沟流量可采用明渠均匀流公式计算。根据相关数据，入渗浅沟最大允许抗冲流速为 0.8m/s，由拟定的断面尺寸进行试算直至满足要求。

2. 浅沟植物选择

在浅沟中种植植被，应选择恢复力较强，比较坚韧，适宜当地生长，需肥少，并能在薄砂和沉积物堆积的环境中生长的植物。

3.10.3.5 渗透洼地

洼地入渗是利用天然或人工洼地蓄水入渗，一般在表面入渗所需要的面积不足，或土壤入渗能力太小时采用。

洼地的积水时间应尽可能短，一般最大积水深度不超过 30cm。积水区的进水应尽量采用明渠，并多点均匀分散进水。入渗洼地种植植物时，植物应在接纳径流之前成型，具备抗旱耐涝的能力，且能适应洼地内水位的变化。

洼地结构型式基本与渗透浅沟相似，设计时可参照进行。洼地入渗系统示意图见图 3.10－11。

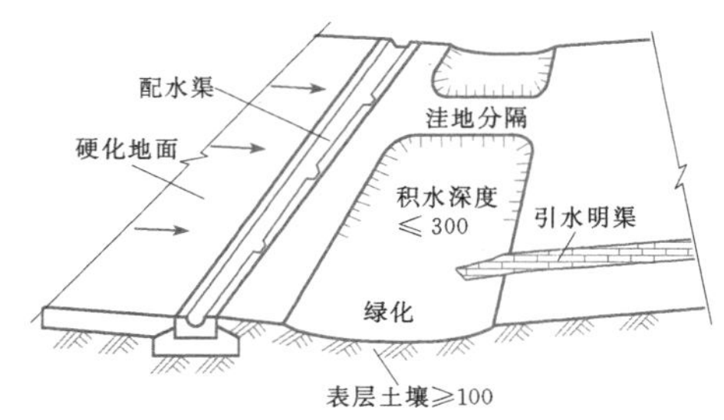

图 3.10－11 洼地入渗系统示意图（单位：mm）

3.10.3.6 渗透管

渗透管是在传统雨水排放的基础上，将雨水管改为穿孔管，管材周围回填砾石或其他多孔材料，使雨水通过埋设于地下的多孔管材向四周土壤层渗透的一种设施。其适用于雨水水质较好、表层土渗透性较差而下层有透水性良好土层的区域。

渗透管主要由中心渗透管、管周填充材料及外包土工布组成。中心渗透管一般采用 PVC 穿孔管、钢筋混凝土穿孔管或无砂混凝土管等，管径一般不小于 150mm，其中塑料管、钢筋混凝土穿孔管的开孔率不小于 15%，无砂混凝土管的孔隙率不应小于 20%。

管周填充材料可选用砾石或其他多孔材料，厚度宜为 10～20cm，填充材料孔隙率应大于管材孔隙率。

填充材料外应采用土工布包覆，土工布规格可选用 100～300g/m^2，渗透性应大于所包覆填充材料的最大渗水要求，同时应满足保土性、透水性和防堵性的要求。入渗管结构示意图见图 3.10－12。

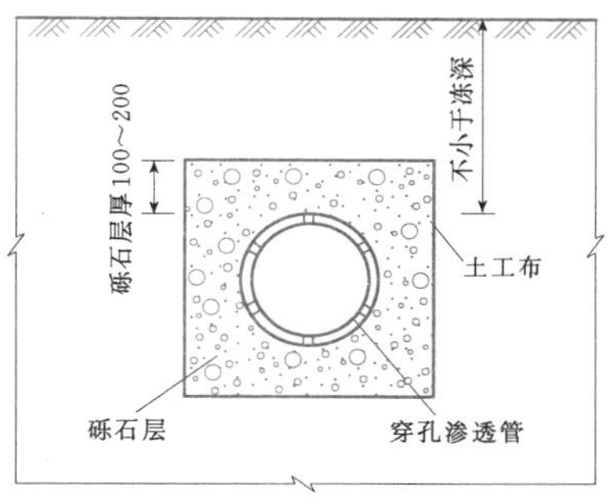

图 3.10－12 入渗管结构示意图（单位：mm）

地面雨水进入管沟前应设渗透检查井或集水渗透检查井，同时沿管线敷设方向设渗透检查井，检查井间距不应大于渗透管管径的 150 倍。渗透检查井的出水管标高应高于入水管口标高，但不应高于上游相邻井的出水管口标高。渗透检查井应设 0.3m 深沉沙室。

3.10.3.7 渗透池

渗透池是利用地面低洼地水塘或地下水池对雨水实施渗透的设施。

当土壤渗透系数大于 1×10^{-5}m/s，项目建设区域可利用土地充足且汇水面积较大（不小于 1hm^2）时，通常采用地面渗透池，地面用地紧缺时可考虑地下渗透池。

地面渗透池有干式和湿式两种。干式渗透池在非雨季通常无水，雨季则满足入渗量要求；湿式渗透池则常年有水，类似水塘，但应保持一定入渗量的要求。渗透池一般与绿化和景观结合设计，在满足功能性要求的同时，美化周围环境。

地面渗透池大小根据区域降水及汇水面积而定。渗透池断面多为梯形或抛物线形，渗透池边坡坡度不应大于 1∶3，表面宽度和深度比例应大于 6∶1。池岸可以采用块石堆砌、土工织物覆盖或自然植被土壤覆盖等方式。渗透池表面宜种植植物，干式渗透池因季节性限制可考虑种植既耐水又耐旱的植物，而湿式渗透池因常年有水，与湿地相似，宜种植耐水植物。

地下渗透池可以使用无砂混凝土、砖石、塑料块等材料进行砌筑，其强度应满足相应地面承载力的要求。为防止渗透池堵塞，渗透材料外部应采用土工布等透水材料包裹。渗透材料有砾石、碎石及孔隙储水模块等。

渗透池需设溢流装置，以使超过设计渗透能力的暴雨顺利排出场外，确保安全。

3.10.3.8 入渗井

入渗井主要有深井和浅井两类。水土保持工程中常用的入渗井主要为浅井，适用于地面和地下可利用空间小、表层土壤渗透性差而下层土壤渗透性好等场合。同时要求雨水水质较好，不能含过多的悬浮固体。

渗井一般用混凝土浇筑或预制，其强度应满足地面荷载和侧壁土压力的要求。渗井的直径可根据渗透水量和地面的允许占用空间确定，若兼作管道检查井，还应兼顾人员维护管理的要求。井径通常小于1.0m，井深由地质条件决定，井底滤层表面距地下水位的距离不小于1.5m。

渗井通常有井外设渗滤层和井内设渗滤层两种结构型式，过滤层的滤料可采用0.25～4mm的石英砂，其渗透系数应小于1×10^{-3}m/s。图3.10－13（*a*）所示为井外设渗滤层的入渗井，井由砾石及砂过滤层包裹，井壁周边开孔，雨水经砾石层和砂过滤层过滤后渗入地下，雨水中的杂质大部分被砂滤层截留。图3.10－13（*b*）所示为井内设渗滤层的入渗井，雨水只能通过井内过滤层后才能渗入地下，雨水中杂质大部分被井内滤层截流。

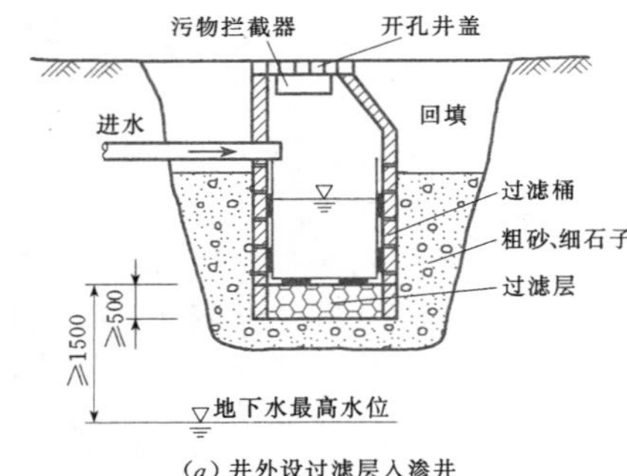

（*a*）井外设过滤层入渗井

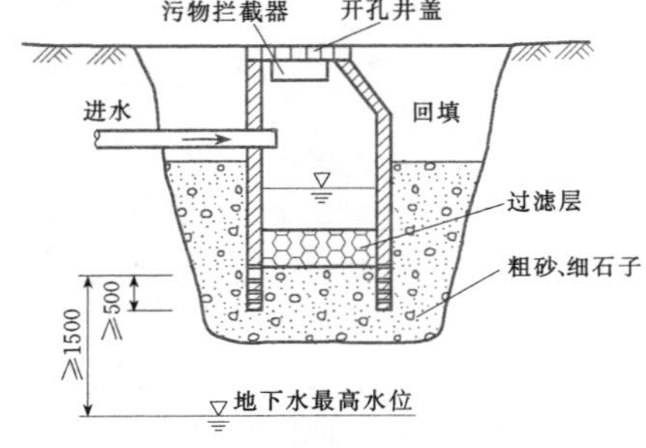

（*b*）井内设过滤层入渗井

图3.10－13 入渗井结构示意图（单位：mm）

3.10.3.9 道路雨水入渗工程案例

1．工程概况

河北省石家庄市石环辅道下凹式绿地入渗排水工程位于河北省石家庄市城乡结合部。石环公路为石家庄市外围环线，石环辅道为石环公路主线与县乡级道路的联络线。石环辅道两侧多为乡村及农田，道路沿线周边尚没有健全的排水管网体系，且上下游雨水管道及出路均不能在短期内实现。所以设计时在考虑道路远期排水规划的同时，将道路形式与绿地入渗相结合，缓解雨水排放困难的现状。

2．总体平面布局

设计时将路面设计与绿地入渗的目标相结合，道路采用单向横坡的形式将人行道及路面雨水汇至一侧道路边缘，通过过水侧缘石将雨水排入绿地内，同时将道路沿线周围绿化带作下凹处理，通过下凹绿地辅助排水以减小雨水的径流系数，并将雨水口设置在绿化带内，增加雨水的入渗量，削减洪峰流量。雨水排放入渗流程见图3.10－14。

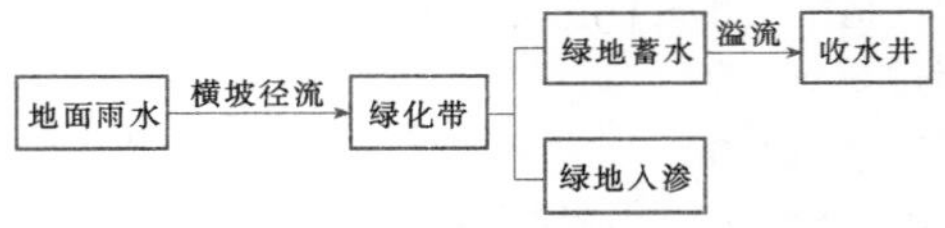

图3.10－14 雨水排放入渗流程

3．渗水工程设计

（1）辅路工程。由于占地范围限制，采用道路沿线单侧设置下凹绿地的形式，辅路结构采用单向横坡，坡度倾向下凹绿地，以利于雨水进入绿地。为配合雨水入渗工程设计，道路设计时采用了混凝土过水路缘石，既满足了道路的交通功能，又可将路面雨水快速、顺畅的导流入绿化带。设计标准路段道路横断面见图3.10－15。

（2）绿地工程。工程中将辅路周围的绿地做下凹处理，使绿地高程低于路面高程，同时于绿地内设置雨水口。具体将绿地在纵向高程上每30m作为一个控制单元，每个单元在平面上处理为两侧高而中间下凹的碟形，形成以每30m为一单元的碟形微地形，同时将雨水口设于各绿地单元之间，雨水口高程按低于路面高程30cm控制并高于绿地高程。上述绿地结构形式既满足了汇集路面雨水径流与渗蓄，又达到了高低起伏的园林效果。

（3）排水工程。根据现有路面结构、路面与绿地的相对位置关系及绿地内雨水蓄渗的影响，选取径流

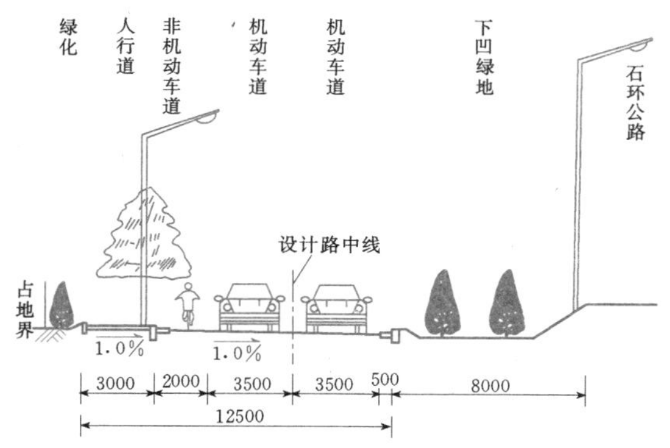

图 3.10-15 下凹绿地与道路布置断面图（单位：mm）

系数及雨水流行时间，并计算雨水设计流量，根据设计流量确定排水设施规格及尺寸。

1）径流系数选取。按道路面层结构型式选用径流系数 0.85～0.95。因利用下凹绿地排水，雨水径流先后在路面及绿地里流行，径流系数按加权平均计算，采用 0.60。

2）雨水流行时间确定。地面集水时间由路面雨水流行距离、地形坡度和地面覆盖情况而定，一般采用 5～15min。本设计中考虑了雨水自路面沿道路横坡流入、汇入下凹绿地并渗蓄至一定高度后溢流入雨水口，地面集水时间按 20min 计取。

3）设计管道流量。根据确定的设计参数，按照重现期为 1 年一遇的情况分析计算，采用下凹绿地排水方式计算的设计流量是不采用该方式计算流量的 43%，也就相当于绿化带内的雨水管道比道路上布设的雨水管道管径缩小了 2～3 级。

4）排水设施。将下凹绿地中的检查井和雨水口合二为一，检查井盖做成井箅式。为避免雨水渗蓄高度过高对辅道路基产生影响，设计检查井井箅高出绿化带地面 10～15cm，既有一定的蓄水功能，又可以防止绿地内杂物进入。

(4) 应注意的问题。

1）设计时应注意将绿化带内雨水口的位置布置在下凹绿地单元的最低点，且使雨水口高于周围地坪，以达到利用绿地容蓄雨水的目的。

2）确定蓄水量大小及雨水口高度时应以绿化带内土壤渗透系数为控制依据，使下凹绿地既可以容蓄入渗必要的蓄水量以缓解辅路降水排放的压力，同时又避免绿地蓄存雨水影响道路路基安全。

3）绿化带的纵向设计应满足蓄水和排水的要求，绿化带内种植的草本宜选用蒸散量小及利用雨水量大的品种。

4）在施工及运行管理中应注意过水侧石的数量和位置；并应定期清理侧石及雨水口的过水口，以免堵塞，影响排水效果。

3.11 植被恢复与建设工程设计

3.11.1 造林地立地类型

3.11.1.1 立地类型划分

立地类型划分，就是植树造林地的立地类型划分，包括立地区、立地亚区、立地小区、立地组、立地小组、立地类型等。其中，立地类型是最基本的划分单元。在水利水电工程植被恢复与建设工程中，将立地类型作为基本的划分单元。立地类型划分就是把具有相近或相同生产力地块划为一类，按类型选用树草种，设计植树造林种草措施。

植树造林地的立地类型划分，第一步，应根据工程所处自然气候区和植被分布带，确定其基本植被类型区。根据《造林技术规程》（GB/T 15776）和《生态公益林建设导则》（GB/T 18337.1），基本植被类型区可以分为东北地区、三北风沙地区、黄河上中游地区、华北中原地区、长江上中游地区、中南华东（南方）地区、东南沿海及热带地区、青藏高原冻融地区等八个类型区，具体涉及地区及特点见表 3.11-1。基本植被类型区根据气候区划和中国植被区划所确定，不同地区有不同的基本植被类型，如东北寒温带落针叶林、华北暖温带的落针阔混交林等。第二步，宜按地面物质组成、覆土状况、特殊地形和条件等主要限制性立地因子确定立地类型。当线形工程跨越若干地域时，应以水热条件和主要地貌，首先划分若干立地类型组，再划分立地类型。

立地类型组划分的主导因子是：海拔、降水量、土壤类型等。

立地类型划分的主导因子是：地面组成物质（岩土组成）、覆盖土壤的质地和厚度、坡向、坡度和地下水等。

工程扰动土地限制性立地因子主要考虑以下几个方面：

(1) 弃土（石、渣）物理性状：岩石风化强度、粒（块、砾）径大小、透水性和透气性、堆积物的紧实度、水溶物或风化物的 pH 值。

(2) 覆土状况：覆土厚度、覆土土质。

(3) 特殊地形：高陡边坡（裸露、遮雨或强冲刷等）、阳侧岩壁聚光区（高温和日灼）、风口（强风和低温）、易积水湿洼地及地下水水位较高地等。

(4) 沙化、石漠化、盐碱（渍）化和强度污染。

表 3.11-1 基本植被类型区的范围及特点表

基本植被类型区	范 围	特 点
东北地区	黑、吉、辽大部及内蒙古东部地区	以黑土、黑钙土、暗棕壤为主，地面坡度缓而长，表土疏松，极易造成水土流失，损坏耕地，降低地力。区内天然林与湿地资源分布集中，因森林过伐，湿地遭到破坏，干旱、洪涝频繁发生，甚至已威胁到工业基地和大中城市安全
三北风沙地区	东北西部、华北北部、西北大部的干旱地区	自然条件恶劣，干旱多风，植被稀少，风沙面积大；天然草场广而集中，但草地“三化”（退化、沙化、盐渍化）严重，生态十分脆弱。农村燃料、饲料、肥料、木料缺乏，生产生存条件差
黄河上中游地区	晋、陕、蒙、甘、宁、青、豫的大部或部分地区	世界上面积最大的黄土覆盖地区，因气候干旱少雨，加上过垦过牧，造成植被稀少，水土流失十分严重
华北中原地区	京、津、冀、鲁、豫、晋的部分地区及苏、皖的淮北地区	山区山高坡陡，土层浅薄，水源涵养能力低，潜在重力侵蚀地段多。黄泛区风沙土较多，极易受风蚀、水蚀危害。东部滨海地带土壤盐碱化、沙化明显
长江上中游地区	川、黔、滇、渝、鄂、湘、赣、青、甘、陕、豫、藏的大部或部分地区	大部分山高坡陡、峡险谷深，生态环境复杂多样，水资源充沛、土壤保水保土能力差，人多地少、旱地坡耕地多。因受不合理耕作、过牧和森林大量采伐影响，水土流失日趋严重，土壤日趋瘠薄
中南华东（南方）地区	闽、赣、湘、鄂、皖、苏、浙、沪、桂、粤的全部或部分地区	红壤广泛分布于海拔500m以下的丘陵岗地，因人口稠密、森林过度砍伐，毁林毁草开垦，植被遭到破坏，水土流失加剧，泥沙下泄淤积江河湖库
东南沿海及热带地区	琼、粤、桂、滇、闽的全部或部分地区	气候炎热、雨水充沛、干湿季节明显，保存有较完整的热带雨林和热带季雨林系统。但因人多地少，毁林开荒严重，水土流失日趋严重。沿海地区处于海陆交替、气候突变地带，极易遭受台风、海啸、洪涝等自然灾害的危害
青藏高原冻融地区	青、藏、新大部或部分地区	绝大部分是海拔3000m以上的高寒地带，以冻融侵蚀为主。人口稀少、牧场广阔，东部及东南部有大片林区，自然生态系统保存完整，但天然植被一旦破坏将难以恢复

注 表中暂未列入台湾省、香港和澳门特别行政区。

3.11.1.2 立地改良条件及要求

应根据工程扰动或未扰动两种情况，在充分考虑地块的植被恢复方向后，依据立地类型现状确定相应的立地改良要求。立地改良主要通过整地措施和土壤改良措施等技术实现。

1. 整地措施

整地，就是在植树造林（种草）之前，清除地块上影响植树造林（种草）效果的残余物质，包括非目的植被、采伐剩余物等，并以翻耕土壤为重要内容的技术措施。植树造林（种草）整地的方式可划分为全面整地和局部整地两种。

2. 土壤改良措施及植树造林对策

(1) 以土壤或土壤发生物质（成土母质或土状物质）为主的地块，宜依据其覆盖厚度和植树造林（种草）的基本要求，采取相应土壤改良措施或整地方式；碎石为主的易渗水的地块，覆土前可铺一层厚度在30cm左右的黏土并碾压密实作为防渗层；裸岩地块易积水的，覆土前先铺垫30cm的碎石层做底层排水。

(2) 地表为风沙土、风化砂岩的，可添加塘泥、木屑等进行改良；以碎石为主的地块，且无覆土条件时，可采用带土球苗、容器苗或客土植树造林，或填注塘泥、岩石风化物等植树造林。

(3) 开挖形成的裸岩地块，且无覆土条件时，采取爆破整地、形成植树穴，并采用带土球苗、容器苗或客土植树造林，或填注塘泥、岩石风化物等植树造林。

(4) pH值过低或过高的土地，可施加黑矾、石膏、石灰等改良土壤。

（5）盐渍化土地，应采取灌水洗盐、排水压盐、客土等方式改良土壤。

（6）优先选择具有根瘤菌或其他固氮菌的绿肥植物。必要时，工程管理范围的绿化区应在田面细平整后增施有机肥、复合肥或其他肥料。

通常，工程扰动土地的水分条件是限制植被恢复的限制因子。在缺乏灌溉补水条件时，应考虑抗旱技术，综合运用保水剂、地膜或植物材料、石砾覆盖、营养袋容器苗和生根粉等。

3.11.2 植被恢复与建设工程类型及其适用条件

3.11.2.1 工程类型

根据水利水电工程建筑物、构筑物自身特点及其周边情况，其所涉及的植被恢复与建设工程主要包括以下三种类型。

1. 绿化美化类型

（1）水库、水电站管理区的绿化美化。

（2）线形水利工程沿线管理站所周边的绿化美化。

（3）水利水电工程的交叉建筑物、构筑物，如枢纽、闸（泵）站等周边的绿化美化。

（4）涉及城镇的，与城镇景观规划相结合的绿化美化。

2. 植物防护类型

（1）由于水利水电工程施工所造成的植被扰动坡面，易发生水土流失的，根据土地整治后的具体条件，营造水土保持防护林；水库、水电站乃至塘坝等大、中、小不同类型工程流域的入库附近汇流区，在涉及管理范围内有严重水土流失的，营造水土保持防护林。

（2）坝、堤、岸、渠、沟、滩等涉水范围，根据实际需要，营造水土保持护岸防浪林；坝、堤、岸、渠、沟等坡面（迎水面常水位以上）种植护坡草皮；近自然治理的生物护岸工程。

（3）坝、堤、岸、渠、沟、滩等水利水电工程管理范围（如护堤地）、水利水电工程管辖的道路两侧，营造防护林带；堤、渠的压浸平台，营造防护林带或片林。

3. 植被恢复类型

（1）水利水电工程的弃土（石、渣）场、土（块石、砂砾石）料场及各类开挖填筑扰动面，根据土地整治后的具体条件，实施植树种草，恢复植被。

（2）涉水管理范围，如入库河道滩地、湿地等区域有环境污染问题时，建造以挺水植物和沉水植物为主的生态工程植被恢复区，减污滤泥，改善环境。

（3）坝前湿地的绿化或植被恢复。

3.11.2.2 适用条件

植被恢复与建设工程主要布设于工程扰动占压的裸露地以及工程管理范围内未扰动的土地，主要包括：主体工程涉及的枢纽、闸（泵）站、坝、堤、岸、渠、路、沟、滩等管理范围，施工生产生活区，厂区，管理区；弃土（石、渣）场、土（块石、砂砾石）料场及各类开挖填筑扰动面。

在进行植被恢复与建设工程总体布置时，应在不影响主体工程安全的前提下，尽可能增加林草覆盖的面积，有景观要求的应结合主体工程设计将生态学要求与景观要求结合起来，使主体工程建设达到既保持水土、改善生态环境，又美化环境、符合景观建设的要求。

应考虑下列问题：

（1）统筹考虑、统一布局，生态和景观要求相结合，工程措施与林草措施相结合。

（2）坝肩、上坝公路、水电站侧岸高边坡、隧洞进出口边坡、堤坡、土（块石、砂砾石）料场等开挖或填筑形成的高陡边坡，在保证安全稳定的前提下，优先考虑林草措施或工程与林草相结合的措施。混凝土和砌石边坡等区域，有条件的应进行复绿。

（3）在不影响工程行洪安全的前提下，河道整治工程和护岸工程宜加大生物护岸工程的比例，体现水系的近自然治理理念；涉及城市范围的植被建设应以观赏型为主，偏远区域应以防护型为主。

（4）为保护堤防安全，河道堤防不应采用乔木等深根性植物防护；根据洪水期堤防巡察需要，背水坡不应采用高秆植物；当无防浪要求时，不宜在迎水侧种植妨碍行洪的高秆阻水植物。

（5）涉及城镇的应与城镇景观规划相结合。

水利水电工程各立地类型所适宜的主要防护型式和工程类型见表3.11-2。

3.11.2.3 树草种选择与配置

1. 基本要求

（1）根据基本植被类型、立地类型的划分，以及基本防护功能与要求和适地适树（草）的原则确定林草措施的基本类型。

（2）根据林草措施的基本类型、土地利用方向，选择适宜的树种或草种。应采用乡土种类为主，辅以引进适宜本土的优良品种。

（3）弃土（石、渣）场、土（块石、砂砾石）料场、采石场和裸露地等工程扰动土地，应根据其限制性立地因子，选择适宜的树（草）种（见表3.11-3）。

表 3.11-2　水利水电工程各立地类型所适宜的主要防护型式和工程类型表

防护型式	适用范围			工程类型
	立地类型	坡比	坡高	
植树	未扰动或轻扰动平缓土地	—	—	绿化美化、植物防护
植树	未扰动或轻扰动土质边坡	<1∶1.0	—	绿化美化、植物防护、植被恢复
植草	未扰动或轻扰动土质边坡	<1∶1.25	—	绿化美化、植物防护、植被恢复（种草或喷播植草）
种植灌草	土质、软质岩和全风化硬质岩边坡	<1∶1.5	—	绿化美化、植被恢复
植生带、植生毯	土质边坡、土石混合边坡等经处理后的稳定边坡	<1∶1.5	—	绿化美化、植物防护、植被恢复（植草、灌）
铺草皮	土质和强风化、全风化岩石边坡	<1∶1.0	—	绿化美化、植物防护、植被恢复
喷混植生	漂石土、块石土、卵石土、碎石土、粗粒土和强风化、弱风化的岩石边坡	<1∶1.0	—	绿化美化、植被恢复
客土植生	漂石土、块石土、卵石土、碎石土、粗粒土和强风化的软质岩及强风化、全风化、土壤较少的硬质岩石边坡，或由弃土（石、渣）填筑的边坡	<1∶1.0	不限	绿化美化、植被恢复（种植乔、灌、草）
生态植生袋	土质边坡和风化岩石、沙质边坡，特别适宜于不均匀沉降、冻融、膨胀土地区和刚性结构等难以开展植被恢复与建设工程的区域	<1∶0.35	不限	绿化美化、植被恢复（种植乔、灌、草）
格状框条、正六角形框格	泥岩、灰岩、砂岩等岩质边坡，以及土质或沙土质边坡等稳定边坡	<1∶1.0	<10m	绿化美化、植被恢复（框格内播种草灌、铺植草皮）
小平台或沟、穴修整种植	土质边坡、风化岩石或沙质边坡（具备人工开阶、客土栽植条件）	<1∶0.5	8m 开阶	绿化美化、植被恢复（种植乔、灌、攀缘植物、下垂灌木）
开凿植生槽	稳定的石壁	<1∶0.35	10m 开阶	绿化美化、植被恢复（客土栽植灌、攀缘植物、下垂灌木、小乔木）
混凝土延伸植生槽	稳定的石壁	<1∶0.35	10m 开阶	绿化美化、植被恢复（客土栽植灌、攀缘植物、下垂灌木）
钢筋混凝土框架	浅层稳定性差且难以绿化的高陡岩坡和贫瘠土坡	<1∶0.5	不限	绿化美化、植被恢复（框架内客土植草）
水力喷播植草	一般土质边坡、处理后的土石混合边坡等稳定边坡	1∶1.5	<10m	绿化美化、植被恢复（植草或草灌）
直接挂网＋水力喷播植草	石壁	<1∶1.2	<10m	绿化美化、植被恢复（喷播植草或草灌）
挂高强度钢网＋水力喷播植草	石壁	1∶1.2～1∶0.35	<10m	绿化美化、植被恢复（喷播植草或草灌）
厚层基材喷射植被护坡	适用于无植物生长所需的土壤环境，也无法供给植物生长所需水分和养分的坡面	>1∶0.5	<10m	绿化美化、植被恢复（喷播植草或草灌）

续表

防护型式	适用范围			工程类型
	立地类型	坡比	坡高	
钢筋混凝土框架+厚层基材喷射植被护坡	浅层稳定性差且难以绿化的高陡岩坡和贫瘠土坡	>1:0.5	<10m	绿化美化、植被恢复（喷播植草或草灌）
预应力锚索框架地梁+厚层基材喷射植被护坡	稳定性很差的高陡岩石边坡，且无法用锚杆将钢筋混凝土框架地梁固定于坡面的情况	>1:0.5	不限	绿化美化、植被恢复（喷播植草）
预应力锚索+厚层基材喷射植被护坡	浅层稳定性好，但深层易失稳的高陡岩土边坡	>1:0.5	不限	绿化美化、植被恢复（喷播植草）

注 1. 喷播绿化措施主要适用于降水量在800mm以上的地区，以及具备持续供给养护用水能力的其他地区。
2. 边坡绿化措施发展创新较快，本表未能全部列入。具体设计时，鼓励吸纳应用新技术、新工艺、新材料和新方法。

表 3.11-3　　工程扰动土地主要适宜树（草）种表

基本植被类型区	耐旱	耐水湿	耐盐碱	沙化（北方及沿海）/石漠化（西南）
东北区	辽东桤木、蒙古栎、黑桦、白榆、山杨；胡枝子、山杏、文冠果、锦鸡儿、枸杞；狗牙根、紫花苜蓿、爬山虎①	兴安落叶松、偃松、红皮云杉、柳、白桦、榆树	青杨、樟子松、榆树、红皮云杉、红瑞木、火炬树、丁香、旱柳；紫穗槐、枸杞；芨芨草、羊草、冰草、沙打旺、紫花苜蓿、碱茅、鹅冠草、野豌豆	樟子松、大叶速生槐、花棒、杨柴、柠条锦鸡儿、小叶锦鸡儿；沙打旺、草木樨、芨芨草
三北风沙地区	侧柏、枸杞、柠条、沙棘、梭梭、柽柳、胡杨、花棒、杨柴、胡枝子、沙柳、沙拐枣、黄柳、樟子松、文冠果、沙蒿；高羊茅、野牛草、紫苜蓿、紫羊茅、黄花菜、无芒雀麦、沙米、爬山虎①	柳树、柽柳、沙棘、胡杨、香椿、臭椿、旱柳、桑	柽柳、旱柳、沙拐枣、银水牛果、胡杨、梭梭、柠条、紫穗槐、枸杞、白刺、沙枣、盐爪爪、四翅滨藜；芨芨草、盐蒿、芦苇、碱茅、苏丹草	樟子松、柠条、沙棘、沙木蓼、花棒、踏郎、梭梭霸王；沙打旺、草木樨、芨芨草
黄河上中游地区	侧柏、柠条、沙棘、旱柳、柽柳、爬山虎①	柳树、柽柳、沙棘、旱柳、刺柏、桑	柽柳、四翅滨藜、柠条、紫穗槐、沙棘、沙枣、盐爪爪	侧柏、刺槐、杨树、沙棘、柠条、柽柳、杞柳；沙打旺、草木樨
华北中原地区	侧柏、油松、刺槐、青杨；伏地肤、沙棘、柠条、枸杞、爬山虎①	柳树、柽柳、沙棘、旱柳、构树、杜梨、垂柳、钻天杨、桑、红皮云杉	柽柳、四翅滨藜、银水牛果；伏地肤、紫穗槐	樟子松、旱柳、荆条、紫穗槐；草木樨
长江上中游地区	侧柏、马尾松、野鸭椿、白皮松、木荷、沙地柏、多变小冠花、金银花①、爬山虎①	柳树、桑、水杉、池杉、落羽杉、冷杉、红豆杉、芒草	欧美杨、乌桕、落羽杉、墨西哥落羽杉、中山杉；双穗雀稗、香根草、芦竹、杂三叶草	欧美杨、马尾松、云南松、干香柏、苦刺花、蔓荆；印尼豇豆

续表

基本植被类型区	耐 旱	耐水湿	耐盐碱	沙化（北方及沿海）/石漠化（西南）
中南华东（南方）地区	侧柏、马尾松、黄荆、油茶、青檀、香花槐、藜蒴、桑树、杨梅；黄栀子、山毛豆、桃金娘；假俭草、百喜草、狗牙根、糖蜜草、铁线莲①、爬山虎①、五叶地锦①、鸡血藤①	桑、水杉、池杉、落羽杉、樟树、木麻黄、水翁、湿地松、榕树、大叶桉；铺地黎、芒草	木麻黄、南洋杉、柽柳、红树、椰子树、棕榈；苇状羊茅、苏丹草	球花石楠、干香柏、旱冬瓜、云南松、木荷、黄连木、清香木、火棘、化香常绿假丁香、苦刺花、降香黄檀；任豆；象草、香根草、五叶地锦①、常春油麻藤①
东南沿海及热带地区	榆绿木、大叶相思、多花木兰、木豆、山楂、澜沧栎；假俭草、百喜草、狗牙根、糖蜜草、爬山虎①、五叶地锦①	青梅、枫杨、水杉、喜树、长叶竹柏、长蕊木兰、长柄双花木	木麻黄、柽柳、椰子树、棕榈、红树类	砂糖椰、紫花泡桐、直干桉、任豆、顶果木、枫香、柚木

① 攀缘植物。

2. 基本配置

(1) 水库库岸防浪林、河川护岸林、河川护滩林等近水部分的植树造林树种，应采用耐水湿乔灌树种，其余可酌情选择水土保持树种、护岸树种、风景林树种或环境保护树种。

(2) 河道加固堤坡、引水渠、排水沟等需要植物防护的内外边坡，一般采用草皮或种草绿化，选用多年生乡土草种；条件允许的地区在背水面也可灌草混交。护堤地绿化树种宜选择护路护岸林、农田防护林和环境保护林树种。

(3) 山区、丘陵区的土（块石、砂砾石）料场和弃渣（土）场绿化应结合水土流失防治、水资源保护和周边景观要求，因地制宜配置水土保持林树种（或草种）、水源涵养林树种或风景林树种。

(4) 平原取土场、采石场和弃渣（土）场绿化，应结合平原绿化，选择农田防护林树种、护路护岸林树种和环境保护树种。

(5) 草原牧区工程，选择防风固沙林树种和草牧场防护林树种。

(6) 穿越城郊和城区的工程项目，宜结合或配合城市绿化工程规划，以当地园林绿化树种为主。

具体树种配置可参照表 3.11-4 和《生态公益林建设技术规程》（GB/T 18337.3—2001）表 A1～表 C1，涉及：主要水土保持植树造林树种、主要水土保持灌草种、水源涵养林主要适宜树种、防风固沙林主要适宜树种、农田防护林主要适宜树种、草牧场防护林主要适宜树种、护路护岸林主要适宜树种、风景林主要适宜树种和环境保护林主要适宜树种。

3.11.3 一般林草工程设计

3.11.3.1 适用范围

一般林草工程，主要适用于主体工程涉及的枢纽、闸（泵）站、坝、堤、岸、渠、路、沟、滩等管理范围、施工生产生活区、厂区、管理区、弃土（石、渣）场、土（块石、砂砾石）料场及各类开挖填筑扰动面、裸露地、闲置地等5°以下的平缓区域和各类5°～45°边坡的绿化美化、植被恢复和植物防护。

3.11.3.2 设计要点

1. 整地设计

(1) 平缓地整地。水利水电工程所涉及平缓土地的林草措施整地工程，可采用全面整地和局部整地。

1) 全面整地。

a. 平坦植树造林地的全面整地应杜绝集中连片，面积过大。

b. 经土地整治及覆土处理的工程扰动平缓地，宜采取全面整地。平缓土地的园林式绿化美化植树造林设计，也宜采用全面整地。

c. 北方草原、草地可实行雨季前全面翻耕、雨季复耕、当年秋季或翌春耙平的休闲整地方法；南方热带草原的平台地可实行秋末冬初翻耕、翌春植树造林的提前整地方法；滩涂、盐碱地可在栽植绿肥植物改良土壤或利用灌溉淋洗盐碱的基础上深翻整地。

2) 局部整地。局部整地包括带状整地和块状整地。

a. 带状整地：带状整地可采用机械化整地。平缓土地进行带状整地时，带的方向一般为南北向；在风害严重的地区，带的走向应与主风方向垂直；有一定坡度时，宜沿等高走向。

表 3.11－4　水利水电工程常用水土保持树草种特性表

植物名称	科名	植物性状	主要分布区	适宜生境	一般高（m）	根系分布	生长速度	萌生能力	主要繁殖方法	适宜栽种区域
大叶相思 *Acacia auriculiformis* A. Cunn. ex Benth	含羞草科	常绿乔木	广东、广西、福建、海南	阳性、耐酸、耐瘠薄、耐干旱	10～15	浅根	快	强	播种	取土场、弃渣场、迹地、边坡
合欢 *Albizia julibrissin* Durazz.	豆科	落叶乔木	华北、华东、华南、西南	喜光、喜肥、喜排水良好土壤，耐旱瘠、耐沙质土及干燥气候	4～15	浅根	快	中	播种	堆土场
桂木 *Artocarpus nitidus* Trec. subsp. *lingnanensis*（Merr.）Jarr.	桑科	常绿乔木	广东、广西	喜光、喜肥，适应性强	15	根系发达	中	强	播种、扦插	堆土场
南洋杉 *Araucaria cunninghamii* Sweet	南洋杉科	常绿乔木	广东、福建、厦门、海南等	喜光、怕霜冻、不耐寒、忌干旱、抗污染、抗风、抗海潮；适生于土层深厚、疏松肥沃的土壤	40～60	根系发达	中	强	种子或扦插	滨海地区、迹地
木麻黄 *Casuarina equisetifolia* Forst.	大麻黄科	常绿乔木	南方沿海及海南岛	阳性、耐干旱、耐盐碱贫瘠土壤	10～20	深根，根系发达	快	中	播种、扦插	取土场、弃渣场、堤岸、山坡、路坡
山乌桕 *Sapium discolor*（Champ. ex Benth.）Muell. Arg.	大戟科	落叶小乔木或灌木	江西、浙江、福建、广东、广西、云南等	喜深厚湿润土壤、适应性强，耐寒、耐旱、耐贫瘠	6～12	根系发达	快	强	种子	堆土场、取土场、迹地、边坡
台湾相思 *Acacia confusa* Merr.	豆科	常绿乔木	福建、广东、广西、海南	喜暖热气候，耐低温，喜光，耐半阴，耐旱瘠土壤，耐短期水淹，喜酸性土	16	深根，根系发达	快	强	播种	边坡、弃渣（土）场、迹地
芒果 *Mangifera indica* Linn.	漆树科	常绿大乔木	华南地区	喜高温、干湿季明显且光照充足的环境，对土壤适应性较强	10～27	根系发达	快	强	种子、实生苗	管理区绿化、道路绿化
山楂 *Crataegus pinnatifida* Bge.	蔷薇科	落叶小乔木	东北、华北	喜光、耐寒、耐旱，能生长于沙土或石坡上	6	深根	中	强	种子、分根、嫁接、扦插	弃渣场、采石场、挖填边坡

续表

植物名称	科名	植物性状	主要分布区	适宜生境	一般高（m）	根系分布	生长速度	萌生能力	主要繁殖方法	适宜栽种区域
板栗 *Castanea mollissima* Bl.	壳斗科	落叶乔木或灌木	各地，以华北及长江流域为集中	喜光、耐干旱、宜微酸土壤，不耐严寒，喜土层深厚、排水良好的沙质或砾质土	15～20	深根，根系发达	较快	强	播种、嫁接	堆土场
臭椿 *Ailanthus altissima*（Mill.）Swingle	苦木科	落叶乔木	东北、华北、华南、西北	喜光、不耐水湿、耐干旱、耐瘠薄、耐盐碱、酸碱度适应广	30	深根，主、侧根发达	快	强	播种、分根	取土场、迹地、弃渣场
楸树 *Catalpa bungei* C. A. Mey	紫葳科	落叶乔木	黄河及长江流域	喜光、喜温暖、喜深厚湿润肥沃土壤，对 SO_2、Cl_2 等有抗性	30	深根、须根少	中	强	播种、分蘖、埋根扦插	农田、道路、沟坎、河道等的防护，管理区绿化等
女贞 *Ligustrum lucidum* Ait.	木樨科	常绿灌木或小乔木	长江流域及以南、华北、西北	耐旱、怕涝	7～10	深根，须根发达	快	强	播种	管理区
五角枫 *Acer mono* Maxim	槭树科	落叶乔木	东北、华中、华北、长江流域	稍耐阴，对土壤酸碱度要求不严	12	深根	中	中	播种	道路两侧
梓树 *Catalpa ovata* G. Don	紫葳科	落叶乔木	长江流域及以北地区	喜光，稍耐阴，耐寒，适生于温带地区。喜深厚肥沃湿润土壤，不耐干旱和瘠薄，能耐轻盐碱土。抗污染性较强	15	深根，主根明显、侧根发达	较快	强	种子	迹地、道路防护
梧桐 *Firmiana platanifolia*（Linn. f.）Marsili	梧桐科	落叶乔木	南北各省	阳性、喜钙，极不耐湿，耐严寒，耐干旱及瘠薄，在砂质土壤上生长较好	15～20	深根	快	强	播种、扦插、分根	位于山地丘陵的取土场或堆土场
白蜡 *Fraxinus chinensis* Roxb.	木樨科	落叶乔木	华东、华南、华北、西南	喜光、喜温暖湿润气候，喜深厚肥沃排水良好土壤，对 SO_2、Cl_2、HF 等有抗性	15	深根	快	强	播种、扦插	位于平原的工程区
皂荚 *Gleditsia sinensis* Lam.	豆科	落叶乔木	东北、华北、华东、华南、西南	喜光、耐旱、耐寒、适土层深厚土壤	15	深根	中	强	播种	堆土场、取土场

续表

植物名称	科名	植物性状	主要分布区	适宜生境	一般高（m）	根系分布	生长速度	萌生能力	主要繁殖方法	适宜栽种区域
杜松 *Juniperus rigida* Sieb et Zucc	柏科	小乔木或灌木	东北、华北、西北	阳性树、耐寒、耐干旱瘠薄、对土壤适应性强	10～15	深根，主根长、侧根发达	中	弱	播种、扦插	道路边坡、管理区
湿地松 *Pinus elliottii* Engelm	松科	常绿乔木	淮河以南	阳性树、较耐寒、耐旱、耐盐、耐碱、抗风力强	20～30	深根	较快		播种	迹地、取土场、弃渣场
侧柏 *Platycladus orientalis*（Linn.）Franco	柏科	常绿乔木	各地	喜生于温暖、静风环境，耐旱、耐瘠，对土壤酸碱适应性广	20	浅根，侧根发达	较慢	强	播种	道路边坡、管理区
悬铃木 *Platanus orientalis* Linn.	悬铃木科	落叶乔木	广泛栽培	阳性树，适生于微酸性或中性、排水良好的土壤，较耐寒，耐旱，适应性较强	30	根系分布较浅	快	强	播种、扦插	堆土场
青杨 *Populus cathayana* Rehd.	杨柳科	落叶乔木	东北、华北、西北、西南	喜温凉湿润环境，较耐寒，对土壤要求不严，但不耐淹	30	深根	快	强	扦插、播种	取土场、堆土场、弃渣场
毛白杨 *Populus tomentosa* Carr.	杨柳科	落叶乔木	黄河、长江流域	宜凉爽湿润气候，喜光，较耐盐碱和干旱	30	深根	快	强	埋条留根、压条分蘖	取土场、堆土场、弃渣场
油松 *Pinus tabulaeformis* Carr.	松科	常绿乔木	黄河流域、华北、东北	喜光、耐寒、耐旱、耐瘠薄，不耐高温、水涝和盐碱	20～30	深根，主、侧根发达	中	—	播种	采石场、迹地、挖填边坡
樟子松 *Pinus sylvestris* Linn. var. *mongolica* Litv.	松科	常绿乔木	东北、华北部分地区	喜光、耐寒、耐旱、耐瘠薄	26～30	深根	中	—	播种	采石场、迹地、挖填边坡
扁桃 *Amygdalus communis* Linn.	漆树科	常绿乔木	云南、贵州、广东、广西、台湾	成年树喜光、温热和湿润环境	25～30	深根	中	中	播种、接木	道路两侧、取土场
桑树 *Morus alba* Linn.	桑科	落叶乔木	华南、华东、华北、西南、西北、东北	喜光、温暖、湿润气候、宜湿润土，耐寒、抗风、耐烟尘、抗有毒气体	10～15	深根	快	强	扦插	管理区、道路两侧

续表

植物名称	科名	植物性状	主要分布区	适宜生境	一般高（m）	根系分布	生长速度	萌生能力	主要繁殖方法	适宜栽种区域
刺槐 *Robinia pseudoacacia* Linn.	蝶形花科	落叶乔木	东北、西北、华北、华东	喜光，宜深厚肥沃沙质土，抗有毒气体	20	浅根，侧根发达	快	强	播种、扦插	取土场、堆土场、管理区
旱柳 *Salix matsudana* Koidz.	杨柳科	落叶乔木	华北、东北、西北、长江流域	喜光、耐旱瘠、耐寒、适应性强、抗性强	20	深根，根系发达	快	强	扦插、播种	道路两侧、管理区
小叶杨 *Populus simonii* Carr.	杨柳科	落叶乔木	东北、华北、西北、华东、华中及西南各地	喜光、耐寒、耐水湿、耐瘠薄、耐旱、适应性强	20	深根	快	强	扦插、压条、播种	道路两侧、管理区
云杉 *Picea asperata* Mast.	松科	常绿乔木	陕西西部、甘肃南部、青海东部等	耐干冷、适生于土层深厚、排水良好的酸性棕色森林土	45	浅根	慢	弱	播种	取土场、堆土场
白皮松 *Pinus bungeana* Zucc. et Endl	松科	常绿乔木	河北、河南、山东、山西、湖北	喜光，适生石灰岩山地和酸性石山上，较耐瘠、耐旱，抗性强	30	深根	慢	弱	播种	采石场、迹地、管理区
白榆 *Ulmus pumila* Linn.	榆科	落叶乔木	东北、华北、西北、华中、华东	喜光、耐寒、耐旱瘠、耐盐碱	25	深根，根系发达	快	强	播种、分蘖、扦插	采石场、迹地、弃渣场
枣树 *Ziziphus jujuba* Mill.	鼠李科	落叶灌木或小乔木	各地	喜光、适应性极强、耐旱、耐涝、耐热、耐寒	10	深根	慢	中	接木、扦插	道路两侧、管理区
苦楝 *Melia azedarach* Linn.	楝科	落叶乔木	黄河以南各省区	喜温暖湿润气候，耐寒、耐碱、耐瘠薄，以土层深厚、疏松肥沃、排水良好、富含腐殖质的砂质壤土栽培为宜	10～20	主根不明显，侧根发达	快	中	播种	公路两旁、管理区、库区
华山松 *Pinus armandi* Franch.	松科	常绿乔木	主产我国中部和西南部高山上，分布于西北、中南及西南各地	阳性，幼苗略喜一定庇荫，喜温和、凉爽、湿润气候，喜排水良好、深厚、湿润、疏松的中性或微酸性壤土	可达35	根系较浅，主根不明显，侧根、须根发达	中	中	播种	公路两旁、管理区

续表

植物名称	科名	植物性状	主要分布区	适宜生境	一般高（m）	根系分布	生长速度	萌生能力	主要繁殖方法	适宜栽种区域
垂柳 *Salix babylonica* Linn. f. *babylonica*	杨柳科	落叶乔木	华北、东北、长江流域及其以南各省区平原地区	喜光，喜温暖、湿润气候及潮湿深厚酸性及中性土壤；较耐寒，特耐水湿	3～10	深根	快	强	扦插或种子	公路两旁、管理区、堤岸
元宝枫 *Acer truncatum* Bunge	槭树科	落叶乔木	辽宁南部、河北、山西、山东、河南、陕西、安徽北部	稍耐阴，喜生于阴坡及山谷，喜温凉气候及肥沃湿润排水良好土壤，稍耐旱，不耐涝，耐烟尘及有毒气体	8～10	深根	快	强	播种	公路两旁、管理区
香椿 *Toona sinensis* (A. Juss.) Roem.	楝科	落叶乔木	我国中部和南部，尤以山东、河南、河北最多	喜光、喜温暖湿润气候，不耐严寒，耐旱性差，较耐水湿	可达 25	深根	中等偏快	强	播种、根蘖	公路两旁、管理区
银杏 *Ginkgo biloba* Linn.	银杏科	落叶乔木	主要分布在山东、江苏、四川、河北、湖北、河南等地	喜光，喜温暖气候，耐低温，耐干旱	可达 40	深根	慢	强	播种、萌蘖、扦插	公路两旁、管理区
槐树 *Sophora japonica* Linn.	豆科	落叶乔木	北自东北南部，西北至陕甘，西南至川滇，南至粤桂	适应较干冷气候，喜光，较耐瘠薄，喜温暖湿润肥沃、排水良好的沙壤土，对 SO_2、Cl_2、HCl 等抗性强	15～25	深根	快	强	播种、扦插	公路两旁、管理区
苹果树 *Malus pumila* Mill.	蔷薇科	落叶乔木	华北和东北、华东、西北、西南等部分地区的平地、丘陵、低山、阳坡	喜光，喜干燥冷凉气候，喜生于深厚肥沃、排水良好的石灰性沙土壤	3～5	深根	中	中	嫁接、播种	管理区、库区
核桃树 *Juglans regia* Linn.	胡桃科	落叶乔木	华北、华南、西北、华中、西南及东北部分地区	喜光，较耐寒，耐干旱，喜生于石灰性、中性肥厚湿润土壤	25	深根，主根发达	快	中	嫁接、播种	管理区、库区

续表

植物名称	科名	植物性状	主要分布区	适宜生境	一般高（m）	根系分布	生长速度	萌生能力	主要繁殖方法	适宜栽种区域
柿子树 *Diospyros kaki* Thunb	柿科	落叶乔木	北自长城、南至长江流域各地	喜光，喜温暖，较耐旱，耐水湿，喜生于深厚肥沃土壤，抗 HF 强	10～14	深根，主根发达	较慢	中	嫁接、播种	管理区、库区
杜梨 *Pyrus betulaefolia* Bge.	蔷薇科	落叶乔木	东北南部至长江流域	喜光，耐寒，耐旱，耐涝，耐瘠薄	3～10	深根	慢	中	播种、压条	管理区、库区
泡桐 *Paulownia fortunei*（seem.）Hemsl.	玄参科	落叶乔木	多黄河流域、华北平原	喜光，耐寒性差，稍耐旱，怕积水，稍耐盐碱，喜生于石灰性深厚肥沃沙土壤	15～20	深根，侧根发达	强	强	插根、播种、留根	公路两旁、管理区
栾树 *Koelreuteria paniculata* Laxm.	无患子科	落叶乔木	黄河流域及长江流域下游	喜光，稍耐半荫，耐寒、耐干旱瘠薄，耐盐碱；根强健，萌蘖力强	15	根系发达	中	强	播种、分蘖或根插	公路两旁、管理区、堤岸
玉兰 *Magnolia denudata* Desr.	木兰科	落叶乔木	原产我国中部各山区，自秦岭到五岭均有分布	阳性树，稍耐荫，稍耐寒，喜肥沃，宜湿润、中性、微酸性土，有较强的耐寒能力	2～5	深根	中	中	播种、扦插、压条及嫁接	管理区
山杏 *Armeniaca sibirica*（Linn.）Lam.	蔷薇科	落叶乔木	北方各省2500m以下的山地、黄土丘陵阴、阳坡均可	喜光，抗风，极耐寒，耐旱，耐瘠薄，不择土壤，但在深厚的沙质土壤上生长最好	可达 8	深根，主侧根发达	较快	中	播种	管理区、库区
桂花 *Osmanthus fragrans*（Thunb.）Lour.	木犀科	常绿乔木	各地	喜光，但在幼苗期要求有一定的庇荫，喜温暖和通风良好的环境，耐高温，不耐寒	3～15	深根	中	中	播种、压条、嫁接和扦插	管理区、库区
马尾松 *Pinus massoniana* Lamb.	松科	常绿针叶乔木	分布极广，北自河南及山东南部，南至两广、台湾，东自沿海，西至四川中部及贵州	喜光，喜温暖湿润气候，耐干旱贫瘠土壤，不耐盐碱	可达 45	根系发达，主根明显，有根瘤	快	强	播种	弃渣场

续表

植物名称	科名	植物性状	主要分布区	适宜生境	一般高（m）	根系分布	生长速度	萌生能力	主要繁殖方法	适宜栽种区域
雪松 *Cedrus deodara*（Roxburgh）G. Don	松科	常绿针叶乔木	华北至长江流域	喜光，幼年稍耐阴，喜温暖，不耐严寒，喜深厚肥沃土壤，耐干旱，不耐积水，对 SO_2 抗性弱	可达50	浅根性	中	中	播种、扦插	管理区
圆柏 *Sabina chinensis*（Linn.）Ant.	柏科	常绿乔木	北自内蒙古及沈阳以南，南达两广北部，西南至川西、滇、黔，西北至陕甘南部	喜光，较耐阴，喜凉爽温暖气候，忌积水，耐修剪，耐寒、耐热，耐旱，对土壤要求不严	可达30	深根，侧根也发达	中	中	播种、扦插、压条	管理区、库区
桃树 *Amygdalus persical*	蔷薇科	落叶乔木	广泛栽培	喜光，喜温暖气候，耐低温，喜生于排水良好的沙质土壤，不适黏土	3～8	浅根，但须根多且发达	快	强	播种、嫁接	管理区、库区
杏树 *Armeniaca vulgaris* Lam.	蔷薇科	落叶乔木	各地，以华北、西北和华东较多	喜光，耐低温，耐高温，抗寒，对土壤适应性强，耐干旱，不耐水涝	5～8	深根，根系发达	快	强	播种、嫁接	管理区、库区
梨树 *Pyrus spp*	蔷薇科	落叶乔木	河北、山西、山东、河南、陕西、甘肃、青海等	喜光，对土壤要求不严	5～8	根系发达，垂直根深可达2～3m以上，水平根分布较广			嫁接	管理区、库区
杜仲 *Eucommia ulmoides* Oliv.	杜仲科	落叶乔木	长江中游及南部各省，河南伏牛山区、陕甘等	喜光，喜温暖湿润气候，耐寒，较耐旱，适土层深厚疏松、肥沃、排水良好的酸性土或微碱性土	可达20	深根，老根再生能力差	快	强	播种、分根	管理区、库区
石榴 *Punica granatum* Linn.	石榴科	落叶小乔木或灌木	华东、华中、华南、西北、西南，河南及陕西种植面积较大	喜光，喜温暖，稍耐寒，耐旱瘠，以排水良好湿润的沙壤土或壤土为宜	2～7	根际易生根蘖	中	强	压条、分株、扦插	管理区、库区

续表

植物名称	科名	植物性状	主要分布区	适宜生境	一般高（m）	根系分布	生长速度	萌生能力	主要繁殖方法	适宜栽种区域
油茶 *Camellia oleifera* Abel.	茶科	常绿小乔木或灌木	长江流域及以南各省，河南南部商城、新县、信阳，陕西紫阳、勉县、南郑为分布北缘	喜光，怕寒冷，幼年稍耐阴，土壤以深厚湿润排水良好的酸性沙壤土为宜	2～6	根系发达	快	强	种子、扦插、嫁接	弃渣场
大叶黄杨 *Buxus megistophylla* Lévl	卫矛科	常绿灌木或小乔木	我国中部及北部各省，栽培甚普遍	喜光，较耐荫，喜温暖湿润气候，较耐寒，要求肥沃疏松的土壤，极耐修剪整形	可达8		快	强	扦插、播种、嫁接	管理区、库区
华北珍珠梅 *Sorbaria kirilowii*（Regel）Maxim.	蔷薇科	落叶灌木	河北、河南、山东、山西、甘肃、青海、内蒙古	中性树种，喜温暖湿润气候，喜光，稍耐荫，抗寒能力强，对土壤的要求不严，较耐干燥瘠薄，喜湿润肥沃、排水良好之地	3		快	强	分蘖、扦插、播种	管理区、库区
花椒 *Zanthoxylum bungeanum* Maxim.	芸香科	落叶灌木或小乔木	海拔2000m以下的平地、山麓、低山、丘陵、阳坡，台湾、海南及广东不产	喜光，耐旱，耐寒，耐瘠薄，耐沙埋，除重盐碱土外，其他土壤均能生长	3～7	根系发达，有根瘤	快	强	植苗、播种	管理区、库区
夹竹桃 *Nerium indicum* Mill.	夹竹桃科	常绿灌木	各省区均有栽植，广植于亚热带及热带地区	喜光，喜温暖湿润气候，不耐寒、耐污染，对土壤要求不高	5	深根	快	强	扦插、分株、压条	管理区、道路绿化
千头柏 *Platycladus orientalis*（Linn.）Franco cv. Sieboldii Dallimore and Jackson	柏科	常绿灌木	华北、西北至华南	喜光，喜温暖、湿润环境，耐严寒，耐干燥和瘠薄，对土壤适应性强，但需排水良好，不耐水湿	3～5	浅根，侧根发达	较慢	强	播种	管理区、库区

续表

植物名称	科名	植物性状	主要分布区	适宜生境	一般高（m）	根系分布	生长速度	萌生能力	主要繁殖方法	适宜栽种区域
紫叶小檗 *Berberis thunbergii* var. *atroprupurea*	小檗科	落叶灌木	全国各地	耐寒、耐旱，不耐水涝，喜阳，耐半阴，耐修剪，适生于肥沃深厚、排水良好的土壤	2～3		快	强	播种或扦插、分株	边坡、临时道路、施工营造区
福建茶 *Carmona micarophylla*（Lam.）G. Don	紫草科	常绿小灌木	华南地区	喜强光、耐热、耐寒、耐旱、耐贫瘠、不耐阴	1～2		中至快	强	扦插、枝插、根插	管理区绿化
杜鹃 *Rhododendron simsii* Planch.	杜鹃花科	常绿或落叶小灌木	长江流域以南	耐干旱、耐贫瘠、不耐暴晒，喜凉爽湿润气候，喜酸性土壤	2	浅根	快	强	扦插、播种、嫁接、压条及分株均可	边坡、施工营造区、取土场
大红花 *Hibiscus rosa－sinensis* Linn.	锦葵科	常绿灌木	南方各省	喜光，喜暖热湿润气候，不耐寒	1～3		快	强	扦插、播种	道路两侧、管理区、临时道路、施工营造区
野牡丹 *Melastoma candidum* D. Don	野牡丹科	常绿灌木	浙江、广东、广西、福建、四川、贵州等	喜温暖湿润气候、喜光照，适生于酸性土壤	0.5～1.5		快	中	播种或扦插	边坡、公路边坡、取土场、山区临时道路
桃金娘 *Rhodomyrtus tomentosa*（Ait.）Hassk.	桃金娘科	常绿小灌木	我国南方热带、亚热带地区	喜阳光充足及温暖湿润气候，耐旱、耐贫瘠、耐酸性土壤	1～2		快	中	播种或扦插	边坡、取土场、山区临时道路
假连翘 *Duranta repens* Linn.	马鞭草科	常绿灌木	华南地区	喜温暖湿润气候，抗寒力较低，喜肥，耐水湿，不耐干旱	1.5～3	根系发达	快	强	播种、扦插	边坡、道路两侧、管理区
丁香 *Syzygium aromaticum*	桃金娘科	落叶灌木或小乔木	东北至西南均有分布	喜阳光充足，也耐半荫，适应性较强，耐寒、耐旱、耐瘠薄	2～8	浅	中	强	播种、分株	边坡、施工营造区、取土场、管理区
连翘 *Forsythia suspensa*（Thunb.）Vahl f. *suspensa*	木犀科	落叶灌木	河北、山西、山东、河南、陕西、安徽、湖北和四川等	喜光，耐荫，耐寒；耐干旱，怕涝；不择土壤	2～4	浅	快	强	扦插、播种、分株	施工营造区、取土场、管理区

续表

植物名称	科名	植物性状	主要分布区	适宜生境	一般高（m）	根系分布	生长速度	萌生能力	主要繁殖方法	适宜栽种区域
杠柳 *Periploca sepium* Bunge	萝藦科	缠绕灌木	西北、东北、华北地区及河南、四川、江苏等省区	喜光，耐旱、耐寒、耐盐碱，有广泛的适应性，固沙、水土保持树种	0.4～1	浅	中	强	根蘖性强，常分株繁殖	边坡、山丘临时道路、施工营造区、取土场
梭梭 *Haloxylon ammodendron* (C. A. Mey.) Bunge	藜科	落叶灌木或小乔木	西北沙漠地区	喜光，沙生，不耐荫，耐旱	1～7	深根，根系发达	较快	中	植苗、播种	边坡、弃渣（土）场、迹地
花棒 *Hedysarum scoparium* Fisch. et May.	豆科	落叶灌木	西北沙漠地区	沙生、喜光、耐旱、耐贫瘠、抗风蚀	0.9～2	主、侧根系均发达	中	中	播种	边坡、弃渣（土）场、迹地
狼牙刺 *Sophora davidii* (Franch.) Skeels	豆科	落叶灌木	西北、华北、华中、西南	喜光，耐寒耐旱，耐瘠薄	可达2.5	根系发达	快	强	植苗、播种、分根	边坡、弃渣（土）场
月季 *Rosa chinensis* Jacq.	蔷薇科	常绿或落叶灌木	全国各地	喜光，耐寒，耐旱	0.4～2	浅	快	强	扦插、分株、压条	管理区
葡萄树 *Vitis vinifera* Linn.	葡萄科	落叶藤本	华北、西北、东北地区	喜光，耐旱，耐瘠薄	10～20	深	中	强	扦插	管理区、库区
黄刺玫 *Rosa xanthina* Lindl.	蔷薇科	落叶灌木	东北、华北至西北地区	喜光，稍耐荫，耐寒，耐干旱和瘠薄，稍耐盐碱，不耐水涝	2～3	浅	快	强	分株、扦插、	边坡、弃渣场、迹地
虎榛子 *Ostryopsis davidiana* Decne	桦木科	落叶灌木	华北、西北及华东、华中部分地区的土石山区	耐寒，较耐旱，耐瘠薄，对土壤要求不严	1～3	根系发达	快	强	植苗、播种、分根	边坡、弃渣场、迹地
玫瑰 *Rosa rugosa* Thunb.	蔷薇科	落叶灌木	华北、西北和西南	喜阳光，耐旱，耐涝，耐寒冷，适宜生长在较肥沃的沙质土壤中	2		快	强	播种、分株、扦插	管理区
三裂绣线菊 *Spiraea trilobata* Linn.	蔷薇科	落叶灌木	黑龙江、辽宁、内蒙古、河北、山西、山东、河南、陕西、甘肃、安徽等	喜光，耐寒，喜肥沃土壤，耐旱，耐修剪	1～2		快	强	播种、分株、扦插	管理区、库区

续表

植物名称	科名	植物性状	主要分布区	适宜生境	一般高（m）	根系分布	生长速度	萌生能力	主要繁殖方法	适宜栽种区域
铁杆蒿 *Artemisia sacrorum* Ledeb.	菊科	多年生草本或半灌木	除高寒地区外，几乎遍布全国	耐旱，具有一定耐寒性	0.3～1	根系发达	快	强	播种	迹地、弃渣场、取土场
榛子 *Corylus heterophylla* Fisch. ex Trautv.	桦木科	落叶灌木或小乔木	东北、华北及西北、西南部分地区的土石山区	喜光，耐寒，较耐旱，耐瘠薄	1～7	根系发达	快	强	播种、压条、分根	边坡、山丘临时道路、施工营造区
紫穗槐 *Amorpha fruticosa* Linn.	豆科	落叶灌木	东北、华北、西北、华东	耐旱、耐碱、耐瘠薄，适应性强	1～4	深根	快	强	播种、扦插及分株	采石场、迹地、弃渣场
华北卫矛 *Euonymus maackii* Rupr	卫矛科	落叶灌木或小乔木	我国北部、中部及东部	喜光，耐寒、耐旱、稍耐阴，也耐水湿	可达6	深根	慢	强	播种、扦插	河堤、库区
枸骨 *Ilex cornuta* Lindl. et Paxt.	冬青科	常绿灌木或小乔木	长江中、下游	喜光，适宜湿润沃土和温暖气候	3～4		慢	强	播种、扦插	管理区、道路两侧
柽柳 *Tamarix chinensis* Lour.	柽柳科	落叶小乔木或灌木	华北、西北、东北和华中部分地区，沙地、黄土丘陵及盐碱地	喜光，适应性强，极耐寒，耐旱，耐瘠薄，耐盐碱，耐水湿	可达8	深根	快	强	植苗、插条	迹地、弃渣场、取土场
枸杞 *Lycium chinense* Miller	茄科	落叶灌木	西北、华北、华东、华南、西南及东北部分地区	适应性强，喜光，耐寒，耐旱，耐瘠薄，在盐碱沙荒地上也能生长	0.5～1	主根发达，侧根少	快	强	植苗、播种、分根、压条	取土场、采石场
黄杨 *Buxus sinica* (Rehs. et Wils) M. Cheng	黄杨科	常绿灌木或小乔木	东北、西北、华中、西南	耐阴，喜光，喜湿润，耐旱，耐热，耐寒	1～7		慢	强	播种、扦插	管理区、山地丘陵区的挖填边坡
沙枣 *Elaeagnus angustifolia* Linn.	胡颓子科	落叶小乔木或灌木	东北、华北、西北	抗旱，抗风沙，耐盐碱，耐贫瘠	3～15	浅根，侧根发达，根幅很大	快	强	播种、扦插	道路两侧
胡颓子 *Elaeagnus pungens* Thunb.	胡颓子科	大型常绿有刺灌木	华北、华中、华东、华南	喜光，喜温暖湿润环境，耐干旱贫瘠，不耐水涝	3		中	中	播种、扦插	边坡、临时道路

续表

植物名称	科名	植物性状	主要分布区	适宜生境	一般高(m)	根系分布	生长速度	萌生能力	主要繁殖方法	适宜栽种区域
红果仔 *Eugenia uniflora* Linn.	桃金娘科	常绿灌木或小乔木	广东、广西	喜光、宜温暖湿润环境	可达5	侧根发达	中	中	播种	边坡、取土场、堆土场
沙棘 *Hippophae rhamnoides* Linn.	胡颓子科	落叶小乔（灌）木	华北、西北及西南等地	耐瘠薄及水湿、耐盐碱、适宜于旱石质山地、黄土丘陵及沙地生长	2～10	根系发达	快	强	播种、根蘖、扦插	采石场、取土场、弃渣场
荆条 *Vitex negundo* Linn. var. *heterophylla*（Franch.）Rehd.	马鞭草科	落叶灌木	东北、华北、西北、华中、西南等省区	向阳干旱山坡、沟地、石砾地、沙荒地	0.6～2	根系发达	中	强	播种、分根	边坡、采石场、弃渣场
苦参 *Sophora flavescens* Ait.	豆科	落叶小灌木或半灌木	华北、西北、华中、西南地区，海拔300～1500m的丘陵、低山	适应性强，耐寒，耐旱，耐瘠薄，耐盐碱，对土壤要求不严	1～3	主根发达，侧根不明显	中	中	播种	弃渣场、取土场
柠条 *Caragana intermedia* Kuang et H. C. Fu	豆科	落叶灌木	西北黄土高原	喜光，耐旱、耐寒、耐瘠薄，对土壤要求不严	1～2	深根	快	强	播种	弃渣场、取土场
小叶锦鸡儿 *Caragana microphylla Lam.*	豆科	落叶灌木	东北、华北、山东、陕西和甘肃	喜光，抗寒，耐瘠薄，耐旱，忌涝	0.4～1	深	快	强	播种、扦插	边坡、道路、施工营造区
锦鸡儿 *Caragana sinica*（Buchoz）Rehd	豆科	落叶灌木	辽宁、河北、山西、河南、陕西、甘肃、江苏、浙江、四川等	喜光，常生于山坡向阳处，耐瘠薄，耐旱，忌涝	1～2	根系发达，有根瘤	快	强	播种	边坡、施工营造区
马桑 *Coriaria nepalensis Wall.*	马桑科	落叶有毒灌木或小乔木	西南、华中及西北部分地区海拔2000m以下的丘陵山地	喜光，稍耐寒，耐旱，耐瘠薄，稍耐盐碱，喜生于石灰性土壤	4～6	根系发达	快	强	插条、埋条、植苗、播种	边坡、山丘临时道路、施工营造区
文冠果 *Xanthoceras sorbifolia Bunge*	无患子科	落叶灌木或小乔木	东北、华北及陕西、甘肃、宁夏、安徽、河南等地	喜光，较耐寒，耐旱，耐瘠薄	1～8	深根	快	强	植苗、直播压条、播种	边坡、弃渣（土）场

续表

植物名称	科名	植物性状	主要分布区	适宜生境	一般高（m）	根系分布	生长速度	萌生能力	主要繁殖方法	适宜栽种区域
杞柳 *Salix integra Thunb.*	杨柳科	落叶丛生多年生灌木	东北地区及河北燕山	喜光，很耐寒，较耐旱，耐水湿，稍耐盐碱	1～5	主根少而深，侧根发达	快	强	扦插、播种	管理区、库区、堤岸、边坡
沙柳 *Salix psammophila* C. Wang et Ch. Y	杨柳科	灌木或小乔木	沙地、平地、河边	喜光，稍耐寒，耐旱，耐水湿，较耐盐碱	1～5	根系发达	快	强	扦插、播种	库区、堤岸、边坡
胡枝子 *Lespedeza bicolor Turcz.*	豆科	落叶灌木	华北和东北南部、华中、华东以及西北部分地区的土石山区，海拔2000m以下的沟谷、河岸、丘陵、低山、阴坡	极耐寒，耐旱，耐瘠薄，耐轻度盐碱	可达3	根系发达	快	强	播种和插条	边坡、弃渣（土）场、迹地、取土场
白刺花 *Sophora davidii (Franch.) Skeels*	豆科	落叶灌木	海拔1700m以下的土石山区和黄土地区	喜光，耐寒，耐旱，耐瘠薄	1～2	根系发达	快	强	植苗	边坡、弃渣（土）场、迹地、取土场
猪屎豆 *Crotalaria pallida* Ait.	豆科	多年生草本或直立矮小灌木	福建、台湾、广东、广西、四川、云南、山东、浙江、湖南等省区海拔100～1000m的荒山草地及沙质土壤之中	花期长，耐旱、耐瘠，抗逆性强，生长迅速，可涵养水土、提高地力	0.6～1	根系发达	快	强	种子	堤岸与道路边坡、河床地区
葛藤 *Pueraria lobata* (Willdenow) Ohwi	豆科	多年生草质藤本	秦岭、淮河以南，黄河流域及东北南部的荒谷、河岸、斜坡	喜温湿，对土壤要求不严，较喜偏酸性土壤	茎可达10～30	深根	快	强	植苗、播种、插条、压条	采石场、取土场、弃渣场
铺地柏 *Sabina procumbens* (Endl.) Iwata et Kusaka	柏科	常绿匍匐灌木	黄河流域至长江流域广泛栽培	喜光，稍耐荫，适生于滨海湿润气候，对土质要求不严，耐寒，不耐水湿	0.75		快	强	扦插	弃渣场、取土场

续表

植物名称	科名	植物性状	主要分布区	适宜生境	一般高(m)	根系分布	生长速度	萌生能力	主要繁殖方法	适宜栽种区域
金丝桃 *Hypericum monogynum* Linn.	藤黄科	半常绿小灌木	河北、山东、河南、陕西及南方地区	喜光，稍耐荫，喜生于湿润沙壤土	0.5～1	根呈圆柱形	快	强	播种、扦插、分株	取土场、弃渣场
毛竹 *Phyllostachys heterocycla* (Carr.) Mitf. (P. pubescens Mazel)	禾本科	多年生常绿乔木状竹类植物	秦岭、淮河以南	耐酸，喜光，不耐寒，喜湿润肥沃土壤	可达25	根系集中稠密，须根发达	快	强	移竹、移鞭、移笋、播种	取土场、弃渣场
爬山虎 *Parthenocissus tricuspidata* (S. et Z.) Planch.	葡萄科	多年生落叶木质藤本	辽宁、华北、华东、中南等地	喜阴，耐寒，对土壤和气候适应性强	茎可达18		快	强	扦插、压条、播种	采石场、取土场、弃渣场
水栒子 *Cotoneaster multiflorus* Bge.	蔷薇科	落叶灌木	东北、华北、西北和西南	喜光，耐寒，耐阴，对土壤要求不严，其抗逆性很强，极耐干旱和瘠薄，耐修剪	2～4m		快	强	播种、扦插或嫁接	取土场、弃渣场
东方乌毛蕨 *Blechnum orientale* L.	乌毛蕨科	多年生草本	江西、浙江、四川、贵州、广西、广东、湖南、海南、福建、台湾等	耐阴，喜酸性土壤	1～2	浅根	快	强	分根	山丘临时道路、较阴湿地区
大花美人蕉 *Canna generalis* Bailey	美人蕉科	多年生草本	东南沿海	喜高温炎热，好阳光充足，不耐寒，喜肥	0.6～1.5	浅根	快	强	分根	公路边坡、管理区绿化
南美蟛蜞菊 *Wedelia trilobata*	菊科	多年生常绿草本	东南沿海	喜温暖湿润环境，耐阴、耐旱	0.1～0.2	浅根	快	强	种子、分株或扦插	边坡、堤岸、桥底绿化
铁芒萁 *Dicranopteris linearis* (Burm.) Underw.	里白科	多年生草本	热带及亚热带地区	喜阳光充足，耐阴，喜湿润酸性土壤	0.4～1.2	浅根	快	强	分株、孢子	道路边坡、迹地
大叶油草 *Axonopus affonis*	禾本科	多年生草本	广东、福建、台湾	喜光，耐阴，不耐干旱，再生力强，亦耐践踏，宜在潮湿的砂土生长	0.15～0.35	浅根	快	强	根蘖	道路边坡、河堤、施工营造区

续表

植物名称	科名	植物性状	主要分布区	适宜生境	一般高（m）	根系分布	生长速度	萌生能力	主要繁殖方法	适宜栽种区域
糖蜜草 *Melinis minutiflora* Beauv.	禾本科	多年生草本	海南、广东、广西、福建等	耐旱，为瘠薄砂壤、酸性土壤上的先锋草种，不耐霜冻和水渍	1	浅根，根系发达	快	强	种子或扦插	管理区、采石场、弃渣场等水土流失严重地区
五节芒 *Miscanthus floridulus*（Lab.）Warb. ex Schum et Laut.	禾本科	多年生草本	华东、华中、华南、西南	喜温暖湿润气候，耐荫，耐酸性土壤	1～4	深根，根系发达	快	强	分株	边坡、迹地
铺地黍 *Panicum repens* Linn.	禾本科	多年生草本	华南、华东、台湾	适应性强、耐旱、耐湿、耐践踏	0.3～1	浅根，根系发达	快	强	种子或根茎	水库、河堤等潮湿地带的边坡
百喜草 *Paspalum notatum* Flugge	禾本科	多年生草本	台湾、广东、江西等	适于温暖湿润气候，不耐寒、耐荫、耐旱、耐盐	0.8	浅根，根系发达	快	强	播种、扦插及分株	边坡、临时道路、施工营造区
红毛草 *Rhynchelytrum repens*（Willd.）Hubb.	禾本科	多年生草本	台湾、福建、香港、广东、海南	耐旱、适应性强	0.4～1	浅根	快	强	种子	边坡、迹地
香根草 *Vetiveria zizanioides*（Linn.）Nash	禾本科	多年生草本	热带及亚热带地区	耐旱、耐涝、耐贫瘠，再生能力强，在强酸或强碱的土壤中均能生长，抗污染	1～2	深根，根系发达	快	强	分株或分蘖	陡坡、堤岸、迹地、弃渣场
竹节草 *Chrysopogon aciculatus*（Retz.）Trin.	禾本草	多年生草本	长江流域以南	抗旱、耐湿，具有一定的耐践踏性；生长于山坡或旷野	0.2～0.5	浅根	快	强	播种、分根	边坡、施工营造区、临时道路
假俭草 *Eremochloa ophiuroides*（Munro）Hack.	禾本科	多年生草本	华东、华南、西南	喜光，耐荫，耐干旱，较耐践踏，湿润草地或旷野均能生长	0.1～0.3	浅根	中	中	分根、播种	临时道路、施工营造区、取土场
玉簪 *Hosta plantaginea*（Lam.）Aschers.	百合科	宿根草本	各地	性强健，耐寒冷，性喜阴湿环境，不耐强烈日光照射，宜湿润沃土	0.3～0.8	浅根	中	中	分株、播种	河堤、取土场、堆土场

续表

植物名称	科名	植物性状	主要分布区	适宜生境	一般高（m）	根系分布	生长速度	萌生能力	主要繁殖方法	适宜栽种区域
松叶牡丹 *Helianthus annuus* Linn.	菊科	1年生草本	各地	喜光、耐旱	1～3	主根入土较深，侧根上长有许多须根	中	强	播种	施工营造区、取土场、堆土场
红三叶 *Trifolium pratense* L.	豆科	多年生草本	淮河流域以南	喜湿润海洋性气候和钙质黏壤土	1	主根入土不深，侧根发达	中	强	播种	取土场、堆土场、弃渣场
凤尾丝兰 *Yucca gloriosa* Linn.	龙舌兰科	多年生木本	长江流域及以南	喜温暖湿润和阳光充足环境，耐寒，耐荫，耐旱也较耐湿	1	浅根	中	中	分株、扦插	道路两侧、管理区
结缕草 *Zoysia japonica* Steud.	禾本科	多年生草本	东北、山东、华中、华东与华南的广大地区	喜空气湿润的海洋性气候，要求疏松肥沃、排水良好、中性至微碱性的砂质壤土，宜光照充足，不耐荫，抗旱、抗寒，耐高温，耐践踏	0.1～0.2	须根较深，具坚韧的地下根状茎，能节节生根	快	强	播种、分根	边坡、河堤、管理区、道路两侧
狗牙根 *Cynodon dactylon*（Linn.）Persl	禾本科	多年生草本	黄河流域以南	喜光、耐干旱，适应性强	0.1～0.3	根系发达，匍匐状	快	强	播种、分根	边坡、河堤、取土场
草芦 *Phalaris arundinacea* Linn.	禾本科	多年生草本	温带地区，华中、华北及江苏、浙江等地	喜温暖湿润气候，常生于多水的湿地，抗寒性较强，在北京可越冬，在南京可越夏	1	根系发达，有根状茎	快	强	播种、分株	取土场、低洼弃渣场
小糠草 *Agrostis alba* L.	禾本科	多年生草本	温带地区，华北、长江流域及西南地区	适应性强，耐寒，亦抗热，喜湿润土壤，也能耐旱，对土壤条件要求不高，以黏壤土及壤土为佳，在较干的沙土上亦能生长，不耐荫，不怕践踏，耐牧性好	0.05～0.15	根茎繁殖蔓延很快，侵占性强	快	强	播种	取土场、弃渣场

续表

植物名称	科名	植物性状	主要分布区	适宜生境	一般高（m）	根系分布	生长速度	萌生能力	主要繁殖方法	适宜栽种区域
草地早熟禾 *Poa pratensis* Linn.	禾本科	多年生草本	黄河流域、东北（黑龙江、吉林、辽宁）和江西、四川等地	喜温暖、湿润的气候，抗寒力极强，亦能耐旱，对土壤的适应性较强，在排水良好、疏松、肥沃的土壤生长特别繁茂，生长绿色期长	0.5～0.75	浅根	快	强	播种	取土场、弃渣场
苇状羊茅 *Festuca arundinacea* Schreb.	禾本科	多年生草本	北方暖温带的大部分地区及南方亚热带地区	适应性强，耐湿，耐寒、耐旱、耐热，耐酸、耐盐碱，在肥沃、潮湿、黏重的土壤上生长最佳，可与其他草种混播	0.5～0.9	根系发达而致密	快	强	播种	取土场、弃渣场
野牛草 *Buchloe dactyloides*（Nutt.）Engelm.	禾本科	多年生草本	西北、华北及东北	阳性，耐寒，耐瘠薄干旱，不耐湿	0.05～0.25	根系发达，匍匐状	快	强	播种、分根	临时道路、施工营造区
沙打旺 *Astragalus adsurgens* Pall.	豆科	多年生草本	东北、西北、华北和西南地区	抗寒、抗旱、抗风沙、耐瘠薄、较耐盐碱	0.5～0.7	主根长而弯曲，侧根发达	快	强	播种	迹地、弃渣场、取土场
白花草木樨 *Melilotus alba* Medic. ex Desr.	豆科	1年生或2年生草本	东北、华北、西北及西南各地	耐干旱瘠薄、抗盐碱，生活力强	2	浅根发达	快	强	播种	边坡、弃渣场
紫花苜蓿 *Medicago sativa* Linn.	豆科	多年生草本	东北、西北、华北、淮河流域	喜温暖半干旱气候，耐强碱，喜钙	1.2	主根发达，侧根多	快	强	分株、播种	边坡、取土场、堆土场
山野豌豆 *Vicia amoena* Fisch. ex DC.	豆科	多年生草本	华北、东北、西北	耐寒性强，砂质土壤	0.8～1.2	侧根发达	中	中	播种、扦插	临时道路、施工营造区
红豆草 *Onobrychis viciifolia* Scop.	豆科	多年生草本	东北、华北、西北	喜干旱，适宜生石灰性土壤，适应性强	0.3～1.2	深根型，根系强大，主根粗壮	快	强	播种	边坡、施工营造区、临时道路

续表

植物名称	科名	植物性状	主要分布区	适宜生境	一般高（m）	根系分布	生长速度	萌生能力	主要繁殖方法	适宜栽种区域
铺地木蓝 *Indigofera spicata* Forsk	豆科	多年生草本	福建、广东、广西、云南、台湾	喜温暖湿润气候，抗旱耐瘠强，适宜沙滩、红黄壤土	1～1.5	主根粗，侧根发达，浅生小根多，贴地蔓节生不定根，根系密生根瘤	慢	强	播种、扦插	边坡、管理区绿化
紫云英 *Astragalus sinicus* Linn.	豆科	1年生或越年生草本	长江中下游	喜光、喜温暖湿润，耐湿性较强	1	主根肥大，侧根发达	中	中	播种	施工营造区、管理区绿化
多变小冠花 *Coronilla varia* L.	豆科	多年生草本	华北、华东、华中、西北等地	耐旱力强，适应性广，抗逆性强	0.25～0.5	根系粗壮，侧根发达，根上具不定芽、有根瘤	快	强	播种、扦插	边坡、弃渣场、迹地
白三叶草 *Trifolium repens* Linn.	豆科	多年生草本	中亚热带及暖温带地区	喜温暖湿润气候，不耐干旱和水渍，耐酸性土壤，耐践踏	0.3～0.6	主根较短，侧根发达，多根瘤	较慢	中	种子	河堤、道路边坡、管理区绿化
草木樨 *Melilotus officinalis* (Linn.) Pall.	豆科	1年生或2年生草本	东北、华北、内蒙古、西北、东部各地	耐旱，耐寒，耐盐，不耐潮湿	1～3	根系发达	快	强	播种	管理区、弃渣（土）场、取土场
葱兰 *Zephyranthes candida* (Lindl.) Herb.	石蒜科	多年生草本	常见黄河以南区域	喜光，耐半阴和低湿，适宜肥沃有黏性而排水好的土壤，较耐寒	0.3～0.4	浅	快	强	分株、播种	管理区
天堂草（矮生百慕大草）*Cynodon dactylon* C. *transadlensis* Tifdwarf	禾本科	多年生草本	温带地区，黄河流域以南各地	耐寒、耐旱、病虫害少，耐刈割、践踏	0.1	浅根	慢	中	播种、分根	取土场、弃渣场
白三叶 *Trifolium repens* L.	豆科	多年生草本	各地	喜湿润温暖气候，较耐旱，耐寒	0.3～0.4	浅	快	强	分株、播种	管理区、弃渣（土）场、取土场、施工营造区、边坡

带状整地应用的方法主要有带状、高垄和犁沟等。设计要求如下：

a) 带状：为连续长条状。带面与地面平。带宽0.5～1.1m，或3～5m，带间距不小于带面宽度。整地深度25～40cm。带状整地是平原地区整地常用的方法，也适用于无风蚀或风蚀不太严重地区的沙地、荒地、采伐迹地、林中空地以及地势平缓的山地。

b) 高垄：为连续长条状。垄宽30～70cm，垄面高于地表面20～30cm。垄向的确定应有利于垄沟的排水。其适用于水分过剩的采伐迹地和水湿地。水湿地和盐碱地常用类似于高垄整地的高台整地，高台整地的台面高度根据水湿情况和地下水位的高度确定。

c) 犁沟：为连续长条状。沟宽30～70cm，沟底低于地表面20cm左右。其适用于干旱半干旱地区。

b. 块状整地：平缓土地块状整地的排列方式，宜采用南北走向。应用的块状整地有穴状、块状、坑状、高台等。设计要求如下：

a) 穴状：为圆形坑穴。穴面水平，穴直径40～50cm，整地深度20cm以上。

b) 块状或坑状：为正方形或长方形坑穴。穴面水平，边长40cm以上，深度30cm以上。带土坨大树植树造林的大坑整地，可采用小型挖掘机整地。

c) 高台：为正方形、矩形或圆形平台。台面高于原地面25～30cm，台面边长或直径为30～50cm或1～2m，台面外侧开挖排水沟。高台整地一般用于土壤水分过多的迹地或低湿地，排水作用较好。

(2) 一般边坡整地。水利水电工程所涉及边坡的林草措施整地工程，主要采用局部整地。

一般边坡确需采用全面整地时，要充分考虑坡度、土壤的结构和母岩等限定条件。花岗岩、沙岩等母质上发育的质地疏松或植被稀疏的地方，坡度一般应限定在8°以下；土壤质地比较黏重和植被覆盖较好的地方，坡度一般也不宜超过15°。坡面过长时，以及在山顶、山腰、山脚等部位应适当保留原有植被，保留植被一般应沿等高线呈带状分布。另外，在坡度比较大而又需要实行全面整地的地方，全面整地必须与修筑水平阶相结合。

1) 带状整地。带状整地适合坡度平缓或坡度虽大但坡面比较平整的情况及北方山地，特别是黄土高原地区的植树造林整地。常用的整地方法是水平阶、水平沟或反坡梯田等。

a. 水平带状：带面与坡面基本持平；带宽一般为0.4～3m；带的长度一般较长；整地深度一般为25～30cm（见图3.11-1)。此法适用于植被茂密、土层较深厚、肥沃、湿润的迹地或荒山，以及坡度比较平缓的地段。也可用于南方坡度较大的山地。

b. 水平阶：又称水平条，阶面水平或稍向内倾；阶宽随立地条件而异，石质山地一般为0.5～0.6m，土石山地和黄土地区可达1.5m；阶长随地形而定，一般为2～10m；深度30～35cm以上；阶外缘一般培修土埂（见图3.11-2)。

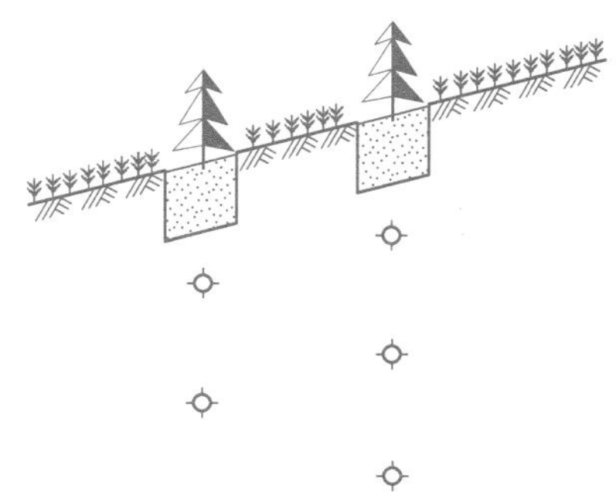

图3.11-1 水平带状整地示意图

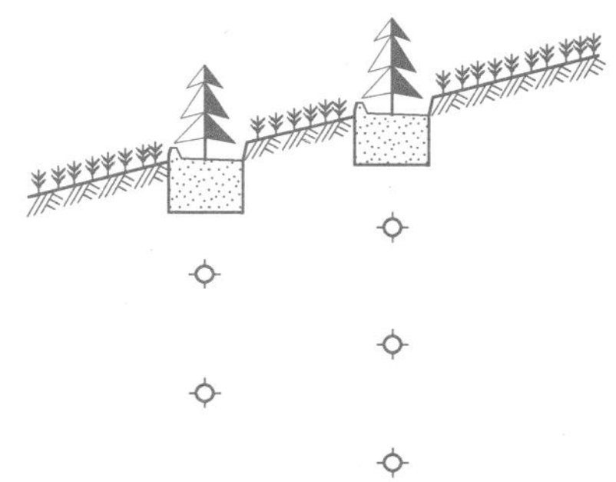

图3.11-2 水平阶整地示意图

c. 反坡梯田：田面向内倾斜成3°～15°反坡；面宽1～3m；每隔一定距离修筑土埂，以防汇集水流；深度40cm以上。此法适用于坡度不大、土层比较深厚的地段，以及黄土区地形破碎的地段。整地投入的劳力多，成本高，但抗旱保墒和保肥的效果好。

d. 水平沟（堑壕式整地、竹节壕整地）：沟底面水平但低于坡面；沟的横断面可为矩形或梯形；梯形水平沟的上口宽度为0.5～1m，沟底宽0.3～0.6m，沟长4～10m，沟长时，每隔2m左右应在沟底留埂，沟深40cm以上，外缘有埂。

e. 撩壕：又叫抽槽整地、倒壕整地。壕沟的沟面应保持水平，根据不同的宽度和深度有大撩壕和小撩壕之分，其中大撩壕宽度约0.5m，深度为0.5m以上；小撩壕宽度0.5m左右，深度约0.3～0.35m。壕间距2m左右，长度不限（见图3.11-3)。

边坡进行带状整地时，带的方向应尽可能与等高线平行，带的宽度一般为1m左右，带的长度不宜太长。

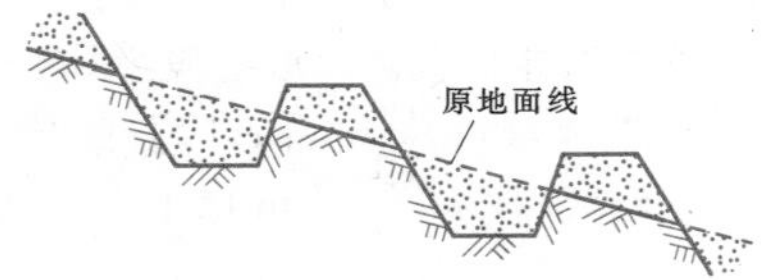

图 3.11-3 撩壕整地示意图

2）块状整地。

a. 穴状、块状：设计要求与平缓地相同，并保持穴面或坑面与原坡面持平或水平，或稍向内侧倾斜，外侧筑埂。

b. 鱼鳞坑：为近于半月形的坑穴。坑面水平或稍向内侧倾斜。一般长径（横向）0.8～1.5m，短径（纵向）0.6～1m，深约40～50cm，外侧用生土修筑半圆形边埂，高于穴面20～25cm。在坑的内侧可开出一条小沟，沟的两端与斜向的引水沟相通。鱼鳞坑主要适用于坡度比较大、土层较薄或地形比较破碎的丘陵地区，水土保持功能强，是水土流失地区植树造林常用的整地方法，也是坡面治理的重要措施。

边坡块状整地的排列方式，应与栽植行一致，沿等高线排列；在水土流失地区或坡度比较大的坡地，相邻行之间的穴块以品字形排列为宜。

3）整地规格。

a. 整地深度。在整地规格中，整地深度是影响整地质量的最主要指标，整地深度的增加对于提高新造幼林的生长，尤其是促进幼林的根系发育乃至林木高生长至关重要。

一般来说，干旱半干旱地区比湿润地区要求有较大的整地深度，以利于蓄水保墒；寒冷的地区应适当加大整地深度，以增加土壤温度。

干旱的阳坡应比相对湿润的阴坡整地深度深些；土层薄但母质比较疏松的立地应尽可能加大整地深度；有壤质夹层的沙地，整地深度尽可能达壤质层，以使壤土与沙土混合；有钙积层的草原地区，整地深度应能破除或松动钙积层，以消除钙积层对林木根系的阻隔。

植树造林时，苗木的主根长度一般为20～25cm左右，所以，20～25cm可以作为整地深度的下限；大多数林木的根系集中分布在40～50cm左右的土层，所以，整地的适宜深度是40～50cm；营造绿化美化型林种，如行道树、庭院绿化等，使用大苗植树造林时，要求达到50cm以上，甚至1m以上。

b. 整地宽度。整地宽度主要指的是带状整地的宽度。如果从拦截大气降水的角度考虑，加宽整地宽度是有利的。但是，确定整地宽度应综合考虑下列条件：

a）植树造林地的坡度越缓，整地的宽度可以越宽些；植树造林地坡度陡，如果加大整地宽度，不但会增加整地难度和整地成本，而且会因为内切面过深，容易引起土体坍塌，诱发水土流失。

b）经济林要求有充足的营养空间和光照条件，整地宽度应大些；速生丰产林也应适当大些；而一般用材林和防护林的整地宽度可小些。

c）比较耐阴的树种，整地宽度可小些，喜光树种应大些；速生的树种应宽些，慢生的树种应窄些。

c. 整地长度。整地的长度主要影响种植点配置的均匀程度，对林木生长的生物学意义并不重要。确定整地长度应考虑两个因素：①作业是否便利，地形破碎、裸岩较多、迹地剩余物多、伐根多、有散生幼树等情况下，整地长度可小些，反之可以适当延长；②能否发挥机械整地的效能，在条件允许的情况下尽可能长些。对于山地植树造林整地，如果长度太大，则难以保持带面的水平，可能汇集降水，引起水土流失。

d. 间隔距离。带状整地之间必须保留一定宽度的间隔，间隔距离的大小视坡度、植被状况、植树造林密度等决定。间隔距离太大，土地利用率低，难以保证单位面积上种植点的数量；间隔距离太小，整地工作量大，也不利于种植点的均匀配置。原则上，保留带的宽度应以其坡面上的地表径流能被整地带截留为准。保留带宽度与翻垦带宽度的比例通常为1∶1、1∶2或2∶1。

e. 土埂。山地带状整地的外缘一般应修筑土埂以加固带缘，避免坍塌。土埂以生土和石块等筑成并踩实或夯实。

f. 集水整地规格：干旱、半干旱与半湿润地区整地规格宜通过林木需水量确定整地设计蓄水容积，并进行相应整地断面计算。

干旱、半干旱与半湿润地区一般边坡的林草措施整地深度等规格，应以满足相应树种根系生长要求为准。具有抗旱拦蓄要求的坡面整地工程，其设计断面尺寸应根据林木需水量和相关坡面水文计算。

具体计算方法可参照《水利水电工程水土保持技术规范》（SL 575）。

g. 整地季节。除了北方土壤冻结的冬季外，一般地区一年四季都能进行整地，但是不同地区在不同季节整地可取得不同的效果。

按照整地时间与植树造林时间的关系，可以分为提前整地和随整随造。只要是时间允许，一般情况下最好进行提前整地。立地条件优越，土壤的肥、水、热条件都利于林木生长时，可采取随整随造。如在土壤深厚肥沃、植被盖度比较小的新采伐迹地，以及风蚀比较轻的沙地或草原荒地，过早整地反而可能造成水分散失，沙地提前整地也增加了造成风蚀的可能性，随整随造也能取得满意的植树造林效果。但随整随造因整地与植树造林的时间间隔比较短或基本上没有间隔，整地的有利作用还来不及充分发挥。

提前整地的主要优点是：①有利于植物残体的腐烂分解，增加土壤有机质，改善土壤结构；②有利于改善土壤水分状况，尤其是干旱半干旱地区的提前整地，可以做到以土蓄水，以土保水，对提高植树造林成活率起重要作用。

提前整地的时间应该适宜，一般为3个月至1年。

春季植树造林，可在前一年的夏季或秋季整地。夏季整地经过伏天高温多雨的季节，有利于草木残体的腐烂分解，土壤改良性能好；秋季整地后的土壤经过冬季的冻结和风化而变得舒松，杂草根系被风干，被翻到地表的地下害虫幼虫和虫卵在冬季被冻死。夏季整地，宜在伏天之前进行，以便杂草种子在成熟前被埋入土壤，在高温下加快腐烂；秋季整地，翻垦后的土壤不要耙平，待翌年春季植树造林前顶凌耙地，耙平后即可植树造林。

雨季植树造林，可在前一年的秋季整地，没有春旱的地区也可以在当年春季整地。

秋季植树造林，最好在当年春季整地。

2. 植树造林植草设计

(1) 立地要素分析。

1) 5°以下的平缓区域的立地类型划分中，立地类型组划分的主导因子是海拔、降水量、土壤类型等。立地类型划分的主导因子是地面组成物质（岩土组成）、覆盖土壤的质地和厚度、地下水等。

2) 5°～45°的各类边坡的立地类型划分中，立地类型组划分的主导因子除上述主导因子外，还应补充坡向、坡度（急、陡、缓）两个。

(2) 树草种选择与配置。首先应根据水利水电工程植被恢复与建设工程等级进行树草种选择与配置。

1) 绿化美化类型树草种配置。

a. 1级工程主要选用当地景观树种和草种，按景观要求配置设计。

b. 2级工程的主要景区采用当地景观树种和草种，按景观要求配置设计；一般区选用风景林树种、环境保护林树种和生态类草种，按略高于一般绿化的要求进行配置和设计。

c. 2级以下工程采用水土保持草种、生态草种、风景林树种和环境保护林树种，干旱、半干旱区以草灌为主、乔木为辅或主要采用草灌。

2) 植物防护类型树草种配置。

a. 施工所造成的植被扰动坡面，水库、水电站乃至塘坝等大、中、小不同类型工程区域的入库附近汇流区，在涉及管理范围内有严重水土流失的，选择水土保持树种，营造水土保持防护林。干旱、半干旱区以水土保持灌草为主，块状混交，整齐坡面带状混交。

b. 水土保持护岸防浪林，选择耐水湿灌木；迎水面常水位以上坡面需草皮护坡的，散铺草皮或撒播草籽。

c. 水利水电工程管理地、水利水电工程管辖的道路两侧，选择护岸护路林树种或农田防护林树种，营造防护林带，行带混交；压浸平台，营造防护林带或片林，纯林或带状混交。

d. 1级工程中的护路林、护堤林主要采用护岸护路林乔木树种，园林灌木点缀。有景观要求的可适当选用当地园林树种或风景树种，乔、灌、草相结合，行带状配置、行带混交。

e. 2级以下工程的护路林、护堤林，主要采用护岸护路林乔木树种，乔、灌、草相结合，行带状配置、行带混交。

f. 干旱、半干旱区以水土保持灌草为主，块状混交、带状混交。

3) 植被恢复类型树草种配置。

a. 弃土（石、渣）场、土（块石、砂砾石）料场及各类开挖填筑扰动面，根据立地特点，选择困难立地植树造林树种或灌草，块状混交，整齐坡面带状混交。

b. 涉水管理范围有环境污染问题的，选择挺水植物和沉水植物，建立生态工程植被恢复区，减污滤泥。

c. 坝前湿地，选择耐水湿树种或水源涵养林树种。

(3) 植苗植树造林技术。

1) 苗本的种类、年龄、规格和质量的要求。植苗植树造林所用的苗木种类主要有：播种苗、营养繁殖苗和两者的移植苗，以及容器苗等。按照苗木出圃时是否带土，可以分为裸根苗和带土坨苗两大类。裸根苗的优点是起苗容易，重量小，包装、运输、储藏都比较方便，栽植省工，是目前生产上应用最广泛的一类苗木；缺点是起苗时容易伤根，栽植后遇不良环境条件常影响成活。带土坨苗是根系带有蓄土，根系不裸露或基本不裸露的苗木，包括各种容器苗和一般带土苗。这类苗木能够保持完整的根系，栽植成活率高，但重量大，搬运费工，因而植树造林成本比较高。不同种类苗木的适用条件，依据林种、树种和立地条件的不同而异。园林式绿化常采用容器苗，甚至是带土坨大苗；一般水土保持林用留床的或经过移植的裸根苗；防护林和风景林多用移植的裸根苗；针叶树苗木和困难的立地条件下植树造林常采用容器苗。

不同林种、树种的植树造林使用不同年龄的苗木。年龄小的苗木，起苗伤根少，栽植后缓苗期短，在适宜的条件下植树造林成活率高，运苗栽植方便，投资较省，但是在恶劣条件下苗木成活受威胁较大；年龄大的苗木，对杂草、干旱、冻拔、日灼等的抵抗力强，适宜的条件下成活率也高，幼林郁闭早，但苗木培育与栽植的费用高，遇不良条件更容易死亡。一般营造水土保持林常用0.5～3年生的苗木，防护林常用2～3年生的苗木，风景林常用3年生以上的苗木。按照树种确定苗龄，主要是考虑树种的生长习性。速生的树种，如杨树、泡桐等，常用年龄较小的苗木，而慢生的树种，如云杉、冷杉、白皮松等，常用年龄较大的苗木。

2）苗木保护和处理。苗木保护与处理的目的在于保持苗木体内的水分平衡，尽可能地缩短苗木植树造林后根系恢复的时间，提高植树造林存活率。苗木从苗圃土壤起出后，在经过分级、包装、运输、储藏、植树造林地假植和栽植等工序中，必须加强保护，最大限度地减少水分的散失，同时防止芽、茎、叶等受到机械损伤，防止受热。为此，第一，要缩短各个工序的操作时间；第二，分级、包装要在遮阴、湿润、冷凉的环境中进行，苗木运达植树造林地必须及时假植在阴湿的地方，随栽随取；第三，从假植处取出苗木后的整个栽植过程中，苗木必须置于带水的或能保持湿润的容器之中，必要时在容器中放置泥炭等保湿材料。

为了保持苗木的水分平衡，在栽植前须对苗木采取适当的处理措施。地上部分的处理措施主要有截干、去梢、剪除枝叶、喷洒蒸腾抑制剂等；根系的处理措施主要有浸水、修根、蘸泥浆、蘸吸水剂、蘸激素或其他制剂、接种根菌等。

3）栽植技术。

a. 栽植技术：指栽植深度、栽植位置和施工要求等。适宜的栽植深度根据树种特性、气候和土壤条件、植树造林季节等确定。一般情况下，栽植深度应在苗木根颈处原土印以上3cm左右，以保证栽植后的土壤经自然沉降后，原土印与地面基本持平。如果栽植过浅，根系或根茎可能过多外露，造成干旱；栽植过深，影响根系呼吸，妨碍地上部分的正常生理活动。但是，不同的土壤水分条件下，栽植深度可以适当调整。若土壤湿润，在根系不外露的前提下适宜浅栽，这样，在根系恢复期间既有足够的土壤水分，又能使根系因处于温度较高的地表层而有利于生根；干旱的地方，地表层土壤水分条件不如深层，所以应尽量深栽一些。在其他条件相同的情况下，黏重的土壤宜浅，沙质土壤宜深；秋季栽植宜深，雨季栽植宜浅；容易生根的阔叶树种可适当深些，针叶树种不宜过深。

b. 植树造林密度：应根据当地的降水条件、树种特性等确定，具体可参照表3.11－5。

表3.11－5　　水土保持生态工程主要树种植树造林初植密度　　单位：株（丛）/hm²

树种（组）	三北区	北方区	南方区
马尾松、华山松、黄山松		1200～1800	1200～3000
云南松、思茅松			2000～3300
火炬松、湿地松			900～2250
油松、黑松	3000～5000	2500～4000	2250～3500
落叶松	2400～3300	2000～2500	1500～2000
樟子松	1650～2500	1000～1800	
红松		2200～3000	
云杉、冷杉	3500～6000	2200～3300	2000～2500
杉木			1050～2500
水杉、池杉、落羽杉、水松			1500～2500
秃杉、油杉			1500～3000
柳杉			1500～3500
侧柏、柏木	3500～6000	3000～3500	1800～3600

续表

树种（组）	三北区	北方区	南方区
刺槐	1650～6000	2000～2500	1000～1500
胡桃楸、水曲柳、黄菠萝		2200～3300	
榆树	3330～4950	800～1600	
椴树		2000～2500	1200～1800
桦树	1500～2200	1600～2200	1500～2000
角栎、蒙古栎、辽东栎		1500～2000	
樟树			630～810
楠木、红豆树			1800～3600
厚朴			950～1650
檫木			750～1650
鹅掌楸			1250～2250
木荷、火力楠、观光木、含笑			1200～2500
泡桐		630～900	630～900
栲树、红椎、米槠、甜椎、青檀、麻栎、栓皮栎、板栗		630～1200	810～1800
青冈栎、桤木			1650～3000
枫香、元宝枫、五角枫、黄连木、漆树		630～1200	630～1500
喜树			1100～2250
相思类			1200～3300
木麻黄			1500～2500
苦楝、川楝、麻楝		750～1000	630～900
香椿、臭椿	1600～3000	750～1000	2000～3000
南洋楹、凤凰木			630～900
桉树			1200～2500
黑荆			1800～3600
杨树类	1350～3300	600～1600	
毛竹、麻竹			450～600
丛生竹			500～825
秋茄、白骨壤、木榄			10000～30000
无瓣海桑、海桑、红海榄等			4400～6670
银桦、木棉（四旁）			330～550
悬铃木、枫杨（四旁）			405～630
柳树（四旁）		600～1100	500～850
杨树（四旁）		500～1000	250～850
山苍子			3000～4500
沙柳、毛条、柠条、柽柳	1240～5000		
花棒、踏朗、沙拐枣、梭梭	660～1650		
沙棘、紫穗槐、山皂角、花椒、枸杞	1650～3300	1650～3300	
锦鸡儿	1500～3000	800～1500	
山杏、山桃	450～650	350～500	
密油枝、黄荆、马桑			1500～3300

注 三北区含黄河区和青藏高原区；北方区含东北区；南方区含长江区和东南沿海区。

4）植苗植树造林季节和时间。适宜的植树造林时机，从理论上讲应该是苗木的地上部分生理活动较弱（落叶阔叶树种处在落叶期），而根系的生理活动较强和愈合能力较强的时段。

a. 春季植树造林。在土壤化冻后、苗木发芽前的早春栽植，最符合大多数树种的生物学特性，因为一般根系生长要求的温度较低，如能创造早生根、后发芽的条件，将对成活有利。对于比较干旱的北方地区来说，初春土壤墒情相对较好。所以，春季是适合大多数树种栽植造林的季节。但是，对于根系分生要求较高温度的个别树种（如椿树、枣树等），可以稍晚一点栽植，避免苗木地上部分在发芽前蒸腾耗水过多。对于春季高温、少雨、低湿的川滇等地区，不宜在全年最旱的春季植树造林，应选择在冬季或雨季。

b. 雨季植树造林。在春旱严重、雨季明显的地区（如华北地区和云南省），利用雨季植树造林切实可行，效果良好。雨季植树造林主要适用于若干针叶树种（特别是侧柏、柏木等）和常绿阔叶树种（如蓝桉等）。雨季高温高湿，树木生长旺盛，利于根系恢复。但是雨季苗木蒸发强度也大，加之天气变化无常，晴雨不定，也会造成移植苗木根系恢复的难度，影响成活。因此，植树造林成功的关键在于掌握雨情，一般以在下过一两场透雨后、出现连阴天时为最好。

c. 秋季植树造林：进入秋季，树木生长减缓并逐步进入休眠状态，但是根系活动的节律一般比地上部分滞后，而且秋季的土壤湿润，所以，苗木的部分根系在栽植后的当年可以得到恢复，翌春发芽早，植树造林成活率高。秋季栽植的时机应在落叶阔叶树种落叶后，有些树种，例如泡桐，在秋季树叶尚未全部凋落时栽植，也能取得良好效果。秋季栽植一定要注意苗木在冬季不受损伤，冬季风大、风多、风蚀严重的地区和冻拔害严重的黏重土壤不宜秋植。

d. 冬季植树造林：我国的北方地区冬季严寒，土壤冻结，不能进行植树造林。中部和南部地区冬季温度虽低，但一般土壤并不冻结，树木经过短暂的休眠即开始活动，所以这些地区的冬季植树造林实质上可以视为秋季植树造林的延续或春季植树造林的提前。

（4）植草技术。

1）播种植草。广义上种草的材料包括种子或果实、枝条、根系、块茎、块根及植株（苗或秧）等。普通种草和草坪建植均以播种（种子或果实）为主。播种是种草的重要环节之一，主要技术要点有：

a. 种子处理。大部分种子有后成熟过程，即种胚休眠，播种前必须进行种子处理，以打破休眠，促进发芽。

b. 播种量。播种量根据种子质量、大小、利用情况、土壤肥力、播种方法、气候条件及种子价格以及单位面积上拥有额定苗数而定。

c. 播种方法。条播、撒播、点播或育苗移栽均可，播种深度 2～4cm，播后覆土镇压可提高种草成活率。

2）草皮及草坪建植。草皮及草坪建植，其草种选择通常包含主要草种和保护草种。保护草种一般是发芽迅速的草种，其作用是为生长缓慢和柔弱的主要草种提供遮阴和抵制杂草，如黑麦草、小糠草。在酸性土壤上应以剪股颖或紫羊茅为主要草种，以小糠草或多年生黑麦草为保护草种。在碱性及中性土壤上则宜以草地早熟禾为主，以小糠草或多年生黑麦草为保护草种。混播一般用于匍匐茎或根茎不发达的草种。

草坪草混播比例应视环境条件和用途而定。我国北方以早熟禾类为主要草种的，以黑麦草作为保护草种，如采用早熟禾（40%）＋紫羊茅（40%）＋多年生黑麦草（20%）的组合。在南方地区宜用红三叶、白三叶、苕子、狗牙根、地毯草或结缕草为主要草种，以多年生黑麦草、高牛尾草等为保护草种。

播种建坪是直接在坪床上播撒种子，利用草坪草有性繁殖的一种建植技术，也是草坪建植中传统的、技术较易掌握的一种方法。播种建坪主要分为种子单播技术和种子混播技术。

种子单播技术是选择与建坪环境相适应的一种草种建植。单播草坪草常常可以获得一致性很好的草坪。种子混播技术是用多种草坪草品种混合播种形成草坪，可以使草坪更具有抗病性、观赏性、持久性。混播建坪根据草种的特性和人们的需要，按照一定的比例用 2～10 种草种混合组合，形成不同于单一品种的草坪景观效果。混播技术中的品种搭配合理、组合得当，最终形成极具观赏价值的草坪是这种技术的关键。

大部分冷季型草坪草能用种子建植法建坪。暖季型草坪草中，假俭草、地毯草、野牛草和普通狗牙根可用种子建植法来建坪。

播种期的确定依据草坪草的生态习性和当地气候条件。只要有适宜草种发芽生长的温度即可播种，暖季型草坪草适宜的发芽温度范围在 20～30℃，冷季型草坪草适宜的发芽温度范围在 15～30℃，选择春、秋季无风的日子最为适宜。

播种量是决定合理密度的基础。播种量过大或过小都会影响草坪建植的质量。播种量大小因品种、混合组成、土壤状况以及工程的性质而异。混合播种的播种量计算方法：当两种草混播时，选择较高的播种量，再根据混播的比例计算出每种草的用量。常见草的播种量可参考表 3.11-6，常见草坪草的生产特性见表 3.11-7。

表 3.11-6　　常见草播种量　　单位：kg/hm^2

名称	播种量	名称	播种量	名称	播种量
紫花苜蓿	11.5～15	春箭舌豌豆	75～112.5	山野豌豆	45～60
沙打旺	3.75～7.5	无芒麦草	22.5～30	白三叶	7.5～11.25
白花草木樨	11.25～18.75	扁穗冰草	15～22.5	籽粒苋	0.75～1.5
黄花草木樨	11.25～18.75	沙生冰草	15～22.5	黄芪	11.25
红豆草	45～60	羊茅	15～22.5	披碱草	52.5～60
多变小冠花	7.5～15	老芒麦	22.5～30	串叶松香草	4.5～7.5
鹰嘴紫云英	7.5～15	鸭脚草	11.25～15	鲁梅克斯	0.75～1.5
百脉根	7.5～12	俄罗斯新麦草	7.5～15	猫尾草	3.75
红三叶	11.25～12	苏丹草	22.5～30	羊草	37.5～60

表 3.11-7　　常见草坪草生产特性

草种名		每克种子粒数（粒/g）	种子发芽适宜温度（℃）	草播种子用量[①]（g/m^2）	营养体繁殖面积比
冷季型草	小糠草	11088	20～30	4～6 (8)	7～10
	匍匐翦股颖	17532	15～30	3～5 (7)	7～10
	细弱翦股颖	19380	15～30	3～5 (7)	5～7
	欧翦股颖	26378	20～30	3～5 (7)	5～7
	草地早熟禾	4838	15～30	6～8 (10)	7～10
	林地早熟禾	5524		6～8 (10)	7～10
	加拿大早熟禾	5644	15～30	6～8 (10)	8～12
	普通早熟禾	1213	20～30	6～8 (10)	7～10
	早熟禾		20～30		
	球茎早熟禾		10		
	紫羊茅	1213	15～20	14～17 (40)	5～7
	匍匐紫羊茅	1213	20～25	14～17 (40)	6～8
	羊茅	1178	15～25	14～17 (40)	4～6
	苇状羊茅	504	20～30	25～35 (40)	8～10
	高羊茅	504	20～30	25～35 (40)	8～10
	多年生黑麦草	504	20～30	25～35 (40)	8～10
	1年生黑麦草	504	20～30	25～35 (40)	8～10
	鸭茅		20～30		
	猫茅	2520	20～30	6～8 (10)	6～8
	冰草	720	15～30	15～17 (25)	8～10
暖季型草	野牛草	111	20～35	20～25 (30)[②]	10～20
	狗牙根	3970	20～35	5～7 (9)	10～20
	结缕草	3402	20～35	8～12 (20)	8～15
	沟叶结缕草		20～35		
	假俭草	889	20～35	16～18 (25)	10～20
	地毯草	2496	20～35	6～10 (12)[②]	10～20
	两耳草		30～35		
	双穗草		30～35	6～10 (12)[②]	7～10
	格拉马草	1995	20～30		
	垂穗草		15～20		

① 括弧内是为特殊草坪目的加大了的单草播种量。若用于种子生产时，播量应适当减少。

② 野牛草、地毯草、双穗草是指头状花絮量。

3）铺草皮建植。铺草皮建植法就是由集约生产的优良健壮草皮，按照一定大小的规格，用平板铲铲起，运至目的铺设场地，在准备好的草坪床上重新铺设建植草坪的方法，是我国最常用的建植草坪的方法。该方法在一年中任何时间内都能铺设建坪，且成坪速度快，但生产成本高。

一般选择交通方便、土壤肥沃、灌溉条件好的苗圃地作为普通草皮的生产基地。铺草皮护坡常应用在边坡高度不高且坡度较缓的各种土质坡面，以及严重风化的岩层和成岩作用差的软岩层边坡。

4）植株分栽建植。植株分栽建植技术是利用已经形成的草坪进行扩大繁殖的一种方法。它是无性繁殖中最简单、见效较快的方法。其主要技术特点是，根据草种繁殖生长特征确定株距、行距和栽植深度。植株分栽建植草坪技术简单，容易掌握，但很费工，所以在小面积建坪中应用较多。

5）插枝建植。插枝建植是直接利用草坪草的匍匐茎和根茎进行栽植，栽植后幼芽和根在节间产生，使新植株铺展覆盖地面。插枝法主要用于有匍匐茎的草种。

6）液压喷播植草。液压喷播植草是将草种、木纤维、保水剂、粘合剂、肥料、染色剂等与水的混合物通过专用喷播机喷射到边坡坡面而完成植草施工的护坡技术。其技术特点是：①施工简单、速度快；②施工质量高，草籽喷播均匀、发芽快、整齐一致；③防护效果好，正常情况下，喷播一个月后坡面植被覆盖率可达70%以上，两个月后形成防护功能；④适用性广。

7）植生带植草。植生带植草具有以下特点：①植生带置草种与肥料于一体，播种施肥均匀，数量精确，草种、肥料不易移动；②具有保水和避免水流冲失草种的优点；③草种出苗率高、出苗整齐、建植成坪快；④采用可自然降解的纸或无纺布等作为底布，与地表吸附作用强，腐烂后可转化为肥料；⑤体积小、重量轻，便于储藏，可根据需要常年生产，生产速度快，产品成卷入库，储存容易，运输、搬运轻便灵活；⑥施工省时、省工，操作简便，并可根据需要任意裁剪。

8）生态植被毯植草。生态植被毯是利用稻草、麦秸等为原料作载体层，在载体层添加草种、保水剂、营养土等材料。植被毯的结构分上网、植物纤维层、种子层、木浆纸层和下网五层。植被毯可固定土壤，增加地面粗糙度，减少和减缓坡面径流，缓解雨水对坡面表土的冲刷；在植被毯中加入肥料、保水剂等材料，为植物种子出苗及后期生长创造良好的条件。在人工养护有一定困难的区域，生态植被毯的应用可大大减少后期的养护管理工作量。

9）生态植被袋植草。生态植被袋植草技术是将选定的植物种子通过两层木浆纸附着在可降解的纤维材料编织袋的内侧，施工时在植被袋内装入营养土，封口后按照坡面防护要求码放，经过浇水养护，即能够实现边坡防护与绿化的目的。

3.11.3.3 案例

1．西北黄土高寒区某水电工程施工生产生活区水土保持林植被恢复[1]

（1）设计条件。某水电工程位于西北黄土高寒区，施工前场地以旱生型草本为主，有沙棘、中间锦鸡儿、短叶锦鸡儿等其他灌木分布或混生，呈零星灌丛状分布，盖度较低。草本植物主要有禾本科、蒿类、骆驼蓬、披针叶黄花等。黄土母质栗钙土，轻度土壤侵蚀；年降雨量在360mm左右，年平均气温在3.9～5.2℃之间，无霜期102～120d。地势平缓。

（2）设计内容。

1）立地条件分析。黄土山前平缓台地和坡地，高寒、春季干旱。平缓台地为主要施工生产区，植被扰动严重；坡地堆放电力输送器材，轻微扰动。

2）整地。

a. 台地全面整地后块状深度整地，便于苗木防寒保温和减小土壤蒸发耗水；植树穴周边回字形集水整地，便于雨季降水集于植树穴，抗旱植树造林。

b. 坡面局部整地，连片坡面竹节式水平阶集水整地，其余不完整坡面鱼鳞坑整地。

3）植物措施设计。

a. 台面：行带混交。植树造林树种采用祁连圆柏、紫花苜蓿、云杉。株距2m×3m。生根粉蘸根，施用菌根制剂和保水剂（用量：植树穴体积的1‰）。春季随起苗随植树造林。坡面种植紫花苜蓿，林木行间呈60cm宽带状播种。植树造林设计见表3.11-8和图3.11-4。

b. 水平阶坡面：植树造林树种采用祁连圆柏、云杉。株距2m×4m。生根粉蘸根，施用菌根制剂和保水剂（用量：植树穴体积的1‰）。春季随起苗随植树造林。植树造林设计见表3.11-9和图3.11-5。

c. 鱼鳞坑整地坡面：植树造林树种采用沙棘。株距2m×2m。生根粉蘸根，施用保水剂（用量：植树穴体积的1‰）。春季随起苗随植树造林。植树造林设计见表3.11-10和图3.11-6。

[1] 本案例由北京林业大学贺康宁、史常青提供。

表 3.11-8　**回字形集水整地植树造林设计表**

项　目	时　间	方　式	规格与要求
整地	秋季	回字形块状集水整地	块状整地，1m×1m，深0.6～0.8m； 集水坡面拍光，集水面外围修筑宽20cm、高15～20cm土埂并拍实，形成回字形微型集水区
栽植 林草复合	春季	植苗播种	行带混交。植树造林树种：祁连圆柏、紫花苜蓿、云杉。株距：2m×3m。生根粉蘸根，施用菌根制剂和保水剂（用量：植树穴体积的1‰）。春季随起苗随植树造林。坡面种植紫花苜蓿，林木行间呈60cm宽带状播种
抚育	春、夏季		植树造林后连续抚育3年

表 3.11-9　**竹节式水平阶集水整地植树造林设计表**

项　目	时　间	方　式	规格与要求
整地	秋季	竹节式水平阶	尽量不破坏周边原始植被，地埂拍实，熟土回填
栽植	春季	植苗	植树造林树种：祁连圆柏、云杉。株距：2m×4m。生根粉蘸根，施用菌根制剂和保水剂（用量：植树穴体积的1‰）。春季随起苗随植树造林
抚育	春、夏季		植树造林后连续抚育3年

表 3.11-10　**鱼鳞坑整地植树造林设计表**

项　目	时　间	方　式	规格与要求
整地	秋季	鱼鳞坑	尽量不破坏周边原始植被，地埂拍实，熟土回填
栽植	春季	植苗	植树造林树种：沙棘。株距：2m×2m。生根粉蘸根，施用保水剂（用量：植树穴体积的1‰）。春季随起苗随植树造林
抚育	春、夏季		植树造林后连续抚育3年

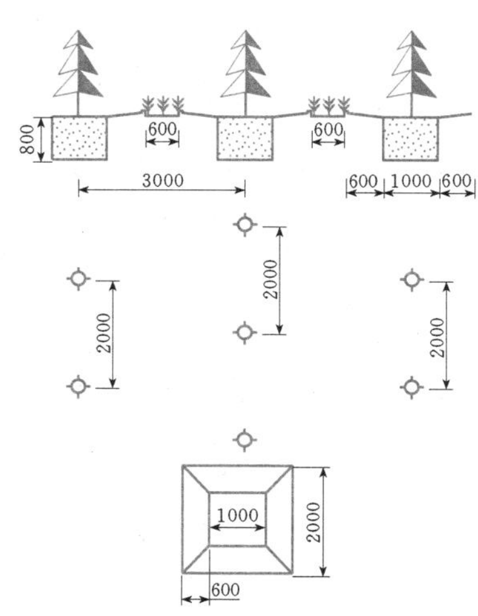

图 3.11-4　回字形集水整地典型植树造林设计图（单位：mm）

2. 南水北调东线某工程

（1）设计条件。南水北调东线某工程，防治区主要包括圩堤防治区、河道防治区、青坎防治区、弃土区防治区、道路防治区。

（2）立地条件分析。工程所在地处在亚热带季风气候区，冬季寒冷干燥，夏季炎热多雨。年平均气温介于14～16℃之间，无霜期220～240d，多年平均蒸发量1060mm，多年平均降雨量1037mm。地貌类型为平原沼泽洼地，沿线地形比较平坦。土壤类别为水稻土和湖沼泽土壤，土地有机质含量较高，土壤肥沃。基本植被类型区为落叶常绿阔叶混交林地带，植被资源丰富，树林种类繁多，适合种植的主要品种有：雪松、马尾松、落叶松、玉兰、柳杉、柏木、梧桐、棕榈、高山栎、枫香、樟树、女贞、栾树、海棠、白桦、枫杨、樱花、红椿、柳树、苦楝、苏铁、榆树、旱莲、黄连木、珙桐、鹅掌楸、川楝、黄杨、梓木、刺槐、山茶、杜鹃、慈竹等。

根据上述气候、土壤、植被等自然因子综合分析，项目区光热资源丰富，降水充足，土层相对较厚，立地条件适宜植物生长，采取全面整地耕翻20cm后，即可直接种植林草。

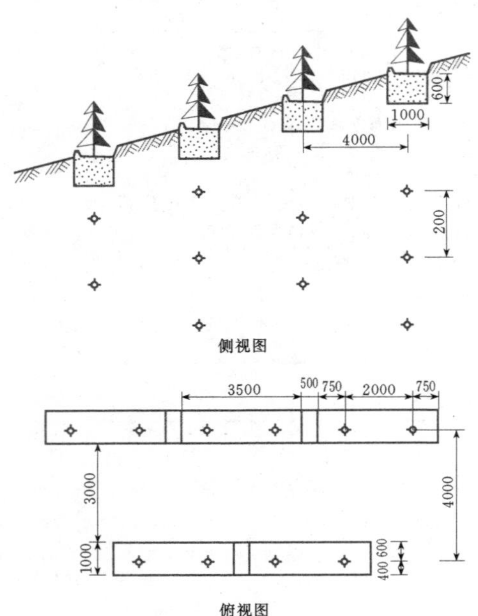

图 3.11-5 竹节式水平阶集水整地植树造林设计图（单位：mm）

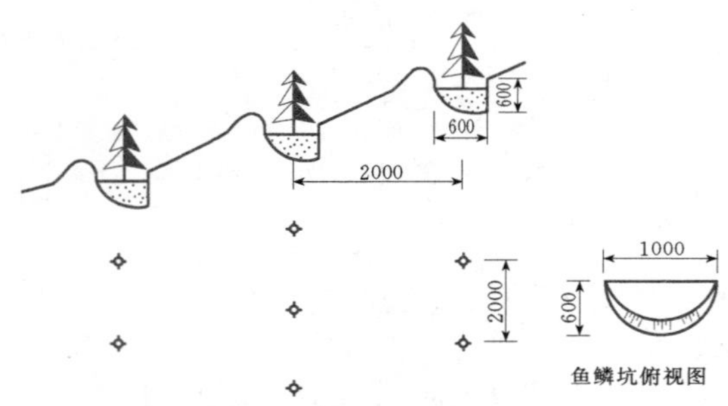

图 3.11-6 鱼鳞坑整地典型植树造林设计图（单位：mm）

（3）设计内容。

1）设计指导思想。以营造生态景观并贯穿“水利文化”为主题，充分发掘土地资源潜力；树立“以人为本、以绿养绿”的理念，为沿河居民创造一个优美的休憩生活环境；经济林收入全部用于补植、养护和深度绿化。

充分利用疏浚河道的弃土进行地形地貌改造，力求顺直，充分体现自然景观要素。对沿河大面积的绿地规划引入生态园林景观的理念，以乡土树种为空间构架和以地被植物为平面体系，并引用景观效果好、适合本地区生长的植物品种，通过艺术加工，创造一个自然和谐的生态环境。在整个景观段中，沿河分布生态景观群，在设计风格上采用现代自然式植物景观为主体，并考虑与周围环境相协调。

2）植物措施设计。

a. 圩堤防治区：本着“以绿养绿”的原则，圩堤坡顶设计种植经济速生树种意杨，株距 4m×4m，采用梅花形种植。在靠近城镇段的河道圩堤两侧改用垂柳、香樟等更具景观效果的树种。

b. 河道防治区：河坡设计水位以上考虑铺植狗牙根草皮防护，狗牙根属暖季型草坪草，匍匐茎发达，形成的草坪低矮强健，是优良的水土保持植物。

c. 青坎防治区：青坎防治区以铺植狗牙根草皮为主，但在靠近城镇的河段，考虑到河道的景观效果，沿河种植一排垂柳、碧桃、紫薇，株距 4m。

d. 弃土防治区：弃土区坡面撒播白三叶草籽防护。白三叶属豆科，多年生，具匍匐茎，蔓延快，耐贫瘠，后期基本不需养护，降低了后期林草管理养护费用。弃土区顶面以栽种欧美杨为主，但在砂土质弃土区，其稳固性不是很强，为了防止雨水冲刷，特别增加了顶部绿化防护，种植栾树、合欢、千头椿和银杏等乔木，株距 4m×3m，采用梅花形种植，形成防护林。

e. 道路防治区：交通道路在工程建设期作为施工便道，施工完成后作为管理通道。中间 4m 宽为道路，两侧为绿化用地，种植行道树欧美杨，株距 4m。

该工程植物措施配置图见图 3.11-7。

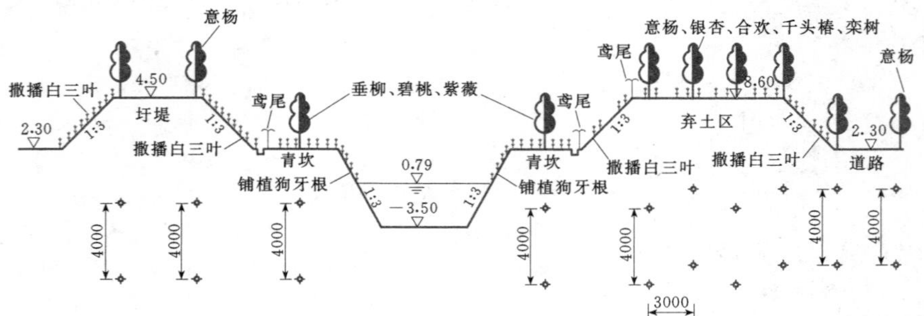

图 3.11-7 南水北调东线某工程植物措施配置图（高程单位：m；尺寸单位：mm）

3. 拦河坝下游边坡绿化[❶]

(1) 设计条件。拦河坝为堆石坝，下游边坡采用混凝土框格植草进行护坡。

(2) 设计内容。

1) 立地条件。措施实施前，本区为坝后堆石边坡，坡度 1∶3。

2) 措施设计及实施。堆石坡面首先构筑混凝土框格梁，梁水平间距 3.0m、上下间距 2.4m，净高 30cm。框格梁内覆土约 20cm 后种植红叶石楠、金叶女贞、小叶女贞、麦冬草等灌草植物种类。

挡河坝下游边坡绿化措施配置图及绿化效果分别见图 3.11-8 和图 3.11-9。

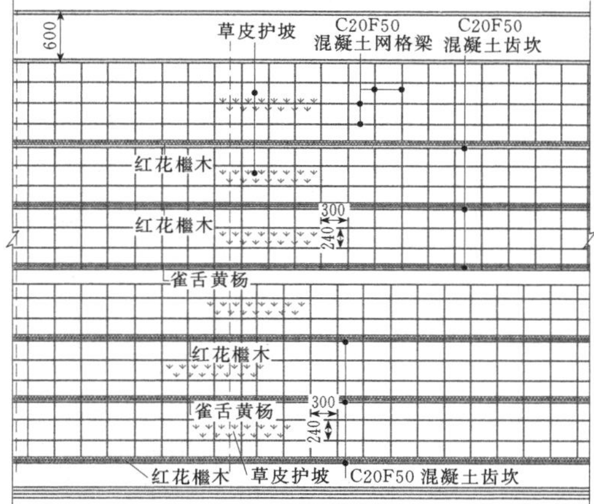

图 3.11-8 拦河坝下游边坡绿化措施配置图

图 3.11-9 拦河坝下游边坡绿化效果

4. 一般土质边坡植树造林[❷]

(1) 设计条件。华光潭梯级水电站位于浙江省临安市昌化江上游巨溪上。工程由 2 个梯级组成，其中因二级电站及调压井施工，部分开挖土石方沿二级调压井下方的缓坡流失，对调压井下方坡面植被造成破坏，形成裸露边坡，边坡面积 0.82hm^2，需恢复植被。工程区多年平均降水量 1794mm，多年平均气温 15.3℃。地质情况良好，土壤以红壤为主，森林覆盖率达 73.9%，乔木主要以马尾松等为主。水土流失以微度水力侵蚀为主，部分地方有沟蚀。

(2) 设计内容。

1) 立地条件。边坡坡顶（调压井平台）高程 251.00m，底高程 186.00m，最大坡高 65m，平均坡度约 25°，阳坡。坡面组成物质主要为施工初期开挖的表层覆盖层，其中夹杂少量石渣，可满足植被恢复需要，不需另覆土。

2) 植树造林设计。植树造林坡面位于二级电站厂房后侧，没有园林景观要求，但需与周围环境相协调，尽可能使坡面恢复后不产生突兀感，设计选择针叶树种，采用种植湿地松进行坡面植被恢复。为便于坡面施工，不直接栽植较大的苗木，选用 2 年生苗，矩形配置，初植株距 1.0m×1.0m。工程区降雨丰富，除栽植初期需浇水外，不需布置永久浇灌设施。植树造林措施布置及植被恢复情况见图 3.11-10 和图 3.11-11。

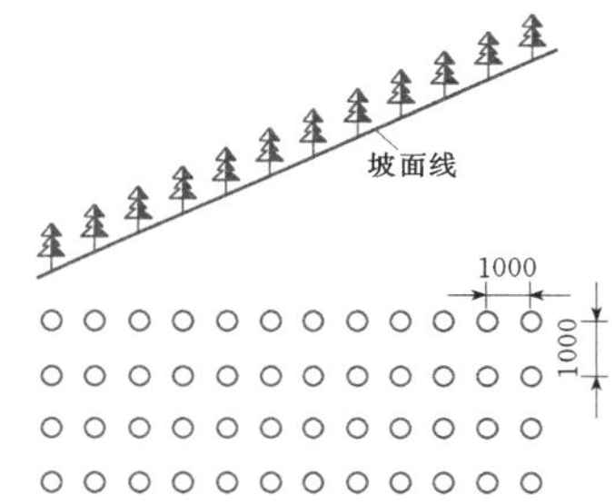

图 3.11-10 华光潭二级电站调压井下方边坡植树造林设计图（单位：mm）

3.11.4 高陡边坡绿化设计

3.11.4.1 技术分类

高陡边坡绿化技术基本围绕两个方面进行研究：一是如何提高边坡稳定性；二是如何为坡面植物提供更加适宜的生长条件。目前比较成熟的高陡边坡绿化型式有攀援植物、框格植草、穴播或沟播、液压喷播、生态笼砖和生态混凝土等，CF 技术、金字塔 INTALOK 生态袋、OH 液植草护坡等技术还处于试验、研究阶段，未大面积推广。

❶ 本案例由江苏水利勘测设计研究院有限公司陈航、谢凯娜提供。

❷ 本案例由浙江省水利水电勘测设计院李世锋提供。

图 3.11-11 华光潭二级电站调压井下方边坡植被恢复情况

1. 攀援植物

攀援植物护坡即垂直绿化，是指栽植攀援性和垂吊性植物，以遮盖硬质边坡和挡土墙等圬工砌体，美化环境的绿化方法。

2. 框格植草

框格主要由混凝土、浆砌石等材料做成，可以在现场制作，也可以预制，框格在边坡上可做成各种形状，在框格内填入客土或堆填土袋进行植被恢复。

根据框架构筑材料的不同可分为混凝土框架、浆砌石框架。框架的结构可根据所需支护坡体稳定情况来确定，坡面条件尚好且边坡稍缓，可采用浆砌石框架；坡面情况较差且边坡又较高的则需要采用钢筋混凝土框架；对于稳定性很差的高陡岩石边坡可在框架交叉处布设一定长度的锚杆或预应力锚索加固坡体，增强框架的抗滑力，保持框架整体的稳定性。

3. 穴播或沟播

穴播是在边坡上挖孔，将草种、肥料、客土等混合物填入穴中进行植被恢复。沟播是在边坡上大致按一定等高间隔挖沟，填入客土、肥料后再撒播草种。

4. 生态笼砖

生态笼砖边坡复绿技术是采用栽培基质加黏合剂压制成砖状土坯，在砖坯上播种草花灌等植物种子，经养护后，砖坯内种子发芽、生长，将草砖装入过塑网笼砖内，形成绿化笼砖，将笼砖固定在坡面上，达到即时绿化的一种绿化方式。

5. 生态混凝土

多种适用于不同用途的生态混凝土，包括空洞型绿化混凝土、敷设式绿化混凝土、随机多孔型绿化混凝土、复合随机多孔型绿化混凝土、轻质绿化混凝土、沙琪玛骨架绿化混凝土、植生型生态混凝土等，均是能够适应植物生长，具有保持原有防护作用功能、保护环境、改善生态条件的混凝土。

6. 液压喷播

液压喷播是利用液体原理将草种、灌木种、肥料、黏合剂、土壤改良剂、保水剂、纤维物等与水按一定比例混合成喷浆，通过液压喷播机加压后喷射到边坡坡面的护坡技术。其具有播种均匀、效率高、造价低、应用面广等特点，目前在国内外获得了广泛的应用。通常依据下垫面条件的不同又可分为直喷和挂三维土工网喷播。绿化用三维土工网是一种新型土木工程材料，用于植草固土的一种三维结构的似丝瓜网络样的网垫，质地疏松、柔韧，留有90%的空间可充填土壤、沙砾和细石，植物根系可以穿过其间，舒适、整齐、均衡地生长，长成后的草皮使网垫、草皮、泥土表面牢固地结合在一起，由于植物根系可深入地表以下30～40cm，形成了一层坚固的绿色复合保护层。其具有撒播均匀、施工方便、抗冲刷能力强、造价低、对环境无污染等特点。

3.11.4.2 适用条件

1. 攀援植物

(1) 年降水量大于400mm的各地区均适用。

(2) 自身稳定的土质或石质边坡适用。

(3) 坡面已做砌石或喷混凝土防护的人工边坡适用。

(4) 已修建的圬工砌体等构造物的墙面适用。

(5) 对景观要求较低的边坡适用。

(6) 通常适用于坡度大于75°的陡坡。

2. 框格植草

(1) 各地区均适用，但在干旱、半干旱地区应保证养护用水供应。

(2) 风化较严重的岩质边坡和坡面稳定的较高土质边坡适用。

(3) 土坡坡度不应大于60°，岩质边坡坡度应小于70°。

(4) 边坡坡面无涌水现象。

框格内植草方式：对于边坡土质较软、厚度在25mm以下的沙性土，在23mm以下的黏性土，以及边坡小于1∶1的情况，宜用直播；土层瘠薄的岩质边坡宜用客土喷播；坡面冲刷比较严重、边坡较陡（最大可达60°）、径流速度小于0.6m/s的各种土质边坡可采用植草皮。

3. 穴播或沟播

(1) 施工机械化程度低，在劳力资源丰富、工资水平较低地区适用。

(2) 适用于坡度小于45°、具有深厚熟土的土质边坡。

(3) 坡面排水良好、无外来汇水冲刷的边坡适用。

4. 液压喷播

通用条件：①各地区均可应用，在干旱、半干旱地区应保证养护用水的供给；②边坡无涌水、自身稳定、坡面流速小于0.6m/s的各种土、石质边坡。

(1) 直喷：边坡坡度小于45°，坡面高度小于4m的土质边坡。

(2) 挂三维土工网：边坡坡度小于60°，边坡高度小于8m的土质或坡面平整的石质边坡。

(3) 挂金属网：边坡坡度小于75°，坡面高度大于8m，坡面平整度差、风化严重的石质边坡。

(4) 液压喷播中的厚层基材植被护坡技术应用的约束条件有以下几个方面：①年平均降水量大于600mm、连续干旱时间小于50d、非高寒地区，但在养护条件较好的地区可不受降水条件限制；②坡度不超过1∶0.3的硬质岩石边坡及混凝土、浆砌石面；③各类软质岩石边坡、土石混合边坡及贫瘠土质边坡。

此外，厚层基材植被护坡技术的基本构造主要由锚钉、网和基材混合物三部分组成。

5. 生态笼砖

(1) 边坡坡度大于75°、自身稳定的岩质、圬工或砌石边坡。

(2) 通常运用在对景观要求较高的直立边坡。

6. 生态混凝土（植被混凝土）

(1) 各地区均适用，但在干旱、半干旱地区应保证养护用水供应。

(2) 边坡高度大于8m、坡度大于60°且风化较为严重的碎屑半岩质或岩质边坡或坡度在40°～75°的稳定高陡岩石（混凝土）边坡。

(3) 平整度较差的边坡。

3.11.4.3 绿化设计

在斜坡上进行植被护坡设计应遵循的基本原则是：植被防护要和工程加固与防护有机结合，建立既稳固又有生态效应的防护结构体系，综合考虑草、灌、花、树等多品种植物结合形成优美协调的景观。

1. 攀援植物护坡

(1) 设计。根据工程实际，种植槽可分为开挖土槽、开挖石槽、砌石槽、砌砖槽、砌混凝土槽等，槽至少宽10cm、深10cm左右，槽中填入种植土。边坡较高时应分层设置种植槽，一般为5～8m。

常用的攀援植物有爬山虎、常春藤、金银花、葛藤、迎春、蔷薇、辟荔等。种植方式可采用播种法、扦插法及压条法繁殖。一般在3～4月采用扦插法栽植，浇透水保持湿润，成活率较高；夏、秋季用当年生嫩枝带叶扦插，遮阴浇水养护，也能很快成活。

攀援植物护坡绿化设计图见图3.11－12。

(2) 案例。广东清远抽水蓄能电站进场公路三标部分路段的石质边坡超欠挖岩质边坡分布较为集中，为美化行车环境，增加地表覆盖，挖方路基坡脚设计了攀援植物护坡方案，坡脚种植槽宽度在20～50cm之间，扦插枝间距20cm。

2. 框架植草护坡

(1) 设计。框格型式主要有方形、菱形、人字形、弧形以及几种几何图形组合等型式，详见斜坡防护工程部分。

框格内采用局部块状整地，植草通常采用直播、客土喷播或植草皮等方法。

框架植草护坡绿化设计图见图3.11－13。

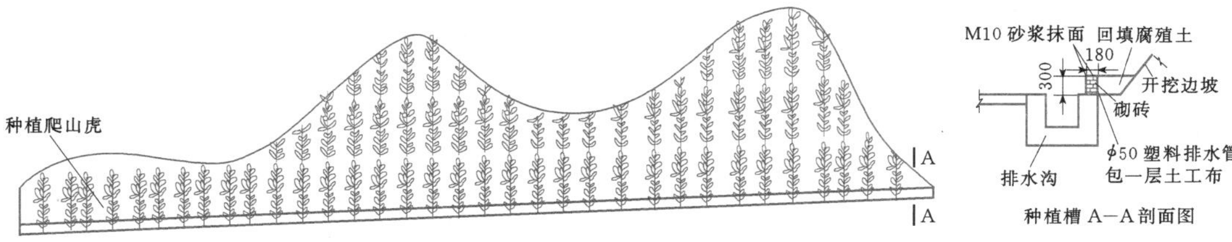

图3.11－12 攀援植物护坡绿化设计图（单位：mm）

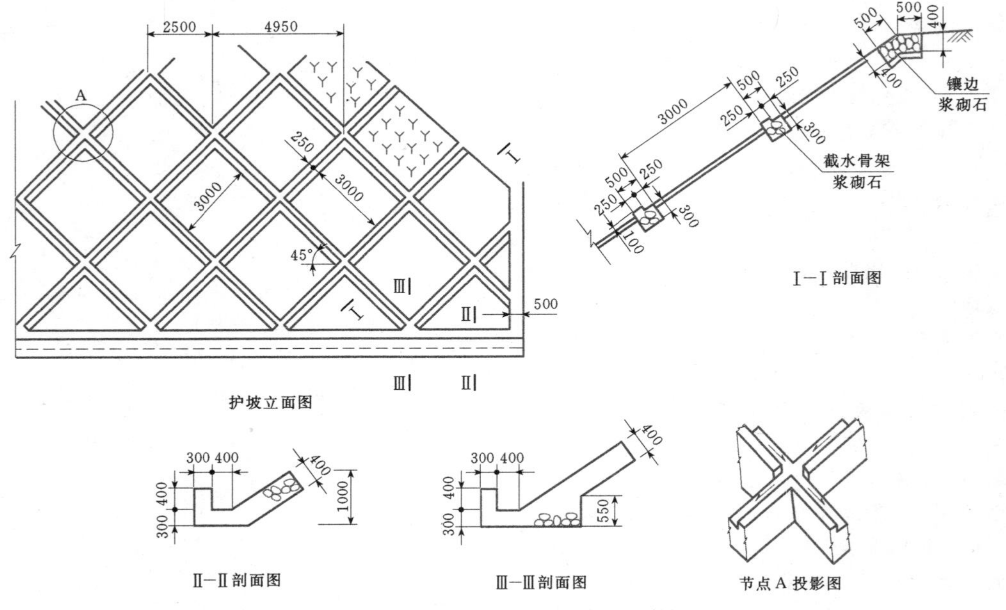

图 3.11－13　框架植草护坡绿化设计图（单位：mm）

（2）案例[1]。广东清远抽水蓄能电站进场公路二标部分填方路段高约 30m，坡比为 1∶1.5。为控制水土流失，美化行车环境，增加地表覆盖，填方路基边坡采用 M7.5 浆砌石格状框条植草综合护坡，框架采用菱形，框架宽度 30cm，框架平行边间距 2m，草皮采用满铺形式，格子内填土厚度为 30cm。

3. 穴播或沟播

（1）穴播。在成型的边坡上开挖穴孔，坡面坡度不应大于 30°，孔径、孔深和孔间距应根据植物品种确定，一般孔径 10～20cm，孔深 10～30cm，孔内填腐殖土。

（2）沟播。在边坡上沿等高线每隔 30～50cm 开挖宽深为 5～15cm 的小沟，然后在沟内撒播草种，用腐殖土覆盖。

4. 厚层基材植被护坡

厚层基材植被护坡技术主要针对岩石边坡的植被防护而开发，是采用混凝土喷射机把基材与植被种子的混合物按照设计厚度均匀喷射到需防护的工程坡面的植被护坡技术，尤其对解决高陡岩石边坡的植被恢复难题具有重要意义。

（1）材料要求。

1）锚钉：对于深层稳定边坡，其主要作用为将网固定在坡面上，长度一般为 30～60cm；对于深层不稳定边坡，其作用为固定网和加固不稳定边坡，应依据边坡稳定分析结果选型。规格为 ϕ12～25mm，长度 300～1000mm，选用《钢筋混凝土用钢　第 2 部分：热扎带肋钢筋》（GB 1499.2—2007）中的 HRB335。

2）网：依据边坡类型选择普通铁丝网、镀锌铁丝网或土工网。

3）基材混合物：由绿化基材、种植土、纤维和植被种子组成。

4）绿化基材：由有机质、肥料、保水剂、稳定剂、团粒剂、酸度调节剂、消毒剂等按一定比例混合而成，一般由现场试验确定配合比例，也可采用有关单位的专利产品。

5）种植土：一般选择工程所在地原有的地表耕植土，经晒干、粉碎、过 8mm 筛即可，含水量不超过 20%，相关指标可参考植生混凝土护坡技术。

6）纤维：就地取秸秆、树枝等粉碎成 10～15mm 长即可使用。

（2）种子要求。一般选择 4～6 种植物种子混合，具体种子要求可参考植生混凝土护坡技术。

（3）设计流程。

1）设计调查。

a. 地区环境观察：调查周边环境概况及植物群落类型，以确定坡面植物群落目标类型。

b. 周边植物种类调查：调查工程区附近主要以

[1] 本案例由广东省水利电力勘测设计研究院邓飞、杨宪杰提供。

什么植物种为主，分别调查乔木、灌木、草种等类型，根据周边植物分布情况，类推适合该地区的植物种。

c. 地形地质调查：观察工程所在地边坡形状、坡度、坡高、岩性、表层岩体风化程度、节理发育程度、有无涌水等，以便确定是否存在滑坡、崩塌灾害，是否需要采取工程加固措施等。

d. 气象资料调查：调查距工程所在地最近的气象站近5年的气象资料，包括年平均降水量、降水分布情况、最长连续干旱时间、月平均气温、最低气温、最高气温、地区海拔、风速、风向等。

2）锚钉与网设计。锚钉与网的选型应根据不同边坡类型选取，对于深层不稳定边坡，锚钉应根据边坡加固选取。

网按从上到下顺序铺设并张紧，上坡顶反压长度不小于500mm，网片的搭接长度为横向100mm。

网与坡面间距保持2/3喷射厚度，否则用垫块垫起来。

锚钉一般采用梅花形布置，间距1000mm×1000mm，边坡周边锚钉应加密1倍左右。

坡顶或坡面较破碎及风化程度较严重部位，锚钉应加粗、加大、加长。

锚钉一般外露长度为80mm，在离坡面50～70mm处与镀锌丝网绑扎。

3）基材混合物配比设计。基材混合物配比一般为绿化基材：纤维：种植土为1：2：2（体积比）。

4）种子配比设计。种子配比可参考植生混凝土护坡技术。

5）喷射厚度设计。影响厚层基材植被护坡喷射厚度的因素有边坡类型、年平均降水量和边坡坡度，具体可参考表3.11-11。

表3.11-11 常用约束条件下的基材混合物喷射厚度建议值

边坡类型	年平均降水量（mm）	坡比	喷射厚度（mm）
硬质岩石边坡	600～900	1：0.3	10
		1：0.5	10
	900～1200	1：0.3	9
		1：0.5	9
	1200以上	1：0.3	8
		1：0.5	8

续表

边坡类型	年平均降水量（mm）	坡比	喷射厚度（mm）
软质岩石边坡	600～900	1：0.75	8
	900～1200	1：0.75	7
	1200以上	1：0.75	6
土石混合边坡	600～900	1：0.75	6
		1：1.0	6
	900～1200	1：0.75	5
		1：1.0	5
	1200以上	1：0.75	4
		1：1.0	4
贫瘠土质边坡	600～900	缓于1：1.0	4
	900～1200	缓于1：1.0	3

（4）案例[1]。

1）设计条件。以华东地区某工程厂区高陡岩石边坡为例，对厚层基材植被护坡技术进行详述。

该工程位于浙江省宁波市境内，厂区场地平整采用挖山填海方式，开挖边坡现状地形坡度25°～35°，地形较完整，坡面植被发育良好。

山体开挖后形成长约1.5km、面积约8万m^2、最高达80m的大型边坡，边坡开挖采用阶梯状，每级高度15～20m，各级边坡间设3m宽马道。

根据边坡的具体位置和地质条件，在对边坡施打系统锚杆的基础上，根据各开挖面破碎情况，采取随机锚杆及局部混凝土或砂浆置换加强支护，确保坡体稳定。同时，为了减少径流对坡面的冲刷，针对边坡实际情况，工程设置了相应的截排水系统。

2）设计要点。经现场查勘，在采取工程措施基础上，拟对该边坡采取厚层基层植被护坡复绿，主要设计内容如下：

a. 边坡整理：清除坡面杂草、杂物、浮石、浮根，开辟施工通道；打掉突出岩石，使坡面尽可能平整，避免出现倒坡。

b. 桩钉（相当于锚杆）：定位、成孔、置筋、注浆、桩钉防腐工序。桩钉深度25～30cm，嵌入固定，局部可采用灌注水泥砂浆固定，桩钉间距为50cm，梅花形布置。

c. 网材：菱形铁丝网，网孔5cm×5cm，丝径不小于3mm，外侧覆PVC镀层防腐或根据《建筑防腐蚀工程施工验收规范》（GB 50212）的要求进行防腐处理。接网的结以梅花形排列，网与坡面距离要控制

[1] 本案例由中国水电顾问集团华东勘测设计研究院杜运领提供。

在限定范围内，以利喷播，一般以 3～5cm 为宜。

d. 基质成分：由黏和剂、草纤维、木纤维、保水剂、客土、木屑、土壤改良剂、微生物肥、植物催芽剂等组成。

e. 草种组配：冷季型草为高羊茅、白三叶等；暖季型草为弯叶画眉草等；灌木为火棘、小叶女贞、胡枝子、紫穗槐等，种子总量以 20g/m^2 为宜。种子在喷播前应做催芽处理。

f. 基质和营养土厚度：要求平均厚度为 8cm，最低不低于 6cm。对于基质和营养土，要求其化学成分中有机碳不宜低于 120g/kg，有机质不宜低于 220g/kg，全氮含量不宜低于 6g/kg，全磷含量不宜低于 1.0g/kg，钾含量不宜低于 1.6%，pH 值宜控制在 5.3～6.7 之间，并不得含有对生物生长有害之物质。

g. 基材混合物喷射：作业分为三个层次进行，第一层为基质层，要求该层能与岩石面紧密接触；第二层为中间层，要求其中营养成分长效持久，满足植物长期生长的需要；第三层为表面层，要求材质比重较轻、营养成分均匀有效，适合种子萌发后迅速成长。喷射时将泥炭土、腐殖土、黏和剂、草纤维、木纤维、保水剂、木屑、土壤改良剂、微生物肥等材料按一定配比用搅拌机搅拌均匀，满足主要成分含量下限，然后用空气压缩机驱动高压喷射泵将搅拌好的混合料送至坡面，在出料喷口处用适量水湿润混合料使其黏附在坡面和铁丝网上，喷播时要求均匀，控制厚度在 8cm 以上。

h. 喷播植物种子及营养液：进行种子喷播作业。将处理好的种子连同木纤维、黏和剂、复合肥、缓稀营养液以及其他混喷材料喷附到面层，喷种力求均匀，不遗漏。

i. 苗期养护：种子喷播完毕后，盖上遮阴网（或土工布），并洒水养护。苗期养护应保证每天至少浇 2 遍水，保证植物生长不缺水，以使基材混合物充分湿润为宜。喷播完成后 1 个月，全面检查植草生长情况，对生长明显不均匀的位置予以补播。

该边坡开挖防护设计剖面图及治理效果分别见图 3.11－14 和图 3.11－15。

5. **生态笼砖**

依据绿化边坡的岩土力学性质，计算锚杆数量作为笼砖持力支撑，然后挂上笼砖装草砖。一般锚杆间距为 50cm×40cm，常用笼砖网笼采用过塑镀锌铁丝六角网，规格为 50cm×40cm×10cm，重约 15kg，网孔尺寸 6cm×6cm，镀锌铁丝直径 2mm，每个笼内可装两个草砖。草砖播种密度一般为 20g/m^2，同时可在草种内加入适量灌木种子。

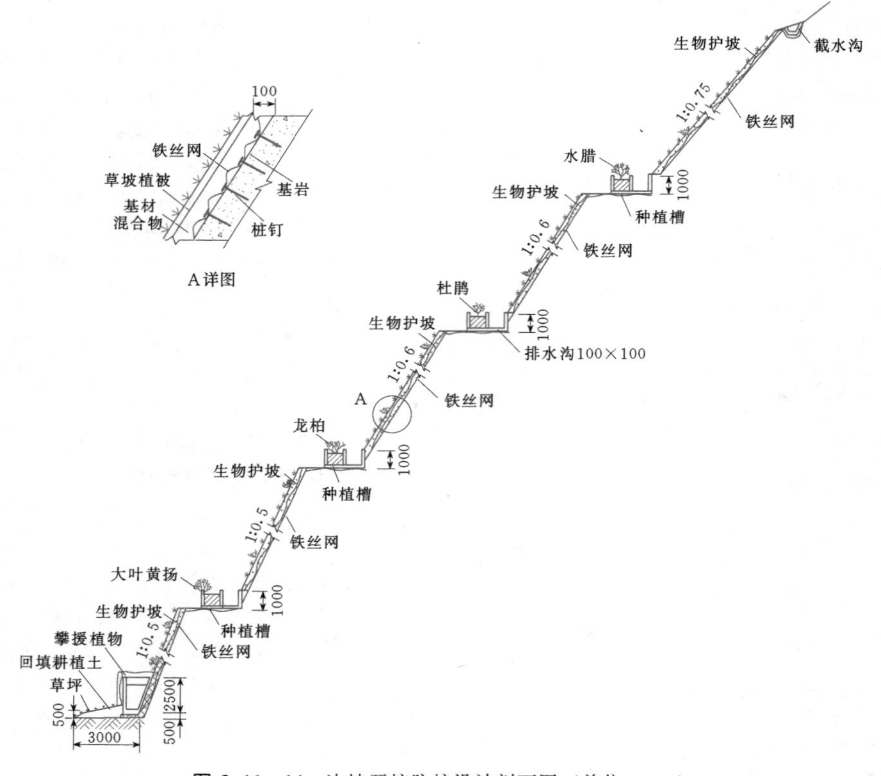

图 3.11－14 边坡开挖防护设计剖面图（单位：mm）

图 3.11-15　边坡治理效果（实施半年左右）

6. 植被混凝土

(1) 材料要求。

1) 生植土：一般选择工程所在地原有的地表耕植土，经晒干、粉碎、过筛，粒径小于 10mm，将湿度控制在 30%以下；疏松，干容重不得高于 13kN/m^3；pH 值应为 6.5～7.5。

2) 普通硅酸盐水泥：按《通用硅酸盐水泥》(GB 175) 执行。

3) 腐殖质：一般有酒糟、草炭土、菌苞、锯末和稻壳，任选其一或混合使用。

4) 混凝土绿化添加剂：一般由现场试验确定。

5) 网材：依据边坡类型选择普通铁丝网、镀锌铁丝网或土工网。

6) 锚钉：对于深层稳定边坡，主要作用为将网固定在坡面上，长度一般为 30～60cm；对于深层不稳定边坡，作用为固定网和加固不稳定边坡，应依据边坡稳定分析结果选型。规格为 ϕ12～25mm，长度 300～1000mm，选 GB 1499.2—2007 中的 HRB335。

7) 保水剂：一般采用粒度 100 目的保水剂。

8) 无纺布：一般选用规格 14～18g/m^2，幅宽 3000～3500mm，符合相关产品质量标准要求。

(2) 种子要求。

1) 植物种子：禾本科植物种子应符合《禾本科草种子质量分级》(GB 6142) 中规定的质量标准；木本科植物种子应符合《林木种子质量分级》(GB 7908) 中规定的质量标准。除上述规定外，未规定质量要求的植物种子应在使用前进行发芽试验和种子配合比试验，确定种子用量后方可进行大规模施工。

2) 用种原则：草灌混合，多草种、多灌种混合。

3) 用种量：种子用量应根据种子类别、发芽率高低、喷播季节和环境、建植目标群落的不同适当增减，一般应控制在 20g/m^2 之内。

4) 植被混凝土基层配方：生植土 0.80～0.90m^3，水泥 90～120kg，混凝土绿化添加剂 40kg，腐殖质 0.20m^3。

5) 植被混凝土面层配方：生植土 0.80～0.90m^3，水泥 65～80kg，混凝土绿化添加剂 30kg，腐殖质 0.20m^3，并加种子。

(3) 设计要点。

1) 设计调查。

a. 调查周边植物，根据周围植物的分布情况类推适合该地区的植物。

b. 调查地形地质，观察工程所在地边坡形状、坡度、坡高、岩性、表层岩体风化程度、有无涌水等，以便进行锚固件、喷植厚度、截排水工程等设计。

c. 调查气象资料，调查距工程所在地最近的气象站近 5 年的气象资料，包括年平均降水量、雨量分布情况、最长连续干旱时间、最低气温、最高气温等。

2) 网材要求。

a. 植被混凝土护坡工程网材一般按从上到下顺序铺设并张紧，上坡顶反压长度不小于 500mm，网片的搭接长度为横向 100mm。

b. 网与坡面间距在 50～70mm 之间。

3) 锚钉要求。

a. 锚钉采用梅花形布置，间距 1000mm × 1000mm。

b. 锚钉长度 300～500mm。坡顶、坡面较破碎及风化程度较严重时，锚钉应加粗到 ϕ22，加长到 800～1000mm。

c. 锚钉外露长度 80mm，在离坡面 50～70mm 处与镀锌丝网绑扎。

4) 种子配比要求。植物种子的混配采用冷季型和暖季型草种相结合，植物间的生态生物搭配要合理，优先选用本地物种。

5) 喷植厚度要求。

a. 回填边坡、土夹石边坡喷植设计厚度为 50～70mm。

b. 岩石边坡或水泥边坡喷植设计厚度为 100mm。

(4) 案例[❶]。

1) 设计条件。以清江高坝洲水电站大坝右肩至下游王家冲段高陡岩石边坡为例，对植被混凝土护坡技术进行详述。

❶ 本案例由中国水电顾问集团华东勘测设计研究院杜运领、丰瞻提供。

清江高坝洲水电站大坝右肩至下游王家冲段高陡岩石边坡，与下游引航道平行，毗邻垂直升船机。边坡底长 260m，坡高面陡，最高处达 80m，坡度约 70°，面积 14000m²，岩石为灰岩，发育不完全，岩层走向 40°N，NW 倾向，岩面为开挖新岩石，每 12m 分一个马道。该地区属亚热带气候，年平均降雨量 1200mm，最高月平均气温是 28.8℃（8 月），最低月平均气温是 3.0℃（1 月）。边坡断面如图 3.11-16 所示。

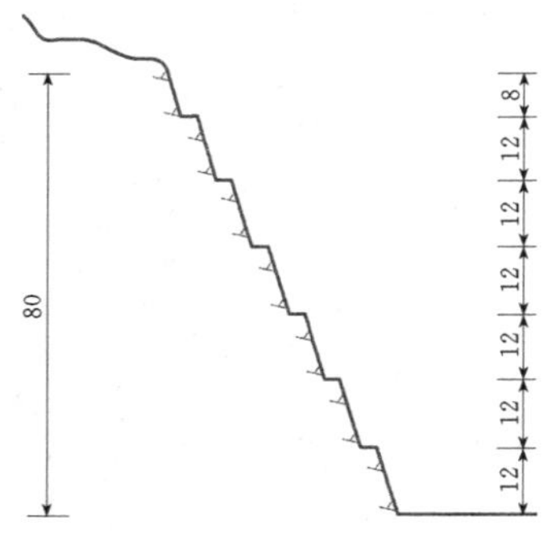

图 3.11-16 高坝洲高陡岩石边坡断面图（单位：m）

2）设计要点。

a. 植被混凝土的配比。高坝洲高陡岩石边坡生态防护工程，植被混凝土由水泥、土壤、有机质、缓释肥、保水剂、混凝土添加剂及混合植绿物种等组成。水泥采用普通硅酸盐水泥，是增加基材强度和抗冲刷性的主要材料；土壤采用砂壤土，是营造植物长期生长所需养分的基础材料，含砂量不超过 5%；有机质采用酒槽、锯末和秸秆纤维，是优先为植物提供养分和产生植物根系生长空间的基础材料；缓释肥采用尿素、生物肥、化学复合肥等，是为植物生长提供长期效力的主要材料；保水剂的粒度为 100 目，在水分丰裕时吸收水分，干燥时释放储存水分；混凝土添加剂的主要功能是调节混合物酸碱性、改善基材物理化学性质与土壤质地等；混合物种是外引先锋物种和乡土草种的混合。

根据强度和抗冲刷性能室内实验及高坝洲现场生产性试验，高坝洲高陡岩石边坡生态防护工程最终确定的植被混凝土各混合材料用量（相对质量比，以沙壤土质量为基数）为：沙壤土 100、水泥 10、有机质 5、缓释肥 0.2、保水剂 0.1、混凝土添加剂 5。

b. 植被混凝土喷射厚度。根据设计要求，考虑到高坝洲王家冲段高陡岩石边坡完全是新鲜开挖岩面，设计植被混凝土喷射厚度为 10cm，并且分基层和面层二次喷射，基层喷射厚度为 8cm 左右，面层喷射厚度为 2cm 左右。混合植物物种拌合在面层喷射。

c. 混合植物物种的确定。高坝洲王家冲段高陡岩石边坡紧邻大坝坝头，边坡植被除了应有较长绿期外，还应满足一定的生态景观要求。故此，混合物种从外引进冷季型、暖季型草种，并添加乡土适应性草种，而后根据植物生长特性混合组配，最终确定为狗牙根一百慕大（*Bermuda*）、节水草（*Watersaver*）、多年生黑麦草（*Perennial ygegrass*）、高羊茅（*Tallfescue*）、白三叶（*Wonderlawn*）以及当地野菊花（*Flos chrysanthemi indici*）等，其用量（质量百分比）为：狗牙根 10%、节水草 15%、黑麦草 20%、高羊茅 20%、白三叶 10%、本地适应性植物 25%。

d. 主要施工机械。主要施工机械有：粉碎机、搅拌机、空压机、混凝土喷射机、升降机、手风钻、高压水泵、吊篮。

工程实施 5 年后效果见图 3.11-17。

图 3.11-17 高坝洲高陡岩石边坡工程实施 5 年后效果

3.11.5 园林式绿化设计

3.11.5.1 适用范围

园林式绿化设计主要适用于各类公共绿地、防护绿地，管理区、生活区、厂区等单位附属绿地，主干道（含立交桥）及其附属区绿地，风景名胜区以及水利水电工程区中河岸、库区、湖区、堤防、水电站、灌区、沟渠、塘坝等的绿化设计。

3.11.5.2 设计要点

1. 地被设计

植物选择应与整体环境协调，因地制宜，考虑阳光照射强度、地形起伏、土壤及湿润度等因子，应符合下列要求：

（1）适于栽植地土壤、气候、光照等立地条件的多年生球宿根类；自衍力强的1年生至2年生草本；藤木植物和低矮的常绿（或落叶）木本植物。

（2）宜选择种源丰富或容易获得的品种，能很快独立形成较稳定的群体。

（3）宜用抗性强和管理粗放的品种。

（4）能满足保持水土、美化环境、改善环境因子、抑制杂草等功能，且花形、花色、叶形、叶色应与种植地的景观相协调。

（5）观花类地被植物宜选花繁或花大、花朵顶生或显露的品种，观叶类地被植物宜用叶形和叶色妍美、群体观赏效果佳的品种。

（6）应采用乡土种类为主，积极引进适宜本土的优良品种。

地被植物的配置应符合下列要求：

（1）配置方式以面积片植、花带和装饰三种形式为主。

（2）合理培植、高度适当，使植物群落层次分明、主体突出。开花的地被植物，花期和花色应与主体乔灌木协调。

（3）注意季节和色彩的互补。

2. 花坛、花境设计

应与整体环境协调，配置合理，主题突出。选用的花卉应做到因地制宜、适地适花。花坛设计应考虑一年内花卉配置的品种、规格、数量和换花时间。花坛一年换花次数不应少于4次。

3. 草坪设计

根据其观赏效果、气候因素、生长条件及是否允许游人进入踩踏等具体要求，选择适宜的草种和种植类型。

4. 行道树设计

应按设计要求选择树木的品种和规格。必须选择树干直、生长健壮、无病虫害的优质树木，胸径应在6cm以上。栽植在机动车道两侧的行道树分枝点应高于3.5m。无中心立枝的树木必须有4～5根一级主枝，长度不得小于35cm。

5. 水利水电设施周边绿化设计

（1）河道、湖泊堤防绿化。堤防绿化要严格遵守堤台防浪、堤坡保土、堤后植树造林的原则。堤前护堤滩面和防浪林台应栽种耐水的矮杆柳树等具有刹浪效果的树木；迎水坡除已实施硬质防护工程外，一般应栽植草本植物。如堤身断面较大，可根据水位持续时间长短，在全坡面或下半坡面形成“草皮—灌木—乔木三层次”；堤顶一般不应栽高杆树木，个别地区堤顶较宽时，可考虑在路肩两侧适当栽植浅根低矮行道树，并铺植草皮；背水坡护堤地可选柳树、落羽杉、水杉等一些速生林、用材林；便于管理的堤段可以栽种桃树、银杏、竹、板栗等经济林。河道、湖泊堤防符合标准的绿化长度要达到绿化长度的95%以上。

（2）库区绿化。坝坡应种植多年生保土效果好的草本；坝脚附近及护坝地直栽用材林，条件好的可发展经济林；水库上游库区范围内应营造水源涵养林或采取其他的园林绿化树种配置。

（3）闸站区周边绿化。便于管理的地方可发展经济林，水利水电工程枢纽附近可适当栽种观赏林木，绿化面积应达到占地总面积的30%以上。

3.11.5.3 案例

1. 某水利枢纽园林绿化[❶]

（1）设计条件。某水利枢纽改造工程是南水北调东线一期工程的重要组成部分，位于国家级水利风景区。

（2）立地条件分析。该地区位于长江下游冲积平原，气候湿润，四季分明。年平均气温14.9℃，年降水量1046.2mm，全年平均风速3.0m/s，年日照时数达2203.5h。土壤为江淮石灰尾冲积母质，受海潮顶托沉积而成，土壤大部为灰潮土中的高沙土种及夹沙土种。该区基本植被类型区为长江区，位于亚热带与暖温带的过渡地带，植被类型属落叶常绿阔叶混交林地带。

根据上述气候、土壤、植被等自然因子综合分析，工程项目区光热资源丰富，降水充足，土层相对较厚，立地条件适宜植物生长，采取全面整地（耕翻20cm）后即可直接种植林草。

（3）设计内容。该工程位于国家级水利风景区，在改造过程中原有不影响施工的树木均予以保留，并根据整体的园林绿化风格以及所在区域的特点进行设计。

1）树草种选择。树草种的选择以乡土树草种为主，因地制宜、施法自然，同时兼顾艺术美、形式美和景观生态性。

2）植物措施设计。该工程占地三面环水，对环水三面沿岸间隔5m种植垂柳和樱花，从河道侧看去皆为花红叶绿。

道路进口处东侧分三层，分别种植亮叶忍冬、红叶石楠、花叶络石，亮叶忍冬中点缀几株苏铁，西侧分别种植红叶石楠、花叶络石、亮叶忍冬和地中海荚蒾。

❶ 本案例由江苏水利勘测设计研究院有限公司陈航、谢凯娜提供。

内部道路西侧种植雪松和广玉兰各一排，株距10m，行距3.5m，东侧及其他道路侧间隔种植一排雪松和广玉兰，株距10m。

北侧为办公楼，办公楼西侧空地分别种植杜鹃、茶梅丛，其中点缀银杏。

南侧为变电站，变电站北主入口两侧种植龙爪槐各三株，南侧检修平台两侧各种植龙爪槐一株，西北角入口主路旁点缀种植罗汉松、红枫、天竺。

建筑物东、南、西三周分别种植紫薇、香樟、桂花、柿子、雅竹、石楠、紫叶李林带，以四季不同的色彩掩映建筑物于其中。

裸露地表铺植天堂草草坪。

2. 某引水工程枢纽管理区园林绿化[1]

(1) 设计条件。某引水工程枢纽管理区位于飞云江珊溪水库下游瑞安市龙湖镇西北的赵山渡附近。管理区占地面积0.71hm^2，内设篮球场、单双杠运动场、管理办公楼等。

(2) 设计内容。

1) 立地条件分析。原地貌地形平坦，设计充分利用该地形优势，原则上除道路、球场、广场采用砂石垫层、C15混凝土垫层、C20混凝土面层外，其余绿化场地均结合周围环境，强调经济性、适用性、生态性依势而建，在整体结构上呈现乔木及地被植物与绿化两种绿化层次，这样可以使视觉空间上显得开阔流畅、简洁大方、整体感强；另外，在植物的选择配置上，选取本地乡土植物为主要品种，既可节省造价、便于栽植，又能便于管理，产生浓郁的乡土气息，展现地方特色。

2) 整地。原地貌为农田，道路、球场、广场占地将原土夯实后，硬化场地。绿化措施面积0.41hm^2，覆耕植土30cm后进行园林绿化。

3) 植物措施设计。

a. 乔木：雪松、香樟、女贞、紫薇、桂花、竹、夹竹桃、桧柏、蒲葵、假槟榔、红枫。

b. 灌木：海桐球、金叶女贞、红花檵木、苏铁、大叶黄杨、海棠、夏鹃、栀子花、桃叶珊瑚、白兰花、九里香、杜鹃、茶梅、十大功劳、羊蹄甲。

c. 草坪：马尼拉、书带草、葱兰等。

3.12 防风固沙工程设计

3.12.1 工程分类及体系

3.12.1.1 工程分类

对修建在沙地、沙漠、戈壁等风沙区的河道、水闸、水库枢纽、移民安置点、输水等水利水电工程建设项目遭受风沙危害，以及由工程建设产生的料场、弃渣场、施工生产生活区、施工道路等引起的土地沙化、荒漠化，必须采取以防风固沙为目的的水土保持工程措施，建立相应的防风固沙体系。

防风固沙工程可分为植物固沙措施、工程固沙措施。

(1) 植物固沙措施：通过人工栽植乔木、灌木、种草，以及封禁治理等手段，提高植被覆盖率，达到防风固沙的目的。

(2) 工程固沙措施：通过采取沙障、砾质土覆盖、化学物质等抑制风沙流的形成，达到防风固沙的目的。

3.12.1.2 工程体系

1. 干旱风蚀荒漠化区的防风固沙工程体系

干旱风蚀荒漠化区域年均降水量小于250mm，日照时数不小于3000h，植被以旱生和超旱生的荒漠植被为主。按地貌可分为戈壁、沙漠、绿洲。戈壁地貌主要分布于新疆、青海、甘肃、内蒙古西部地区，地势平坦，风蚀作用强烈。沙漠地貌风蚀、风积作用强烈，主要由塔克拉玛干沙漠、古尔班通古特沙漠、库姆达格沙漠、柴达木沙漠、巴丹吉林沙漠、腾格里沙漠、乌兰布和沙漠、库布齐沙漠组成。戈壁与沙漠间分布着绿洲，风蚀与风积并存。

该区域防风固沙工程体系应以工程措施为主，植物措施为辅。

(1) 戈壁地貌区。对渠道堤背、管线开挖覆土迹地、料场采掘迹地，应采取砾（石）质土覆盖的水土保持工程措施。对于弃土（渣）场应采取以混凝土（浆砌石）为网格框架的砾（石）质土覆盖的防风固沙体系，砾（石）质土覆盖层厚4～8cm。

(2) 对毗邻沙漠建设的绿洲输水工程，应建设防风固沙带。固沙带宜在毗邻的沙漠前缘对现有荒漠植被进行封禁保护，工程沿线采取沙障固沙、化学固沙等水土保持工程措施，其上可以栽植适生的灌草。防风固沙体系由外围的封育带＋沙障固沙带组成。

(3) 在灌区外围与荒漠交界区营造乔、灌、草相结合的防风固沙基干林带。

(4) 营造防风固沙林带应建设与之相配套的水利灌溉设施，宜配套建设网围栏。

(5) 要严格控制扰动范围，“最小的扰动就是最好的保护”。防风固沙带标准应符合3.2.1的要求。

[1] 本案例由浙江省水利水电勘测设计院林洪提供。

2. 半干旱风蚀沙化区的防风固沙工程体系

半干旱风蚀沙化区域年均降水量为250～500mm，属典型草原植被类型。主要分布在浑善达克沙地、科尔沁沙地、毛乌素沙地、东北西部沙地。地形起伏，坨、甸相间，因地表植被覆盖率的不同，而呈现固定沙地、半固定沙地、流动沙地形态。风沙危害表现为风积、风蚀、沙打。

防风固沙体系由固沙带＋阻沙带组成，以植物措施为主，工程措施为辅。对不同区域的水利工程，应因害设防，建设相应的防风固沙工程体系。

(1) 对河道、水闸、水库枢纽、移民安置点的防风固沙林带设计，宜采用窄林带、宽草带，乔灌草相结合的防风固沙体系。

(2) 对输水工程、料场、弃渣场、施工生产生活区、施工道路等扰动较重的，施工结束后优先采取当地土生植物恢复植被。地表用风沙土回覆的，采用沙障和种植灌、草等措施。

(3) 灌溉工程应布设防风固沙林带，建设全灌区内部农田防护林网。

(4) 必须保护好现有植被。防风固沙带标准应符合3.2.1的要求。

3. 半湿润平原风沙区的防风固沙工程体系

半湿润平原风沙区域年均降水量为500～800mm，地貌表现为“风沙化土地”。该区域主要分布在豫东、豫北、鲁西南、冀中黄泛平原，苏北黄河故道，以及永定河、海河古河道。其降水、积温条件适于植物生长。

防风固沙体系主要采取植物措施，一般不栽植沙障。林分构成上可采取林林、林草、林苗、林菜、林药、林菌等多种立体栽培模式，防止单一的树种结构引发病虫危害。黄泛区宜采取营造防风固沙林带、防风固沙草带等水土保持措施。

(1) 对河道、水闸、输水工程、移民安置点营造防风固沙林带，林分构成上可采用用材树种与经济树种相间的设计。

(2) 对引黄灌溉工程的沉沙池清淤泥沙，应设立排土场，植树种草。

(3) 对料场、弃渣场、施工生产生活区、施工道路宜采用土地整治，植树种草。土地整治工程应符合3.8的要求。

4. 湿润气候带的防风固沙工程体系

湿润气候区域年降水量不小于800mm，主要分布在闽江、晋江、九龙江入海口及海南文昌等沿海，以及鄱阳湖北湖湖滨和赣江下游两岸新建、流湖一带。

防风固沙体系采用外围草本植物带＋灌木带＋乔木带。

(1) 对河道、水闸、输水工程造防风固沙林带，林分构成上可采用速生树种与经济树种相间的设计。

(2) 对料场、弃渣场、施工生产生活区、施工道路宜采用土地整治，植树造林。

(3) 若土壤为盐土，宜采用客土植树的方法，营造海岸防风固沙林带。

(4) 防风固沙带标准应符合3.2.1的要求。

上述防风固沙工程体系适用位于我国境内宜受风沙危害的水利水电工程建设项目的防风固沙设计，以北方风沙区为主。

3.12.2 工程设计

3.12.2.1 沙障工程设计

沙障工程是用作物秸秆、活性沙生植物的枝茎、黏土、卵石、砾质土、纤维网、沥青乳剂或高分子聚合物等在沙面上设置各种形式的障碍物或铺压遮蔽物，平铺或直立于风蚀沙丘地面，以增加地面糙度，削弱近地层风速，固定地面沙粒，减缓和制止沙丘流动，从而起固沙、阻沙、积沙的作用。

1. 沙障的分类

沙障按材料可分为柴草沙障、沙生植物沙障、苇秆沙障、黏土沙障、卵石沙障、砾质土沙障、纤维网沙障、砌石沙障、化学沙障等。

根据沙障与地面的角度可分为平铺式沙障、直立式沙障。

2. 设计及要求

(1) 沙障设置方向。沙障的设置与主风向垂直。

(2) 沙障的配置形式。

1) 行列式配置：风向稳定、以单向起沙风为主的地区，用行列式沙障。在新月形沙丘迎风坡设置沙障时，沙丘上半部即顶部不布设沙障和栽植植物，任由风力吹蚀，起风力拉沙的作用。

2) 方格式配置：若主风向不稳定，宜采用格状式沙障。

3) 菱形式配置：护坡沙障采用菱形。

(3) 沙障间距。沙障间距由下式计算：

$$d = h\cot\theta$$

式中 d——沙障间距，m；

h——沙障高度，m；

θ——沙丘坡度，(°)。

(4) 沙障设计。

1) 高立式沙障：沙障材料长70～100cm，高出沙面50cm以上，埋入地下20～30cm。

2) 低立式沙障：沙障材料长40～70cm，高出沙面20～50cm，埋入地下20～30cm。

网格间距为沙障出露高度的10倍左右。

用柴草或沙生植物枝茎作沙障，其稍端向上。

黏土沙障是堆成高15～20cm的土埂，土埂间距一般为150～400cm。

卵石沙障、砾质土沙障铺设厚度为4～8cm。

格状式沙障网格尺寸为（100～200cm）×（100～200cm），见图3.12-1。

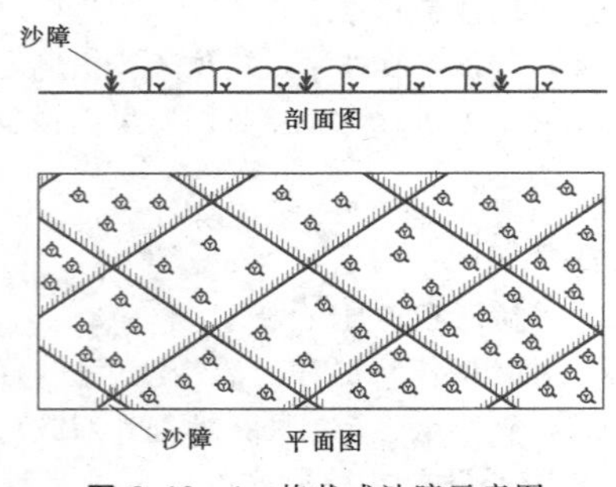

图3.12-1　格状式沙障示意图

（5）化学固沙。选用材料为聚丙烯酰胺、沥青乳液、沥青化合物、乳化原油等。其适宜黏度一般为12～15Pa·s。喷洒形式可采用全面喷洒和局部带状喷洒。在沙面形成0.5cm左右的结皮层。

3.12.2.2　防风固沙林设计

1. 树种选择原则

以选择适合当地生长，有利于发展农、牧业生产的乡土树种为主。乔木树种应具有耐瘠薄、干旱、风蚀、沙割、沙埋，以及生长快、根系发达、分枝多、冠幅大、繁殖容易、抗病虫害等优点。灌木应选择防风固沙效果好、抗旱性能强、不怕沙埋、枝条繁茂、萌蘖力强的树种。

2. 干旱沙漠、戈壁荒漠化区

（1）围栏封育。围栏封育区域属农牧交错区，封育采取围栏封育和人工巡护封育相结合的方法，设置专职管护人员。

（2）防风固沙林。

1）林带结构：紧密结构、通风结构、疏透结构，见图3.12-2。

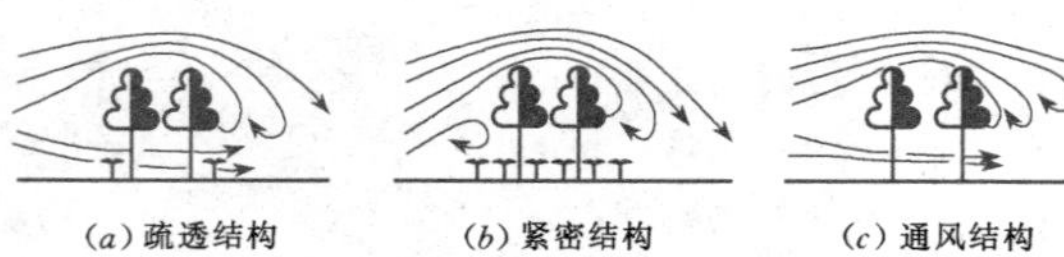

图3.12-2　林带结构示意图

2）林带宽度：建设防风固沙基干林带，带宽20～50m，可采取多带式。

3）林带间距：防风固沙基干林带，带间距50～100m。

4）林带混交类型：乔灌混交、乔木混交、灌木混交、综合性混交。

5）树种选择：

a. 乔木：小叶杨、新疆杨、胡杨、白榆、樟子松等。

b. 灌木：沙拐枣、头状沙拐枣、乔木状沙拐枣、花棒、羊柴、白刺、柽柳、梭梭等。

c. 株行距：乔木（1～2m）×（2～3m）；灌木（1～2m）×（1～2m）。

3. 半干旱风蚀沙地

林带结构、林带宽度、林带间距、林带混交类型、围栏封育、株行距等同干旱沙漠、戈壁荒漠化区。

树种选择：乔木选新疆杨、山杏、文冠果、刺槐、刺榆、樟子松等；灌木选柠条、沙柳、黄柳、胡枝子、花棒、羊柴、白刺、柽柳、沙地柏等。

4. 半湿润黄泛区及古河道沙区

林带结构、林带宽度、林带间距、林带混交类型、株行距等同干旱沙漠、戈壁荒漠化区。

树种选择油松、侧柏、旱柳、国槐、枣、杏、桑、黑松、臭椿、刺槐、紫穗槐等。

5. 湿润气候带沙地、沙山及沿海风沙区

林带结构、林带混交类型、株行距等同干旱沙漠、戈壁荒漠化区。

树种选择木麻黄、相思树、黄瑾、路兜、内侧湿地松、火炬树、加勒比松、新银合欢、大叶相思等。

植树栽培、整地方式见“3.8　土地整治工程”、“3.11　植被恢复与建设工程设计”。

3.12.2.3　防风固沙种草设计

在林带与沙障已基本控制风蚀和流沙移动的沙地上，应进行大面积人工种草，合理利用沙地资源。

1. 草种选择

（1）干旱沙漠、戈壁荒漠化区可种植沙米、骆驼刺、籽蒿、芨芨草、草木樨、沙竹、草麻黄、白沙蒿、沙打旺、披肩草、无芒雀麦。

（2）半干旱风蚀沙地可种植查巴嘎蒿、沙打旺、草木樨、紫花苜蓿、沙竹、冰草、油蒿、披肩草、冰草、羊草、针茅、老芒雀麦等。

2. 栽培技术措施

种草栽培、整地方式见“3.11　植被恢复与建设工程设计”。

3.12.2.4　围栏设计

围栏按材料分为机械围栏和生物围栏两大类。

常用的机械围栏包括刺丝围栏、网围栏、枝条围栏及石（土）墙围栏等。生物围栏由栽植的灌木及乔木组成。

机械围栏由固定桩和铁丝网片（刺丝）组成，并在必要位置设置出入门。固定桩通常采用的材料有混凝土桩和角钢桩。

1. 固定桩

固定桩可采用预制混凝土桩。固定桩分为两种：一种为直线固定桩，通常尺寸为10cm×10cm×（150～180cm），地下埋深40～50cm，桩间距400～1000cm，用于沿线固定网片；另一种为转折点及大门固定桩，尺寸为15cm×15cm×（180～200cm）。围栏设置标准见表3.12-1。

表3.12-1　围栏设置标准　单位：cm

项目	规格	埋深	地面以上高度
直线桩（1）	10×10×（150～180）	40～50	110～130
转点桩（2）	15×15×（180～200）	60	120～140
斜撑桩	10×10×200		
网片	（5～7）×90×60		
刺丝	5×120		

2. 铁丝网片

铁丝网片规格常采用（5～7）×90×60型，即5～7道铁丝，间距15cm，每60cm加一道纵丝，用线卡和横丝相连。铁丝网片高度为105cm；刺丝规格采用12～14号铁丝，设置5道横丝，横丝间距20cm，再在两桩间沿对角线设交叉丝2道。

3. 出入门

出入门根据需要布置，门宽一般为250～400cm，门高120～150cm。门扇根据门的使用频率和位置重要程度，可选择钢框铁丝网门，也可以选择木框刺丝门。

某工程围栏结构设计见图3.12-3。

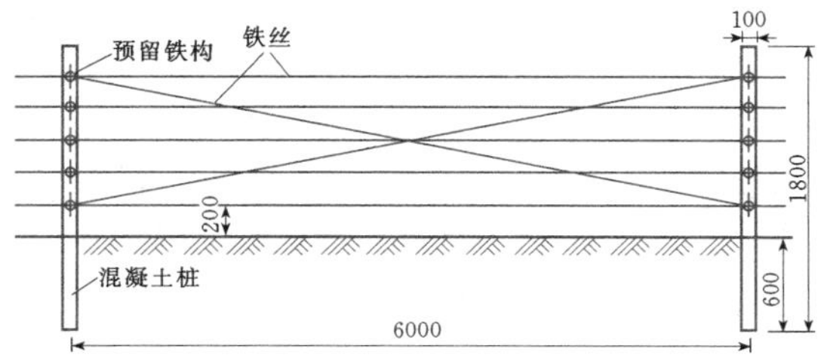

图3.12-3　某工程围栏结构设计图（单位：mm）

3.12.3 案例

3.12.3.1 干旱风蚀荒漠化区穿越沙漠输水干渠的防风固沙工程体系❶

1. 工程概况

工程位于新疆维吾尔自治区阿勒泰地区，项目区属典型的内陆干旱气候特征，具有降水稀少、蒸发强烈、干旱多风、气温年较差大、风力较大且起沙风向集中的特点。多年平均气温为4～9℃，多年平均降水量为70～120mm，多年平均蒸发量为2800～3000mm。

采用输水明渠穿越沙漠，沙漠段明渠全长166.49km，设计流量47.5m^3/s，为梯形渠道，内边坡1∶2.5，外边坡1∶3.0，底宽6m。明渠穿越区为固定、半固定沙漠，以树枝状沙垄、梁状沙丘为主。沙漠地形起伏较大，沙垄长度从数百米到数公里不等，形态不对称，沙垄最大密度达6.5条/km，一般为（4.3～4.9）条/km。引水线路大多沿垄间低地通过，部分与沙垄斜交。

2. 防风固沙工程体系设计

防风固沙工程体系由外围的封育带＋芦苇沙障固沙带组成。

为有效控制破坏区域，减轻因施工活动对沙漠地貌造成的破坏，最大限度地抑制可能形成的风沙流危害，划定施工活动限制区域（挖、填、弃等施工活动均在此区域内）。按照地貌起伏以及挖填方量造成的扰动宽度不同，固沙带宽度确定为：沙漠北面入口K11＋000～K32＋000，渠中心线两侧各80m；K32＋000～K67＋000，渠中心线两侧各100m；K67＋000～K110＋000沙漠出口，渠中心线两侧各130m。

防护采取生物措施和机械固沙措施相结合的方式，防、固、阻和封育结合形成体系，即初期采取快速见效的机械固沙措施，铺设草方格阻沙、固沙，划定封育保护区；施工中后期及运行通水后，通过人工种植植被，以生物措施逐渐取代机械防护，最终形成永久性的防护体系。

机械固沙措施自渠道坡堤顶至弃土区域边缘（含破坏区域连接处），按0.8m×0.8m或1m×0.8m设置草方格，芦苇入土深度10～12cm，芦苇露出地面高度25cm。沙漠段渠线两侧共布设草方格4813.85万m^2。

根据沙漠段植被种植试验的阶段性成果分析，在沙漠段草方格中最适宜种植的植被为梭梭和沙拐枣，株行间距2m×2m，交错布置，共计人工种植苗木约953万株。

❶ 本案例由新疆维吾尔自治区水利水电勘测设计研究院谢吉海提供。

3.12.3.2 干旱风蚀荒漠化区穿越戈壁输水干渠的防风固沙工程体系[1]

1. 工程概况

额济纳绿洲位于我国第二大内陆河黑河的下游，地处巴丹吉林沙漠和腾格里沙漠之间。黑河河水在下游漫流，浸灌孕育了水草丰美的额济纳绿洲。该地区属中温带干旱大陆性季风气候，多年平均气温8.2℃，年均降水量37.9mm，年均蒸发量3538mm，无霜期146d，平均风速3.4m/s，最大冻土深度1.70m；土壤类型主要为灰棕漠土；植被类型为荒漠植被，植被覆盖度1%；土壤侵蚀类型为风力侵蚀。近年来随着进入额济纳绿洲的水量锐减，失去灌溉的林草地大面积枯死，绿洲呈现向荒漠化发展态势，沙尘暴频发，生态环境恶化，既影响到当地居民的生存，又威胁到河西走廊的生态安全。

额济纳绿洲输水灌溉工程规划在巴彦宝格德水文站，在年来水5.34亿m^3的情况下，为提高水资源的利用率，建设输水渠道635km，水闸154座，灌溉绿洲13.2万hm^2。

典型渠道：东干渠起于巴彦宝格德水闸，终于绿洲边缘昂茨河分水闸，长96.736km，设计流量$25m^3/s$，加大流量$30m^3/s$，渠道选择混凝土板衬砌，梯形断面，弧形坡脚。

2. 防风固沙工程体系设计

防风固沙工程体系由外围的封育带+砾质土覆盖固沙带组成。

(1) 东干渠纵横断面防风。输水渠道纵横断面设计，考虑沿途穿越中戈壁、该地区风沙大的特点，控制渠道填方高度，堤顶填高控制在1m以下，减轻风蚀渠被以及积沙掩埋渠道。

(2) 施工中水土保持临时措施。“最小的扰动就是最好的保护”，在该地区建设工程时，要严格控制扰动范围。施工单位向甲方提交施工预案，施工时插彩条旗，拉彩条线，限制施工车辆的活动范围。

(3) 砾质土覆盖。

对渠被、堤顶应进行砾质土覆盖，覆盖层厚5～8cm。对施工迹地、临时道路、料场采取砾质土覆盖，覆盖层厚4～8cm。砾质土覆盖措施示意图见图3.12-4。

对渠道中心线两侧200m的范围，实施封育，防治风蚀。

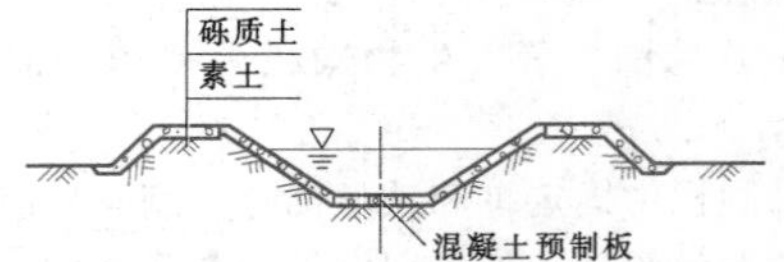

图3.12-4 额济纳绿洲输水渠砾质土覆盖措施示意图

3.12.3.3 半干旱风蚀沙化区的防风固沙工程体系[2]

1. 工程概况

孟家段水库所在地属中温带半干旱大陆性季风气候，春季干旱多风，夏季炎热，雨热同季。年平均气温6℃，年平均日照时数3000h，≥10℃积温3100℃，无霜期140d，年平均降水量390mm，蒸发量是降水量的5倍左右，年平均风速4.4m/s，全年8级以上大风日数28d。工程位于科尔沁沙地腹地，周围分布起伏的沙丘和沙地，海拔高度200～400m。土壤类型以风沙土和草甸土为主，植被以沙生植物为主，有杨、柳、榆、樟子松、山杏、锦鸡儿、黄柳、羊草、针茅、隐子草、野谷草、碱草、差巴嘎蒿等，植被盖度30%左右。土壤侵蚀类型为风力侵蚀，

孟家段水库修建于1958年，是一座沙漠水库。该水库是西辽河的旁侧水库，从苏家堡水利枢纽引水，设计引水渠流量$315m^3/s$，水库分上、下两库，总库容1.08亿m^3。

2. 防风固沙工程体系设计

该区域风沙危害的特点主要表现为风积，淤积水库有效库容。该工程防风固沙体系由外围封育带及里侧防风阻沙林带组成，见图3.12-5。

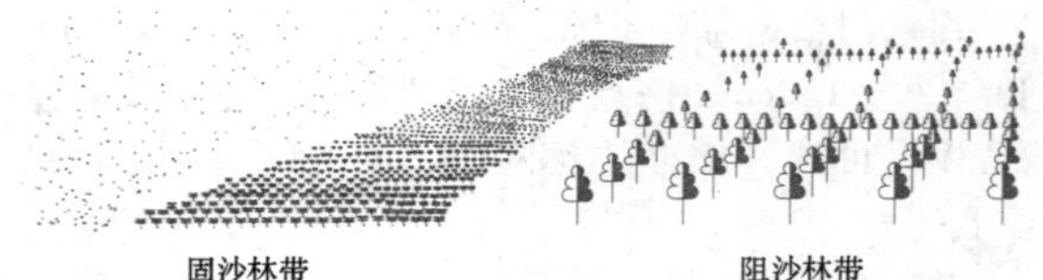

图3.12-5 孟家段水库防风固沙体系示意图

对库周平沙地采取窄林带、宽草（粮）带、乔灌草相结合的防风固沙体系；对沙丘采取固沙林带+阻沙林带的防沙固沙体系。窄林带由两行杨树组成，带间距100～150m，其间种草（粮）。防护带宽500～1000m。库周防风固沙体系布置示意图见图3.12-6。

[1] 本案例由内蒙古自治区水利水电勘测设计院樊忠成、内蒙古自治区阿拉善盟水务局乔茂云提供。

[2] 本案例由内蒙古自治区水利厅钟吉眼、内蒙古自治区水利水电勘测设计院于铁柱提供。

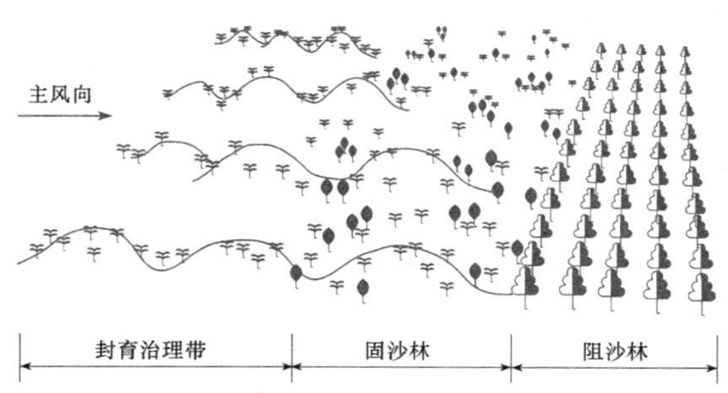

图 3.12-6 孟家段水库库周防风固沙体系布置示意图

3.12.3.4 半湿润平原风沙区的防风固沙工程体系❶

1. 工程概况

南水北调中线总干渠潮河段位于河南省郑州市境内，起点为新郑市黄水河右岸的梨园村南，终点在郑州市管城区的毕河村西，主体工程设计对绕岗明渠线方案和隧洞线方案进行比选，最后选定了绕岗明渠方案，渠线全长47.829km，其中有17.36km渠段处在沙丘沙地段。该渠段基本为浅挖方段，开挖深度1.43～24.72m，渠道开口宽度107～220m。该渠段属暖温带大陆季风气候区，多年平均气温14.8～14.3℃，多年平均降水量828～632mm。

该地区沙丘沙地多为风蚀洼地，起伏高差在1～7m，形式分为固定沙地和半流动半固定沙地两大类。固定沙地又可分为固定沙丘和固定平沙地，固定沙丘常年被密集的刺槐林、松柏林及其他灌木丛覆盖。半流动半固定沙地夏季被农作物或枣林所覆盖，冬春呈裸露状态，风蚀现象明显。

2. 防风固沙工程体系设计

根据乔—灌—草相结合和防沙—生态—经济效益相结合的原则，乔木用于外围防风、灌木用于阻沙、草本用于固沙，形成“挡、阻、固”三位一体的防护体系。经过初步论证，乔木可选刺槐、枣树，灌木可选紫穗槐、沙地柏，草本可选沙打旺、苜蓿等牧草和白茅等杂草。

(1) 措施布置。该渠段穿过沙化地带共有3段，其中，耿家至西纸坊渠段［SH（3）158＋621～SH（3）162＋591］长3.97km，该段主风向与渠线走向夹角较小，是需要一般治理的渠段，两侧各留20m宽的防护林带，从外到内：5m灌木带—10m（三行）林带—5m草带；马村东至老张庄渠段［SH（3）166＋059～SH（3）174＋359］长8.3km，是需要重点治理的渠段，在右岸（上风向）预留35m宽的防护带，从外到内：5m灌木带—10m（三行）林带—5m灌木带—15m草带，在左岸（下风向）预留25m宽的防护带：8m（两行）林带—5m灌木带—12m草带；老张庄至末尾段［SH（3）174＋359～

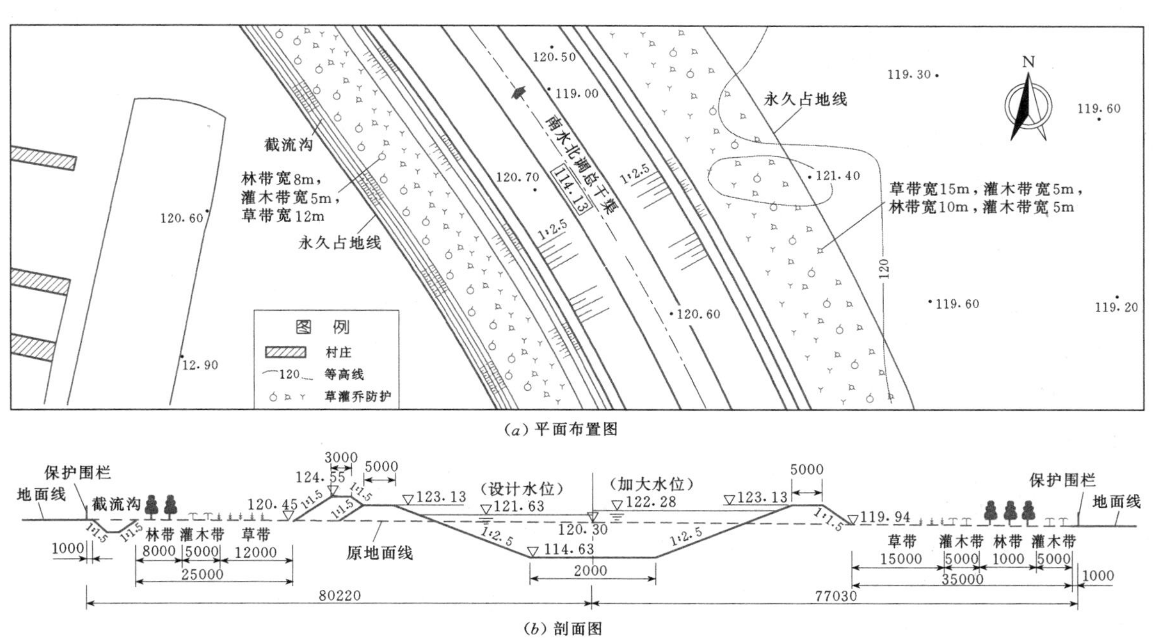

图 3.12-7 南水北调总干渠潮河风沙区段防风沙措施设计图（尺寸单位：mm；高程单位：m）

❶ 本案例由河南省水利勘测设计研究有限公司苗红昌提供。

SH（3）179＋449］长4.87km，是需要一般治理的渠段，在渠道北侧即右岸（上风向）预留25m宽的防护带，从外到内：5m灌木带—10m（三行）林带—5m灌木带—5m草带，在渠道南侧即左岸（下风向）预留20m宽的防护带：5m林带—5m灌木带—10m草带。

（2）措施设计。

1）乔木林带。乔木林带树种为刺槐、枣树，株距2.0m，行距2.0m，穴状整地，挖坑穴径0.5m，坑深0.5m，苗木采用2～3年生壮苗，宜春、秋季栽植，及时养护。

2）灌木带。灌木带主要为紫穗槐、沙地柏，株距0.5m，行距0.5m，穴状整地，挖坑穴径0.3m，坑深0.3m，苗木采用1～2年生苗，高80～120cm，宜春、秋季栽植。

3）草带。草带主要为沙打旺、苜蓿、白茅等，播种量5～8g/m²，晚春、夏、秋季播种，播种后覆盖2～4cm厚、混有肥料的细土并及时镇压，以使土壤与种子充分接触。

4）生态植被毯。生态植被毯可以快速覆盖固定沙土，增加坡面粗糙度，维护管理粗放，养护成本低廉，并能保证在干旱沙区植被成活率达97%以上。因此在紧邻总干渠堤坡的弃土边坡植树、灌的同时铺设生态植被毯。

生态植被毯由上网、植物纤维层、种子层、木浆纸层、下网5层组成，长10～50m，宽1～2.4m，厚0.6～8cm。铺设草毯前先清理地表，使草毯与沙土良好接触，并具有一定的松弛度，用木、竹或金属固定桩固定。两张草毯边缘、末端衔接处均要重叠4～5cm，边坡上、下两端要埋压20～30cm。

该工程防风沙措施设计见图3.12-7。

3.13 水土保持施工组织设计

3.13.1 施工条件

3.13.1.1 交通条件

（1）对外交通。对外交通负责连接施工工地和国家（或地方）公路、铁路、水运港口等。根据工程项目类型和连接对象，对外交通包括永久进厂道路、上坝道路、厂坝连接道路、伴渠道路，以及与国家（或地方）交通干道相结合的场内交通等。

水土保持工程主要以利用主体工程对外交通为主。

（2）场内交通。场内交通负责连接项目区内各施工区、料场、弃渣场、施工生产生活区。场内交通系统应以便捷方式与对外交通衔接，多以临时道路为主。

水土保持工程场内交通应在主体工程场内交通布置的基础上，分析说明其能否满足水土保持工程施工需要，若不满足，需对场内交通另行设计。

3.13.1.2 自然条件

（1）地形地貌。简要描述工程区地形地貌情况。

（2）地质。简要描述区域地质构造、地层岩性、不良地质现象及对水土保持工程的影响、地震烈度及地下水活动情况。

（3）水文、气象。

1）对工程区域内多年平均降水量，最大降水强度，以及10min、1h、6h、24h降水特征值等进行描述。

2）对工程区地表水系分布，径流特征，主要河、湖及其他地表水体（包括湿地、季节性积水洼地）的流量和水位动态，枯水期水位和汛期洪水特性等进行描述。对于受洪水影响的工程，还需提供河道分期洪水及工程所在位置的水位流量关系等。

3）对工程区多年平均气温、活动积温、多年平均风速、春冬季月平均风速、大风日数、沙尘日数、干热风日数、风频和风向，特别是主害风方向等进行描述。

4）对区域灾害性气候如霜冻、冰雹、干热风、风暴、风沙等分布范围、出现的季节与规律、灾害程度等情况进行简述。

3.13.1.3 材料来源

1. 工程措施材料

列出水土保持工程措施所需建筑材料种类、数量及质量要求。结合主体工程建筑材料供应，说明水土保持工程措施所需各种材料的供应方式。

水土保持工程措施建筑材料应与主体工程施工组织相协调，统一配送。在不满足要求的条件下可考虑开采或外购。

2. 植物措施材料来源

树种、苗木、草籽及肥料等应由附近苗圃或其他地方购进；有条件且需求量不大时，草籽可人工采集，有特殊要求的还应对施工压占林草采取剥离、堆存、抚育养护后，加以利用。

3.13.2 施工布置

3.13.2.1 布置原则

（1）与主体工程相互配合、协调，在不影响主体工程施工的前提下，施工场地、仓库及管理用房尽可能利用主体工程布置的临建设施，避免重复建设。

（2）控制施工占地范围，避开植被良好区；施工结束后及时清理、平整、恢复植被或复耕。

（3）靠近河道的主要施工设施和临时设施需考虑施工期洪水的影响；规模较大、施工期跨越汛期的，其防洪标准宜按5～10年重现期选定。

（4）砂石料加工系统、混凝土系统可利用主体工程已建系统。若不满足需设置时，可采用简易系统。

3.13.2.2 施工布置

1. 场内交通布置

尽量利用主体工程的场内交通道路，确需单独设置时应根据使用要求布设，并避免与主体工程产生施工干扰。临时道路布置和设计参照《水利水电工程施工组织设计规范》（SL 303—2004）"附录E 施工交通运输主要技术标准"。

2. 施工导流

水土保持工程施工导流主要涉及挡渣堤、防洪排导工程等，设计时应充分掌握基本资料，全面分析各种因素，选择技术可行、经济合理并能使工程尽早发挥效益的导流方案。水土保持施工导流设计可参照SL 303—2004"3 施工导流"有关内容。

3. 施工场地布置

（1）水土保持施工总布置应统筹兼顾主体工程与水土保持工程之间的关系，控制施工场地范围，综合平衡、协调各分项工程的施工，减少土石方倒运。

（2）水土保持工程施工布置应考虑临时建筑工程和永久设施的结合。施工布置应在确保场地安全且不危及工程安全的前提下进行。

（3）水土保持工程施工场地可结合主体工程施工场地布置。如需另辟施工场地时，应根据主体工程布置特点及附近场地的相对位置、高程、面积和征地范围等主要指标，研究对外交通进入施工场地与内部交通的衔接条件和高程、场地内部地形条件、各种设施及物流方向，确定场内交通道路方案。然后以交通道路为纽带，结合地形条件，设置各类临时设施。

工地常用的几种加工厂（站），如钢筋混凝土预制厂、模板加工车间、钢筋加工间等的建筑面积可按式（3.13-1）确定；若需建混凝土搅拌站，其建筑面积按式（3.13-2）计算。

$$F = KQ/TSa \tag{3.13-1}$$

式中 F——建筑面积，m^2；

Q——加工总量，m^3 或 t；

K——不均衡系数，取1.3～1.5；

T——加工总工期，月；

S——每平方米场地的平均产量，m^3/m^2 或 t/m^2；

a——场地或建筑面积利用系数，取0.6～0.7。

$$\left.\begin{aligned} F &= NA \\ N &= KQ/TR \end{aligned}\right\} \tag{3.13-2}$$

式中 N——搅拌机台数，台；

A——每台搅拌机所需建筑面积，m^2；

Q——混凝土总需要量，m^3；

K——不均衡系数，取1.5；

T——混凝土工程施工总工作日数，d；

R——混凝土搅拌机台时产量，m^3/台。

3.13.3 施工方法

3.13.3.1 工程措施

1. 土石方工程

（1）土石开挖级别。一般情况下根据土石开挖的难易程度简单地分为土开挖和岩石开挖两类，具体可根据施工场地实际地质条件参照SL 303—2004"附录C.1 岩土开挖级别划分"确定。

（2）土方开挖。开挖时应注意附近构筑物、道路、管线等的下沉和变形，必要时采取防护措施。

开挖应从上到下分层分段依次进行，随时保持一定的坡势，以利泄水，并设置防止地面水流入挖方场地、基坑的措施。

挖方上侧弃土时，弃土边缘至挖方上缘应保持一定距离，以利边坡稳定；挖方下侧弃土时，应将弃土堆表面整平并低于挖方场地标高，同时堆土边坡向外倾斜，必要时在弃土堆与挖方场地之间设置排水沟，以利于场地排水。

临时弃土、堆土不得影响建筑物和其他设施的安全。

采用机械开挖基坑（沟槽）时，为不破坏地基土的结构，应在基底设计标高以上预留一层采用人工挖除清理。若人工挖土后不能立即砌筑基础时，应在基底设计标高以上预留15～30cm保护层，待下一工序开始前挖除。

当开挖施工受地表水或地下水位影响时，施工前必须做好地面排水和降低地下水位，地下水位应降至地基以下0.5～1.0m后方可开挖。降水工作应持续至回填完毕。

（3）土方回填。

1）一般要求。回填土料应保证填方的强度和稳定性，不能选用淤泥和淤泥质土、膨胀土、有机物含量大于8%的土、含水溶性硫酸盐大于5%的土。

根据工程特点、填料种类、设计压实系数、施工条件等合理选择土方填筑压实机具，并确定填料含水量控制范围、分层碾压厚度和压实遍数等参数。

回填前应清除基底的树根、积水、淤泥和有机杂物，并将基底充分夯实和碾压密实。

回填土应分层铺填碾压或夯实，并尽量采用同类土填筑。当填方位于倾斜的地面时，应先将斜坡挖成阶梯状，分层填筑，以防止填土横向移动。但当作业面较长需分段填筑时，每层接缝处应做成斜坡形（坡度不陡于1∶1.5），碾迹重叠0.5～1.0m，上、下层错缝距离不应小于1m。

2）作业要求。对于有密度要求的填方，应按所选用的土料、压实机械的性能，通过实验确定含水量的控制范围和压实程度，包括每层铺土厚度、压实遍数及检验方法等。

对于无密实度要求或允许自然沉实的填方，可直接填筑不压（夯）实，但应预留一定的沉降量。

对于填筑路基、土堤、坝等土工构筑物，应严格按照设计规定的要求进行作业，保证其有足够的强度和稳定性。

填方如采用两种透水性不同的土填筑时，不得掺杂乱倒，应分层填筑，并将透水性较小的土料填在上层，且边坡不得用透水性较小的土封闭，以免形成水囊。

回填材料运入坑槽内时，不得损伤应验收的地下构筑物、建筑物等。

需要拌和的回填材料，应在运入坑槽前拌和均匀，不得在槽内拌和。

在雨季、冬季进行压实填土施工时，应采取防雨、防冻措施，防止填料受雨水淋湿或冻结，并采取措施防止出现橡皮土。

3）填土的压实。填土压实时，应使回填土的含水量在最优含水量范围之内。各种土的最优含水量和最大干密度的参考数值见表3.13-1。黏性土料施工含水量与最优含水量之差可控制在-4%～2%范围内。工地简单检测一般以手握成团、落地开花为宜。

表3.13-1　土的最优含水量和最大干容重参考值

项次	土的总类	变动范围	
		最优含水量（质量比）（%）	最大干容重（kN/m^3）
1	砂土	8～12	18～18.8
2	黏土	19～23	15.8～17
3	粉质黏土	12～15	18.5～19.5
4	粉土	16～22	16.1～18

注　1. 土的最大干密度应以现场实际达到的数字为准。
2. 一般性的回填土可不作此项测定。

铺土厚度和压实遍数一般应进行现场碾（夯）压试验确定。如无试验依据，压实机具或工具、每层铺土厚度和碾压（夯实）遍数可参照表3.13-2的规定。

表3.13-2　填方每层铺土厚度和碾压（夯实）遍数

压实机具或工具	每层铺土厚度（mm）	每层碾压（夯实）遍数（遍）
平碾	200～300	6～8
羊足碾	200～859	8～16
柴油打夯机	200～250	3～4
蛙式夯、火力夯	200～250	3～4
推土机	200～300	6～8
拖拉机	200～300	8～16
人工打夯（木夯、铁夯）	<200	3～4
振动压实机	250～350	3～4

注　人工打夯时，大块粒径不应大于5cm。

利用运土工具来压实填方时，每层铺土厚度不宜超过表3.13-3规定的数值。

4）填土的压实方法。填土压实有碾压、夯实和振动三种方法，此外还可利用运土工具压实。

表3.13-3　利用运土工具压实填方时每层填土的最大厚度

项次	填土方法和采用的运土工具	厚度（m）		
		粉质黏土和黏土	亚砂土	砂土
1	拖拉机机车和其他填土方法并用，机械平土	0.7	2.0	1.5
2	汽车或轮式铲运机	0.5	0.8	1.2
3	人推小车或马车运土	0.3	0.6	1.0

碾压法是利用沿着表面滚动的鼓筒或轮子的压力压实土壤。常用碾压机具有平碾、羊足碾和气胎碾等，主要用于大面积填土。

夯实法是利用夯锤自由下落的冲击力来夯实土壤，主要用于小面积的回填土，在小型土方工程中应用最广。

振动法是将重锤放在土层的表面或内部，借助于振动设备使重锤振动，土壤颗粒即发生相对位移达到紧密状态。此法用于振实非黏性土效果较好。

(4) 石方工程。石方工程施工主要采用爆破方法，爆破施工方法参照《土方与爆破工程施工及验收规范》(GBJ 201—83)。

(5) 地基加固。在施工中，地基应同时满足容许承载力和容许沉降量的要求，如不满足时，应采取措施对地基进行加固处理。常用的人工地基处理方法有换填法、重锤夯实和机械碾压法、振冲法、预压法等，具体的施工工艺和方法可参考《水工程施工手册》(尹士君，化学工业出版社，2010年)。

2. 钢筋混凝土工程

钢筋混凝土工程由模板工程、钢筋工程及混凝土工程等组成。它的一般施工顺序为：模板制作、安装→钢筋成型、安装、绑扎→混凝土搅拌、浇灌、振捣、养护→模板拆除、修理。

(1) 模板工程。模板是新浇混凝土成形用的模型。模板工程包括模板、支持和紧固件。根据适用材料的不同，模板可分为木模板、钢模板、钢木组合模板、竹木模板等。

(2) 钢筋工程。钢筋工程包括钢筋加工和钢筋连接。具体的施工工艺和方法可参考《水工程施工手册》(尹士君，化学工业出版社，2010年)。

(3) 混凝土工程。混凝土工程包括混凝土的制备、运输、浇筑捣实和养护等施工过程。具体的施工工艺和方法可参考《水工程施工手册》(尹士君，化学工业出版社，2010年)。水土保持工程施工一般使用现场型搅拌站，通常采用流动性组合方式，将机械设备组成装配联接结构，以便于装拆和搬运；混凝土多用载重约1t的小型机动翻斗车运输，近距离宜用双轮手推车。

3. 砌石工程

砌筑用石材主要有毛石、料石及卵石等。砌石工程包括干砌石工程和浆砌石工程。

(1) 干砌石工程。干砌石的砌筑方法一般包括平缝砌筑法和花缝砌筑法。

平缝砌筑法：多用于干砌块石施工。砌筑时，石块水平分层砌筑，横向保持通缝，层间纵向缝应错开，避免纵缝相对，形成通缝。

花缝砌筑法：多用于干砌毛石施工。砌筑时，砌石水平方向不分层，纵缝插花交错。

(2) 浆砌石工程。

1) 砌筑砂浆。砌筑砂浆通常有水泥砂浆、石灰砂浆和混合砂浆。砂浆种类选择及其等级应根据设计要求确定。

2) 砂浆拌制和使用。砂浆现场拌制时，各组分材料应用质量计量，以确保砂浆的强度和均匀性。

拌制水泥砂浆和混合砂浆时，应先将砂与水泥干拌均匀，再加掺加料(石灰膏、黏土膏)和水拌和均匀。

掺用外加剂时，应先将外加剂按规定浓度溶于水中，在拌和水投入时投入外加剂溶液。外加剂溶液不得直接投入拌制的砂浆中。

3) 砌筑要点。浆砌石工程应在基础验收及结合面处理检验合格后，方可施工。

砌筑前应放样立标，拉线砌筑，并将石料表面的泥垢、水锈等杂质清洗干净。

砌石砌体必须采用铺浆法砌筑。砌筑时，石块宜分层外砌，同层相邻砌筑石块高差宜小于2～3cm。上下错缝，内外搭砌。必要时应设置拉结石，不得采用外面侧立石块、中间填心的方法，不得有空缝。浆砌石挡墙、护坡的外露面均应勾缝。

4) 砌体养护。砌体外露面宜在砌筑后12～18h之内及时养护。水泥砂浆砌体养护时间一般为14d，混凝土灌砌体一般为21d。当勾缝完成和砂浆初凝后，砌体表面应刷洗干净，至少用浸湿物覆盖保持21d。在养护期间应经常洒水，使砌体保持湿润，避免碰撞和振动。

4. 防风固沙工程

防风固沙工程包括防风固沙造林、防风固沙种草、沙障、砾石覆盖和化学固沙等。

(1) 防风固沙造林。

1) 北方风沙区造林整地，时间宜选在春季，为防止风蚀，应随整地随造林。一般宜采用穴状整地方式，机械或人工开挖，穴坑规格为0.60m×0.60m或1.00m×1.00m。半固定风沙地可采用机械开沟造林。不宜进行全面整地。

2) 沿海造林、北方盐碱地造林，要客土换填，客土中掺施有机肥，土、肥比至少为3∶1。穴状整地规格为1.00m×1.00m。

3) 黄泛区及古河道沙地，可采用机械将下层淤土翻起，翻淤压沙整地。

4) 不能及时栽植的苗木应进行假植，防止曝晒、风干或堆放发热。

(2) 防风固沙种草。无灌溉设施地区，应实施雨季撒播，种籽宜实施包衣。

(3) 沙障。

1) 沙障施工放线。根据沙障设计间距，采用全站仪放线，每200～300m或转角点，定立木桩，沿木桩用铁锹画直线。

2) 沙障埋设。

a. 直立式沙障：应埋入沙中0.20～0.40m，沙生植物可更深。

b. 高立式沙障：采用杆高质韧的柴草，按设计长度切好，在设计好的沙障条带位置上，人工挖沟深0.20～0.40m，将柴草均匀直立埋入，扶正、踩实、填沙，柴草露出地面0.5～1m。

c. 低立式沙障：采用较软的柴草，按设计长度切好，顺设计沙障条带线均匀放置线上，草的方向与带线正交，踩压柴草进入沙内0.2～0.3m，两端翘起，高0.2～0.3m，扶正并于基部培沙。

(4) 砾石覆盖。

1) 采用机械或人工覆盖时，应先进行覆盖面平整。长度小于3m的边坡，宜削坡后再布设混凝土或浆砌石骨架，人工铺设并平整砾石。砾石层厚4～8cm。

2) 对于面积较大的砾石覆盖，可采用平地机施工。

(5) 化学固沙。采用全面喷洒或局部带状喷洒化学溶剂，使之在沙面形成0.5cm左右的结皮层。化学药剂喷洒宜在微风天气进行。

5. 斜坡防护工程

斜坡防护工程包括削坡开级、砌石护坡、综合护坡等。削坡开级施工中按设计要求进行土石方开挖，其施工方法参照"1. 土石方工程"；砌石护坡施工，其施工方法见"3. 砌石工程"。以下介绍综合护坡施工。

综合护坡工程由工程措施和植物措施组合而成。其中工程措施主要有钢筋混凝土框架、预应力锚索框架地梁、预应力锚索地梁等，其施工方法参照《建筑边坡工程技术规范》(GB 50330—2002) 和《水电水利工程边坡施工技术规范》(DL/T 5255—2010)。对已采取钢筋混凝土框架边坡的绿化需回填客土才能满足植物生长条件，固土型式可根据工程的具体情况选取，常用型式如下：

(1) 空心六棱砖。即在框架内满铺并浆砌预制的空心六棱砖，然后在空心六棱砖内填土。其主要适用于坡率达到1∶0.3的岩质边坡。

施工方法：整平坡面至设计要求并清除坡面危石；浇注钢筋混凝土框架；框架内砌筑预制空心六棱砖；空心六棱砖内填土。其中预制砖块混凝土强度不宜低于C20。空心六棱砖施工时应按自下而上的顺序进行，并尽可能挤紧，做到横、竖和斜线对齐。砌筑的坡面应平顺，要求整齐、顺直、无凹凸不平现象，并与相邻坡面顺接。若有砌筑块松动或脱落之处必须及时修整。

空心砖植草也可单独运用，主要用于低矮边坡的植被防护，一般边坡坡率不超过1∶1.0，高度不超过10m。

(2) 土工格室固土。框架内固定土工格室，并在格室内填土20～50cm。

施工方法：整平坡面至满足设计要求并清除坡面危石；浇注钢筋混凝土框架；展开土工格室并与锚梁上钢筋、箍筋绑扎牢固；在格室内填土。填土时应防止格室出现胀肚现象。

(3) 框架内加筋固土。对于边坡坡率超过1∶0.5的边坡，骨架内加筋填土后可挂三维网喷播植草进行绿化；对于边坡坡率低于1∶0.75的边坡，骨架内加筋填土后直接喷播植草绿化，可不挂三维网。

施工方法：用机械或人工的方法整平坡面至满足设计要求，清除坡面危石；预制埋于横向框架梁中的土工格栅；按一定的纵横间距施工锚杆框架梁，竖向锚梁钢筋上预系土工绳，以备与土工格室绑扎用，视边坡具体情况选择框架梁的固定方式；将作为加筋的土工格栅预埋于横向框架梁中，并固定绑扎在横梁箍筋上，然后浇筑混凝土，留在外部的用作填土加筋；按由上而下的顺序在框架内填土，根据填土厚度可设二道或三道加筋格栅，以确保加筋固土效果。

3.13.3.2 植物措施

1. 一般植物措施

(1) 整地。整地可分为造林整地、种草整地和草坪建植整地。

1) 造林整地。造林整地可改善造林的立地条件和幼林生长情况，提高造林成活率；并能保持水土、减少土壤侵蚀。造林整地可采用人工整地，地形开阔、具备条件时可采用机械整地。

整地方式分为全面整地和局部整地。全面整地是翻垦造林地全部土壤，主要用于平坦地区。局部整地是翻垦造林地部分土壤。

整地方法主要有：

a. 带状整地：整地面与地面基本持平。其适用于平原有风蚀的荒地、半固定沙地以及平整的缓坡。

b. 水平阶整地：阶面水平或稍向内倾斜。阶宽因地而异，石质及土石山可为0.5～0.6m，黄土地区可为1.5m。阶长不限。其适用于土层较厚的缓坡。

c. 水平沟整地：特点是横断面呈梯形或矩形，整地面低于原土面。沟上口宽约0.5～1m，沟底宽0.3m，沟深0.4～0.6m。这种方法多用于黄土高原需控制水土流失的地方。

d. 反坡梯田：地面向内倾斜成反坡，内侧蓄水，外侧栽树。田面宽约1～3m，反坡坡度3°～15°。能蓄水、保墒、保土，但工程量大，较费工。适用于黄土高原等坡面平坦完整的地方。

e. 穴状整地：一般为直径0.3～0.5m的圆形穴。

这种整地方法灵活性大，省工。

f. 块状整地：形状呈方形，边长 0.3～0.5m，乃至 1.0m 不等，规格较小的块状整地适用于坡地及地形破碎的地方。

g. 鱼鳞坑整地：为近似半月形的坑穴。坑的长径在 1.0～1.5m，短径在 0.5～1.0m。蓄水保土力强，使用机动灵活，适用于水土流失严重的山地和黄土地区。

h. 高台整地：将地面整成正方形、矩形或圆形的高台，利于排除土壤中过多的水分。

2）种草整地。种草整地主要由耙地、浅耕灭茬、耱地、镇压、中耕等工序组成，根据设计要求可适当简化工序。

3）草坪建植整地。草坪建植整地的主要工序有清理、翻耕、平整、土壤改良、排水灌溉系统的设置以及施肥。

（2）种植。

1）乔灌木栽植方法。栽植方法按照栽植穴的形态分为穴植、缝植和沟植三类。

穴植是在经过整地的造林地上挖穴栽苗，适用于各种苗木，是应用比较普遍的栽植方法。

缝植是在经过整地的造林地或土壤深厚湿润的未整地造林地上，用锄、锹等工具开成窄缝，植入苗木后从侧方挤压，使苗根与土壤紧密结合的方法。此法造林速度快、工效高，造林成活率高；缺点是根系被挤在一个平面上，生长发育受到一定影响。

沟植是在经过整地的造林地上，以植树机或畜力拉犁开沟，将苗木按照一定距离摆放在沟底，再覆土、扶正和压实。此法效率高，但要求地势比较平坦。

栽植方法还可按照每穴栽植 1 株或多株而分为单植和丛植；按照苗木根系是否带土而分为带土栽植和裸根栽植；按照使用工具可分为手工栽植和机械栽植，手工栽植是用镐、锹或畜力牵引机具进行的栽植，机械栽植是用植树机或其他机械完成开沟、栽植、培土、镇压等作业的栽植方法。

苗木出圃后若不能及时栽植，需进行假植，以防根系失水。苗木假植分为临时假植和越冬假植两种。

临时假植：适用于假植时间短的苗木。选背阴、排水良好的地方挖一假植沟，沟的规格是深、宽各为 30～50cm，长度依苗木的多少而定。将苗木成捆地排列在沟内，用湿土覆盖根系和苗茎下部并踩实，以防透风失水。

越冬假植：适用于在秋季起苗、需要通过假植越冬的苗木。在土壤结冻前，选排水良好、背阴、背风的地方挖一条与当地主风方向垂直的沟，沟的规格因苗木大小而异。假植 1 年生苗时，沟深、宽一般为 30～50cm，假植大苗时还应加大。迎风面的沟壁作成 45°的斜壁，然后将苗木单株均匀地排在斜壁上，使苗木根系在沟内舒展开，再用湿土将苗木根和苗茎下半部盖严、踩实，使根系与土壤密接。

2）草种植方法。条播、撒播、点播或育苗移栽均可。播种深度 2～4cm。播后覆土镇压可提高种草成活率。

3）草坪建植的播种方法。

a. 草坪播种：按播种方式分为撒播、条播、点播、纵横式播种、回纹式播种。大面积播种可利用播种机，小面积则常采用手播。此外也可采用水力播种，即借助水力播种机将种子喷播在坪床上，是远距离播种和陡坡绿化的有效手段。

b. 养护管理：在播种后可覆盖草帘或草袋，覆盖后要浇足水，并经常检查墒情，及时补水。

4）草坪铺设。水土保持工程常用草坪铺设方法包括密铺和散铺两种形式，见表 3.13-4。

a. 施工工艺：平整坡面，清除石块、杂草、枯枝等杂物，使坡面符合设计要求；草坪移植前应提前 24h 修剪并喷水，镇压保持土壤湿润，这样较好起皮。当草皮铺于地面时，草皮间留 1～2cm 的间距，采用 0.5～1.0t 重的滚筒压平，使草皮与土壤紧拉、无空隙，易于生根，保证草皮成活。

b. 养护管理：草皮压紧后要及时并充分浇透水，以使草皮下面的土壤能够完全浸湿。

表 3.13-4　水土保持工程草坪铺设方法

名称	操　作	优缺点
密铺法	将草皮切成宽 25～30cm、厚 4～5cm、长 2cm 以内的草皮条，以 1～2cm 的间距，邻块接缝错开，铺装场地内，然后在草坪上用 0.5～1.0t 重的滚轮压实和碾平后充分浇水	能在 1 年内的任何时间内有效地形成“瞬时”草坪，但建坪成本较高
散铺法	此法有两种形式：①铺块式，即草皮块间隔 3～6cm，铺装面积为总面积的 1/3；②梅花式，即草皮块相间排列，所呈图案较美观，铺装面积为总面积的 1/2。铺装时将坪床面挖下草皮的厚度，草皮镶入后与坪床面齐平，铺装后应镇压和充分浇水	草皮用量较上法少 2/3～1/2，成本相应降低，但坪床面全部覆盖所需时间较长

5）植株分栽建植。

a. 施工工艺：按坪床准备的要求将场地平整好，并按一定行距开凿深为 5cm 左右的浅沟或坑；分株栽植应选择每年3～10月。分栽时，从圃地里挖出草苗，分成带根的小草丛，按照一定的株、行距分栽入沟或坑，一般分3～10株为一丛。栽植的株距通常为15cm×20cm，如果要求形成草坪的时间紧，可按5cm×5cm的株距密植。栽后覆土压实，及时浇水。

b. 养护管理：栽后浇水是关键，每次浇水一定要浇透，以利于植株定根。栽后1～3个月即能形成新的草坪。

6）插枝建植。

a. 准备营养体材料：将匍匐茎或根茎切成节段，长7～15cm，每一段至少有两节活节，并将节段浸在水中准备栽种。

b. 坪床上做沟：沟距一般为15～30cm，沟深2.5～7.5cm。具体的沟距和沟深均应根据草坪草种生长特性确定。如不需做沟，可利用工具将节段一头埋入疏松的土壤中，另一头留在地表外面，压紧节段周围的土即可。

c. 栽植：为了加快建坪速度，节段可竖着成行放置，行距15cm左右，后将土壤推进沟内，并压实节段周围。往沟内填土时，不要将节段完全覆盖，要留出长约1/4的节段在土壤外面，以利顶端生长。

d. 养护管理：栽植后必须经常浇水或灌水；节段一旦开始生长，可施少量的肥料，以利于匍匐茎扩展。

2. 边坡植物措施

（1）一般边坡。一般边坡常用的植物措施包括铺草皮、植生带、液压喷播植草、三维植被网、挖沟植草等。

1）铺草皮。铺草皮一般在春、夏、秋季均可施工，适宜施工季节为春、秋两季。其施工工序为：平整坡面→准备草皮→铺草皮→前期养护。

2）植生带。植生带施工一般应在春季和秋季进行，应尽量避免在暴雨季节施工。其施工工序为：平整坡面→开挖沟槽→铺植生带→覆土、洒水→前期养护。

3）液压喷播植草。液压喷播植草一般应在春季和秋季进行施工，应尽量避免在暴雨季节施工。其施工工序为：平整坡面→排水设施施工→喷播施工→盖无纺布→前期养护。

4）三维植被网。三维植被网一般应在春季和秋季进行施工，应尽量避免在暴雨季节施工。其施工工序为：准备工作→铺网→覆土→播种→前期养护。

5）挖沟植草。挖沟植草一般应在春季和秋季进行施工，应尽量避免在暴雨季节施工。其施工工序为：平整坡面→排水设施施工→楔形沟施工→回填客土→三维植被网施工→喷播施工→盖无纺布→前期养护。

（2）高边坡。高边坡植物护坡通常结合高边坡防护工程措施而设，主要有钢筋混凝土内填土植被护坡、预应力锚索框架地梁植被护坡、预应力锚索地梁植被护坡等。其中植被部分的施工可采用三维植被网和厚层基材喷射植被护坡。厚层基材喷射植被护坡施工主要包括锚杆、防护网和基材混合物等的施工。

1）锚杆。根据岩石坡面破碎状况，锚杆长度一般为30～60cm；其主要作用是将网固定在坡面上。

2）防护网。依据边坡类型可选用普通铁丝网、镀锌铁丝网或土工网。

3）基材混合物。基材混合物由绿化基材、种植土、纤维和植被种子按一定的比例混合而成。其中，绿化基材由有机物、肥料、保水剂、稳定剂、团粒剂、酸度调节剂、消毒剂等按一定比例混合而成。

施工时首先通过混凝土搅拌机或砂浆搅拌机把绿化基材、种植土、纤维及混合植被种子搅拌均匀，形成基材混合物，然后输送到混凝土喷射机的料斗，在压缩空气的作用下，基材混合物由输送管道到达喷枪口与来自水泵的水流汇合使基材混合物团粒化，并通过喷枪喷射到坡面，在坡面上形成植被的生长层。

3.13.3.3 临时措施

（1）临时措施类型。根据防护对象所处地形、地表裸露时间和项目区降水、大风等气象条件确定相应的临时防护措施，主要包括临时拦挡、排水、绿化和覆盖等措施。其中临时拦挡措施包括彩钢板、袋装土（石渣）、砌石、石笼、砌砖、修筑土埂等，临时排水措施主要有简易土沟、素混凝土抹面沟等，临时绿化措施包括临时种草或作物，临时覆盖措施包括彩条布（防尘网、土工布）苫盖、砾石覆盖等。

（2）临时措施布置。临时措施布置主要适用于施工期间和易造成水土流失的地段或部位，因地制宜设置可收到良好防护效果。临时措施宜简便易行，注重永临结合，主要布置于：工程建设中形成的土质边坡和其他裸露土地；施工生产生活区、施工道路、临时堆料场；弃渣场、料场、道路等。

1）临时拦挡措施。临时拦挡措施布置于土质边坡、临时堆料场、弃渣场、料场等对周围造成水土流失危害的区域。施工中应结合具体情况选定。

2）临时排水措施。临时排水措施应布设在工程征占地范围内，并与周边排水沟渠连通，必要时应设置沉沙池。临时排水沟一般采用梯形断面土质排水沟，急流段应采取防雨布衬垫、素混凝土抹面、土袋叠砌、砌石等防冲措施。

3）临时绿化措施。裸露超过1年且多年平均降水量在800mm以上的施工生产生活、临时堆土等区域，宜采取低标准的临时绿化措施。临时绿化一般选用适生灌木和普通绿化用草，时间较短的亦可采用小麦、谷类作物等。高寒草甸区施工期应对草甸层进行移植养护，工程结束后回植。

4）临时覆盖措施。表土存放场、临时堆料场等应结合具体情况，采用苫布、彩条布、密目网、防尘网等苫盖；根据施工时序安排，应尽可能重复利用苫布、防尘网等临时苫盖材料；西北风沙区施工中的裸露地表宜采用砾石覆盖。

（3）临时措施施工。临时工程措施中袋装土、砌石、砌砖、修筑土埂、土沟等施工以人工为主，其施工方法参照“土石方工程”和“砌石工程”。石笼挡护工程施工工艺为：

1）按设计要求将铁（铅）丝或聚合物丝编制石笼网。常用的编织石笼网格尺寸为60mm×80mm～100mm×120mm。

2）石笼网内部用抗风化的坚硬石块作填料，填料的一般尺寸为平均网格尺寸的1.5倍。单个块石不小于标准网格尺寸，对填置于远离石笼外表而处于内部的块石来说，有时可放宽最小块石尺寸的要求。

3）将石笼网沉排，沉排后石笼网笼之间进一步串接，按“以小拼大”方式形成更大整体。

临时种草以撒播草种为主，其施工方法参照“草种植方法”。

临时苫盖采用人工方式铺设，边角和相接处用块卵石或土压实，防止遮盖物被风吹走。砾石覆盖施工参照“防风固沙工程”。

3.13.4 施工进度安排

3.13.4.1 安排原则

施工进度安排应遵循以下原则：

（1）与主体工程施工进度相协调的原则。

（2）采用国内平均先进施工水平、合理安排工期的原则。

（3）资源（人力、物资和资金等）均衡分配原则。

（4）在保证工程施工质量和工期的前提下，充分发挥投资效益的原则。

3.13.4.2 进度安排

1. 进度安排

水土保持工程施工进度安排应遵循“三同时”制度，按照主体工程的施工组织设计、建设工期、工艺流程，并按水土保持分区布设水土保持措施；根据水土保持措施施工的季节性、施工顺序分期实施、合理安排，保证水土保持工程施工的组织性、计划性和有序性，对资金、材料和机械设备等资源有效配置，确保工程按期完成。

水土保持工程施工进度安排应与主体工程施工计划相协调，并结合水土保持工程特点，弃渣要遵循“先拦后弃”原则，按照工程措施、植物措施和临时防护措施分别确定施工工期和进度安排，编制水土保持措施施工进度图。

（1）工程措施。工程措施应与主体工程同步实施，应安排在非主汛期，大的土方工程应避开雨季。水下施工的工程措施一般尽量应安排在枯水期。

（2）植物措施。植物措施应在主体工程完工后及时实施，并根据不同季节植物生长特性安排施工期，北方宜以春、秋季为主，南方地区应避开夏季。

（3）临时防护措施。应先于主体工程安排临时防护措施的实施。

水土保持措施施工进度安排还应结合工程区自然环境和工程建设特点及水土流失类型，在适宜的季节进行相应的措施布设，风蚀区应避开大风季节，水蚀区应避开暴雨洪水等危害。

水土保持措施施工进度应按尽量缩短扰动后土地裸露时间、尽快发挥保土保水效益的原则安排。具体应根据主体工程施工进度计划，结合水保工程量确定施工工期和进度安排，编制施工进度双横道图。

2. 案例

西南某水利工程，工程任务以城市供水为主，兼顾农业灌溉和环境供水等综合利用。工程由水库枢纽工程、输水工程组成。水库总库容1.66亿m^3，供水及灌溉设计引用流量10.00m^3/s，灌溉面积14.56万亩。水库枢纽建筑物包括溢洪道、泄洪放空洞、钢筋混凝土面板堆石坝、放水洞、副坝等。输水工程由渠系工程和供水管道组成，渠系工程包括长30.40km的干渠和6条支渠；供水管道长26.5km，沿线布置8座隧洞、2处跨河渡槽。

工程区总体地貌类型为丘陵。水土保持防治分区划分为水库枢纽工程区和输水工程区两个一级区。一级防治分区内又按项目组成分二级防治区，其中，水库枢纽工程区分为枢纽建筑物工程区、工程管理区、弃渣场区、临时堆料场区、料场区、施工道路区、施工生产生活区、移民安置及专项设施复建区等8个二级防治区；输水工程区分为渠系工程区、供水管道工程区、工程管理区、弃渣场区、临时堆料场区、施工道路区、施工生产生活区、移民安置及专项设施迁建区等8个二级防治区。

根据主体工程施工进度安排和拟定的水土保持措施，按二级防治分区编制水土保持措施施工进度双横道图，见表3.13－5和表3.13－6。

表 3.13－5

水库枢纽工程区水土保持措施施工进度双横道图

序号	项目				单位	工程量
1	主体工程施工进度安排	场内交通施工				
2		其他临建设施				
3		导流工程				
4		枢纽建筑物施工				
5	枢纽建筑物工程区	植物措施	喷播	面积	hm^2	4.01
6				灌木	kg	420.3
7				草种	kg	210.6
8			撒播	面积	hm^2	3.96
9				灌木	kg	415.7
10				草种	kg	217.9
11			植生袋		m^2	27300
12			乔木		株	175
13			灌木		株	939
14			藤本植物		株	886
15			M7.5 浆砌块石种植槽		m^3	91
16	工程管理区	植物措施	乔木		株	12983
17			灌木		株	252
18			植草皮		m^3	1.92
19			撒播草种		kg	444.5
20	弃渣场区	工程措施	土石方开挖		m^3	30749
21			C15 埋石混凝土基础		m^3	6405
22			干砌块石护坡		m^3	6066
23			M7.5 浆砌片石挡墙		m^3	20736
24			ϕ10PVC 排水管		m	3959
25			复合土工布反滤		m^2	233
26			M7.5 浆砌块石初砌		m^3	4481
27			土石方回填		m^3	7577
28			C25 混凝土管		m^3	929
29			钢筋		t	93
30			抛填大块石		m^3	981
31			绿化表土剥离		万m^3	1.41
32			绿化表土回铺		万m^3	1.41
33		植物措施	渣体边坡	灌木	株	26283
34				草种	kg	295.7
35		临时措施	土袋挡护		m^3	2062
36			防雨布		万m^2	2.49

续表

序号	项目			单位	工程量	第一年		第二年												第三年												第四年												第五年					
						11	12	1	2	3	4	5	6	7	8	9	10	11	12	1	2	3	4	5	6	7	8	9	10	11	12	1	2	3	4	5	6	7	8	9	10	11	12	1	2	3	4	5	6
37	临时堆料场区	临时措施	土石方开挖	m^3	66			—																																									
38			土工布	m^2	932			—																																									
39			土袋挡护	m^3	806			—																																									
40			防雨布	万m^2	1.59			—																																									
41	料场区	工程措施	土石方开挖	m^3	322		—																																										
42			M7.5浆砌块石衬砌	m^3	248		—																																										
43		植物措施	灌木	株	13300																																								—	—	—		
44			藤本植物	株	2835																																								—	—	—		
45			撒播草种	kg	150																																								—	—	—		
46			M7.5浆砌块石种植槽	m^3	355																																								—	—	—		
47		临时措施	土石方开挖	m^3	29		—																																										
48			土工布	m^3	365		—																																										
49			防雨布	m^2	804			—																																									
50	施工道路区	植物措施	乔木	株	7837																																								—	—	—		
51			藤本植物	株	39183																																								—	—	—		
52			撒播灌木	kg	952.4																																								—	—	—		
53			撒播草种	kg	476.3																																								—	—	—		
54			喷播灌草	m^2	3.98																																								—	—	—		
55		临时措施	土石方开挖	m^3	614	—	—																																										
56			土工布	m^2	6117	—	—																																										
57	施工生产生活区	植物措施	乔木	株	2193																																									—	—		
58			撒播草种	kg	94																																									—	—		
59			土地整治	hm^2	1.88																																									—	—		
60		临时措施	土石方开挖	m^3	405	—	—																																										
61			土工布	m^3	5500	—	—																																										
62	移民安置及专项设施迁建区	工程措施	土石方开挖	m^3	638						—	—																							—	—													
63			C15埋石混凝土基础	m^3	168						—	—																							—	—													
64			M7.5浆砌片石挡墙	m^3	914						—	—																							—	—													
65			φ10PVC排水管	m	182						—	—																							—	—													
66			土石方回填	m^3	271						—	—																							—	—													
67			M7.5浆砌块石衬砌	m^3	60						—	—																							—	—													
68			干砌块石挡墙	m^3	453						—	—																							—	—													
69		植物措施	乔木	株	12725									—	—	—																					—	—										
70			藤本植物	株	40496									—	—	—																					—	—										
71			灌木	株	1400									—	—	—																					—	—										
72			撒播灌木	kg	1215									—	—	—																					—	—										
73			撒播草种	kg	623									—	—	—																					—	—										

说明： ~~~~ 表示主体工程施工进度；—— 表示水土保持措施施工进度。

表 3.13－6　　输水工程区水土保持措施施工进度双横道图

序号	项目			项目	单位	工程量
1	主体工程施工进度安排			工程筹建期		
2				场内公路		
3				渠系工程		
4				供水工程		
5	渠系工程区	工程措施		土石方开挖	m^3	1244
6				M5.0 浆砌块石衬砌	m^3	568
7				M7.5 浆砌块石衬砌	m^3	235
8		植物措施	喷播	面积	hm^2	7.17
9				灌木	kg	747.2
10				草种	kg	373.7
11			撒播	面积	hm^2	41.78
12				灌木	kg	4387.9
13				草种	kg	2196.7
14				乔木	株	319
15		临时措施		土袋挡墙	m^3	30162
16						
17	供水管道工程区	植物措施		灌木	kg	19.1
18				草种	kg	9.5
19	工程管理区	工程措施		土石方开挖	m^3	434
20				M7.5 浆砌块石衬砌	m^3	319
21		植物措施		乔木	株	391
22				灌木	株	197519
23				草种	kg	2222.2
24	弃渣场区	工程措施		土石方开挖	m^3	62204
25				C15 埋石混凝土基础	m^3	12794
26				干砌块石	m^3	360
27				M7.5 浆砌片石挡墙	m^3	39417
28				ϕ10PVC 排水管	m	12501
29				复合土工布	m^2	435
30				M7.5 浆砌块石衬砌	m^3	12237

续表

序号	项目			单位	工程量
31	弃渣场区	工程措施	土石方回填	m^3	18749
32			钢筋	t	2.44
33			绿化表土剥离	万m^2	7.64
34			绿化表土回铺	万m^2	7.64
35		植物措施	渣体斜面 灌木	株	118850
36			渣体斜面 草种	kg	1337.1
37		临时措施	土袋挡护	m^3	4021
38			防雨布	万m^2	14.1
39	临时堆料场区	植物措施	乔木	株	3488
40			草种	kg	156.9
41		临时措施	土石方开挖	m^3	406
42			土工布	m^3	4940
43			土袋挡护	m^3	3609
44			防雨布	万m^2	27.62
45	施工道路区	植物措施	土地整治	hm^2	4.51
46			乔木	株	31128
47			藤本植物	株	129326
48			灌木	kg	1581
49			草种	kg	1027.3
50		临时措施	土石方开挖	m^3	4200
51			土工布	万m^2	4.54
52	施工生产生活区	植物措施	乔木	株	1278
53			草种	kg	57.5
54			土地整治	hm^2	1.10
55		临时措施	土石方开挖	m^3	475
56			土工布	m^2	6232
57	移民安置及专项设施迁建区	植物措施	乔木	株	39
58			藤本植物	株	193
59			灌木	kg	5.8
60			草种	kg	2.9

说明：〰〰 表示主体工程施工进度；—— 表示水土保持措施施工进度。

3.14 水土保持监测

3.14.1 监测内容和时段

3.14.1.1 监测内容

（1）项目建设区水土保持生态环境变化监测。

（2）项目建设区水土流失动态监测。

（3）水土保持措施防治效果监测。

（4）主体工程建设及水土保持管理情况监测。

3.14.1.2 监测时段

水利水电工程水土保持监测时段一般应从施工准备期前开始，至设计水平年结束。

3.14.2 监测方法

水利水电工程多选用地面观测法、调查和巡查监测法进行监测。遥感监测主要用于区域水土流失监测，在大型水利水电工程中应用较多。

一般小型工程或施工期短的工程宜采用调查监测和场地巡查监测方法，大型工程采用地面观测、调查和巡查监测相结合的监测方法。

地面观测法通常采用设置地面观测设施或设备的方法，来获取某一区域的土壤侵蚀强度，一般较适合点状区域水土流失强度监测。

调查和地面巡查监测法对于土壤侵蚀量仅能获得某一数量级范围内数值，主要用于数据精度要求相对较低的区域水土流失强度监测。

遥感监测法常采用某地区或流域的航空照片（或卫星影像）进行调查，对航片中的小河和溪谷进行现场调查，以获取土壤侵蚀因子、土壤侵蚀状况和水土流失防治现状。该法往往需要对研究区的土壤侵蚀特点有初步了解，可提供超过5年及以上周期的土壤侵蚀数据。

除以上方法外，近年来同位素示踪法也较多地应用于水利水电工程土壤侵蚀监测中。该法通过对土壤侵蚀的空间变化、土壤不同层次的形成年代、土壤迁移的空间分配进行研究，估算较长时间的土壤侵蚀量。与传统观测方法相比，其可减少监测人员工作量以及现场监测设施投资。

3.14.2.1 地面观测

1. 水蚀观测

水蚀观测方法主要包括坡面径流小区法、测钎法（简易水土流失观测场法）、侵蚀沟量测法（简易坡面量测法）、沉沙池法、控制站法、三维激光扫描测量法。

（1）适用条件。

1）坡面径流小区法：适用于扰动面、弃土弃渣等形成的稳定坡面的水土流失量监测，不适用于以弃石为主的堆积物组成的坡面监测。

2）测钎法：适用于不便于设置径流小区的土状堆积物坡面或开挖面的水土流失量观测。

3）侵蚀沟量测法：适用于暂不扰动的临时土质开挖面、土或土石混合及粒径较小的石砾堆垫坡面的水土流失量测定。

4）沉沙池法：适用于径流冲刷物的颗粒较大、汇水面积不大、有集中径流出口监测范围的水土流失量监测。

5）控制站法：适用于水土流失防治责任范围集中在一个或几个小流域（集水区），且范围内径流汇水出口较为集中的工程项目的水土流失量监测。

6）三维激光扫描测量法：适用于土质开挖面、土或土石混合及粒径较小的石砾堆垫坡面的水土流失量测定。

（2）监测设施布设原则。

1）坡面径流小区法。径流小区宜采用全坡面小区或简易小区，有条件的可采用标准小区。小区的规格可根据具体情况调整，但应具有与原地貌小区资料的可比性；岩石风化物、砂砾状物、砾状物其坡长应加长至25～30m或更长。

全坡面小区要求上游无来水，小区长为整个坡面长度，宽3～10m。

简易小区在条件受限时，可根据坡面情况确定小区的长和宽，但面积不应小于10m^2，小区形状尽量采用矩形。

标准小区要求为垂直投影长20m、宽5m的矩形小区，坡度5°或15°，纵横向应平整。

2）测钎法。观测小区布置时，根据坡面长度，测钎一般选择钢钎，按“田”字形网格状设置，钢钎垂直坡面打入地下约80cm，地面出露20cm，小区面积不小于5m×5m。布设时及布设后应避免人为活动和动物干扰，避免出现上部测钎观测面受踩踏而影响测量精度。

测钎布设示意图见图3.14-1。

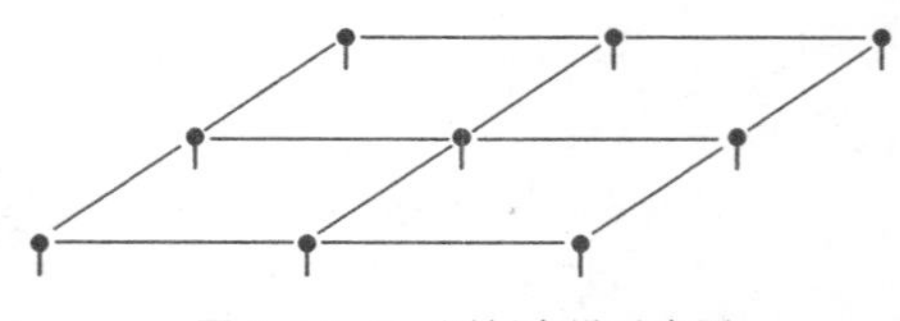

图3.14-1 测钎布设示意图

3）侵蚀沟量测法。侵蚀沟量测法包含样地选择和侵蚀沟量测两个步骤。

样地选择一般宜选择从坡顶至坡脚的完整坡面，面积根据坡面长度、堆渣高度实际调整，通常较长坡面样地面积不小于 $100m^2$，具体选择沟壑分布密度接近于坡面平均值的部位作为样地，并选择样地内侵蚀沟形态接近于样地平均值的侵蚀沟作为待调查样沟。

侵蚀沟量测时可采用断面量测法和填土法。断面量测法宜在坡面的上、中、下均匀布设测量断面，记录各断面宽度、深度及两断面之间的距离。当断面变化较大时，应加密量测，根据坡面组成物质的容重、侵蚀沟体积及样地面积计算侵蚀量。填土法则是采用固定容积的容器盛取坡面地表组成物质回填侵蚀沟，通过回填容器回填物质的次数直接计算侵蚀量。

4）沉沙池法。沉沙池一般修建在坡面下方、堆渣体的坡脚周边等部位，或利用主体工程修建的沉沙池。

沉沙池位置宜布设在地形较缓的部位，避免布设在地形转折较大的部位影响沉沙效果。具体布设时，可直接在池壁上埋设水尺，定期观测池内淤积物的变化，根据淤积物容重、孔隙比、体积计算侵蚀量。池内淤积物需定期清理。

5）控制站法。控制站法以可观测汇水区内径流排放为主，如有多个出口时，控制站布设位置应尽量集中。

控制站监测设施配置可根据工程性质选择，如水利水电工程通常可结合本工程水文监测站布设，定期在水文监测站采集水样、分析径流泥沙含量即可；如无固定水文监测站，则布设测流堰和水位观测设备，并定期采集水样分析泥沙含量。

6）三维激光扫描测量法。三维激光扫描测量包括外业三维地形扫描和内业 GIS 软件计算两部分工作。外业测量时以一定频率的激光作为信号源，对观测样地进行扫描，获取各个样地的三维坐标，并根据三维坐标在计算机内形成带有三维坐标的散点图；内业计算根据采集的样地三维数据，借助 GIS 软件将散点内插成 DEM，对比同一样地前后两次监测获取的三维模型数据，计算侵蚀量。

（3）监测设施设备配置要求。

1）坡面径流小区法。径流小区由小区边埂、集流槽、导流管或导流槽、径流和泥沙集蓄设施组成。

a. 小区边埂。边埂由水泥板、砖或金属板等材料围成矩形，高出地面 10～20cm，埋入地下 30cm。上缘向小区外呈 60°倾斜，小区边埂埋设完毕后，应将边埂两侧的土壤夯实，尽量使小区土壤与边埂紧密接触，防止小区内径流直接流出小区或小区外径流流入小区。

b. 集流槽。集流槽布设于小区的底端，一般设计为矩形或梯形，水平投影面积一般不超过小区面积的 1%。集流槽表面应光滑，上缘与地面同高，槽底向下、向中间同时倾斜，以利于径流和泥沙汇集。岩石风化物、砂砾状物、砾状物坡面的集水槽、引水槽尺寸应加宽，引水槽比降应为 2%～3%或更大。

c. 导流管或导流槽。导流管或导流槽布设于集流设施之间，用于将小区内产生的径流引导至径流和泥沙积蓄设施中，由 PVC 管或白铁皮制成。

d. 径流和泥沙集蓄设施。常用的径流和泥沙集蓄设施有集流桶和集水池，宜采用便于清除沉积物的宽浅池，设计标准按照相关规范确定。

2）测钎法。测钎直径一般为 0.5cm，长 50～100cm，细而光滑，常采用木制或钢制测钎。根据坡面面积，测钎按网格状设置，测钎间距一般为 1～3m，数量一般不少于 9 根。

为便于量测侵蚀量，测钎布置前应耙平测钎布置小区。

3）沉沙池法。沉沙池常采用矩形，池体长度为宽度的 2 倍以上，径流停留时间不小于 3s。沉沙池一般采用砖砌或浆砌石结构。砖砌结构一般池壁厚 24cm，浆砌石结构一般池壁厚 30cm。沉沙池壁和底部用水泥砂浆抹面。

沉沙池规格根据沉沙池控制集水面积、降水强度、泥沙颗粒大小等确定，一般按照半年清淤一次设计池体规格。

4）控制站法。控制站监测设施包括降水、径流、泥沙观测设施等。

控制站监测应采用巴歇尔量水槽、薄壁堰（三角形堰、梯形堰）等量水建筑物，也可选用人工控制断面进行量测。

5）三维激光扫描测量法。其主要设备为三维激光扫描仪（带处理软件），目前该扫描仪主要产自国外。

三维激光扫描系统是利用发射和接收脉冲式激光的原理，由信号发射、信号接收、信号处理三大部分组成，利用某一频率信号扫描地物，获取数据以带有三维坐标的散点图为主。借助 GIS 软件，将散点内插成 DEM，根据两次 DEM 的体积差计算侵蚀量。

2. 风蚀观测

（1）适用条件。风蚀观测适用于年平均风速不小于 5m/s 的项目区。选用的设施主要为简易风蚀观测场或者风蚀强度监测设备，风蚀强度监测设备通常有测钎、集沙仪、风蚀桥等。这些设备可以单独使用，也可以两种、三种组合使用。

(2) 监测设施设备布设规定。

1) 测钎。测钎布设同水蚀测钎法，也可采用标桩代替测钎。标桩不少于9根，间距不小于200cm，标桩长度一般为100～150cm，埋入地面下60～80cm，地面出露40～90cm。

2) 集沙仪。集沙仪的进沙口初始布设时应正对主风向。根据观测区的风向特点及应用目的，可选择单路集沙仪、旋转式集沙仪或多路集沙仪。若需要观测风蚀物随高度的变化，宜采用多路集沙仪；若不需要观测风蚀物随高度的变化，宜采用单路集沙仪。

3) 风蚀桥。风蚀桥一般采用长100cm、宽2cm、厚2～3mm的金属条为桥身，标注10cm间距的刻度，两端与直径为5～8mm、长约30cm的金属支架成直角相连。风蚀桥桥身应尽量细小光滑，保证风沙流以原状掠过桥下；风蚀桥桥身应与优势风向垂直，可布设单排或多排，$10m^2$ 布设1个风蚀桥，金属支架插入地面10cm，地表出露高度为20cm。

3. 重力侵蚀等其他侵蚀观测

(1) 泥石流断面观测。在泥石流频繁活动的沟谷，选择合适的观测断面和辅助断面建立各种测流设施，如缆道（索）、支架、探索泥沙设施、浮标投放设施等，来观测泥石流过程变化、历时、泥位、流量等特征。

当泥石流发生时，泥石流通过两断面，由投放浮标可测得流速，同时记时。泥石流结束后，观测一次断面变化（主断面），并计算出过流面积。

(2) 相关沉积调查。通过调查崩塌、滑坡、崩岗等侵蚀方式发生侵蚀后的相关堆积物体积，估算侵蚀量，适用于各种不同规模的重力侵蚀及部分混合侵蚀。

调查崩塌、滑坡时，在堆积体上可以设置若干施测断面，并测量断面的高程与断面间距，扣除原地面高程影响，计算出每个堆积体积，即可得到侵蚀总体积、侵蚀总量。

(3) 冻融侵蚀监测。冻融侵蚀观测采用排桩法，依观测对象的形态特征，布设若干排成网状的观测桩，同时在附近设置几个可观测观测桩的固定基桩，由固定基桩对观测桩实施观测、计算侵蚀量。

(4) 其他设备监测。此类监测均以坡脚淤积为主，可借助三维激光扫描仪测定。

3.14.2.2 遥感监测

1. 适用条件

遥感监测适用于建设时间不少于3年（不包括筹建期）的大型水利水电工程的区域性内容研究，包括前期渣场、施工场地选址、施工便道设计查勘、前期植被调查、水土流失强度调查等。

受工程规模和遥感影像数据来源影响，使用面积以不小于一景影像为宜，已有遥感影像数据分辨率以不小于多数单体建筑物尺寸为宜，可选用分辨率较高的QUICK BIRD影像。

2. 监测程序

(1) 数据输入。将研究区相关的遥感数据和矢量数据输入至处理软件，了解影像的来源及质量。以ERDAS软件为例，可直接读取栅格数据包括GRID、TIFF、JPEG等，矢量数据包括E00、Sharp、dwg等。

(2) 数据预处理。数据预处理主要指创建三维地形表面、图像分幅裁切、图像拼接处理以及图像投影变换等，以及完成图像分析范围调整、误差校正、坐标转换等基础工作。

(3) 图像解译。图像解译指从图像获取信息的基本过程。即根据专业的要求，运用解译标志和实践经验与知识，从遥感影像上识别目标，定性、定量地提取出目标的分布、结构、功能等有关信息，并把它们表示在地理底图上的过程。例如，植被分布现状解译是在影像上先识别植被分布类型，然后在图上测算各类林、草地面积。

实际解译中，在分析已知专业资料后，根据影像特征，即形状、大小、阴影、色调、颜色、纹理、图案、位置和布局建立起影像和实地目标物之间的对应关系。另外，可根据数据质量和研究目的的不同增加空间增强处理、辐射增强处理、光谱增强处理、高光谱工具、傅立叶变换等处理的环节，之后按照监督分类或非监督分类的方法完成预解译。

完成预解译之后，需设置地面观测点，对在室内预解译图件时不可避免地存在错误或者难以确定的类型，进行野外实地调查与检证，包括地面路线勘察、采集样品（例如样地调查、植被样方、土壤类型等）等，着重检校未知地区的解译成果是否正确。

(4) 专题制图输出。根据工作需要和制图区域的特点，设计专题图布局，加入图廓线、网格线、比例尺、指南针以及图名等，输出专题图。

3. 监测设施设备

监测设施设备主要为用于获得样地土壤侵蚀强度、植被覆盖度等水土保持监测各子专题数据所需的设施、设备，包括土壤侵蚀测钎、扫描仪、相机、测针以及标准径流小区等。

3.14.2.3 调查监测

1. 适用条件

调查监测从调查目的和层次上可分为普查和典型

调查。

(1) 普查。普查适用于区域面积较小的监测项目的调查。其调查范围主要为项目建设区，调查重点为水土流失重点区域和重要水土流失问题。调查内容主要包括各取料场、弃渣场和表土堆存场的实际位置、堆放面积、堆放（取料）量，水土保持措施实施情况的实地调查与量测，气象灾害引起的重大水土流失调查，项目建设对周边造成的水土流失危害事件调查。

(2) 典型调查。典型调查适用于对滑坡、崩塌、泥石流等的调查。从调查方式上，其可分为收集资料、询问调查和抽样调查。

1) 收集资料。收集资料主要适用于水土流失影响因子如地质、地貌、气候、土壤、植被以及水土保持规划、防治措施设计等的调查。

2) 询问调查。询问调查主要通过公众参与调查水土流失防治的经验和不足，并弥补部分资料的不足；从统计分析方法上以抽样调查为主。该方法是采用面谈或电话、邮寄访问或问卷回答等方式，通过公众了解水土流失防治问题、水土流失治理中取得的经验等。

3) 抽样调查。抽样调查主要适用于实施完成的水土保持措施防治效果及植被状况的调查。

对工程措施，一般是选择有代表性的措施，调查其质量、外观及防治效果和运行情况；对植物措施，通常是选择具有代表性的典型样地设置调查样方，重点调查林草措施质量，内容包括林、灌、草植被成活率、生长情况、郁闭度、覆盖率等。

2. 调查点选择规定

(1) 典型调查监测点选择。将施工阶段设置的单个取料场、弃渣场、表土堆存场、项目建设对周边造成水土流失危害事件的单个地块作为单个调查点。

(2) 抽样调查监测点选择。抽样地点和样地的选择应有不同类型的代表性。

林木郁闭度调查样地大小按 10m×10m 或 30m×30m 设置，测量树冠覆盖面积并计算其占样地面积的比例（以小数表示）。样地设置数量不少于 3 块。

林草覆盖率调查采用网格法。将测定样地每边10 等分（分成 100 个小框格），调查小框格中有灌、草植被的框格数量，即可得到林草覆盖率调查值（以百分数表示）。样地重复数不少于 3 块。灌木林地样地按 2m×2m 或 3m×3m 进行设置，草地样地按 1m×1m 或 2m×2m 进行设置。

3. 调查设备

调查监测需配备的主要设备见表 3.14-1。

表 3.14-1　调查监测主要设备配置表

类型	设备名称	单位	数量
1	皮尺	把	1～2
2	钢卷尺	把	1～2
3	罗盘仪	把	1～2
4	红外线测距仪	台	1～2
5	GPS	台	1
6	数码照相机	台	1
7	数码摄像机	台	1

3.14.3 监测成果

监测成果以技术报告为主，实事求是反映监测工作有关情况，在对防治责任范围、扰动地面、水土流失量、植被恢复进行监测的基础上，通过对监测资料的检查核定，真实地反映工程水土流失防治的达标情况，同时对水土流失及防治进行综合评价，提出监测工作中的经验和问题。

工程的水土保持监测应接受各级水行政主管部门的管理和监督，项目开工前应向有关水行政主管部门报送《生产建设项目水土保持监测实施方案》。

水土保持监测单位定期对监测的原始资料进行系统地汇总、整编，按时提交符合要求的水土保持监测季报、重大情况专项报告，水土保持设施验收时提交水土保持监测总结报告。监测报告和报告表由建设单位向水行政主管部门报送。

3.14.4 监测体系

水土保持监测体系见表 3.14-2。

表 3.14-2　水土保持监测体系表

监测阶段	监测部位	主要监测内容	监测方法	监测时段
施工准备期之前	项目所在区域及建设区	1. 收集地形地貌、地面组成物质、植被、水文气象、土地利用现状、水域含沙量、水土流失现状等项目区水土流失背景状况等资料； 2. 调查库区周边滑坡、崩塌、泥石流等地质灾害监测资料； 3. 收集水土保持方案报告书和初步设计、移民安置规划等相关设计资料，了解水土保持措施布置、数量和设计	收集资料、调查	施工准备期之前

续表

<table>
<tr><th>监测阶段</th><th colspan="3">监测部位</th><th>主要监测内容</th><th>监测方法</th><th>监测时段</th></tr>
<tr><td rowspan="9">施工期（含施工准备期）至设计水平年</td><td rowspan="9">主体工程区</td><td rowspan="7">水库、水电站工程</td><td>坝肩开挖区</td><td>1. 坝肩开挖方量、填方数量、边坡面积、边坡高度、坡比；
2. 水土流失类型、面积和侵蚀量；
3. 监测防治措施实施情况及实施前后风蚀、水蚀强度变化；
4. 地形、地貌、植被等生态环境变化情况</td><td>调查监测、巡查</td><td>坝肩开挖前开始至设计水平年结束</td></tr>
<tr><td>拦河围堰</td><td>1. 围堰填筑方量、高度、边坡坡比、扰动地表面积；
2. 临时措施落实情况及实施前后风蚀、水蚀强度</td><td>地面观测、调查监测</td><td>围堰填筑前开始至设计水平年结束</td></tr>
<tr><td>溢洪道开挖区</td><td>1. 开挖与填方数量、扰动地表与植被面积、边坡面积、高度、边坡坡比；
2. 水土流失类型、面积和侵蚀量；
3. 监测防治措施实施情况及实施前后风蚀、水蚀强度变化；
4. 地形、地貌、植被等生态环境变化情况</td><td>调查监测、巡查</td><td>溢洪道开挖前开始至设计水平年结束</td></tr>
<tr><td>厂房开挖区</td><td>1. 开挖与填筑方量、扰动地表与植被面积、边坡面积、高度、边坡坡比；
2. 水土流失类型、面积和侵蚀量；
3. 防治措施实施情况及实施前后风蚀、水蚀强度变化；
4. 地形、地貌、植被等生态环境变化情况</td><td>调查监测、巡查</td><td>厂房开挖前开始至设计水平年结束</td></tr>
<tr><td>输、排水洞区</td><td>1. 开挖与填筑方量、扰动地表与植被面积、边坡面积、高度、边坡坡比；
2. 水土流失类型、面积和侵蚀量；
3. 防治措施实施情况及实施前后风蚀、水蚀强度变化；
4. 地形、地貌、植被等生态环境变化情况</td><td>地面观测、调查监测</td><td>土石方开挖开始至设计水平年结束</td></tr>
<tr><td>临时堆土区</td><td>1. 临时堆土来源和数量、堆放位置、占地面积、堆高、边坡坡比；
2. 水土流失类型、面积和侵蚀量；
3. 临时措施落实情况，措施实施前后风蚀、水蚀强度变化</td><td>调查监测</td><td>工程施工准备期开始至设计水平年结束</td></tr>
<tr><td rowspan="2">灌区工程</td><td>水源及提水工程区</td><td>1. 开挖与填筑方量、扰动地表与植被面积、边坡面积、高度、边坡坡比；
2. 水土流失类型、面积和侵蚀量；
3. 防治措施实施情况及效果，包括工程措施质量、数量和效果，植物措施质量、数量、成活率等；
4. 地形、地貌、植被等生态环境变化情况</td><td>地面观测、调查监测、巡查</td><td>工程准备期开始至设计水平年结束</td></tr>
<tr><td>渠道工程区</td><td>1. 开挖与填筑方量、扰动地表与植被面积，河道边坡面积、高度、边坡坡比；
2. 水土流失类型、面积和侵蚀量；
3. 水土保持防治措施实施情况，包括临时措施和工程措施质量、数量和效果，植物措施质量、数量、成活率等；
4. 地形、地貌、植被等生态环境变化情况</td><td>地面观测、调查监测、巡查</td><td>渠道工程施工准备期开始至设计水平年结束</td></tr>
</table>

续表

监测阶段	监测部位			主要监测内容	监测方法	监测时段
施工期（含施工准备期）至设计水平年	主体工程区	灌区工程	渠系建筑物区	1. 开挖与填筑方量、扰动地表与植被面积，边坡面积、高度、边坡坡比； 2. 水土流失类型、面积和侵蚀量； 3. 水土保持防治措施实施情况及效果，实施前后风蚀、水蚀强度，包括工程措施质量、数量和效果，植物措施质量、数量、成活率等； 4. 地形、地貌、植被等生态环境变化情况	调查监测、巡查、地面观测	渠系建筑物施工准备期开始至设计水平年结束
			临时堆土区	1. 临时堆土来源和数量、堆放位置、占地面积、堆高、边坡坡比； 2. 水土流失类型、面积和侵蚀量； 3. 临时措施落实情况，措施实施前后风蚀、水蚀强度	调查监测、巡查	堆土堆置开始至设计水平年结束
		泵站工程	引水渠工程区	1. 开挖与填筑方量、扰动地表与植被面积，渠道边坡坡比、高度、面积； 2. 水土流失类型、面积和侵蚀量； 3. 水土保持防治措施实施情况，包括工程措施质量、数量和效果，植物措施质量、数量、成活率等； 4. 地形、地貌、植被等生态环境变化情况	地面观测、调查监测、巡查	工程施工准备期开始至设计水平年结束
			泵站枢纽建筑物区	1. 各类建筑物开挖与填筑方量，扰动地表与植被面积，边坡面积、高度、边坡坡比； 2. 水土流失类型、面积和侵蚀量； 3. 水土保持防治措施实施情况及效果，包括工程措施质量、数量和效果，植物措施质量、数量、成活率等； 4. 地形、地貌、植被等生态环境变化情况； 5. 实施防治措施前后风蚀、水蚀强度	地面观测、调查监测、巡查	土石方开挖前开始至设计水平年结束
			临时堆土区	1. 临时堆土来源和数量、堆放位置、占地面积、堆高、边坡坡比； 2. 水土流失类型、面积和侵蚀量； 3. 临时措施落实情况，措施实施前后风蚀、水蚀强度； 4. 堆土利用后植被恢复情况	调查监测、巡查	堆土堆置开始至设计水平年结束
		引调水工程	引水建筑物区	1. 各类建筑物开挖与填筑方量，扰动地表与植被面积，边坡面积、高度、边坡坡比； 2. 水土流失类型、面积和侵蚀量； 3. 水土保持防治措施实施情况及效果，包括工程措施质量、数量和效果，植物措施质量、数量、成活率等； 4. 地形、地貌、植被等生态环境变化情况	调查监测、巡查、地面观测	工程开挖开始至设计水平年结束
			引水渠工程区	1. 开挖与填筑方量、扰动地表与植被面积，渠道边坡坡比、高度、面积； 2. 水土流失类型、面积和侵蚀量； 3. 水土保持防治措施实施情况及效果，包括工程措施质量、数量和效果，植物措施质量、数量成活率等； 4. 地形、地貌、植被等生态环境变化情况	地面观测、调查监测	渠道工程土方开挖开始至设计水平年结束

续表

监测阶段	监测部位			主要监测内容	监测方法	监测时段
施工期（含施工准备期）至设计水平年	主体工程区	引调水工程	临时堆土区	1. 临时堆土来源和数量、堆放位置、占地面积、堆高、边坡坡比； 2. 水土流失类型、面积和侵蚀量； 3. 临时措施落实情况，措施实施前后风蚀、水蚀强度变化； 4. 堆土利用后植被恢复情况	调查监测、巡查	堆土堆置开始至设计水平年结束
		堤防工程	堤防工程区	1. 开挖与填筑方量、扰动地表与植被面积，堤防边坡面积、高度、边坡坡比； 2. 水土流失类型、面积和侵蚀量； 3. 水土保持防治措施实施情况及实施效果，包括工程措施质量、数量和效果，植物措施质量、数量、成活率等； 4. 生态环境变化情况	地面观测、调查监测、巡查	堤防填筑前开始至设计水平年结束
			穿堤建筑物区	1. 各类建筑物开挖与填筑方量，扰动地表与植被面积，边坡面积、高度、边坡坡比； 2. 水土流失类型、面积和侵蚀量； 3. 水土保持防治措施实施情况及效果，包括工程措施质量、数量和效果，植物措施质量、数量、成活率等； 4. 地形、地貌、植被等生态环境变化情况	调查监测、巡查	建筑物土方开挖开始至设计水平年结束
			临时堆土区	1. 临时堆土来源和数量、堆放位置、占地面积、堆高、边坡坡比； 2. 水土流失类型、面积和侵蚀量； 3. 临时措施落实情况，措施实施前后风蚀、水蚀强度； 4. 堆土利用后植被恢复情况	地面观测、调查监测	堆土堆置之前开始至设计水平年结束
		围垦工程	围堤工程区	1. 开挖与填筑方量、扰动地表与植被面积，围堤边坡面积、高度、边坡坡比； 2. 水土流失类型、面积、侵蚀量； 3. 水土保持防治措施实施情况及效果，实施前后风蚀、水蚀强度，包括工程措施质量、数量和效果，植物措施质量、数量、成活率等； 4. 生态环境变化情况	调查监测、巡查、地面观测	堤防填筑开始至设计水平年结束
			附属建筑物区	1. 各类建筑物开挖与填筑方量，扰动地表与植被面积，边坡面积、高度、边坡坡比； 2. 水土流失类型、面积、侵蚀量； 3. 水土保持防治措施实施情况及效果，实施前后风蚀、水蚀强度，包括工程措施质量、数量和效果，植物措施质量、数量、成活率等； 4. 地形、地貌、植被等生态环境变化情况	调查监测、巡查、地面观测	建筑物施工前开始至设计水平年结束

续表

<table>
<tr><th>监测阶段</th><th colspan="2">监测部位</th><th>主要监测内容</th><th>监测方法</th><th>监测时段</th></tr>
<tr><td rowspan="6">施工期（含施工准备期）至设计水平年</td><td rowspan="2">取料场</td><td>取料场区</td><td>1. 建筑材料类型、扰动地表和破坏植被面积；
2. 取料量、占地面积、开采深度、占地类型、开采方式；
3. 水土流失类型、面积和侵蚀量；
4. 水土保持措施落实情况及效果，包括临时措施和工程措施质量、数量和效果，植物措施质量、数量、成活率等；
5. 地形、地貌、植被等生态环境变化情况</td><td>调查监测、巡查</td><td>取料开采开始至设计水平年结束</td></tr>
<tr><td>表土堆土区</td><td>1. 临时堆土数量、占地面积、堆放高度、边坡坡比；
2. 料场开采期间水土流失类型、面积和侵蚀量；
3. 临时挡护与排水措施落实情况，措施实施前后风蚀、水蚀强度、侵蚀量变化情况</td><td>调查监测、巡查、地面观测</td><td>堆土堆置开始至设计水平年结束</td></tr>
<tr><td rowspan="2">弃土弃渣场</td><td>弃土（渣）场区</td><td>1. 弃土弃渣来源、数量、渣类型，弃土（渣）场位置、地形地貌、安全性；
2. 弃土（渣）场地类、扰动地表和破坏植被面积、堆放高度、边坡坡度、堆放形式；
3. 弃土（渣）场水土流失类型、面积和侵蚀量；
4. 水土保持措施实施情况及效果，包括临时措施和工程措施数量、质量和实施效果，植物措施数量、质量、成活率等，措施实施前后风蚀、水蚀强度变化情况；
5. 弃土（渣）场弃渣前后的生态环境变化情况</td><td>地面观测、调查监测、巡查</td><td>弃土弃渣开始至设计水平年结束</td></tr>
<tr><td>临时堆土区</td><td>1. 表土剥离面积、厚度、数量、堆放位置、占地面积、堆高、边坡坡比；
2. 堆放期水土流失类型、面积、侵蚀量；
3. 堆放期临时措施实施情况及效果，挡护措施实施前后风蚀、水蚀强度变化情况</td><td>调查监测、巡查、地面观测</td><td>表土堆存开始至设计水平年结束</td></tr>
<tr><td rowspan="2">施工临时生产生活区</td><td>生产生活区</td><td>1. 生产生活区占地面积、扰动地表和破坏植被面积；
2. 水土流失类型、面积、侵蚀量；
3. 临时措施实施情况及效果，措施实施前后风蚀、水蚀强度变化情况；
4. 施工结束后迹地恢复情况，工程前后生态环境变化情况</td><td>调查监测、巡查</td><td>工程施工准备期开始至设计水平年结束</td></tr>
<tr><td>临时堆料区</td><td>1. 临时堆料的种类、数量、来源，堆料场占地面积、高度、堆放位置、边坡坡比；
2. 堆放期水土流失类型、面积、侵蚀量；
3. 堆放期临时措施实施情况及效果，挡护措施实施前后风蚀、水蚀强度变化情况</td><td>调查监测、巡查</td><td>堆料开始至设计水平年结束</td></tr>
</table>

续表

监测阶段	监测部位		主要监测内容	监测方法	监测时段
施工期（含施工准备期）至设计水平年	永久及临时施工道路	道路区	1. 道路形式，包括隧洞、桥梁、路面；道路区地形地貌、占地类型； 2. 道路开挖及填方数量、扰动地表和破坏植被面积； 3. 路基、路堑边坡坡比、高度、边坡面积，深挖方道路两侧高边坡坡度、高度、边坡面积； 4. 道路区水土流失类型、面积和侵蚀量； 5. 水土保持措施实施情况及效果，包括道路区的临时措施和工程措施数量、质量及效果，永久道路植物措施数量、质量、成活率等； 6. 临时施工道路的迹地恢复情况； 7. 工程前后的生态环境变化情况及水土流失强度变化情况	调查监测、巡查	工程施工准备期开始至设计水平年结束
		临时堆土区	1. 临时堆土来源、数量、堆放位置、占地面积、堆高、边坡坡比； 2. 堆放期水土流失类型、面积、侵蚀量； 3. 堆放期临时措施实施情况及效果，挡护措施实施前后风蚀、水蚀强度变化情况	调查监测、巡查	堆土堆置开始至设计水平年结束
	工程管理区	工程管理区	1. 工程管理区占地面积、施工期临时设施扰动地表和破坏植被面积； 2. 水土流失类型、面积和侵蚀量； 3. 对临时设施实施的临时措施落实情况及效果；植物措施数量、质量、成活率等； 4. 工程前后的生态环境变化情况及水土流失强度变化情况	调查监测、巡查、地面观测	施工前开始至设计水平年结束
		管理站（所）区	1. 管理站（所）区占地面积、扰动地表和破坏植被面积； 2. 水土流失类型、面积和侵蚀量； 3. 水土保持设施实施情况及效果，包括临时措施和工程措施数量、质量及效果；植物措施数量、质量、成活率等； 4. 工程前后的生态环境变化情况及水土流失强度变化情况	调查监测、巡查、地面观测	施工前开始至设计水平年后结束
	移民安置区	农村移民集中安置区和城集（镇）安置区	1. 集中安置点数量，每个安置点安置人数、占地面积、原地类、扰动地表和破坏植被面积、安置区道路等基础规划布置情况； 2. 水土流失类型、面积和侵蚀量； 3. 水土保持措施实施情况和效果，包括临时措施和工程措施数量、质量和效果；植物措施数量、质量； 4. 移民安置前后生态环境变化情况和水土保持强度变化情况	调查监测、巡查	安置区施工开始至设计水平年结束

续表

监测阶段	监测部位		主要监测内容	监测方法	监测时段
施工期（含施工准备期）至设计水平年	移民安置区	专项设施复建区	根据需复建的专项设施类型，参照主体工程区的监测体系开展监测	调查监测、巡查	复建工程施工开始至设计水平年结束
		安置区的充弃土（渣）场区	1. 弃土弃渣来源、数量、类型，弃土（渣）场位置、地形地貌； 2. 弃土（渣）场地类、扰动地表和破坏植被面积、堆放高度、边坡坡度、堆放形式； 3. 弃土（渣）场水土流失类型、面积和侵蚀量； 4. 水土保持措施实施情况及效果，包括临时措施和工程措施数量、质量和实施效果，植物措施数量、质量； 5. 弃土（渣）场弃渣前后的生态环境变化情况	调查监测、巡查	弃土（渣）堆置开始至设计水平年结束
植被自然恢复期	项目建设区		1. 水土保持措施数量、质量及其效益，包括工程措施数量、质量、效果和运行情况，植物措施数量、质量、成活率、保存率、覆盖率； 2. 工程前后生态变化情况，水土流失风蚀、水蚀强度变化情况	地面观测、调查监测、巡查	水土保持措施实施至植被自然恢复期结束（通常1～3年）

参 考 文 献

[1] GB 50025—2004 湿陷性黄土地区建筑规范 [S]. 北京：中国建筑工业出版社，2004.

[2] GB 50286—98 堤防工程设计规范 [S]. 北京：中国计划出版社，1998.

[3] GB 50288—1999 灌溉与排水工程设计规范 [S]. 北京：中国计划出版社，1999.

[4] GB 50400—2006 建筑与小区雨水利用工程技术规范 [S]. 北京：中国建筑工业出版社出版，2006.

[5] GB 50421—2007 有色金属矿山排土场设计规范 [S]. 北京：中国计划出版社，2007.

[6] GB 50433—2008 开发建设项目水土保持技术规范 [S]. 北京：中国计划出版社，2008.

[7] GB 50434—2008 开发建设项目水土流失防治标准 [S]. 北京：中国计划出版社，2008.

[8] GB/T 15776—2006 造林技术规程 [S]. 北京：中国标准出版社，2006.

[9] GB/T 16453.5—2008 水土保持综合治理技术规范 风沙治理技术 [S]. 北京：中国标准出版社，2009.

[10] GB/T 18337.1—2001 生态公益林建设导则 [S]. 北京：中国标准出版社，2001.

[11] GB/T 18337.3—2001. 生态公益林建设技术规程 [S]. 北京：中国标准出版社，2001.

[12] GB/T 20465—2006 水土保持术语 [S]. 北京：中国标准出版社，2006.

[13] GB/T 21141—2007 防沙治沙技术规范 [S]. 北京：中国标准出版社，2008.

[14] SL 191—2008 水工混凝土结构设计规范 [S]. 北京：中国水利水电出版社，2009.

[15] SL 211—2006 水工建筑物抗冻设计规范 [S]. 北京：中国水利水电出版社，2006.

[16] SL 267—2001 雨水集蓄利用工程技术规范 [S]. 北京：中国水利水电出版社，2001.

[17] SL 279—2002 水工隧洞设计规范 [S]. 北京：中国水利水电出版社，2003.

[18] SL 379—2007 水工挡土墙设计规范 [S]. 北京：中国水利水电出版社，2007.

[19] SL 575—2012 水利水电工程水土保持技术规范 [S]. 北京：中国水利水电出版社，2012.

[20] DZ/T 0239—2004 泥石流灾害防治工程设计规范 [S]. 北京：中国科学技术出版社，2007.

[21] CJJ 50—92 城市防洪工程设计规范 [S]. 北京：中国华侨出版社，2009.

[22] JTG/T D65-04—2007 公路涵洞设计细则 [S]. 北京：人民交通出版社，2007.

[23] JTJ 018—97 公路排水设计规范 [S]. 北京：人民交通出版社，1998.

[24] DL/T 5016—1999 混凝土面板堆石坝设计规范 [S]. 北京：中国电力出版社，2000.

[25] 陕西省水利学校. 蓄水工程 [M] //陕西省水利学校. 小型水利工程手册. 北京：农业出版社，1978.

[26] 陈明致，金来鋆. 堆石坝设计 [M]. 北京：水利

电力出版社，1982.

[27] 李文银，王治国，蔡继清. 工矿区水土保持［M］. 北京：科学出版社，1996.

[28] 王斌瑞，王百田. 黄土高原径流林业［M］. 北京：中国林业出版社，1996.

[29] 崔云鹏，蒋定生. 水土保持工程学［M］. 陕西：陕西人民出版社，1997.

[30] 朱震达，赵兴梁，等. 治沙工程学［M］. 北京：中国环境科学出版社，1998.

[31] 王治国. 林业生态工程学［M］. 北京：中国林业出版社，2000.

[32] 顾斌杰，张敦强，等. 雨水集蓄利用技术与实践［M］. 北京：中国水利水电出版社，2001.

[33] 沈国舫. 森林培育学［M］. 北京：中国林业出版社，2001.

[34] 周德培，张俊云. 植被护坡工程技术［M］. 北京：人民交通出版社，2003.

[35] 王礼先. 中国水利百科全书：水土保持分册［M］. 北京：中国水利水电出版社，2004.

[36] 车伍，李俊奇. 城市雨水利用技术与管理［M］，北京：中国建筑工业出版社，2006.

[37] 王礼先. 水土保持工程学［M］. 北京：中国林业出版社，2007.

[38] 北京市路政局. 北京市透水人行道设计施工技术指南［R］，北京：北京市路政局，2007.

[39] 全国勘察设计注册工程师水利水电工程专业管理委员会，中国水利水电勘测设计协会. 水利水电工程专业案例（水土保持篇）［M］. 郑州：黄河水利出版社，2009.

[40] 建筑与小区雨水利用工程技术规范实施指南编制组. 建筑与小区雨水利用工程技术规范实施指南［M］，北京：中国建筑工业出版社，2009.

[41] 尹士君，李亚峰，吕桂峰. 水工程施工手册［M］. 北京：化学工业出版社，2010.

[42] 中国水土保持学会水土保持规划设计专业委员会. 生产建设项目水土保持设计指南［M］. 北京：中国水利水电出版社，2011.

[43] 吴宝和，等. 地表水和地下水对岩质边坡稳定性影响及防渗措施［J］. 中国地质灾害与防治学报，2003，14（3）：140－141.

[44] 王大力，李春梅. 高边坡治理中防渗排水措施选择［J］. 黑龙江水利科技，2006，34（3）：108.

[45] 杜运领，苏展，应丰. 植被护坡技术在水电工程中的应用［J］. 华东水电技术，2007，（2）：36－39.

[46] 李世锋，朱晓莹，朱春波. 浙江省华光潭梯级水电站水土保持监测实践［J］. 中国水土保持，2008，（9）：48－51.

[47] 王治国，李世锋，陈宗伟. 生产建设项目水土保持设计理念与原则［J］. 中国水土保持科学，2011，9（6）：27－31.

《水工设计手册》（第2版）编辑出版人员名单

总 责 任 编 辑　王国仪

副总责任编辑　穆励生　王春学　黄会明　孙春亮

阳　森　王志媛　王照瑜

第3卷　《征地移民、环境保护与水土保持》

责任编辑　黄会明　李忠良

文字编辑　李忠良

封面设计　王　鹏　芦　博

版式设计　王　鹏　王国华

描图设计　王　鹏　樊啟玲

责任校对　张　莉　黄淑娜

出版印刷　焦　岩　孙长福　刘　萍

排　　版　中国水利水电出版社微机排版中心